苏天教育组织编写

江苏"专转本"

土木建筑专业大类考试必读

主　编　郑　娟　郭牡丹　唐徐林

副主编　周秋月　于银霞　陈　扬

参　编　张文娟　陈剑波　朱　利　李永红

南京大学出版社

前言

为了建立高质量应用型人才培养的立交桥，重点突破“专转本”选拔考试内容与形式，构建“文化素质＋职业技能”的评价方式，培养高层次技术技能人才，江苏省教育厅于2019年6月发布了《江苏省普通高校“专转本”选拔考试改革实施方案》（苏教学〔2019〕6号）。该改革方案对今后的“专转本”选拔考试将产生深远影响。

根据考试大纲，土木建筑专业大类专业综合考试实行全省统一考试，含专业综合基础理论和专业综合操作技能两大部分。其中，专业综合基础理论包括建筑力学、建筑识图与绘图、建筑材料三门课程，专业综合操作技能包括水准测量、水平角测量、全站仪放样、建筑识图、建筑绘图五个技能。

苏天教育立足江苏，作为省内专业的专转本考试培训机构，自成立以来辛勤耕耘，帮助数万名考生实现转本梦想、登上人生更高一层台阶，在专转本领域内深耕多年，先后荣获江苏省和南京市多项荣誉。

为了响应江苏省内万千考生的复习需求，帮助考生实现人生梦想，苏天教育厚积薄发，通过跨学校选拔了一批从教经验丰富（从事相应课程专业教学十年及以上）、实操能力强（指导学生连续多届获全国职业院校技能大赛建筑工程识图赛项一等奖）、教材编写水平高（拥有江苏省重点教材或国家规划教材编写资历）的优秀师资，对专业综合考试大纲进行认真分析，仔细研究，以方便学生学习参加“专转本”选拔考试为出发点，编写了本教材。本书作为江苏省“专转本”选拔考试专业综合考试应试指导教材，不仅能帮助考生顺利通过专业综合考试，还可作为学生日常学习参考用书。本教材具有以下特点：

第一，紧扣考纲，够用为度。本教材紧扣考试大纲进行编写，反映命题趋势和命题方向,适当删除大纲中不涉及的知识点,减少考生的复习压力。

第二,内容可视,突出考点。本教材在每个章节刚开始均设置了知识框架,便于学生把相关知识形成知识网;采用设置底纹、加粗等形式,突出考点,方便学生学习。

本教材由扬州市职业大学郑娟、南京交通职业技术学院郭牡丹、扬州工业职业技术学院唐徐林任主编,南京交通职业技术学院周秋月、扬州工业职业技术学院于银霞、南京交通职业技术学院陈扬任副主编,扬州工业职业技术学院张文娟、南京交通职业技术学院陈剑波、朱利、李永红参编。本教材参考和引用了已公开的有关文献和资料,为此谨对所有文献的作者和曾关心、支持本教材的同仁们深表谢意。此外,在教材的编写过程中,三所主编院校相关课程的专家老师也提出了宝贵意见,在此一并表示感谢。

限于编者水平有限,时间仓促,书中难免存在缺点和不足之处,敬请广大读者批评指正!

联系邮箱:baishi1226@126.com。

编　者

2022年1月

目　录

上篇：专业综合基础理论

建筑力学

建筑识图与绘图

建筑材料

下篇:专业综合操作技能

工程测量

建筑识图与绘图

自测题下载

上　篇
专业综合基础理论

建筑力学

知识框架

建筑力学

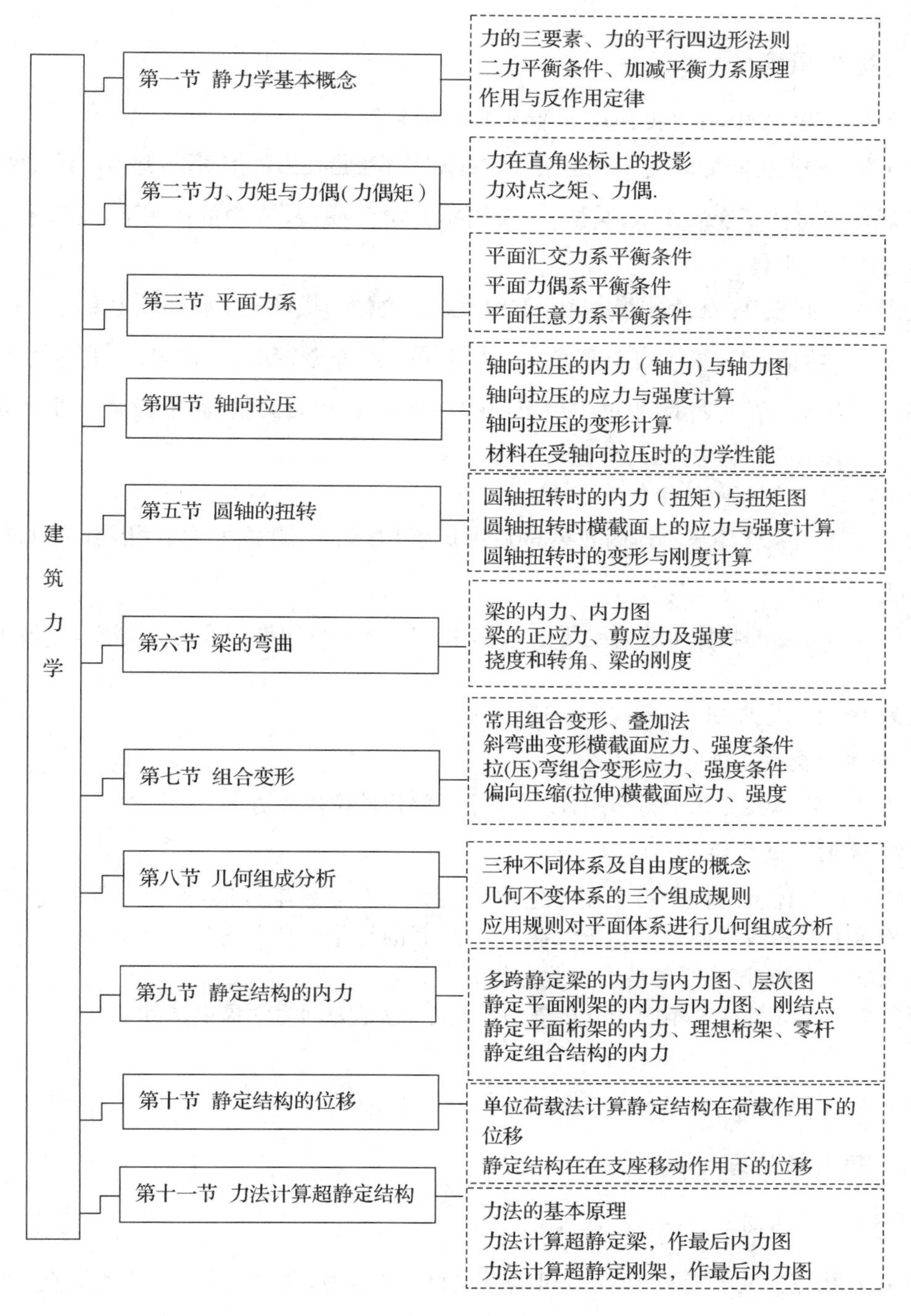

- 第一节 静力学基本概念
  - 力的三要素、力的平行四边形法则
  - 二力平衡条件、加减平衡力系原理
  - 作用与反作用定律
- 第二节力、力矩与力偶(力偶矩)
  - 力在直角坐标上的投影
  - 力对点之矩、力偶.
- 第三节 平面力系
  - 平面汇交力系平衡条件
  - 平面力偶系平衡条件
  - 平面任意力系平衡条件
- 第四节 轴向拉压
  - 轴向拉压的内力(轴力)与轴力图
  - 轴向拉压的应力与强度计算
  - 轴向拉压的变形计算
  - 材料在受轴向拉压时的力学性能
- 第五节 圆轴的扭转
  - 圆轴扭转时的内力(扭矩)与扭矩图
  - 圆轴扭转时横截面上的应力与强度计算
  - 圆轴扭转时的变形与刚度计算
- 第六节 梁的弯曲
  - 梁的内力、内力图
  - 梁的正应力、剪应力及强度
  - 挠度和转角、梁的刚度
- 第七节 组合变形
  - 常用组合变形、叠加法
  - 斜弯曲变形横截面应力、强度条件
  - 拉(压)弯组合变形应力、强度条件
  - 偏向压缩(拉伸)横截面应力、强度
- 第八节 几何组成分析
  - 三种不同体系及自由度的概念
  - 几何不变体系的三个组成规则
  - 应用规则对平面体系进行几何组成分析
- 第九节 静定结构的内力
  - 多跨静定梁的内力与内力图、层次图
  - 静定平面刚架的内力与内力图、刚结点
  - 静定平面桁架的内力、理想桁架、零杆
  - 静定组合结构的内力
- 第十节 静定结构的位移
  - 单位荷载法计算静定结构在荷载作用下的位移
  - 静定结构在在支座移动作用下的位移
- 第十一节 力法计算超静定结构
  - 力法的基本原理
  - 力法计算超静定梁,作最后内力图
  - 力法计算超静定刚架,作最后内力图

第一节　静力学基本概念

考点 1　静力学公理

一、基本概念

静力学是研究物体在力系作用下平衡规律的科学。

在静力学中所指的物体通常都是刚体。所谓刚体是指在力的作用下，其内部任意两点之间的距离始终保持不变的物体，这是一个理想化的力学模型。在力的作用下，变形不能忽略不计的物体为变形体。

力是物体间相互的机械作用，这种作用效果使物体的机械运动状态发生变化。

力对物体的作用效果由三个要素——力的大小、方向、作用点来确定，习惯称之为力的三要素。故力应以矢量表示，本书中用黑斜体字母 $\boldsymbol{F}$ 表示力矢量，而用普通字母 F 表示力的大小。在国际单位制中，力的单位是 N 或 kN。

力系，是指作用于物体上的一群力。

如果一个力系作用于物体的效果与另一个力系作用于该物体的效果相同，称这两个力系互为等效力系。

不受外力作用的物体可称为受零力系作用。一个力系如果与零力系等效，称该力系为平衡力系。

在静力学中，主要研究以下三个问题：

1. 物体的受力分析

分析某个物体共受几个力作用，以及每个力的作用位置和方向。

2. 力系的等效替换（或简化）

将作用在物体上的一个力系用与它等效的另一个力系来替换，称为力系的等效替换。用一个简单力系等效替换一个复杂力系，称为力系的简化。某力系与一个力等效，则称此力为该力系的合力，而该力系的各力为此力的分力。

研究力系等效替换并不限于分析静力学问题，也是为动力学提供基础。

3. 建立各种力系的平衡条件

研究作用在物体上的各种力系所需满足的平衡条件。

二、静力学公理

1. 公理 1　力的平行四边形法则

作用在物体上同一点的两个力，可以合成为一个合力，合力的作用点也在该点，合力的

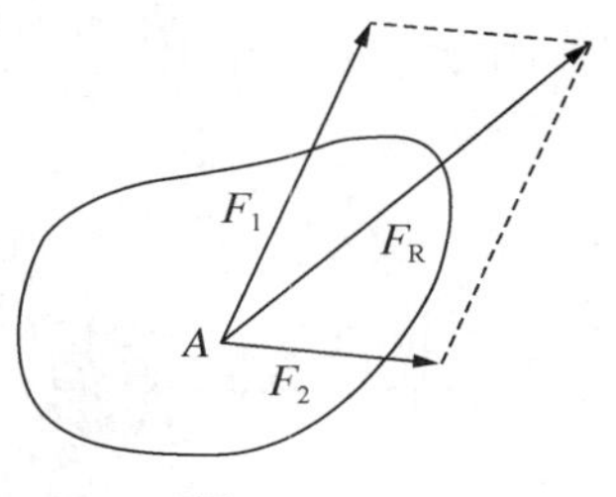

图 1-1-1

大小和方向，由这两个力为边构成的平行四边形的对角线确定，如图 1-1-1 所示。或者说，合力矢等于这两个力矢的几何和，即

$$\boldsymbol{F}_R=\boldsymbol{F}_1+\boldsymbol{F}_2$$

这条公理是复杂力系简化的基础。

2. 公理 2　二力平衡条件

作用在同一刚体上的两个力，使刚体保持平衡的必要和充分条件是：这两个力的大小相等、方向相反，且作用在同一直线上。

这条公理表明了作用于刚体上最简单力系平衡时所必须满足的条件。

3. 公理 3　加减平衡力系原理

在任一原有力系上加上或减去任意的平衡力系，与原力系对刚体的作用效果等效。

这条公理是研究力系等效替换的重要依据。

根据上述公理可以导出下列两条推理：

推理 1　力的可传性

作用于刚体上某点的力，可以沿着它的作用线移到刚体内任意一点，并不改变力对刚体的作用。如图 1-1-2(a)所示。

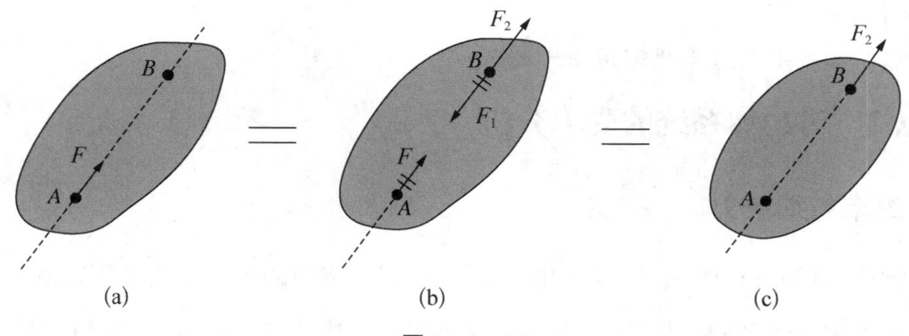

图 1-1-2

由此可见，对于刚体来说，力的作用点已由作用线所代替。因此，作用于刚体上的力的三要素是力的大小、方向和作用线。

推理 2　三力平衡汇交定理

刚体在三个力作用下平衡，若其中两个力的作用线交于一点，则第三力的作用线必通过此汇交点，且三个力位于同一平面内。如图 1-1-3 所示。

4. 公理 4　作用和反作用定律

作用力和反作用力总是同时存在，两力的大小相等、方向相反，沿着同一条直线，分别作用在两个相互作用的物体上。如图 1-1-4。

作用和反作用定律与二力平衡条件的描述有相同之处，两力均是等值、反向、共线，但区别是，作用力和反作用力作用在相互作用的两个物体上,二力平衡公理中的二力作用于同一个刚体上。

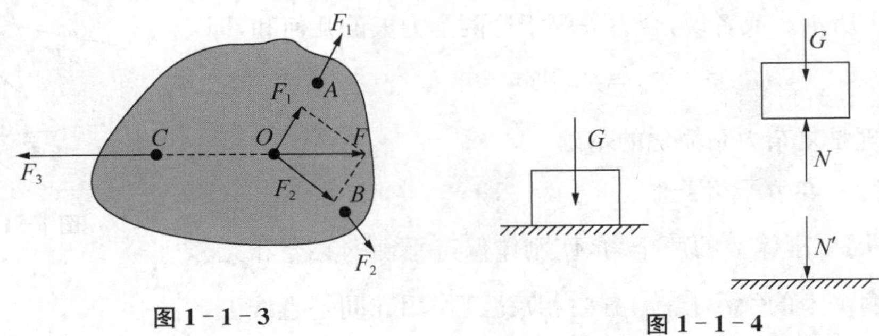

图 1-1-3　　图 1-1-4

【LX0101A·单选题】

加减平衡力系公理适用于(　　)

A. 刚体　　B. 变形体　　C. 刚体和变形体

【答案】 A

【解析】 根据公理 3 加减平衡力系原理。在任一原有力系上加上或减去任意的平衡力系,与原力系对刚体的作用效果等效。故选 A。

【LX0101B·判断题】

对任意给定的力系,都可以按照加减平衡力系原理,加上或减去任意的平衡力系而不改变原力系的作用效果。(　　)

【答案】 ×

【解析】 加减平衡力系原理适用于刚体。

考点 2　对物体系统的受力分析

一、约束与约束力

有些物体,例如飞行的飞机、炮弹和火箭等,它们在空间的位移不受任何限制。称位移不受限制的物体为自由体。相反,有些物体在空间的位移却要受到一定的限制,如机车受铁轨的限制,只能沿轨道运动。位移受到限制的物体称为非自由体。称对非自由体的某些位移起限制作用的周围物体为约束。

从力学角度来看,约束对物体的作用,实际上就是力,称这种力为约束力,因此,约束力的方向必与该约束所能阻碍的位移方向相反。应用这个准则,可以确定约束力的方向或者作用线的位置。至于约束力的大小是未知的。在静力学问题中,约束力和物体受的其他已知力(称主动力)组成平衡力系,因此可用平衡条件求出未知的约束力。当主动力改变时,约束力一般也发生改变,因此约束力是被动的,这也是将约束力之外的力称为主动力的原因。

下面介绍几种在工程中常见的约束类型和确定约束力方向的方法。

1. 具有光滑接触表面的约束

例如,支持物体的固定面(如图 1-1-5)、机床中的导轨等,当摩擦忽略不计时,都属于这类约束。

这类约束不能限制物体沿约束表面切线的位移，只能阻碍物体沿接触表面法线并向约束内部的位移。因此，光滑支撑面对物体的约束力，作用在接触点处，方向沿接触表面的公法线，并指向被约束的物体。称这种约束为法向约束力，通常用 $\boldsymbol{F}_n$ 表示。

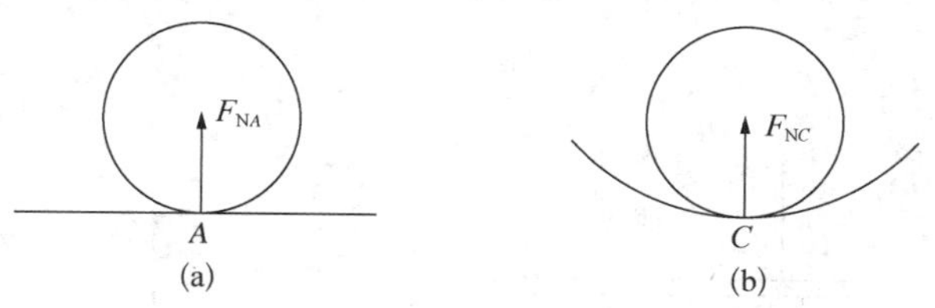

图 1－1－5

2. 由柔软的绳索、链条或胶带等构成的约束

细绳吊住重物，如图 1－1－6 所示。由于柔软的绳索本身只能承受拉力，所以它给物体的约束力也只可能是拉力。因此，绳索对物体的约束力，作用在接触点，方向沿着绳索背离物体。通常用 $\boldsymbol{F}$ 或 $\boldsymbol{F}_T$ 表示这类约束力。

链条或胶带也都只能承受拉力。当它们绕在轮子上，对轮子的约束力沿轮缘的切线方向。（图 1－1－7）

一般通称这类约束为柔索约束。

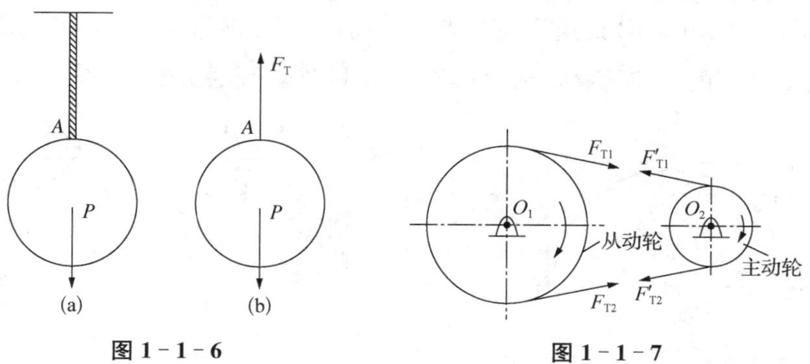

图 1－1－6　　**图 1－1－7**

3. 光滑铰链约束

这类约束有向心轴承、圆柱形铰链和固定铰链支座等。

(1) 向心轴承（径向轴承）

图 1－1－8(a)，所示为轴承装置，可画成如图所示的简图。轴可在任意转动，也可沿孔的中心线移动；但是，轴承阻碍着轴沿径向向外的位移。当轴和轴承在某点 A 光滑接触时，轴承对轴的约束力 $\boldsymbol{F}_A$ 作用在接触点 A，且沿公法线指向轴心。

但是，随着轴所受的主动力不同，轴和孔的接触点的位置也随之不同。所以，当主动力尚未确定时，约束力的方向预先不能确定。然而，无论约束力朝向何方，它的作用线必垂直于轴线并通过轴心。这样一个方向不能预先确定的约束力，通常可用通过轴心的两个大小未知的正交分力 $\boldsymbol{F}_{Ax}$，$\boldsymbol{F}_{Ay}$ 来表示，如图 1－1－8(b)或(c)所示 $\boldsymbol{F}_{Ax}$，$\boldsymbol{F}_{Ay}$ 的指向暂可任意假定。

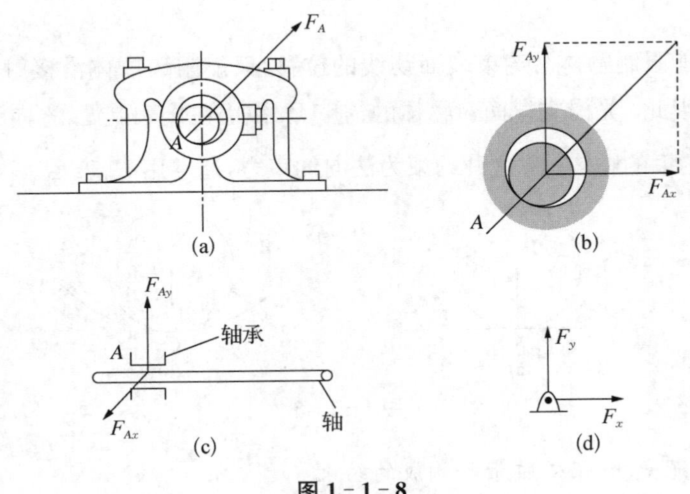

图 1-1-8

在平面问题中,此类约束一般用图 1-1-8(d)所示的符号表示。

(2) 圆柱铰链和固定铰链支座

图 1-1-9(a)所示为一拱形桥示意图,它是由两个拱形构件通过圆柱铰链 C 以及固定铰链支座 A 和 B 连接而成。圆柱铰链是由销钉 C 将两个钻有同样大小孔的构件连接在一起而成的[图 1-1-9(b)],其简图如图 1-1-9(a)的铰链 C 所示。如果铰链连接中有一个固定在地面或机架上作为支座,则称这种约束为固定铰链支座,简称固定铰支,如图 1-1-9(b)中所示的支座 B。它与轴承具有同样的约束性质,即约束力的作用线不能预先定出,但约束力垂直轴线并通过铰链中心,故也可用两个未知的正交分力 $\boldsymbol{F}_{Cx}$,$\boldsymbol{F}_{Cy}$ 和 $\boldsymbol{F}'_{Cx}$,$\boldsymbol{F}'_{Cy}$ 来表示,如图 1-1-9(c)所示。

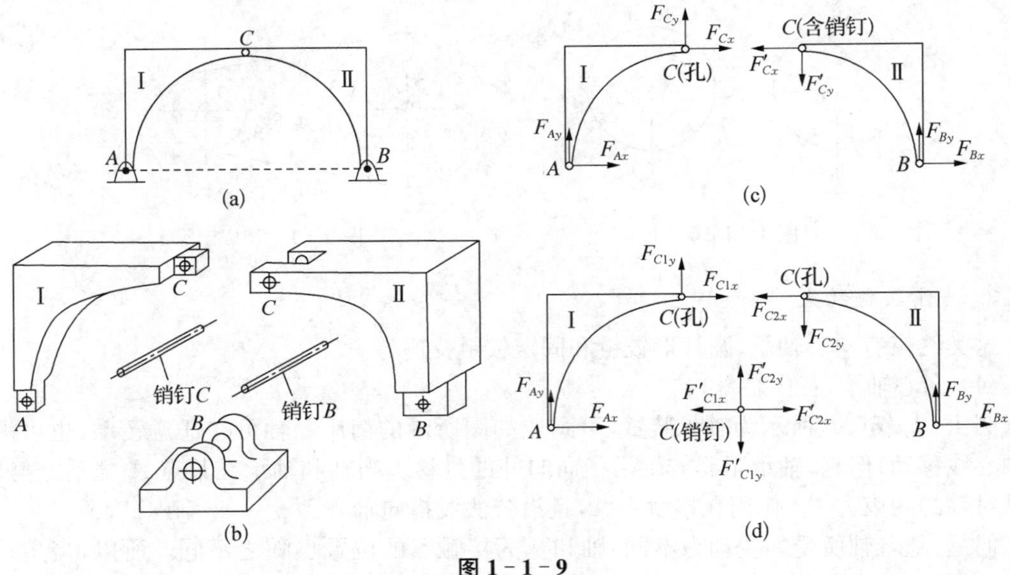

图 1-1-9

4. 滚动支座

在桥梁、屋架等结构中经常采用滚动支座约束。这种支座是在固定铰链支座与光滑支承面之间，装有几个辊轴而构成，又称为辊轴支座，如图 1－1－10 所示，其简图如图 1－1－10 所示。显然，滚动支座的约束性质与光滑面约束相同，其约束力必垂直于支承面，且通过铰链中心。通常用 $\boldsymbol{F}_{\mathrm{N}}$ 表示其法向约束力，如图 1－1－10 所示。

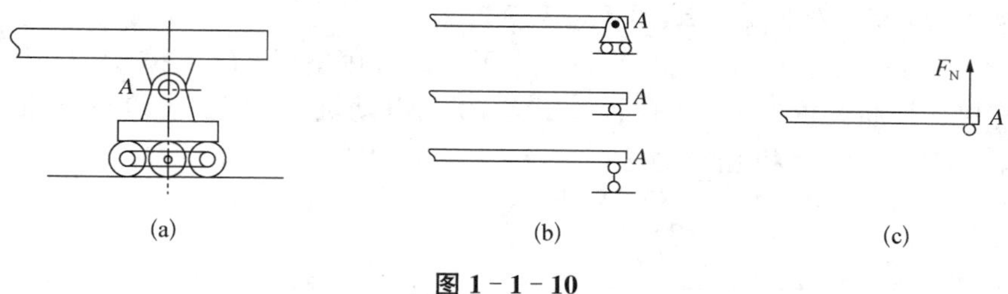

图 1－1－10

5. 固定端约束

若物体在被约束处完全被固定，既限制了物体的垂直与水平位移，又限制了物体的转动，这种约束称为固定端约束，如图 1－1－11。

固定端约束的约束反力分布较复杂，在平面问题中可简化为两个互相垂直的、指向假定的分力和一个转向假定的力偶。

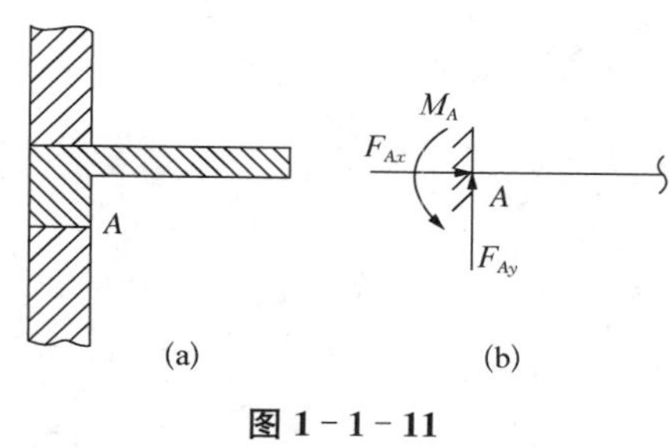

图 1－1－11

二、物体的受力分析与受力图

在工程实际中，为了求出未知的约束力，需要根据已知力，应用平衡条件求解。为此，首先要确定构件受了几个力，每个力的作用位置和力的作用方向，这种分析过程称为物体的受力分析。

作用在物体上的力可分为两类：一类是主动力，例如，物体的重力、风力、气体压力等，一般是已知的；另一类是约束对于物体约束力，为未知的被动力。

为了清晰地表示物体的受力情况，我们把需要研究的物体（称为受力体）从周围的物体（称为施力体）中分离出来，单独画出它的受力简图，这个步骤叫作取研究对象或取分离体。然后，把施力物体对研究对象的作用力（包括主动力 和约束力）全部画出来。这种表示物体受力的简明图形，称为受力图。画物体受力图是解决静力学问题的一个重要步骤。

【例 1－1－1】 屋架如图 1－1－12(a)所示。A 处为固定铰链支座，B 处为滚动支座，搁在光滑的水平面上。已知屋架自重 P，在屋架的 AC 边上承受了垂直于它的均布的风力 q（q 以 N/m 计）。要求画出屋架的受力图。

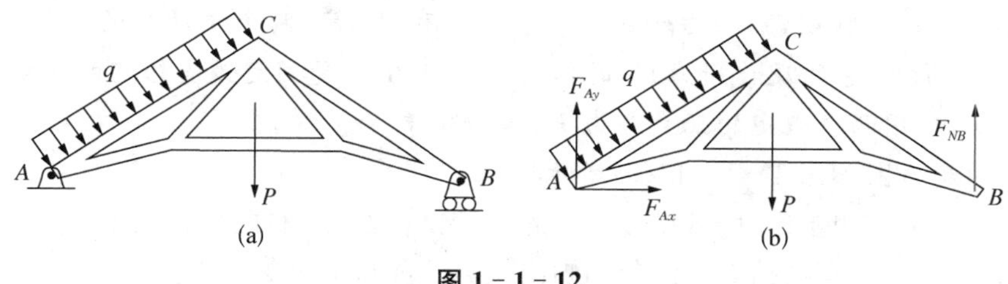

图 1－1－12

【解】 (1) 取屋架为研究对象,除去约束并画出其简图。

(2) 画主动力。有屋架的重力 P 和均布的风力 q。

(3) 画约束力。因 A 处为固定铰支,其约束力用两个未知的正交分力 $\boldsymbol{F}_{Ax}$ 和 $\boldsymbol{F}_{Ay}$ 表示。B 处为滚动支座,约束力垂直向上,用 $\boldsymbol{F}_{NB}$ 表示。

【例 1-1-2】 如图 1-1-13(a)所示,水平梁 AB 用斜杆 CD 支撑,A、C、D 三处均为光滑铰链连接。均质梁重 $\boldsymbol{P}_1$,其上放置一重为 $\boldsymbol{P}_2$ 的电动机。不计杆 CD 的自重,分别画出杆 CD 和梁 AB(包括电动机)的受力图。

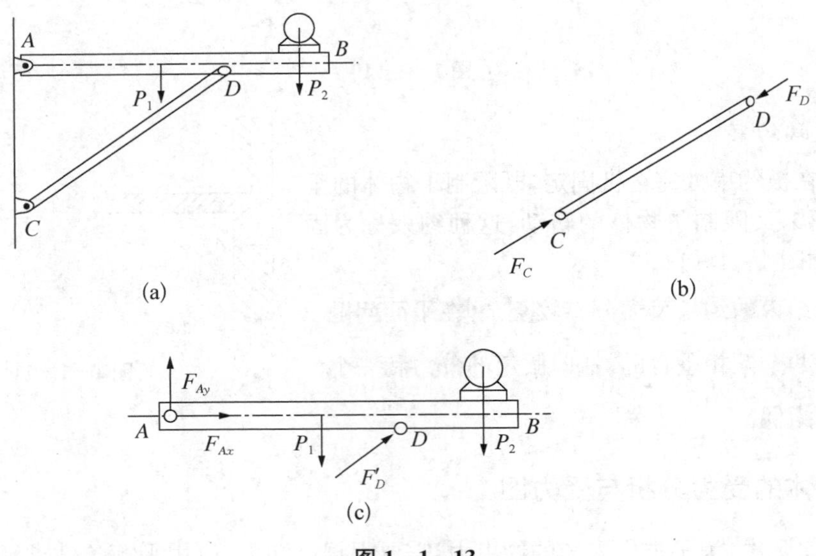

图 1-1-13

【解】 (1) 先分析斜杆的受力。由于斜杆的自重不计,根据光滑铰链的特性,C,D 处的约束力分别通过铰链 C,D 的中心,方向暂不确定。考虑到杆 CD 只在 $\boldsymbol{F}_C$,$\boldsymbol{F}_D$ 二力作用下平衡,根据二力平衡公理,这两个力必定沿同一直线,且等值、反向。由此可确定 $\boldsymbol{F}_C$ 和 $\boldsymbol{F}_D$ 的作用线应沿铰链中心 C 与 D 的连线,由经验判断,此处杆 CD 受压力,其受力图如图 1-023(b)所示。一般情况下与 $\boldsymbol{F}_C$,$\boldsymbol{F}_D$ 的指向不能预先判定,可先任意假设杆受拉力或压力。若根据平衡方程求得的力为正值,说明原假设力的指向正确;若为负值,则说明实际杆受力与原假设方向相反。

只在两个力作用下平衡的构件,被称为二力构件。由于静力学中所指物体都是刚体,其形状对计算结果没有影响,因此不论其形状如何,一般简称为二力杆。它所受的两个力必定沿两力作用点的连线,且等值、反向。二力杆在工程实际中经常遇到,有时也把它作为一种约束,如图 1-1-13(b)所示。

(2) 取梁 AB(包括电动机)为研究对象。它受有 $\boldsymbol{P}_1$,$\boldsymbol{P}_2$ 两个主动力的作用。梁在铰链处受有二力杆 CD 给它的反作用力 $\boldsymbol{F}'_D$ 的作用。梁在 A 处受固定铰支给它的约束力的作用,由于方向未知,可用两个未定的正交分力 $\boldsymbol{F}_{Ax}$ 和 $\boldsymbol{F}_{Ay}$ 表示。

梁 AB 的受力图如图 1-1-13(c)所示。

【例 1-1-3】 如图 1-1-14(a)所示的三铰拱桥由左、右两拱铰接而成。不计自重及摩擦,在拱 AC 上作用有载荷 $\boldsymbol{F}$。试分别画出拱 AC 和 CB 的受力图。

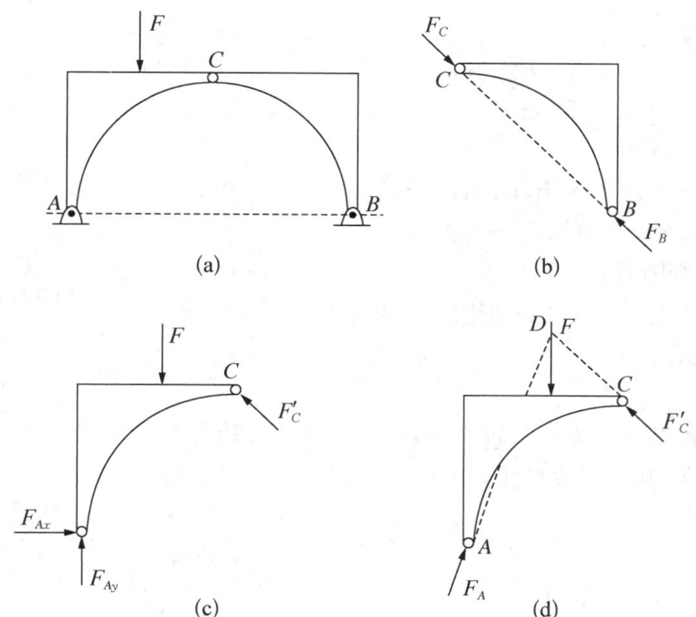

图 1-1-14

【解】 (1) 先分析拱 BC 的受力。由于拱 BC 自重不计，且只在 B，C 两处受到铰链约束，因此 BC 为二力构件。在铰链中心 B、C 处分别受 $\boldsymbol{F}_B$，$\boldsymbol{F}_C$ 两力的作用，这两个力的方向如图 1-1-14(b)所示。

(2) 取拱 AC 为研究对象。由于自重不计，因此主动力只有载荷 $\boldsymbol{F}$。拱 AC 在铰链 C 处受有拱 BC 给它的反作用力 $\boldsymbol{F}_C{}'$ 的作用，拱在 A 处受有固定铰支给它的约束力 $\boldsymbol{F}_A$ 的作用，由于方向未定，可用两个未知的正交分力 $\boldsymbol{F}_{Ax}$ 和 $\boldsymbol{F}_{Ay}$ 代替。

拱 AC 的受力图如图 1-1-14(c)所示。

再进一步分析可知，由于拱 AC 在 $\boldsymbol{F}$，$\boldsymbol{F}_C{}'$ 及 $\boldsymbol{F}_A$ 三个力作用下平衡，故可根据三力平衡汇交定理，确定铰链 A 处约束力 $\boldsymbol{F}_A$ 的方向。点 D 为力 $\boldsymbol{F}$ 和 $\boldsymbol{F}_C{}'$ 作用线的交点，当拱 AC 平衡时，约束力 $\boldsymbol{F}_A$ 的作用线必通过点 D[图 1-1-14(d)]；至于 $\boldsymbol{F}_A$ 的指向，暂且假定如图，以后由平衡条件确定。

【LX0102A・单选题】

为 P 的小球置于光滑的水平面上，受力如图(a)及图(b)，则(　　)。

A. F_N 与 P 是作用与反作用力

B. F_N 与 F_N' 是作用与反作用力

C. F_N 与 P 是作用力与反作用力

D. F_N 与 F_N' 是平衡力系。

【答案】 B

【解析】 作用和反作用力作用在相互作用的两个物体上，二力平衡公理中的二力作用于同一个刚体上。

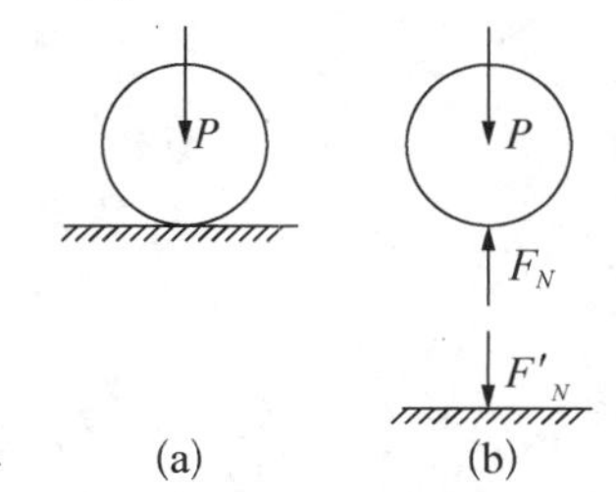

【LX0102A】附图

【LX0102B・单选题】

如图所示，AB 杆自重不计，在 5 个已知力作用下处于平衡，则作用于 B 点的 4 个力的合力 FR 的大小为(　　)。

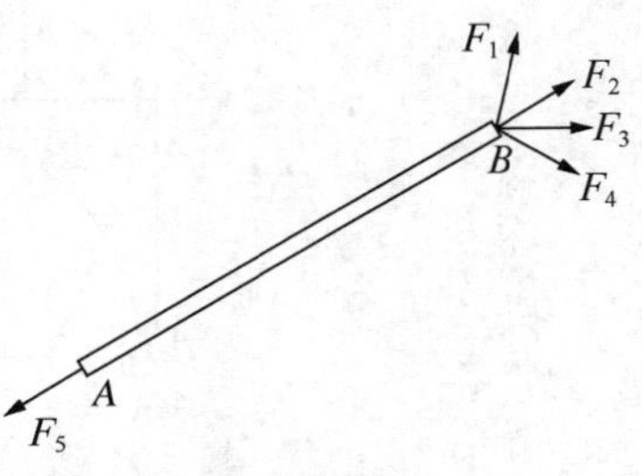

【LX0102B】附图

A. F_1　　B. F_3

C. F_4　　D. F_5

【答案】 D

【解析】 因杆件处于平衡状态,故 F_1、F_2、F_3、F_4 的合力必和 F_5 等值、反向、作用在同一条直线上。

【LX0102C · 判断题】

若作用在刚体上的三个力的作用线汇交于同一点,则该刚体必处于平衡状态。　　(　　)

【答案】 ×

【解析】 刚体在三个力作用下平衡,若其中两个力的作用线交于一点,则第三力的作用线必通过此汇交点,且三个力位于同一平面内。

第二节　力、力矩和力偶

考点 3　力在直角坐标轴上的投影

在力 $\boldsymbol{F}$ 作用的平面内建立直角坐标系 Oxy。自力 $\boldsymbol{F}$ 的两个端点 A 和 B 分别向 x 轴和 y 轴作垂线，得线段 ab 和 $a'b'$。ab 称为力 $\boldsymbol{F}$ 在 x 轴上的投影，用 F_x 表示；$a'b'$ 称为力 $\boldsymbol{F}$ 在 y 轴上的投影，用 F_y 表示。

投影的正负号规定如下：若力 $\boldsymbol{F}$ 在坐标轴上的投影方向与坐标轴方向一致，取正号；反之取负号。

由图 1-2-1 可得

$$F_x = \pm F\cos\alpha$$
$$F_y = \pm F\sin\alpha$$

图 1-2-1

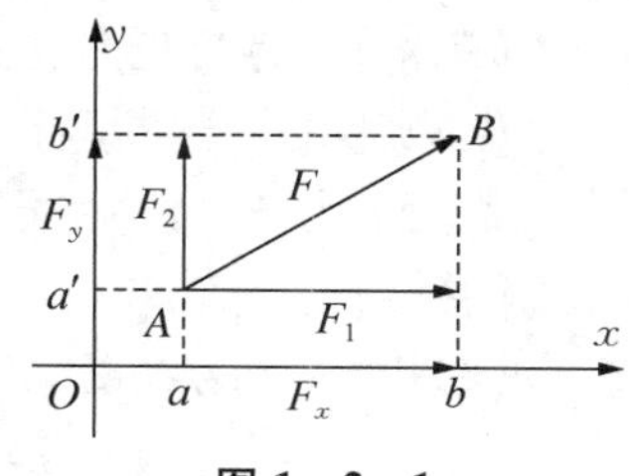

图 1-2-1 中，F_1、F_2 是力 F 沿 x 轴、y 轴方向的分力，是矢量，它们的大小和力 F 在两个坐标轴上投影的绝对值是相等的，即

$$F_1 = |F_y|, F_2 = |F_y|$$

注意：力在坐标轴上的投影是代数量，有正负号，而分力是矢量，不能将它们混为一谈。

【例 1-2-1】　求图 1-2-2 中各力在 x、y 轴上的投影。已知 $F_1 = 15\ \text{kN}$，$F_2 = 20\ \text{kN}$，$F_3 = 25\ \text{kN}$，$F_4 = 25\ \text{kN}$。

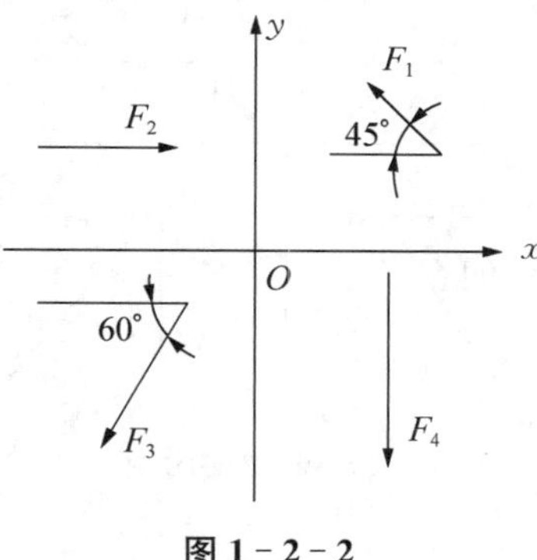

图 1-2-2

【解】　$F_{1x} = -F_1 \cdot \cos 45° = -15 \times 0.707 = -10.6\ \text{kN}$

$F_{1y} = F_1 \cdot \sin 45° = 15 \times 0.707 = 10.6\ \text{kN}$

$F_{2x} = F_2 = 20\ \text{kN}$

$F_{2y} = 0$

$$F_{3x} = -F_3 \cdot \cos 60° = -25 \times \frac{1}{2} = -12.5\ \text{kN}$$

$$F_{3y} = -F_3 \cdot \sin 60° = -25 \times \frac{\sqrt{3}}{2} = -21.65\ \text{kN}$$

$F_{4x} = 0$

$F_{4y} = -F_4 = -25\ \text{kN}$

【LX0201A · 单选题】

力沿某一坐标轴的分力与该力在同一坐标轴上的投影之间的关系是（　　）。

A. 分力的大小必等于投影

B. 分力的大小必等于投影

C. 分力的大小可能等于、也可能不等于投影的绝对值

D. 分力与投影是性质相同的物理量

【答案】 C

【解析】 分力的大小和投影的大小没有必然联系。

【LX0201B·单选题】

若力 F 在某轴上的投影绝对值等于该力的大小,则该力在另一任意共面轴上的投影(　　)。

A. 等于该力的大小　　B. 一定等于零

C. 一定不等于零　　D. 不一定等于零

【答案】 D

【解析】 力投影的大小取决于力的大小以及力和投影轴的夹角。

【LX0201C·判断题】

两个力 $\boldsymbol{F}_1$、$\boldsymbol{F}_2$ 大小相等,则它们在同一轴上的投影也相等。　　(　　)

【答案】 ×

【解析】 力的投影包含大小和正负号。

【LX0201D·判断题】

若两个力 $\boldsymbol{F}_1$、$\boldsymbol{F}_2$ 在同一轴上的投影相等,则这两个力相等,即 $\boldsymbol{F}_1=\boldsymbol{F}_2$。　　(　　)

【答案】 ×

【解析】 力为矢量,力的投影是代数量。

【LX0201E·判断题】

若两个力 $\boldsymbol{F}_1$、$\boldsymbol{F}_2$ 大小相等,则在同一轴 Ox 上投影相等,即 $F_{1x}=F_{2x}$。　　(　　)

【答案】 ×

【解析】 力为矢量,大小相等,方向未必相同,所以投影不一定相等。

【LX0201F·计算题】

如左图所示,已知 $F_1=100\ \text{N}$,$F_2=200\ \text{N}$,$F_3=300\ \text{N}$,$F_4=400\ \text{N}$ 各力的方向如图,试分别求各力在 x 轴和 y 轴上的投影。

【LX0201F】附图

【解析】 列表计算如下表所示

各力在 x 轴和 y 轴上的投影计算

力	力在 x 轴上的投影($\pm F\cos\alpha$)/N	力在 y 轴上的投影($\pm F\sin\alpha$)/N
F_1	$100\times\cos 0°=100$	$100\times\sin 0°=0$
F_2	$-200\times\cos 60°=-100$	$200\times\sin 60°=100\sqrt{3}$
F_3	$-300\times\cos 60°=-150$	$-300\times\sin 60°=-150\sqrt{3}$
F_4	$400\times\cos 45°=200\sqrt{2}$	$-400\times\sin 45°=-200\sqrt{2}$

考点 4　力矩、合力矩定理

一、力对点的矩

力对物体的作用效果之一是使物体的运动状态发生改变,此改变包括移动与转动。力对物体的移动效应可用力矢来度量，而力对物体的转动效应可用力对点的矩(简称力矩)来度量，即力矩是用来度量力使物体转动效应的物理量。

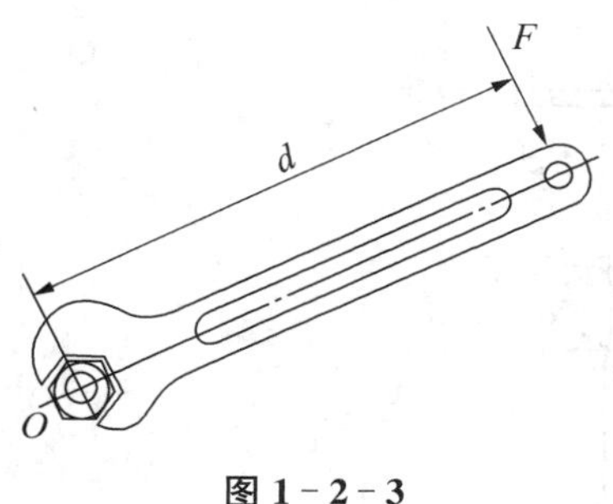

图1-2-3

下面以扳手拧螺母为例，如图1-2-3所示，来说明力使刚体绕某点转动的效应与哪些因素有关。

用扳手拧螺母时，在扳手上施加一力 $\boldsymbol{F}$，使扳手带动螺母绕中心 O 转动，力 $\boldsymbol{F}$ 越大，转动越快；力 $\boldsymbol{F}$ 的作用线离转动中心的距离 d 越大，转动也越快；当力 $\boldsymbol{F}$ 的大小和作用线不变而方向相反时，扳手朝相反方向转动。

由此可见，力使物体绕某点转动的效应，与力的大小成正比，与转动中心到力的作用线的垂直距离也成正比。这个转动中心称为矩心，这个垂直距离称为力臂。

在平面问题中，如图1-2-4所示，力对点的矩(力矩)定义如下：

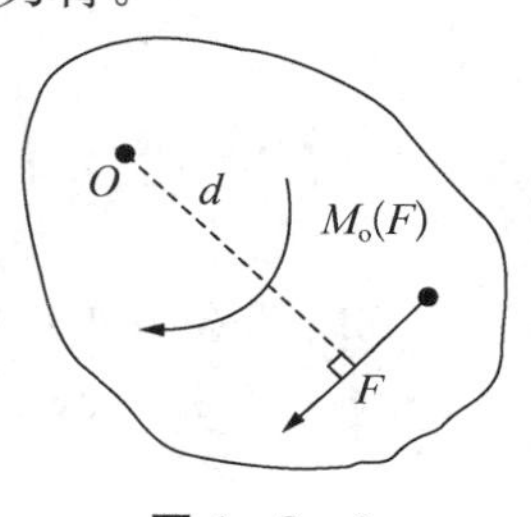

图1-2-4

力对点的矩是代数量，它的绝对值等于力的大小与力臂的乘积，其转向用正负号确定，按下法规定：力使物体绕矩心逆时针转向转动时为正，反之为负。

力 $\boldsymbol{F}$ 对 O 点的矩以 $M_O(\boldsymbol{F})$ 表示，即

$$M_O(\boldsymbol{F})=\pm Fd$$

显然，当力的作用线通过矩心，即力臂等于零时，它对矩心的力矩等于零。

二、合力矩定理

合力矩定理：平面汇交力系的合力对平面内任一点之矩等于力系中各力对该点之矩的代数和，即

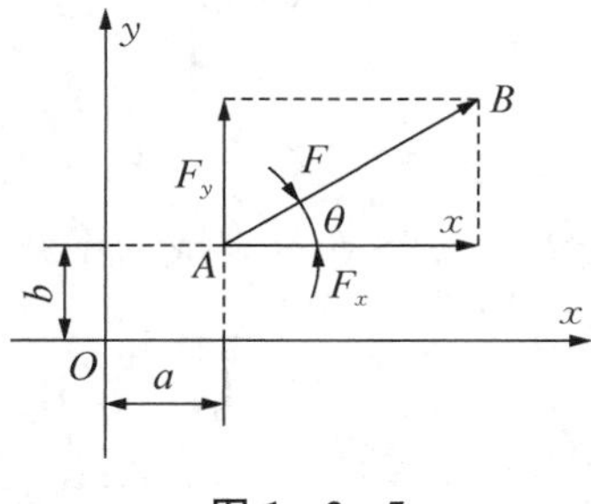

图1-2-5

$$M_O(F)=M_O(\boldsymbol{F}_1)+M_O(\boldsymbol{F}_2)+\cdots M_O(\boldsymbol{F}_n)=\sum M_O(i)$$

合力矩定理常可以用来简化力矩的计算，尤其是当力臂不易求出时，可将力分解成两个互相垂直的分力，而两个分力对某点的力臂已知或易求出，则可方便求出两个分力对某点之矩的代数和，从而求出已知力对该点之矩，如图1-2-5所示。

$$M_O(\boldsymbol{F})=M_O(\boldsymbol{F}_x)+M_O(\boldsymbol{F}_y)=-F_xb+F_ya=-F\cos\theta\cdot b+F\sin\theta\cdot a=F(a\sin\theta-b\cos\theta)$$

【例1-2-2】 求图1-2-6中力 F 对 A 点的矩。

【解】 (a)图

(1) 用力矩公式直接求解。

$$M_A(\boldsymbol{F})=-Fd=-30\times2\times\sin30^\circ=-30\text{ N}\cdot\text{m}$$

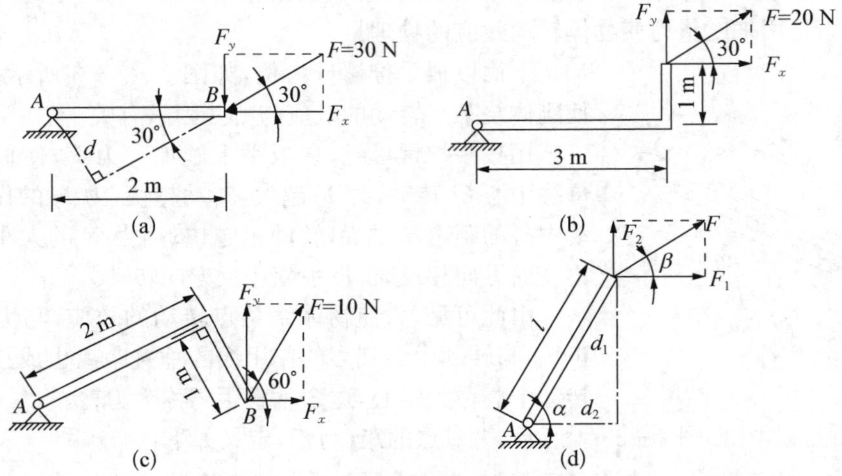

图 1-2-6

(2) 用合力矩定理求解。

将力 $\boldsymbol{F}$ 沿 x、y 方向分解成两个分力 $\boldsymbol{F}_x$、$\boldsymbol{F}_y$，则

$$F_x = F \cdot \cos 30° = 30 \times \frac{\sqrt{3}}{2} = 25.98 \text{ N}$$

$$F_y = F \cdot \sin 30° = 30 \times \frac{1}{2} = 15 \text{ N}$$

由合力矩定理计算

$$M_A(\boldsymbol{F}) = M_A(\boldsymbol{F}_x) + M_A(\boldsymbol{F}_y) = 0 - F_y \cdot 2 = -15 \times 2 = -30 \text{ N} \cdot \text{m}$$

注意：$\boldsymbol{F}_x$ 的作用线通过 A 点，所以 $\boldsymbol{F}_x$ 对 A 的矩为零。

(b)图

此题用力矩公式直接计算时，计算力臂不方便。可先将力 $\boldsymbol{F}$ 沿 x、y 方向分解成两个分力 $\boldsymbol{F}_x$、$\boldsymbol{F}_y$，再由合力矩定理求解较为方便。

$$F_x = F \cdot \cos 30° = 20 \times \frac{\sqrt{3}}{2} = 17.32 \text{ N}$$

$$\boldsymbol{F}_y = F \cdot \sin 30° = 20 \times \frac{1}{2} = 10 \text{ N}$$

根据合力矩定理可得

$$M_A(\boldsymbol{F}) = M_A(\boldsymbol{F}_x) + M_A(\boldsymbol{F}_y) = -F_x \times 1 + F_y \times 3 = -17.32 \times 1 + 10 \times 3 = 12.68 \text{ N} \cdot \text{m}$$

(c)图

此题用力矩公式直接计算，力臂的计算有点麻烦。可将 $\boldsymbol{F}$ 分解为互相垂直的两个分力 $\boldsymbol{F}_x$、$\boldsymbol{F}_y$，再用合力矩定理计算。

$$F_x = F \cdot \cos 60° = 10 \times \frac{1}{2} = 5\ \text{N}$$

$$F_y = F \cdot \sin 60° = 10 \times \frac{\sqrt{3}}{2} = 8.66\ \text{N}$$

根据合力矩定理可得

$$M_A(F) = M_A(F_x) + M_A(F_y) = 0 + F_y \cdot l_{AB} = 8.66 \times \sqrt{2^2 + 1^2} = 19.36\ \text{N} \cdot \text{m}$$

(d)图

此题直接求力 F 对 A 点的矩有困难。先将力 F 分解成两个互相垂直的分力 F_1、F_2，再用合力矩定理计算。

$$F_1 = F \cdot \cos\beta, F_2 = F \cdot \sin\beta$$

$$\begin{aligned} m_A(F) &= m_A(F_1) + m_A(F_2) = -F_1 \cdot d_1 + F_2 \cdot d_2 \\ &= -F \cdot \cos\beta \cdot l\sin\alpha + F \cdot \sin\beta \cdot l\cos\alpha \\ &= -FL(\sin\alpha\cos\beta - \cos\alpha\sin\beta) = -Fl\sin(\alpha - \beta) \end{aligned}$$

【例 1-2-3】 计算图 1-2-7 中均布荷载 q 对 A 的矩。

【解】 具体计算时，均布荷载须化为集中力。集中力作用在均布荷载作用段的中点处，方向与均布荷载一致。

$$m_A(q) = -ql \cdot \frac{l}{2} = -\frac{ql^2}{2}$$

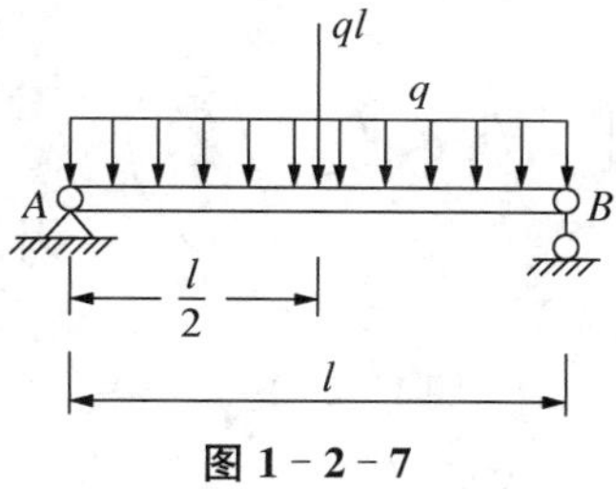

图 1-2-7

【例 1-2-4】 如图 1-2-8 所示为一挡土墙。设每 1 m 长挡土墙所受土压力的合力为 $F_R = 150$ kN。试问此挡土墙是否会翻倒？

【解】 土压力 F_R 对 A 点的力矩若是逆时针转向，此挡土墙会绕 A 点翻倒；土压力 F_R 对 A 点的力矩若是顺时针转向，则挡土墙不会翻倒。故本题只需计算 F_R 对 A 点的力矩。用合力矩定理求解较为方便。

$$F_1 = F_R \cdot \cos 30° = 150 \times \frac{\sqrt{3}}{2} = 129.9\ \text{kN}$$

$$F_2 = F_R \cdot \sin 30° = 150 \times \frac{1}{2} = 75\ \text{kN}$$

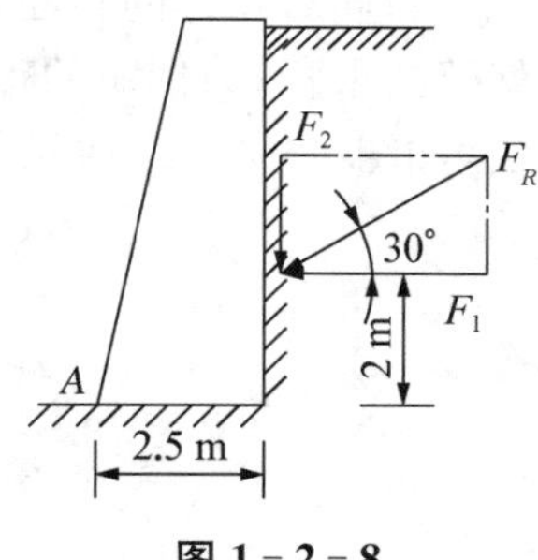

图 1-2-8

由合力矩定理可得

$$M_A(F) = M_A(F_1) + M_A(F_2) = F_1 \cdot 2 - F_2 \cdot 2.5 = 129.9 \times 2 - 75 \times 2.5 = 72.3\ \text{kN} \cdot \text{m}$$

计算结果为正值，说明 F_R 对 A 点的力矩若是逆时针，所以此挡土墙绕 A 点翻到。

【LX0202A · 单选题】

如图，大小相等、方向与作用线均相同的 4 个力 F_1、F_2、F_3、F_4 对同一点 O 之矩分别用 M_1、M_2、M_3、M_4 表示，则（　　）

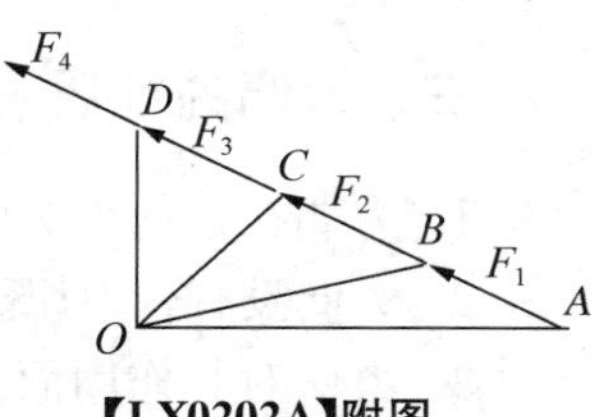

【LX0202A】附图

A. $M_1>M_2>M_3>M_4$　　B. $M_1<M_2<M_3<M_4$
C. $M_1+M_2>M_3>M_4$　　D. $M_1=M_2=M_3=M_4$

【答案】 D

【解析】 力的大小相同、方向相同、力臂相同，故对 O 的矩相同。

考点 5　力偶

一、力偶

1. 力偶的概念

在生产或日常生活中，我们常见到两个大小相等、方向相反的平行力作用于物体的情形。例如，人们用手指拧水龙头、司机用双手转动方向盘、钳工用丝锥攻螺纹等。这等值、反向的两个平行力不满足二力平衡，合力显然不等于零，它们能使物体改变转动状态。这种大小相等、方向相反、作用线平行的两个力组成的力系，称为力偶。记作($\boldsymbol{F},\boldsymbol{F}'$)如图 1-2-9 所示。力偶中两个力作用的线间的垂直距离 d 称为力偶臂，力偶所在的平面称为力偶的作用面。

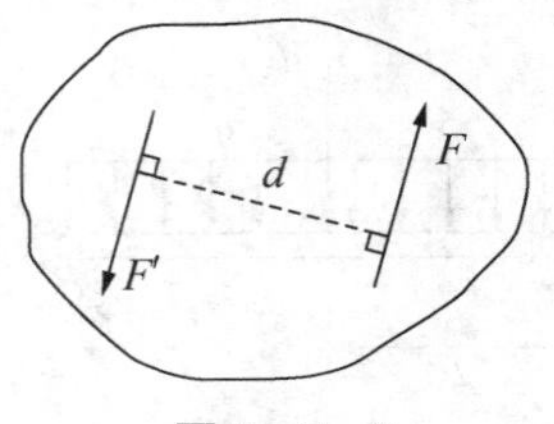

图 1-2-9

由于力偶不能合成为一个力，故力偶也不能用一个力来平衡。因此，力和力偶是静力学的两个基本要素。

2. 力偶的三要素

力偶对物体的转动效应，取决于大小、转向、作用面三个要素。

二、力偶矩

力偶对物体的转动效应可用力偶矩来度量。力偶矩的大小等于力偶中一力的大小和力偶臂的乘积，力偶矩的正负号表示力偶的转向，通常规定：逆时针转向为正，顺时针转向为负，如图 1-2-10 所示。

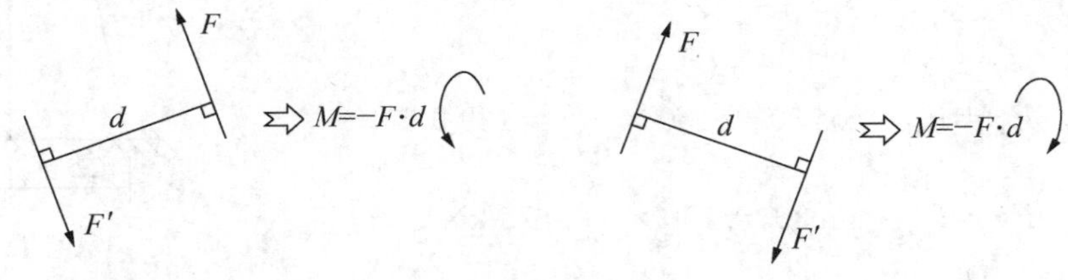

图 1-2-10

力偶矩的单位与力矩单位相同，也是 N · m 或 kN · m。

三、力偶的性质

1. 力偶在任何坐标轴上的投影等于零。
2. 力偶没有合力，既不能用一个力代替，也不能用一个力平衡，力偶只能用力偶来平衡。
3. 力偶对其作用面内任一点的矩都等于本身的力偶矩，而与矩心位置无关。

4. 在同一平面内的两个力偶，如果它们的力偶矩大小相等、转向相同，则这两个力偶互为等效力偶。

两个推论：

推论1：在同一个物体上，力偶可以在其作用面内任意移动或转动，而不改变对物体的作用效果。

推论2：只要保持力偶矩的大小和转向不变，可任意改变力偶中力的大小和力偶臂的长短，而不改变力偶对物体的作用效果。

【例1-2-5】 如图1-2-11所示圆柱直齿轮，受到力 $\boldsymbol{F}$ 的作用。设 $F=1\ 400$ N，压力角 $\theta=20°$，齿轮的节圆的半径 $r=60$ mm，试计算力 $\boldsymbol{F}$ 对于轴心 O 的力矩。

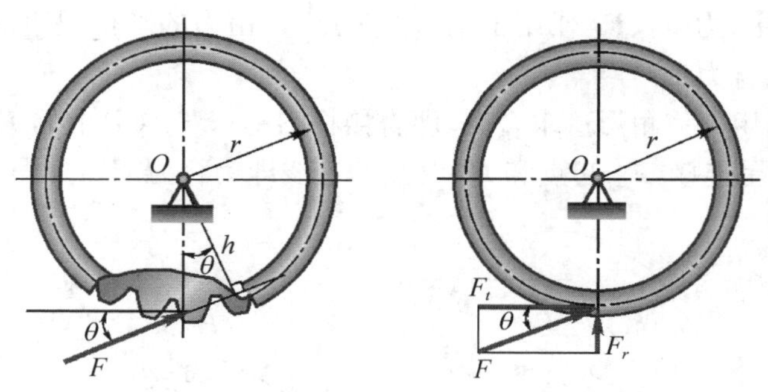

图1-2-11

【解】 直接按定义

$$M_O(\boldsymbol{F})=F\cdot h=F\cdot r\cdot\cos\theta$$
$$=78.93\ \text{N}\cdot\text{m}$$

按合力矩定理

$$M_O(\boldsymbol{F})=M_O(\boldsymbol{F}_t)+M_O(\boldsymbol{F}_r)$$
$$=F\cdot\cos\theta\cdot r=78.93\ \text{N}\cdot\text{m}$$

【LX0203A·判断题】

力偶只能用力偶来平衡。（　　）

【答案】 √

【解析】 力和力偶是静力学的两个基本要素。

【LX0203B·判断题】

力偶无合力，也就是说力偶的合力等于零。（　　）

【答案】 ×

【解析】 力和力偶是静力学的两个基本要素。

【LX0203C·判断题】

力偶矩和力对点之矩本质上是一样的，讲的是一回事。（　　）

【答案】 ×

【解析】 力对点之矩和矩心位置有关，而力偶矩和矩心位置无关。

第三节　平面力系

考点 6　平面汇交力系的简化与平衡

一、平面汇交力系合成的几何法

1. 两个汇交力的合成

图 1-3-1(a)中,力 $\boldsymbol{F}_1$、$\boldsymbol{F}_2$ 作用于刚体上某点 A,由力的平行四边形法则可知,对角线 $\boldsymbol{F}_R$ 即为 $\boldsymbol{F}_1$ 和 F_2 的合力。

为简便起见,可用力三角形法求合力,即直接将图 1-3-1(a)中的 $\boldsymbol{F}_2$ 连在 $\boldsymbol{F}_1$ 的末端,也就是将 $\boldsymbol{F}_1$、$\boldsymbol{F}_2$ 首尾连接,$\boldsymbol{F}_1$ 起点和 $\boldsymbol{F}_2$ 终点的连线即为合力 $\boldsymbol{F}_R$,如图 1-3-1(b)所示。

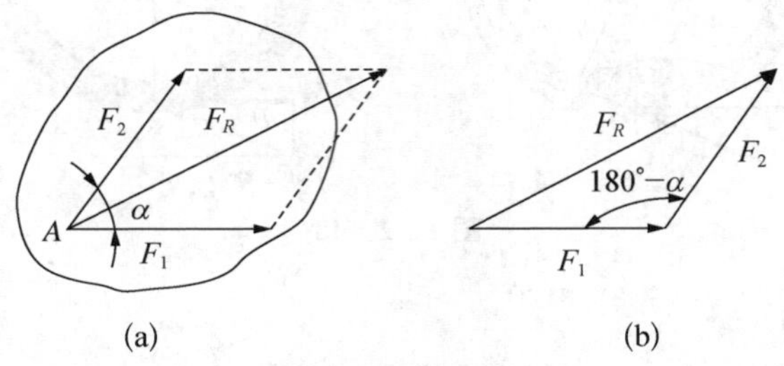

图 1-3-1

按一定比例作图,可直接量得合力 F_R 的近似值。

2. 多个汇交力的合成

设在刚体上某点 A 作用一个平面汇交力系 $\boldsymbol{F}_1$、$\boldsymbol{F}_2$、$\boldsymbol{F}_3$、$\boldsymbol{F}_4$,如图 1-3-2(a)所示。为求合力 $\boldsymbol{F}_R$,可连续运用力三角形法,如图 1-3-2(b)所示。

如图 1-3-2(b)所示,为求多个汇交力的合力,可应用力多边形法则。

将平面汇交力系中的各力依次首尾连接,将第一个力的起点和最后一个力的终点连成封闭边,封闭边代表的矢量即为合力 $\boldsymbol{F}_R$,如图 1-3-2(c)所示。

如图 1-3-2(b)所示,为求多个汇交力的合力,可应用力多边形法则。

说明:用力多边形法则求合力时,合力的大小和方向与各力合成的顺序无关,如图 1-3-2(d)所示。

用几何法求平面汇交力系的合力时,要按一定的比例作力多边形,作图要求很高,误差也较大,所以工程中一般不采用此法求合力。

二、平面汇交力系平衡的几何条件

平面汇交力系可以合成为一个合力,而力系平衡的必要和充分条件是合力等于零,由此可知平面汇交力系平衡的几何条件是:

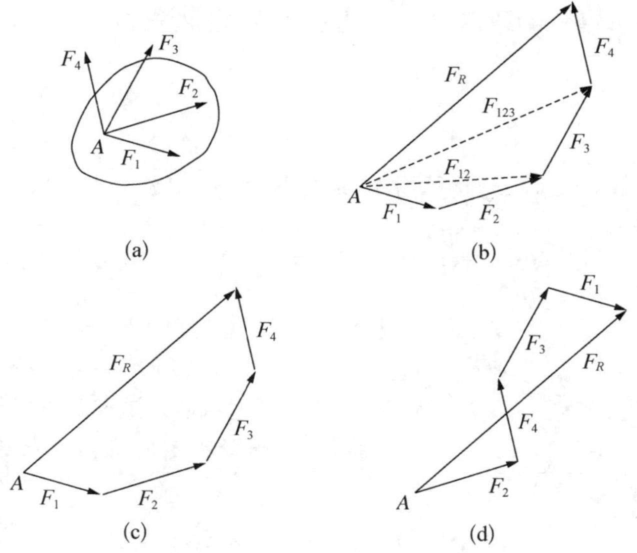

图 1－3－2

力多边形自行封闭，即第一个力的起点和最后一个力的终点重合。

工程中，有些平面汇交力系的平衡问题可用图解法，可根据图形的几何关系，用三角公式计算求得未知量。

三、平面汇交力系合成的解析法

设刚体上某点 A 作用于一平面汇交力系 $\boldsymbol{F}_1$、$\boldsymbol{F}_2$、$\boldsymbol{F}_3$、$\boldsymbol{F}_4$，如图 1－3－3(a)所示。由力多边形法则可作出其力多边形，$\boldsymbol{F}_R$ 为合力。在力多边形所在的平面内建立直角坐标系 Oxy，如图 1－3－3(b)所示。设合力 $\boldsymbol{F}_R$ 在 x 轴、y 轴上的投影分别为 F_{Rx}、F_{Ry}，由于力的投影是代数量，所以各力在同一轴上的投影可以进行代数运算，即

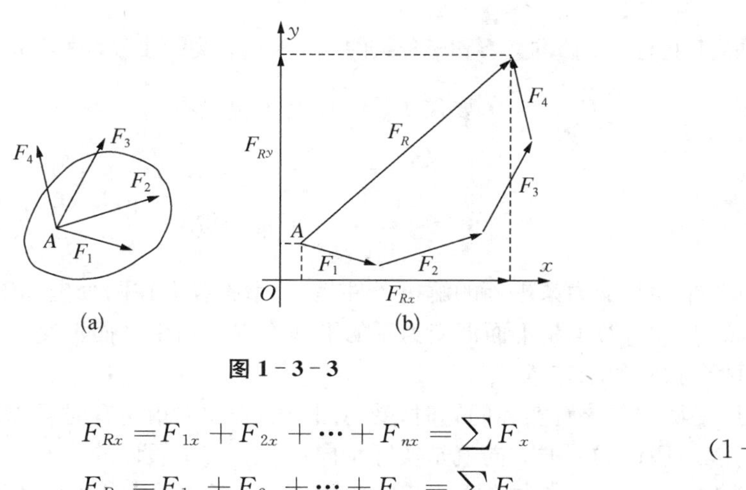

图 1－3－3

$$
\begin{aligned}
F_{Rx} &= F_{1x} + F_{2x} + \cdots + F_{nx} = \sum F_x \\
F_{Ry} &= F_{1y} + F_{2y} + \cdots + F_{ny} = \sum F_y
\end{aligned}
\qquad (1-3-1)
$$

由式(1-3-1)可得合力投影定理:合力在坐标轴上的投影等于各分力在同一坐标轴上投影代数和。

合力的大小为

$$F=\sqrt{F_x^2+F_y^2}=\sqrt{(\sum F_x)^2+(\sum F_y)^2} \tag{1-3-2}$$

$$\cos\alpha=\frac{F_x}{F};\cos\beta=\frac{F_y}{F}$$

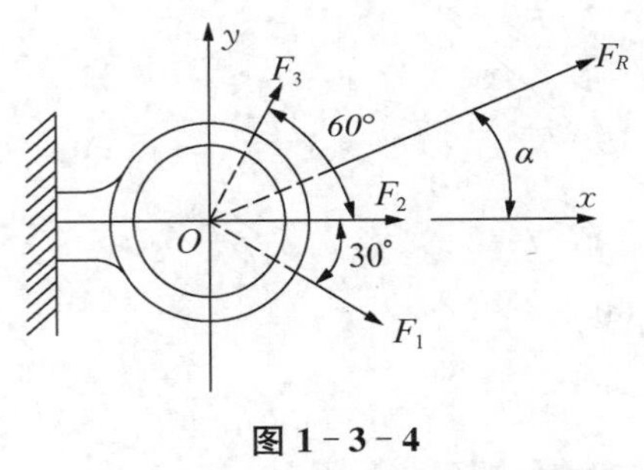

图 1-3-4

【例 1-3-1】 如图 1-3-4 所示,固定的圆环上作用着共面的三个力,已知 $F_1=10\ \mathrm{kN}$,$F_2=20\ \mathrm{kN}$,$F_3=25\ \mathrm{kN}$,三力均通过圆心。试求此力系合力的大小和方向。

【解】 取如图所示的直角坐标系,则合力的投影分别为:

$$F_{Rx}=F_1\cos30°+F_2+F_3\cos60°=41.16\ \mathrm{kN}$$

$$F_{Ry}=-F_1\sin30°+0+F_3\sin60°=16.65\ \mathrm{kN}$$

则合力的大小为:

$$F_R=\sqrt{F_{Rx}^2+F_{Ry}^2}=\sqrt{41.16^2+16.65^2}=44.40\ \mathrm{kN}$$

合力的方向为:

$$\cos\alpha=\frac{F_{Rx}}{F_R}=\frac{41.16}{44.40}=0.927\,0$$

$$\alpha=\arccos(0.927\,0)=22.02°$$

由于 $F_{Rx}>0'$,$F_{Ry}>0$,故 α 在第一象限,而合力 F_R 作用线通过汇交点 O。

四、平面汇交力系平衡的解析条件

平面汇交力系平衡的必要和充分条件是力系的合力等于零,用解析式 $F_R=\sqrt{F_{Rx}^2+F_{Ry}^2}=\sqrt{(\sum F_x)^2+(\sum F_y)^2}=0$,要使 $F_R=0$,必须也只有

$$\begin{cases}\sum F_x=0\\ \sum F_y=0\end{cases} \tag{1-3-3}$$

所以,平面汇交力系平衡的解析条件是:力系中各力在两个坐标轴上投影的代数和均等于零。式(1-3-3)也是平面汇交力系的平衡方程。利用平面汇交力系的平衡方程,一次可以求解两个独立的未知量。

利用平衡方程求解实际问题时,受力图中的未知力指向有时可以任意假设,若计算结果为正值,表示假设的力的方向就是实际指向;反之,表示假设的力的方向与实际方向相反。

【例 1-3-2】 一物体重为 30 kN,用不可伸长的柔索 AB 和 BC 悬挂于如图 1-3-5(a)所示的平衡位置,设柔索的重量不计,AB 与铅垂线的夹角 $\alpha=30°$,BC 水平。求柔索 AB 和

BC 的拉力。

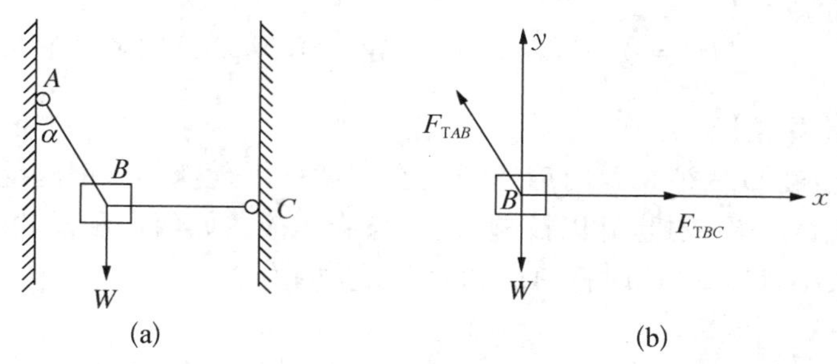

图 1-3-5

【解】 (1) 受力分析

取重物为研究对象,画受力图如图 1-3-5(b)所示。根据约束特点,绳索必受拉力。

(2) 求解约束力

建立直角坐标系 Oxy,如图 1-3-5(b)所示,根据平衡方程求解:

$$\sum F_y = 0, F_{TBA}\cos 30° - W = 0, F_{TBA} = 34.64\ \mathrm{kN}$$

$$\sum F_x = 0, F_{TBC} - F_{TBA}\sin 30° = 0, F_{TBC} = 17.32\ \mathrm{kN}$$

【LX0301A・判断题】

首尾相接构成一封闭力多边形的平面力系是平衡力系。 (　　)

【答案】 √

【解析】 平面汇交力系平衡的几何条件是:力多边形自行封闭,即第一个力的起点和最后一个力的终点重合。

【LX0301B・计算题】

一物体重为 30 kN,用不可伸长的柔索 AB 和 BC 悬挂于如下图所示的平衡位置,设柔索的重量不计,AB 与铅垂线的夹角 $\alpha = 30°$,BC 水平。求柔索 AB 和 BC 的拉力。

【解析】

(1) 受力分析

取重物为研究对象,画受力图如图所示。根据约束特点,绳索必受拉力。

(2) 求解约束力

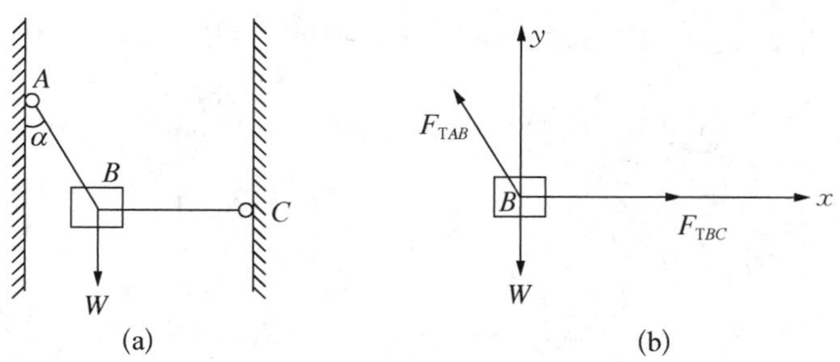

【LX0301B】附图

建立直角坐标系 Oxy,如上图(b)所示,根据平衡方程求解:

$$\sum F_x = 0, T_{TBC} - F_{TBA}\sin 30^\circ = 0, F_{TBC} = 17.32\,\text{kN}$$

$$\sum F_y = 0, F_{TBA}\cos 30^\circ - W = 0, F_{TBA} = 34.64\,\text{kN}$$

【LX0301C · 计算题】

如下图所示，重物 $G=20\,\text{kN}$，用钢丝绳挂在支架的滑轮 B 上，钢丝绳的另一端缠绕在铰车 D 上。杆 AB 与 BC 铰接，并以铰链 A、C 与墙连接。如两杆和滑轮的自重不计，并忽略摩擦和滑轮的大小，试求平衡时杆 AB 和 BC 所受的力。

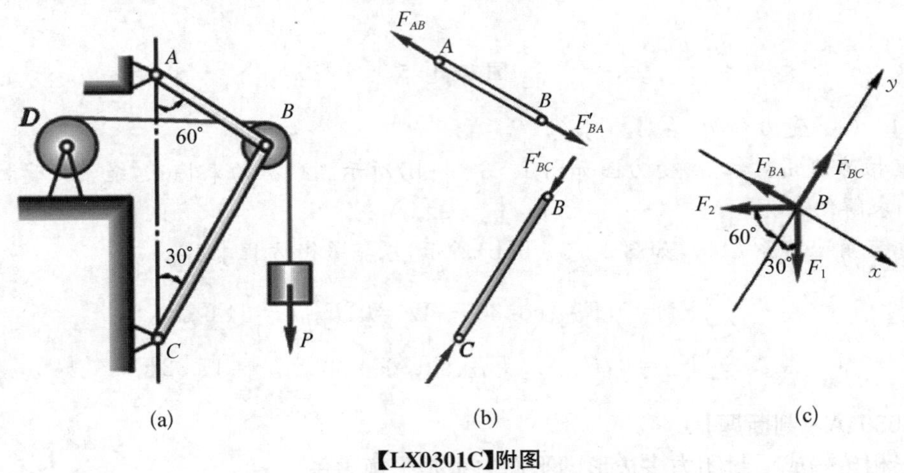

【LX0301C】附图

【解析】

(1) 由于 AB、BC 两杆都是二力杆，假设杆 AB 受拉力、杆 BC 受压力，如上图(b)所示。为了求出这两个未知力，可通过求两杆对滑轮的约束力来解决。因此选取滑轮 B 为研究对象。

(2) 画受力图

滑轮受到钢丝绳的拉力 $\boldsymbol{F}_1$ 和 $\boldsymbol{F}_2$（已知 $F_1=F_2=G$），杆 AB 和 BC 对滑轮的约束力为 $\boldsymbol{F}_{TBA}$ 和 $\boldsymbol{F}_{NBC}$。由于滑轮的大小可忽略不计，故这些力可看作是汇交力系，如上图(c)所示。

(3) 列平衡方程

如上图(c)所示，坐标轴选取应尽量与未知力垂直，这样在一个平衡方程中只有一个未知数，不必解联立方程，即

$$\sum F_x = 0, -F_{TBA} + F_1\cos 60^\circ - F_2\cos 30^\circ = 0 \quad ①$$

$$\sum F_y = 0, F_{NBC} - F_1\cos 30^\circ - F_2\cos 60^\circ = 0 \quad ②$$

(4) 求解方程

由式①得

$$F_{TBA} = -0.366G = -7.32\,\text{kN}$$

由式②得

$$F_{NBC} = 1.366G = 27.32\,\text{kN}$$

所求结果，F_{NBC} 为正值，表示这力的假设方向与实际方向相同，即杆 BC 受压。F_{TBA} 为负值，表示这力的假设方向与实际方向相反，即杆 AB 也受压力。

【LX0301D·计算题】

下图(a)所示的压榨机中，杆 AB 和 BC 的长度相等，自重忽略不计。A、B、C 处为铰链连接。已知活塞 D 上受到油缸内的总压力为 $F=3$ kN，B 点到 AC 连线的距离 $h=200$ mm，$l=1\,500$ mm。试求压块 C 对工件与地面的压力，以及 AB 杆所受的力。

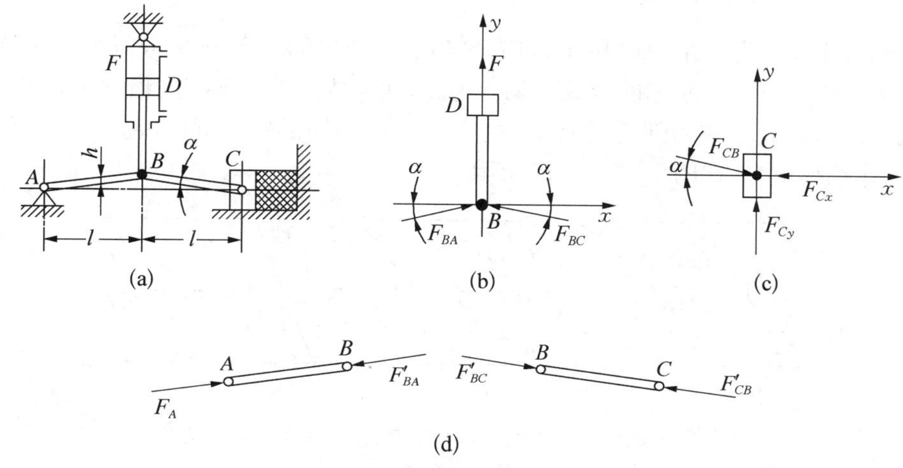

【LX0301D】附图

【解析】 根据作用力和反作用力的关系，压块对工件的压力与工件对压块的约束反力 $\boldsymbol{F}_C$ 等值、反向。而已知油缸的总压力作用在活塞上，因此要分别研究活塞杆 DB 和压块 C 的平衡才能解决问题。

先选活塞杆 DB 为研究对象。设二力杆 AB、BC 均受压力。因此活塞杆的受力图如上图(b)所示。按图示坐标轴列出平衡方程

$$\sum F_x=0, F_{BA}\cos\alpha-F_{BC}\cos\alpha=0$$

解得 $F_{BA}=F_{BC}$

$$\sum F_y=0, F_{BA}\sin\alpha+F_{BC}\sin\alpha-F=0$$

解得 $F_{BA}=F_{BC}=\dfrac{F}{2\sin\alpha}=\dfrac{3}{2\times\left(\dfrac{0.2}{\sqrt{0.2^2+1.5^2}}\right)}=11\,\text{kN}$

再选压块 C 为研究对象，其受力图如上图(c)所示。通过二力杆 BC 的平衡，可知 $F_{CB}=F_{BC}$。按图示坐标轴列出平衡方程

$$\sum F_x=0, -F_{Cx}+F_{CB}\cos\alpha=0$$

$$\sum F_y=0, F_{Cy}-F_{CB}\sin\alpha=0$$

解得

$$F_{Cx}=\frac{F}{2}\cot\alpha=\frac{Fl}{2h}=11.25\text{ kN},F_{Cy}=F_{CB}\sin\alpha=\frac{F}{2}=1.5\text{ kN}$$

压块 C 对工件和地面的压力分别与 F_{Cx}、F_{Cy} 等值而方向相反。

考点 7　平面力偶系的简化与平衡

一、平面力偶系的合成

设在同一平面内有两个力偶和($\boldsymbol{F}_1,\boldsymbol{F}_1'$)和($\boldsymbol{F}_2,\boldsymbol{F}_2'$)，如图 1-3-6(a)所示。这两个力偶的矩分别为 M_1 和 M_2，求它们的合成结果。为此，在保持力偶矩不变的情况下，同时改变这两个力偶中的力的大小和力偶臂的长短，使它们具有相同的臂长 d，并将它们在平面内移转，使力的作用线重合，如图 1-3-6(b)所示。

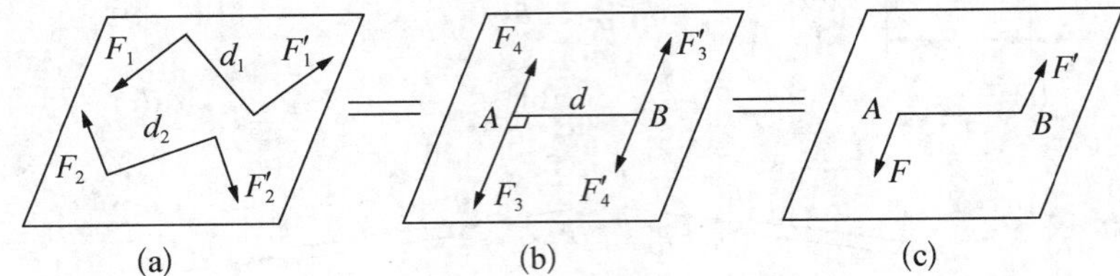

(a) 同一平面内两个力偶　(b) 力的变换　(c) 等效合力偶

图 1-3-6

于是得到与原力偶等效的两个新力偶($\boldsymbol{F}_3,\boldsymbol{F}_3'$)和($\boldsymbol{F}_4,\boldsymbol{F}_4'$)，且有：

$$M_1=F_1\cdot d_1=F_3\cdot d$$
$$M_2=-F_2\cdot d_2=-F_4\cdot d$$

显然力 $\boldsymbol{F}_3$ 与 $\boldsymbol{F}_4$、$\boldsymbol{F}_3'$与 $\boldsymbol{F}_4'$可分别合成为 $\boldsymbol{F}$与 $\boldsymbol{F}'$，(设 $F_3>F_4$)：

$$\boldsymbol{F}=\boldsymbol{F}_3-\boldsymbol{F}_4$$
$$\boldsymbol{F}'=\boldsymbol{F}_3'-\boldsymbol{F}_4'$$

由于 $\boldsymbol{F}$与 $\boldsymbol{F}'$是相等的，所以构成了与原力偶系等效的合力偶($\boldsymbol{F},\boldsymbol{F}'$)，如图 1-3-6(c)所示，以 M 表示合力偶的矩：

$$M=F\cdot d=(F_3-F_4)\cdot d=F_3\cdot d-F_4\cdot d=M_1+M_2$$

如果有两个以上的力偶，可以按照上述方法合成。这就是说：在同平面内的任意个力偶可合成为一个合力偶，合力偶矩等于各个分力偶矩的代数和，可写为

$$M=\sum M_i \tag{1-3-4}$$

二、平面力偶系的平衡

平面力偶系的平衡条件

由合成结果可知，平面力偶系平衡的充分必要条件是：合力偶矩等于零，亦即各分力偶

矩的代数和等于零：

$$\sum M_i = 0 \tag{1-3-5}$$

利用平面力偶系的平衡条件，可以求解一个未知量。

【例 1-3-3】 如图 1-3-7 所示的物体，已知 $F_1 = 150\ \text{N}$，$F_2 = 400\ \text{N}$，$m = 200\ \text{N}\cdot\text{m}$，求该物体所受的合力偶。

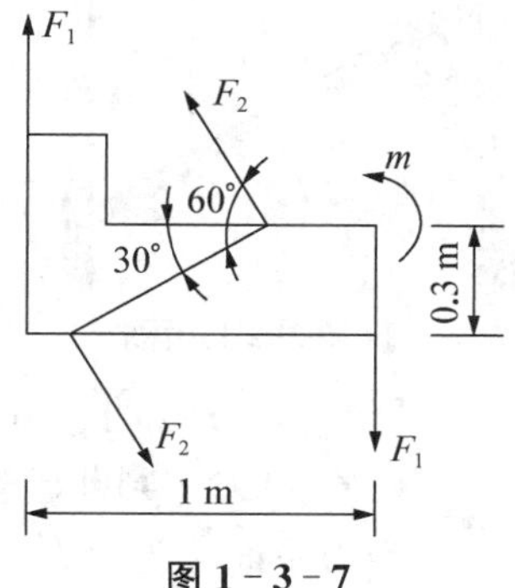

图 1-3-7

【解】 (1) 计算各分力偶矩。

$$M_1 = -F_1 \times d_1 = -150 \times 1 = -150\ \text{N}\cdot\text{m}$$

$$M_2 = -F_2 \times d_2 = 400 \times \frac{0.3}{\sin 30^\circ} = 240\ \text{N}\cdot\text{m}$$

$$M_3 = m = 200\ \text{N}\cdot\text{m}$$

(2) 计算该物体的合力偶矩。

$$M = M_1 + M_2 + M_3 = -150 + 200 + 240 = 290(\text{N}\cdot\text{m})$$

【例 1-3-4】 如图 1-3-8 所示的简支梁 AB，已知梁上作用一集中力偶 $M = 30\ \text{kN}\cdot\text{m}$。不计梁的自重，试求 AB 处的支座反力。

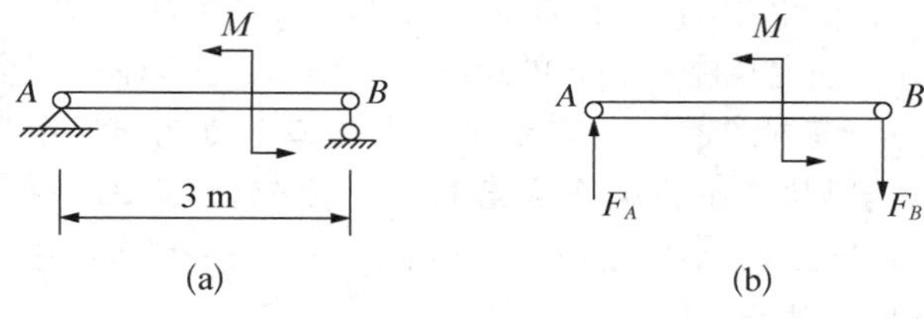

图 1-3-8

【解】 取梁 AB 为研究对象。梁 AB 上的荷载只有一个力偶 M，根据力偶只能用力偶来平衡的性质可分析出，A、B 处的支座反力必然构成一个力偶。B 为可动铰支座，支座反力 $\boldsymbol{F_B}$ 的作用线垂直于支承面，即铅直方位，所以分析出 A 处的约束反力 $\boldsymbol{F_A}$ 的作用线必与 $\boldsymbol{F_B}$ 作用线平行。$\boldsymbol{F_A}$、$\boldsymbol{F_B}$ 的指向假设如图 1-3-8(b)所示。

由合力偶矩等于零，即

$$\sum M = 0$$

$$M - F_A \cdot 3 = 0$$

$$F_A = \frac{M}{3} = \frac{30}{3} = 10\ \text{kN}(\uparrow)$$

则 $F_B = F_A = 10\ \text{kN}(\downarrow)$

【LX0302A · 单选题】

如图示结构，各杆自重不计。若系统受力 F 作用，则 D 处约束力方向(　　)。

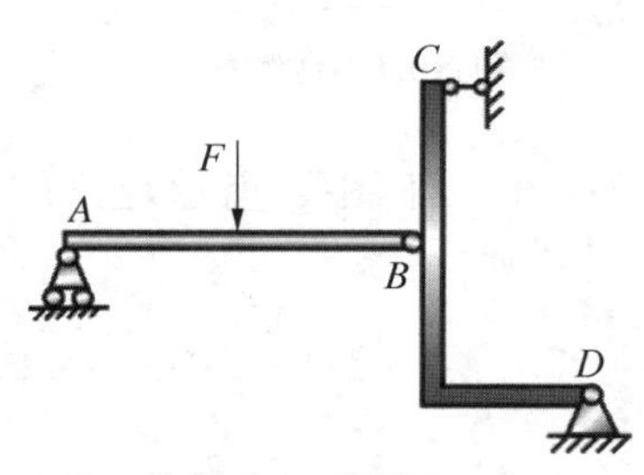

【LX0302A】附图

A. DB 方向　　B. DA 方向

C. DC 方向　　D. 铅垂向上

【答案】 C

【解析】 F_B 的作用线沿 BC 方向，$\sum m_c = 0$，故 D 处的约束力方向沿 DC 方向。

【LX0302B・单选题】

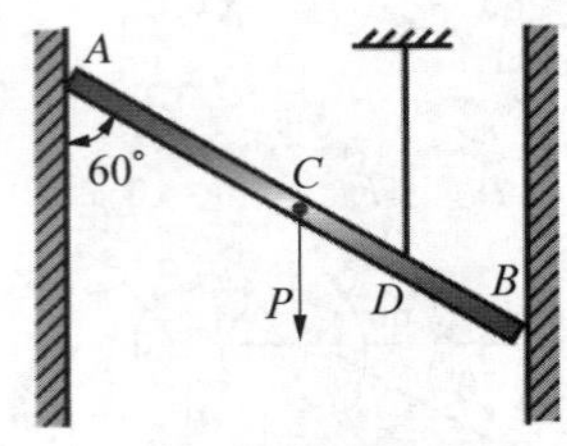

【LX0302B】附图

如图，长为 l 的均质杆 AB 重 P，用绳索吊于 D 点，$CD = l/4$，A、B 两端与光滑的铅垂墙接触，则杆在端点 A、B 处的反力（　　）。

A. $F_A > F_B, F_A = \frac{3}{4}P$　　B. $F_A < F_B, F_A = \frac{1}{4}P$

C. $F_A = F_B, F_A = \frac{\sqrt{3}}{4}P$　　D. $F_A = F_B, F_A = \frac{\sqrt{3}}{2}P$

【答案】 C

【解析】 $\boldsymbol{P}$ 和 $\boldsymbol{T}_D$ 为力偶，$\boldsymbol{F}_A$ 和 $\boldsymbol{F}_B$ 为力偶，根据平衡条件求得答案。

【LX0302C・判断题】

当力系简化为合力偶时，主矩与简化中心的位置无关。　　（　　）

【答案】 √

【解析】 力偶对任何点取矩都等于力偶矩，不因矩心的改变而改变。

【LX0302D・计算题】

如下图所示的工件上作用有三个力偶。已知：三个力偶的矩分别为：$M_1 = M_2 = 10\,\text{N}\cdot\text{m}$，$M_3 = 20\,\text{N}\cdot\text{m}$。固定螺柱 A 和 B 的距离 $l = 200\,\text{mm}$。求两个光滑螺柱所受的水平力。

【解析】 选工件为研究对象。工件在水平面内受三个力偶和两个螺柱的水平反力的作用。根据力偶系的合成定理，三个力偶合成后仍为一力偶，如果工件平衡，必有一反力偶与它相平衡。因此螺柱 A 和 B 的水平反力，F_A 和 F_B 必组成一力偶，它们的方向假设如图所示，则。由力偶系的平衡条件知

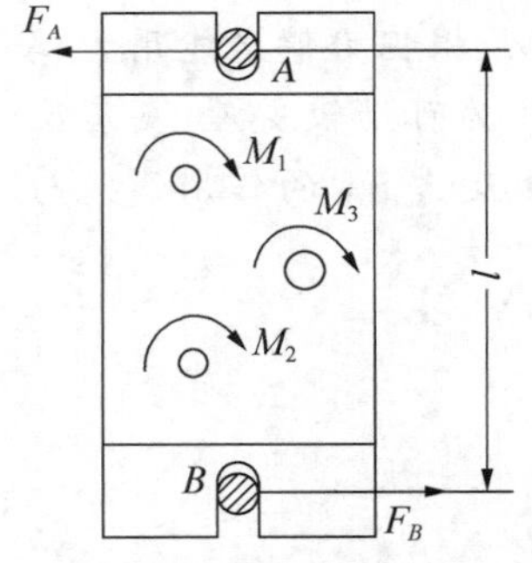

【LX0302D】附图

$$\sum M = 0, F_A \cdot l - M_1 - M_2 - M_3 = 0$$

得

$$F_A = \frac{M_1 + M_2 + M_3}{l}$$

代入已给数值后，得 $F_A = 200\,\text{N}$

因为 F_A 是正值，故所假设的方向是正确的，而螺柱 A、B 所受的力则应与 $\boldsymbol{F}_A$、$\boldsymbol{F}_B$ 大小相等，方向相反。

【LX0302E・计算题】

水平梁 AB，A 端为固定铰支座，B 端为滚动支座，受力及几何尺寸如下图(a)所示，已知 $M = qa^2$，试求 A、B 端的约束力。

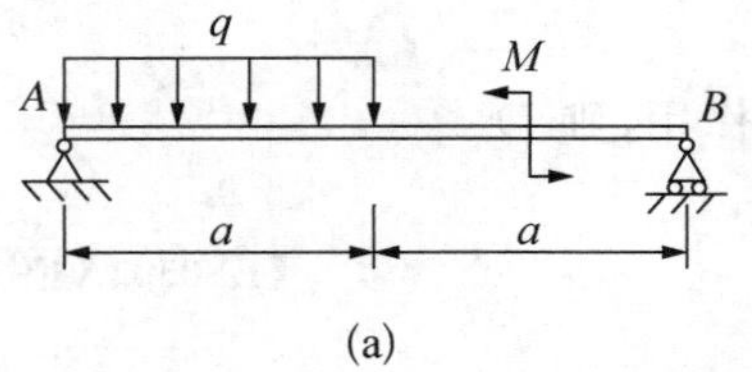

(a)

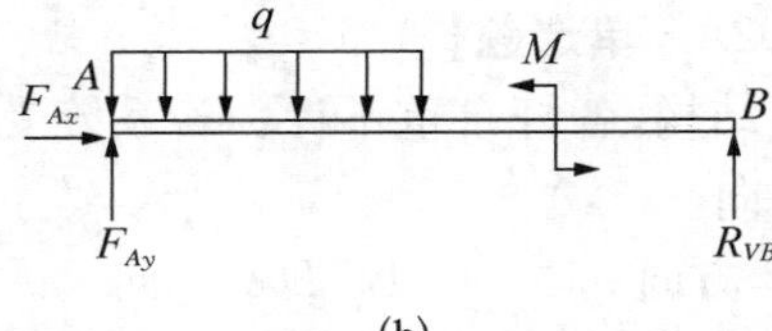

(b)

【LX0302E】附图

【解析】 (1) 选梁 AB 为研究对象，作用在它上的主动力有：均布荷载 q，力偶矩为 M；约束力为固定铰支座 A 端的 $\boldsymbol{F}_{RAx}$、$\boldsymbol{F}_{RAy}$ 两个分力，滚动支座 B 端的铅垂向上的法向力 $\boldsymbol{F}_{RB}$，如上图(b)所示。

(2) 建立坐标系，列平衡方程。

$$\sum_{i=1}^{n} M_A(\boldsymbol{F}_i)=0, F_{RB}\cdot 2a+M-\frac{1}{2}qa^2=0 \quad ①$$

$$\sum_{i=1}^{n} F_x=0, F_{RAx}=0 \quad ②$$

$$\sum_{i=1}^{n} F_y=0, F_{RAy}+F_{RB}-qa=0 \quad ③$$

由式①、式②、式③解得 A、B 端的约束力为

$$F_{RB}=-\frac{qa}{4}(\downarrow), F_{RAx}=0, F_{RAy}=\frac{5qa}{4}(\uparrow)$$

负号说明约束力的假设方向与实际方向相反。

考点 8　平面一般力系的简化与平衡

一般力系也称任意力系，是指各力作用线既不汇交于同一点，又不完全相互平行的力系。如果任意力系中各力作用线都在同一个平面内，则该力系称为平面任意力系。

一、力的平移定理

力对物体的作用效果取决于力的三要素，即大小、方向、作用点。若保持力的大小和方向不变，只是把力平行移动到物体上另一点，这样就会改变力对该物体的作用效果。那么要想把力平行移动到物体另一点而不改变对物体的作用效果，需附加什么条件呢？

图 1-3-9(a)中，设力 $\boldsymbol{F}$ 作用于刚体上的 A 点。若在刚体上任取一点 O，在 O 点加一对作用线与力 $\boldsymbol{F}$ 平行的平衡力 $\boldsymbol{F}'$ 和 $\boldsymbol{F}''$，并使 $\boldsymbol{F}=\boldsymbol{F}'=\boldsymbol{F}''$，如图 1-3-9(b)所示，根据加减平衡力系公理，图 1-3-9(a)和图 1-3-9(b)对该刚体的作用效果是相等的。在图 1-3-9(b)中，力 $\boldsymbol{F}$ 和 $\boldsymbol{F}''$ 组成一个力偶，其力偶矩为 $m=F\cdot d=M_O(\boldsymbol{F})$。于是，原来作用在 A 点的力 F，现在被一个作用于 O 点的力 $\boldsymbol{F}'$ 和一个力偶($\boldsymbol{F}$,$\boldsymbol{F}''$)等效替换，如图 1-3-9(c)所示。

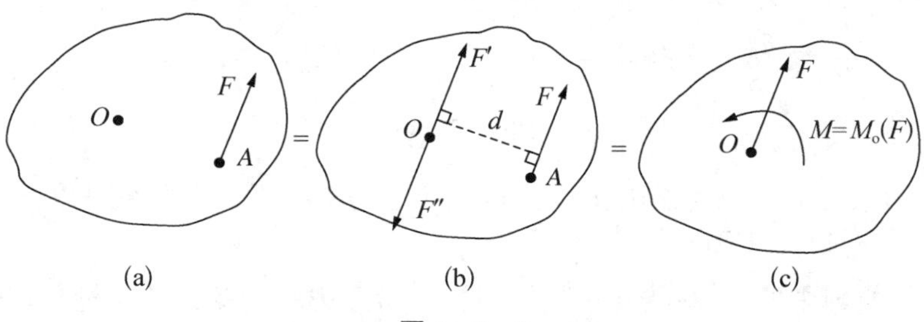

图 1-3-9

因此得力的平移定理：作用于刚体上某点的力 $\boldsymbol{F}$，可以平移到刚体上任一点 O，但必须

附加一个力偶,其附加力偶的力偶矩等于原力 $\boldsymbol{F}$ 对新作用点 O 的矩。

【例 1-3-5】 如图 1-3-10 所示的牛腿柱,柱子的 A 点受到吊车梁传来的作用力 $F=200\ \text{kN}$,$e=0.5\ \text{m}$。求将力 $\boldsymbol{F}$ 平移到柱轴上 O 点时应附加的力偶矩。

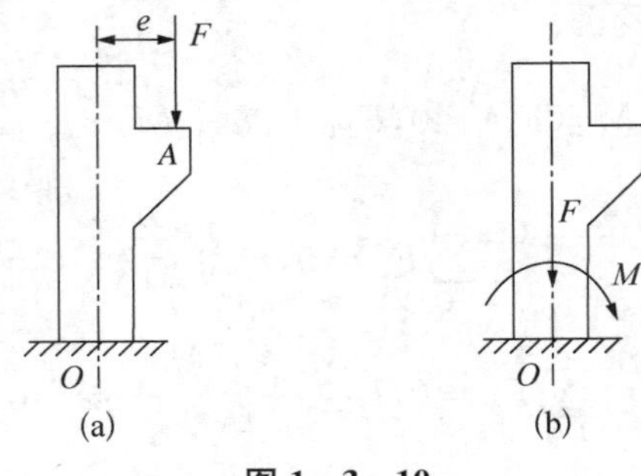

图 1-3-10

【解】 根据力的平移定理,将力 $\boldsymbol{F}$ 由 A 点平移到 O 点,必须附加一个力偶,其力偶矩等于力 $\boldsymbol{F}$ 对 O 点的矩,即

$$M=M_O(\boldsymbol{F})=-F\cdot e=-200\times 0.5=-100\ \text{kN}\cdot\text{m}$$

注意:力的平移定理是平面力系向一点简化的理论依据。

二、平面任意力系向作用面内任一点简化

1. 平面任意力系向作用面内任一点简化的主矢与主矩

设刚体上作用有 n 个力 $\boldsymbol{F}_1,\boldsymbol{F}_2,\cdots,\boldsymbol{F}_n$ 组成平面任意力系如图 1-3-11(a) 所示。在力系所在平面内任取一点 O 作为简化中心,根据力的平移定理,将力系中各力矢量向 O 点平移,如图 1-3-11(b) 所示。得到一个作用于简化中心 O 点的平面汇交力系 $\boldsymbol{F}'_1,\boldsymbol{F}'_2\cdots,\boldsymbol{F}'_n$,和一个附加平面力偶系,其矩为 $m_1,m_2,\cdots,m_n$。显然,力 $\boldsymbol{F}_i$ 和 $\boldsymbol{F}'_i$ 大小相等,方向相同,力偶的矩等于力对简化中心 O 点的矩,$m_1=M_O(\boldsymbol{F}_1)$,$m_2=M_O(\boldsymbol{F}_2)$,$\cdots$,$m_n=M_O(\boldsymbol{F}_n)$。

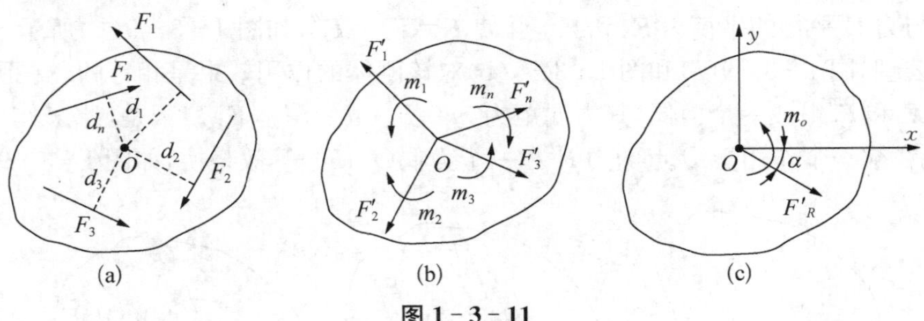

图 1-3-11

平面汇交力系可以合成为作用在 O 点的一个合力 $\boldsymbol{F}'_R$;平面力偶系可以合成为一个合力偶 m_O,如图 1-3-11(c)所示。

图 1-3-11(c)中的 $\boldsymbol{F}'_R$ 称为主矢,其矢量 $\boldsymbol{F}'_R$ 等于力系中各力的矢量和,即

$$\boldsymbol{F}'_R=\boldsymbol{F}'_1+\boldsymbol{F}'_2+\cdots+\boldsymbol{F}'_n=\boldsymbol{F}_1+\boldsymbol{F}_2+\cdots+\boldsymbol{F}_n=\sum_{i=1}^{n}\boldsymbol{F}_i \tag{1-3-6}$$

注意:主矢与简化中心位置无关。

图 1-3-11(c)中的 m_O 称为主矩,主矩等于各附加力偶矩的代数和,也等于原力系中各力 对 O 点之矩的代数和,即

$$m_0 = m_1 + m_2 + \cdots + m_n = \sum_{i=1}^{n} m_0(\boldsymbol{F}_i) \tag{1-3-7}$$

注意:主矩与简化中心位置有关,故必须注明力系对哪一点的主矩。

综上所述可得结论:平面任意力系向作用面内任一点简化,可得一个力和一个力偶。这个力作用于简化中心,等于力系中各力的矢量和,称为主矢;这个力偶的力偶矩等于力系中各力对简化中心之矩的代数和,称为主矩。

2. 简化结果的讨论

根据主矢 $\boldsymbol{F}'_R$ 和主矩 m_O 来讨论平面任意力系向作用面内任一点简化的最后结果。

(1) 若 $F'_R \neq 0, m_O = 0$,则力系简化为一个合力。这种情况说明原力系与通过简化中心的一个力等效,这个力就是主矢 $\boldsymbol{F}'_R$。

(2) 若 $F'_R = 0, m_O \neq 0$,则力系简化为一个力偶。这种情况说明原力系与一个力偶等效,这个力偶的力偶矩就是主矩 m_O。由于力偶对其作用面内任一点之矩都等于本身力偶矩,而与矩心位置无关,所以,此种情况下,主矩与简化中心的位置无关。

(3) 若 $F'_R \neq 0, m_O \neq 0$,则力系简化为一个合力。这种情况,根据力的平移定理,主矢 $\boldsymbol{F}'_R$ 和主矩 m_O 可以合成为一个合力 $\boldsymbol{F}_R$,如图 1-3-12 所示。$\boldsymbol{F}_R$ 的大小和方向与 $\boldsymbol{F}'_R$ 相同,$\boldsymbol{F}_R$ 的作用线到简化中心 O 的距离为

$$d = \left| \frac{m_O}{F'_R} \right|$$

$\boldsymbol{F}_R$ 在 O 点的哪一侧,由 $\boldsymbol{F}'_R$ 的指向和 m_O 的转向来决定。

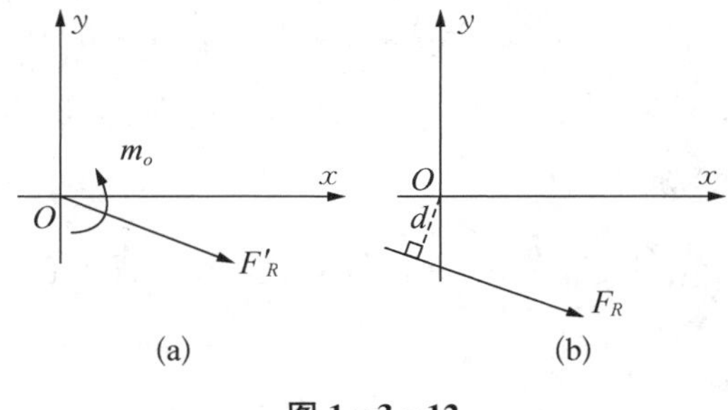

图 1-3-12

(4) 若 $F'_R = 0, m_O = 0$,则力系平衡。

三、平面任意力系的平衡

平面任意力系向一点简化,若得到的主矢和主矩都等于零,则力系平衡。反之,要使平面任意力系平衡,则必须使主矢和主矩都等于零。因此,平面任意力系平衡的必要和充分条

件是：力系的主矢和对任一点的主矩都等于零，即

$$F'_R=0,m_O=0$$

而 $F'_R=\sqrt{F_{Rx}^2+F_{Ry}^2}=\sqrt{(\sum F_x)^2+(\sum F_y)^2}$，$m_O=\sum M_O(\boldsymbol{F})$

故平面任意力系平衡条件为

$$\left.\begin{array}{l}\sum F_x=0\\\sum F_y=0\\\sum M_O(F)=0\end{array}\right\}\qquad(1-3-8)$$

式(1－3－8)称为平面任意力系平衡方程的基本形式。其中前两个叫作投影方程，后一个叫 作力矩方程。此平衡方程的力学含义是：力系中各力在两个任选的直角坐标轴上投影的代 数和分别等于零；力系中各力对任一点之矩的代数和等于零。

【例 1－3－6】 求图 1－3－13 所示简支梁的支座反力。

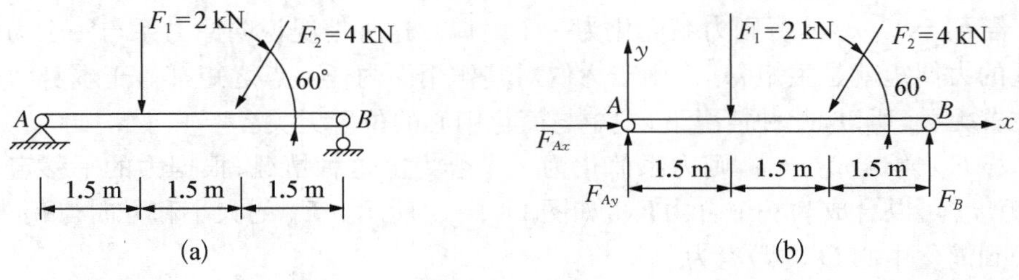

图 1－3－13

【解】 取梁 AB 为研究对象，画出其受力图，如图 1－3－13(b)所示。

建立如图所示的直角坐标系，列平衡方程求解

$\sum F_x=0, F_{Ax}-F_2\cdot\cos 60°=0$ 得 $F_{Ax}=F_2\cdot\cos 60°=4\times 0.5=2\,\text{kN}(\rightarrow)$

$\sum M_A(\boldsymbol{F})=0, -F\times 1.5-F_2\cdot\sin 60°\times 3+F_B\times 4.5=0$

得 $F_B=2.976(\text{kN})(\uparrow)$

$$\sum F_y=0, F_{Ay}+F_B-F_1-F_2\cdot\sin 60°=0 \text{ 得 } F_{Ay}=2.488\,\text{kN}(\uparrow)$$

四、物体系的平衡

在实际工程中，经常遇到由几个物体通过一定的约束联系在一起的系统，这种系统称物体系统。物体系统的平衡是指组成系统的每一个物体及系统整体都处于平衡状态。

研究物体系统的平衡问题，不仅要求出整个系统的支座反力，还要计算出系统内各个物体间的相互作用力。我们把物体系统以外的物体作用在此系统上的力叫作外力；把物体系统内各物体间的相互作用力叫作内力。

当物体系统平衡时，组成系统的各个部分也都平衡，所以，求解物体系统的平衡问题，可

取整个物体系统为研究对象，也可取系统中的某一部分为研究对象，应用相应的平衡方程求解未知量。若物体系统是由几个物体组成，每个物体又都是受平面任意力系作用，则可列出 $3n$ 个独立的平衡方程，求解 $3n$ 个独立的未知量。而若物体系统中有的物体受平面汇交力系或平面平行力系作用，则独立平衡方程数会相应减少，所能求出的未知量也相应减少。

【例 1-3-7】 求如图 1-3-14 所示组合梁 A、C 处的支座反力。

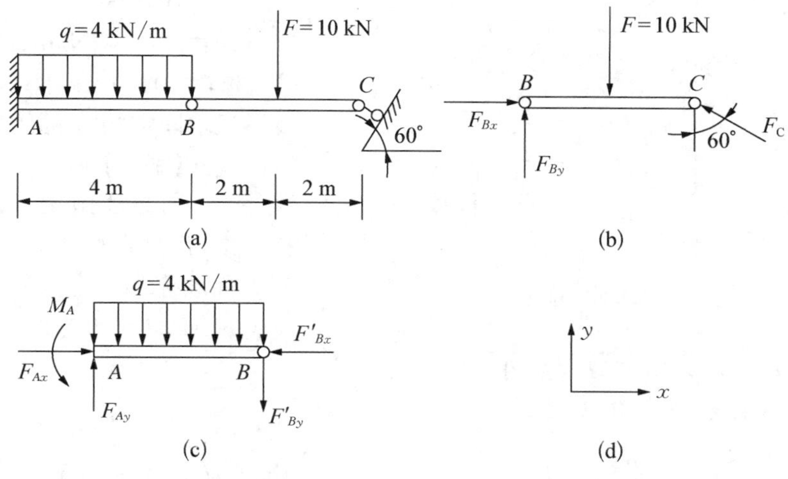

图 1-3-14

【解】 (1) 取 BC 为研究对象，受力如图 1-3-14(b)所示。建立如图 1-3-14(d)所示的直角坐标系，列平衡方程

$$\sum M_B(F)=0, F_C \cdot \cos 60° \times 4 - F \times 2 = 0$$

$$F_C \times 0.5 \times 4 - 10 \times 2 = 0 \text{ 得 } F_C = 10\,\text{kN}(\uparrow)$$

$$\sum F_x = 0, F_{Bx} - F_C \cdot \sin 60° = 0 \text{ 得 } F_{Bx} = 10 \times 0.866 = 8.66\,\text{kN}(\rightarrow)$$

$$\sum F_y = 0, F_{By} + F_C \cdot \cos 60° - F = 0$$

$$F_{By} = F - F_C \cdot \cos 60° = 10 - 10 \times 0.5 = 5\,\text{kN}(\uparrow)$$

(2) AB 为研究对象，受力如图 1-0314(c)所示。列平衡方程

$$\sum F_x = 0, F_{Ax} - F'_{Bx} = 0 \text{ 得 } F_{Ax} = F'_{Bx} = F_{Bx} = 8.66\,\text{kN}(\rightarrow)$$

$$\sum F_y = 0, F_{Ay} - q \cdot 4 - F'_{By} = 0 \text{ 得 } F_{Ay} = 4 \times 4 + 5 = 21\,\text{kN}(\uparrow)$$

$$\sum M_A(F) = 0, M_A - q \cdot 4 \cdot 2 - F'_{By} \times 4 = 0$$

$$M_A = 4 \times 4 \times 2 + 5 \times 4 = 52\,\text{kN} \cdot \text{m(逆时针)}$$

【LX0303A · 判断题】

平面任意力系平衡的必要与充分条件是：力系的合力等于零。 (　　)

【答案】 ×

【解析】 平面任意力系平衡的必要和充分条件是：力系的主矢和对任一点的主矩都等于零。

【LX0303B・判断题】

只要力系的合力等于零,该力系就是平衡力系。（　）

【答案】×

【解析】平面任意力系平衡的必要和充分条件是:力系的主矢和对任一点的主矩都等于零。

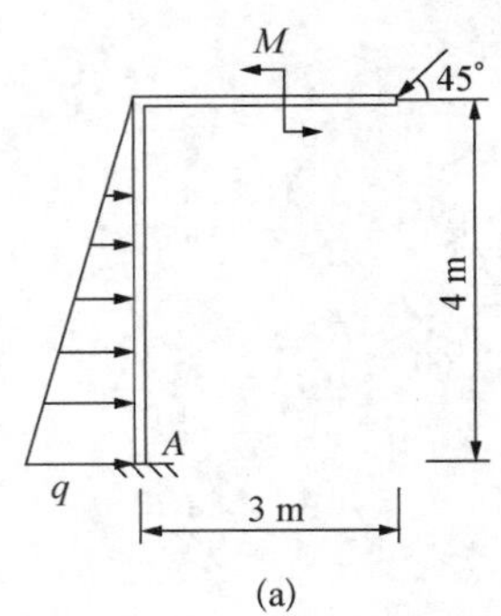

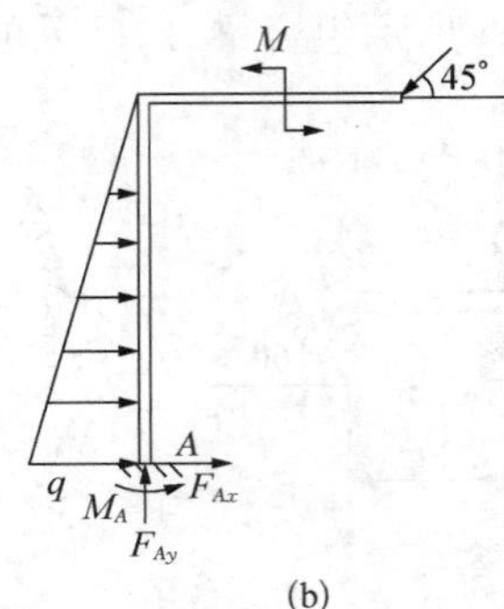

【LX0303C】附图

【LX0303C・计算题】

如左图(a)所示的刚架,已知:$q_0=3\ \text{kN/m}$,$F=6\sqrt{2}\ \text{kN}$,$M=10\ \text{N}\cdot\text{m}$,不计刚架的自重,试求固定端 A 的约束力。

【解析】

(1) 选刚架 AB 为研究对象,作用在它上的主动力有:三角形荷载 q_0、集中荷载 $\boldsymbol{F}$、力偶矩 M;约束力为固定端 A 两个垂直分力 F_{RAx}、F_{RAy} 和力偶矩 M_A,如图(b)所示。

(2) 建立坐标系,列平衡方程。

$$\sum_{i=1}^{n} M_A(\boldsymbol{F}_i)=0, M_A-\frac{1}{2}q_0\times4\times\frac{1}{3}\times4-M-3F\sin45^\circ+4F\cos45^\circ=0 \quad ①$$

$$\sum_{i=1}^{n} F_x=0, F_{RAx}+\frac{1}{2}q_0\times4-F\cos45^\circ=0 \quad ②$$

$$\sum_{i=1}^{n} F_y=0, F_{RAy}-F\sin45^\circ=0 \quad ③$$

由式①、式②、式③解得固定端 A 的约束力为

$$F_{RAx}=0, F_{RAy}=6\ \text{kN}(\uparrow), M_A=12\ \text{kN}\cdot\text{m}(\text{逆时针})$$

【LX0303D・计算题】

如下图所示,组合梁由 AC 和 CD 两段铰接构成,起重机放在梁上。已知起重机为 $P_1=50\ \text{kN}$,重心在铅直线 EC 上,重物荷载为 $P_2=10\ \text{kN}$,如不计梁重,求支座 A、B、D 三处的约束力。

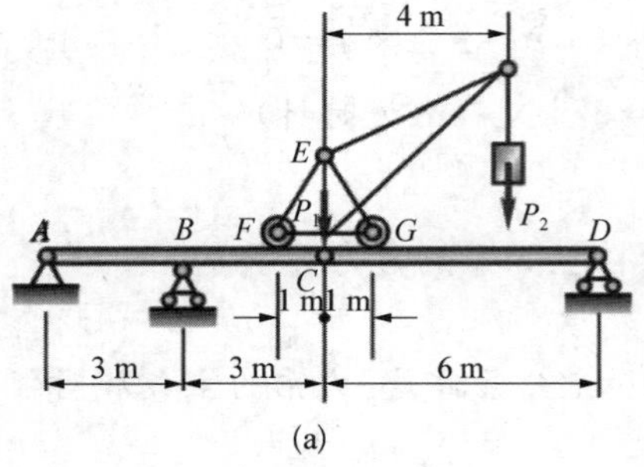

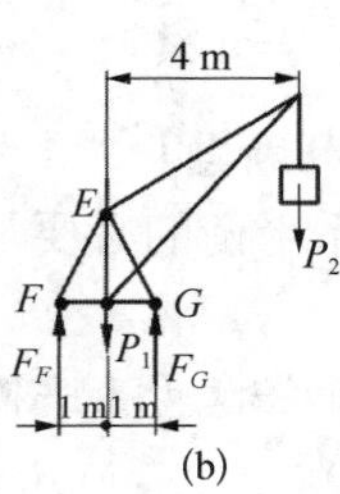

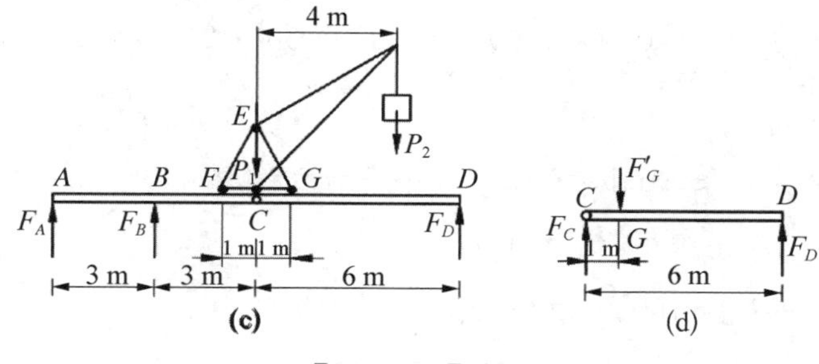

【LX0303D】附图

【解析】

(1) 取起重机为研究对象,受力图如上图(b)所示

$$\sum M_F = 0, F_G \cdot 2 - P_1 \cdot 1 - P_2 \cdot 5 = 0$$
$$F_G = (P_1 + 5P_2) \div 2 = 50\,\mathrm{kN}$$

(2) 取梁 CD 为研究对象,受力图如上图(d)所示

$$\sum M_C = 0, -F'_G \cdot 1 + F_D \cdot 6 = 0$$
$$F_D = F'_G / 6 = 8.33\,\mathrm{kN}$$

(3) 取整体为研究对象,受力图如上图(c)所示

$$\sum M_A = 0, F_B \cdot 3 + F_D \cdot 12 - P_1 \cdot 5 - P_2 \cdot 10 = 0$$
$$F_B = (6P_1 + 10P_2 - 12F_D)/3 = 100\,\mathrm{kN}$$
$$\sum F_y = 0, F_A + F_B - F_D - P_2 - P_1 = 0$$
$$F_A = P_2 + P_1 - F_B - F_D = -48.3\,\mathrm{kN}$$

【LX0303E·计算题】

如下图所示不计自重的组合梁,由 AC 和 CD 在 C 处铰接而成。已知 $F=20\,\mathrm{kN}$,$q=10\,\mathrm{kN/m}$,$M=20\,\mathrm{kN\cdot m}$,$l=1\,\mathrm{m}$。求固定端 A 与滚动支座 B 的约束力。

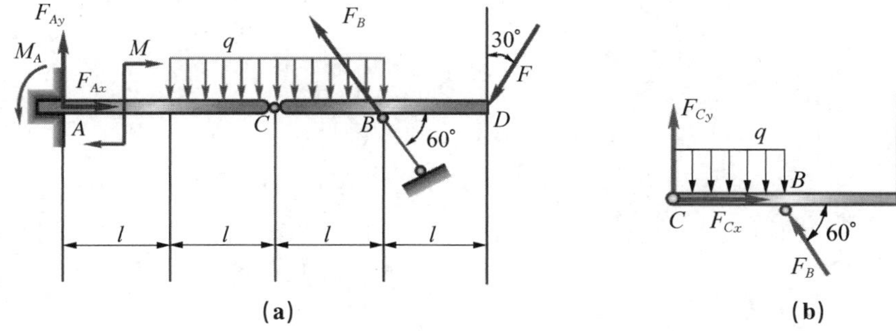

【LX0303E】附图

【解析】

(1) 取 CD 梁为研究对象,画受力图。

$$\sum F_C = 0, F_B \sin 60° \cdot l - F\cos 30° \cdot 2l - ql \cdot \frac{l}{2} = 0$$

解得 $F_B = 45.77\,\text{kN}$

(2) 取整体为研究对象,此时对整体列 3 个平衡方程,有

$\sum F_x = 0, F_{Ax} - F_B\cos 60° - F\sin 30° = 0$

$\sum F_y = 0, F_{Ay} + F_B\sin 60° - 2ql - F\cos 30° = 0$

$\sum M_A(F) = 0, M_A - M - 2ql \cdot 2l + F_B\sin 60° \cdot 3l - F\cos 30° \cdot 4l = 0$

解得 $F_{Ax} = 32.89\,\text{kN}, F_{Ay} = -2.32\,\text{kN}, M_A = 10.37\,\text{kN} \cdot \text{m}$

第四节　轴向拉压

考点9　轴向拉压的内力(轴力)与轴力图

一、杆件的基本变形

根据杆件不同的受力情况，可将其变形归纳为四种基本变形之一，或者视为几种基本变形的组合。

1. 轴向拉伸或压缩

在一对大小相等、方向相反、作用线与杆轴线重合的外力作用下，杆件的主要变形是长度改变。这种变形称为轴向拉伸[见图1-4-1(a)]或轴向压缩[见图1-4-1(b)]。

2. 剪切

在一对相距很近、大小相等、方向相反的横向外力作用下，杆件的主要变形是横截面沿外力作用方向发生相对错动。这种变形形式称为剪切[见图1-4-1(c)]。

3. 平面弯曲

在一对大小相等、转向相反、位于杆的纵向平面内的外力偶作用下，杆件的轴线由直线弯成曲线，这种变形形式称为弯曲[见图1-4-1(d)]。

4. 扭转

在一对大小相等、转向相反、位于垂直于杆轴线的平面内的外力偶作用下，杆的任意横截面将绕轴线发生相对转动，而轴线仍维持直线，这种变形形式称为扭转[见图1-4-1(e)]。

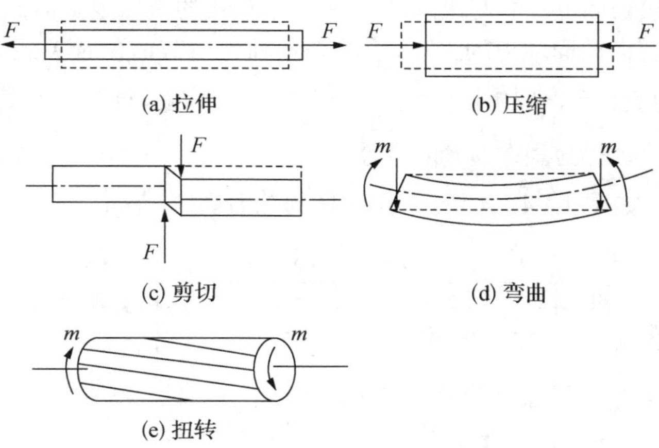

图1-4-1

二、轴向拉压的内力(轴力)

1. 内力的概念

在外力的作用下,构件的内部发生相对位置的改变而将产生的相互作用力,称为附加内力,简称内力。

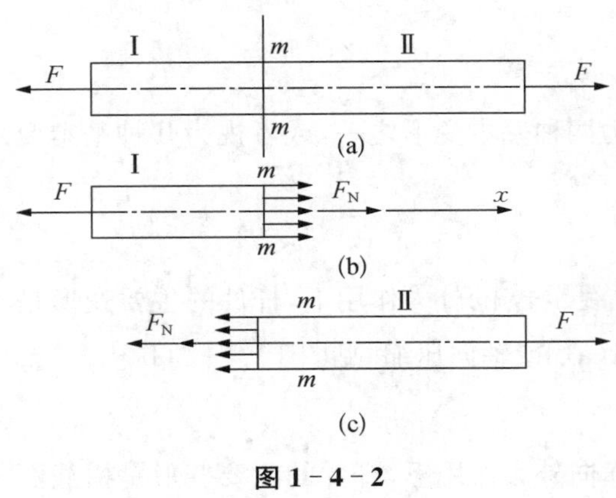

图 1-4-2

2. 截面法

分析计算杆件内力,一般采用截面法,轴力计算也是采用截面法。截面法的基本步骤为(见图 1-4-2):

(1) 截:欲求某一横截面的内力,沿该截面将构件假想地截成两部分。

(2) 取:取其中任意部分为研究对象,而弃去另一部分。

(3) 代:用作用于截面上的内力,代替弃去部分对留下部分的作用力。

(4) 平:建立留下部分的平衡条件,由外力确定未知的内力。

3. 轴力

作用线与杆的轴线重合,通过截面的形心并垂直于杆的横截面的内力,称为轴力,常用符号 $\boldsymbol{F}_N$ 表示。规定:杆件受拉,轴力为正;反之杆件受压,轴力为负,通常未知轴力均按正向假设(见图 1-4-3)。轴力的单位为牛顿(N)或千牛(kN)。

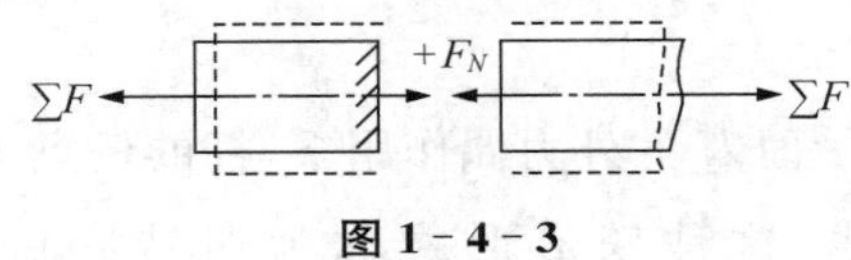

图 1-4-3

4. 轴力图

为表明轴力沿横截面位置的变化情况,用平行于轴线的坐标表示横截面的位置,用垂直于杆轴线的坐标表示各横截面轴力的大小,绘出表示轴力与截面位置关系的几何图形,称为轴力图。作轴力图时应注意:轴力图位置应与杆件位置相对应,通常将正的轴力(拉力)画在 x 轴的上方,负的轴力(压力)画在 x 轴的下方。

【例 1-4-1】 如图 1-4-4 所示,作该杆的轴力图。

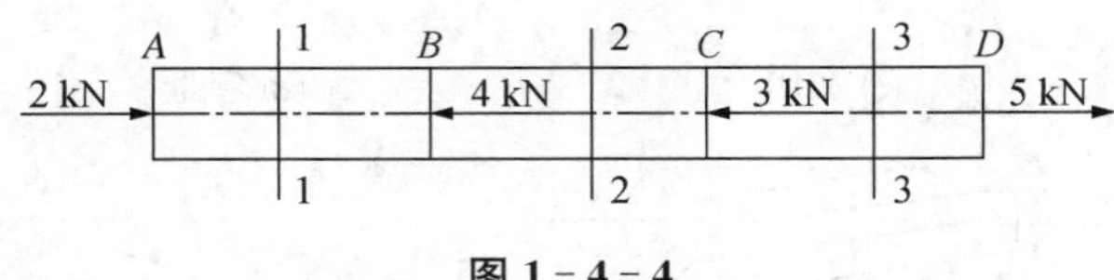

图 1-4-4

【解】 1-1 截面 $\sum F_x = 0 \quad 2 + F_{N1} = 0 \quad F_{N1} = -2\,\text{kN}$(压力)

2-2 截面 $\sum F_x = 0 \quad F_{N2} - 4 + 2 = 0 \quad F_{N2} = 2\,\text{kN}$(拉力)

3-3截面　$\sum F_x=0$　$5-F_{N3}=0$　$F_{N3}=5\text{ kN}$(拉力)

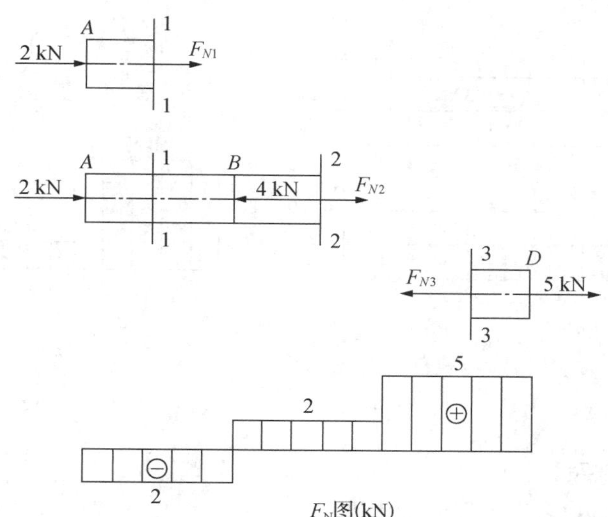

F_N图(kN)

【LX0401A·单选题】

关于轴向拉(压)杆轴力的说法中,哪一项错误(　　)。

A. 拉(压)杆的内力只有轴力　　B. 轴力的作用线与杆轴线重合

C. 轴力是沿杆轴线作用的外力　　D. 轴力与杆的横截面和材料均无关

【答案】 C

【解析】 轴力是沿杆轴线作用的内力。

【LX0401B·判断题】

杆件拉伸时,纵向缩短。　　(　　)

【答案】 ×

【解析】 纵向伸长。

【LX0401C·简答题】

轴向拉(压)杆件上作用着什么样的外力?横截面上会产生什么样的内力?如何定义正负号?

【答案】 作用线与杆轴线重合的外力。与杆轴线重合的轴力。拉力为正,压力为负。

【LX0401D·计算题】

如图所示,作该杆的轴力图。

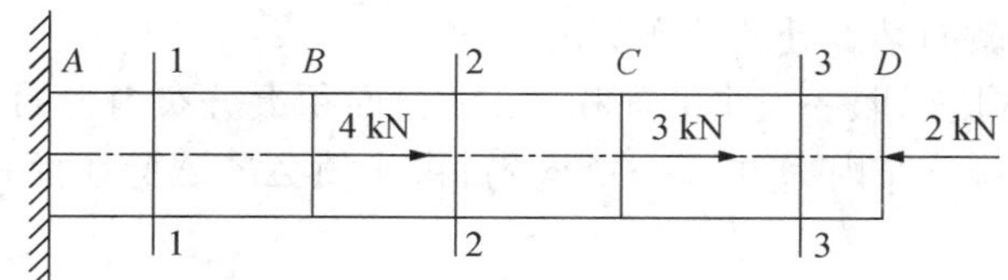

【LX0401D】附图

【答案】 1-1截面　$\sum F_x=0$　$-F_{N1}+4+3-2=0$　$F_{N1}=5\text{ kN}$(拉力)

2-2截面　$\sum F_x=0$　$-F_{N2}+3-2=0$　$F_{N2}=1\text{ kN}$(拉力)

3-3截面　$\sum F_x=0$　$-F_{N3}-2=0$　$F_{N3}=-2\text{ kN}$(压力)

轴力图如下图所示：

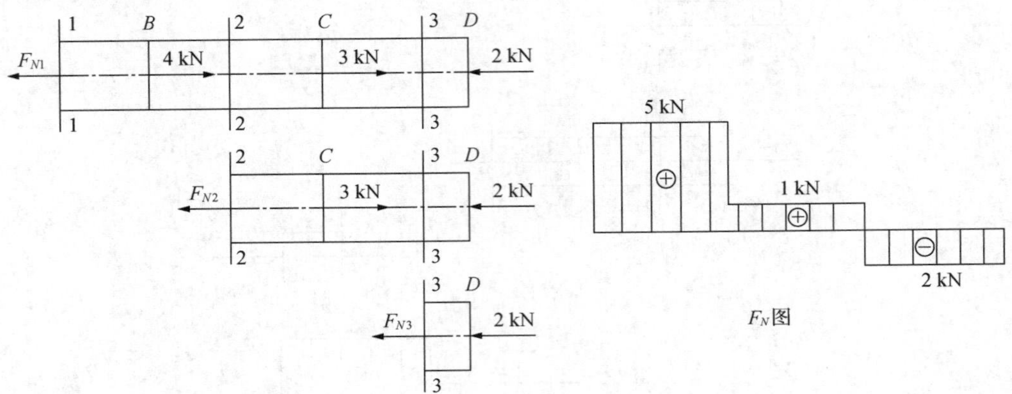

【LX0401E·计算题】

如图所示，$F=10\text{ kN}$，作该杆的轴力图。

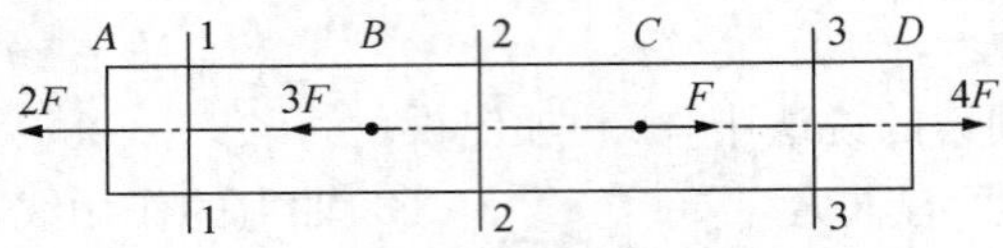

【LX0401E】附图

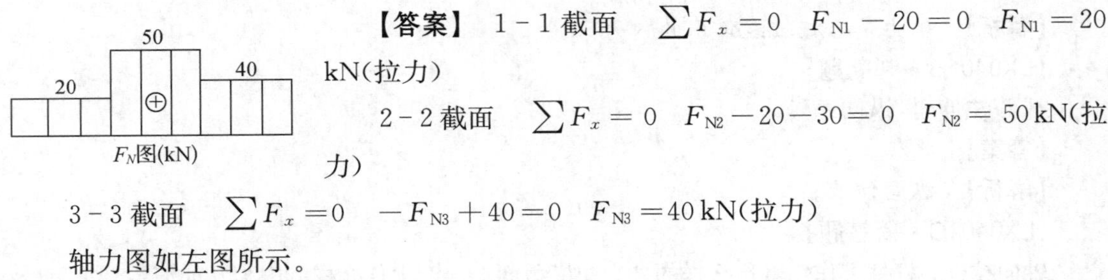

【答案】 1-1截面　$\sum F_x=0$　$F_{N1}-20=0$　$F_{N1}=20\text{ kN}$(拉力)

2-2截面　$\sum F_x=0$　$F_{N2}-20-30=0$　$F_{N2}=50\text{ kN}$(拉力)

3-3截面　$\sum F_x=0$　$-F_{N3}+40=0$　$F_{N3}=40\text{ kN}$(拉力)

轴力图如左图所示。

考点10　轴向拉压的应力与强度计算

一、应力的概念

应力表示内力在截面某点处的分布集度。

在截面上点 M 的周围取一很小的面积 ΔA。设面积上分布内力的合力为 ΔF[图1-4-5(a)]。在一般情况下，分布内力并不一定均匀，将比值 $\Delta F/\Delta A$ 在面积 ΔA 趋近于零时的极限值

$$p=\lim_{\Delta A\to 0}\frac{\Delta F}{\Delta A}$$

定义为点 M 处分布内力的集度，或把它叫作点 M 处的总应力。

总应力 p 是矢量，通常将总应力 p 分解为两个分量，即垂直于截面的法向分量和

相切于截面的切向分量[见图1-4-5(b)]。其中,法向分量称之为正应力,记作 σ ;切向分量称之为切应力,记作 τ。

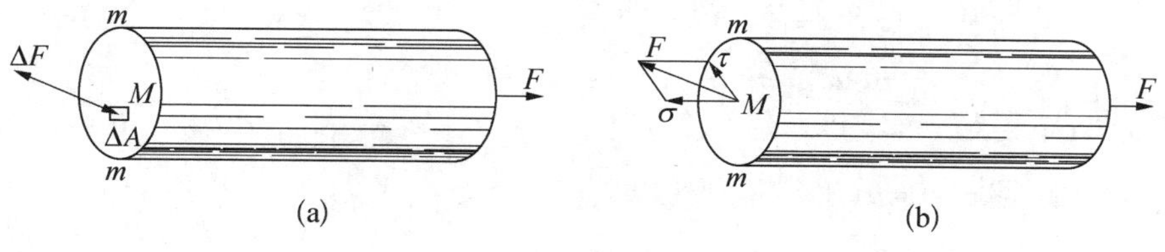

图1-4-5

在国际单位制中,应力的单位为Pa(帕),1 Pa=1 N/m²。由于Pa这个单位太小,故常用MPa(兆帕),1 MPa $=10^6$ Pa;有时还采用GPa(吉帕),1 GPa $=10^9$ Pa。

二、轴向拉(压)杆横截面上的正应力

轴向拉伸时,杆件横截面上各点处只有正应力(图1-4-6),且大小相等,得横截面上正应力的计算公式

$$\sigma=\frac{F_N}{A}$$

式中 F_N——横截面上的轴力,单位N,由截面法确定;

A——横截面的面积,单位mm²。

对于轴向压杆,上式同样适用。正应力 σ 的正负号规定与轴力 F_N 的正负号规定是一致的,拉应力为正,压应力为负。

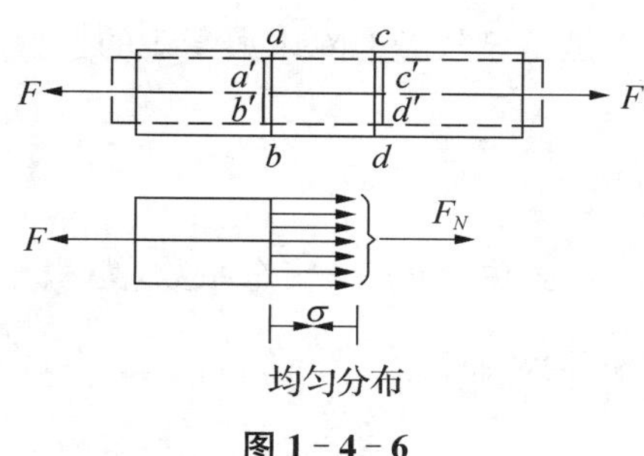

均匀分布

图1-4-6

三、轴向拉(压)杆斜截面上的应力

一轴向受拉杆(图1-4-7),假想用一与其横截面成 α 角的斜截面 kk(简称为 α 截面),可求得 α 截面上的内力

$$F_\alpha=F$$

求得 α 截面上的应力 p_α 为

$$p_\alpha=\frac{F_\alpha}{A_\alpha}=\frac{F}{A_\alpha}=\frac{F}{A}\cos\alpha=\sigma\cos\alpha$$

通常是将 p_α 分解为两个分量:垂直于斜截面的正应力 σ_α 与平行于斜截面的剪应力 τ_α。

$$\begin{cases}\sigma_\alpha=p_\alpha\cos\alpha=\sigma\cos^2\alpha\\ \tau_\alpha=p_\alpha\sin\alpha=\sigma\cos\alpha\cdot\sin\alpha=\dfrac{\sigma}{2}\sin2\alpha\end{cases}$$

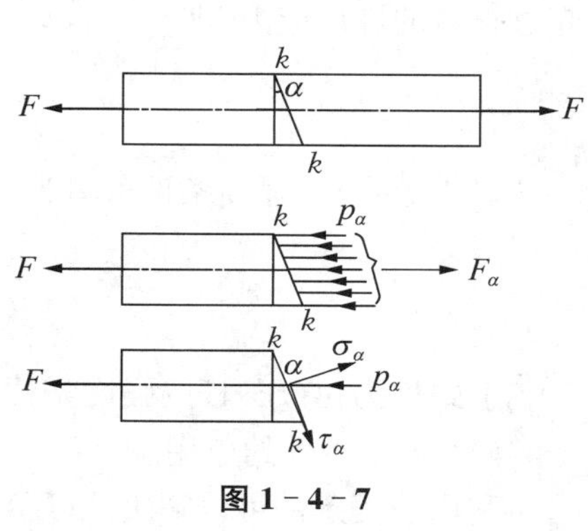

图1-4-7

讨论：

(1) σ_α、τ_α 均为 α 的函数，随斜截面的方向而变化。

(2) 当 $\alpha=0°$时，$\sigma_{\alpha\max}=\sigma$、$\tau_\alpha=0$ 横截面上。

当 $\alpha=45°$时，$\tau_{\alpha\max}=\dfrac{\sigma}{2}$、$\sigma_\alpha=\dfrac{\sigma}{2}$

当 $\alpha=90°$时，$\sigma_\alpha=\tau_\alpha=0$ 平行于轴线纵截面。

四、拉(压)杆的强度计算

1. 极限应力

将材料能承受应力的固有极限称为极限应力，用 σ_0 表示。对于塑性材料，$\sigma_0=\sigma_s$；对于脆性材料，$\sigma_0=\sigma_b$。

2. 许用应力与安全系数

许用应力是构件工作时容许承受的最大应力。为了确保构件工作时安全可靠，许用应力是将极限应力除以大于 1 的系数而得到，用$[\sigma]$表示。

$$[\sigma]=\frac{\sigma_0}{n}$$

式中 n——安全系数，为大于 1 的数。

塑性材料：$[\sigma]=\dfrac{\sigma_s}{n}$，$n=1.4\sim1.7$；

脆性材料：$[\sigma]=\dfrac{\sigma_b}{n}$，$n=2.5\sim3.0$。

3. 强度计算

(1) 强度条件

要使构件在外力作用下能够安全可靠地工作，必须使构件截面上最大工作应力 $\sigma_{\max}$ 不超过材料的许用应力，即

$$\sigma_{\max}\leqslant[\sigma]。$$

对于等直杆，强度条件可写为

$$\sigma_{\max}=\frac{F_N}{A}\leqslant[\sigma]。$$

上式称为拉(压)杆的强度条件。

(2) 强度条件的应用

利用强度条件可以解决拉(压)杆在强度计算方面的三类问题：

① 强度校核：已知构件的横截面面积 A、材料的许用应力$[\sigma]$及所受荷载，应用强度条

件可以检查构件的强度是否足够。

② 设计截面：已知构件所受荷载及材料的许用应力$[\sigma]$，则构件所需的横截面面积A可用下式计算：

$$A \geqslant \frac{F_N}{[\sigma]}。$$

③ 确定许可荷载：已知构件的横截面面积A及材料的许用应力$[\sigma]$，则构件所能承受的轴力可用下式计算：

$$F_N \leqslant A[\sigma]。$$

求出轴力F_N后再根据静力平衡方程，确定构件所能承受的最大许可荷载。

【LX0402A · 单选题】

截面上的正应力的方向为(　　)。

A. 垂直于截面　　B. 平行于截面

C. 与截面无关　　D. 可以与截面任意夹角

【答案】 A

【解析】 正应力垂直于截面。

【LX0402B · 判断题】

安全系数n是不大于1的数。　　(　　)

【答案】 ×

【解析】 安全系数n是大于1的数。

【LX0402C · 判断题】

构件的工作应力可以和其极限应力相等。　　(　　)

【答案】 ×

【解析】 工作应力应小于等于许用应力，许用应力小于极限应力。

【LX0402D · 简答题】

两根杆件的截面面积不同，制作材料不同，受同样的轴向压力作用时，它们的内力是否相同？应力是否相同？

【答案】 内力即轴力相同，应力不同。

【LX0402E · 计算题】

如图所示，一木构架，悬挂的重物$G=60$ kN。AB的横截面为正方形，横截面边长为200 mm，许用应力$[\sigma]=10$ MPa。校核AB支柱的强度。

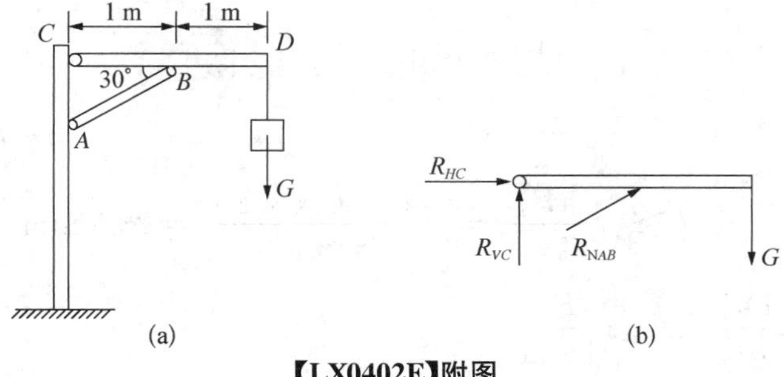

【LX0402E】附图

【答案】 (1) 计算 AB 支柱的轴力。取 CD 杆为研究对象,受力图如图(b)所示,由平衡方程

$$\sum M_C(F)=0, F_{NAB}\sin 30°\cdot 1=G\cdot 2=0$$

AB 支柱的轴力 $F_{NAB}=\dfrac{2G}{\sin 30°\cdot 1}=\dfrac{2\times 60}{\sin 30°\cdot 1}=240\ \mathrm{kN}$

(2) 校核 AB 支柱的强度。AB 支柱的横截面面积

$$A=200\times 200=4\times 10^4\ \mathrm{mm}^2$$

AB 支柱的工作应力 $\sigma=\dfrac{F_{NAB}}{A}=\dfrac{240\times 10^3}{40\times 10^3}=6\ \mathrm{MPa}<[\sigma]=10\ \mathrm{MPa}$

故 AB 支柱的强度足够。

【LX0402F·计算题】

如图(a)所示,一托架所受荷载 $F=60\ \mathrm{kN}$,$\alpha=30°$,AC 为圆钢杆,其许用应力 $[\sigma]_s=160\ \mathrm{MPa}$,$BC$ 为方木杆,其许用应力 $[\sigma]_w=4\ \mathrm{MPa}$。求钢杆直径 d,木杆截面边长 b。

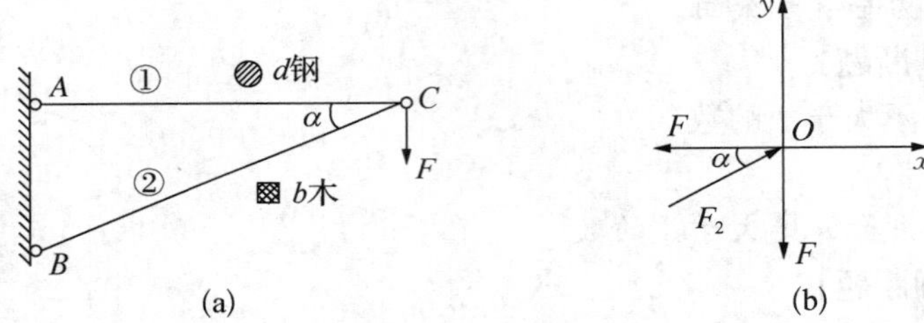

【LX0402F】附图

【答案】 (1) 求各杆轴力

$$\sum F_y=0\quad F_2\sin\alpha-F=0$$

$$F_2=\frac{F}{\sin\alpha}=\frac{60\times 10^3}{0.5}=1.2\times 10^5\ \mathrm{N}$$

$$\sum F_y=0\quad F_2\cos\alpha-F_1=0$$

$$F_1=F_2\cos\alpha=1.04\times 10^5\ \mathrm{N}$$

(2) 设计截面

$$A_1\geqslant\frac{F_1}{[\sigma]_s}\quad \frac{\pi d^2}{4}\geqslant\frac{F_1}{[\sigma]_s}$$

AC 杆:

$$d\geqslant\sqrt{\frac{4F_1}{\pi[\sigma]_s}}=\sqrt{\frac{4\times 10.4\times 10^4}{\pi\times 160}}=28.8\ \mathrm{mm}$$

BC 杆:$A_2\geqslant\dfrac{F_2}{[\sigma]_w}\quad b^2\geqslant\dfrac{F_2}{[\sigma]_w}$

$$b \geqslant \sqrt{\frac{F_2}{[\sigma]_w}} = \sqrt{\frac{12 \times 10^4}{4}} = 173\ \text{mm}$$

【LX0402G·计算题】

如图(a)所示，一支架，AB 杆的许用应力 $[\sigma_1]=100\ \text{MPa}$，$BC$ 杆的许用应力 $[\sigma_2]=160\ \text{MPa}$，两杆横截面面积均为 $A=150\ \text{mm}^2$。求此结构的许用荷载 P。

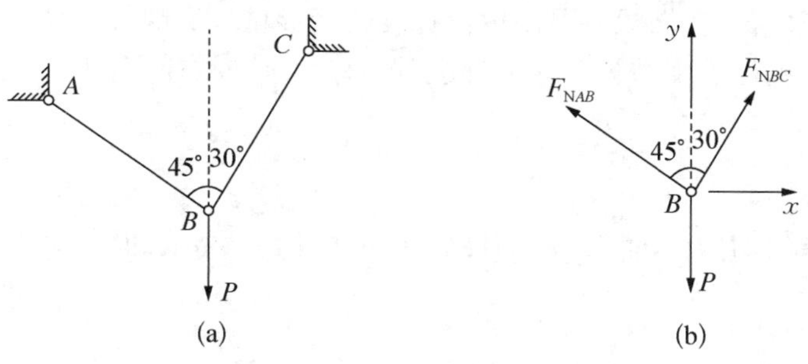

【LX0402G】附图

【答案】 (1) 计算杆的轴力与荷载的关系

用截面法截取结点 B 为研究对象，受力图如图(b)。由平衡方程：

$$\sum F_y = 0, F_{NBA}\cos 45° + F_{NBC}\cos 30° - P = 0$$

$$\sum F_x = 0, F_{NBA}\sin 45° - F_{NBC}\sin 30° = 0$$

(2) 杆件的许可荷载

$$F_{NBA} \leqslant A[\sigma_1] = 150 \times 100\ \text{kN} = 15\ \text{kN},$$

代入平衡方程 $\sum F_x = 0$，得 $F_{NBC} \leqslant 21\ \text{kN}$，

代入平衡方程 $\sum F_y = 0$，得荷载 $P \leqslant 29\ \text{kN}$；

$F_{NBC} \leqslant A[\sigma_2] = 150 \times 160\ \text{kN} = 24\ \text{kN}$，

代入平衡方程 $\sum F_x = 0$，得 $F_{NBA} \leqslant 16.9\ \text{kN}$，

代入平衡方程 $\sum F_y = 0$，得荷载 $P \leqslant 32.8\ \text{kN}$，

综上，可得 $P \leqslant 29\ \text{kN}$，所以此结构的许用荷载 $P = 29\ \text{kN}$。

考点 11 轴向拉压的变形计算

一、轴向拉压的变形

杆件在轴向力作用下，沿轴向会伸长（或缩短），称为纵向变形，同时，杆的横向尺寸将减小（或增大），称为横向变形。

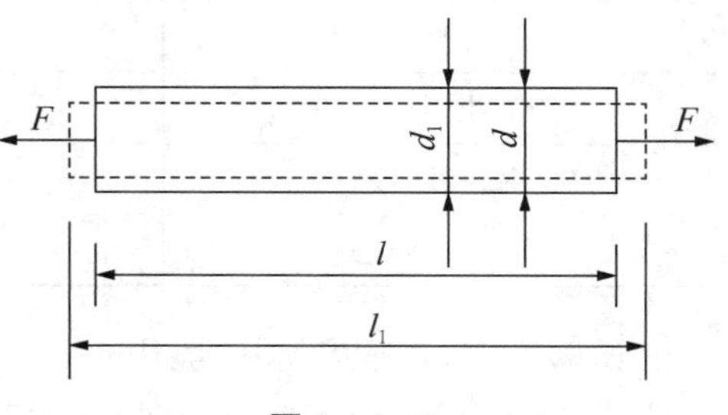

图 1-4-8

1. 绝对变形

图 1-4-8 所示的圆截面受拉杆件，原长为 l，

直径为 d，施加一对轴向拉力 F 后，其长度增至 l_1，直径缩小为 d_1。

杆的轴向绝对变形为 $\Delta l = l_1 - l$，横向绝对变形为 $\Delta d = d_1 - d$。

绝对变形反映了杆件总的变形量，与杆的原始尺寸有关。当杆受轴向拉伸时，Δl 为正值，Δd 为负值；当杆受轴向压缩时，结论相反。

2. 相对变形

杆的各段均匀伸长(或缩短)，可用单位长度的变形量来反映杆的变形程度，通常称为线应变(简称应变)。单位长度的纵向伸长(或缩短)称为纵向线应变，用 ε 表示，即

$$\varepsilon = \frac{\Delta l}{l}$$

单位长度的横向缩短(或伸长)称为横向线应变，用 ε' 表示，即

$$\varepsilon' = \frac{\Delta d}{d}$$

当杆轴向拉伸时，ε 为正，ε' 为负；反之，则结论相反。

由于 Δl 与 l、Δd 与 d 具有相同的量纲，故线应变无量纲。

二、胡克定律

试验表明，当杆件应力不超过比例极限时，横向线应变 ε' 和纵向线应变 ε 之比的绝对值为一常数，称为横向变形系数或泊松比，用 μ 表示

$$\mu = \left|\frac{\varepsilon'}{\varepsilon}\right|，\text{或 } \varepsilon' = -\mu\varepsilon$$

泊松比是材料固有的弹性常数，无量纲，其值由试验测定。表 1-4-1 给出了几种常用材料的 μ 值。

表 1-4-1　常用材料的 E、μ 值

材料名称	弹性模量 E/GPa	泊松比 μ
碳钢	200～220	0.25～0.33
铸铁	115～160	0.23～0.27
铝合金	71	0.26～0.33
铜及其合金	74～130	0.31～0.36
混凝土	14.6～36	0.16～0.18
花岗岩	49	—
木材(顺纹)	10～12	—
木材(横纹)	0.49	—

试验表明，工程实际中常用的一些材料在受力不超过某一限值时，杆的纵向变形 Δl 与轴力 F_N 和杆长 l 成正比，而与杆的横截面面积 A 成反比，即

$$\Delta l \propto \frac{F_N l}{A}$$

引进比例常数 E，则

$$\Delta l = \frac{F_N l}{EA}$$

上式即为胡克定律。式中的比例常数 E 称为材料的弹性模量，是材料的一个重要弹性常数，表示材料抵抗变形的能力，其值通过试验测定。表 1－041 给出了几种常用材料的 E 值。材料的弹性模量与应力具有同样的单位。EA 称为杆件的抗拉(压)刚度，表示杆件抵抗拉伸(压缩)变形的能力。对于长度相同、受力情况相同的杆件，其 EA 值越大，则杆的拉伸(压缩)变形就越小。

将上式改写成

$$\frac{\Delta l}{l} = \frac{1}{E} \cdot \frac{F_N}{A}$$

上式中，$\frac{\Delta l}{l} = \varepsilon$，$\frac{F_N}{A} = \sigma$，则可得

$$\varepsilon = \frac{1}{E}\sigma \text{ 或 } \sigma = E\varepsilon$$

此为胡克定律的另一表达形式，表明杆件在应力不超过某一限值时，应力与应变成正比。

【LX0403A・单选题】

从拉压杆轴向变形量的计算公式 $\Delta l = \frac{F_N l}{EA}$ 中可以看出，E 和 A 值越大，Δl 越小，故(　　)。

A. E 为杆的抗拉(压)刚度　　B. 乘积 EA 表示材料抵抗破坏的能力

C. 乘积 EA 为杆的抗拉(压)刚度　　D. 以上说法都不正确

【答案】 C

【解析】 EA 为杆的抗拉(压)刚度，表示杆件抵抗变形的能力。

【LX0403B・判断题】

两根相同截面、不同材料的杆件，受相同的外力作用，它们的纵向绝对变形相同。(　　)

【答案】 ×

【解析】 不能确定是否相同。

【LX0403C・判断题】

抗拉刚度只与材料有关。(　　)

【答案】 ×

【解析】 还与截面面积有关。

【LX0403D・计算题】

如图所示，杆件材料的弹性模量 $E = 200$ GPa，杆各段的横截面面积分别为 $A_{AB} = A_{BC} =$

2 500 mm², $A_{CD}=1\,000\ \text{mm}^2$；杆各段的长度分别为 $l_{AB}=l_{BC}=300\ \text{mm}$，$l_{CD}=400\ \text{mm}$。计算杆的总伸长量。

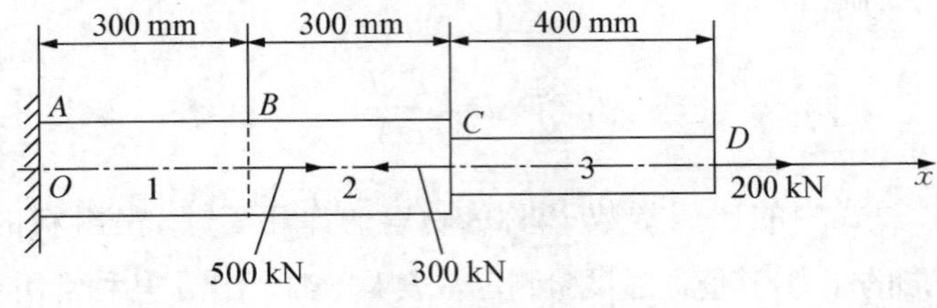

【LX0403D】附图

【答案】 (1) 求得 AB、BC 和 CD 段杆截面上的轴力，分别为

$$F_{NCD}=200\ \text{kN},F_{NBC}=-100\ \text{kN},F_{NAB}=400\ \text{kN}$$

(2) 因为杆各段的轴力不等，且横截面面积也不完全相同，因此分段计算各段的变形后相加。

$$\Delta l_{AB}=\frac{F_{NAB}l_{AB}}{EA_{AB}}=\frac{400\times10^3\times300\times10^{-3}}{200\times10^9\times2\,500\times10^{-6}}\ \text{m}$$
$$=0.24\times10^{-3}\ \text{m}=0.24\ \text{mm}$$
$$\Delta l_{BC}=\frac{F_{NBC}l_{BC}}{EA_{BC}}=\frac{(-100)\times10^3\times300\times10^{-3}}{200\times10^9\times2\,500\times10^{-6}}\ \text{m}$$
$$=0.06\times10^{-3}\ \text{m}=-0.06\ \text{mm}$$
$$\Delta l_{CD}=\frac{F_{NCD}l_{CD}}{EA_{CD}}=\frac{200\times10^3\times400\times10^{-3}}{200\times10^9\times1\,000\times10^{-6}}\ \text{m}$$
$$=0.4\times10^{-3}\ \text{m}=0.4\ \text{mm}$$

杆的总伸长量为 $\Delta l=\sum\limits_{i=1}^{3}\Delta l_i=(0.24-0.06+0.4)\ \text{mm}=0.58\ \text{mm}$

【LX0403E・计算题】

如图(a)所示，柱的横截面为边长 200 mm 的正方形，材料可认为服从胡克定律，其弹性模量 $E=10\ \text{GPa}$，如不计柱的自重，试求木柱顶端 A 截面的位移。

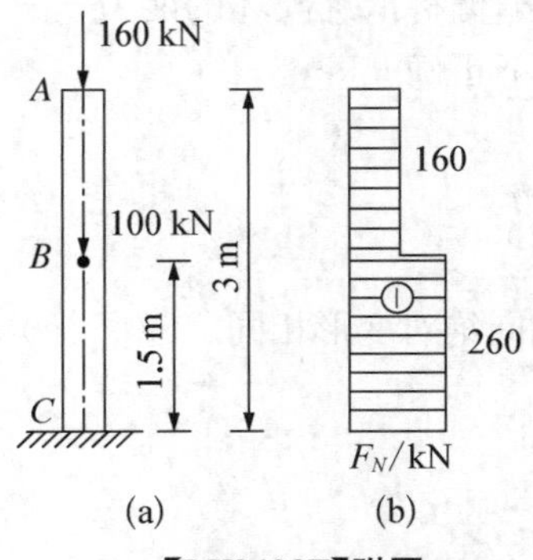

【LX0403E】附图

【答案】 首先作立柱的轴力图如图(b)所示。

因为木柱下端固定，故顶端 A 截面的位移 ΔA 就等于全杆的总缩短变形 Δl。由于木柱 AB 段和 BC 段的内力不同，故应利用公式分别计算各段的变形，然后求其代数和，求得全杆的总变形。

AB 段：$$\Delta l_{AB}=\frac{F_{NAB}l_{AB}}{EA}=\frac{-160\times10^3\times1.5}{10\times10^9\times200\times200\times10^{-6}}\ \text{m}$$
$$=-0.000\,6\ \text{m}=-0.6\ \text{mm}$$

BC 段：$$\Delta l_{BC}=\frac{F_{NBC}l_{BC}}{EA}=\frac{-260\times10^3\times1.5}{10\times10^9\times200\times200\times10^{-6}}\ \text{m}$$

$$=0.000\,975\text{ m}=-0.975\text{ mm}$$

全杆的总变形为

$$\Delta l=\Delta l_{AB}+\Delta l_{BC}=-0.6-0.975\text{ mm}=-1.575\text{ mm}$$

木柱顶端 A 截面的位移等于 -1.575 mm，方向向下。

【LX0403F · 计算题】

如图(a)所示，计算结构中杆 AB 和杆 AC 的变形，已知：$F=10$ kN，$\alpha=45°$，AB 为钢杆 $E_1=200$ GPa，$A_1=100\text{ mm}^2$，$l_1=1\,000$ mm，AC 为松木杆 $E_2=10$ GPa，$A_2=4\,000\text{ mm}^2$，$l_2=707$ mm。

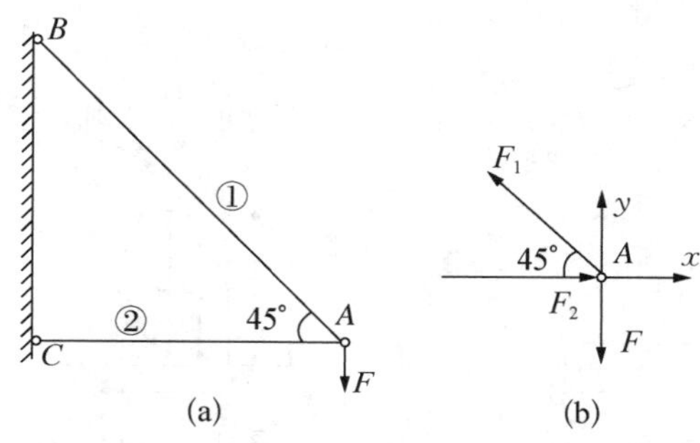

【LX0403F】附图

【答案】 (1) 求轴力

$$\sum F_y=0,F_1\sin 45°-F=0,F_1=\frac{F}{\sin 45°}=10\sqrt{2}=14.14\text{ kN(拉)};$$

$$\sum F_x=0,F_2-F_1\sin 45°=0,F_2=F_1\cos 45°=14.14\times\frac{1}{\sqrt{2}}=10\text{ kN(压)}。$$

(2) 轴向变形

$$\Delta l_1=\frac{F_1l_1}{E_1A_1}=\frac{14.14\times 10^3\times 100}{200\times 10^3\times 100}=0.707\text{ mm},$$

$$\Delta l_2=\frac{F_2l_2}{E_2A_2}=\frac{10\times 10^3\times 707}{10\times 10^3\times 4\,000}=0.177\text{ mm}。$$

考点 12　材料在受轴向拉压时的力学性能

一、材料拉伸时的力学性能

拉伸试验时采用国家规定的标准试件，中间部分较细，两端加粗，如图 1-4-9 所示，规定圆形截面标准试件的工作长度 L（也称标距）与其界面直径 d 的比例为：长试件 $L=10d$，短试件 $L=5d$；矩形截面试件则为：长试件 $L=11.3\sqrt{A}$，短试件 $L=5.65\sqrt{A}$。

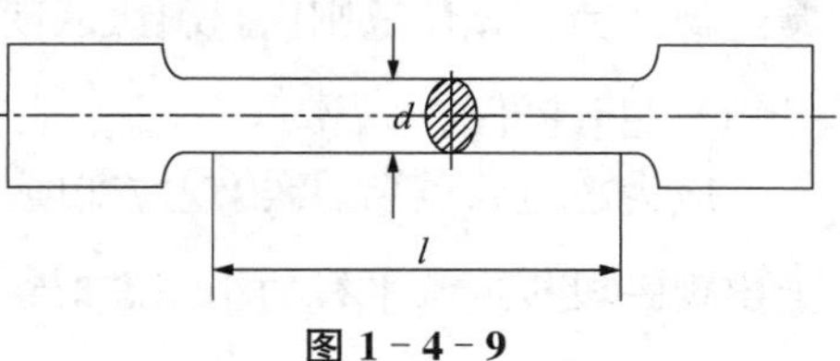

图 1-4-9

1. 低碳钢的拉伸试验

(1) 拉伸图、应力应变图

将低碳钢的标准试件夹在万能试验机的两个夹头上,缓慢加载,直至试件拉断。在拉伸过程中,试验机将每瞬时荷载与绝对伸长量的关系绘成 $F-\Delta l$ 曲线图,如图 1-4-10 所示。此图又称为拉伸图,图中纵坐标为荷载 F,横坐标为绝对伸长量 Δl。

为了消除试件几何尺寸的影响,将拉伸图的纵坐标即荷载 F 除以试件的横截面面积 A,横坐标即 Δl 除以标距 l。F/A 为试件横截面的应力,$\Delta l/l$ 为试件单位长度的伸长量,又称为线应变,用符号 ε 表示。通过上述换算,拉伸试验的力-变形曲线转换为应力-应变曲线,称为材料的应力-应变图或 $\sigma-\varepsilon$ 图,如图 1-4-11 所示。

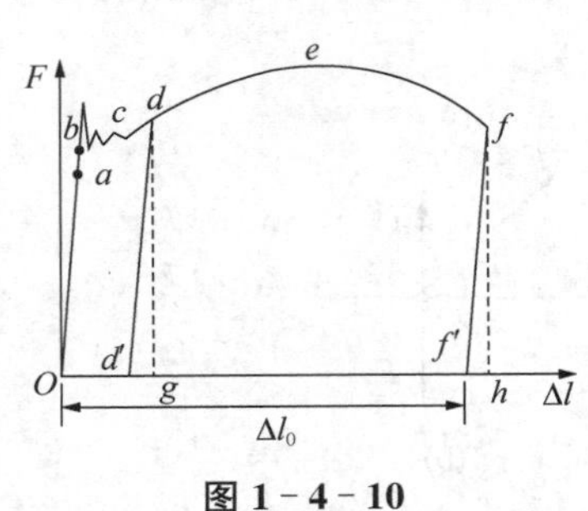

图 1-4-10

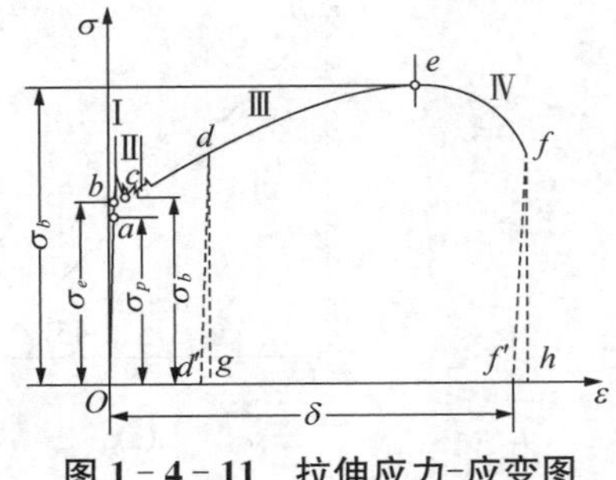

图 1-4-11 拉伸应力-应变图

(2) 拉伸过程的四个阶段

由应力应变曲线观察,可将低碳钢的拉伸过程分为四个阶段。

① 弹性阶段

在拉伸的初始阶段,σ 与 ε 的关系为直线 Oa,这表示在这一阶段内 σ 与 ε 成正比。试件随着拉力的增大而线性增长,解除拉力后变形将完全消失,试件完全恢复到原来的形状和大小,材料的变形是弹性的,因此这一阶段也称为弹性阶段。a 点所对应的应力称为比例极限,用 σ_P 表示。所以,当应力低于比例极限时,应力与应变的关系成正比。即

$$\sigma=E\cdot\varepsilon$$

此为胡克定律。E 为材料的弹性模量。它的量纲与 σ 相同,一般用 GPa。此种情况下,有

$$E=\tan\alpha$$

超过比例极限后,从 a 点到 b 点,σ 与 ε 的关系不再是线性的,但变形仍然是弹性的,即解除拉力后变形将完全消失。b 点所对应的应力是材料只出现弹性变形的极限值,称为弹性极限,用 σ_e 表示。在 $\sigma-\varepsilon$ 图上,a、b 两点非常接近,所以工程上对 σ_P 和 σ_e 并不严格区分,常近似认为在弹性范围内材料服从胡克定律。

② 屈服阶段

应力超过 b 点后,将出现应变增加很快而应力在很小范围内波动的阶段。在 $\sigma-\varepsilon$ 曲线上出现一段接近水平线的小锯齿形线段。这种应力变化不大而应变显著增加的现象称为屈

服或流动。屈服阶段内的最低应力称为屈服极限或流动极限，用 σ_S 表示。当材料屈服时，磨光的试件表面将出现与轴线大致成倾角的条纹。这种条纹是由于材料内部晶格之间产生滑移而形成的，称为滑移线。考虑到拉伸时在与杆轴成倾角的斜面上，剪应力为最大值，可见屈服现象的出现，是由最大剪应力引起的。

应力达到屈服极限时，材料将出现明显的塑性变形，构件不能正常工作，所以屈服极限被视为材料强度遭到破坏的重要标志。

③ 强化阶段

屈服阶段之后，材料又恢复了抵抗变形的能力，要使材料变形，必须增大拉力，应力、应变又恢复曲线上升的关系，这种现象称为材料的强化。该阶段的最高点 e 所对应的应力，是材料所能承受的最大应力，称为强度极限，用 σ_b 表示。

④ 颈缩阶段

过 e 点后，在试件的薄弱处截面发生显著收缩，出现"颈缩"现象，如图 1－4－12 所示。在这以前试件的标距范围内应变是均匀分开的，开始颈缩后，变形就只在颈部进行，颈部处截面面积迅速减小，同时荷载急剧下降，很快达到 $\sigma-\varepsilon$ 曲线的终点 f，试件突然断裂。

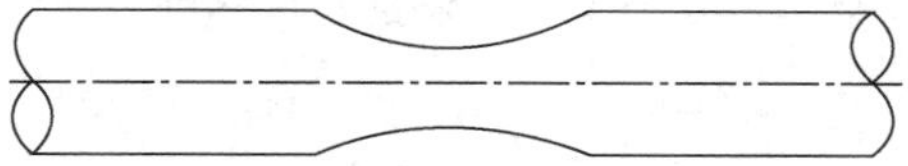

图 1－4－12

屈服极限 σ_s 和强度极限 σ_b 是衡量材料强度的两个重要指标。

(3) 塑性指标

① 伸长率。试件拉断后，弹性变形消失，而塑性变形依然保留。试件的标距由原始长度 l 变为 l_1。用百分比表示的比值

$$\delta=\frac{l_1-l}{l}\times 100\%$$

称为伸长率。伸长率是衡量材料塑性的指标。工程上通常按伸长率的大小把材料分为两大类，$\sigma\geqslant 5\%$的材料称为塑性材料，如钢、铜、铝等；而把 $\delta<5\%$的材料称为脆性材料，如铸铁、玻璃、砖、石、混凝土等。

② 截面收缩率。试件拉断后，若颈缩处的最小横截面面积为 A_1，用百分比表示的比值

$$\psi=\frac{A-A_1}{A}\times 100\%$$

称为截面收缩率。式中 A 为试件横截面的原始面积。截面收缩率也是衡量材料塑性的指标。低碳钢的 ψ 值为 60%～70%。

(4) 冷作硬化

在低碳钢的拉伸过程中，如把试件拉伸到超过屈服极限的某一点 d，然后逐渐卸除拉力，应力和应变关系将沿着斜线 dd' 回到 d' 点，如图 1－4－11 所示。dd' 近似平行于 Oa。$d'g$

表示消失的弹性变形，而 Od' 表示无法恢复的塑性变形。卸载后，如再次迅速加载，则应力和应变关系大致上沿卸载时的斜直线 dd' 变化，直到 d 点后，又沿着曲线 def 变化。这表示在再次加载过程中，在到达 d 点以前，材料的变形是弹性的，过 d 点后才开始出现塑性变形。

比较图 1－4－11 中的 $Oabcdef$ 和 $d'def$ 两条曲线，可见在第二次加载时，其比例极限亦即弹性极限得到了提高，但塑性变形和伸长率有所降低。材料在常温下，预拉到强化阶段，使其发生塑性变形，然后卸载，当再次加载时，比例极限提高但塑性降低的现象，称为冷作硬化。该现象经退火后可以消除。

工程上经常利用冷作硬化现象来提高材料弹性阶段的强度，以达到节约钢筋的目的。

2. 其他材料的拉伸力学性能

(1) 对于其他材料如锰钢、强铝、退火球墨铸铁等金属材料拉伸时的应力-应变曲线如图 1－4－13 所示，图中可以看出，除了锰钢与低碳钢的应力－应变曲线完全相似外，有些材料如铝合金，没有屈服阶段，但它们的弹性阶段、强化阶段和颈缩阶段都比较明显；另外有些材料如锰钒钢，则只有弹性阶段和强化阶段，而没有屈服阶段和颈缩阶段。对于这些没有明显屈服阶段的塑性材料，一般规定以产生 0.2%的塑性变形时所对应的应力值作为屈服极限，并称名义屈服极限，用 $\sigma_{0.2}$ 表示。在图 1－4－14 中表示了确定 $\sigma_{0.2}$ 的方法：在 ε 轴上取 $\varepsilon=0.2\%$ 的一点，过此点作与 $\sigma-\varepsilon$ 图上直线部分平行的直线，交曲线于 D 点，D 点的纵坐标就代表 $\sigma_{0.2}$。

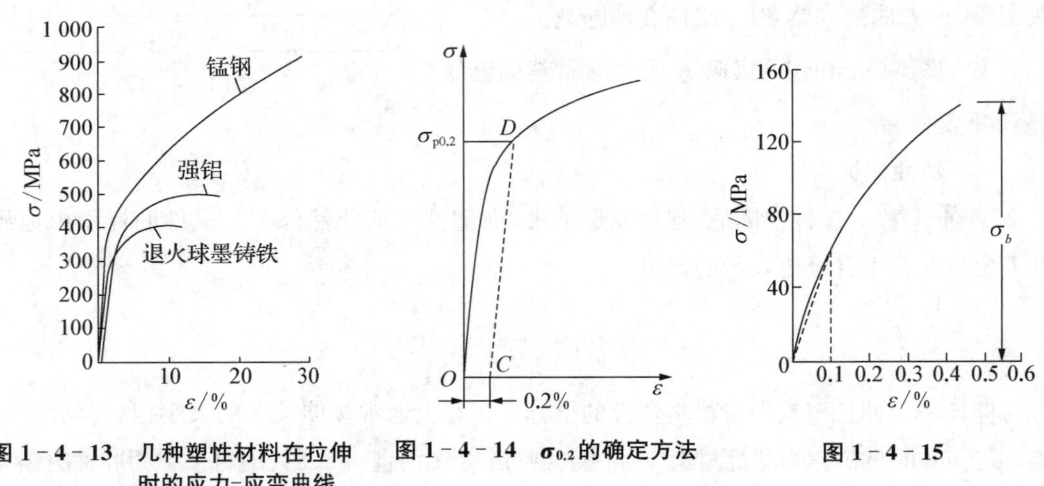

图 1－4－13 几种塑性材料在拉伸时的应力-应变曲线 **图 1－4－14 $\sigma_{0.2}$ 的确定方法** **图 1－4－15**

由图 1－4－13 还可以看出，图中曲线所代表的这些材料与低碳钢具有一个共同的特点，即作为材料塑性指标的伸长率 δ 都比较大，都在 10%以上，甚至有超过 30%的，这是塑性材料的显著特点。

(2) 对于脆性材料如铸铁，如图 1－4－15 所示，从开始受力直至断裂，变形始终很小，既不存在屈服阶段，也无颈缩现象，断裂时应变仅为 0.4%～0.5%，是典型的脆性材料，不宜作为受拉试件。断口则垂直于试样轴线，即断裂发生在最大拉应力作用面上。

二、材料压缩时的力学性能

金属材料压缩试验用的试件一般做成很短的圆柱，以免试验时压弯。圆柱的高度为直径的 1.5～3 倍。

1. 低碳钢的压缩试验

低碳钢压缩时的曲线如图 1－4－16 所示。试验表明，低碳钢压缩时的弹性模量 E、屈服极限 σ_S 都与拉伸基本相同。屈服后，试件越压越扁，抗压能力继续提高，因而无强度极限。

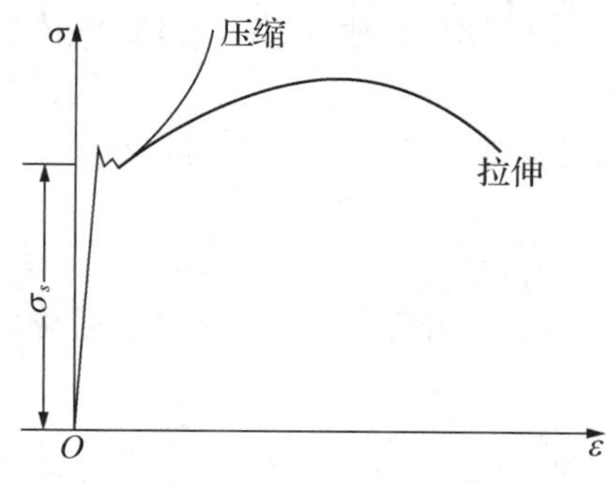

图 1－4－16　低碳钢压缩时的 σ－ε 曲线　　**图 1－4－17　铸铁压缩时的 σ－ε 曲线**

2. 铸铁的压缩试验

图 1－4－17 所示为脆性材料铸铁压缩时的 $\sigma-\varepsilon$ 曲线。试件仍然在较小的变形下突然破坏，破坏断面与轴线大致成 45°～55°的倾角。这表示试件因剪切而破坏。铸铁的抗压强度极限比拉伸时高达 4～5 倍，其他脆性材料，如混凝土、石料等抗压强度也远高于抗拉强度。

三、两类材料力学性能的比较

通过以上的试验分析，可以得出塑性材料和脆性材料的主要差别如下。

1. 强度方面

塑性材料拉伸和压缩的弹性极限、屈服极限基本相同，应力超过弹性极限后有屈服现象；脆性材料拉伸时没有屈服现象，破坏是突然的，压缩时的强度极限远比拉伸大，因此，脆性材料一般适用于受压构件。

2. 变形方面

塑性材料的伸长率 δ 和断面收缩率 ψ 都比较大，构件破坏前有较大的塑性变形；材料可塑性大，便于加工和安装时的矫正。而脆性材料的 δ 和 ψ 较小，难以加工，在安装时的矫正中易产生裂纹和损坏。

总体来说，塑性材料的力学性能较脆性材料好。

【LX0404A・单选题】

如左图所示，在低碳钢拉伸曲线上，c 点对应的纵坐标称为（　　），是塑性材料的强度指标。

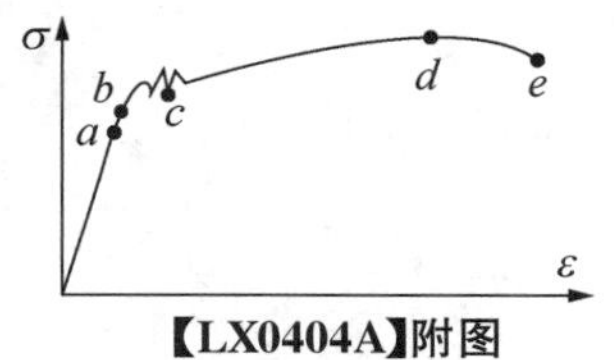

【LX0404A】附图

A. 比例极限 σ_p　　B. 弹性极限 σ_e　　C. 屈服极限 σ_s　　D. 强度极限 σ_b

【答案】 C

【解析】 c 点为下屈服点,其对应屈服极限。

【LX0404B · 单选题】

在低碳钢拉伸试验过程中的 $\sigma-\varepsilon$ 曲线上,线弹性阶段最高点对应的应力称为(　　)。

A. 比例极限 σ_p　　B. 弹性极限 σ_e　　C. 屈服极限 σ_s　　D. 强度极限 σ_b

【答案】 A

【解析】 线弹性阶段最高点对应应力为比例极限。

【LX0404C · 单选题】

低碳钢的拉伸过程中,胡克定律在(　　)范围内成立。

A. 弹性阶段　　B. 屈服阶段　　C. 强化阶段　　D. 颈缩阶段

【答案】 A

【解析】 胡克定律在弹性阶段成立。

【LX0404D · 单选题】

材料的塑性指标是(　　)。

A. σ_s和σ_b　　B. E 和μ　　C. G 和υ　　D. δ 和ψ

【答案】 D

【解析】 塑性指标为伸长率 δ 和截面收缩率 ψ。

【LX0404E · 判断题】

脆性材料的特点之一是其抗压强度远远小于抗拉强度。　(　　)

【答案】 ×

【解析】 抗压强度远远大于抗拉强度。

【LX0404F · 判断题】

低碳钢和铸铁试件在拉断前都有"颈缩"现象。　(　　)

【答案】 ×

【解析】 低碳钢有颈缩现象,铸铁没有。

【LX0404G · 判断题】

伸长率和截面收缩率是表征脆性材料性质的指标的指标。　(　　)

【答案】 ×

【解析】 表征塑性材料性质。

【LX0404H · 判断题】

铸铁和混凝土更适合做受拉构件。　(　　)

【答案】 ×

【解析】 铸铁和混凝土的抗压强度远高于抗拉强度,更适合做受压构件。

【LX0404I · 判断题】

工程中将伸长率 $\delta \geqslant 3\%$的材料称为塑性材料。　(　　)

【答案】 ×

【解析】 伸长率 $\delta \geqslant 5\%$的材料为塑性材料。

第五节　圆轴的扭转

考点 13　圆轴扭转时的内力(扭矩)与扭矩图

一、扭转的概念

如图 1－5－1 所示，在一对大小相等、转向相反、位于垂直于杆轴线的平面内的外力偶作用下，杆的任意横截面将绕轴线发生相对转动，而轴线仍维持直线，这种受力与变形形式称为扭转。杆件任意两个截面之间的相对转角称为扭转角，简称转角。

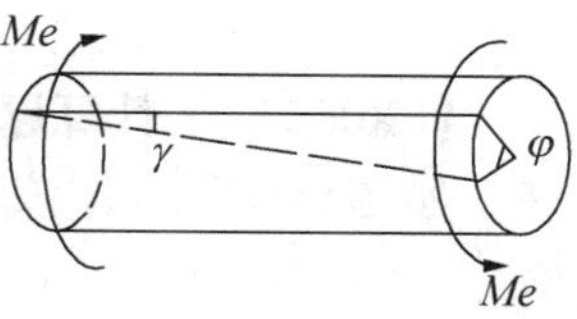

图 1－5－1

二、圆轴扭转时的内力——扭矩

圆轴在外力偶矩作用下，其横截面上将产生内力，可用截面法求出这些内力。

设一圆轴(如图 1－5－2)在外力偶矩 M_e 的作用下发生扭转变形，欲求截面 $m-m$ 上的内力，可用截面法将截面 $m-m$ 截开，留左端为研究对象，由平衡条件可知，在截面 $m-m$ 上必有一个力偶 T。由平衡方程 $\sum M_x=0$，$T-M_e=0$，可得 $T=M_e$。

这个内力偶矩 T 就是圆轴扭转时横截面上的内力，称为扭矩。

扭矩的正负号采用右手螺旋法则，即以右手的四指表示扭矩的转向，如拇指的指向离开截面，则扭矩 T 为正；反之，如拇指的指向朝向截面，则扭矩 T 为负。应用截面法求扭矩时，一般先假设截面上的扭矩为正。

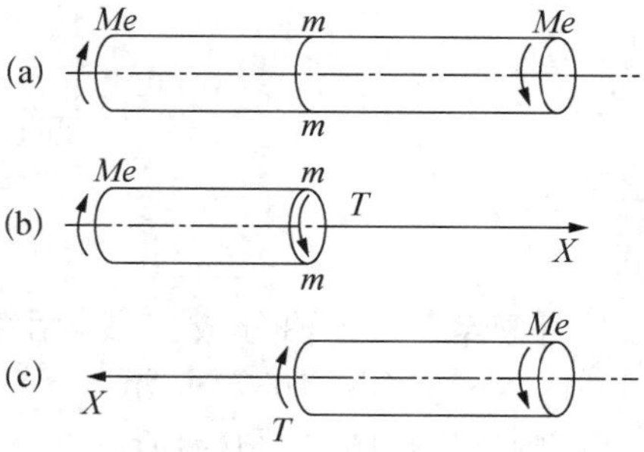

图 1－5－2

三、圆轴扭转时的内力图——扭矩图

各截面的扭矩 $T(x)$ 随杆轴所受荷载而变化，是截面位置的函数，表示各截面扭矩变化规律的图像称为扭矩图。扭矩图的画法步骤与轴力图基本相同。

【LX0501A・判断题】

扭矩以顺时针转向为正，以逆时针为负。　　(　　)

【答案】 ×

【解析】 扭矩的正负号采用右手螺旋法则判定。

【LX0501B・计算题】

如图(a)所示，作该轴的扭矩图。

【答案】 将轴分成两段，用截面法分别求两段的扭矩值 $T_1=800\ \text{N}\cdot\text{m}$，$T_2=-400\ \text{N}\cdot\text{m}$ 画出扭矩图，如图(b)所示。

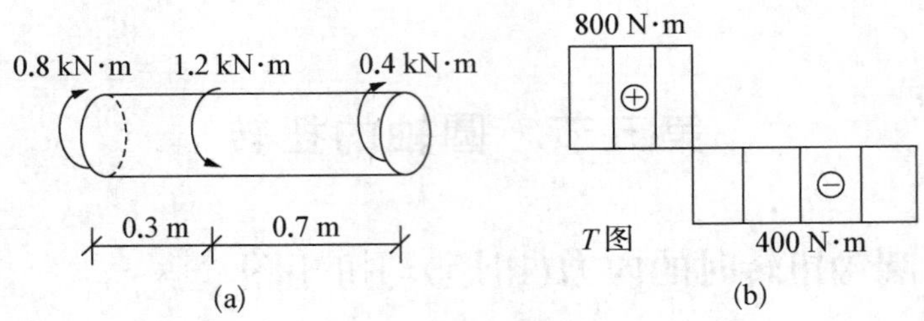

【LX0501B】附图

【LX0501C·计算题】

如图(a)所示,作该轴的扭矩图:$M_{eA}=1\ 562\ \text{N}\cdot\text{m}$,$M_{eB}=447\ \text{N}\cdot\text{m}$,$M_{eC}=478\ \text{N}\cdot\text{m}$,$M_{eD}=637\ \text{N}\cdot\text{m}$。

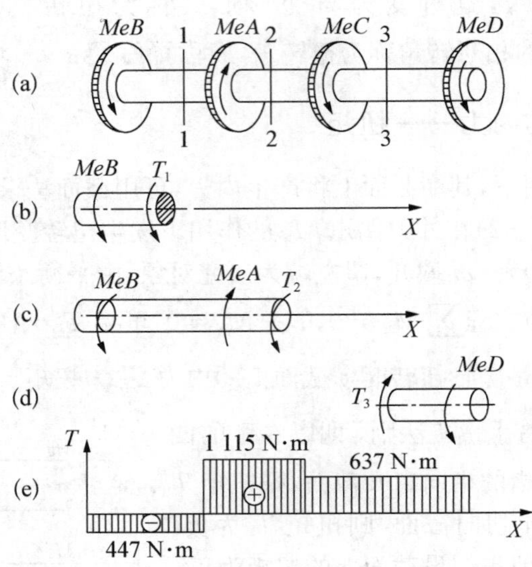

【LX0501C】附图

【答案】 将轴分成三段,用截面法分别求三段的扭矩值 $T_1=-447\ \text{N}\cdot\text{m}$,$T_2=1\ 115\ \text{N}\cdot\text{m}$,$T_3=637\ \text{N}\cdot\text{m}$

画出扭矩图,如图(e)所示。

考点 14 圆轴扭转时横截面上的应力与强度计算

一、圆轴扭转时横截面上的应力

如图 1-5-3 所示,根据圆轴扭转时的平面假设以及几何条件、物理条件、静力条件,经过理论推导可得出圆轴扭转时横截面上距圆心为 ρ 处的剪应力计算公式为

$$\tau_\rho=\frac{T\rho}{I_\rho}$$

式中,I_P 为截面对形心的极惯性矩,与截面形状和尺寸有关。对于实心轴,$I_P=\frac{\pi D^4}{32}$,

D 为圆截面直径；对于空心轴，$I_P=\frac{\pi(D^4-d^4)}{32}$，$D$、$d$ 分别为圆截面外径和内径。

对确定的圆轴，最大剪应力在截面周边各点上，即 $\rho=\frac{D}{2}$ 时，

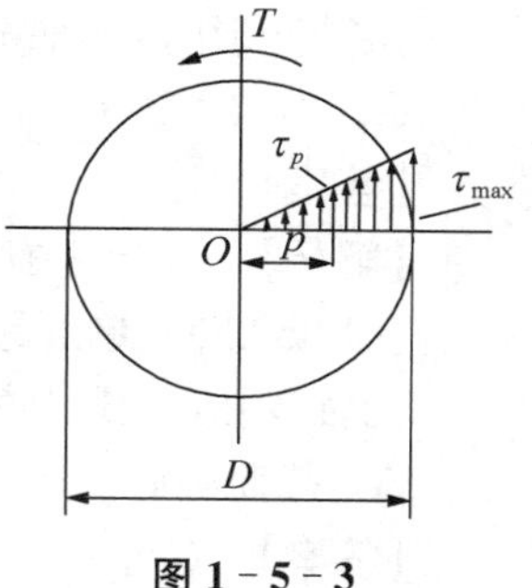

图 1-5-3

$$\tau_{max}=\frac{T}{I_P}\cdot\frac{D}{2}$$

引入 W_P（抗扭截面系数），$W_P=\frac{I_P}{D/2}$，则

$$\tau_{max}=\frac{T}{W_P}$$

对实心轴，$W_P=\frac{I_P}{D/2}=\frac{\frac{\pi D^4}{32}}{D/2}=\frac{\pi D^3}{16}$

注意：当不超过剪切比例极限时，上述公式才适用。

二、强度计算

为保证圆轴扭转时具有足够强度，使其最大剪应力 τ_{max} 不超过材料的许用剪应力 $[\tau]$，即

$$\tau_{max}=\frac{T}{W_P}\leqslant[\tau]$$

上式称为圆轴扭转时的强度条件。

与拉压杆的强度计算类似，圆轴扭转时的强度条件可以解决强度校核、设计截面尺寸以及确定许可荷载三类强度计算问题。

【LX0502A·单选题】

图示圆形截面对形心的极惯性矩 I_P 为（　　）。

A. $\frac{\pi D^4}{64}$　　B. $\frac{\pi D^4}{32}$

C. $\frac{\pi D^3}{32}$　　D. $\frac{\pi D^3}{16}$

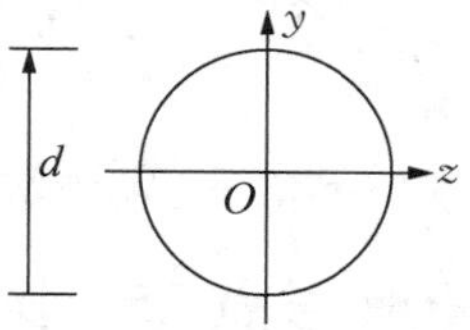

【LX0502A】附图

【答案】 B

【解析】 根据公式 $I_P=\frac{\pi D^4}{32}$。

【LX0502B·单选题】

直径为 $d=100$ mm 的实心圆轴，受内力扭矩 $T=10$ kN·m 作用，则横截面上的最大剪应力为（　　）。

A. 25.46 MPa　　B. 12.73 MPa　　C. 50.93 MPa　　D. 101.86 MPa

【答案】 C

【解析】 根据公式 $\tau_{max}=\dfrac{T}{W_P}$ 和 $W_P=\dfrac{\pi D^3}{16}$。

【LX0502C・单选题】

扭转变形时，圆轴横截面上的剪应力呈(　　)分布。

A. 均匀　　B. 线性　　C. 弧形　　D. 抛物线

【答案】 B

【解析】 线性分布。

【LX0502D・单选题】

圆轴受扭时，最大剪应力发生在(　　)。

A. 截面圆心　　B. 圆心与边缘之间　　C. 截面边缘　　D. 不确定

【答案】 C

【解析】 离圆心最远处，即截面边缘。

【LX0502E・计算题】

如图(a)所示，直径 $d=80$ mm 的圆轴，材料的许用切应力 $[\tau]=45$ MPa。

(1) 作该轴的 T 图；

(2) 计算最大切应力 τ_{max}，并对该轴进行强度校核。

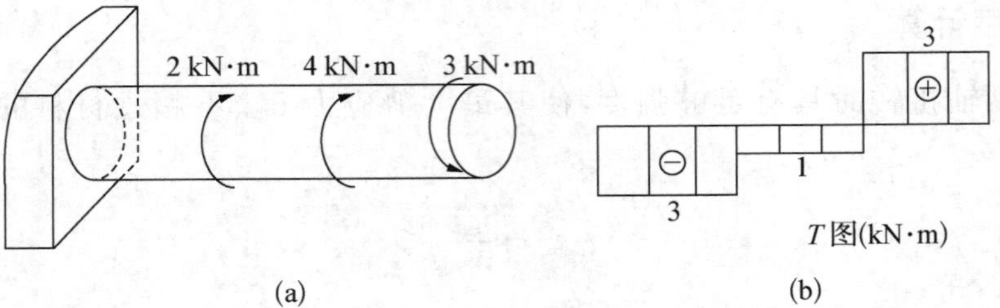

【LX0502E】附图

【答案】 (1) 分成三段求每段扭矩：$T_1=-3$ kN・m，$T_2=-1$ kN・m，$T_3=3$ kN・m，作扭矩图

(2) $\tau_{max}=\dfrac{T_{max}}{W_P}=\dfrac{3\times10^3}{\dfrac{\pi}{16}\times0.08^3}=29.84$ MPa

$\tau_{max}=29.84$ MPa $<[\tau]=45$ MPa，切应力强度满足要求。

考点 15　圆轴扭转时的变形与刚度计算

一、圆轴扭转时的变形计算公式

计算圆轴的扭转变形即计算两截面间的相对扭转角 φ，其计算公式为

$$\varphi=\frac{Tl}{GI_P}$$

式中可以看出，扭转角 φ 与扭矩 T、长度 l 成正比，与 GI_P 成反比，即 GI_P 越大，圆轴越

不容易发生扭转变形，GI_P称为圆轴的抗扭刚度，反映了圆轴抵抗扭转变形的能力。扭转角的单位为弧度。

为消除杆长度影响，圆轴的扭转变形也可用单位扭转角 θ 表示，即

$$\theta=\frac{T}{GI_P}$$

单位扭转角 θ 的单位为弧度/米。

二、刚度条件

为保证圆轴正常工作，除满足强度要求外，还应满足刚度要求，即其最大单位扭转角不超过规定的数值，

$$\theta=\frac{\varphi}{l}=\frac{T}{GI_P}\leqslant[\theta]$$

上式为圆轴扭转时的刚度条件。

【LX0503A · 单选题】

内外径比值 $d/D=\alpha$ 的空心圆轴受扭转，若将内外径都减小到原尺寸的一半，同时将轴的长度增加一倍，则圆轴的抗扭刚度会变成原来的(　　)。

A. 1/2　　B. 1/4　　C. 1/8　　D. 1/16

【答案】 D

【解析】 根据 GI_P 的计算公式。

【LX0503B · 单选题】

等截面圆轴扭转时的单位扭转角为 θ，若圆轴的直径增大一倍，则单位扭转角将变为(　　)。

A. 1/2　　B. 1/4　　C. 1/8　　D. 1/16

【答案】 D

【解析】 根据 θ 的计算公式。

【LX0503C · 判断题】

直径相同的两根实心轴，横截面上的扭矩也相等，若两轴的材料不同，其单位扭转角也不同。(　　)。

【答案】 √

【解析】 根据 θ 的计算公式。

【LX0503D · 判断题】

实心圆轴材料、尺寸和受力情况都不改变，若使轴的长度增加一倍，则其单位扭转角将增大到原来的 2 倍。(　　)。

【答案】 ×

【解析】 根据 θ 的计算公式，θ 没有变化。

第六节　梁的弯曲

考点16　梁的内力与内力图

一、平面弯曲与梁的概述

1. 平面弯曲的概念

当杆件受到垂直于杆轴的外力作用或在纵向平面内作用外力偶时，杆的轴线由直线变成曲线(图1-6-1)，这种变形称为弯曲。

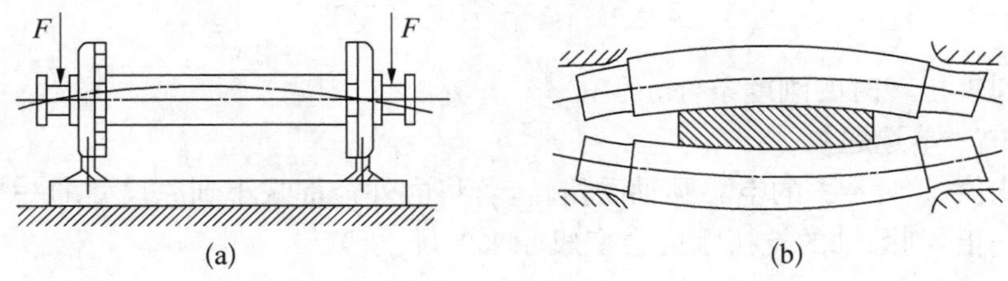

图1-6-1　弯曲

工程实际中将以弯曲为主要变形的构件称为梁，如房屋建筑中的楼面梁[图1-6-2(a)]，受到楼面荷载的作用，将发生弯曲变形；阳台挑梁[图1-6-2(b)]、桥式起重机横梁AB[图1-6-1(c)]，在自重与荷载的作用下发生弯曲变形。其他如挡土墙[图1-6-2(d)]、桥梁中的主梁[图1-6-2(e)]、吊车梁、桥面板等，都是工程中常见的受弯构件。

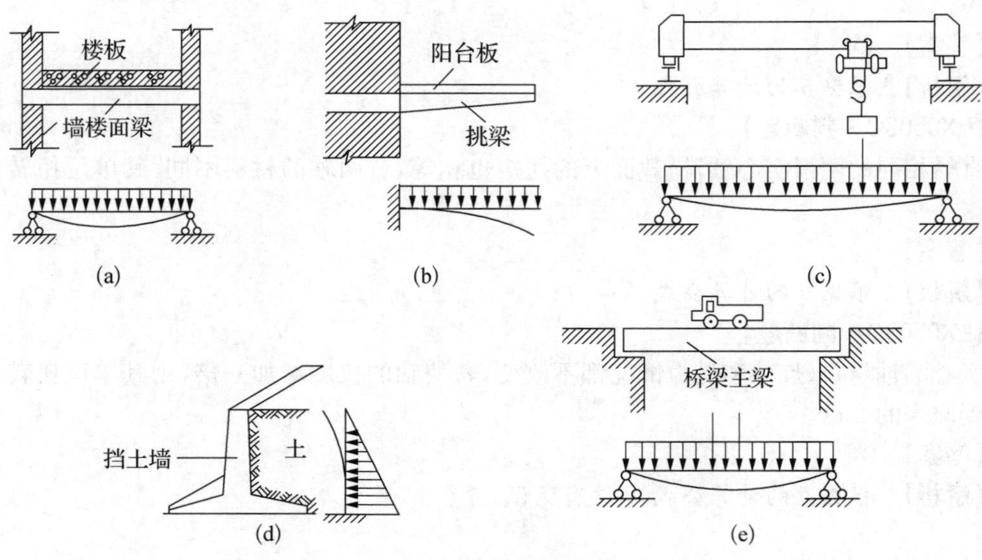

图1-6-2　弯曲变形工程实例

梁的横截面一般为矩形、圆形、工字形、T 形等，如图 1-6-3 所示。一般梁的横截面都有对称轴，梁横截面的对称轴和梁的轴线所组成的平面通常称为纵向对称平面，如图 1-6-4 所示。当梁上的外力(包括主动力和约束反力)全部作用于梁的同一纵向对称平面内时，梁变形后的曲线也必定在此纵向对称平面内，这种弯曲变形称为平面弯曲。平面弯曲是弯曲问题中最简单的情形，也是工程中经常遇到的情形。

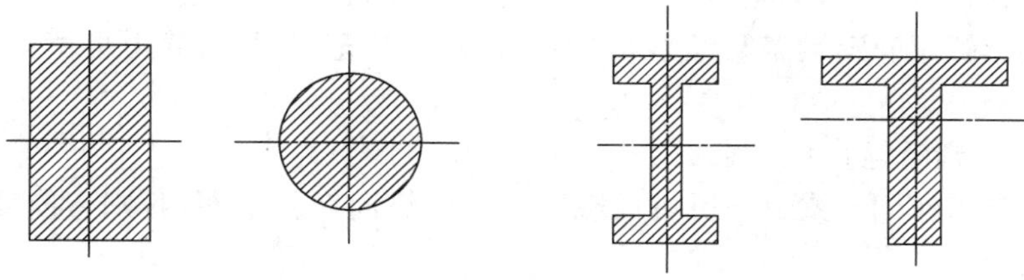

图 1-6-3 梁的横截面

平面弯曲的受力特点是：在过轴线的纵向对称面内，受到垂直于轴线的荷载作用；平面弯曲变形特点是：杆的轴线在纵向对称面内由直线变成一条光滑连续曲线。本单元主要讨论的是平面弯曲。

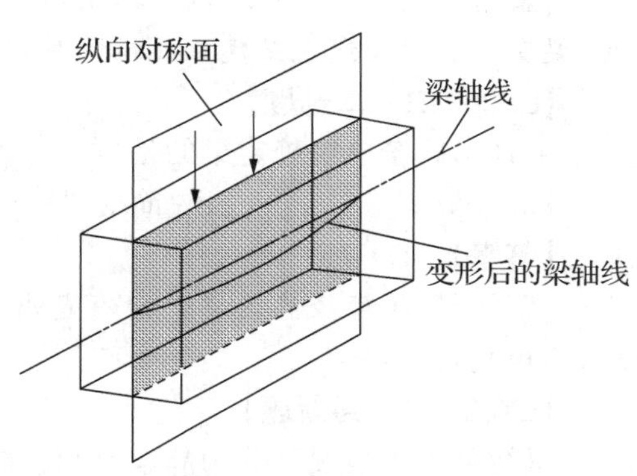

图 1-6-4 梁的平面弯曲

2. 静定梁的分类

梁在发生平面弯曲时，外力或外力的合力都作用在通过梁轴线的纵向平面内，为使梁在此平面内不致发生随意的移动和转动，必须有足够的支座约束。按照跨数可以分为单跨梁和多跨梁两类。单跨梁按支撑的情况，常见的有下述三种类型。

(1) 悬臂梁：梁的一端固定，另一端自由，如图 1-6-5(a)所示。

(2) 简支梁：梁的一端为固定铰链，另一端为活动铰链支座，如图 1-6-5(b)所示。

(3) 外伸梁：梁的支撑情况同简支梁，但梁的一端或两端伸出支座之外，如图1-6-5(c)(d)所示。

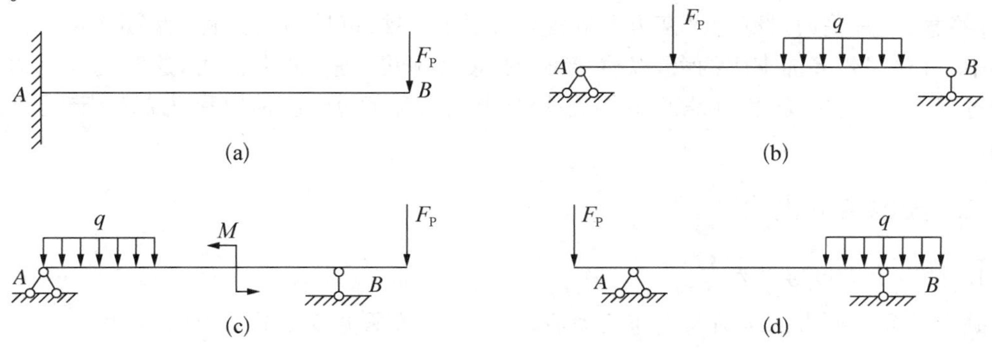

图 1-6-5 单跨静定梁的三种类型

在平面弯曲中,荷载与约束反力构成一个平面平衡力系。对于上述三种类型的梁,约束反力未知数都只有三个,由静力学可知,平面一般力系有三个独立的平衡方程,因此这些梁的约束反力可以用静力平衡条件确定。凡是通过静力平衡方程就能够求出全部约束反力的梁称为静定梁。

但在实际工作中,有时需要多加支座约束,以改善梁的强度和刚度,提高承载能力,这时约束反力未知数超过三个,单凭静力平衡条件不能完全确定其约束反力,这种梁称为超静定梁或静不定梁。解超静定梁需要考虑梁的变形,列出补充方程,与静力平衡条件联立,才能求出全部约束反力。

【LX0601A・判断题】

平面弯曲是指作用于梁上的所有荷载都在梁的纵向对称平面内,则弯曲变形时梁的轴线仍在此平面内。 ( )

【答案】 √

【解析】 当梁上的外力(包括主动力和约束反力)全部作用于梁的同一纵向对称平面内时,梁变形后的曲线也必定在此纵向对称平面内,这种弯曲变形称为平面弯曲。

【LX0601B・单选题】

下列不属于单跨静定梁的是________。

A. 悬臂梁　　B. 简支梁　　C. 外伸梁　　D. 连续梁

【答案】 D

【解析】 单跨径静定梁一般有悬臂梁、简支梁、外伸梁三种类型。连续梁一般不是单跨,两跨或两跨以上。

【LX0601C・判断题】

梁按其支承情况可分为静定梁和超静定梁。 ( )

【答案】 √

【解析】 凡是通过静力平衡方程就能够求出全部约束反力的梁称为静定梁,但在实际工作中,有时需要多加支座约束,以改善梁的强度和刚度,提高承载能力,这时约束反力未知数超过三个,单凭静力平衡条件不能完全确定其约束反力,这种梁称为超静定梁或静不定梁。

【LX0601D・简答题】

什么是静定梁,什么是超静定梁?

【答案】 凡是通过静力平衡方程就能够求出全部约束反力的梁称为静定梁,但在实际工作中,有时需要多加支座约束,以改善梁的强度和刚度,提高承载能力,这时约束反力未知数超过三个,单凭静力平衡条件不能完全确定其约束反力,这种梁称为超静定梁或静不定梁。

二、梁的弯曲内力

1. 梁弯曲变形的内力

确定了梁上所有的载荷与支座反力后,就可进一步研究其横截面上的内力。

梁在平面弯曲时横截面上存在什么内力?内力又如何计算?以图 1-6-6(a)中简支梁

为例来分析梁所受的弯曲内力。现计算截面 $m-m$(距离 A 端为 x)上的内力。假想沿该截面将梁截开,由于整个梁处于平衡状态,所以从中取出的任意部分也应处于平衡状态。

取截面左段为研究对象,见图 1-6-6(b),由 $\sum F=0$ 可知,截面 $m-m$ 处必然存在与 F_A 大小相等、方向相反的内力 V,这个内力称为剪力,剪力也可以用符号 Q、F_Q 或 F_S 表示;同时 F_A 和 $V(Q$、F_Q 或 $F_S)$ 又构成了一个力偶,由 $\sum M=0$ 可知,截面 $m-m$ 必然还存在一个与该力偶等值反向的力偶,把这个力偶的力偶矩 M 称为弯矩。

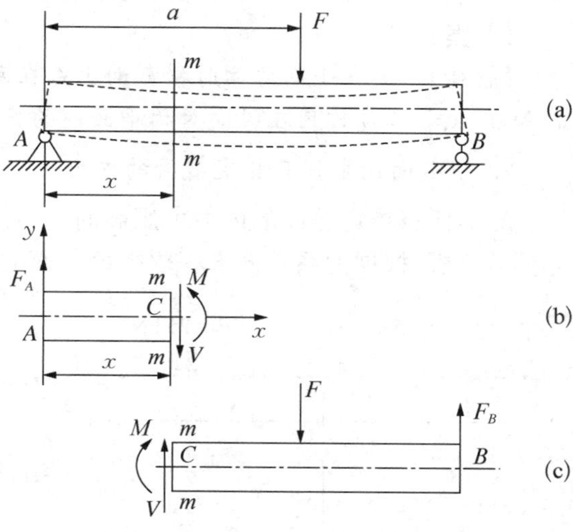

图 1-6-6　梁弯曲内力

由此可见,梁在平面弯曲时横截面上存在两种内力:一是与截面相切的剪力 V,常用单位是 N 或 kN;二是作用在纵向对称平面内的弯矩 M,常用单位是 N·m 或 kN·m。

截面 $m-m$ 上的剪力 V 和弯矩值 M 可由研究对象的平衡条件求得,由

$$\sum F_y-0, F_A-V=0$$

解得

$$V=F_A$$

将力矩方程的矩心选在截面 $m-m$ 的形心 C 点处,由

$$\sum M_C=0, -F_A x+M=0$$

解得

$$M=F_A x$$

若取右段为研究对象,图 1-6-6(c),同样可以求得 V 和 M,且数值与上述结果相等,只是方向相反。

为了使两种算法得到的同一截面上的剪力和弯矩不仅数值相等,且符号也相同,对剪力和弯矩的正负号作如下规定:剪力使所取微段梁产生顺时针转动趋势的为正,见图1-6-7(a),反之为负,见图 1-6-7(b);弯矩使所取微段梁产生上凹下凸弯曲变形的为正,见图1-6-7(c),反之为负,见图 1-6-7(d)。根据上述正负号规定,图 1-6-6 所示情况中横截面 $m-m$ 上的剪力和弯矩均为正。

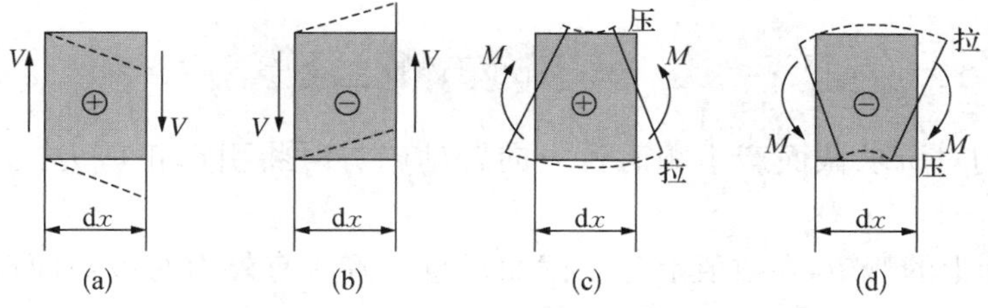

图 1-6-7　弯矩和剪力的正负号

【LX0601E·单选题】

平面弯曲梁横截面上的内力有( )

A. 轴力、剪力　　B. 剪力、弯矩　　C. 轴力、弯矩　　D. 扭矩、弯矩

【答案】 B

【解析】 梁在平面弯曲时横截面上存在两种内力：一是与截面相切的剪力 V，常用单位是 N 或 kN；二是作用在纵向对称平面内的弯矩 M，常用单位是 N·m 或 kN·m。

2. 用截面法求任意指定截面的内力

对梁任意指定截面的内力可用截面法沿该截面截开，取其中任意一段作为研究对象，进行受力分析，根据力系平衡方程求得该截面的剪力和弯矩。

【LX0601F·计算题】

简支梁受力如图(a)所示，试求 1—1 截面的剪力和弯矩。确

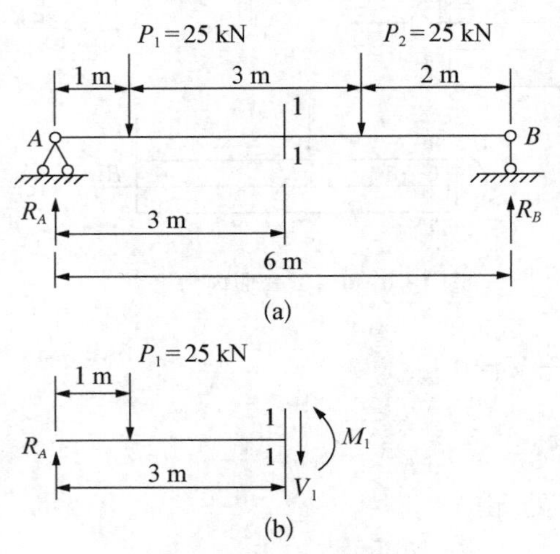

【LX0601F】附图

【答案】 (1) 计算支座反力。由梁的整体平衡条件，可求得 A、B 两支座反力为：

$$R_A=\frac{P_1\times 5+P_2\times 2}{6}\approx 29.9\ \text{kN}$$

$$R_B=\frac{P_1\times 1+P_2\times 4}{6}\approx 20.8\ \text{kN}$$

(2) 计算截面内力。用截面 1—1 将梁截成两段，取左段为研究对象，并先设剪力 V_1 和 M_1 都为正，如图(b)所示。由平衡条件：

$$\sum F_{iy}=0, R_A-P_1-V=0$$

得

$$V_1=R_A-P_1=29.2-25=4.2\ \text{kN}$$

$$\sum M_1=0, -R_A\times 3+P_1\times 2+M_1=0$$

得

$$M_1=R_A\times 3-P_1\times 2=29.2\times 3-25\times 2=37.6\ \text{kN}\cdot\text{m}$$

所得 V_1 和 M_1 为正值，表示 V_1 和 M_1 方向与实际方向相同。实际方向按剪力和弯矩的符号规定均为正。

对受力复杂的梁，可直接根据外力确定出截面上 V 和 M 的数值和正负号，归纳如下。

(1) 某截面上的剪力，在数值上等于该截面任一侧所有垂直轴线方向外力的代数和，即

$$V=(\text{左或右侧})\sum F_i \tag{1-6-1}$$

若横向外力对所求截面产生顺时针方向转动趋势时将引起正剪力，反之则引起负剪力。用。

(2) 某截面上的弯矩，在数值上等于截面任意一侧所有外力对该截面形心之矩的代数和，即

$$M=(\text{左或右侧})\sum M_C(F_i) \tag{1-6-2}$$

若外力矩使所考虑的梁段产生下凸变形(即上部受压,下部受拉)时,将产生正弯矩,反之则产生负弯矩。

【LX0601G·判断题】

梁横截面上的剪力,在数值上等于作用在此截面任一侧(左侧或右侧)梁上所有有垂直轴线方向外力的代数和。 ( )

【答案】 √

【解析】 梁横截面上的剪力,在数值上等于该截面任一侧所有垂直轴线方向外力的代数和。

【LX0601H·判断题】

用截面法确定梁横截面的剪力或弯矩时,若分别取截面以左或以右为研究对象,则所得到的剪力或弯矩的符号通常是相反的。 ( )

【答案】 ×

【解析】 用截面法确定梁横截面的剪力或弯矩时,若分别取截面以左或以右为研究对象,则所得到的剪力或弯矩的符号是一致的。

【LX0601I·计算题】

图(a)所示的外伸梁,荷载均已知,求指定截面上的剪力 V 和弯矩 M。

【答案】 (1) 对梁进行外力分析,求支反力。

由 $\sum M_B(F)=0\quad Pa+m-F_A\cdot 2a-\frac{1}{2}qa^2=0\quad$ 得 $F_A=\frac{3}{4}qa$

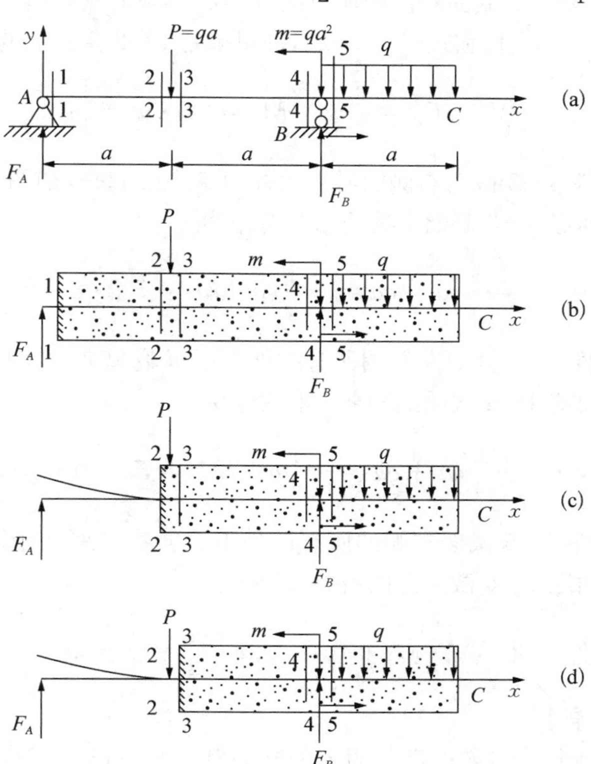

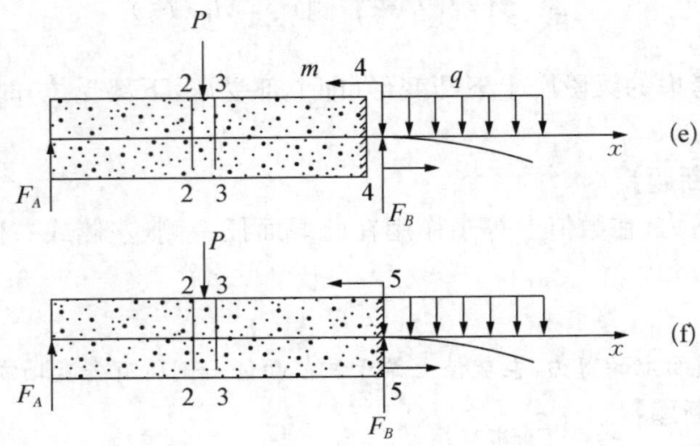

【LX0601I】附图

由 $\sum M_A(F)=0 \quad -Pa+m+F_B \cdot 2a-\frac{5}{2}qa^2=0$ 得 $F_B=\frac{5}{4}qa$

(2) 计算指定截面上的内力。

1—1 截面:取截面的左侧为研究对象,将杆件 1—1 截面右侧的所有的外力给屏蔽起来如图(b)所示,根据式(1-6-1)和式(1-6-2),即可确定 1—1 截面上的剪力和弯矩为

$$V_1=F_A=\frac{3}{4}qa \quad M_1=0\times F_A=0$$

2—2 截面:将杆件 2—2 截面右侧的所有的外力给屏蔽起来,如图(c)所示,取截面左侧为研究对象,根据式(1-6-1)和式(1-6-2),即可确定 2—2 截面上的剪力和弯矩为

$$V_2=F_A=\frac{3}{4}qa \quad M_1=F_A \cdot a=\frac{3}{4}qa^2$$

3—3 截面:将杆件 3—3 截面右侧的所有的外力给屏蔽起来,如图(d)所示,取截面的左侧为研究对象,即可确定 3—3 截面上的剪力和弯矩为

$$V_3=F_A-P=\frac{3}{4}qa-qa=-\frac{1}{4}qa \quad M_3=F_A \cdot a-P\times 0=\frac{3}{4}qa^2$$

4—4 截面:将杆件 4—4 截面左侧的所有的外力给屏蔽起来,如图(e)所示,取截面的右侧为研究对象,即可确定 4—4 截面上的剪力和弯矩为

$$V_4=-F_B+qa=-\frac{5}{4}qa+qa=-\frac{1}{4}qa \quad M_4=F_B \cdot 0+qa^2-\frac{1}{2}qa^2=\frac{1}{2}qa^2$$

5—5 截面:将杆件 5—5 截面左侧的所有的外力给屏蔽起来,如图(f)所示,取截面的右侧为研究对象,即可确定 5—5 截面上的剪力和弯矩为

$$V_5=qa \quad M_5=-qa \cdot \frac{a}{2}=-\frac{1}{2}qa^2$$

【LX0601J · 计算题】

用截面法求图(a)中外伸梁指定截面上的剪力和弯矩。已知 $F_P=100$ kN,$a=1.5$ m,

$M=75\ \mathrm{kN\cdot m}$，图中截面1—1、2—2都无限接近于截面A，但1—1截面在A左侧、2—2截面在A右侧，习惯称1—1为A偏左截面，2—2为A偏右截面；同样3—3、4—4分别称为D偏左截面及D偏右截面。

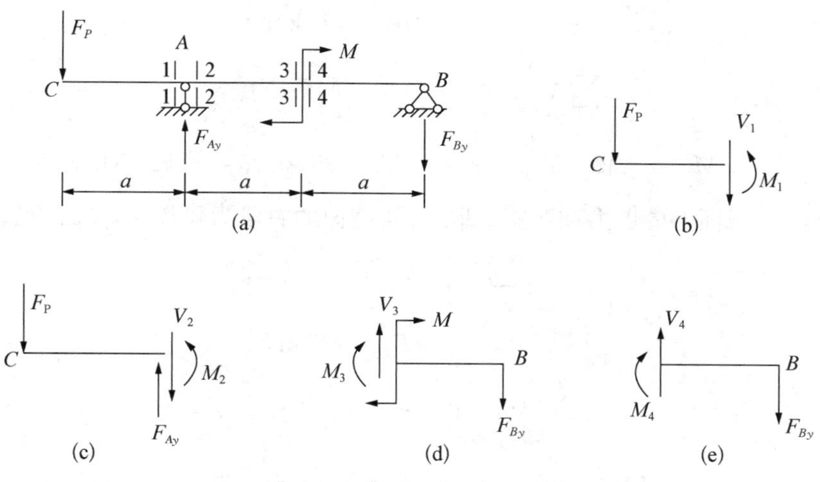

【LX0601J】附图

【答案】 (1) 求支座反力。

$$\sum M_B=0\quad -F_{Ay}\cdot 2a+F_p\cdot 3a-M=0$$

$$F_{Ay}=\frac{F_p\cdot 3a-M}{2a}=\frac{100\times 3\times 1.5-75}{2\times 1.5}=125\ \mathrm{kN}(\uparrow)$$

$$\sum F_y=0\quad -F_{By}-F_p+F_{Ay}=0$$

$$F_{By}=-F_p+F_{Ay}=-100+125=25\ \mathrm{kN}(\downarrow)$$

(2) 求1—1截面上的剪力和弯矩。取1—1截面的左侧梁段为隔离体，受力图如图(b)所示。

由

$$\sum F_y=0\quad -V_1-F_p=0$$

得

$$V_1=-F_p=-100\ \mathrm{kN}$$

由

$$\sum M_1=0\quad M_1+F_p\times a=0$$

得

$$M_1=-F_p\times a=-100\times 1.5=-150\ \mathrm{kN\cdot m}$$

(3) 求2—2截面上的剪力和弯矩。取2—2截面的左侧梁段为隔离体，受力图如图(c)所示。

由

$$\sum F_y=0\quad -V_2-F_p+F_{Ay}=0$$

得

$$V_2=-F_p+F_{Ay}=100+125=25\ \mathrm{kN}$$

由

$$\sum M_2=0\quad M_2+F_p\times a=0$$

得

$$M_2=-F_p\times a=-100\times 1.5=-150\ \mathrm{kN\cdot m}$$

(4) 求3—3截面上的剪力和弯矩。取3—3截面的右段为隔离体,受力图如图(d)所示。

由
$$\sum F_y = 0 \quad V_3 - F_{By} = 0$$
得
$$V_3 = F_{By} = 25\,\text{kN}$$
由
$$\sum M_3 = 0 \quad -M_3 - M - F_{By} \times a = 0$$
得
$$M_3 = -M - F_{By} \times a = -75 - 25 \times 1.5 = -112.5\,\text{kN} \cdot \text{m}$$

(5) 求4—4截面上的剪力和弯矩。取4—4截面的右段为隔离体,受力图如图(e)所示。

由
$$\sum F_y = 0 \quad V_4 - F_{By} = 0$$
得
$$V_4 = F_{By} = 25\,\text{kN}$$
由
$$\sum M_4 = 0 \quad -M_4 - F_{By} \times a = 0$$
得
$$M_4 = -F_{By} \times a = -25 \times 1.5 = -37.5\,\text{kN} \cdot \text{m}$$

【解析】 对比1—1截面、2—2截面上的内力会发现:在A偏左及偏右截面上的剪力不同,而弯矩相同,左、右两侧剪力相差的数值正好等于A截面处集中力的大小,这种现象被称为剪力发生了突变。对比3—3截面、4—4截面上的内力会发现:在D偏左及偏右截面上的剪力相同,而弯矩不同,左、右两侧弯矩相差的数值正好等于D截面处集中力偶的大小,这种现象被称为弯矩发生了突变。

【LX0601K·单选题】

在梁的集中力作用处,其左、右两侧无限接近的横截面上的弯矩是(　　)的。

A. 相等　　　　B. 数值相等,符号相反

C. 不相等　　　　D. 符号一致,数值不相等

【答案】 A

【解析】 在梁的集中力作用处,其左、右两侧无限接近的横截面上的弯矩不发生变化,数值相等,符号相同。

【LX0601L·判断题】

在简支梁上作用有一集中载荷,要使梁内产生的弯矩为最大,此集中载荷一定作用在梁跨度中央。(　　)

【答案】 √

【解析】 在简支梁上作用有一集中载荷,当集中荷载位于跨中时,产生最大弯矩,数值为$FL/4$,F为集中荷载的大小,L为简支梁的跨度。

用截面法计算梁指定截面上的内力,是计算梁内力的基本方法。下面讨论用截面法计算梁内力的三个问题。

(1) 用截面法计算内力的规律

根据前面的讨论和例题的求解,截面上的剪力和弯矩与梁上的外力之间存在着下列规律:

梁上任一横截面上的剪力 V 在数值上等于此截面左侧(或右侧)梁上所有外力的代数和;梁上任一横截面上的弯矩 M 在数值上等于此截面左侧(或右侧)梁上所有外力对该截面形心的力矩的代数和。

(2) 关于剪力 V 和弯矩 M 的符号问题

这是初学者很容易发生错误的地方。在用截面法计算内力时,应分清两种正负号:第一种正、负号是在求解平衡方程时出现的。在梁被假想地截开以后,内力被作为研究对象上的外力看待,其方向是任意假定的。这种正负号是说明外力方向(研究对象上的内力当作外力)的符号。第二种正负号是由内力的符号规定而出现的。按剪力和弯矩的正负号规定,判别已求得的内力实际方向,则内力有正、有负,这种正、负号是内力的符号。两种正负号的意义不相同。

为计算方便,通常将未知内力的方向都假设为内力的正方向,当平衡方程解得内力为正号时(这是第一种正负号),表示实际方向与所设方向一致,即内力为正值;解得内力为负号时,表示实际方向与所设方向相反,即内力为负值。这种假设未知力方向的方法将外力符号与内力符号两者统一了起来,由平衡方程中出现的正负号就可定出内力的正负号。

(3) 用截面法计算内力的简便方法

利用上面几条规律,可使计算截面上内力的过程简化,省去列平衡方程式的步骤,直接由外力写出所求的内力。

三、梁的内力图

1. 剪力方程和弯矩方程

梁横截面上的剪力和弯矩一般是随横截面的位置而变化的。为了将梁上各截面的剪力、弯矩与截面位置间的关系反映出来,常取梁上一点为坐标原点,横截面沿梁轴线的位置用横坐标 x 表示,则梁内各横截面上的剪力和弯矩就都可以表示为坐标 x 的函数,即

$$V=V(x) \quad M=M(x)$$

分别称为梁的剪力方程和弯矩方程。其中剪力方程也可以表示为 $Q=Q(x)$、$F_Q=F_Q(x)$ 或 $F_S=F_S(x)$。

坐标原点一般选在梁的端点。当梁上同时作用着多个荷载时,剪力和弯矩与截面位置间的关系发生变化,需分段列方程,即以集中力、集中力偶、分布力的两端为方程分段的分界点。

2. 剪力图和弯矩图

为了直观清楚地显示沿梁轴线方向的各截面剪力和弯矩的变化情况,如图 1-6-8,以横截面上的剪力或弯矩为纵坐标,以截面沿梁轴线的位置为横坐标,表示梁上剪力或弯矩随横截面位置的变化而变化的图形,分别

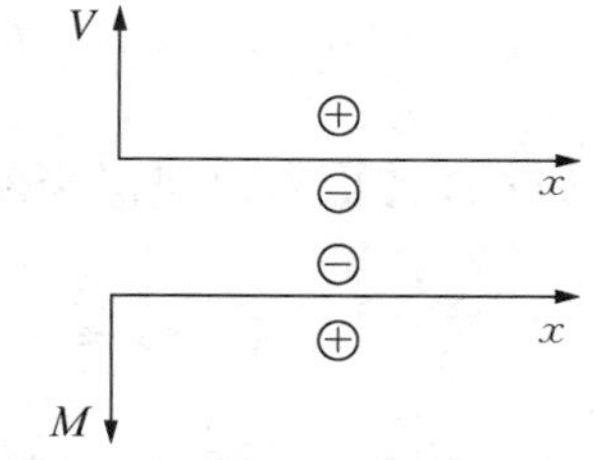

图 1-6-8 剪力图、弯矩图坐标系

称为梁的剪力图和弯矩图。绘图时将正剪力画在 x 轴的上方；正弯矩则画在梁的受拉侧，也就是画在 x 轴的下方。

【LX0601M·计算题】

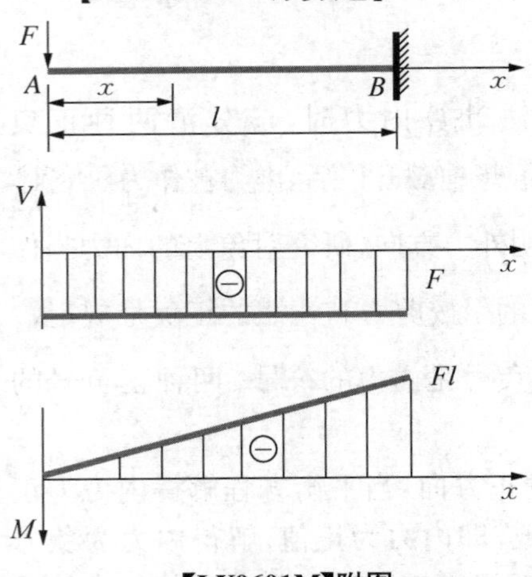

【LX0601M】附图

悬臂梁受集中力 F 作用，如图所示，试列出该梁的剪力方程、弯矩方程并作出剪力图和弯矩图。

【答案】 (1) 列剪力方程和弯矩方程：

设 x 轴沿梁的轴线，以 A 点为坐标原点。取距原点为 x 的截面左侧的梁段研究，得：

$$V(x)=-F(0\leqslant x\leqslant l)$$
$$M(x)=-Fx(0\leqslant x\leqslant l)$$

(2) 绘制剪力图和弯矩图：

由上式知，梁上各截面上的剪力均相同，其值为 $-F$，所以剪力图是一条平行于 x 轴的直线且位于 x 轴下方。$M(x)$是线性函数，因而弯矩图是一斜直线，只需确定其上两点即可。

【LX0601N·计算题】

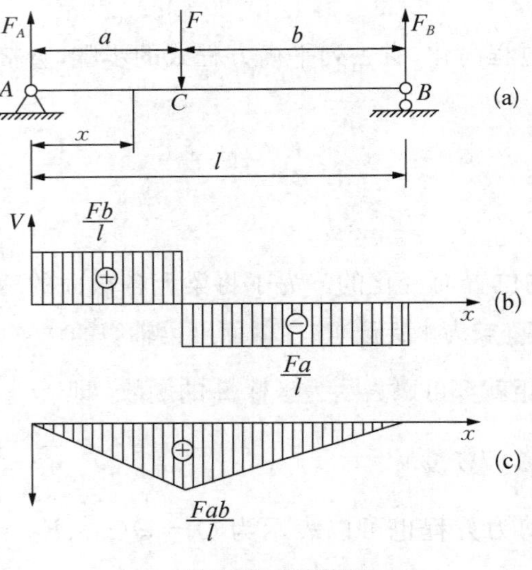

【LX0601N】附图

图(a)所示的简支梁 AB 受一集中力作用，试作其剪力图和弯矩图。

【答案】 (1) 求支座反力。由平衡方程得 $F_A=\dfrac{Fb}{l}, F_B=\dfrac{Fa}{l}$。

(2) 列剪力、弯矩方程。由于 AC 段和 CB 段受力不同，F 左侧和右侧梁段的剪力和弯矩方程不同，故 $V(x)$和 $M(x)$方程应分段写出。

①AC 段$(0\leqslant x\leqslant a)$，以左侧梁段为研究对象，有

$$V(x)=F_A=\frac{Fb}{l}, M(x)=F_Ax=\frac{Fb}{l}x。$$

②CB 段$(a\leqslant x\leqslant l)$，以左侧梁段为研究对象，有

$$V(x)=F_A-F=-\frac{Fa}{l}, M(x)=F_Ax-F(x-a)=\frac{Fa}{l}(1-x)。$$

如 CB 段以右侧梁段为研究对象，同样有

$$V(x)=-F_B=-\frac{Fa}{l}, M(x)=F_B(l-x)=\frac{Fa}{l}(1-x)。$$

③画剪力、弯矩图。根据方程描点作出的剪力图和弯矩图，如图(b)和(c)所示。

【解析】 在 CB 段上取截面左侧或右侧梁段为研究对象给出的结果相同，但以右侧梁段为研究对象较为简单方便。

在集中力作用处，剪力图发生突变，突变的绝对值等于该集中力的大小；弯矩图发生转折。

设 $a<b$，则绝对值最大的剪力发生在 F 的左侧一段内，即发生在 $x\leqslant a$ 的截面内，且 $V_{\max}=\dfrac{Fb}{l}$。弯矩最大值在 F 作用的截面上，有 $M_{\max}=\dfrac{Fab}{l}$。

【LX0601O · 计算题】

图(a)所示的一简支梁在 C 点处受一集中力偶 m 的作用，试绘出梁的剪力图和弯矩图。

【答案】 (1) 求支座反力。由平衡方程得 $F_A=\dfrac{m}{l}(\uparrow)$，$F_B=\dfrac{m}{l}(\downarrow)$。

(2) 列剪力、弯矩方程。由于 AC 段和 CB 段受力不同，m 左侧和右侧梁段的剪力和弯矩方程不同，故 $V(x)$ 和 $M(x)$ 方程应分段写出。

①AC 段 $(0\leqslant x\leqslant a)$，以左侧梁段为研究对象，有

$$V(x)=F_A=\frac{m}{l},M(x)=F_Ax=\frac{m}{l}x。$$

②CB 段 $(a\leqslant x\leqslant l)$，以左侧梁段为研究对象，有

$$V(x)=F_B=\frac{m}{l},M(x)=-F_B(l-x)=-\frac{m}{l}(l-x)。$$

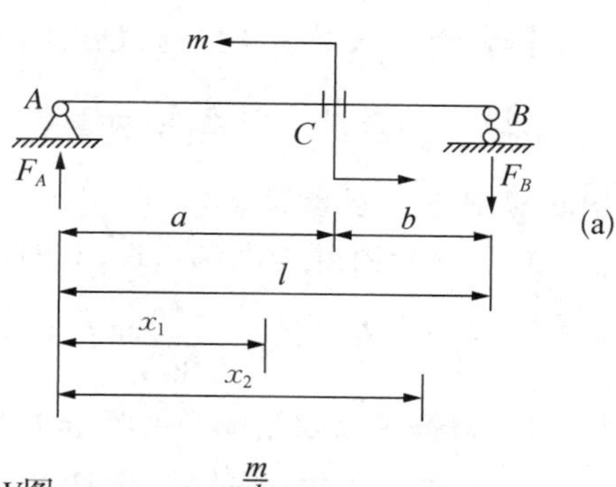

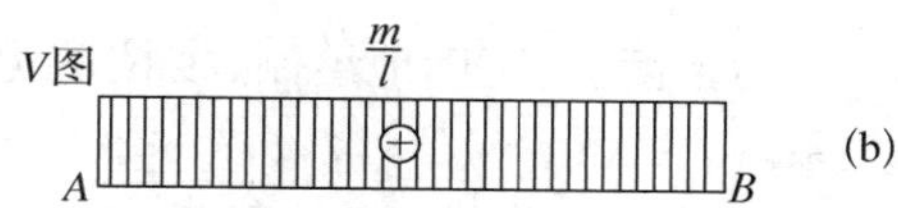

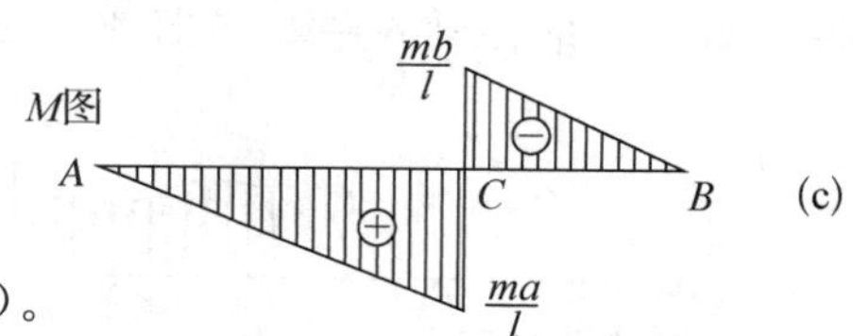

【LX0601O】附图

(3) 画剪力、弯矩图。根据 $V(x)$ 和 $M(x)$ 方程，描点绘出的剪力图和弯矩图，如图(b)和(c)所示。

【解析】 由图可知，集中力偶不影响剪力图；但弯矩图在集中力偶作用处有突变，突变的绝对值等于该集中力偶的大小。设 $a<b$，则弯矩的最大值 $M_{\max}=\dfrac{ma}{l}$，且发生在集中力偶作用的稍左截面上。

【LX0601P · 计算题】

图(a)所示的简支梁，在全梁上受均布荷载 q 的作用，试列出剪力方程、弯矩方程并作剪力图和弯矩图。

【答案】 (1) 求支座反力。由平衡方程得 $F_A=F_B=\dfrac{ql}{2}$。

(2) 列剪力、弯矩方程。取梁左端为原点，用一个距原点 z 的坐标代表截

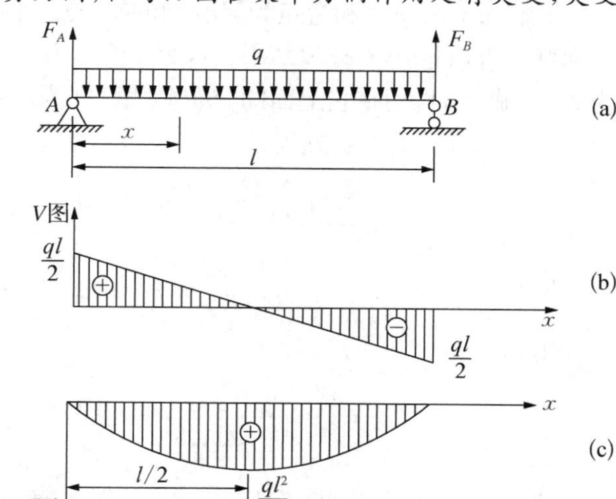

【LX0601P】附图

面所在的位置，可写出整根梁的 $V(x)$ 和 $M(x)$ 方程。

$$V(x)=F_A-qx=\frac{ql}{2}-qx\,(0<x<l)$$

$$M(x)=F_Ax-(qx)\cdot\frac{x}{2}=\frac{ql}{2}x-\frac{q}{2}x^2\,(0\leqslant x\leqslant l)$$

(3) 画剪力、弯矩图。

【解析】 该梁受均布荷载作用，它的剪力图与弯矩图有如下的特点：

(1) 剪力图是一斜直线，如图(b)所示。当 $x=0$ 时，$V=\frac{ql}{2}$；当 $x=l$ 时，$V=-\frac{ql}{2}$。$V(x)$ 图在跨中与 x 轴相交。

(2) 弯矩图是二次抛物线，如图(c)所示。当 $x=0$ 时，$M=0$；当 $x=l$ 时，$M=0$；在跨中处 $\left(x=\frac{l}{2}\right)$，得 $M_{\max}=\frac{ql^2}{8}$，即在 $V=0$ 的截面上出现最大弯矩。

3. 微分关系法绘制剪力图和弯矩图

为了简捷、正确地绘制、校核剪力图和弯矩图，下面建立剪力、弯矩与荷载集度之间的关系。

设梁上有任意分布的载荷 $q(x)$，规定向上为正，荷载集度是横截面位置 x 的函数。x 轴坐标原点取在梁的左端，在距截面 x 处取一微段梁 dx，如图 1-6-9 所示。

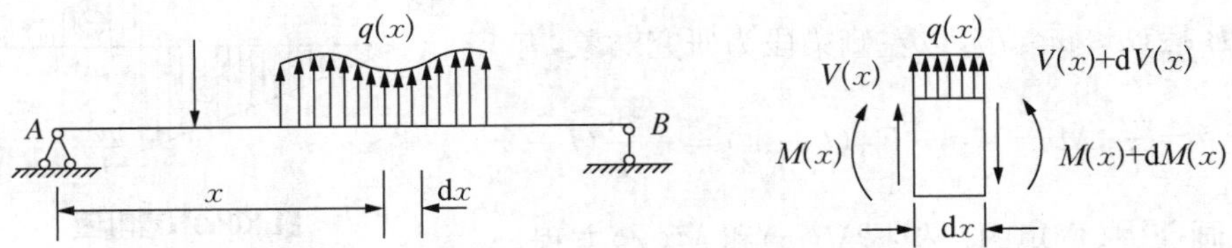

图 1-6-9　弯矩、剪力与分布载荷集度之间的微分关系

x 截面上的剪力和弯矩为 $V(x)$ 和 $M(x)$。由于分布荷载的作用，在 $x+dx$ 截面上的剪力和弯矩有增量 $dV(x)$ 和 $dM(x)$，所以剪力为 $V(x)+dV(x)$，弯矩为 $M(x)+dM(x)$。因为 dx 很微小，作用在它上面的分布荷载可视为均布荷载。由于整个梁是平衡的，该小段也处于平衡状态。由平衡方程：

$$\sum F_y=0\quad V(x)+q(x)dx-[V(x)+dV(x)]=0$$

简化为

$$q(x)dx-dV(x)=0$$

得

$$\frac{dV(x)}{dx}=q(x)\tag{1-6-3}$$

式(1-6-3)表明，将剪力方程对 x 求导，便得分布荷载的集度。因此，剪力图上某点切线的斜率就等于对应点的 $q(x)$ 值。

再由平衡方程：

$$\sum M_C = 0$$

$$M(x) + V(x)\mathrm{d}x + q(x)\mathrm{d}x\,\frac{\mathrm{d}x}{2} - [M(x) + \mathrm{d}M(x)] = 0$$

略去高阶微量 $q(x)\dfrac{\mathrm{d}x^2}{2}$，并加以整理，便得：

$$\frac{\mathrm{d}M(x)}{\mathrm{d}x} = V(x) \tag{1-6-4}$$

将上式再对 x 求导，并将公式(1-6-4)代入，便得：

$$\frac{\mathrm{d}^2M(x)}{\mathrm{d}x^2} = \frac{\mathrm{d}V(x)}{\mathrm{d}x}$$

$$\frac{\mathrm{d}^2M(x)}{\mathrm{d}x^2} = q(x) \tag{1-6-5}$$

式(1-6-4)表明，弯矩方程对 x 求导便得剪力方程。所以，弯矩图上某点的切线斜率等于对应截面上的剪力值。如 LX0601P 中梁的中点截面上的剪力 $V=0$，所以$\dfrac{\mathrm{d}M(x)}{\mathrm{d}x}=0$，弯矩图在此点的切线为水平方向，弯矩取极值。

式(1-6-5)表明，将弯矩方程对 x 求二阶导数便得荷载集度。所以，弯矩图的凹凸方向由 $q(x)$的正负确定。如 LX0601P 中的分布荷载方向向下，$q<0$，所以 $\dfrac{\mathrm{d}^2M(x)}{\mathrm{d}x^2}=0$，弯矩图是向下凸的曲线。

式(1-6-3)～式(1-6-5)阐明了剪力、弯矩与荷载集度之间的关系。根据这个关系，对照前面的例题，并设 x 轴向右为正，$q(x)$向上为正，向下为负，正的剪力画在 x 轴的上方，正的弯矩画在 x 轴的下方，便得各种形式载荷作用下的剪力图和弯矩图的基本规律如下：

(1) 梁上某段无分布荷载作用，即 $q(x)=0$。

由 $\dfrac{\mathrm{d}V(x)}{\mathrm{d}x}=q(x)=0$ 可知，该段梁的剪力图上各点切线的斜率为零，所以剪力图是一条平行于梁轴线的直线，$V(x)$为常数；又由$\dfrac{\mathrm{d}M(x)}{\mathrm{d}x}=V(x)=C$(常量)，可知，该段梁弯矩图线上各点切线的斜率为常量，所以弯矩图为斜直线。可能出现下列三种情况：

$V(x)=C$ 且为正值时，M 图为一条下斜直线；

$V(x)=C$ 且为负值时，M 图为一条上斜直线；

$V(x)=C$ 且为零时，M 图为一条水平直线。

(2) 梁上某段有均布载荷，即 $q(x)=C$(常量)。

由于 $\dfrac{\mathrm{d}V(x)}{\mathrm{d}x}=q(x)=C$，所以剪力图为斜直线。$q(x)>0$ 时(方向向上)，直线的斜率为正，剪力图为上斜直线(与 x 轴正向夹锐角)；$q(x)<0$ 时(方向向下)，直线的斜率为负，剪力图为下斜直线(与 x 轴正向夹钝角)。

再由 $\frac{\mathrm{d}M(x)}{\mathrm{d}x}=V(x)$,得 $V(x)$ 为变量,为一次线性函数,所以弯矩图为二次抛物线。若 $\frac{\mathrm{d}^2M(x)}{\mathrm{d}x^2}=q(x)>0$,则 M 图为向上凸的抛物线,若 $q(x)<0$,则 M 图为向下凸的抛物线。

(3) 在 $V=0$ 的截面上(剪力图与 x 轴的交点代表的截面),弯矩有极值(弯矩图的抛物线达到顶点)。

(4) 在集中力作用处,剪力图发生突变,突变值等于该集中力的大小。若从左向右作图,则向下的集中力将引起剪力图向下突变,相反则向上突变。弯矩图由于切线斜率突变而发生转折,即出现尖角。

(5) 梁上有集中力偶,在集中力偶作用处,剪力图无变化,弯矩图发生突变,突变值等于该集中力偶矩的大小。

以上归纳总结的 5 条内力图的基本规律中,前两条反映了一段梁上内力图的形状,后三条反映了梁上某些特殊截面的内力变化规律。

运用弯矩、剪力和荷载集度间的微分关系,结合上面总结的内力图基本规律,不仅可以快捷地检验剪力图与弯矩图绘制的正确与否,还可以根据作用在梁上的已知荷载简便、快捷地作出梁的剪力图和弯矩图,而不必列出剪力方程和弯矩方程。这种直接作内力图的方法称为微分关系法作图,又称为简捷作图法或控制截面法绘制内力图,是绘制梁的内力图的基本方法之一。其步骤如下:

(1) 求支座反力

(2) 将梁进行分段,根据集中力、集中力偶的作用截面、分布荷载的起止截面作为梁分段的截面。

(3) 计算控制截面的内力值,一般控制截面是梁进行分段的分界截面。

(4) 根据弯矩、剪力和荷载集度间的微分关系确定分段内力图的线形,逐段连线成图。

【LX0601Q · 判断题】

若悬臂梁上仅有均布荷载作用,则弯矩图是一条斜直线。 ( )

【答案】 ×

【解析】 均布荷载段梁的弯矩图是二次抛物线。

【LX0601R · 判断题】

简支梁全跨受均布荷载作用,简支梁剪力图是一条斜直线。 ( )

【答案】 √

【解析】 由于 $\frac{\mathrm{d}V(x)}{\mathrm{d}x}=q(x)=C$,所以剪力图为斜直线。$q(x)>0$ 时(方向向上),直线的斜率为正,剪力图为上斜直线(与 x 轴正向夹锐角);$q(x)<0$ 时(方向向下),直线的斜率为负,剪力图为下斜直线(与 x 轴正向夹钝角)。

【LX0601S · 单选题】

平面弯曲梁在集中力、无集中力偶作用处( )。

A. 剪力图、弯矩图均发生突变　　B. 剪力图发生突变、弯矩图发生转折

C. 剪力图发生转折、弯矩图发生突变　　D. 剪力图、弯矩图均发生转折

【答案】 B

【解析】 在集中力作用处，剪力图发生突变，突变值等于该集中力的大小。若从左向右作图，则向下的集中力将引起剪力图向下突变，相反则向上突变。弯矩图由于切线斜率突变而发生转折，即出现尖角。

【LX0601T·单选题】

平面弯曲梁在集中力偶、无集中力作用处(　　)。

A. 剪力图、弯矩图均发生突变　　B. 剪力图发生突变、弯矩图无变化

C. 剪力图无变化、弯矩图发生突变　　D. 剪力图、弯矩图均无变化

【答案】 B

【解析】 梁上有集中力偶，在集中力偶作用处，剪力图无变化，弯矩图发生突变，突变值等于该集中力偶矩的大小。

【LX0601U·计算题】

外伸梁如图(a)所示，梁上所受荷载为：$q=4\,\mathrm{kN/m}$，$F=20\,\mathrm{kN}$，$l=4\,\mathrm{m}$，试用控制截面法绘出剪力图和弯矩图。

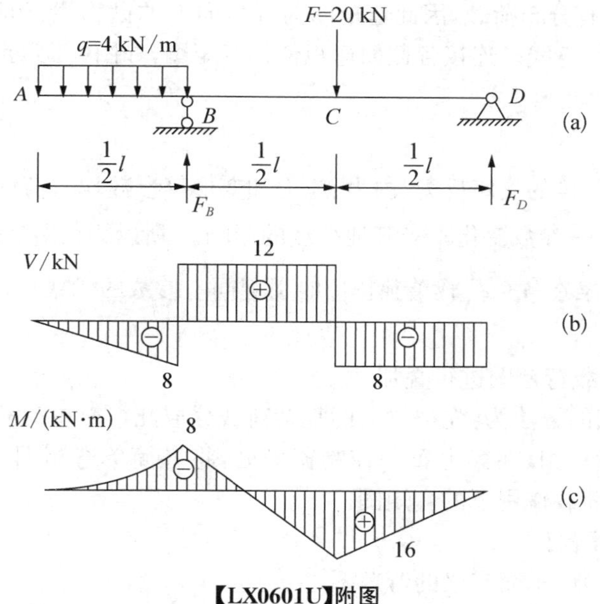

【LX0601U】附图

【答案】 (1) 求支座反力。

$$\sum M_B(F)=0\quad q\times\frac{l}{2}\times\frac{l}{4}-F\times\frac{l}{2}+F_D\times l=0\quad F_D=8\,\mathrm{kN}$$

$$\sum F_{iy}=0\quad F_B+F_D-F-q\times\frac{l}{2}=0\quad F_B=20\,\mathrm{kN}$$

(2) 作剪力图。计算控制截面的剪力如下。

A 点处截面：$V_A=0$

B 点处截面左侧：$V_B^L=-\frac{1}{2}ql=-8\,\mathrm{kN}$

B 点处截面右侧：$V_B^R=-\frac{1}{2}ql+F_B=12\,\text{kN}$

C 点处截面左侧：$V_C^L=V_B^R=12\,\text{kN}$

C 点处截面右侧：$V_C^R=-F_D=-8\,\text{kN}$

D 点处截面：$V_D=-8\,\text{kN}$

该题剪力图的各段图像都是直线或斜直线，因此，只需将相邻两个控制截面的剪力用直线相连就得到梁的剪力图，如图(b)所示。

(3) 作弯矩图。计算控制截面的弯矩如下。

A 点处截面：$M_A=0$

B 点处截面：$M_B=-q\cdot\frac{l}{2}\cdot\frac{l}{4}=-\frac{1}{8}\times4\times4^2=-8\,\text{kN}\cdot\text{m}$

C 点处截面：$M_C=F_D\cdot\frac{l}{2}=8\times2=16\,\text{kN}\cdot\text{m}$

D 点处截面：$M_D=0$

AB 段梁上作用有分布荷载，因此弯矩图为开口向上的抛物线；BC 段、CD 段梁上无分布荷载，故弯矩图为斜直线。连接各截面弯矩值得弯矩图，如图(c)所示。

4. 叠加法绘制弯矩图

(1) 叠加原理

在小变形条件下，梁的支座反力、内力、应力和变形等参数均与荷载呈线性关系，每一荷载单独作用引起的某一参数变化不受其他荷载的影响。所以梁在多个荷载共同作用时所引起的某一参数，等于梁在各个荷载单独作用时引起同一参数的代数和，这种关系称为叠加原理。

(2) 根据典型荷载弯矩图进行叠加

叠加法画弯矩图的方法为：先把梁上的复杂荷载分成几组简单荷载，再分别绘出各简单荷载单独作用下的弯矩图，在梁上每一控制截面处，将各简单弯矩图相应的纵坐标代数相加，就得到梁在复杂荷载作用下的弯矩图。

【LX0601V·计算题】

用叠加法作图(a)所示简支梁的弯矩图。

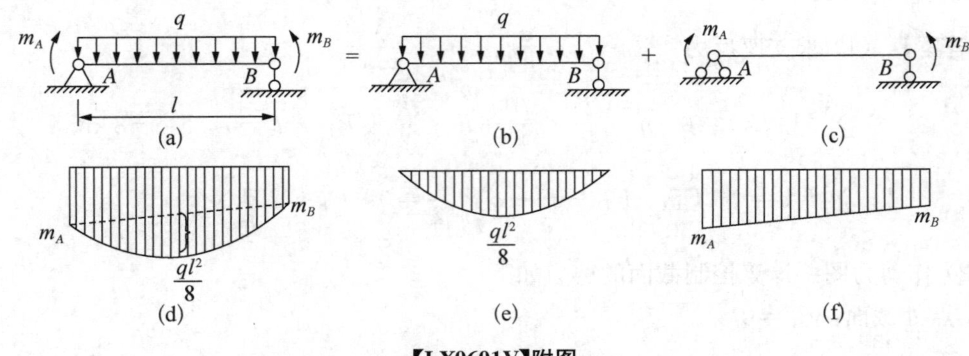

【LX0601V】附图

【答案】（1）先将作用在梁上的荷载分为两组：均布荷载 q 和一对集中力偶 m_A、m_B；

（2）分别画出均布荷载 q 单独作用的弯矩图[图(e)]和集中力偶 m_A、m_B 作用下的弯矩图[图(f)]；

（3）将均布荷载 q 单独作用的弯矩图和中力偶 m_A、m_B 作用下的弯矩图相应纵坐标进行叠加，即得到总弯矩图，见图(d)。

【解析】当梁上作用的荷载比较复杂时，用叠加法较方便。特别是当荷载可以分解为几种常见的典型荷载，而且典型荷载的弯矩图已经熟练掌握时，叠加法更显得方便实用。作剪力图也可以用叠加法，但因剪力图一般比较简单，所以叠加法用得较少。

（3）区段叠加法作弯矩图

现在讨论结构中直杆的任一区段的弯矩图。以图 1-6-10(a)中的区段 AB 为例，其隔离体如图 1-6-10(b)所示。隔离体上的作用力除均布荷载 q 外，在杆端还有弯矩 M_A、M_B，剪力 V_A、V_B。为了说明区段 AB 弯矩图的特性，将它与图 1-6-10(c) 中的简支梁相比，该简支梁承受相同的荷载 q 和相同的杆端力偶 M_A、M_B，设简支梁的支座反力为 F_A、F_B，则由平衡条件可知 $F_A=V_A$，$F_B=-V_B$。因此，二者的弯矩图相同，故可利用作简支梁弯矩图的方法来绘制直杆任一区段的弯矩图。从而也可采用叠加法作 M 图，如图 1-6-10(d) 所示。具体作法分成两步：先求出区段两端的弯矩竖标，并将这两端竖标的顶点用虚线相连；然后以此虚线为基线，将相应简支梁在均布荷载(或集中荷载) 作用下的弯矩图叠加上去，则最后所得的图线与原定基线之间所包含的图形，即为实际的弯矩图。由于它是在梁内某一区段上的叠加，故称为区段叠加法。

利用上述关于内力图的特性和弯矩图的叠加法，可将梁的弯矩图的一般作法归纳如下。

（1）除悬臂梁外，一般应首先求出梁的支座反力，选定外力的不连续点(如集中力作用点、集中力偶作用点、分布荷载的起点和终点、支座处等)处的截面为控制截面，求出控制截面的弯矩值，分段画弯矩图。

（2）当控制截面间无荷载时，根据控制截面的弯矩值，连成直线弯矩图；当控制截面间有荷载作用时，根据区段叠加法作弯矩图。

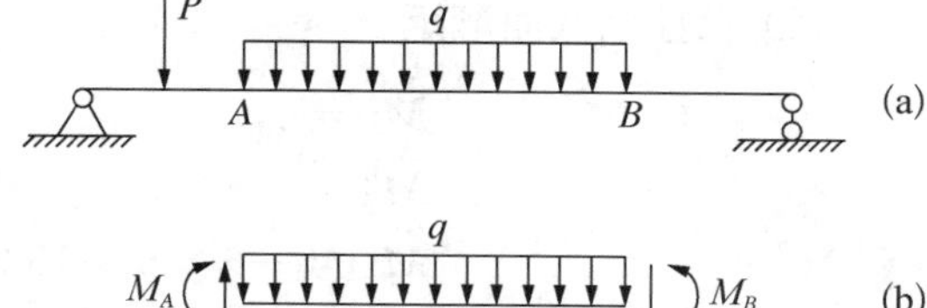

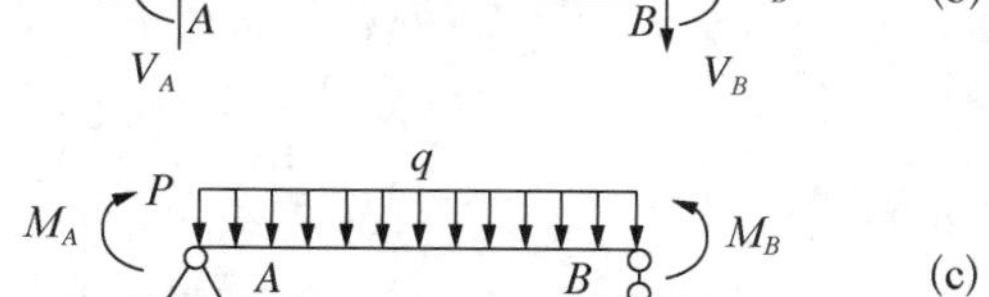

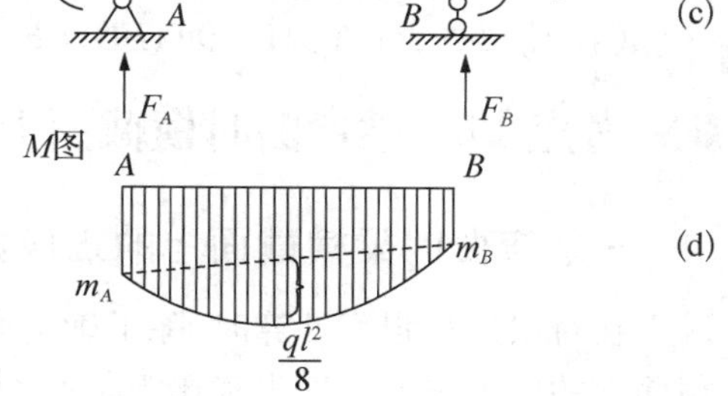

图 1-6-10　区段叠加法作弯矩图

【LX0601W・简答题】

什么是区段叠加法?

【答案】先求出梁的区段两端的弯矩竖标，并将这两端竖标的顶点用虚线相连；然后以此虚线为基线，将相应简支梁在均布荷载(或集中荷载)作用下的弯矩图叠加上去，则最后所得的图线与原定基线之间所包含的图形，即为实际的弯矩图。由于它是在梁内某一区段上的叠加，故称为区段叠加法。

【LX0601X·计算题】

用区段叠加法作图(a)中梁的弯矩图。

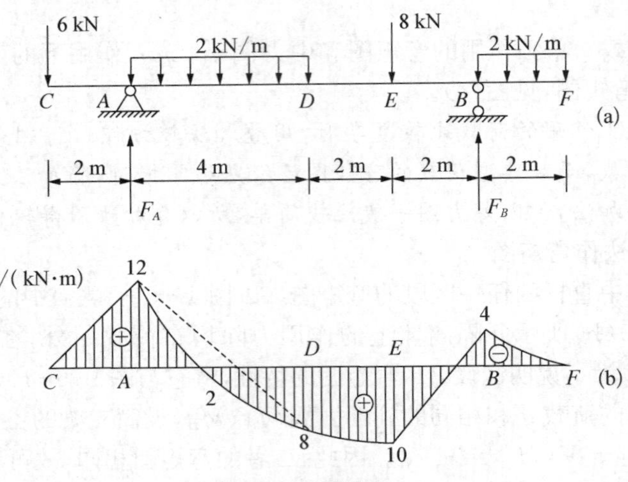

【LX0601X】附图

【答案】 (1) 求支座反力。

$\sum M_A(F)=0, 6\times2-2\times4\times2-8\times6-2\times2\times9+F_B\times8=0, F_B=11\,\text{kN}$。

$\sum M_B(F)=0, 6\times10+2\times4\times6+8\times2-2\times2\times1-F_A\times8=0, F_A=15\,\text{kN}$。

(2) 求控制截面弯矩。

$$M_C=0,$$
$$M_A=-6\times2=-12\,\text{kN}\cdot\text{m},$$
$$M_D=-6\times6+15\times4-2\times4\times2=8\,\text{kN}\cdot\text{m},$$
$$M_E=-2\times2\times3+11\times2=10\,\text{kN}\cdot\text{m},$$
$$M_B=-2\times2\times1=-4\,\text{kN}\cdot\text{m},$$
$$M_F=0。$$

(3) 将梁分成 CA、AD、DE、EB、BF 五段,用区段叠加法画出弯矩图,如图(b)所示。

考点 17 梁弯曲时横截面上的正应力与正应力强度计算

一、弯曲时梁横截面上的正应力

在对梁进行强度计算时,除了确定梁在弯曲时横截面上的内力外,还需进一步研究梁横截面上的应力情况。剪力和弯矩是截面上分布内力的合成结果,如图 1-6-11 所示,在一横截面上取一微面积 dS,由静力学关系可知,只有切向微内力 τdS 才能组成剪力,只有法向微内力 σdS 才能组成弯矩 M。所以在横截面的某点上,一般情况下既有正应力 σ(或记作符号 R)又有剪应力 τ。本节讨论的梁弯曲时横截面的正应力,是指梁发生平面弯曲时的情况,即讨论的梁至少有一个纵向对称面,且外力作用在该对称面内。

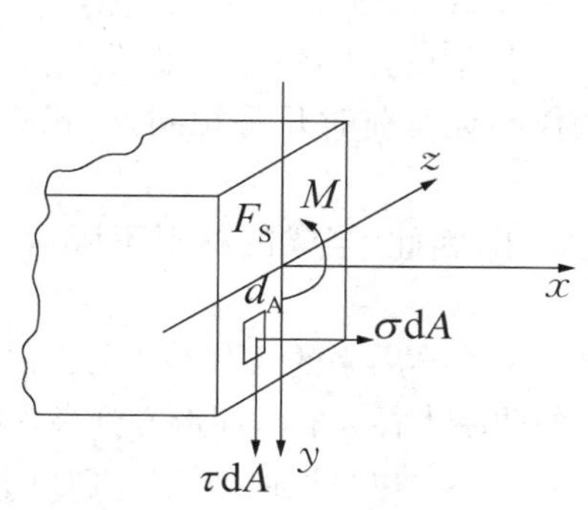

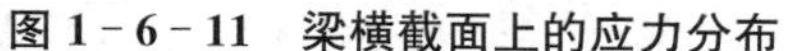
图 1-6-11　梁横截面上的应力分布

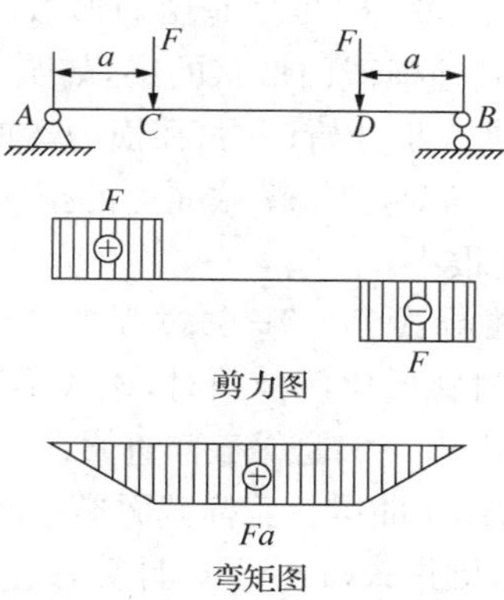

图 1-6-12　纯弯曲与横力弯曲

梁的横截面上只有弯矩而剪力为零的平面弯曲称为纯弯曲，如图 1-6-12 梁上 CD 段；而横截面上既有弯矩也有剪力的平面弯曲称为横力弯曲或剪力弯曲，如图 1-6-12 梁上 AC、DB 段。

1. 纯弯曲时梁横截面上的正应力

理论推导(略)得到梁纯弯曲时横截面上正应力 σ 的计算公式为

$$\sigma=\frac{My}{I_z} \qquad (1-6-6)$$

式中，M 为截面上的弯矩；y 为点到中性轴的距离；I_z 为横截面对中性轴 z 的惯性矩，其值由截面的形状尺寸及中性轴的位置决定，单位是长度单位的四次方。可见，弯曲变形时，横截面上的弯曲正应力在横截面上线性分布。

I_z 的表达式为：

$$I_z=\int_A y^2 \mathrm{d}s \qquad (1-6-7)$$

横截面上的最大正应力发生在距中性轴最远的地方，其值为：

$$\sigma_{\max}=\frac{My_{\max}}{I_z}=\frac{M}{W_z} \qquad (1-6-8)$$

式中，W_z 为抗弯截面模量，单位是长度单位的三次方，表达式为：

$$W_z=\frac{I_z}{y_{\max}} \qquad (1-6-9)$$

应用式(1-6-6)和式(1-6-8)时，应将弯矩 M 和坐标 y 的数值和正负号一并代入，若得出的 σ 为正值。就是拉应力；若为负值，则为压应力。通常可以根据梁的变形情况直接判断 σ 的正负：以中性轴为界，梁变形后靠近凸边一侧为拉应力。靠近凹边一侧为压应力。

式(1-6-6)的应用条件和范围如下。

(1) 式(1-6-6)虽然是由矩形截面梁在纯弯曲情况下推导出来的，但也适用于以 y 轴为对称轴的其他横截面形状的梁，如圆形、工字形和 T 形截面梁。

(2) 经进一步分析证明，在横力弯曲(剪力不等于零)的情况下，当梁的跨度 l 与梁横截面高 h 之比 $l/h>5$ 时，横截面上的正应力变化规律与纯弯曲时几乎相同，故式(1-6-6)仍然可用，误差很小。

(3) 在推导式(1-6-6)过程中，应用了胡克定律，因此，当梁的材料不服从胡克定律或正应力超过材料的比例极限时，该式不适用。

(4) 式(1-6-6)是等截面直梁在平面弯曲情况下推导出来的，因此不适用于非平面弯曲情况，也不适用于曲梁。若横截面形心连线(轴线)的曲率半径 ρ 与截面形心到最内缘距离 c 之比值大于 10，则按式(1-6-6)计算，误差不大，式(1-6-6)也可近似地用于变截面梁。

2. 简单截面的惯性矩及抗弯截面模量

在应用梁的弯曲正应力公式时，需预先计算出截面对中性轴 z 的惯性矩 I_z 和抗弯截面模量 W_z。显然，I_z 和 W_z 只与截面的几何形状和尺寸有关，它反映了截面的几何性质。

对于一些简单图形截面，如矩形、圆形等，其惯性矩可由定义式 $I_z=\int_S y^2\mathrm{d}s$ 直接求得。表 1-6-1 给出了简单截面图形的惯性矩和抗弯截面模量。表中 C 为截面形心，I_z 为截面对 z 轴的惯性矩，I_y 为截面对 y 轴的惯性矩。

表 1-6-1　简单截面图形的惯性矩和抗弯截面模量

图　形	形心轴位置	惯性矩	抗弯截面模量
矩形（y、z、z_C、y_c、h、b、C）	$z_c=\dfrac{b}{2}$ $y_c=\dfrac{h}{2}$	$I_z=\dfrac{bh^3}{12}$ $I_y=\dfrac{hb^3}{12}$	$W_z=\dfrac{bh^2}{6}$ $W_y=\dfrac{hb^2}{6}$
圆形（y、z、D、C）	截面圆心	$I_z=I_y=\dfrac{\pi D^4}{64}$	$W_z=W_y=\dfrac{\pi D^3}{32}$
圆环（y、z、D、d、C）	截面圆心	$I_z=I_y=\dfrac{\pi D^4}{64}(1-\alpha^4)$ $\alpha=\dfrac{d}{D}$	$W_z=W_y=\dfrac{\pi D^3}{32}(1-\alpha^4)$ $\alpha=\dfrac{d}{D}$

【LX0602A·单选题】

弯曲变形时，弯曲正应力在横截面上(　　)分布。

A. 均匀　　B. 线性　　C. 假设均匀　　D. 抛物线

【答案】 B

【解析】 弯曲正应力公式$\sigma=\frac{My}{I_z}$，y为点到中性轴的距离；I_z为横截面对中性轴z的惯性矩，其值由截面的形状尺寸及中性轴的位置决定。可见，弯曲变形时，横截面上的弯曲正应力在横截面上线性分布。

【LX0602B·单选题】

梁弯曲时，横截面上离中性轴距离相同的各点处正应力是(　　)的。

A. 相同　　B. 随截面形状的不同而不同

C. 不相同　　D. 有的地方相同，而有的地方不相同

【答案】 A

【解析】 弯曲正应力公式$\sigma=\frac{My}{I_z}$，y为点到中性轴的距离；I_z为横截面对中性轴z的惯性矩，其值由截面的形状尺寸及中性轴的位置决定。可见，I_z，y相同，各点处的正应力也相同。

【LX0602C·单选题】

(　　)梁在平面弯曲时，其截面上的最大拉、压力绝对值是不相等的。

A. 圆形截面　　B. 矩形截面　　C. T字形截面　　D. 热轧工字钢

【答案】 C

【解析】 弯曲正应力公式$\sigma=\frac{My}{I_z}$，y为点到中性轴的距离；I_z为横截面对中性轴z的惯性矩，选项A、B、D的截面关于中性轴对称，截面受拉和受压边缘到中性轴的距离相等，因此，其截面上的最大拉、压力绝对值是相等的，而选项C T字形截面受拉侧边缘和受压侧边缘到截面中性轴的距离不相同，故其截面上的最大拉、压力绝对值是不相等的。

【LX0602D·判断题】

梁的横截面上作用有负弯矩，其中性轴上侧各点作用的是拉应力，下侧各点作用的是压应力。　　(　　)

【答案】 √

【解析】 梁的横截面上作用有负弯矩，表明梁上侧受拉，下侧受压。

【LX0602E·计算题】

已知图(a)中简支梁的跨度$l=3$ m，其横截面为矩形，截面宽度$b=120$ mm，截面高度$h=200$ mm，受均布载荷$q=3.5$ kN/m作用，试完成：

(1) 求距梁左端为l m的C截面上a，b，c三点的正应力。

(2) 求梁的最大正应力值，并说明最大正应力发生在何处。

(3) 作出C截面上正应力沿截面高度的分布图。

【答案】 (1) 计算C截面上a，b，c三点的正应力

支座反力及截面最大弯矩：

$$F_{By}=5.25\ \text{kN}(\uparrow)\quad F_{Ay}=5.25\ \text{kN}(\uparrow)$$

$$M_{\max}=\frac{ql^2}{8}=\frac{3.5\times3^2}{8}=3.94\ \text{kN}\cdot\text{m}$$

C 截面的弯矩为

$$M_c = 5.25 \times 1 - 3.5 \times 1 \times 0.5 = 3.5\ \text{kN} \cdot \text{m}$$

矩形截面对中性轴 z 的惯性矩：

$$I_z = \frac{lh^3}{12} = \frac{120 \times 200^3}{12} 12 = 8 \times 10^7\ \text{mm}^4$$

$$\sigma_a = \frac{M_c \cdot y_a}{I_z} = \frac{3.5 \times 10^6 \times 100}{8 \times 10^7} = 4.38\ \text{MPa}(\text{拉应力})$$

$$\sigma_b = \frac{M_c \cdot y_b}{I_z} = \frac{3.5 \times 10^6 \times 50}{8 \times 10^7} = 2.19\ \text{MPa}(\text{拉应力})$$

$$\sigma_c = \frac{M_c \cdot y_c}{I_z} = -\frac{3.5 \times 10^6 \times 100}{8 \times 10^7} = -4.38\ \text{MPa}(\text{拉应力})$$

(2) 求梁的最大正应力值及最大正应力发生的位置

该梁为等截面梁，所以最大正应力发生在最大弯矩截面的上、下边缘处，其值为：

$$\sigma_{\max} = \frac{M_{\max} \cdot y_{\max}}{I_z} = \frac{3.94 \times 10^6 \times 100}{8 \times 10^7} = 4.93\ \text{MPa}$$

由于最大弯矩为正值，所以该梁在最大弯矩截面的上边缘处产生了最大压应力，下边缘处产生了最大拉应力。

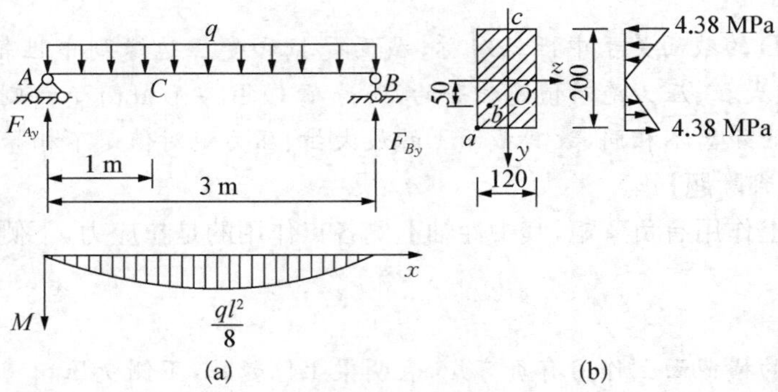

【LX0602E】附图

(3) 作 C 截面上正应力沿截面高度的分布图

正应力沿截面高度按直线规律分布，如图(b)所示。

二、梁弯曲时梁横截面正应力强度计算

为了从强度方面保证梁在使用中安全可靠，应使梁内最大正应力不超过材料的许用应力。梁内产生最大应力的截面称为危险截面，危险截面上的最大应力点称为危险点。

对于等截面梁，弯矩最大的截面是危险截面，截面上离中性轴最远的边缘上的各点为危险点，其最大正应力公式为：

$$\sigma_{\max}=\frac{M_{\max}y_{\max}}{I_z}=\frac{M_{\max}}{W_z}$$

梁的正应力强度条件为：

$$\sigma_{\max}=\frac{M_{\max}}{W_z}\leqslant[\sigma] \tag{1-6-10}$$

式中：σ——材料的许用弯曲正应力。

用脆性材料制成的梁，由于材料的抗拉与抗压性能不同，即 $[\sigma_l]\neq[\sigma_y]$，故采用上下不对称于中性轴的梁截面形状，如图 1－6－13 所示。此时，因截面上下边缘到中性轴的距离不同，所以，同一个截面有两个抗弯截面系数：

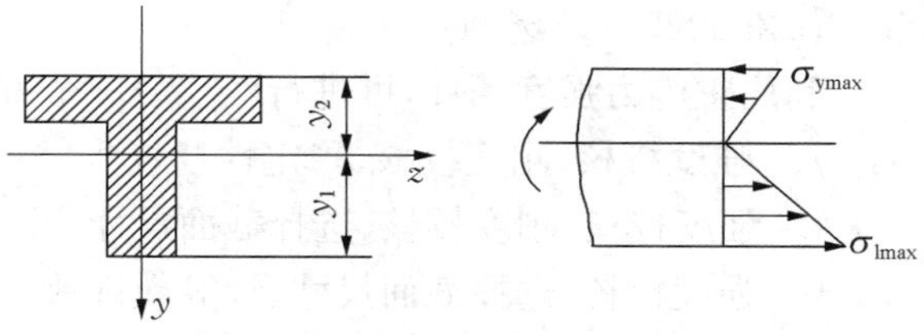

图 1－6－13　非对称梁的应力分布

$$W_1=\frac{I_z}{y_1}\quad W_2=\frac{I_z}{y_2}$$

应用式(1－6－10)，可分别建立拉、压强度条件，解决梁的强度校核、设计截面尺寸和确定许用载荷等三类问题。

$$\sigma_{l\max}=\frac{M_{\max}}{W_1}\leqslant[\sigma_l]$$

$$\sigma_{y\max}=\frac{M_{\max}}{W_2}\leqslant[\sigma_y]$$

(1) 强度校核

已知梁的材料、截面尺寸与形状(即$[\sigma]$和 W_z 的值)以及所受载荷(即 M)的情况下，校核梁的最大正应力是否满足强度条件。即：

$$\sigma_{\max}=\frac{M_{\max}}{W_z}\leqslant[\sigma]$$

(2) 截面设计

已知载荷和采用的材料(即 M 和 σ)时，根据强度条件，设计截面尺寸。将式(1－6－10)改写为：

$$W_z\geqslant\frac{M_{\max}}{[\sigma]}$$

求出 W_z 后，进一步根据梁的截面形状确定其尺寸。若采用型钢时，则可由型钢表查得型钢的型号

(3) 计算许用载荷

已知梁的材料及截面尺寸(即 σ 和 W_z)，根据强度条件确定梁的许用最大弯矩 $M_{\max}$。将式(1－6－10)改写为：

$$[M_{max}] \geqslant [\sigma]W_z$$

求出$[M_{max}]$后，进一步根据平衡条件确定许用外载荷。

在进行上述各类计算时，为了保证既安全可靠又节约材料，设计规范还规定梁内的最大应力允许稍大于$[\sigma]$，但以不超过$[\sigma]$的5%为限。即：

$$\frac{\sigma_{max}-[\sigma]}{[\sigma]} \leqslant 5\%$$

【LX0602F·单选题】

利用正应力强度条件，可进行（　　）三个方面的计算。

A. 强度校核、刚度校核、稳定性校核

B. 强度校核、刚度校核、选择截面尺寸

C. 强度校核、选择截面尺寸、计算允许荷载

D. 强度校核、选择截面尺寸、计算允许荷载

【答案】 C

【解析】 梁的弯曲正应力强度条件解决梁的强度校核、设计截面尺寸和确定许用载荷等三类问题。

【LX0602G·判断题】

对于拉压强度不等的脆性材料，只要梁内绝对值最大的正应力不超过许用应力即可。（　　）

【答案】 ×

【解析】 对于拉压强度不等的脆性材料，最大拉应力不超过许用拉应力，最大压应力不超过许用压应力。

【LX0602G·计算题】

外伸梁受力、支承及截面尺寸如图所示。材料的许用拉应力$[\sigma_l]=32\,\text{MPa}$，许用压应力$[\sigma_y]=70\,\text{MPa}$。试校核梁的正应力强度。

【答案】 (1) 作梁的弯矩图

由弯矩图可知，B截面有最大负弯矩，C截面有最大正弯矩。

(2) 计算截面的形心位置及截面对中性轴的惯性矩。

$$y_2=\frac{\sum A_i y_{ci}}{\sum A_i}=\frac{30\times170\times85+200\times30\times185}{30\times170+20\times30}=139\,\text{mm}$$

$$I_z=\sum(I_{zci}+a_i^2A_i)$$

$$=\frac{30\times170^3}{12}+30\times170\times54^2+\frac{200\times30^3}{12}+200\times30\times46^2=40.3\times10^6\ \text{mm}^4$$

(3) 校核梁的正应力强度。

B截面：

上边缘处最大拉应力：

$$\sigma_{l\max}=\frac{M_B y_1}{I_z}=\frac{20\times10^6\times(200-139)}{40.3\times10^6}=30.3\ \text{MPa}<[\sigma_l]$$

下边缘处最大压应力：

$$\sigma_{y\max}=\frac{M_B y_2}{I_z}=\frac{20\times10^6\times139}{40.3\times10^6}=69\ \text{MPa}<[\sigma_y]$$

C 截面：

上边缘处最大压应力：

$$\sigma_{y\max}=\frac{M_C y_1}{I_z}=\frac{10\times10^6\times(200-139)}{40.3\times10^6}=15.1\ \text{MPa}<[\sigma_y]$$

下边缘处最大压应力：

$$\sigma_{l\max}=\frac{M_C y_2}{I_z}=\frac{10\times10^6\times139}{40.3\times10^6}=34.5\ \text{MPa}>[\sigma_l]$$

校核结果，梁不安全。

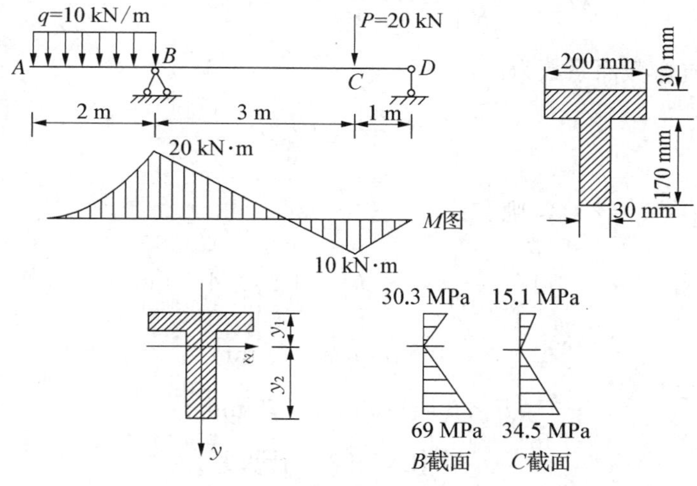

【LX0602G】附图

【解析】 当材料抗拉与抗压强度不相同，截面上、下又不对称时，对梁内最大正弯矩和最大负弯矩截面均应校核。

【LX0602H・计算题】

矩形截面木梁，如图所示，已知截面宽高比 $b:h=2:3$，木梁的许用应力为$[\sigma]=10\ \text{MPa}$，试选择截面尺寸。

【答案】 (1) 作梁的剪力图和弯矩图。

$$M_{\max}=1.33\ \text{kN}\cdot\text{m}$$

(2) 选择截面尺寸。

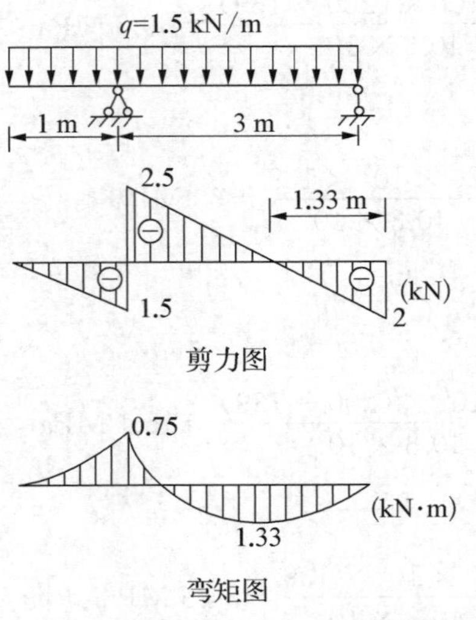

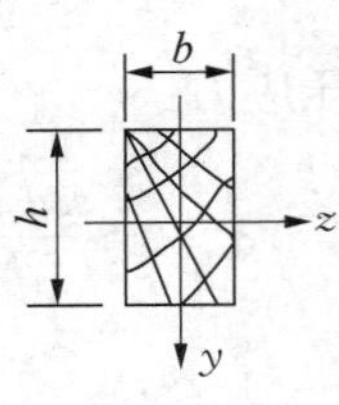

【LX0602H】附图

$$W_z \geqslant \frac{M_{\max}}{[R]} = \frac{1.33\times10^6}{10} = 1.33\times10^5\ \text{mm}^3$$

矩形截面的抗弯截面系数为：

$$W_z = \frac{bh^2}{6}$$

由已知条件 $b:h=2:3$，则有：

$$W_z = \frac{1}{6}\times\frac{2h}{3}h^2 = 1.33\times10^5\ \text{mm}^3$$

解得：　　　　　　$h=106\ \text{mm}, b=71\ \text{mm}$

选用截面　　　　　$b\times h=110\ \text{mm}\times75\ \text{mm}$

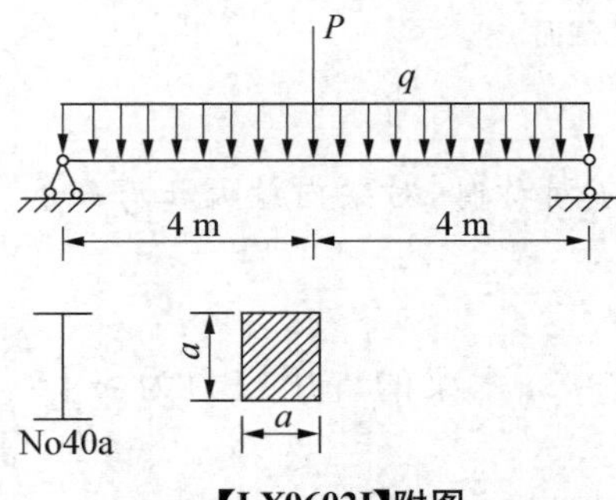

【LX0602I】附图

【LX0602I・计算题】

如左图所示，40a 工字钢梁，自重 $q=676\ \text{kN/m}$，$W_z=1\ 090\ \text{cm}^3$，$A=86.1\ \text{cm}^2$，跨度 $l=8\ \text{m}$，跨中受集中力 P 作用。已知许用应力为$[\sigma]=140\ \text{MPa}$，考虑梁的自重，试求：

(1) 梁的许用载荷$[P_1]$；

(2) 若将梁改用与工字钢截面面积相同的正方形截面，求梁的许用载荷$[P_2]$。

【答案】 (1) 按工字钢截面求许用载荷$[P_1]$

梁内最大弯矩在跨中截面：

$$M_{\max} = \frac{1}{8}ql^2 + \frac{1}{4}P_1 l = \frac{1}{8}\times676\times8^2 + \frac{1}{4}\times P_1\times8 = (5\ 408+2P_1)\text{kN}\cdot\text{m}$$

根据强度条件

$$[M_{max}] \geqslant [\sigma] W_z$$

$$5\,408 + 2P_1 \leqslant 1\,090 \times 10^{-6} \times 140 \times 10^6$$

解得

$$[P_1] = 73.6 \text{ kN}$$

(2) 采用正方形截面求许用载荷$[P_2]$

根据两个截面面积相等的条件确定正方形截面的尺寸：

$$a = \sqrt{86.1} = 9.28 \text{ cm}$$

正方形截面的抗弯截面系数：

$$W_z = \frac{a^3}{6} = \frac{9.28^3}{6} = 133 \text{ cm}^3$$

根据强度条件

$$[M_{max}] \geqslant [\sigma] W_z$$

$$5\,408 + 2P_2 \leqslant 133 \times 10^{-6} \times 140 \times 10^6$$

解得

$$[P_2] = 6.6 \text{ kN}$$

【解析】 尽管两根梁的截面面积完全相等，但它们截面形状不同时，它们的抗弯截面系数不同，从而抗弯能力也不同。工字钢梁的抗弯能力为正方形钢梁的 8.2 倍$\left(\frac{W_{工}}{W_{正}} = \frac{1\,090}{13}\right)$。由此，可以看出截面形状对梁抗弯能力的影响，所以常用钢梁不采用方形钢而要轧制成型钢(如工字钢、槽钢等)。

考点 18　梁弯曲时横截面上的剪应力与剪应力强度计算

一、梁弯曲时横截面上的剪应力

梁在横向弯曲时.其横截面不仅有弯矩 M，而且有剪力 V(或记为符号 F_s、F_Q、Q)，因而横截面不仅有正应力 σ，还有剪应力 τ。对于跨度比高度大得多的矩形、圆形截面梁，因其弯曲正应力比剪应力大得多，这时剪应力就可以略去不计。但对于跨度较短而截面较高的梁，以及一些薄臂梁或剪力较大的截面，则剪应力就不能忽略。

一般情况下，剪应力只是影响梁强度的次要应力，本书只简单介绍几种常见截面梁的剪应力分布及其最大剪应力公式。

由弹性力学的分析结果知，剪力 V 在横截面上呈抛物线分布，可得到剪应力计算公式为

$$\tau = \frac{VS_z^*}{I_z b} \tag{1-6-11}$$

式中，τ 表示横截面上距中性轴为 y 处的剪应力，单位为 MPa；V 表示该截面的剪力，单位为 N；b 表示截面上距中性轴为 y 处的截面宽度，单位为 mm；I_z 表示整个截面对中性轴的惯性矩，单位为 mm^4；S_z^* 表示距中性轴为 y 处横线外侧面积[图 1-6-14(a)阴影部分截

面]对中性轴的静矩，单位为 mm^3。

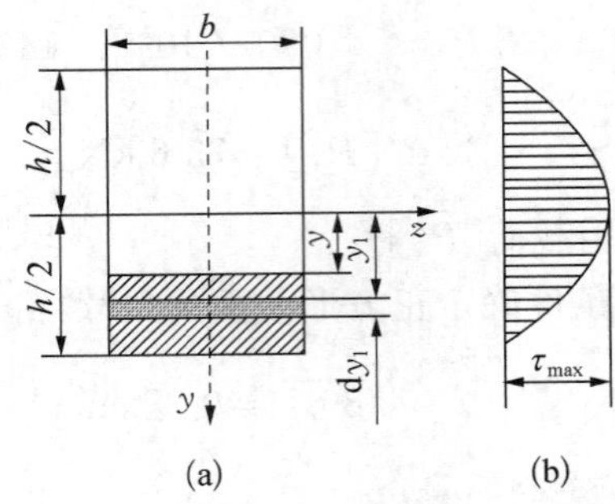

图 1-6-14　剪应力分布

1. 矩形截面梁横截面上的剪应力

现以矩形截面为例[见图 1-6-14(a)]，说明 τ 沿截面高度的变化规律及最大剪应力作用位置。

取一高为 h，宽为 b 的矩形截面，求距中性轴为 y 处的剪应力 τ。先求出距中性轴为 y 处外侧部分面积[见图 1-6-14(a)中阴影部分]对中性轴的静矩 S_z^*，取微面积 $dA=bdy$，从而可得

$$S_z^*=\int_{A*}y\mathrm{d}A=\int_y^{h/2}yb\,\mathrm{d}y=\frac{b}{2}\left(\frac{h^2}{4}-y^2\right)$$

代入式(1-6-11)得

$$\tau=\frac{V}{2I_z}\left(\frac{h^2}{4}-y^2\right)$$

由此可见，剪应力的大小沿矩形截面的高度按二次曲线(抛物线)规律分布[见图 1-6-14(b)]。当 $y=\pm\dfrac{h}{2}$ 时，即在截面上、下边缘的各点处剪应力 $\tau=0$；越靠近中性轴处剪应力越大，当 $y=0$ 时。即在中性轴上各点处，其剪应力达到最大值，即

$$\tau_{\max}=\frac{Vh^2}{8I_z}=\frac{3V}{2bh}=\frac{3V}{2A}=\frac{3V}{2A} \tag{1-6-12}$$

可见，矩形截面的最大剪应力是截面平均剪应力$\left(\dfrac{V}{A}\right)$的 1.5 倍。

2. 工字形截面梁横截面上的剪应力

工字形截面是由上、下两翼板和中间的腹板组合而成。因腹板是矩形，故腹板上各点处的剪应力仍可用式(1-6-11)计算。通过与矩形截面同样的分析可知，剪应力沿腹板高度按抛物线规律分布(见图 1-6-15)。在中性轴上，剪应力最大；在腹板与翼缘的交界处，剪应力与最大剪应力相差不多，接近均匀分布。至于翼板上的剪应力，情况比较复杂，剪应力数值很小，一般不考虑。由理论分析可知，工字形截面的腹板上几乎承受了截面上 95%左右的剪应力，而且腹板上的剪应力又接近于均匀分布，故可近似地得出工字形截面最大剪应力的计算公式：

$$\tau_{max}=\frac{V}{bh_1} \tag{1-6-13}$$

式中，b 为腹板宽度，h_1 为腹板高度。

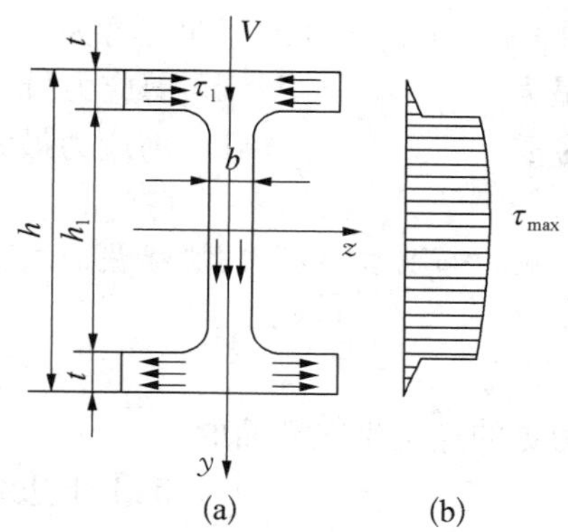

图 1－6－15　工字形截面剪应力分布

3. 圆形或圆环形截面梁横截面上的剪应力

经计算可知，圆形或圆环形截面的最大剪应力仍发生在中性轴上，如图 1－6－16 和图 1－6－17 所示。

圆形截面的最大剪应力值：

$$\tau_{max}=\frac{4V}{3A} \tag{1-6-14}$$

圆环形截面的最大剪应力值为：

$$\tau_{max}=2\frac{V}{A} \tag{1-6-15}$$

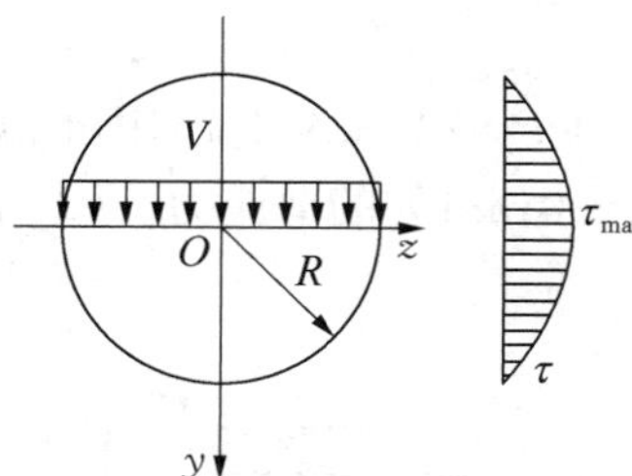

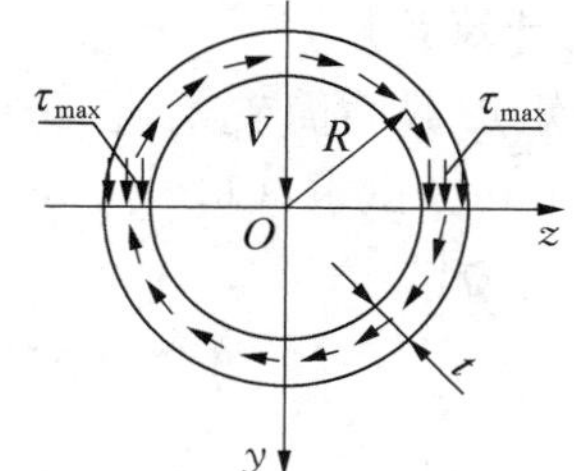

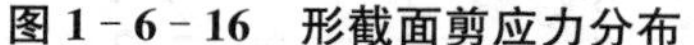

图 1－6－16　形截面剪应力分布　　**图 1－6－17　环截面剪应力分布**

综合上述各种截面形状梁的弯曲最大剪应力，写成一般公式为

$$\tau_{max}=k\frac{V}{A} \tag{1-6-16}$$

即最大剪应力为截面的平均剪应力乘以系数 k。不同截面形状 k 值不同：矩形截面，$k=3/2$；工字形截面，$k=1$；圆形截面，$k=4/3$；圆环形截面，$k=2$。

【LX0603A · 单选题】

弯曲变形时，弯曲剪应力在横截面上（　　）分布。

A. 均匀　　B. 线性　　C. 三角型　　D. 抛物线

【答案】 D

【解析】 由弹性力学的分析结果知，剪力 V 在横截面上呈抛物线分布。

【LX0603B · 单选题】

梁的弯曲变形时，梁横截面在上下边缘处的弯曲应力为(　　)。

A. 剪应力为零、正应力最大　　B. 剪应力最大、正应力最大

C. 剪应力为零、正应力为零　　D. 剪应力最大、正应力为零

【答案】 A

【解析】 根据梁的弯曲正应力和剪应力公式，梁横截面在上下边缘处剪应力为零、正应力最大。

【LX0603C · 单选题】

梁横截面上弯曲剪应力为零的点发生在截面的(　　)。

A. 上下边缘处　　B. 离上下边缘三分之一处

C. 中性轴上　　D. 离中性轴三分之一处

【答案】 A

【解析】 根据梁的弯曲剪应力公式 $\tau=\dfrac{VS_z^*}{I_z b}$，上下边缘处 S_z^* 为零，因此，梁横截面上下边缘处的弯曲剪应力为零。

【LX0603D · 判断题】

矩形截面梁最大切应力为 $\tau_{\max}=\dfrac{3V}{2A}$。(　　)

【答案】 √

【解析】 矩形截面的最大剪应力是截面平均剪应力$\left(\dfrac{V}{A}\right)$的 1.5 倍。

【LX0603E · 计算题】

如图所示为矩形截面简支梁，在跨中受集中力 $P=40$ kN 的作用，已知 $l=10$ m，$b=100$ mm，$h=200$ mm。试求：(1) $m-m$ 截面上 $y=50$ mm 处的剪应力。(2) 比较梁中的最大正应力和最大剪应力。

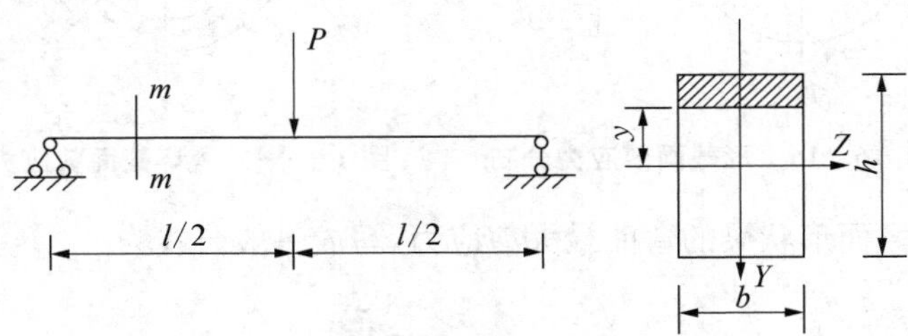

【LX0603E】附图

【答案】 (1) 支座反力：$F_A=F_B=\dfrac{P}{2}$，

$m-m$ 截面剪力：$V=\dfrac{P}{2}$。

截面对中性轴的惯性矩 I_z 和图中阴影部分面积对中性轴的静矩 S_z^* 分别为：

$$I_z = \frac{bh^3}{12} = \frac{100 \times 200^3}{12} = 66.7 \times 10^6 \text{ mm}^4,$$

$$S_z^* = 100 \times 50 \times (50 + 25) = 375 \times 10^3 \text{ mm}^3,$$

$m-m$ 截面上 $y = 50$ mm 处的剪应力：

$$\tau = \frac{VS_z^*}{I_z b} = \frac{20 \times 10^3 \times 375 \times 10^3}{66.7 \times 10^6 \times 100} = 1.12 \text{ MPa}。$$

(2) 比较梁跨中截面的 $\sigma_{\max}$ 和 $\tau_{\max}$。

$$V_{\max} = 20 \text{ kN}$$

$$M_{\max} = \frac{1}{4} Pl = \frac{1}{4} \times 40 \times 10 = 100 \text{ kN} \cdot \text{m}$$

跨中截面上的最大正应力为：

$$\sigma_{\max} = \frac{M_{\max}}{W_z} = \frac{100 \times 10^6}{\frac{1}{6} \times 100 \times 200^2} = 150 \text{ MPa}$$

跨中截面上的最大剪应力为：

$$\tau_{\max} = \frac{3}{2} \frac{V_{\max}}{A} = \frac{3 \times 20 \times 10^3}{2 \times 100 \times 200} = 1.5 \text{ MPa}$$

故

$$\frac{\sigma_{\max}}{\tau_{\max}} = \frac{150}{1.5} = 100$$

【解析】 由结果可以看出，梁跨中的最大正应力比最大剪应力大得多，所以有时在校核实体梁的强度时，可以忽略剪力的影响。

二、梁的剪应力强度计算

为了梁不发生剪应力强度破坏，应使梁在弯曲时所产生的最大剪应力不超过材料的许用剪应力。梁的剪应力强度条件表达式为

$$\tau_{\max} \leqslant [\tau] \tag{1-6-17}$$

在梁的强度计算中，必须同时满足弯曲正应力强度条件和剪应力强度条件。但在一般情况下，满足了正应力强度条件后，剪应力强度条件都能满足，故通常只需按正应力强度条件进行计算。但在下列几种情况下，还需作剪应力强度校核：

(1) 梁的最大剪力很大，而最大弯矩较小。如梁的跨度较小而荷载很大，或在支座附近有较大的集中力作用等情况。

(2) 梁为组合截面钢梁。如工字形截面，当其腹板的宽度与梁的高度之比小于型钢截面的相应比值时应进行剪应力强度校核。

(3) 梁为木梁。木材在两个方向上的性质差别很大，顺纹方向的抗剪能力较差，横力弯

曲时可能使木梁沿中性层剪坏，所以需对木梁作剪应力强度校核。

需要指出的是，梁截面上离中性轴最远的上、下边缘处各点有最大正应力而剪应力为零，在中性轴处各点有最大的剪应力而正应力为零，截面上其余各点既有正应力又有剪应力。

【LX0603F · 判断题】

梁的跨度较短时，不仅要进行弯曲正应力的强度验算，而且也要进行弯曲切应力的强度验算。（　　）

【答案】 √

【解析】 对于跨度比高度大得多的矩形、圆形截面梁，因其弯曲正应力比剪应力大得多，剪应力就可以略去不计。但对于跨度较短而截面较高的梁，以及一些薄臂梁或剪力较大的截面，则剪应力就不能忽略。

【LX0603G · 单选题】

在梁的强度计算中，必须满足（　　）强度条件。

A. 正应力　　B. 剪应力　　C. 正应力和剪应力　　D. 无所谓

【答案】 C

【解析】 梁的弯曲强度条件包括弯曲正应力强度条件和弯曲剪应力强度条件。因此，在梁的强度计算中，必须满足正应力和剪应力强度条件。

【LX0603H · 计算题】

如图所示简支梁，已知 $P=60\ \mathrm{kN}$，$l=2\ \mathrm{m}$，$a=0.2\ \mathrm{m}$，材料的容许应力 $[\sigma]=140\ \mathrm{MPa}$，$[\tau]=80\ \mathrm{MPa}$，试选择工字钢型号。

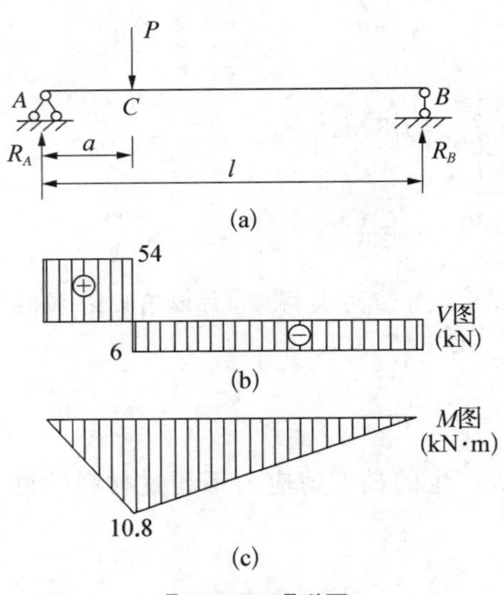

【LX0603H】附图

【答案】 （1）作 AB 梁的剪力图和弯矩图，如图(b)、(c)所示。

$$M_{\max}=10.8\ \mathrm{MPa}\quad V_{\max}=54\ \mathrm{kN}$$

（2）按正应力强度条件初选工字形截面型号。

$$W_z=\frac{M_{\max}}{[\sigma]}=\frac{10.8\times10^6}{140}=77.1\times10^3\ \mathrm{mm}^3$$

查型钢表选用 12.6 工字钢。其截面几何参数为

$$W_z=77.529\times10^3\ \mathrm{mm}^3\quad I_z/S_z=10.8\ \mathrm{cm}$$

$$d=5.0\ \mathrm{mm}$$

（3）按切应力强度条件校核。

$$\tau_{\max}=\frac{V_{\max}S_{z\max}^*}{I_z b}=\frac{54\times10^3}{10.8\times10\times5}=100\ \mathrm{MPa}>[\tau]$$

故选 12.6 工字钢不能满足剪应力强度条件。

（4）重选大一号的工字钢型号。选用 14 号工字钢，查型钢表得：

$$I_z:S_z=12\ \mathrm{cm}\quad d=5.5\ \mathrm{mm}$$

$$\tau_{\max}=\frac{54\times10^3}{12\times10\times5.5}=81.8\ \mathrm{MPa}$$

可选用 14 号工字钢

【解析】 显然工作剪应力大约超过了容许切应力的 2.25%，但工程中偏差 5%以内是允许的，可最后选择 14 号工字钢。

三、提高梁弯曲强度的措施

要保证梁正常工作，提高强度，就必须设法降低工作应力（内力）和提高材料的许用应力。而提高材料的许用应力，就得选择造价高的优质材料，增加经济成本，因此，降低工作应力是提高构件承载能力的主要目标。为使梁达到既经济又安全的要求，采用的材料量应较少且价格便宜，同时梁又具有较高的强度。因为弯曲正应力是控制梁强度的主要因素，所以由 $\sigma_{\max}=\dfrac{|M_{\max}|}{W_z}$ 不难看出，提高梁强度的措施是：降低 $|M_{\max}|$ 的数值，提高 W_z 的数值并充分利用材料的性能。

1. 降低最大弯矩的数值

(1) 合理布置载荷的位置

如图 1-6-18 所示，简支梁在跨中受到集中载荷 F 作用，若在梁的中部增设一辅助梁，使 F 通过辅助梁作用到简支梁上，可使梁的最大弯矩降低一半。

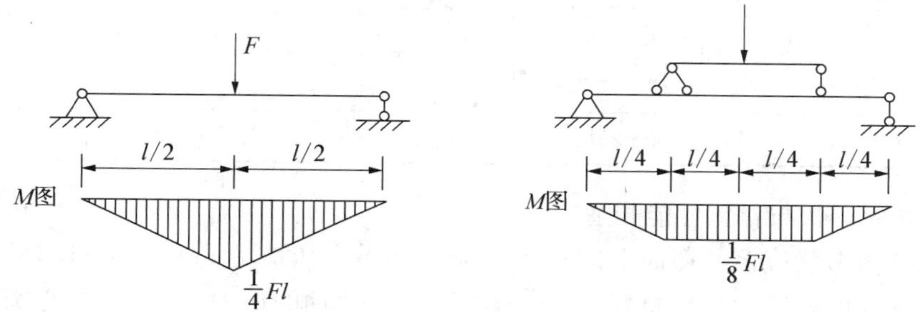

图 1-6-18 合理布置载荷的位置

(2) 合理布置支座的位置

如图 1-6-19 所示，简支梁受均布载荷作用，最大弯矩在跨中，值为 $\dfrac{ql^2}{8}$，若将两端支座向内移动 $0.2l$，最大弯矩值为$\dfrac{ql^2}{40}$，仅为原来的 20%，这样在设计时可以相应地降低梁的截面尺寸。

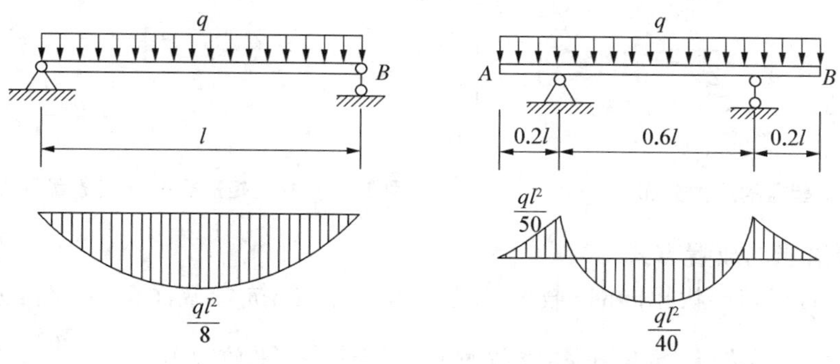

图 1-6-19 合理布置支座的位置

2. 选用合理截面

梁的合理截面应该是截面面积 A 尽量地小(即少用材料),而抗弯截面模量 W_z 尽量地大。因此,选择合理截面时,可采取下列措施:

(1) 选择合适的截面形式

从弯曲正应力的分布规律来看,中性轴上的正应力为零,离中性轴越远正应力越大。因此,在圆形、矩形、工字形三种截面中,圆形截面的很大一部分材料接近中性轴,没有充分发挥作用,显然是不经济的,而工字形截面则相反,很大一部分材料远离中性轴,较充分地发挥了承载作用。也就是说,面积相等而形状不同的截面,工字形截面最合理,圆形截面最差。所以钢结构中的抗弯杆件常用工字形、箱形等截面。

从抗弯截面系数 W_z 考虑,应在截面面积相等的条件下,使得抗弯截面系数形尽可能地增大,当截面面积一定时,W_z 值愈大愈有利。通常用抗弯截面系数 W_z 与横截面面积 S 的比值 W_z/S 来衡量梁的截面形状的合理性和经济性。表 1-6-2 中列出了几种常见的截面形状及其 W_z/S 的值。由表可见,槽形截面和工字形截面比较合理。

表 1-6-2　常见截面的 W_z/S 值

截面形状	(矩形, b, h)	(圆形, h)	(圆环形, h)	(工字形, h)	(槽形, h)
W_z/S	$0.167h$	$0.125h$	$0.205h$	$(0.27\sim0.31)h$	$(0.27\sim0.31)h$

(2) 使截面形状与材料性能相适应

经济的截面形状应该是截面上的最大拉应力和最大压应力同时达到材料的许用应力。对抗拉和抗压强度相等的塑性材料,宜采用对称于中性轴的截面形状,如空心圆形、工字形等;对抗压强度大于抗拉强度的脆性材料,一般采用非对称截面形状,使中性轴偏向强度较低(或中性轴靠近受拉一边的)一边的截面形状,如 T 形(图 1-6-20)、槽型等。

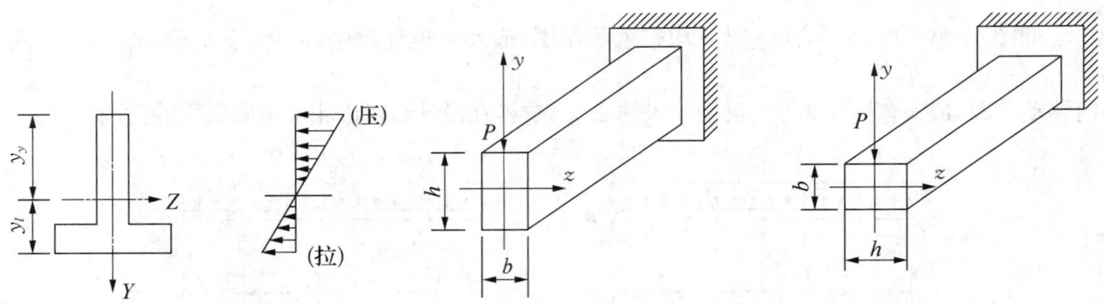

图 1-6-20　T 型梁的应力分布　　**图 1-6-21　矩形梁的不同放置方式**

(3) 选择恰当的放置方式

当截面的面积和形状相同时,截面放置的方式不同,抗弯截面模量 W_z 也不同。如图 1-6-21 所示,矩形梁($h>b$)长边立放时 $W_{z,立}=\dfrac{bh^2}{6}$,平放时 $W_{z,平}=\dfrac{hb^2}{6}$,两者之比为影

$\frac{W_{z,立}}{W_{z,平}}=\frac{h}{b}$。可见，矩形截面长边立放比平放合理。

3. 采用等强度梁

一般情况下，梁各个截面上的弯矩并不相等，而截面尺寸是按最大弯矩来确定的。因此对等截面梁而言，除了危险截面以外，其余截面上的最大应力都未达到许用应力，材料未得到充分利用。为了节省材料，就应按各个截面上的弯矩来设计各个截面的尺寸，使截面尺寸随弯矩的变化而变化，即为变截面梁。各横截面上的最大正应力都达到许用应力的梁为等强度梁。

假设梁在任意截面上的弯矩为 $M(x)$，截面的抗弯截面模量为 $W(x)$，根据等强度梁的要求，应有：

$$R_{max}=\frac{M(x)}{W(x)}=[\sigma]$$

即

$$W(x)=\frac{M(x)}{[\sigma]}$$

根据弯矩的变化规律，由上式就能确定等强度梁的截面变化规律。

图 1-6-22 所示的阶梯轴、薄腹梁、鱼腹式吊车梁，都是近似地按等强度原理设计的。

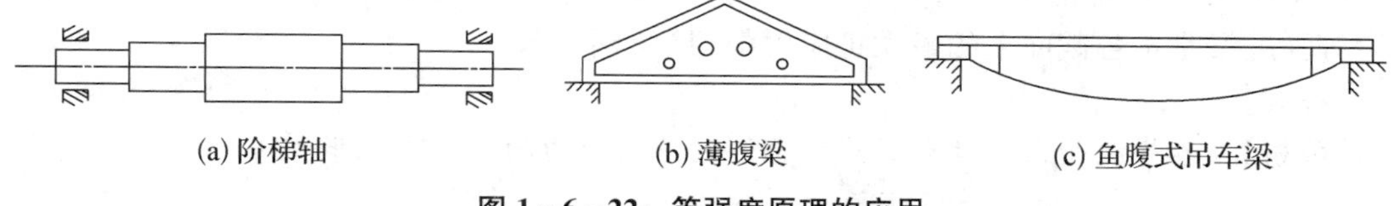

图 1-6-22　等强度原理的应用

从强度的观点来看，等强度梁最经济、最能充分发挥材料的潜能，是一种非常理想的梁，但是从实际应用情况分析，这种梁的制作比较复杂，给施工带来很多困难，因此，综合考虑强度和施工两种因素，它并不是最经济合理的梁。在工程中，通常是采用形状比较简单又便于加工制作的变截面梁来代替等强度梁，例如，图 1-6-23 中的阳台或雨篷挑梁，图 1-6-22(c)中的鱼腹式吊车梁。

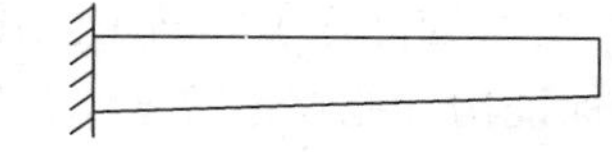

图 1-6-23　雨篷挑梁的结构形式

【LX0603I・单选题】

某直梁横截面面积一定，图示的四种截面形状中，抗弯能力最强的是(　　)。

A. 矩形　　B. 工字形　　C. 圆形　　D. 正方形

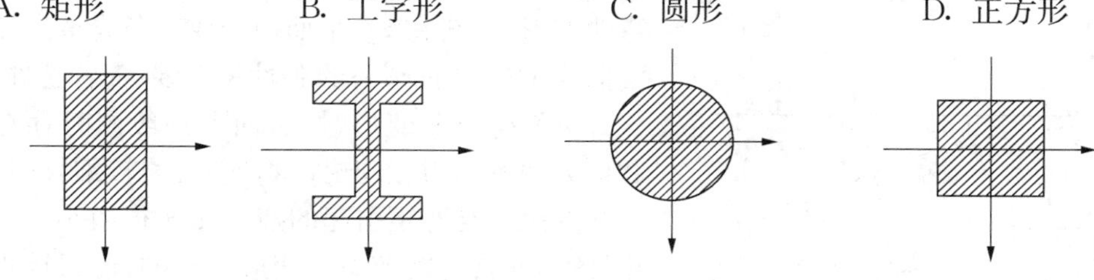

【答案】 B

【解析】 从抗弯截面系数 W_z 考虑，应在截面面积相等的条件下，使得抗弯截面系数形尽可能地增大，当截面面积一定时，W_z 值愈大愈有利。通常用抗弯截面系数 Wz 与横截面面积 S 的比值 W_z/S 来衡量梁的截面形状的合理性和经济性，由表 1-6-2，工字形 W_z/S 值最大，故选择工字形。

【LX0603J·单选题】

对于脆性材料梁，从强度方面来看截面形状最好采用(　　)。

A. 矩形　　B. T 型　　C. 圆形　　D. 工字型

【答案】 B

【解析】 脆性材料一般抗压强度高，抗拉强度低，采用上下不对称截面，受压边缘离中性轴远一点，受拉边缘离中性轴近一点，使得最大拉应力和最大压应力分别等于材料许用拉应力和许用压应力，这样能充分利用材料，截面比较合理。

【LX0603K·单选题】

对于许用拉应力与许用压应力相等的直梁，从强度角度看，其合理的截面形状是(　　)。

A. L 型　　B. T 型　　C. U 型　　D. 工字型

【答案】 D

【解析】 对于许用拉应力与许用压应力相等的直梁，关于中性轴上下对称的截面，最大拉应力与最大压应力在数值上相等，可以同时接近或等于许用拉应力与许用压应力，从而充分利用材料，四个选项中只有 D 选项关于中性轴上下对称，因此，选择 D。

【LX0603L·判断题】

等强度梁是指各截面上的最大正应力都相等的梁。　　(　　)

【答案】 √

【解析】 各横截面上的最大正应力都达到许用应力的梁为等强度梁。

考点 19　梁弯曲时的变形与刚度计算

一、梁弯曲时的变形

受弯构件除了应满足强度要求外，通常还要满足刚度的要求，以防止构件出现过大的变形，保证构件能够正常工作。例如，楼面梁变形过大时，会使下面的抹灰层开裂、脱落；吊车梁的变形过大，就会影响吊车的正常运转。因此，在设计受弯构件时，必须根据不同的工作要求，将构件的变形限制在一定的范围内。在求解超定梁的问题时，也需要考虑梁的变形条件。

研究梁的变形，首先讨论如何度量和描述弯曲变形。图 1-6-24 表示一具有纵向对称面的梁(以轴线 AB 表示)，zy 坐标系在梁的纵向对称面内。在载荷 P 作用下，梁产生弹性弯曲变形，轴线在 zy 平面内变成一条光滑连续的平面曲线AB'，该曲线称为弹性挠曲线(简称挠曲线)。

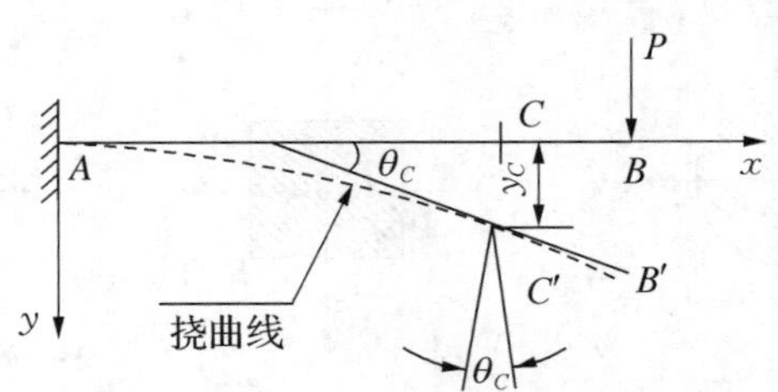

图 1-6-24　梁的变形

梁发生弯曲变形时，截面上一般同时存在弯矩和剪力两种内力。理论计算证明：梁较细长时，剪力引起的挠度与弯矩引起的挠度相比很微小。为了简化计算，通常忽略剪力对变形的影响，而只计算弯矩所引起的变形。

梁的变形是用挠度和转角来度量的。

1. 挠度

梁轴线上任意一点 C(即横截面的形心),在变形后移到 C'点,即产生垂直于梁轴线的线位移。梁上任意一横截面的形心在垂直于梁原轴线方向的线位移,称为该截面的挠度,用符号 y 表示,如图 1－0624 所示的 C 处截面的挠度为 y_c。挠度的单位与长度单位一致。挠度与坐标轴 y 轴的正方向一致时为正,反之为负。规定 y 轴正向向下。按图 1－0624 选定的坐标系,向下的挠度为正。

2. 转角

梁变形时,横截面还将绕其中性轴转过一定的角度,即产生角位移,梁任一横截面绕其中性轴转过的角度称为该截面的转角,用符号 θ 表示,单位为 rad,规定顺时针转动为正。例如,图 1－0624 所示的 C 处截面的转角为 θ_c。

这里要注意的是,挠度是指梁上一个点(各个横截面形心)的垂直于梁轴线的线位移,转角是指整个横截面绕中性轴旋转的角度。

3. 挠度与转角的关系

挠度 y 和转角 θ 随截面的位置 x 的变化而变化,即 y 和 θ 都是 x 的函数。梁的挠曲线可用函数关系式,即挠曲线方程来表示,挠曲线方程的一般形式为:

$$y=f(x) \tag{1-6-18}$$

由微分学知,挠曲线上任一点的切线的斜率 $\tan\theta$ 等于曲线函数 $y=f(x)$ 在该点的一次导数,即:

$$\tan\theta=\frac{\mathrm{d}y}{\mathrm{d}x}=y'$$

因工程中构件常见的 θ 值很小,$\tan\theta\approx\theta$,则有:

$$\theta=\frac{\mathrm{d}y}{\mathrm{d}x}=y' \tag{1-6-19}$$

即梁上任一横截面的转角等于该截面的挠度 y 对 x 的一阶导数。

【LX0604A・判断题】

梁的转角以逆时针转动为正。 (　　)

【答案】 ×

【解析】 梁任一横截面绕其中性轴转过的角度称为该截面的转角,用符号 θ 表示,单位为 rad,规定顺时针转为正。

【LX0604B・单选题】

下列关于梁的转角的说法中,(　　)是错误的。

A. 转角是横截面绕中性轴转过的角位移

B. 转角是变形前后同一截面间的夹角

C. 转角是挠曲线的切线与轴向坐标轴间的夹角

D. 转角是横截面绕梁轴线转过的角度

【答案】 A

【解析】 梁任一横截面绕其中性轴转过的角度称为该截面的转角。

二、用积分法求梁的变形

1. 挠曲线的近似微分方程

为了得到挠度方程和转角方程，首先需推出一个描述弯曲变形的基本方程——挠曲线近似微分方程。弯曲变形挠曲线的曲率表达式为

$$\frac{1}{\rho(x)}=\frac{M(x)}{EI} \tag{1-6-20}$$

式(1－6－20)为研究梁变形的基本公式，用来计算梁变形后中性层(或梁轴线)的曲率半径 ρ。该式表明：中性层的曲率 $\frac{1}{\rho}$ 与弯矩 M 成正比，与 EI 成反比。EI 称为梁的抗弯刚度，它反映了梁抵抗弯曲变形的能力。

从几何方面来看挠曲线，则挠曲线上任一点的曲率有如下表达式：

$$\frac{1}{\rho(x)}=\pm\frac{\frac{\mathrm{d}^2y}{\mathrm{d}x^2}}{\left[1+\left(\frac{\mathrm{d}y}{\mathrm{d}x}\right)^2\right]^{\frac{3}{2}}}$$

在小变形时，梁的挠曲线很平缓，$\frac{\mathrm{d}y}{\mathrm{d}x}$ 是很微小的量，所以可以忽略高阶微量 $\left(\frac{\mathrm{d}y}{\mathrm{d}x}\right)^2$，再结合式(1－6－20)可得：

$$\pm\frac{\mathrm{d}^2y}{\mathrm{d}x^2}=\frac{M(x)}{EI}$$

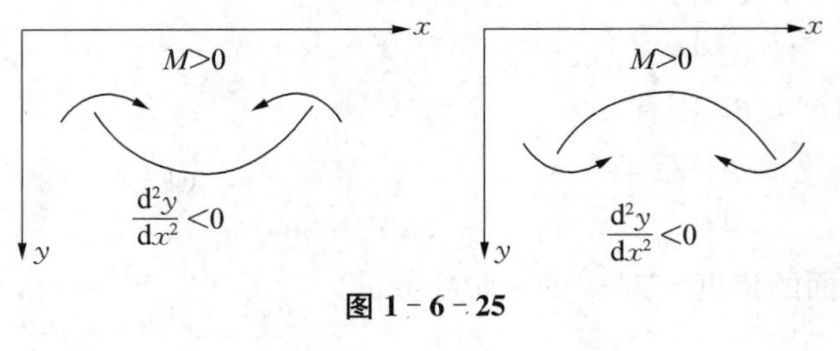

图 1－6－25

式中的正负号取决于所选坐标轴的方向。

在图 1－6－25 所示的坐标系中，根据本书对弯矩正负号的规定可知，上式两端的正负号始终相反，所以

$$\frac{\mathrm{d}^2y}{\mathrm{d}x^2}=-\frac{M(x)}{EI} \tag{1-6-21}$$

式(1－6－21)称为梁弯曲时挠曲线的近似微分方程，它是计算梁变形的基本公式。

2. 用积分法求梁的变形

对于等截面梁，EI＝常数，式(1－6－21)可改写为：

$$EIy''=-M(x)$$

积分一次得

$$EI\theta=EIy'=-\int M(x)\mathrm{d}x+C \tag{1-6-22}$$

再积分一次，即得

$$EIy=-\iint M(x)\mathrm{d}x+Cx+D \tag{1-6-23}$$

式(1－6－22)、式(1－6－23)中的积分常数 C 和 D，可通过梁的边界条件来决定。边界条件包括两种情况：一是梁上某些截面的已知位移条件，如铰链支座处的截面上 $y=0$，固定端的截面 $\theta=0$、$y=0$；二是根据整个挠曲线的光滑及连续性，得到各段梁交界处的变形连续条件。

【LX0604C・单选题】

挠曲线近似微分方程不能用于计算(　　)的位移。

A. 变截面直梁　　B. 等截面曲梁

C. 静不定直梁　　D. 薄壁截面等直梁

【答案】 B

【解析】 挠曲线近似微分方程不能用于曲梁的计算。

【LX0604D・判断题】

挠曲线近似微分方程在线弹性范围和小变形条件下才适用。(　　)

【答案】 √

【解析】 挠曲线近似微分方程在线弹性范围和小变形条件下推导的，故在线弹性范围和小变形条件下才适用。

【LX0604E・计算题】

如图所示的悬臂梁 AB 受均布载荷 q 作用，已知梁长 l，抗弯刚度为 EI，试求最大的截面转角及挠度。

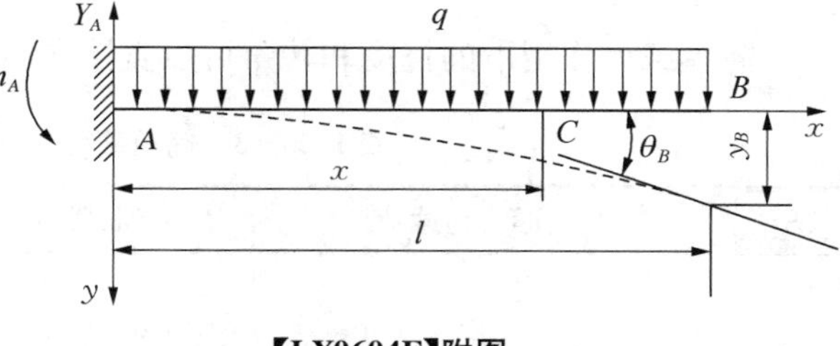

【LX0604E】附图

【答案】 以梁左端 A 为原点，取坐标系如图 9－40 所示。

(1) 求支反力

由平衡方程可得 $Y_A=ql$，$m_A=\frac{1}{2}ql^2$

(2) 列弯矩方程

在距原点 x 处取截面，列出弯矩方程为：

$$M(x)=-m_A+Y_Ax-\frac{1}{2}qx^2=-\frac{1}{2}ql^2+qlx-\frac{1}{2}qx^2$$

(3) 列挠曲线近似微分方程，并进行积分。

挠曲线近似微分方程为

$$EIy''=-M(x)=\frac{1}{2}ql^2-qlx+\frac{1}{2}qx^2$$

两次积分得

$$EIy'=\frac{1}{2}ql^2x-\frac{1}{2}qlx^2+\frac{1}{6}qx^3+C$$

$$EIy=\frac{1}{4}ql^2x^2-\frac{1}{6}qlx^3+\frac{1}{24}qx^4+Cx+D$$

(4) 确定积分常数

由悬臂梁固定端边界条件可知，该截面的转角和挠度均为零，即在 $x=0$ 处，$\theta_A=0$，$y'_A=0$，$y_A=0$。将两边界条件代入式①、式②，得 $C=0$，$D=0$。

(5) 确定转角方程和挠度方程

将得出的积分常数 C、D 代入式①、式②，得转角方程和挠度方程。

$$EIy'=\frac{1}{2}ql^2x-\frac{1}{2}qlx^2+\frac{1}{6}qx^3$$

$$EIy=\frac{1}{4}ql^2x^2-\frac{1}{6}qlx^3+\frac{1}{24}qx^4$$

(6) 求最大转角和最大挠度

由图可见在自由端 B 处的截面有最大转角和最大挠度。将 $x=l$ 代入上式，可得：

$$\theta_{B\max}=\frac{ql^3}{6EI},y_{B\max}=\frac{ql^4}{8EI}(\downarrow)$$

三、叠加法求梁的变形

简单载荷作用下的挠度和转角可以直接在表 1-6-3 中查得。

表 1-6-3　简单载荷作用下梁的挠度和转角

序号	梁的形式与载荷	挠曲线方程	端截面转角	挠度
1	A　B　F　x　l　y	$y=\frac{Fx^2}{6EI}(3l-x)$	$\theta_B=\frac{Fl^2}{2EI}$	$y_B=\frac{Fl^3}{3EI}$
2	a　F　A　B　x　l　y	$y=\frac{Fx^2}{6EI}(3a-x)$ $(0\leqslant x\leqslant a)$ $y=\frac{Fa^2}{6EI}(3x-a)$ $(a\leqslant x\leqslant l)$	$\theta_B=\frac{Fa^2}{2EI}$	$y_B=\frac{Fa^2}{6EI}(3l-a)$
3	q　A　B　x　l　y	$y=\frac{qx^2}{24EI}(6l^2+x^2-4lx)$	$\theta_B=\frac{ql^3}{6EI}$	$y_B=\frac{ql^4}{8EI}$
4	m　A　B　x　l　y	$y=\frac{mx^2}{2EI}$	$\theta_B=\frac{ml}{EI}$	$y_B=\frac{ml^2}{2EI}$

续 表

序号	梁的形式与载荷	挠曲线方程	端截面转角	挠度
5	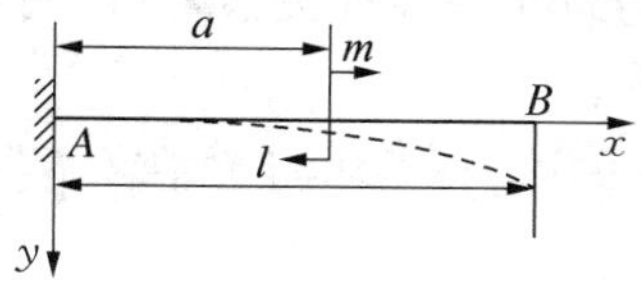	$y=\frac{mx^2}{2EI}(0\leqslant x\leqslant a)$ $y=\frac{ma}{EI}\left(\frac{a}{2}x\right)$ $(a\leqslant x\leqslant l)$	$\theta_B=\frac{ma}{EI}$	$y_B=\frac{ma}{2EI}\left(l-\frac{a}{2}\right)$
6	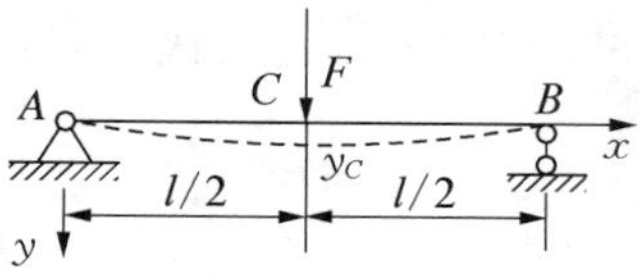	$y=\frac{Fx}{48EI}(3l^2-4x^2)$ $(0\leqslant x\leqslant l)$	$\theta_A=-\theta_B=\frac{Fl^2}{16EI}$	$y_C=\frac{Fl^3}{48EI}$
7	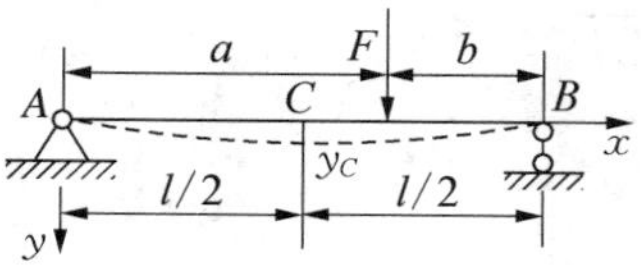	$y=\frac{Fbx}{6lEI}(l^2-x^2-b^2)(0\leqslant x\leqslant l)$ $y=\frac{F}{EI}\left[\frac{b}{6l}(l^2-b^2-x^2)x+\frac{1}{6}(x-a)^3\right]$ $(0\leqslant x\leqslant l)$	$\theta_A=\frac{Fab(l+b)}{6lEI}$ $\theta_B=-\frac{Fab(l+b)}{6lEI}$	若 $a>b$ $y_C=\frac{Fb}{48EI}(3l^2-4b^2)$ $y_{\max}=\frac{Fb}{9\sqrt{3}lEI}(l^2-b^2)^{\frac{1}{2}}$ $y_{\max}$在 $x=\frac{1}{3}\sqrt{l^2-b^2}$ 处
8	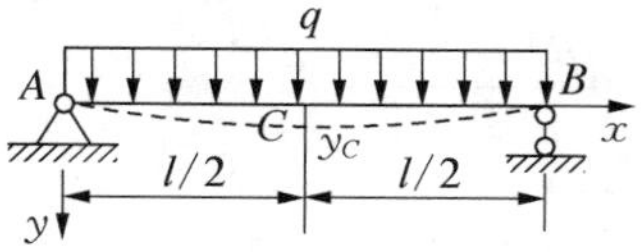	$y=\frac{qx}{24EI}(l^3-2lx^2+x^3)$	$\theta_A=-\theta_B=\frac{ql}{24EI}$	$y_C=\frac{5ql^4}{384EI}$
9	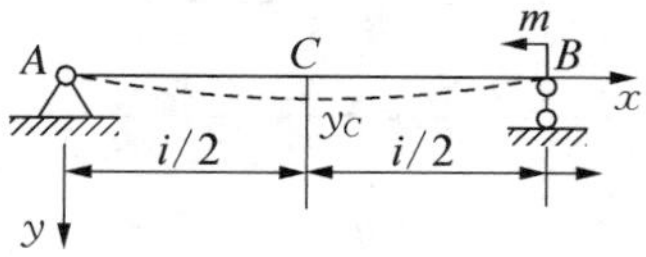	$y=\frac{mx}{6lEI}(l^2-x^2)$	$\theta_A=\frac{ml}{6EI}$ $\theta_B=-\frac{ml}{3EI}$	$y_C=\frac{ml^2}{16EI}$ $y_{\max}=\frac{ml^2}{9\sqrt{3}EI}$ $y_{\max}$在 $x=\frac{1}{\sqrt{3}}$ 处
10	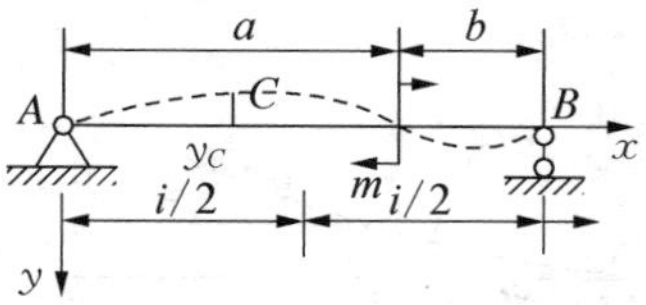	$y=-\frac{mx}{6lEI}(l^2-3b^2-x^2)$ $(0\leqslant x\leqslant a)$ $y=-\frac{m(l-x)}{6lEI}(3a^2-2lx+x^2)$ $(a\leqslant x\leqslant l)$	$\theta_A=-\frac{m}{6lEI}(l^2-3b^2)$ $\theta_B=-\frac{m}{6lEI}(l^2-3a^2)$ $\theta_C=-\frac{m}{6lEI}(l^2 3a^2-3b^2)$	$y_{1\max}=\frac{m}{9\sqrt{3}lEI}(l^2-3b^2)^{\frac{3}{2}}$ (发生在 $x=\sqrt{\frac{l^2-3b^2}{3}}$ 处) $y_{2\max}=\frac{m}{9\sqrt{3}lEI}(l^2-3a^2)^{\frac{3}{2}}$ (发生在 $x=\sqrt{\frac{l^2-3a^2}{3}}$ 处)

在梁上有多个载荷作用时，由于是小变形，梁上各点的水平位移又忽略不计，并且认为两支座间的距离和各载荷作用点的水平位置不因变形而改变。因此，每个载荷产生的支座反力、弯矩以及梁的挠度和转角，将不受其他载荷的影响，与载荷呈线性关系，可运用叠加原理计算梁在多个载荷作用下的支座反力、弯矩以及梁的变形。

叠加原理：梁在几个载荷共同作用下产生的变形（或支座反力、弯矩），等于各个载荷单独作用时产生的变形（或支座反力、弯矩）的代数和。

即先分别计算每种载荷单独作用下所引起的转角和挠度，然后再将它们代数叠加，就得到在几种载荷共同作用下的转角和挠度。

【LX0604F·计算题】

用叠加法求图简支梁的跨中挠度和 A 处截面的转角。

【答案】 查表得分布载荷与集中力单独作用时的跨中挠度分别为：

$$y_{C1}=\frac{5ql^4}{384EI},y_{C2}=\frac{Fl^3}{48EI}$$

则两载荷共同作用的跨中挠度：

$$y_C=y_{C1}+y_{C2}=\frac{5ql^4}{384EI}+\frac{Fl^3}{48FI}=\frac{5ql^4+8Fl^3}{384EI}$$

同理可求得 A 处截面的转角：

$$\theta_A=\theta_{A1}+\theta_{A2}=\frac{ql^3}{24EI}+\frac{Fl^3}{16EI}=\frac{2ql^3+3Fl^2}{48EI}$$

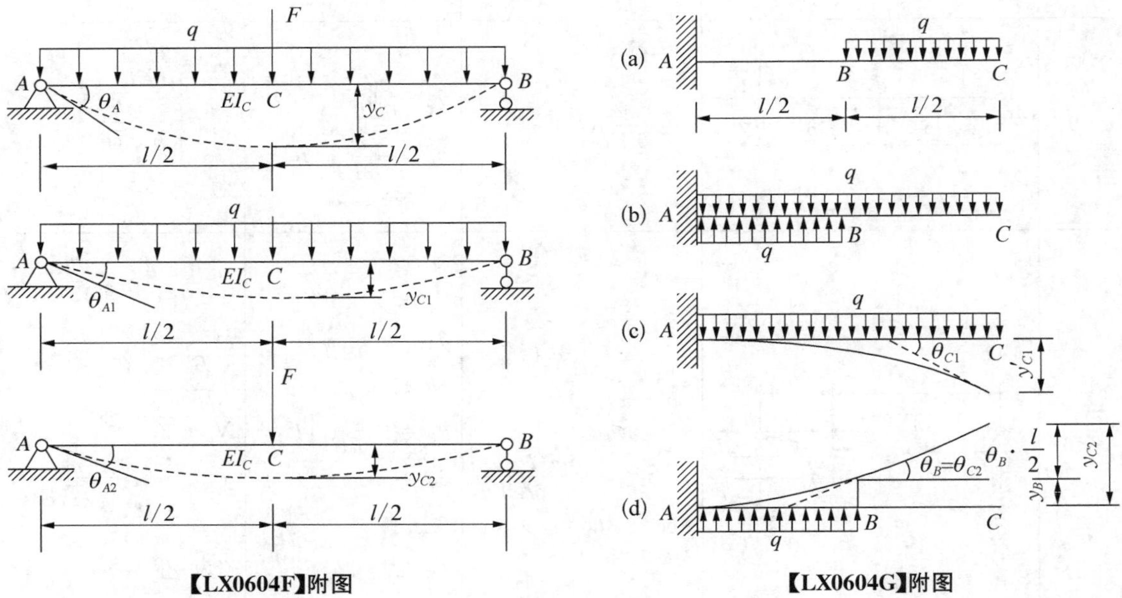

【LX0604F】附图　　【LX0604G】附图

【LX0604G·计算题】

计算右上图(a)所示悬臂梁 C 截面的挠度和转角。

【答案】 为了应用叠加法，将均布载荷向左延长至 A 端，为与原梁的受力状况等效，在延长部分加上等值反向的均布载荷，如图 (b)。

将梁分解为图(c)和(d)两种简单受力情况。

查表，有：图(c)梁

$$y_{C1}=\frac{ql^4}{8EI},\theta_{C1}=\frac{ql^3}{6EI}$$

图(d)梁

$$y_B=-\frac{q\left(\frac{l}{2}\right)^4}{8EI}=-\frac{ql^4}{128EI}$$

$$\theta_B=-\frac{q\left(\frac{l}{2}\right)^3}{6EI}=-\frac{ql^3}{48EI}$$

由于

$$\theta_{C2}=\theta_B=-\frac{ql^3}{48EI}$$

所以

$$y_{C2}=y_B+\theta_B\cdot\frac{l}{2}=-\frac{7ql^4}{384EI}$$

叠加得：

$$y_C=y_{C1}+y_{C2}=\frac{ql^4}{8EI}-\frac{7ql^4}{384EI}=\frac{41ql^4}{384EI}$$

$$\theta_C=\theta_{C1}+\theta_{C2}=\frac{ql^3}{6EI}-\frac{ql^3}{48EI}=-\frac{7ql^3}{48EI}$$

四、梁的刚度计算

在工程中，当按强度条件进行计算后，有时还需进行刚度校核。因为虽然梁满足强度条件，工作应力并没有超过材料的许用应力，但是由于弯曲变形过大往往也会使梁不能正常工作，所以要进行刚度校核。

为了满足刚度要求，控制梁的变形，使梁的挠度和转角不超过许用值，即满足：

$$\frac{|y_{max}|}{l}\leqslant\left[\frac{f}{l}\right]\tag{1-6-24}$$

或

$$|y_{max}|\leqslant[y]\tag{1-6-25}$$

以及

$$|\theta_{max}|\leqslant[\theta] \tag{1-6-26}$$

式中，许可挠度$\left[\frac{f}{l}\right]$、$[y]$和许可转角$[\theta]$的大小可在工程设计的有关规范中查到。

梁在使用时有时需同时满足强度条件和刚度条件。对于大多数构件的设计过程，通常是按强度条件选择截面尺寸，然后用刚度条件校核。

【LX0604H·计算题】

图所示工字钢悬臂梁在自由端受一集中力 $P=10\text{ kN}$作用，已知材料的许用应力$[\sigma]=160\text{ MPa}$，$E=200\text{ GPa}$，许用挠度$\left[\frac{f}{l}\right]=\frac{1}{400}$，试选择工字钢的截面型号。

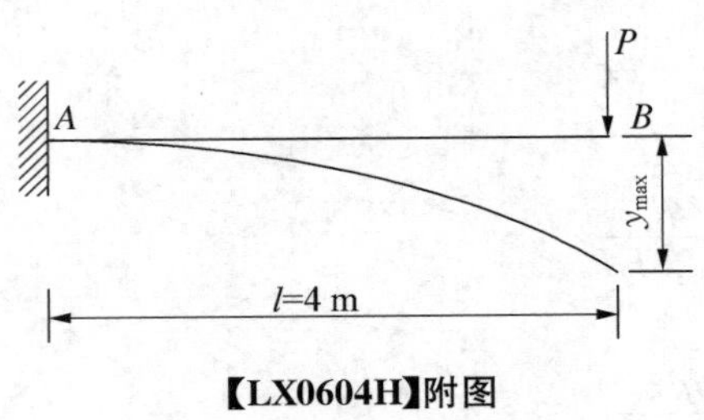

【LX0604H】附图

【答案】 (1) 按强度条件选择工字钢截面型号

$$M_{max}=Pl=10\times4=40\text{ kN}\cdot\text{m}$$

根据强度条件：

$$\frac{M_{max}}{W_z}\leqslant[R]$$

得：

$$W_z\geqslant\frac{M_{max}}{[R]}=\frac{40\times10^3}{160\times10^6}=0.25\times10^{-3}\text{ m}^3=250\text{ cm}^3$$

由型钢表查得 20b 工字钢：

$$W_z=250\text{ cm}^3, I_z=2\,500\text{ cm}^4$$

(2) 刚度条件校核

梁的最大挠度发生在 B 截面：

$$f=y_B=\frac{Pl^3}{3EI}=\frac{10\times10^3\times4^3}{3\times200\times10^9\times2\,500\times10^{-8}}=0.042\,7\text{ m}$$

$$\frac{f}{l}=\frac{0.042\,7}{4}=\frac{1}{94}>\left[\frac{f}{l}\right]=\frac{1}{400}$$

不满足刚度要求。

(3) 按刚度要求重新选择截面型号

根据

$$\frac{f}{l}=\frac{Pl^3}{3EI}\leqslant\left[\frac{f}{l}\right]=\frac{1}{400}$$

得：

$$I_z\geqslant\frac{Pl^2\times400}{3E}=\frac{10\times10^3\times4^2\times400}{3\times200\times10^9}=1.067\times10^{-4}\text{ mm}^4=10\,670\text{ cm}^4$$

由型钢表查得 32(a)工字钢 $I_z = 11\ 075\ \text{cm}^4$，$W_z = 692\ \text{cm}^3$。此时：

$$\frac{f}{l} = \frac{Pl^3}{3EI} = \frac{10 \times 10^3 \times 4^3}{3 \times 200 \times 10^9 \times 1\ 1.075 \times 10^{-5}} = 0.002\ 4\ \text{m} = \frac{1}{417}$$

$$\sigma_{\max} = \frac{M_{\max}}{W_z} = \frac{40 \times 10^3}{692 \times 10^{-6}} = 57.8 \times 10^6\ \text{Pa} = 57.8\ \text{MPa} < [\sigma]$$

五、提高梁弯曲刚度的措施

梁的变形与梁的抗弯刚度 EI、梁的跨度 l、载荷形式及支座位置有关。为了提高梁的刚度，在使用要求允许的情况下可以从以下几方面着手：

1. 缩小梁的跨度或增加支座

梁的跨度对梁的变形影响最大，缩短梁的跨度是提高刚度极有效的措施。有时梁的跨度无法改变，可增加梁的支座。如均布载荷作用下的简支梁，在跨中最大挠度为 $f = \frac{5ql^4}{384EI} = 0.013\frac{ql^4}{EI}$，若梁跨减小一半，则最大挠度为 $f_1 = \frac{1}{16}f$；若在梁跨中点增加一支座，则梁的最大挠度约为 $0.000\ 342\ 6\frac{ql^4}{EI}$，仅为不加支座时的$\frac{1}{38}$（图 1－6－26）。所以在设计中常采用能缩短跨度的结构或增加中间支座。此外，加强支座的约束也能提高梁的刚度。

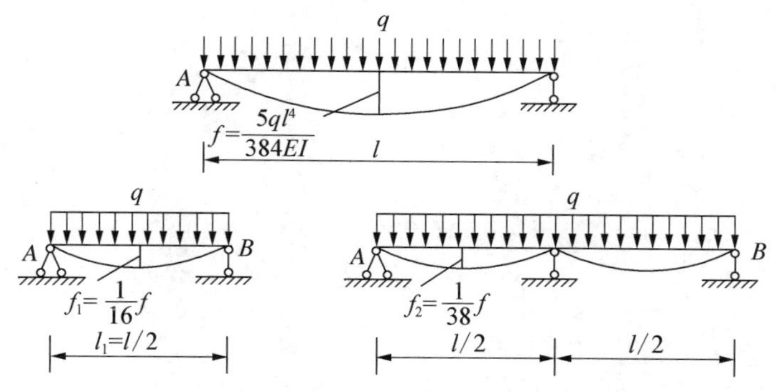

图 1－6－26　缩小梁的跨度或增加支座

2. 选择合理的截面形状

梁的变形与抗弯刚度 EI 成反比，增大 EI 将使梁的变形减小。为此可采用惯性矩 I 较大的截面形状，如工字形、圆环形、框形等。为提高梁的刚度而采用高强度钢材是不合适的，因为高强度钢的弹性模量 E 较一般钢材并无多少提高，反而提高了成本。

3. 改善载荷的作用情况

弯矩是引起变形的主要因素，变更荷载作用位置与方式，减小梁内弯矩，可达到减小变形、提高刚度的目的。例如将较大的集中荷载移到靠近支座处，或把一些集中力尽量分散，甚至改为分布荷载。

【LX0604I・判断题】

梁的变形与荷载的大小及作用方式、支座条件、杆件的几何尺寸，以及材料的弹性模量

等多种因素有关。 （ ）

【答案】 √

【解析】 梁的变形与梁的抗弯刚度 EI、梁的跨度 l、载荷形式及支座位置有关。

【LX0604J·判断题】

梁的变形与弯曲刚度 EI 成正比。 （ ）

【答案】 ×

【解析】 梁的变形与抗弯刚度 EI 成反比，增大 EI 将使梁的变形减小。

【LX0604K·判断题】

减小梁的跨长有利于提高梁的强度，但对提高梁的刚度则更为明显。 （ ）

【答案】 √

【解析】 梁的跨度对梁的变形影响最大，缩短梁的跨度是提高刚度极有效的措施。

第七节 组合变形

考点 20 组合变形的概念

前面已经讲述了杆件的四种基本变形：轴向拉压、剪切、扭转和弯曲。但在工程实际中，构件在荷载作用下往往发生两种或两种以上的基本变形。若其中有一种变形是主要的，其余变形所引起的应力（或变形）很小，则构件可以按主要的基本变形进行计算。若几种变形所对应的应力（或变形）属于同一数量级，则构件的变形称为组合变形。例如，烟囱[图 1-7-1(a)]除自重引起的轴向压缩外，还有水平风力引起的弯曲；机械中的齿轮传动轴[图 1-7-1(b)]在外力作用下，将同时发生扭转变形及在水平平面和垂直平面内的弯曲变形；厂房中吊车立柱除受轴向压力 F_1 外，还受到偏心压力 F_2 的作用[图 1-7-1(c)]，立柱将同时发生轴向压缩和弯曲变形。檩条受到屋面传来的竖向荷载，但该荷载不是作用在檩条的纵向对称平面内，因而屋架上檩条的变形是由檩条在 y、z 两个方向平面弯曲的组合在[图 1-7-1(d)]。

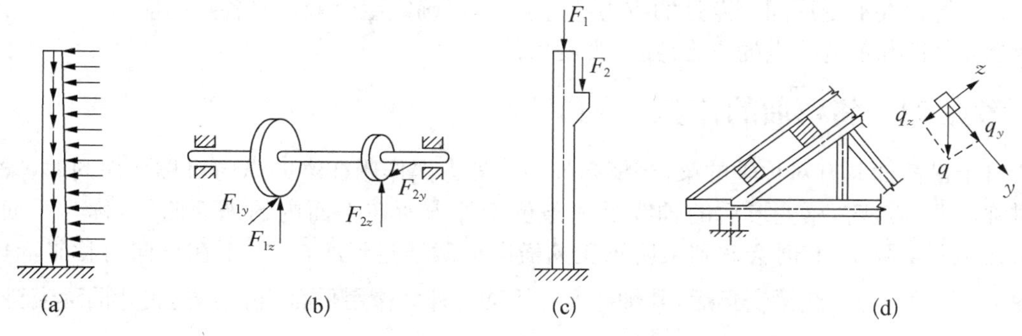

图 1-7-1 组合变形构件示例

对于组合变形下的构件，在线弹性、小变形条件下，可按构件的原始形状尺寸进行计算。因而，可先将荷载简化为符合基本变形外力作用条件的外力系分别计算构件在每一种基本变形下的内力、应力或变形。然后，利用叠加原理，综合考虑各基本变形的组合情况，以确定构件的危险截面、危险点的位置及危险点的应力状态，并据此进行强度计算。

组合变形杆件的强度计算，通常按下述步骤进行：

(1) 将作用于组合变形杆件上的外力分解或简化为基本变形的受力方式；

(2) 应用以前各章的知识对这些基本变形进行应力计算；

(3) 将各基本变形同一点处的应力进行叠加，以确定组合变形时各点的应力；

(4) 分析确定危险点的应力，建立强度条件。

由上可知，组合变形杆件的计算是前面内容的综合运用。

若构件的组合变形超出了线弹性范围，或虽在线弹性范围内但变形较大，则不能按其初始形状或尺寸进行计算，必须考虑各基本变形之间的相互影响，而不能应用叠加原理。

【LX0701A · 判断题】

组合变形都可以应用叠加原理。 （　　）

【答案】 ×

【解析】 若构件的组合变形超出了线弹性范围，或虽在线弹性范围内但变形较大，则不能按其初始形状或尺寸进行计算，必须考虑各基本变形之间的相互影响，而不能应用叠加原理。

【LX0701B · 判断题】

构件在荷载作用下发生两种基本变形。若其中有一种变形是主要的，另外一种变形所引起的应力（或变形）很小，则构件可以按主要的基本变形进行计算。 （　　）

【答案】 √

【解析】 构件在荷载作用下往往发生两种或两种以上的基本变形。若其中有一种变形是主要的，其余变形所引起的应力（或变形）很小，则构件可以按主要的基本变形进行计算。

【LX0701C · 简单题】

简述组合变形强度计算的基本步骤。

【答案】 (1) 将作用于组合变形杆件上的外力分解或简化为基本变形的受力方式；

(2) 应用以前各章的知识对这些基本变形进行应力计算；

(3) 将各基本变形同一点处的应力进行叠加，以确定组合变形时各点的应力；

(4) 分析确定危险点的应力，建立强度条件。

考点 21 斜弯曲的计算

对于横截面具有对称轴的梁，当横向外力或外力偶作用在梁的纵向对称平面内时，梁发生对称弯曲。这时，梁变形后的轴线是一条位于外力所在平面内的平面曲线，称为平面弯曲。在工程实际中，有时会碰到梁所承受的横向荷载通过形心，但并不在纵向对称平面内，如图 1-7-2 所示，在梁变形后，其轴线所在平面与外力作用平面不重合，这种弯曲称为斜弯曲。斜弯曲变形是两个平面弯曲的组合变形。

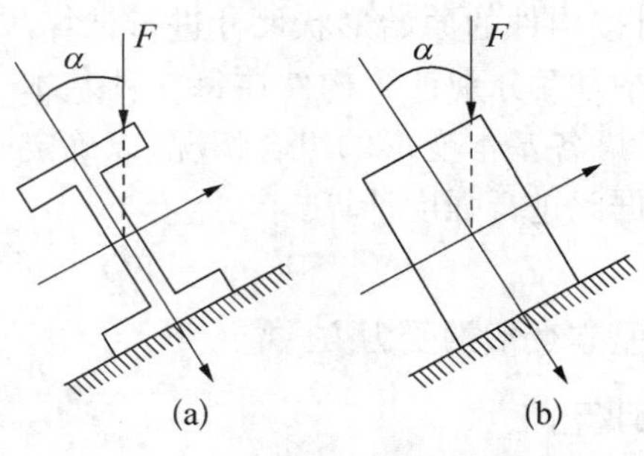

图 1-7-2 斜弯曲变形受力示意图

图 1-7-3 为具有两个对称轴的悬臂梁。设矩形截面的悬臂梁在自由端处受到一个垂直于梁轴线并通过截面形心的集中荷载 $\boldsymbol{F}$ 作用，$\boldsymbol{F}$ 与截面的形心主轴成 φ 角。

一、外力分析

由于外荷载 $\boldsymbol{F}$ 的作用平面虽然通过截面的弯曲中心，但它并不通过也不平行于杆件的任一形心主轴，故梁不发生平面弯曲。此时，可将荷载 $\boldsymbol{F}$ 沿两个形心主轴 y，z 方向进行分解，得到两个分力。

$$F_y = F\cos\varphi \quad F_z = F\sin\varphi$$

在 $\boldsymbol{F}_y$ 作用下，梁将在 O_{xy} 平面内弯曲；在 $\boldsymbol{F}_z$ 作用下，梁将在 O_{xz} 平面内弯曲，两者均属

平面弯曲情况。因此，梁在荷载 F 的作用下，相当于受到两个方向的平面弯曲，梁的挠曲线不在外力作用平面内。

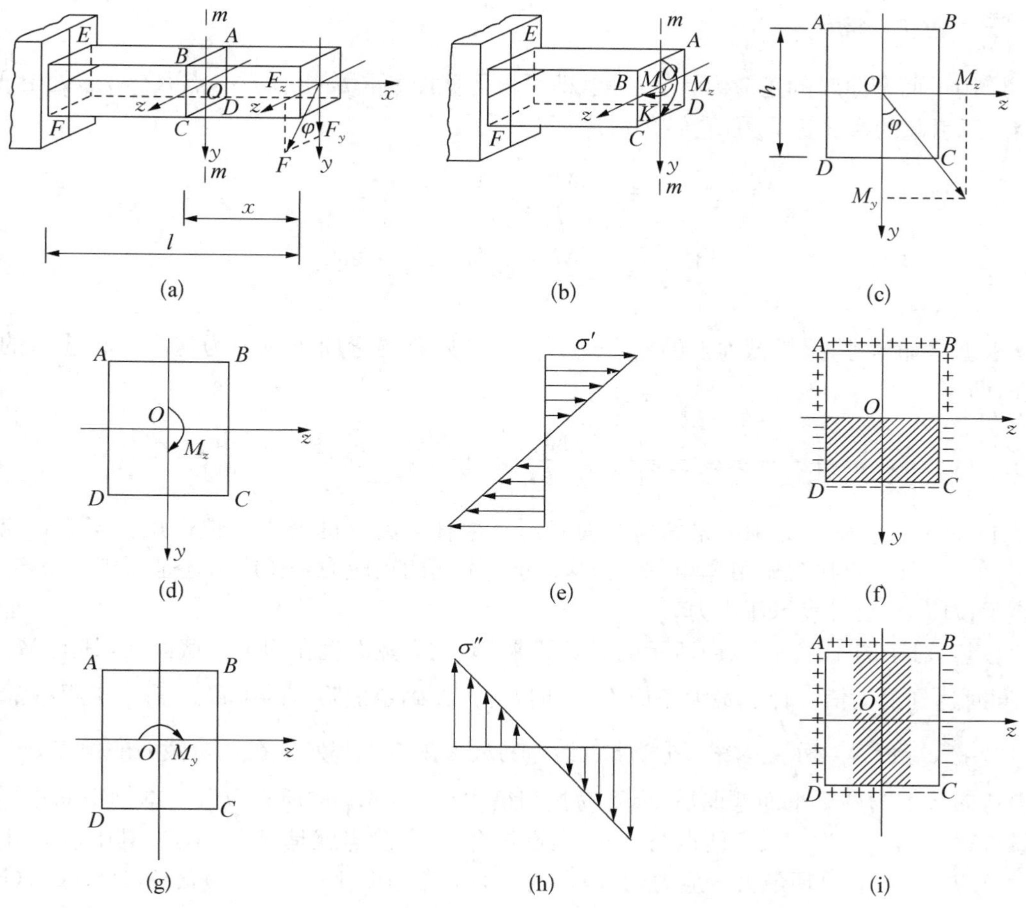

图 1-7-3　斜弯曲悬臂梁

二、内力分析

与平面弯曲情况一样，在斜弯曲梁的横截面上也有剪力和弯矩两种内力。但由于剪力在一般情况下影响较小，因此在进行内力分析时，主要计算弯矩影响。

在分力 $\boldsymbol{F}_y$，$\boldsymbol{F}_z$ 分别作用下，梁上距自由端为 x 的任一截面 $m-m$ 弯矩为

$$M_z = F_y x = F\cos\varphi \cdot x$$
$$M_y = F_z x = F\sin\varphi \cdot x$$

令 $M=Fx$，M 表示力 $\boldsymbol{F}$ 对截面 $m-m$ 引起的总弯矩。如图 1-7-3 (b)，(c)所示，总弯矩 M 与作用在纵向对称平面内的弯矩 M_y 和 M_z 有如下关系。

$$M_z = M\cos\varphi \quad M_y = M\sin\varphi$$
$$M_z = \sqrt{M_z^2 + M_y^2}$$

M_y 和 M_z 将分别使梁在 O_{xy} 和 O_{xz} 两个形心平面内发生平面弯曲。因此，斜弯曲变形即为两个平面内平面弯曲变形的组合。

三、应力分析

应用平面弯曲时的正应力计算公式，即可求得截面 $m-m$ 上任意一点 $K(y,z)$ 处由 M_z 和 M_y 所引起的弯曲正应力，它们分别是

$$\sigma'=\frac{M_z y}{I_z}=\frac{M\cos\varphi\cdot y}{I_z}$$

$$\sigma''=\frac{M_y z}{I_y}=\frac{M\sin\varphi\cdot z}{I_y}$$

根据叠加原理，梁横截面上的任意点 $K(y,z)$ 处总的弯曲正应力为这两个正应力的代数和，即

$$\sigma=\sigma'+\sigma''=\pm\frac{M_z y}{I_z}\pm\frac{M_y z}{I_y}=\pm\frac{M\cos\varphi\cdot y}{I_z}\pm\frac{M\sin\varphi\cdot z}{I_y}$$

上式中的 I_z 和 I_y 分别为梁的横截面对形心主轴 z 和 y 的形心主惯性矩。至于正应力的正、负号，可以直接观察由弯矩 M_z 和 M_y 分别引起的正应力是拉应力还是压应力决定，正号表示拉应力，负号表示压应力。

显然，对于图 1－7－3 (a)所示的悬臂梁来说，危险截面就在固定端截面处，其上 M_z 和 M_y 同时达到最大值。计算最大正应力 $\sigma_{\max}$ 时，应该先确定危险点的位置。对于工程中常用的工字形、矩形等对称截面梁，斜弯曲时梁内的最大正应力都发生在危险截面的角点处，当将斜弯曲分解为两个平面弯曲后，很容易找到最大正应力 $\sigma_{\max}$ 的所在位置。本例中的矩形截面悬臂梁，当 $x=l$ 时，E、F 两点与 A、C 两点重合，而危险点就是 E、F 两点，其中点 E 出现最大拉应力，点 F 出现最大压应力，其两点的应力分布与图 1－7－3 (d)，(e)，(f)，(g)，(h)，(i)所示 A、C 两点相同。将由 $M_{z\max}$ 和 $M_{y\max}$ 引起的正应力叠加，得最大应力 $\sigma_{\max}$ 为

$$\sigma_{\max}=\sigma'_{\max}+\sigma''_{\max}=\frac{M_{z\max}y_{\max}}{I_z}+\frac{M_{y\max}z_{\max}}{I_y}=\frac{M_{z\max}}{W_z}+\frac{M_{y\max}}{W_y}$$

四、强度条件

(1) 若材料的抗拉和抗压强度相等，则斜弯曲梁的强度条件可表示为

$$\sigma_{\max}=\frac{M_{z\max}y_{\max}}{I_z}+\frac{M_{y\max}z_{\max}}{I_y}\leqslant[\sigma]$$

或
$$\sigma_{\max}=\frac{M_{z\max}}{W_z}+\frac{M_{y\max}}{W_y}\leqslant[\sigma]$$

式中，$W_y=\dfrac{I_y}{z_{\max}}$，$W_z=\dfrac{I_z}{y_{\max}}$

（2）若材料的抗拉和抗压强度不同，则应分别对拉应力最大值点和压应力最大值点进行强度计算。

【LX0702A·单选题】

对矩形截面梁承受斜弯曲组合变形计算时，变形后梁的挠曲线（　　）。

A. 与力作用线在同一纵向平面内　　B. 与力作用线不在同一纵向平面内

C. 与力作用线相垂直　　D. 不确定

【答案】 B

【解析】 梁斜弯曲变形后，梁变形后的轴线所在平面与外力作用平面不重合。

【LX0702B·单选题】

矩形截面梁承受斜弯曲组合变形时，一般将外力在梁的两个纵向平面进行分解。分解后（　　）。

A. 只需要对梁的竖向对称平面进行计算

B. 只需要对梁的横向对称平面进行计算

C. 分别对梁的竖向对称平面及横向对称平面进行计算，再组合计算

D. 任意选择一个平面进行计算

【答案】 C

【解析】 根据叠加法，矩形截面梁承受斜弯曲组合变形时，一般将外力在梁的两个纵向平面进行分解。分解后，分别对梁的竖向对称平面及横向对称平面进行计算，再组合计算。

【LX0702C·计算题】

如图所示为一悬臂梁，采用25a号工字钢；在竖直方向受到均布荷载作用，$q=5\ \text{kN/m}$；在自由端受到水平集中力作用，$F=2\ \text{kN}$。已知截面的参数为$W_y=48.28\ \text{cm}^3$，$W_z=401.90\ \text{cm}^3$，求梁的最大拉应力和最大压应力。

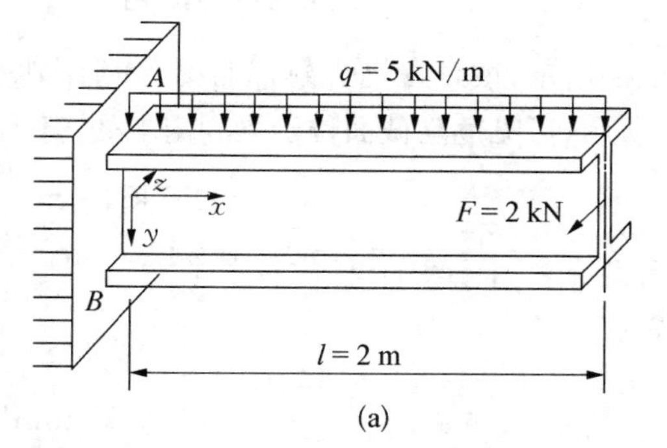

(a)

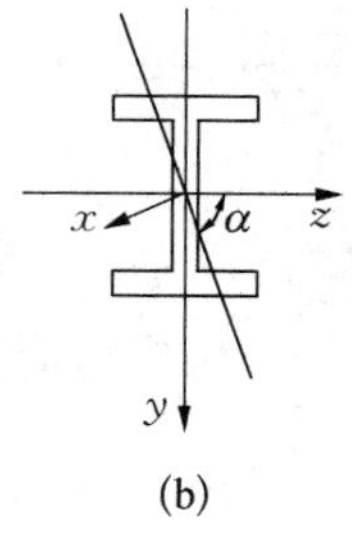

(b)

【LX0702C】附图

【答案】 （1）变形分析。均布荷载使梁在 xy 面内弯曲，集中力使梁在 yz 面内弯曲，故本例为双向弯曲问题。

（2）内力分析。两个方向弯曲的最大弯矩全在固定端面上，分别为

$$M_y=Fl=2\times 2=4\ \text{kN}\cdot\text{m}$$

$$M_z=\frac{1}{2}ql^2=\frac{1}{2}\times 5\times 2^2=10\ \text{kN}\cdot\text{m}$$

（3）应力分析。由变形情况可知，在固定端截面上的 A 点处有拉应力的最大值，而压应力的最大值在固定端截面上的 B 点处，则最大拉应力与最大压应力的值分别为

$$\sigma_A=\frac{M_z}{W_z}+\frac{M_y}{W_y}=\frac{10\times 10^6}{401.90\times 10^3}+\frac{4\times 10^6}{48.28\times 10^3}=107.73\ \text{MPa}$$

$$\sigma_B = -\frac{M_z}{W_z} - \frac{M_y}{W_y} = -107.73\ \text{MPa}$$

【LX0702D·计算题】

如图所示矩形截面悬臂梁，已知 $l=1$ m，$b=50$ mm，$h=75$ mm，试求梁中最大正应力及其作用点位置。

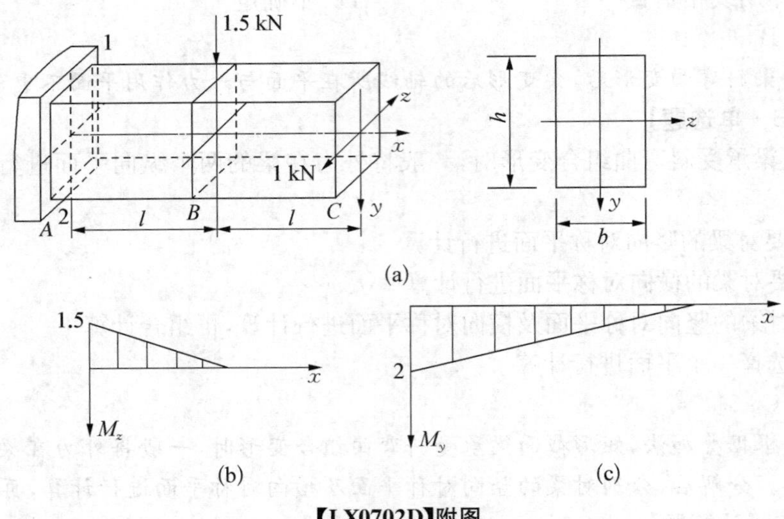

【LX0702D】附图

【答案】 如图(a)所示，该悬臂梁为斜弯曲梁，分别作竖向荷载和水平荷载作用下的弯矩图，如图(b)、(c)所示，可见危险截面位于梁固定端处，其上铅垂弯矩、水平弯矩分别为

$$|M_z| = 1.5\ \text{kN}\cdot\text{m}$$

$$|M_y| = 2\ \text{kN}\cdot\text{m}$$

抗弯截面系数为

$$W_z = \frac{bh^2}{6} = 46\,875\ \text{mm}^3$$

$$W_y = \frac{hb^2}{6} = 31\,250\ \text{mm}^3$$

梁中的最大弯曲正应力发生在固定端截面的1,2两点，点1处为最大拉应力，点2处为最大压应力，其绝对值大小相等，得

$$\sigma_{\max} = \frac{M_z}{W_z} + \frac{M_y}{W_y} = \frac{1.5\times10^3}{46\,875\times10^{-9}} + \frac{2.0\times10^3}{31\,250\times10^{-9}} = 96\ \text{MPa}$$

梁上最大拉应力为96 MPa，作用点为图中点1处；最大压应力为96 MPa，作用力为图中点2处。

【LX0702E·计算题】

图(a)中20号工字钢悬臂梁承受均布荷载 q 和集中力 $F=qa/2$，已知钢的许用弯曲正应力$[\sigma]=160$ MPa，$a=l$ m。试求梁的许可荷载集度$[q]$。

【答案】（1）将集中力沿两主轴分解。

$$F_y = F\cos 40° = 0.383qa$$
$$F_z = F\sin 40° = 0.321qa$$

（2）绘制出两个主轴平面内的弯矩图，分别如图(b)、(c)所示，由图可知危险点可能出现在 A 截面或 D 截面上，则 A 和 D 截面上的最大拉应力

$$\sigma_{A\max} = \frac{M_{Ay}}{W_y} + \frac{M_{Az}}{W_z} = \frac{0.642q \times 1^2}{31.5 \times 10^{-6}} + \frac{0.266q \times 1^2}{237 \times 10^{-6}} = 21.5 \times 10^3 q$$

$$\sigma_{D\max} = \frac{M_{Dy}}{W_y} + \frac{M_{Dz}}{W_z} = \frac{0.444q \times 1^2}{31.5 \times 10^{-6}} + \frac{0.456q \times 1^2}{237 \times 10^{-6}} = 16.02 \times 10^3 q$$

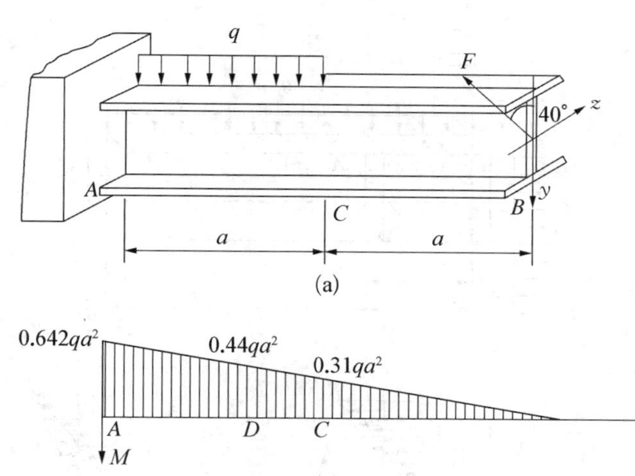

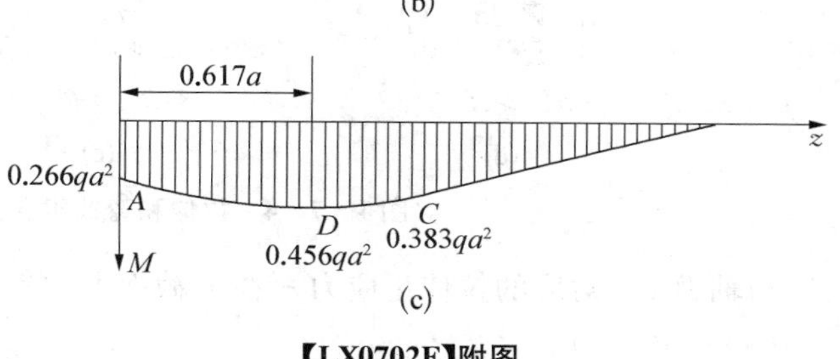

【LX0702E】附图

由于截面对称，故 A 和 D 截面上的最大拉应力与最大压应力的绝对值相等。

（3）可见，梁的危险点在 A 截面处，则强度条件为

$$\sigma_{\max} = \sigma_{A\max} = 21.5 \times 10^3 q \leqslant [\sigma] = 160 \times 10^6 \text{ Pa}$$

得 $[q] = 7.44$ kN/m，即梁的许可荷载集度为 7.44 kN/m。

考点 22　拉(压)弯组合变形的计算

等直杆在横向力和轴向力共同作用下，杆件将发生弯曲与拉(压)弯组合变形。图 1-7-1(a)中的烟囱在横向力水平风力和轴向力自重作用下产生的就是压缩与弯曲的组合变形。对于弯曲刚度 EI 较大的杆件，由于横向力引起的挠度与横截面尺寸相比很小，因此，由轴向力引起的附加弯矩可以忽略不计。于是，可分别计算由横向力和轴向力引起的杆件截面上的弯曲正应力和拉压正应力，然后按叠加原理求其代数和，即得到杆件在拉伸(压缩)和弯曲组合变形下横截面上的正应力。

如图 1-7-4(a)，悬臂梁在纵向对称平面内受轴向拉力 F 及均布荷载 q 共同作用，现以此为例来说明等直杆在拉伸和弯曲组合变形下的正应力计算方法。

在轴向力 F 作用下，杆各横截面上有相同的轴力 $F_N = F$。而在横向均布荷载 q 作用下，距离固定端为 x 的任意横截面上的弯矩值

$$M(x) = \frac{1}{2}q(l - x)^2$$

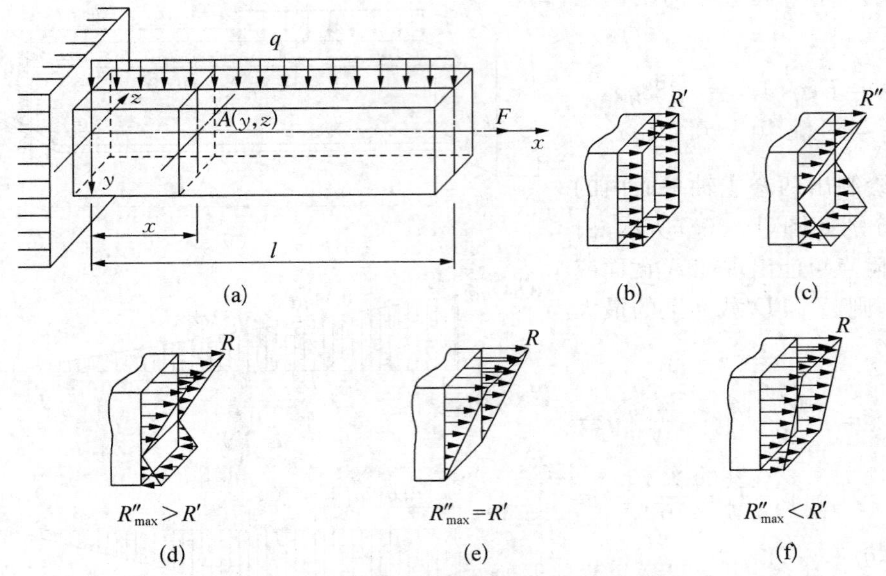

图 1-7-4　拉伸和弯曲组合变形悬臂梁

与轴力 F_N 对应的拉伸正应力 σ' 在 x 截面上的各点处均相等,其值为

$$\sigma' = \frac{F_N}{A} = \frac{F}{A}$$

拉伸正应力 σ' 其在横截面上分布情况如图 1-7-4(b)所示。在 x 截面上任意一点 $A(y,z)$ 处与弯矩 $M(x)$ 对应的弯曲正应力 σ'' 为

$$\sigma'' = \frac{M(x)y}{I_z} = \frac{q(l-x)^2 y}{2I_z}$$

弯曲正应力 σ'' 在截面上分布如图 1-7-4(c)所示。x 截面上点 $A(y,z)$ 处与 F_N、$M(x)$ 对应的拉伸正应力 σ' 和弯曲正应力 σ'' 叠加后,得组合正应力为 σ,其值为

$$\sigma = \sigma' + \sigma'' = \frac{F_N}{A} + \frac{M(x)y}{I_z} = \frac{F}{S} + \frac{q(l-x)^2 y}{2I_z}$$

正应力 σ 沿截面高度的变化情况如图 1-7-4(d)、(e)、(f)所示,其变化规律取决于 R''_{max} 和 R' 值的相对大小。

显然该悬臂梁的危险截面在固定端处。由于两种基本变形在危险点引起的应力均为正应力,故该危险点处的应力状态为单轴应力状态。

最大正应力是危险截面上边缘各点处的拉应力,其值为

$$\sigma_{t\max} = \sigma' + \sigma''_{\max} = \frac{F_N}{A} + \frac{M_{\max}}{W_z} = \frac{F}{A} + \frac{ql^2 y_{\max}}{2I_z}$$

对于塑性材料,许用拉应力和压应力相同,只需按截面上的最大应力进行强度计算,其强度条件为:

$$|\sigma|_{\max}=\left|\frac{F_N}{A}\right|+\left|\frac{M_{\max}}{W_z}\right|\leqslant R \tag{1-7-1}$$

对于脆性材料，许用拉应力和压应力不同，则要分别按最大拉应力和最大压应力进行强度计算，故强度条件分别为：

$$\sigma_{t\max}=\left|\pm\frac{F_N}{A}+\frac{M_{\max}}{W_z}\right|\leqslant[R_t] \tag{1-7-2}$$

$$\sigma_{c\max}=\left|\pm\frac{F_N}{A}-\frac{M_{\max}}{W_z}\right|\leqslant[R_c] \tag{1-7-3}$$

式中$\frac{F_N}{A}$前取正号对应的是拉弯组合，取负号对应的是压弯组合

【LX0703A・单选题】

位于空旷地带的烟囱，受荷载作用后可能受到的组合变形形式是（　　）。

A. 双向弯曲　　B. 拉弯组合　　C. 压弯组合　　D. 弯扭组合

【答案】 C

【解析】 位于空旷地带的烟囱，受自重作用，轴向压缩变形，受到风荷载作用，发生弯曲变形，因此受荷载作用后可能受到的组合变形形式是压弯组合变形。

【LX0703B・单选题】

当构件受压弯组合变形后，横截面上的正应力（　　）。

A. 只有压应力　　B. 只有拉应力

C. 可能既有拉应力也有压应力　　D. 应力必为0

【答案】 C

【解析】 当构件受压弯组合变形后，横截面上的正应力可能仅有压应力、可能有压应力及应力为零的点、可能有压应力、拉应力及零应力点。

【LX0703C・计算题】

如图所示为一简支工字钢梁，型号为25a，受均布荷载q及轴向压力N的作用，已知$q=10\ \text{kN/m}$，$l=3\ \text{m}$，$F=20\ \text{kN}$，$[R]=120\ \text{MPa}$。试求最大正应力并校核梁的强度。

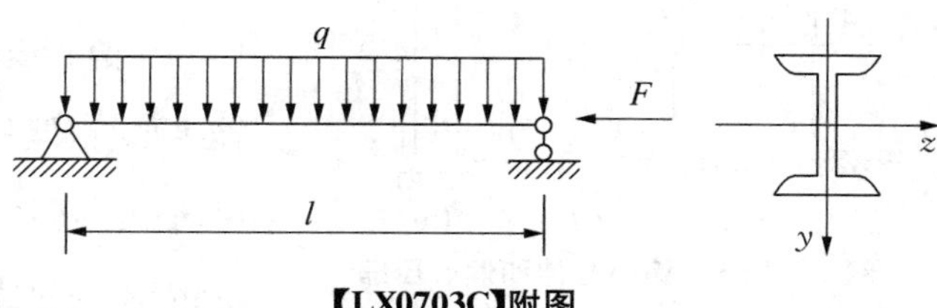

【LX0703C】附图

【答案】 (1) 变形分析。钢梁同时受到横向力和轴向力的作用，因此其发生的变形为轴向压缩和弯曲的组合变形，横截面上的内力为轴力和弯矩。

(2) 内力分析。由于应力的最大值发生在内力最大的截面上，因此在求最大正应力前，需确定内力最大值的位置。根据前面的知识可知，梁上各截面的轴力值相等，弯矩的最大值在梁的跨中截面，其值为

$$M_{\max}=\frac{1}{8}ql^2=\frac{1}{8}\times10\times3^2=11.25\ \text{kN}\cdot\text{m}$$

(3) 应力最大值计算。查附录型钢表，得 $W_z=402\ \text{cm}^3$，$S=48.5\ \text{cm}^2$，则

$$\sigma''_{\max}=\frac{M_{\max}}{W_z}=\frac{11.25\times10^6}{402\times10^3}=-28.00\ \text{MPa}$$

$$\sigma'=\frac{F_N}{A}=-\frac{20\times10^3}{48.5\times10^2}=-4.12\ \text{MPa}$$

梁的最大正应力为

$$\sigma_{\max}=\left|\frac{F_N}{A}\right|+\left|\frac{M_{\max}}{W_z}\right|\leqslant|-28.00|+|-4.12|=32.12\ \text{MPa}<[R]=120\ \text{MPa}$$

即：

$$R_{\max}<[R]$$

因此，该梁满足强度条件。

【解析】 从该题可以看出，由弯曲引起的正应力远比由压缩引起的正应力大，在一般的工程问题中大致如此。因此，若此例改为选择工字钢型号，由于式(1-7-2)、式(1-7-3)中包含着 A 和 W 两个未知量，故无法求解。这时可利用抓主要矛盾的方法，即先不考虑轴向压缩(或拉伸)引起的正应力，而按弯曲正应力强度条件 $M_{\max}\leqslant[\sigma]$ 算得 W，据此初选工字钢型号，然后再考虑轴向压缩(或拉伸)引起的正应力，校核最大正应力。若能满足强度条件，则可用该型号的工字钢；若不满足强度条件，再另行选择。

考点 23 偏向压缩(拉伸)的计算

作用在直杆上的外力，当其作用线与杆的轴线平行但不重合时，将引起偏心拉伸或偏心压缩。例如，图 1-7-5(a)中钻床的立柱和图 1-7-5(b)中厂房立柱在荷载作用下降分别发生偏心拉伸和偏心压缩。

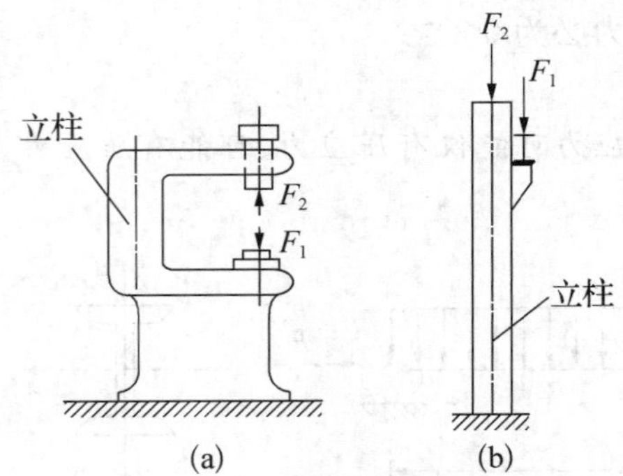

图 1-7-5 偏心拉伸和偏心压缩

一、双向偏心压缩(拉伸)的强度计算

在偏心压缩(或拉伸)中，当外力 F 的作用线与柱轴线平行，但只通过横截面其中一根形心主轴时，称为单向偏心压缩(拉伸)；当外力 F 的作用线与柱轴线平行，但不通过横截面任何一根形心主轴时，称为双向偏心压缩(拉伸)。下面以双向偏心压缩(拉伸)为例进行强度计算。

当偏心压力 F 的作用线不通过横截面的形心主轴时[如图 1-7-6(a)]，这时偏心压力 F 对两个形心主轴均有偏心，可将偏心力向截面形心简化，简化为一个轴向力 F 和力偶矩 M_y，M_z[如图 1-7-6(b)]，这种情况称为双向偏心压缩(拉伸)。e_y 是偏心力F 对 z 轴的偏心距，e_z 是偏心力 F 对 y 轴的偏心距。

由截面法可求得图 1-7-6(b)中双向偏心压缩杆任意横截面上的内力为

$$F_N=-F,M_y=Fe_z,M_z=Fe_y$$

用叠加原理可以得到杆件内任意截面上任一点处的正应力为

$$\sigma=\sigma_N+\sigma_{M_y}+\sigma_{M_z}$$
$$=-\frac{F_{\mathrm{N}}}{A}\pm\frac{M_y}{I_y}z\pm\frac{M_z}{I_z}y$$

式中，σ_N 为压应力，取负号，σ_{M_y}，σ_{M_z} 的正、负号要根据截面上内力情况来确定。例如，图 1-7-6(a)中截面上 A，B，C 和 D 四点处的正应力分别为

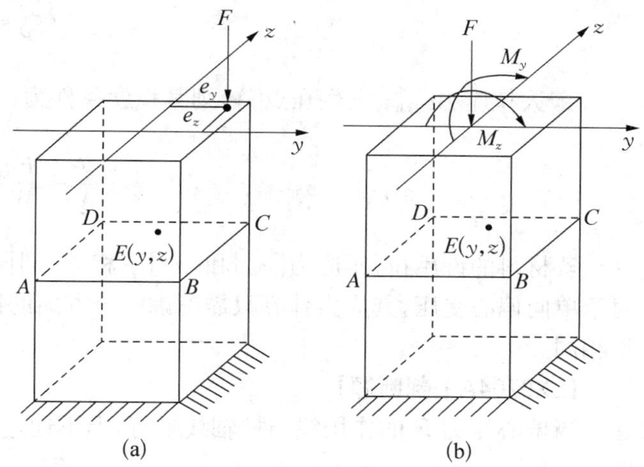

图 1-7-6 双向偏心压缩(拉伸)

$$\sigma_A=-\frac{F}{A}+\frac{Fe_z}{W_y}+\frac{Fe_y}{W_z}$$

$$\sigma_B=-\frac{F}{A}+\frac{Fe_z}{W_y}-\frac{Fe_y}{W_z}$$

$$\sigma_C=-\frac{F}{A}-\frac{Fe_z}{W_y}-\frac{Fe_y}{W_z}$$

$$\sigma_D=-\frac{F}{A}-\frac{Fe_z}{W_y}+\frac{Fe_y}{W_z}$$

可见，对于截面内任意一点 $E(y,z)$处的正应力计算公式为

$$\sigma=-\frac{F}{A}\pm\frac{M_y}{I_y}z\pm\frac{M_z}{I_z}y=-\frac{F}{A}\pm\frac{Fe_z}{I_y}z\pm\frac{Fe_y}{I_z}y$$
$$=\frac{F}{A}\left(-1\pm\frac{Ae_z}{I_y}z\pm\frac{Ae_y}{I_z}y\right)$$

若引进惯性半径

$$i_y=\sqrt{\frac{I_y}{A}},i_z=\sqrt{\frac{I_z}{A}}$$

则

$$\sigma=\frac{F}{A}\left(-1\pm\frac{e_z z}{i_y^2}\pm\frac{e_y y}{i_z^2}\right)$$

这时，偏心受压构件的危险点仍为单向应力状态，求得最大正应力后，可根据材料的许用应力建立强度条件。由以上双向偏心受压的应力计算可知，最大压应力$\sigma_{压\max}$发生在点 C，其值为

$$\sigma_{压\max}=\sigma_{c\max}=\left|-\frac{F}{A}-\frac{Fe_z}{W_y}-\frac{Fe_y}{W_z}\right|$$

强度条件为

$$\sigma_{c\max} \leqslant [\sigma_c]$$

最大拉应力$\sigma_{拉\max}$发生在点 A，则其强度条件为

$$\sigma_{拉\max} = \sigma_{A\max} = -\frac{F}{A} + \frac{Fe_z}{W_y} + \frac{Fe_y}{W_z} \leqslant [\sigma_t]$$

若材料的许用拉、压应力$[\sigma_t]$和$[\sigma_c]$不相等，则同一截面上这两种最大应力均需验算。对于单向偏心受压，其应力计算只需考虑一个方向的偏心弯矩即可，强度条件与双向偏心受压相同。

【LX0704A·判断题】

当偏心压力 F 的作用线与柱轴线平行，但不通过截面任一形心主轴时，称为双向偏心压缩。（　　）

【答案】 √

【解析】 在偏心压缩（或拉伸）中，当外力 F 的作用线与柱轴线平行，但只通过横截面其中一根形心主轴时，称为单向偏心压缩（拉伸）；当外力 F 的作用线与柱轴线平行，但不通过横截面任何一根形心主轴时，称为双向偏心压缩（拉伸）。

【LX0704B·判断题】

当偏心力 F 通过截面一根形心主轴时，则称为单向偏心压缩。（　　）

【答案】 √

【解析】 在偏心压缩（或拉伸）中，当外力 F 的作用线与柱轴线平行，但只通过横截面其中一根形心主轴时，称为单向偏心压缩（拉伸）；当外力 F 的作用线与柱轴线平行，但不通过横截面任何一根形心主轴时，称为双向偏心压缩（拉伸）。

【LX0704C·单选题】

当短柱上的压力与轴线平行但不重合时，将发生（　　）变形。

A. 扭转与弯曲组合　　B. 偏心压缩

C. 偏心拉伸　　D. 两个平面弯曲组合

【答案】 B

【解析】 当短柱上的压力与轴线平行但不重合时，相当于收到一偏心压力作用，发生偏心压缩组合变形。

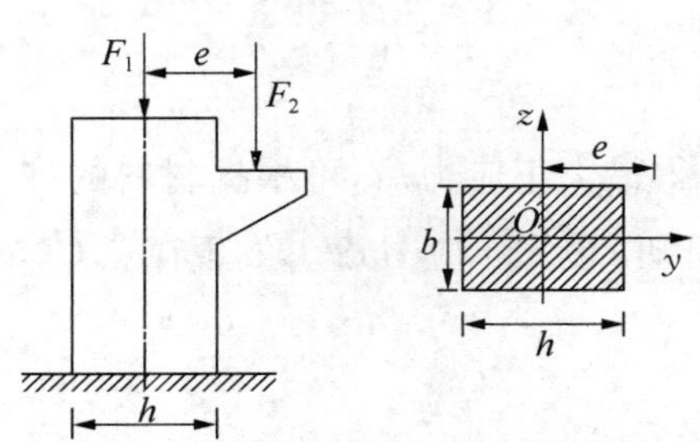

【LX0704D】附图

【LX0704D·计算题】

如图为一厂房的牛腿柱，设由房顶传来的压力 $F_1 = 100$ kN，由吊车梁传来压力 $F_2 = 30$ kN，已知 $e = 0.2$ m，$b = 0.18$ m，问：当截面边 h 为多少时，截面不出现拉应力？求出这时的最大压应力。

【答案】 （1）内力计算。将荷载向截面形心简化，柱的弯矩和轴向压力为

$$M = F_2 e = 6 \text{ kN·m}$$

$$F_N = F_1 + F_2 = 100 + 30 = 130 \text{ kN}$$

(2) 内力计算。将荷载向截面形心简化，柱的弯矩和轴向压力为

$$\sigma_{拉\max}=-\frac{F_N}{A}+\frac{M}{W_z}=-\frac{130\times10^3}{0.18h}+\frac{6\times103}{\frac{0.18\,h^2}{6}}$$

由题意可知，为使截面不出现拉应力，则令$\sigma_{\max}=0$，得$h=276.9$ mm，当截面高度h大于276.9 mm时，截面上不出现拉应力，因此可取$h=280$ mm。

此时截面上的最大压应力为

$$\sigma_{压\max}=\frac{P}{A}+\frac{M}{W_z}=\frac{130\times10^3}{0.18\times0.28}+\frac{6\times10^3}{\frac{0.18\times0.28^2}{6}}=5.13\text{ MPa}$$

因此当截面边h取为280 mm时，牛腿柱截面在题示荷载作用下不出现拉应力，并且其最大压应力为5.13 MPa。

【LX0704E·计算题】

如图为一松木矩形短柱，截面尺寸$b\times h=120$ mm$\times200$ mm，受一偏心压力$F=50$ kN作用，对两轴的偏心距分别$e_y=80$ mm，$e_z=40$ mm，松木的许用应力$[\sigma_t]=10$ MPa，$[\sigma_c]=12$ MPa，试校核该柱的强度。

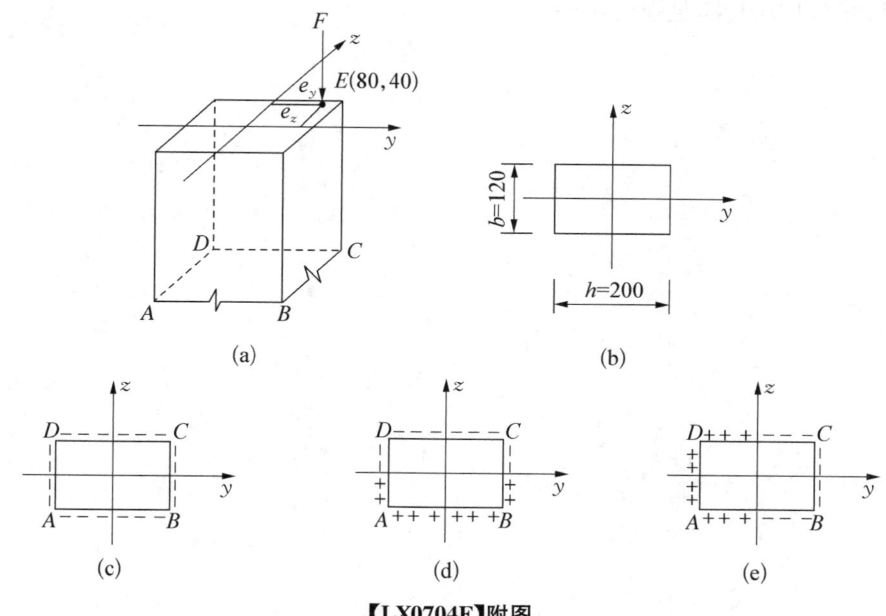

【LX0704E】附图

【答案】 (1) 内力计算。将力F移到截面的形心处并附加产生两个力偶矩M_z和M_y，得任一横截面的内力为

$$F_N=F=50\text{ kN}$$
$$M_z=Fe_y=4\text{ kN}\cdot\text{m}$$
$$M_y=Fe_z=2\text{ kN}\cdot\text{m}$$

(2) 应力计算。F_N 作用下横截面上各点均产生压应力，其应力分布如图(c)所示；M_y 作用下横截面上 y 轴下侧受拉、上侧受压，最大拉应力发生在截面的下边缘处，最大压应力发生在截面的上边缘处，其应力分布如图(d)所示；M_z 作用下横截面上 z 轴左侧受拉、右侧受压，最大拉应力发生在截面的左边缘处，最大压应力发生在截面的右边缘处，其应力分布如图(e)所示。

欲求截面上的最大正应力，要考虑 F_N、M_z、M_y 的共同作用，即利用叠加原理求得最大压应力为

$$\sigma_{压\max}=\left|-\frac{F}{A}-\frac{M_y}{W_y}-\frac{M_z}{W_z}\right|=11.25\ \mathrm{MPa}$$

最大拉应力为

$$\sigma_{拉\max}=-\frac{F}{A}+\frac{M_y}{W_y}+\frac{M_z}{W_z}=7.08\ \mathrm{MPa}$$

强度计算。由于材料的许用拉、压应力不同，故应分别验算最大压应力和最大拉应力。

$$\sigma_{压\max}=11.25\ \mathrm{MPa}>[\sigma_c]=12\ \mathrm{MPa}$$
$$\sigma_{压\max}=7.08\ \mathrm{MPa}<[\sigma_t]=10\ \mathrm{MPa}$$

可知该短柱拉压均满足强度条件。

第八节　几何组成分析

考点 24　三种不同体系及自由度的概念

一、几何组成分析的概念

1. 几何不变体系和几何可变体系

工程结构是由若干构件按一定规律组成的体系，并用来承担荷载。因此它必须是一个在不考虑杆件变形的前提下，任意荷载作用后几何形状和位置均保持不变的体系。

观察以下图形所示体系：

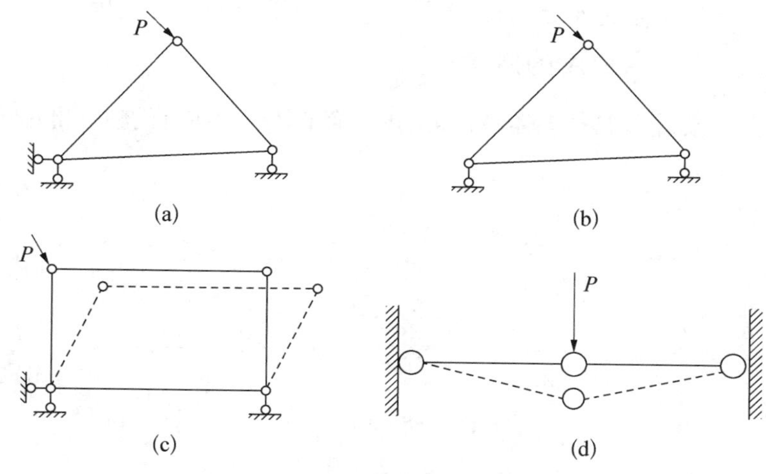

图 1－8－1　几何不变体系的概念

图 1－8－1(a)所示，若不考虑材料的变形，在任意荷载作用下，体系的几何形状和位置都不会改变。

图 1－8－1(b)所示，若不考虑材料的变形，在任意荷载作用下，无论荷载多么小，体系的位置都有可能改变。

图 1－8－1(c)所示，若不考虑材料的变形，在任意荷载作用下，无论荷载多么小，体系的几何形状都有可能改变。

图 1－8－1(d)所示，若不考虑材料的变形，在任意荷载作用下，无论荷载多么小，体系在原来的位置上都有可能发生微小位移，之后就不能再继续移动。

综上所述，可以得到以下概念：

(1) 几何不变体系：不考虑材料的变形，体系在任意荷载作用下，它的几何形状和位置都不会改变。

(2) 几何可变体系：不考虑材料的变形，尽管体系受到很小的荷载，它的几何形状和位置都有可能改变。

(3) 几何瞬变体系：在某一瞬间体系可以发生微小位移，它是几何可变体系的一种特殊情况。

2. 几何组成分析的目的

工程结构必须是几何不变体系，通过对体系进行几何组成分析，可以达到如下目的：

(1) 判别体系是否为几何不变体系，以决定其能否作为工程结构使用。

(2) 研究并掌握几何不变体系的组成规则，以便合理布置构件，使所设计的结构在荷载作用下能够维持平衡。

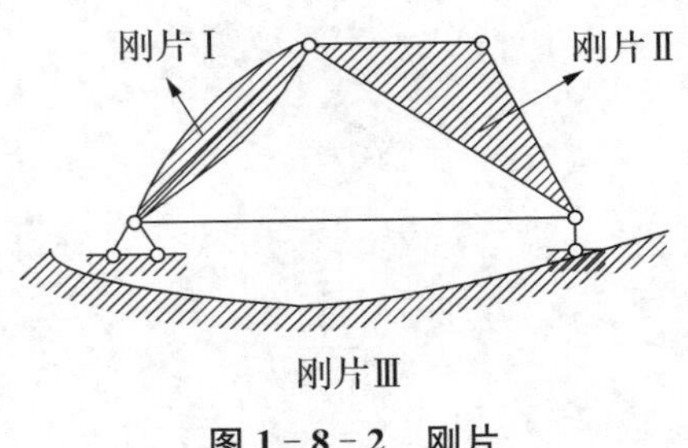

图 1-8-2　刚片

(3) 根据体系的几何组成状态，确定结构是静定的还是超静定的，以便选择相应的计算方法。

3. 刚片

几何形状不变的平面体称为刚片。刚片可以是一根杆(刚片Ⅰ)、由杆组成的结构(刚片Ⅱ)或支撑结构的地基(刚片Ⅲ)，如图 1-8-2 所示。

二、自由度的概念

自由度是指该体系在运动时，确定其位置所需的独立坐标的数目。

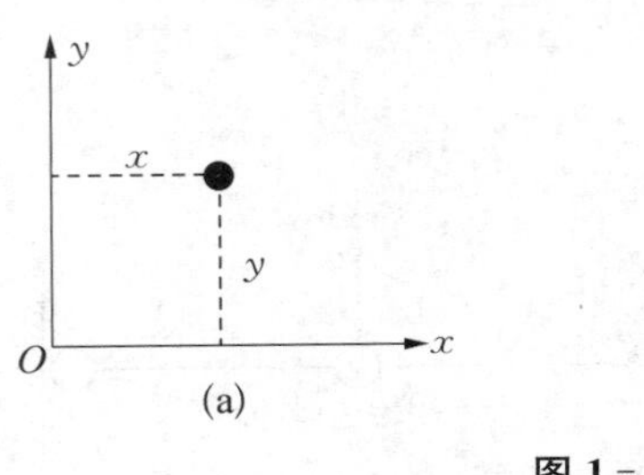

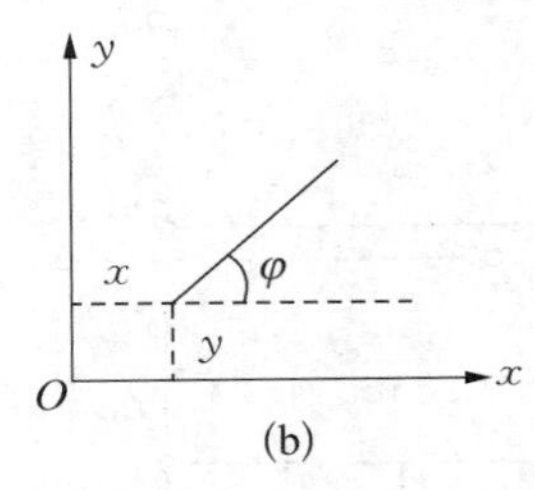

图 1-8-3

1. 点的自由度

如图 1-8-3(a)所示，在平面内，一个点的位置需用两个独立坐标 x 和 y 来确定，有 2 个自由度。

2. 刚片的自由度

如图 1-8-3(b)所示，一个刚片在平面内自由运动时，其位置可由其上任意一点的坐标 x、y 和过点 A 的任意一条直线的倾角 φ 来确定，有 3 个自由度。

三、约束的概念

能限制构件之间的相对运动，使体系自由度减少的装置称为约束。一个约束减少一个自由度，n 个约束减少 n 个自由度。工程中常见的约束有以下几种类型。

1. 链杆

两端用铰与其它物体相连的杆称为链杆。链杆可以是直杆、折杆、曲杆或刚片。如图1-8-4所示，增加一个直链杆，体系的自由度由 1 减少到 0。

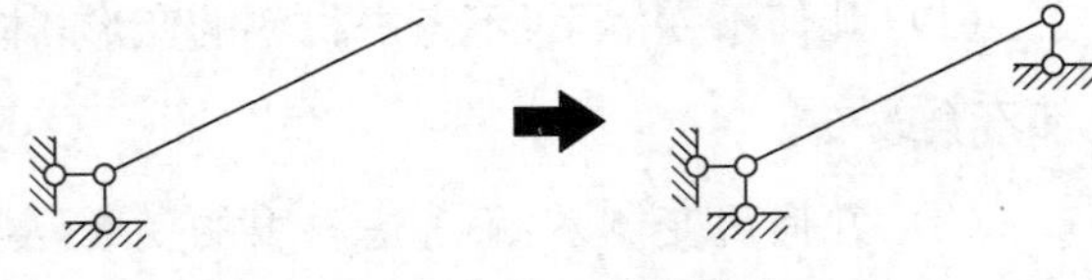

图 1-8-4　链杆约束

链杆的作用：一个链杆可以减少一个自由度，相当于一个约束。

2. 单铰

连接两个刚片的铰称为单铰。如图 1-8-5 所示，增加一个单铰，体系的自由度数由 2

减少到0。

单铰的作用：一个单铰可以减少两个自由度，相当于二个约束。

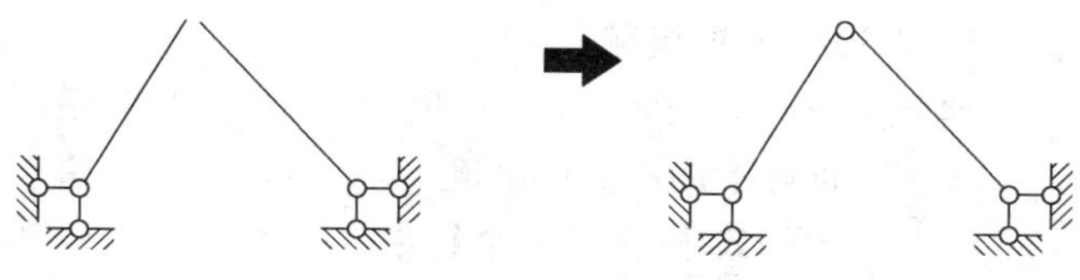

图1-8-5　单铰约束

3. 复铰

连接三个或三个以上刚片的铰称为复铰。如图1-8-6(a)所示，连接2个刚片，减少了2个自由度；如图1-8-6(b)所示，连接3个刚片，减少了4个自由度；如图1-8-6(c)所示，连接4个刚片，减少了6个自由度。单铰是复铰的特例。

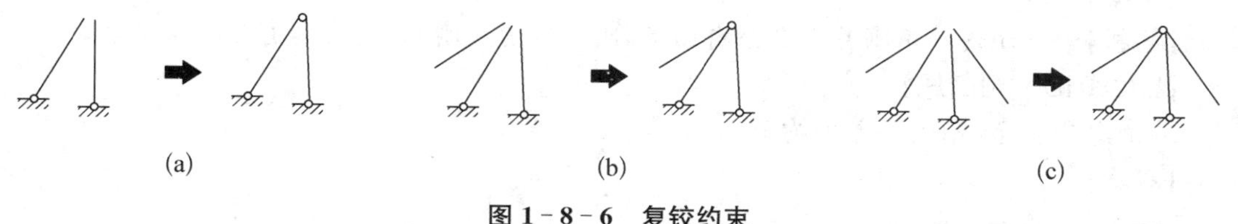

图1-8-6　复铰约束

用m表示复铰连接的刚片数，用n表示复铰减少的自由度数。则

$$n=2(m-1)$$

复铰的作用：m个刚片用一个复铰相连，能减少$2(m-1)$个自由度，相当于$(m-1)$个单铰。

4. 固定端

如图1-8-7所示，固定端能减少三个自由度。

5. 定向支座

如图1-8-8所示，定向支座能减少两个自由度。

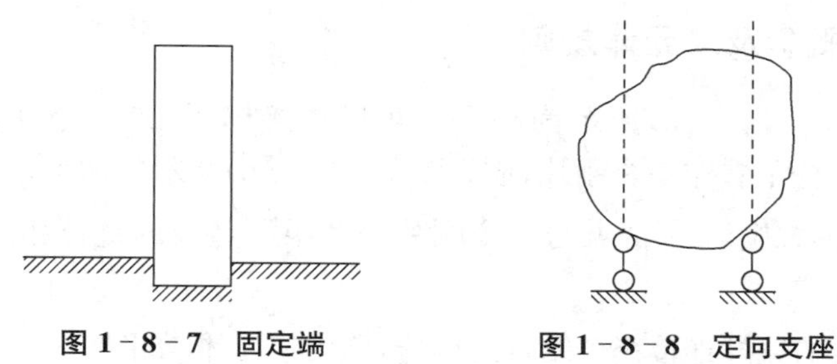

图1-8-7　固定端　　图1-8-8　定向支座

如果在体系中增加一个约束，而体系的自由度并不因此而减少，则该约束称为多余约束。

【LX0801A·单选题】

在平面内，一个点有(　　)个自由度。

A. 0　　B. 1　　C. 2　　D. 3

【答案】 C

【解析】 平面内一点有2个自由度。

【LX0801B·单选题】

建筑力学中,下列关于自由度与约束的叙述,错误的是(　　)。

A. 每个刚片有三个自由度　　B. 一个链杆,相当于一个约束

C. 一个单铰,相当于二个约束　　D. 一个固定端,相当于二个约束

【答案】 D

【解析】 一个固定端,相当于3个约束。

【LX0801C·判断题】

在平面内,一根刚杆有2个自由度。(　　)

【答案】 ×

【解析】 平面内一根刚片有3个自由度,刚杆可看成刚片,因此具有3个自由度。

【LX0801D·判断题】

一个定向支座,相当于一个约束。(　　)

【答案】 ×

【解析】 两个约束。

【LX0801E·判断题】

几何瞬变体系可作为工程结构来使用。(　　)

【答案】 ×

【解析】 几何瞬变体系虽然在一瞬间发生微小位移后成为几何不变体系,但它会产生很大的内力导致结构破坏,因此不能作为工程结构来使用。

【LX0801F·简答题】

什么是多余约束?

【答案】 在体系中增加一个约束,而体系的自由度并不因此而减少,则该约束被称为多余约束。

考点25　几何不变体系的三个组成规则

一、二元体概念及二元体规则

众所周知,图1-8-9(a)所示为一个三角形铰接体系,是一个几何不变体系。将图1-8-9(a)中的链杆Ⅰ看作一个刚片,成为图1-8-9(b)所示的体系。从而得出:

规则1(二元体规则):一个点与一个刚片用两根不共线的链杆相连,则组成无多余约束的几何不变体系。

由两根不共线的链杆连接一个结点的构造,称为二元体[如图1-8-9(b)中的BAC]。

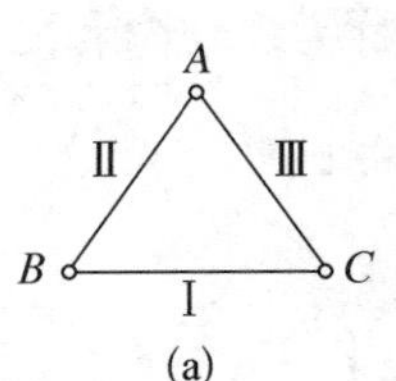

(a)

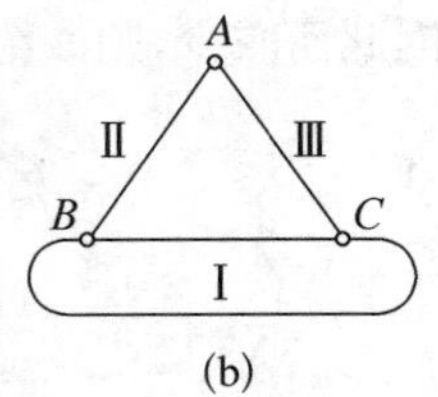

(b)

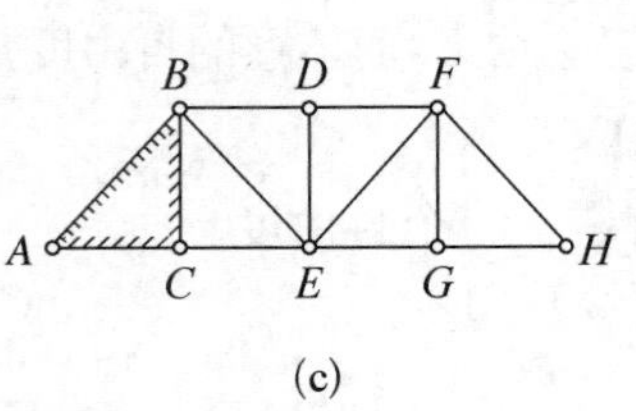

(c)

图1-8-9　规则1(二元体规则)

推论1:在一个体系上增加或减少任意一个二元体,都不会改变原体系的几何组成性质。

如图1-8-9(c)

所示的桁架，就是在铰接三角形 ABC 的基础上，依次增加二元体而形成的一个无多余约束的几何不变体系。同样，我们也可以对该桁架从 H 点起依次拆除二元体而成为铰接三角形 ABC。

二、两刚片规则

将图 1-8-9(a)中的链杆Ⅰ和链杆Ⅱ都看作是刚片，成为图 1-8-10(a)所示的体系。从而得出：

规则 2(两刚片规则)：两刚片用不在一条直线上的一铰（B 铰）、一链杆（AC 链杆）连接，则组成无多余约束的几何不变体系。

如果将图 1-8-10(a)中连接两刚片的铰 B 用虚铰代替，即用两根不共线、不平行的链杆 a、b 来代替，成为图 1-8-10(b) 所示体系，则有：

推论 2：两刚片用不完全平行也不交于一点的三根链杆连接，则组成无多余约束的几何不变体系。

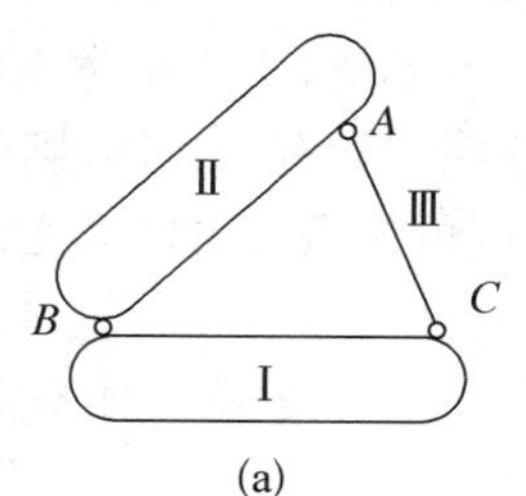

(a)

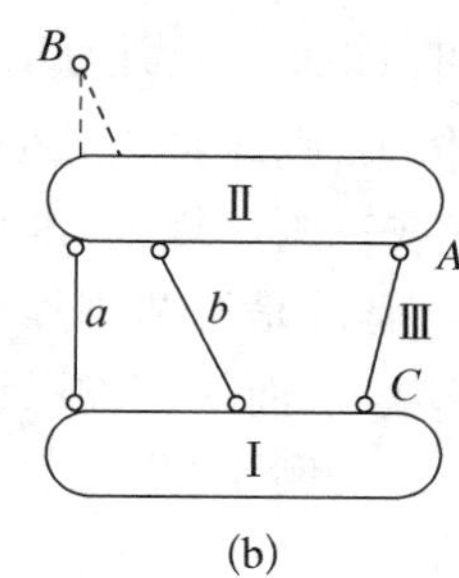

(b)

图 1-8-10　规则 2(两刚片规则)

三、三刚片规则

将图 1-8-9(a)中的链杆Ⅰ、链杆Ⅱ和链杆Ⅲ都看作是刚片，成为图 1-8-11(a)所示的体系。从而得出：

规则 3(三刚片规则)：三刚片用不在一条直线上的三个铰两两连接，则组成无多余约束的几何不变体系。

如果将图中连接三刚片之间的铰 A、B、C 全部用虚铰代替，即都用两根不共线、不平行的链杆来代替，成为图 1-8-11(b)所示体系，则有：

推论 3：三刚片分别用不完全平行也不共线的二根链杆两两连接，且所形成的三个虚铰不在同一条直线上，则组成无多余约束的几何不变体系。

从以上叙述可知，这三个规则及其推论，实际上都是三角形规律的不同表达方式，即三个不共线的铰，可以组成无多余约束的三角形铰接体系。

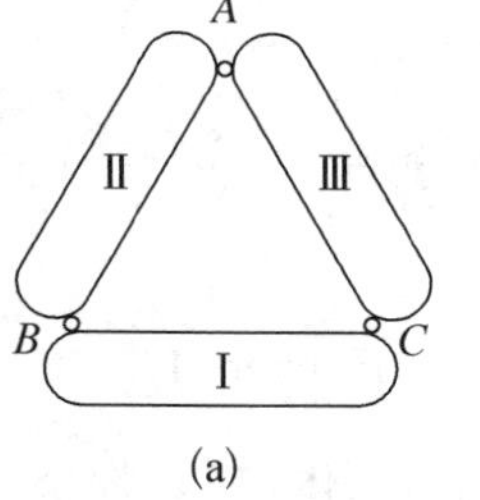

(a)

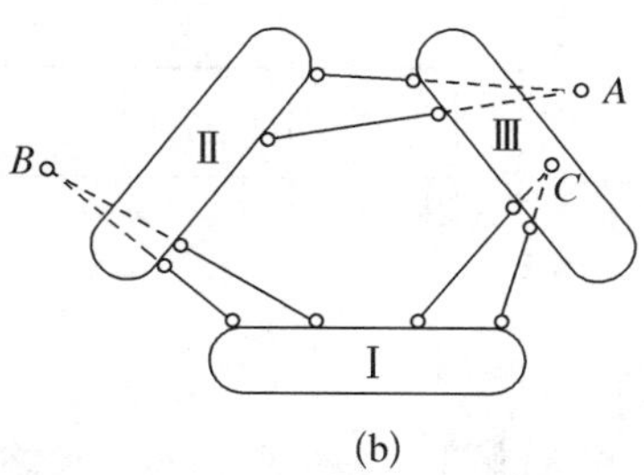

(b)

图 1-8-11　规则 3(三刚片规则)

【LX0802A・判断题】

在一个体系上增加任意多个二元体，会改变原体系的几何组成性质。　（　）

【答案】　×

【解析】 不会改变。

【LX0802B·简答题】

用二元体规则推出两刚片规则和三刚片规则。

【答案】 将二元体规则中的两根链杆都看作是刚片，可得到两刚片规则；将二元体规则中的三根链杆都看作是刚片，可得到三刚片规则。

考点 26 应用规则对平面体系进行几何组成分析

应用规则对平面体系进行几何组成分析时，关键是选取刚片，一般选取基础、体系中的杆件或可判别为几何不变的部分作为刚片，然后应用规则扩大刚片范围，如能扩大至整个体系，则体系为几何不变体系；如不能，则应把体系简化成 2～3 个刚片，再应用两刚片规则(或三刚片规则)进行分析。体系中如有二元体，则先将其逐一撤除，以便分析简化。若体系与基础是按两刚片规则连接，则可先撤去这些支座链杆，只分析体系内部杆件的几何组成性质。下面举例加以说明。

【例 1-8-1】 试对图 1-8-12(a)所示体系作几何组成分析。

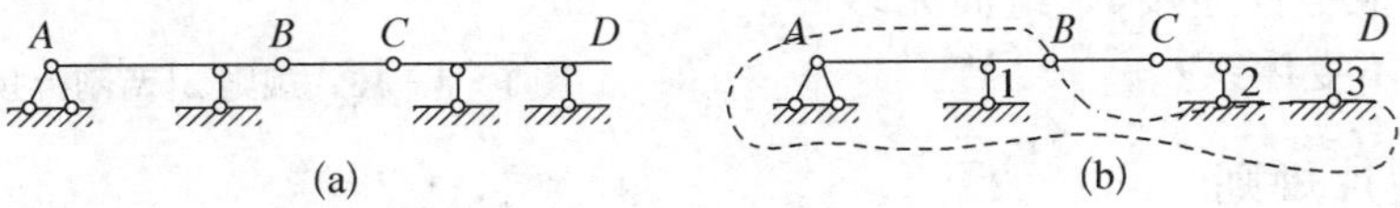

图 1-8—12

【解】 首先以地基及杆 AB 为二刚片，由铰 A 和链杆 1 联结，链杆 l 延长线不通过铰 A，组成几何不变部分。以此部分作为一刚片，杆 CD 作为另一刚片，用链杆 2、3 及 BC 链杆(联结两刚片的链杆约束，必须是两端分别连接在所研究的两刚片上)连接。三链杆不交于一点也不全平行，符合两刚片规则，故整个体系是无多余约束的几何不变体系。

【例 1-8-2】 试对图 1-8-13(a)所示体系作几何组成分析。

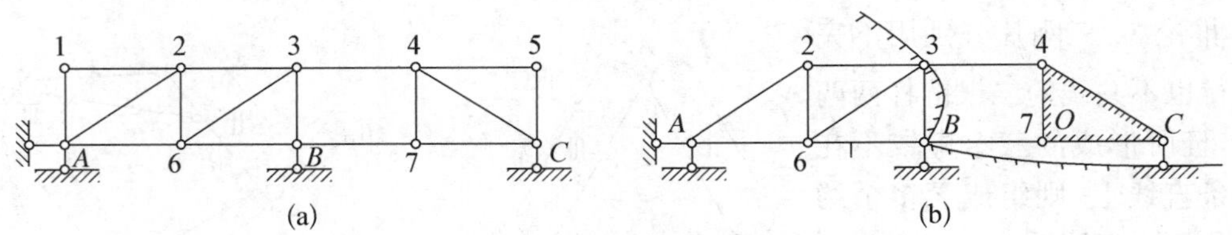

图 1-8-13

【解】 在结点 1 与 5 处各有一个二元体，可先拆除。在上部体系与大地之间共有四个支座链杆联系的情况下，必须将大地视作一个刚片，参与分析。在图 1-8-13(b)中，先将 $A23B6$ 视作一刚片，它与大地之间通过 A 处的两链杆和 B 处的一根链杆(既不平行又不交于一点的三根链杆)相连接，因此 $A23B6$ 可与大地合成一个大刚片Ⅰ，同时再将三角形 $C47$ 视作刚片Ⅱ。刚片Ⅰ与刚片Ⅱ通过三根链杆 34、$B7$ 与 C 相连接，符合两刚片组成规则的要求，故所给体系为无多余约束的几何不变体系。

【例 1-8-3】 试对图 1-8-14 体系作的几何组成分析。

【解】 刚片Ⅰ与刚片Ⅱ之间由铰 C 连接。刚片 I 与基础Ⅲ之间由链杆 1、2 连接，相当

于一个虚铰在 A 点。刚片Ⅱ与基础Ⅲ之间由链杆3、4连接。相当于一个虚铰在 B 点。如 A、B、C 三点不在同一直线上，据三刚片规则，则体系是几何不变的，且没有多余约束。如 A、B、C 三点在同一直线上，则体系是瞬变的。

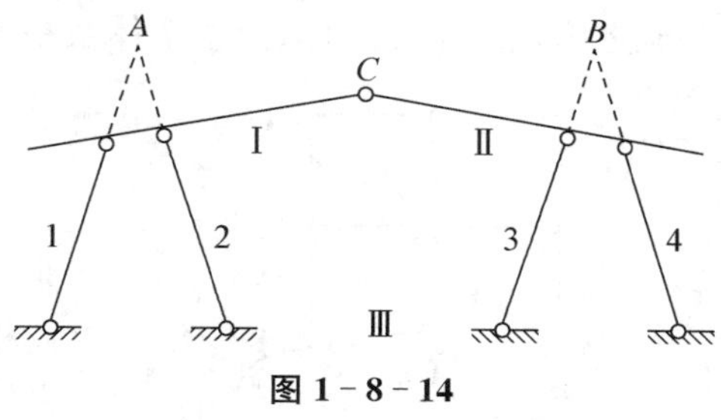

图 1－8－14

【例 1－8－4】 试对图 1－8－15 所示体系进行几何组成分析。

【解】 将 AB 视为刚片Ⅰ与地基由 A 铰、B 链杆联结，符合两刚片规则，成为几何不变部分，在其上增加二元体 $1C2$、$3D4$，则 5 链杆是多余约束。因此体系是几何不变的，但有一多余约束。

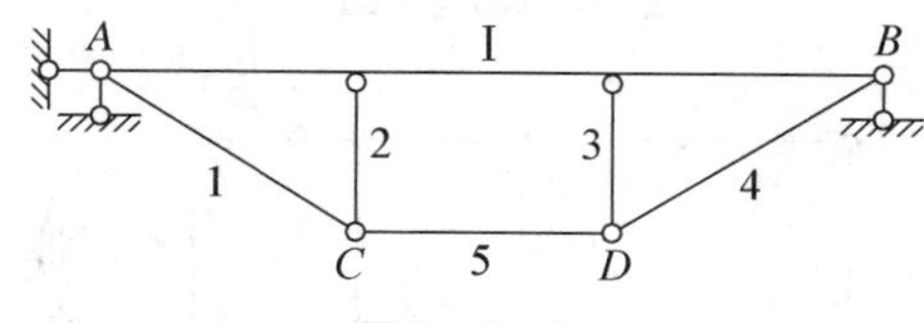

图 1－8－15

【LX0803A · 简答题】

试阐述分析下图结构的几何组成。

【LX0803A】附图

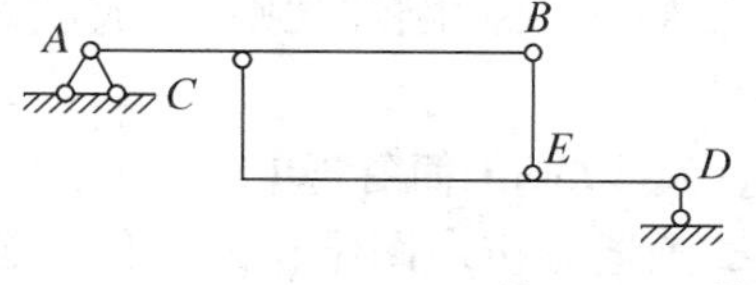

【答案】 如果体系的支座链杆只有三根，且不全平行也不交于同一点，则地基与体系本身的连接已符合二刚片规则，因此可去掉支座链杆和地基而只对体系本身进行分析。如图，再按二刚片规则组成无多余约束的几何不变体系。

【LX0803B · 简答题】

试阐述分析右图结构的几何组成。

【答案】 ADE 形成一个刚片，在此基础上增加 B 结点处的二元体形成一个大刚片Ⅰ，同理右边对称部分 $BCGF$ 形成一个大刚片Ⅱ，地基作为刚片Ⅲ，刚片Ⅰ和Ⅱ通过铰 B 相连，刚片Ⅰ和Ⅲ通过两根链杆相连，同理刚片Ⅰ和Ⅲ通过两根链杆相连，符合三刚片规则组成无多余约束的几何不变体系。

【LX0803B】附图

【LX0803C · 简答题】

试阐述分析右图结构的几何组成。

【答案】 地基作为刚片Ⅰ，杆 AC 和 BD 分别作刚片Ⅱ和刚片Ⅲ。其中刚片Ⅰ和刚片Ⅱ通过铰 A 相连，刚片Ⅰ和刚片Ⅲ通过铰 B 相连，刚片Ⅱ和刚片Ⅲ通过链杆 CD 和链杆 EF 形成的虚铰相连，三个铰不共线，符合三刚片规则，组成无多余约束的几何不变体系。

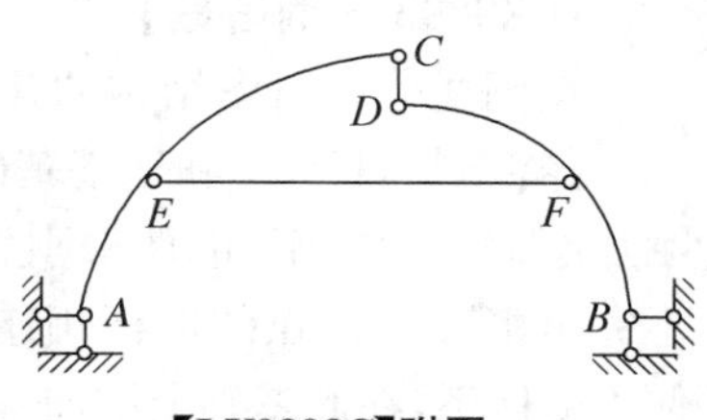

【LX0803C】附图

【LX0803D · 简答题】

试阐述分析右图结构的几何组成。

【答案】 地基及杆 BE 为二刚片，由三根不完全平行且不交于一点的链杆相连，组成几何不变部分，在此

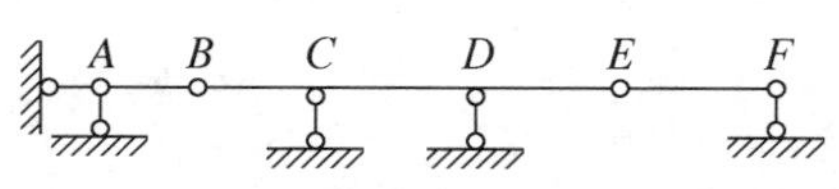

【LX0803D】附图

基础上增加一个二元体，故整个体系是无多余约束的几何不变体系。

【LX0803E・简答题】

试阐述分析左图结构的几何组成。

【答案】 支座链杆有3根，只考虑体系本身。三根非二力杆分别作刚片Ⅰ、Ⅱ、Ⅲ，三根刚片两两通过一个铰相连且三铰不共线，符合三刚片规则，组成无多余约束的几何不变体系。

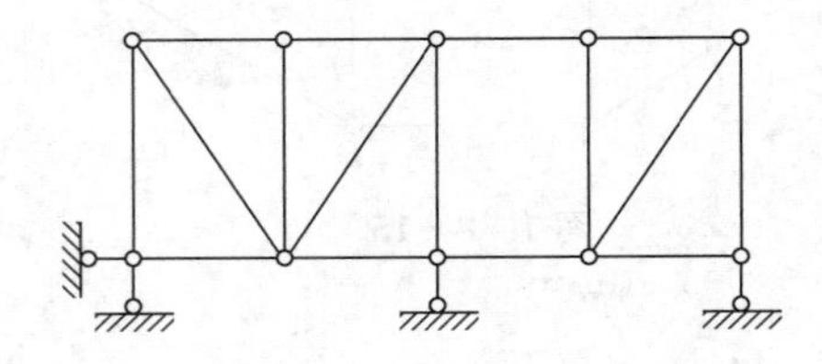

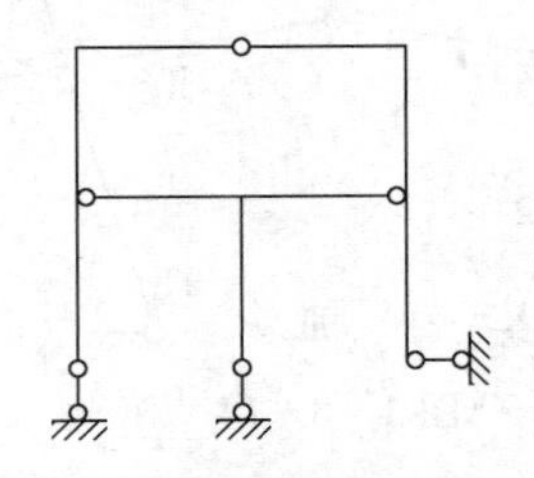

【LX0803E】附图

【LX0803F・简答题】

试阐述分析左图结构的几何组成。

【答案】 选择刚片Ⅰ和刚片Ⅱ，上部体系和地基基础之间有四根支座链杆相连，把基础当刚片Ⅲ，刚片Ⅰ和刚片Ⅲ满足两刚片规则，组成几何不变体，作为刚片Ⅳ，刚片Ⅳ和刚片Ⅰ通过三根既不互相平行又不汇交于一点的链杆相连，满足两刚片规则，组成没有多余约束的几何不变体系。

【LX0803F】附图

【LX0803G・简答题】

试阐述分析左图结构的几何组成。

【答案】 选择两根非二力杆分别作刚片Ⅰ和刚片Ⅱ，上部体系和地基基础之间有四根支座链杆相连，把基础当刚片Ⅲ，刚片Ⅰ、Ⅱ、Ⅲ之间两两通过一个铰相连，且三铰不共线，满足三刚片规则，组成几何不变体系，多余一根链杆，因此该体系是一个有一个多余约束的几何不变体系。

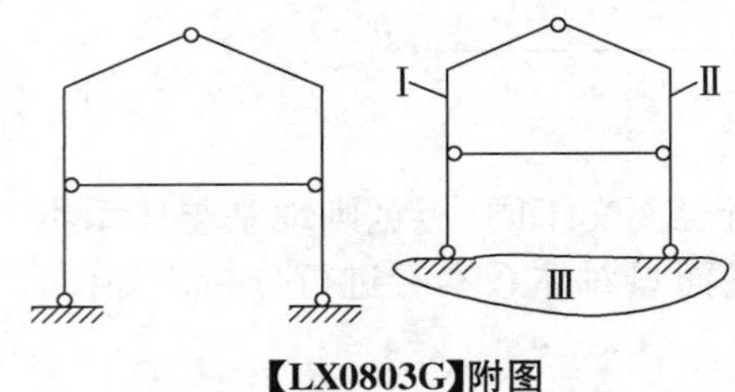

【LX0803G】附图

【LX0803H・简答题】

试阐述分析右图结构的几何组成。

【答案】 上部体系和地基基础之间有3根支座链杆相连，把支座链杆连同基础忽略不看，铰接三角形组成几何不变体，多余一根链杆，因此该体系是有一个多余约束的几何不变体系。

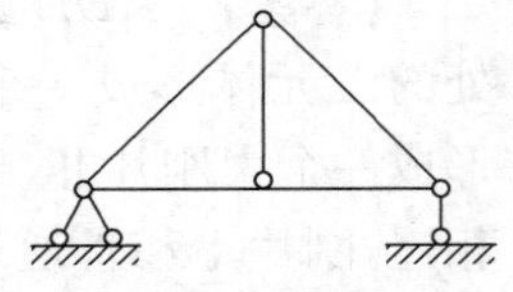

【LX0803H】附图

【LX0803I・简答题】

试阐述分析右图结构的几何组成。

【答案】 杆1A和地基基础整体为几何不变体系，作刚片Ⅰ，杆BE作刚片Ⅱ，两根刚片通过三根既不完全平行又不完全汇交于一点的链杆相连，满足两刚片规则，形成几何不变体系，在此基础上增加二元体$E-F-4$，不改变原体系的几何性质，因此原体系是一个无多余约束的几何不变体系。

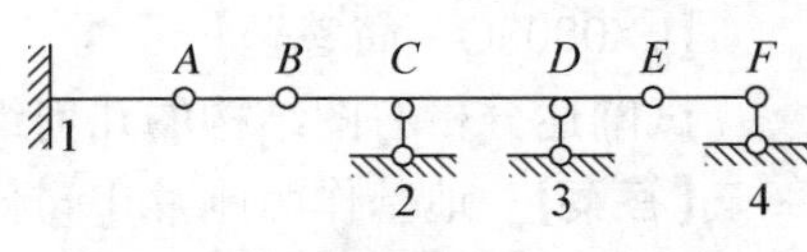

【LX0803I】附图

第九节　静定结构的内力

考点 27　多跨静定梁的内力与内力图

一、什么是多跨静定梁?

多跨静定梁是由若干单跨静定梁用铰连接而成的静定结构。它是房屋工程及桥梁工程中广泛使用的一种结构形式，一般要跨越几个相连的跨度。房屋中的檩条梁，其特点是第一跨无中间铰，其余各跨各有一个中间铰，在几何组成上，第一根梁用支座与基础连接后，是几何不变的，以后都用一个铰和一根支座链杆增加一根一根的梁，其计算简图如图 1－9－1(a)所示。

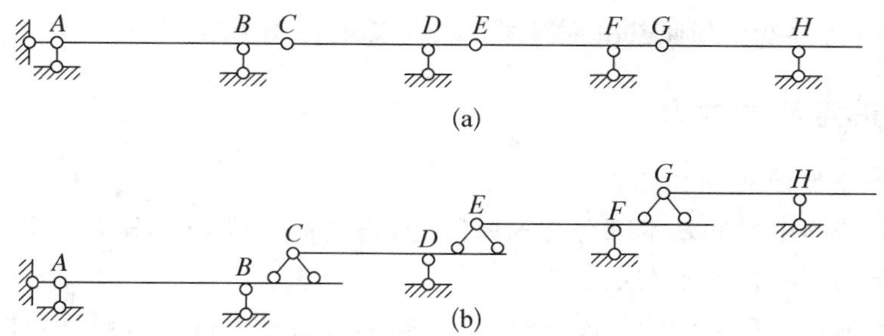

图 1－9－1　房屋檩条多跨静定梁示意图

交通中常见的公路桥梁，其特点是无铰跨和双铰跨交替出现，在几何组成上，无铰跨可以认为是几何不变的，其计算简图如图 1－9－2(a)所示。

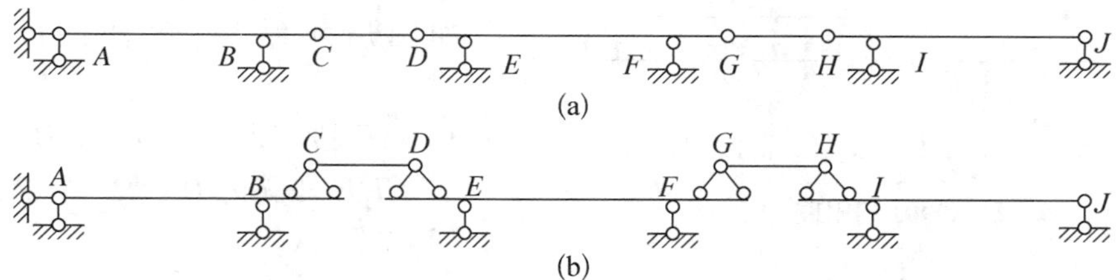

图 1－9－2　公路桥梁多跨静定梁示意图

1. 多跨静定梁的组成

在构造上，多跨静定梁由基本部分和附属部分组成。在多跨静定梁中，凡是本身为几何不变体系，能独立承受荷载的部分，称为基本部分，在图 1－9－1(a)中，AC 梁用一个固定铰支座及一个链杆支座与基础相连接，组成几何不变，在竖向荷载作用下能独立维持平衡，故在竖向荷载作用下 AC 梁可看作基本部分。而像 CE 梁，本身不是几何不变，只有依靠基本部分 AC 梁的支承才能保持几何不变，才能承受荷载并维持平衡，称为附属部分。在图

1－9－2(a)中，AC 梁为几何不变，而 EF 梁由于有 A 支座的约束，不会产生水平运动，所以也可以视为几何不变，即也是基本部分，而 CD 梁，则是附属部分。

2. 层次图

为清晰表达基本部分与附属部分的传力关系，可将它们相互之间的支承及传力关系用层次图表达，如图 1－9－1(b)和图 1－9－2(b)所示。从层次图可以看出，当荷载作用在附属部分，必然会传给基本部分；而当荷载作用在基本部分，不会传给附属部分。从层次图中还可以看出：基本部分一旦遭到破坏，附属部分的几何不变性也将随之失去；而附属部分遭到破坏，基本部分在竖向荷载作用下仍可维持平衡，维持其几何不变性。

3. 多跨静定梁的受力特点

从多跨静定梁附属部分与基本部分的传力关系可得，应首先分析多跨静定梁附属部分的受力，弄清楚基本部分对附属部分的支撑力；再分析基本部分，由作用力和反作用力可知，支撑力的反作用力也就是附属部分向基本部分传递的作用力。

二、多跨静定梁的内力

分析多跨静定梁的思路和步骤：

(1) 确定多跨静定梁的基本部分和附属部分，将其拆分成若干根单跨静定梁，并从基本部分到附属部分，从下往上画出层次图。

(2) 画出各单跨静定梁的受力图，按照先附属部分后基本部分的顺序，计算出各单跨静定梁的支座约束力。为便于计算内力，通常将支座约束力以实际方向和正值画出来。

(3) 画出各单跨静定梁的内力图，将其连接在一起，即得多跨静定梁的内力图。在已画出各单跨静定梁的受力图后，可以从左至右绘制。

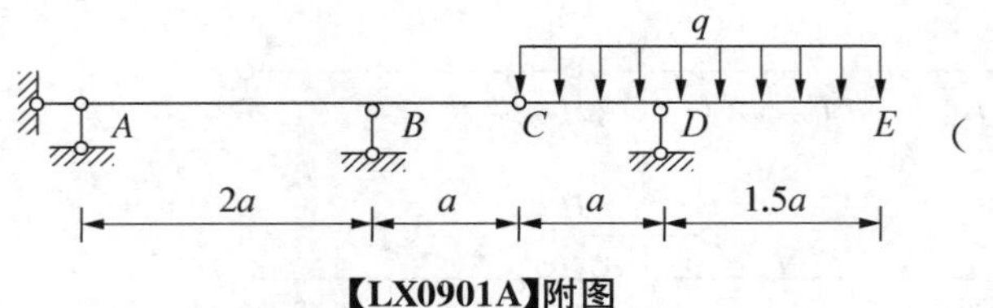

【LX0901A】附图

【LX0901A · 单选题】

如图所示结构，各杆件内力情况：(　　)

A. AB 段有内力　B. AB 段无内力

C. CDE 段无内力　D. 全梁无内力

【答案】 A

【解析】 如图所示结构为多垮静定梁，其中 ABC 部分为基本部分，CDE 部分为附属部分，当附属部分受到竖向均布荷载作用时，其力会传递给基本部分，因而引起基本部分 ABC 的内力。

【LX0901B · 判断题】

多跨静定梁在附属部分受竖向荷载作用时，必会引起基本部分的内力。(　　)

【答案】 √

【解析】 多垮静定梁的附属部分必须依赖于基础部分，当附属部分受竖向荷载作用时，必然会传递给基础部分，从而引起基本部分的内力。

【LX0901C·判断题】

如右图所示多跨静定梁中，CDE 和 EF 部分均为附属部分。（　　）

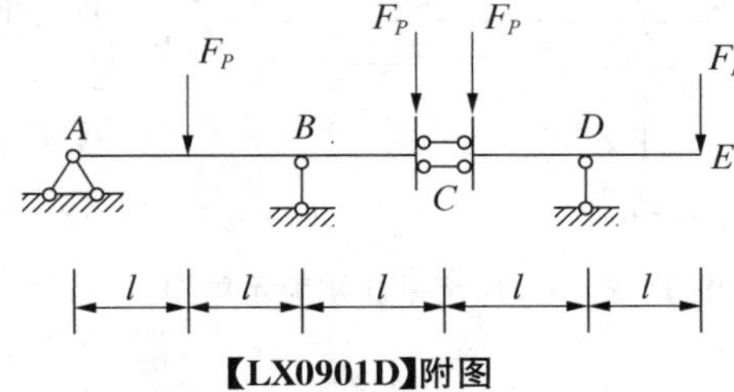

【LX0901C】附图

【答案】√

【解析】CDE 部分必须依赖于 ABC 部分，EF 必须依赖于 CDE 部分。

【LX0901D·单选题】

如右图所示受荷的多跨静定梁，其定向联系 C 所传递的弯矩 M_C 的大小为（　　）；截面 B 的弯矩大小为（　　），（　　）侧受拉。

A. 0，Fl，上　　B. Fl，0，上

C. 0，Fl，下　　D. Fl，0，下

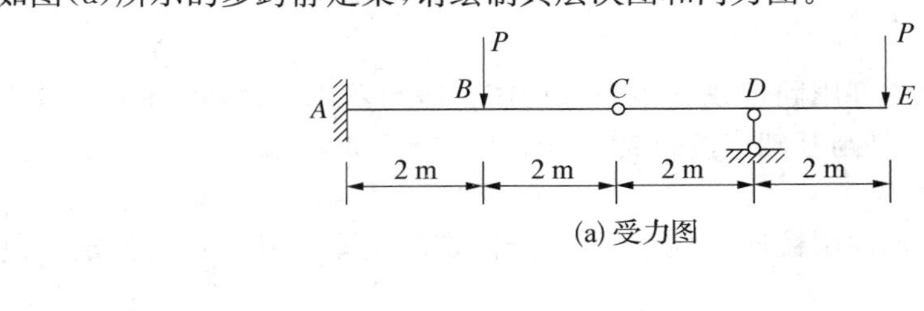

【LX0901D】附图

【答案】A

【解析】ABC 部分为基本部分，CDE 为附属部分。先分析附属部分，CDE 部分在该荷载作用下自平衡，没有力传递给基本部分。

【LX0901E·计算题】

如图(a)所示的多跨静定梁，请绘制其层次图和内力图。

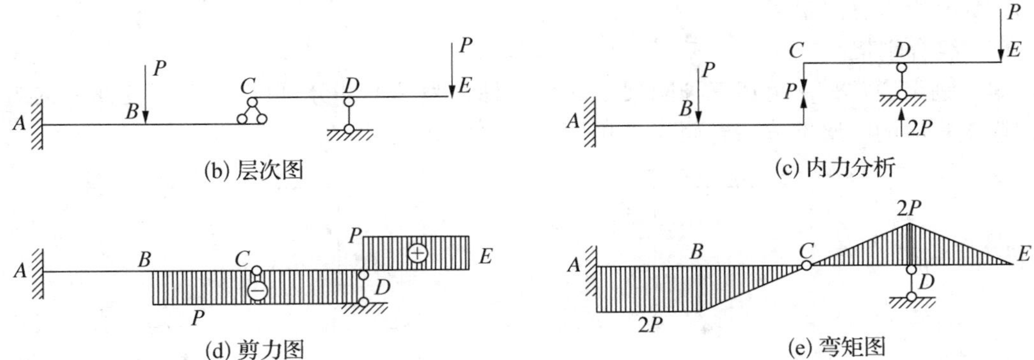

【LX0901E】附图

【答案】

(1) 先画出基本部分 AC，再画出附属部分 CE，如图(b)所示；

(2) 先分析附属部分 CE，计算出制作 C 的约束反力，如图(c)所示；

(3) 分别绘制出 AC、CE 段的内力图，从左往右即为连接即为多垮静定梁的受力图，如图(d)、(e)所示。

考点28 静定平面刚架的内力与内力图

一、什么是静定平面刚架？

刚架是由直杆组成的具有刚结点（允许同时有铰接点）的结构。在刚架中的刚结点处，刚结在一起的各杆不能发生相对移动和转动，变形前后各杆的夹角保持不变，如图 1－9－3所示刚架，刚结点 B 处所连接的杆端，在受力变形时，仍保持与变形前相同的夹角（图中虚线所示）。故刚结点可以承受和传递弯矩。由于存在刚结点，使刚架中的杆件较少，内部空间较大，比较容易制作，所以在工程中得到广泛应用。

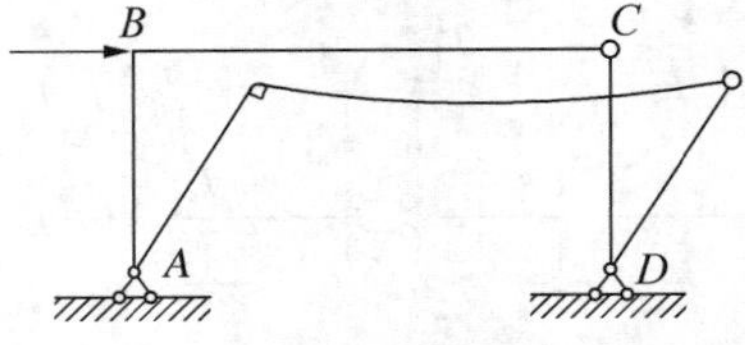

图 1－9－3 静定平面刚架示意图

1. 静定平面刚架的分类

刚架是土木工程中应用极为广泛的结构，可分为静定刚架和超静定刚架。静定刚架的常见类型有悬臂刚架、简支刚架、三铰刚架及组合刚架等。

(1) 悬臂刚架

悬臂刚架一般由一个构件用固定端支座与基础连接而成。例如图 1－9－4(a)所示站台雨棚。

(2) 简支刚架

简支刚架一般由一个构件用固定铰支座和可动铰支座与基础连接，也可用三根既不全平行、又不全交于一点的链杆与基础连接而成。如图 1－9－4(b)所示。

(3) 三铰刚架

三铰刚架一般由两个构件用铰连接，底部用两个固定铰支座与基础连接而成。例如图 1－9－4(c)所示三铰屋架。

(4) 组合刚架

组合刚架通常是由上述三种刚架中的某一种作为基本部分，再按几何不变体系的组成规则连接相应的附属部分组合而成，如图 1－9－4(d)所示。

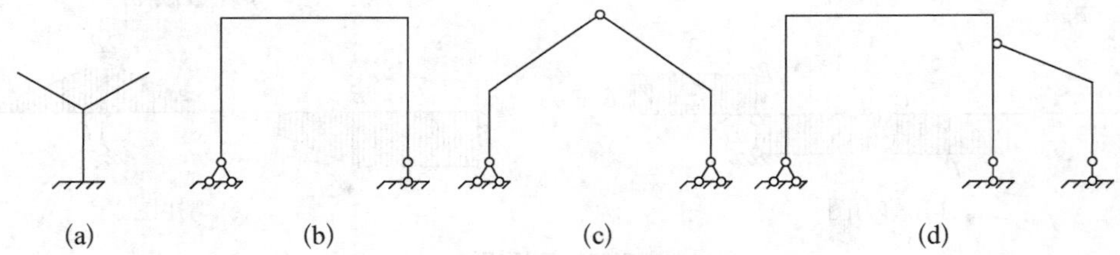

图 1－9－4 静定平面刚架的分类

二、静定平面刚架的内力

1. 刚架内力的符号规定

在一般情况下，刚架中各杆的内力有弯矩、剪力和轴力。

由于刚架中有横向放置的杆件（梁），也有竖向放置的杆件（柱），为了使杆件内力表达得清晰，在内力符号的右下方以两个下标注明内力所属的截面，其中第一个下标表示该内力所属杆端的截面，第二个下标表示杆段的另一端截面。例如，杆段 AB 的 A 端的弯矩、剪力和轴力分别用 M_{AB}、F_{SAB} 和 F_{NAB} 表示；而 B 端的弯矩、剪力和轴力分别用 M_{BA}、F_{SBA} 和 F_{NBA} 表示。

在刚架的内力计算中，弯矩一般规定以使刚架内侧纤维受拉的为正，当杆件无法判断纤维的内外侧时，可不严格规定正负，但必须明确使杆件的哪一侧受拉；弯矩图一律画在杆件的受拉一侧，不需要标注正负。剪力和轴力的正负号规定同前，即剪力以使隔离体产生顺时针转动趋势时为正，反之为负；轴力以拉力为正，压力为负。剪力图和轴力图可绘在杆件的任一侧，但须标明正负号。

2. 刚架内力图

绘制静定平面刚架内力图的步骤一般如下：

(1) 由整体或部分的平衡条件，求出支座反力和铰接点处的约束力。

(2) 选取刚架上的外力不连续点（如集中力作用点、集中力偶作用点、分布荷载作用的起点和终点等）和杆件的连接点作为控制截面，按刚架内力计算规律，计算各控制截面上的内力值。

(3) 按单跨静定梁的内力图的绘制方法，逐杆绘制内力图，即用区段叠加法绘制弯矩图，根据外力与内力的对应关系绘制剪力图和轴力图；最后将各杆的内力图连在一起，即得整个刚架的内力图。

【LX0902A・单选题】

图示两结构及其受力状态，它们的内力符合(　　)。

A. 弯矩相同，剪力不同

B. 弯矩相同，轴力不同

C. 弯矩不同，剪力相同

D. 弯矩不同，轴力不同

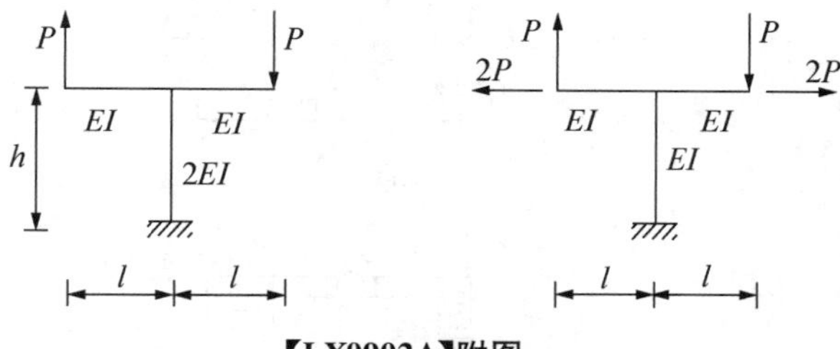

【LX0902A】附图

【答案】 B

【解析】 将刚架在竖直杆任一截面截开，保留上半段受力分析，可知弯矩相同，剪力相同，轴力不同。

【LX0902B・单选题】

刚结点在结构发生变形时的主要特征是(　　)。

A. 各杆可以绕结点结心自由转动

B. 不变形

C. 各杆之间的夹角可任意改变

D. 各杆之间的夹角保持不变

【答案】 D

【解析】 刚结点可以限制移动和转动。

【LX0902C・单选题】

平面刚架的刚结点隔离体受力图是属于(　　)力系，应满足(　　)个平衡条件。

A. 平面汇交，2　　B. 平面一般，3　　C. 平面一般，4　　D. 平面汇交，3

【答案】 B

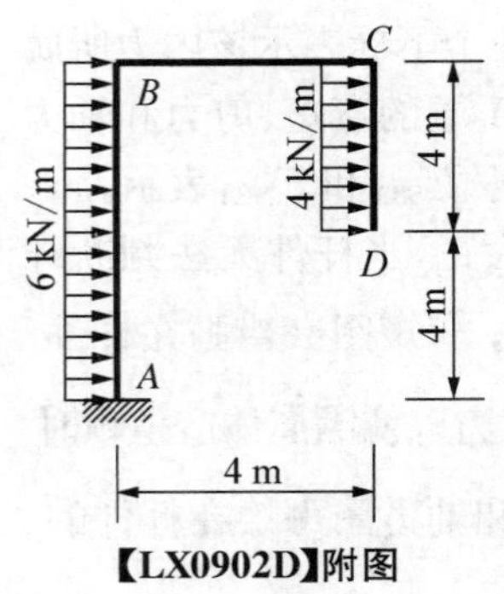

【LX0902D】附图

【LX0902D·单选题】

如图所示风载作用下的悬臂刚架,左柱 AB 在 B 端截面弯矩 $M_B=$______kN·m,______侧受拉。

A. 36,右　　　　B. 36,左

C. 32,右　　　　D. 32,左

【答案】 C

【解析】 在杆 AB 的 B 端将刚架,用截面截开,保留右半端 BCD 进行分析。

【LX0902E·单选题】

刚架的内力包含(　　)、(　　)、(　　)。

A. 轴力、剪力、弯矩　B. 拉力、压力、剪力　C. 轴力、压力、弯矩　D. 剪力、拉力、弯矩

【答案】 A

【LX0902F·计算题】

试作图(a)所示刚架的内力图。

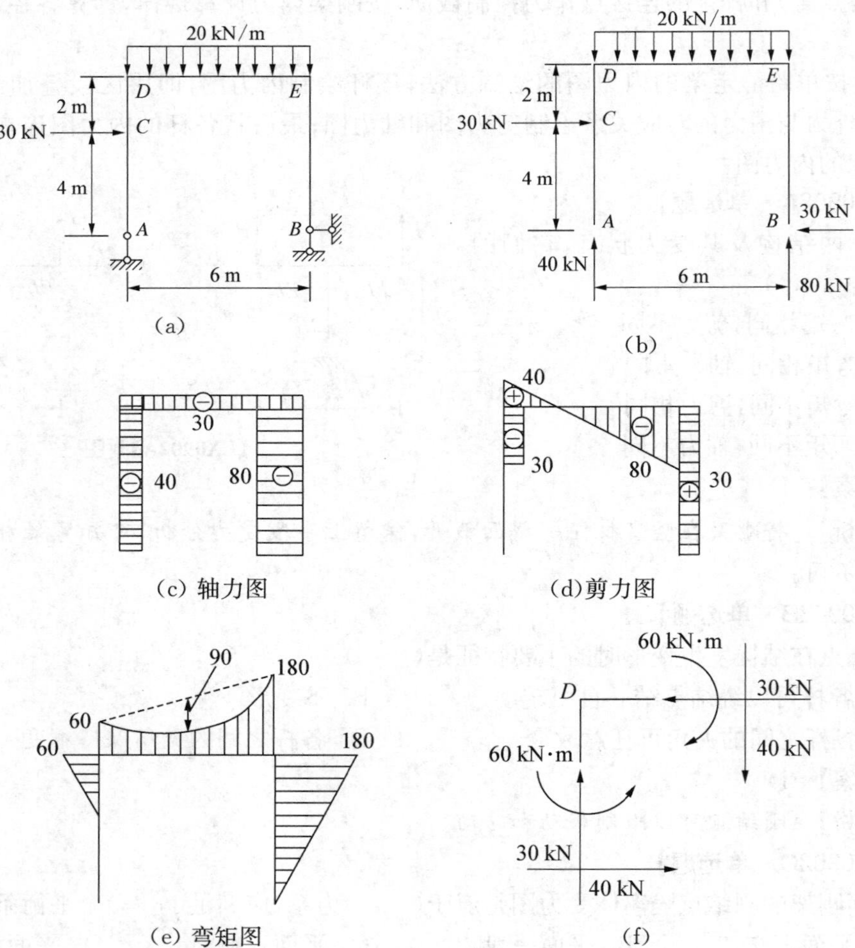

【LX0902F】附图

【解析】

(1) 画受力图，如图(b)所示，并求解支座反力

$\sum F_X = 0 \quad F_{BX} = 30(\leftarrow)$

$\sum M_A = 0 \quad F_{BY} = 80\ \text{kN}(\uparrow)$

$\sum M_B = 0 \quad F_A = 40\ \text{kN}(\uparrow)$

(2) 依次绘制杆件 AD、DE、EB 的内力图

(3) 选取刚节点 D 进行校核，合力为零。

考点 29　静定平面桁架的内力

一、什么是桁架？

1. 桁架的概念

桁架是由若干直杆组成且全为铰接点的结构计算简图形式。

2. 理想桁架假定

(1) 桁架中的铰为绝对光滑而无摩擦的理想铰；

(2) 桁架中的各杆件轴线绝对平直，且通过它两端铰中心；

(3) 桁架上的荷载和支座反力都作用在结点上，而且位于桁架平面内；

(4) 各杆自重不计或平均分配在杆件两端的节点上。

注：理想桁架杆件只产生轴向内力，即理想桁架杆件是二力杆件。

3. 优缺点

与梁、刚架相比，截面应力分布均匀，材料的使用经济合理，自重较轻；但杆件较多，结点多，施工复杂。

4. 应用

工业和民用建筑中的屋架、托架、檩条、桥梁、高压线塔架、水闸闸门构架及其它大跨结构。

5. 工程中的实际桁架

(1) 工程中实际桁架从构造上与理想桁架的假定均相差很大。例如，轴线绝对平直的杆件和理想铰接实际中均做不到，尤其是后者。

(2) 理想桁架主要承受结点荷载，因此杆件的弯矩较小，主要以承受轴力为主。由于这类杆件的长细比较大，受压时会失稳。利用理想桁架计算简图计算杆件轴力(主内力)。杆件上的弯矩、剪力(次内力)另由其他方法计算。

6. 桁架的组成

如图 1－9－5 所示，桁架上、下边缘的杆件分别称为上弦杆和下弦杆，上、

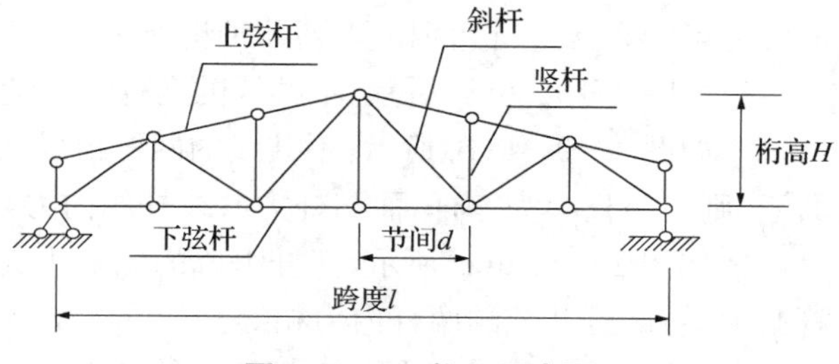

图 1－9－5　桁架示意图

下弦杆之间的杆件称为腹杆，腹杆又可分为竖腹杆和斜腹杆。弦杆相邻两结点之间的水平距离 d 称为节间长度，两支座之间的水平距离 l 称为跨度，桁架最高点至支座连线的垂直距离 h 称为桁高，桁架高度与跨度的比值称为高跨比。

7. 桁架的分类

(1) 按照外形分类：

平行弦桁架、折线形桁架、三角形桁架、梯形桁架、抛物线形桁架。按照竖向荷载引起的支座反力的特点分类：梁式桁架，只产生竖向支座反力(简支支座)；拱式桁架，除产生竖向支座反力外还产生水平推力(铰支座)。

(2) 按其几何组成特点分类：

①简单桁架：由一个基本三角形依次加二元体组成。

②联合桁架：由若干简单桁架依次按两刚片或(和)三刚片规则组成。

③复杂桁架：除上述两类桁架以外的桁架。

二、静定平面桁架的内力计算

1. 静定平面桁架的内力分析

根据桁架的假设，静定平面桁架的杆件内，只有轴力而无其他内力。在计算中，杆件的未知轴力，一般先假设为正(即假设杆件受拉)，若计算的结果为正值，说明该杆的轴力就是拉力；反过来，若计算的结果为负值，则该杆的轴力为压力。平面静定桁架的内力计算方法通常有结点法和截面法。

(1) 结点法

1) 结点法的概念

结点法是截取桁架的一个结点为隔离体，利用该结点的静力平衡方程来计算截断杆的轴力。由于作用于桁架任一结点上的各力(包括荷载，支座反力和杆件的轴力)构成了一个平面汇交力系，而该力系只能列出两个独立的平衡方程，因此所取结点的未知力数目不能超过两个。结点法适用于简单桁架的内力计算。一般先从未知力不超过两个的结点开始，依次计算，就可以求出桁架中各杆的轴力。

2) 结点法中的零杆判别

桁架中有时会出现轴力为零的杆件，称为零杆。在计算内力之前，如果能把零杆找出，将会使计算得到大大简化。在结点法计算桁架的内力时，经常有受力比较简单的结点，杆件的轴力可以直接进行判别。下列几种情况中，对一些杆件的内力，可以直接判定：

①如图 1-9-6(a)所示，不共线的两杆组成的结点上无荷载作用时，该两杆均为零杆。

②如图 1-9-6(b)所示，不共线的两杆组成的结点上有荷载作用时，若荷载与其中一杆共线，则另一杆必为零杆，而与外力共线杆的内力与外力相等。

③如图 1-9-6(c)所示，三杆组成的结点上无荷载作用时，若其中有两杆共线，则另一杆必为零杆，且共线的两杆内力相等。

④如图 1-9-6(d)所示，三杆组成的结点，其中有两杆共线，若荷载作用与另一杆共线，

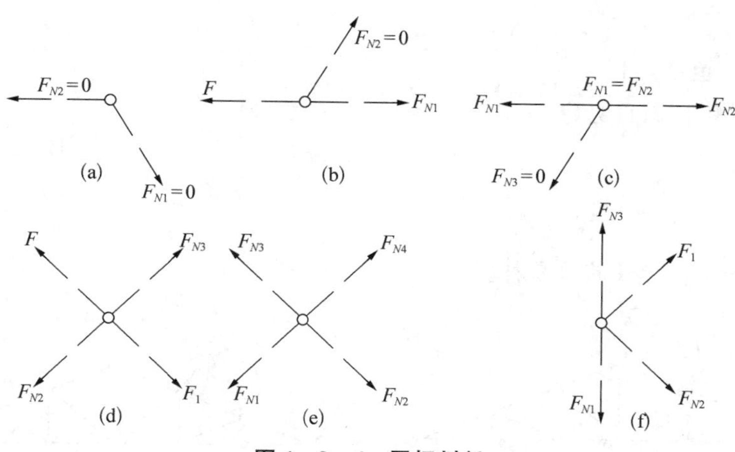

图 1-9-6　零杆判断

则该杆的轴力与荷载相等，即 $F_{N1}=F$，共线的两杆内力也相等，即 $F_{N2}=F_{N3}$。

⑤如图 1-9-6(e)所示，四杆组成的结点，其中杆件两两共线，若结点无荷载作用，则轴力两两相等，即 $F_{N1}=F_{N2}$，$F_{N3}=F_{N4}$。

⑥如图 1-9-6(f)所示，四杆组成的结点，其中两根杆件共线，另外两根杆件的夹角相等，若结点无荷载作用，则必有 $F_{N1}=-F_{N2}$，F_{N1} 与 F_{N2} 还可能等于零。

在这里要强调，零杆虽然其轴力等于零，但是在几何组成上不能将之去除，否则，体系将变成为几何可变体系。

(2) 截面法

截面法是用一假想截面，把桁架截为两部分，选取任一部分为隔离体，建立静力平衡方程求出未知的杆件内力。因为作用于隔离体上的力系为平面一般力系，所以要求选取的隔离体上未知力数目一般不应多于三个，这样可直接把截断的杆件的全部未知力求出。一般情况下，选取截面时截断的杆件不应超过三个。

(3) 结点法与截面法联合应用

适用情况：(1) 只求某几个杆的轴力时；(2) 联合桁架或复杂桁架的计算。

【LX0903A·单择题】

图示桁架 a 杆的内力是(　　)。

A. $2P$　　B. $-2P$　　C. $3P$　　D. $-3P$

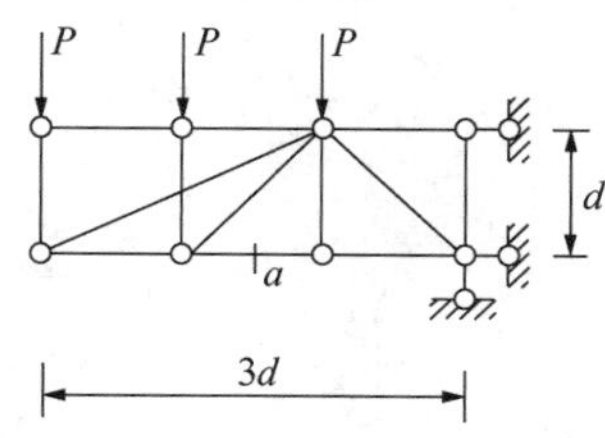

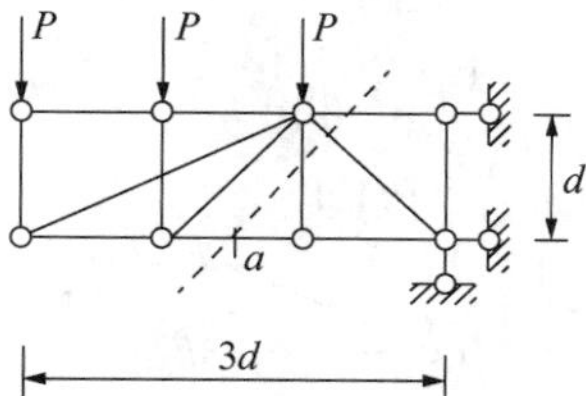

【LX0903A】附图

【答案】 D

【解析】 采用截面法，保留左半边为研究对象，以最右边 P 所在节点列弯矩方程，即可

求得杆 a 的轴力。

【LX0903B·单选题】

图示结构的零杆数目为(　　)。

A. 5　　B. 6

C. 7　　D. 8

【答案】 A

【解析】 如图示标注的为零杆。

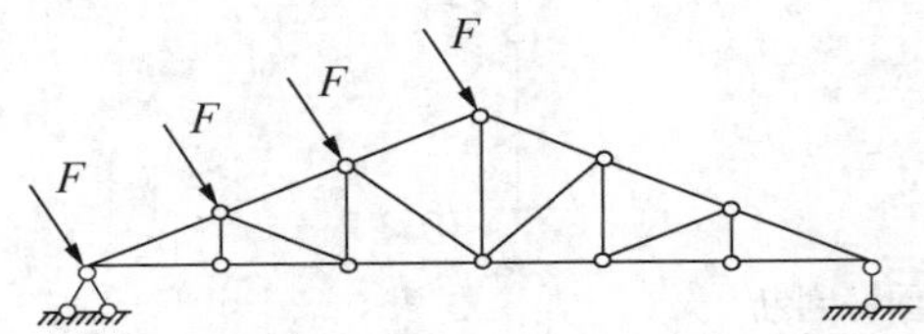

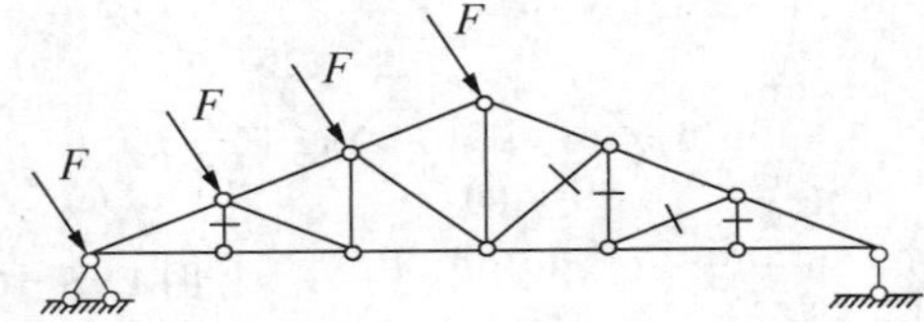

【LX0903B】附图

【LX0903C·判断题】

在理想桁架结构中,杆件都是二力杆。(　　)

【答案】 √

【解析】 理想桁架中每个杆件均为二力杆。

【LX0903D·判断题】

在理想桁架结构中,杆件内力是轴力。(　　)

【答案】 √

【解析】 理想桁架杆件只产生轴向内力

【LX0903E·计算题】

试分别用结点法和截面法求图桁架结构中杆件 25 的内力。

【答案】 60 kN

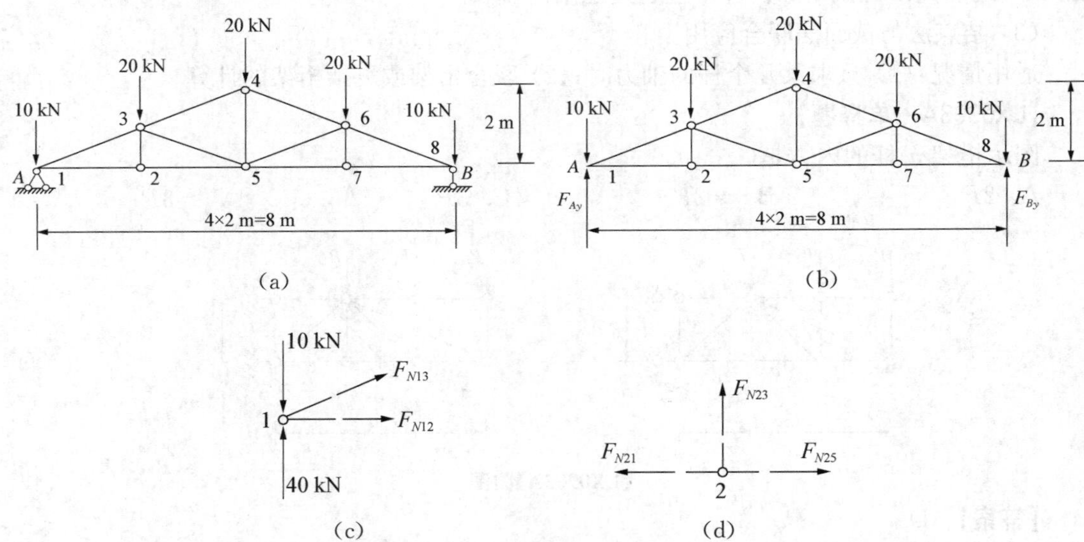

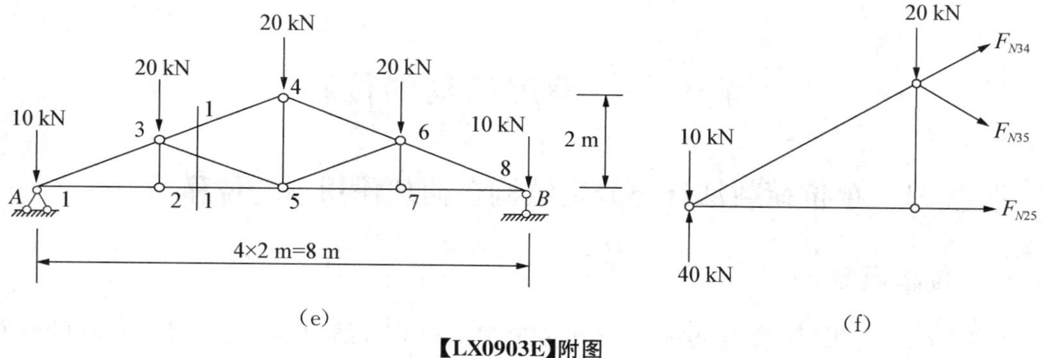

【LX0903E】附图

【解析】

(1) 以整体为研究对象，画出受力图，并求解出支座反力；

$\sum F_x = 0 \quad F_x = 0$

$\sum M_B = 0 \quad F_{Ay} = 40\ \text{kN}$

$\sum F_y = 0 \quad F_{By} = 40\ \text{kN}$

(2) 求解杆件内力；

①结点法

分别以结点1、2为研究对象，画出受力图，如图11-14(c)、(d)所示，分别求解杆件内力；

由结点1，求得 $F_{N12} = 60\ \text{kN}$；

由结点2，求得 $F_{N25} = F_{N12} = 60\ \text{kN}$。

②截面法

作1—1截面，选取左半部分为研究对象，求解杆件内力；

由 $\sum M_3 = 0$ 得，$F_{N25} = \dfrac{40 \times 2 - 10 \times 2}{1} = 60\ \text{kN}$。

考点30 静定组合结构的内力

一、什么是组合结构？

1. 既有梁式杆又有二力杆构成的结构叫组合结构。常应用于屋架、吊车梁、桥梁等。其中(1) 二力杆——只承受轴力；(2) 梁式杆——承受弯矩、剪力、轴力。

二、内力计算

1. 组合结构的计算要点：先求二力杆内力，后求梁式杆内力。

2. 正确区分二力杆和梁式杆，注意这两类不同特征的杆件汇交的铰接点不能作为与桁架结点法相同的使用。

【LX0904A·判断题】

梁式杆的内力只有轴力。 (　　)

【答案】 ×

【解析】 梁式杆的内力包含轴力、剪力和弯矩。

第十节　静定结构的位移

考点 31　单位荷载法计算静定结构在荷载作用下的位移

一、位移概念

1. 定义：在外因（荷载、温度变化、支座沉降等）作用下，结构将发生尺寸和形状的改变，这种改变称为变形。结构变形后，其上各点的位置会有变动，这种位置的变动称为位移。某一截面相对于初始状态位置的变化叫作该截面的位移，包括截面移动和截面转动，即线位移和角位移。位移是矢量，有大小、方向。

2. 位移的种类

(1) 线位移：水平位移；竖向位移

(2) 角位移：转动方向

3. 广义位移概念

(1) 绝对位移：一个截面相对自身初始位置的位移，包括线位移和角位移。

(2) 相对位移：一个截面相对另一个截面的位移，包括相对线位移和相对角位移。

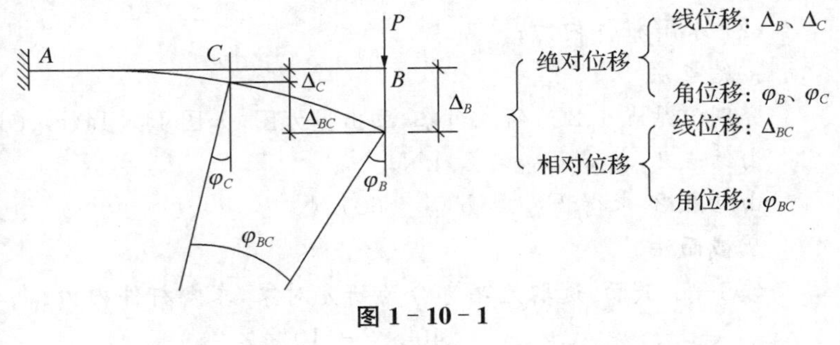

图 1-10-1

二、产生结构位移的原因

1. 荷载作用

2. 温度变化和材料胀缩

3. 支座沉降和制作误差

三、计算结构位移的原理

1. 位移的假设条件：线弹性变形体在小变形条件下的位移

2. 计算原理：变形体系的虚功原理

3. 计算方法：虚设单位荷载法

四、虚功原理

1. 实功和虚功

(1) 常力实功：实功与力和位移两个因素有关

① 力所做的功等于物体上作用力 F 和沿力方向的相应位移△的乘积。

② 力偶所做的功等于力偶矩 M 与角位移 θ 的乘积。

(2) 静力实功

① 静力概念:静力荷载加载到结构上是有一个过程的,荷载从零增加到最后值,结构的内力和位移也达到最后值;在整个加载过程中,外力和内力始终保持静力平衡。

对于线弹性结构,在静力荷载加载的过程中,结构的位移和荷载成正比。

② 在静外力 F_1 作用下,变形体在力的作用点沿力的方向发生位移 Δ_{11}。静力实功为:$W=F_1\Delta_{11}/2$

(3) 虚功

在简支梁上先加载 P_1,使力 P_1 作用点 1 的位移达到终值 Δ_{11},然后在作用点 2 加载 F_2,使力 P_1 的作用点发生位移 Δ_{12},力 P_1 在位移 Δ_{12}上做的功叫虚功,即:$W_{12}=F_1\Delta_{12}$

虚功中的力和位移两个要素不相关,即无因果关系。虚功具有常力功的形式。

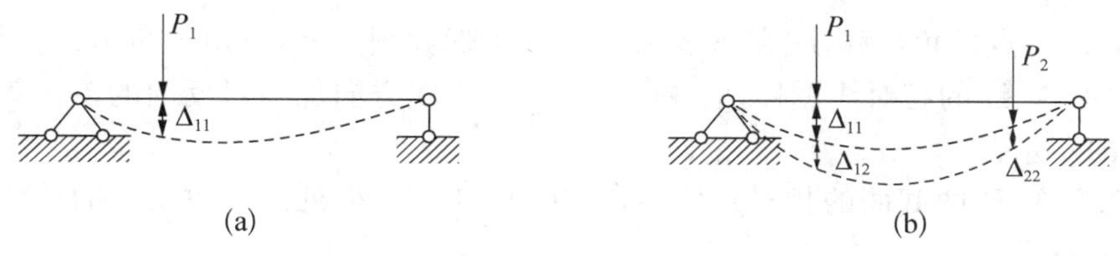

图 1-10-2

说明:位移下标的意义:

第一个下标表示位移的位置和方向;第二个下标表示产生该位移的原因。

2. 虚功原理及应用

(1) 刚体体系的虚功原理

在具有理想约束的刚体体系中,若力状态中的力系满足静力平衡条件,则该力在相应的刚体位移上所做的外力虚功之和等于零,即 $W_{外}=0$。

(2) 变形体体系的虚功原理

对于任意微小的虚位移,外力所作虚功的总和等于各微段上的内力在变形上所作虚功的总和,即 $W_{外}=W_{内}$。

(3) 应用

可虚设位移(或力)状态,求实际的力(或位移)。因此,虚功原理有两种应用。

① 虚设单位位移法:已知一个力状态,虚设一个单位位移状态,利用虚功方程求力状态中的未知力。这时,虚功原理也称为虚位移原理。

② 虚设单位荷载法:已知一个位移状态,虚设一个单位力状态,利用虚功方程求位移状态中的未知位移。这时,虚功原理也称为虚力原理。

(4) 注意

① 位移和变形是微小量,位移曲线光滑连续,并符合约束条件。

② 对于弹性、非弹性、线性、非线性变形体,虚功原理均适用。

③ 在虚功原理中，做功的力和位移独立无关，可以虚设力也可虚设位移。

3. 刚体体系虚功原理的应用举例

(1) 采用虚设单位荷载法利用虚功方程求静定结构位移。

(2) 采用虚设单位位移法利用虚功方程求静定结构反力。

五、结构位移计算的一般公式

1. 位移计算的一般公式

$$\Delta = \sum\int \overline{F_{\mathrm{N}}}\mathrm{d}u + \sum\int \overline{M}\mathrm{d}\varphi + \sum\int \overline{F_{Q}}\mathrm{d}\eta - \sum \overline{R_{i}}C_{i}$$

2. 虚设单位荷载的几种情况[以图 1-10-3(a)为例]

(1) 欲求 A 点的水平线位移时，应在 A 点沿水平方向加一单位集中力如图 1-10-3(b)所示；

(2) 欲求 A 点的角位移，应在 A 点加一单位力偶如图 1-10-3(c)所示；

(3) 欲求 A、B 的相对线位移，应在两点沿 AB 连线方向加一对反向的单位集中力如图 1-10-3(d)所示；

(4) 欲求 A、B 两截面的相对角位移，应在 A、B 两截面处加一对反向的单位力偶如图 1-10-3(e)所示。

说明：在计算桁架某杆件的角位移或某两个杆件的相对角位移时，虚单位力偶是设在相应杆两端的且与杆轴垂直的一对大小相等方向相反得一对平行力，力的值为 $1/l$(l 为杆长)。

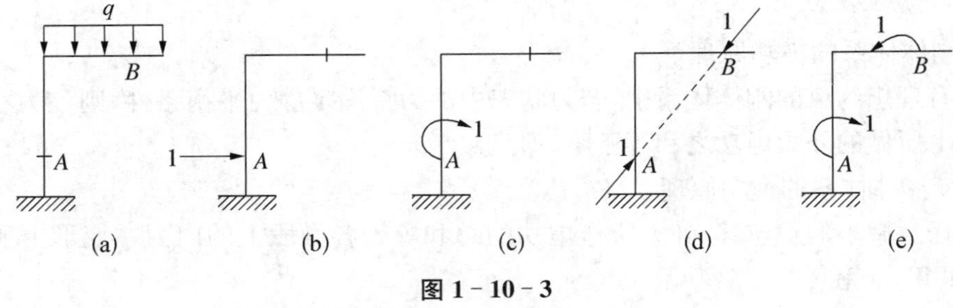

图 1-10-3

六、结构在荷载作用下的位移计算

1. 结构在荷载作用下的位移计算公式

结构只受荷载作用，无支座位移，则公式可简化为：

$$\Delta = \sum\int \overline{F_{\mathrm{N}}}\mathrm{d}u + \sum\int \overline{M}\mathrm{d}\varphi + \sum\int \overline{F_{Q}}\gamma\,\mathrm{d}s$$

公式进一步推导，可得：

$$\Delta = \sum\int \frac{F_{\mathrm{N}P}\overline{F_{\mathrm{N}}}}{EA}\mathrm{d}s + \sum\int \frac{M_{P}\overline{M}}{EI}\mathrm{d}s + \sum\int \frac{kF_{QP}\overline{F_{Q}}}{GA}\mathrm{d}s$$

相对转角

$$d\varphi = \frac{1}{\rho} ds = k\, ds$$

相对剪切变形

$$d\eta = \gamma\, ds$$

相对轴向变形

$$du = \varepsilon\, ds$$

由材料力学公式，可知：

$$d\varphi = \frac{1}{\rho} ds = \frac{M_P}{EI} ds$$

$$d\eta = \gamma\, ds = \frac{kF_{QP}}{GA} ds$$

$$du = \varepsilon\, ds = \frac{F_{NP}}{EA} ds$$

其中：

① F_{NP}、M_P、F_{QP}——实际荷载作用下引起的 dS 微段上的内力；

② $\overline{F_N}$、$\overline{M}$、$\overline{F_S}$——虚设单位荷载作用下引起的 dS 微段上的内力；

③ $M_P\overline{M}$的乘积——同侧受拉为正，异侧受拉为负。

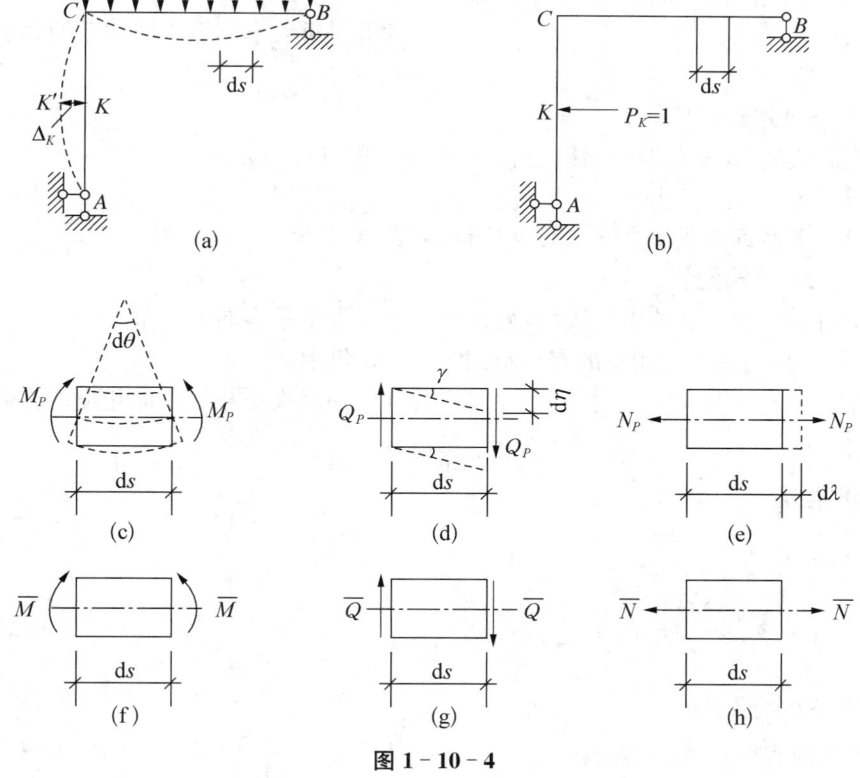

图 1－10－4

对于不同的杆件结构类型公式可进一步简化：

①梁和刚架：以受弯为主，不考虑剪力和轴力的影响

$$\Delta=\sum\int\frac{M_P\,\overline{M}}{EI}\mathrm{d}s$$

②桁架：杆件内力只有轴力

$$\Delta=\sum\int\frac{F_{NP}\,\overline{F_N}}{EA}\mathrm{d}s=\sum\frac{F_{NP}\,\overline{F_N}}{EA}L$$

③组合结构：梁式杆只考虑弯矩，二力杆只有轴力

$$\Delta=\sum\int\frac{F_{NP}\,\overline{F_N}}{EA}\mathrm{d}s+\sum\int\frac{M_P\,\overline{M}}{EI}\mathrm{d}s$$

2. 利用单位荷载法计算结构位移的步骤

①根据欲求位移虚设相应的单位荷载状态；

②列出结构各杆段在虚设单位荷载状态下和实际荷载作用下的内力方程；

③将各内力方程分别代入位移计算公式，分段积分。求总和即可计算出所求位移；

【LX1001A·单选题】

用单位荷载法求两截面的相对转角时，所设单位荷载应是(　　)。

A. 一对大小相等方向相反的集中荷载　　B. 集中荷载

C. 弯矩　　D. 一对大小相等方向相反的力偶

【答案】 D

【LX1001B·判断题】

用单位荷载法求一点的角位移，应在 A 点加一单位集中力。(　　)

【答案】 ×

【解析】 用单位荷载法求一点的角位移，应在 A 点加一单位力偶。

【LX1001C·单选题】

用单位荷载法求一点的水平线位移时，应在该点沿水平方向加一单位(　　)。

A. 一对大小相等方向相反的集中荷载　　B. 集中力

C. 弯矩　　D. 一对大小相等方向相反的力偶

【答案】 B

七、图乘法

1. 图乘法公式：

$$\Delta=\sum\int\frac{\overline{M}M_P}{EI}dx=\sum\frac{(\pm)Ay_0}{EI}$$

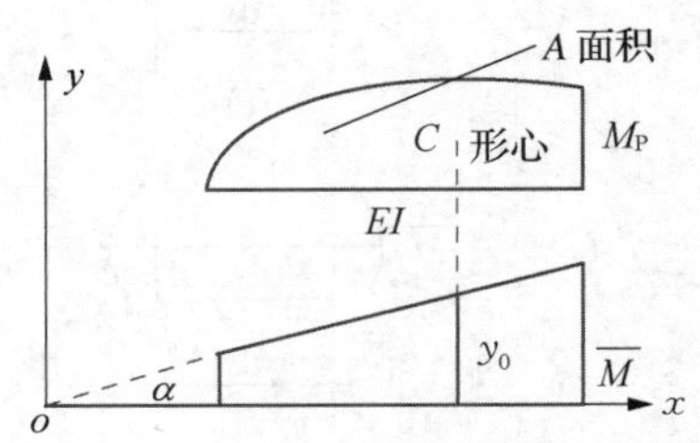

图 1-10-5　图乘法示意图

2. 图乘法公式条件

(1) 等截面直杆且 EI＝常数

(2) 求 y_0 图形必须为一条直线

3. 正负号确定

面积 A 与 y_0 同侧取"+"号

注意：求面积的图形要会求面积和形心位置。

为使计算过程简洁、明了，先将面积和形心处对应弯矩求出标在弯矩图一侧，然后直接代入图乘法公式求得位移。

【LX1001D 单选题】

用图乘法求位移的必要条件之一是：(　　)。

A. 单位荷载下的弯矩图为一直线　　B. 结构可分为等截面直杆段

C. 所有杆件 EI 为常数且相同　　D. 结构必须是静定的

【答案】 B

【解析】 图乘法公式条件：

(1) 等截面直杆且 EI=常数

(2) 求 y_0 图形必须为一条直线

【LX1001E 计算题】

求如图(a)悬臂梁自由端的挠度。EI 为常数。

【答案】 方法一(积分法)：

(1) 荷载作用的实状态，以及坐标如图(a)，其弯矩方程为：

$$M(x)=-qlx-\frac{1}{2}qx^2 \quad (0\leqslant x<l)$$

(2) 建立虚设单位力状态，以及坐标如图(b)所示，其弯矩方程为：

$$\overline{M_i}(x)=-x \quad (0\leqslant x<l)$$

(3) 积分法求梁自由端的竖向位移 Δ_B^V。

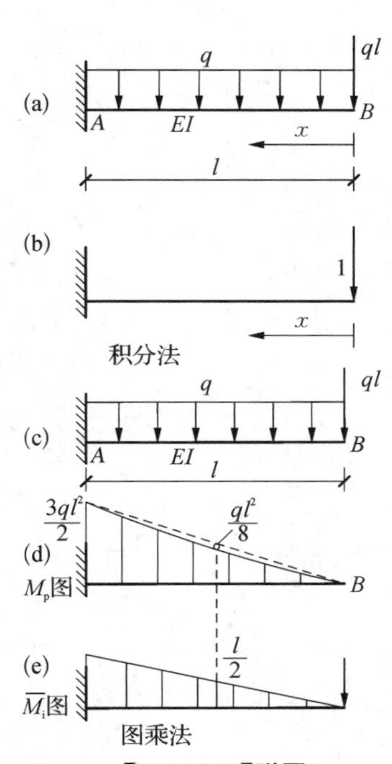

【LX1001E】附图

$$\Delta_B^V=\sum\int\frac{\overline{M}_i\cdot M_p}{EI}dx=\int_0^l\frac{(-x)\cdot\left(-qlx-\frac{1}{2}qx^2\right)}{EI}dx$$

$$=\frac{q}{EI}\int_0^l\left(lx^2+\frac{1}{2}x^3\right)\cdot dx$$

$$=\frac{q}{EI}\left(\frac{1}{3}lx^3+\frac{1}{8}x^4\right)\Big|_0^l=\frac{11ql^4}{24EI}(\downarrow)$$

方法二(图乘法)：

(1) 荷载作用的实状态，其弯矩图如图(d)所示。

(2) 建立虚设单位力状态，其弯矩图如图(e)所示。

(3) 图乘梁(d)、(e)求自由端的竖向位移 Δ_B^V。

$$\Delta_B^V=\frac{3ql^2/2\cdot l\cdot l}{3EI}-\frac{\left(2/3\cdot\frac{ql^2}{8}\cdot l\right)\cdot\frac{1}{2}}{EI}=\frac{11ql^4}{24EI}(\downarrow)$$

考点32 静定结构在支座移动作用下的位移

一、支座移动对静定结构的影响

支座移动对静定结构不产生内力,也无变形。支座移动会使结构产生刚体位移。

二、支座移动时的位移计算

1. 计算公式:$\Delta=-\overline{R_i}C_i$
2. 各参数的含义
$\overline{R_i}$——虚设单位荷载作用下的支座反力;
C_i——实际状态下的支座位移;
$\overline{R_i}C_i$——$\overline{R_i}$的方向与位移C_i方向一致时乘积为正值,反之为负。

【LX1002A・判断题】
温度改变、支座移动和制造误差等因素在静定结构中均引起内力。 ( )
【答案】 ×
【解析】 支座移动和制造误差等因素在静定结构中不会引起内力。

第十一节　力法计算超静定结构

考点 33　力法的基本原理

1. 力法基本原理

力法是计算超静定结构最基本的方法。遵循材料力学中同时考虑"变形、本构、平衡"分析超静定问题的思想，可有不同的出发点：以力作为基本未知量，在自动满足平衡条件的基础上进行分析，这时主要应解决变形协调问题，这种分析方法称为力法。

2. 力法的基本结构

如图 1－11－1(a)所示是一个二次超静定结构，将多余约束去除，代以未知约束反力，如图 1－11－1(b)所示，这样原结构就转化为静定结构，将含有未知约束反力的静定结构称为力法的基本结构。

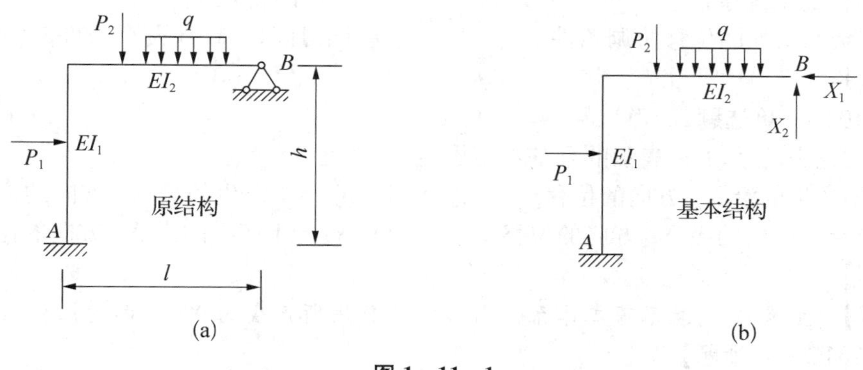

图 1－11－1

3. 力法典型方程

力法典型方程是根据原结构的位移条件建立起来的。典型方程的数目等于结构的超静定次数。n 次超静定结构的基本体系有 n 个多余未知力，相应的有 n 个位移协调条件。利用叠加原理将这些位移条件表述成如下的力法典型方程：

$$\begin{cases}\delta_{11}X_1+\delta_{12}X_2+\cdots+\delta_{1n}X_n+\Delta_{1p}+\Delta_{1c}+\Delta_{1t}=\Delta_1\\ \delta_{21}X_1+\delta_{22}X_2+\cdots+\delta_{2n}X_n+\Delta_{2p}+\Delta_{2c}+\Delta_{2t}=\Delta_2\\ \cdots\cdots\\ \delta_{n1}X_1+\delta_{n2}X_2+\cdots+\delta_{nn}X_n+\Delta_{np}+\Delta_{nc}+\Delta_{nt}=\Delta_n\end{cases}\quad(1-11-1)$$

如图 1－11－2 所示，Δ_{1P} 表示基本结构上多余未知力 X_1 的作用点沿其作用方向，由于荷载单独作用时所产生的位移；Δ_{2P} 表示基本结构上多余未知力 X_2 的作用点沿其作用方向，由于荷载单独作用时所产生的位移；δ_{ij} 表示基本结构上 X_i 的作用点沿其作用方向，由于

$\overline{X}_j=1$ 单独作用时所产生的位移。根据迭加原理，式(1-11-1)可写成以下形式

$$\begin{cases}\Delta_1=\delta_{11}X_1+\delta_{12}X_3+\Delta_{1P}=0\\ \Delta_2=\delta_{11}X_1+\delta_{22}X_3+\Delta_{1P}=0\end{cases} \tag{1-11-2}$$

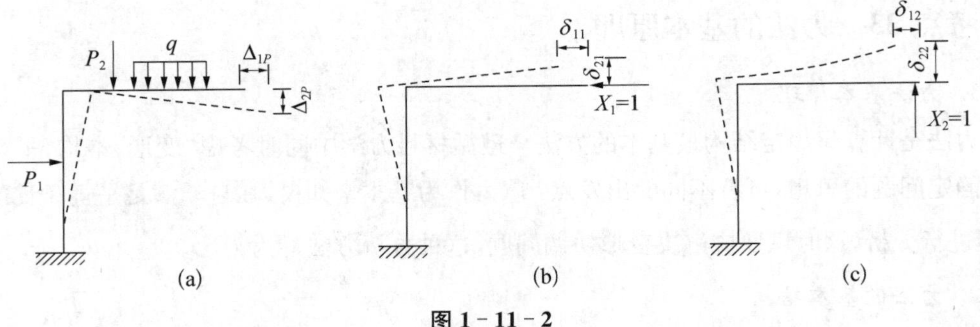

图 1-11-2

【LX1101A·单选题】

力法典型方程是根据(　　)条件得到的。

A. 结构的平衡条件　　B. 结构的物理条件

C. 多余约束处的位移协调条件　　D. 同时满足 A、B 两个条件

【答案】 C

【LX1101B·单选题】

力法方程中的系数 δ_{ii} 表示的是基本结构由(　　)。

A. X_i 产生的沿 X_k 方向的位移　　B. $X_i=1$ 产生的沿 X_k 方向的位移

C. $X_i=1$ 产生的沿 X_i 方向的位移　　D. $X_k=1$ 产生的沿 X_i 方向的位移

【答案】 C

【解析】 主系数 δ_{ii} 表示基本体系仅由 $Xi=1$ 作用所产生的 Xi 方向的位移

【LX1101C·判断题】

力法的基本未知量是多余约束；力法方程是通过变形协调条件而建立的。(　　)

【答案】 √

【LX1101D·判断题】

力法的基本体系是不唯一的，且可以是可变体系。(　　)

【答案】 ×

【解析】 基本结构是静定结构，为几何不变体系。

【LX1101E·判断题】

力法典型方程的等号右端项不一定为 0。(　　)

【答案】 √

【解析】 典型方程的等号右端为多余约束处的变形，不一定为 0。

考点 34　力法计算超静定梁，作最后内力图

1. 力法解题步骤

(1) 选取基本结构。确定原结构的超静定次数，去掉所有的多余约束代之以相应的多

余未知力 X_i，从而得到基本结构。

(2) 建立力法方程。根据基本结构在多余未知力和荷载共同作用下，沿多余未知力方向的位移应与原结构中相应的位移具有相同的条件，建立力法方程。

(3) 计算系数和自由项。首先作基本结构在荷载和各单位未知力分别单独作用在基本结构上的弯矩图 M_P 和 $\overline{M_i}$ 或写出内力表达式，然后按求位移的方法计算系数和自由项。

(4) 求多余未知力。将计算的系数和自由项代入力法方程，求解得各多余未知力 X_i。

(5) 绘制内力图。求出多余未知力后，按分析静定结构的方法，绘制原结构最后内力图。最后弯矩图也可以利用已作出的基本结构的单位弯矩图和荷载弯矩图按叠加求得。

2. 几点注意：

(1) 力法方程的物理含义是：基本体系在外部因素和多余未知力共同作用下产生的多余未知力方向上的位移，应等于原结构相应的位移。实质上是位移协调条件。

(2) 主系数 δ_{ii} 表示基本体系仅由 $X_i=1$ 作用所产生的 X_i 方向的位移。

副系数 δ_{ij} 表示基本体系仅由 $X_j=1$ 作用所产生的 X_i 方向的位移。

主系数恒大于零，负系数可为正、负或零。力法方程的系数只与结构本身和基本未知力的选择有关，是基本体系的固有特性，与结构上的外因无关。

【LX1102A · 单选题】

如下图所示结构，若取梁 B 截面弯矩为力法的基本未知量 X_1，当 I_2 增大时，则 X_1 绝对值(　　)。

A. 增大

B. 减小

C. 不变

D. 增大或减小，取决于 I_2/I_1 比值

【LX1102A】附图

【答案】 C

【LX1102B · 单选题】

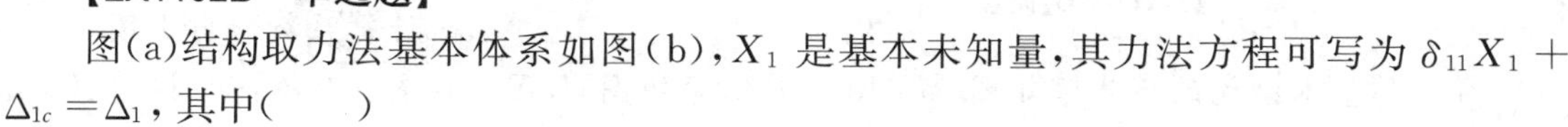

图(a)结构取力法基本体系如图(b)，X_1 是基本未知量，其力法方程可写为 $\delta_{11}X_1+\Delta_{1c}=\Delta_1$，其中(　　)

A. $\Delta_{1c}>0, \Delta_1=0$

B. $\Delta_{1c}<0, \Delta_1=0$

C. $\Delta_{1c}=0, \Delta_1>0$

D. $\Delta_{1c}=0, \Delta_1<0$

(a)　　(b)

【LX1102B】附图

【答案】 A

【LX1102C · 简答题】

试述用力法求解超静定结构的步骤。

【答案】

(1) 选取基本结构。确定原结构的超静定次数，去掉所有的多余约束代之以相应的多余未知力 X_i，从而得到基本结构。

(2) 建立力法方程。根据基本结构在多余未知力和荷载共同作用下，沿多余未知力方向的位移应与原结构中相应的位移具有相同的条件，建立力法方程。

(3) 计算系数和自由项。首先作基本结构在荷载和各单位未知力分别单独作用在基本结构上的弯矩图 M_P 和$\overline{M}_i$或写出内力表达式,然后按求位移的方法计算系数和自由项。

(4) 求多余未知力。将计算的系数和自由项代入力法方程,求解得各多余未知力 X_i。

(5) 绘制内力图。求出多余未知力后,按分析静定结构的方法,绘制原结构最后内力图。最后弯矩图也可以利用已作出的基本结构的单位弯矩图和荷载弯矩图按叠加求得。

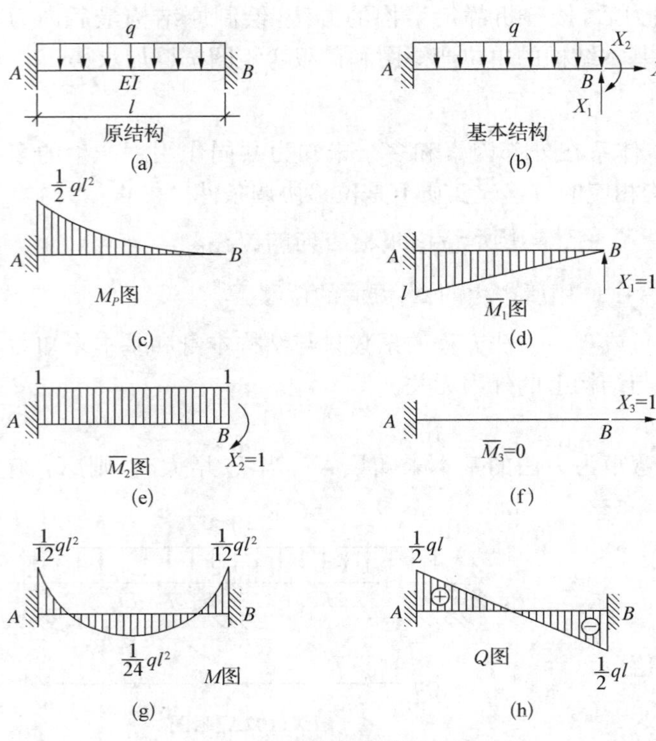

【LX1102D】附图

【LX1102D·计算题】

作图(a)所示单跨超静定梁的内力图。已知梁的 EI、EA 均为常数。

【解析】

(1) 选取基本结构

原结构是三次超静定梁,去掉支座 B 的固定端约束,并代之以相应的多余未知力 X_1、X_2 和 X_3,得到图(b)所示的悬臂梁作为基本结构。

(2) 建立力法方程

根据原结构支座 B 处位移为零的条件,可以建立如下力法方程

$$\delta_{11}X_1+\delta_{12}X_2+\delta_{13}X_3+\Delta_{1P}=0$$
$$\delta_{21}X_1+\delta_{22}X_2+\delta_{23}X_3+\Delta_{2P}=0$$
$$\delta_{31}X_1+\delta_{32}X_2+\delta_{33}X_3+\Delta_{3P}=0$$

(3) 计算系数和自由项

分别作基本结构的荷载弯矩图 M_P 图和单位弯矩图$\overline{M}_1$图、$\overline{M}_2$图、$\overline{M}_3$图,如图(c)、(d)、(e)、(f)所示,利用图乘法求得力法方程中各系数和自由项分别为

$$\delta_{11}=\frac{l^3}{3EI},\delta_{22}=\frac{l}{EI},\delta_{33}=\frac{l}{EA},$$

$$\delta_{12}=\delta_{21}=-\frac{l^2}{2EI},\delta_{13}=\delta_{31}=0,$$

$$\delta_{23}=\delta_{32}=0,\Delta_{3P}=0,$$

$$\Delta_{1P}=-\frac{ql^4}{8EI},\Delta_{2P}=\frac{ql^3}{6EI}。$$

(4) 求多余未知力

将以上各系数和自由项代入力法方程,得

$$\frac{l^3}{3EI}X_1-\frac{l^2}{2EI}X_2-\frac{ql^4}{8EI}=0$$

$$-\frac{l^2}{2EI}X_1+\frac{l}{EI}X_2+\frac{ql^3}{6EI}=0$$

$$\frac{l}{EA}X_3=0$$

解得：

$$X_1=\frac{1}{2}ql,X_2=\frac{1}{12}ql^2,X_3=0$$

(5) 作内力图

①作 M 图：根据叠加公式 $M=\overline{M_1}X_1+\overline{M_2}X_2+\overline{M_3}X_3+M_P$

②作剪力图：画 AB 梁的受力图如图所示。

由 $\sum M_A=0$ 得 $F_{QBA}=-\frac{ql}{2}$

由 $\sum F_y=0$ 得 $F_{QAB}=\frac{ql}{2}$

因为 AB 梁受到均匀分布荷载，剪力图应为斜直线，如图(h)所示。

考点 35　力法计算超静定刚架，作最后内力图

无论何种类型的超静定结构，其力法计算基本方程均一样。对于一个超静定结构，其基本结构可能有多种选择，基本方程也可以有不同的具体表达式，但不影响超静定结构支座反力和内力、位移计算的最后结果。因此在选取基本结构时，应尽可能使系数和自由项计算方便。

【LX1103A·单选题】

图(a)结构的最后弯矩图为（　　）

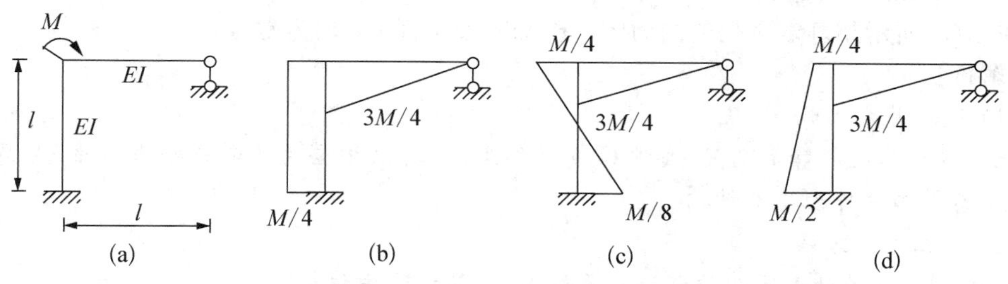

【LX1103A】附图

A. 图(b)　　B. 图(c)　　C. 图(d)　　D. 都不对

【答案】 A

【解析】 根据水平方向平衡，得出支座水平反力为 0，因此竖杆弯矩图为平行于杆件的直线。

【LX1103B·单选题】

图(a)所示结构，取图(b)为力法基本体系，EA，EI 均为常数，则基本体系中沿 X_1 方向的位移 Δ_1 等于（　　）

A. 0　　B. EA/l　　C. $-X_1l/EA$　　D. X_1l/EA

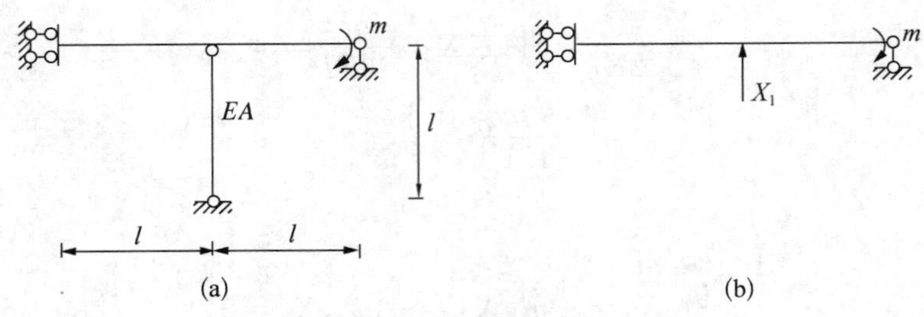

【LX1103B】附图

【答案】 C

【解析】 基本体系中沿 X_1 方向的位移 Δ_1 即为竖杆的变形。

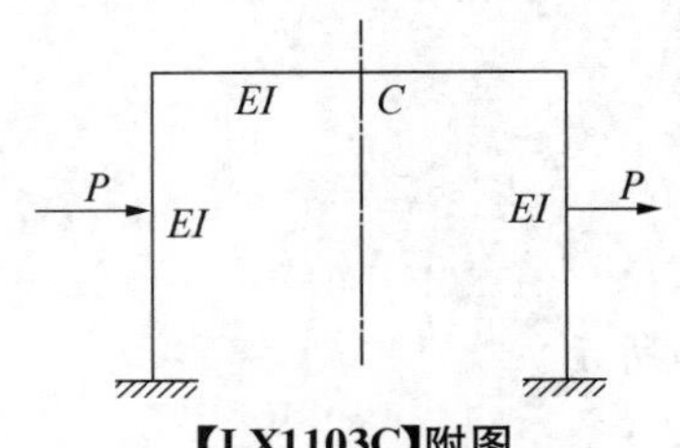

【LX1103C】附图

【LX1103C・单选题】

图示结构物理量不为零的是(　　)。

A. 竖向位移　　B. 弯矩

C. 轴力　　D. 转角

【答案】 D

【解析】 对称结构在反对称荷载作用下,内力和位移也是反对称的。

【LX1103D・单选题】

两次超静定刚架需补充(　　)个力法典型方程。

A. 1个　　B. 2个　　C. 3个　　D. 4个

【答案】 B

【解析】 典型方程的个数等于超静定次数

【LX1103E・计算题】

作图(a)所示超静定刚架的内力图。已知刚架各杆 EI 均为常数。

【解析】

(1) 选取基本结构

此结构为二次超静定刚架,去掉 C 支座约束,代之以相应的多余未知力 X_1、X_2 得如图(b)所示悬臂刚架作为基本结构。

(2) 建立力法方程

原结构 C 支座处无竖向位移和水平位移,则其力法方程为

$$\delta_{11}X_1+\delta_{12}X_2+\Delta_{1P}=0$$
$$\delta_{21}X_1+\delta_{22}X_2+\Delta_{2P}=0$$

(3) 计算系数和自由项

分别作基本结构的荷载弯矩图 M_P 图和单位弯矩图$\overline{M_1}$图、$\overline{M_2}$图,如图(c)、(d)、(e)所示。利用图乘法计算各系数和自由项分别为

$$\delta_{11}=\frac{4a^3}{3EI},\delta_{22}=\frac{a^3}{3EI}$$

$$\delta_{12}=\delta_{21}=\frac{a^3}{2EI}$$

$$\Delta_{1P}=-\frac{5qa^4}{8EI},\Delta_{2P}=-\frac{qa^4}{4EI}$$

(4) 求多余未知力

$$\frac{4a^3}{3EI}X_1+\frac{a^3}{2EI}X_2-\frac{5qa^4}{8EI}=0$$

$$\frac{a^3}{2EI}X_1+\frac{a^3}{3EI}X_2-\frac{qa^4}{4EI}=0$$

$$X_1=\frac{3qa}{7}(\uparrow)\quad X_2=\frac{3qa}{28}(\rightarrow)$$

(5) 作内力图

①根据叠加原理作弯矩图,如图(f)所示。

②根据弯矩图和荷载作剪力图,如图(g)所示。

③根据剪力图和荷载利用结点平衡作轴力图,如图(h)所示。

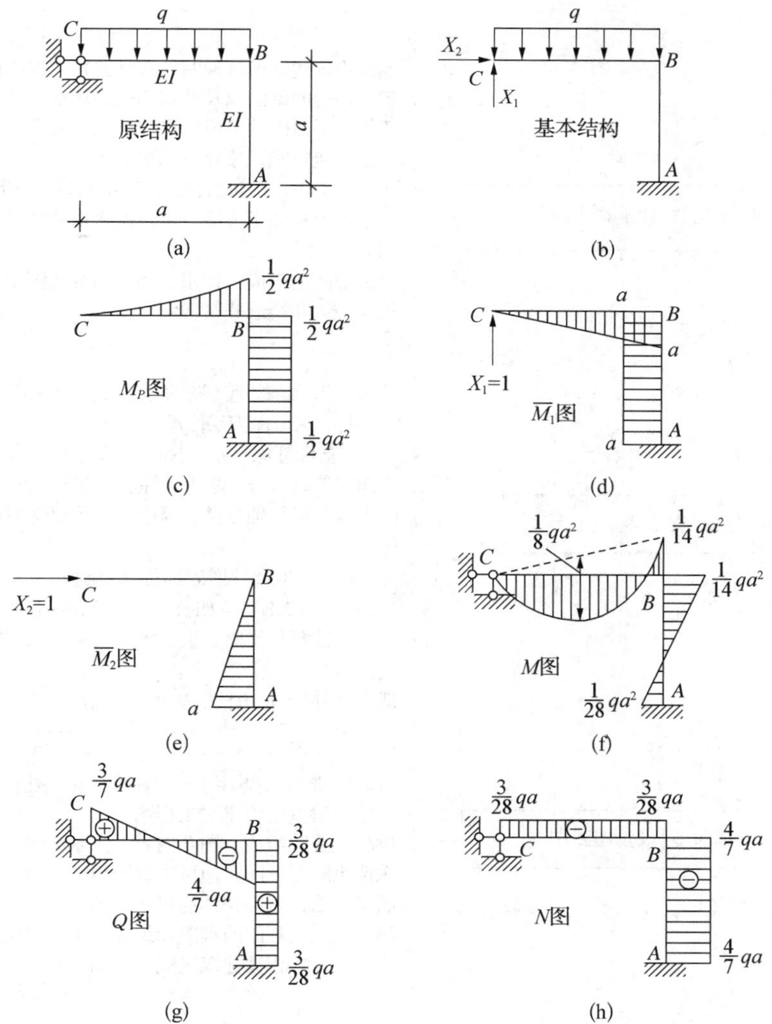

建筑识图与绘图

知识框架

建筑识图与绘图

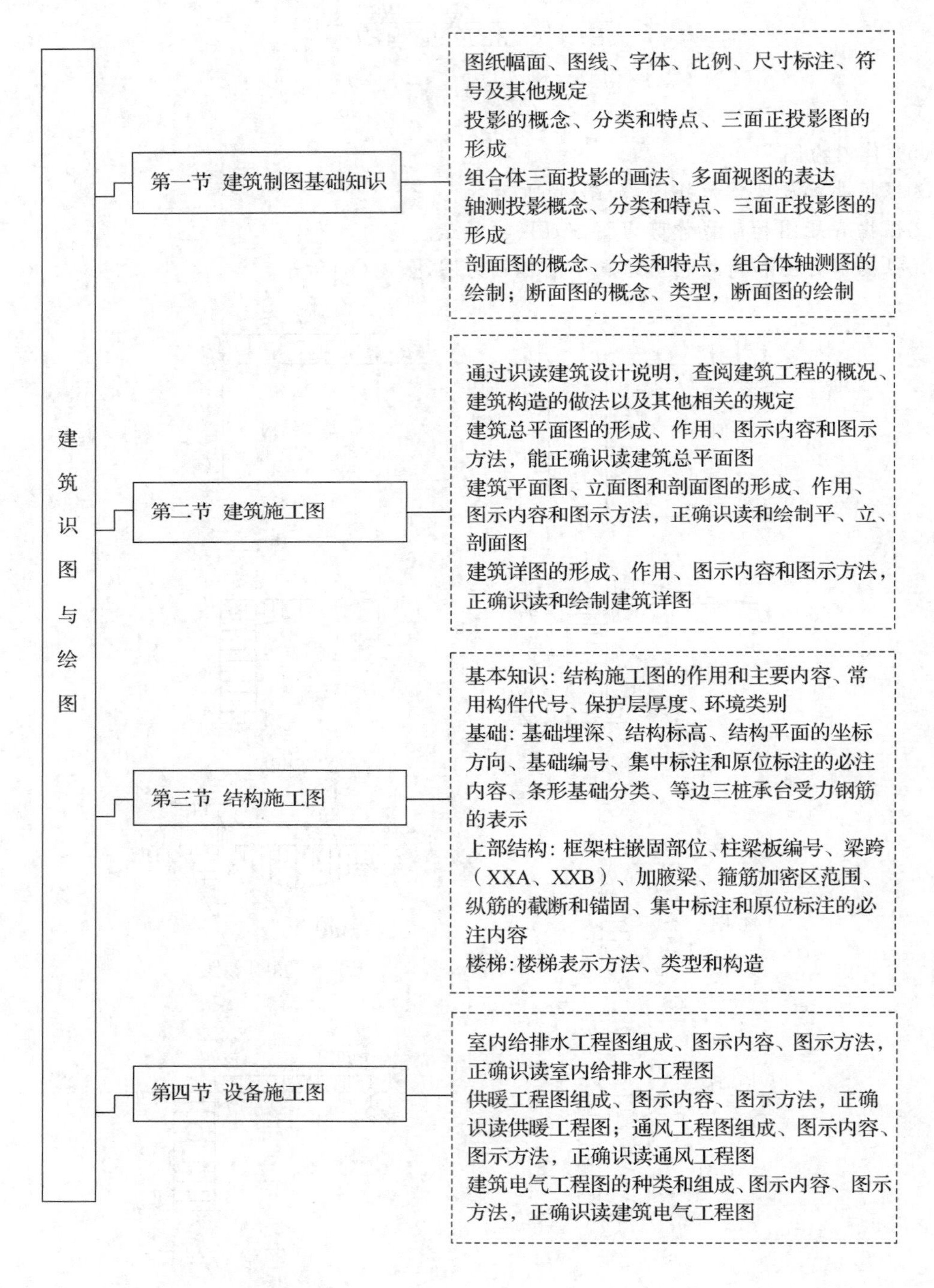

- 第一节 建筑制图基础知识
  - 图纸幅面、图线、字体、比例、尺寸标注、符号及其他规定
  - 投影的概念、分类和特点、三面正投影图的形成
  - 组合体三面投影的画法、多面视图的表达
  - 轴测投影概念、分类和特点、三面正投影图的形成
  - 剖面图的概念、分类和特点，组合体轴测图的绘制；断面图的概念、类型，断面图的绘制
- 第二节 建筑施工图
  - 通过识读建筑设计说明，查阅建筑工程的概况、建筑构造的做法以及其他相关的规定
  - 建筑总平面图的形成、作用、图示内容和图示方法，能正确识读建筑总平面图
  - 建筑平面图、立面图和剖面图的形成、作用、图示内容和图示方法，正确识读和绘制平、立、剖面图
  - 建筑详图的形成、作用、图示内容和图示方法，正确识读和绘制建筑详图
- 第三节 结构施工图
  - 基本知识：结构施工图的作用和主要内容、常用构件代号、保护层厚度、环境类别
  - 基础：基础埋深、结构标高、结构平面的坐标方向、基础编号、集中标注和原位标注的必注内容、条形基础分类、等边三桩承台受力钢筋的表示
  - 上部结构：框架柱嵌固部位、柱梁板编号、梁跨（XXA、XXB）、加腋梁、箍筋加密区范围、纵筋的截断和锚固、集中标注和原位标注的必注内容
  - 楼梯：楼梯表示方法、类型和构造
- 第四节 设备施工图
  - 室内给排水工程图组成、图示内容、图示方法，正确识读室内给排水工程图
  - 供暖工程图组成、图示内容、图示方法，正确识读供暖工程图；通风工程图组成、图示内容、图示方法，正确识读通风工程图
  - 建筑电气工程图的种类和组成、图示内容、图示方法，正确识读建筑电气工程图

第一节　建筑制图基础知识

考点 1　图纸幅面、图线、字体、比例、尺寸标注、符号及其他规定

一、图纸幅面

图纸的幅面是指图纸宽度与长度组成的图面。图框线是图纸上绘图区的边界线。绘制图样时，图纸应符合表 2-1-1 中规定的幅面尺寸。

表 2-1-1　幅面及图框尺寸

幅面代号 尺寸/mm×mm	A0	A1	A2	A3	A4
$b \times l$	841×1 189	594×841	420×594	297×420	210×297
c	10			5	
a	25				

注：表中 b 为幅面短边尺寸，l 为幅面长边尺寸，c 为图框线与幅面线间宽度，a 为图框线与装订边间宽度。

图纸的格式有横式和立式两种，见图 2-1-1。图纸以短边为垂直边称为横式，以短边

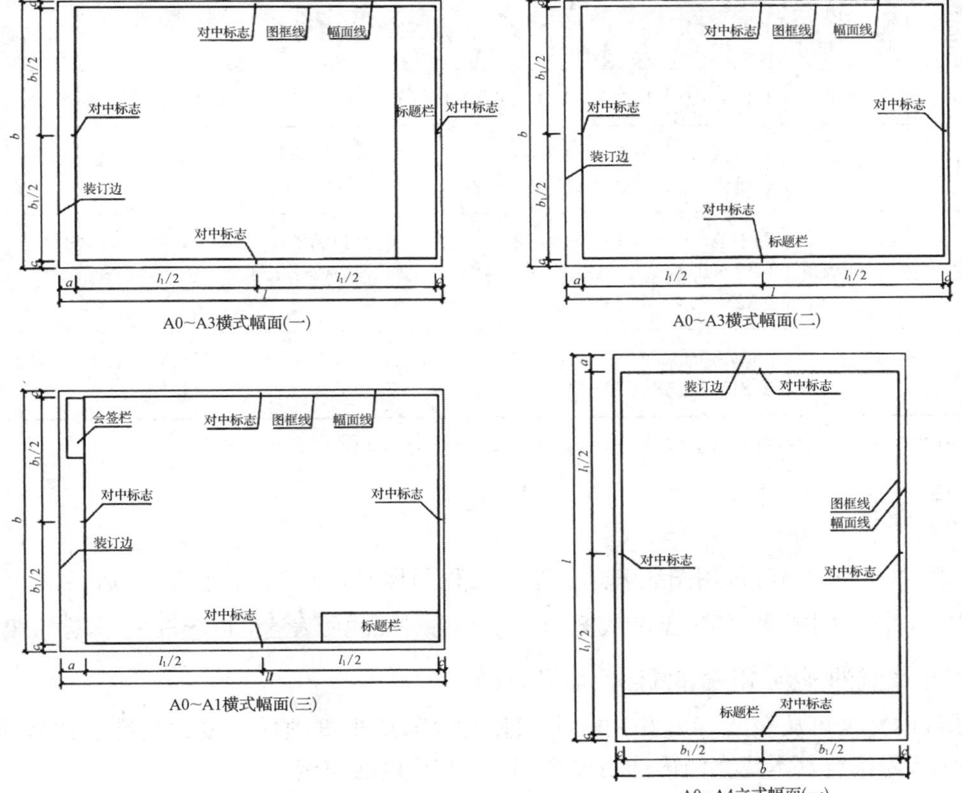

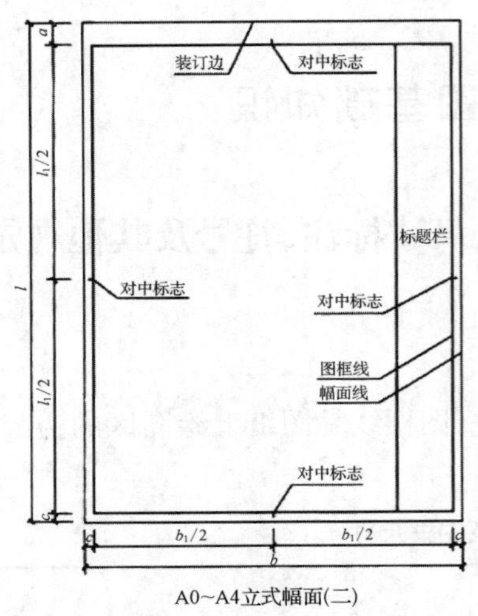

A0~A4立式幅面(二)

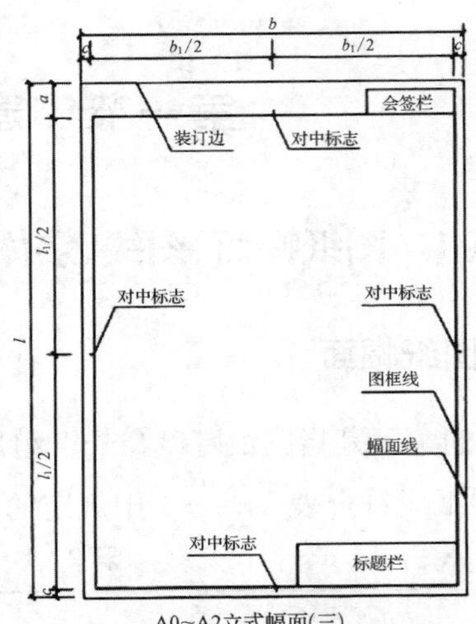

A0~A2立式幅面(三)

图 2-1-1 图纸幅面及格式

为水平边称为立式。一般 A0~A3 图纸宜采用横式;必要时也可采用立式。一个工程中,每个专业所使用的图纸,不宜多于两种幅面(不含目录及表格所采用的 A4 幅面)。

但图纸幅面长度不能满足要求时,可采用加长图纸。图纸的短边一般不应加长,长边可加长,但应符合表 2-1-2 的规定。

表 2-1-2 图纸长边加长尺寸

幅面代号	长边尺寸/mm	长边加长后的尺寸/mm
A0	1 189	1 486(A0+1/4l) 1 783(A0+1/2l) 2 080(A0+3/4l) 2 378(A0+l)
A1	841	1 051(A1+1/4l) 1 261(A1+1/2l) 1 471(A1+3/4l) 1 682(A1+l) 1 892(A1+5/4l) 2 102(A1+3/2l)
A2	594	743(A2+1/4l) 891(A2+1/2l) 1 041(A2+3/4l) 1 189(A2+l) 1 338(A2+5/4l) 1 486(A2+3/2l) 1 635(A2+7/4l) 1 783(A2+2l) 1 932(A2+9/4l) 2 080(A2+5/2l)
A3	420	630(A3+1/2l) 841(A3+l) 1 051(A3+3/2l) 1 261(A3+2l) 1 471(A3+5/2l) 1 682(A3+3l) 1 892(A3+7/2l)

注:有特殊需要的图纸,可采用 $b\times l$ 为 841 mm×891 mm 与 1 189 mm×1 261 mm 的幅面。

二、图线

工程图样中的内容都用图线表达。绘制工程图样时,为了突出重点,分清层次,区别不同的内容,需要采用不同的线型和线宽。为了使各种图线所表达的内容统一,国标对建筑工程图样中图线的种类、用途和画法都作了规定。

图线的宽度可从表 2-1-3 中选用。每个图样,应根据图样的复杂程度及比例大小合理选择,首先选定基本线宽们再选用表 2-1-3 相应的线宽组。

表 2-1-3　线宽组(mm)

线宽比	线宽组			
b	1.4	1.0	0.7	0.5
$0.7b$	1.0	0.7	0.5	0.35
$0.5b$	0.7	0.5	0.35	0.25
$0.25b$	0.35	0.25	0.18	0.13

表 2-1-4 是对工程建设制图中所采用的各种图线及其作用的规定。

表 2-1-4　线型

名称		线型	线宽	用途
实线	粗		b	主要可见轮廓线
	中粗		$0.7b$	可见轮廓线
	中		$0.5b$	可见轮廓线、尺寸、变更云线
	细		$0.25b$	图例填充线、家具线
虚线	粗		b	见各有专业制图标准
	中粗		$0.7b$	不可见轮廓线
	中		$0.5b$	不可见轮廓线、图例线
	细		$0.25b$	图例填充线、家具线
单点长画线	粗		b	见各有关专业制图标准
	中		$0.5b$	见各有关专业制图标准
	细		$0.25b$	中心线、对称线、轴线等
双点长画线	粗		b	见各有关专业制图标准
	中		$0.5b$	见各有关专业制图标准
	细		$0.25b$	假想轮廓线、成型前原始轮廓线
折断线	细		$0.25b$	断开界线
波浪线	细		$0.25b$	断开界线

画图时应注意以下问题：

(1) 同一张图纸内，相同比例的各图样，应选用相同的线宽组。

(2) 需要缩微的图纸，不宜采用 0.18 mm 及更细的线宽。

(3) 同一张图纸内，各不同线宽中的细线，可统一采用较细的线宽组的细线。

(4) 相互平行的图例线，其净间隙或线中间隙不宜小于 0.2 mm。

(5) 虚线、单点长画线或双点长画线的线段长度和间隔，宜各自相等。

(6) 单点长画线或双点长画线，当在较小图形中绘制有困难时，可用实线代替。

(7) 单点长画线或双点长画线的两端，不应是点。点画线与点画线交接或点画线与其他图线交接时，应是线段交接。

(8) 虚线与虚线交接或虚线与其他图线交接时，应是线段交接。虚线为实线的延长线时，不得与实线连接。

(9) 图线不得与文字、数字或符号重叠、混淆，不可避免时，应首先保证文字等的清晰。

三、字体

图纸上所需书写的文字、数字或符号等，均应笔画清晰、字体端正、排列整齐；标点符号应清楚正确。

文字的高度应从表 2-1-5 中选用。字体高度大于 10 mm 的文字宜采用 Truetype 字体，如需书写更大的字时，其高度应按$\sqrt{2}$的倍数递增。

表 2-1-5　文字的高度(mm)

字体种类	汉字矢量字体	Truetype 字体及非汉字矢量字体
字高	3.5、5、7、10、14、20	3、4、6、8、10、14、20

1. 汉字

汉字应采用国家公布的简化汉字。图样及说明中的汉字，宜优先采用 Truetype 字体中的宋体字型，采用矢量字体时应为长仿宋字体。同一图纸字体种类不应超过两种。长仿宋字体宽高比宜为 0.7，且应符合表 2-1-6 的规定，打印线宽宜为 0.25 mm～0.35 mm；Truetype 字体宽高比宜为 1。大标题、图册封面、地形图等的汉字，也可书写成其他字体，但应易于辨认其宽高比宜为 1。

表 2-1-6　长仿宋字高宽关系(mm)

字高	3.5	5	7	10	14	20
字宽	2.5	3.5	5	7	10	14

2. 字母和数字

图样及说明中的字母、数字，宜优先采用 Truetype 字体中的 Roman 字型。书写规则，应符合表 2-1-7 的规定。

表 2-1-7　字母及数字的书写规则

书写格式	字体	窄字体
大写字母高度	h	H
小写字母高度(上下均无延伸)	$7/10h$	$10/14h$
小写字母伸出的头部和尾部	$3/10h$	$4/14h$
笔画宽度	$1/10h$	$1/14h$
字母间距	$2/10h$	$2/14h$
上下行基准线的最小间距	$15/10h$	$21/14h$
词间距	$6/10h$	$6/14h$

字母及数字当需要书写成斜体字时，其斜度应是从字的底线逆时针向上倾斜 75°。斜体字的高度和宽度应与相应的直体字相等。

字母及数字的字高不应小于 2.5 mm。

数量的数值注写，应采用正体阿拉伯数字。各种计量单位凡前面有量值的，均应采用国家颁布的单位符号注写。单位符号应采用正体字体。

分数、百分数和比例数的注写，应采用阿拉伯数字和数字符号。例如：四分之三、百分之二十五和一比二十应写成 3/4、25％和 1：20。

当注写的数字小于 1 时，应写出个位的“0”，小数点应采用圆点，齐基准线书写，如 0.01。

长仿宋汉字、字母、数字应符合现行国家标准《技术制图字体》(GB/T 14691—1993)的有关规定。

四、比例

比例是指图形与实物相对应的线性尺寸之比。绘图所用的比例应根据图样的用途与被绘对象的复杂程度，从表 2－1－8 中选用，并应优先选用表中常用比例。

表 2－1－8　绘图所用的比例

常用比例	1：1、1：2、1：5、1：10、1：20、1：30、1：50、1：100、1：150、1：200、1：500、1：1 000、1：2 000
可用比例	1：3、1：4、1：6、1：15、1：25、1：40、1：60、1：80、1：250、1：300、1：400、1：600、1：5 000、1：10 000、1：20 000、1：50 000、1：100 000、1：200 000

比例宜注写在图名的右侧，字的基准线应取平；比例的字高应比图名的字高小一号或二号，如图 2－1－2 所示。当整张图纸的图形都采用同一种比例绘制时，可将比例统一注写在标题栏中比例一项中。

首层平面图 1：100　楼梯详图 1：50　$\frac{3}{5}$ 1：20

图 2－1－2　比例的注写

一般情况下，一个图样应选用一种比例。根据专业制图需要，同一图样可选用两种比例。

特殊情况下也可自选比例，这时除应注出绘图比例外，还应在适当位置绘制出相应的比例尺。

五、尺寸标注

图样除了画出建筑物及其各部分的形状外，还必须准确、详尽和清晰地标注尺寸，以确定其大小，作为施工时的依据。

1. 尺寸标注四要素

图样上的尺寸由尺寸界线、尺寸线、尺寸起止符号和尺寸数字四个要素组成，见图 2－1－3。

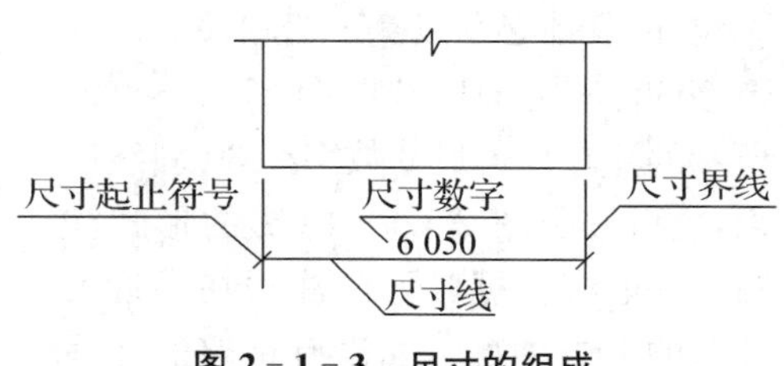

图 2－1－3　尺寸的组成

(1) 尺寸线

尺寸线应用细实线绘画，并应与被注长度平

行，且应垂直于尺寸界线。互相平行的尺寸线，应从被注写的图样轮廓线由近向远整齐排列，较小尺寸应离轮廓线较近，较大尺寸应离轮廓线较远；平行排列的尺寸线的间距，宜为7～10 mm，并应保持一致；尺寸线与图样轮廓线之间的距离，不宜小于10 mm，如图2-1-4所示；尺寸线应单独绘制，图样本身的任何图线都不得用作尺寸线。

（2）尺寸界线

尺寸界线应用细实线绘制，应与被注长度垂直，其一端应离开图样轮廓线不小于2 mm，另一端宜超出尺寸线2～3 mm，图样轮廓线可用作尺寸界线，见图2-1-5。总尺寸的尺寸界线应靠近所指部位，中间的分尺寸的尺寸界线可稍短，但其长度应相等，如图2-1-4所示。

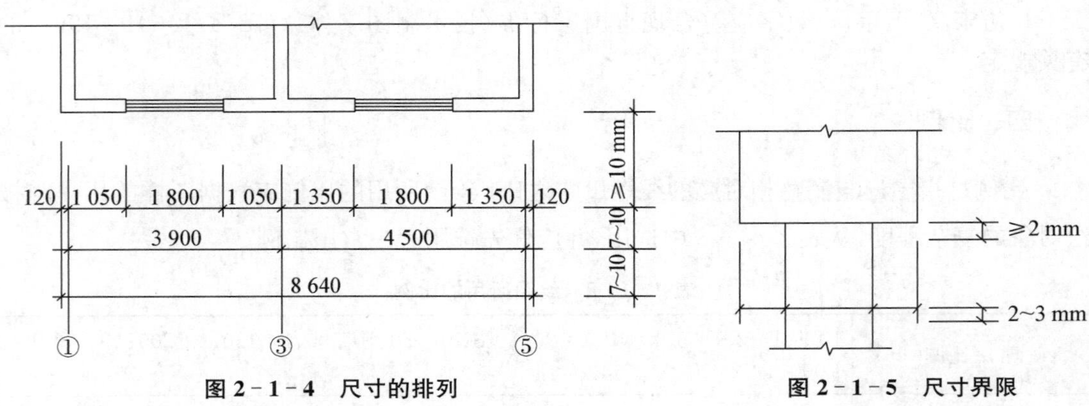

图2-1-4　尺寸的排列　　图2-1-5　尺寸界限

（3）尺寸起止符号

尺寸起止符号一般用中粗斜短线绘制，其倾斜方向应与尺寸界线成顺时针45°角，长度宜为2～3 mm。轴测图中用小圆点表示尺寸起止符号，小圆点直径1 mm(图2-1-6)。半径、直径、角度与弧长的尺寸起止符号，宜用箭头表示，箭头宽度b不宜小于1 mm(图2-1-7)。

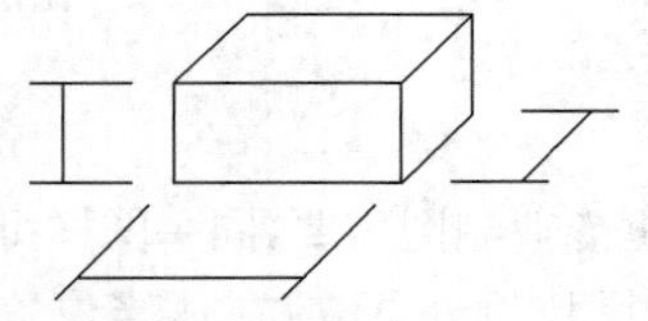

图2-1-6　轴测图尺寸起止符号

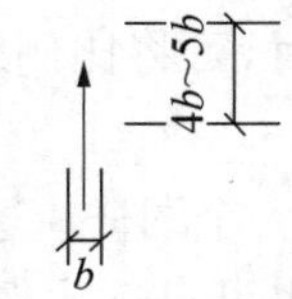

图2-1-7　箭头尺寸起止符号

（4）尺寸数字

图样上的尺寸，应以尺寸数字为准，不得从图上直接量取。图样上的尺寸数字单位，除 标高及总平面以米为单位外，其他必须以毫米为单位。尺寸数字的注写方向应按照图2-1-8(a)所示的注写。若尺寸数字在30°斜线区内，也可按照图2-1-8(b)的形式注写。一般应依据其方向注写在靠近尺寸线的上方中部。如没有足够的注写

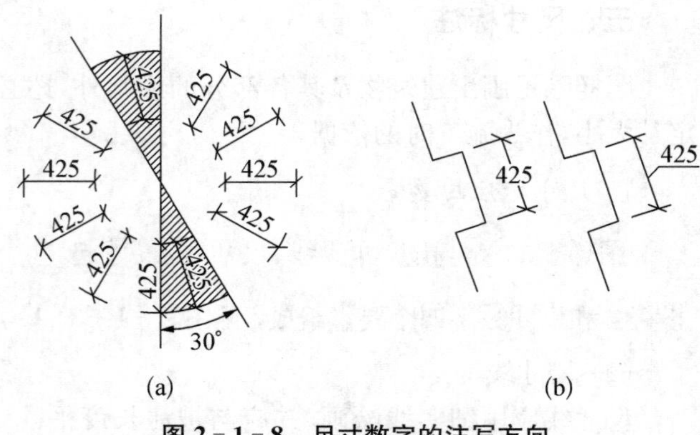

图2-1-8　尺寸数字的注写方向

位置，最外边的尺寸数字可注写在尺寸界线的外侧，中间相邻的尺寸数字可上下错开注写；可用引出线表示标注尺寸的位置；同一张图之内的尺寸数字大小应一致，如图 2-1-9 所示。

尺寸宜标注在图样轮廓线以外，不宜与图线、文字及符号等相交。如图 2-1-10 所示。

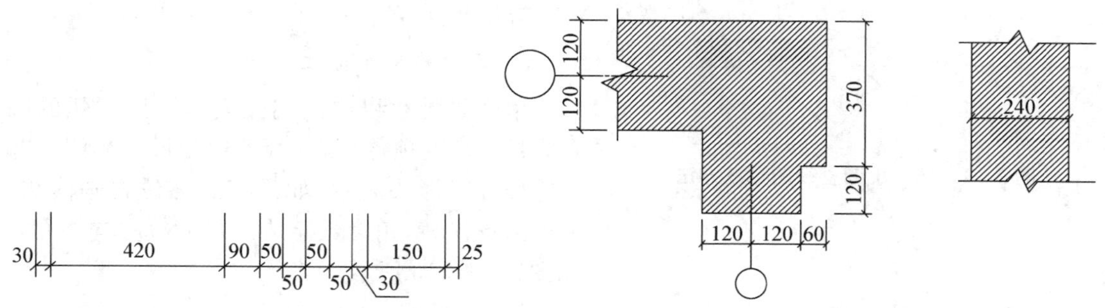

图 2-1-9　尺寸数字的注写位置　　图 2-1-10　尺寸数字的注写

2. 半径、直径、球的尺寸标注

半径的标注应一端从圆心开始，另一端画箭头指向圆弧。半径数字前应加注半径符号如图 2-1-11 所示。

较小圆弧的半径，可按图 2-1-12 的形式标注；

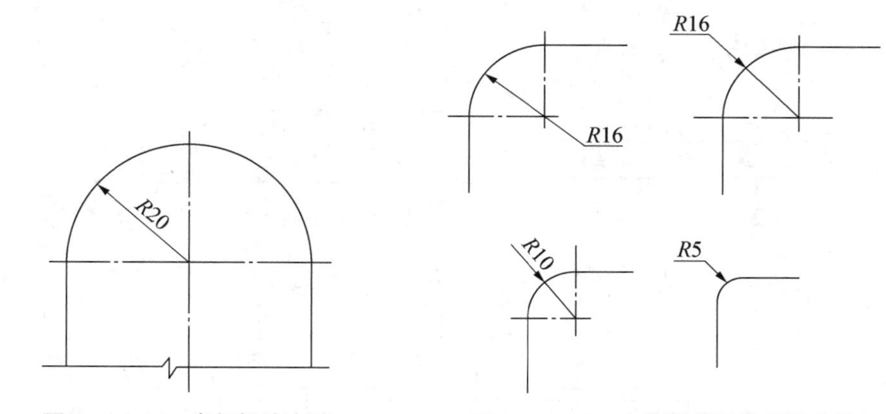

图 2-1-11　半径标注方法　　图 2-1-12　小圆弧半径的标注方法

较大圆弧的半径，可按图 2-1-13 的形式标注。

标注圆的直径尺寸时，直径数字前应加直径符号“φ”。在圆内标注的尺寸线应通过圆心，两端画箭头指至圆弧，如图 2-1-14 所示。

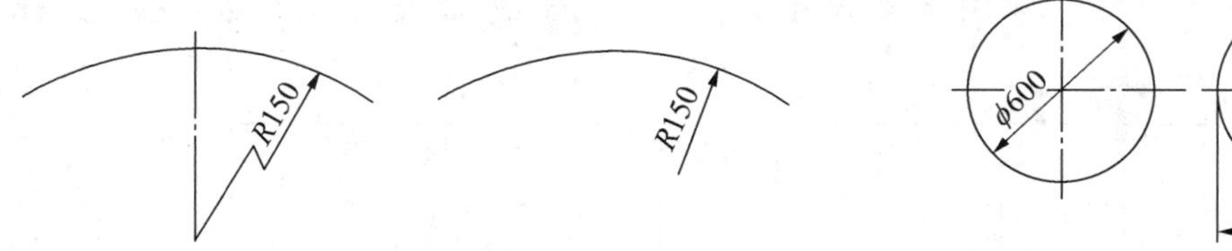

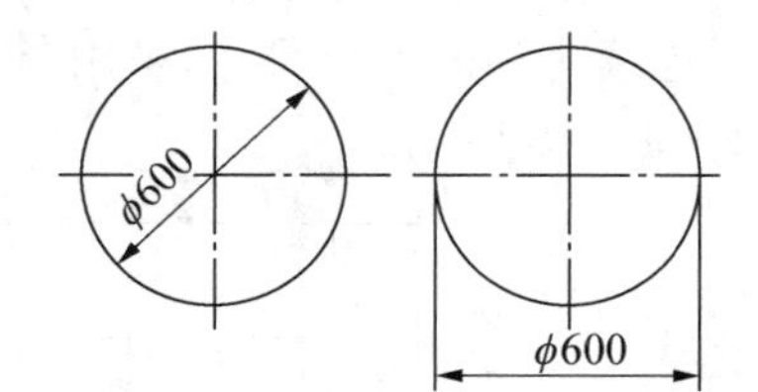

图 2-1-13　大圆弧半径的标注方法　　图 2-1-14　圆直径的标注方法

较小圆的直径尺寸，可标注在圆外，如图 2-1-15 所示。

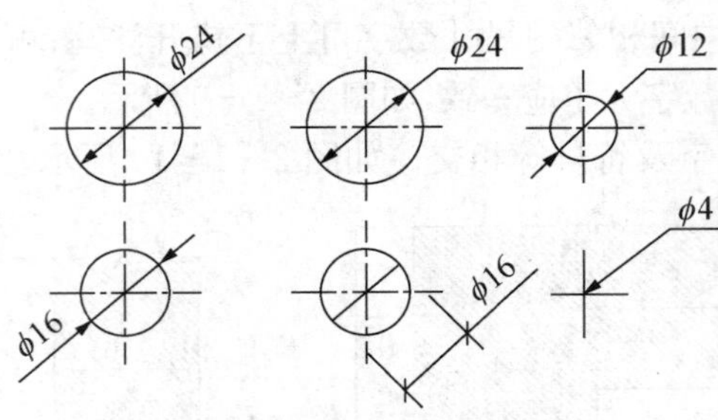

图 2-1-15　小圆直径的标注方法

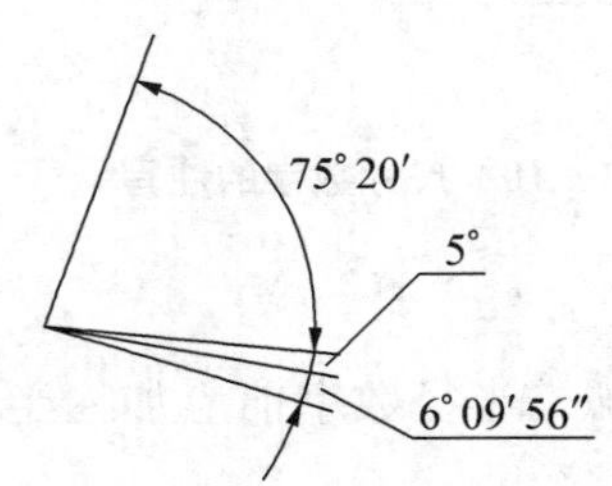

图 2-1-16　角度的标注方法

标注球的半径尺寸时，应在尺寸前加注符号“SR”。标注球的直径时，应在尺寸数字前加注符号“$S\phi$”。注写方法与圆弧半径和圆直径的尺寸标注方法相同。

3. 角度的尺寸标注

角度的尺寸线应以圆弧表示。该圆弧的圆心应是该角的顶点，角的两条边为尺寸界线。起止符号应以箭头表示，如没有足够位置画箭头，可用圆点代替，角度数字应沿尺寸线方向注写，如图 2-1-16 所示。

4. 坡度的尺寸标注

标注坡度时，在坡度数字下，应加注坡度符号，如图 2-1-17(a)、(b)所示，箭头应指向下坡方向，如图 2-1-17(c)、(d)所示。坡度也可用直角三角形形式标注，如图 2-1-17(e)、(f)所示。

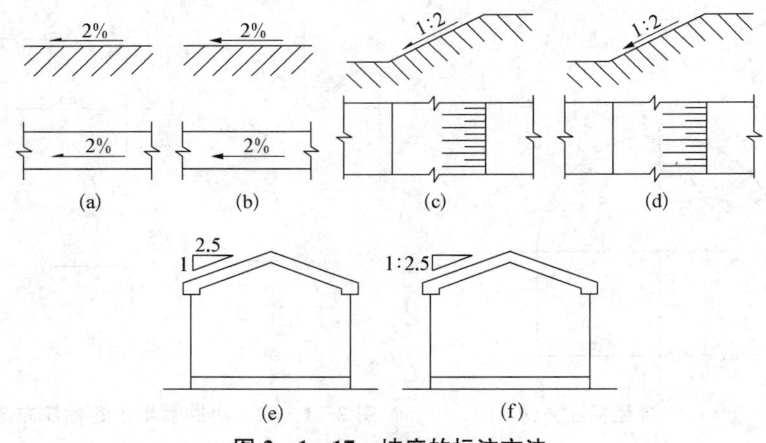

图 2-1-17　坡度的标注方法

5. 尺寸的简化标注

(1) 连续排列的等长尺寸

连续排列的等长尺寸，可用“等长尺寸×个数＝总长”或“总长(等分个数)”的形式标，如图 2-1-18 所示。

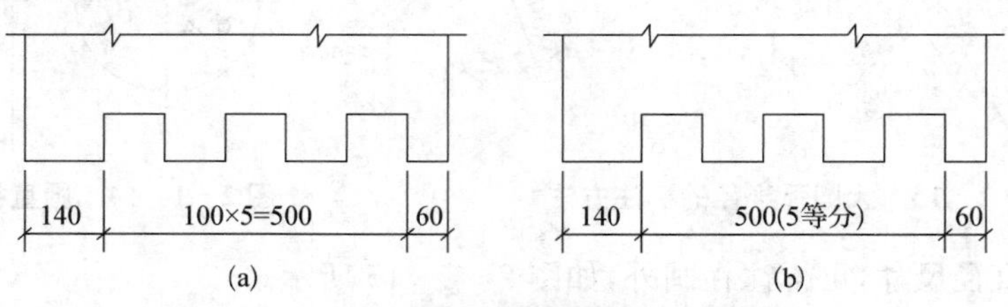

图 2-1-18　等长尺寸简化标注方法

(2) 相同要素尺寸

构配件内的构造因素(如孔、槽等)如相同,可仅标注其中一个要素的尺寸,并标出个数,如图 2-1-19 所示。

(3) 相似构件尺寸标注

两个构配件如仅个别尺寸数字不同,可在同一图样中将其中一个构配件的不同尺寸数字注写在括号内,该构配件的名称也应注写在相应的括号内,如图 2-1-20 所示。

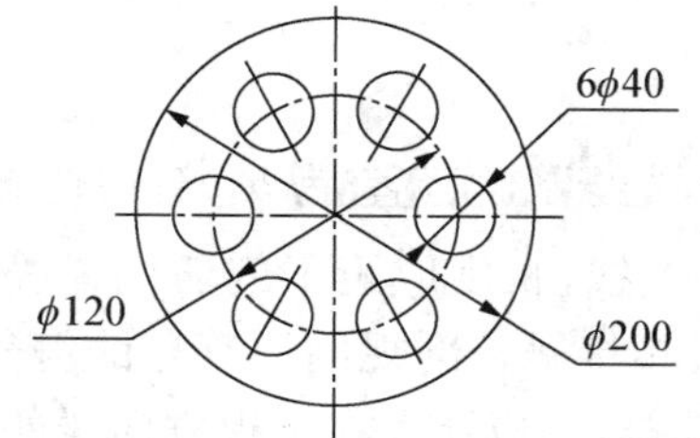

图 2-1-19 相同要素尺寸标注方法

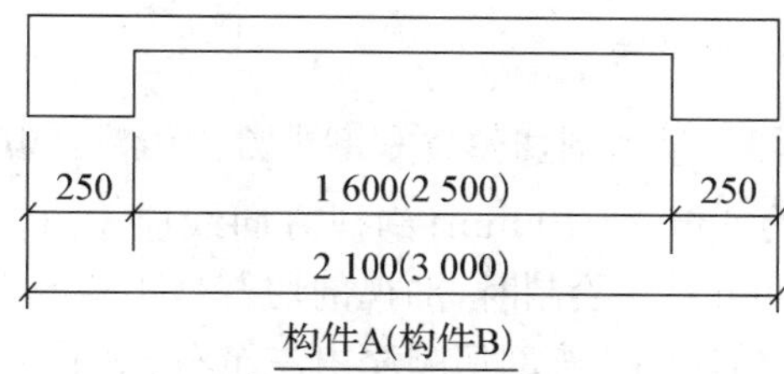

图 2-1-20 相似构件尺寸标注方法

数个构配件,如仅某些尺寸不同,这些有变化的尺寸数字,可用拉丁字母注写在同一图样中,另列表格写明其具体尺寸,如图 2-1-21 所示。

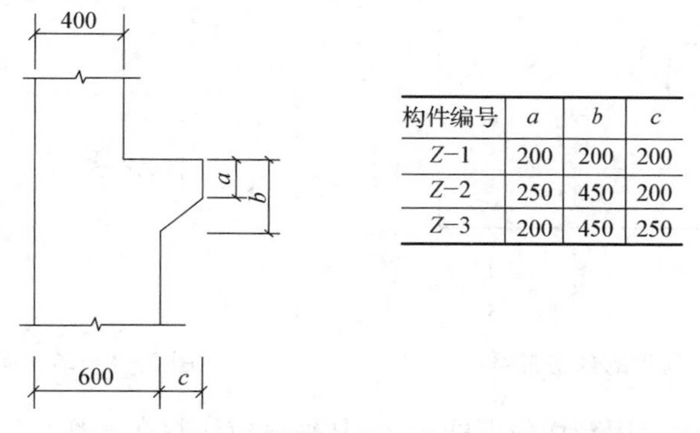

构件编号	*a*	*b*	*c*
Z-1	200	200	200
Z-2	250	450	200
Z-3	200	450	250

图 2-1-21 相似构配件尺寸表格式标注方法

(4) 单线图尺寸

杆件或管线的长度,在单线图(桁架简图、钢筋简图、管线简图)上,可直接将尺寸数字沿杆件或管线的一侧注写,如图 2-1-22 所示。

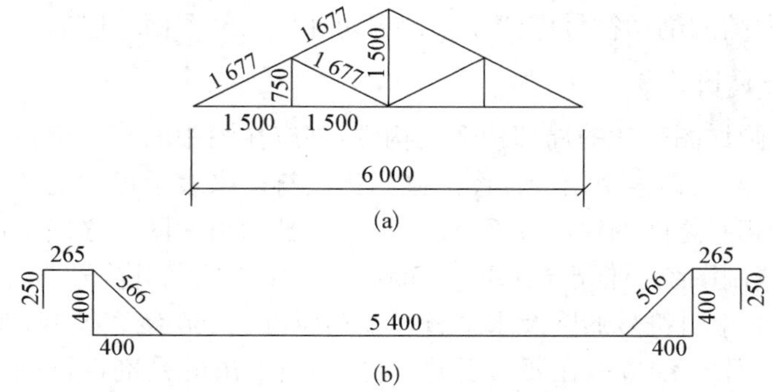

图 2-1-22 单线尺寸图标注方法

(5) 对称构件尺寸

对称构配件采用对称省略画法时，该对称构配件的尺寸线应略超过对称符号，仅在尺寸 线的一端画尺寸起止符号，尺寸数字应按整体全尺寸注写，其注写位置宜与对称符号对齐，如图 2-1-23 所示。

图 2-1-23　对称构件尺寸标注方法

六、符号

1. 剖切符号

剖切符号由剖切位置和剖视方向组成，均应以粗实线绘制，线宽宜为 b。剖切位置线的长度宜为 6 mm～10 mm；剖视方向线应垂直于剖切位置线，长度应短于剖切位置线，宜为 4 mm～6 mm。绘制时，剖视剖切符号不应与其他图线相接触。剖视剖切符号的编号宜采用粗阿拉伯数字，按剖切顺序由左至右、由下向上连续编排，并应注写在剖视方向线的端部。需要转折的剖切位置线，应在转角的外侧加注与该符号相同的编号。如图 2-1-24 所示。

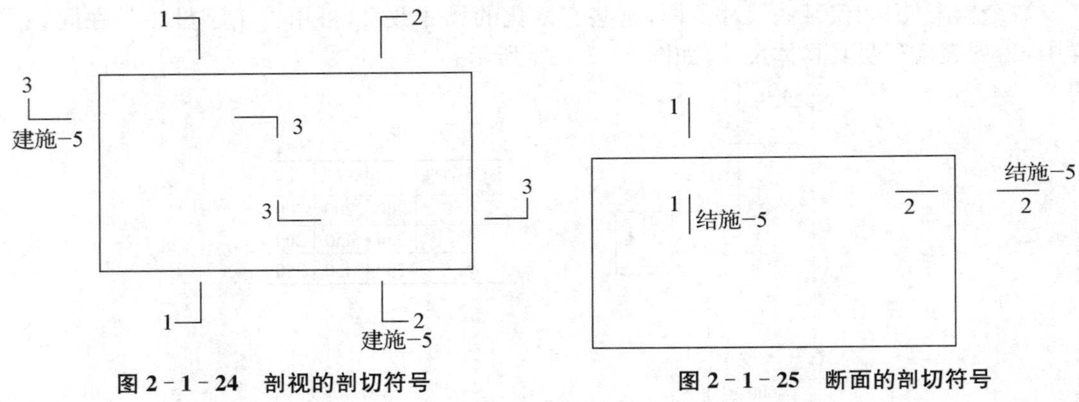

图 2-1-24　剖视的剖切符号　　**图 2-1-25　断面的剖切符号**

断面的剖切符号应仅用剖切位置线表示，其编号应注写在剖切位置线的一侧；编号所在的一侧应为该断面的剖视方向，其余同剖面的剖切符号。当与被剖切图样不在同一张图内，应在剖切位置线的另一侧注明其所在图纸的编号，也可在图上集中说明。如图 2-1-25 所示。

建(构)筑物剖面图的剖切符号应注在±0.000 标高的平面图或首层平面图上；局部剖切图(不含首层)、断面图的剖切符号应注在包含剖切部位的最下面一层的平面图上。

2. 索引符号与详图符号

对图中需要另画详图表达的局部构造或构件，则应在图中的相应部位以索引符号索引。索引符号用来索引详图，而索引出的详图应画出详图符号来表示详图的位置和编号，并用索引符号和详图符号相互之间的对应关系，建立详图与被索引的图样之间的联系，以便相互对照查阅。《房屋建筑制图统一标准》(GB/T 50001—2017)对索引符号与详图符号的画法和编号作了如下规定：索引符号的圆及水平直径线均应以 0.25b 线宽绘制，圆的直径应为 8～10 mm，索引符号的引出 线应指在要索引的位置上，当引出的是剖视详图时，用粗实线段表示剖切位置，引出线所在 的一侧应为剖视方向，圆内编号的含义如图 2-1-26(a)所示；详

图符号应以 b 线宽绘制直径为 14 mm 的圆，当详图与被索引的图样不在同一张图纸内时，可用细实线在详图符号内画一水平直径，圆内编号的含义如图 2-1-26(b)所示。

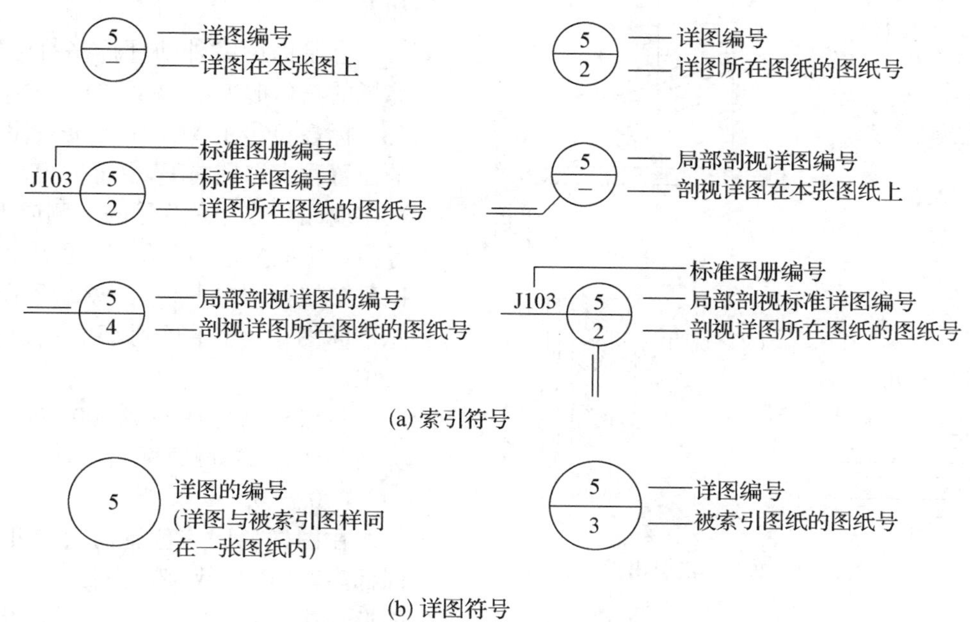

图 2-1-26　索引符号与详图符号

3. 引出线

引出线线宽应为 0.25b，宜采用水平方向的直线，或与水平方向成 30°、45°、60°、90°的直线，并经上述角度再折为水平线。文字说明宜注写在水平线的上方[图 2-1-27(a)]，也可注写在水平线的端部[图 2-1-27(b)]。索引详图的引出线，应与水平直径线相连接[图 2-1-27(c)]。

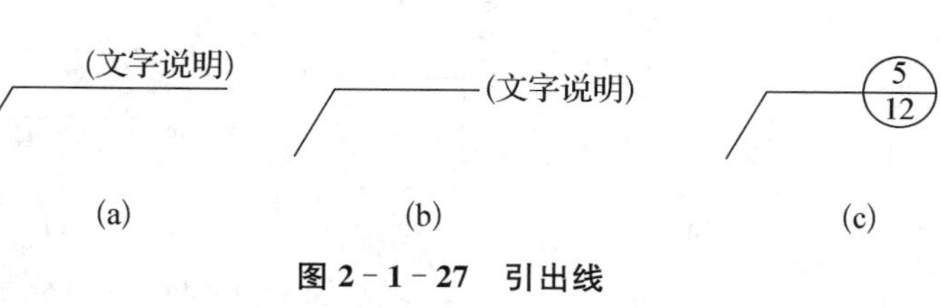

图 2-1-27　引出线

同时引出几个相同部分的引出线，宜互相平行，也可画成集中于一点的放射线，见图 2-1-28。

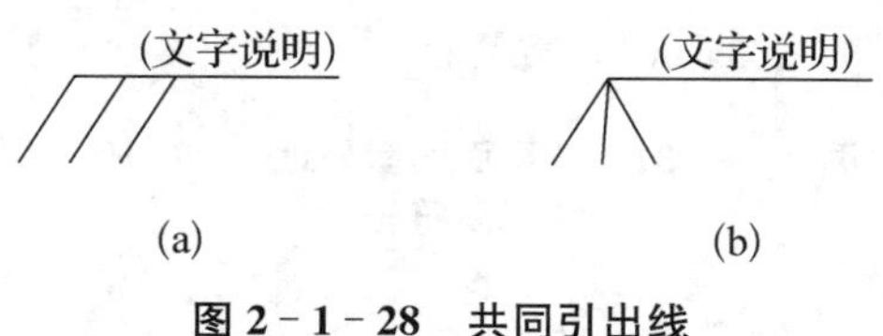

图 2-1-28　共同引出线

多层构造引出线，应通过被引出的各层。并用圆点示意对应各层次。文字说明宜注写在水平线的上方，或注写在水平线的端部，说明的顺序应由上至下，并应与被说明的层次对应一致。如层次为横向排序，则由上至下的说明顺序应与由左至右的层次对应一致，见图 2-1-29。

4. 标高符号

标高是标注建筑物高度的一种尺寸形式，是以某一水平面作为基准面，并做零点(水准基点)起算地面(楼面)至基准面的垂直高度。

标高符号应以等腰直角三角形表示，并应按图 2-1-30(a)所示形式用细实线绘制，如

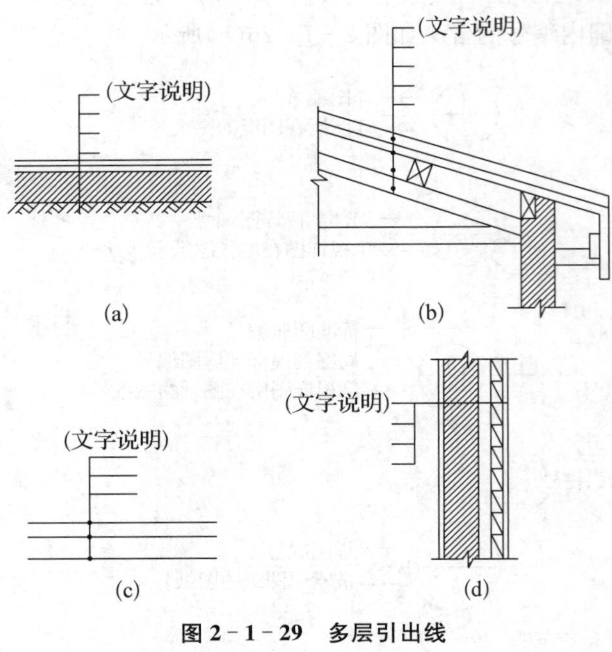

图 2-1-29　多层引出线

标注位置不够，也可按图 2-1-30(b)所示形式绘制。标高符号的具体画法如图 2-1-30(c)、(d)所示。

总平面图室外地坪标高符号宜用涂黑的三角形表示，见图 2-1-31。

标高符号的尖端应指至被注高度的位置。尖端宜向下，也可向上。标高数字应注写在标高符号的上侧或下侧；标高数字应以米为单位，注写到小数点以后第三位，如图 2-1-32 所示。在总平面图中，可注写到小数点以后第二位。

零点标高应注写成±0.000，正数标高不注“+”，负数标高应注“-”，例如 3.000、-0.600。

在图样的同一位置需表示几个不同标高时，标高数字可按图 2-1-33 的形式注写。

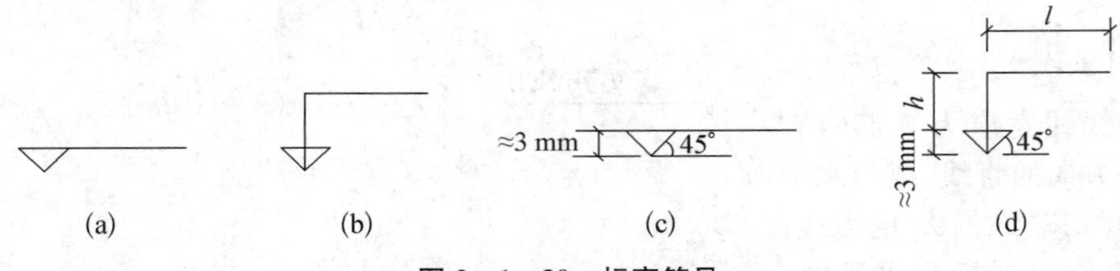

图 2-1-30　标高符号

l—取适当长度注写标高数字；h—根据需要取适当高度

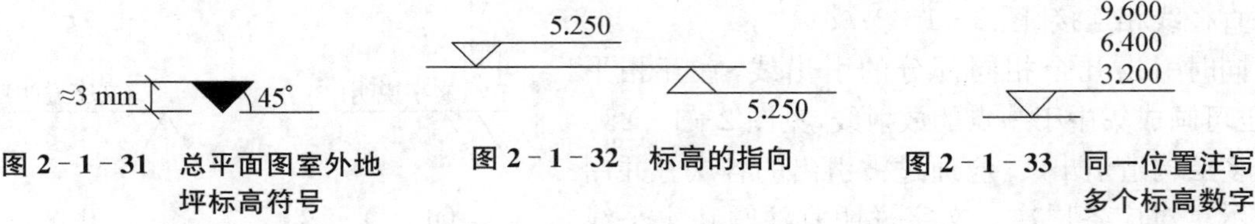

图 2-1-31　总平面图室外地坪标高符号　**图 2-1-32　标高的指向**　**图 2-1-33　同一位置注写多个标高数字**

5. 其他符号

对称符号应由对称线和两端的两对平行线组成。对称线应用单点长画线绘制，线宽宜为 $0.25b$；平行线应用实线绘制，其长度宜为 6～10 mm，每对的间距宜为 2～3 mm，线宽宜为 $0.5b$；对称线应垂直平分于两对平行线，两端超出平行线宜为 2～3 mm，如图 2-1-34 所示。

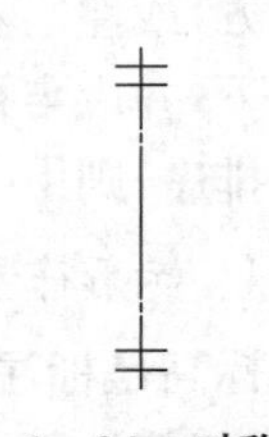
图 2-1-34　对称符号

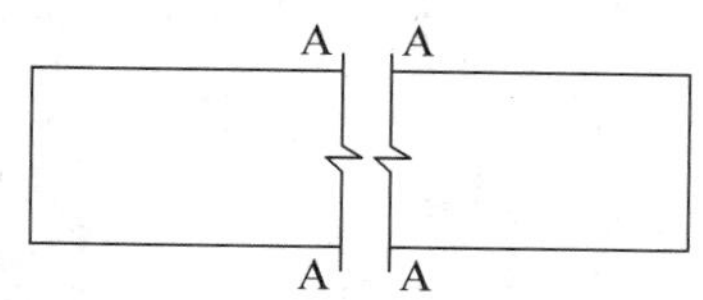

图 2-1-35　连接符号

连接符号应以折断线表示需连接的部分。两部位相距过远时，折断线两端靠图样一侧应标注大写英文字母表示连接编号。两个被连接的图样应用相同的字母编号，见图 2-1-35。

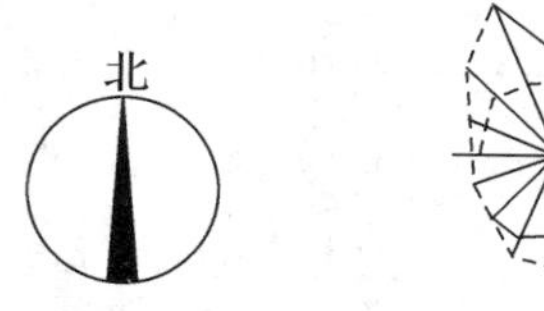

图 2-1-36　指北针、风玫瑰

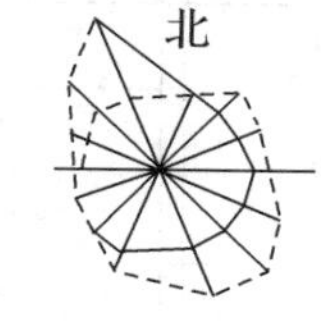

指北针的形状宜符合图 2-1-36 的规定，其圆的直径宜为 24 mm，用细实线绘制；指针尾部的宽度宜为 3 mm，指针头部应注“北”或“N”字。需用较大直径绘制指北针时，指针尾部的宽度宜为直径的 1/8。指北针与风玫瑰结合时宜采用互相垂直的线段，线段两端应超出风玫瑰轮廓线 2～3 mm，垂点宜为风玫瑰中心，北向应注“北”或“N”字，组成风玫瑰所有线宽均宜为 0.5*b*。

图 2-1-37　变更云线

注：1 为修改次数

对图纸中局部变更部分宜采用云线，并宜注明修改版次。修改版次符号宜为边长 0.8 cm 的正等边三角形，修改版次应采用数字表示，见图 2-1-37。变更云线的线宽宜按 0.7b绘制。

七、其他规定

在建筑平面图中应绘出定位轴线，用它们来确定房屋各承重构件的位置。在定位轴线的端部应标注定位轴线的编号，用以分清楚不同位置的承重构件。

定位轴线用 0.25*b* 线宽单点长划线绘制，其编号注在轴线端部的圆内，圆应用 0.25*b* 线宽绘制，圆的直径宜为 8～10 mm，圆心在定位轴线的延长线或延长线的折线上。平面图上定位轴线的编号，宜标注在图样的下方与左侧，或在图样的四面标注。横向编号应用阿拉伯数字从左至右顺序编写，竖向编号应用大写英文字母（除 I、O、Z 外）从下至上顺序编写。如图 2-1-38 所示。

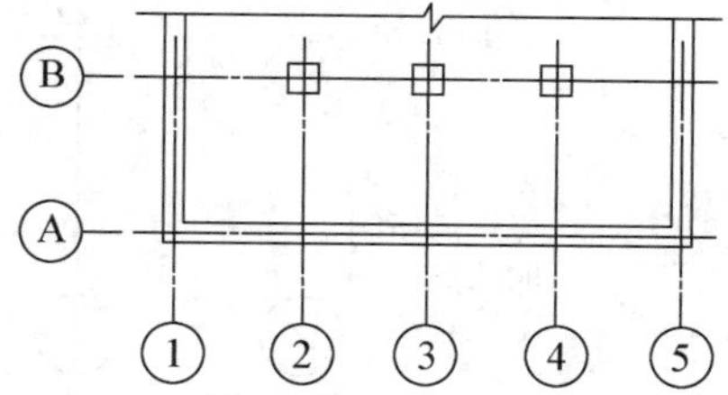

图 2-1-38　定位轴线的编号顺序

如果工程较为复杂，可采用分区编号的形式，如图 2-1-39 所示。分区编号的注写形式为“分区号——该分区编号”。分区号宜采用阿拉伯数字或大写英文字母表示；多子项的平面图中定位轴线可采用子项编号，编号的注写形式为“子项号——该子项定位轴线编号”，子项号采用阿拉伯数字或大写英文字母表示，如“1-1”“1-A”或“A-1”、“A-2”。当采用分区编号或子项编号，同一根轴线有不止 1 个编号时，相应编号应同时注明。

在标注非承重的隔墙或次要承重构件时，可用在两根轴线之间用附加定位轴线表示，附加轴线的编号应按图 2-1-40 中规定的分数表示。

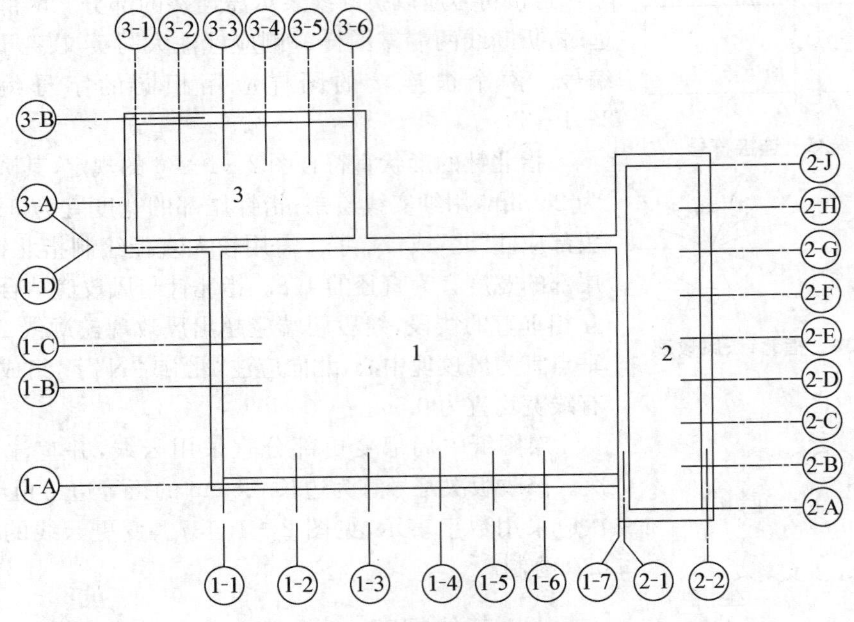

图 2-1-39　定位轴线的分区编号

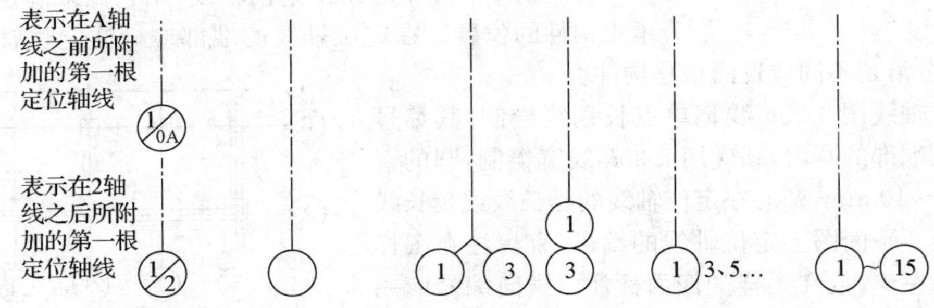

图 2-1-40　定位轴线的各种标注

【ZT0101A·单选题】

图样中的汉字采用长仿宋字体时，字高应是宽的(　　)倍。

A. 2　　　　B. 1.414　　　　C. 0.707　　　　D. 2/3

【答案】 B

【ZT0101B·单选题】

国标规定，建筑工程图的 A4 幅面的图纸大小是(　　)。

A. 297 mm×420 mm　　　　B. 297 mm×210 mm

C. 594 mm×210 mm　　　　D. 594 mm×420 mm

【答案】 B

【ZT0101C·单选题】

A2 幅面图纸，除装订边外，其余三边图框线与幅面线的间距宽是（　　）mm。

A. 25　　B. 15　　C. 10　　D. 5

【答案】 C

【ZT0101D·单选题】

图样中（　　）之比，称为比例。

A. 图距与实距　　B. 实距与图距　　C. 图形与实物　　D. 实物与图形

【答案】 C

【ZT0101E·单选题】

A0 幅面的图纸可裁（　　）张 A4 幅面的图纸。

A. 4　　B. 6　　C. 8　　D. 16

【答案】 D

【ZT0101F·单选题】

图形中标注的尺寸数值与（　　）。

A. 绘图精确性有关　　B. 绘图大小有关

C. 绘图比例有关　　D. 绘图比例无关

【答案】 D

【ZT0101G·单选题】

A3 幅面图纸其装订边图框线与幅面线的间距宽是（　　）mm。

A. 25　　B. 15　　C. 10　　D. 5

【答案】 A

【ZT0101H·单选题】

A3 幅面图纸除装订边外，其余三边图框线与幅面线的间距宽是（　　）mm。

A. 25　　B. 15　　C. 10　　D. 5

【答案】 D

【ZT0101I·单选题】

下面关于比例描述不正确的是（　　）。

A. 比例应注写在图名的右侧

B. 比例字体比图名小一号或两号

C. 一个图样只能选择一个比例

D. 图名下应绘制粗实线下划线，比例下不需要绘制粗实线

【答案】 C

【ZT0101J·单选题】

在绘制图形时，选择一线宽组，如果粗线的宽度为 1.4 mm，则中线的宽度为（　　）mm。

A. 1.0　　B. 0.7　　C. 0.5　　D. 0.35

【答案】 B

【ZT0101K·单选题】

图样上，英文字母和阿拉伯数字的字高，不应小于（　　）mm。

A. 0.5　　B. 1.5　　C. 3　　D. 2.5

【答案】 D

【ZT0101L·单选题】

一般图样上标注的尺寸数值表示(　　)。

A. 以mm为单位的图样上的具体尺寸,随比例变化

B. 以cm为单位的图样上的具体尺寸,随比例变化

C. 以mm为单位的物体的实际尺寸,不随比例变化

D. 以cm为单位的物体的实际尺寸,不随比例变化

【答案】 C

【ZT010M·判断题】

工程建设制图中的主要可见轮廓线应选用粗实线。(　　)

【答案】 √

【ZT010N·判断题】

工程制图图幅幅面主要有5种。(　　)

【答案】 √

【ZT010O·判断题】

国标规定,建筑工程图的A2幅面的图纸大小是594 mm×210 mm。(　　)

【答案】 ×

【ZT010P·判断题】

图纸上的尺寸,可以从图样上直接量取。(　　)

【答案】 ×

【ZT010Q·判断题】

尺寸应尽量布置在投影图的轮廓之外,并位于两个投影之间。(　　)

【答案】 √

考点2　投影的概念、分类和特点、三面正投影图的形成

一、投影的概念

物体在阳光的照射下,会在墙面或地面投下影子,这就是投影现象。投影法是将这一现象加以科学抽象而产生的,假设光线能够透过形体并将形体上的点和线都能反映在投影面上,这些点和线的影子就组成了能够反映形体形状的图形。这种投射线通过物体向选定的面投射,并在该面上得到图形的方法,称为投影法。

要产生投影必须具备三个条件,即投影线、物体、投影面,这三个条件称为投影三要素。工程图样就是按照投影原理和投影作图的基本原则形成的。

二、投影的分类和特点

根据投影中心距离投影面远近的不同,投影法分为中心投影法和平行投影法两类,平行投影法又可分为正投影法和斜投影法。

1. 中心投影法

当投影中心距离投影面为有限远时，所有投影线都汇交于投影中心一点，如图 2 - 1 - 41 所示，这种投影法称为中心投影法。

用中心投影法绘制的投影图的大小与投影中心 S 距离投影面远近有关系，在投影中心 S 与投影面距离 不变时，物体离投影中心越近，投影图愈大，反之愈小。

投射中心
投射线
平面图形
投影面

图 2 - 1 - 41　中心投影法

2. 平行投影法

如果投射中心 S 在无限远，所有的投射线将相互平行，这种投影法称为平行投影法。根据投影线与投影面是否垂直，平行投影法又可分为正投影法和斜投影法。

(1) 正投影法

投射线垂直于投影面的投影法，叫正投影法，如图2 - 1 - 42 所示。工程图样主要用正投影法绘制，建筑图样通常也采用正投影法绘制。这种投影图，图示方法简单，能真实反映物 体的形状和大小。

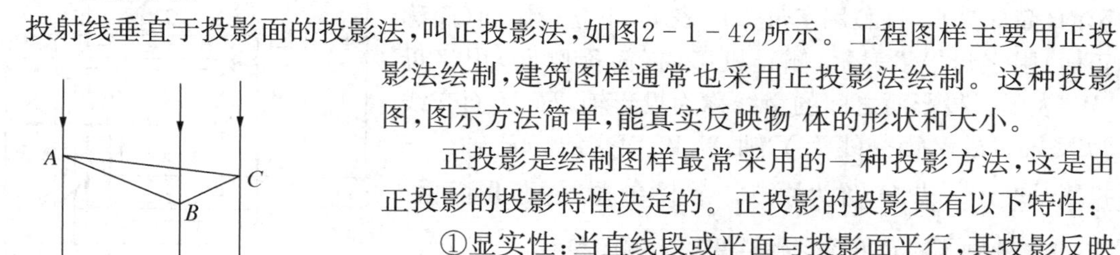

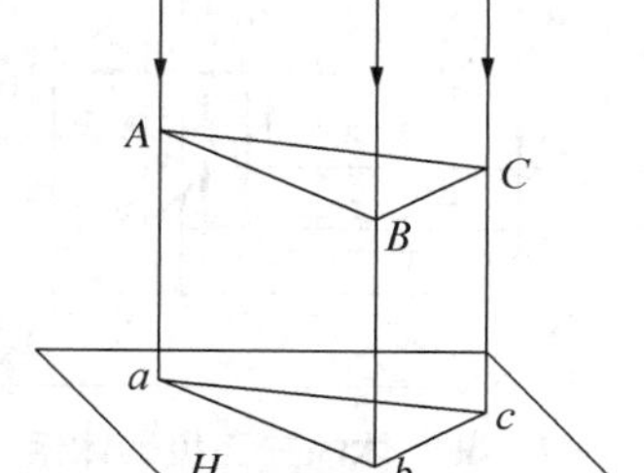

图 2 - 1 - 42　正投影法

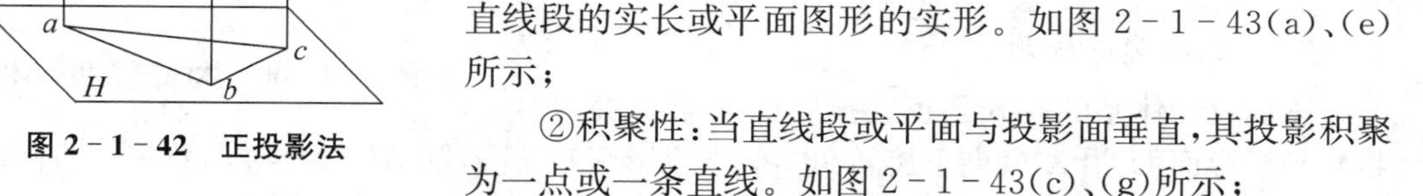

正投影是绘制图样最常采用的一种投影方法，这是由正投影的投影特性决定的。正投影的投影具有以下特性：

①显实性：当直线段或平面与投影面平行，其投影反映直线段的实长或平面图形的实形。如图 2 - 1 - 43(a)、(e)所示；

②积聚性：当直线段或平面与投影面垂直，其投影积聚为一点或一条直线。如图 2 - 1 - 43(c)、(g)所示；

③类似性：当直线段或平面与投影面倾斜时，其投影小于实形，但直线段的投影仍为直线段，平面图形的投影仍为平面图形。如图 2 - 1 - 43(b)、(f)所示；

④平行性：空间互相平行的直线其同面投影仍互相平行。如图 2 - 1 - 43(d)所示；

⑤定比性：直线上两线段长度之比等于其同面投影的长度之比。如图 2 - 1 - 43(d)、(f)所示。

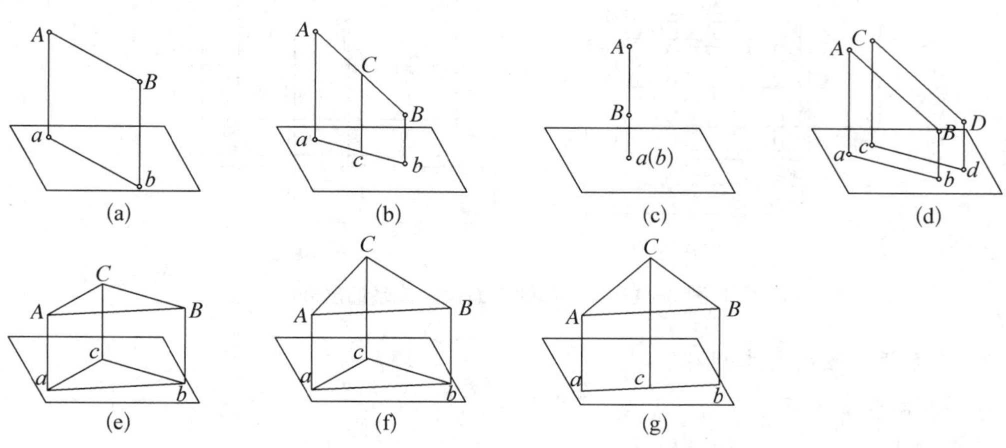

图 2 - 1 - 43　正投影的投影特性

由于正投影的特性，在作建筑形体的投影时，应使尽可能多的面和投影面处于平行或垂 直的位置关系中，充分利用正投影的显实性和积聚性，这样使作图简单，且便于读图。

(2) 斜投影法

投射线倾斜于投影面的投影法，叫斜投影法，如图 2 - 1 - 44 所示。

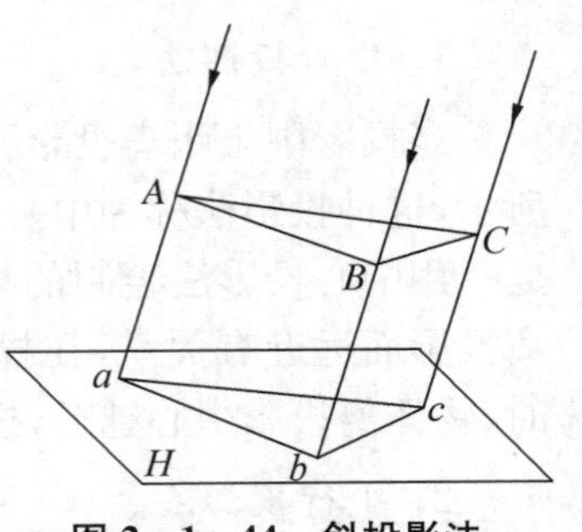

图 2-1-44　斜投影法

三、三面正投影图的形成

1. 三面投影体系分析

体的三面投影图是将空间形体向三个互相垂直的投影面投影所得到的投影图，如图 2 - 1 - 45 所示。水平投影面(简称为水平面)用字母“H”表示，正立投影面(简称正面)用字母“V”表示，侧立投影面(简称侧面)用字母“W”表示。投影面之间的交线称为投影轴，H、V 面交线为 X 轴；H、W 面交线为 Y 轴；V、W 面交线为 Z 轴。三投影轴交于一点 O，称为原点。物体在这三个投影面上的投影分别为正面投影、水平投影和侧面投影。

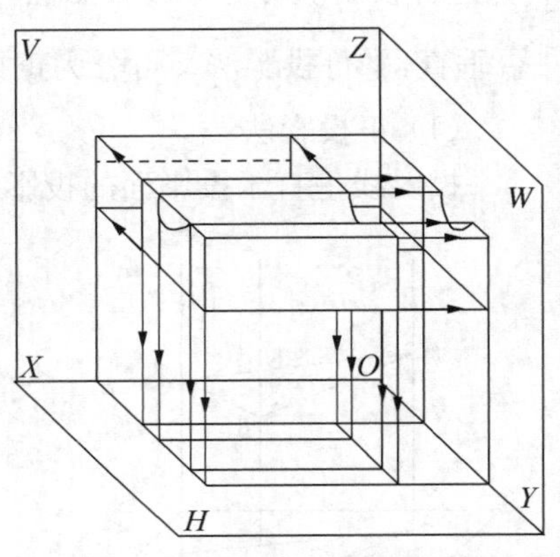

图 2-1-45　体的三面投影体系

2. 三面投影图展开

三面投影体系的展开是正立投影面 V 面保持不变，将水平投影面 H 沿 X 轴向下旋转 90°，侧立投影面 W 沿 Z 轴向后旋转 90°，将三个投影面放置在同一个面内，得到体的三面正投影图。Y 轴一分为二，随着水平投影面 H 的为 Y_H 轴，随着正立投影面 W 的为 Y_W 轴，如图 2 - 1 - 46 所示。

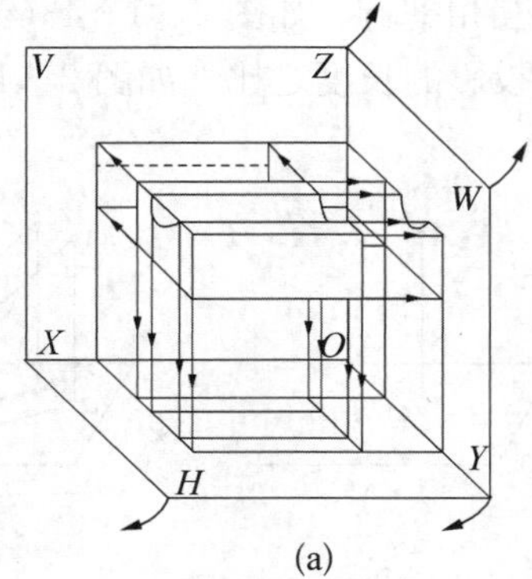

(a)

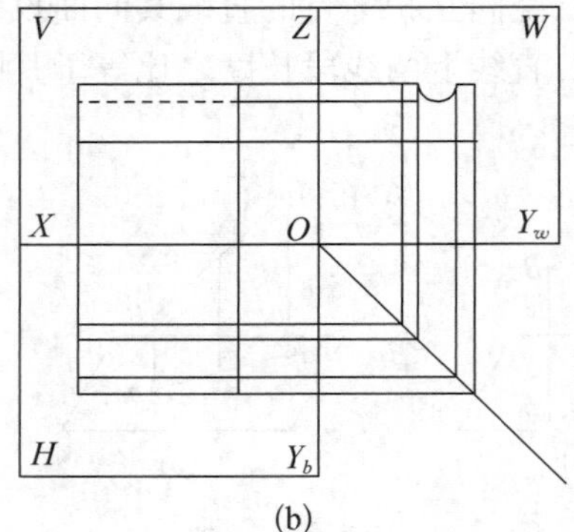

(b)

图 2-1-46　体的三面投影体系的展开

3. 三面投影图的基本规律

(1) 度量对应关系

从图 2 - 1 - 47(a)可以看出：

①正面投影反映物体的长和高；

②水平投影反映物体的长和宽；

③侧面投影反映物体的宽和高。

因为三个投影表示的是同一物体，而且物体与各投影面的相对位置保持不变，因此无论是对整个物体，还是物体的每个部分，它们的各个投影之间具有下列关系：

①正面投影与水平投影长度对正；

②正平投影与侧面投影高度对齐；

③水平投影与侧面投影宽度相等。

上述关系通常简称为“长对正，高平齐，宽相等”的三对等规律。

（2）位置对应关系

投影时，每个视图均能反映物体的两个方位，观察图 2－1－47(a)可知：

①正面投影反映物体左右、上下关系；

②水平投影反映物体左右、前后关系；

③侧面投影反映物体上下、前后关系。

至此，从图 2－1－47(a)中我们可以看出立体三个投影的形状、大小、前后均与立体距投影面的位置无关，故立体的投影均不须再画投影轴、投影面，只要遵守“长对正，高平齐，宽相等”的投影规律，即可画出图 2－1－47(b)所示的三投影图。

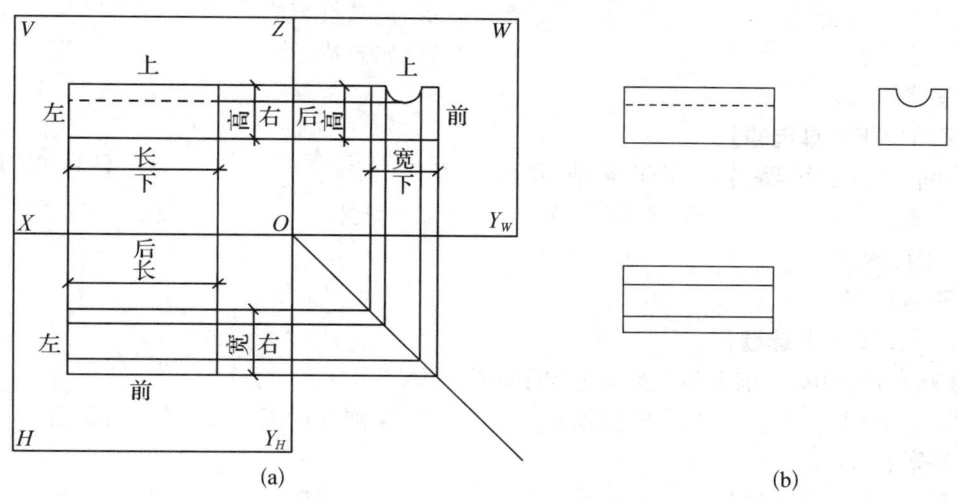

图 2－1－47　三面正投影图的基本规律

【ZT0102A・单选题】

物体的三视图是按照(　　)方法绘制的。

A. 正投影　　B. 斜投影　　C. 中心投影　　D. 标高投影

【答案】 A

【ZT0102B・单选题】

平行投影法按照投影线与投影面的关系可分为(　　)。

A. 中心投影法和正投影法　　B. 中心投影法和斜投影法

C. 正投影法和斜投影法　　D. 中心投影法和平行投影法

【答案】 C

【ZT0102C · 单选题】

观察以下图样，（　　）是四棱锥体的投影。

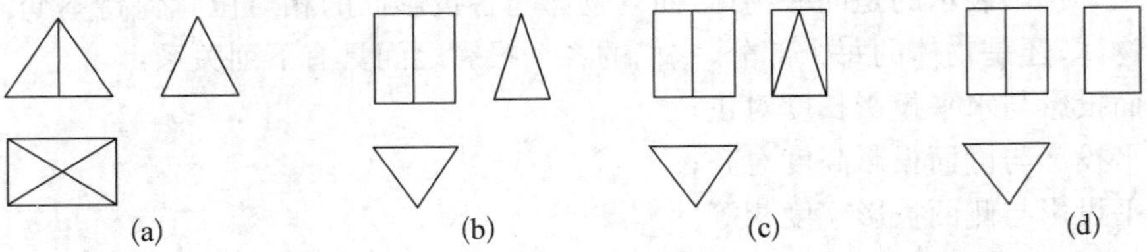

(a)　　(b)　　(c)　　(d)

A.（a）　　B.（b）　　C.（c）　　D.（d）

【答案】 A

【ZT0102D · 单选题】

右图为一个形体的 V 面和 W 面投影，这个形体有可能是（　　）形体。

A. 三棱柱体　　B. 四棱柱体

C. 圆柱体　　D. 圆锥体

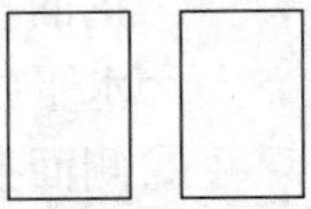

【ZT0102D】附图

【答案】 C

【ZT0102E · 单选题】

观察右侧的图样，下面的图样采用（　　）投影法绘制的。

A. 中心投影法　　B. 标高投影法

C. 正投影　　D. 斜投影

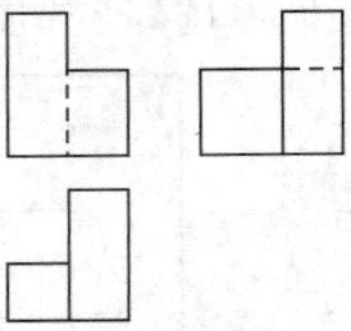

【答案】 C

【ZT0102E】附图

【ZT0102F · 单选题】

空间三面投影体系中，三个投影轴间的关系是（　　）。

A. 垂直　　B. 平行　　C. 交叉　　D. 在同一平面内

【答案】 A

【ZT0102G · 单选题】

在基本视图中，从前向后投影，所得的图形称为（　　）。

A. 平面图　　B. 正立面图　　C. 左侧立面图　　D. 侧面图

【答案】 B

【ZT0102H · 单选题】

三面投影体系中，V 面和 W 面间的投影轴是（　　）投影轴。

A. X　　B. Y　　C. Z　　D. O

【答案】 C

【ZT0102I · 单选题】

三面视图中，平面图与侧面图的对应关系是（　　）。

A. 长对正　　B. 宽相等　　C. 高平齐　　D. 无相等关系

【答案】 B

【ZT0102J · 单选题】

在三视图中水平投影与（　　）面投影长对正。

A. H　　B. V　　C. W　　D. K

【答案】 B

【ZT0102K·单选题】

观察右侧的图形，该图形采用(　　)投影法绘制的。

A. 中心投影法　　B. 平行投影法

C. 交叉投影法　　D. 垂直投影法

【ZT0102K】附图

【答案】 B

【ZT0102L·判断题】

若两直线的三组同面投影都平行，则两直线在空间为平行关系。(　　)

【答案】 √

【ZT0102M·判断题】

若两直线在空间不相交，那么它们的各面投影也不相交。(　　)

【答案】 ×

【ZT0102N·判断题】

同一个物体的三个投影图之间具有的“三等”关系是长对正、高相等、宽平齐。(　　)

【答案】 ×

【ZT0102O·判断题】

平面平行于投影面时，其投影是反映实形的平面。(　　)

【答案】 √

考点3　组合体三面投影图的画法、多面视图的表达

一、组合体投影图的画法

1. 形体分析

所谓形体分析，就是将组合体看成是由若干个基本体构成，在分析时是将其分解成单个基本体，并分析各基本体之间的组成形式和相邻表面间的位置关系，判断相邻表面是否处于共面、不共面、相切和相交的位置。

现绘制图2-1-48扶壁式挡土墙的三面正投影图。

从图中可以看出该组合体由三部分组成。A是一个切割后的长方体，B是一个长方体，C是一个三棱柱；三部分以叠加的方式组合，A在下面，B在A的上面，C作为支撑肋板立在A和B之间，A和B前后相邻表面对齐共面。

2. 投影分析

在用投影图表达物体的

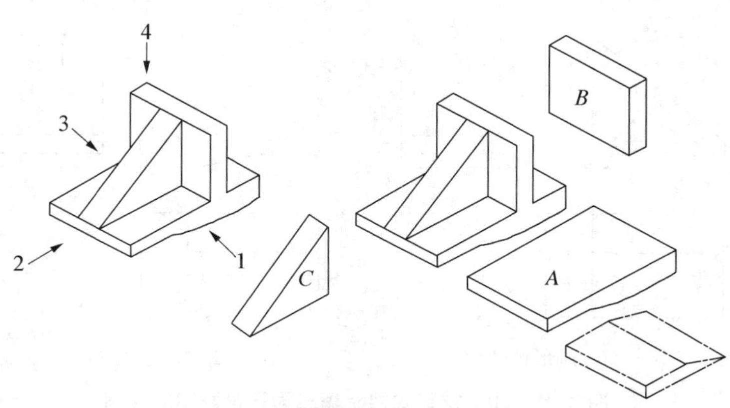

图2-1-48　组合形体分析和投影分析

形状时，物体的安放位置及投影方向，对物体形状特征表达和图样的清晰程度等，都有明显的影响。因此，在画图前，除进行形体分析外，还须进行投影分析，即确定较好的投影方案。在确定投影方案时，一般应考虑以下三条原则：

①使正面投影能较明显地反映物体的形状特征和各部分的相对关系；

②使各投影中的虚线尽量少；

③使图纸的利用较为合理。

当然，由于组合体的形状千变万化，因此在确定投影方案时，往往不能同时满足上述原则，还需根据具体情况，全面分析，权衡主次，进行确定。

图 2-1-49 为扶壁式挡土墙的投影方向分析。从 1 方向投影主视图是最合适的，从 2、4 方向去投影其投影图轮廓都是矩形，不反映形体特征，3 方向从反映形体特征方面和 1 相像，但在其侧面投影中会产生虚线，因此也不合适。

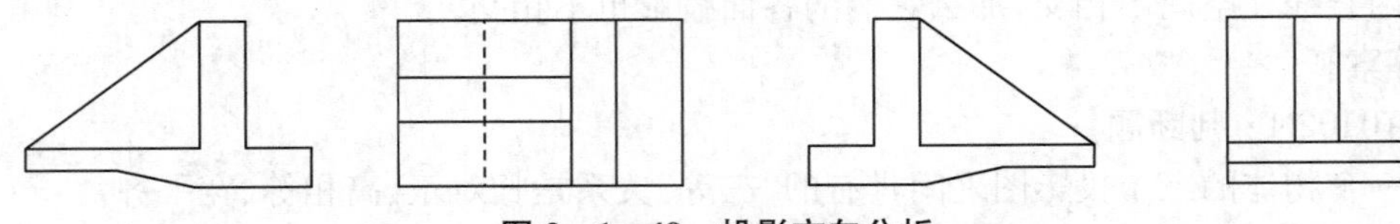

图 2-1-49　投影方向分析

3. 根据物体的大小和复杂程度，确定图样的比例和图纸的幅面，并用中心线、对称线或基线，定出各投影的位置。

4. 打底稿，逐个画出各组成部分的投影。

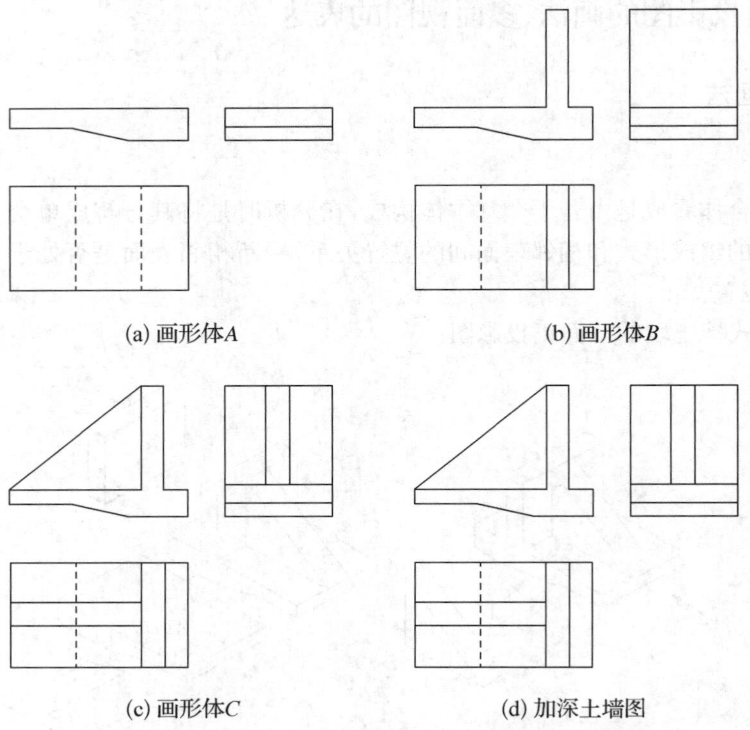

图 2-1-50　扶壁式挡土墙三面正投影图的绘制

绘制各组成部分投影的次序一般按先画大形体后画小形体，先画曲面体后画平面体，先画实体后画空腔的次序。对每个组成部分，应先画反映形状特征的投影，再画其他投影。画图时，要特别注意各部分的组合关系及表面连接关系。

扶壁式挡土墙画图步骤如下：

(1) 画形体 A 的三面投影图，水平投影中右边的一条虚线在投影上与 B 形体重合，如图 2-1-50(a) 所示；

(2) 画形体 B 的三面投影图，B 和 A 前后相邻表面共面，所以此处不画线，如图 2-1-50(b) 所示；

(3) 画形体 C 的三面投影图，形体 C 在形体 A 的上面和形体 B 的左面，如图 2-1-50(c) 所示。

5. 检查所画的投影图是否正确。

各投影之间是否符合“长对正、高平齐、宽相等”的投影规律，组合处的投影是否有多线或漏线现象。

6. 按规定线型加深。

加深的次序按先加深曲线后加深直线，先加深长线后加深短线，先加深细线后加深粗线的次序，完成三面投影图的加深，如图 2-1-50(d)所示。

二、多面视图的表达

对于某些复杂的形体而言，为了清楚的表达其结构和特征，除了三个基本视图外，还需要从形体的下方，背后和右侧对它进行投影观察。因此在原来三个投影面的基础上，再增设三个分别平行于 H 面、V 面和 W 面的新投影面，从而得到六投影面体系。将形体置于其中，分别向六个投影面作正投影图，其中 V 面保持不动，将其余投影面按规定展开到 V 面所在的平面上，得到形体的六面投影。如图 2-1-51 所示。

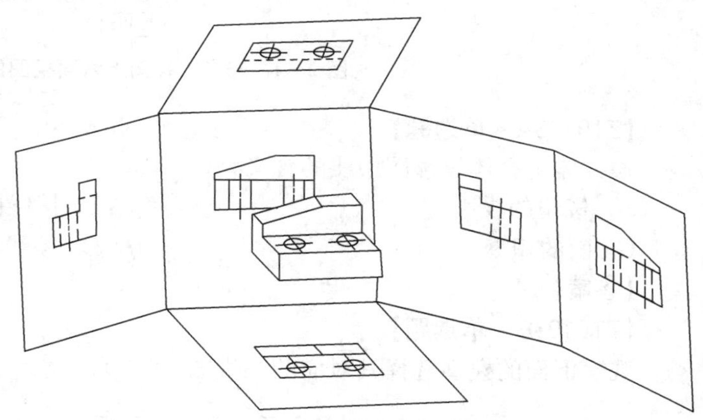

图 2-1-51　六面投影体系的展开

各视图的命名和摆放位置如图 2-1-52 所示

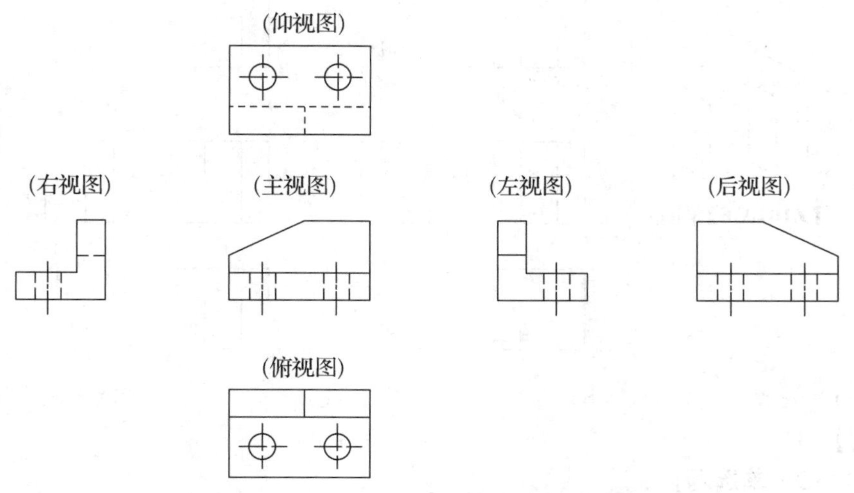

图 2-1-52　六面投影图的命名和摆放位置

工程图上有时也把以上六个视图称为正立面图里面、左侧立面图、右侧立面图、平面图、底面图、背立面图。如图 2－1－53 所示。

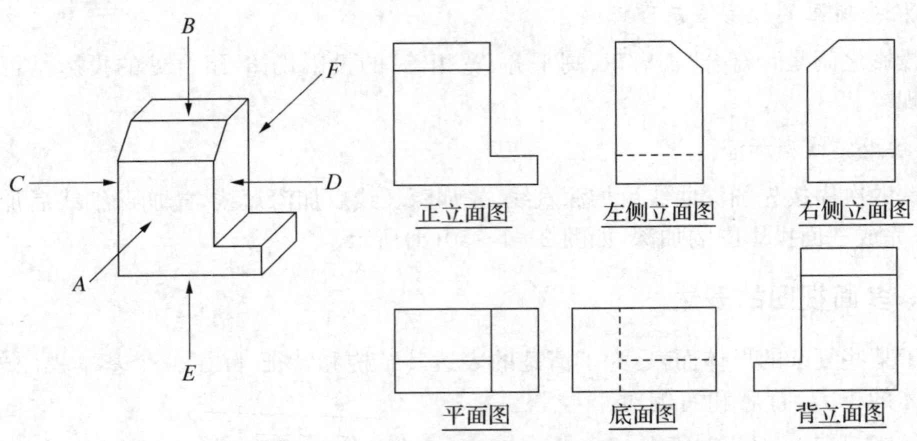

图 2－1－53　工程图上六面视图的命名

【ZT0103A・**单选题**】

长方体组合体投影图中线的含义是(　　)。

A. 棱角的投影　　B. 棱线的投影

C. 面的积聚　　D. 棱线的投影及面的积聚

【**答案**】 D

【ZT0103B・**单选题**】

观察下面的模型选择其对应的三视图(　　)。

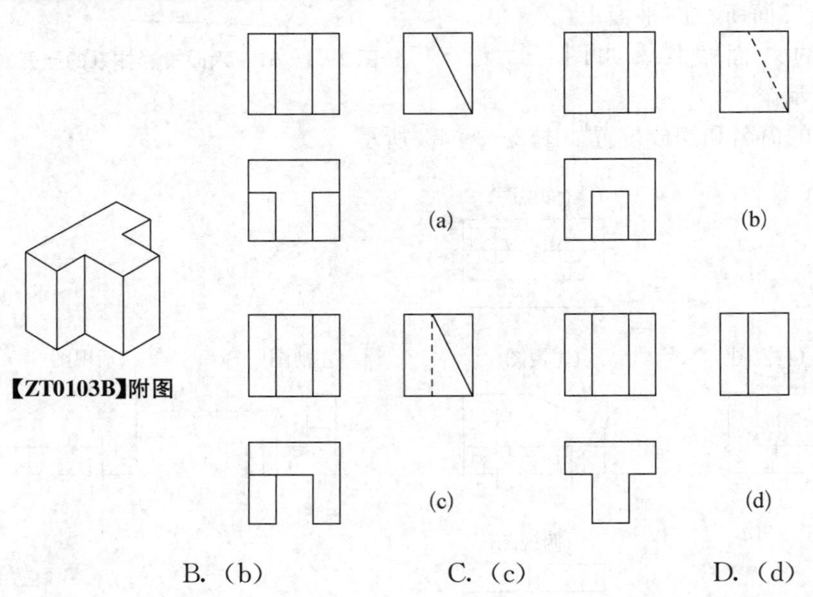

A. (a)　　B. (b)　　C. (c)　　D. (d)

【**答案**】 D

【ZT0103C・**单选题**】

观察下面的模型,选择其对应的三视图(　　)。

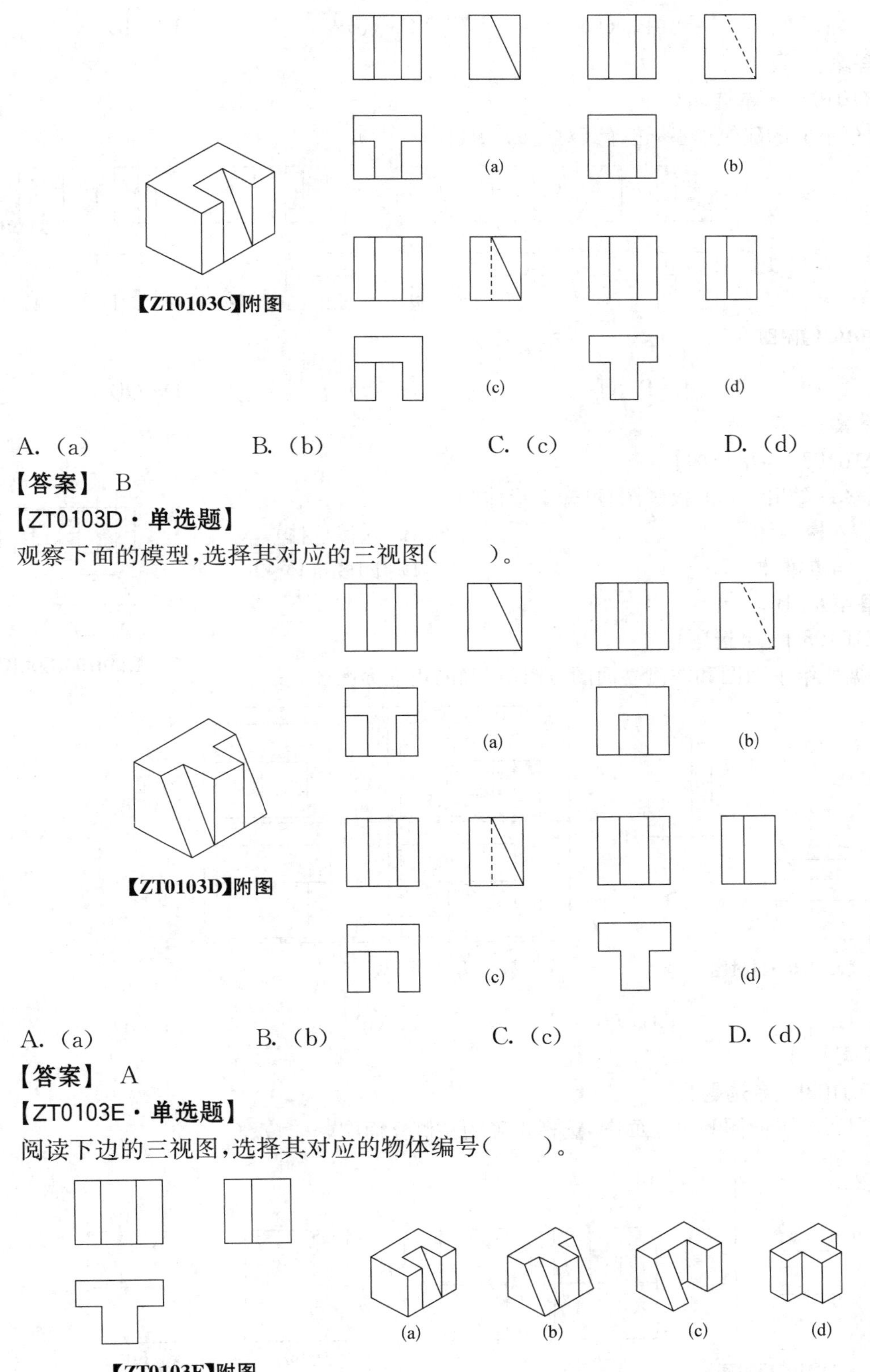

【ZT0103C】附图

A.（a）　　B.（b）　　C.（c）　　D.（d）

【答案】 B

【ZT0103D · 单选题】

观察下面的模型，选择其对应的三视图（　　）。

【ZT0103D】附图

A.（a）　　B.（b）　　C.（c）　　D.（d）

【答案】 A

【ZT0103E · 单选题】

阅读下边的三视图，选择其对应的物体编号（　　）。

【ZT0103E】附图

A.（a）　　B.（b）　　C.（c）　　D.（d）

【答案】 D

【ZT0103F·单选题】

观察下面的建筑模型,选择其对应的三视图(　　)。

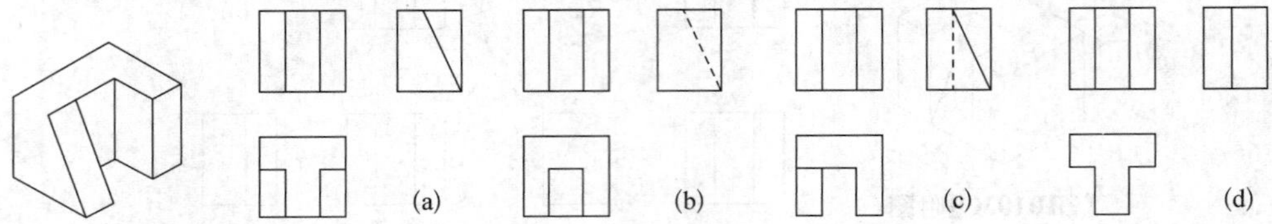

(a)　(b)　(c)　(d)

【ZT0103F】附图

A.（a）　　B.（b）　　C.（c）　　D.（d）

【答案】 C

【ZT0103G·单选题】

观察右图几何体的投影图,可知其形体为(　　)。

A. 六棱锥体　　B. 六棱柱体

C. 四棱锥体　　D. 四棱锥体

【答案】 B

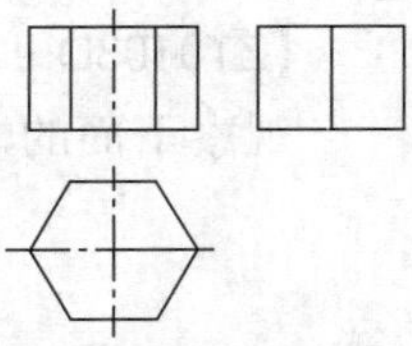

【ZT0103G】附图

【ZT0103H·单选题】

根据所给平面图和左侧立面图,选择正确的正立面图(　　)。

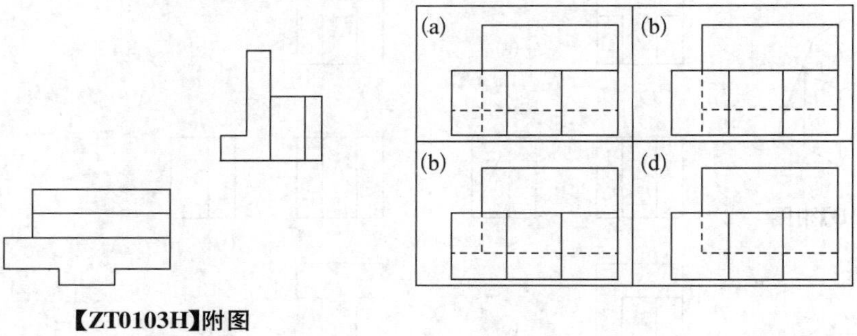

(a)　(b)　(b)　(d)

【ZT0103H】附图

A.（a）　　B.（b）　　C.（c）　　D.（d）

【答案】 B

【ZT0103I·单选题】

根据所给平面图和正立面图,选择正确的左侧立面图(　　)。

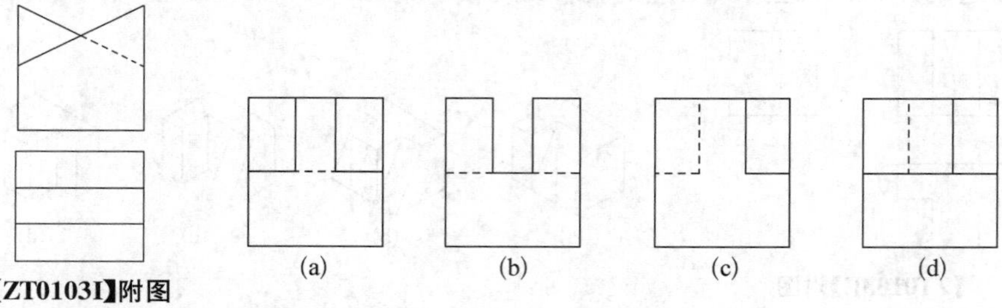

(a)　(b)　(c)　(d)

【ZT0103I】附图

A.（a）　　B.（b）　　C.（c）　　D.（d）

【答案】 C

考点 4　轴测投影的概念、分类和特点、组合体轴测图的绘制

一、轴测投影的概念

用一组相互平行的投射线沿不平行于任一坐标面的方向，把形体连同它的坐标轴一起向单一投影面 P 投影所得到的投影，称为轴测投影。用轴测投影的方法绘制的投影图称为轴测投影图，简称轴测图，如图 2－1－54 所示。

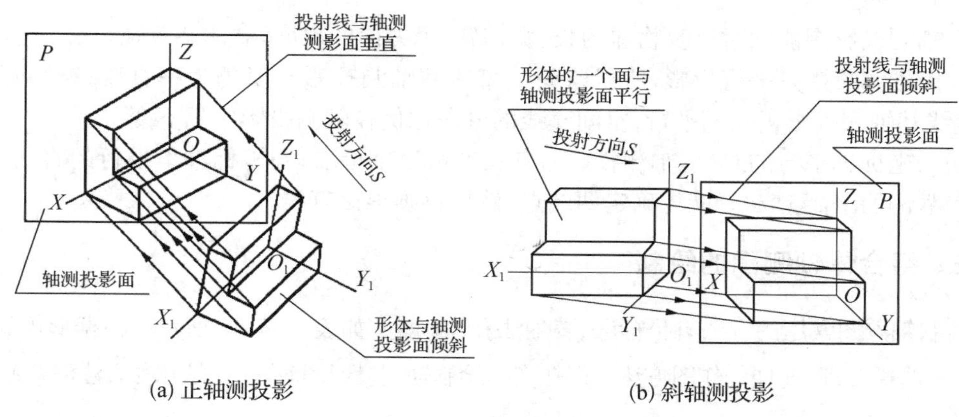

(a) 正轴测投影　　(b) 斜轴测投影

图 2－1－54　轴侧投影的形成

在上图中，空间坐标轴 O_1X_1、O_1Y_1、O_1Z_1 在轴测投影面 P 上的投影为 OX、OY、OZ，称为轴测投影轴，简称轴测轴；轴测轴之间的夹角$\angle XOY$，$\angle XOZ$，$\angle YOZ$ 称为轴间角；轴测轴长度与空间坐标轴的长度的比值称为轴向伸缩系数，分别用 p、q、r 表示，即：

$$p=\frac{OX}{O_1X_1},q=\frac{OY}{O_1Y_1},r=\frac{OZ}{O_1Z_1}$$

二、轴测投影的分类和特点

1. 轴测投影的分类

根据投射方向与轴测投影面角度不同，轴测图可分为正轴测图和斜轴测图。

(1) 正轴测图

当投射方向与轴测投影面相垂直，三个坐标面都不平行于轴测投影面，生成的轴测图称为正轴测图，如图 2－1－54(a)所示。

按形体自身的直角坐标系中的各坐标轴与投影面倾斜的角度是否相同，正轴测投影可分为：

① 正等轴测图，三个轴间角及轴向伸缩系数都相等，即 $p=q=r$；

② 正二轴测图，其中有两个轴间角及轴向伸缩系数相等，如 $p=q\neq r$；

③ 正三轴测图，也称为不等正轴测图，三个轴间角及轴向伸缩系数都不相等，即 $p\neq q\neq r$；

现在的建筑工程图中正等轴测图比较常见。

(2) 斜轴测图

当投射方向与轴测投影面相倾斜,生成的轴测图称为斜轴测图,如图 2-1-54 (b)所示。

按形体自身的直角坐标系中的各坐标轴与投影面倾斜的角度是否相同,斜轴测投影图可分为:

① 斜等轴测图,三个轴间角及轴向伸缩系数都相等,即 $p=q=r$;

② 斜二轴测图,任意两个轴间角及轴向伸缩系数相等,如 $p=q\neq r$;

③ 斜三轴测图,也称为不等斜轴测图,三个轴间角及轴向伸缩系数都不相等,即 $p\neq q\neq r$;

2. 轴测投影的特点

① 轴测投影图能同时反映物体的长、宽、高三个方向的尺度,立体感较强。

② 因轴测投影是平行投影,所以空间一直线其轴测投影一般仍为一直线;空间互相平行的直线其轴测投影仍互相平行;空间直线的分段比例在轴测投影中仍不变。

③ 与坐标轴平行的直线,轴测投影后其长度可沿轴量取;与坐标轴不平行的直线,轴测投影后就不可沿轴量取,只能先确定两端点,然后再画出该直线。

三、组合体轴测图的绘制

绘制轴测图常用的方法有坐标法、叠加法和切割法,如表 2-1-9 所示。根据形体的形状和特点来选择合理、简便的作图方法。但在实际绘制轴测投影图时,往往是几种方法混合使用。

1. 坐标法

是根据形体表面上各点的空间位置(或形体三面正投影图中点的坐标),沿轴测轴或平行于轴测轴的直线上进行度量,画出各点的轴测投影,然后按位置连接各点画出整个形体轴测投影图的方法。

2. 叠加法

一些形体往往是由若干个简单的几何形体叠加而成的,因此在画这类形体的轴测图时,可先画好底部形体,然后以此为基础,在其顶面上画出上部形体的形状,依次逐个叠加,从而完成形体的轴测图。

3. 切割法

切割法是将切割式的组合体视为一个完整的简单几何体,先作出它的轴测图,然后将其余的部分切割掉,最后得到组合体的轴测图。

表 2-1-9 绘制轴测图常用的方法

方法	投影图	画法	适用范围
坐标法			适用于锥体、台体等斜面较多的形体的轴测图

续 表

方法	投影图	画法	适用范围
叠加法	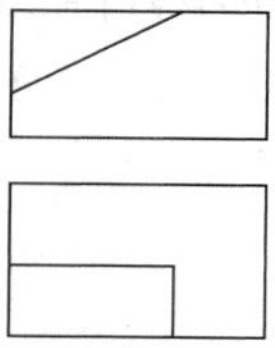	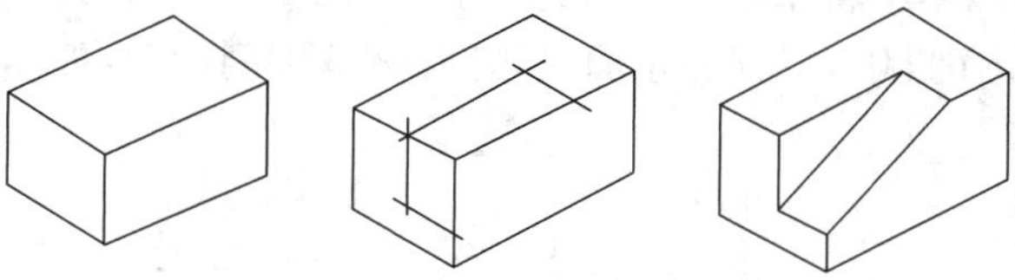	适用于作由多个形体叠加而成的组合体的轴测图
切割法	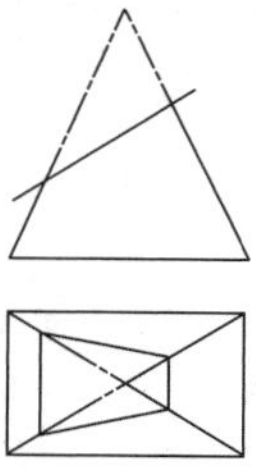	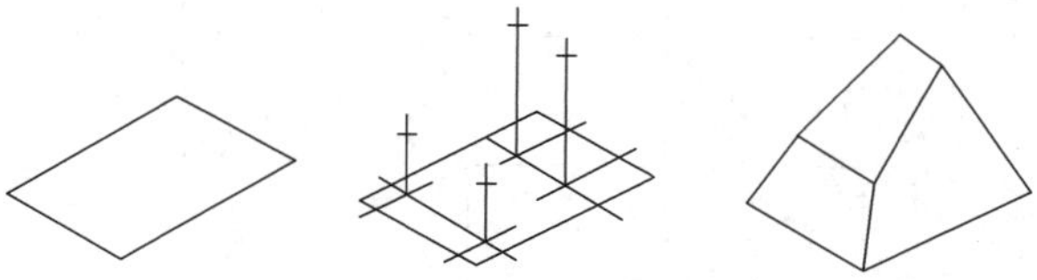	适用于作由简单形体切割得到的组合体的轴测图

通常采用坐标法绘制形体的正等轴测图。作图时，首先根据形体的形状结构特征选定适当的坐标轴和坐标原点，确定空间直角坐标系，然后画出轴测轴；再按立体表面上各顶点或直线的端点坐标，画出其轴测投影；最后按其可见性连接各点，完成轴测图。

此外，在绘制正等轴测图时，为了使图形清晰，一般不画不可见的轮廓线（虚线）。画图时为了减少不必要的作图线，在方便的情况下，一般可先从可见部分开始作图，如先画出物体的前面、顶面或左面等。

【ZT01014A·单选题】

轴测图是采用（　　）绘制的。

A. 中心投影法　　B. 平行投影法　　C. 交叉投影法　　D. 垂直投影法

【答案】 B

【ZT01014B·单选题】

轴测投影分为（　　）两大类。

A. 正轴测和斜轴测　　B. 正等测和正二测

C. 正面斜轴测和水平斜轴测　　D. 斜等测和斜二侧

【答案】 A

考点5　剖面图的概念、类型和特点，剖面图的绘制；断面图的概念、类型，剖面图的绘制

一、剖面图的概念、类型和特点，剖面图的绘制

1. 剖面图的概念

假想用一个剖切面将物体剖开，移去剖切面与观察者之间的部分，将剩余部分向与剖切面平行的投影面作投影，并将剖切面与形体接触的部分画上剖面线或材料图例，这样得到的投影图称为剖面图，简称剖面图。

如图 2－1－55 所示为一钢筋混凝土杯形基础的投影图。由于这个基础有安装柱子用的杯口，它的正立面图和侧立面图中都有虚线，使图不清晰。此时，假想用一个通过基础前后对 称平面的剖切平面 P 将基础剖开，移去剖切平面 P 连同它前面的半个基础，将留下的后半个基础向正立面作投影，得到的正面投影图，称基础剖面图，如图 2－1－56 所示。

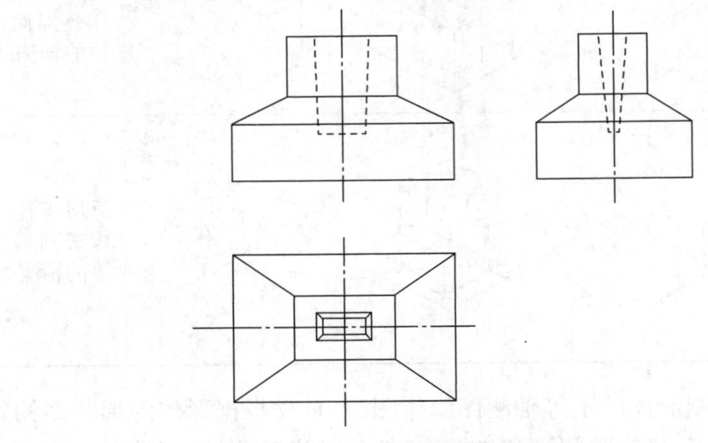

图 2－1－55　杯形基础的投影图

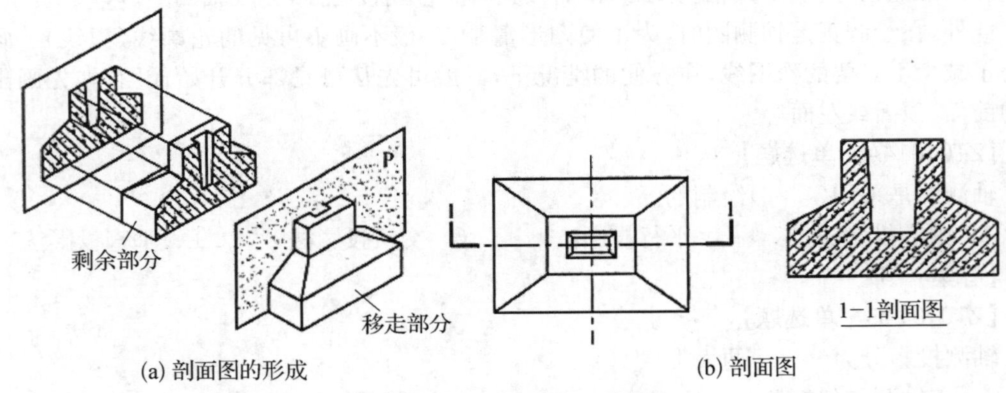

(a) 剖面图的形成　(b) 剖面图

图 2－1－56　杯形基础剖面图

2. 剖面图的类型和特点

剖面图应按照用一个剖切面剖切、用两个或两个以上平行的剖切面剖切、用两个相交的剖切面剖切的方法剖切后绘制。

(1) 全剖面图

用一个剖切平面将形体完整地剖切开，得到的剖面图，叫作全剖面图。全剖面图一般应用于不对称的建筑形体，或对称但较简单的建筑构件中。

图 2－1－57 为房屋的剖画图。图 2－1－57(a)假想用一水平的剖切平面，通过门、窗洞将整幢房屋剖开，然后画出其整体的剖面图，表示房屋内部的水平布置。图 2－1－57(b)是假想用一铅垂的剖切平面，通过门、窗洞将整幢房屋剖开，画出从屋顶到地面的剖面图，以表示房屋内部的高度情况。在房屋建筑图中，将水平剖切所得的剖面图称为平面图，将铅垂剖切所得的剖面图称为剖面图。

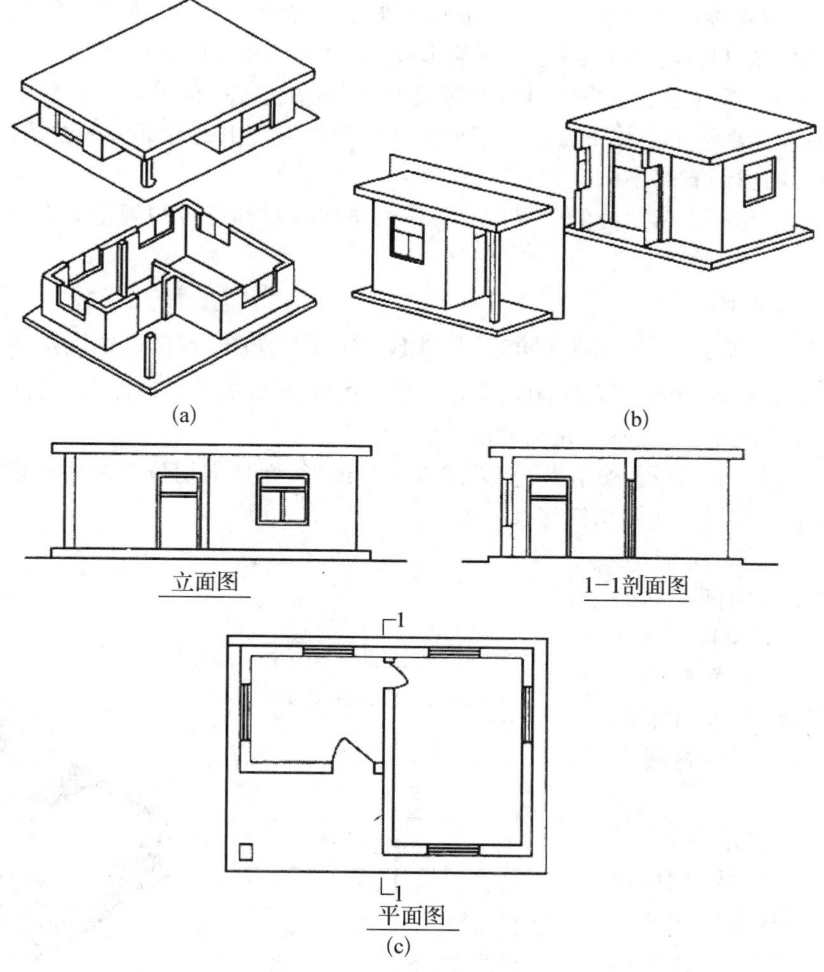

图 2-1-57 房屋的剖面图

(2) 半剖面图

当物体具有对称平面时,在垂直于对称平面的投影面上投射所得的图形,可以对称中心线为界,一半画成表示内部结构的剖面图,另一半画成表示外形的视图,这样的图形称为半剖面图。半剖面图主要用于表达内外形状较复杂且对称的物体。

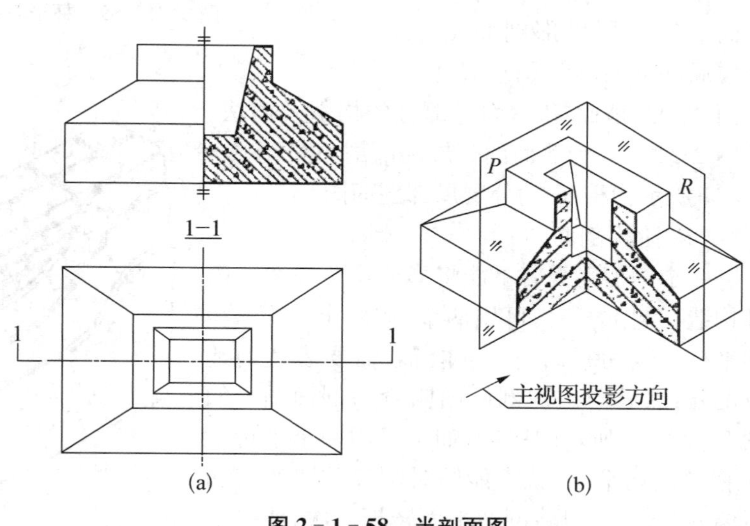

图 2-1-58 半剖面图

图 2-1-58 所示的杯形基础左右对称,所以

1-1剖面图是以对称中心线为界，一半画表达外形的视图，一半画表达内部结构的半剖面图。为了表明它的材料是钢筋混凝土，则在其 断面内画出相应的材料图例。

一般情况下，当对称中心线为铅直线时，剖面图画在中心线右侧；当对称中心线为水平线时，剖面图画在水平中心线下方。由于未剖部分的内形已由剖开部分表达清楚，因此表达未剖部分内形的虚线省略不画。

剖面图中剖与不剖两部分的分界用对称符号画出。对称符号的规定见考点 1 中的其他符号。

(3) 局部剖面图

用剖切面局部地剖开物体所得的剖面图称为局部剖面图。局部剖面图适用于内外形状均需表达且不对称的物体。局部剖面图用波浪线将剖面图与外形视图分开；波浪线不应与图样上的其他图线重合，也不应超出轮廓线。

局部剖面图中大部分投影表达外形，局部表达内形，而且剖切位置都比较明显，所以，一般情况下图中不需要标注剖切符号及剖面图的名称。

如图 2-1-59 所示，为了表示杯形基础内部钢筋的配置情况，仅将其水平投影的一角作 剖切，正面投影仍是全剖面图，由于画出了钢筋的配置，可不再画材料图例符号。

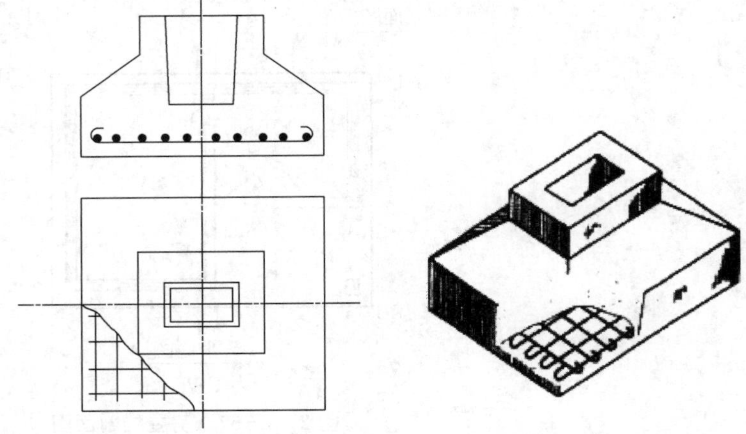

图 2-1-59　杯形基础局部剖面图

(4) 分层局部剖面图

在建筑工程图样中，对一些具有不同构造层次的工程建筑物，可按实际需要用分层剖切的方法进行剖切，从而获得分层局部剖面图。分层局部剖面图常用来表达墙面、楼面、地面 和屋面等部分的构造及做法。如图 2-1-60 为墙面的分层局部剖面图，图 2-1-61 所示为楼面 的分层局部剖面图。

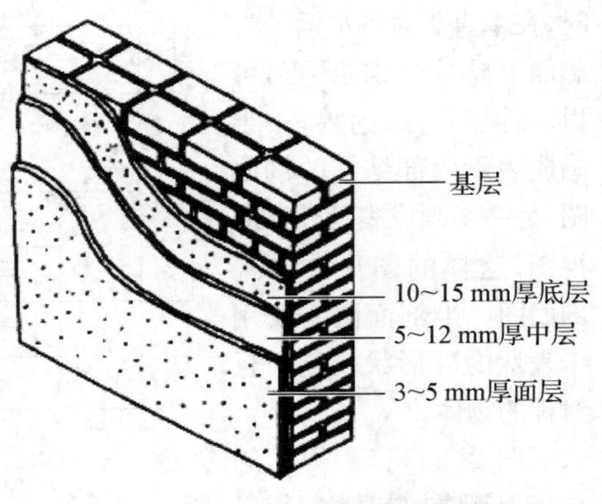

图 2-1-60　墙面的分层局部剖面图

(5) 阶梯剖面图

一个剖切平面若不能将形体需要表达的内部构造一起剖开时，可用两个(或两个以上) 相互平行的剖切平面，将形体沿着需要表达的地方剖开，然后画出的剖面图叫阶梯剖面图。如图 2-1-62 所示的房屋，如果只用一个平行于 *W* 面的剖切平面，就不能同时剖开前墙的窗和后墙的窗，这时可将剖切平面转折一次，使一个平面剖开前墙的窗，另一个与其平行的平面剖开后墙的窗，这样就满足了要求。所得的剖面图，称为阶梯剖面图。阶梯形剖切平面的转折处，在剖面图上规定不画分界线。

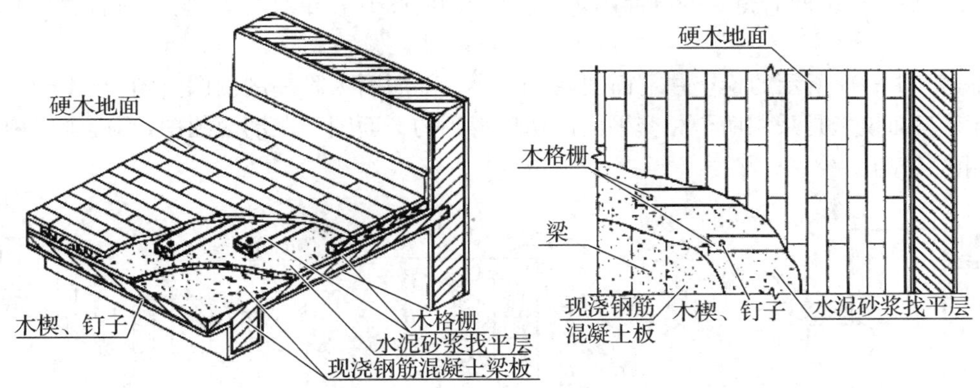

(a) 立体图　　(b) 分层剖面图

图 2-1-61　楼面的分层局部剖面图

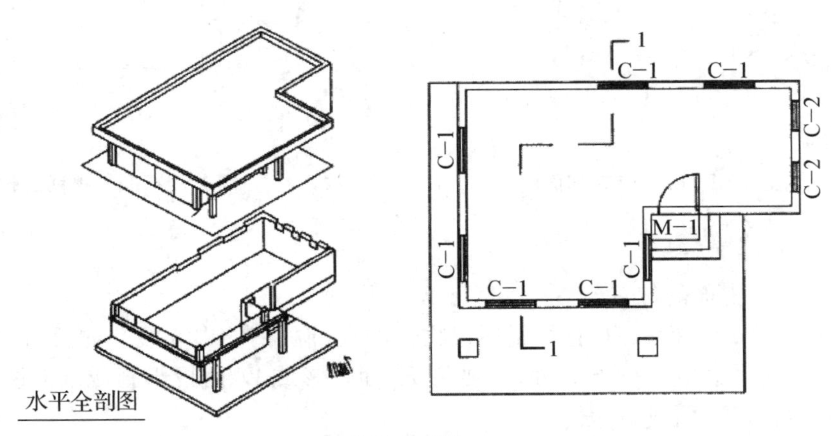

(a) 建筑平面图

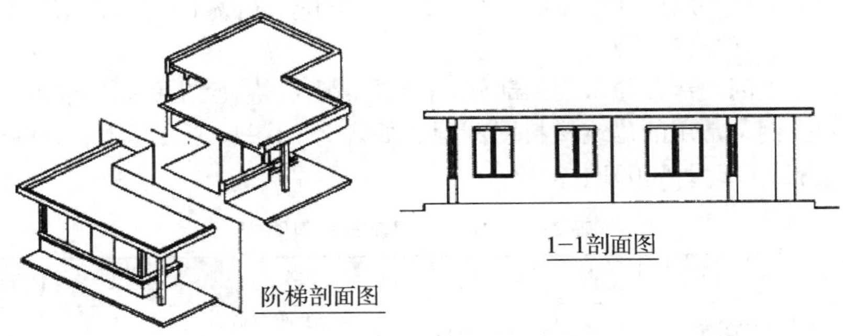

(b) 1−1剖面图

图 2-1-62　房屋阶梯剖面图

(6) 旋转剖面图

用两个或两个以上相交剖面作为剖切面剖开物体,将倾斜于基本投影图面的部分旋转到平行于基本投影面后得到的剖面图,称为旋转剖面图或展开剖面图,应在图名后注明展开字样。

图 2-1-63 所示的检查井剖面图,图中 2-2 剖面图为阶梯剖面图。图 2-1-64 所示的楼梯,正面投影是采用两个相交平面剖切后得到的剖面图。在剖面图中,不应画出两剖切平面相交处的交线。

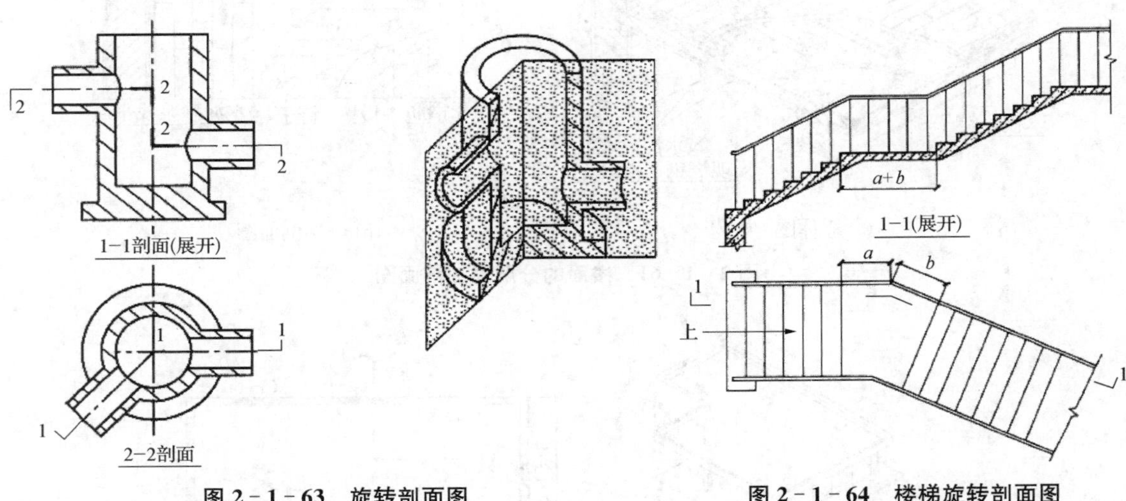

图 2-1-63　旋转剖面图

图 2-1-64　楼梯旋转剖面图

3. 剖面图的绘制

(1) 确定剖切平面的位置

剖切平面应平行于投影面,且尽量通过物体的孔、洞、槽的中心线。如要将 V 面投影画成剖面图,则剖切平面应平行于 V 面;如要将 H 面投影或 W 面投影画成剖面图时,则剖切平面应分别平行于 H 面或 W 面。

(2) 剖面图的图线及图例

物体被剖切后所形成的断面轮廓线,用粗实线画出;物体未剖到部分的投影用中实线画出;看不见的虚线一般省略不画。

为区别物体被剖到部分与未剖到部分,使图形清晰可辨,应在断面轮廓范围内画上表示其材料种类的图例。常用的建筑材料图例画法如表 2-1-10 所示,其余的可查阅《房屋建筑制图统一标准》(GB/T 50001—2017)。

表 2-1-10　常用建筑材料图例

序号	名称	图例	说明	序号	名称	图例	说明
1	自然土壤		包括各种自然土壤	4	砂砾石碎砖三合土		
2	夯实土壤			5	石材		
3	砂、灰土			6	毛石		

续 表

序号	名称	图例	说明
7	普通砖		包括实心砖、多孔砖、砌块等砌体。断面较窄不易绘出图例线时,可涂红,并在图纸备注中加注说明,画出该材料图例。
8	耐火砖		包括耐酸砖等砌体
9	空心砖		指非承重砖砌体
10	饰面砖		包括铺地砖、马赛克、陶瓷棉砖、人造大理石等
11	焦渣、矿渣		包括与水泥、石灰等混合而成的材料
12	混凝土		1. 本图例指能承重的混凝土及钢筋混凝土 2. 包括各种强度等级、骨料,添加剂的混凝土 3. 在剖面图上画出钢筋时,不画图例 4. 断面较小,不易画出图例时,可涂黑
13	钢筋混凝土		
14	多孔材料		包括水泥珍珠岩,沥青珍珠岩,泡沫混凝土,非承重加气混凝土、软木、蛭石制品
15	纤维材料		包括矿棉、岩棉、玻璃棉、麻丝、木丝板、纤维板等
16	泡沫塑料材料		包括聚苯乙烯、聚乙烯、聚氨酯等多种聚合物类材料
17	木材		1. 上图为横断面,左上图为垫木,木砖或木龙骨 2. 下图为纵断面

序号	名称	图例	说明
18	胶合板		应注明为 X 层胶合板
19	石膏板		包括圆孔、方孔石膏板、防水石膏板、硅钙板、防火板等
20	金属		1. 包括各种金属 2. 图形小时,可涂黑
21	网状材料		1. 包括金属、塑料网状材料 2. 应注明具体材料名称
22	液体		应注明具体液体名称
23	玻璃		包括平板玻璃、磨砂玻璃、夹丝玻璃、钢化玻璃、中空玻璃、夹层玻璃、镀膜玻璃等
24	橡胶		
25	塑料		包括各种软、硬塑料及有机玻璃
26	防水材料		构造层次多或比例大时,采用上图例
27	粉刷		本图例采用较稀的点

注:序号 1、2、5、7、8、13、14、16、17、18 图例中的斜线、短斜线、交叉斜线等无为 45°。

绘制剖面图的图线及图例的注意事项：

①图例线应间隔均匀、疏密适度，做到图例正确、表达清楚。

②两个相同的图例相接时，图例线宜错开或使倾斜方向相反，如图 2-1-65(a)、图 2-1-65(b)所示。

③不同品种的同类材料使用同一图例时（如某些特定部位的石膏板必须注明是防水石膏板时），应在图上附加必要的说明，如图 2-1-65(c)所示。

④当需画出的建筑材料图例过大时，可在断面轮廓线内，沿轮廓线作局部表示，如图 2-1-65(d)所示。

⑤当一张图纸内的图样只用一种图例或图形较小无法画出图例时，可不加图例，但应加文字说明。

⑥当选用本标准中未包括的建筑材料时，可自编图例。但不得与本标准所列的图例重复。绘制时，应在适当位置画出该材料图例，并加以说明。

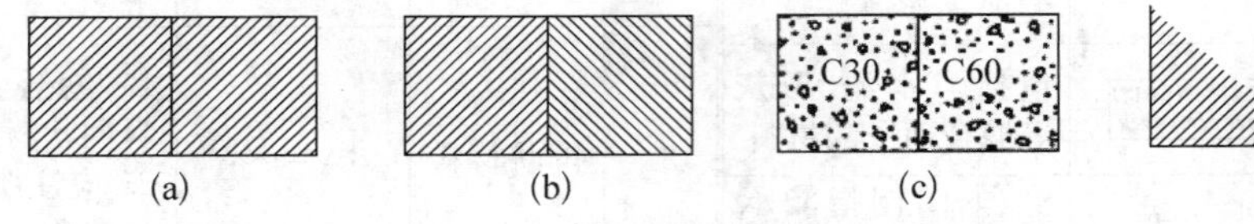

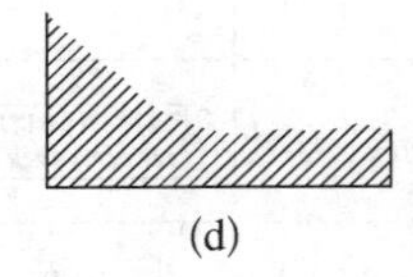

图 2-1-65　绘制图线及图例的注意事项

(3) 标注剖面图

为了读图方便，需要用剖面的剖切符号把所画的剖面图的剖切位置和剖视方向在投影图上表示出来，同时还要给每一个剖面图加上编号，以免产生混乱，对剖面图的标注方法见考点 1 中有关剖切符号的规定。

二、断面图的概念、类型，剖面图的绘制

1. 断面图的概念

假想用剖切平面将物体的某处切断，仅画出该剖切面与物体接触部分的图形，该图形称为断面图，简称断面或截面。断面图常常用于表达建筑工程梁、板、柱的某一部位的断面形状，也用于表达建筑形体的内部形状。断面图常与基本视图和剖面图互相配合，使建筑形体表达得完整、清晰、简明。

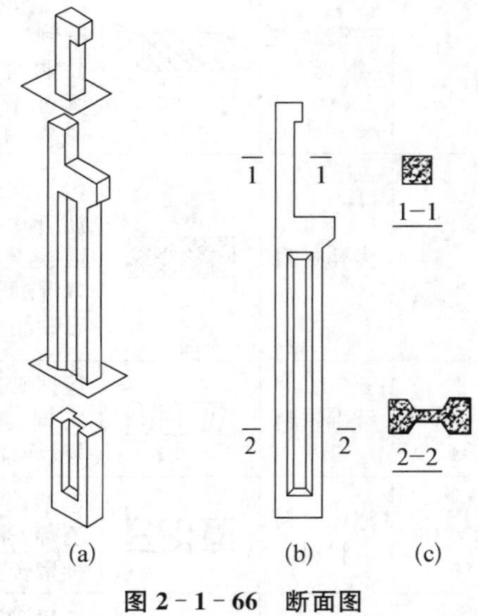

图 2-1-66　断面图

图 2-1-66 所示为带牛腿的工字形柱，图 2-1-66(c)为该柱子的 1-1、2-2 断面图，从断面图中可知，该柱子上柱截面形状为矩形，下柱的截面形状为工字形。

2. 断面图的类型

由于构件的形状不同，采用断面图的剖切位置和范围也不同，一般断面图有三种形式。

（1）移出断面图

将形体某一部分剖切后所形成的断面移画于原投影图旁边的断面图称为移出断面，如图 2－1－67 所示为某工字梁的移出断面图。断面图的轮廓线应用粗实线，轮廓线内也画相应的图例符号。断面图应尽可能地放在投影图的附近，以便识图。断面图也可以适当地放大比例，以利于标注尺寸和清晰地反映内部构造。在实际施工图中，很多构件都是用移出断面，图表达其形状和内部构造的。

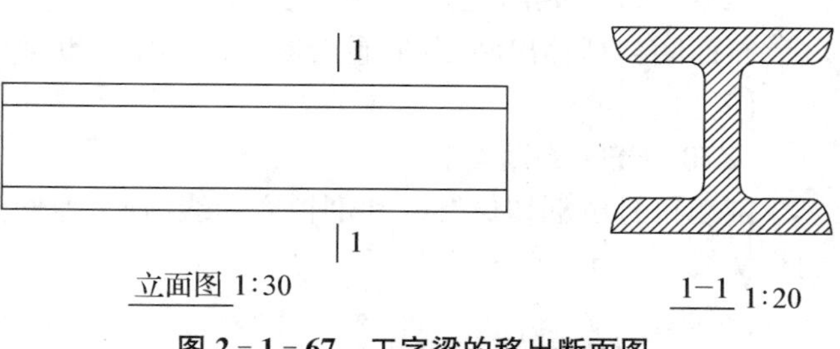

图 2－1－67　工字梁的移出断面图

（2）重合断面图

将断面图直接画于投影图中，使断面图与投影图重合在一起称为重合断面图。重合断面图通常在整个构件的形状基本相同时采用，断面图的比例必须和原投影图的比例一致。如图 2－1－68 所示。

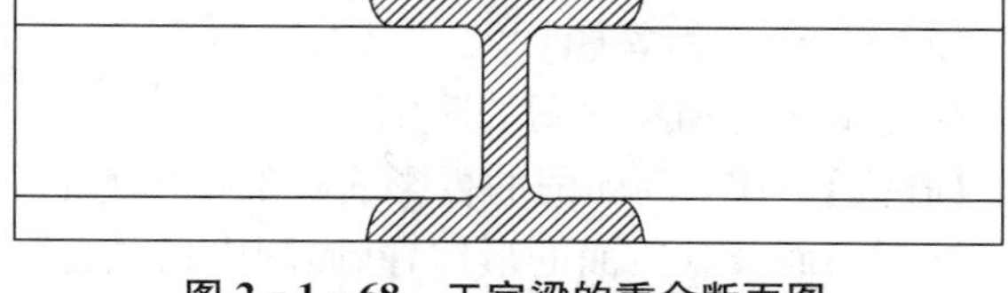

图 2－1－68　工字梁的重合断面图

（3）中断断面图

对于单一的长杆件，也可以在杆件投影图的某一处用折断线断开，然后将断面图画于其中，不画剖切符号，如图 2－1－69 所示。

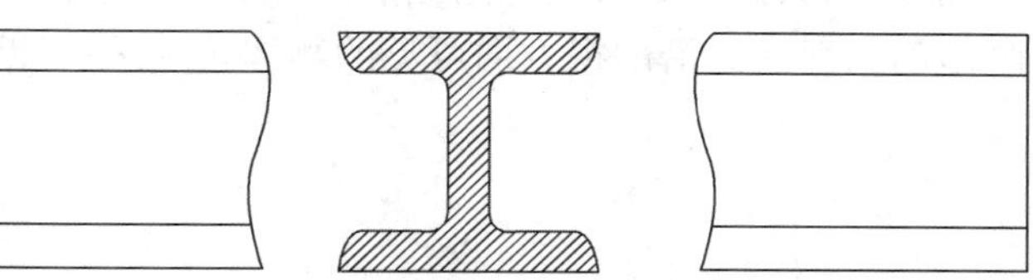

图 2－1－69　工字梁的中断断面图

3. 断面图的绘制

断面图的绘制方法同剖面图，但需注意：

①断面图只画形体与剖切平面接触的部分，用粗实线绘制，填充图例（同剖面图图例）；

②剖切符号与剖面图不同，具体规定见考点 1 中的断面剖切符号。

【ZT0105A・判断题】

断面图是画出剖切面切到部分的图形和末剖切到面可见部分的图形。（　　）

【答案】 ×

【ZT0105B・判断题】

剖面图中被剖切到的轮廓线用中粗实线表示。（　　）

【答案】 ×

【ZT0105C・判断题】

剖面图分为全剖视图、半剖视图、局部剖视图。（　　）

【答案】 √

【ZT0105D・判断题】

剖面图的剖切方法有单一剖切面剖切、阶梯剖、旋转剖。（　　）

【答案】 √

【ZT0105E·判断题】

断面图包括移出断面图、重合断面图和中断断面图。 ( )

【答案】 √

【ZT0105F·判断题】

剖切符号由剖切位置线和剖视方向线组成,他们分别用长度为 6～10 毫米和 4～6 毫米的粗实线来表示。 ( )

【答案】 √

【ZT0105G·简答题】

何为全剖面图?一般适用于什么情况?

【答案】 全剖面图是用一个剖切面把物体整个切开后所画出的剖面图。适用于一个剖切面剖切后就能把内部形状表示清楚的物体。

【ZT0105H·简答题】

简述剖面图和断面图的区别。

【答案】 (1) 剖面图的投影面在剖切体的后方,而断面图的投影面在剖切面上,剖面图中包含剖切面及其后面的形体,断面图中只包含剖切面的投影;(2) 剖切符号不同;(3) 剖面图可以有多个剖切面,断面图一般只有一个剖切面,剖面图为了表达形体的内部形状和结构,断面图只画出某一局部断面的形状;(4) 剖面图不仅需画出剖切面位置的图形,而且要画出剖切面后面沿剖视方向可见的物体轮廓线;而断面图只需画出剖切面位置的断面图形。

第二节　建筑施工图

考点6　通过识读建筑设计说明，查阅建筑工程的概况、建筑构造的做法以及其他相关规定

建筑设计说明是对建筑设计的依据、工程概况、建筑构造做法、建筑消防、建筑节能等内容进行总的阐述，以及对图形表达不清楚的部位用文字加以说明。

一、建筑设计说明

建筑设计说明主要用来阐述建筑工程的名称、层数、结构类型、抗震设防烈度等总的工程概况，以及建筑工程中细部的构造做法，如地面、楼面、室内装修、室外装修、屋面、顶棚等的构造做法。如果这些构造做法选自建筑施工图集，应在建筑施工设计说明中标注清楚所选图集的图册号、页码及详图编号。某工程的建筑设计说明如图 2－2－1 所示。

建　筑　设　计　说　明

一、	设计依据：	1、	防水地砖地面：做法详工程材料做法表，用于卫生间地面；	7、	外窗保温等级为六级；活动外遮阳参苏J33-2008-68.
1、	规划定点图及审批意见；	2、	防滑地砖地面：做法详工程材料做法表，用于除卫生间以外地面；	8、	下列部位应使用安全玻璃：（1）面积大于1.5平方米或玻璃底边离最终装修面小于500的落
2、	建设方委托设计申请书、方案及对及对本工程的设计要求；	3、	防水地砖楼面：做法详工程材料做法表，用于卫生间楼面；		地窗；（3）幕墙；（4）疏散出入口及门厅外门；（5）规范规定的其他部位.
3、	国家及江苏省现行的有关法规和规范：	4、	防滑地砖楼面：做法详工程材料做法表，用于除卫生间以外楼面；	9、	玻璃的选用应满足《建筑玻璃应用技术规程》JGJ 113-2003和《建筑安全玻璃管理规定》
	(1)《中华人民共和国工程建设标准强制性条文》				（发改运行[2003]2116号文），建筑使用的安全玻璃应具有国家强制性产品认证标志-CCC-
	(2)《民用建筑设计通则》 GB 50352-2005	六、	内装修工程：		
	(3)《无障碍设计规范》 GB50763-2012	1、	楼地面构造交接处和地坪高度变化处，除图中另有注明者外均位于齐平门扇开启面处；	十一、	油漆涂料工程：
	(4)《建筑设计防火规范》 GB50016-2014	2、	凡设有地漏房间应做防水层，图中未注明整个房间做坡度者，均在地漏周围1m	1、	银粉漆：用于所有外露铁件，非露部位刷红丹防锈漆二度，做法详工程材料做法表.
	(5)《办公建筑设计规范》（JGJ 67-2006）		范围内做1～2%坡度坡向地漏；有水房间的楼地面应低于相邻房间≥20mm或做挡水门槛.	2、	调和漆：楼梯木扶手均刷聚氨色调和漆，凡内木门均刷黄色调和漆，外木门均刷棕色调和漆，
	(6)《公共建筑节能设计标准》 DGJ32/J96-2010	3、	瓷砖踢脚：做法详工程材料做法表，高度150；		做法详工程材料做法表.
4、	江苏省盱眙县主管部门的相关规定，技术措施与制图标准.	4、	瓷砖墙面：做法详工程材料做法表，高度到顶，用于卫生间；		
		5、	水泥护角线：用于室内阳角，做法详苏J01-2005-28/5.	十二、	防水工程：
二、	工程概况：	6、	乳胶漆墙面：做法详工程材料做法表，用于除卫生间外其他墙面；	1、	防水工程必须由相应资质的专业公司或专业人员完成，
1、	本工程为[illegible]办公楼，位于[illegible]	7、	水泥砂浆顶棚 做法详工程材料做法表，用于卫生间顶棚；		并严格按操作规程要求施工，防水层施工完毕不得再对其进行有破坏性的施凿.
	东侧，建筑层数为三层，框架结构，总建筑面积2061平方米.	8、	乳胶漆顶棚 做法详工程材料做法表，用于除卫生间外其他顶棚；	2、	屋面防水（屋面防水等级为II级，）
2、	本工程建筑总高度为10.35米；层高均为3.3米.				(1)屋面采用刚性防水屋面，由专业防水施工队，按规程施工，所有防水层，四周均涂卷至屋面泛水高度，
3、	本工程建筑抗震设防烈度为七度，设计基本地震加速度值为0.1g ；	七、	外装修工程：		屋面女儿墙阴阳角处 应增加涂层厚度，做好滴水加强层；穿板面管道或泛水以下外墙穿管，安装后严格用细石混凝土封严，
4、	本工程建筑工程等级为三级；建筑使用年限为50年；建筑耐火等级为二级，	1、	阻燃性挤塑聚苯板（XPS）保温墙面：做法详工程材料做法表；颜色和位置详立面图.		管根四周加做防水胶，与防水层同合，伸出屋面的结构 应做柔性防水材料，高度为 300.
	所有建筑结构构件均采用非燃烧体，并满足二级耐火等级的要求；楼梯满足安全出	2、	[DB32/T122-95]		(2)屋面均为有组织排水，DN100PVC塑料排水管(室外空调冷凝水均为有组织排放，采用DN50PVC塑料管接至
	口及防火疏散距离的要求.	3、	外墙保温材料为20厚阻燃性挤塑聚苯板（XPS），其燃烧性能等级为B1级.		接入排水管，附近无排水管者另设排水系统)；水斗，排做见做法详苏J03-2006-56,57页.
三、	设计标高及总则：	4、	外墙每层标高处均设置高度300mm的不燃材料发泡水泥板II型防火隔离带，其燃烧性能	3、	楼面防水：卫生间加设环保型高分子水泥基防水涂层，涂膜厚度2mm，分两次涂刷，凡管道穿过处先套封闭，均须预留套管
1、	本工程 ±0.000 标高相当于黄海高程具体详结施.		等级为A级.		高出地面30；地面预留管洞，须过做混凝土灰 泥 高100，卫间墙脚处，管根做防水胶，地面找坡，坡向地漏或排水口
2、	平面、立面、剖面图所注各层标高均指建筑标高；	八、	屋面工程		坡度1%，以不积水为原则.
3、	本工程标高以m为单位，总平面尺寸以m为单位，其它尺寸以mm为单位.	1、	保温非上人平屋面：做法详工程材料做法表，其中防水做4厚SBS卷材防水层	4、	通有管道、通气道等穿过防水层时应采取加强措施，首先管道加做胶防水翻环，穿过涂膜防水层时用无纺布作
4、	凡施工与验收规范（屋面、砌体、地面等）已对建筑物材料规格、施工	2、	屋面保温材料为阻燃性挤塑聚苯板（XPS），其燃烧性能等级为B1级.		加强附加层搭接150，增涂二度涂膜防水；穿过刚性防水层时，管道周围预留25宽缝，封内满填防水油膏.
	方法及验收规则有规定者，本说明不再重复，均按有关现行规范执行；	3、	本屋面说明未详尽之处参苏J01-2005屋面做法说明.	6、	通有水落管在防水层上，下设300*300*50预制C20混凝土板保护.
5、	所有与水电等工种有关的预埋件、预留孔洞，施工时必须与相关的图 纸密切配合施工			7、	防水砂浆按产品说明掺入防水剂，每次粉刷厚度不超过5，粉刷多遍成活.
6、	本工程所选所有材料放射性，均应满足国家现行有关规范和规定的要求，	九、	坡道、散水：		
	所选所有材料均应有质保书，以确保工程质量.	1、	混凝土散水：详工程材料做法表，宽600；	十三、	其它施工中注意事项：
7、	本工程应按国家现行有关安全生产的规范和法规组织生产，应特别注意外挑及超高	2、	防滑砖台阶：详工程材料做法表；	1、	本工程需按《江苏省房屋建筑白蚁预防工程施工操作规程》要求做白蚁防治.
	构件的施工安全防护，建筑内外临空处及预留孔洞部位，均应临时安全防护措施.	3、	无障碍坡道：详03J926-2/22；无障碍坡道栏杆扶手做法详03J926-1B/23.	2、	按公安有关文件采取防盗措施，一层、顶层外窗和内廊窗加设铁艺防盗网.
8、	本设计文件应由甲方送有关机构进行施工图审查，审查批准后方可组织施工.			3、	所有临空栏杆净高为1100；其余楼梯栏杆净高为900，当水平段大于500时净高为1050；
		十、	门窗工程：		当图纸标注与本规定不符时，按本规定执行.
四、	墙体工程：	1、	塑料门窗采用苏J30-2008图集，所有外窗开启扇应设纱窗，透明玻璃应满足规范要求；	4、	消火栓、配电箱等留洞间墙厚者背面均做钢板网面粉刷，网宽每边应大于洞口200.
1、	墙基防潮：做法详工程材料做法表.	2、	木门窗制作前木材应进行烘干处理，安装应控制在允许误差之内，并应在木框靠墙一侧刷水柏油一道；	5、	楼板留洞封堵：待设备管线安装完毕后，用C20细石砼封堵密实，管道竖井应每层进行封堵.
2、	本工程墙体除外墙采用200厚煤矸石烧结空心砖外，内墙均采用200厚加气混凝土	3、	门窗立面均表示洞口尺寸，门窗加工尺寸要按照装修面厚度由承包商予以调整；	6、	本工程说明未详尽之处按建筑图方法并应按国家现行有关规范、规程、规定执行.
	砌块墙，砌块砌体与钢筋混凝土柱接茬处，每侧各设500钢丝网片一层，再抹灰粉刷.	4、	低于900高窗台除详图注明外均增设1050高护栏，护栏做法参苏J05-2006第31页.		
3、	卫生间与邻近房间墙下部做200高C20素混凝土墙体，厚度同墙体与楼板框架梁同	5、	门窗详见门窗表，由具有相应资质的厂家制作安装，门窗所用小五金配件均按图集配齐.		
	时施工.	6、	外窗的抗风压性能为三级，气密性能为六级，水密性能等级为二级；其性能等级划分应符合		
五、	楼地面工程：		GB/T7106-2008的规定. 外门窗隔声≥30DB.		

图 2－2－1　建筑设计说明

二、门窗表

门窗表主要用来表示工程中所有的门窗类型、尺寸、数量、所选用的材料、图集及开启方式等，为施工进料及编制预算等提供依据。某工程的建筑门窗表如图 2－2－2 所示。

门窗表

类型	设计编号	洞口尺寸(mm) 宽X高	数量	断面等级	中空玻璃规格	选用型号	类别	备注
门	M1021	1000X2100	55	Ⅱ		[illegible]04J601-1-PJM01-1021	木质平开门	
	M0821	750X2100	52	Ⅱ		[illegible]04J601-1-PJM01-0821 改	木质平开门	
	M0921	900X2100	3	Ⅱ		[illegible]04J601-1-PJM01-0921	木质平开门	
	PM1827	1800X2700	1	90系列	6+9A+6	参苏J30-2008-PKM1827	塑料平开门	
	PM3027	3000X2700	1	90系列	6+9A+6	参苏J30-2008-PKM3027	塑料平开门	
窗	C1819	1800X1950	59	88系列	6+9A+6	参苏J30-2008-TSC1821 改	塑料推拉窗	
	C1919	1900X1950	6	88系列	6+9A+6	参苏J30-2008-TSC1821 改	塑料推拉窗	
	C1806	1800X600	2	88系列	6+9A+6	参苏J30-2008-TSC1806	塑料推拉窗	
	C4024	3950X2400	1	88系列	6+9A+6	参苏J30-2008-TSC4224a 改	塑料推拉窗	窗台高300
	GC4024	3950X2400	1	88系列	6+9A+6	参苏J30-2008-GSC4224 改	塑料固定窗	窗台高300
	C2419	2400X1950	2	88系列	6+9A+6	参苏J30-2008-TSC2421 改	塑料推拉窗	

图 2－2－2 门窗表

三、建筑构造做法表

建筑构造做法表除了用文字说明外，更多的是用表格的形式，主要是对建筑各部位的构造做法加以详细说明。例如墙、地面、楼面、屋面以及踢脚、散水等部位的构造做法的详细表达，若采用标准图集中的做法，应注明所采用的标准图集的代号、做法编号。工程做法表也是现场施工、备料、施工监理、工程预决算的重要依据。

某工程的建筑构造做法如图 2－2－3 所示。

四、建筑节能措施

建筑节能是我国建设资源节约型和环境型社会的重要举措，在建筑设计说明中一般专门编制建筑设计专篇，阐述本工程所采取的节能措施。在施工首页图中应对采取的节能构造措施进行说明，包括节能设计的依据、节能的措施和节能计算等。

工 程 做 法 表

分类	序号	名称	做法及说明	适用部位	备注
防水底板	1	防水砂浆防潮层	1. 20厚1:2水泥砂浆掺5%避水浆，位置一般在-0.06标高处；在室内地坪变化处防潮层 应重叠300，并在高低差埋土一侧墙身做20厚1:2防水砂水砂浆防潮层，如埋土侧为 室外，还应刷1.5厚聚氨酯防水涂料；砖基防潮采用外抹15厚防水砂浆.	墙基	钢筋混凝土构造或下为砌石构造时可不做；
地面	1	防滑地砖地面（有防水层）	1.8-10厚地面砖，干水泥擦缝　2.撒素水泥面（洒适量清水） 3.20厚1:2干硬性水泥砂浆粘结层（用于商铺地面）　4.刷素水泥浆一道 5.40厚C20细石混凝土　6.聚氨酯三遍涂膜防水，厚1.8 7.60厚C15混凝土，随捣随抹平　8.100厚碎石垫层，灌1:5水泥砂浆 9.素土夯实	用于一层卫生间地面	防水层与竖管、墙转角处均上翻300高
	2	防滑地砖地面	1. 8-10厚地面砖，干水泥擦缝　2.撒素水泥面（洒适量清水） 3. 20厚1:2干硬性水泥砂浆粘结层（用于商铺地面） 4. 刷素水泥浆一道　5.60厚C15混凝土，随捣随抹平 6. 100厚碎石垫层，灌1:5水泥砂浆　7.素土夯实	用于一层除卫生间以外地面	
楼面	1	防滑地砖楼面	1. 8~10厚地砖楼面，干水泥擦缝　2. 5厚1:1水泥细砂浆结合层 3. 20厚1:3水泥砂浆找平层　4. 现浇钢筋混凝土楼面	用于除卫生间以外楼面	
	2	防滑地砖楼面（有防水层）	1. 8~10厚防滑地砖楼面，干水泥擦缝　2. 5厚1:1水泥细砂浆结合层 3. 30厚C20细石混凝土　4. 聚氨酯三遍涂膜防水层，厚1.8 5. 20厚1:3水泥砂浆找平层，四周做成圆弧状或钝角 6. 现浇钢筋混凝土楼面	用于卫生间楼面	防水层与竖管、墙转角处均上翻300高
踢脚	1	地砖踢脚	1.贴地砖，素水泥擦缝　2. 5厚1:1水泥细砂浆结合层 3.10厚1:3水泥砂浆打底　4. 刷界面处理剂一道		高度150与墙平齐
外墙面	1	涂料墙面	1. 外墙乳胶漆 2. 20厚聚合物砂浆中间压入（耐碱玻纤网格布） 3. 20厚阻燃性挤塑聚苯板（XPS） 4. 20厚混合砂浆 5. 200厚煤矸石烧结空心砖 6. 界面剂处理	具体位置详立面	阻燃性挤塑聚苯板（XPS）燃烧性能为B1级另墙面每层设300高复合发泡水泥板防火隔离带，与挤塑板同厚；燃烧性能为A级。具体参见苏J/T27-2011
内墙面	1	乳胶漆墙面	1. 刷乳胶漆　2. 5厚1:0.3:3 水泥石灰膏砂浆粉面 3. 12厚1:1:6水泥石灰膏砂浆打底　4. 刷界面处理剂一道	用于除卫生间以外墙面	
	2	瓷砖墙面	1. 5厚釉面砖白水泥擦缝 2. 3厚建筑陶瓷胶粘剂 3. 6厚1:2.5水泥砂浆粉面 4. 12厚1:3水泥砂浆打底 5. 刷界面处理剂一道	用于卫生间墙面	内墙到顶

分类	序号	名称	做法及说明	适用部位	备注
平顶	1	乳胶漆顶棚	1. 刷内墙涂料二度 2. 6厚1:0.3:3水泥石灰膏砂浆粉面 3. 6厚1:0.3:3水泥石灰膏砂浆打底扫毛 4. 刷素水泥浆一道（内掺水重3-5%的107胶） 5. 现浇钢筋混凝土楼板	其他房间、走廊	
	2	水泥砂浆顶棚	1.刷（喷）涂料 2. 6厚1:2.5水泥砂浆粉面 3. 6厚1:3水泥砂浆打底 4. 刷素水泥浆一道（内掺建筑胶） 5. 现浇钢筋混凝土板	用于卫生间顶棚	
屋面	1	屋面	1. 50厚C30细石混凝土，内部配Ø4@100双向钢筋，随浇随抹 2. 20厚1:3水泥砂浆保护层 3. 40厚阻燃性挤塑聚苯板（XPS） 5. 4厚SBS改性沥青防水层卷材； 6. 20厚1:3水泥砂浆找平. 7. 1:6水泥炉渣2%找坡层（最薄处40厚，抗压强度不小于0.3MPa）； 8. 现浇钢筋混凝土屋面板	平屋面	阻燃性挤塑聚苯板（XPS）燃烧性能为B1级另屋面女儿墙四周设500宽复合发泡水泥板防火隔离带，与挤塑板同厚；燃烧性能为A级。具体参见苏J/T27-2011
散水	1	混凝土散水	1. 60厚C15混凝土，撒1:1水泥砂子，压实抹光 2. 120厚碎石或碎砖垫层 3.素土夯实，向外坡4%	散水	散水宽600，散水与墙面交界处及沿散水长度方向每隔6m设20mm宽温度伸缩缝，通缝内填嵌缝膏。
坡道	1	锯齿形水泥防滑坡道	1. 25厚1:2水泥砂浆抹出60宽7深齿形礓礤 2. 素水泥浆一道 3. 100厚C15混凝土 4. 200厚碎石或碎砖，灌1:5水泥砂浆 5. 素土夯实	坡道	
台阶	1	水泥花砖台阶	1. 20厚水泥花砖面层、干水泥擦缝　2. 8厚1:1水泥细砂浆结合层 3. 20厚1:3水泥砂浆找平层　4. 素水泥浆一道 5. 60厚C15混凝土，台阶面向外坡1%　6. 200厚碎石或碎砖石，灌1:5水泥砂浆 7. 素土夯实	室外台阶	
油漆	1	银粉漆	1. 银粉漆二度　2. 刮腻子　3. 防锈漆或红丹一度	用于所有外露铁件	非露部位刷红丹 防锈漆二度
	2	调和漆	1. 调和漆二度　2. 刮腻子　3. 防锈漆或红丹一度	木门及木扶手	木扶手刷栗壳色 木门均刷棕色

图 2-2-3　建筑构造做法表

江苏省公共建筑节能设计专篇（建筑专业示范样图）

一、工程概况

所在城市	气候分区	结构形式	层数	节能计算面积(m^2)	节能设计标准	节能设计方法
江苏省—[illegible]	夏热冬冷	框架结构	地上：3层 地下：—层	地上：2058.92 m^2 地下：— m^2	50%	☑ 规定性指标 □ 性能性指标

二、设计依据

1.《民用建筑热工设计规范》GB50176-1993
2.《公共建筑节能设计标准》GB50189-2005
3.《江苏省民用建筑工程施工图设计文件（节能专篇）编制深度规定》（2009年版）
4.《江苏省太阳能热水系统施工图设计文件编制深度规定》（2008年版）
5. 国家、省、市现行的相关法律、法规

三、建筑物围护结构热工性能

围护结构部位	主要保温材料 名称	主要保温材料 导热系数($W/m^2\cdot K$)	厚度(mm)	传热系数K($W/m^2\cdot K$) 工程设计值	传热系数K($W/m^2\cdot K$) 规范限值	备注
屋面1	阻燃性挤塑聚苯板(XPS)	0.030x1.25	40	0.649	0.80	
……	–	–	–	–		
墙体1（包括非透明幕墙）	北：阻燃性挤塑聚苯板(XPS) 东：阻燃性挤塑聚苯板(XPS) 西：阻燃性挤塑聚苯板(XPS) 南：阻燃性挤塑聚苯板(XPS)	北：0.030x1.15 东：0.030x1.15 西：0.030x1.15 南：0.030x1.15	北：20 东：20 西：20 南：20	0.94	1.00	
……	北：– 东：– 西：– 南：–	北：– 东：– 西：– 南：–	北：– 东：– 西：– 南：–			
底面接触室外空气的架空层或外挑楼板	–	–	–	–	–	

本工程外墙墙体材料为200厚煤矸石烧结空心砖墙，内墙为200厚加气混凝土砌块（B05级）。

四、地面和地下室外墙热工性能

围护结构部位	主要保温材料名称	厚度(mm)	传热系数K($W/m^2\cdot K$) 工程设计值	传热系数K($W/m^2\cdot K$) 规范限值	备注
地面	阻燃性挤塑聚苯板(XPS)	40	1.20	1.20	
地下室外墙	–	–	–	–	

五、窗（包括透明幕墙）的热工性能和气密性

朝向	窗框	玻璃	窗墙面积比/天窗屋面比 工程设计值	窗墙面积比/天窗屋面比 规范限值	传热系数K($W/m^2\cdot K$) 工程设计值	传热系数K($W/m^2\cdot K$) 规范限值	遮阳系数SC 工程设计值	遮阳系数SC 规范限值	遮阳形式	可见光透射比 工程设计值	可见光透射比 规范限值	可开启面积比 工程设计值	可开启面积比 规范限值
南	6透明玻璃+9空气+6透明玻璃—塑料(木)窗框		0.24	0.70	3.00	3.50	0.51	0.55	水平外遮阳	1.00	0.40	0.30	0.30
北	6透明玻璃+9空气+6透明玻璃—塑料(木)窗框		0.26	0.70	3.00	3.50	0.72	1.00	--	1.00	0.40	0.30	0.30
东	6透明玻璃+9空气+6透明玻璃—塑料(木)窗框		0.07	0.70	3.00	4.70	0.72	1.00	--	1.00	0.40	0.30	0.30
西	6透明玻璃+9空气+6透明玻璃—塑料(木)窗框		0.07	0.70	3.00	4.70	0.72	1.00	--	1.00	0.40	0.30	0.30
屋面	–		0.00	20%	–	3.0	–	0.40					

本工程窗的气密性不低于《建筑外窗气密性能分级及其检测方法》GB7107-2002规定的6级，幕墙的气密性不低于《建筑幕墙物理性能分级》GB/T 15227规定的__级。

六、太阳能热水系统

本工程无太阳能/其它新能源热水供应系统，使用——辅助热源，设计使用范围自／层至／层。

七、权衡判断

本工程均符合规定性指标而无需进行权衡判断。

八、节能构造图详：

保温墙体节能构造和技术要求参06J123第13页；普通窗口保温构造参06J123-1/33；带窗套窗口保温构造参06J123-1/39；

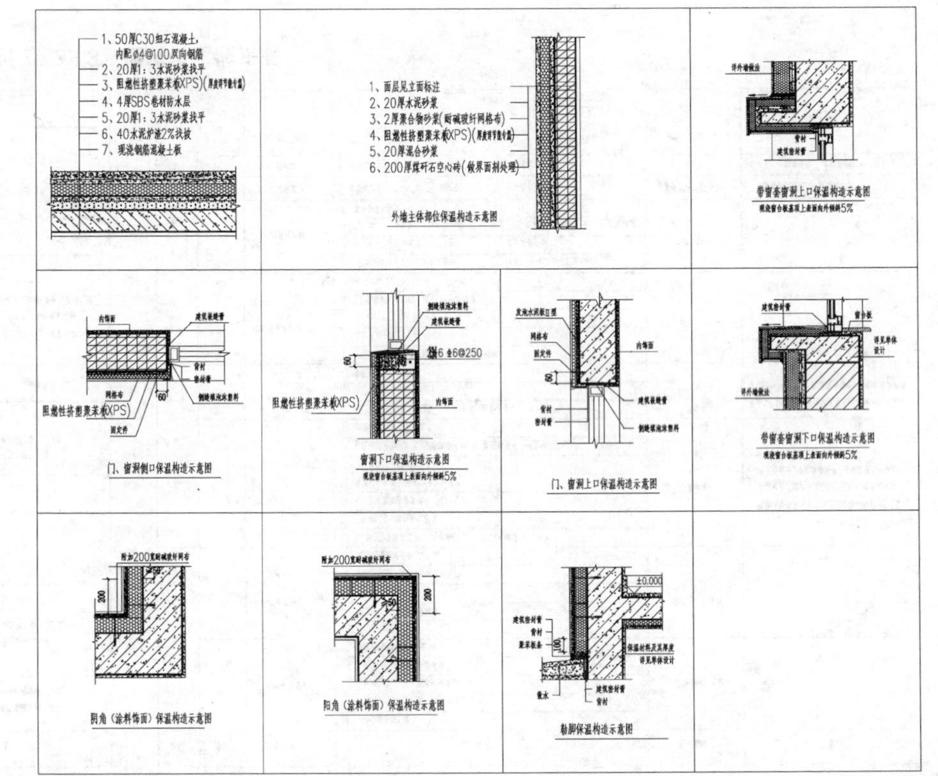

图2-2-4　建筑节能措施

【ZT0201A · 单选题】

读图 2－2－1 建筑设计说明可知，本建筑是(　　)结构类型。

A. 框架结构　　B. 剪力墙结构　　C. 框剪结构　　D. 钢结构

【答案】 A

【ZT0201B · 单选题】

读图 2－2－1 建筑设计说明可知，本建筑的设防烈度为(　　)度。

A. 六　　B. 七　　C. 八　　D. 九

【答案】 B

【ZT0201C · 单选题】

读图 2－2－1 建筑设计说明可知，本建筑的抗震等级为(　　)级。

A. 一　　B. 二　　C. 三　　D. 四

【答案】 C

【ZT0201D · 单选题】

读图 2－2－1 建筑设计说明可知，本建筑的耐火等级为(　　)级。

A. 一　　B. 二　　C. 三　　D. 四

【答案】 B

【ZT0201E · 单选题】

读图 2－2－1 建筑设计说明可知，本建筑的散水宽度为(　　)mm。

A. 500　　B. 600　　C. 700　　D. 800

【答案】 B

【ZT0201F · 单选题】

读图 2－2－2 门窗表可知，窗户 C1819 其宽度是(　　)mm，高度是(　　)mm。

A. 1 900　1 800　　B. 1 800　1 900

C. 1 950　1 800　　D. 1 800　1 950

【答案】 D

【ZT0201G · 单选题】

读图 2－2－3 建筑构造做法表可知，屋面采用的是(　　)找平。

A. 20 厚 1∶2 水泥砂浆　　B. 20 厚 1∶3 水泥砂浆

C. 20 厚 1∶3 混合砂浆　　D. 30 厚 1∶2 混合砂浆

【答案】 B

【ZT0201H · 单选题】

读图 2－2－3 建筑构造做法表可知，一层卫生间地面防水采用的是(　　)。

A. 聚氨酯两遍涂膜防水，厚 1.8 mm　　B. 聚氨酯三遍涂膜防水，厚 1.8 mm

C. 聚氨酯两遍涂膜防水，厚 1.8 cm　　D. 聚氨酯三遍涂膜防水，厚 1.8 cm

【答案】 B

【ZT0201I · 单选题】

读图 2－2－3 建筑构造做法表可知，散水向外坡度为(　　)。

A. 1%　　B. 2%　　C. 3%　　D. 4%

【答案】 D

【ZT0201J · 判断题】

读图 2－2－1 建筑设计说明可知，本建筑±0.000 为绝对标高。（　　）

【答案】 ×

【ZT0201K · 判断题】

读图 2－2－1 建筑设计说明可知，本建筑内墙采用 200 厚加气混凝土砌块。（　　）

【答案】 √

【ZT0201L · 判断题】

读图 2－2－1 建筑设计说明可知，本建筑的屋面防水等级为Ⅰ级。（　　）

【答案】 ×

【ZT0201M · 判断题】

读图 2－2－2 门窗表可知，M0921 为木质平开门。（　　）

【答案】 √

考点 7　建筑总平面图的形成、作用、图示内容和图示方法，能正确识读建筑总平面图

一、建筑总平面图的形成和作用

将新建工程四周一定范围内新建、拟建、原有和拆除的建筑物、构筑物连同其周围的地形、地物状况用水平投影方法和相应的图例所画出的工程图样，即为建筑总平面图，简称总平面图。

建筑总平面图是新建建筑区域范围内的总体布置图。它表明区域内建筑的布局形式、新建建筑的类型、建筑间的相对位置、建筑物的平面外形和绝对标高、层数、周围环境、地形地貌、道路及绿化的布置情况等。建筑总平面图是建筑施工定位、建筑土方施工的依据，并为水、电、暖管网设计提供依据。

二、建筑总平面图的图示内容和方法

1. 图名、比例

在总平面图的下方注写图名和比例。总平面图所绘制的范围较大，内容相对简单，所采用的比例一般比较小，通常采用 1∶500、1∶1 000、1∶2 000 的比例。

2. 新建工程的状况及与周围环境的关系

总平面图应反映建筑物在室外地坪上的墙基外包线，不应画屋顶平面投影图。同一工程不同专业的总平面图，在图纸上的布图方向均应一致；单体建(构)筑物平面图在图纸上的布图方向，必要时可与其在总平面图上的布图方向不一致，但必须标明方位；不同专业的单体建(构)筑物平面图，在图纸上的布图方向均应一致。

建筑总平面图中，要表达新建工程与原有建筑、拟建建筑、道路、绿化、地形地貌间的关系。新建、原有、拟建的建筑物，附近的地物环境、交通绿化等要用图例来表示。

《总图制图标准》(GB/T 50103－2010)分别列出了总平面图图例、道路与铁路图例、管线与绿化图例，表2－2－1摘录了其中的一部分。当表2－2－1中的图例不够应用时，可查阅该标准。如这个标准图例不够应用，必须另行设定图例时，则在总平面图上专门画出自定的图例，并注明其名称。

表2－2－1　常用建筑总平面图图例

序号	名称	图例	说明
1	新建建筑物	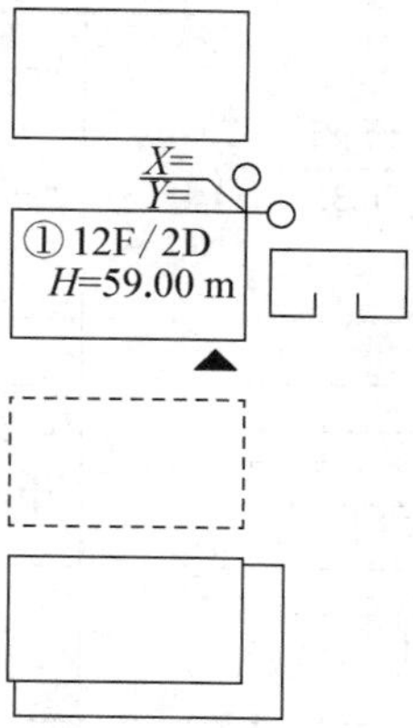 X= Y= ①12F/2D H=59.00 m	新建建筑物以粗实线表示与室外地坪相接处±0.00外墙定位轮廓线 建筑物一般以±0.00高度处的外墙定位轴线交叉点坐标定位。轴线用细实线表示，并标明轴线号 根据不同设计阶段标注建筑编号，地上、地下层数，建筑高度，建筑出入口位置(两种表示方法均可，但同一图纸采用一种表示方法) 地下建筑物以粗虚线表示其轮廓 建筑上部(±0.00以上)外挑建筑用细实线表示 建筑物上部连廊用细虚线表示并标注位置
2	原有建筑物	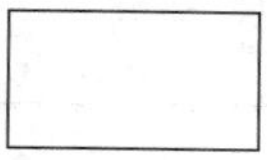	用细实线表示
3	计划扩建的预留地或建筑物		用中粗虚线表示
4	拆除的建筑物	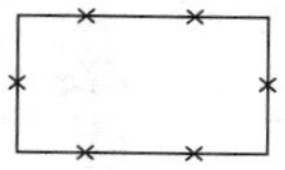	用细实线表示
5	细长物下面的通道	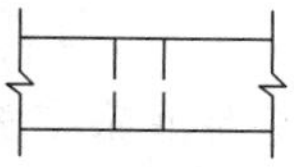	
6	散装材料露天堆场	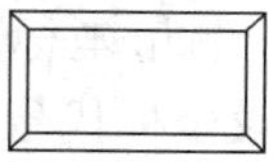	需要时可注明材料名称
7	其他材料露天堆场或露天作业场	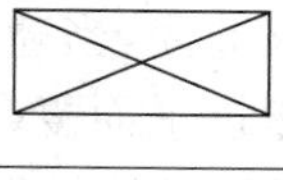	需要时可注明材料名称
8	铺砌场地	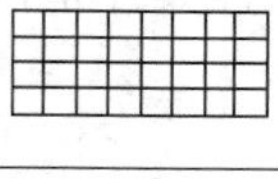	

续 表

序号	名称	图例	说明
9	水池、坑槽		也可以不涂黑
10	坐标	1 X=105.00 Y=425.00　2 A=105.00 B=425.00	1. 表示地形测量坐标系 2. 表示自设坐标系 坐标数字平行于建筑标注
11	方格网交叉点标高	−0.50 77.85 78.35	"78.35"为原地面标高 "77.85"为设计地面标高 "−0.50"为施工高度 "−"表示挖方("+"表示填方)
12	填方区 挖方区 未整平区及零线	+ − + −	"+"表示填方区 "−"表示挖方区 中间为未整平区点划线为零线
13	填挖边坡		
14	室内地坪标高	151.00 (±0.00)	数字平行于建筑物书写
15	室外地坪标高	143.00	室外标高也可采用等高线
16	新建的道路	0.3% 100.00 R=6.00 107.50	"R = 6.00"表示道路转弯半径;"107.50"为道路中心线交叉点标高,两种表示方法均可,同一图纸采用一种方式表示;"100.00"为交坡点之间距离,"0.3%"表示道路坡度,一表示坡向

3. 坐标系统

在大范围和复杂地形的总平面图中,为了保证施工放线正确,往往以坐标表示建筑物、道路或管线的位置。坐标有测量坐标与自设坐标两种系统。坐标网格应以细实线表示,一般画成 100×100 m 或 50×50 m 的方格网。测量坐标网应画成十字交叉线,坐标代号用"X,Y"表示;自设坐标网应画成网格通线,自设坐标代号用"A,B"表示。在总平面图上绘有测量坐标和自设坐标两种系统时,应在附注中注明两种坐标系统的换算公式。表示建筑物、构筑物位置的坐标应根据设计不同阶段要求标注,当建筑物与构筑物与坐标轴线平行时,可标注其对角坐标。与坐标轴线成角度或建筑平面复杂时,宜标注三个以上坐标,坐标宜标注在图纸上。如图 2-2-5 所示。根据工程具体情况,建筑物、构筑物也可用相对尺寸定位。

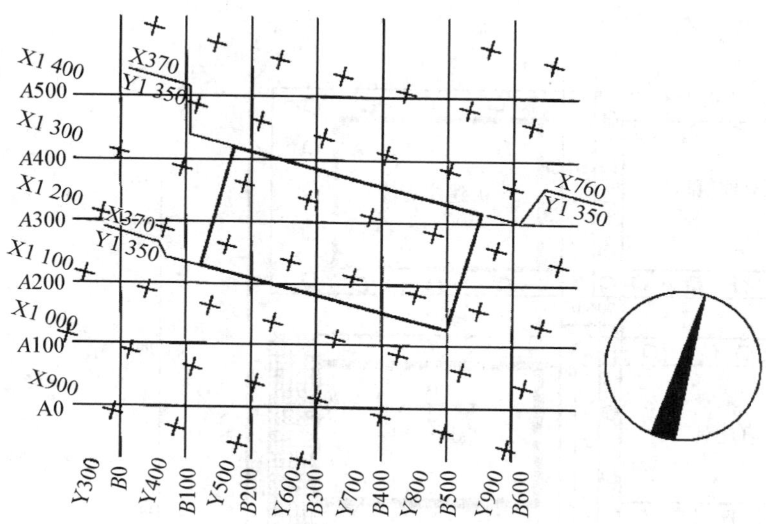

图 2-2-5 坐标系统

注：图中 X 为南北方向轴线，X 的增量在 X 轴线上；Y 为东西方向轴线，Y 的增量在 Y 轴线上。A 轴相当于测量坐标网中的 X 轴，B 轴相当于测量坐标网中的 Y 轴。

4. 尺寸与标高

在总平面图上应标注新建工程的尺寸，以及新建工程与原有建筑之间的定位尺寸。应标注房屋定位轴线（或外墙面）或其交点、圆形建筑物的中心、道路的中心或转折点位置尺寸。总平面图尺寸、标高均以米为单位，并应至少保留小数点后两位，不足时以“0”补齐。

总平面图上应表示出建筑物室内地坪和室外地坪的标高，其标高符号应遵守《房屋建筑制图统一标准》中的有关规定。在总平面图上标注的标高为绝对标高。新建工程轮廓线内的标高表示首层室内主要地坪的绝对标高。建筑物室外散水，标注建筑物四周转角或两对角的散水坡脚处的绝对标高。

5. 其他内容

地形复杂的总平面图应标出等高线，表示该地区的地形情况。总图应按上北下南绘制。根据场地形状或布局，可向左或向右偏转，但不宜超过 45°。在总平面图上应绘制指北针或 风向玫瑰图。箭头所指的方向为北向，风向玫瑰图中细实线表示全年的风向，虚线表示 7、8、9 三个月份的夏季风向。如图 2-2-6 所示。

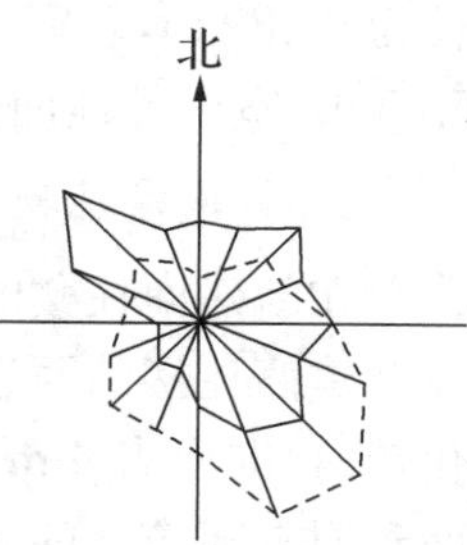

图 2-2-6 风向玫瑰图

三、建筑总平面图的识读

图 2-2-7 所示为某小区住宅楼的总平面图，下面以此为例说明建筑总平面图的识读内容。

1. 图名和比例

从图中可以看出，其比例为 1∶500，图名总平面图。

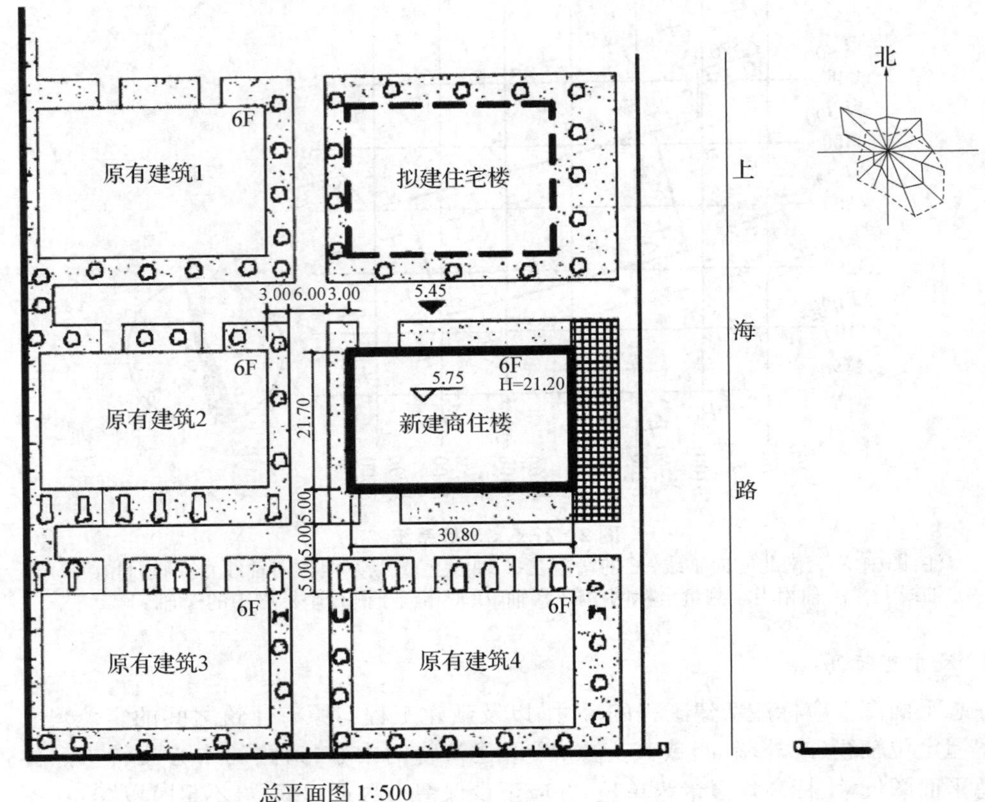

图 2-2-7　某小区住宅楼的总平面图

2. 新建建筑物的状况

新建的建筑为新建商住楼(粗实线绘制),平面形状为矩形,六层,总高度为 21.20 m,总长为 30.80 m,总宽为 21.70 m,室内首层地坪的绝对标高为 5.75 m,室外地坪的绝对标高为 5.45 m,室内外地面高差为 0.30 m。

3. 新建建筑物与周围环境的关系

在新建商住楼的北向有一拟建住宅楼(中粗虚线绘制)。新建商住楼以原有建筑定位,在新建商住楼的西边和南边共有原有建筑 4 栋,均为六层。新建商住楼西边有 3 m 宽的绿化带,再向西有 6 m 宽的道路,路到原有建筑 2 还有 3 m 宽的绿化带,可知新建商住楼西墙面到原有建筑 2 的东墙面的距离为 12 m。在新建商住楼的南墙面外有 5 m 宽绿化带,再向南有 5 m 宽的道路,路南边到原有建筑 4 还有 5 m 宽的绿化带,可知新建商住楼南墙面到原有建筑 4 的北墙面的距离为 15 m。在新建商住楼的东南西北四面都有道路,东边的道路为上海路。

4. 指北针或风向玫瑰图

从图中的风向玫瑰图可知,小区的新建商住楼及其他建筑的朝向均是坐北朝南的。该地区全年的主导风向为西北风和东南风,夏季主导风向为东南风。

【ZT0202A · 单选题】

在建筑总平面图上，新建建筑用(　　)绘制。

A. 粗实线　　B. 粗虚线　　C. 细实线　　D. 细虚线

【答案】 A

【ZT0202B · 单选题】

读图 2－2－7 某小区住宅楼的总平面图可知，新建商住楼南墙面到原有建筑 4 的北墙面的距离为(　　)m。

A. 5　　B. 10　　C. 15　　D. 20

【答案】 C

【ZT0202C · 单选题】

读图 2－2－7 某小区住宅楼的总平面图可知，新建商住楼首层室内地坪的绝对标高为(　　)。

A. 0.3　　B. 5.45　　C. 5.75　　D. ±0.000

【答案】 C

【ZT0202D · 单选题】

读图 2－2－7 某小区住宅楼的总平面图可知，新建商住楼的室内外高差为(　　)m。

A. 0.3　　B. 5.45　　C. 5.75　　D. 0.00

【答案】 A

【ZT0202E · 判断题】

建筑总平面图通常采用 1∶100 的比例绘制。(　　)

【答案】 ×

【ZT0202F · 判断题】

在建筑总平面图上标注的标高为绝对标高。(　　)

【答案】 √

【ZT0202G · 判断题】

风向玫瑰图中细实线表示表示 7、8、9 三个月份的夏季风向。(　　)

【答案】 ×

考点 8　建筑平面图、立面图和剖面图的形成、作用、图示内容和图示方法，正确识读和绘制平、立、剖面图

一、建筑平面图的形成、作用、图示内容和图示方法，正确识读和绘制平面图

1. 平面图的形成和作用

建筑平面图是房屋的水平剖面图，也就是用一个假想的水平面，在窗台之上剖开整幢房屋，移去处于剖切平面上方的房屋，将留下的部分按俯视方向在水平投影面上作正投影所得到的图样。它主要用来表示房屋的平面布置情况，在施工过程中，是进行放线、砌墙和安装门窗等工作的依据。建筑平面图应包括被剖切到的断面、可见的建筑构造和必要的尺寸、标高等内容。若一幢多层房屋的各层平面布置都不相同，应画出各层的建筑平面图。平面图

以楼层编号，包括地下二层平面图、地下一层平面图、首层平面图、二层平面图等。若有两层或更多层的平面布置相同，这几层可以合用一个建筑平面图，称为某两层或某几层平面图，例如：二、三层平面图，三、四、五层平面图等，也可称为标准层平面图。若两层或几层的平面布置只有少量局部不同，也可以合用一个平面图，但需另绘不同处的局部平面图作为补充。若一幢房屋的建筑平面图左右对称，则习惯上将两层平面图合并画在一个图上，左边画一层的一半，右边画另一层的一半，中间用对称线分界，在对称线两端画上对称符号，并在图的下方分别注明它们的图名。

建筑平面图除上述的各层平面图外，还有局部平面图、屋顶平面图等。局部平面图可以用于表示两层或两层以上合用的平面图中的局部不同之处，也可以用来将平面图中某个局部以较大的比例另行画出，以便能较为清晰地表示出室内的一些固定设施的形状和标注它们的定形、定位尺寸。屋顶平面图则是房屋顶部按俯视方向在水平投影面上投影所得到的正投影图。

2. 平面图的图示内容和图示方法

在图示时，平面图的方向宜与总图方向一致，平面图的长边宜与横式幅面图纸的长边一致。在同一张图纸上绘制多于一层的平面图时，各层平面图宜按层数由低向高的顺序从左至右或从下至上布置。

(1) 图名、比例、朝向

①图名：标注于图的下方表示该层平面的名称。如地下室平面图、底层(一层)平面图、中间层平面图、顶层平面图等。在新建建筑中，特别是居住建筑，为了增加储藏，通常设置地下室或半地下室作为储藏空间。储藏室平面图表示储藏室的平面布置、房间的大小及其分隔与联系等。底层平面图表示该层的内部平面布置、房间大小，以及室外台阶、阳台、散水、雨水管的形状和位置等，中间层平面图表示该层内部的平面布置、房间大小、阳台及本层外设雨篷等。识读时首先识读图名可以知道该平面图是属于哪一层平面图。

②比例：通过识读比例可知该层平面图所采用的比例大小，比例的选择是依据房屋大小和复杂程度来选定，通常采用有 1：50、1：100、1：150、1：200 或 1：300。

③朝向：一般在主要地坪为±0.000 平面图上画出指北针来表示建筑的朝向。一般建筑平面图是按照上北下南，左西右东的方向绘制，当平面图不采用此绘制方法时，指北针尤其重要。指北针的画法见"建筑识图与绘图"第一节考点 1 中符号的规定。

(2) 剖切到的建筑构配件与未被剖切到但能投影到的建筑构配件的轮廓

建筑平面图是水平剖面图，在绘制平面图时，应绘出被剖切到的建筑构配件的轮廓，如被剖切到的墙体、柱和门窗等。被剖切到的构配件应采用相应的图例符号进行表示，如表 2-2-2 所示。一般建筑平面图所采用的比例较小，被剖切到的构配件的断面可采用简化材料图例符号表示，如被剖切到墙体用粗实线绘出其轮廓，剖切到的钢筋混凝土柱采用涂黑的方式表达等。门窗应按表 2-2-2 的规定，画出门窗图例，并明确注明它们的代号和型号。门、窗的代号分别为 M、C，代号后面的阿拉伯数字是它们的型号，也可直接按照序号标注，如 M1、M2，C1、C2 等。在平面图中表示出了门的类型及开启方向，窗的开启方式通常在建筑立面图上表示出来。

表 2-2-2　常用的构造及配件图例

序号	名称	图例	备注
1	墙体		1. 上图为外墙，下图为内墙 2. 外墙细线表示有保温层或有幕墙 3. 应加注文字或涂色或图案填充表示各种材料的墙体 4. 在各层平面图中防火墙宜着重以特殊图案填充表示
2	隔断		1. 加注文字或涂色或图案填充表示各种材料的轻质隔断 2. 适用于到顶与不到顶的隔断
3	玻璃幕墙		幕墙龙骨是否表示有项目设计决定
4	栏杆		
5	楼梯	下 下 上 上	1. 上图为顶层楼梯平面，中图为中间层楼梯平面，下图为底层楼梯平面 2. 需设置靠墙扶手或中间扶手时，应在图中表示
6	坡道	下	长坡道
		下 下 下	上图为两侧垂直的门口坡道，中图为有挡墙的门口坡道，下图为两侧找坡的门口坡道
7	台阶	下	
8	平面高差	XX　XX	用于高差小的地面或楼面交接处，并应与门的开启方向协调
9	检查口		左图为可见检查口，右图为不可见检查口
10	孔洞		阴影部分亦可填充灰度或涂色代替

续 表

序号	名称	图例	备注
11	坑槽		
12	墙预留洞、槽	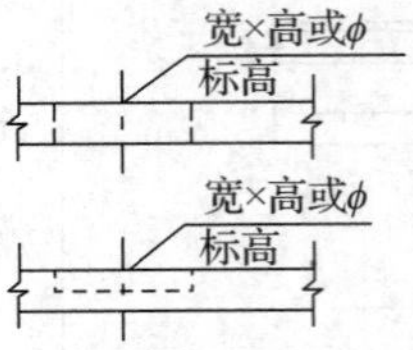 宽×高或ϕ 标高 宽×高或ϕ 标高	1. 上图为预留洞,下图为预留槽 2. 平面以洞(槽)中心定位 3. 标高以洞(槽)底或中心定位 4. 宜以涂色区别墙体和预留洞(槽)
13	单面开启单扇门(包括开平或单面弹簧)	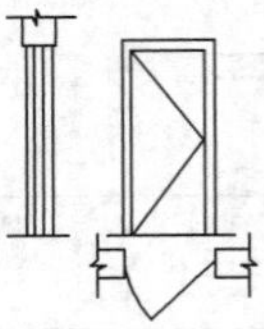	1. 门的名称号用 M 表示 2. 平面图中上为内,下为外门的开启线为 90°、60°或 45°,开启弧线宜绘出 3. 立面图中,开启线实线为外开,虚线为内开。开启线交角的一侧为安装合页一侧。开启线在建筑立面图中可不表示,在立面大样中可根据需要绘出 4. 剖面图中,左为外,右为内 5. 附加纱扇应以文字说明,在平、立、剖面中均不表示 6. 立面形式应按实际形式绘制
	双面开启单扇门(包括双面平开或双面弹簧)	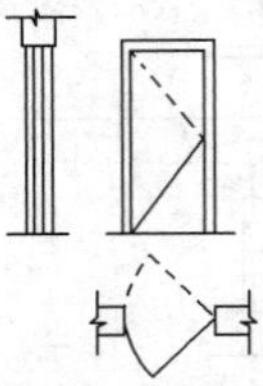	
	双层单扇平开门	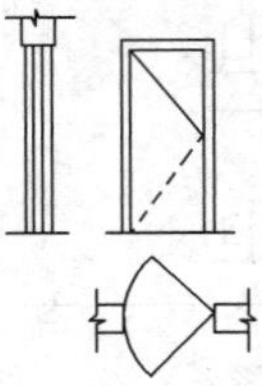	
14	单面开启双扇门(包括平开或单面弹簧)	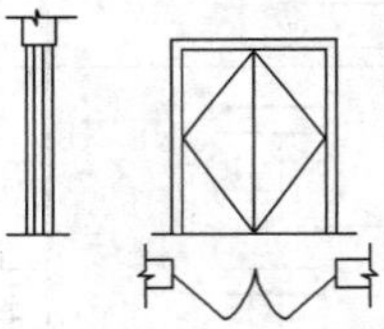	1. 门的名称代号用 M 表示 2. 平面图中上为内,下为外门的开启线为 90°、60°或 45°,开启弧线宜绘出 3. 立面图中,开启线实线为外开,虚线为内开。开启线交角的一侧为安装合页一侧。开启线在建筑立面图中可不表示,在立面大样中可根据需要绘出 4. 剖面图中,左为外,右为内 5. 附加纱扇应以文字说明,在平、立、剖面中均不表示 6. 立面形式应按实际形式绘制
	双面开启双扇门(包括双面平开或双面弹簧)	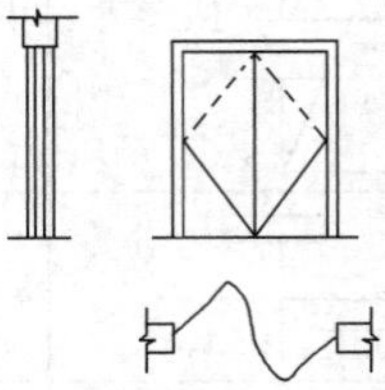	
	双层双扇平开门	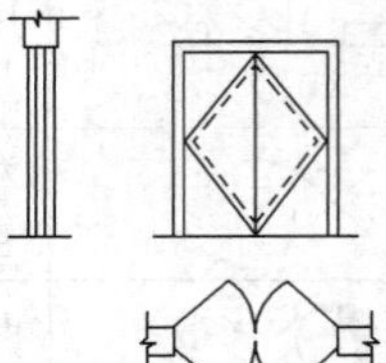	

除墙体、柱、门窗等被剖切到的构配件外，在建筑平面图中，还应画出其他未被剖切到但能投影到的构配件和固定设施的图例或轮廓形状，如楼梯、散水、阳台、雨篷、花坛、台阶等。

由建筑平面图中被剖切到的墙体和门窗，将每层房屋分隔成若干房间，每个房间都应注明名称或编号。编号应注写在直径为 6 mm 细实线绘制的圆圈内，并应在同张图纸上列出房间名称表。由每层平面图就可以看出建筑在该层中房间的布局、形状、组合，以及每个房间所起的作用。

(3) 定位轴线及编号

在建筑平面图中应绘出定位轴线，用它们来确定房屋各承重构件的位置。在定位轴线的端部应标注定位轴线的编号，用以分清楚不同位置的承重构件。定位轴线及编号的画法见建筑识图与绘图第一节考点 1 中的其他规定。

(4) 平面图的尺寸、标高及室内踏步、楼梯的上下方向和级数

平面图中的尺寸均以毫米为单位，但不在数字后面注写单位。平面图中的尺寸包括内部尺寸和外部尺寸，外部尺寸指标注在平面图外部的尺寸，通常包括三道尺寸。最靠近图形的一道，是表示外墙上门窗洞口的宽度及其定位尺寸等；标注建筑平面图各部位的定位尺寸时，应注写与其最邻近的轴线间的尺寸。第二道尺寸主要标注轴线间的尺寸，也就是表示房间的开间或柱距(建筑物纵向两个相邻的墙或柱中心线之间的距离)、进深或跨度(建筑物横向两个相邻的墙或柱中心线之间的距离)的尺寸。最外面的一道尺寸，表示建筑物外墙面之间的总尺寸，表示建筑物的总长、总宽。内部尺寸指标注在图形内部的尺寸，表示各房间的净开间、净进深，内部门窗洞的宽度和位置、墙厚，以及其他一些主要构配件与固定设施的定形和定位尺寸等。由这些尺寸可以读出房间的大小、门窗的宽度，并进一步确定房间的面积、建筑的面积和门窗的位置等。

在平面图中，还应标注出楼地面、地下层地面、阳台、平台、台阶等处的完成面的相对标高，即包括面层(粉刷层厚度)在内的建筑标高。由标高可以确定本层建筑平面中哪些位置存在高差及高差的大小，在地面有起伏处，应画出分界线。通过不同层平面图的标高值，可以确定建筑的层高(本层楼面层上表面至上一层楼面层上表面的距离)。

在平面图中还应标出室内踏步、楼梯的上下方向和级数，楼梯上下级数指本层到上一层的级数。

(5) 有关的符号

在底层平面图中，必须在需要绘制剖面图的部位，画出剖切符号，以及在需要另画详图的局部或构件处，画出详图索引符号。

剖切符号及其编号，仍应遵照前面有关章节的规定画出，平面图上剖切符号的剖视方向通常宜向左或向上，若剖面图与被剖切图样不在同一张图纸内，可在剖切位置线的另一侧注明其所在的图纸号，也可在图纸上集中说明。读剖面图时结合底层平面图中的剖切符号，可知剖面图的类型、剖切的位置、剖视的方向，在作剖面图时，应投影到哪些构配件。

对图中需要另画详图表达的局部构造或构件，则应在图中的相应部位以索引符号索引。索引符号用来索引详图。而索引出的详图，应画出详图符号来表示详图所引的位置和编号，并用索引符号和详图符号相互之间的对应关系，建立详图与被索引的图样之间的联系，以便相互对照查阅。索引符号与详图符号的画法和编号应遵照“建筑识图与绘图”第一节考点 1

中符号的规定。

3. 平面图的识读与绘制

建筑平面图有底层平面图、标准层平面图和顶层平面图，其中底层平面图包含的信息最为全面，因此要识别建筑平面图，必须先读懂底层平面图，其后识读其他层平面图就容易了。

底层平面图是房屋建筑施工图中最重要的图纸之一，下面以图 2-2-8 所示的某住宅楼 底层平面图为例，来介绍底层平面图的识读与绘制。

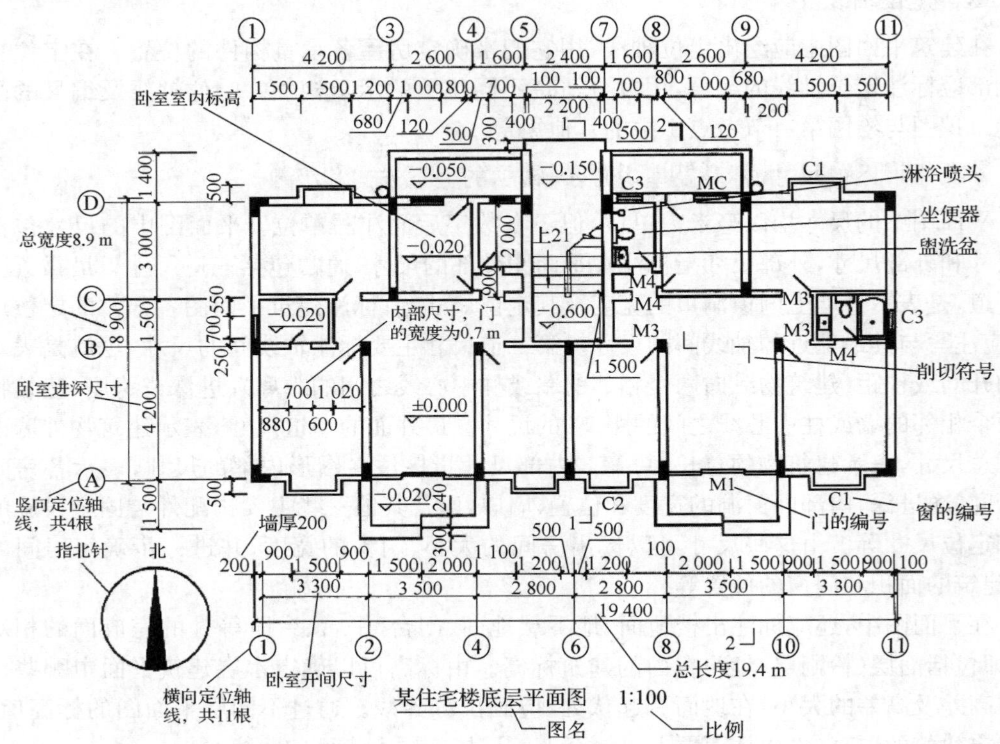

图 2-2-8 某小区住宅楼的底层平面图

(1) 了解平面图的图名和比例

图中的图名是某住宅楼底层平面图，比例为 1∶100。

(2) 定位轴线及编号

从图中可以看出，该住宅楼共有横向定位轴线 11 根，竖向定位轴线 4 根。

(3) 朝向和平面位置

根据底层平面图指北针可以确定建筑物的朝向。从图中可以看出该住宅楼的朝向是坐北朝南(上北下南)。还可以反映出建筑物的平面形状和各个房间的布局和用途，还有门窗、楼梯的平面位置、数量、尺寸，以及墙、柱等承重构件的组成和材料等情况。从图中可以看出，该住宅楼只有一个出入口，在北面的楼梯口两边各有一套房屋。

(4) 尺寸标注

了解建筑平面图的尺寸，通过这些尺寸了解新建建筑物的建筑面积、使用面积等。从图中可看出，该住宅楼的总长度为 19 400 mm，总宽度为 1 500＋4 200＋1 500＋3 000＋1 400＝11 600 mm；其中左下角卧室的开间为 3 300 mm，进深为 4 200 mm。

(5) 标高

在建筑平面图中，对于建筑物各组成部分，如地面、楼面、楼梯平台、室外台阶、散水等处，由于它们的竖向高度不同，一般都应分别注明标高。建筑平面图中的标高一般都是相对标高，标高基准面±0.000 为本建筑物的底层室内标高。如有坡度，应注明坡度方向和坡度。

从图中可看出，该住宅楼的室内大厅地面标高为±0.000，这是本建筑的标高基准面。最左边小房间的室内标高为－0.020，楼梯间的休息平台标高为－0.600。

(6) 门和窗

在建筑平面图中，反映了门窗的位置、洞口宽度和数量及其与轴线的关系。

当窗洞有凸出的窗台时，应在窗的图例上画出窗台的投影。用两条平行的细实线表示窗框及窗扇的位置。一套图纸中一般都有汇总表，它反映了门窗的规格、型号、数量和所选用的标准图集。

要注意的是，门窗虽然用图例表示，但门窗洞的大小及其形式都应按投影关系画出。门窗平面图例按实际情况绘制，至于门窗的具体构造，则要看门窗的构造详图。

从图中可以看出，该建筑平面图标注了三种门，分别标记为 M1、M3、M4；还有三种窗，分别标记为 C1、C2、C3。其中南边大厅的门的编号为 M1，宽度为 1000 mm，距离⑧轴线为 920 mm，距离⑨轴线为 680 mm。

(7) 剖切符号

在建筑平面图上应标注有剖切符号，它标明剖切平面的剖切位置、投射方向和编号，以便于与建筑剖面图对照查阅。从图中可以看出有两个剖切符号，其中，编号为 1 的剖切符号的剖切位置在⑥轴线和⑦轴线之间，投射方向是从右往左，这是一个全剖面图。

(8) 各种设备的布置

在建筑平面图中标注了各种设备的布置情况，如卫生间的大便器、浴缸和盥洗盆位置等。从图中可以看出，右边那套房子的东侧卫生间有盥洗盘、坐便器和沐浴喷头；南侧卫生间有坐便器、洗涤盆和浴缸。

(9) 楼梯的布置

在建筑平面图中反映了楼梯的数量和布置情况，关于楼梯的具体内容另有楼梯详图。从图中可以看出，该住宅楼的楼梯间在⑤～⑦轴线之间。

二层平面图除画出房屋二层范围的投影内容外，还应画出底层平面图无法表达的雨篷、阳台、窗楣等内容，而对于底层平面图上已表达清楚的台阶、花池、散水、垃圾箱等内容就不再画出，指北针也无需再重复画出；三层以上的平面图则只需画出本层的投影内容及下一层的窗楣、雨篷等下一层无法表达的内容。

二、建筑立面图的形成、作用、图示内容和图示方法，正确识读和绘制立面图

1. 立面图的形成和作用

建筑立面图是在与房屋立面相平行的投影面上所作的正投影。它主要用来表示房屋的

体型和外貌、外墙装修、门窗的位置与形式，以及遮阳板、窗台、窗套、屋顶水箱、檐口、阳台、雨篷、雨水管、水斗、引条线、勒脚、平台、台阶、花坛等构造和配件各部位的标高和必要的尺寸。建筑立面图在施工过程中，主要用于室外装修。

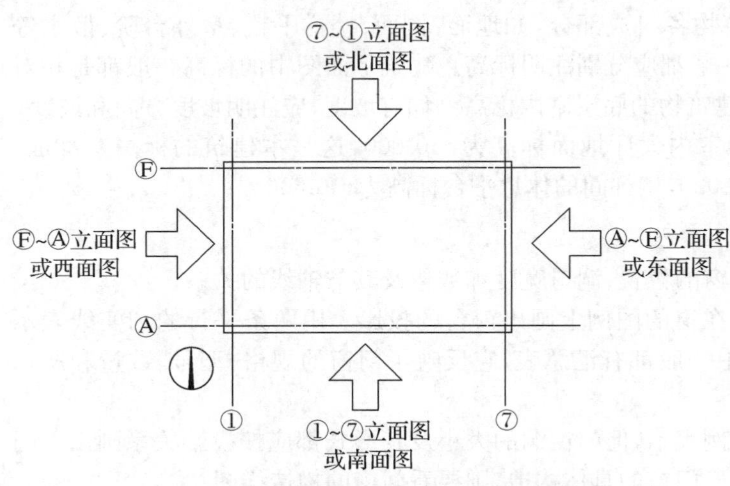

图 2-2-9　建筑立面图的投射方向和名称

如图 2-2-9 所示，有定位轴线的建筑物，宜根据两端定位轴线编号编注建筑立面图的名称；无定位轴线的建筑物，则可按立面图各面的朝向来确定名称。较简单的对称的房屋，在不影响构造处理和施工的情况下，立面图可绘制一半，并在对称轴线处画对称符号。平面形状曲折的建筑物，可绘制展开立面图，圆形或多边形平面的建筑物，可分段展开绘制立面图，但均应在图名后加注“展开”二字。

2. 立面图的图示内容和图示方法

(1) 图名、比例和定位轴线

立面图的命名如前面所述，标注在图样的下方。建筑立面图的比例，宜采用 1∶50、1∶100、1∶150、1∶200 或 1∶300，视房屋的大小和复杂程度选定，通常采用与建筑平面图相同的比例。

在建筑立面图中宜标注左右两端外墙处的定位轴线和编号。

(2) 房屋在室外地面线以上的全貌

立面图要表达出按投影方向可见的建筑外轮廓线和墙面线脚、构配件、墙面做法等内容。在建筑立面图上，相同的的门窗、阳台、外檐装修、构造做法可在局部重点表示，并应绘出其完整图形，其余部分可只画轮廓线。

在建筑立面图上，外墙表面分格线应表示清楚。应采用文字说明各部位所用装修面材及 色彩。

在图示时，室外地坪宜采用的线宽为 1.4b 的特粗实线，建筑外轮廓线采用线宽为 b 的粗实线，在外轮廓线之内的凹进或凸出墙面的轮廓线，应画成线宽为 0.7b 的中粗实线，门窗洞、雨篷、阳台、台阶与平台、花台、遮阳板、窗套等建筑设施或构配件的轮廓线，都可画成线宽为 0.5b 的中实线；一些较小的构配件和细部的轮廓线，表示立面上凹进或凸出的一些次要构造或装修线，如雨水管及其弯头和水斗，墙面上的引条线、勒脚等，都可绘制成 0.25b 的细实线。

(3) 尺寸和标高

立面图应标注楼地面、阳台、平台、檐口、屋脊、女儿墙、台阶等处完成面标高及高度方向的尺寸。

建筑立面图上应标注三道尺寸线，第一道尺寸标注台阶、窗台高、窗高和檐口高度等；第二道尺寸标注室内外高差、建筑的层高等；第三道尺寸标注建筑的高度。根据需要还需标注某些部位的细部尺寸，如窗套。

(4) 索引符号

对于较为复杂的立面图又表示不详尽的部位，应标注详图索引(索引方法同前)或必要的文字说明。

3. 立面图的识读与绘制

图 2-2-10 所示为某建筑的南立面图，以此为例来说明建筑立面图的识读与绘制。

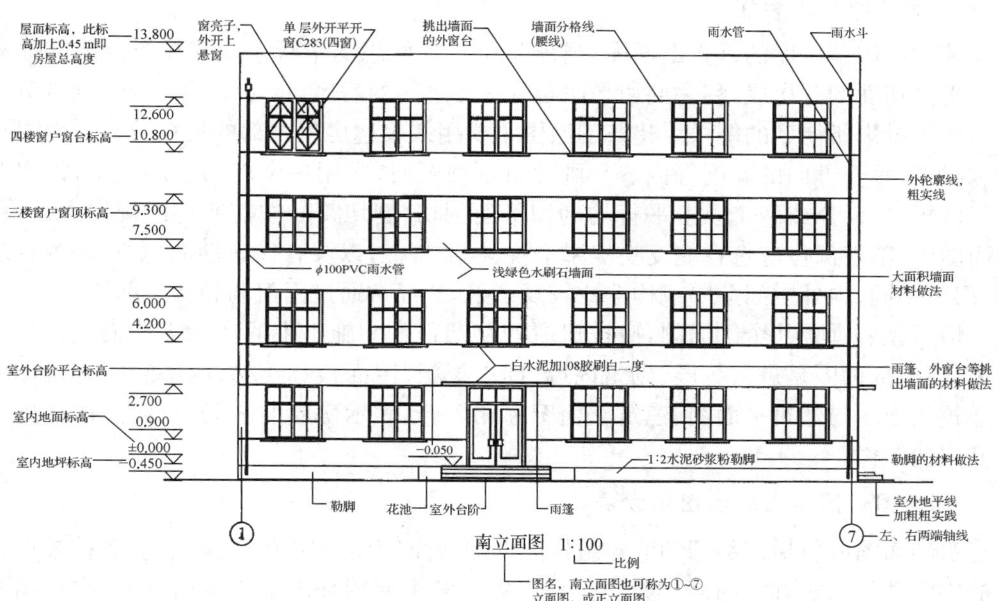

图 2-2-10 某建筑的南立面图

(1) 图名，比例、图例和定位轴线

从图中可以看出图名为南立面图。比例为 1∶100。

建筑立面图一般只画出建筑立面两端的定位轴线及其编号，以便与建筑平面图对照来确定立面的观看方向。

(2) 外部形状和外墙面上的门窗及构造物

建筑立面图反映了建筑的立面形式和外貌，以及屋顶、烟囱、水箱、檐口(挑檐)、门窗、台阶、雨篷、阳台(外走廊)、腰线(墙面分格线)、窗台、雨水斗、雨水管、空调板(架)等的位置、尺寸和外形构造等情况。在建筑立面图中除了能反映门窗的位置、高 度、数量、立面形式外，还能反映门窗的开启方向(细实线表示外开，细虚线表示内开)。

(3) 外墙面装修做法

从图中可以看出，本建筑的外墙面装修做法是：大面积墙面为浅绿色水刷石，雨篷、外窗台等挑出墙面的部位为白水泥加 108 胶刷白二度，勒脚为 1∶2 水泥砂浆。

(4) 尺寸标注和标高

标高标注在室内外地面、台阶、勒脚、各层的窗台和窗顶、雨篷、阳台、檐口等处。标高均为建筑标高。

在图中,室外地坪标高为−0.450 m,室内地面标高为±0.000 m,这是本建筑的首层室内地面标高,即标高基准面;室外台阶平台的标高是−0.050 m。特别要注意的是,屋面的标高 13.800 m 不是本宿舍楼的总高度,总高度还应加上室内外地面的高差 0.45 m,即 14.25 m。

三、建筑剖面图的形成、作用、图示内容和图示方法,正确识读和绘制剖面图

1. 剖面图的形成和作用

建筑剖面图是房屋的垂直剖面图,也就是用一个假想的平行于正立投影面或侧立投影面的竖直剖切面剖开房屋,移去剖切平面与观察者之间的房屋,将留下的部分按剖视方向向投影面作正投影所得到的图样。建筑剖面图主要用来表达房屋内部的楼层分层、结构形式、构造和材料、垂直方向的高度等内容。画建筑剖面图时,常用一个剖切平面剖切,需要时也可进行转折,用两个或两个以上平行的剖切平面剖切,剖切符号按前所述的规定,绘注在底层平面图中,剖切部位应选在能反映房屋全貌、构造特征,以及有代表性的地方,例如在层高不同、层数不同、内外空间分隔或构造比较复杂处,并经常通过门窗洞和楼梯剖切。

一幢房屋要画哪几个剖面图,应按房屋的复杂程度和施工中的实际需要而定。在施工过程中,建筑剖面图是进行分层、砌筑内墙、铺设楼板、屋面板和楼梯、内部装修等工作的依据。建筑剖面图与建筑平面图、建筑立面图互相配合,表示房屋的全局,它们是房屋施工图中最基本的图样。

2. 剖面图的图示内容和图示方法

建筑剖面图应包括被剖切到的建筑构配件的断面(用构配件的图例表达)和按投射方向可见的构配件的轮廓,以及必要的尺寸、标高等。它主要用来表示房屋内部的分层、结构形式、构造方式、材料、做法、各部位间的联系及其高度等情况。

(1) 图名、比例和定位轴线

建筑剖面图图名应与建筑底层平面图中标注的剖切符号编号一致。

建筑剖面图的比例宜采用 1∶50、1∶100、1∶150、1∶200 或 1∶300,视房屋的大小和复杂程度选定,一般选用与建筑平面图相同的或较大一些的比例。

在建筑剖面图中,通常宜绘出被剖切到的墙或柱的定位轴线及其间距尺寸。在绘图和读图时应注意:建筑剖面图中定位轴线的左右相对位置,应与按平面图中剖视方向投射后所得的投影相一致。绘制定位轴线后,就便于与建筑平面图对照识读图纸。

(2) 绘出被剖切到的建筑构配件的断面

在建筑剖面图中,应画出房屋室内外地面以上各部位被剖切到的建筑构配件,如室内外地面、楼面、屋顶、内外墙及其门窗、梁、楼梯与楼梯平台、雨篷、阳台等。

被剖切到的墙体、楼板采用粗实线绘制其轮廓。不同比例的平面图、剖面图,其抹灰层、楼地面、材料图例的省略画法,应符合下列规定。

①比例大于 1∶50 的平面图、剖面图应画出抹灰层、保温隔热层等与楼地面、屋面的的面层线,并宜画出材料图例;

②比例等于 1∶50 的平面图、剖面图宜画出楼地面、屋面的面层线，宜绘出保温隔热层，抹灰层的面层线应根据需要而定；

③比例小于 1∶50 的平面图、剖面图，可不画出抹灰层，但剖面图宜画出楼地面、屋面的面层线；

④比例 1∶100～1∶200 的平面图、剖面图，可画简化的材料图例，但剖面图宜画出楼地面、屋面的面层线；

⑤比例小于 1∶200 的平面图、剖面图，可不画材料图例，剖面图的楼地面、屋面的面层线可不画出。

(3) 按剖视方向画出未剖切到的可见构配件的轮廓

在剖面图中，除了绘出被剖切到的建筑构配件外，对于没有被剖切到但投影时能看到的构配件，应绘出其轮廓。

(4) 竖直方向的尺寸和标高

剖面图宜标注楼地面、地下层地面、阳台、平台、檐口、屋脊、女儿墙、台阶等处的高度尺寸及标高。

在建筑剖面图中，尺寸标注包括外部尺寸和内部尺寸。外部尺寸通常标注三道尺寸，第一道尺寸标注台阶的高度、窗台高度、门窗洞口高度和檐口高度尺寸等；第二道尺寸标注室内外地面高差、层高尺寸等；第三道尺寸标注建筑的高度。内部尺寸标注内墙上的门、窗洞等部位的尺寸。标注建筑剖面图中各部位的定位尺寸时，宜标注其所在层次内的尺寸。

在建筑剖面图中，对楼地面、地下层地面、阳台、平台、檐口、屋脊、女儿墙、台阶等处的高度尺寸及标高，应注写完成面的标高及高度方向的尺寸(即建筑标高和包括粉刷层的高度尺寸)，其余部位注写毛面的标高和高度尺寸(即结构标高和不包括粉刷层的高度尺寸，如梁底、雨篷底标高等)。有时还应标注高出屋面的水箱、楼梯间顶部等处的建筑标高；其他部位的尺寸和标高则视需要注写。

在建筑剖面图中，主要应注写高度方向的尺寸和标高，同时，也可适当标注需要的横向 尺寸。剖面图中所注的尺寸与标高，应与建筑平面图和立面图中所注的相吻合，不能产生矛盾。

(5) 索引符号

在剖面图中表达不清楚的部位需绘制详图索引符号，说明详图所在的位置。地面、楼面、屋顶的构造做法，可在建筑剖面图中用多层构造引出线引出，按其多层构造的层次顺序，逐层用文字说明，也可在建筑施工设计说明中用文字说明其构造做法，或在墙身节点详图中表示。

3. 剖面图的识读与绘制

阅读建筑剖面图时应以建筑平面图为依据，由建筑平面图到建筑剖面图，由外部到内部，由下到上，反复对照查阅，形成对房屋的整体认识。

以图 2-2-11 为例来说明剖面图的识读与绘制。

(1) 图名、比例和定位轴线

从图中可以看出，该图图名为 3-3 剖面图，比例为 1∶100。由图名可在相应的底层平面图上找到相应的编号为 3 的剖切符号。在该 3-3 剖面图的两端是Ⓐ和Ⓚ两条定位轴线，轴线间的距离为 6 450＋6 000＋3 150＝15 600 mm。

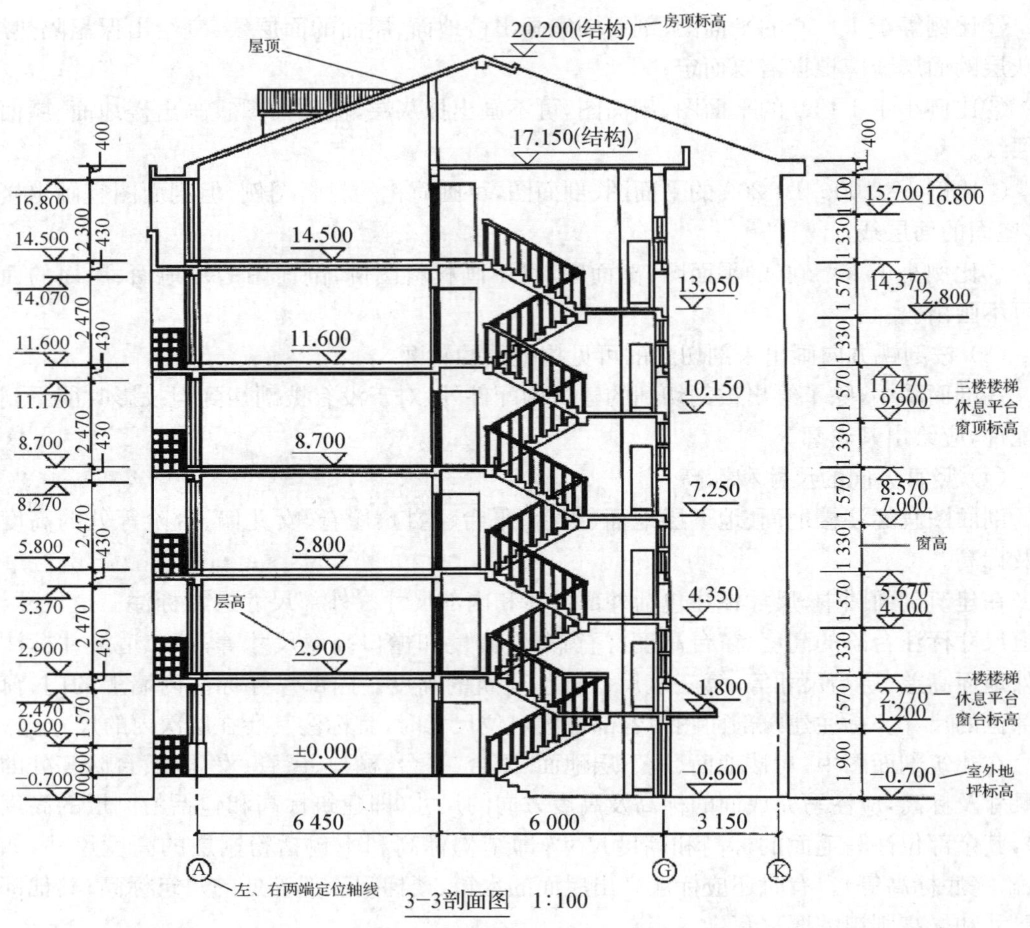

图 2-2-11 某住宅楼 3-3 剖面图

(2) 内部构造和结构形式

从图中可以看出,该住宅楼为 6 层,左边是房间,右边是楼梯间。可以看出各层梁、板、屋面、楼梯的结构形式、位置及与其他墙柱的位置关系;同时能看到门窗、窗台、檐口的形式及相互关系。

(3) 尺寸标注和标高

从图中可以看出,层高为 2.9 m,细部尺寸为窗和门的高度尺寸及窗下墙的高度等。室外地坪标高为−0.700 m,室内标高分别标注在楼地面、楼梯平台面和梁的底面。

(4) 详图索引符号

在建筑剖面图中,对于需要另用详图说明的部位或构(配)件,都要加索引符号,以便到其他图纸上去查阅或套用相应的标准图集。

【ZT0203A · 单选题】

建筑平面图的外部尺寸通常绘制(　　)道。

A. 1　　B. 2　　C. 3　　D. 4

【答案】 C

【ZT0203B・单选题】

剖切符号应绘制在(　　)平面图。

A. 底层　B. 标准层　C. 顶层　D. 负一层

【答案】 A

【ZT0203C・单选题】

读图 2-2-8 某小区住宅楼的底层平面图可知,底层平面图采用的绘图比例是(　　)。

A. 1∶50　B. 1∶100　C. 1∶150　D. 1∶200

【答案】 B

【ZT0203D・单选题】

读图 2-2-8 某小区住宅楼的底层平面图可知,该住宅楼的出入口位于建筑物的(　　)侧。

A. 东　B. 南　C. 西　D. 北

【答案】 D

【ZT0203E・单选题】

读图 2-2-8 某小区住宅楼的底层平面图可知,1-1 剖面图的剖视方向为(　　)。

A. 向左　B. 向右　C. 向上　D. 向下

【答案】 A

【ZT0203F・单选题】

读图 2-2-8 某小区住宅楼的底层平面图可知,M 为(　　)的代号。

A. 窗　B. 门　C. 柱　D. 墙

【答案】 B

【ZT0203G・单选题】

读图 2-2-8 某小区住宅楼的底层平面图可知,左下角房间的进深为(　　)mm。

A. 3 300　B. 3 500　C. 4 200　D. 4 700

【答案】 C

【ZT0203H・单选题】

想要查看底层进户门上雨篷的平面尺寸,应查阅(　　)平面图。

A. 底层平面图　B. 二层平面图　C. 三层平面图　D. 顶层平面图

【答案】 B

【ZT0203I・单选题】

读图 2-2-10 某建筑的南立面图可知,雨水管采用的是直径(　　)mm 的 PVC 管。

A. 50　B. 100　C. 150　D. 200

【答案】 B

【ZT0203J・单选题】

读图 2-2-10 某建筑的南立面图可知,建筑外墙大面积采用的是(　　)。

A. 1∶2 水泥砂浆粉刷　B. 1∶2 混合砂浆粉刷

C. 白水泥加 108 胶刷白二度　D. 浅绿色水刷石

【答案】 D

【ZT0203K·单选题】

读图 2-2-10 某建筑的南立面图可知,底层室内地坪的标高是(　　)。

A. －0.450　　B. －0.050　　C. ±0.000　　D. 0.900

【答案】 C

【ZT0203L·单选题】

读图 2-2-11 某住宅楼 3-3 剖面图可知,想要查阅 3-3 剖面的具体剖切位置,应查找(　　)平面图。

A. 底层　　B. 二层　　C. 三层　　D. 顶层

【答案】 A

【ZT0203M·单选题】

读图 2-2-11 某住宅楼 3-3 剖面图可知,三层楼梯休息平台的标高为(　　)。

A. 5.800　　B. 7.000　　C. 7.250　　D. 8.750

【答案】 C

【ZT0203N·单选题】

读图 2-2-11 某住宅楼 3-3 剖面图可知,四层的层高为(　　)m。

A. 2.47　　B. 2.9　　C. 8.7　　D. 11.6

【答案】 B

【ZT0203O·判断题】

建筑平面图是房屋的水平剖面图。(　　)

【答案】 √

【ZT0203P·判断题】

建筑平面图不包含屋顶平面图。(　　)

【答案】 ×

【ZT0203Q·判断题】

除墙体、柱、门窗等被剖切到的构配件外,在建筑平面图中,还应画出其他未被剖切到但能投影到的构配件和固定设施的图例或轮廓形状。(　　)

【答案】 √

【ZT0203R·判断题】

指北针应绘制在每一层的建筑平面图上。(　　)

【答案】 ×

【ZT0203S·判断题】

室外地坪宜采用的线宽为 b 的粗实线。(　　)

【答案】 ×

【ZT0203T·判断题】

读图 2-2-10 某建筑的南立面图可知,房屋的总高度为 13.8 m。(　　)

【答案】 ×

【ZT0203U·判断题】

建筑剖面图图名应与建筑底层平面图中标注的剖切符号编号一致。(　　)

【答案】 √

【ZT0203V · 简答题】

简述建筑平面图是如何形成的?

【答】 建筑平面图是房屋的水平剖面图,也就是用一个假想的水平面,在窗台之上剖开整幢房 屋,移去处于剖切平面上方的房屋,将留下的部分按俯视方向在水平投影面上作正投影所得到的图样。

【ZT0203W · 简答题】

简述建筑剖面图是如何形成的?

【答】 建筑剖面图是房屋的垂直剖面图,也就是用一个假想的平行于正立投影面或侧立投影 面的竖直剖切面剖开房屋,移去剖切平面与观察者之间的房屋,将留下的部分按剖视方向向投影面作正投影所得到的图样。

考点9 建筑详图的形成、作用、图示内容和图示方法,正确识读和绘制建筑详图

一、建筑详图的形成和作用

在建筑施工图中,由于建筑平面、立面、剖面图通常采用1∶100、1∶200等较小的比例绘制,对房屋一些细部(也称为节点图)的详细构造,如形状、层次、尺寸、材料和做法等,无法完全表达清楚。因此,在施工图设计过程中,常常按实际需要,在建筑平面、立面、剖面图中需要另绘图样来表达清楚建筑构造和构配件的部位,引出索引符号,选用适当的比例(1∶1、1∶2、1∶5、1∶10、1∶15、1∶20、1∶25、1∶30、1∶50),在索引符号所指出的图纸上,画出建筑详图。建筑详图简称详图,也可称为大样图或节点图。

二、建筑详图的图示内容和图示方法

建筑详图的表示方法,应视所绘的建筑细部构造和构配件的复杂程度,按清晰表达的要求来确定,例如墙身节点图可用一个剖视详图表达,也可用多个节点详图表示,楼梯间宜用几个平面详图和一个剖视详图、几个节点详图表达,门窗则常用立面详图和若干个剖视或断面详图表达。建筑详图如有若干个图样组成时,还可以按照需要,采用不同的比例。若需要表达构配件外形或局部构造的立体图时,宜按《房屋建筑制图统一标准》(GB/T 50001—2017)中所规定的轴测图绘制。为了能详细、完整地表达建筑细部,详图的主要特点是:用能清晰表达所绘节点或构配件的较大比例绘制,尺寸标注齐全,文字说明详尽。

建筑详图一般应表达出构配件的详细构造,所用的各种材料及其规格,各部分的连接方法和相对位置关系,各细部的详细尺寸,包括需要标注的标高,有关施工要求和做法的说明等。同时,建筑详图必须画出详图符号,应与被索引图样上的索引符号相对应,在详图符号的右下侧注写比例。在详图中如再需另画详图时,则在其相应部位画上索引符号;如需表明定位轴线或补充剖面图、断面图,则也应画上它们的有关符号和编号,在剖面图或断面图的下方注写图名和比例。对于套用标准图或通用详图的建筑构配件和建筑节点,只要注明所套月图集的名称、编号或页次,就不必再画详图。

详图的平面图、剖面图,一般都应画出抹灰层与楼面层的面层线,并画出材料图例。在详图中,对楼地面、地下层地面、楼梯、阳台、平台、台阶等处注写的尺寸及标高的规定,也都

与建筑平面、立面、剖面图的规定相同:平面图注写完成面的标高,立面图、剖面图注写完成面的标高及高度方向尺寸,其余部位注写毛面尺寸及标高。在详图中,如需画出定位轴线,应按照前面已讲述的规定标注。

绘制建筑详图应选择合适的图线宽度,如图 2-2-12 所示。

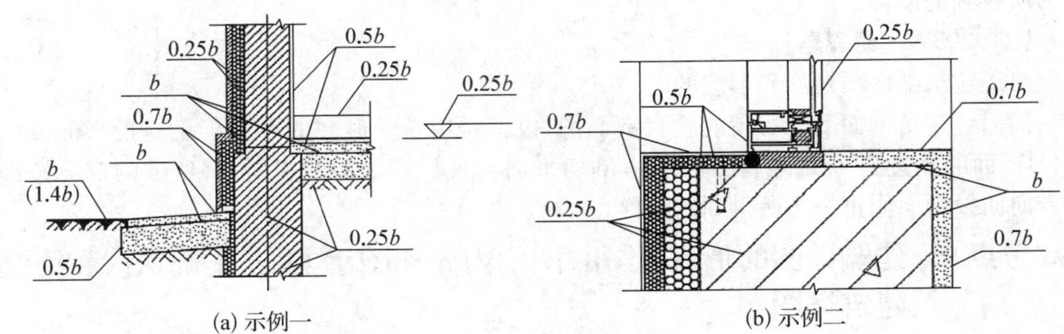

(a) 示例一　(b) 示例二

图 2-2-12　建筑详图图线宽选用示例

三、建筑详图的识读与绘制

1. 外墙墙身构造详图的识读与绘制

外墙详图实际上是建筑剖面图中外墙墙身的局部放大图。它主要表明了建筑物的屋面、檐口、楼面、地面的构造及其与墙体的连接,还表明女儿墙、门窗顶、窗台、圈梁、过梁、勒脚、散水、明沟等节点的尺寸、材料和做法等构造情况,是砌墙、室内外装修、门窗立口等施工和编制预算的重要依据。

外墙剖面详图一般采用较大比例(如 1∶20)绘制,为节省图幅,通常采用折断画法,往往在窗中间处断开,成为几个节点详图的组合。如多层房屋中各层的构造一样,可只画底层、顶层和一个中间层的节点;基础部分不画,用折断线断开。

外墙剖面详图上标注尺寸和标高,与建筑剖面图基本相同,线型也与剖面图一样,剖到的轮廓线用粗实线画出,因为采用了较大的比例,墙身还应用细实线画出粉刷线,并在断面轮廓线内画上规定的材料图例。

下面通过图 2-2-13 来介绍外墙墙身构造详图的识读与绘制。

(1) 图名、比例、外墙在建筑物中的位置、墙厚与定位轴线的关系

图 2-2-13 是比例为 1∶20 的 2-2 剖面图,即外墙墙身详图。根据剖切符号的编号 2,可以在底层平面图上找出编号为 2 的剖切符号,通过底层平面图可以找出该外墙的位置处于哪个定位轴线中。

从图中可以看出,被剖切的墙、楼板等轮廓线用粗实线表示,断面轮廓线内还画上了材料图例,粉刷层用细实线表示。定位轴线从墙身中间通过。

(2) 屋面、楼面和地面的构造层次和做法

一般通过多层构造引出线来表示各构造层次的厚度、材料和做法。

从图中可以看出用 4 个多层构造引出线分别表示了屋面、楼面、地面及明沟的构造做法。

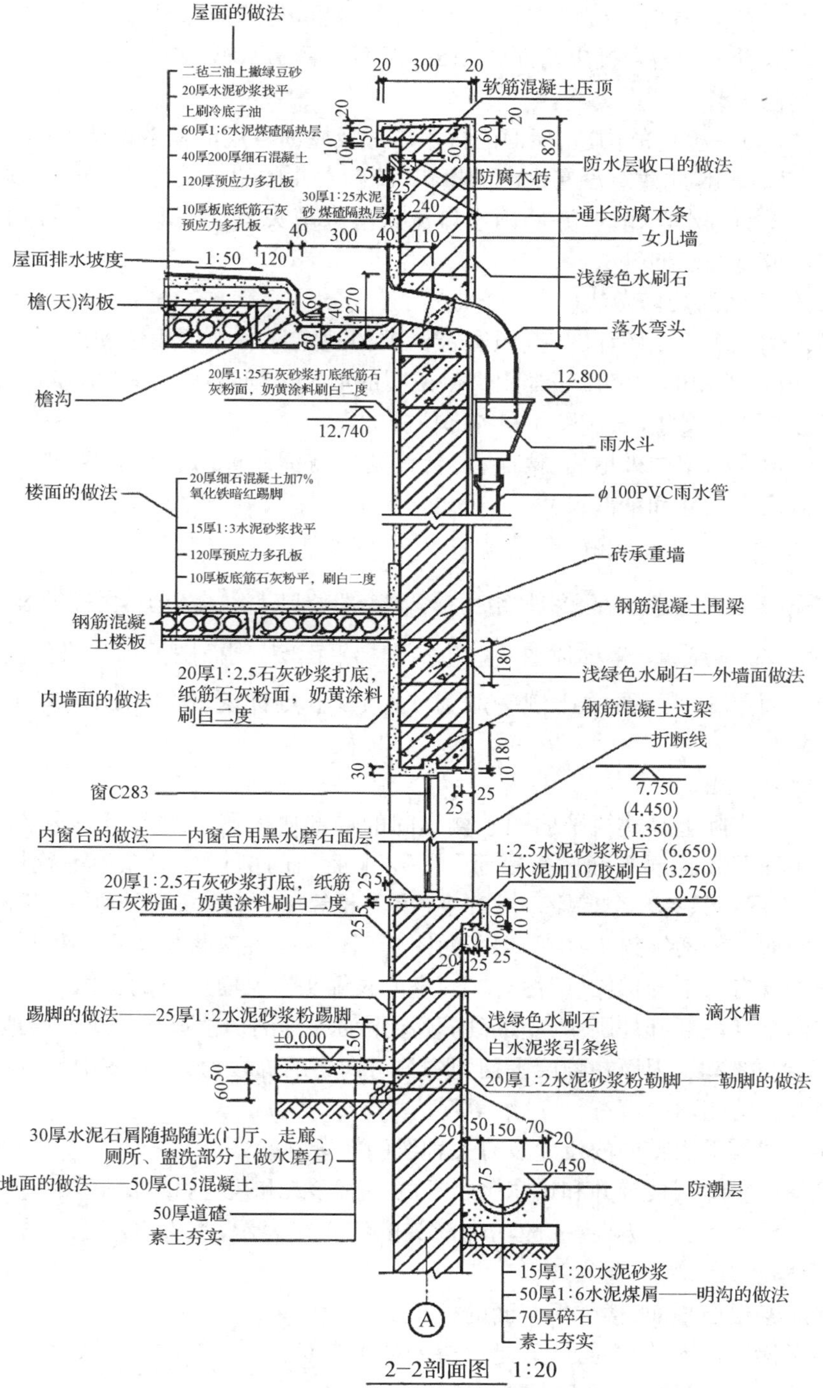

图 2-2-13　某外墙墙身构造详图

(3) 底层节点—勒脚、散水、明沟及防潮层的构造做法

从图中可以看出此建筑只有明沟，没有散水，60 mm 厚的钢筋混凝土防潮层距底层室内地面 50 mm。勒脚的做法是 20 mm 厚 1∶2 的水泥砂浆。

(4) 中间层节点—窗台、楼板、圈梁、过梁等的位置,与墙身的关系

从图中可以看出外窗台挑出墙面 60 mm,下面有一滴水槽,外窗台厚度为 90 mm,内窗台的材料为黑色水磨石。

(5) 顶层节点—檐口的构造、屋面的排水方式及屋面各层的构造做法

从图中可以看出,此建筑没有挑出的檐口,砖砌女儿墙的高度为 820 mm,顶部有一钢筋混凝土压顶。屋面排水至檐沟,并经雨水口流入落水弯头至室外雨水管。特别要注意的是屋面防水层向檐口的延伸做法。

(6) 内、外墙面的装修做法

图中是比例为 1∶20 的详图,按照国家标准的规定详图必须用细实线画出粉刷层。本建筑外墙面的内、外墙的装修做法都用文字说明的形式详细表述。

(7) 墙身的高度尺寸,细部尺寸和各部位的标高

从图中可以看出室内外地面、楼面、窗台等处均需标注标高。在墙身、明沟、窗台、檐沟等部位还注有高度尺寸和细部尺寸。

2. 楼梯详图的识读与绘制

楼梯详图主要表示楼梯的类型、结构形式、各部位尺寸以及踏步、栏杆的装修做法,是楼梯施工、放样的重要依据。楼梯详图一般包括楼梯平面图、剖面图及踏步、栏杆、扶手等节点详图。楼梯平面图和剖面图的比例一般为 1∶50,节点详图的常用比例有 1∶10、1∶5、1∶2等。

(1) 楼梯平面图

楼梯平面图实际上是建筑平面图中楼梯间的局部放大图。通常用一层平面图、中间层(或标准层)平面图和顶层平面图来表示。一层平面图的剖切位置在第一跑楼梯段上。因此,在一层平面图中只有半个梯段,并注"上"字的长箭头,梯段断开处画 45°折断线,有的楼梯还有通道或向下的两级踏步;中间层平面图其剖切位置在某楼层向上的楼梯段,所以在中间层平面图上既有向上的梯段(即注有"上"字的长箭头),又有向下的梯段(即注有"下"字的长箭头),在向上梯段断开处画 45°折断线;顶层平面图其剖切位置在顶层楼层地面一定高度处,没有剖切到楼梯段,因而在顶层平面图中只有向下的梯段,其平面图中没有折断线。

楼梯平面图的图示内容有:

①楼梯在建筑平面图中的位置及有关轴线的布置。

②楼梯间、楼梯段、楼梯井和休息平台等的平面形式和尺寸,楼梯踏步的宽度和踏步数。

③楼梯上行或下行的方向,一般用带箭头的细实线表示,箭头表示上下方向,箭尾标注上、下字样及踏步数。

④楼梯间各楼层平面、楼梯平台面的标高。

⑤一层楼梯平台下的空间处理,是过道还是小房间。

⑥楼梯间墙、柱、门窗的平面位置及尺寸。

⑦栏杆(板)、扶手、护窗栏杆、楼梯间窗或花格等的位置。

⑧底层平面图上楼梯剖面图的剖切符号。

图 2-2-14 为某建筑楼梯平面图,通过此图来介绍楼梯平面图的识读与绘制。

图 2-2-14 是比例为 1∶50 的楼梯平面图,它由底层平面图、二(三)层平面图(即标准

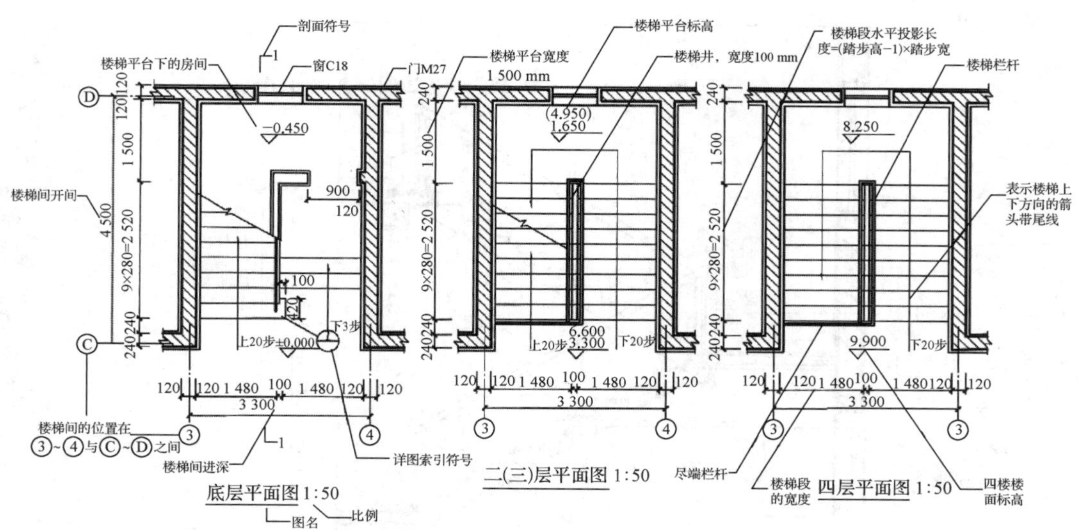

图 2-2-14　某建筑楼梯平面图

层平面图)、四层平面图(即顶层平面图)组成。该楼梯间位于③～④轴与Ⓒ～Ⓓ轴之间，楼梯的开间尺寸为 3 300 mm，进深尺寸为 4 500 mm，楼梯段的宽度为 1 480 mm，楼梯井的宽度为 100 mm，楼梯平台的宽度为 1 500 mm。楼梯的类型为等跑的双跑梯，结构形式为板式楼梯。每个楼梯段均有 10 个踏步，踏步宽度为 280 mm。在地面、各层楼面、楼梯平台处都标有标高。在底层平面图上还能看到一层楼梯平台下的小房间，编号为 1 的剖切符号通过第一跑、即第一个楼梯段。在顶层平面图上能看到尽端安全栏杆。

(2) 楼梯剖面图

楼梯剖面图是按楼梯底层平面图中的剖切位置及剖视方向画出的垂直剖面图。凡是被剖到的楼梯段及楼地面、楼梯平台用粗实线画出，并画出材料图例或涂黑，没有被剖到的楼梯段用中实线或细实线画出轮廓线。在多层建筑中，楼梯剖面图可以只画出底层、中间层和顶层的剖面图，中间用折断线断开，将各中间层的楼面、楼梯平台面的标高数字在所画的中间层相应地标注，并加括号。

楼梯剖面图的图示内容有：

①楼梯间墙身的定位轴线及编号、轴线间的尺寸。

②楼梯的类型及其结构形式、楼梯的梯段数及踏步数。

③楼梯段、休息平台、栏杆(板)、扶手等的构造情况和用料情况。

④踏步的宽度和高度及栏杆(板)的高度。

⑤楼梯的竖向尺寸、进深方向的尺寸和有关标高

⑥踏步、栏杆(板)、扶手等细部的详图索引符号。

图 2-2-15 为某建筑的楼梯剖面图，通过此图来介绍楼梯剖面图的识读与绘制。

图 2-2-15 为 1∶50 的 1-1 剖面图、即楼梯剖面图，它的剖切位置和投影方向由底层平面图决定。在楼梯剖面图中，被剖到的楼梯段、楼梯平台、墙身都用粗实线表示，并画出材料图例，没有被剖到的但投射时仍能见到的楼梯段用中实线表示。在楼梯剖面图中除了能看到楼梯段的水平投影长度外，还能看到楼梯段竖向高度尺寸，共有 10 个踏步，每个踏步的

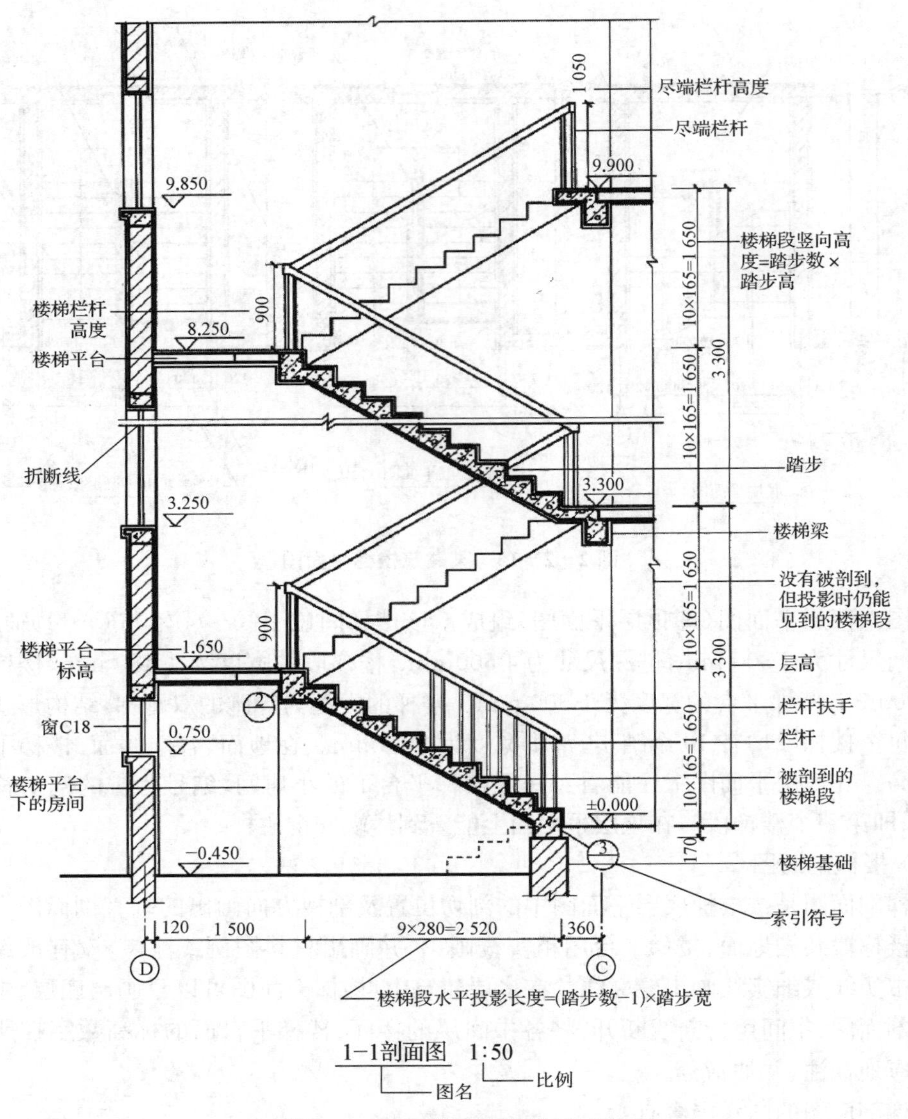

图 2-2-15　某建筑楼梯剖面图

高度为 165 mm。楼梯栏杆的高度为 900 mm，尽端栏杆的高度为 1 050 mm。标高标注在地面、各层楼面和楼梯平台，特别要注意的是楼梯平台下的小房间地面的标高为－0.450 m，是通过三个踏步来实现的，其目的是使这个小房间有足够的高度。在 1—1 剖面图中还有两个详图索引符号。

(3) 楼梯节点详图

楼梯节点详图一般包括楼梯段的起步节点、转弯节点和止步节点的详图，楼梯踏步、栏杆或栏板、扶手等的详图。楼梯节点详图一般均以较大的比例画出，以表明它们的断面形式、细部尺寸、材料、构件连接及面层装修做法等。

如图 2-2-16 所示为某建筑楼梯节点详图，通过此图来介绍楼梯节点详图的识读与绘制。

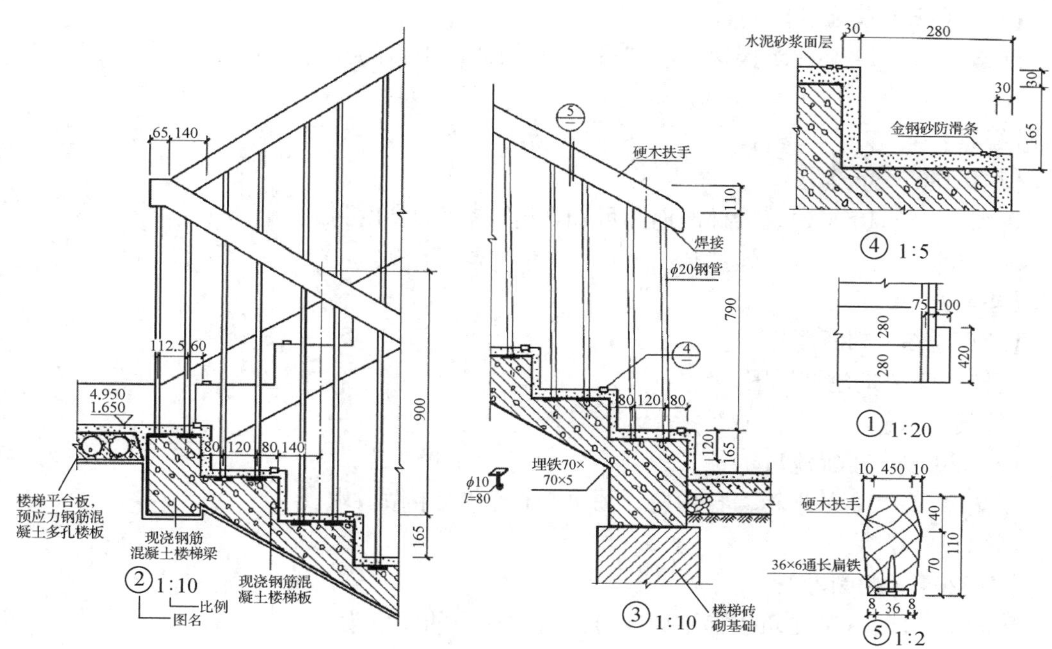

图 2-2-15　某建筑楼梯节点详图

详图 1 为比例是 1∶20 的楼梯起步节点的平面详图，详图 2 为比例是 1∶10 的楼梯转弯节点详图，详图 3 为比例是 1∶10 的楼梯起步节点详图，详图 4 为比例是 1∶5 的踏步及面层的详图，详图 5 为比例是 1∶2 的扶手详图。

【ZT0204A · 单选题】

读图 2-2-13 某外箱墙身构造详图可知，屋面的排水坡度是(　　)。

A. 1∶10　　B. 1∶20　　C. 1∶30　　D. 1∶50

【答案】 D

【ZT0204B · 单选题】

读图 2-2-13 某外箱墙身构造详图可知，勒脚面层的做法是(　　)。

A. 1∶20 厚水泥砂浆粉刷　　B. 白水泥浆粉刷

C. 浅绿色水刷石　　D. 1∶2.5 水泥砂浆粉刷

【答案】 A

【ZT0204C · 单选题】

读图 2-2-13 某外箱墙身构造详图可知，内墙面层做法是(　　)。

A. 1∶20 厚水泥砂浆粉刷　　B. 浅绿色水刷石

C. 奶黄涂料刷白二度　　D. 1∶2.5 石灰砂浆粉刷

【答案】 C

【ZT0204D · 单选题】

读图 2-2-14 某建筑楼梯平面图可知，楼梯井的宽度为(　　)mm。

A. 100　　B. 150　　C. 200　　D. 250

【答案】 A

【ZT0204E・单选题】

读图 2-2-14 某建筑楼梯平面图可知，三层休息平台的标高是(　　)。

A. 1.650　　B. 3.300　　C. 4.950　　D. 6.600

【答案】 C

【ZT0204F・单选题】

读图 2-2-15 某建筑楼梯剖面图可知，踏步踢面的高度为(　　)mm。

A. 165　　B. 280　　C. 1 650　　D. 2 520

【答案】 A

【ZT0204G・判断题】

楼梯平面图是建筑详图。(　　)

【答案】 √

【ZT0204H・判断题】

读图 2-2-13 某外箱墙身构造详图可知，该建筑未做散水。(　　)

【答案】 √

【ZT0204I・判断题】

读图 2-2-14 某建筑楼梯平面图可知楼梯梯段的宽度为 3 060 mm。(　　)

【答案】 ×

【ZT0204J・简答题】

楼梯详图一般包括哪几个部分?

【答案】 楼梯详图一般包括楼梯平面图、剖面图及踏步、栏杆、扶手等节点详图。

【ZT0204K・简答题】

为什么要绘制建筑详图?

【答案】 在建筑施工图中，由于建筑平、立、剖面图通常采用较小的比例绘制，对房屋一些细部的详细构造无法完全表达清楚。因此，常常按实际需要，选用适当的较小比例另绘建筑详图来表达清楚建筑的详细构造。

第三节　结构施工图

考点 10　结构施工图基本知识

一、结构施工图概念及作用

房屋的基础、墙、柱、梁、楼板、屋架等是房屋的主要承重构件，它们构成支撑房屋自重和外载荷的结构系统，就像房屋的骨架，这种骨架称为房屋的建筑结构，简称结构。各种承重构件称为结构构件，简称构件。房屋结构组成如图 2-3-1 所示。

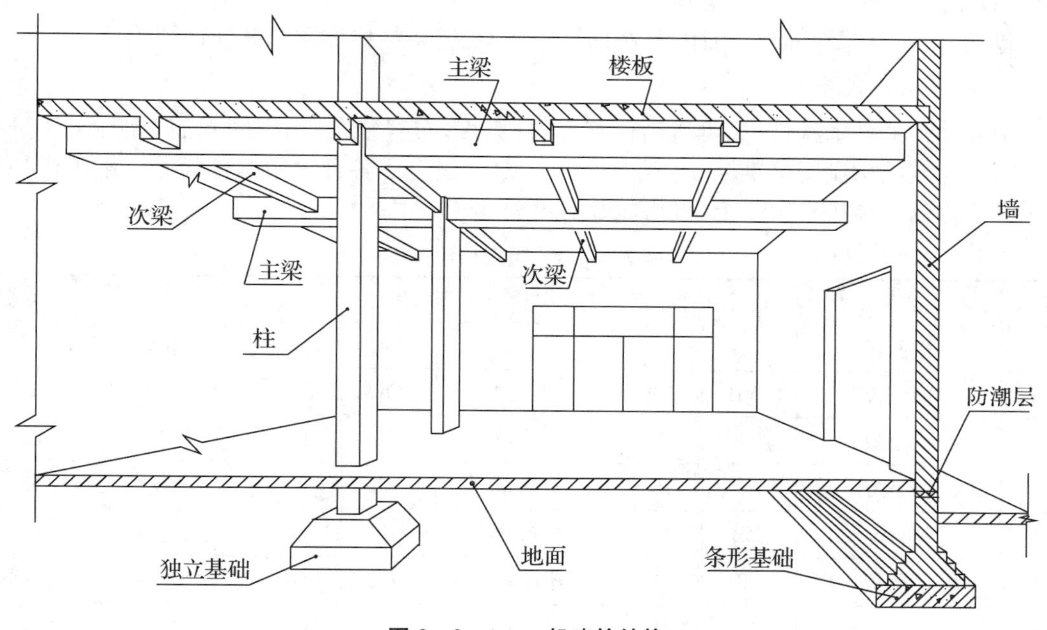

图 2-3-1　一般建筑结构

在房屋设计中，除进行建筑设计画出建筑施工图外，还需要进行结构设计和计算，从而决定房屋的各种构件形状、大小、材料及内部构造等，并绘制图样，这种图样称为房屋结构施工图，简称“结施”。

结构施工图主要用来作为施工放线、挖基槽、支模板、绑扎钢筋、设置预埋件、浇注混凝土，安装梁、板、柱等预制构件，以及编制预算和施工组织等的依据。

二、结构施工图概念及作用

1. 结构施工图的种类

结构施工图按房屋结构所用的材料分为**钢筋混凝土结构施工图、钢结构施工图、木结构施工图等**。由于目前广泛使用的是钢筋混凝土承重构件，本部分只介绍钢筋混凝土构件的结构施工图。

建筑施工图表达了房屋的外部造型、内部平面布置、建筑构件和内外装饰等建筑设计的内容。而结构施工图是表达房屋结构的整体布置和各承重构件的形状、大小、材料等结构设计的图样。

2. 结构施工图的主要内容

结构施工图包括以下三方面内容：

(1) 结构设计说明

包括主要设计依据、自然条件及使用条件、施工要求、材料的质量要求等。

(2) 结构布置平面图

包括基础平面图、楼层结构平面图、屋顶结构平面图。

(3) 构件详图

包括梁、板、柱及基础结构详图，楼梯结构详图，屋架结构详图和其他详图等。

3. 常用构件代号

房屋结构的基本构件(如梁、板、柱等)品种繁多，布置复杂，为了图示简单明确，便于施工查阅，《建筑结构制图标准》(GB/T 50105—2010)规定了各种常用构件代号。常用构件代号用其名称的汉语拼音第一个字母来表示，见表 2-3-1。

表 2-3-1 常用构件代号

序号	名称	代号	序号	名称	代号	序号	名称	代号
1	楼面板	LB	15	吊车梁	DL	29	基础	J
2	屋面板	WB	16	圈梁	QL	30	设备基础	SJ
3	空心板	KB	17	过梁	GL	31	桩	ZH
4	槽形板	CB	18	连系梁	LL	32	桩间支撑	ZC
5	折板	ZB	19	基础梁	JL	33	垂直支撑	CC
6	密肋板	MB	20	楼梯梁	TL	34	水平支撑	SC
7	楼梯板	TB	21	檩条	LT	35	梯	T
8	盖板或沟盖板	GB	22	屋架	WJ	36	雨篷	YP
9	挡雨板或檐口板	YB	23	托架	TJ	37	阳台	YT
10	吊车安全走道板	DB	24	天窗架	CJ	38	梁垫	LD
11	墙板	QB	25	框架	KJ	39	预埋件	M
12	天沟板	TGB	26	刚架	GJ	40	天窗端壁	TD
13	梁	L	27	支架	ZJ	41	钢筋网	W
14	屋面梁	WL	28	柱	Z	42	钢筋骨架	G

三、结构施工图的绘制方法

钢筋混凝土结构构件配筋图的表示方法有三种：

(1) 详图法

它通过平、立、剖面图将各构件(梁、柱、墙等)的结构尺寸、配筋规格等"逼真"地表示出来。用详图法绘图的工作量非常大。

(2) 梁柱表法

它采用表格填写方法将结构构件的结构尺寸和配筋规格用数字符号表达。此法比"详图法"要简单方便得多,手工绘图时,深受设计人员的欢迎。其不足之处是:同类构件的许多数据需多次填写,容易出现错漏,图纸数量多。

(3) 结构施工图平面整体设计方法(以下简称"平法")

它把结构构件的截面型式、尺寸及所配钢筋规格在构件的平面位置用数字和符号直接表示,再与相应的"结构设计总说明"和梁、柱、墙等构件的"构造通用图及说明"配合使用。平法的优点是图面简洁、清楚、直观性强,图纸数量少,设计和施工人员都很欢迎。"平法"目前已被广泛应用。

四、结构施工图识读的正确方法

(1) 先看结构设计说明;再读基础平面图、基础结构详图;然后读楼层结构平面布置图、屋面结构平面布置图;最后读构件详图、钢筋详图和钢筋表。各种图样之间不是孤立的,应互相联系进行阅读。

(2) 识读施工图时,应熟练运用投影关系、图例符号、尺寸标注及比例,以达到读懂整套结构施工图的目的。

五、钢筋混凝土构件的基本知识

1. 基本概念

混凝土抗压强度高,抗压强度等级分为 C15～C80 共 14 个,数字越大,表示混凝土抗压强度越高。但混凝土的抗拉强度较低,容易受拉而断裂。为了提高混凝土构件的抗拉能力,常在混凝土构件的受拉区内配置一定数量的钢筋,两种材料黏结成一个整体,共同承受外力,这种配有钢筋的混凝土,称为钢筋混凝土。用钢筋混凝土制成的梁、板、柱、基础等构件称钢筋混凝土构件,如图 2-3-2 所示。全部用钢筋混凝土构件承重的结构称为钢筋混凝土结构。

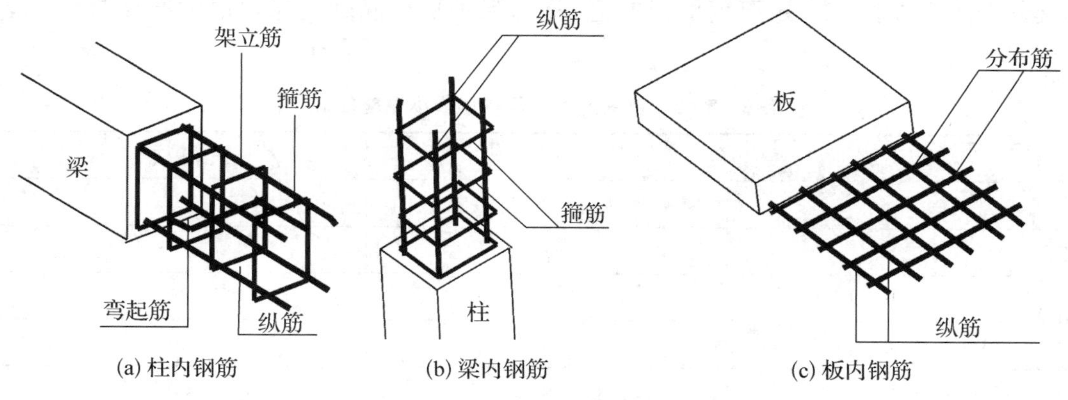

图 2-3-2 柱、梁、板内钢筋名称

2. 钢筋的名称和作用

(1) 纵筋:构件中承受拉应力和压应力的钢筋。用于梁、板、柱等各种钢筋混凝土构件中。

(2) 箍筋:构件中承受一部分斜拉应力(剪应力),并固定纵向钢筋的位置。用于梁和柱中。

(3) 架立筋:与梁内受力筋、箍筋一起构成钢筋的骨架。

(4) 分布筋:与板内受力筋一起构成钢筋的骨架,垂直于受力筋。

(5) 构造筋:因构造要求和施工安装需要配置的钢筋。

3. 钢筋的弯钩及保护层

(1) 钢筋弯钩

对于光圆外形的受力钢筋,为了增大与混凝土的黏结力,在钢筋的端部做成弯钩,弯钩的形式有半圆弯钩、斜弯钩和直弯钩三种,如图 2-3-3 所示。对于螺纹等变形钢筋因为它们的表面较粗糙,能和混凝土产生很好的黏结力,故端部一般不设弯钩。

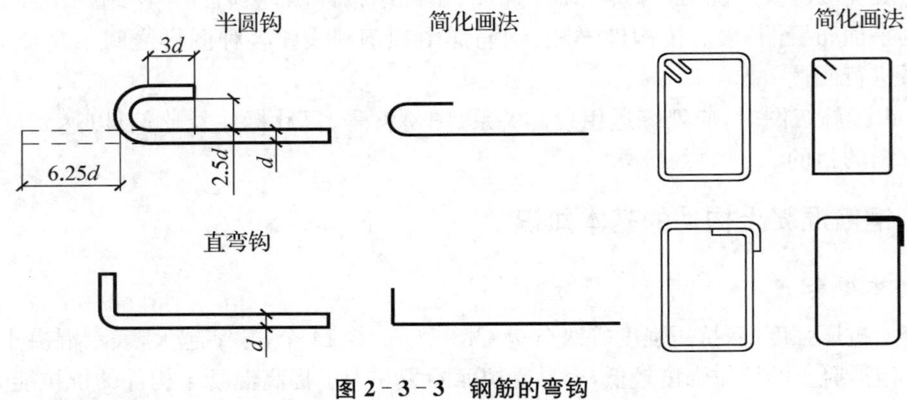

图 2-3-3　钢筋的弯钩

(2) 钢筋保护层

为了保证钢筋与混凝土的黏结力,并防止钢筋的锈蚀,在钢筋混凝土构件中,钢筋表皮至构件表面应保持有一定厚度的混凝土,称为保护层。混凝土保护层的厚度规定见表 2-3-2。

表 2-3-2　钢筋混凝土保护层最小厚度(mm)

环境类别	板、墙	梁、柱
一	15	20
二 a	20	25
二 b	25	35
三 a	30	40
三 b	40	50

混凝土保护层厚度指最外层钢筋外边缘至混凝土表面的距离，适用于设计使用年限为50年的混凝土结构。

构件中受力钢筋的保护层厚度不应小于钢筋的公称直径。

一类环境中，设计使用年限为100年的结构最外层钢筋的保护层厚度不应小于表中数值的1.4倍；二、三类环境中，设计使用年限为100年的结构应采取专门的有效措施。

混凝土强度等级不大于C25时，表中保护层厚度数值应增加5。

基础底面钢筋的保护层厚度，有混凝土垫层时应从垫层顶面算起，且不应小于40。

(3) 环境类别

上文中的环境类别见表2-3-3所示。

表2-3-3　混凝土结构的环境类别

<table>
<tr><th>环境类别</th><th colspan="2">条件</th></tr>
<tr><td>一</td><td colspan="2">室内干燥环境；
无侵蚀性静水浸没环境。</td></tr>
<tr><td>二 a</td><td>室内潮湿环境；
非严寒和非寒冷地区的露天环境；
非严寒和非寒冷地区与无侵蚀性的水或土壤直接接触的环境；
严寒和寒冷地区的冰冻线以下与无侵蚀性的水或土壤直接接触的环境。</td><td>室内潮湿环境是指构件表面经常处于结露或湿润状态的环境。</td></tr>
<tr><td>二 b</td><td>干湿交替环境；
水位频繁变动环境；
严寒和寒冷地区的露天环境；
严寒和寒冷地区冰冻线以上与无侵蚀性的水或土壤直接接触的环境。</td><td>严寒和寒冷地区的划分应符合现行国家标准《民用建筑热工设计规范》GB50176的有关规定。
暴露的环境是指混凝土结构表面所处的环境。</td></tr>
<tr><td>三 a</td><td>严寒和寒冷地区冬季水位变动区环境；
受除冰盐影响环境；
海风环境。</td><td rowspan="2">海岸环境和海风环境宜根据当地情况，考虑主导风向及结构所处迎风、背风部位等因素的影响，由调查研究和工程经验确定。
受除冰盐影响环境是指受到除冰盐盐雾影响的环境；受除冰盐作用环境是指被除冰盐溶液溅射的环境以及使用除冰盆地区的洗车房、停车楼等建筑。</td></tr>
<tr><td>三 b</td><td>盐渍土环境；
受除冰盐作用环境；
海岸环境。</td></tr>
<tr><td>四</td><td colspan="2">海水环境。</td></tr>
<tr><td>五</td><td colspan="2">受人为或自然的侵蚀性物质影响的环境。</td></tr>
</table>

4. 钢筋的图示方法和图例

钢筋不按实际投影绘制，只用单线条表示。为突出钢筋，在配筋图中，可见的钢筋应用粗实线绘制；钢筋的横断面用涂黑的圆点表示；不可见的钢筋用粗虚线、预应力钢筋用粗双

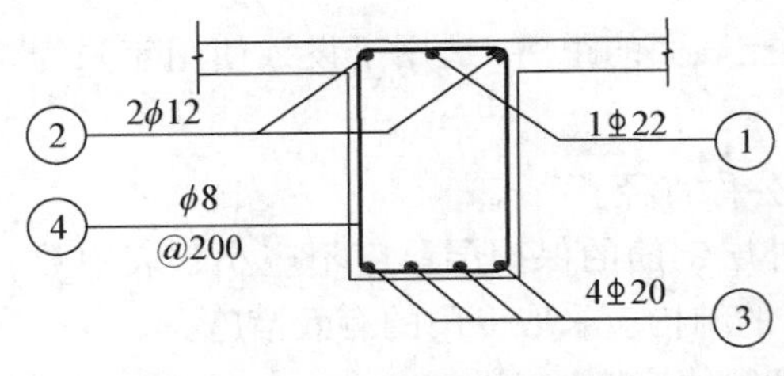

图 2-3-4　梁内钢筋的图示方法

点画线绘制。

绘制钢筋的粗实线和表示钢筋横断面的涂黑圆点没有线宽和大小的变化，即它们不表示钢筋直径的大小。构件内的各种钢筋应予以编号，以便于识别。编号采用阿拉伯数字，写在直径为6 mm的细线圆圈中。与钢筋代号写在一起的还有该号钢筋的直径以及在该构件中的根数或间距。例如④号钢筋是 HPB300 级钢筋，直径是 8 mm，每 200 mm 放置一根。其中"@"为等间距符号。如图 2-3-4 所示。

【ZT0301A·单选题】

按房屋结构所用的材料分类，结构施工图不包括(　　)。

A. 钢结构施工图　　B. 混凝土结构施工图

C. 钢筋混凝土结构施工图　　D. 木结构施工图

【答案】 B

【解析】 见考点 1 的"二、结构施工图概念及作用—1、结构施工图的种类"。素混凝土结构由于抗拉强度较低，一般不单独用于房屋结构。

【ZT0301B·单选题】

屋面板的代号为(　　)。

A. B　　B. LB　　C. WMB　　D. WB

【答案】 D

【解析】 见表 2-3-1 常用构件代号。

【ZT0301C·单选题】

构件中承受拉应力和压应力的钢筋为(　　)。

A. 受力筋　　B. 箍筋　　C. 架立筋　　D. 分布筋

【答案】 A

【解析】 见考点 1 的"五、钢筋混凝土构件的基本知识—2、钢筋的名称和作用"。

【ZT0301D·单选题】

一类环境，梁、柱的保护层厚度为(　　)mm。

A. 20　　B. 30　　C. 40　　D. 50

【答案】 A

【解析】 见表 2-3-2　钢筋混凝土保护层最小厚度。

【ZT0301E·单选题】

有混凝土垫层的基础底面钢筋保护层厚度为(　　)mm。

A. 20　　B. 30　　C. 40　　D. 50

【答案】 C

【解析】 见表 2-3-2　钢筋混凝土保护层最小厚度的下侧文字。

【ZT0301F·单选题】

结构施工图中，可见的钢筋应用(　　)绘制。

A. 细实线　　　　B. 粗实线　　　　C. 粗虚线　　　　D. 粗双点画线

【答案】 B

【解析】 见考点1的“五、钢筋混凝土构件的基本知识—4、钢筋的图示方法和图例”。

【ZT0301G·单选题】

混凝土保护层厚度指最外层钢筋外边缘至混凝土表面的距离。(　　)

【答案】 正确

【解析】 见表2-3-2 钢筋混凝土保护层最小厚度的下侧文字。

【ZT0301H·判断题】

采用粗实线绘制钢筋,线宽表示钢筋直径的大小。(　　)

【答案】 ×

【解析】 见考点1的“五、钢筋混凝土构件的基本知识—4、钢筋的图示方法和图例”。

【ZT0301I·简答题】

结构施工图的正确识读方法是什么?

【答案】 先看结构设计说明;再读基础平面图、基础结构详图;然后读楼层结构平面布置图、屋面结构平面布置图;最后读构件详图、钢筋详图和钢筋表。各种图样之间不是孤立的,应互相联系进行阅读。

【解析】 见考点1的“四、结构施工图识读的正确方法”。

考点11　基础结构施工图

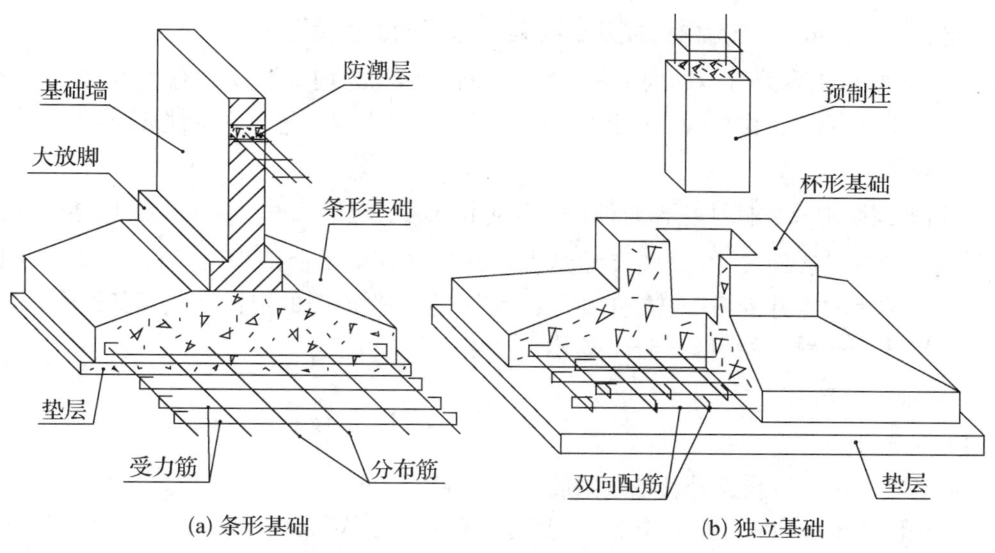

图2-3-5　条形基础与独立基础

基础是建筑物地面以下承受房屋全部荷载的构件,常用的浅基础形式有条形基础和独立基础,构造如图2-3-5所示。支撑基础的土体或岩体称为地基。基坑是为基础施工而在地面开挖的土坑。坑底是基础的底面,基坑边线即为放线的灰线。基础的埋置深度是指室外整平后地面到基础底面的深度。

在满足地基稳定和变形要求的前提下，基础宜浅埋，当上层地基的承载力大于下层土时，宜利用上层土作持力层。除岩石地基外，基础埋深不宜小于 0.5 m 。在抗震设防区，天然地基上的箱形和筏形基础其埋置深度不宜小于建筑物高度的 1/15；桩箱或桩筏基础的埋置深度(不计桩长)不宜小于建筑物高度的 1/18～1/20。

基础图表示建筑物室内地面以下基础部分的平面布置及详细构造，通常用基础平面图和基础详图表示。基础图是施工放线、开挖基槽、基础施工、计算基础工程量的依据。

一、基础平面图

基础平面图是假想用一个水平剖切平面沿房屋地面与基础之间把整幢房屋剖开后，移去地面以上的房屋及其基础周围的泥土后，所作出的基础水平投影图。

1. 基础平面图的图示特点及尺寸标注

基础平面图中，只画出基础墙(或柱)及基础底面的轮廓线，至于基础的细部轮廓都可省略不画。这些细部的形状，将具体反映在基础详图中。被剖切到的基础墙、柱的轮廓线为粗实线，基础底面是可见轮廓，则画成中实线。由于基础平面图常采用 1∶100 或 1∶200 的比例绘制，故材料图例的表示方法与建筑平面图相同，即剖到的基础墙可不画材料图例，钢筋混凝土柱涂成黑色。基础墙内设置基础圈梁时，应用粗点划线表示。

一幢房屋，由于各处有不同的荷载，基础的断面形状与埋置深度会有所不同，每一个不同的断面，都要画出其断面图，并在基础平面图上用 1－1,2－2……等剖切符号表示该断面的位置与编号。

基础平面图中尺寸标注包括定形尺寸和定位尺寸。定形尺寸即基础墙的宽度、柱外形尺寸及它们的基础底面尺寸，这些尺寸是直接标注在基础平面图中，也可以用文字加以说明。定位尺寸指的是基础墙(或柱)的轴线间尺寸，基础平面图的定位轴线及其编号，必须与建筑平面图完全一致。如图 2－3－6 所示。

2. 基础平面图的内容

(1) 图名、比例；

(2) 基础的定位轴线编号及轴线间的尺寸；

(3) 基础的平面布置、基础墙、柱，以及基础底面的形状、大小，基础的定形和定位尺寸；

(4) 基础梁的位置和代号；

(5) 基础断面的剖切线及编号、文字说明等。

二、基础详图

基础详图主要表明基础各组成部分的具体形状、大小、材料及基础埋深等。通常用断面图表示，并与基础平面图中被剖切的相应代号及剖切符号一致。

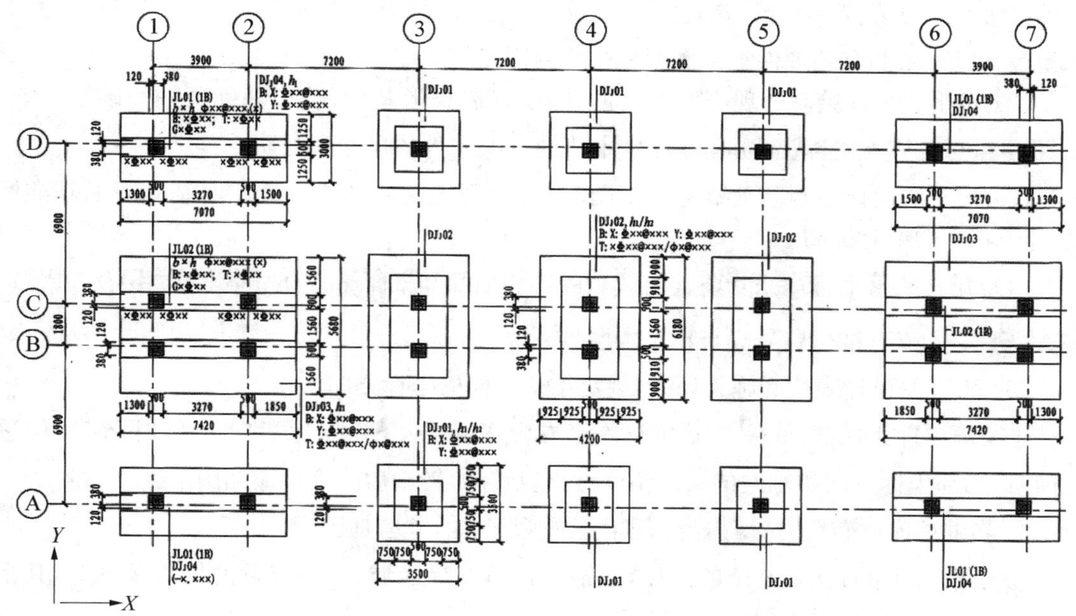

图 2-3-6　基础平面图示例

1. 基础详图的图示特点

(1) 基础详图的常用比例为 1∶20 或 1∶50。

(2) 基础详图常用 1-1,2-2 等来命名,与平面图相对应。

(3) 如果某基础断面图适用于多条轴线上基础的断面,则轴线的圆圈内不予编号,如图 2-3-7 所示。

2. 基础详图的内容

(1) 图名、比例;

(2) 基础断面图中的轴线和编号表示了该基础在平面图中的位置;

(3) 表明基础的断面和基础圈梁的形状、大小、材料及配筋;

(4) 标注基础各部分的详细尺寸和标高;

(5) 表明防潮层的位置和做法。

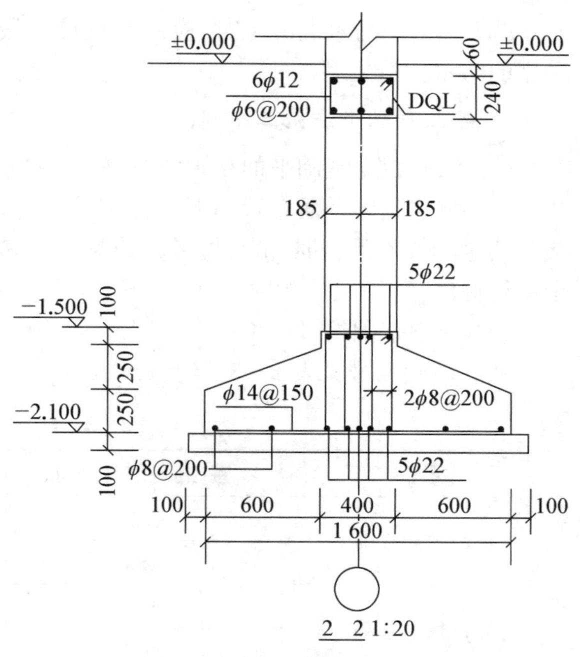

图 2-3-7　基础详图示例

三、基础平法标注(16G101-3)

1. 平面整体表示方法制图规则

(1) 按平法设计绘制的基础施工图,一般是由常用现浇混凝土独立基础、条形基础、筏形基础(分为梁板式和平板式)、桩基础的平法施工图和标准构造详图两大部分构成，但对于复杂的工业与民用建筑，尚需增加模板、基坑、留洞和预埋件等平面图和必要的详图。

（2）按平法设计绘制的现浇混凝土的独立基础、条形基础、筏形基础及桩基础施工图，以平面注写方式为主、截面注写方式为辅表达各类构件的尺寸和配筋。

（3）按平法设计绘制基础结构施工图时，应采用表格或其他方式注明基础底面基准标高、± 0.000 的绝对标高。

（4）结构层楼面标高系指将建筑图中的各层地面和楼面标高值扣除建筑面层及垫层做法厚度后的标高，结构层号应与建筑楼层号一致。

（5）为方便设计表达和施工识图，规定结构平面的坐标方向为：

① 当两向轴网正交布置时，图面从左至右为 X 向，从下至上为 Y 向；当轴网在某位置转向时，局部坐标方向顺轴网的转向角度做相应转动，转动后的坐标应加图示。

② 当轴网向心布置时，切向为 X 向，径向为 Y 向，并应加图示。

③对于平面布置比较复杂的区域，如轴网转折交界区域、向心布置的核心区域等，其平面坐标方向应由设计者另行规定并加图示。

（6）当标准构造详图有多种可选择的构造做法时，写明在何部位选用何种构造做法。当未写明时，则为设计人员自动授权施工人员可以任选一种构造做法进行施工。例如：复合箍中拉筋弯钩做法、筏形基础板边缘侧面封边构造等。

某些节点则要求设计者必须写明在何部位选用何种构造做法。例如：墙身外侧竖向分布钢筋与基础底部纵筋搭接连接做法、筏形基础次梁和筏形基础平板底部钢筋在边支座的锚固要求。

（7）当采用防水混凝土时，应注明抗渗等级；应注明施工缝、变形缝、后浇带、预埋件等采用的防水构造类型。

2. 独立基础平法施工图制图规则

（1）绘制独立基础平面布置图时，应将独立基础平面与基础所支承的柱一起绘制。

（2）独立基础平面布置图上应标注基础定位尺寸；当独立基础的柱中心线或杯口中心线与建筑轴线不重合时，应标注其定位尺寸。编号相同且定位尺寸相同的基础，可仅选择一个进行标注。

（3）独立基础编号

独立基础编号见表 2 - 3 - 4。

表 2 - 3 - 4　独立基础编号

类型	基础底板截面形状	代号	序号
普通独立基础	阶形	DJ_J	XX
	坡形	DJ_P	XX
杯口独立基础	阶形	BJ_J	XX
	坡形	BJ_P	XX

阶形普通独立基础、坡形普通独立基础、阶形杯口独立基础和坡形杯口独立基础的形式具体见图 2-3-8 所示。

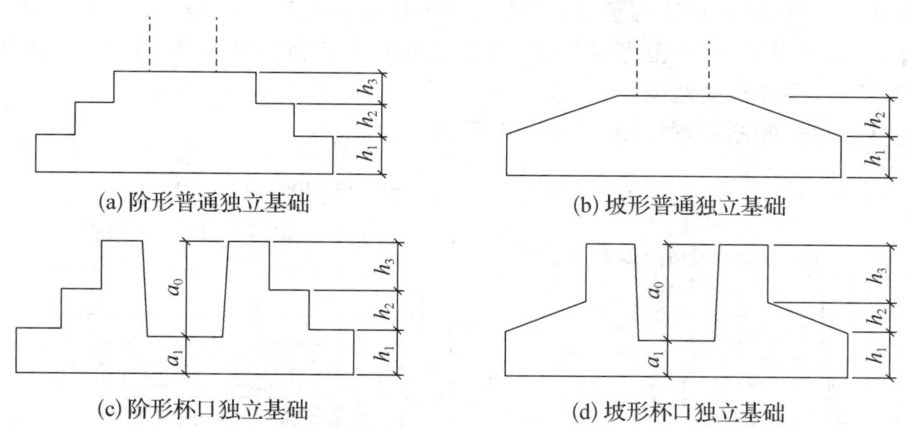

图 2-3-8 独立基础形式

(4) 独立基础的平面注写方式,分为**集中标注**和**原位标注**两部分内容。

普通独立基础和杯口独立基础的**集中标注**,系在基础平面图上集中引注:**基础编号、截面竖向尺寸、配筋三项必注内容**,以及基础底面标高(与基础底面基准标高不同时)和必要的文字注解两项选注内容。素混凝土普通独立基础的集中标注,除无基础配筋内容外均与钢筋混凝土普通独立基础相同。

(5) 普通独立基础平面注写方式

普通独立基础平面注写方式见图 2-3-9 所示。图中 DJ_J×× 为基础编号,含义见表 2-3-4 所示;h_1/h_2 为截面竖向尺寸,见图 2-3-8 所示。

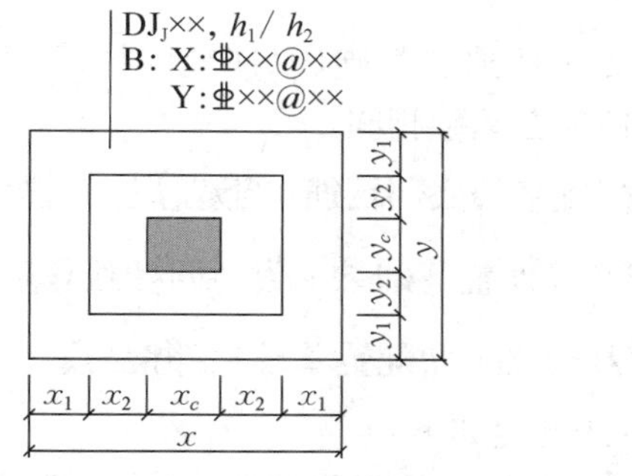

图 2-3-9 普通独立基础平面注写

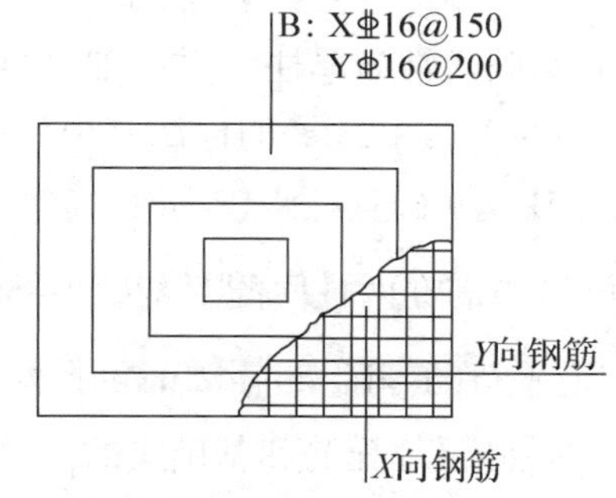

图 2-3-10 独立基础底板底部双向配筋示意

普通独立基础和杯口独立基础的底部双向配筋注写规定如下:

①以 B 代表各种独立基础底板的底部配筋。

②X 向配筋以 X 打头、Y 向配筋以 Y 打头注写;当两向配筋相同时,则以 X&Y 打头注写。X 向为水平向钢筋、Y 向为竖向钢筋,见图 2-3-10 所示。

(6) 注写普通独立基础带短柱竖向尺寸及钢筋

当独立基础埋深较大,设置短柱时,短柱配筋应注写在独立基础中。具体注写规定如下：

①以 DZ 代表普通独立基础短柱。

②先注写短柱纵筋，再注写箍筋，最后注写短柱标高范围。注写为：角筋/长边中部筋/短边中部筋，箍筋，短柱标高范围；当短柱水平截面为正方形时，注写为：角筋/x 边中部筋/y 边中部筋，箍筋，短柱标高范围。

独立基础短柱配筋示意见图 2－3－11 所示。

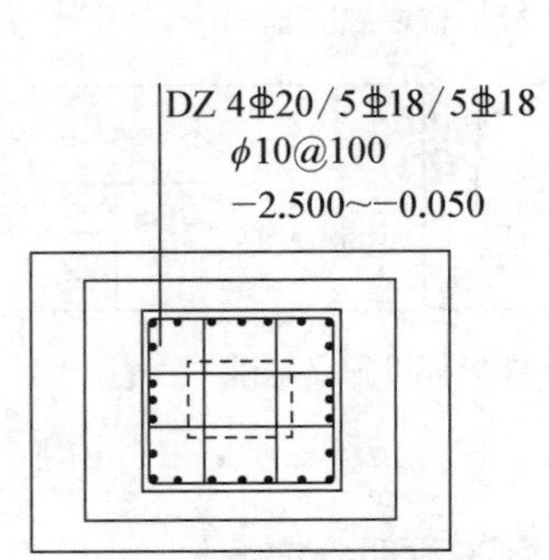

图 2－3－11　独立基础短柱配筋示意

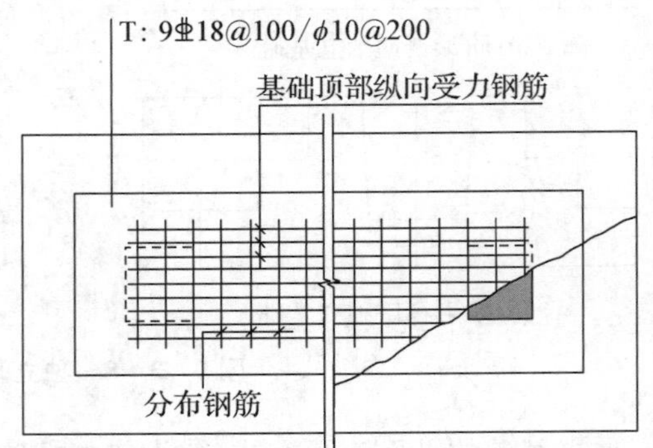

图 2－3－12　双柱独立基础顶部配筋示意

(7) 原位标注

钢筋混凝土和素混凝土独立基础的原位标注，系在基础平面布置图上标注独立基础的平面尺寸。对相同编号的基础，可选择一个进行原位标注；当平面图形较小时，可将所选定进行原位标注的基础按比例适当放大；其他相同编号者仅注编号。

原位标注 x、y，x_c、y_c（或圆柱直径 d_c），x_i、y_i，$i=1,2,3\cdots\cdots$ 其中，x、y 为普通独立基础两向边长，x_c、y_c 为柱截面尺寸，x_i、y_i 为阶宽或坡形平面尺寸（当设置短柱时，尚应标注短柱的截面尺寸），见图 2－3－9 所示。

(8) 独立基础通常为单柱独立基础，也可为多柱独立基础（双柱或四柱等）。多柱独立基础的编号、几何尺寸和配筋的标注方法与单柱独立基础相同。

当为双柱独立基础且柱距较小时，通常仅配置基础底部钢筋；当双柱柱距较大时，除基础底部配筋外，尚需在两柱间配置基础顶部钢筋或设置基础梁；当为四柱独立基础时，通常可设置两道平行的基础梁，需要时可在两道基础梁之间配置基础顶部钢筋。

多柱独立基础顶部配筋和基础梁的注写方法规定如下：

①注写双柱独立基础底板顶部配筋。双柱独立基础的顶部配筋，通常对称分布在双柱中心线两侧。以大写字母“T”打头，注写为：双柱间纵向受力钢筋/分布钢筋。当纵向受力钢筋在基础底板顶面非满布时，应注明其总根数，基础顶部配筋示意见图 2－3－12 所示。

②注写双柱独立基础的基础梁配筋。当双柱独立基础为基础底板与基础梁相结合时，注写基础梁的编号、几何尺寸和配筋。通常情况下，双柱独立基础宜采用端部有外伸的基础梁，基础底板则采用受力明确、构造简单的单向受力配筋与分布筋。基础梁宽度宜比柱

截面宽出不小于100(每边不小于50)。基础梁配筋示意见图2-3-13(a)所示。

③当四柱独立基础已设置两道平行的基础梁时,根据内力需要可在双梁之间及梁的长度范围内配置基础顶部钢筋,注写为:梁间受力钢筋/分布钢筋。基础梁间板顶配筋示意见图2-3-13(b)所示。

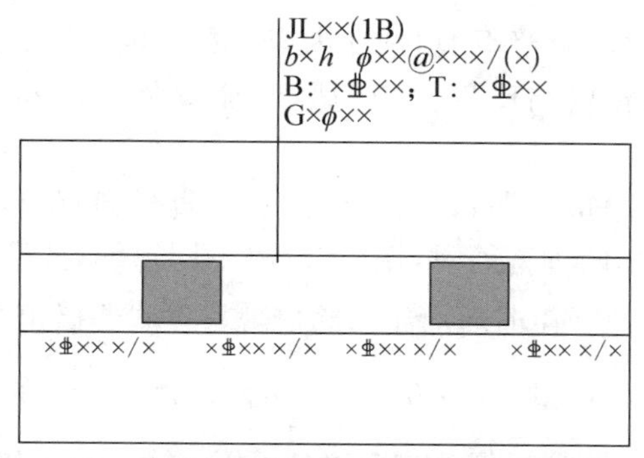

(a) 双柱独立基础的基础梁配筋注写示意

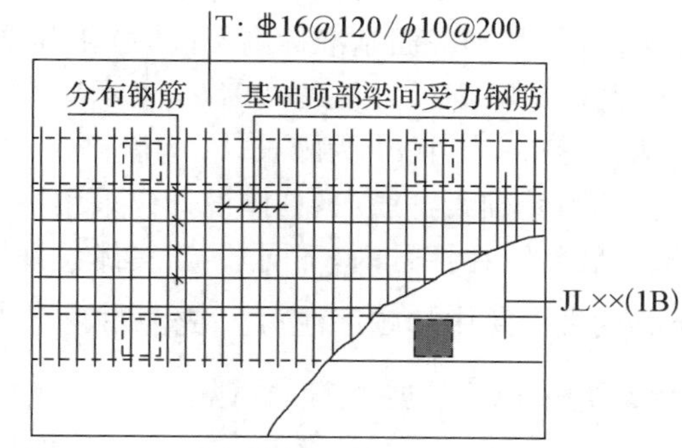

(b) 四柱独立基础底板顶部基础梁间配筋注写示意

图2-3-13 多柱基础梁配筋示意

3. 条形基础平法施工图制图规则

(1) 条形基础平法施工图,有**平面注写**与**截面注写**两种表达方式,设计者可根据具体工程情况选择一种,或将两种方式相结合进行条形基础的施工图设计。

(2) 当梁板式基础梁中心或板式条形基础板中心与建筑定位轴线不重合时,应标注其定位尺寸;对于编号相同的条形基础,可仅选择一个进行标注。

(3) 条形基础分类

条形基础整体上可分为两类:

① 梁板式条形基础。该类条形基础适用于钢筋混凝土框架结构、框架一剪力墙结构、部分框支剪力墙结构和钢结构。平法施工图将梁板式条形基础分解为基础梁和条形基础底板分别进行表达。

② 板式条形基础。该类条形基础适用于钢筋混凝土剪力墙结构和砌体结构。平法施工图仅表达条形基础底板。

(4) 条形基础编号分为基础梁和条形基础底板编号,按表2-3-5。

表2-3-5 条形基础梁及底板编号

类型		代号	序号	跨数及有无外伸
基础梁		JL	XX	(XX)端部无外伸 (XXA)一端有外伸 (XXB)两端有外伸
条形基础底板	坡形	TJB_P	XX	
	阶形	TJB_J	XX	

注:条形基础通常采用坡形截面或单阶形截面。

(5) 基础梁的平面注写方式

基础梁 JL 的平面注写方式,分**集中标注**和**原位标注**两部分内容,当集中标注的某项数值不适用于基础梁的某部位时,则将该项数值采用原位标注。**施工时,原位标注优先。**

① 基础梁的集中标注内容为:基础梁编号、截面尺寸、配筋三项必注内容,以及基础梁底面标高(与基础底面基准标高不同时)和必要的文字注解两项选注内容。具体规定如下:

②基础梁截面尺寸注写 $b\times h$,表示梁截面宽度与高度。当为竖向加腋梁时,用 $b\times hYc_1\times c_2$ 表示,其中 c_1 为腋长,c_2 为腋高。

③注写基础梁箍筋:当具体设计仅采用一种箍筋间距时,注写钢筋级别、直径、间距与肢数(箍筋肢数写在括号内,下同)。当具体设计采用两种箍筋时,用“/”分隔不同箍筋,按照从基础梁两端向跨中的顺序注写。先注写第 1 段箍筋(在前面加注箍筋道数),在斜线后再注写第 2 段箍筋(不再加注箍筋道数)。如 9⌀16@100/⌀16@200 (6),表示配置两种间距的 HRB400 级箍筋,直径为 16,从梁两端起向跨内按箍筋间距 100 **每端各设置** 9 道,梁其余部位的箍筋间距为 200,均为 6 肢箍。

施工时应注意:两向基础梁相交的柱下区域,应有一向截面较高的基础梁箍筋贯通设置;当两向基础梁高度相同时,任选一向基础梁箍筋贯通设置。

④注写基础梁底部、顶部及侧面纵向锅筋

以 B 打头,注写梁底部贯通纵筋(不应少于梁底部受力钢筋总截面面积的 1/3)。当跨中所注根数少于箍筋肢数时,需要在跨中增设梁底部架立筋以固定箍筋,采用“+”将贯通纵筋与架立筋相连,架立筋注写在加号后面的括号内。

以 T 打头,注写梁顶部贯通纵筋。注写时用分号“;”将底部与顶部贯通纵筋分隔开,如有个别跨与其不同者按原位注写的规定处理。

⑤以大写字母 G 打头注写梁两侧面对称设置的纵向构造钢筋的总配筋值(当梁腹板高度 h_w 不小于 450 时,根据需要配置纵向构造钢筋)。

当需要配置抗扭纵向钢筋时,梁两个侧面设置的抗扭纵向钢筋以 N 打头。

当为梁侧面构造钢筋时,其搭接与锚团长度可取为 $15d$;当为梁侧面受扭纵向钢筋时,其锚固长度为 l_a,搭接长度为 l_l,其锚固方式同基础梁上部纵筋。

(6) 基础梁 JL 的原位标注

当在基础梁上集中标注的某项内容(如截面尺寸、箍筋、底部与顶部贯通纵筋或架立筋、梁侧面纵向构造钢筋、梁底面标高等)不适用于某跨或某外伸部位时,将其修正内容原位标注在该跨或该外伸部位,施工时原位标注取值优先。

①基础梁支座的底部纵筋,系指包含贯通纵筋与非贯通纵筋在内的所有纵筋。

当同排纵筋有两种直径时,用“+”将两种直径的纵筋相连。

当梁支座两边的底部纵筋配置不同时,需在支座两边分别标注;当梁支座两边的底部纵筋相同时,可仅在支座的一边标注。

竖向加腋梁加腋部位钢筋,需在设置加腋的支座处以 Y 打头注写在括号内。

对于底部一平梁的支座两边配筋值不同的底部非贯通纵筋（“底部一平”为“梁底部在同一个平面上”的缩略词），应先按较小一边的配筋值选配相同直径的纵筋贯穿支座，再将较大一边的配筋差值选配适当直径的钢筋锚入支座，避免造成支座两边大部分钢筋直径不相同的不合理配置结果。

当底部贯通纵筋经原位注写修正，出现两种不同配置的底部贯通纵筋时，应在两毗邻跨中配置较小一跨的跨中连接区域进行连接（即配置较大一跨的底部贯通纵筋需伸出毗邻跨的跨中连接区域）。

②原位注写基础梁的附加箍筋或（反扣）吊筋。当两向基础梁十字交叉，但交叉位置无柱时，应根据需要设置附加箍筋或（反扣）吊筋。

③原位注写基础梁外伸部位的变截面高度尺寸。当基础梁外伸部位采用变截面高度时，在该部位原位注写 $b \times h_1/h_2$，h_1 为根部截面高度，h_2 为尽端截面高度。

（7）条形基础底板的平面注写方式

条形基础底板 TJB_P、TJB_J 的平面注写方式，分**集中标注**和**原位标注**两部分内容。

当在条形基础底板上集中标注的某项内容，如底板截面竖向尺寸、底板配筋、底板底面标高等，不适用于条形基础底板的某跨或某外伸部分时，可将其修正内容原位标注在该跨或该外伸部位，施工时原位标注取值优先。

条形基础底板的集中标注内容为：条形基础底板编号、截面竖向尺寸、配筋三项必注内容，以及条形基础底面标高（与基础底面基准标高不同时）、必要的文字注解两项选注内容。

素混凝土条形基础底板的集中标注，除无底板配筋内容外与钢筋混凝土条形基础底板相同。具体规定如下：

①注写条形基础编号（必注内容），按表 2－3－5。

②注写条形基础底板截面竖向尺寸（必注内容），注写 h_1/h_2，同独立基础图 2－3－8。

③注写条形基础底板底部及顶部配筋（必注内容）。以 B 打头，注写条形基础底板底部的横向受力钢筋；以 T 打头，注写条形基础底板顶部的横向受力钢筋；注写时，用“/”分隔条形基础底板的横向受力钢筋与纵向分布钢筋，见图 2－3－14 所示。

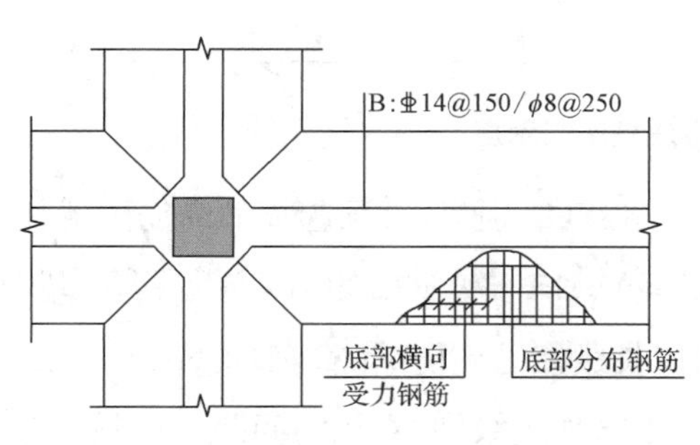

(a) 单梁条形基础底板配筋示意

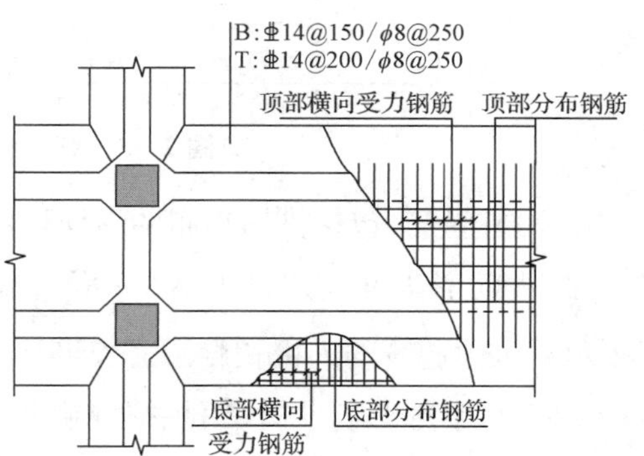

(b) 双梁条形基础底板配筋示意

图 2－3－14　条形基础底板配筋示意

(8) 条形基础底板的原位标注方式

原位注写条形基础成板的平面尺寸。原位标注 b、b_i，$i=1,2\cdots$。其中，b 为基础底板总宽度，b_i 为基础底板台阶的宽度。当基础底板采用对称于基础梁的坡形截面或单阶形截面时，b_i 可不注。

4. 桩基础平法施工图制图规则

(1) 灌注桩平法施工图的表示方法

灌注桩平法施工图系在灌注桩平面布置图上采用列表注写方式或平面注写方式进行表达。

(2) 列表注写方式，系在灌注桩平面布置图上，分别标注定位尺寸；在桩表中注写桩编号、桩尺寸、纵筋、螺旋箍筋、桩顶标高、单桩竖向承载力特征值。

①注写桩编号，桩编号由类型和序号组成，应符合表 2-3-6。

表 2-3-6 桩编号

类型	代号	序号
灌注桩	GZH	XX
扩底灌注桩	GZH_K	XX

②注写桩尺寸，包括桩径 $D\times$桩长 L，当为扩底灌注桩时，还应在括号内注写扩底端尺寸 $D_0/h_b/h_c$ 或 $D_0/h_b/h_{c1}/h_{c2}$。其中 D_0 表示扩底端直径，h_b 表示扩底端锅底形矢高，h_c 表示扩底端高度，见图 2-3-15 所示。

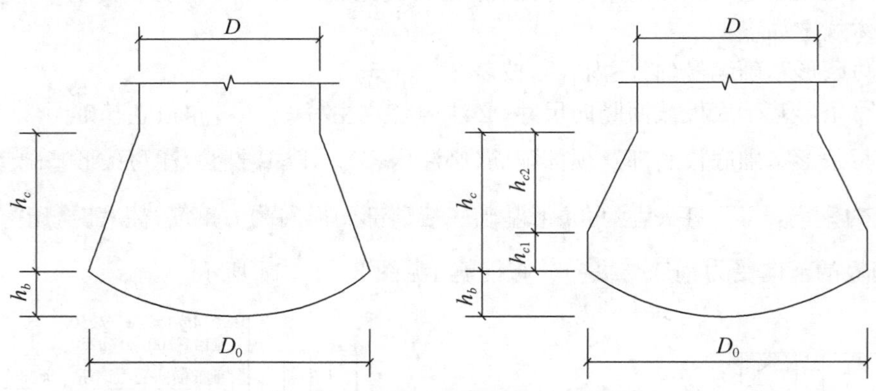

图 2-3-15 扩底灌注桩底端示意

③注写桩纵筋，包括桩周均布的纵筋根数、钢筋强度级别、从桩顶起算的纵筋配置长度。

通长纵筋：注写全部纵筋如 XX⌀XX；非通长纵筋：注写桩纵筋如 XX⌀XX/L1，其中 L1 表示从桩顶起算的入桩长度。通长纵筋与非通长纵筋沿桩周间隔均匀布置。

④以大写字母 L 打头，注写桩螺旋箍筋，包括钢筋强度级别、直径与间距。用斜线"/"区分桩顶箍筋加密区与桩身箍筋非加密区长度范围内箍筋的间距。箍筋加密区为桩顶以下 $5D$，D 为桩身直径。当桩身位于液化土层范围内时，箍筋加密区长度应由设计者根据具体

工程情况注明，或者箍筋全长加密。

当钢筋笼长度超过 4 m 时，应每隔 2 m 设一道直径 12 mm 焊接加劲箍；焊接加劲箍亦可由设计另行注明。桩顶进入承台高度 h，桩径＜800 时取 50，桩径≥800 时取 100。

⑤灌注桩列表注写的格式见表 2－3－7，可根据实际情况增加栏目。如：当采用扩底灌注桩时，增加扩底端尺寸。

表 2－3－7　灌注桩表

桩号	桩径 D×桩长 L(mm×m)	通长纵筋	箍筋	桩顶标高(m)	单桩竖向承载力特征值(kN)
GZH1	800×16.700	10⏀18	L⏀8@100/200	－3.400	2 400

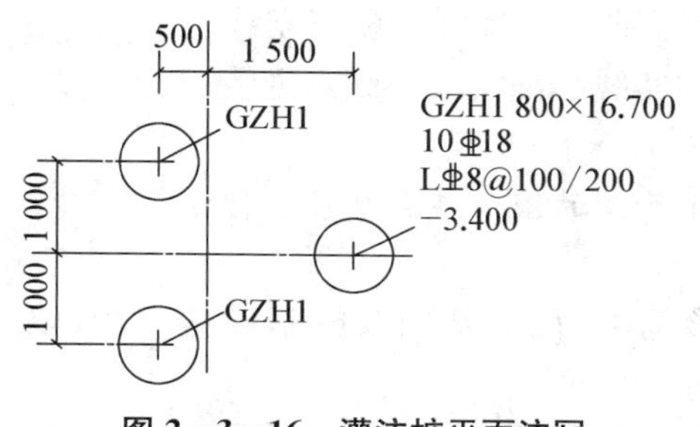

图 2－3－16　灌注桩平面注写

(3) 平面注写方式

平面注写方式的规则同列表注写方式，将表格中内容除单桩竖向承载力特征值以外集中标注在灌注桩上，见图 2－3－16 所示。

(4) 桩基承台平法施工的表示方法

桩基承台平法施工图，有**平面注写与截面注写**两种表达方式，设计者可根据具体工程情况选择一种，或将两种方式相结合进行桩基承台施工图设计。

当绘制桩基承台平面布置图时，应将承台下的桩位和承台所支承的柱、墙一起绘制。当设置基础联系梁时，可根据图面的疏密情况，将基础联系梁与基础平面布置图一起绘制，或将基础联系梁布置图单独绘制。

(5) 桩基承台分为独立承台和承台梁，分别按表 2－3－8 和表 2－3－9 的规定编号。

表 2－3－8　独立承台编号表

类型	独立承台截面形状	代号	序号	说明
独立承台	阶形	CT_J	XX	单阶截面即为平板式独立承台
	坡形	CT_P	XX	

注：杯口独立承台代号可为 BCT_J 和 BCT_P，设计注写方式可参照杯口独立基础，施工详图应由设计者提供。

表 2－3－9　承台梁编号

类型	代号	序号	跨数及有无外伸
承台梁	CTL	XX	(XX)端部无外伸 (XXA)一端有外伸 (XXB)两端有外伸

当为等边三桩承台时，以"△"打头，注写三角布置的各边受力钢筋(注明根数并在配筋值后注写"×3")，在"/"后注写分布钢筋，不设分布钢筋时可不注写。

当为等腰三桩承台时,以"△"打头注写等腰三角形底边的受力钢筋+两对称斜边的受力钢筋(注明根数并在两对称配筋值后注写"×2")。

【ZT0302A·单选题】

基础的埋置深度是指(　　)到基础底面的深度。

A. 室外整平后地面　B. 室外原始地面　C. 室内地面　D. 基础顶面

【答案】 A

【解析】 见考点11第一段。

【ZT0302B·单选题】

被剖切到的基础墙、柱的轮廓线为(　　),基础底面是可见轮廓,则画成(　　);剖到的基础墙可不画材料图例,钢筋混凝土柱涂成黑色。基础墙内设置基础圈梁时,应用(　　)表示。

A. 中实线　细实线　粗点划线　　B. 粗实线　中实线　粗点划线

C. 粗实线　中实线　细点划线　　D. 中实线　细实线　细点划线

【答案】 B

【解析】 见考点11的"一、基础平面图—1、基础平面图的图示特点及尺寸标注"。

【ZT0302C·单选题】

按平法设计绘制的现浇混凝土的独立基础、条形基础、筏形基础及桩基础施工图,以(　　)方式为主、(　　)方式为辅表达各类构件的尺寸和配筋。

A. 平法施工图　截面注写　　B. 平法施工图　标准构造详图

C. 平面注写　标准构造详图　　D. 平面注写　截面注写

【答案】 D

【解析】 见考点11的"三、基础平法标注—1、平面整体表示方法制图规则"。

【ZT0302D·单选题】

结构层楼面标高系指将建筑图中的各层地面和楼面标高值扣除(　　)后的标高。

A. 建筑面层厚度　　B. 垫层做法厚度

C. 建筑面层及垫层做法厚度　　D. 建筑面层或垫层做法厚度

【答案】 C

【解析】 见考点11的"三、基础平法标注—1、平面整体表示方法制图规则"。

【ZT0302E·单选题】

独立基础集中标注中,属于选注内容的是(　　)。

A. 基础编号　　B. 截面竖向尺寸

C. 基础底面标高　　D. 配筋

【答案】 C

【解析】 见考点11的"三、基础平法标注—2、独立基础平法施工图制图规则"。

【ZT0302F·单选题】

双柱独立基础的基础梁宽度宜比柱截面每边宽出不小于(　　)。

A. 30　B. 50　C. 100　D. 150

【答案】 B

【解析】 见考点11的"三、基础平法标注—2、独立基础平法施工图制图规则"。

【ZT0302G·单选题】

当为基础梁侧面构造钢筋时，其搭接与锚团长度可取为（　　）；当为基础梁侧面受扭纵向钢筋时，其锚固长度为（　　），搭接长度为（　　），其锚固方式同基础梁上部纵筋。

A. $15d$　l_a　l_l　　B. $15d$　l_{aE}　l_{lE}

C. $10d$　l_a　l_l　　D. $10d$　l_{aE}　l_{lE}

【答案】 A

【解析】 见考点 11 的“三、基础平法标注—3、条形基础平法施工图制图规则”。

【ZT0302H·单选题】

灌注桩箍筋加密区为桩顶以下（　　），D 为桩身直径。当钢筋笼长度超过 4 m 时，应每隔 2 m 设一道直径 12 mm 焊接加劲箍。桩顶进入承台高度 h，桩径<800 时取 50，桩径≥800 时取 100。

A. 3D　　B. 5D　　C. 7D　　D. 10D

【答案】 B

【解析】 见考点 11 的“三、基础平法标注—4、桩基础平法施工图制图规则”。

【ZT0302I·判断题】

基础平面图中尺寸标注包括定形尺寸和定位尺寸。（　　）

【答案】 √

【解析】 见考点 11 的“一、基础平面图—1、基础平面图的图示特点及尺寸标注”。

【ZT0302J·判断题】

当轴网向心布置时，径向为 X 向，切向为 Y 向，并应加图示。（　　）

【答案】 ×

【解析】 见考点 11 的“一、基础平面图—1、基础平面图的图示特点及尺寸标注”。

【ZT0302K·判断题】

复合箍中拉筋弯钩做法要求设计者必须写明选用何种构造做法。（　　）

【答案】 ×

【解析】 见考点 11 的“一、基础平面图—1、基础平面图的图示特点及尺寸标注”。

【ZT0302L·判断题】

普通独立基础平面注写方式中 h_1/h_2 为截面竖向尺寸，h_1 为普通独立基础垫层以上截面从下往上的第一段竖向尺寸，h_2 为普通独立基础垫层以上截面从下往上的第二段竖向变截面（坡形或阶形）尺寸。（　　）

【答案】 √

【解析】 见考点 11 的“三、基础平法标注—2、独立基础平法施工图制图规则”。

【ZT0302M·简答题】

试简述柱距较大的双柱独立基础或四柱独立基础，柱间基础顶部如何处理？这样处理的目的是什么？

【答案】 当双柱柱距较大时，除基础底部配筋外，尚需在两柱间配置基础顶部钢筋或设置基础梁；当为四柱独立基础时，通常可设置两道平行的基础梁，需要时可在两道基础梁之间配置基础顶部钢筋。

配置基础顶部钢筋或基础梁主要是为了承担双柱柱距较大或四柱独立基础柱与柱之间

由于基底反力产生的柱间基础顶部拉应力。

【解析】 见考点 11 的"三、基础平法标注—2、独立基础平法施工图制图规则"。

【ZT0302N · 简答题】

某一独立基础，基础底面标高为－2.100，基础垫层厚度为 100 mm，室内地面标高为±0.000，室内外高差 300 mm，试计算该基础的基础埋深，并判断该埋深是否满足规范要求。

【答案】 解：基础的埋置深度是指室外整平后地面到基础底面的深度。

故基础埋深 H＝2 100－300＝1 800 mm。

规范规定基础埋深不宜小于 0.5 m。

故该基础埋深 1.8 m 满足规范要求。

【解析】 见考点 11 第一段。

考点 12 楼层结构平面图

楼层结构平面布置图，是假想沿楼板顶面将房屋水平剖切后，移去上面部分，向下作水平投影而得到的水平剖面图。主要表示每层楼的梁、板、柱、墙的平面布置、现浇楼板的构造和配筋以及它们之间的结构关系，一般采用 1：100 或 1：200 的比例绘制。

楼层结构平面图是施工时布置、安放各层承重构件的依据。

一、楼层结构平面图的图示特点

1. 图上的定位轴线与建施图一致，并标注编号及轴线尺寸，如图 2－3－17 所示。

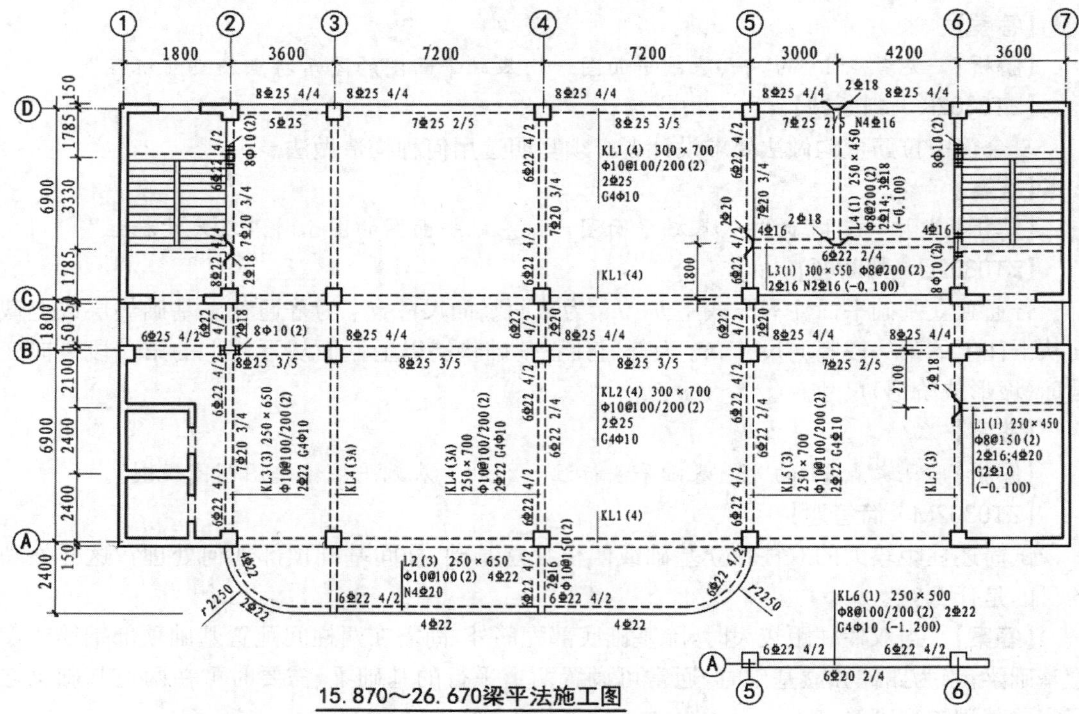

图 2－3－17 楼面结构平面图示例

2. 可见的墙、柱轮廓用中粗实线表示，被楼板挡住的墙、柱轮廓用中粗虚线表示。
3. 图中不画门窗洞口，只用粗点划线表示门窗过梁的位置，并标明过梁的类别代号。
4. 表明现浇板的平面位置及钢筋布置情况。
5. 圈梁的分布可用粗点划线表示，也可用较小比例另画圈梁平面布置图。
6. 楼梯间画两条交叉的细实线，表示另有结构详图。

二、楼层结构平面图的内容

1. 图名、比例；
2. 轴线的布置，楼面板的平面布置和组合；
3. 梁的平面布置及编号；
4. 现浇板的布置及编号；
5. 现浇板的配筋；
6. 圈梁的布置情况，轴线间的尺寸标注、现浇板的标高等。

三、上部结构平法标注(16G101－1)

1. 柱平法施工图制图规则

(1) 柱平法施工图系在柱平面布置图上采用**列表注写方式**或**截面注写方式**表达。

(2) 在柱平法施工图中，应注明各结构层的楼面标高、结构层高及相应的结构层号，尚应注明上部结构嵌固部位位置。层高表见图 2－3－18 所示。

①框架柱嵌固部位在基础顶面时，无需注明；

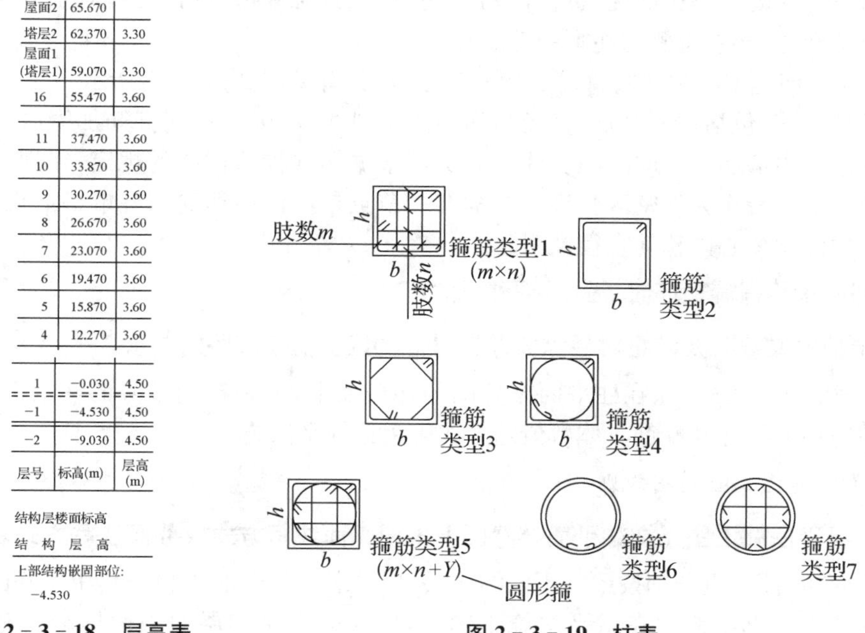

层号	标高(m)	层高(m)
屋面2	65.670	
塔层2	62.370	3.30
屋面1(塔层1)	59.070	3.30
16	55.470	3.60
11	37.470	3.60
10	33.870	3.60
9	30.270	3.60
8	26.670	3.60
7	23.070	3.60
6	19.470	3.60
5	15.870	3.60
4	12.270	3.60
1	−0.030	4.50
−1	−4.530	4.50
−2	−9.030	4.50

结构层楼面标高
结构层高
上部结构嵌固部位:
−4.530

图 2－3－18 层高表　　**图 2－3－19 柱表**

② 框架柱嵌固部位不在基础顶面时，在层高表嵌固部位标高下使用双细线注明，并在

层高表下注明上部结构嵌固部位标高。

③框架柱嵌固部位不在地下室顶板，但仍需考虑地下室顶板对上部结构实际存在嵌固作用时，可在层高表地下室顶板标高下使用双虚线注明，此时首层柱端箍筋加密区长度范围及纵筋连接位置均按嵌固部位要求设置。

(3) 注写柱编号，柱编号由类型代号和序号组成，应符合表 2-3-10 所示。

表 2-3-10 柱编号

柱类型	代号	序号
框架柱	**KZ**	**XX**
转换柱	ZHZ	XX
芯柱	XZ	XX
梁上柱	LZ	XX
剪力墙上柱	QZ	XX

(4) 对于矩形柱，注写柱截面尺寸 $b\times h$ 及与轴线关系的几何参数代号 b_1、b_2 和 h_1、h_2 的具体数值，需对应于各段柱分别注写。其中 $b=b_1+b_2$，$h=h_1+h_2$。当截面的某一边收缩变化至与轴线重合或偏到轴线的另一侧时，b_1、b_2、h_1、h_2 中的某项为零或为负值。

对于圆柱，表中 $b\times h$ 一栏改用在圆柱直径数字前加 d 表示。为表达简单，圆柱截面与轴线的关系也用 b_1、b_2 和 h_1、h_2 表示，并使 $d=b_1+b_2=h_1+h_2$。

(5) 当柱纵筋直径相同，各边根数也相同时(包括矩形柱、圆柱和芯柱)，将纵筋注写在“全部纵筋”栏中：除此之外，柱纵筋分角筋、截面 b 边中部筋和 h 边中部筋三项分别注写(对于采用对称配筋的矩形截面柱，可仅注写一侧中部筋，对称边省略不注；对于采用非对称配筋的矩形截面柱，必须每侧均注写中部筋)。

(6) 在箍筋类型栏内注写箍筋类型号与肢数，具有见图 2-3-19 所示。

注写柱箍筋，包括钢筋级别、直径与间距。用斜线“/”区分柱端箍筋加密区与柱身非加密区长度范围内箍筋的不同间距。施工人员需根据标准构造详图的规定，在规定的几种长度值中取其最大者作为加密区长度。当框架一节点核心区内箍筋与柱端箍筋设置不同时，应在括号中注明核心区箍筋直径及间距。

当圆柱采用螺旋箍筋时，需在箍筋前加“L”。

确定箍筋肢数时要满足对**柱纵筋“隔一拉一”**以及箍筋肢距的要求。

(7) 截面注写方式，系在柱平面布置图的柱截面上，分别在同编号的柱中选择个截面，以直接注写截面尺寸和配筋具体数值的方式来表达柱平法施工图。

2. 梁平法施工图制图规则

(1) 梁平法施工图系在梁平面布置图上采用**平面注写方式**或**截面注写方式**表达。

梁平面布置图，应分别按梁的不同结构层(标准层)，将全部梁和与其相关联的柱、墙、板一起采用适当比例绘制。在梁平法施工图中，应注明各结构层的顶面标高及相应的结构层号。

平面注写方式，系在梁平面布置图上，分别在不同编号的梁中各选一根梁，在其上注写截面尺寸和配筋具体数值的方式来表达梁平法施工图。

平面注写包括集中标注与原位标注，集中标注表达梁的通用数值，原位标注表达梁的特殊数值。当集中标注中的某项数值不适用于梁的某部位时，则将该项数值原位标注，施工时，原位标注取值优先。梁平面注写示例见图2-3-20所示。

为了更好地理解梁集中标注与原位标注的关系，将图2-3-20中的1-1、2-2、3-3、4-4断面采用传统表示方法绘制梁断面图，具体如图2-3-21所示。

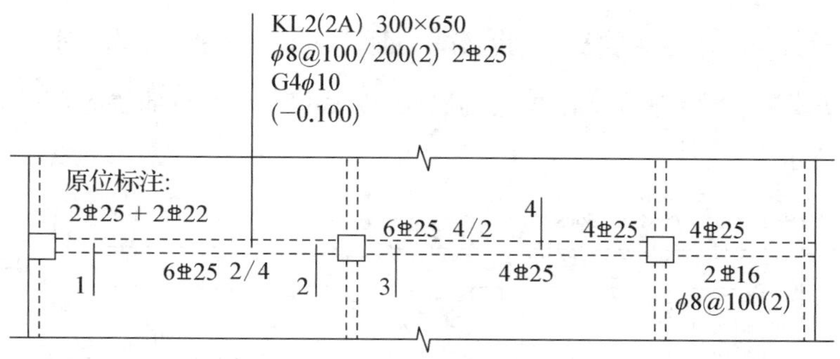

图2-3-20 梁平面注写示例

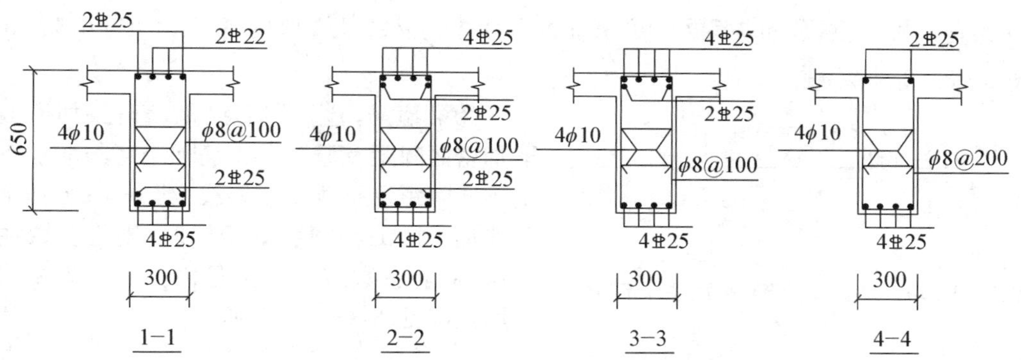

图2-3-21 传统表示方法绘制梁断面图

(2) 梁编号由梁类型代号、序号、跨数及有无悬挑代号几项组成，具体见表2-3-11所示。

表2-3-11 梁编号

梁类型	代号	序号	跨数及是否带有悬挑
楼层框架梁	**KL**	**XX**	**(XX)、(XXA)或(XXB)**
楼层框架扁梁	KBL	XX	(XX)、(XXA)或(XXB)
屋面框架梁	**WKL**	XX	(XX)、(XXA)或(XXB)
框支梁	KZL	XX	(XX)、(XXA)或(XXB)
托柱转换梁	TZL	XX	(XX)、(XXA)或(XXB)
非框架梁	**L**	XX	(XX)、(XXA)或(XXB)
悬挑梁	XL	XX	(XX)、(XXA)或(XXB)
井字梁	JZL	XX	(XX)、(XXA)或(XXB)

注：**(XXA)为一端有悬挑，(XXB)为两端悬挑，悬挑不计入跨数。**非框架梁L、井字架JZL表示端支应为铰接；当非框架梁L、井字架JZL端支座上部纵筋为充分利用钢筋的抗拉强度时，在梁代号后加“g”。

(3) 梁集中标注有编号、截面尺寸、箍筋、上部通长筋或架立筋、侧面纵向构造钢筋或受扭钢筋五项必注值,梁顶面标高高差为选注值。

①梁截面尺寸。当为等截面梁时,用 $b\times h$ 表示;当为竖向加腋梁时,用 $b\times h$ Y$c_1\times c_2$ 表示,其中 c_1 为腋长,c_2 为腋高,见图 2-3-22 所示;当为水平加腋梁时,一侧加腋时用 $b\times h$ PY$c_1\times c_2$ 表示,其中 c_1 为腋长,c_2 为腋宽,加腋部位应在平面图中绘制,见图 2-3-23 所示。

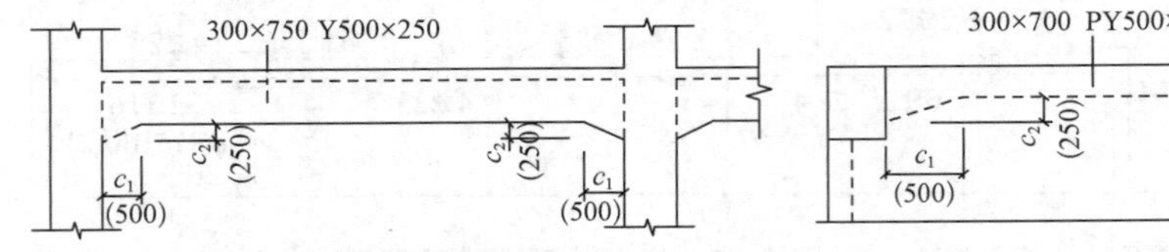

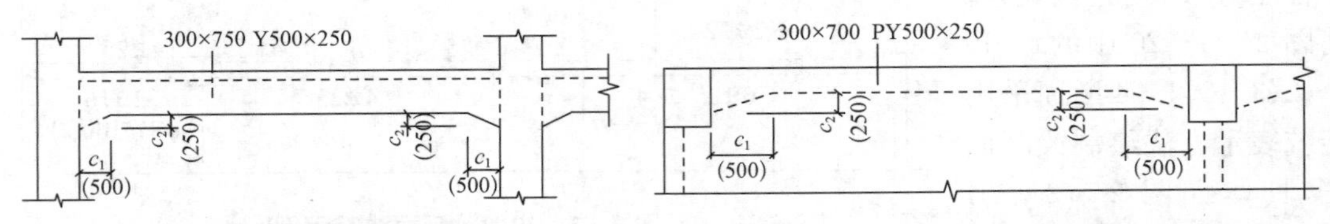

图 2-3-22 竖向加腋截面注写示意

图 2-3-23 水平加腋截面注写示意

当有悬挑梁且根部和端部的高度不同时,用斜线分隔根部与端部的高度值,即为 $b\times h_1/h_2$,见图 2-3-24 所示。

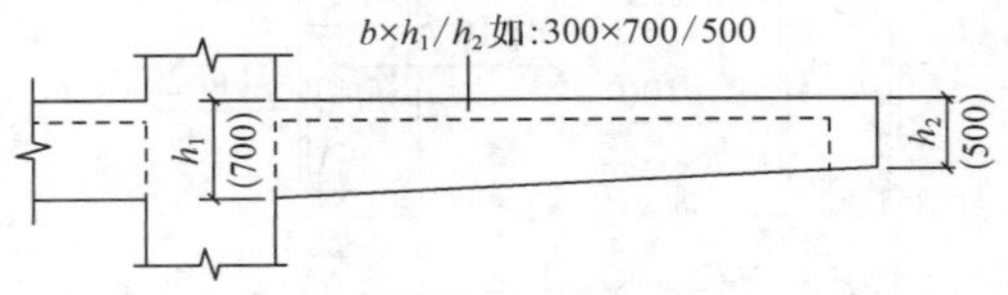

图 2-3-24 悬挑梁不等高截面注写示意

②梁箍筋,包括钢筋级别、直径、加密区与非加密区间距及肢数。箍筋加密区与非加密区的不同间距及肢数需用斜线“/”分隔;当加密区与非加密区的箍筋肢数相同时,则将肢数注写一次;箍筋肢数应写在括号内。框架梁箍筋加密区范围见图 2-3-25 所示。

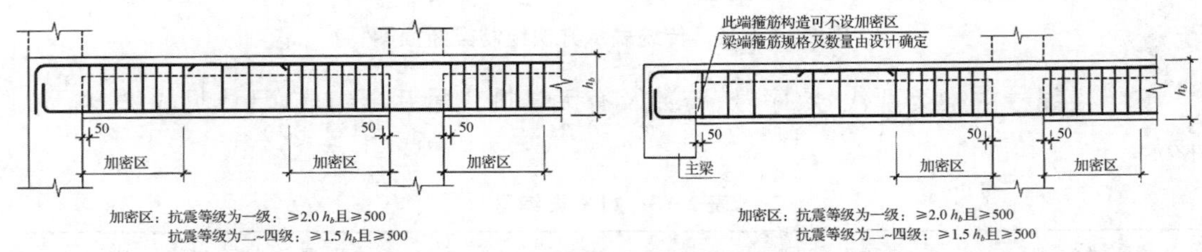

图 2-3-25 框架梁(KL、WKL)箍筋加密区范围

③梁上部通长筋或架立筋配置,通长筋可为相同或不同直径采用搭接连接、机械连接或焊接的钢筋。所注规格与根数应根据结构受力要求及箍筋肢数等构造要求而定。当同排纵筋中既有通长筋又有架立筋时,应用加号“+”将通长筋和架立筋相连。注写时需将角部纵筋写在加号的前面,架立筋写在加号后面的括号内,以示不同直径及与通长筋的区别。当全部采用架立筋时,则将其写入括号。如:2⌀22+(4ϕ12)。

当梁的上部纵筋和下部纵筋为全跨相同或多数跨配筋相同时,此项可加注下部纵筋的配筋值,用分号“;”将上部与下部纵筋的配筋值分隔开来,少数跨不同者,按原位标注处理。

④梁侧面纵向构造钢筋或受扭钢筋配置。当梁腹板高度 $h_w\geqslant450$ mm 时,需配置纵向

构造钢筋，所注规格与根数应符合规范规定。此项注写值以大写字母 G 打头，接续注写设置在梁两个侧面的总配筋值，且对称配置。当梁侧面需配置受扭纵向钢筋时，此项注写值以大写字母 N 打头，受扭纵向钢筋应满足梁侧面纵向构造钢筋的间距要求，且不再重复配置纵向构造钢筋。钢筋锚固要求同基础平法识图部分。

⑤ 当某梁的顶面高于所在结构层的楼面标高时，其顶面标高高差为正值，反之为负值。如：(−0.050)。

(4) 梁原位标注的内容有梁支座上部纵筋、梁下部纵筋、集中标注不适用于某跨或某悬挑部分的内容。

① 梁支座上部纵筋，含通长筋在内的所有纵筋。当上部纵筋多于一排时，用斜线“/”将各排纵筋自上而下分开。大小跨梁的注写示意见图 2－3－26 所示。

当同排纵筋有两种直径时，用加号“＋”将两种直径的纵筋相连，注写时将角部纵筋写在前面。

对于以边柱、角柱为端支座的屋面框架梁，当能够满足配筋截面面积要求时，其梁的上部钢筋应尽可能只配置一层，以避免梁柱纵筋在柱顶处因层数过多、密度过大导致不方便施工和影响混凝土浇筑质量。

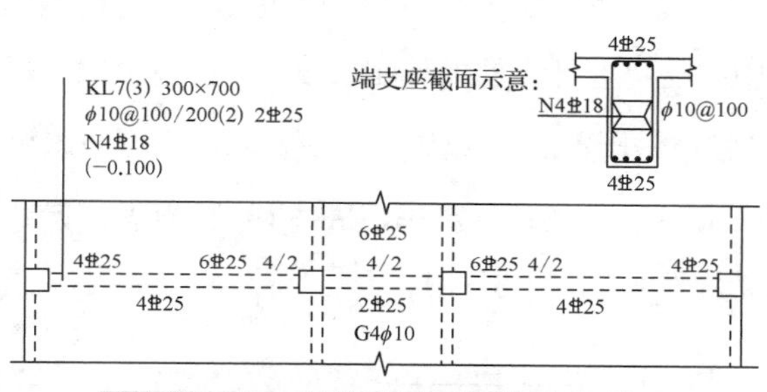

图 2－3－26　大小跨梁的注写示意

②梁下部纵筋。当下部纵筋多于一排时，用斜线“/”将各排纵筋自上而下分开。

当同排纵筋有两种直径时，用加号“＋”将两种直径的纵筋相连，注写时角筋写在前面。

当梁下部纵筋不全部伸入支座时，将梁支座下部纵筋减少的数量写在括号内。如：6⌀25 2(−2) /4 或 2⌀25＋3⌀22(−3)/5⌀25。

不伸入支座的梁下部纵筋截断点距支座边的距离统一取为 $0.1l_{ni}$（l_{ni} 为本跨梁的净跨值）。

③当梁设置竖向加腋时，加腋部位下部斜纵筋应在支座下部以 Y 打头注写在括号内[图 2－3－27(a)]；当梁设置水平加腋时，水平加腋内上、下部斜纵筋应在加腋支座上部以 Y 打头注写在括号内，上下部斜纵筋之间用“/”分隔[图 2－3－27(b)]。

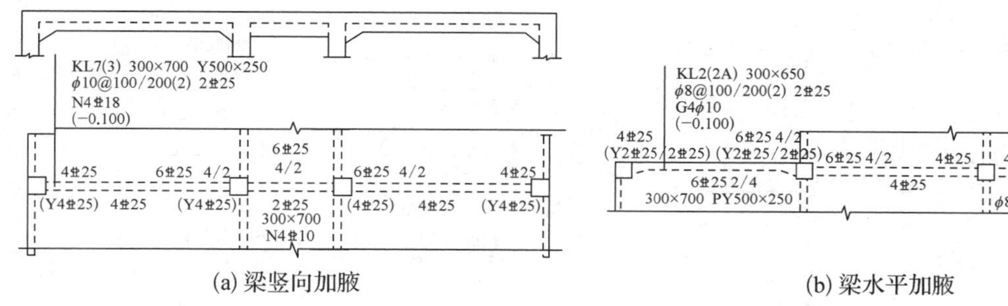

图 2－3－27　梁加腋平面注写方式表达示例

④附加箍筋或吊筋，将其直接画在平面图中的主梁上，用线引注总配筋值(附加箍筋的肢数注在括号内)，具体见图 2－3－28。当多数附加箍筋或吊筋相同时，可在梁平法施工图上统一注明，少数与统一注明值不同时，再原位引注。

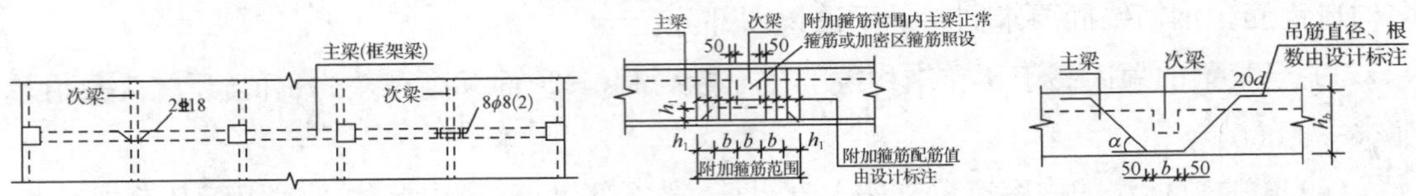

图 2－3－28　附加箍筋和吊筋的画法示例　　图 2－3－29　附加箍筋构造　　图 2－3－30　附加吊筋构造

附加箍筋的构造见图 2－3－29；附加吊筋的构造见图 2－3－30，当 $h_b \leqslant 800$ 时 $\alpha = 45°$，当 $h_b > 800$ 时 $\alpha = 60°$。

(5) 梁支座上部纵筋的长度规定。凡框架梁的所有支座和非框架梁(不包括井字梁)的中间支座上部纵筋的伸出长度 a_0 值：第一排非通长筋及与跨中直径不同的通长筋从柱(梁)边起伸出至 $l_n/3$ 位置；第二排非通长筋伸出至 $l_n/4$ 位置。l_n 的取值规定为：对于端支座，l_n 为本跨的净跨值；对于中间支座，l_n 为支座两边较大一跨的净跨值。楼层框架梁 KL 纵向钢筋构造见图 2－3－31。

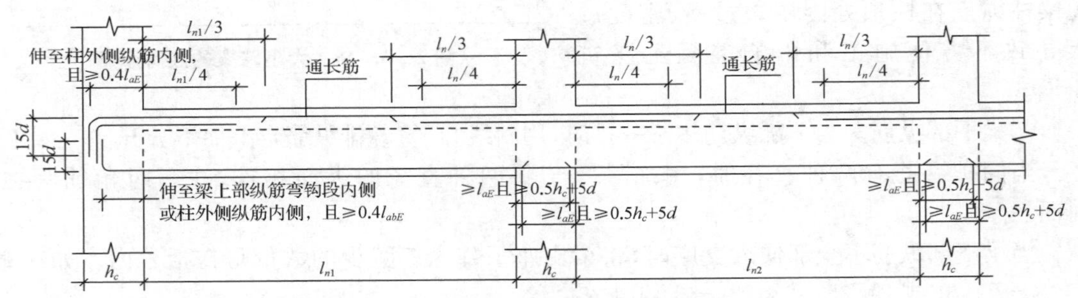

图 2－3－31　楼层框架梁 KL 纵向钢筋构造

悬挑梁(包括其他类型梁的悬挑部分)上部第一排纵筋伸出至梁端头并下弯，第二排伸出至 $3l/4$ 位置，l 为自柱(梁)边算起的悬挑净长。当具体工程需要将悬挑梁中的部分上部钢筋从悬挑梁根部开始斜向弯下时，应由设计者另加注明。悬挑梁配筋构造见图 2－3－32。

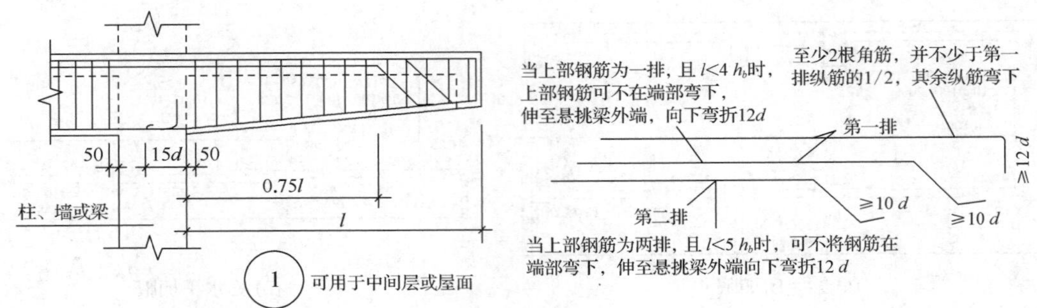

图 2－3－32　悬挑梁配筋构造

3. 有梁楼盖(板)平法施工图制图规则

有梁楼盖平法施工图,系在楼面板和屋面板布置图上,采用**平面注写**的表达方式。板平面注写主要包括**板块集中标注**和**板支座原位标注**。

对于普通楼面,两向均以一跨为一板块;对于密肋楼盖,两向主梁(框架梁)均以一跨为一板块(非主梁密肋不计)。所有板块应逐一编号,相同编号的板块可择其一做集中标注,其他仅注写置于圆圈内的板编号,以及当板面标高不同时的标高高差。

(1) 板块集中标注的内容为:板块编号,板厚,上部贯通纵筋,下部纵筋,以及当板面标高不同时的标高高差。

①板块编号:板块编号见表 2-3-12 所示。同一编号板块的类型、板厚和纵筋均应相同,但板面标高、跨度、平面形状以及板支座上部非贯通纵筋可以不同。

表 2-3-12　梁编号

板类型	代号	序号
楼面板	**LB**	**XX**
屋面板	**WB**	**XX**
悬挑板	XB	XX

②板厚注写为 h=xxx(为垂直于板面的厚度);当悬挑板的端部改变截面厚度时,用斜线分隔根部与端部的高度值,注写为 h=xxx/xxx;当设计已在图注中统一注明板厚时,此项可不注。

③纵筋按板块的下部纵筋和上部贯通纵筋分别注写(当板块上部不设贯通纵筋时则不注),并以 B 代表下部纵筋,以 T 代表上部贯通纵筋,B&T 代表下部与上部;X 向纵筋以 X 打头,Y 向纵筋以 Y 打头,两向纵筋配置相同时则以 X&Y 打头。

当在某些板内(例如在悬挑板 XB 的下部)配置有构造钢筋时,则 X 向以 X_c、Y 向以 Y_c 打头注写。

当 Y 向采用放射配筋时(切向为 X 向,径向为 Y 向),设计者应注明配筋间距的定位尺寸。

当纵筋采用两种规格钢筋"隔一布一"方式时,表达为 ϕxx/yy@xxx,表示直径为 xx 的钢筋和直径为 yy 的钢筋二者之间间距为 xxx,直径 xx 的钢筋的间距为 xxx 的 2 倍,直径 yy 的钢筋的间距为 xxx 的 2 倍。

(2) 板支座原位标注的内容为:板支座上部非贯通纵筋和悬挑板上部受力钢筋。

①板支座原位标注的钢筋,应在配置相同跨的第一跨表达(当在梁悬挑部位单独配置时则在原位表达)。在配置相同跨的第一跨(或梁悬挑部位),垂直于板支座(梁或墙)绘制一段适宜长度的中粗实线(当该筋通长设置在悬挑板或短跨板上部时,实线段应画至对边或贯通短跨),以该线段代表支座上部非贯通纵筋,并在线段上方注写钢筋编号(如①、②等)、配筋值、横向连续布置的跨数(注写在括号内,且当为一跨时可不注),以及是否横向布置到梁的

悬挑端。如:(xx)为横向布置的跨数,(xxA)为横向布置的跨数及一端的悬挑梁部位,(xxB)为横向布置的跨数及两端的悬挑梁部位。

② 板支座上部非贯通筋自支座中线向跨内的伸出长度,注写在线段的下方位置。

当中间支座上部非贯通纵筋向支座两侧对称伸出时,可仅在支座一侧线段下方标注伸出长度,另一侧不注;当向支座两侧非对称伸出时,应分别在支座两侧线段下方注写伸出长度。见图 2-3-33 所示。

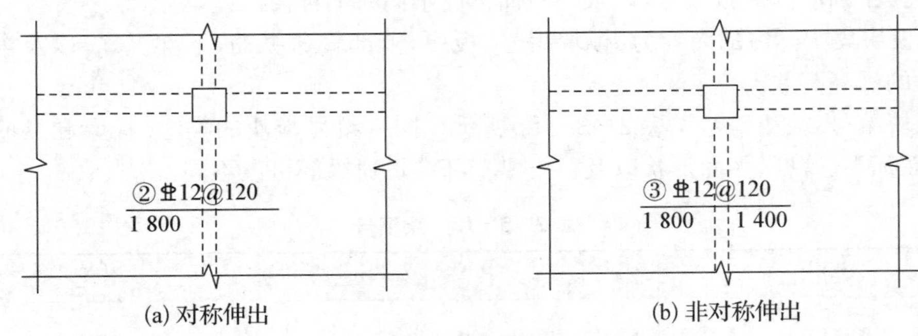

图 2-3-33　板支座上部非贯通筋伸出长度

③板上部纵向钢筋在端支座(梁、剪力墙顶)的锚固要求:当设计按铰接时,平直段伸至端支座对边后弯折,且平直段长度$\geq 0.35l_{ab}$,弯折段投影长度 $15d$(d 为纵向钢筋直径);当充分利用钢筋的抗拉强度时,平直段伸至端支座对边后弯折,且平直段长度$\geq 0.6l_{ab}$,弯折段投影长度 $15d$。设计者应在平法施工图中注明采用何种构造,当多数采用同种构造时可在图注中写明,并将少数不同之处在图中注明。

(3) 悬挑板阴阳角放射筋

①悬挑板阴角附加筋 Cis 系指在悬挑板的阴角部位斜放的附加钢筋,该附加钢筋设置在板上部悬挑受力钢筋的下面。见图 2-3-34 所示。

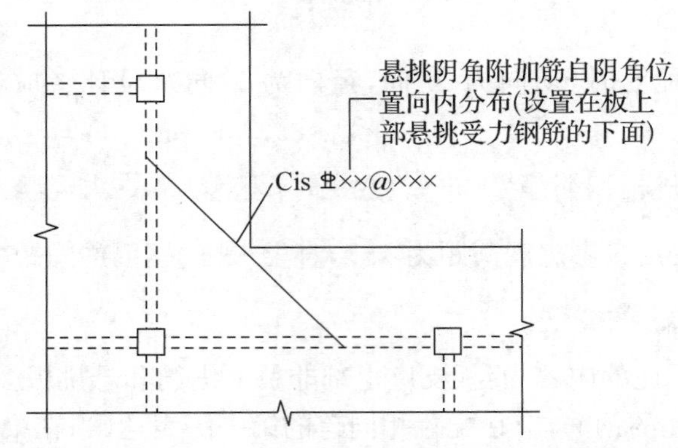

图 2-3-34　悬挑板阴角附加筋 Cis 应注图示

②悬挑板阳角放射筋 Ces 的应注和要求见图 2-3-35 和图 2-3-36 所示。

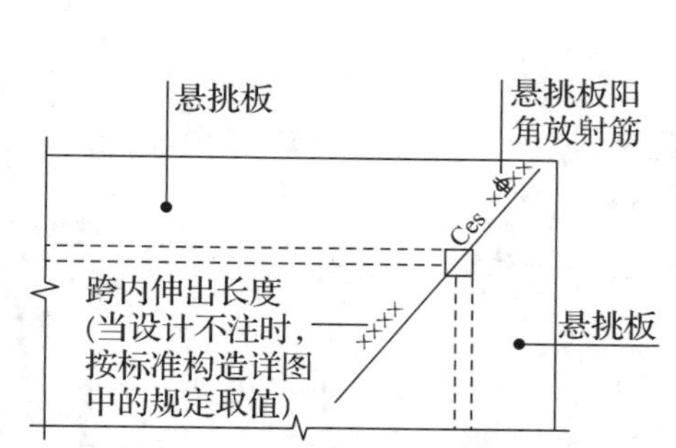

图 2-3-35　悬挑板阳角放射筋 Ces 应注图示

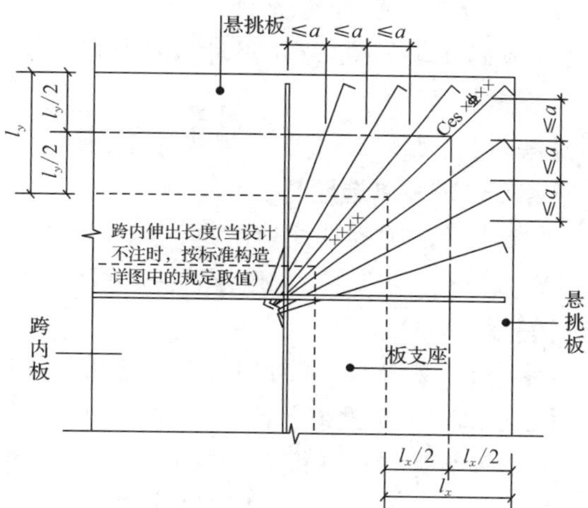

图 2-3-36　悬挑板阳角放射筋 Ces 构造要求

【ZT0303A·单选题】

楼层结构平面布置图一般采用的绘制比例为(　　)。

A. 1∶20　　B. 1∶25　　C. 1∶50　　D. 1∶100

【答案】 D

【解析】 见考点 12 的第一段。

【ZT0303B·单选题】

楼梯间画两条交叉的(　　),表示另有结构详图。

A. 细实线　　B. 中实线　　C. 中粗实线　　D. 粗实线

【答案】 A

【解析】 见考点 12 的“一、楼层结构平面图的图示特点”。

【ZT0303C·单选题】

柱平法施工图系在柱平面布置图上采用列表注写或截面注写的表达方式。梁平法施工图系在梁平面布置图上采用平面注写或截面注写的表达方式。有梁楼盖平法施工图,系在楼面板和屋面板布置图上,采用(　　)的表达方式。

A. 列表注写　　B. 截面注写　　C. 平面注写　　D. 上述均可

【答案】 C

【解析】 见考点 12 的“三、上部结构平法标注—3、有梁楼盖(板)平法施工图制图规则”。

【ZT0303D·单选题】

框架柱嵌固部位在基础顶面时,如何注明?(　　)

A. 无需注明　　B. 嵌固部位标高下使用双细线注明

C. 嵌固部位标高下使用双细线注明　　D. 嵌固部位标高下使用单粗线注明

【答案】 A

【解析】 见考点 12 的“三、上部结构平法标注—1、柱平法施工图制图规则”。

【ZT0303E·单选题】

KL03(5A) 200×450,表示编号为 03 的框架梁,截面尺寸 200×450,跨数为(　　)。

A. 5跨1端悬挑(悬挑计入跨数)　　B. 5跨2端悬挑(悬挑计入跨数)
C. 5跨1端悬挑(悬挑不计入跨数)　　D. 5跨2端悬挑(悬挑不计入跨数)

【答案】 C

【解析】 见表2-3-11梁编号下侧注。

【ZT0303F·单选题】

梁集中标注中为选注值的是(　　)。

A. 编号　　B. 截面尺寸　　C. 箍筋　　D. 梁顶面标高高差

【答案】 D

【解析】 见考点12的"三、上部结构平法标注—2、梁平法施工图制图规则"。

【ZT0303G·单选题】

抗震等级为二级的框架梁箍筋加密区范围不小于(　　)且不小于500 mm。

A. 1.0倍梁高　　B. 1.5倍梁高　　C. 2.0倍梁高　　D. 2.5倍梁高

【答案】 B

【解析】 见图2-3-25框架梁(KL、WKL)箍筋加密区范围。

【ZT0303H·单选题】

某一悬挑梁,梁宽200 mm,端部高350 mm,根部高500 mm,该悬挑梁的截面尺寸表示为(　　)。

A. 200×350/500　　B. 200×500/350　　C. 350/500×200　　D. 500/350×200

【答案】 B

【解析】 见考点12的"三、上部结构平法标注—2、梁平法施工图制图规则"。

【ZT0303I·单选题】

当梁腹板高度 $h_w \geqslant$(　　)mm时,需配置侧面纵向构造钢筋。以大写字母G打头,接续注写设置在梁两个侧面的总配筋值,且对称配置。

A. 300　　B. 350　　C. 400　　D. 450

【答案】 D

【解析】 见考点12的"三、上部结构平法标注—2、梁平法施工图制图规则"。

【ZT0303J·单选题】

框架梁的所有支座和非框架梁的中间支座上部第一排非通长筋从柱(梁)边起伸出至跨中(　　)位置;第二排非通长筋伸出至跨中(　　)位置。

A. $l_n/2$　$l_n/3$　　B. $l_n/3$　$l_n/4$　　C. $l_n/4$　$l_n/5$　　D. $l_n/5$　$l_n/6$

【答案】 B

【解析】 见考点12的"三、上部结构平法标注—2、梁平法施工图制图规则"。

【ZT0303K·单选题】

当某楼面板纵筋表达为 ϕ8/10@100,则相邻两个 ϕ8 纵筋的间距为(　　)。

A. 100　　B. 150　　C. 200　　D. 250

【答案】 C

【解析】 见考点12的"三、上部结构平法标注—3、有梁楼盖(板)平法施工图制图规则"。

【ZT0303L·单选题】

悬挑板阳角放射筋 Ces 配筋间距的定位尺寸为悬挑板外挑尺寸的(　　)位置。

A. 1/2　　B. 1/3　　C. 1/4　　D. 1/5

【答案】 A

【解析】 见图 2-3-36 悬挑板阳角放射筋 Ces 构造要求。

【ZT0303M·判断题】

确定箍筋肢数时要满足对柱纵筋“隔一拉一”以及箍筋肢距的要求。(　　)

【答案】 √

【解析】 见考点 12 的“三、上部结构平法标注—1、柱平法施工图制图规则”。

【ZT0303N·判断题】

当框架梁同排纵筋中既有通长筋又有架立筋时,应用加号“＋”将通长筋和架立筋相连。如:2Φ22＋4ϕ12。(　　)

【答案】 ×

【解析】 见考点 12 的“三、上部结构平法标注—2、梁平法施工图制图规则”。

【ZT0303O·判断题】

梁的上部纵筋和下部纵筋为集中标注中的必注值。在上部纵筋后加注下部纵筋的配筋值,用分号“;”将上部与下部纵筋的配筋值分隔开来。(　　)

【答案】 ×

【解析】 见考点 12 的“三、上部结构平法标注—2、梁平法施工图制图规则”。

【ZT0303P·判断题】

某梁的顶面标高由于卫生间高度降低的原因,低于所在结构层的楼面标高 50 mm,其顶面标高高差值标注为(0.050)。(　　)

【答案】 ×

【解析】 见考点 12 的“三、上部结构平法标注—2、梁平法施工图制图规则”。

【ZT0303Q·判断题】

梁下部纵筋可不全部伸入支座。若梁下部纵筋不全部伸入支座,将梁支座下部纵筋减少的数量写在括号内。如:2Φ25＋3Φ22(−3)/5Φ25。不伸入支座的梁下部纵筋截断点距支座边的距离统一取为 $0.1l_{ni}$(l_{ni}为本跨梁的净跨值)。(　　)

【答案】 √

【解析】 见考点 12 的“三、上部结构平法标注—2、梁平法施工图制图规则”。

【ZT0303R·简答题】

试简述楼层框架梁 KL 上部和下部纵向钢筋截断点的位置及其原因。

【答案】 楼层框架梁 KL 支座上部第一排非通长筋及与跨中直径不同的通长筋从柱(梁)边起伸出至跨中 $ln/3$ 位置;第二排非通长筋伸出至跨中 $ln/4$ 位置。对于端支座,ln 为本跨的净跨值;对于中间支座,ln 为支座两边较大一跨的净跨值。

楼层框架梁 KL 支座下部纵向钢筋截断点在支座附近:不伸入支座的梁下部纵筋截断点距支座边的距离统一取为 $0.1l_{ni}$(l_{ni}为本跨梁的净跨值);伸入支座的梁下部纵筋截断点为锚入柱边不小于 l_{aE}且不小于 $0.5h_c+5d$,h_c 为柱锚入方向的柱截面宽度、d 为钢筋直径。

原因：现浇钢筋混凝土框架结构的梁柱节点为刚接，节点处支座存在负弯矩、跨中存在正弯矩，节点处梁上侧受拉、下侧受压，跨中梁上侧受压、下侧受拉；钢筋混凝土梁中，钢筋主要用于受拉，混凝土主要用于受拉，钢筋截断点应该放置于构件的受压区域，故楼层框架梁KL支座上部钢筋截断点在跨中，支座下部钢筋截断点在支座位置。

【解析】 见图 2-3-31 楼层框架梁KL纵向钢筋构造。

【ZT0303S·简答题】

试简述板上部纵向钢筋在端支座(梁、剪力墙顶)的锚固要求。

【答案】 当设计按铰接时，平直段伸至端支座对边后弯折，且平直段长度≥$0.35l_{ab}$，弯折段投影长度 $15d$（d 为纵向钢筋直径）；当充分利用钢筋的抗拉强度时，平直段伸至端支座对边后弯折，且平直段长度≥$0.6l_{ab}$，弯折段投影长度 $15d$。

设计者应在平法施工图中注明采用何种构造，当多数采用同种构造时可在图注中写明，并将少数不同之处在图中注明。

【解析】 见考点12的“三、上部结构平法标注—3、有梁楼盖(板)平法施工图制图规则”。

【ZT0303T·简答题】

某一框架梁KL01见下图所示，其中梁宽均为250 mm，抗震等级二级，$l_{abE}=l_{aE}=40d$，边柱箍筋直径 $\phi 8$，外侧单排纵向钢筋为⌀25；一类环境，梁、柱保护层厚度均为20 mm。试画出Ⅰ、Ⅱ位置处支座第一排负筋、Ⅲ位置处底部钢筋和2～3轴间箍筋的钢筋详图，并计算出其下料长度。

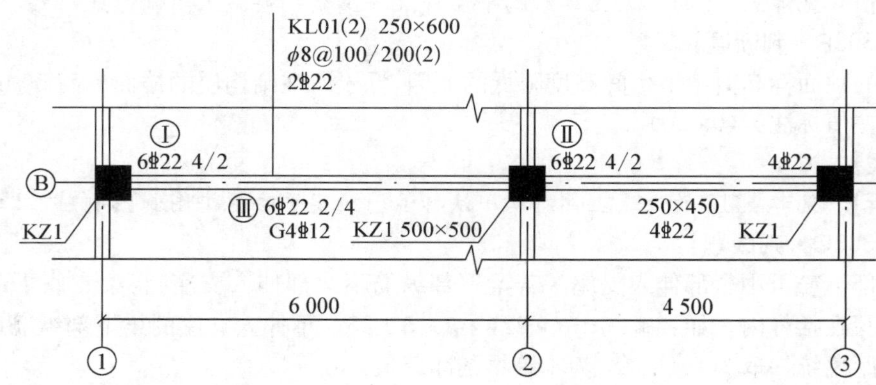

【答案】

解：1. Ⅰ处支座第一排负筋⌀22

(1) 伸入跨中长度：$ln/3=(6\,000-500+125-500/2)/3=1\,791.7$ mm

(2) 锚固进边柱的尺寸：$500-20-8-25=447\geqslant 0.4l_{abE}=0.4\times 40d=0.4\times 40\times 22=352$ mm

水平平直段长度：$1\,791.7+447=2\,238.7$ mm

(3) 向下弯锚长度：$15d=15\times 22=330$ mm

(4) 钢筋详图为 330 ⌐ 2 238.7

(5) 下料长度＝外包尺寸－量度差值＋弯钩增长值＝$(2\,238.7+330)-2d+0=2\,524.7$ mm。

2. Ⅱ处支座第一排负筋⌀22

(1) 伸入左右两侧的跨中长度分别为：

$ln/3=\max\{(6\,000-500+125-500/2)、(4\,500-500+125-500/2)\}/3=1\,791.7$ mm

水平平直段长度：1 791.7×2+500=4 083.4 mm

(2) 钢筋详图为 4 083.4

(3) 下料长度=外包尺寸−量度差值+弯钩增长值=4 083.4−0+0=4 083.4 mm。

3. Ⅲ处底部钢筋⌀22

(1) 伸入中柱内锚固长度：$l_{aE}=40d=40\times22=880$ mm>(500−20−8−25)=447 mm

直锚不满足要求，故采用弯锚：$0.4l_{abE}=0.4\times40d=0.4\times40\times22=352$ mm<(500−20−8−25)mm

向上弯锚长度：$15d=15\times22=330$ mm

(2) 锚固进边柱的尺寸：$500-20-8-25=447\geqslant0.4l_{abE}=0.4\times40d=0.4\times40\times22=352$ mm

水平平直段长度：(6 000−500/2−500+125)+447+447=6 269 mm

(3) 向上弯锚长度：$15d=15\times22=330$ mm

(4) 钢筋详图为 330 6 269 330

(5) 下料长度=外包尺寸−量度差值+弯钩增长值=(6 269+330+330)−$2d\times2$+0=6 841 mm。

4. 2～3 轴间箍筋 $\phi8$

(1) 水平外包尺寸长度：250−20×2=210 mm

水平外包尺寸长度(含弯钩)：250−20×2+12d(弯钩增长值的一半)=306 mm

(2) 竖直外包尺寸长度：450−20×2=410 mm

竖直外包尺寸长度(含弯钩)：450−20×2+12d(弯钩增长值的一半)=506 mm

(3) 钢筋详图为 306 410 506 210

(4) 下料长度=外包尺寸−量度差值+弯钩增长值=(210+410)×2−$2d\times3+24d$=1 384 mm。

【解析】 钢筋的锚固见图 2-3-31 楼层框架梁 KL 纵向钢筋构造。

钢筋的下料长度=各段外包尺寸之和−弯曲处的量度差值+两端弯钩的增长值。

量度差值：弯折 45°—量度差值 0.5d、弯折 90°—量度差值 2d、弯折 135°—量度差值 2.5d；

弯钩增长值：每个 180°弯钩的增长值 6.25d、有抗震要求箍筋的两个弯钩增长值 24d。

考点 13 楼梯结构识图

楼梯的结构一般比较复杂，各部分的尺寸比较小，因此需要用较大比例(如 1∶20)画出结构详图。

一、楼梯结构平面图

楼梯结构施工图主要有结构平面图、结构剖面图和构件详图。

1. 楼梯结构平面图

楼梯结构平面图一般是在休息平台的上方所作的水平剖面图。楼梯结构平面图应分层画出，即应分别画出底层、中间层和顶层的结构平面图。当中间几层的结构布置和构件类型相同时，可画出一个标准层楼梯结构平面图。

2. 楼梯结构剖面图

楼梯结构剖面图是用假想的竖直剖切平面沿楼梯段方向作剖切后得到的剖面图。它反映了楼梯结构沿竖向的布置和构造关系。如图 2-3-37 所示。

3. 构件详图

现浇钢筋混凝土楼梯的配筋一般都画在结构平面图和结构剖面图上；对于装配式楼梯如所用构件为通用构件，只需注明构件的结构代号和所用通用图集名称，若为非通用构件还应画出构件的配筋图。

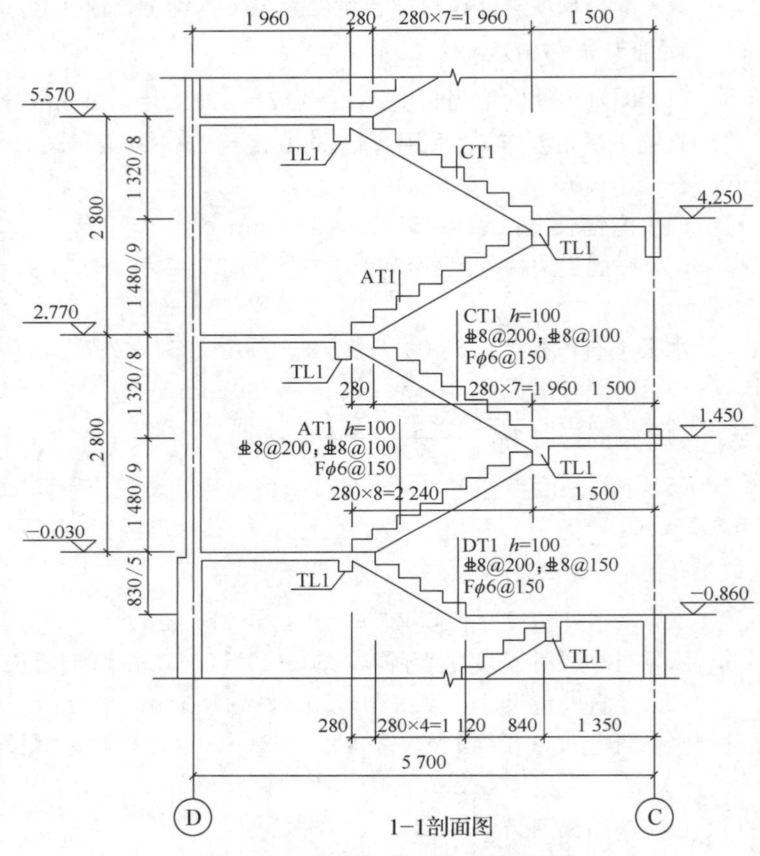

图 2-3-37　楼梯结构剖面图示例

二、楼梯平法标注(16G101-2)

16G101-2 适用于现浇混凝土**板式楼梯**。

按平法设计绘制的楼梯施工图，一般是由楼梯的平法施工图和标准构造详图两大部分构成。

现浇混凝土板式楼梯平法施工图有**平面注写、剖面注写和列表注写**三种表达方式。

1. 楼梯类型

(1) 楼梯编号由楼板代号和序号组成；如 ATxx、BTxx、ATaxx 等。楼梯类型见表 2-3-13所示。

表 2-3-13　楼梯类型

<table>
<tr><th rowspan="2">楼板代号</th><th colspan="2">适用范围</th><th rowspan="2">是否参与结构整体抗震计算</th></tr>
<tr><th>抗震构造措施</th><th>适用结构</th></tr>
<tr><td>AT
BT
CT
DT
ET
FT
GT</td><td>无</td><td>剪力墙、砌体结构</td><td>不参与</td></tr>
<tr><td>ATa
ATb</td><td>有</td><td>框架结构、框剪结构中的框架部分</td><td>不参与</td></tr>
<tr><td>ATc</td><td>有</td><td>框架结构、框剪结构中的框架部分</td><td>参与</td></tr>
<tr><td>CTa
CTb</td><td>有</td><td>框架结构、框剪结构中的框架部分</td><td>不参与</td></tr>
</table>

注：Ata、CTa 低端设滑动支座支承在梯梁上；ATb、CTb 低端设滑动支座支承在挑板上。

(2) AT～ET 各型梯板的截面形状为：AT 型梯板全部由踏步段构成；BT 型梯板由低端平板和踏步段构成；CT 型梯板由踏步段和高端平板构成；DT 型梯板由低端平板、踏步板和高端平板构成；ET 型梯板向低端踏步段、中位平板和高端踏步段构成。

(3) AT 楼梯截面形状与支座位置示意图见图 2-3-38 所示。ATa 、ATb 型楼梯采用双层双向配筋；ATc 型楼梯与 AT 型楼梯支承情况相同，但作为斜撑构件参与结构整体抗震计算，板厚应按计算确定且不宜小于 140，采用双层配筋。

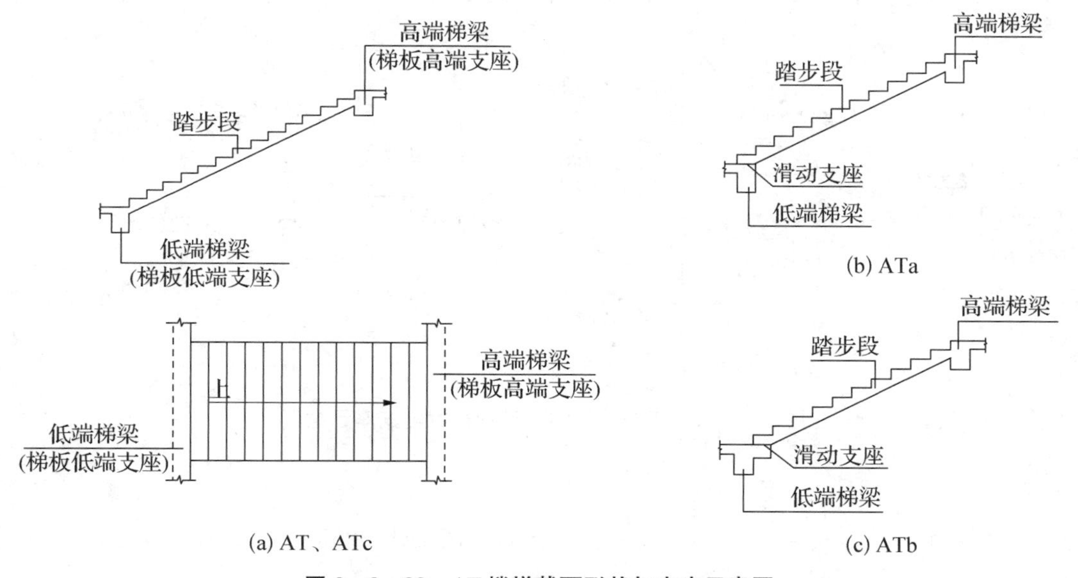

图 2-3-38　AT 楼梯截面形状与支座示意图

BT 和 CT 楼梯截面形状与支座位置示意图见图 2－3－39 所示。

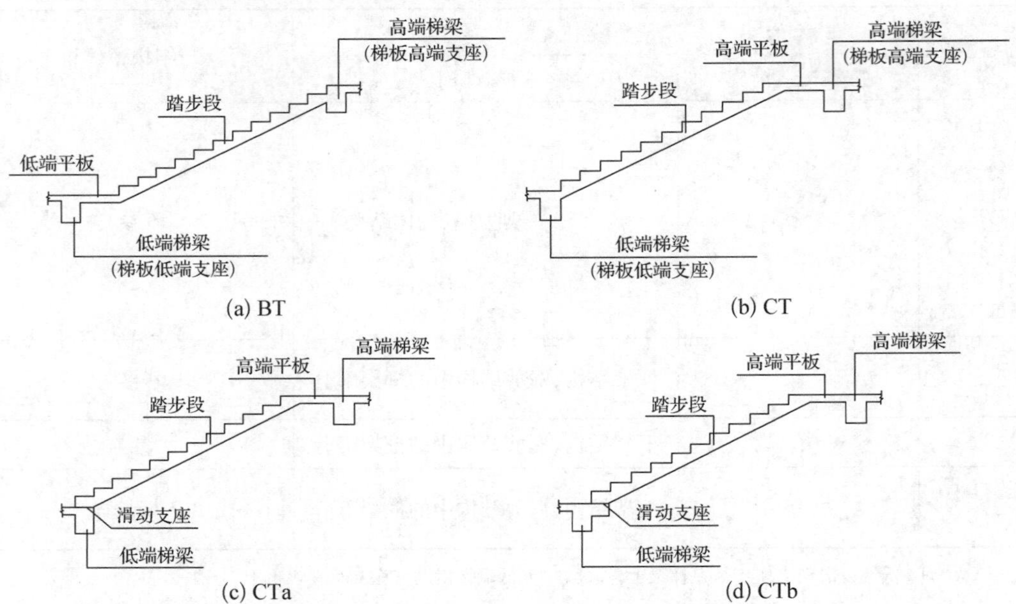

图 2－3－39　BT 和 CT 楼梯截面形状与支座示意图

DT～GT 楼梯截面形状与支座位置示意图见图 2－3－40 所示。

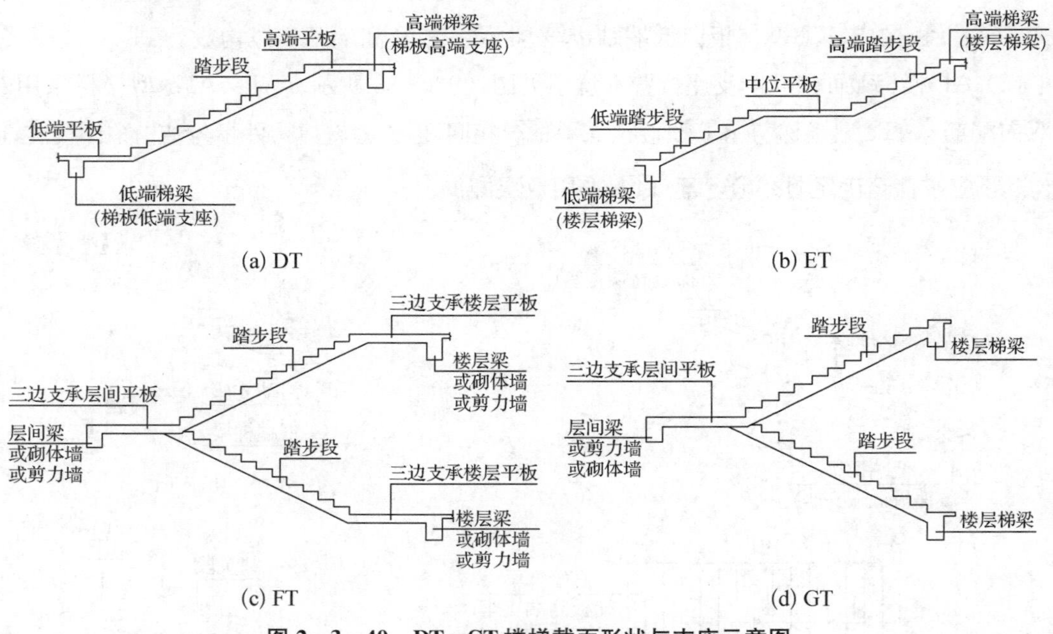

图 2－3－40　DT～GT 楼梯截面形状与支座示意图

2. 平面注写方式

（1）平面注写方式系在楼梯平面布置图上注写截面尺寸和配筋具体数值的方式来表达楼梯施工图。包括集中标注和外围标注。

（2）楼梯集中标注的内容有五项，具体规定如下：

①梯板类型代号与序号，如 ATxx。

②梯板厚度，注写为 h = xxx。当为带平板的梯板且梯段板厚度和平板厚度不同时，可在梯段厚度后面括号内以字母 P 打头注写平板厚度。

③踏步段总高度和踏步级数，之间以“/ ”分隔。

④梯板支座上部纵筋、下部纵筋，之间以“；”分隔。

⑤梯板分布筋，以 F 打头注写分布钢筋具体值，该项也可在图中统一说明。

（3）楼梯外围标注的内容，包括楼梯间的平面尺寸、楼层结构标高、层间结构标高、楼梯的上下方向、梯板的平面几何尺寸、平台板配筋、梯梁及梯柱配筋等。

AT 型楼梯平面注写方式见图 2－3－41 所示。

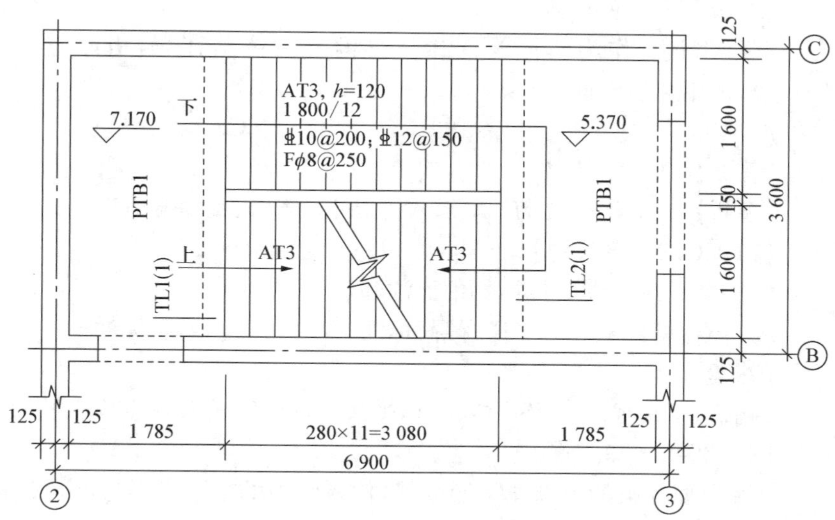

图 2－3－41　楼梯平面图示例

3. AT 型楼梯板配筋构造

AT 型楼梯板配筋构造见 2－3－42 所示。

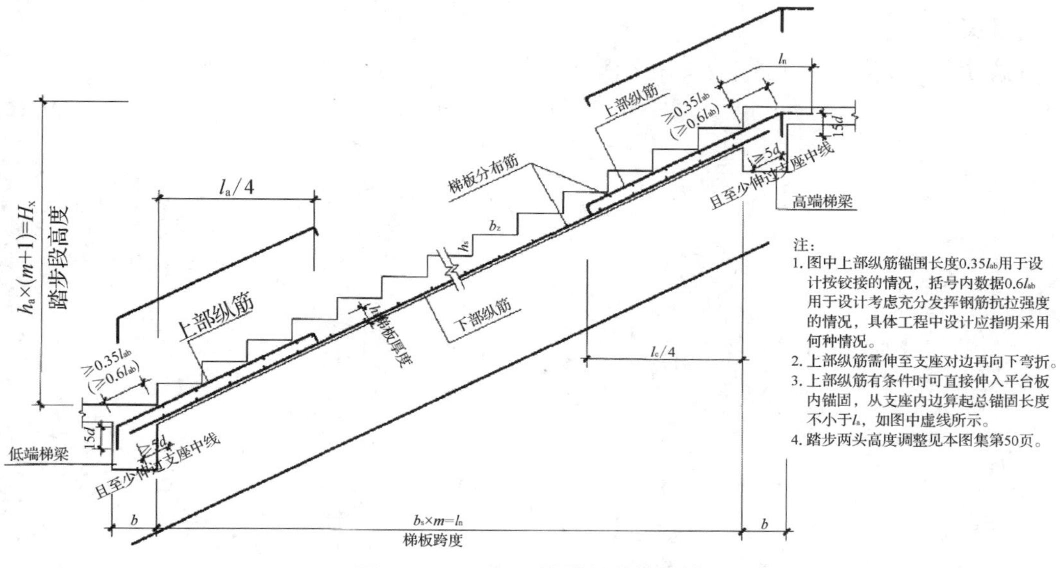

图 2－3－42　AT 楼梯板配筋构造

【ZT0304A·单选题】

下面关于AT类型的梯板说法正确的是(　　)。

A. 全部由踏步段构成　　B. 由低端平板和踏步段构成

C. 由踏步段和高端平板构成　　D. 由低端平板、踏步板和高端平板构成

【答案】 A

【解析】 见考点13的"二、楼梯平法标注—1、楼梯类型"。

【ZT0304B·单选题】

ATc型楼梯作为斜撑构件参与结构整体抗震计算，板厚应按计算确定且不宜小于(　　)，采用双层配筋。

A. 100　　B. 120　　C. 140　　D. 160

【答案】 C

【解析】 见考点13的"二、楼梯平法标注—1、楼梯类型"。

【ZT0304C·单选题】

楼梯平面注写方式包括集中标注和(　　)。

A. 原位标注　　B. 截面标注　　C. 列表标注　　D. 外围标注

【答案】 D

【解析】 见考点13的"二、楼梯平法标注—2、平面注写方式"。

【ZT0304D·单选题】

AT类型梯板的上部非贯通纵筋，伸入跨内的水平投影长度为(　　)。

A. $l_n/2$　　B. $l_n/3$　　C. $l_n/4$　　D. $l_n/5$

【答案】 C

【解析】 见考点13的"二、楼梯平法标注—3、AT型楼梯板配筋构造"。

【ZT0304E·判断题】

楼梯平法图集16G101-2适用于任何类型的现浇混凝土楼梯。(　　)

【答案】 ×

【解析】 见考点13的"二、楼梯平法标注"。

第四节　设备施工图

考点 14　室内给排水施工图的组成、图示内容、图示方法，正确识读室内给排水施工图

一、室内给排水施工图

1. 室内给排水施工图的组成

给排水工程包括给水工程与排水工程两个方面。其中给水工程是指水源取水、净化输送、配水使用等工程。排水工程是指污水处理、污水排除等工程。给排水施工图分为室内、室外两部分，本教材依据考试大纲仅对室内给排水施工图的识读进行介绍。

室内给排水施工图的主要内容包括：**给排水平面图、给排水管道系统图、给排水系统详图、施工说明等。**

(1) 给排水平面图

室内给排水系统平面图包括：用水设备的类型、位置及安装方式与尺寸；各管线的平面位置、管线尺寸及编号；各零部件的平面位置及数量；进出管与室外水管网间的关系等。给水平面图中在房屋内部，凡需要用水的房间，均需要配以卫生设备和给水用具。排水平面图主要表示排水管网的平面走向以及污水排出的装置。

(2) 给排水管道系统图

给排水平面图由于管道交错、读图较难，而给排水管道系统图能够清楚、直观地表示出给排水管的空间布置情况，立体感强，易于识别。在给排水管道系统图中能够清晰地标注出管道的空间走向、尺寸、位置，以及用水设备及其型号、位置等。识读给排水管道系统图时，给水系统按照树状由干到枝的顺序、排水系统按照由枝到干的顺序逐层分析，也就是按照水流方向读图，再与平面图紧密结合，就可以清楚地了解建筑物各层的给排水情况。

(3) 给排水系统详图

给排水系统详图用于表示某些设备、构配件或管道上节点的详细构造与安装尺寸等。

【ZT0401A · 单选题】

下列不属于给排水施工图内容的是(　　)。

A. 给排水平面图　　　　B. 给排水立面图

C. 给排水管道系统图　　D. 给排水系统详图

【答案】 B

【解析】 室内给排水施工图的主要内容包括：给排水平面图、给排水管道系统图、给排水系统详图、施工说明等。

2. 室内给排水施工图图例

阅读给水排水施工图，必须要了解各种图例及其所表示的实物，依据《建筑给水排水制图标准》(GB/T 50106－2010)，建筑给排水常用图例如下：

图 2－4－1 所示的是**管道图例，图例中的字母表示该种管道的类别，用汉语拼音字母表示。**

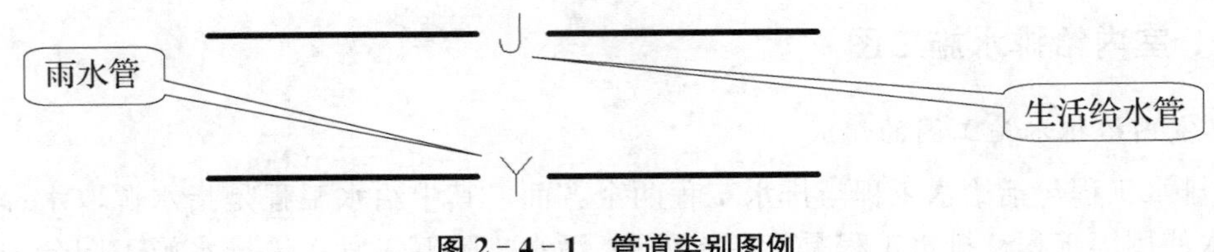

图 2－4－1　管道类别图例

除了图中雨水管和生活给水管以外，其它类型的管道汉语拼音注写如下：热水回水管—RH；热水给水管—RJ；中水给水管—ZJ；循环给水管—XJ；循环回水管—XH；热媒给水管—RM；热媒回水管—RMH；蒸汽管—Z；凝结水管—N；废水管—F；压力废水管—YF；通气管—T；污水管—W；压力污水管—YW；压力雨水管—YY；膨胀管—PZ；空调凝结水管—KN。消防设施管道类别有：消火栓给水管—XH；自动喷水灭火给水管—ZP；雨淋灭火给水管—YL；水幕灭火给水管—SM；水炮灭火给水管—SP。

还有另外一些管道，并不是采用上图的方法表示，这些管道的名称及其图例画法如图 2－4－2 所示。

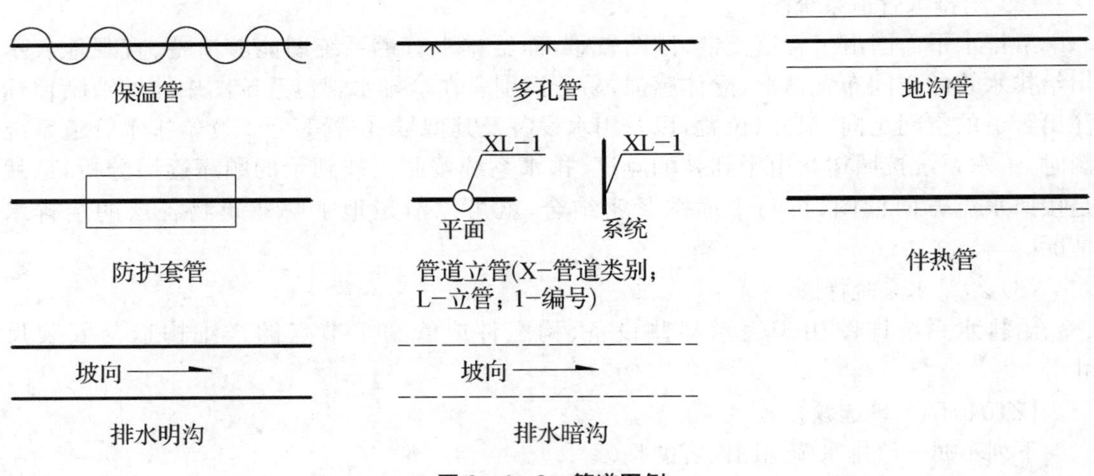

图 2－4－2　管道图例

管道附件、管道连接、管件、阀门、给水配件、消防设施、卫生设备及水池、小型给水排水构筑物、给水排水设备、给水排水专业所用仪表的名称及其图例画法分别如图 2－4－3～2－4－12 所示。

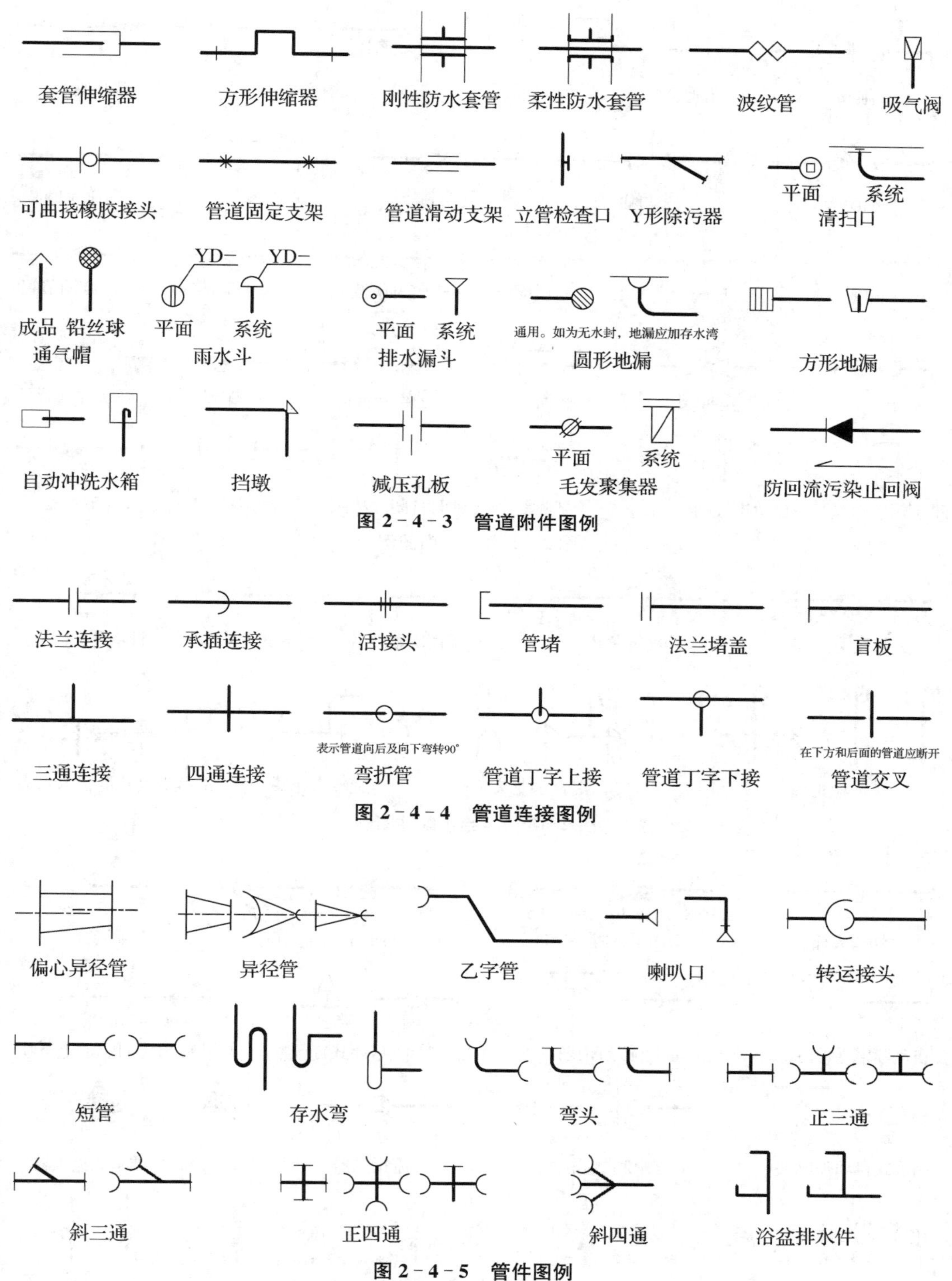

图 2-4-3 管道附件图例

图 2-4-4 管道连接图例

图 2-4-5 管件图例

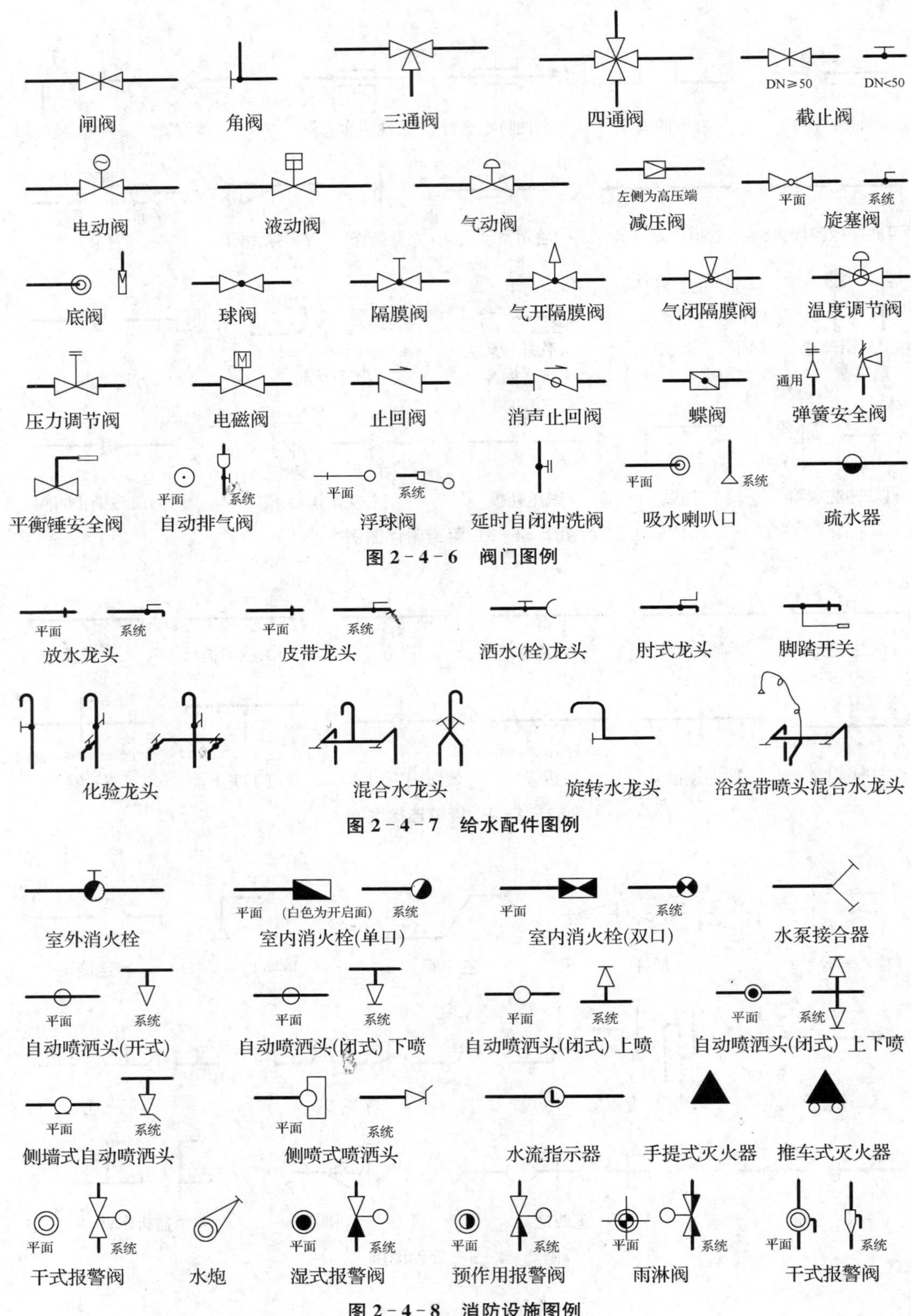

图 2－4－6　阀门图例

图 2－4－7　给水配件图例

图 2－4－8　消防设施图例

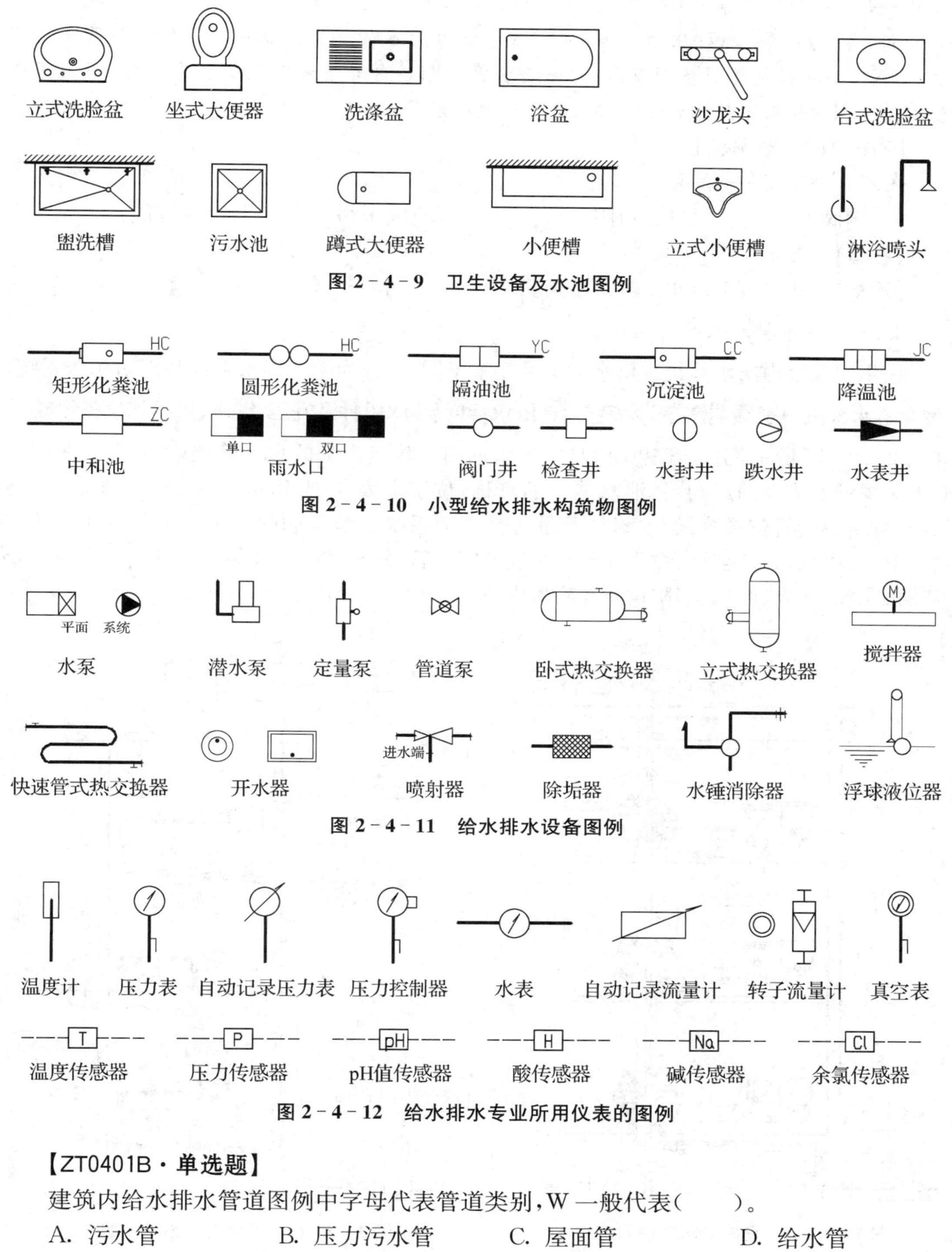

图 2－4－9　卫生设备及水池图例

图 2－4－10　小型给水排水构筑物图例

图 2－4－11　给水排水设备图例

图 2－4－12　给水排水专业所用仪表的图例

【ZT0401B · 单选题】

建筑内给水排水管道图例中字母代表管道类别，W 一般代表（　　）。

A. 污水管　　B. 压力污水管　　C. 屋面管　　D. 给水管

【答案】 A

【解析】 管道图例，图例中的字母表示该种管道的类别，用汉语拼音字母表示。热水回水管—RH；热水给水管—RJ；中水给水管—ZJ；循环给水管—XJ；循环回水管—XH；热媒给水管—RM；热媒回水管—RMH；蒸汽管—Z；凝结水管—N；废水管—F；压力废水管—YF；通气管—T；污水管—W；压力污水管—YW；压力雨水管—YY；膨胀管—PZ；空调凝结水管—KN。消防设施管道类别有：消火栓给水管—XH；自动喷水灭火给水管—ZP；雨淋灭火给水管—YL；水幕灭火给水管—SM；水炮灭火给水管—SP。

【ZT0401C·单选题】

图例 ——▷◁—— 表示（　　）。

A. 闸阀　　B. 角阀　　C. 减压阀　　D. 球阀

【答案】 A

【解析】 认识常见给排水施工图例。

3. 室内给水排水系统的组成

民用建筑室内给水系统按供水对象及要求不同，可分为生活用水系统和消防用水系统。**室内给水系统一般由引入管、水表节点、给水管网、给水附件及升压、贮水、消防等设备组成。**如图2-4-13所示，引入管是一段自室外管网引入建筑内部的水平管道；水表节点是引入管上装置的水表及前后阀门、泄水装置的总称，位于水表井中；给水管网是由水平干管、立管、支管组成的管道系统；给水附件及设备是管道系统上装设的闸阀及各种配水龙头等装置。此外，根据房屋建筑的性质、要求、高度及室外管网压力等不同因素，室内给水系统中还常附加水箱、水泵、闸阀、消防设备等附属设备。

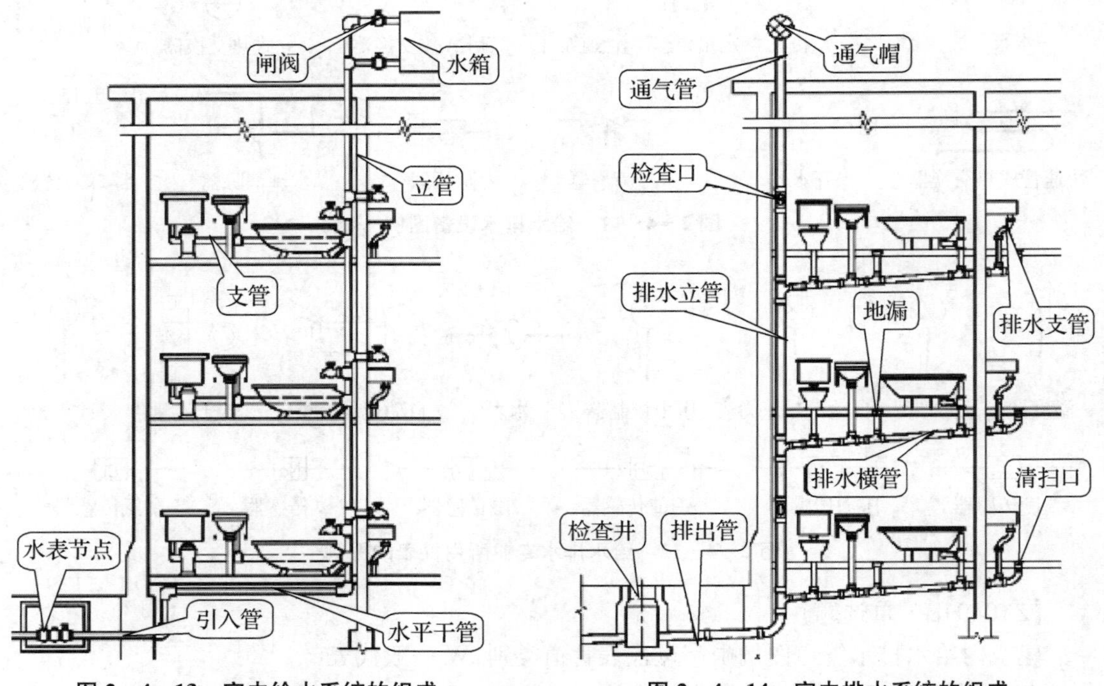

图2-4-13　室内给水系统的组成　　**图2-4-14　室内排水系统的组成**

民用建筑室内排水系统的主要任务是排除生活污水，一般由排水支管、排水横管、排水立管、排出管和通气管组成。如图2-4-14所示，排水支管是一段连接一个卫生器具的较短的排水管；排水横管是连接2根或2根以上排水支管的水平排水管段，且沿水流方向有2%的坡度，当卫生器具较多时，在排水横管的末端需设置清扫口；排水立管是连接楼层排水横管的竖直管道，主要汇集各支管的污水，并将其排至建筑物底层的排出管中，立管在底层和顶层设有检查口，对于多层建筑物一般隔层设置检查口，距地面1.0 m；排出管是连接排水立管将污水排出室外检查井的水平管道，是室内排水系统与室外排水系统的连接管道，排出管与室外管道连接处要设置检查井，向检查井方向有1%～2%的坡度；通气管是在顶层检查口以上的一段立管，用来排除臭气、平衡气压，通气管顶端要高出屋面0.3 m以上，并且大于本地区最大积雪厚度。

【ZT0401D·单选题】

建筑内给水系统由引入管、给水附件、给水管网、水表结点、(　　)与室内消防设备等部分组成。

A. 减压和贮水设备　　B. 升压和贮水设备

C. 排放设备　　D. 智能贮水设备

【答案】 B

【解析】 室内给水系统一般由引入管、水表节点、给水管网、给水附件及升压、贮水、消防等设备组成。

【ZT0401E·单选题】

通气管是在顶层检查口以上的一段立管，用来排除臭气、平衡气压，通气管顶端要高出屋面(　　)以上，并且大于本地区最大积雪厚度。

A. 0.1米　　B. 0.2米　　C. 0.3米　　D. 0.5米

【答案】 C

【解析】 通气管是在顶层检查口以上的一段立管，用来排除臭气、平衡气压，通气管顶端要高出屋面0.3 m以上，并且大于本地区最大积雪厚度。

4. 室内给排水平面图识读

室内给水排水平面图是室内给水排水施工图最基本的图样。它主要反映卫生设备、管道及其附件相对于房屋的平面位置。

室内给水排水平面图的设计依据是建筑平面图，根据建筑平面图才能对管道系统及卫生设备进行平面布置和定位。在这里应注意，此时的建筑平面图的图线均用细实线，比例不变(1∶100)，对于卫生设备或管道布置较为复杂的房间，可以用1∶50或1∶30的比例表示。

室内给水排水平面图中只绘制房屋的墙身、柱、门窗洞、楼梯、台阶等主要构配件，标明定位轴线(轴线编号与建筑平面图一致)，房屋的细部及门窗代号等均可省略。室内给水排水平面图的数量选择，与建筑平面图相同，即：对于多层房屋，底层平面图中的室内管道需与室外管道连接，必须单独画出；其它各楼层的给水排水布置方式不相同时，每层都要绘制；如果各楼层的给水排水布置方式相同时，则只画出一个平面图(标准层平面图)，在图中注明各楼层的层次和标高。

图2-4-15某住宅的储藏室给排水平面图，主要表达出该层管道的布置，无论管道的管径大小，管道一律用粗或中粗单线表示。图中粗实线表示给水管水平段，粗虚线表示排水

管水平段;"PL-1"表示第1根排水立管,"PL-2"表示第2根排水立管,"JL-1"表示第1根给水立管,"JL-2"表示第2根给水立管,以此类推。管道的管径尺寸是以毫米为单位的,并以公称直径DN表示。由图可以看出,排水系统排水管的管径尺寸为150 mm,以DN150标注,给水系统水平干管的管径尺寸为40 mm,以DN40标注,给水系统引入管的管径尺寸为50 mm,以DN50标注。

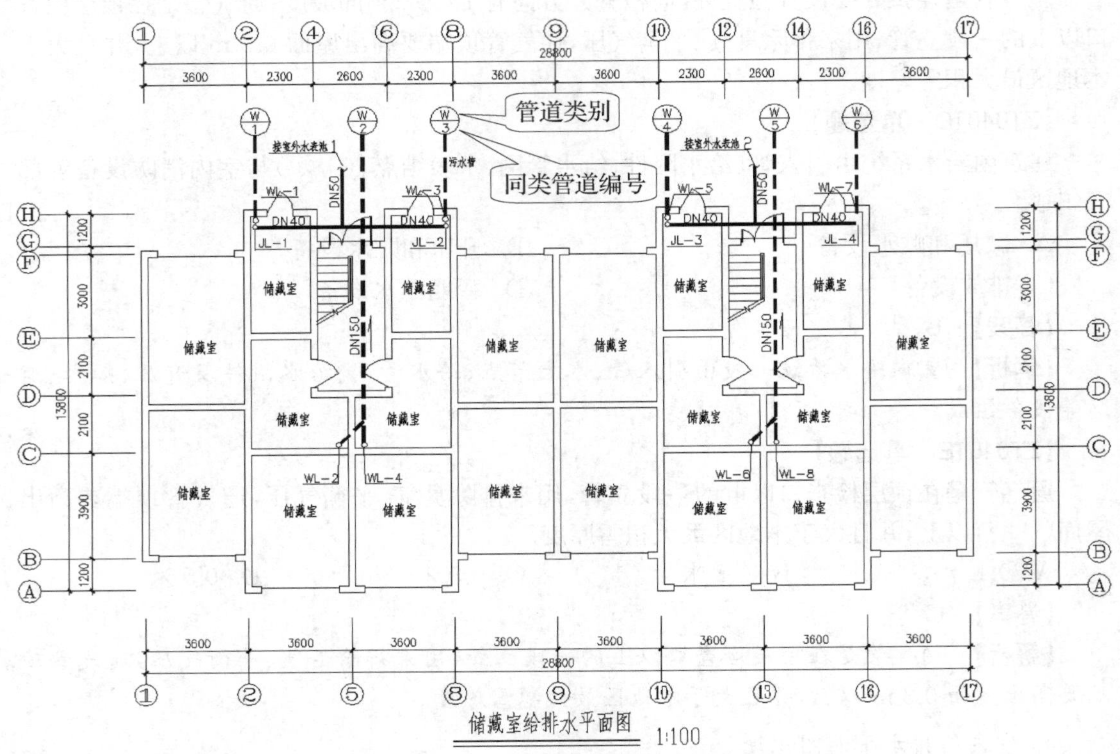

图 2-4-15　储藏室给排水平面图

图2-4-16是某住宅标准层给排水平面图。将卫生设备或管道布置最为集中的区域进行局部放大,如图2-4-17所示,图中画出的管道是连接每层卫生设备的管道,与管道所在的楼层位置无关。例如,二层给排水平面图中所表示的给水管安装在二层楼面以上,排水管则安装在二层楼面以下,但是都需要画在二层给排水平面图上。

为了使给排水平面图上所表示的管道系统更加清晰明了,当给排水系统的引入管和排出管多于一个时,一般用阿拉伯数字编号。引入管和排出管的编号也常作为管道系统的编号,给水管以每一引入管为一个系统,排水管以每一承接排出管的检查井为一系统,如图2-4-15所示。编号注写在底层给排水平面图上,具体方法是在引入管或排出管端部画一直径为12 mm的细实线圆,在圆内的水平直径线为细实线,上方注写的字母为管道类别代号,下方注写的数字为同类管道系统编号。

室内给水排水平面图上只反映管道系统的平面布置情况,不能反映管道系统的立体全貌,所以,在给水排水平面图上并没有对各管段的直径、坡度、标高等进行标注。

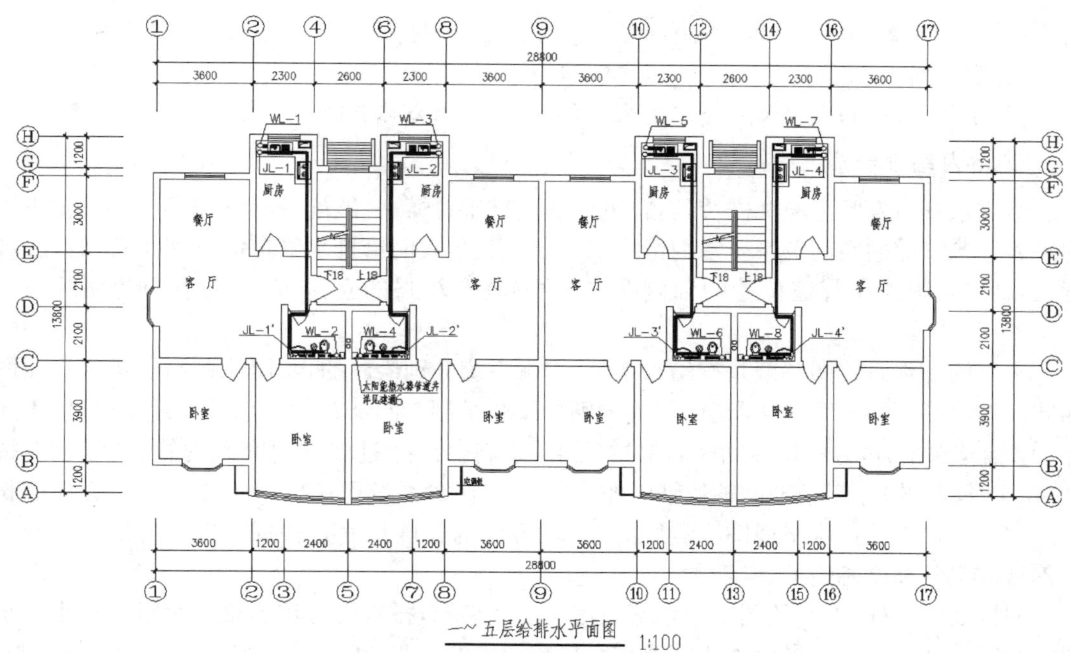

图 2-4-16　标准层给排水平面图

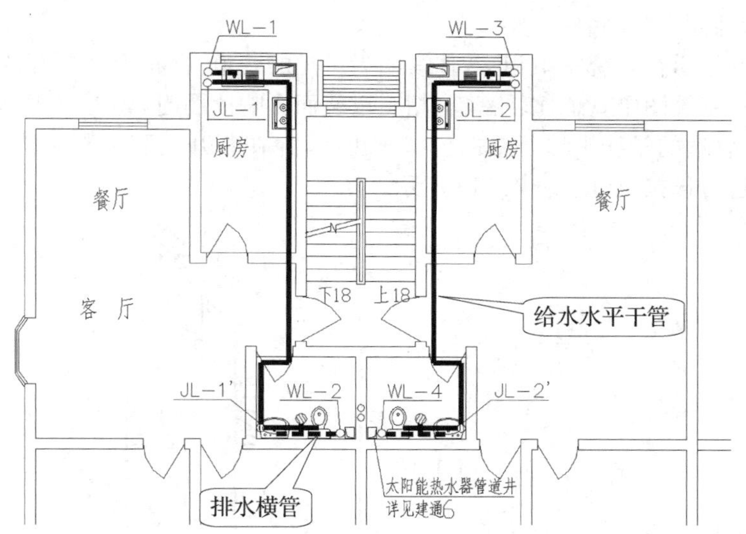

图 2-4-17　标准层给排水平面图局部放大

【ZT0401F·单选题】

建筑给排水平面图中管道一律用单线表示，排水水平管一般用(　　)来表示。

A. 粗实线　　B. 单点长划线　　C. 双点长划线　　D. 粗虚线

【答案】 D

【解析】 粗实线表示给水管水平段，粗虚线表示排水管水平段。

【ZT0401G·单选题】

管道的管径尺寸是以毫米为单位的，并以(　　)表示。

A. 管道外径　　　　B. 管道内径　　　　C. 公称直径　　　　D. 以上都可以

【答案】 C

【解析】 管道的管径尺寸是以毫米为单位的，并以公称直径DN表示。

5. 室内给排水系统图识读

给排水管道常常是交叉安装的，在平面图上难于看懂，一般配备辅助图形——轴测投影图来表达各管道的空间关系。室内给排水系统图就是表明给排水管道的空间布置、管径、坡度、标高以及附件在管道位置的轴侧图，这种图具有较强的立体感，容易表明管路的空间走向。

室内给排水系统图一般是按给水系统、排水系统分别绘制的，绘图比例与给排水平面图相同。系统图习惯上采用45°正面斜等轴侧投影法绘制，即ox轴位于水平位置，oz轴竖直向上，oy轴与水平方向成45°夹角(如果按照45°绘制会产生过多重叠交叉的管线时，也有按30°或60°绘制的)。三条轴侧轴的轴向伸缩率均取值1，系统图中的管道在ox、oy方向的长度尺寸是直接在给排水平面图上量取的，oz轴方向的长度尺寸是根据建筑物的层高以及卫生器具的安装高度确定的。

同平面图一样，在系统图中给水管道用粗实线表示，排水管道用粗虚线表示。给水系统图中的闸阀、配水龙头、淋浴喷头等及排水系统图中的寸水弯、地漏、检查口等均是用图例画出的。对于用水设备和管道布置完全相同的楼层，一般只将一层画完整，其余各层在立管处画上折断符号，并注写"同底(一)层"。

空间交叉的管道在系统图中相交，连续的为可见的管道，在相交处断开的为不可见的管道。如果在同一系统图中管道比较密集，相互重叠而影响读图时，还可以用移植画法将一部分管道断开，沿管道的轴线平移至空白位置画出来，并在断开处画上断裂符号，两断裂符号之间用点画线进行连接，如图2-4-18所示。

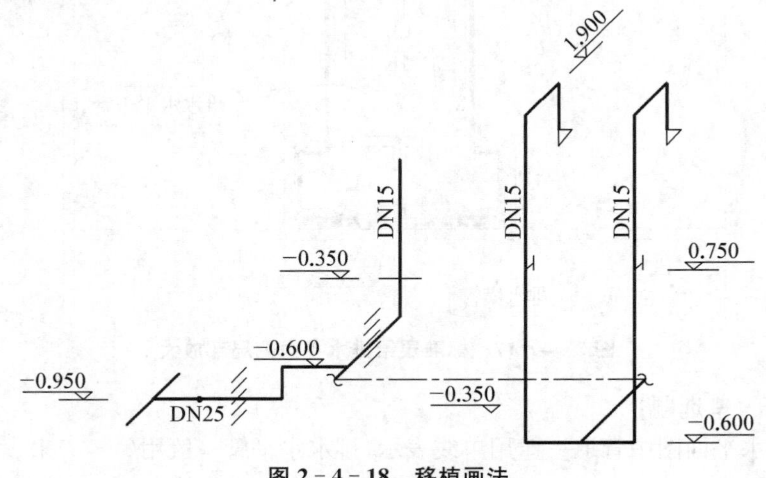

图2-4-18　移植画法

图2-4-19是某住宅的给水系统图，系统图中如果管道穿越楼面、地面或墙面时，通常用细实线画出被穿越的楼面、地面或墙面的位置。给水系统管道由于是压力流管道，因此给水横管没有坡度。各给水管的管径一般直接标注在该管段一侧，若位置不够可以用引出线引出标注。

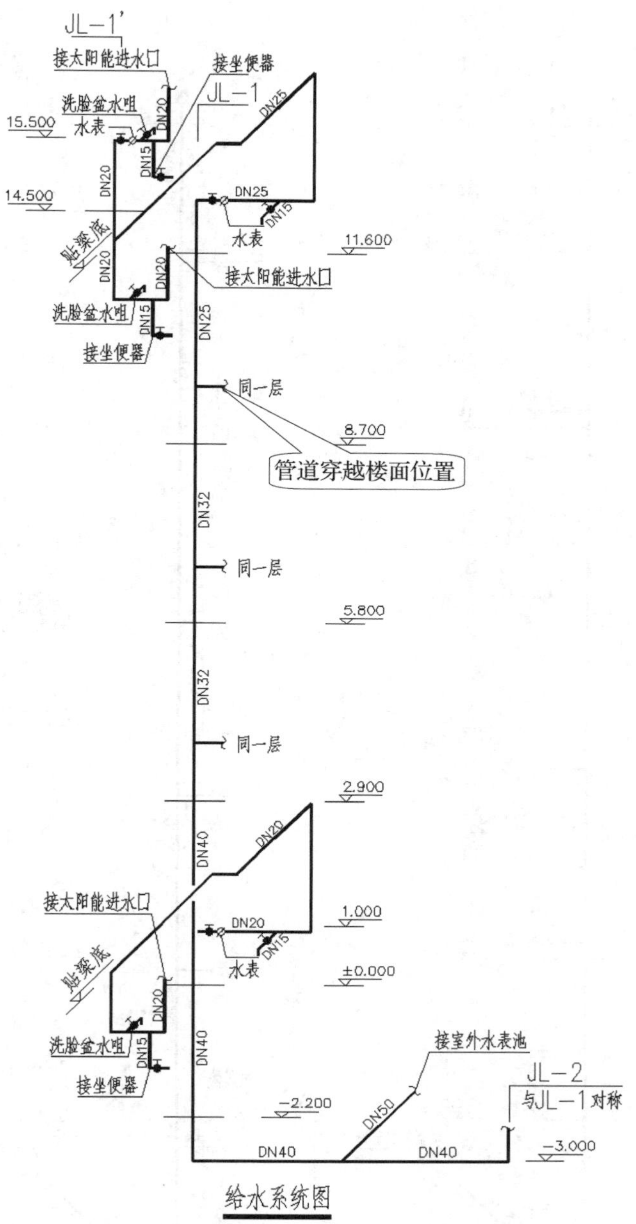

图 2-4-19 给水系统图

管道系统图中的标高均标注相对标高，是与建筑施工图的标高一致的。在给水管道系统图中给水横管的标高以管道中心的轴线为基准，此外，还需要注出地面、楼面、水箱、阀门、配水龙头等标高。

图 2-4-20 是某住宅的排水系统图，排水系统管道是重力流管道，因此排水横管向排水立管方向具有一定的坡度，坡度一般注写在该管段一侧或引出线上，坡度标注是在坡度数字之前加上坡度代号“i”，当排水横管采用标准坡度时，图中省略不标，但应进行坡度说明，如图中“注：排水管均按标准坡度敷设”。

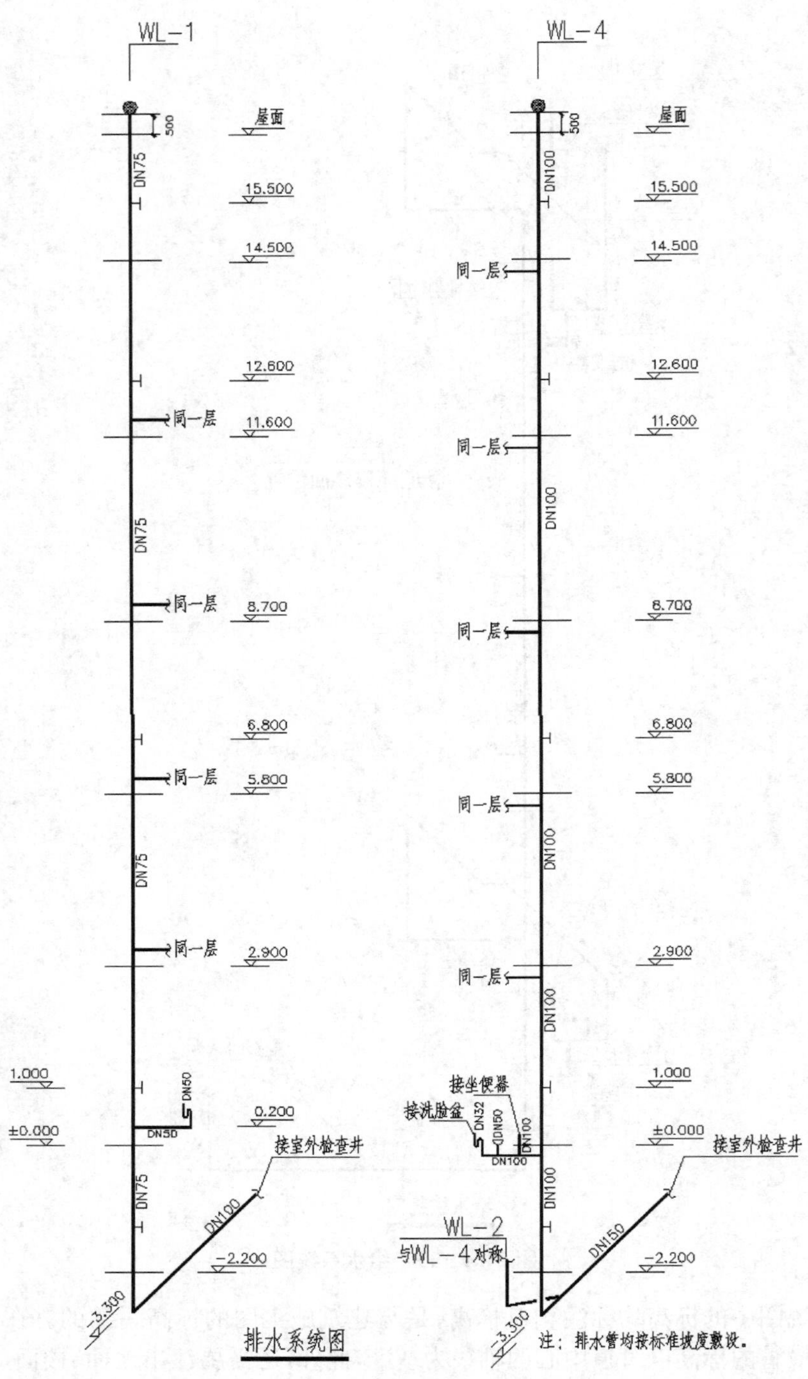

图 2-4-20　给水系统图

排水系统图中排水横管的标高以管底为基准，一般情况下，排水横管的标高是由卫生器具的安装高度确定的，不必标注，若有特殊要求时，应标注横管的起点标高。此外，排水系统图中还要标注立管上的检查口、通气网罩和排出管的起点标高。

给水排水平面图和系统图是建筑给水排水施工图的基本图样，在读图时要按系统将两种图样联系起来，互相对照，反复阅读，从而认识图样所表达的内容。

综上所述，识读给水排水平面图时，第一要明确在各层给水排水平面图中，用水房间有哪些，这些房间的卫生设备与管道是如何布置的；第二要弄清楚一共有哪几个给水系统和排水系统。识读给水排水系统图时，先要与底层给水排水平面图配合对照，找出给水排水进出口的系统编号，按系统类别逐个识读，例如，阅读给水系统图时，可以按照水流的流向，从室外引入管入手，依次循序渐进，从引入管、干管、立管、横管、支管到用水设备顺序识读，逐一弄清管道的位置、管径的变化以及所用的附件等内容；阅读排水系统图时，一般可按卫生器具、排水支管、排水横管、立管、排出管的顺序进行识读。

给水排水平面图和系统图虽然表示了管道的走向、规格以及卫生设备、构配件的布置情况，只是由于绘图比例较小，构配件均用图例表示，因此不能清楚地表示管道的连接与卫生器具的安装情况。为了方便施工，常常需要较大比例绘制的管道配件及其安装详图作为施工的依据。

阅读建筑室内给水排水平面图及系统图时，还要注意图纸上的施工说明。对于较大型的工程来说，一般都会专门编制施工说明，而对于较简单的工程只需要在施工图中附加施工说明。施工说明有以下内容：给水管、排水管所用管材的种类（PPR 管、硬聚氯乙烯管、陶土管等）和接头方法，给水管道、排水管道标高所指管道部位，卫生器具的种类及安装、消火栓安装采用或参照采用的图集名称以及某些施工要求，如“管道施工应按《建筑给水排水及采暖工程施工质量验收规范》(GB50242－2002)进行”。

对于各种定型的卫生器具及管道节点的安装一般都有标准图或通用图，可以直接选用，不需再绘制这些详图。详图均采用较大的绘图比例，是按照需要在 1∶50～2∶1 的范围内选用的，详图的特点基本与建筑平面图的要求相近。

【ZT0401H·单选题】

在给水管道系统图中给水横管的标高以（　　）为基准。

1. 管道顶面　　2. 管道底面　　3. 管道内径底面　　4. 管道中心线

【答案】 D

【解析】 *在给水管道系统图中给水横管的标高以管道中心的轴线为基准。*

考点 15　采暖通风施工图的组成、图示内容、图示方法，正确识读采暖通风施工图

一、采暖通风施工图

1. 采暖通风图例的识读

采暖是在冬季为了满足人们生活和工作的正常需要，将热能从热源输送到室内的过程。通风是把室内浊气直接或经处理后排至室外，把新鲜空气输入室内的过程。

采暖通风施工图一般由设计说明、采暖通风平面图、系统图、详图、设备及主要材料表等组成。同给水排水施工图一样，在阅读采暖通风施工图之前，首先要了解各种图例及其所表示的实物。

采暖通风施工图中，管道、风道经常会用代号表示，常见的水、汽管道代号以及风道代号如表 2-4-1 所示。在采暖通风施工图出现的自定义水、汽管道代号以及风道代号均应避免与表 2-4-1 相矛盾，并应在相应图面上说明。

表 2-4-1　水、汽管道代号及风道代号

类型	序号	代号	管(风)道名称	备注
水、汽管道代号	1	R	(供暖、生活、工艺用)热水管	1. 用粗实线、粗虚线区分供水、回水时，可省略代号 2. 可附加阿拉伯数字 1、2 区分供水、回水 3. 可附加阿拉伯数字 1、2、3……表示一个代号、不同参数的多种管道
	2	Z	蒸汽管	需区分饱和、过热、自用蒸汽时，在代号前分别附加 B、G、Z
	3	N	凝结水管	
	4	P	膨胀水管、排污管、排气管、旁通管	需要区分时，可在代号后附加一位小写拼音字母，即：Pz、Pw、Pq、Pt
	5	G	补给水管	
	6	X	泄水管	
	7	XH	循环管、信号管	循环管为粗实线，信号管为细虚线。不致引起误解时，循环管也可为"X"
	8	Y	溢排管	
	9	L	空调冷水管	
	10	LR	空调冷/热水管	
	11	LQ	空调冷却水管	
	12	n	空调冷凝水管	
	13	RH	软化水管	
	14	CY	除氧水管	
	15	YS	盐液管	
	16	FQ	氟汽管	
	17	FY	氟液管	
风道	1	K	空调风管	
	2	S	送风管	
	3	X	新风管	
	4	H	回风管	一、二次回风可附加 1、2 区别
	5	P	排风管	
	6	PY	排烟管	或为排风、排烟共用管道

水、汽管道阀门和附件的图例如表 2-4-2 所示。

表 2-4-2　水、汽管道阀门和附件图例

序号	名称	图例	附注
1	阀门(通用)、截止阀		1. 没有说明时,表示螺纹连接 法兰连接时 焊接时 2. 轴侧图画法 阀杆为垂直　阀杆为水平
2	闸阀		
3	手动调节阀		
4	球阀、转心阀		
5	蝶阀		
6	角阀	或	
7	平衡阀		
8	三通阀	或	
9	四通阀		
10	节流阀		
11	膨胀阀	或	也称"隔膜阀"
12	旋塞		
13	快放阀		也称快速排污阀
14	止回阀	或	左图为通用,右图为升降式止回阀,流向同左,其余同阀门类推
15	减压阀	或	左图小三角形为高压端,右图右侧为高压端,其余同阀门类推
16	安全阀		左图为通用,中为弹簧安全阀,右为重锤安全阀
17	疏水阀		在不致引起误解时,也可用表示,也称"疏水器"
18	浮球阀	或	
19	集气罐、排气装置		左图为平面图

续 表

序号	名称	图例	附注
20	自动排气阀		
21	除污器（过滤器）		左图为立式除污器，中为卧式除污器，右图为 Y 型过滤器
22	节流孔板、减压孔板		在不致引起误解时，也可用——表示
23	补偿器		也称"伸缩器"
24	矩形补偿器		
25	套管补偿器		
26	波纹管补偿器		
27	弧形补偿器		
28	球形补偿器		
29	变径管异径管		左图为同心异径管，右图为偏心异径管
30	活接头		
31	法兰		
32	法兰盖		
33	丝堵		也可以表示为：
34	可屈挠橡胶软接头		
35	金属软管		也可以表示为：
36	绝热管		
37	保护套管		
38	伴热管		
39	固定支架		
40	介质流向	或	在管道断开处时，流向符号宜标注在管道中心线上，其余可同管径标注位置
41	温度及坡向	i=0.003 或 i=0.003	坡度数值不宜与管道起、止点标高同时标注。标注位置同管径标注位置

风道、阀门及附件的图例如表 2－4－3 所示。

表 2－4－3　风道、阀门及附件的图例

序号	名称	图例	附注
1	砌筑风、烟道		其余均为：
2	带导流片弯头		
3	消声器 消声弯管		也可以表示为：
4	插板阀		
5	天圆地方		左接矩形风管，右接圆形风管
6	蝶阀		
7	对开多叶调节阀		左为手动，右为电动
8	风管止回阀		
9	三通调节阀		
10	防火阀	70℃	表示 70℃动作的常开阀，若因图面小，可表示为：70℃，常开
11	排烟阀	280℃　280℃	左为 280℃动作的常闭阀，右为常开阀。若因图面小，表示方法同上
12	软接头		
13	软管	或光滑曲线（中粗）	
14	风口（通用）	或	
15	气流方向		左为通用表示法，中表示送风，右表示回风

续 表

序号	名称	图例	附注
16	百叶窗		
17	散流器		左为矩形散流器，右为圆形散流器，散流器为可见时，虚线改为实线
18	检查孔 测量孔	检　测 检　测	

暖通空调设备的图例如表 2－4－4 所示。

表 2－4－4　暖通空调设备的图例

序号	名称	图例	附注
1	散热器及手动放气阀	15　15　15	左为平面图画法，中为剖面图画法，右为系统图、Y 轴侧图画法
2	散热器及控制阀	15　15 15　15	左为平面图画法，右为剖面图画法
3	轴流风机	检	
4	离心风机		左为左式风机，右为右式风机
5	水泵		左侧为进水，右侧为出水
6	空气加热、冷却器	+ − + −	左、中分别为单加热、单冷却，右为双功能换热装置
7	板式换热器		

续 表

序号	名称	图例	附注
8	空气过滤器		左为粗效，中为中效，右为高效
9	电加热器		
10	加湿器		
11	挡水板		
12	窗式空调器		
13	分体空调器		
14	风机盘管		可标注型号
15	减振器		左为平面图画法，右为剖面图画法

调空装置及仪表的图例如表 2 - 4 - 5 所示。

表 2 - 4 - 5　空调装置及仪表的图例

序号	名称	图例	附注
1	温度传感器	T 或 温度	
2	湿度传感器	H 或 温度	
3	压力传感器	P 或 压力	
4	压差传感器	ΔP 或 压差	
5	弹簧执行机构		如弹簧式安全阀
6	重力执行机构		
7	浮力执行机构		如浮球阀
8	活塞执行机构		
9	膜片执行机构		

续 表

序号	名称	图例	附注
10	电动执行机构	或	如电动调节阀
11	电磁(双位)执行机构	M 或	如电磁阀 M
12	记录仪		
13	温度计	T 或	左为圆盘式温度表,右为管式温度计
14	压力表	或	
15	流量计	F.M. 或	
16	能量计	E.M. 或 T1 T2	
17	水流开关	F	

【ZT0402A·单选题】

图例----[T]-----表示(　　)。

A. 温度传感器　　B. 湿度传感器　　C. 压力传感器　　D. 压差传感器

【答案】 A

【解析】 能认识常见暖通工程图例。

2. 采暖平面图的识读

采暖平面图主要表示各层管道及设备的平面布置情况,通常只画房屋底层、标准层及顶层采暖平面图,当各层的建筑结构和管道布置不相同时,一般是每层均绘制。

采暖平面图一般采用1∶100～1∶50的比例绘制,如图2-4-21是用1∶100的比例绘制的某住宅储藏层采暖平面图。为了突出管道系统,用细实线绘制建筑平面图的墙身、门窗洞、楼梯等构件的主要轮廓;用中实线以图例形式画出散热器、阀门等附件的安装位置;用粗实线绘制回水干管,在底层平面图中画出了供热引入管、回水管,并注明了管径、立管编号、散热器片数等。

设计说明包含以下信息:该住宅采暖系统出入口均设入口装置;住宅的采暖系统按每户热计量方式设计,在热表前设Y型水过滤器,热表采用ENERGY-HEAT,平衡阀采用KPF16;住宅户内采暖系统采用下供下回的单管循环采暖系统,每层楼板上有50 mm的垫层,室内管道在此暗设;住宅户内暗埋热水管管材为PE-X管材,暗埋部分不能有接头,户外及户内明装热水管用热镀锌钢管;散热器为FTLY-50/600-1.0型,标准散热量120W/片(复合式铜柱铝翼型);每组散热器均设手动跑风门一个,所有采暖管道穿墙、穿楼板时均应设套管详《L90N91－18》，施工中与土建专业密切配合；供回水立管干管均于最高点设自动排气阀，排气阀型号 EA－122，住宅每组散热器均设三通阀或恒温阀，等等。

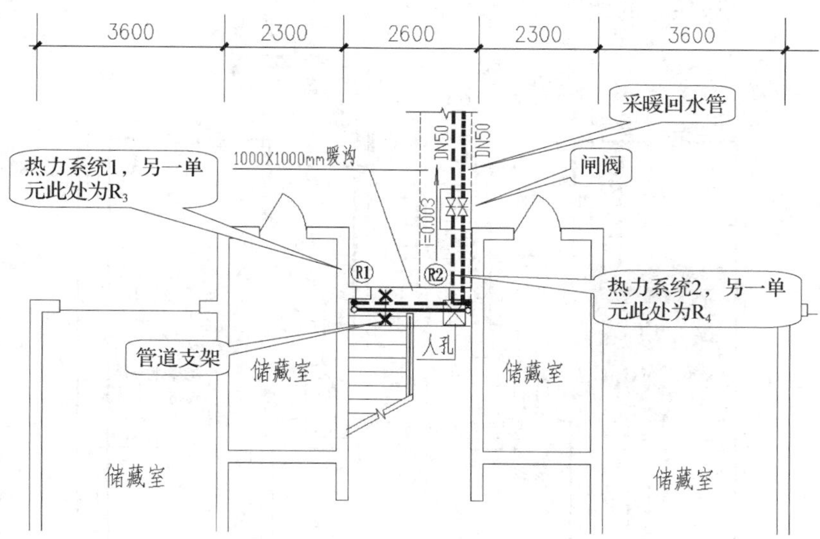

图 2－4－21　储藏层采暖平面图

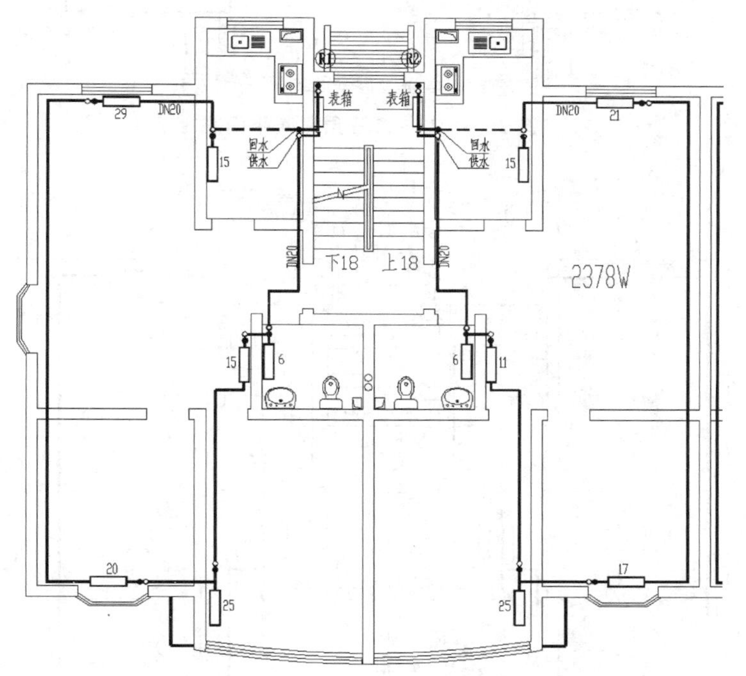

图 2－4－22　一层采暖平面图

图 2－4－22 是该住宅的一层采暖平面图，粗实线表示供水管，粗虚线表示回水管，"DN20"表示管径，每个散热器一侧都注明了散热器的片数。图中空心圆圈表示供水立管，实心圆圈表示回水立管。

图 2－4－23 是该住宅的二、三层采暖平面图，与一层平面图相比，各房间内散热器片数

明显减少，这是因为底层房间下的储藏室并没有采暖，因此底层房间的热工性能较差，对采暖的要求要高一些。

图 2-4-24 是该住宅的四层采暖平面图。

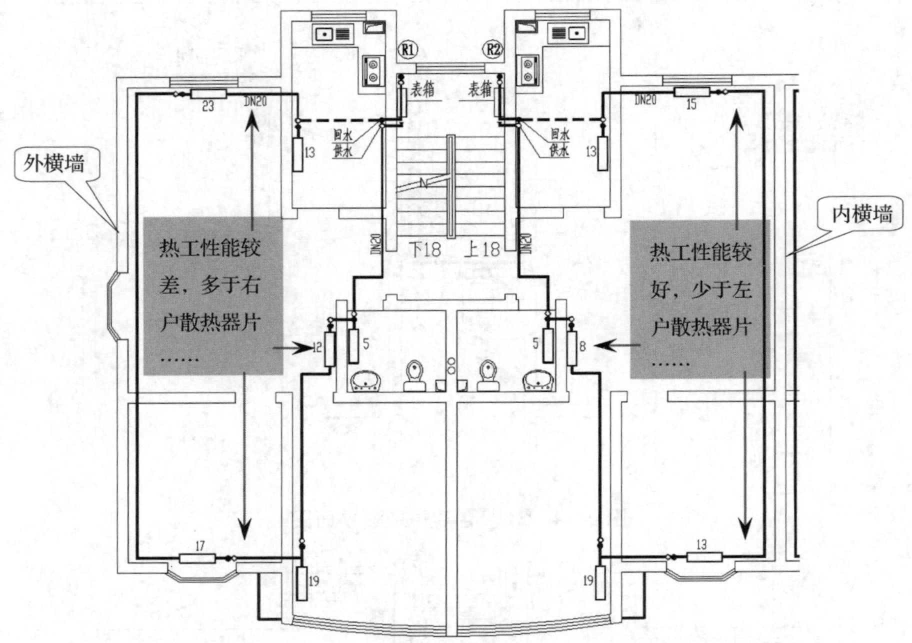

图 2-4-23　二三层采暖平面图

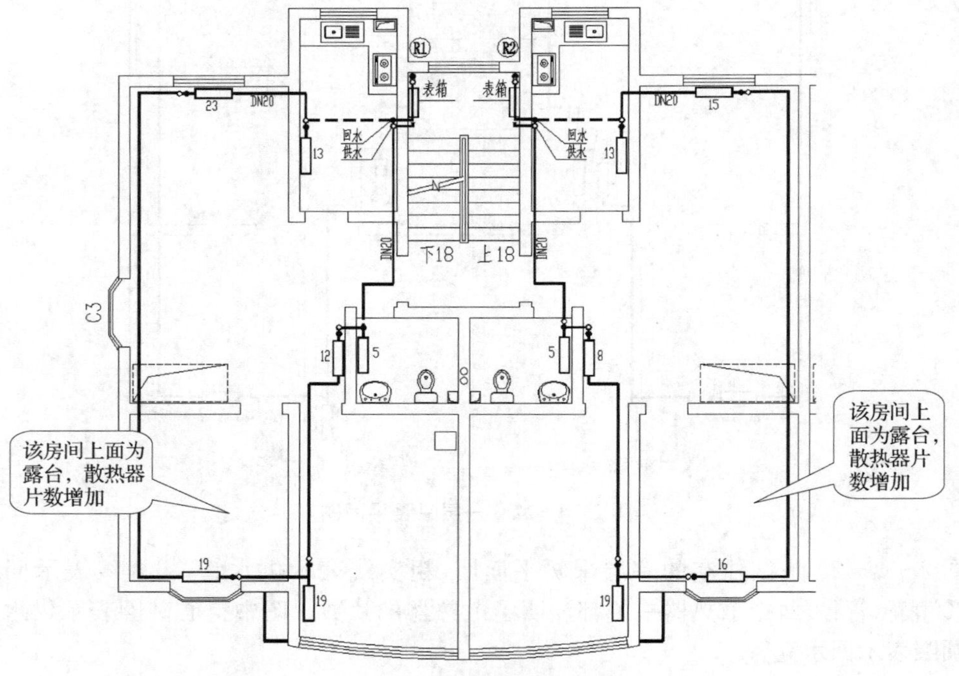

图 2-4-24　四层采暖平面图

图 2－4－25 是该住宅的阁楼层采暖平面图，室内供水管和回水管依据房间的调整而进行了改变，同时，阁楼层各房间的散热器片数均有显著的增加。

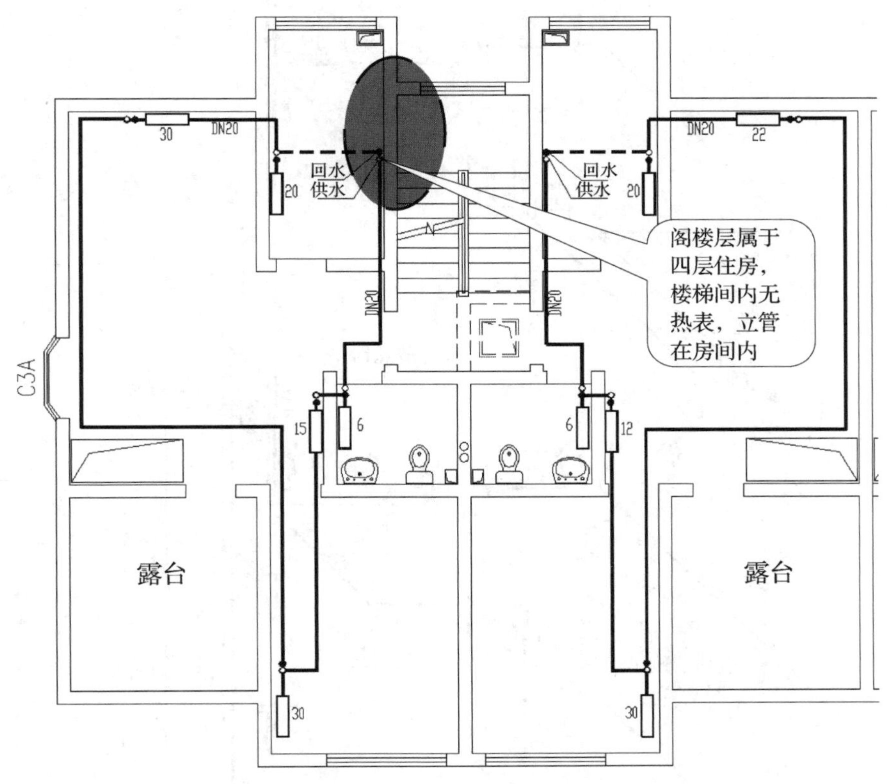

图 2－4－25　阁楼层采暖平面图

【ZT0402B・单选题】

暖通施工图中散热器、采暖通风空调设备轮廓线用（　　）表示。

A. 粗实线　　B. 中实线　　C. 细实线　　D. 粗虚线

【答案】 B

【解析】 用中实线以图例形式画出散热器、阀门等附件的安装位置。

3. 采暖系统图的识读

采暖系统图主要表明采暖系统中管道及其设备的空间布置与走向，常与采暖平面图的绘图比例一致。系统图是根据《暖通空调制图标准》(GB/T 50114－2010)的规定，按照正等轴测或正面斜二测投影法绘制的。

在系统图中，若局部管道被遮挡、管线重叠，一般是采用断开画法，断开处用小写拉丁字母连接表示，也可以用双点画线连接示意。

图 2－4－26 是某住宅的采暖系统图(R3)，在系统图中供热干管是用粗实线绘制的，回水干管是用粗虚线绘制的，散热器、管道阀门等是以图例形式用中粗实线绘制的，并在管道或设备附近标注了管道直径和标高、散热器片数、各楼层地面标高以及有关附件的高度尺寸等。

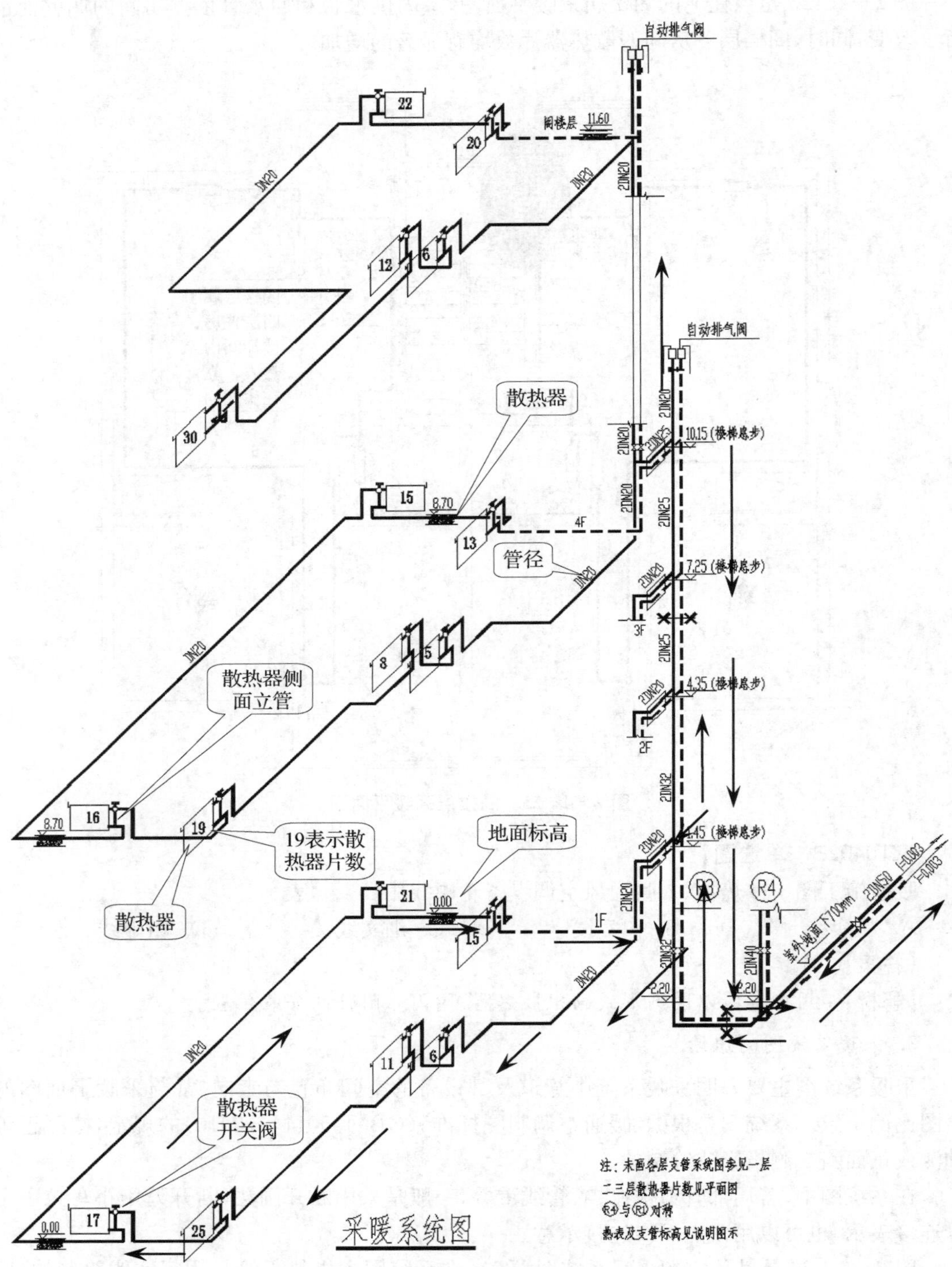

图 2－4－26　住宅采暖系统图(R3)

对照各层采暖平面图可以看出，室外引入管有该住宅⑥轴线左侧，标高为距室外地面以下 700 mm 处进入楼梯间，然后分为两个热力系统 R3 和 R4，R4 与 R1 对称。引入管管径为“DN50”，R3 沿纵墙方向到达住宅④轴线右侧，然后竖起，立管管径变为“DN32”。管径为“DN20”的水平干管在标高 1.45 处（楼梯休息平台标高）连接热表与总立管后穿越住宅④轴线墙体进入室内，在经过转折变为立管后到达标高为±0.00（首层地面）以下的楼板层垫层内，最后沿所有房间对散热器进行供水。在供水管对最后一个散热器供水后，该散热器即与一管径为“DN20”的回水管连接，回水管按与供水管相平行的方向经过热表后与回水总立管连接，循环后的热水经回水总立管流入排出管，排出管管径为“DN50”，坡度为“i＝0.003”，循环示意（大箭头表示循环方向）如图 2－4－26 所示。总立管与第二层和第三层供水管、回水管的连接，与首层一致，不再赘述，只是应注意总立管在标高为 4.35（楼梯休息平台标高）以上时管径变成了“DN25”。

总立管在标高为 10.15（楼梯休息平台标高）处向上管径变为“DN20”，顶端装有自动排气阀，进入四层房间内的供水管管径不变，仍为“DN25”。应当注意供水管经过热表穿墙进入室内后，分成向上和向下的两根立管，分别与四层房间和阁楼层房间的供水管相连，最后连接回水总立管连接，阁楼层向上的立管顶端也装有自动排气阀。

图中的“R”表示热力系统代号。系统代号由大写拉丁字母表示，如：（室内）供暖系统—N，制冷系统—L，热力系统—R，空调系统—K，通风系统—T，净化系统—J，除尘系统—C，送风系统—S，新风系统—X，回风系统—H，排风系统—P，加压送风系统—JS，排烟系统—PY，排风兼排烟系统—P(Y)，人防送风系统—RS，人防排风系统—RP。系统顺序号由阿拉伯数字表示，系统编号注写在系统总管处。

图 2－4－27 是某住宅的采暖系统图（R1）。

在楼梯间内的热表安装在墙内，热表的连接方式如图 2－4－28 所示。

住宅散热器接管详图如图 2－4－29 所示。

在通风施工图中，如未说明矩形风管所注的标高，一般认为是管底标高，未说明圆形风管所注的标高，一般认为是管中心标高。矩形风管（风道）的截面定型尺寸是以“A×B”表示的，其中“A”为该视图投影面的边长尺寸，“B”为另一边尺寸，圆形风管的截面定型尺寸是以直径符号“ϕ”后跟数值表示的，单位均为毫米。

通风与空调平面图主要反映通风空调设备、管道的平面布置情况，通常是用细线画出建筑平面图中的墙身、门窗洞、楼梯等构件的主要轮廓，设备一般只画轮廓形状；风管用双线表示，其规格可以标注在管道轮廓线内；通风空调管道的阀门、部件、进出风口等都用图例表示。

剖面图主要反映通风设备、管道及其部件在竖直方向上的空间位置与连接情况，通风空调系统与建筑结构的相互位置及高度方向的尺寸关系等。

【ZT0402C · 单选题】

在通风施工图中，如未说明矩形风管所注的标高，一般认为是（　　），未说明圆形风管所注的标高，一般认为是管中心标高。

A. 管顶标高　　B. 管中心标高　　C. 管底标高　　D. 以上都可以

【答案】 C

【解析】 在通风施工图中，如未说明矩形风管所注的标高，一般认为是管底标高，未说明圆形风管所注的标高，一般认为是管中心标高。

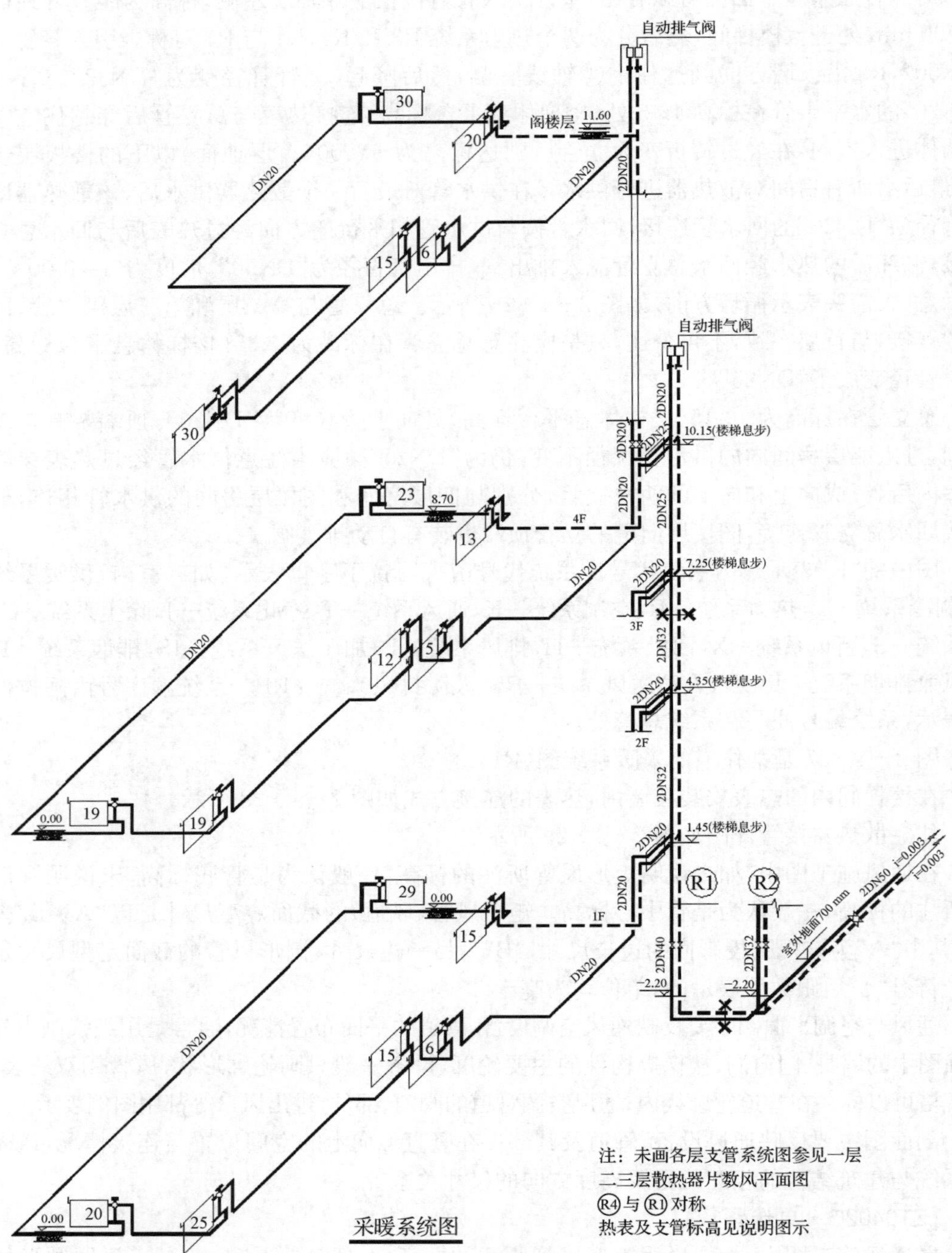

图 2-4-27 住宅采暖系统图(R1)

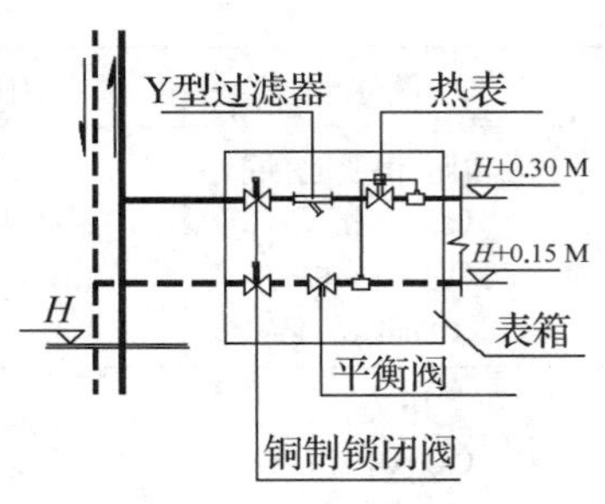

住房热表箱设在墙体内，暗装

图 2－4－28　住户热表连接方式详图

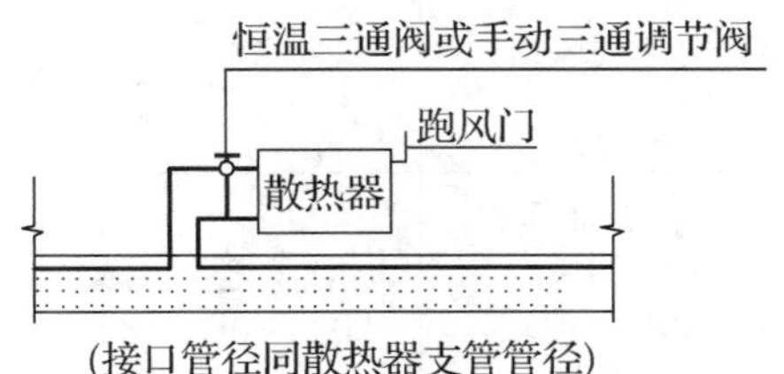

(接口管径同散热器支管管径)

图 2－4－29　住宅散热器接管详图

考点 16　建筑电气工程施工图的组成、图示内容、图示方法，正确识读建筑电气工程施工图

一、建筑电气施工图

1. 建筑电气施工图图例的识读

电气系统施工图中的各电气元件和电气线路一般都采用图例来表示。表 2－4－6 列出了常用电气元件的图例，表 2－4－7 列出了常用电气线路图例。

表 2－4－6　常用电气元件的图例

序号	名称	图例	序号	名称	图例
1	电动机	M	13	自动空气断路器	
2	变压器		14	跌开式熔断器	
3	变电所		15	刀开关	
4	移动变电所		16	白炽灯	P
5	杆上变电站		17	防水灯	
6	配电箱		18	壁灯	
7	电表	kWh	19	球形灯	
8	交流电焊机		20	安全灯	
9	直流电焊机		21	墙壁灯	
10	分线盒		22	吸顶灯	
11	按钮		23	日光灯	
12	熔断器		24	吊扇	

续 表

序号	名称	图例	序号	名称	图例
25	排气风扇	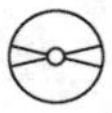	28	三相插座带接地插孔：(a) 一般；(b) 封闭；(c) 暗装	 (a) (b) (c)
26	单相插座：(a) 明装；(b) 保护式；(c) 暗装	 (a) (b) (c)	29	开关：(a) 明装；(b) 暗装；(c) 封闭	 (a) (b) (c)
27	单相插座带接地插孔：(a) 一般；(b) 封闭；(c) 暗装	 (a) (b) (c)	30	拉线开关：(a) 一般；(b) 防水	(a) (b)

表 2-4-7　常用电气线路的图例

序号	名称	图例	序号	名称	图例
1	线路一般符号		11	避雷线	
2	电杆架空线路		12	接地	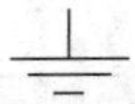
3	移动式电缆	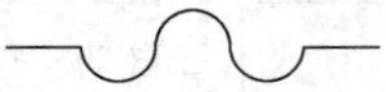	13	一根导线	
4	接地接零线路	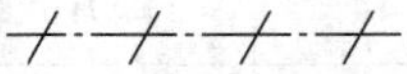	14	两根导线	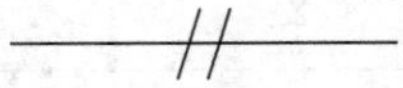
5	导线相交连接	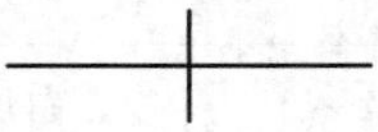	15	三根导线	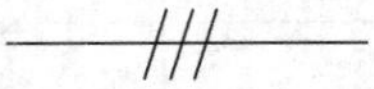
6	导线相交不连接	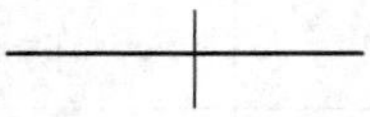	16	四根导线	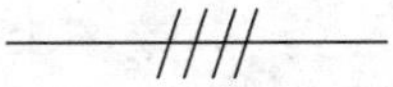
7	导线引上和引下		17	n 根导线	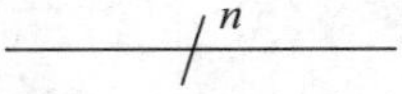 n
8	导线由上引来或由下引来	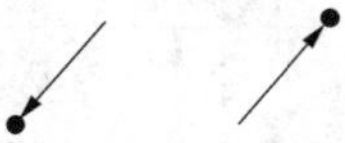	18	电杆 a 编号 b 杆型 c 杆高	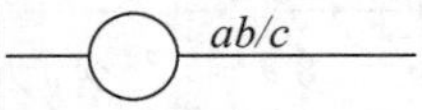 ab/c
9	导线引上并引下	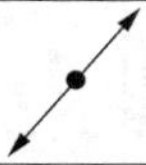	19	带照明的电杆 A 相序，d 容量	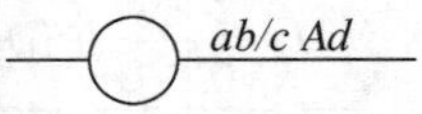 $ab/c\ Ad$
10	电源引入		20	带拉线的电杆	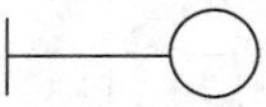

除图例以外，电气系统中还采用许多符号来简化说明，使人看到这些符号就能知道其含义。表 2-4-8 列出了一些常用的电气文字符号。

表 2-4-8　常用电气文字符号

名称	符号	说明
电源	$m\sim fu$	交流电，m 为相数，f 为频率，u 为电压
相序	A B C N	第一相，涂黄色 第二相，涂绿色 第三相，涂红色 中性线，涂白色或黑色
用电设备	$\frac{a}{b}$或$\frac{a\mid c}{b\mid d}$	a——设计编号；b——容量；c——电流，A；d——标高，m
电力或照明配电设备	$a\ \frac{b}{c}$	a——编号；b——型号；c——容量，kW
开关及熔断器	$a\ \frac{b}{c/d}$或$a-b-c/I$	a——编号；b——型号；c——电流；d——线规格；I——熔断电流
变压器	$a/b-c$	a——一次电压；b——二次电压；c——额定电压
配电线路	$a(b\times c)d-e$	a——导线型号；b——根数；c——线截面；d——敷设方式和穿管直径；e——敷设部位
灯具	$a-b\ \frac{c\times d}{e}f$	a——灯具数；b——型号；c——每盏灯泡数；d——灯泡容量，W；e——安装高度；f——安装方式
引入线	$a\ \frac{b-c}{d(e\times f)-g}$	a——设备编号；b——型号；c——容量；d——导线牌号；e——根数；f——导线截面；g——敷设方式
线路敷设	M，A	明敷设，暗敷设
明敷设	CP CJ CB	瓷瓶或瓷柱敷设 瓷夹板或瓷卡敷设 木槽板敷设
暗敷设	G DG VG	穿焊接管 穿电线管 穿硬塑料管
线路敷设部位	L Z Q P D	沿梁下、屋架下敷设 沿柱敷设 沿墙面敷设 沿顶棚面敷设 沿地板敷设
常用照明灯具	T W P S	圆筒形罩灯 碗罩灯 玻璃平盘罩灯 搪瓷伞罩灯

续 表

名称	符号	说明
灯具安装方式	G L X B D	吊杆灯 链吊灯 自在器吊线灯 壁灯 吸顶灯
导线型号	BV BVR BX BXR BXH BXG BLV BLX BLXG BXS	铜芯塑料线 铜芯塑料软线 铜芯橡皮线 铜芯橡皮软线 铜芯橡皮花线 铜芯穿管橡皮线 铝芯塑料线 铝芯橡皮线 铝芯穿管橡皮线 双芯橡皮线

2. 建筑电气系统施工图的组成

建筑电气系统施工图主要包括以下内容：

(1) 设计说明：主要包括电源、内外线、强弱电以及负荷等级；导线材料和敷设方式；接地方式和接地电阻；避雷要求；需检验的隐蔽工程；施工注意事项；电气设备的规格、安装方法。

(2) 外线总平面图：主要用于表明线路走向、电杆位置、路灯设置以及线路怎样入户。

(3) 平面图：主要用来表明电源引入线的位置、安装高度、电源方向；其他电气元件的位置、规格、安装方式；线路敷设方式、根数等。

(4) 系统图：电气系统图不是立体图形，它主要是采用各种图例、符号以及线路组成的一种表格式的图形。

(5) 详图：详图主要用于表示某一局部的布置或安装的要求。

【ZT0403A · 单选题】

图例—◯◯—表示（　　）。

A. 电动机　　B. 变压器　　C. 配电箱　　D. 电表

【答案】 B

【解析】 正确识读常见建筑电气施工图图例。

3. 建筑电气系统施工图的识读

如图 2 - 4 - 30 所示的电气系统外线总平面图。从图中可以看出：电源由大门东侧引入，通过设置在传达室的电度表，经过带路灯的电杆 1 到电杆 2，采用的是三相四线制，均用铝芯橡皮绝缘线，其中三根导线的截面面积均为 25 平方毫米，一根导线的截面面积为 16 平方毫米。线路由电杆 2 分别引入每幢房屋，在离地面 6.25 m 高处的墙上预埋支架，然后再引入室内。

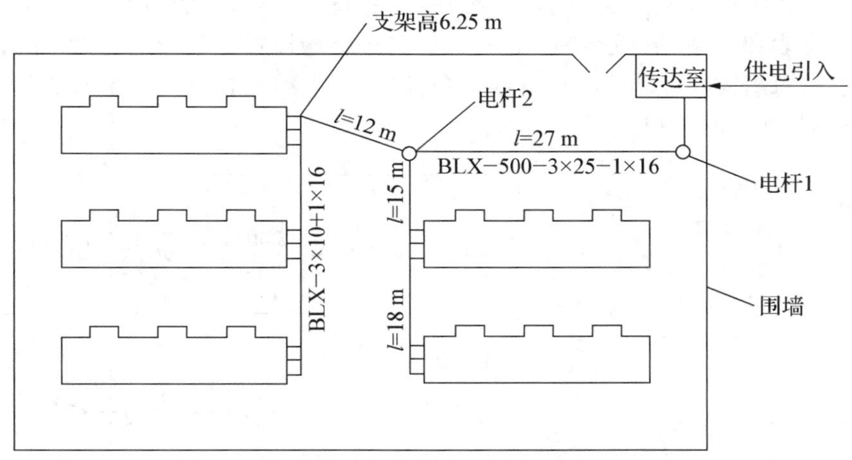

图 2-4-30　电气系统外线总平面图

图 2-4-31 为某宿舍一层电气系统平面图。图中表明：进户线是距地面高度为 3 m 的两根铝芯橡皮绝缘线，在墙内穿管暗敷设，管径为 20 mm。在⑧轴线走廊侧设有①号配电箱，暗装在墙内。配电箱尺寸及位置尺寸均已标出。从配电箱中分别引出①、②两条支路，每条支路各连接房屋一侧的灯具和插座，在②支路上还连有三盏球形走廊灯。从①号配电箱中还引上两根 4 mm^2 的铝芯橡皮绝缘线，用 15 mm 直径的管道暗敷在墙内引至二楼的配电箱内。

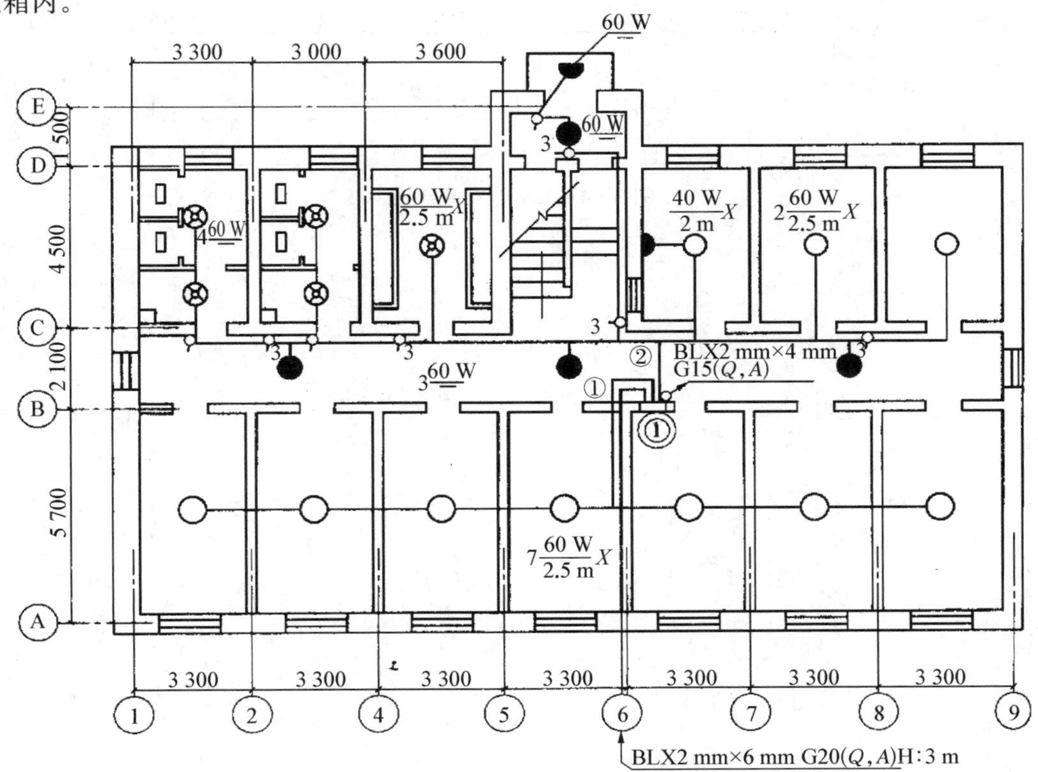

图 2-4-31　某宿舍一层电气系统平面图

图 2-4-32 所示为两层楼房的电气系统图。由图可知:各层的高度为 3 m,电源由底层入户,通过电度表和开关(闸)分别引入一、二层。每层均设置一个分配电盘,并由分配电盘引出几组支线,每组支线上均标有该支线的负荷,每组支线均各设一个熔断器(插保险),其出线数为灯具与插座的总和。

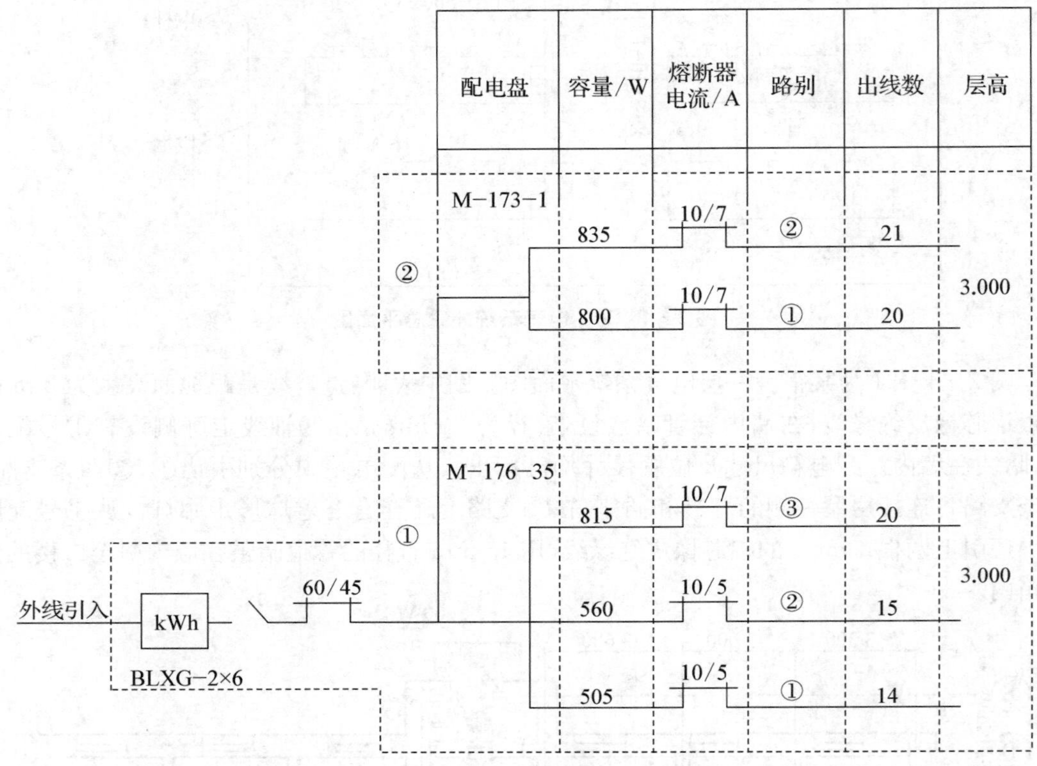

图 2-4-32　电气系统图

建筑材料

知识框架

建筑材料

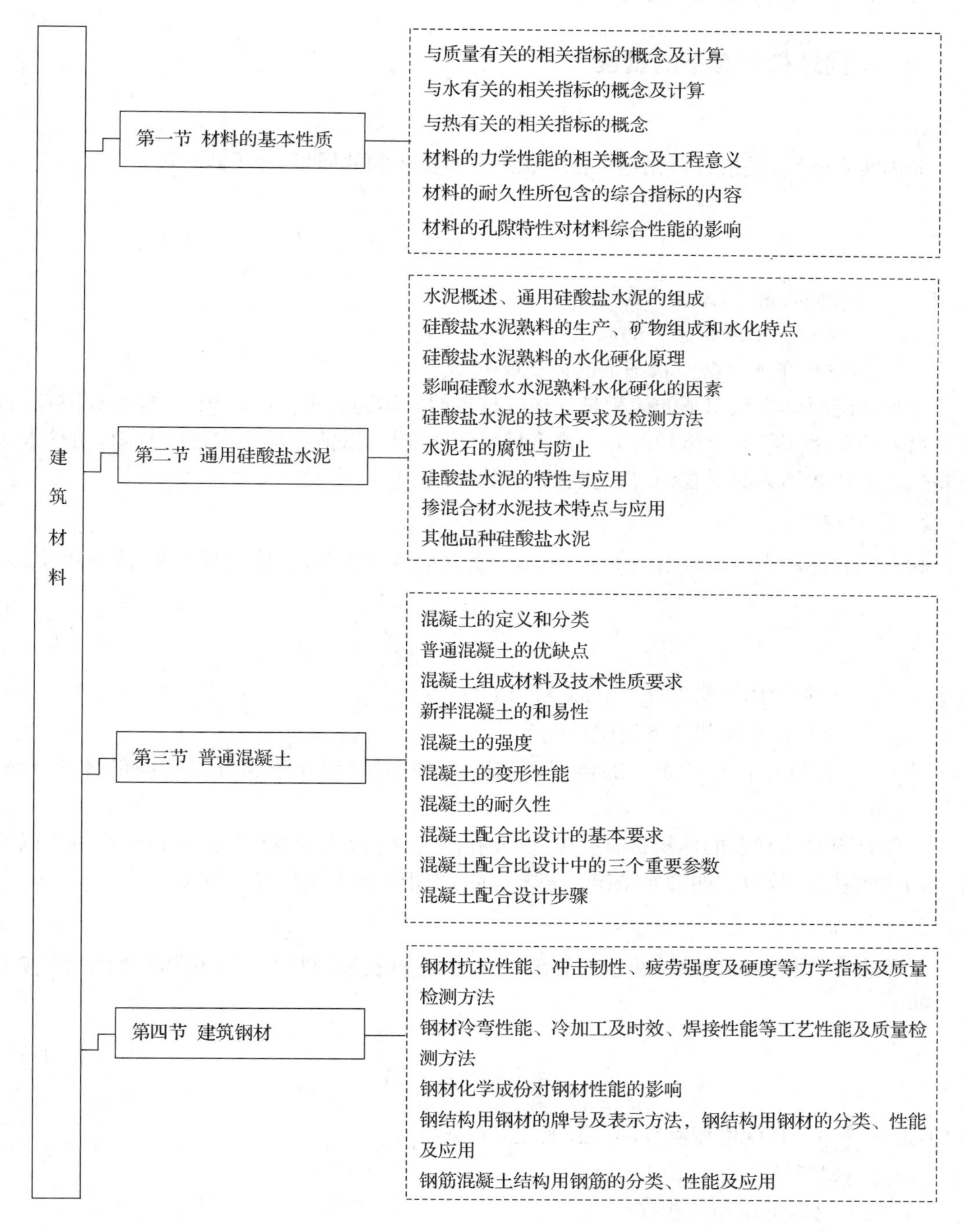

- 第一节 材料的基本性质
  - 与质量有关的相关指标的概念及计算
  - 与水有关的相关指标的概念及计算
  - 与热有关的相关指标的概念
  - 材料的力学性能的相关概念及工程意义
  - 材料的耐久性所包含的综合指标的内容
  - 材料的孔隙特性对材料综合性能的影响
- 第二节 通用硅酸盐水泥
  - 水泥概述、通用硅酸盐水泥的组成
  - 硅酸盐水泥熟料的生产、矿物组成和水化特点
  - 硅酸盐水泥熟料的水化硬化原理
  - 影响硅酸水水泥熟料水化硬化的因素
  - 硅酸盐水泥的技术要求及检测方法
  - 水泥石的腐蚀与防止
  - 硅酸盐水泥的特性与应用
  - 掺混合材水泥技术特点与应用
  - 其他品种硅酸盐水泥
- 第三节 普通混凝土
  - 混凝土的定义和分类
  - 普通混凝土的优缺点
  - 混凝土组成材料及技术性质要求
  - 新拌混凝土的和易性
  - 混凝土的强度
  - 混凝土的变形性能
  - 混凝土的耐久性
  - 混凝土配合比设计的基本要求
  - 混凝土配合比设计中的三个重要参数
  - 混凝土配合设计步骤
- 第四节 建筑钢材
  - 钢材抗拉性能、冲击韧性、疲劳强度及硬度等力学指标及质量检测方法
  - 钢材冷弯性能、冷加工及时效、焊接性能等工艺性能及质量检测方法
  - 钢材化学成份对钢材性能的影响
  - 钢结构用钢材的牌号及表示方法，钢结构用钢材的分类、性能及应用
  - 钢筋混凝土结构用钢筋的分类、性能及应用

第一节　材料的基本性能

考点1　材料与质量有关的相关指标的概念及计算

一、不同结构状态下的密度

1. 密度

又称实际密度，是指材料在绝对密实状态下单位体积的质量，按下式计算：

$$\rho=\frac{m}{V} \tag{3-1-1}$$

式中：ρ——材料的密度（g/cm^3或kg/m^3）；

m——材料在干燥状态下的质量（g或kg）；

V——材料在绝对密实状态下的体积（cm^3或m^3）。

材料在绝对密实状态下的体积是指构成材料的固体物质本身的体积，不包括孔隙在内；测量材料绝对密实状态下体积的方法是将材料磨成细粉，以消除材料内部的孔隙，用排水法测得的粉末体积即为材料在绝对密实状态下的体积。

2. 体积密度

材料在自然状态下，单位体积的质量称为材料的体积密度，也称表观密度，按下式计算：

$$\rho_0=\frac{m}{V_0} \tag{3-1-2}$$

式中：ρ_0——材料的体积密度（g/cm^3或kg/m^3）；

m——材料在干燥状态下的质量（g或kg）；

V_0——材料在自然状态下的体积，包括材料内部封闭孔隙和开口孔隙的体积（cm^3或m^3）。

由于材料自然状态的体积含有孔隙，因此在测定材料的体积密度时，材料的质量可以是任意的含水状态，故应注明含水情况。若未注明，均指干燥材料的体积密度。

3. 堆积密度

堆积密度是指散粒（粉状、粒状或纤维状）材料在自然堆积状态下单位体积的质量，按下式计算：

$$\rho'_0=\frac{m}{V'_0} \tag{3-1-3}$$

式中：ρ'_0——材料的堆积密度（g/cm^3或kg/m^3）；

m——材料的质量（g或kg）；

V'_0——材料的堆积体积（cm^3或m^3）。

散粒材料的松散体积包括固体颗粒体积、颗粒内部的孔隙体积和颗粒之间的空隙体积，如图 3－1－1 所示。测定散粒状材料的堆积密度时，材料的质量是指填充在一定容积的容器内的材料质量，其堆积体积指容器的容积，一般用容量筒测定。

堆积密度与材料的装填条件及含水状态有关，未注明时指气干状态的堆积密度。

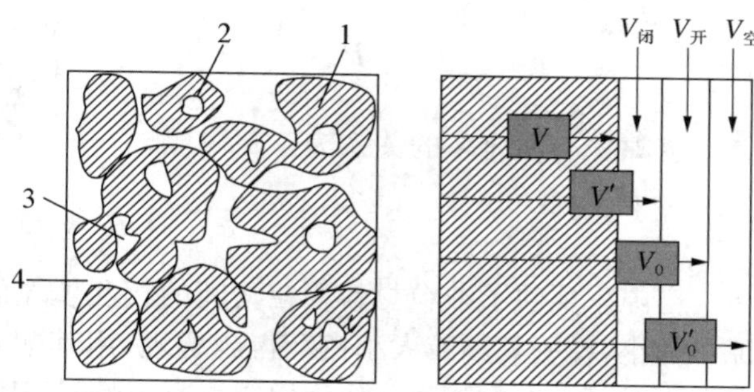

图 3－1－1　材料孔(空)隙及体积示意图

1—固体物质；2—闭口孔隙；3—开口孔隙；4—颗粒间隙

二、材料的密实度与孔隙率

1. 密实度

密实度是指材料体积内被固体物质所充实的程度，即固体物质的体积 V 占总体积 V_0 的比例。密实度反映了材料的致密程度，以 D 表示：

$$D=\frac{V}{V_0}\times 100\%=\frac{\rho_0}{\rho}\times 100\% \tag{3-1-4}$$

2. 孔隙率

孔隙率是指材料体积内，孔隙总体积占材料总体积的百分比。以 P 表示：

$$P=\frac{V_0-V}{V_0}=\left(1-\frac{V}{V_0}\right)=\left(1-\frac{\rho_0}{\rho}\right)\times 100\% \tag{3-1-5}$$

孔隙率与密实度的关系为：

$$P+D=1 \tag{3-1-6}$$

上式表明，材料的总体积是由该材料的固体物质与其所包含的孔隙所组成的。

三、材料的填充率与空隙率

1. 填充率

填充率是指散粒材料在某容器的堆积体积中，被其颗粒填充的程度，材料体积内被固体物质所充实的程度，即固体物质的体积 V 占总体积 V_0 的比例。密实度反映了材料的致密程度，以 D' 表示：

$$D'=\frac{V_0}{V_0'}\times 100\%=\frac{\rho_0'}{\rho_0}\times 100\% \tag{3-1-7}$$

2. 空隙率

空隙率是指散粒材料在某容器的堆积体积中，颗粒之间的空隙体积占堆积体积的百分比，以 P' 表示：

$$P'=\frac{V'_0-V_0}{V'_0}=1-\frac{V_0}{V'_0}=\left(1-\frac{\rho'_0}{\rho_0}\right)\times 100\% \tag{3-1-8}$$

空隙率与填充率的关系为：

$$P'+D'=1 \tag{3-1-9}$$

空隙率反映了散粒材料颗粒之间的相互填充的致密程度，对于混凝土的粗、细骨料，空隙率越小，说明其颗粒大小搭配得越合理，用其配制的混凝土越密实，水泥也越节约。配制混凝土时，砂、石空隙率可作为控制混凝土骨料级配与计算含砂率的依据。

【JC0101A・单选题】

1. 某颗粒材料的密度为 ρ，体积密度为 ρ_0，堆积密度为 ρ'_0，则存在下列关系（　　）

A. $\rho>\rho_0>\rho'_0$　　B. $\rho>\rho'_0>\rho_0$

C. $\rho_0>\rho>\rho'_0$　　D. $\rho'_0>\rho>\rho_0$

【答案】 A

【解析】 由三个密度的计算公式可知，密度采用的体积是绝对密实状态下的体积，体积密度采用体积包含了包括材料内部封闭孔隙和开口孔隙的体积，而堆积密度采用体积不仅含固体颗粒、颗粒内部孔隙体积还包含了颗粒间隙体积。故三者中密度最大，堆积密度最小。

【JC0101B・简答题】

材料的孔隙率与空隙率有什么区别？

【解析】 孔隙率是指材料体积内，孔隙体积占材料总体积的百分率，它与材料的密实度相对应；空隙率考虑的事材料颗粒之间的空隙，它研究的是散粒状材料的性质，与填充料相对应。

【JC0101C・计算题】

已知某种普通黏土砖 $\rho_0=1\ 700\ \text{kg/m}^3$，$\rho=2\ 500\ \text{kg/m}^3$。求其密实度和孔隙率。

【解析】 根据密实度计算式(1-4)得：

$$D=\rho_0/\rho\times 100\%=1\ 700/2\ 500\times 100\%=68\%$$

孔隙率：$P=1-D=32\%$

【JC0101D・计算题】

某材料在干燥状态下的质量为 115 g，自然状态下体积为 44 cm³，绝对密实状态下的体积为 37 cm³。试计算其密度、体积密度、密实度和孔隙率。

【解析】 根据题干可知：

$$m=115\ \text{g}, V=37\ \text{cm}^3, V_0=44\ \text{cm}^3$$

由式(3-1-1)计算密度：$\rho=m/V=115/37=3.11\ \text{g/cm}^3$

由式(3-1-2)计算体积密度：$\rho_0=m/V_0=115/44=2.61\ \text{g/cm}^3$

密实度：

$$D=\rho_0/\rho\times 100\%=2.61/3.11\times 100\%=84\%$$

孔隙率：$P=1-D=1-84\%=16\%$

【JC0101E·计算题】

某工程使用碎石，堆积密度为 1 560 kg/m^3，拟购进该种碎石 15 吨。问现有的堆料场（长 2 m、宽 4 m、高 1.5 m）能否满足堆放要求？

【解析】 对于碎石这种散粒材料，15 吨碎石自然堆放时其堆积体积：

$$V_0'=\frac{m}{\rho_0'}=15\times10^3/1\,560=9.62\ \mathrm{m}^3$$

现有的堆料场体积 $V=2\times4\times1.5=12\ \mathrm{m}^3$。

因为 $V>V_0'$，故现有的堆料场满足堆放要求。

考点 2　材料与水有关的相关指标的概念及计算

一、亲水性与憎水性

材料在空气中与水接触时能被水润湿的性质称为亲水性。典型的亲水性材料包括木材、砖石、混凝土等。

材料在空气中与水接触时不能被水润湿的性质，称为憎水性（也称疏水性）。典型的憎水性材料包括沥青、石蜡、玻璃等。

在材料、空气、水三相交界处，沿水滴表面作切线，切线与材料和水接触面所得的夹角 θ，称为润湿角。一般认为，$\theta\leqslant90°$，材料呈现亲水性；$\theta>90°$，材料呈现憎水性。两种材料的润湿示意图如图 3-1-2 所示。

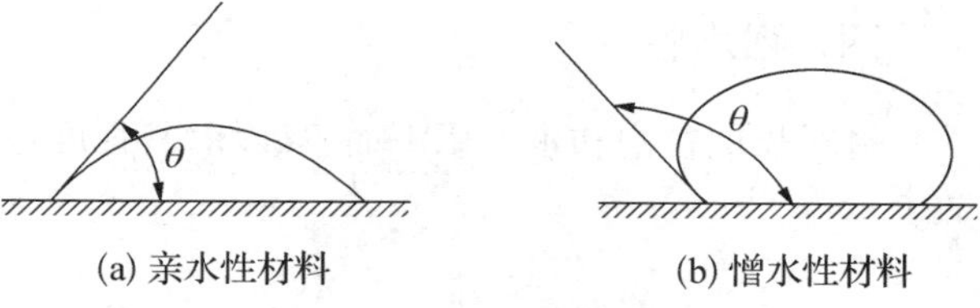

图 3-1-2　材料的润湿角示意图

二、吸水性

材料在浸水状态下吸入水分的能力称为吸水性。吸水性的大小以吸水率表示。

吸水率分为质量吸水率和体积吸水率两种。

质量吸水率：材料吸水饱和时，其所吸收水分的质量占材料干燥时质量的百分率，按下式计算：

$$W_{质}=\frac{M_{湿}-M_{干}}{M_{干}}\times100\% \tag{3-1-10}$$

式中：$W_{质}$——材料的质量吸水率（%）；

$M_{湿}$——材料吸水饱和后的质量（g）；

$M_{干}$——材料烘干到恒重的质量（g）。

体积吸水率：材料吸水饱和时，其所吸收水分的体积占干燥材料自然体积的百分率，可按下式计算：

$$W_{体}=\frac{V_{水}}{V_0}=\frac{M_{湿}-M_{干}}{V_0}\cdot\frac{1}{\rho_{水}}\times100\% \tag{3-1-11}$$

式中：$W_{体}$——材料的体积吸水率(%)；

$V_{水}$——材料在吸水饱和时，水的体积(cm^3)；

V_0——干燥材料在自然状态下的体积(cm^3)；

$\rho_{水}$——水的密度(g/cm^3)，在常温下为 1 g/cm^3。

质量吸水率与体积吸水率存在如下关系：

$$W_{体}=W_{质}\cdot\rho_0\cdot\frac{1}{\rho_{水}} \tag{3-1-12}$$

三、吸湿性

材料在潮湿空气中吸收水分的性质称为吸湿性，用含水率表示：

$$W_{含}=\frac{M_{含}-M_{干}}{M_{干}}\times 100\% \tag{3-1-13}$$

式中：$W_{含}$——材料的含水率(%)；

$M_{含}$——材料吸湿后的质量(g)；

$M_{干}$——材料干燥至恒重时的质量(g)。

四、耐水性

材料长期在饱和水作用下而不破坏，其强度也不显著降低的性质称为耐水性，用软化系数表示：

$$K_{软}=\frac{f_{饱}}{f_{干}} \tag{3-1-14}$$

式中：$K_{软}$——材料的软化系数；

$f_{饱}$——材料在水饱和状态下的抗压强度(MPa)；

$f_{干}$——材料在干燥状态下的抗压强度(MPa)。

材料的软化系数值越大，则耐水性越好。一般认为，软化系数大于 0.85 的材料称为耐水材料。

五、抗渗性

材料抵抗压力水渗透的性质称为抗渗性，或称不透水性。

材料的抗渗性通常用渗透系数 K 表示，渗透系数反映了材料抵抗压力水渗透的性质，K 值越大，材料的抗渗性越差。

建筑中大量使用的砂浆、混凝土等材料，其抗渗性用抗渗等级表示。抗渗等级用材抵抗的最大水压力来表示，如 P6、P8、P10、P12 等，分别表示材料可抵抗 0.6 MPa、0.8 MPa、1.0 MPa、1.2 MPa 的水压力而不渗水。材料的抗渗等级越大，材料的抗渗性越好。

六、抗冻性

抗冻性是指材料抵材料在吸水饱和状态下，抵抗多次冻融循环作用而不破坏，其强度也不显著降低的性质。

材料的抗冻性用抗冻标号 F_i 表示，如混凝土抗冻标号 F_{25} 表示混凝土能承受的最大冻融循环次数是 25 次。抗冻标号越高，材料的抗冻能力越强。

【JC0102A · 单选题】

材料在水中吸收水分的性质称为(　　)

A. 吸水性　　B. 吸湿性　　C. 耐水性　　D. 渗透性

【答案】 A

【解析】 材料在浸水状态下吸入水分的能力称为吸水性；材料在潮湿空气中吸收水分的性质称为吸湿性。

【JC0102B · 单选题】

含水率为 10%的湿砂 220 g，其中水的质量为(　　)

A. 19.8 g　　B. 22 g　　C. 20 g　　D. 20.2 g

【答案】 C

【解析】 根据 $W_{含}=(M_{含}-M_{干})/M_{干}$ 可得，$M_{干}=M_{含}/(1+W_{含})=220/(1+10\%)=$ 200 g，因此可得水的质量为 220 − 200 = 20 g。

【JC0102C · 单选题】

某材料吸水饱和后的质量为 20 kg，烘干到恒重时，质量为 16 kg，则材料的(　　)

A. 质量吸水率为 25%　　B. 质量吸水率为 20%

C. 体积吸水率为 25%　　D. 体积吸水率为 20%

【答案】 A

【解析】 根据质量吸水率 $W_{质}=(M_{湿}-M_{干})/M_{干}$ 可得，$W_{质}=(20-16)/16\times100\%=$ 25%。

【JC0102D · 单选题】

当材料的润湿角 θ(　　)时，称为憎水性材料。

A. $>90°$　　B. $\leqslant 90°$　　C. $=0°$　　D. $>135°$

【答案】 A

【解析】 润湿角 $\theta>90°$，材料呈现憎水性。

【JC0102E · 单选题】

某材料干燥时抗压强度为 42.0 MPa，其含水率与大气平衡时的抗压强度为 41.0 MPa，吸水饱和时抗压强度为 38.0 MPa，则该材料的软化系数和耐水性为(　　)。

A. 0.95，耐水　　B. 0.90，耐水

C. 0.97，不耐水　　D. 0.93，耐水

【答案】 B

【解析】 材料的软化系数是指材料在水饱和状态下的抗压强度与干燥状态下的抗压强度的比值，因此本题 $K_{软}=38.0/42.0=0.90$，大于 0.85，耐水。

【JC0102F · 判断题】

材料的渗透系数越大，其抗渗性能越好。　　(　　)

【答案】 ×

【解析】 渗透系数 K 反映了材料抵抗压力水渗透的性质，K 值越大，表明材料的透水

性越好但其抗渗性能越差。

【JC0102G·判断题】

材料的软化系数越大，其耐水性能越好。（　　）

【答案】 √

【解析】 耐水性指的是材料长期在饱和水作用下不破坏，其强度也不显著降低的性质。特别地，如果软化系数接近于1，则说明材料在水饱和状态下的抗压强度与材料在干燥状态下的抗压强度几乎相等，耐水性能很好。

【JC0102H·简答题】

建筑材料的亲水性和憎水性在建筑工程中有何实际意义？

【解析】 建筑材料大多为亲水性材料，如砖混凝土、木材等；而沥青、石蜡等为憎水性材料。憎水性材料有较好的防水效果，可做防水材料，也可对亲水性材料进行表面处理，以降低其吸水性。

【JC0102I·简答题】

材料的质量吸水率和体积吸水率有何不同？什么情况下采用体积吸水率来反映材料的吸水性？

【解析】 质量吸水率是材料所吸收水分的质量与材料干燥状态下质量的比值；体积吸水率是材料所吸收水分的体积与材料自然状态下体积的比值。一般轻质、多孔材料常用体积吸水率来反映其吸水性。

【JC0102J·计算题】

某工程现场搅拌混凝土，每罐需加入干砂120 kg，而现场砂的含水率为2%。计算每罐应加入湿砂为多少kg?

【解析】 由含水率计算公式：$W_{含}=(M_{含}-M_{干})/M_{干}$ 可得：$W_{含}=M_{含}=(1+W_{含})M_{干}$

将题干数据代入可求得：每罐应加入的湿砂质量为 $120\times(1+2\%)=122.4$ kg。

【JC0102K·计算题】

已知一块烧结普通砖的外观尺寸为240 mm×115 mm×53 mm，其孔隙率为37%，干燥时质量为2 487 g，浸水饱和后质量为2 984 g，试求该烧结普通砖的体积密度、实际密度以及质量吸水率。

【解析】 该砖的体积密度为：

$$\rho_0=\frac{m}{V_0}=\frac{2\,487}{24\times11.5\times5.3}=1.7\ \text{g/cm}^3$$

由孔隙率 $P=37\%$ 可求得密实度 $D=1-P=63\%$。

因为 $D=\rho_0/\rho$，从而求的该砖的密度为：

$$\rho=\frac{\rho_0}{D}=\frac{1.70}{63\%}=2.70\ \text{g/cm}^3$$

质量吸水率为：

$$W_{质}=\frac{M_{湿}-M_{干}}{M_{干}}=\frac{2\,984-2\,487}{2\,487}\times100\%=20.0\%$$

考点3　材料与热有关的相关指标的概念

一、导热性

当材料两面存在温度差时，热量从材料一面通过材料传导至另一面的性质，称为材料的导热性。

导热性用导热系数 λ 表示。λ 越大，表明材料的传热性能越好。

工程上各种材料的导热系数差别很大，常见建筑材料的导热系数范围是 0.035～3.5 W/(m·K)。工程中通常将 λ<0.23 W/(m·K)的材料称为绝热材料。

材料的导热系数越小，隔热保温效果越好。有隔热保温要求的建筑物宜选用导热系数小的材料作围护结构。

二、比热容

指材料加热时吸收热量，冷却时放出热量的性质。

比热容（简称比热）是反映材料的吸热或放热能力大小的物理量。采用比热容大的围护材料，对于保持室内温度稳定具有重要意义。

常见材料的导热系数及比热容见表 3-1-1。

表 3-1-1　常见材料的导热系数及比热容

材料	导热系数/[W·(m·K)$^{-1}$]	比热容/[J·(kg·K)$^{-1}$]	材料	导热系数/[W·(m·K)$^{-1}$]	比热容/[J·(kg·K)$^{-1}$]
铜	370	0.38	绝热纤维板	0.05	1.46
钢	55	0.46	玻璃棉板	0.04	0.88
花岗岩	2.9	0.80	泡沫塑料	0.03	1.30
普通混凝土	1.8	0.88	冰	2.20	2.05
普通黏土砖	0.55	0.84	水	0.58	4.19
松木(顺纹)	0.15	1.63	密闭空气	0.025	1.00

【JC0103A·单选题】

建筑上为使温度稳定并节约能源，应选用(　　)的材料

A. 导热系数和比热容均小　　B. 导热系数和比热容均大

C. 导热系数小而比热容大　　D. 导热系数大而比热容小

【答案】 C

【解析】 导热系数越大，表明材料的传热性能越好；比热容反映了材料的吸热或放热能力大小，比热大的材料，它单位时间内升温或降温需要吸收或放出的热量会更多，例如冬天常用的“热水袋”即采用水作为填充介质。因此，为使温度保持稳定并节约能源，应选择导热系数小、比热大的材料。

考点 4　材料的力学性能的相关概念及工程意义

一、材料的强度、比强度

1. 强度

材料的强度指材料抵抗外力(荷载)作用引起的破坏的最大能力。其值是以材料受力破坏时单位受力面积上所承受的力表示的,其通式可写为:

$$f = P/A \tag{3-1-15}$$

式中:f——材料的强度(MPa);

P——破坏荷载(N);

A——受荷面积(mm^2)。

根据外力作用方式的不同,材料强度有抗拉、抗压、抗剪、抗弯(抗折)强度等。这些强度一般是通过静力试验来测定的,因而总称为静力强度。图 3-1-3 所示为材料静力强度的分类。

工程上通常采用破坏试验法对材料强度进行实测:将预先制作的试件放置在试验机上,施加外力(荷载)直至破坏,根据试件尺寸和破坏时的荷载值,计算材料的强度。

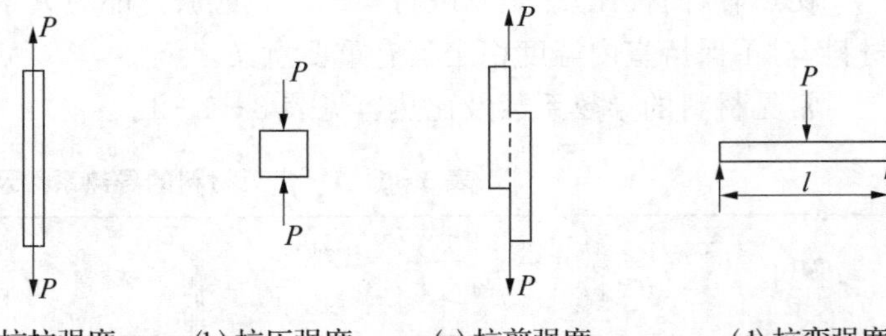

图 3-1-3　材料静力强度的分类

2. 比强度

比强度是衡量材料轻质高强性能的重要指标,其值等于材料强度与其表观密度之比。

几种常见材料的比强度值见表 3-1-2。从表 3-1-2 可知,木材的强度低于钢材,而木材的比强度远高于钢材,说明木材比钢材更为轻质高强。

表 3-1-2　常见材料的表观密度、强度、比强度比较

材料	表观密度/($kg \cdot m^{-3}$)	强度/MPa	比强度
低碳钢	7 850	420	0.053
铝材	2 700	170	0.063
铝合金	2 800	450	0.016
花岗岩	2 550	175(抗压)	0.069
石灰岩	2 500	140(抗压)	0.056
松木	500	10(顺纹抗拉)	0.200
普通混凝土	2 400	40(抗压)	0.017

二、材料的弹性和塑性

材料在外力作用下产生变形，当外力取消后，材料变形即可消失并能完全恢复原来形状的性质，称为弹性。这种当外力取消后瞬间内即可完全消失的变形，称为弹性变形(或瞬时变形)。

材料在外力作用下产生变形，如果取消外力，仍保持变形后的形状尺寸，并且不产生裂缝的性质，称为塑性。这种不能消失的变形，称为塑性变形(或永久变形)。

有些材料受力不大时，仅产生弹性变形；受力超过一定限度后，即产生塑性变形，如建筑钢材；有的材料受力时弹性变形和塑性变形同时产生，如果取消外力，则弹性变形可以消失，而其塑性变形则不能消失，称为弹塑性材料，普通混凝土硬化后可看作典型的弹塑性材料。材料的应力应变曲线如图 3－1－4 所示。

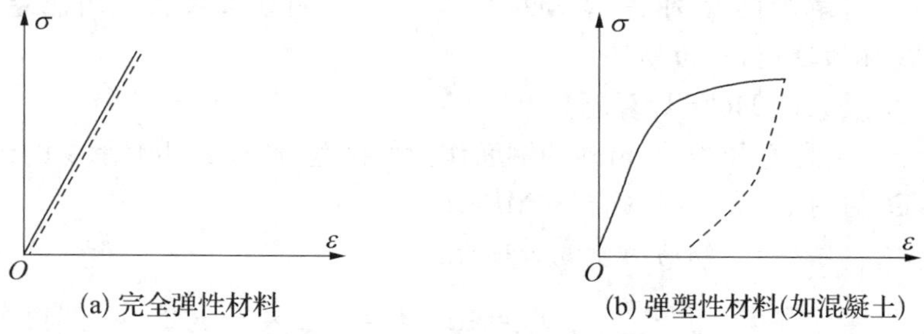

(a) 完全弹性材料　(b) 弹塑性材料(如混凝土)

图 3－1－4　材料的应力应变曲线

三、材料的脆性和韧性

当材料作用的外力达到一定限度后，材料突然破坏而又无明显的塑性变形的性质，称为脆性。脆性材料抵抗冲击荷载或震动作用的能力很差，其抗压强度比抗拉强度高得多(俗称耐压不耐拉)，且破坏后材料断口平齐，典型的脆性材料包括混凝土、玻璃、砖、石、陶瓷等。

在冲击、震动荷载作用下，材料能吸收较大的能量，产生一定的变形而不致被破坏的性能，称为韧性。韧性材料具有较好的抗冲击性能，其抗拉强度一般较大，破坏后材料断口不规则，建筑钢材、木材、塑料等属于韧性较好的材料。建筑工程中，对于要承受冲击荷载和有抗震要求的结构，其材料要考虑材料的冲击韧性。

四、材料的硬度和耐磨性

硬度是材料表面能抵抗其他较硬物体压入或刻画的能力。不同材料的硬度测定方法不同。按刻画法，矿物硬度分为 10 级(莫氏硬度)。其硬度递增的顺序依次为：滑石、石膏、方解石、萤石、磷灰石、正长石、石英、黄玉、刚玉、金刚石。木材、混凝土、钢材等的硬度常用钢球压入法测定(布氏硬度 HB)。

一般来说，硬度大的材料耐磨性较强，但不易加工。

耐磨性是材料表面抵抗磨损的能力。建筑工程中用于道路、地面、踏步等部位的材料，均应考虑其硬度和耐磨性。一般来说，强度较高且密实的材料，其硬度较大、耐磨性较好。

【JC0104A·单选题】

1. 在冲击荷载作用下，材料能够承受较大的变形也不致破坏的性能称为(　　)。

A. 弹性　　B. 塑性　　C. 脆性　　D. 韧性

【答案】 D

【解析】 在冲击、震动荷载作用下，材料能吸收较大的能量，产生一定的变形而不致被破坏的性能，称为韧性。

【JC0104B·单选题】

在土木工程中，对于要求承受冲击荷载和有抗震要求的结构，其所用材料，均应具有较高的(　　)。

A. 弹性　　B. 塑性　　C. 脆性　　D. 韧性

【答案】 D

【解析】 在冲击、震动荷载作用下，材料能吸收较大的能量，产生一定的变形而不致被破坏的性能，称为韧性。

【JC0104C·计算题】

公称直径为 20 mm 的钢筋作拉伸试验，测得其能够承受的最大拉力为 145 kN。计算钢筋的抗拉强度。(精确至 1 MPa)

【解析】 钢筋的横截面积为：

$$A = \pi d^2/4 = 3.14 \times 20 \times 20/4 = 314.2\ \text{mm}^2$$

根据公式 $f = P/A$ 可得，该钢筋的抗拉强度为：

$$f = 145 \times 10^3/314.2 = 461\ \text{MPa}$$

考点 5　材料的耐久性

耐久性泛指材料在长期使用过程中，在环境因素作用下，能保持其原有性能而不变质、不破坏的性质。它是一种复杂的、综合的性质。材料在使用过程中，除受到各种外力作用外，还要受到环境中各种自然因素的破坏作用。环境因素的破坏作用主要是物理作用、化学作用及生物作用等。

实际上，影响材料耐久性的原因是内因和外因共同作用的结果，即耐久性是一项综合性指标。它包括抗渗性、抗冻性、抗风化性、抗老化性、耐蚀性、耐热性、耐磨性等多方面的内容。

对材料耐久性的判断，需要在使用条件下进行长期的观察和测定。通常的做法是根据工程对所用材料的使用要求，在实验室进行有关的快速试验，如干湿循环、冻融循环、加湿与紫外线干燥循环、碳化、盐溶液浸渍与干燥循环、化学介质浸渍等，并据此作出耐久性判断。

例如，矿物质材料的抗冻性可以综合反映材料抵抗温度变化干湿变化等风化作用的能力，因此抗冻性可作为矿物质材料抵抗周围环境物理作用的耐久性综合指标。在水利工程中，处于温暖地区的结构材料，为抵抗风化作用对材料提出了一定的抗冻性要求。

考点 6　材料的孔隙特性对材料综合性能的影响

一、材料的孔隙特性

材料的孔隙构造特征对建筑材料的各种基本性质具有重要的影响，一般可由孔隙率、孔隙连通性和孔隙直径3个指标来描述。

孔隙率是指孔隙在材料体积中所占的比例，孔隙率的大小及孔隙本身的特征与材料的许多重要性质（如强度、吸水性、抗渗性、抗冻性和导热性等）都有密切关系。一般而言，孔隙率较小且连通孔较少的材料，其吸水性较小、强度较高、抗渗性和抗冻性较好、绝热效果好。

孔隙按其连通性可分为连通孔、封闭孔和半连通孔（或半封闭孔）。连通孔是指孔隙之间、孔隙和外界之间都连通的孔隙（如木材、矿渣）；封闭孔是指孔隙之间、孔隙和外界之间都不连通的孔隙（如发泡聚苯乙烯、陶粒）；介于两者之间的称为半连通孔或半封闭孔。一般情况下，连通孔对材料的吸水性、吸声性影响较大，而封闭孔对材料的保温隔热性能影响较大。

孔隙按其直径的大小可分为粗大孔、毛细孔、微孔。粗大孔是指直径大于毫米级的孔隙，这类孔隙对材料的密度、强度等性能影响较大，如矿渣。毛细孔是指直径在微米至毫米级的孔隙，对水具有强烈的毛细作用，主要影响材料的吸水性、抗冻性等性能，这类孔在多数材料内都存在，如混凝土、石膏等。微孔的直径在微米级以下，其直径微小，对材料的性能反而影响不大，如瓷质及炻质陶瓷。

二、孔隙特性对材料各项性能的影响

1. 对吸水性的影响

材料的吸水性不仅取决于材料本身是亲水的还是憎水的，还与其孔隙率的大小及孔隙特征有关。封闭的孔隙实际上是不吸水的，只有那些开口而尤以毛细管连通的孔才是吸水最强的。粗大开口的孔隙，水分又不易存留，难以吸足水分，故材料的体积吸水率常小于孔隙率，这类材料常用质量吸水率表示它的吸水性；而对于某些轻质材料，如加气混凝土、软木等，由于具有很多开口而微小的孔隙，所以它的质量吸水率往往超过100%，即湿质量为干质量的几倍，在这种情况下，常用体积吸水率表示其吸水性。

材料在吸水后，原有的许多性能会发生改变，如强度降低、表观密度加大、保湿性差，甚至有的材料会因吸水发生化学反应而变质。因此，吸水率大对材料性能是不利的。

2. 对抗渗性的影响

材料抗渗性的好坏与材料的孔隙率和孔隙特征有密切关系。孔隙率很小而且是封闭孔隙的材料具有较高的抗渗性。对于地下建筑及水工构筑物，因常受到压力水的作用，故要求材料具有一定的抗渗性；对于防水材料，则要求具有更高的抗渗性。

3. 对导热性的影响

材料的导热系数越小，绝热性能越好。各种建筑材料的导热系数差别很大，大致在0.035～3.5 W/(m·K)之间。

材料的导热系数与其内部的孔隙构造有密切关系。由于密闭空气的导热系数很小，仅0.023 W/(m·K)，所以材料的孔隙率较大者其导热系数较小；但如果孔隙粗大而贯通，由于对流作用的影响，材料的导热系数反而增高。材料受潮或受冻后，其导热系数会大大提高。这是由于水和冰的导热系数比空气的导热系数高很多，分别为0.58 W/(m·K)和2.20 W/(m·K)。因此，绝热材料应经常处于干燥状态，以利于发挥材料的绝热效能。

建筑工程中对需要保温隔热的建筑物或部位，要求所用材料的孔隙率较大且为封闭孔。

4. 对抗冻性的影响

抗冻性的高低与材料孔隙率、孔隙特征及材料强度有关，孔隙率小且连通孔较少的材料其抗冻性较好。冰冻的破坏作用是因材料孔隙中的水分结冰所致。当材料孔隙中充满水，且水温降至冰点或冰点以下时，水结冰约产生9%的体积膨胀，使材料孔壁产生拉应力，造成孔壁开裂。随着冻融循环反复，材料破坏逐渐加剧。

建筑工程中，常通过提高材料的密实度等措施来改善其抗冻性。

5. 对强度的影响

材料的强度与组成及结构有关。一般来说，材料的孔隙率越大强度越小；材料的强度还与检测时试件的形状、尺寸、含水状态、环境温度、加荷速度等有关。同种材料，试件尺寸小时所测强度值高；加荷速度快时强度值高；试件表面粗糙时强度值高。如果材料含水率增大，环境温度升高，都会使材料强度降低。

【JC0106A · 单选题】

材料的孔隙率增大时，其性质保持不变的是(　　)

A. 体积密度　　B. 堆积密度　　C. 密度　　D. 强度

【答案】 C

【解析】 密度是指材料在绝对密实状态下单位体积的质量，与孔隙率无关。测定体积密度、堆积密度和强度时，其值的大小都会受到孔隙特性的影响。

【JC0106B · 判断题】

建筑工程中对于需要保温隔热的建筑物或部位，应选用孔隙率较大且为封闭孔的材料。(　　)

【答案】 √

【解析】 由于密闭空气的导热系数很小，仅0.023 W/(m · K)，所以材料的孔隙率较大者其导热系数较小。封闭孔，无法实现空气的对流，故保温隔热性好。

【JC0106C · 判断题】

同种材料，孔隙率相同时，强度也相同。(　　)

【答案】 ×

【解析】 材料的强度不仅与孔隙特性有关，还与检测时试件的形状、尺寸、含水状态环境温度、加荷速度等有关。

【JC0106D · 简答题】

建筑材料的亲水性和憎水性在建筑工程中有何实际意义？

【解析】 建筑材料大多为亲水性材料，如砖混凝土、木材等；而沥青、石蜡等为憎水性材料。憎水性材料有较好的防水效果，可做防水材料，也可对亲水性材料进行表面处理，以降低其吸水性。

【JC0106E · 简答题】

材料的质量吸水率和体积吸水率有何不同？什么情况下采用体积吸水率来反映材料的吸水性？

【解析】 质量吸水率是材料所吸收水分的质量与材料干燥状态下质量的比值；体积吸水率是材料所吸收水分的体积与材料自然状态下体积的比值。一般轻质、多孔材料常用体积吸水率来反映其吸水性。

【JC0106F·简答题】

材料的抗渗性好坏主要与哪些因素有关？怎样提高材料的抗渗性？

【解析】 材料的抗渗性好坏主要与材料的亲水性、憎水性、材料的孔隙率、孔隙特征等因素有关。提高材料的抗渗性主要应提高材料的密实度、减少材料内部的开口孔和毛细孔的数量。

第二节　通用硅酸盐水泥

考点 7　硅酸盐水泥熟料的矿物组成、水化特性及其对水泥性能的影响

一、水泥概述

水泥起源于 19 世纪英国，发展到现在已经有 100 多个品种。水泥是现代建筑、水利、电力、国防建设等工程的重要材料，是制造混凝土、钢筋混凝土、预应力混凝土构件、配制砂浆的最重要的材料之一。

1. 水泥的分类

(1) 水泥按照化学成分分类

按照化学成分可分为硅酸盐水泥（波特兰水泥）、硫铝酸盐水泥、铁铝酸盐水泥、氟铝酸盐水泥等。

(2) 水泥按照用途分类

可分为通用硅酸盐水泥、专用水泥和特性水泥。

①通用硅酸盐水泥（GB 175—2007）

通用硅酸盐水泥是目前工程中用量最大、应用面最广的水泥品种，主要包括硅酸盐水泥、普通硅酸盐水泥、矿渣硅酸盐水泥、火山灰质硅酸盐水泥、粉煤灰硅酸盐水泥和复合硅酸盐水泥六大种类。

②专用水泥

专用水泥就是有专门用途的水泥，比如，砌筑水泥（GB/T 3183—2017）和油井水泥（GB/T 10238－2015）两种。

③特性水泥

是指具有某种使用特性的水泥，比如具有放热低或者早期强度高等特性。主要包括快硬水泥、膨胀水泥、抗硫酸盐水泥、中热硅酸盐水泥、低热硅酸盐水泥等。

二、通用硅酸盐水泥的组分和组成

通用硅酸盐水泥是以硅酸盐水泥熟料和适量的石膏及规定的混合材料制成的水硬性胶凝材料，是工程中用量最大的一类水泥，所以本节从硅酸盐水泥熟料入手，对硅酸盐水泥的技术性能等做详细的阐述，其他常用品种水泥与硅酸盐水泥的技术性质相比较就更容易掌握本部分知识。从表 3－2－1 可以看出来通用硅酸盐水泥各个品种组分和组成。

表 3-2-1 通用硅酸盐水泥(GB175-2007)组分和组成

水泥品种	代号	熟料和混合材料的组成				
		熟料+石膏	粒化高炉矿渣	火山灰质混合材料	粉煤灰	石灰石
硅酸盐水泥	P·I	100	—	—	—	—
	P·Ⅱ	≥95	≤5	—	—	—
		≥95	—	—	—	≤5
普通硅酸盐水泥	P·O	≥80 且<95	>5 且≤20[a]			
矿渣硅酸盐水泥	P·S·A	≥50 且<80	>20 且≤50[b]	—	—	—
	P·S·B	≥30 且<50	>50 且≤70[b]	——	—	—
火山灰质硅酸盐水泥	P·P	≥60 且<80	—	>20 且≤40[c]	—	—
粉煤灰硅酸盐水泥	P·F	≥60 且<80	—	—	>20 且≤40[d]	—
复合硅酸盐水泥	P·C	≥50 且<80	>20 且≤50e			

三、硅酸盐水泥

硅酸盐水泥是以硅酸钙为主的硅酸盐水泥熟料、5%以下的石灰石或粒化高炉矿渣和适量石膏磨细制成的水硬性胶凝材料,国际上统称为波特兰水泥。硅酸盐水泥分为两种类型,不掺加混合材料的称为Ⅰ型硅酸盐水泥,代号为P.Ⅰ;掺加不超过水泥质量5%的石灰石或粒化高炉矿渣混合材料的称为Ⅱ型硅酸盐水泥,代号为P.Ⅱ。

1. 硅酸盐水泥的原料

水泥的原料提供的化学成分在高温下发生了复杂的反应,生成了更为复杂的矿物组成,也正是这些矿物组成与水反应生成了水化晶体和胶体,最后凝结硬化为一个整体。

原料:
- 石灰石质原料→提供 CaO
- 粘土质原料→提供 SiO_2、Al_3O_2、Fe_3O_2
- 铁质校正原料→提供 Fe_3O_2

2. 硅酸盐水泥的生产工艺

硅酸盐水泥是由原料等按比例混合磨细,得到生料。生料在约 1 450 ℃下煅烧,得到熟料。熟料加入石膏和混合材料,磨细之后就得到粉末状材料,这就是两磨一烧的过程。

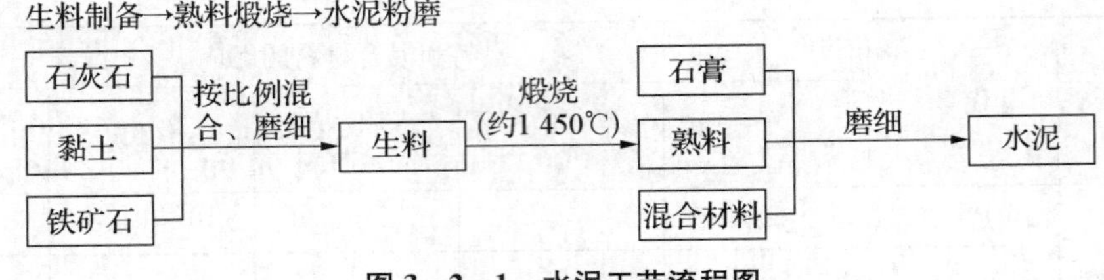

图 3-2-1　水泥工艺流程图

3. 硅酸盐水泥熟料的矿物组成、矿物特性和水化机理

(1) 熟料矿物组成：

硅酸盐水泥由主要含 CaO、SiO_2、Al_2O_3、Fe_2O_3 的石灰石质原料、粘土质原料、铁质校正原料，按适当比例磨成细粉烧至部分熔融所得以硅酸钙为主要矿物成分的水硬性胶凝物质。其中硅酸钙矿物不小于 66%，氧化钙和氧化硅质量比不小于 2.0。

①主要矿物组成(95%)

硅酸三钙(C_3S)：$3CaO \cdot SiO_2$　　37%～60%

硅酸二钙(C_2S)：$2CaO \cdot SiO_2$　　15%～37%

铝酸三钙(C_3A)：$3CaO \cdot Al_2O_3$　　7%～15%

铁铝酸四钙(C_4AF)：$4CaO \cdot Al_2O_3 \cdot Fe_2O_3$　　10%～18%

②其它(组成 5%)

还含少量的游离氧化钙(f—CaO)，游离氧化镁(f—MgO)和玻璃体

生料在煅烧过程中，形成以硅酸钙为主要矿物成分的熟料矿物。这四种熟料矿物决定着硅酸盐水泥的主要性能，一般硅酸盐水泥熟料中，这四种矿物组成占 95 以上，其中硅酸盐矿物 C_3S 和 C_2S 约占 75%左右，C_3A 和 C_4AF 约占 22%左右。因为硅酸盐矿物含量高，所以叫作硅酸盐水泥。在硅酸盐水泥熟料中，假如生料配料不当，生料过烧或煅烧不良时，熟料中就会出现没有被吸收的以游离状态存在的氧化钙和氧化镁，常称为游离氧化钙和氧化镁，对水泥的体积安定性产生不良影响。

(2) 硅酸盐水泥的熟料矿物特性与水化反应机理

①硅酸三钙(C_3S)

$$2(3CaO \cdot SiO_2)+6H_2O = 3CaO \cdot 2SiO_2 \cdot 3H_2O(\text{胶体})+3Ca(OH)_2(\text{晶体})$$

水化速度快，水化反应主要在 28 d 以内进行，一年后水化基本结束。早期强度高，由于质量比例大，强度的绝对值和增进率较大。对水泥的硬化强度贡献大，其 28 d 强度可达到一年强度的 70%～80%。水化热较高。

②硅酸二钙(C_2S)

$$2(2CaO \cdot SiO_2)+4H_2O = 3CaO \cdot 2SiO_2 \cdot 3H_2O(\text{胶体})+Ca(OH)_2(\text{晶体})$$

水化反应比 C_3S 慢得多，28 d 只水化 20%左右，凝结硬化慢；水化热小，早期强度低，但

28 d 后强度仍能较快增长，一年后其强度可赶超 C_3S。

③铝酸三钙（C_3A）

$3CaO \cdot Al_2O_3 + 6H_2O = 3CaO \cdot Al_2O_3 \cdot 6H_2O$（晶体）

水化凝结最快，早期强度较高，其强度 3 d 之内大部分发挥出来，以后几乎不增长，甚至倒缩；水化热高；抗硫酸盐性能差。

由于 C_3A 水化快凝结快，易使水泥发生闪凝现象。加入适量石膏与水化铝酸钙反应生成水化硫铝酸钙针状晶体（钙矾石）。该晶体难溶，包裹在水泥熟料的表面上，形成保护膜，阻碍水分进入水泥内部，使水化反应延缓下来，从而避免了水泥熟料水化产生闪凝现象。所以，石膏在水泥中起调节凝结时间的作用。具体反应如下：

$3CaO \cdot Al_2O_3 \cdot 6H_2O + 26H_2O + 3(CaSO_4 \cdot 2H_2O) = 3CaO \cdot Al_2O_3 \cdot 3CaSO_4 \cdot 32H_2O$（钙矾石晶体）

如果石膏掺加量正好在水化初期用完，是安全的，而且钙矾石晶体还能够增加了水泥石硬化的强度。但是如果石膏掺量过大，就会在水泥凝结硬化以后还会发生上述的钙矾石反应，钙矾石体积膨大 1.5 倍，就会产生膨胀破坏，使水泥的体积安定性不良。

④铁铝酸四钙（C_4AF）

$4CaO \cdot Al_2O_3 \cdot Fe_2O_3 + 7H_2O = 3CaO \cdot Al_2O_3 \cdot 6H_2O$（晶体）$+ CaO \cdot Fe_2O_3 \cdot H_2O$（胶体）

水化速度早期介于 C_3A、C_3S 间，后期的发展不如 C_3S；早期强度似 C_3A，后期能增长，似 C_2S；水化热较 C_3A 低，抗冲击性能和抗硫酸盐性能较好。硅酸盐水泥熟料矿物组成强度增长情况见图 3－2－2 所示。

综上所述，硅酸盐水泥熟料水化后的主要水化产物有：水化硅酸钙（70%）胶体，氢氧化钙（20%）晶体，水化铝酸钙晶体，水化硫铝酸钙晶体，水化铁酸钙胶体。

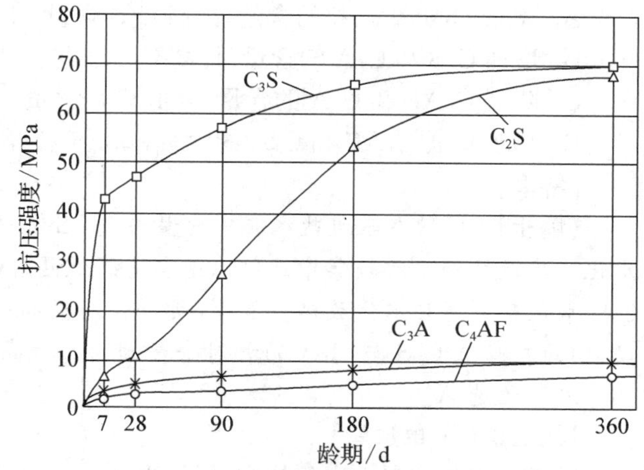

图 3－2－2 熟料矿物组成强度增长情况

硅酸盐水泥熟料的四种主要矿物组成和矿物特性见表 3－2－2 所示，由于各种矿物组成与水作用时所表现出的特性不同。所以，改变熟料矿物成分之间的比例，水泥的性质就会发生相应的变化。可以通过改变矿物组成的含量，生产不同品种的水泥，如提高硅酸三钙 C_3S 的相对含量，即可制得高强水泥和早强水泥等。提高 C_2S 的含量和降低 C_3A 可以生产低热水泥。

表 3-2-2　硅酸盐水泥熟料的矿物组成和特性

矿物名称		硅酸三钙	硅酸二钙	铝酸三钙	铁铝酸四钙
化学式		$3CaO \cdot SiO$	$2CaO \cdot SiO_2$	$3CaO \cdot Al_2O_3$	$4CaO \cdot Al_2O_3 \cdot Fe_2O_3$
简写		C_3S	C_2S	C_3A	C_4AF
水泥中的量,%		37～60	15～37	7～15	10～18
水化速度(平均)		快	最慢	最快	较快
水化放出热量		放热快	放热慢	放热最快	放热快
强度	强度贡献	最大	大(早低后高)	最小	较大(主要是抗折)
	强度发展	快	慢	最快	较快
抗腐蚀性		中	良	差	优

【JC0201A·单选题】

硅酸盐水泥中对强度起重要作用的矿物是(　　),早期强度低但后期强度高的矿物是(　　)。

A. C_3S 和 C_3A　　B. C_3S 和 C_2S　　C. C_4AF 和 C_3A　　D. C_3A 和 C_2S

【答案】 B

【解析】 C_3S 在硅酸盐水泥中含量最高,而且它持续提供水泥的早期强度和后期强度,特别是早期强度。所以在整个硅酸盐水泥硬化过程中其对强度的提供起到了主要的作用。C_2S 主要是早期水化反应特别慢,在水化初期基本不反应,所以对水泥的早期强度贡献很小,主要提供的是后期的强度,而且持续提供。故选 B。

【JC0201B·单选题】

如果想要通过改变硅酸盐水泥熟料的矿物组成来生产一种低热水泥,请选择矿物组成正确的一组(　　)

A. 降低 C_3S 和 C_3A 的含量,提高 C_2S 含量。

B. 增加 C_3S 和 C_3A 的含量,提高 C_2S 含量。

C. 降低 C_4AF 和 C_3A 的含量,降低 C_2S 含量。

D. 增加降低 C_4AF 和 C_3A 的含量,降低 C_2S 含量。

【答案】 A

【解析】 C_3S 在硅酸盐水泥中含量最高,且放热量排名第二;C_3A 虽然含量不高,但是水化速度最快而且比较集中。所以适当地降低两者的含量可以降低水泥的水化热。又因为 C_2S 水化反应慢且水化放热量最小,所以相对提高一下 C_2S 含量对降低水化热有很大的帮助,因此在降低 C_3S 与 C_3A 的相对含量的同时提高提高 C_2S 含量,即可制得低热水泥或中热水泥。故选 A。

【JC0201C·单选题】

硅酸盐水泥熟料中水化热大,提供强度也高的矿物组成是(　　)

A. C_3S　　B. C_3A　　C. C_4AF　　D. C_2S

【答案】 A

【解析】 C_3S 在硅酸盐水泥中含量最高,且放热量排名第二;主要提供早期强度,其后期强度也不低。是水泥石强度的主要提供矿物成分。故选A。

4. 硅酸盐水泥的其他组成

硅酸盐水泥除了95%—100%熟料外,还掺有少量的石膏和混合材料。这两种组成材料的作用和意义如下:

(1) 石膏

所掺石膏主要采用天然石膏和工业副产石膏。

石膏在水泥的重要组成,虽然只占到5%左右甚至更少,却非常重要。水泥中若没有石膏,混凝土在搅拌过程中就会迅速凝固,导致无法搅拌、运输和施工。这是因为石膏有缓凝作用,其缓凝机理在水泥水化硬化中陈述。

(2) 混合材料

在生产水泥时,为改善水泥性能,调节水泥强度等级,而加到水泥中的人工的或天然的矿物材料,称为水泥混合材料。水泥混合材料通常分为活性混合材料和非活性混合材料两大类。

①活性混合材料

符合活性标准要求的粒化高炉矿渣、粒化高炉矿粉、火山灰质混合材料、粉煤灰。它们与水调和后,本身不会水化或水化极为缓慢,强度很低。但在碱性激发剂(氢氧化钙)作用下就会发生显著的水化,而且在饱和氢氧 化钙溶液中水化速度更快。活性混合材改善了水泥的某些性能、扩大水泥强度等级范围、降低水化热等具体见本章第五节详解。

②非活性混合材料

低于活性标准要求的各类活性混合材、磨细的石英砂、石灰石、黏土、砂岩等。它们与水泥成分不起化学作用或化学作用很小,非活性混合材料掺入硅酸盐水泥中仅起提高水泥产量和降低水泥强度、减少水化热等作用。

考点8 硅酸盐水泥凝结硬化的原理

一、硅酸盐水泥的凝结硬化原理

水泥加水拌和形成具有一定流动性和可塑性的浆体,经过物理化学变化逐渐变稠失去可塑性,并硬化成结实的水泥石的过程叫作水泥的凝结硬化。

1. 硅酸盐水泥的凝结

当水泥加水拌和后,在水泥颗粒表面立即发生水化反应,此时的水泥浆体具有可塑性和流动性,生成的水化产物包裹着未水化的水泥颗粒,阻隔了水泥颗粒与水进一步接触,使水化反应变慢。当生成的水化产物立即溶于水中后,使水泥颗粒又暴露出一层新的表面,水化反应继续进行。随着生成的胶体状水化产物不断增多并在某些点接触,构成疏松的网状结构,少量水化产物中的晶体穿插在网状结构中。此时的浆体失去流动性及可塑性,这就是水泥的凝结。

2. 硅酸盐水泥的硬化

随着水泥水化产物中水化硅酸钙凝胶、氢氧化钙和水化硫铝酸钙晶体等水化产物不断增多,疏松的网状结构连接得更加紧密,变成了致密的网状结构,并在网状结构内部不断充实水化产物晶体,这种结构越来越密实最终形成水泥石,也就是我们所说的水泥的硬化。随着硬化时间(龄期)的增长,水泥颗粒内部未水化部分将继续水化,使晶体继续增多,凝胶体更加密实,水泥石的强度会继续增长,也就是说水泥强度的增长是不断发展的,甚至十几年内都在增长强度。

二、硅酸盐水泥凝结硬化产物的微观构成

由上可知,硬化后的水泥石是晶体、胶体、未水化完的水泥熟料颗粒、游离水分和大小不等的孔隙组成的不均质结构体,如图 3-2-3 所示。

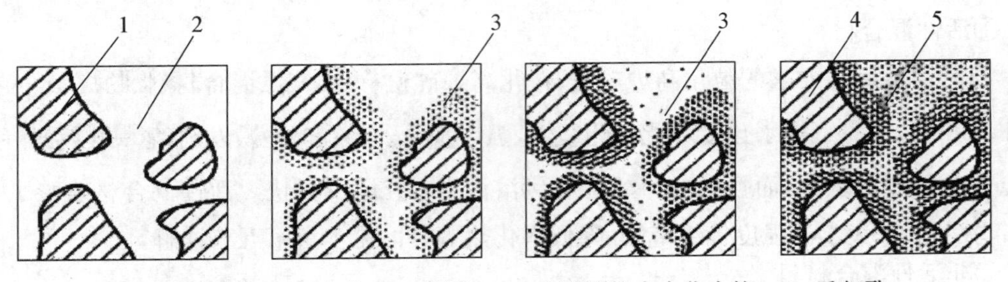

1—水泥颗粒　2—水分　3—凝胶　4—水泥颗粒未水化内核　5—毛细孔

图 3-2-3　水泥的凝结硬化过程

水泥的凝结和硬化的时间的早晚对水泥在工程中应用影响很大。如果水泥凝结过早,水泥就很可能在拌制、运输和施工过程中就硬化了,这样就不利于施工。如果水泥凝结时间太晚了,就不方便水泥混凝土工程的按期拆模,影响施工进度和施工效率。因为 GB 175—2007 标准规定了水泥的凝结时间,硅酸盐水泥的初凝时间不早于 45 min 终凝时间不得晚于 390 min。

水泥石强度的增长还与环境的温、湿度有关系。温、湿度越高,水化速度越快,则凝结硬化快;反之,则慢。若水泥石在完全干燥的情况下,水化就无法进行,硬化停止,强度不再增长,因此混凝土构件浇筑后应加强洒水养护。当温度低于 0℃时,水化基本停止,因此,低温或冬期施工时,需要采取保温措施,保证水泥凝结硬化正常进行。甚至天气过于寒冷情况下,进行停工。

【JC0202A · 单选题】

水泥中加入活性混合材的目的是(　　)

A. 环保利费,满足水泥强度要求　　B. 增加水泥的产量

C. 调整水泥的强度　　D. 降低水泥的强度

【答案】 A

【解析】 因为很多活性混合材料都是工业副产品，比如粉煤灰是煤燃烧的烟道灰，极冷粒化高炉矿渣是炼钢后的钢渣，都是工业废料，但是他们具有潜在的化学活性，又能参加水泥的二次水化，补充了熟料少带来的强度的损失，所以正确答案是 A。

【JC0202B · 单选题】

根据上面所学请分析一下引起硅酸盐水泥体积安定性不良的原因有哪些(　　)

A. 过量石膏

B. 游离氧化钙(f - CaO)，游离氧化镁(f - MgO)

C. A+B

D. 熟料过量

【答案】 C

【解析】 熟料中所含的游离氧化钙或氧化镁都是过烧的，熟化很慢，在水泥硬化后才进行熟化，这是一个体积膨胀的化学反应，会引起不均匀的体积变化，使水泥石开裂。石膏掺量过多，在水泥硬化后，它还会继续与固态的水化铝酸钙反应生成高硫型水化硫铝酸钙(钙矾石)，体积约增大 1.5 倍，也会引起水泥石开裂，使水泥的体积安定性不良。故选 B。

【JC0202C · 单选题】

硅酸盐水泥中掺入石膏的目的是(　　)

A. 增加水泥强度

B. 改善水泥品种

C. 调节凝结时间，缓凝作用

D. 增加水泥的产量

【答案】 C

【解析】 C_3A 水化快凝结最快，易使水泥闪凝。加入适量石膏与水化铝酸钙反应生成水化硫铝酸钙针状晶体(钙矾石)。该晶体难溶，包裹在水泥熟料的表面上，形成保护膜，阻碍水分进入水泥内部，使水化反应延缓下来，所以，石膏在水泥中起调节凝结时间的作用。故选 C。

考点 9　影响硅酸盐水泥凝结硬化的主要因素

一、影响硅酸盐水泥凝结硬化的主要因素

1. 水泥熟料的矿物组成

水泥的矿物组成成分及各组分的比例是影响水泥凝结硬化的最主要因素。如前所述，不同矿物成分单独和水起反应时所表现出来的特点是不同的。如水泥中提高 C_2S 的含量，将使水泥的早期强度低，后期强度高，同时水化热也小。提高 C_3A 的含量，将使水泥的凝结硬化反应变快，所以早期强度高，水化热大。

2. 石膏的掺量

生产水泥时掺入石膏主要是为了缓凝，延缓水泥的凝结硬化速度。此外，掺入石膏后，由于钙矾石晶体生成，还能提高水泥石的早期强度。但是石膏掺量过多时，引起水泥的体积

安定性不良，对水泥石的后期性能造成危害。

3. 水灰比

水灰比是指水泥浆中水与水泥的质量比。当水泥浆中加水较多时，水灰比变大，此时水泥的初期水化反应得以充分进行。但是水泥颗粒间由于被水隔开的距离较大，水化产物间相互连接形成骨架结构所需的时间长，所以水泥凝结较慢。而且过多的水分会带来大量的毛细孔隙，降低水泥石的强度和耐久性。但是水灰比过小，由于水分不足够包裹水泥颗粒表面水化不充分，没有更多的水化产物生成，就无法形成水化产物的空间网格结构，就会降低水泥石的强度。所以水灰比不能过大或过小，一般拌制混塑性凝土的时候水灰比在0.4～0.6之间。

4. 水泥的细度

水泥颗粒的粗细直接影响水泥的水化反应，进而影响了水泥的凝结硬化速度。这是因为水泥颗粒越细，总表面积越大，与水的接触面积也越大。因此，水化迅速，水化产物多，凝结硬化也相应增快，早期强度也高。但水泥颗粒过细，保存的时候容易发生风化反应，与空气中的水分及CO_2作用，降低了水泥的强度，致使水泥不宜久存；过细的水泥硬化时产生的收缩也较大；水泥磨得越细，耗能多，成本高，带来了资源的浪费。

5. 生产和养护温、湿度

水泥之所以是水硬性胶凝材料，是因为水泥的水化硬化以及养护过程中都离不开水，只有在潮湿状态下，才能保证水泥水化所需的化学用水。才能保证水化反应持续进行，才能保证强度持续增长。特别在水泥硬化初期跟需要水，所以工程中水泥混凝土在浇筑后2～3周内必须加强洒水养护。

水泥的水化反应受温度影响很大，提高水化反应的温度有利于加快水化反应的速度，促进水泥凝结硬化。如采用蒸汽养护和蒸压养护水泥混凝土加快拆模速度。当水泥水化温度处于5℃及以下时，水化会停止，特别是水泥硬化初期，本身强度不够高，受冻后会被破坏。所以普通混凝土冬季施工时，须采取保温措施，甚至停工。

6. 养护龄期

如前所述水泥凝结和硬化是在较长时期不断进行的过程，随着龄期的增长，水泥石的强度逐渐提高。水泥强度的增长可延续几年，甚至几十年。通用硅酸盐水泥在3～14 d内强度增长较快，28 d后强度增长缓慢。所以同类水泥养护龄期越长，强度就会越来越高。

7. 外加剂

外加剂是向水泥中加入少剂量并改善和调节水泥某些性能的添加剂。硅酸盐水泥水化和凝结硬化受C_3S、C_3A的制约，凡对C_3S和C_3A的水化能产生影响的外加剂，都能改变硅酸盐水泥的水化、凝结硬化性能。如加入促凝剂(Na_2SO_4 等)就能促进水泥水化、硬化,提高早期强度;相反,掺加缓凝剂就会延缓水泥的水化、硬化,影响水泥早期强度的发展。

8. 储存条件

工程中水泥储存不当,就会使水泥受潮,出现水泥板结现象,严重降低水泥的使用强度。即使储存条件良好,水泥也会和空气中的 H_2O 和 CO_2 会发生缓慢水化和碳化,即风化反应。有数据统计保存 3 个月的水泥强度降低 10%~20%,保存期更长强度会降低更多。所以,一般规定硅酸盐水泥保质期为 3 个月,超过保质期的水泥称为“过期水泥”,过期水泥必须经过试验,并按试验测定数值判断如何使用,不得浪费丢弃。

【JC0203A·单选题】

为什么黑龙江寒冷的冬天混凝土工程都停工,请根据水泥的水化特性选择出正确的(　　)

A. 太冷了,找不到工人

B. 水泥水化停止,无法进一步凝结硬化。

C. 在低温下水泥的风化反应强烈

D. 其实无所谓,只要有水就能施工。

【答案】 B

【解析】 水泥在 5℃和负温度下,水化反应会停止,特别在水泥硬化初期,本身硬化强度不够高,特别容易在负温度下被冻坏,导致结构出现破损。所以黑龙江寒冷的冬天混凝土工程都停工,等到春天暖和了才开始施工.故选 B。

【JC0203B·单选题】

硬化的水泥石是由哪些部分组成的不均质体(　　)

A. 是由晶体、胶体、未水化完的水泥熟料颗粒、游离水分和大小不等的孔隙组成的不均质结构体。

B. 是由水化产物组成。

C. 是由水化硅酸钙和氢氧化钙和游离的水分组成。

D. 是由非常的密实的晶体和胶体交织密结的结构组成。

【答案】 A

【解析】 水泥的水化、凝结和硬化都是需要加水,而且加水量要比水化反应用水量要多,所以多余的水分就要蒸发出来,形成孔隙。又由于水泥水化初期水化产物覆盖未水化水泥颗粒导致水泥颗粒反应不完全,所以总会存留一些未水化的水泥颗粒。故选 A。

【JC0203C·判断题】

通用硅酸盐水泥的细度越细越好。(　　)

【答案】 ×

【解析】 颗粒过细的水泥水化迅速快,水化产物多,凝结硬化也相应增快,早期强度也高。但水泥颗粒过细,保存的时候容易发生风化反应,降低了水泥的强度,致使水泥不宜久存;过细的水泥硬化时产生的收缩也较大;水泥磨得越细,成本高。故错误。

考点 10　硅酸盐水泥的技术要求及检测方法

《通用硅酸盐水泥》(GB 175—2007)标准中规定通用硅酸盐水泥按混合材料的品种和掺

量分为硅酸盐水泥、普通硅酸盐水泥、矿渣硅酸盐水泥、火山灰质硅酸盐水泥、粉煤灰硅酸盐水泥和复合硅酸盐水泥六大种类。

一、化学指标:

六种硅酸盐水泥的化学指标符合表3-2-3规定,其测定方法可参考《水泥化学分析方法》(GB/T 176—2017)标准。

表3-2-3　通用硅酸盐水泥化学指标　　单位 %

<table>
<tr><th>品种</th><th>代号</th><th>不溶物
(质量分数)</th><th>烧失量
(质量分数)</th><th>三氧化硫
(质量分数)</th><th>氧化镁
(质量分数)</th><th>氯离子
(质量分数)</th></tr>
<tr><td rowspan="2">硅酸盐水泥</td><td>P·I</td><td>≤0.75</td><td>≤3.0</td><td rowspan="3">≤3.5</td><td rowspan="3">≤5.0[a]</td><td rowspan="8">≤0.06[c]</td></tr>
<tr><td>P·Ⅱ</td><td>≤1.50</td><td>≤3.5</td></tr>
<tr><td>普通硅酸盐水泥</td><td>P·O</td><td>—</td><td>≤5.0</td></tr>
<tr><td rowspan="2">矿渣硅酸盐水泥</td><td>P·S·A</td><td>—</td><td>—</td><td rowspan="2">≤4.0</td><td>≤6.0[b]</td></tr>
<tr><td>P·S·B</td><td>—</td><td>—</td><td>—</td></tr>
<tr><td>火山灰质硅酸盐水泥</td><td>P·P</td><td>—</td><td>—</td><td rowspan="3">≤3.5</td><td rowspan="3">≤6.0[b]</td></tr>
<tr><td>粉煤灰硅酸盐水泥</td><td>P·F</td><td>—</td><td>—</td></tr>
<tr><td>复合硅酸盐水泥</td><td>P·C</td><td>—</td><td>—</td></tr>
</table>

a. 如果水泥压蒸试验合格,则水泥中氧化镁的含量(质量分数)允许放宽至6.0%。
b. 如果水泥中氧化镁的含量(质量分数)大于6.0%时,需进行水泥压蒸安定性试验并合格。
c. 当有更低要求时,该指标由买卖双方协商确定。

1. 不溶物

不溶物是指水泥煅烧过程中存留的残渣,因煅烧不良,化学反应不充分而未能形成有效的熟料矿物组分。不溶物含量高会影响水泥的凝结硬化速度和强度,所以不溶物的含量需要控制。不溶物的检测主要是化学方法,就是用一定浓度的盐酸和氢氧化钠溶解洗滤后称得质量差的方法来测定其含量。

2. 烧失量

烧失量是指水泥煅烧不佳或受潮使得水泥在规定温度加热时产生的质量损失。烧失量常用来控制石膏和混合材料中的杂质,以保证水泥质量。

烧失量的检测方法是灼烧差减法,取1 g烘干后的水泥,放入950~1 100℃高温炉中煅烧恒重后,称其质量的变化率。

3. MgO

水泥中游离MgO过高时,会引起水泥的体积安定性不良,其含量必须限定在一定的范围之内，具体参见表 3－031。MgO 的检测方法有两种，一种是分光光度计化学分析方法，另一种是压蒸物理检测方法。

4. SO_3

通过测定 SO_3 的含量来判断是否石膏掺量过量，如果超过标准含量见表 3－031，会引起水泥的体积安定性不良。三氧化硫的含量可以通过硫酸钡重量化学分析方法进行测定和长期冷水浸泡的方法来检测。

5. 氯离子

水泥中的氯离子(Cl^-)是引起混凝土中钢筋锈蚀的因素之一，要求限制其含量(质量分数)在 0.06％以内。氯离子(Cl^-)的含量可以通过硫氰酸铵容量化学分析方法进行检测。

【JC0204A・判断题】

钢筋混凝土中的钢筋锈蚀并产生了混凝土的开裂现象，请根据所学选择正确的。（　　）

A. 水泥的烧失量比较大。

B. 水泥中的氯离子(Cl^-)含量超过了标准规定。

C. 水泥中不溶物含量高。

D. 水泥的水化热大。

【答案】 B

【解析】 不溶物是指水泥煅烧过程中存留的残渣，因煅烧不良，化学反应不充分而未能形成有效的熟料矿物组分。不溶物含量高会影响水泥的凝结硬化速度和强度。烧失量是指水泥煅烧不佳或受潮使得水泥在规定温度加热时产生的质量损失。水化热是水泥水化放热量的大小，对钢筋锈蚀没有直接影响。故选 B

二、物理指标

1. 强度和强度等级

水泥强度是表示水泥质量的重要技术指标，也是划分水泥强度等级的依据。水泥的强度等级是根据水泥的 3 d 和 28 d 的抗折和抗压强度来划分的。

硅酸盐水泥的强度等级分为 42.5、42.5R、52.5、52.5R、62.5、62.5R 六个等级。

普通硅酸盐水泥的强度等级分为 42.5、42.5R、52.5、52.5R 四个等级。

矿渣硅酸盐水泥、火山灰质硅酸盐水泥、粉煤灰硅酸盐水泥、复合硅酸盐水泥的强度等级分为 32.5、32.5R、42.5、42.5R、52.5、52.5R 六个等级。

按早期强度不同分为两种类型，早强型(用 R 表示)和普通型。

不同品种不同强度等级的通用硅酸盐水泥，其不同各龄期的强度应符合表 3－2－4 的规定。

(1) 强度胶砂制件

根据《水泥胶砂强度检验方法(ISO)》(GB/T 17671－1999) 规定，采用胶砂法测定水泥强度。该法是由按质量计的 1 份水泥、3 份中国 ISO 标准砂，用 0.5 的水灰比 拌制的一组

40 mm ×40 mm×160 mm 的试件三块，试件(2 组)连模一起在湿气养护箱中养护 24 h 后，再脱模在水中养护至试验龄期。胶砂制件的设备如图 3－2－4、5、6 所示。

但火山灰质硅酸盐水泥、粉煤灰硅酸盐水泥、复合硅酸盐水泥和掺火山灰质混合材料的普通硅酸盐水泥在进行胶砂强度检验时，其用水量按 0.50 水灰比和胶砂流动度不小于 180 mm 来确定。当流动度小于 180 mm 时，须以 0.01 的整倍数递增的方法将水灰比调整至胶砂流动度不小于 180 mm。

【JC0204B · 判断题】

通用硅酸盐水泥测定强度等级的胶砂制件的水灰比均为 0.5。（　　）

【答案】 ×

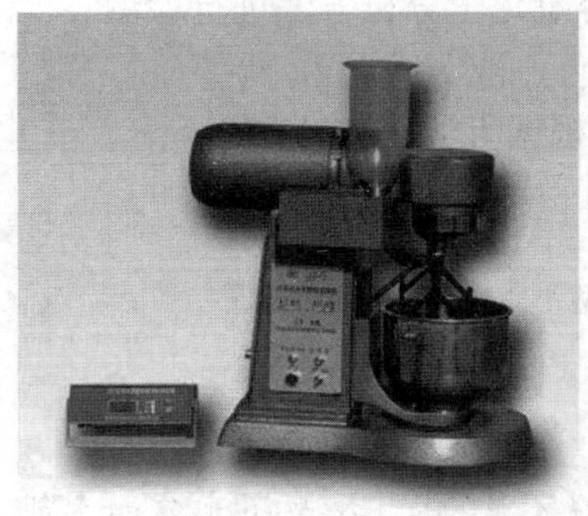

图 3－2－4　水泥胶砂搅拌机

【解析】 因为掺混合材料较多水泥需水量比较大，如果按照 1：0.5 的比例加水估计流动性很差，所以要求胶砂流动度不小于 180 mm。当流动度小于 180 mm 时，须以 0.01 的整倍数递增的方法将水灰比调整至胶砂流动度不小于 180 mm。故本题错误。

(2) 试件养护

胶砂制件实验室温度为(20±2)℃，相对湿度＞50%。

试件脱模前养护箱温度是(20±1)℃，相对湿度＞90%。

试件养护的标准条件是在标准温度为(20±1)℃的水中养护，养护至 3 d 和 28 d 分别测定抗压强度和抗折强度。

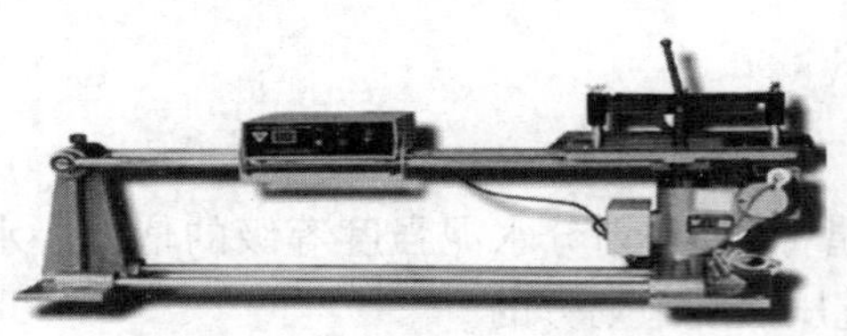

图 3－2－5　水泥振动台

图 3－2－6　泥试模

【JC0204C · 判断题】

硅酸盐水泥强度测定的过程中，试验环境和养护环境都要保持一致，才能保证其强度持续增长。（　　）

【答案】 ×

【解析】 因为胶砂制件实验室温度为(20±2)℃，相对湿度＞50%；试件折模前 24 h 内养护箱温度是(20±1)℃，相对湿度＞90%；折模后试件养护的标准条件是在标准温度为(20±1)℃的水中养护，养护至 3 d 和 28 d 分别测定抗压强度和抗折强度。本题错误。

(3) 强度的测定

①试件的准备

各龄期的试件，必须在规定的 3 d±30 min，28 d±8 h 内进行强度测定。任何到龄期的试体应在试验(破型)前 15 min 从水中取出。揩去试体表面沉积物，并用湿布覆盖至试验为止。

②抗折和抗压强度测定

每龄期取出3个试件，先做抗折强度测定，测定前须擦去试件表面水分和砂粒，清除夹具上圆柱表面粘着的杂物，试件放入抗折夹具内，应使试件侧面与圆柱接触，试体受压断面积40 mm×40 mm。抗折试验后的6个断块，应立即进行抗压试验，抗压强度测定须用抗压夹具进行，试体受压断面为40 mm×40 mm，试验前应清除试体受压面与加压板间的砂粒或杂物。

③强度评定

抗折强度的结果确定是取3个试件抗折强度的算术平均值；当3个强度值中有一个超过平均值的±10%时，应予剔除，取其余两个的平均值；如有2个强度值超过平均值的10%时，应重做试验。抗压强度结果的确定是取一组6个抗压强度测定值的算术平均值；如6个测定值中有一个超出6个平均值的±10%的范围，就应剔除这个结果，而以剩下5个的平均值作为结果；如果5个测定值中再有超过它们平均数±10%的范围，则此组结果作废，应重做试验。

将试验及计算所得到的各标准龄期抗折和抗压强度值，对照国家规范所规定的水泥各标准龄期的强度值如表3-2-4所示，来确定或验证水泥强度等级。要求各龄期的强度值均不低于规范所规定的强度值。

表3-2-4 通用硅酸盐水泥的强度等级

<table>
<tr><th rowspan="2">品种</th><th rowspan="2">强度等级</th><th colspan="2">抗压强度 MPa</th><th colspan="2">抗折强度 MPa</th></tr>
<tr><th>3 d</th><th>28 d</th><th>3 d</th><th>28 d</th></tr>
<tr><td rowspan="6">硅酸盐水泥</td><td>42.5</td><td>≥17.0</td><td rowspan="2">≥42.5</td><td>≥3.5</td><td rowspan="2">≥6.5</td></tr>
<tr><td>42.5R</td><td>≥22.0</td><td>≥4.0</td></tr>
<tr><td>52.5</td><td>≥23.0</td><td rowspan="2">≥52.5</td><td>≥4.0</td><td rowspan="2">≥7.0</td></tr>
<tr><td>52.5R</td><td>≥27.0</td><td>≥5.0</td></tr>
<tr><td>62.5</td><td>≥28.0</td><td rowspan="2">≥62.5</td><td>≥5.0</td><td rowspan="2">≥8.0</td></tr>
<tr><td>62.5R</td><td>≥32.0</td><td>≥5.5</td></tr>
<tr><td rowspan="4">普通硅酸盐水泥</td><td>42.5</td><td>≥17.0</td><td rowspan="2">≥42.5</td><td>≥3.5</td><td rowspan="2">≥6.5</td></tr>
<tr><td>42.5R</td><td>≥22.0</td><td>≥4.0</td></tr>
<tr><td>52.5</td><td>≥23.0</td><td rowspan="2">≥52.5</td><td>≥4.0</td><td rowspan="2">≥7.0</td></tr>
<tr><td>52.5R</td><td>≥27.0</td><td>≥5.0</td></tr>
<tr><td rowspan="6">矿渣硅酸盐水泥
火山灰硅酸盐水泥
粉煤灰硅酸盐水泥
复合硅酸盐水泥</td><td>32.5</td><td>≥10.0</td><td rowspan="2">≥32.5</td><td>≥2.5</td><td rowspan="2">≥5.5</td></tr>
<tr><td>32.5R</td><td>≥15.0</td><td>≥3.5</td></tr>
<tr><td>42.5</td><td>≥15.0</td><td rowspan="2">≥42.5</td><td>≥3.5</td><td rowspan="2">≥6.5</td></tr>
<tr><td>42.5R</td><td>≥19.0</td><td>≥4.0</td></tr>
<tr><td>52.5</td><td>≥21.0</td><td rowspan="2">≥52.5</td><td>≥4.0</td><td rowspan="2">≥7.0</td></tr>
<tr><td>52.5R</td><td>≥23.0</td><td>≥4.5</td></tr>
</table>

【JC0204D・单选题】

P・O 42.5 等级的强度测定中，算得 3 天试件抗折强度分别是 3.8 MPa、3.8 MPa、2.9 MPa，根据上表能否判断该水泥的三天的抗折强度是否符合要求（　　），能否通过这个这个数值来判断该种水泥的强度符合 P・O 42.5 强度等级的要求

A. 抗折强度平均值 3.5 MPa，平均值的±10%的范围是：3.15～3.65 MPa 之间，2.9 MPa这个试件出现了超差现象，试验无效需要重新测定。也就是说无法进行强度判断。

B. 抗折强度平均值是 3.53 等于 3.5 MPa，说明其 3 d 抗折强度符合要求。因为抗折强度符合要求，所以该水泥的强度符合普通硅酸盐 42.5 强度等级的要求。

C. 抗折强度中 2.9 MPa 小于 3.5 MPa，说明其 3 d 抗折强度不符合要求。

D. 抗折强度平均值 3.5 MPa，平均值的±10%的范围是：3.15～3.65 MPa 之间，2.9 MPa这个试件出现了超差现象，舍弃。取另外两块的抗折强度平均值 3.8 MPa 为抗折强度结果。3.8>3.5，所以判断该组试件水泥 3 天的抗折强度符合 P・O 42.5 等级的要求；但不能通过一个抗折数值判断符合 P・O 42.5 强度等级的要求。

【答案】 D

【解析】 抗折强度平均值 3.5 MPa，平均值的±10%的范围是：3.18～3.88 MPa 之间，2.9 MPa超过此范围，应剔除，取另外两组试件的平均值 3.8 MPa 作为该组水泥的抗折强度值。3.8>3.5，所以判断该组试件水泥 3 天的抗折强度 P・O42.5 等级的要求。但是水泥的强度等级的评定是要通过 3 d 和 28 d 抗折和抗压强度结果进行评定的，单单只有 3 天的抗折强度是无法对该水泥的强度进行评定的。故选 D

2. 水泥凝结时间

（1）初凝时间和终凝时间。

从加入拌和用水至水泥浆开始失去可塑性所需的时间，称为初凝时间；自加入拌和用水至水泥浆完全失去可塑性，并开始有一定结构强度所需的时间，称为终凝时间。

水泥的凝结时间在工程施工中具有重要意义。初凝不宜过早，是为了保证有足够的时间在初凝之前完成混凝土搅拌、运输和浇筑等各工序的操作；终凝不宜过迟，是为了使混凝土在浇捣完后能尽早凝结硬化，有利下一道工序及早进行。因此国家标准规定：硅酸盐水泥初凝不小于 45 min，终凝不大于 390 min；普通硅酸盐水泥、矿渣硅酸盐水泥、火山灰质硅酸盐水泥、粉煤灰硅酸盐水泥和复合硅酸盐水泥初凝不小于 45 min，终凝不大于 600 min。凝结时间不符合规定者为不合格品。

（2）标准稠度净浆

标准稠度是指维卡仪试锥下沉深度为 28±2 mm 时的稠度；标准稠度用水量 P(%)是指按一定的方法将水泥调制成具有标准稠度的净浆所需的水量。

$$P\% = \text{水量 ml/水泥 g。}$$

确定标准稠度目的是为了在进行水泥凝结时间和安定性测定时，有统一的水泥浆稠度，使不同的水泥具有可比性。标准稠度的测定通常有两种方法：调整水量方法和固定水量法。

调整水量法是先按经验确定一个水量，然后逐次改变用水量，直至达到标准稠度为止；采用固定量方法，是无论什么品种和规格的水泥都用水量为 142.5 mL(准确至 0.5 mL)拌制水泥净浆；水泥熟料矿物成分不同时，其标准稠度用水量也有所差别，磨得越细的水泥，标准稠度用水量越大。

利用维卡仪(图 3－2－7)测定水泥的标准稠度用水量，水泥标准稠度净浆对标准试杆(或试锥)的沉入具有一定的阻力。通过试验不同含水量水泥净浆的穿透性，以确定水泥标准稠度净浆所需加入的水量。硅酸盐水泥的标准稠度用水量一般为 24%～30%。

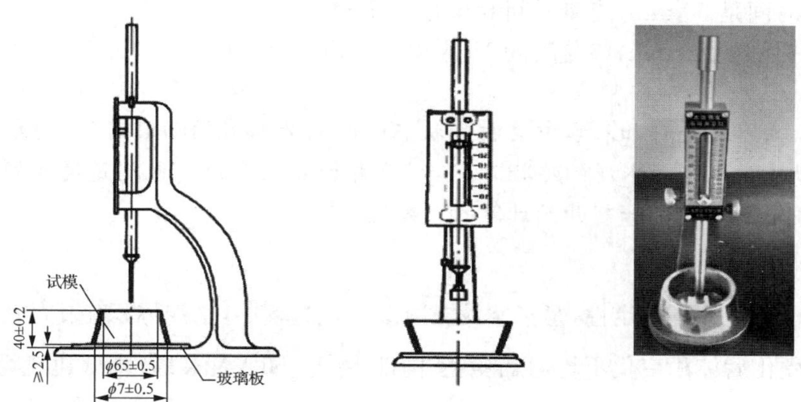

图 3－2－7　维卡仪测标准稠度、初凝和终凝

(3) 水泥凝结时间的测定

用标准稠度净浆制作的试件在湿气养护箱中养护至加水后 30 min 时进行第一次测定。测定时，从湿气养护箱中取出试模放到试针下，降低试针与水泥净浆表面接触。拧紧螺丝 1 s～2 s 后，突然放松，试针垂直自由地沉入水泥净浆。观察试针停止下沉或释放试针 30 s 时指针的读数。临近初凝时间时每隔 5 min(或更短时间)测定一次，当试针沉至距底板 4 mm ±1 mm 时，为水泥达到初凝状态；由水泥全部加入水中至初凝状态的时间为水泥的初凝时间，用 min 来表示。

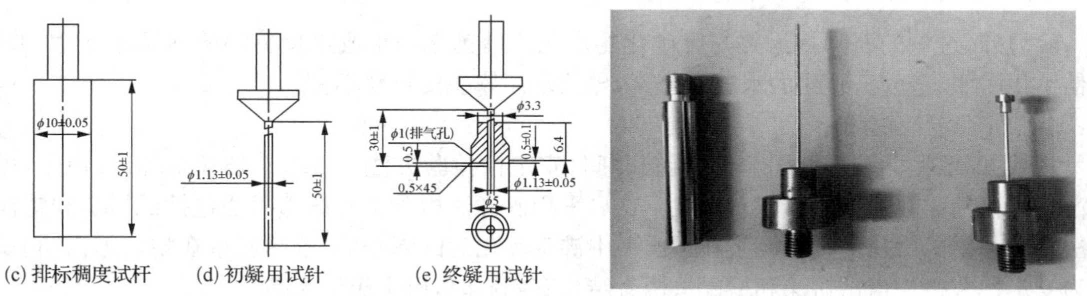

图 3－2－8　标准稠度、初凝针和终凝针

在完成初凝时间测定后，立即将试模连同浆体以平移的方式从玻璃板取下，翻转 180℃，直径大端向上，小端向下放在玻璃板上，再放入湿气养护箱中继续养护。临近终凝时间时每隔 15 min (或更短时间)测定一次，当试针沉入试体 0.5 mm 时，即环形附件开始不能在试体上留下痕迹时，为水泥达到终凝状态。由水泥全部加入水中至终凝状态的时间为水泥的终凝时间，用 min 来表示。

【JC0204E · 单选题】

水泥凝结时间测定的试验中，加入水的时间为 9 点整，测得初凝时间来临的时间是 9:50，测得终凝来临的时间是 15:10，请问水泥的初凝时间和终凝时间是(　　)

A. 初凝时间是 50 min，终凝时间 5 小时 40 min。

B. 初凝时间是 50 min，终凝时间 5 小时 20 min。

C. 初凝时间是 50 min，终凝时间 6 小时 10 min。

D. 初凝时间是 50 min，终凝时间 15 小时 10 min。

【答案】 C

【解析】 由水泥全部加入水中至初凝状态的时间为水泥的初凝时间，由水泥全部加入水中至终凝状态的时间为水泥的终凝时间，都用用 min 来表示。也就是说终凝时间跟初凝时间的七点都是从加水那一刻开始计算的。故选 C

3. 安定性

安定性也就是体积安定性，是指水泥在凝结硬化过程中，水泥体积变化的均匀性质。如果水泥凝结硬化后体积变化不均匀，混凝土构件将产生膨胀性裂缝，降低建筑物质量，甚至引起严重事故。体积安定性不良的水泥应为不合格品。

(1) 引起水泥体积安定性不良原因

一般是由于熟料中所含的 f - CaO 和 f - MgO 和掺入的石膏过量引起的。f - CaO 和 f - MgO 都是过烧的，拌水初期几乎不与水发生化学反应，而经过较长时期，在水泥已经硬化了以后才慢慢开始水化，而且水化生成物 $Ca(OH)_2$、$Mg(OH)_2$ 的体积都比原来 CaO 和 MgO 的体积增加两倍以上，致使水泥石内部产生了相当高的局部应力，从而导致水泥石开裂。其化学反应式为：

$$CaO + H_2O = Ca(OH)_2$$

$$MgO + H_2O = Mg(OH)_2$$

另外，过量的石膏掺入将与已硬化的水化铝酸钙作用生成水化硫铝酸钙晶体，产生 1.5 倍体积膨胀，造成已硬化的水泥石开裂，导致水泥体积安定性不良。

(2) 安定性检测

根据《水泥标准稠度用水量、凝结时间、安定性检验方法》(GB/T 1346 - 2011)规定，由游离氧化钙引起的水泥体积安定性不良可采用沸煮法检验。所谓沸煮法包括试饼法和雷氏法两种。雷氏法是测定水泥浆在雷氏夹中沸煮硬化后的膨胀值，若膨胀量在规定值内，则认为安定性合格。当试饼法和雷氏法两者结论有矛盾时，以雷氏法为准。

游离氧化镁的水化作用比游离氧化钙更加缓慢，用物理方法检测体积安定性不良周期很长，所以一般用化学分析方法测定其危害性。

石膏的危害性需长期浸在常温水中才能发现，所以一般采用化学分析法测 SO_3 含量间接判断石膏是否过量。

试饼法(代用法)：将制好的标准稠度净浆取出一部分分成两等份，使之成球形，放在预先准备好的玻璃板上，轻轻振动玻璃板并用湿布擦过的小刀由边缘向中央抹，做成直径 70 mm～80 mm、中心厚约 10 mm、边缘渐薄、表面光滑的试饼，接着将试饼放入湿气养护箱内养护 24 h±2 h。脱去玻璃板取下试饼，在试饼无缺陷的情况下将试饼放在沸煮箱水中的篦板上，在 30 min±5 min 内加热至沸并恒沸 180 min±5 min。拿出煮好的试饼，冷却后检查如果没发现裂缝，用钢直尺检查也没有弯曲（使钢直尺和试饼底部紧靠，以两者间不透光为不弯曲）为安定性合格，反之为不合格，图 3－2－9 就是出现裂痕和弯曲的体积安定性不良的水泥。

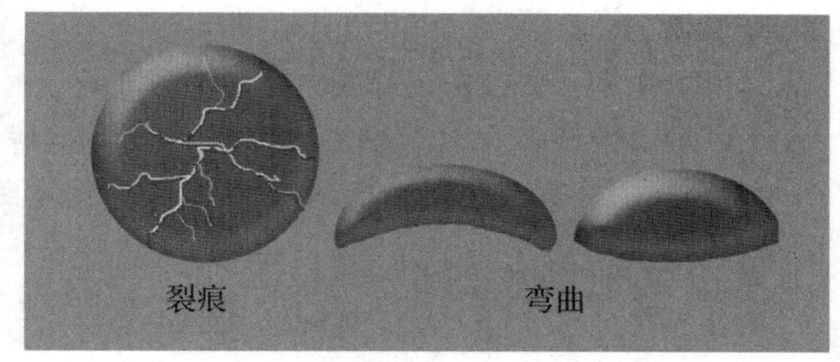

图 3－2－9　体积安定性不合格的试饼

雷氏夹法（标准法）：将预先准备好的雷氏夹放在已稍擦油的玻璃板上，并立即将已制好的标准稠度净浆一次装满雷氏夹手轻轻扶持雷氏夹，浆体表面轻轻插捣 3 次，然后抹平，着立即将试件移至湿气养护箱内养护 24 h±2 h。脱去玻璃板取下试件，先测量雷氏夹指针尖端间的距离（A），精确到 0.5 mm，接着将试件放入 沸煮箱水中的试件架上指针朝上，然后在 30 min±5 min 内加热至沸并恒沸 180 min±5 min。取出雷氏夹，冷却到常温测氏夹指针尖端的距离（C），准确至 0.5 mm，当两个试件煮后增加距离（C－A）的平均值不大于 5.0 mm 时，即认为该水泥安定性合格，当两个试件煮后增加距离（C－A）的平均值大于 5.0 mm 时，应用同一样品立即重做一次试验，以复检结果为准。图 3－2－10 是雷氏夹构造和雷氏夹膨胀测定仪。

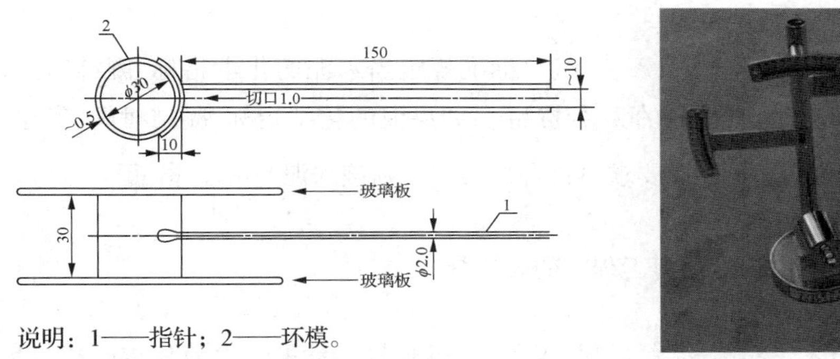

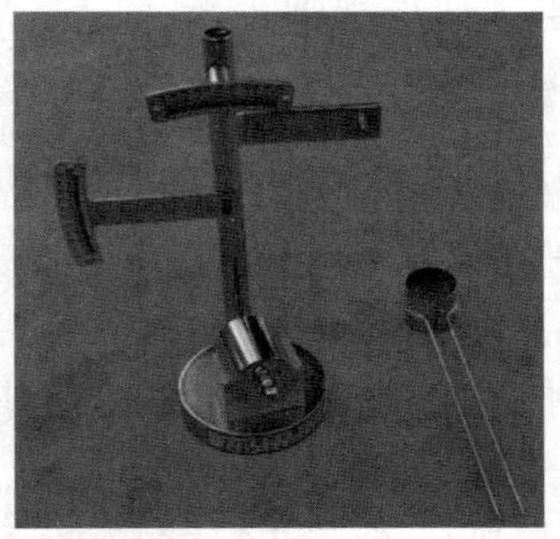

图 3－2－10　雷氏夹构造和雷氏夹膨胀测定仪

【JC0204F·判断题】

用沸煮法能够全面检测出水泥体积安定性的好坏。　（　　）

【答案】　×

【解析】　游离氧化钙引起的水泥体积安定性不良可采用沸煮法检验，游离氧化镁和过量石膏带来水泥体积安定性不良主要是通过化学方法检验。故错误。

【JC0204G·判断题】

因为水泥的体积安定性不良导致了工程事故而引起工程纠纷，请问在复验水泥安定性测定中用的应该是雷氏夹法，并测水泥中 CaO 和 MgO 的含量。　（　　）

【答案】 √

【解析】 f-CaO和f-MgO和过量石膏是引起水泥体积安定性不良的三个主要原因。其中f-CaO常规检测中用试饼法进行检测，但是试饼法不是标准法(仲裁法)而是代用法。当有体积安定因引起事故的情况下，就应该对三种引起安定性不良的因素都进行测定。故正确。

三、其他技术指标

1. 细度

硅酸盐水泥和普通硅酸盐水泥以比表面积表示，不小于300 m^2/kg；矿渣硅酸盐水泥、火山灰质硅酸盐水泥、粉煤灰硅酸盐水泥和复合硅酸盐水泥用筛分析法，80 μm方孔筛筛余不大于10%或45 μm方孔筛筛余不大于30%。

2. 碱含量

水泥中碱含量按 $Na_2O+0.658K_2O$ 计算值表示。若使用活性骨料，用户要求提供低碱水泥时，水泥中的碱含量应不大于0.60%或由买卖双方协商确定，因为高碱度的水泥会跟活性骨料发生碱骨料反应，对结构产出膨胀型破坏，所以国家标准中对此有了限量。

【JC0204H·判断题】

碱骨料反应造成破坏的条件是高碱度水泥＋活性碱骨料＋水。 ( )

【答案】 √

【解析】 碱骨料高碱度的水泥会跟活性骨料发生碱骨料反应，生成大量的胶体，胶体雨水膨胀，对结构产出膨胀型破坏。所以三者缺一就不会产生破坏的膨胀胶体。故正确。

四、判定规则

按照《通用硅酸盐水泥》(GB 175-2017)标准规定当水泥的化学指标、凝结时间、安定性、强度检验结果都符合标准规定的为合格品。如果泥的化学指标、凝结时间、安定性、强度检验结果其中的任何一项指标要求不符合标准规定则该水泥为不合格品。

【JC0204I·判断题】

不合格品水泥是不得用于任何工程中的说法是。 ( )

【答案】 ×

【解析】 水泥的化学指标、凝结时间、安定性、强度检验结果其中的任何一项技术要求不符合标准规定则该水泥为不合格品。不合格品也是利用自然资源经两磨一烧的复杂工艺制作出来，不能轻易丢掉，不合格品经过测定强度等指标可降低等级使用或用于不重要的工程。故错误。

【JC0205J·单选题】

水泥的体积安定性是指水泥在凝结硬化过程中体积变化的( )

A. 安定性　　B. 稳定性　　C. 均匀性　　D. 膨胀性

【答案】 C

【解析】 定性也就是体积安定性，是指水泥在凝结硬化过程中，水泥体积变化的均匀性质。故选C

考点 11　硅酸盐水泥石的腐蚀与防止

一、水泥石的腐蚀与防止

水泥在任何工程中都要与不同环境接触，所以应该具有较好的耐久性，但在某些侵蚀性介质（软水、含酸或盐的水等）中工作时，强度会降低甚至造成建筑物结构破坏，这种现象称为水泥石的腐蚀。

1. 水泥石腐蚀类型

(1) 软水腐蚀（溶出性侵蚀）

不含或仅含少量碳酸氢盐（含 HCO^- 的盐）的水称为软水，如雨水、蒸馏水、冷凝水及部分江水、湖水等。当水泥石长期与软水相接触时，水化产物中氢氧化钙（钙离子）逐渐溶解（每升水中能溶解氢氧化钙 1.39 g 以上），从而造成水泥石的破坏，这就是溶出性侵蚀。在静水及无压力水的作用下，由于周围的水易被溶解的氢氧化钙所饱和而使溶解作用停止，溶出仅限于表面，因此影响不大。但是，当水泥使处于流水或是有压力的水中时，氢氧化钙不断溶解流失，水泥石的密实度下降，强度和耐久性也降低；而且，由于氢氧化钙浓度的下降，还引起了水泥石中的其它水化产物的分解。

当环境水中含有碳酸氢盐时，水泥石中的氢氧化钙与碳酸氢盐起反应，生成几乎不溶于水的碳酸钙，其反应式为：

$$Ca(OH)_2+Ca(HCO_3)_2 = 2CaCO_3+2H_2O$$

生成的碳酸钙积聚在已硬化的水泥石孔隙内，形成密实保护层，阻止外界水的浸入和内部氢氧化钙的溶析，从而阻止侵蚀作用继续深入进行。

在实际工程中，可以将与软水接触的水泥构件事先放在空气中硬化，形成碳酸钙外壳，可对溶出性侵蚀作用起到一定的保护，这就是人工碳化。

(2) 盐类腐蚀

①硫酸盐的腐蚀

当环境水中含有钠、钾、铵等硫酸盐时，它们能与水泥石中的氢氧化钙起复分解作用，生成硫酸钙。硫酸钙与水泥石中固态的水化铝酸钙作用，生成比原体积增加 1.5 倍以上的高硫型水化硫铝酸钙，其反应式为：

$$Na_2SO_4+Ca(OH)_2 = CaSO_4+2NaOH$$

$$4CaO\cdot Al_2O_3\cdot 12H_2O+3CaSO_4+2H_2O = 3CaO\cdot Al_2O_3\cdot 3CaSO_4\cdot 31H_2O+Ca(OH)_2$$

高硫型水化硫铝酸钙呈针状晶体，俗称“水泥杆菌”，对水泥石起极大的膨胀型破坏作用。当水中硫酸盐浓度较高时，硫酸钙将在孔隙中直接结晶成二水石膏，体积膨胀，导致水泥石破坏。综上所述，硫酸盐的腐蚀实质上是膨胀型侵蚀。

【JC0205A・判断题】

水泥石腐蚀都是不利的。　　（　　）

【答案】 ×

【解析】 软水腐蚀中，当环境水中含有碳酸氢盐时，水泥石中的氢氧化钙与重碳酸盐起反应，生成几乎不溶于水的碳酸钙。生成的碳酸钙积聚在已硬化的水泥石孔隙内，形成密实保护层，是有利于的。故错误。

②镁盐的腐蚀

当水泥石与海水及地下水接触时，特别是海水含有大量的硫酸镁和氯化镁等盐分。它们与水泥石的氢氧化钙发生如下反应：

$$MgSO_4+Ca(OH)_2+2H_2O = CaSO_4 \cdot 2H_2O+Mg(OH)_2$$

$$MgCl_2+Ca(OH)_2 = CaCl_2+Mg(OH)_2$$

生成的氢氧化镁松软而无胶凝能力且体积膨大(膨胀型侵蚀)，氯化钙易溶于水(溶出型侵蚀)。生产的二水石膏则又引起硫酸盐的破坏作用。因此，硫酸镁对水泥石起着镁盐和硫酸盐的双重腐蚀作用。

(3) 酸性腐蚀

①一般酸的腐蚀

在工业废水、化工厂、地下水中常含有各类酸(盐酸、硫酸、硝酸等)。各种酸类对水泥石都有不同程度的腐蚀作用。它们与水泥石中的氢氧化钙作用后生成的化合物，或者易溶于水(溶出侵蚀)，或者体积膨胀(膨胀侵蚀)，导致水泥石被破坏。

例如，盐酸与水泥石中的氢氧化钙作用：$2HCl+Ca(OH)_2 = CaCl_2+2H_2O$

生成的氯化钙易溶于水，其破坏方式为溶出侵蚀。

硫酸与水泥石中的氢氧化钙作用：$H_2SO_4+Ca(OH)_2 = CaSO_4 \cdot 2H_2O$

生成的二水石膏吸附在水泥石的孔隙中结晶产生膨胀侵蚀，或者再与水泥石中的水化铝酸钙作用，生成"钙矾石"，其破坏性更大。

②碳酸腐蚀

在工业污水、地下水中常溶解有较多的二氧化碳。水中的二氧化碳与水泥石中的氢氧化钙反应所生成的碳酸钙如继续与含碳酸的水作用，则生成易溶解于水的碳酸氢钙，由于碳酸氢钙的溶解以及水泥石中其他产物的分解，而使水泥石结构破坏，其反应式为：

$$Ca(OH)_2+CO_2+H_2O = CaCO_3+2H_2O$$

$$CaCO_3+CO_2+H_2O = Ca(HCO_3)_2$$

碳酸钙再与含碳酸的水作用转变成 $Ca(HCO_3)_2$，是可逆反应。当水中含有较多的碳酸，并超过平衡浓度，则会生成更多的 $Ca(HCO_3)_2$。就会不断地消耗 $Ca(OH)_2$，$Ca(OH)_2$ 浓度降低，还会导致水泥石中其他水化物的分解，使腐蚀作用进一步加剧。

(4) 强碱的腐蚀

碱类溶液如浓度不大时一般是无害的，但铝酸盐含量较高的硅酸盐水泥遇到强碱作用后也会被破坏。如氢氧化钠可与水泥石中未水化的铝酸盐作用，生成易溶的铝酸钠：

$$3CaO \cdot Al_2O_3+6NaOH = 3Na_2O \cdot Al_2O_3+3Ca(OH)_2$$

当水泥石被氢氧化钠溶液浸透后又在空气中干燥，与空气中的二氧化碳作用生成碳酸钠：

$$2NaOH+CO_2 = Na_2CO_3+H_2O$$

碳酸钠在水泥石毛细孔中结晶沉积，而使水泥石胀裂。

二、水泥石腐蚀的防止

1. 水泥石腐蚀的原因

实际上，水泥石的腐蚀是一个极为复杂的物理、化学作用过程。它在各种腐蚀环境中，很少是单一的一种侵蚀作用，往往是几种同时存在，相互影响。

(1) 水泥石易受腐蚀的内因

①水泥石中含有易受腐蚀的成分，即氢氧化钙和水化铝酸钙等；

②水泥石本身不密实含有大量的毛细孔隙。

(2) 水泥石腐蚀的外因

液态的腐蚀介质较固体状态下引起的腐蚀更为严重，较高的温度、较快的流速或较高的压力及干湿交替等均可加速腐蚀进程。

2. 腐蚀的防止

根据以上腐蚀原因分析，可采用下列防止腐蚀的措施：

(1) 根据侵蚀环境的特点，合理选用水泥品种。

例如，选用水化产物中氢氧化钙含量较低的水泥，可提高对软水等侵蚀作用的抵抗能力；为抵抗硫酸盐的腐蚀，可采用铝酸三钙的含量低于5%的抗硫酸盐水泥。

(2) 提高水泥石的密实度

为了使水泥石中的孔隙尽量少，应严格控制硅酸盐水泥的拌和用水量。因为硅酸盐水泥水化理论上只需23%左右的水，而实际工程中拌和用水量较大(占水泥质量的40%—70%)，多余的水蒸发后形成连通的孔隙，腐蚀介质就容易侵入水泥石内部，从而加速水泥石的腐蚀。为了提高混凝土的密实度，应该合理设计混凝土的配合比，尽可能采用低水灰比和选择最优施工方法。

(3) 加保护层

用沥青在混凝土表面做覆盖保护层，还可以在混凝土和砂浆表面碳化或氟硅酸处理，生成难溶的碳酸钙外壳，提高表面密实度，也可减少侵蚀。

三、硅酸盐水泥的应用特点

通过学习硅酸盐水泥熟料组成、水化硬化、水泥石的腐蚀，我们不难看出来硅酸盐水泥在使用上的特性。

1. 早期及后期强度均高

硅酸盐水泥熟料含量高，所以强度增长得快，后期强度也高。适合早强要求高的工程(如冬季施工、预制、现浇等工程)和高强度混凝土工程(如预应力钢筋混凝土)。

2. 水化热高

硅酸盐水泥熟料含量高，所以 C_3S 与 C_3A 相对其他通用硅酸盐水泥都多，因此水化热大，故不得用于大体积混凝土工程。但有利于低温季节蓄热法施工。

(3) 抗冻性好

硅酸盐水泥熟料含量高，水化热大，能够提供一定的水化反应需要的热量。而且早期强度高，提高了水泥硬化后抵抗冻胀破坏的能力。所以适合抗冻性要求高的工程。

3. 耐腐蚀性差

硅酸盐水泥熟料含量高，水化产物也多，所以水化产物中容易产生溶出侵蚀的氢氧化钙和膨胀侵蚀的水化铝酸钙的含量较多。因为硅酸盐水泥的耐蚀性差。其他掺混合材的水泥抗蚀性相对来说都比硅酸盐水泥好，掺混合材料越多的水泥相对来说其耐蚀性越好。

3. 抗碳化性好

因熟料多水化后氢氧化钙含量较多，故水泥石的碱度不易降低，对钢筋的保护作用强。适合用于空气中二氧化碳浓度高的环境。

5. 耐热性差

因熟料多水化后氢氧化钙含量高，氢氧化钙高分容易脱水分解，导致结构破坏，所以不适合耐热混凝土工程。

6. 耐磨性好

因熟料多适合于道路、地面工程。

【JC0205B・单选题】

硅酸盐水泥引起水泥石腐蚀的内在原因是(　　)

A. 硅酸盐水泥水化产物中大量的氢氧化钙和水化铝酸钙；

B. 水泥水化后多余的水分蒸发留下来的孔隙；

C. A+B

D. 水泥掺有石膏。

【答案】 C

【解析】 水泥石中含有易受腐的主要原因是其水化产物中有容易反应的成分，即氢氧化钙和水化铝酸钙等。还有就是泥石本身不密实含有大量的毛细孔隙。内部的这些因素在外界侵害介质中就会发生侵蚀反应。故选C。

考点12　掺混合材料硅酸盐水泥的特点及适用范围

凡在硅酸盐水泥熟料中，掺入一定量的混合材料和适量石膏共同磨细制成的水硬性胶凝材料，均属掺混合材料的硅酸盐水泥。通用硅酸盐水泥中主要包括有普通硅酸盐水泥、矿渣硅酸盐水泥、火山灰硅酸盐水泥、粉煤灰硅酸盐水泥和复合硅酸盐水泥五种掺混合材的硅酸盐水泥。

一、混合材料

在水泥熟料中加入混合材料后，可以改善水泥的性能，调节水泥的强度，增加品种，扩大水泥的使用范围；提高产量，降低成本，同时可以综合利用工业废料和地方材料。用于水泥中的混合材料分为活性混合材料和非活性混合材料两大类。

1. 活性混合材料

活性混合材料的活性是潜在的，必须有激发剂作用下方可显示出其活性。常用激发剂是碱性激发剂——氢氧化钙和硫酸盐激发剂——石膏，但后者需与前者共同作用。活性混合材料在氢氧化钙、石膏的激发下与参与水化反应，生成具有水硬性的水化产物。常用的有粒化高炉矿渣、火山灰质混合材料和粉煤灰等活性混合材料。

(1) 粒化高炉矿渣

又称水淬高炉矿渣（水淬可使熔融的矿渣急速冷却且粒化，缓慢冷却的矿渣则呈块状无活性）。极冷矿渣是玻璃体状态，具有较高的潜在化学能，有较高的潜在活性。玻璃体中活性 SiO_2 和活性 Al_2O_3，即使在常温下也可与氢氧化钙起化学反应并产生强度。

(2) 火山灰质混合材料

火山灰质混合材料是具有火山灰性质的天然或人工矿物质材料。其活性成分以活性 SiO_2 和活性 Al_2O_3 为主。因为最初是由火山喷发并空气中冷却形成，所以有较多的内部孔隙，因而它的内比表面积大，颗粒需水量大。在激发剂的激发下发生水硬性反应增加强度。

(3) 粉煤灰

粉煤灰是火力发电厂的烟道灰，是细颗粒工业废渣。《用于水泥的粉煤灰》(GB/T 1596—2017)中规定 SiO、Al_2O_3 和 Fe_3O_2 总质量分数(%)≥70.0%(F类)和≥50%(C类)；游离氧化钙质量分数(%)≤1.0(F类)和≤4.0(C类)。

粉煤灰以 SiO_2、Al_2O_3、Fe_3O_2 为主要化学成分，含有少量 CaO，具有火山灰质混合材的特点，但是因为其特殊的玻璃珠状的微观形态(见图 3-2-11)，又单独作为一类活性混合材。其活性 SiO_2 和活性 Al_2O_3，它们在氢氧化钙溶液中会发生水化反应，在饱和的氢氧化钙溶液中水化反应更快，生成水化硅酸钙和水化铝酸钙。

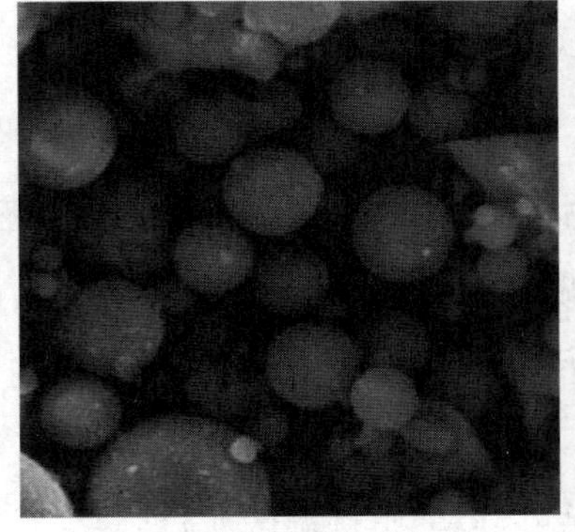
(a) 粉煤灰微观形态

(b) 火山灰微观形态

图 3-2-11 活性混合材的微观形态

【JC0206A·判断题】

所有的粒化高炉矿渣都具有潜在的活性，是活性混合材料。 ( )

【答案】 ×

【解析】 只有极冷矿渣才有潜在活性。

【JC0206B·判断题】

活性混合材料是具有潜在活性，但是必须有激发剂的情况下才能激发活性，参加水化反应。（ ）

【答案】 √

【解析】 活性混合材料的活性是潜在的，必须有激发剂作用下方可显示出其活性。常用激发剂是碱性激发剂——氢氧化钙和硫酸盐激发剂——石膏。

【JC0206C·判断题】

火山灰的微观形态是玻璃珠状态的，能减少水泥的水化的需水量。（ ）

【答案】 ×

【解析】 火山灰的内比表面积很大，是多孔的结构，粉煤灰是玻璃珠状态，需水量小。

2. 非活性混合材料

非活性混合材料有磨细石英砂、石灰石、黏土、慢冷矿渣及各种废渣。非活性混合材料本身不具有(或具有微弱的)水硬性或火山灰性，与水泥矿物成分不起化学作用或化学作用很小，将其掺入水泥熟料中仅起提高水泥产量、降低水泥强度等级和减少水化热等作用。

二、掺活性混合材料硅酸盐水泥的水化特点

1. 二次水化

首先是水泥熟料水化，形成水化产物 $Ca(OH)_2$，混合材中的活性成分在 $Ca(OH)_2$ 的激发与参与下发生水化反应，生成水化硅酸钙、水化铝酸钙、水化铁酸钙：

$$xCa(OH)_2 + SiO_2 + mH_2O \longrightarrow xCaO \cdot SiO_2 \cdot (m+x)H_2O$$
$$yCa(OH)_2 + Al_2O_3 + nH_2O \longrightarrow yCaO \cdot Al_2O_3 \cdot (n+y)H_2O$$
$$zCa(OH)_2 + Fe_2O_3 + pH_2O \longrightarrow zCaO \cdot SiO_2 \cdot (z+p)H_2O$$

二次水化是利用了水泥一次水化产物中的氢氧化钙生成的水化硅酸钙、水化铝酸钙和水化铁酸钙是具有水硬性的产物，当有石膏存在时，水化铝酸钙还可以和石膏进一步反应生成水硬性产物水化硫铝酸钙(低硫、低钙型，形成时体积不膨胀)，由于此反应是在水泥熟料首先水化基础上进行的，故称为二次反应。

2. 二次水化的特点

(1) 二次水化速度慢、二次水化热低、温度敏感性好

与水泥熟料相比，活性混合材料的水化速度慢，且对温度和湿度较敏感。高温下，水化硬化速度明显加快，强度提高；低温下，水化硬化速度大大减慢，强度很低。故活性混合材料适合高温养护，而不适合低温养护。掺活性混合材料水泥水化时，由于熟料含量少，所以硅酸三钙和铝酸三钙含量就低，因此水放热量也低。

(2) 早期强度低、后期强度高

二次水化是一次水化发生以后才能进行的，而且消耗掉了一次水化产物中增长强度的氢氧化钙和水化铝酸钙，所以二次水化的早期强度增长缓慢，但是由于二次水化产物越来越多后期强度持续增长直到超过了硅酸盐水泥。

三、掺活性混合材料硅酸盐水泥(矿渣水泥、火山灰水泥、粉煤灰水泥)的共性与个性

掺活性混合材料的水泥有普通硅酸盐水泥、矿渣水泥、火山灰水泥、粉煤灰水泥以及复合硅酸盐水泥。我们以矿渣水泥、火山灰水泥、粉煤灰水泥为例介绍一下掺活性混合材料水泥的个性与共性。

矿渣硅酸盐水泥由硅酸盐水泥熟料＋(20%～70%)粒化高炉矿渣＋适量石膏
火山灰质硅酸盐水泥由硅酸盐水泥熟料＋(20%～50%)火山灰质混合材料＋适量石膏
粉煤灰硅酸盐水泥由硅酸盐水泥熟料＋(20%～40%)粉煤灰＋适量石膏

1. 三种水泥的共性

(1) 早期强度低，后期强度持续增长

其原因是水泥熟料相对较少且活性材料水化慢，故早期强度低(终凝时间也迟：硅酸盐水泥是＜6.5 h；这三种水泥是＜10 h)。后期由于二次反应的不断进行和水泥熟料的不断水化，水化产物不断增多，强度在 28 d 赶上、28 d 后超过同标号的硅酸盐水泥或普通硅酸盐水泥。这三种水泥不适合早期强度要求高的混凝土工程，如冬季施工、要求早期强度的现浇工程。

(2) 对温度、湿度较敏感，适合高温养护

这三种水泥在低温下水化明显减慢，强度较低。采用高温养护时可大大加速活性混合材料的水化和水泥熟料的水化速度，故可大大提高早期强度，且不影响常温下后期强度的发展。而硅酸盐水泥，利用高温养护虽可提高早期强度，但后期强度的发展受到影响，即比一直在常温下养护的混凝土强度低。这是因为在高温下这硅酸盐水泥的水化速度很快，短时间内即生成大量的水化产物，这些产物对水泥熟料的后期水化起到了阻碍作用。因此硅酸盐水泥不适合高温养护。

(3) 耐腐蚀性好

水泥熟料少及活性混合材料的水化(即二次反应)使水泥石中的易受腐蚀成分水化铝酸钙，特别是氢氧化钙的含量大为降低。因此耐腐蚀性好适合于耐腐蚀性要求较高的工程，如水工、海港、码头等工程。

(4) 水化热低

水泥中熟料相对含量少，因而水化放热量少，尤其早期水化放热速度慢，适合用于大体积混凝土工程中。

(5) 抗碳化性较差

因水泥中熟料含量少，水化产物中的氢氧化钙含量自然也会少，而且还有一部分氢氧化钙要参加二次水化，使得氢氧化钙含量更少，碱度降低，所以能够抵抗碳化的缓冲能力就变差。因此掺活性混合材料的水泥不适用于二氧化碳浓度高的工业厂房，如铸造翻砂车间。

(6) 抗冻性较差

低温下的一次水化和二次水化速度变慢，强度发展慢；矿渣及粉煤灰易泌水形成连通孔隙；火山灰一般需水量大，会增加内部孔隙含量；故这三种水泥的抗冻性均较差。但矿渣硅酸盐水泥较其它二种稍好。所以这三种掺活性混合材料的水泥不适用于有抗冻要求的工程和低温施工的工程。

2. 三种水泥的个性

(1) 矿渣硅酸盐水泥

粒化高炉矿渣是炼钢的极冷废渣，其表现呈玻璃体形态，不吸水，因而泌水性大，抗渗性差，干缩较大；由于其泌水性大造成了较多的连通孔隙，从而使抗渗性降低。但由于矿渣是高温产生所以耐热性较好，且矿渣硅酸盐水泥水化后氢氧化钙的含量少，故耐热性较好。耐热的温度一般不能超过250℃，因为超过这个温度水泥水化产物中的氢氧化钙就会分解，所以矿渣一般不会用于窑炉内衬工程，但是可以做窑炉的基础工程。适用于有一般耐热要求的混凝土工程，不适合于有抗渗要求的混凝土工程。

(2) 火山灰质硅酸盐水泥。

火山灰是火山喷发在空气中极冷凝结而成，具有很多内部孔隙，内比表面积非常大。由于与水接触的面积大，所以水化的时候需水量也大。火山灰水化产生的胶体填充了其内部孔隙，在水下工程中，这些胶体吸水膨胀，所以提高了抗渗性能。可见火山灰水泥保水性好、抗渗性好，但干在干燥高温的环境下，容易失去胶体中的多余水分而引起干缩大、易开裂和起粉、耐磨性较差等问题。所以火山灰水泥不适用于干燥室外地面以上的混凝土工程，适用于有抗渗要求的水下混凝土工程。

(3) 粉煤灰硅酸盐水泥

由于粉煤灰颗粒大都呈封闭结实的球形，且内表面积和单分子吸附水小，使粉煤灰水泥的和易性好，(需水少)干缩性小，具有抗拉强度高，抗裂性能好的特点。粉煤灰水泥的水化速度缓慢，水化热低，尤其是粉煤灰掺加量较大时水化热降低十分明显。粉煤灰特别适合于水化热要求低的工程和有抗裂要求的工程。

四、三种掺混合硅酸盐水泥的技术要求

复合硅酸盐水泥的技术要求同粉煤灰硅酸盐水泥、矿渣硅酸盐水泥和火山灰硅酸盐水泥的技术要求：

(1) 细度　矿渣硅酸盐水泥、火山灰质硅酸盐水泥、粉煤灰硅酸盐水泥和复合硅酸盐水泥以筛余表示，80 μm 方孔筛筛余不大于 10%或 45 μm 方孔筛筛余不大于 30%。

(2) 凝结时间　初凝不早于 45 min，终凝不大于 600 min。

(3) 强度等级　根据 3 d 和 28 d 的抗折和抗压强度划分为 42.5R，42.5，52.5，52.5R 四个强度等级。具体强度不低于表 3－2－4 中的数值。

(4) 安定性　同硅酸盐水泥，沸煮法必须合格

(5) 化学指标　符合表 3－2－3 通用硅酸盐水泥化学指标的具体要求。

(6) 碱含量　要求同硅酸盐水泥。

五、普通硅酸盐水泥

普通硅酸盐水泥由硅酸盐水泥熟料＋(6%～15%)活性混合材料＋适量石膏组成。

故其性质介于硅酸盐水泥与以上三种水泥之间，更接近与硅酸盐水泥。

1. 普通硅酸盐的技术要求

(1) 细度　硅酸盐水泥和普通硅酸盐水泥以比表面积表示，不小于 300 m^2/kg。

(2) 凝结时间　初凝不早于 45 min，终凝不大于 600 min。

(3) 强度等级　根据 3 d 和 28 d 的抗折和抗压强度划分为 42.5R，42.5，52.5，52.5R 四个强度等级。具体强度不低于表 3－2－4 中的数值。

(4) 安定性 同硅酸盐水泥，沸煮法必须合格。

(5) 化学指标　符合表 3－2－3 通用硅酸盐水泥化学指标的具体要求。

(6) 碱含量　要求同硅酸盐水泥。

2. 普通硅酸盐水泥特性

普通硅酸盐水泥比硅酸盐水泥活性混合材料掺量多一些，所以其性能、应用范围与硅酸盐水泥接近。与硅酸盐水泥相比，早期强度硬化速度稍慢，3 d 强度略低；抗冻性、耐磨性及抗碳化性稍差；而耐磨性稍好，水化热略低。

六大通用硅酸硅酸盐水泥的特性与应用见表 3－2－5 所示。

六、复合硅酸盐水泥

硅酸盐水泥熟料＋15%～50%的两种以上的混合材料＋适量石膏。

复合水泥与矿渣水泥、火山灰水泥、粉煤灰水泥相比，掺混合材料种类不是一种而是两种或两种以上，多种混合材料互掺，可弥补一种混合材料性能的不足，明显改善水泥的性能，适用范围更广。

表 3-2-5　常用水泥的性能与使用

水泥	硅酸盐水泥	普通硅酸盐水泥	矿渣硅酸盐水泥	火山灰硅酸盐水泥	粉煤灰硅酸盐水泥	复合硅酸盐水泥
特征	1. 强度高 2. 快硬早强 3. 抗冻耐磨性好 4. 水化热大 5. 耐腐蚀性差 6. 耐热性较差	1. 早期强度较高 2. 抗冻性较好 3. 水热化较大 4. 耐腐蚀性较好 5. 耐热性较差	1. 早期强度低，但后期强度增长快 2. 强度发展对温、湿度较敏感 3. 水热化低 4. 耐软水、海水、硫酸盐腐蚀性好 5. 耐热性较好 6. 抗冻性抗渗性较差	1. 抗渗性较好 2. 耐热性不及矿渣水泥 3. 干缩大，耐磨性差 4. 其他同矿渣水泥	1. 干缩性较小，抗裂性较好 2. 其他性能与矿渣水泥相同	1. 早期强度较高 2. 其他性能与所掺主要混合材料的水泥相近
适用范围	1. 高强混凝土 2. 预应力混凝土 3. 快硬早强结构 4. 抗冻混凝土	1. 一般混凝土 2. 预应力混凝土 3. 地下与水中结构 4. 抗冻混凝土	1. 一般耐热混凝土 2. 大体积混凝土 3. 蒸汽养护构件 4. 一般混凝土构件 5. 一般耐软水、海水、盐酸复试要求的混凝土	1. 水中、地下大体积混凝土、抗渗混凝土 2. 其他同矿渣水泥	1. 地上、地下与水中大体积混凝土 2. 其他同矿渣水泥	1. 早期强度要求较高的混凝土工程 2. 其他用途与所掺主要混合材料的水泥相近
不适用范围	1. 大体积混凝土 2. 易受腐蚀的混凝土 3. 耐热混凝土，高温养护混凝土		1. 早期强度较高的混凝土 2. 严寒地区及处在水位升降范围内的混凝土 3. 抗渗性要求高的混凝土	1. 干燥环境及处在水位变化范围内的混凝土 2. 有耐磨要求的混凝土 3. 其他同矿渣水泥	1. 抗碳化要求的混凝土 2. 其他同火山灰水泥 3. 有抗渗要求的混凝土	1. 与掺主要混合材料的水泥类似

【JC0206D・单选题】

(　　)水泥适用于一般土建工程中现浇混凝土及预应力混凝土结构。

A. 硅酸盐　　B. 粉煤灰硅酸盐　　C. 火山灰硅酸盐　　D. 矿渣硅酸盐

【答案】 B

【解析】 般土建工程中现浇混凝土及预应力混凝土结构，故选 B

【JC0206E・单选题】

以下工程适合使用硅酸盐水泥的是(　　)

A. 大体积的混凝土工程　　B. 受化学及海水侵蚀的工程

C. 耐热混凝土工程　　D. 早期强度要求较高的工程

【答案】 D

【解析】 硅酸盐水泥在通用水泥中熟料含量最高，所以水化产物中的氢氧化钙和水化铝酸钙也最多，这就是容易产生水泥石腐蚀的主要原因，因此受化学及海水侵蚀的工程不能用硅酸盐水泥。又由于熟料含量多自然水化热也大，大体积混凝土不适合使用。由于硅酸盐熟料含量高，氢氧化钙(250℃受热易分解)含量也高，所以耐热混凝土工程也不适用。故选D。

【JC0206F·单选题】

大体积混凝土应选用(　　)

A. 硅酸盐水泥　　B. 粉煤灰水泥　　C. 普通水泥　　D. 铝酸盐水泥

【答案】 B

【解析】 大体积混凝土主要考虑的是水化热的问题，在四个选项中水化热最小的是粉煤灰水泥。因为硅酸盐水泥和普通硅酸盐水泥的熟料含量都比粉煤灰水泥高，所以水化热也高。铝酸盐水泥的水化热很大。故选B

【JC0206G·单选题】

对干燥环境中的工程，应优先选用(　　)

A. 火山灰水泥　　B. 矿渣水泥　　C. 普通水泥　　D. 粉煤灰水泥

【答案】 C

【解析】 干燥环境的工程中，水泥的水化会受到环境的影响，水化速度会降低，因此对于掺混合材的水泥来说，早期强度低，二次水化又受一次水化的影响，二次水化速度会更慢，强度增长更慢，所以这里选择普通硅酸盐水泥。故选C

【JC0206H·单选题】

窑炉基础用(　　)

A. 硅酸盐水泥　　B. 粉煤灰硅酸盐水泥

C. 普通硅酸盐水泥　　D. 矿渣硅酸盐水泥

【答案】 D

【解析】 矿渣是高温冶炼产生的废渣其耐热性较好，且矿渣硅酸盐水泥水化后氢氧化钙(高温分解)的含量少，故耐热性较好。耐热的温度一般不能超过250℃，因为超过这个温度水泥水化产物中的氢氧化钙就会分解，所以矿渣一般不会用于窑炉内衬工程，但是可以做窑炉的基础工程。故选D

七、其他品种的硅酸盐水泥

(1) 道路硅酸盐水泥的定义

《道路硅酸盐水泥》(GB/T 13696—2017)规定，道路硅酸盐水泥由道路水泥熟料加入适量的石膏和混合材料磨细而成的水硬性胶凝材料。代号为P·R。道路硅酸盐水泥中熟料和石膏(质量分数)为90%～100%，活性混合材料(质量分数)为0%～10%；道路水泥要求表面耐磨强度高，抗折强度大，所以一般熟料中铝酸三钙(C_3A)的含量不应大于5%，铁铝酸四钙(C_4AF)的含量不应小于15.0%，游离氧化钙的含量不应大于1.0%。

(2) 道路硅酸盐水泥的应用

具有早强和抗折强度高、干缩性小、耐磨性好、抗冲击性好、抗冻性和耐久性比较好、裂缝和磨耗病害少的特点。主要用于公路路面、机场跑道、城市广场、停车场等工程。

2. 白色硅酸盐水泥

(1) 白色硅酸盐水泥的定义

《白色硅酸盐水泥》(GB/T 2015—2017)规定，白色硅酸盐水泥简称白水泥，是由氧化铁含量少的硅酸盐水泥熟料、适量石膏及规定的混合材料，磨细制成的水硬性胶凝材料。代号为P·W。以适当成分的生料烧至部分熔融，得到以硅酸钙为主要成分，氧化铁含量少的熟料。熟料中氧化镁的含量不宜超过5.0%。水泥中氧化铁含量在0.5%以上的时候呈现出白色，0.35%以下的时候是绿色。

(2) 白色硅酸盐水泥的应用

具有强度高、色泽洁白的特点。可用来配制彩色砂浆和涂料、彩色混凝土等，用于建筑物的内外装修，同时也是生产彩色硅酸盐水泥的主要原料。

3. 中热硅酸盐水泥、低热硅酸盐水泥

按照《中热硅酸盐水泥、低热硅酸盐水泥》(GB/T 200—2017)规定，中热硅酸盐水泥、低热硅酸盐水泥都是以适当成分的硅酸盐水泥熟料，加入适量石膏，磨细制成的具有中等或者低水化热的水硬性胶凝材料。中热水泥，代号P·MH，强度等级为42.5；低热水泥，代号P·LH，强度等级分为32.5和42.5两个等级。

(1) 熟料的矿物组成

①中热水泥熟料

中热水泥熟料中硅酸三钙(C_3S)的含量不大于55.0%，铝酸三钙(C_3A)的含量不大于6.0%，游离氧化钙(f-CaO)的含量不大于1.0%。

②低热水泥熟料

低热水泥熟料中硅酸二钙(C_2S)的含量不小于40.0%，铝酸三钙的含量不大于6.0%，游离氧化钙的含量不大于1.0%。

(2) 低热、中热硅酸盐水泥的应用

中热硅酸盐水泥主要适用于大坝溢流面的面层和水位变动区等要求较高的耐磨性和抗冻性工程；低热水泥和低热矿渣水泥主要适用于大坝或大体积建筑物内部及水下工程。

【JC0206I·判断题】

水泥的熟料都是灰色的，所以白色水泥是在水泥熟料中掺加了白色的颜料。 (　　)

【答案】 ×

【解析】 控制水泥熟料的氧化铁含量可以得到不同颜色的水泥，白色水泥是氧化铁含量小于0.5%。

【JC0206J·判断题】

道路硅酸盐水泥熟料矿物中铁铝酸四钙(C_4AF)的含量不应小于15.0%，主要原因是C_4AF能提供给水泥主要的抗折强度，提高了道路水泥的硬化后的强压强度。 (　　)

【答案】 √

【解析】 道路主要受压，所以道路硅酸盐水泥熟料中对C_4AF(提供抗折强度)的含量有要求。

第三节 普通混凝土

考点 13 普通混凝土的定义及分类

一、混凝土的定义

混凝土是由胶凝材料、粗细骨料、水和外加剂，按适当比例配合，拌制、浇筑、成型后，经一定时间养护，硬化而成的一种人造石材。混凝土是目前世界上用量最大的人工建筑材料，广泛应用于建筑、水利、水电、道路和国防等工程。

二、混凝土的分类

1. 按表观密度分类

(1) 重混凝土。重混凝土是指表观密度大于 2 800 kg/m^3 的混凝土。重混凝土常用重晶石、铁矿石、铁屑等作骨料。由于厚重密实，具有不透 X 射线和 γ 射线的性能，故主要用作防辐射的屏蔽材料。

(2) 普通混凝土。普通混凝土的表观密度在 2 000～2 800 kg/m^3 之间，一般采用普通的天然砂、石作骨料配制而成，是建筑工程中最常用的混凝土，主要用于各种承重结构。

(3) 轻混凝土。轻混凝土是表观密度小于 2 000 kg/m^3 的混凝土。它可以分为三种：轻骨料混凝土(用膨胀珍珠岩、浮石、陶粒、煤渣等轻质材料作骨料)、多孔混凝土(泡沫混凝土、加气混凝土等)和无砂大孔混凝土(组成材料中不加细骨料)。该混凝土主要用于保温隔热用和一些轻质结构。

2. 按强度等级分类

可分为普通混凝土(抗压强度一般在 60 MPa 以下)、高强度混凝土(抗压强度在 60～100 MPa 之间)、超高强混凝土(抗压强度在 100 MPa 以上)。

3. 按用途分类

可分为结构用混凝土、装饰混凝土、防水混凝土、道路混凝土、防辐射混凝土、耐热混凝土和耐酸混凝土等。

4. 按胶凝材料分类

通常可分为水泥混凝土、沥青混凝土、石膏混凝土、水玻璃混凝土、聚合物混凝土等。其中，水泥混凝土在建筑工程中用量最大、用途最广。

5. 按施工工艺分类

可分为现场浇注混凝土、商品混凝土、泵送混凝土、喷射混凝土、碾压混凝土、真空脱水混凝土和离心混凝土等。

三、普通混凝土的优缺点

混凝土材料具有许多明显的技术经济优势：如组成材料来源广泛、成本低；凝结前具有良好的可塑性，可根据工程结构的要求浇铸成各种形状和任意尺寸；硬化后有较高的强度和耐久性；与钢筋具有牢固的黏结力，可制成钢筋混凝土，与钢筋互补优缺点，扩大适用范围；根据不同要求可配制出不同性能的混凝土；可利用工业废料做掺合料，对环保有利。

同时，混凝土也存在一定的技术问题，如硬化慢、施工周期长、自重大、抗拉强度低、易开裂等缺点。

【JC0301A·单选题】

下列性质中不属于普通混凝土优点的是（　　）。

A. 可塑性好　　　　B. 抗压强度高

C. 与钢筋的匹配性好　　　　D. 抗拉强度高

【答案】 D

【解析】 混凝土的抗压强度高，但是抗拉强度低。

【JC0301B·判断题】

普通混凝土凝结前具有良好的塑性，硬化后有较高的强度和耐久性。（　　）

【答案】 √

【解析】 混凝土凝结前具有良好的可塑性，可根据工程结构的要求浇铸成各种形状和任意尺寸；硬化后有较高的强度和耐久性

考点14　普通混凝土的组成材料及技术要求

普通混凝土的基本组成材料是水泥、水、砂和石子，有时还掺入适量的矿物掺合料和外加剂，它们在混凝土中分别起着不同的作用。砂、石子构成了混凝土的骨架，故分别被称为细骨料和粗骨料，还可起到抵抗混凝土硬化后的收缩作用。水泥、矿物掺合料和水形成的胶凝材料料浆在混凝土硬化前起润滑作用，赋予混凝土一定的流动性以便于施工；硬化后起胶结作用，将散粒状的砂石骨料胶结成具有一定强度的整体材料。胶凝材料料浆包裹在砂粒表面并填充砂粒间的空隙而形成水泥砂浆。水泥砂浆又包裹石子并填充石子间空隙而形成混凝土。

混凝土是一种多孔、多相、非匀质的硬化堆聚结构，其质量和性能的优劣在很大程度上取决于原材料的性质及其相对比例，应合理选择原材料以保证混凝土的质量。

一、水泥

1. 水泥品种的选择

配制混凝土用的水泥，应根据混凝土工程特点和所处环境，结合各种水泥的不同特性进行选用。常用水泥品种的选用详见第二节的内容。

2. 水泥强度等级的选择

配制混凝土所用水泥的强度等级应与混凝土的设计强度等级相适应。若采用高强度等级水泥配制低强度等级混凝土，只需少量的水泥或较大的水灰比就可满足强度要求，但却满

足不了施工要求的良好的和易性，使施工困难，并且硬化后的混凝土耐久性较差。因而不宜用高强度等级水泥配制低强度等级的混凝土。若用低强度等级水泥配制高强度等级的混凝土，一是很难达到要求的强度，二是需采用很小的水灰比或者说水泥用量很大，因而硬化后混凝土的干缩变形和徐变变形大，对混凝土结构不利，易于干裂。同时由于水泥用量大，水化放热量也大，对大体积或较大体积的工程也极为不利。根据经验，水泥强度等级宜为混凝土强度等级的 1.5～2.0 倍，对于较高强度等级的混凝土，水泥强度宜为混凝土强度的 0.9～1.5 倍。

二、细骨料

粒径小于 4.75 mm 的骨料称为细骨料或细集料（砂子）。砂子分为天然砂和人造砂两类。天然砂是岩石自然风化后所形成的大小不等的颗粒，包括河砂、山砂及海砂；人工砂包括机制砂和混合砂。河砂和海砂由于长期受水流的冲刷，颗粒表面比较圆滑、洁净，但海砂中常含有贝壳碎片及可溶性盐等有害杂质。山砂多具棱角，表面粗糙，含泥量及一些有害的有机杂质可能较多。人工砂颗粒尖锐，有棱角，也较洁净，但片状及细粉含量可能较多，成本也高。因此，一般混凝土用砂多采用天然砂较合适。

砂子和石子一样，在混凝土中主要起骨架作用，并抑制水泥硬化后收缩，减少收缩裂缝。砂子和水泥、石子一起共同抵抗荷载。因此，砂和水泥浆，包裹在石子表面，填充石子间的空隙。

根据我国标准《建设用砂》（GB/T 14684—2011）的规定，砂按细度模数（M_x）大小分为粗、中、细三种规格；按技术要求分为Ⅰ类、Ⅱ类、Ⅲ类三种类别。Ⅰ类砂宜用于强度等级大于 C60 的高强混凝土、Ⅱ类砂宜用于强度等级 C30～C60 的混凝土、Ⅲ类砂宜用于强度等级小于 C30 的混凝土和建筑砂浆。

1. 有害杂质的含量

用来配制混凝土的砂，要求清洁不含杂质，以保证混凝土的质量。但实际上砂中常含有云母、硫酸盐、黏土、淤泥等有害杂质，这些杂质黏附在砂的表面，妨碍水泥与砂的黏结，降低混凝土的强度，同时还增加了混凝土的用水量，从而加大了混凝土的收缩，降低了混凝土的耐久性。氯化物容易加剧钢筋混凝土中的钢筋锈蚀，一些硫酸盐、硫化物，对水泥石也有腐蚀作用。因此，应对有害杂质含量加以限制。我国标准《建设用砂》（GB/T 14684—2011）中，对砂中有害杂质含量做了具体规定。

2. 粗细程度与颗粒级配

砂的粗细程度是指不同粒径的砂子混合在一起的平均粗细程度。砂的颗粒级配是指大小不同粒径的砂粒相互间的搭配情况。

在砂用量相同的条件下，若砂子过细，则砂子的总表面积较大，需要包裹砂粒表面的水泥浆的数量较多，水泥用量就多；若砂子过粗，虽能少用水泥，但混凝土拌合物黏聚性较差。所以，用于拌制混凝土的砂不宜过粗也不宜过细，应讲究一定的颗粒级配。想要减少砂粒的空隙，不宜使用单一粒级的砂，而应使用大小不同颗粒的砂子相互搭配，即选用颗粒级配良好的砂。

砂的粗细程度和级配常用 **筛分析** 进行测定，用 **细度模数** 来判断砂的粗细程度，用 **级配区** 来表示砂的颗粒级配。筛分析法是用一套孔径分别为 4.75 mm、2.36 mm、1.18 mm、0.6 mm、0.3 mm、0.15 mm 的标准方孔筛，将 500 g 干砂试样依次过筛，然后称取余留在各号筛上砂的质量(分计筛余量)，并计算出各筛上的分计筛余百分率 α_1、α_2、α_3、α_4、α_5、α_6(各筛筛上的筛余质量占试样总质量的百分率)及累计筛余百分率 β_1、β_2、β_3、β_4、β_5、β_6(各筛和比该筛粗的所有分计筛余百分率之和)。根据累计筛余百分率可计算出砂的细度模数，并划分砂的级配区，以评定砂子的粗细程度和颗粒级配。

砂的筛余量、分计筛余百分率、累计筛余百分率的关系见表 3－3－1。

表 3－3－1　筛余量、分计筛余百分率、累计筛余百分率的关系

筛孔尺寸(mm)	筛余量 m_i(g)	分计筛余百分率 a_i(%)	累计筛余百分率 A_i(%)
4.75	m_1	a_1	$\beta_1=a_1$
2.36	m_2	a_2	$\beta_2=a_1+a_2$
1.18	m_3	a_3	$\beta_3=a_1+a_2+a_3$
0.6	m_4	a_4	$\beta_4=a_1+a_2+a_3+a_4$
0.3	m_5	a_5	$\beta_5=a_1+a_2+a_3+a_4+a_5$
0.15	m_6	a_6	$\beta_6=a_1+a_2+a_3+a_4+a_5+a_6$

(1) 砂的粗细程度

砂子粗细程度的评定，通常用细度模数表示，可按下式计算，精确至 0.01。

$$M_x=\frac{(\beta_2+\beta_3+\beta_4+\beta_5+\beta_6)-5\beta_1}{100-\beta_1} \tag{3-3-1}$$

式中：M_x——细度模数；

β_1、β_2、β_3、β_4、β_5、β_6——分别为 4.75 mm、2.36 mm、1.18 mm、0.60 mm、0.30 mm、0.15 mm 筛的累计筛余百分率，%。

细度模数愈大，表示砂愈粗。根据国家标准《建设用砂》(GB/T 14684—2011)规定，M_x 在 0.7～1.5 为特细砂、M_x 在 1.6～2.2 为细砂、M_x 在 2.3～3.0 的为中砂，M_x 在 3.1～3.7 为粗砂。配制混凝土时宜优先采用中砂。

砂的细度模数只能用来划分砂的粗细程度，并不能反映砂的级配优劣，细度模数相同的砂，其级配不一定相同。

(2) 颗粒级配

砂的颗粒级配用级配区表示。我国标准规定，对细度模数为 1.6～3.7 的普通混凝土用砂，以 0.6 mm 筛孔的累计筛余百分率为依据，分成三个级配区，见表 3－3－1 和图 3－3－2(级配曲线)。

混凝土用砂的颗粒级配，应处于表 3－3－1 和图 3－3－2 的任何一个级配区，否则认为该砂的颗粒级配不合格。

表 3-3-2　砂的颗粒级配区

筛孔尺寸mm \ 累计筛余%	级配区		
	Ⅰ	Ⅱ	Ⅲ
4.75	0～10	0～10	0～10
2.36	5～35	0～25	0～15
1.18	35～65	10～50	0～25
0.60	71～85	41～70	16～40
0.30	80～95	70～92	55～85
0.15	90～100	90～100	90～100

注:(1) 砂的实际颗粒级配与表中所列数字相比,除 4.75 mm 和 0.6 mm 筛档外,可以略有超出,但超出总量应小于 5%。

(2) Ⅰ区人工砂中 0.15 mm 筛孔的累计筛余可以放宽到 100～85,Ⅱ区人工砂中 0.15 mm 筛孔的累计筛余可以放宽到 100～80,Ⅲ区人工砂中 150 μm 筛孔的累计筛余可以放宽到 100～75。

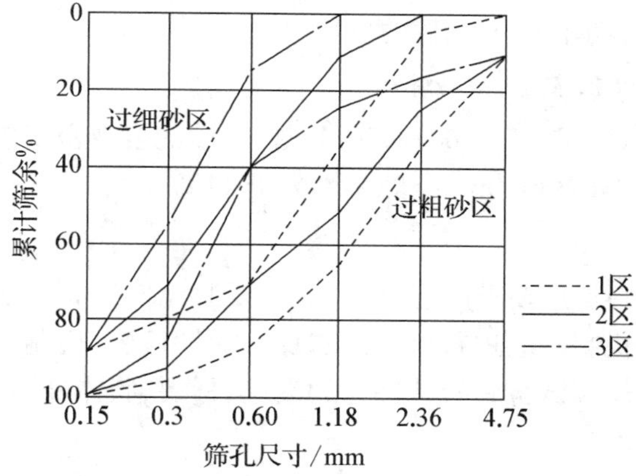

图 03-3-1　集料级配曲线示意图

一般认为,处于Ⅱ区级配的砂,其粗细适中,级配较好;Ⅰ区砂含粗粒较多,属于粗砂,拌制混凝土保水性差;Ⅲ区砂颗粒较细,属于细砂,拌制的混凝土保水性好、黏聚性好,但水泥用量多,干缩大,容易产生微裂缝。

【例 3-3-1】　某工地用砂,筛分试验后的筛分结果如下表所示。判断该砂的粗细程度和级配的好坏。

筛孔尺寸(mm)	9.5	4.75	2.36	1.18	0.6	0.3	0.15	底盘
筛余质量(g)	0	15	63	99	105	115	75	28

【解】　按题给筛分结果计算如表 3-3-3 所示。

表 3-3-3　各筛上筛余量及分计和累计筛余百分率

筛孔尺寸(mm)	9.5	4.75	2.36	1.18	0.60	0.30	0.15	底盘
筛余质量(g)	0	15	63	99	105	115	75	28

续 表

分计筛余百分率(%)	0	3	12.6	19.8	21	23	15	5.6
累计筛余百分率(%)	0	3	15.6	35.4	56.4	79.4	94.4	100

将 0.15～4.75 mm 累计筛余百分率代入(3－3－1)式得该集料的细度模数为：

$$M_x=\frac{(\beta_2+\beta_3+\beta_4+\beta_5+\beta_6)-5\beta_1}{100-\beta_1}=\frac{(15.6+35.4+56.4+79.4+94.4)-5\times 3}{100-3}$$

$$=2.74$$

由于细度模数为 2.74 在 3.0～2.3 之间，所以，此砂为中砂。将表 3－3－3 中计算出的各筛上的累计筛余百分率与表 3－3－2 相应的范围进行比较，发现各筛上的累计筛余百分率均在Ⅱ区规定的级配范围之内。因此，该砂级配良好。

3. 砂的坚固性

砂子的坚固性，是指抵抗自然环境对其腐蚀或风化的能力。通常用硫酸钠溶液干湿循环 5 次后的质量损失来表示砂子坚固性的好坏。

4. 表观密度、松散堆积密度、空隙率

国家标准《建设用砂》(GB/T 14684—2011)规定，砂的表观密度应不低于 2 500 kg/m^3，松散堆积密度应不小于 1 400 kg/m^3，空隙率不大于 44%。

5. 碱—骨料反应

对于有预防碱—骨料反应要求的混凝土工程，要避免使用有碱活性的细骨料。为保证工程质量，河砂、海砂和机制砂应进行碱—硅酸反应活性检验，机制砂还应进行碱—碳酸反应活性检验。碱—骨料反应试验后的试件应无裂缝、酥裂、胶体外溢等现象，在规定的试验龄期膨胀率应小于 0.10%。

三、粗骨料

公称粒径大于 4.75 mm 的骨料称为粗骨料。建设工程中，水泥混凝土及其制品用粗骨料按产源不同分为卵石和碎石。卵石是由自然风化水流搬运和分选、堆积形成的粒径大于 4.75 mm 的岩石颗粒。碎石是由天然岩石、卵石或矿山废石经机械破碎筛分制成的粒径大于 4.75 mm 的岩石颗粒。

国家标准《建设用卵石、碎石》(GB/T 14685—2011)规定，卵石、碎石按含泥量、泥块含量、有害物质含量、坚固性、压碎指标等技术要求划分为类、Ⅱ类和Ⅲ类。类石子宜用于强度等级＞C60 的高强混凝土；Ⅱ类石子宜用于强度等级为 C30～C55 及抗冻、抗渗或其他要求的混凝土；Ⅲ类石子宜用于强度等级＜C30 的混凝土。

1. 有害杂质含量

粗骨料中有害杂质有泥块、淤泥、硫化物、硫酸盐、氯化物和有机质。它们的危害与在细骨料中的危害相同，其含量应符合有关规定。用矿山废石生产的碎石，其有害物质含量还应符合我国环保和安全相关标准和规范，不得对人体、生物、环境及混凝土性能产生有害影响。卵石、碎石的放射性应符合有关规定。

2. 颗粒形状及表面特征

碎石表面粗糙，多棱角，与水泥的黏结强度较卵石高，在相同条件下，碎石混凝土比卵石混凝土强度高 10%左右。但用碎石拌制的混凝土拌合物的流动性比用卵石较差。

粗骨料中还可能含有针状(颗粒长度大于相应颗粒平均粒径的 2.4 倍)和片状(颗粒厚度小于平均粒径的 0.4 倍)，针、片状颗粒易折断，其含量多时，会降低新拌混凝土的流动性和硬化后混凝土的强度。粗骨料中有害杂质及针片状颗粒的允许含量应符合国家标准的规定。

3. 最大公称粒径

粗骨料公称粒级的上限称为该粒级最大公称粒径。最大公称粒径增大时，粗骨的孔隙率及总表面积均有减小的趋势，包裹骨料表面所需的胶凝材料浆料量亦可相应少，从而可减少混凝土收缩及发热量；同时，一定和易性和胶凝材料用量条件下，能减少用水量而提高强度，对大体积混凝土有利。条件许可时宜选用较大粒径的骨料，以节约水泥。但对于普通混凝土尤其是高强混凝土，当最大公称粒径超过 40 mm 后，因黏结面积较小及搅拌均匀性差，可能导致混凝土强度降低。我国《混凝土质量控制标准》(GB 50164—2011)规定，粗骨料的最大公称粒径不得大于构件截面最小尺寸的 1/4，且不得大于钢筋最小净间距的 3/4；对于混凝土实心板，石子的最大公称粒径不宜大于板厚的 1/3，且不得大于 40 mm；对于大体积混凝土，粗骨料最大公称粒径则不宜小于 31.5 mm。

4. 颗粒级配

与细骨料一样，粗骨料也要有良好的颗粒级配，以减少空隙率，增大密实性，从而可以节约水泥、保证拌合物的和易性及混凝土的强度。

粗骨料的级配也是通过筛分试验来确定，其方孔标准筛孔径分别为 2.36，4.75，9.50，16.0，19.0，26.5，31.5，37.5，53.0，63.0，75.0，90.0 mm 共 12 个筛子。分计筛余百分率及累计筛余百分率的计算方法与砂相同。卵石和碎石的级配范围要求一致，均应符合有关规定。

粗骨料的级配按供应情况有连续粒级和单粒级两种。

连续粒级是指粗骨料的粒径由小到大各粒级相连(5 mm 至 D_{max})，每级骨料都占有一定比例。这种级配的粗骨料配制的混凝土拌合物和易性好，不易发生离析。单粒级粒径分布从 0.5D 至 D_{max}，其空隙率大，一般不单独使用，可组成间断级配，也可与连续粒级配合使用以改善级配或配成较大粒级的连续粒级。

间断级配是指人为剔除某些骨料的粒级颗粒，使粗骨料尺寸不连续。大粒径骨料之间的空隙，由小几倍的小颗粒填充，使空隙率达到最小，密实度增加，节约水泥，提高强度和耐久性，减小变形。但因其不同粒级的颗粒粒径相差太大拌合物容易产生分层离析，一般工程中很少用。

5. 强度

粗骨料应质地致密，具有足够的强度。碎石或卵石的强度，可用岩石立方体抗压强度和压碎指标两种方法表示。

岩石立方体抗压强度是用母岩制成 50 mm×50 mm×50 mm 的立方体(或直径与高度

均为 50 mm 的圆柱体)试件,浸泡水中 48 h,待吸水饱和后测其极限抗压强度。岩石立方体抗压强度与设计要求的混凝土强度等级之比,不应低于 1.5。根据标准规定,火成岩试件的强度不应低于 80 MPa,变质岩不应低于 60 MPa,水成岩不应低于 30 MPa。

压碎指标是将一定质量气干状态下粒径为 9.5～19.0 mm 的石子装入一定规格的圆桶内,在压力机上均匀加荷至 200 kN,卸荷后称取试样质量(m_0),再用孔径 2.36 mm 的筛筛除被压碎的碎粒,称取试样的筛余量(m_1)。压碎指标可用下式计算:

$$\text{压碎指标}=\frac{m_0-m_1}{m_0}\times 100\% \tag{3-3-2}$$

压碎指标值越小,说明石子的强度越高。对不同强度等级的混凝土,所用石子的压碎指标应满足国标的要求。

对经常性的生产质量控制常用压碎指标值来检验石子的强度。但当在选择石子场,或对粗骨料强度有严格要求,或对质量有争议时,宜用岩石立方体强度进行检验。

6. 坚固性

石子的坚固性是石子在气候、环境变化和其他物理力学因素作用下,抵抗碎裂的能力。为保证混凝土的耐久性,用作混凝土的粗集料应具有足够的坚固性,以抵抗冻融和自然因素的风化作用。现行标准《建设用卵石、碎石》(GB/T 14685—2011)规定:用硫酸钠溶液浸泡法进行坚固性检验,试样经 5 次干湿循环后测其质量损失。

7. 表观密度、松散堆积密度、空隙率

国家标准《建设用卵石、碎石》(GB/T 14685—2011)规定,粗骨料的表观密度应不低于 2 600 kg/m^3,Ⅰ类、Ⅱ类、Ⅲ类粗骨料的连续级配松散堆积空隙率分别应不大于 43%、45%、47%。

8. 碱—骨料反应

为保证工程质量,粗骨料应进行碱—骨料反应活性检验,要求试验后的试件应无裂缝、酥裂、胶体外溢等现象,在规定的试验龄期膨胀率应小于 0.10%。

9. 骨料的含水状态

骨料的含水状态分为干燥、气干、饱和面干和湿润等。干燥状态的骨料含水率等于或接近于零;气干状态的骨料含水率与大气湿度相平衡;饱和面干状态的骨料内部孔隙含水率达到饱和而表面干燥;湿润状态的骨料状态的骨料内部孔隙含水饱和,且表面附着部分自由水。

饱和面干的骨料既不从混凝土拌合物中吸取水分,也不给拌合物带入额外的水分,因此在计算混凝土配合比时,理论上应以饱和面干的骨料为准。石英砂的饱和面干吸水率在 2% 以内。普通混凝土配合比设计一般以干燥状态的骨料为基准,而一些大型水利工程常以饱和面干的骨料为基准。

四、混凝土用水

混凝土中拌和水和养护用水应达到的质量要求包括:不影响混凝土的凝结和硬化,无损于混凝土强度发展及耐久性,不加快钢筋锈蚀,不引起预应力钢筋脆断,以及不污染混凝土表面等。

我国《混凝土用水标准》(JGJ 63—2006)定，混凝土用水按水源分为：饮用水、地表水、地下水、再生水、混凝土企业设备洗刷水和海水。拌制及养护混凝土宜采用洁净的饮用水。地表水、地下水和经再生工艺处理后的再生水常溶有较多的有机质和矿物盐类，须按标准规定检验合格后方可使用。混凝土企业设备洗刷水不宜用于预应力混凝土、装饰混凝土加气混凝土和暴露于腐蚀环境的混凝土，不能用于碱活性或潜在碱活性骨料的混凝土。海水不能用于拌制钢筋混凝土、预应力混凝土和饰面混凝土。水中各种物质含量限值要符合国家有关规定。

五、外加剂

混凝土外加剂是指在搅拌过程中掺入的、用以改善混凝土性能的物质，其掺量一般不超过胶凝材料用量的5%(特殊情况例外)。混凝土外加剂是现代混凝土的一个重要组成部分，它在混凝土中虽然掺量很小，但却能使混凝土的性能得到很大的改善。可以说，正是由于混凝土外加剂的应用和发展，推动了现代混凝土的技术进步，进而推动建筑业的发展。比如：高效减水剂的出现，推动了高强度混凝土的发展，也使得混凝土实现泵送化、自密实化成为可能；引气剂的使用，大大提高了混凝土的抗冻性，以至于现在配制 F300(抗冻融循环达 300 次)以上的混凝土不再是一件困难的事；膨胀剂的使用，大大增强了混凝土防裂抗渗性能；防冻剂的使用，大大延长了我国北方地区基本建设可施工期等。随着我国经济建设的快速发展，大力推广和使用外加剂，有着重要的技术和经济意义。

1. 常用的混凝土外加剂

(1) 减水剂

减水剂是指在保证混凝土坍落度不变的条件下，能减少拌和用水量的外加剂 。目前国内使用的减水剂种类繁多。按减水效果差异，可分为普通型和高效型；按凝结时间不同，分标准型、早强型和缓凝型；按是否引气，可分为引气型和非引气型。

①减水剂的作用机理

常用的减水剂属表面活性物质，其分子结构由亲水基团和憎水基团两部分组成。

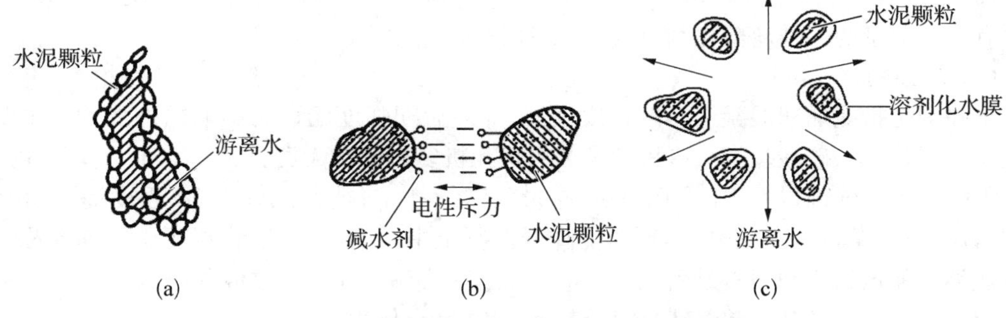

图 3-3-2　水泥浆的絮凝结构和减水剂作用示意图

水泥加水拌和后，由于水泥颗粒间具有分子引力作用，使水泥浆形成絮凝结构，这种絮凝结构，使10%～30%的拌合水(游离水)被包裹在其中[如图 3-3-2(a)所示]，从而降低了混凝土拌和物的流动性。当加入适量减水剂后，减水剂分子定向吸附于水泥颗粒表面，使水泥颗粒表面带上电性相同的电荷而产生静电斥力，迫使水泥颗粒分开，絮凝结构解体，被包裹的游离水释放出来，从而有效地增加混凝土拌和物的流动性[如图 3－3－2(b)所示]。当水泥颗粒表面吸附足够的减水剂后，在水泥颗粒表面形成一层稳定的溶剂化水膜[如图 3－3－2(c)所示]，增大了水泥水化面积，促使水泥充分水化，从而提高了混凝土强度。同时，这层膜也是很好的润滑剂，有助于水泥颗粒的滑动，从而使混凝土的流动性进一步提高。

②普通减水剂

普通减水剂是减水率在 5%～10%的减水剂。常用的普通减水剂有木质素磺酸钙（木钙）、木质素磺酸钠（木钠）、木质素磺酸镁（木镁）等。木钙、木钠、木镁统称为木质素系减水剂，它们是以生产纸浆或纤维浆剩余下来的亚硫酸浆废液为原料，采用石灰乳中和，经生物发酵除糖、蒸发浓缩、喷雾干燥而制得的棕黄色粉末，掺量约为胶凝材料量的 0.2%～0.3%。

木质素系减水剂具有缓凝作用。掺和到混凝土中，能降低水灰比，减少单位用水量，提高混凝土的抗渗性、抗冻性、改善混凝土和易性。木质素减水剂的缓凝性和引气性，决定了其只能低掺量使用（适宜掺量一般不超过胶凝材料的 0.25%）。否则，缓凝作用过大，有可能使混凝土后期强度降低。

多年来，许多学者致力于对木质素磺酸钙进行改性研究。改性后的木钙其掺量可提高到 0.5%～0.6%，减水率可达 15%以上，且没有其他不良效果。木质素系减水剂适用于一般混凝土工程，尤其适用于大体积混凝土浇筑、滑模施工、泵送混凝土及夏季施工的混凝土等。在日最低气温低于 5℃时，应与早强剂或防冻剂复合使用。

③高效减水剂

同普通减水剂相比，高效减水剂具有高减水率、低引气性等特点。自 20 世纪 60 年代初期日本开始应用高效减水剂以来，高效减水剂取得了很大的发展，在世界各国获得了广泛应用。常用的高效减水剂有萘系、密胺系、脂肪族系、氨基磺酸盐系和聚羧酸系等。目前，在我国外加剂市场中，相对来说，萘系高效减水剂成本较低、工艺较成熟、对水泥的适应性好，因此用量最大（掺量为水泥量的 0.5%～1.0%，减水率约 12%～20%），但萘系高效减水剂生产过程易造成环境污染，单纯掺合萘系高效减水剂的混凝土流动性损失加快。聚羧酸系高效减水剂对环境无污染，其掺量小，减水率高（减水率可达 30%以上，水灰比可降低到 0.25 左右，混凝土抗压强度可达 100 MPa 以上），在混凝土流动性损失控制上优于其他高效减水剂，是很有发展前景的一种超塑化剂，在国内发展很快，应用也越来越广。

(2) 早强剂

早强剂是指能加速混凝土早期强度发展，并对后期强度无显著影响的外加剂。主要有无机盐类（氯盐类、硫酸盐类）、有机胺类和有机无机复合物 3 大类。

①氯盐类早强剂以 $CaCl_2$应用较多，掺量 0.5%～1.0%能使混凝土 $3d$ 强度提高 50%—100%，$7d$ 强度提高 20%～40%，同时能降低混凝土中水的冰点，防止混凝土早期受冻。使用氯盐类早强剂的不利因素是引入 Cl 离子，会使钢筋锈蚀，并导致混凝土开裂。为了抑制 $CaCl_2$对钢筋的锈蚀作用，常将其与阻锈剂 $NaNO_2$复合作用。

②硫酸盐类早强剂以 Na_2SO_4 应用较多，掺量 1%～1.5%时可使混凝土达到设计强度 70%的时间缩短一半。Na_2SO_4对钢筋无锈蚀作用，适用于不允许掺氯盐的混凝土。但它与 $Ca(OH)_2$作用可生成强碱 NaOH，为防止碱骨料反应，严禁用于含活性骨料的混凝土。

③有机胺类早强剂以三乙醇胺应用较多是一种无色或淡黄色油状液体，呈碱性，能溶于水，适宜掺量为 0.02%～0.05%。对混凝土稍有缓凝作用，掺量过多将导致拌合物严重缓凝和混凝土强度下降，不宜用于蒸养混凝土。

早强剂可在常温、低温和负温(不低于 5℃)下加速水泥水化和凝结硬化过程，提高早期强度，加快施工进度。早强剂多用于冬季施工和抢修工程，不宜用于大体积混凝土。

(3) 引气剂

引气剂是一种在搅拌过程中能在砂浆或混凝土中引入大量均匀分布的微气泡，并且在硬化后能保留在其中的外加剂。常用的引气剂有松香树脂类、烷基和烷基芳烃磺酸盐类、脂肪醇磺酸盐类非离子聚醚类和皂甙类等。

引气剂为表面活性剂，能显著降低水的表面张力和界面能，使水溶液在搅拌过程中极易产生大量微小的封闭气泡(直径为 50～250 μm)。其作用有：具有滚珠效应，改善混凝土拌合物的和易性；弹性变形能力较大，可缓解水结冰产生的膨胀应力，提高抗冻性；切断毛细管通道，改善抗渗性；减少混凝土的有效受力面积，使其强度有所降低。用于改善新拌混凝土工作性时，含气量控制在 3%—5%；抗冻混凝土的含量应根据混凝土抗冻等级和骨料最大公称粒径等通过试验确定。

引气剂可用于抗渗、抗冻混凝土、泌水严重的混凝土、贫混凝土、轻混凝土，以及对饰面有要求的混凝土等，但不宜用于蒸养混凝土及预应力混凝土。

(4) 缓凝剂

缓凝剂是指能在较长时间内保持混凝土工作性，延缓混凝土凝结和硬化时间的外加剂。品种主要有：糖类及碳水化合物(糖钙、淀粉纤维素的衍生物等)羟基羧酸(柠檬酸、酒石酸、葡萄糖酸及其盐类等)、可溶硼酸盐和磷酸盐等。

缓凝剂具有缓凝、减水、降低水化热和增强作用，对钢筋也无锈蚀作用。主要适用于要求延缓时间的施工，如在气温高、运距长的情况下，可防止混凝土拌合物的坍落度损失对于分层浇筑的混凝土，可防止出现冷缝；对于大体积混凝土，可延长水泥水化放热时间，防止出现温度裂缝。

(5) 泵送剂

泵送剂是能改善混凝土拌合物泵送性能的外加剂。它由减水剂、缓凝剂、引气剂、润滑剂等多种组分复合而成。泵送剂的品种、掺量应综合考虑厂家推荐掺量、环境温度、泵送高度泵送距离、运输距离等要求经混凝土试配后确定。泵送剂适用于工业与民用建筑及其他构筑物的泵送施工的混凝土，特别适用于大体积混凝土、高层建筑和超高层建筑滑模施工的混凝土以及水下灌注桩混凝土等。

(6) 膨胀剂

膨胀剂是指在混凝土硬化过程中因化学作用能使混凝土产生一定体积膨胀的外加剂。常用的膨胀剂有硫铝酸钙类、硫铝酸钙氧化钙类和氧化钙类等。

膨胀剂可防止或减少混凝土中化学收缩和温度裂缝的产生，提高混凝土的自密实能力和抗裂、抗渗能力，适用于配制补偿收缩混凝土、填充用膨胀混凝土灌浆用膨胀砂浆和自应力混凝土等。

2. 外加剂的选择和使用要点

在混凝土中掺用外加剂,若选择和使用不当会造成质量事故。应注意以下几点:

(1) 品种的选择

对不同品种水泥作用效果不同,应根据工程需要和现场的材料条件检测外加剂对水泥的适应性。不同品种外加剂复合使用时,要注意其相容性及对混凝土性能的影响,使用前进行试验检测。不允许使用对人体产生危害、对环境产生污染的外加剂。

(2) 掺量的确定

外加剂掺量以胶凝材料总量的百分数表示,应按厂家推荐掺量、使用要求、施工条件、混凝土原材料等因素通过试验试配确定。如聚羧酸系高效减水剂的掺量对混凝土性能影响较大,使用时应准确计量。

(3) 耐久性要求

含有强电解质无机盐、氯盐、亚硝酸盐、碳酸盐等的外加剂应符合《混凝土外加剂应用技术规范》(GB 50119—2013)的规定。处于与水相接触或潮湿环境中的混凝土,使用碱活性骨料时,由外加剂带入的碱含量不宜超过 1 kg/m^3。

(4) 掺加方法

外加剂掺量一般很小,为保证均匀分散,一般不能直接加入混凝土搅拌机内。能溶于水的外加剂应先配成一定浓度的溶液,随拌和水加入;不溶于水的外加剂则应与适量水泥或砂混合均匀后,再加入搅拌机按外加剂的掺入时间不同,可分为同掺法、后掺法、分掺法三种方法。其中,后掺法最能充分发挥减水剂的功能。

【JC0302A · 单选题】

在混凝土拌和物中,水泥浆起(　　)作用。

A. 骨架　　B. 填充　　C. 润滑　　D. 胶结

【答案】 C

【解析】 水泥、矿物掺合料和水形成的胶凝材料料浆在混凝土硬化前起润滑作用,赋予混凝土一定的流动性以便于施工。

【JC0302B · 单选题】

关于细骨料"颗粒级配"和"粗细程度"性能指标的说法,正确的是(　　)。

A. 级配好,砂粒之间的空隙小;骨料越细,骨料比表面积越小

B. 级配好,砂粒之间的空隙大;骨料越细,骨料比表面积越小

C. 级配好,砂粒之间的空隙小;骨料越细,骨料比表面积越大

D. 级配好,砂粒之间的空隙大;骨料越细,骨料比表面积越大

【答案】 C

【解析】 在砂用量相同的条件下,若砂子过细,则砂子的总表面积较大,需要包裹砂粒表面的水泥浆的数量较多,水泥用量就多;想要减少砂粒的空隙,不宜使用单一粒级的砂,而应使用大小不同颗粒的砂子相互搭配,即选用颗粒级配良好的砂。

【JC0302C · 单选题】

普通混凝土用砂应选择(　　)较好。

A. 尽可能细　　B. 尽可能粗

C. 越粗越好　　D. 在空隙率小的条件下尽可能粗

【答案】 D

【解析】 在砂用量相同的条件下，若砂子过细，则砂子的总表面积较大，需要包裹砂粒表面的水泥浆的数量较多，水泥用量就多，因此，为了节约水泥用量，在保证空隙率小的条件下尽可能选粗一点的砂。

【JC0302D・单选题】

有抗冻要求的混凝土施工时宜选择的外加剂为(　　)。

A. 缓凝剂　　B. 阻锈剂　　C. 引气剂　　D. 速凝剂

【答案】 C

【解析】 引气剂可用于抗渗、抗冻混凝土、泌水严重的混凝土等，但不宜用于蒸养混凝土及预应力混凝土。

【JC0302E・单选题】

混凝土中掺入引气剂的目的是(　　)。

A. 提高强度　　B. 提高抗渗性、抗冻性，改善和易性

C. 提高抗腐蚀性　　D. 节约水泥

【答案】 B

【解析】 引气剂为表面活性剂，能显著降低水的表面张力和界面能，使水溶液在搅拌过程中极易产生大量微小的封闭气泡。其作用有：具有滚珠效应，改善混凝土拌合物的和易性；弹性变形能力较大，可缓解水结冰产生的膨胀应力，提高抗冻性；切断毛细管通道，改善抗渗性；减少混凝土的有效受力面积，使其强度有所降低。

【JC0302F・单选题】

炎热夏季大体积混凝土施工时，必须加入的外加剂是(　　)。

A. 速凝剂　　B. $CaSO_4$　　C. 引气剂　　D. 缓凝剂

【答案】 D

【解析】 缓凝剂具有缓凝、减水、降低水化热和增强作用，对钢筋也无锈蚀作用。主要适用于要求延缓时间的施工，如在气温高、运距长的情况下，可防止混凝土拌合物的坍落度损失对于分层浇筑的混凝土，可防止出现冷缝；对于大体积混凝土，可延长水泥水化放热时间，防止出现温度裂缝。

【JC0302G・判断题】

混凝土用砂的细度模数越大，则该砂的级配越好。(　　)

【答案】 ×

【解析】 砂的细度模数只能用来划分砂的粗细程度，并不能反映砂的级配优劣。

【JC0302H・判断题】

两种砂细度模数相同，它们的级配也一定相同。(　　)

【答案】 ×

【解析】 砂的细度模数只能用来划分砂的粗细程度，并不能反映砂的级配优劣，细度模数相同的砂，其级配不一定相同。

【JC0302I・判断题】

砂子的级配决定总表面积的大小，粗细程度决定空隙率的大小。(　　)

【答案】 ×

【解析】 砂子的粗细程度决定总表面积的大小，级配决定空隙率的大小。

【JC0302J·简答题】

普通混凝土的主要组成材料有哪些？各组成材料在硬化前后的作用如何？

【解析】 普通混凝土的基本组成材料是水泥、水、砂和石子，有时还掺入适量的矿物掺合料和外加剂。

它们在混凝土中分别起着不同的作用。砂、石子构成了混凝土的骨架，故分别被称为细骨料和粗骨料，还可起到抵抗混凝土硬化后的收缩作用。水泥、矿物掺合料和水形成的胶凝材料料浆在混凝土硬化前起润滑作用，赋予混凝土一定的流动性以便于施工；硬化后起胶结作用，将散粒状的砂石骨料胶结成具有一定强度的整体材料。

【JC0302K·简答题】

砂的粗细程度用什么表示？何谓砂的颗粒级配？为什么要同时考虑砂的颗粒级配和粗细程度？

【解析】 (1) 砂的粗细程度用细度模数表示，细度模数越大，砂越粗。

(2) 颗粒级配指不同粒径砂粒的搭配比例。

(3) 颗粒级配和粗细程度要同时考虑的原因是：应含较多的粗粒径砂，适当的中粒径砂和少量的细粒径砂填充空隙，这样空隙及总表面积均较小，不仅节约水泥用量，还可以提高混凝土的密实度与强度。

【JC0302L·计算题】

取 500 g 干砂，经筛分后，其结果见下表。试计算该砂的细度模数，并判断该砂的粗细程度。

筛孔尺寸(mm)	9.5	4.75	2.36	1.18	0.6	0.3	0.15	底盘
筛余质量(g)	0	8	82	70	98	124	106	14

【解析】 按题给筛分结果计算如表 3-3-4 所示。

表 3-3-4 各筛上筛余量及分计和累计筛余百分率

筛孔尺寸(mm)	9.5	4.75	2.36	1.18	0.60	0.30	0.15	底盘
筛余质量(g)	0	8	82	70	98	124	106	14
分计筛余百分率(%)	0	1.6	16.4	14.0	19.6	24.8	21.2	1.6
累计筛余百分率(%)	0	1.6	18.0	32.0	51.6	76.4	97.5	1.6

将 0.15～4.75 mm 累计筛余百分率代入(3-3-1)式得该集料的细度模数为：

$$M_x=\frac{(\beta_2+\beta_3+\beta_4+\beta_5+\beta_6)-5\beta_1}{100-\beta_1}$$

$$=\frac{(18.0+32.0+51.6+76.4+97.6)-5\times 1.6}{100-1.6}=2.7$$

由于细度模数为 2.7 在 2.3～3.0 之间，所以，此砂为中砂。

考点15　普通混凝土的主要技术性质含义、检测方法及影响因素

一、新拌混凝土的和易性

混凝土的各组成材料按一定比例配合、搅拌而成的尚未凝固的混合料，称为混凝土拌合物，亦称新拌混凝土。

1. 和易性的含义

和易性是指混凝土拌合物易于各种施工工序（拌和、运输、浇筑、振捣等）操作并能获得质量均匀、密实的性能，也叫混凝土工作性。它是一项综合技术性质，包括流动性、黏聚性和保水性三方面含义。

流动性是指混凝土拌合物在自重或机械振捣作用下能产生流动，并均匀密实地填满模板的性能。流动性反应混凝土拌合物的稀稠。若混凝土拌合物太稠，流动性差，难以振捣密实，易造成内部或表面孔洞等缺陷；若拌合物过稀，流动性好，但容易出现分层、离析现象（水泥上浮、石子颗粒下沉），从而影响混凝土的质量。

黏聚性是指混凝土和拌合物个颗粒间具有一定的黏聚力，在施工过程中能够抵抗分层离析，使混凝土保持整体均匀的性能。黏聚性反应混凝土拌合物的均匀性。若混凝土拌合物黏聚性不好，混凝土中骨料与水泥浆容易分离，造成混凝土不均匀，挣捣后会出现蜂窝、空洞等现象。

保水性是指混凝土拌合物保持水分的能力，在施工过程中不产生严重泌水的性能。保水性反应混凝土拌合物的稳定性。保水性差的混凝土内部容易形成透水通道，影响混凝土的密实性，并降低混凝土的强度和耐久性。

混凝土拌合物的和易性是以上三方面的综合体现，他们之间既相互联系，又相互矛盾。提高水灰比，可使流动性增大，但黏聚性和保水性往往较差；要保证拌合物具有良好的黏聚性和保水性，则流动性会受到影响。不同的工程对混凝土拌合物和易性的要求也不同，应根据工程具体情况对和易性三方面既要有所侧重，又要相互照顾。

2. 和易性的测定

(1) 坍落度法与扩展度法

在平整、湿润且不吸水的操作面上放落坍落筒，将混凝土拌合物分三次（每次装料1/3筒高）装入坍落度桶内，每次装料后，用插捣棒从周围向中间插捣25次，以使拌和物密实。待第三次装料、插捣密实后，表面刮平，然后垂直提起坍落度筒。拌合物在自重作用下会向下坍落，坍落的高度（以mm计）就是该混凝土拌合物的坍落度，如图3-3-3(a)所示。

坍落度数值越大，表示混凝土拌合物的流动性越好。根据混凝土拌合物坍落度大小，可分为：干硬性混凝土，坍落度小于10 mm；低塑性混凝土，坍落度10～40 mm；塑性混凝土，坍落度50～90 mm；流动性混凝土，坍落度100～150 mm；大流动性混凝土，坍落度大于160 mm。

在进行坍落度试验过程中，同时观察拌合物的黏聚性和保水性。用捣棒在已坍落的拌合物锥体侧面轻轻打击，如果锥体逐渐下沉，表示拌合物黏聚性良好；如果锥体突然倒坍或部分崩裂或出现离析现象，表示拌合物黏聚性较差。若有较多的稀浆从锥体底部析出，锥体

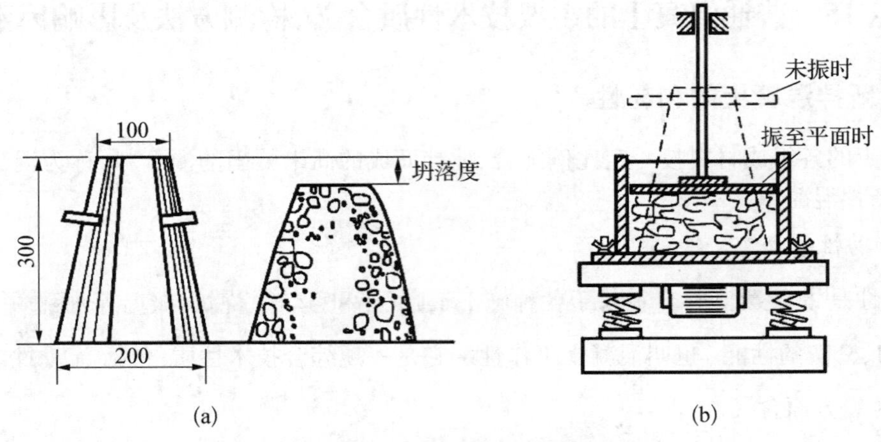

图 3-3-3 坍落度及维勃稠度试验

部分的拌合物也因失浆而骨料外露，表明混凝土拌合物保水性不好；如无这种现象，表明保水性良好。

施工中，选择混凝土拌合物的坍落度，一般根据构件截面的大小，钢筋分布的密疏、混凝土成型方式等因素来确定。若构件截面尺寸较小，钢筋分布较密，且为人工捣实，坍落度可选择大一些；反之，坍落度可选择小一些。

坍落度试验受操作技术及人为因素影响较大，但因其操作简便，故应用很广。国内外资料一致认为，坍落度为 10～220 mm 时，对混凝土拌合物的稠度具有良好的反应能力，当坍落度大于 220 mm 时，由于粗骨料堆积的偶然性，落度就不能很好地代表拌合物的稠度。因此，坍落度大于 220 mm 的混凝拌合物的稠度宜用扩展度(mm)表示。

扩展度亦采用坍落度筒测试。当坍落度筒提离后流动性相对较大的混凝土拌合物在自重作用下向周边扩展，用钢尺测量拌合物扩展后的最大直径和最小直径，在两者之差不超过 50 mm 的条件下，用其算数平均值作为扩展度值(修约至 5 mm)。

扩展度试验适用于泵送高强混凝土和自密实混凝土拌合物。一般泵送高强混凝土拌合物的扩展度不宜小于 500 mm；自密实混凝土拌合物的扩展度不宜小于 600 mm。

(2) 维勃稠度法

对于干硬性混凝土，若采用坍落度试验，测出的坍落度值过小，不易准确反映其工作性，这时需要维勃稠度试验测定。其方法是：将坍落度筒置于维勃稠度仪上的圆形容器内，并固定在规定的振动台上。把拌制好的混凝土拌和物按坍落度试验方法，分三次装入坍落度筒内，表面刮平后提起坍落度筒，将维勃稠度仪上的透明圆盘转至试体顶面，使之与试体轻轻接触。开启振动台，同时用秒表计时，振动至透明圆盘底面被水泥浆布满的瞬间关闭振动台并停止计时，由秒表读出的时间，即是该拌合物的维勃稠度值(s)如图 3-3-3(b)所示。维勃稠度值小，表示拌合物的流动性大。

维勃稠度试验主要用于测定干硬性混凝土的流动性。适用于粗骨料最大粒径不超过 40 mm，维勃稠度在 5～30 s 之间的混凝土拌合物。

3. 影响混凝土拌合物和易性的主要因素

(1) 水泥浆的数量

在混凝土拌合物中，水泥浆除了起胶结作用外，还起着润滑骨料、提高拌合物流动性的作用。在水灰比不变的情况下，单位体积拌合物内，水泥浆数量越多，拌合物流动性越大。但若水泥浆数量过多，不仅水泥用量大，而且会出现流浆现象，使拌合物的黏聚性变差，同时会降低混凝土的强度和耐久性；若水泥浆数量过少，则水泥浆不能填满骨料空隙或不能很好包裹骨料表面，会出现混凝土拌合物崩坍现象，使黏聚性变差。因此，混凝土拌和物中水泥浆的数量应以满足流动性和强度要求为度，不宜过多或过少。

(2) 水泥浆的稠度(水灰比)

水泥浆的稀稠是由水灰比决定的。水灰比是指混凝土拌和物中用水量与水泥用量的比值。当水泥用量一定时，水灰比越小，水泥浆越稠，拌合物的流动性就越小。当水灰比过小时，水泥浆过于干稠，拌合物的流动性过低，影响施工，且不能保证混凝土的密实性。水灰比增大会使流动性加大，但水灰比过大，又会造成混凝土拌合物的黏聚性和保水性较差，产生流浆、离析现象，并严重影响混凝土的强度和耐久性。所以水泥浆的稠度(水灰比)不宜过大或过小，应根据混凝土强度和耐久性要求合理选用。混凝土常用水灰比在0.40～0.75之间。

无论是水泥浆数量的多少，还是水泥浆的稀稠，实际上对混凝土拌合物流动性起决定作用的是用水量的多少。当使用确定的的材料拌制混凝土时，为使混凝土拌合物达到一定的流动性，所需的单位用水量是一个定值。当使用确定的骨料，如果单位体积用水量一定，单位体积水泥用量增减不超过50～100 kg，混凝土拌合物的坍落度大体可以保持不变。应当指出的是，不能单独采取增减用水量(即改变水灰比)的办法来改善混凝土拌合物的流动性，而应在保持水灰比不变的条件下，用增减水泥浆数量的办法来改善拌合物的流动性。

(3) 砂率

砂率是指混凝土中的砂的质量占砂、石总质量的百分率。砂率的变动会使骨料的空隙率和总面积有显著改变，因而对混凝土拌合物的和易性产生显著的影响。砂率过大时，骨料的总面积将增大，则水泥浆数量相对不足，拌合物的流动性就降低。若砂率过小，又不能保证粗骨料之间有足够的砂浆层，会降低拌合物的流动性，且黏聚性和保水性也将变差。当砂率值适宜时，砂不但能够填满石子间的空隙，而且还能保证粗骨料间有一定厚度的砂浆层，以减小粗骨料间的摩擦阻力，使混凝土拌合物有较好的流动性。这个适宜的砂率，称为合理砂率。当采用合理砂率时，在用水量和水泥用量一定的情况下，能使混凝土拌合物获得最大的流动性且能保持良好的流动性和保水性(如图3-3-4所示)；如要达到一定的坍落度，选择合理砂率(如图3-3-5所示)，将使水泥用量最少，这对降低成本是非常有利的。

(4) 组成材料的性质

水泥的品种、骨料种类及形状、外加剂等，都对混凝土的和易性有一定的影响。水泥的标准稠度用水量大，则拌合物的流动性小。骨料的颗粒较大，外形圆滑及级配良好时，则拌合物的流动性较大。此外，在混凝土拌合物中掺入外加剂(如减水剂)，能显著改善和易性。

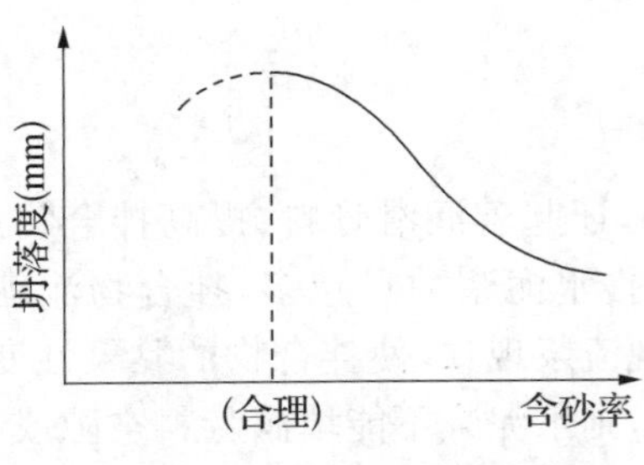

图 3-3-4　砂率与坍落度的关系
（水与水泥用量一定）

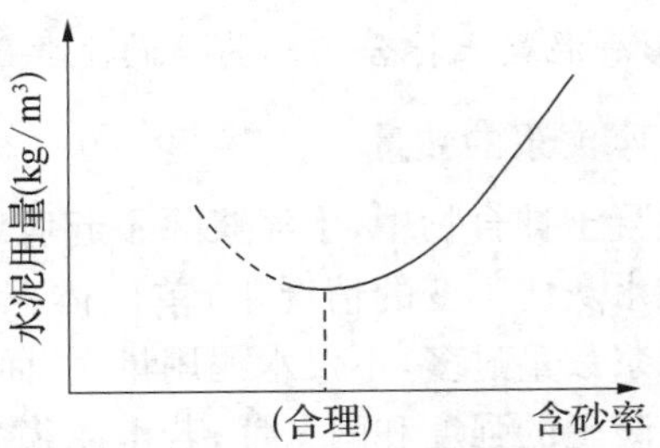

图 3-3-5　砂率与水泥用量的关系
（达到相同的坍落度）

（5）外加剂

外加剂对混凝土拌合物的和易性有很大影响，通常少量的减水剂就能使拌合物在不增加胶凝材料用量的条件下，获得良好的和易性，不仅使流动性显著增加，还能有效改善拌合物的黏聚性和保水性。

（6）时间及环境的温度、湿度

混凝土拌合物随时间的延长，因水泥水化及水分蒸发而变得干稠，和易性变差；环境温度上升，水分容易蒸发，水泥水化速度也会加快，混凝土拌合物流动性将减小；空气湿度小，拌合物水分蒸发较快，坍落度损失也会加快。夏季施工或较长距离运输的混凝土，上述现象更加明显。

4. 改善和易性的措施

掌握了混凝土拌合物和易性的变化规律，就可运用这些规律去能动地调整拌合物的和易性，已满足工程需要。在实际工程中，可采用以下措施调整混凝土拌合物的和易性：

（1）当混凝土拌合物坍落度太小时，保持水灰比不变，适量增加水泥浆数量；当坍落度太大时，保持砂率不变，适量增加砂、石。

（2）选用适宜的水泥品种及矿物掺合料。

（3）选用级配良好的骨料，并尽可能采用较粗的砂、石。

（4）采用合理砂率。

（5）有条件时尽量掺加外加剂，如减水剂、引气剂等。

二、混凝土的强度

强度是混凝土硬化后的主要力学性质。因为混凝土主要用于承受荷载或抵抗各种作用力。混凝土的强度有立方体抗压强度、轴心抗压强度、抗拉强度、抗剪强度、抗弯强度等。混凝度的抗压强度最大，抗拉强度最小，因此在建筑工程中主要是利用混凝土来承受压力作用。混凝土的抗压强度是混凝土结构设计的主要参数，也是混凝土质量评定的重要指标。工程中提到的混凝土强度一般指的是混凝土的抗压强度。

1. 混凝土的抗压强度与强度等级

（1）立方体抗压强度

混凝土抗压强度是指其标准试件在压力作用下直至破坏时，单位面积所能承受的最大压力。按照标准的制作方法制成边长为 150 mm×150 mm×150 mm 的正立方体试件，在标准养护条件（温度 20±2℃，相对湿度 95%以上）下或者在 $Ca(OH)_2$ 饱和溶液中养护，养护至 28 d 龄期，按照标准的测定方法测定其抗压强度值，即为混凝土立方体抗压强度 f_{cu}。

当采用非标准试件测定立方体抗压强度时，须乘以换算系数，见表 3-3-5，折算为标准试件的立方体抗压强度。

表 3-3-5　试件尺寸换算系数

试件尺寸(mm)	100×100×100	150×150×150	200×200×200
换算系数	0.95	1.00	1.05

(2) 强度等级

强度等级是混凝土结构设计、配合比设计、质量控制和合格评定的重要根据。混凝土的强度等级由符号“C”和立方体抗压强度标准值（$f_{cu,k}$）组成。

立方体抗压强度标准值（$f_{cu,k}$）是按标准方法制作和养护的边长为 150 mm 的立方体试件，在 28 d 或规定设计龄期以标准试验方法测得的具有 95%保证率的抗压强度值（单位 MPa）。我国《混凝土质量控制标准》(GB51642011)按立方体抗压强度标准值将混凝土强度划分为 C10，C15，C20，C25，C30，C35，C40，C45，C50，C55，C60，C65，C70，C75，C80，C85C90，C95 和 C100 等 19 个等级。

不同工程或用于不同部位的混凝土对强度等级的要求也不同。强度等级为 C10 的混凝土仅用于受力不大的垫层、基础、地坪等。我国《混凝土结构设计规范》(GB 500010—2010)规定：素混凝土结构不应低于 C15；钢筋混凝土结构不应低于 C20；预应力钢筋混凝土结构不宜低于 C40，且不应低于 C30；承受重复荷载的钢筋混凝土构件不应低于 C30。

(3) 混凝土的轴心抗压强度（f_{cp}）

确定混凝土强度等级时采用的是立方体试件，但实际工程中钢筋混凝土构件大部分是棱柱体形或圆柱体形。为使测得的混凝土强度接近实际情况，轴心受压构件（如柱、桁架腹杆等）在钢筋混凝土结构计算中，均以轴心抗压强度作为设计依据。轴心抗压强度采用 150 mm×150 mm×300 mm 的棱柱体作为标准试件，如有必要，也可采用非标准尺寸的棱柱体试件，但其高宽比（h/a）应在 2～3 的范围。轴心抗压强度比同截面的立方体抗压强度小，且 h/a 越大，轴心抗压强度越小。在立方体抗压强度为 10～55 MPa 范围内时 $f_{cp}=(0.70\sim0.80)f_{cu}$。

2. 混凝土抗拉强度（f_{ts}）

混凝土的抗拉强度很低，只有抗压强度的 1/10～1/20，且随着混凝土强度等级的提高，比值有所降低。测定混凝土抗拉强度的试验方法有直接轴心受拉试验和劈裂试验，直接轴心受拉试验时试件对中比较困难，因此我国目前常采用劈裂试验方法测定。劈裂试验方法是采用边长为 150 mm 的立方体标准试件，按规定的劈裂抗拉试验方法测定混凝土的劈裂抗拉强度 f_{ts}。混凝土劈裂抗拉强度按下式计算：

$$f_{ts}=\frac{2F}{\pi A}=0.637\frac{F}{A} \tag{3-3-3}$$

式中：f_{ts}——混凝土的劈裂抗拉强度，MPa；

F——破坏荷载，N；

A——试件劈裂面面积，mm^2。

3. 影响混凝土强度的主要因素

(1) 水泥强度等级与水灰比

水泥是混凝土中的活性组分，其强度大小直接影响着混凝土强度的高低。在配合比相同的条件下，所用的水泥标号越高，制成的混凝土强度也越高。当用同一品种同一标号的水泥时，混凝土的强度主要取决于水灰比。因为水泥水化时所需的结合水，一般只占水泥重量的23%左右，但在拌制混凝土混合物时，为了获得必要的流动性，常需用较多的水(约占水泥重量的40%～70%)。混凝土硬化后，多余的水分蒸发或残存在混凝土中，形成毛细管、气孔或水泡，它们减少了混凝土的有效断面，并可能在受力时于气孔或水泡周围产生应力集中，使混凝土强度下降。

在保证施工质量的条件下，水灰比愈小，混凝土的强度就愈高。但是，如果水灰比太小，拌合物过于干涩，在一定的施工条件下，无法保证浇灌质量，混凝土中将出现较多的蜂窝、孔洞，也将显著降低混凝土的强度和耐久性。试验证明，混凝土强度，随水灰比增大而降低，呈曲线关系，而混凝土强度与灰水比呈直线关系。

水泥石与骨料的黏结情况与骨料种类和骨料表面性质有关，表面粗糙的碎石比表面光滑的卵石(砾石)的黏结力大，硅质集料与钙质集料也有差别。在其他条件相同的情况下，碎石混凝土的强度比卵石混凝土的强度高。

根据大量试验建立的混凝土强度经验公式：

$$f_{cu,0}=\alpha_a f_{ce}(C/W-\alpha_b) \tag{3-3-4}$$

式中：$f_{cu,0}$——混凝土28天立方体抗压强度，MPa；

f_{ce}——水泥的实际强度，MPa；

C/W——灰水比；

C——每立方米混凝土中水泥用量，kg；

W——每立方米混凝土中用水量，kg。

α_a、α_b为回归系数，与骨料品种、水泥品种有关，其数值可通过试验求得。

(2) 骨料的影响

当骨料中含有杂质较多，或骨料材质低劣(强度较低)时，会降低混凝土的强度。表面粗糙并有棱角的骨料，与水泥石的黏结力较强，可提高混凝土的强度。所以在相同混凝土比的条件下，用碎石拌制的混凝土强度比用卵石拌制的混凝土强度高。骨料粒形以三围长度相等或相近的球形或立方体形为好，若含有较多针片状颗粒，则会增加混凝土孔隙率，增加混凝土结构缺陷，导致混凝土强度降低。

(3) 养护的温度和湿度

混凝土强度的增长，是水泥的水化、凝结和硬化的过程，必须在一定的温度和湿度条件下进行。在保证足够湿度情况下，不同养护温度，其结果也不相同。温度高，水泥凝结硬化速度快，早期强度高，所以在混凝土制品厂常采用蒸汽养护的方法提高构件的早期强度，以提高模板和场地周转率。低温时水泥混凝土硬化比较缓慢，当温度低至 0℃以下时，硬化不但停止，且具有冰冻破坏的危险。

水是水泥的水化反应的必要条件，只有周围环境有足够的湿度，水泥水化才能正常进行，混凝土强度才能得到充分发展。如果湿度不够，水泥难以水化，甚至停止水化。因此，混凝土浇筑完毕后，必须加强养护。

为了保证混凝土的强度持续增长，在混凝土浇筑完毕后应在 12 h 内进行覆盖，以防水分蒸发。冬天施工的混凝土，要注意采取保温措施；夏季施工的混凝土，要特别注意浇水保湿。使用硅酸盐水泥、普通硅酸盐水泥和矿渣水泥，浇水保湿应不少于 7 d；使用火山灰和粉煤灰水泥，或在施工中掺用缓凝型外加剂，或混凝土有抗渗要求时，保湿养护不应少于 14 d。

(4) 养护时间(龄期)

混凝土在正常养护条件下，强度将随龄期的增长而增加。混凝土的强度在最初的 3～7 d 内增长较快，28 d 后强度增长逐渐变慢，但只要保持适当的温度和湿度，其强度会一直有所增长。所以，一般以混凝土 28 d 的强度作为设计强度值。

普通水泥混凝土，在标准混凝土养护条件下，混凝土强度大致与龄期的对数成正比，计算如下：

$$f_n = \frac{f_{28} \cdot \lg n}{\lg 28} \tag{3-3-5}$$

式中：f_n——nd 龄期混凝土的抗压程度，MPa；

f_{28}—— 28 d 龄期混凝土的抗压强度，MPa；

n——养护龄期，$n \geqslant 3$。

式(3-3-5)适用于在标准条件下养护的不同水泥拌制的中等强度的混凝土。根据此式，可由所测混凝土早期强度，或者由混凝土 28 d 强度推算 28 d 前混凝土达到某一强度值需要养护的天数，由于影响混凝土强度的因素很多，强度发展也很难一致，因此该公式仅供参考。

(5) 试验条件

除了试件尺寸对强度的测定结果有一定影响外，试件的形状、表面状态及加载速度等试验条件也会影响混凝土强度的测定值。

试件的形状。当试件受压面积($a \times a$)相同而高度(h)不同时，高宽比(h/a)越大则所测抗压强度越小。这是因为试件受压时，混凝土与承压板之间的摩擦力对试件的横向膨胀起约束作用，称为环箍效应。环箍效应有利于强度的提高，越接近试件的端面，环箍效应就越大，距端面约 $0.866a$ 的范围以外则约束作用消失

表面状态。若在试件上下表面涂有油脂类润滑剂，则受压时的环箍效应会大为减小试件将出现竖向开裂破坏，此时测出的强度值也偏低。

加载速度。在试验过程应连续均匀地加载，加载速度越快，测得的混凝土强度值也越大。我国标准规定，混凝强度等级＞C30 且＜C60 时加载速度为 0.5～0.8 MPa/s。

4. 提高混凝土强度的措施

(1) 采用高强度等级或早强型水泥。水泥强度等级越高,混凝土的强度也较高。采用早强型水泥可提高混凝土的早期强度,有利于加快施工进度。

(2) 采用低水胶比的干硬性混凝土。这种混凝土拌合物的游离水少,硬化后留下的孔隙也少,混凝土密实度高,强度可显著提高。但水胶比过小,将影响拌合物的流动性,造成施工困难,一般采取掺减水剂的方法,使低水胶比下的拌合物仍有良好的和易性。

(3) 采用蒸汽养护或湿热养护。将混凝土构件置于温度低于100℃的常压蒸汽中养护,可加速活性混合材料的"二次反应",混凝土的早期强度和后期强度都有所提高。一般经24 h蒸汽养护,其强度可达正常条件下养护28 d强度的70%~80%。蒸汽养护最适合于掺混合材的矿渣水泥、火山灰水泥及粉煤灰水泥混凝土。而对普通水泥和硅酸盐水泥混凝土,因在水泥颗粒表面过早形成水化产物凝胶膜层,阻碍水分子继续深入水泥颗粒内部。使其后期强度增长速度减缓,其28 d强度比标准养护28 d强度低10%~15%。

(4) 采用机械搅拌和振捣。混凝土采用机械搅拌不仅比人工搅拌效率高,而且搅拌更均匀,故能提高混凝土的密实度和强度。采用机械振捣混凝土,可使混凝土拌合物的颗粒产生振动,降低水泥浆的黏度及骨料之间的摩擦力,使混凝土拌合物转入流体状态,提高流动性。同时,混凝土拌合物被振捣后,其颗粒互相靠近,使混凝土内部孔隙大大减少,从而使混凝土的密实度和强度提高。

(5) 掺加混凝土外加剂、掺和料。在混凝土中掺入早强剂可提高混凝土早期强度;掺入减水剂可减少用水量,降低水灰比,提高混凝土强度。此外,在混凝土中掺入减水剂的同时,掺入磨细的矿物掺合料(如硅灰、优质粉煤灰、超细矿粉),可显著提高混凝土强度,配制出超高强度混凝土。

三、混凝土的变形性能

混凝土在硬化期间和使用过程中,会受到各种因素作用而产生变形。混凝土的变形直接影响到混凝土的强度和耐久性,特别是对裂缝的产生有直接影响。引起混凝土变形的因素很多,归纳起来可分为两大类,即非荷载作用下的变形和荷载作用下的变形。

1. 非荷载作用下的变形

(1) 化学收缩

一般水泥水化生成物的体积比水化反应前物质的总体积要小,导致水化过程的体积收缩,这种收缩称为化学收缩。化学收缩随混凝土的硬化龄期的延长而增加,在40 d内收缩值极快,以后逐渐稳定。化学收缩是不能恢复的,他对结构物不会产生明显的破坏作用,但在混凝土中可产生微细裂缝。

(2) 干湿变形

由于周围环境的湿度变化引起混凝土变形,称为干湿变形。干湿变形的特点是干缩湿胀。当混凝土在水中硬化时,水泥凝胶体中胶体粒子的吸附水膜增厚,胶体粒子间距增长,使混凝土产生微小膨胀。当混凝土在干燥空气中硬化时,混凝土中水分子逐渐蒸发,水泥凝胶或水泥石毛细管失水，使混凝土产生收缩。若把已收缩的混凝土再置于水中养护，原收缩变形一部分可以恢复，但仍有一部分（占30%～50%）不可恢复。

混凝土的湿胀形变量很小，对结构一般无破坏作用。但干缩形变对混凝土危害较大，干缩可能使混凝土表面出现拉应力而开裂，严重影响混凝土的耐久性。一般条件下，混凝土的极限收缩值达$(50\sim90)\times10^{-5}$ mm/mm。工程设计时，混凝土线收缩采用$(15\sim20)\times10^{-5}$ mm/mm，即每1 m胀缩0.15～0.20 mm。为了防止发生干缩，应采取加强养护、减少水灰比、减少水泥用量、加强振捣等措施。

(3) 温度变形

混凝土的热胀冷缩变形称为温度变形。混凝土的温度线膨胀系数为$(1\sim1.5)\times10^{-5}$/℃，即温度每升降1℃，每1 m胀缩0.01～0.015 mm。温度变形对大体积混凝土非常不利。在混凝土硬化初期，水泥水化放出较多的热量，而混凝土散热缓慢，使大体积混凝土内外产生较大的温差，从而在混凝土表面产生很大的拉应力，严重时会产生裂缝。因此，对大体积混凝土工程，应设法降低混凝土的发热量，如使用低热水泥，减少水泥用量，掺加缓凝剂及采取人工降温措施等，以减少内外温差，防止裂缝的产生和发展。

对纵向较长的混凝土及结构和大面积混凝土工程，为防止其受大气温度影响而产生开裂，常每隔一定距离设置温度伸缩缝，以及在结构中设置温度钢筋等措施。

2. *荷载作用下的形变*

(1) 短期荷载作用下的变形

混凝土是由水泥石、砂、石子等组成的不均匀复合材料，是一种弹性塑性体。混凝土受力后既会产生可以恢复的弹性形变，又会产生不可恢复的塑性变形。全部应变(ε)由弹性应变(εe)与塑性应变(εp)组成，

混凝土应力与应变曲线上任一点的σ与其应变ε的比值，称作混凝土在该应力下的变形模量。它反映了混凝土所受应力与所产生应变之间的关系，混凝土应力与应变之间的关系不是直线而是曲线，因此混凝土的变形模量不是定值。

根据《普通混凝土力学性能试验方法》(GB/T 50081—2019)规定，采用150 mm×150 mm×300 mm的棱柱体试件，取测定点的应力等于试件轴心抗压强度的40%，经四次以上反复加荷与卸荷后，所得的应力—应变曲线与初始切线大致平行时测得的变形模量值，即为该混凝土的弹性模量。混凝土变形模量有三种表示方法，即初始弹性模量$E_0=\tan\alpha_0$、割线弹性模量$Ec=\tan\alpha_1$和切线弹性模量$E_h=\tan\alpha_2$。α_0、α_1、α_2表示。在计算钢筋混凝土结构的变形、裂缝以及大体积混凝土的温度应力时，都需要混凝土弹性模量。

影响混凝土弹性模量的因素主要有混凝土的强度、骨料的性质以及养护等。混凝土的强度等级越高，弹性模量也越高。当混凝土的强度等级由C15增加到C80时，其弹性模量大致由2.20×10^4 MPa增至3.80×10^4 MPa；骨料的含量越多，混凝土的弹性模量也越高；混凝土的水灰比小，养护较好及龄期较长，混凝土的弹性模量也较大。

(2) 长期荷载作用下的变形

混凝土在长期荷载作用下会产生徐变现象。混凝土在长期荷载作用下，随着时间的延长，沿着作用力的方向发生的变形，一般要延续2～3年才逐渐趋向稳定。这种随时间而发展的变形性质，称为混凝土的徐变。混凝土无论是受压、受拉、受弯时，都会产生徐变。

当混凝土开始加荷时产生瞬时应变，随着荷载持续作用时间的延长，产生徐变变形。徐变变形初期增长较快，以后逐渐变慢，一般在延续 2～3 年才稳定下来，最终徐变应变可达 0.3～1.5 mm/m。当变形稳定以后卸荷，一部分变形瞬时恢复，其值小于在加荷瞬间产生的瞬时变形。在卸荷后的一段时间内，变形还会继续恢复，称为徐变恢复。最后残留下来的不能恢复的应变，称为残余应变。

混凝土的徐变，一般认为是由于水泥石中的凝胶体在长期荷载作用下的黏性流动，并向毛细孔中移动的结果。在混凝土的较早龄期加荷，水泥尚未充分水化，所含凝胶体较多，且水泥石中毛细孔较多，凝胶体易于流动，所以徐变发展较快。随着水泥继续硬化，凝胶体含量相对减少，毛细孔亦少，徐变发展缓慢。

影响混凝土徐变的因素很多，混凝土水灰比较小或在水中养护时，徐变较小，同等水灰比的混凝土，其水泥用量越多，徐变越大；混凝土所用骨料的弹性模量较大时，徐变较小；所受应力越大，徐变也越大。

混凝土的徐变对混凝土结构物的影响有利也有弊。有利的是，徐变能消除混凝土内的应力集中，使应力较均匀地重新分布。对大体积混凝土，则能消除一部分由于温度变形所产生的破坏应力。但是，徐变会使结构的变形增加；在预应力钢筋混凝土结构中，徐变会使钢筋混凝土的预应力受到损失，从而降低结构的承载能力。

四、混凝土的耐久性

混凝土的耐久性是指混凝土抵抗环境介质作用并长期保持其良好的使用性能和外观完整性，从而维持混凝土结构的安全、正常使用的能力。混凝土的耐久性是一项综合技术指标，包括抗渗性、抗冻性、抗腐蚀性、抗碳化、抗碱骨料反应等。

1. 混凝土的抗渗性

混凝土的抗渗性是指混凝土抵抗液体(水、油等)渗透的能力。抗渗性是混凝土耐久性的一项重要指标。它直接影响混凝土抗冻性和抗腐蚀性。当混凝土的抗渗性较差时，不但容易渗水，而且由于水分渗入内部，当有冰冻作用或水中含腐蚀性介质时，混凝土易受到冰冻或腐蚀作用而破坏，对钢筋混凝土还可能引起钢筋的腐蚀以及保护层开裂和剥落。

混凝土的抗渗性用抗渗等级表示。抗渗等级是以 28 d 龄期的标准混凝土抗渗试件，按照规定的实验方法，以不渗水时所受能承受的最大水压(MPa)确定，用代号 P 表示共有 P4、P6、P8、P10、P12 五个等级，分别表示能抵抗 0.4 MPa、0.6 MPa、0.8 MPa、1.0 MPa、1.2 MPa 的静止水压力而不出现渗透现象。

混凝土渗水主要原因是由于内部的孔隙形成连通的渗水通道。这些孔道除产生于施工振捣不密实外，主要来源于水泥浆中多余水分蒸发留下的气孔、水泥浆泌水所形成的毛细孔以及粗骨料下部界面水富集所形成的孔穴。这些渗水通道的多少，主要与水灰比大小有关。因此，水灰比是影响抗渗性的主要因素之一。实验表明，随着水灰比的增大，抗渗性逐渐变差，当水灰比大于 0.6 时，抗渗性急剧下降。

提高混凝土抗渗性的重要措施有：提高混凝土密实度、改善混凝土孔隙结构、减少连通孔隙。这些可以通过降低水灰比、选择好的骨料级配、充分振捣和养护、渗加引气剂等方法来实现。

2. 混凝土的抗冻性

混凝土的抗冻性是指混凝土在水饱和状态下，能经受多次冻融循环作用而不破坏，同时不严重降低强度的性能。

混凝土的抗冻性用抗冻等级表示，抗冻等级是以 28 d 龄期的混凝土标准试件，在浸水饱和状态下，进行冻融循环试验，以同时满足强度损失率不超过 25%，质量损失率不超过 5%时最大循环次数来表示。混凝土的抗冻等级分为 F10，F15，F25，F50，F150，F200，F250，和 F300 九个等级，分别表示混凝土能承受冻融循环次数不少于 10 次、15 次、25 次、50 次、100 次、150 次、200 次、250 次和 300 次。

混凝土受冻破坏的主要原因是由于混凝土内部孔隙中的水在负温下结冰，体积膨胀(水结成冰后体积膨胀约 8%左右)产生膨胀压力，当这种压力产生的内应力超过混凝土的极限抗拉强度时，混凝土就会产生裂缝，经多次冻融循环，裂缝不断扩展直至混凝土破坏。

混凝土的抗冻性与混凝土的密实程度、孔隙率和孔隙特征、孔的充水程度等因素有关。密实的或具有封闭孔隙的混凝土，抗冻性较好；水灰比越小，混凝土的密实度越高抗冻性也越高；在混凝土中加入引气剂或减水剂，能有效提混凝土的抗冻性。

3. 混凝土的抗侵蚀性

混凝土的抗侵蚀性是指混凝土抵抗外界侵蚀性介质破坏作用的能力。通常有软水侵蚀、硫酸盐侵蚀、一般酸侵蚀和强碱侵蚀等。地下、码头、海底等混凝土工程易受环境介质侵蚀、其混凝土应有较高的抗侵蚀性。

混凝土的抗侵蚀性与所用的水泥品种、混凝土密实程度、孔隙特征等因素有关。密实性好的或具有封闭孔隙的混凝土，抗侵蚀性好。提高混凝土的抗侵蚀性应根据工程所处环境合理选择水泥品种。

4. 混凝土的碳化

混凝土的碳化是指混凝土中的 $Ca(OH)_2$ 与空气中 CO_2 作用生成 $CaCO_3$ 和 H_2O 的过程。混凝土碳化是 CO_2 由表及里逐渐向混凝土内部扩散的过程。碳化引起水泥石化学组成及组织结构变化，降低了混凝土的碱度。对混凝土的强度和收缩均能产生影响。

影响碳化速率与混凝土的密实度、水泥品种、环境中 CO_2 浓度及环境湿度等因素有关。当水灰比较小，混凝土较密实时，CO_2 和水不易进入，碳化速度减慢；掺混合材的水泥碱度较低，碳化速度随混合材掺量的增多而加快(在常用水泥中，火山灰水泥碳化速率最快，普通硅酸盐水泥碳化速率最慢)；空气中 CO_2 浓度高时，碳化速度快；在相对湿度为 50%～75%的环境中，碳化速率最快，相对湿度达 100%或相对湿度小于 25%时碳化作用停止。

碳化对混凝土的作用有利也有弊。由于水泥水化产生大量氢氧化钙，使钢筋处在碱性环境中而在表面生成一层钝化膜，保护钢筋不锈蚀。碳化使混凝土碱性降低，当碳化深度穿透混凝土保护层而达到钢筋表面时，钢筋钝化膜被破坏而发生锈蚀，锈蚀的钢筋体积膨胀，致使混凝土保护层开裂，开裂后的混凝土更有利于 CO_2 和水的渗入，加剧了碳化的进行和钢筋的锈蚀，最后导致混凝土顺着钢筋开裂而破坏。另外，碳化作用会增加混凝土的收缩，引起混凝土表面产生拉应力而出现微细裂缝，从而降低混凝土的抗拉、抗折强度及抗渗能力。不过碳化产生的碳酸钙填充了水泥石的空隙，以及碳化时产生的水分有助于未水化水泥的继续水化,从而可提高混凝土的碳化层的密实度,这对提高混凝土抗压强度有利。如混凝土预制桩往往利用碳化作用来提高桩的表面硬度。但总的来说,碳化对混凝土是利多弊少,因此应设法提高混凝土的抗碳化能力。

在实际工程中,为减少或避免碳化作用,可根据钢筋混凝土所处环境下去选择合适的水泥品种、设置足够的混凝土保护层、减小水灰比、加强振捣密实、掺加外加剂、在混凝土表面涂刷保护层等措施。

5. 碱-骨料反应

碱—骨料反应是指水泥中的碱(Na_2O、K_2O)与骨料中的活性二氧化硅发生化学反应,在骨料表面生成复杂的碱—硅酸凝胶,其吸水后体积膨胀(体积可增加 3 倍以上),从而导致混凝土开裂而破坏的现象。

混凝土发生碱—骨料反应必须具备以下三个条件:

(1) 水泥中碱含量高。水泥中碱含量按($Na_2O+0.658K_2O$)%计算大于 0.6%。

(2) 砂、石骨料中含有活性二氧化硅成分。含活性二氧化硅的矿物有蛋白石、玉髓、鳞石英等。

(3) 有水存在。在无水情况下,混凝土不可能发生碱—骨料反应。

在实际工程中,为抑制碱—骨料反应,常采取控制水泥总含碱量不超过 0.6%;选用非活性骨料;降低混凝土单位水泥用量,以降低混凝土含碱量;在混凝土中掺入火山灰质混合材,以减少膨胀值;防止水分浸入,设法使混凝土处于干燥状态等措施。

6. 提高混凝土耐久性的措施

(1) 根据混凝土工程的特点和所处环境条件合理选择水泥品种。

(2) 选用质量良好、技术条件合格的砂、石骨料。

(3) 控制混凝土的水灰比、保证足够胶凝材料用量是提高混凝土耐久性的关键。《普通混凝土配合比设计规程》(JGJ 55—2011)对建筑工程所用混凝土的最大水灰比和最小水泥用量做了规定。

(4) 掺加减水剂或引气剂、适量矿物掺合料,提高混凝土的抗冻性、抗渗性。

(5) 改善混凝土施工条件,保证施工质量。

【JC0303A·单选题】

下述指标中,哪一种是用来表征混凝土流动性的?( )

A. 坍落度　　B. 沉入度　　C. 分层度　　D. 针入度

【答案】 A

【解析】 坍落度法测定混凝土的流动性。

【JC0303B·单选题】

维勃稠度法测定混凝土拌合物流动性时,其值越大表示混凝土的( )。

A. 流动性越大　　B. 流动性越小　　C. 黏聚性越好　　D. 保水性越差

【答案】 B

【解析】 维勃稠度值小，表示拌合物的流动性大；维勃稠度值大，表示拌合物的流动性小。

【JC0303C・单选题】

通常用维勃稠度仪测定（ ）混凝土拌合物的和易性。

A. 干硬性 B. 塑性 C. 自密实 D. 喷射

【答案】 A

【解析】 维勃稠度试验主要用于测定干硬性混凝土的流动性。

【JC0303D・单选题】

骨料的性能相同时，砂率越大，混凝土中骨料的总表面积（ ）。

A. 越大 B. 越小 C. 不确定 D. 无变化

【答案】 A

【解析】 砂率过大时，骨料的总面积将增大，则水泥浆数量相对不足，拌合物的流动性就降低。

【JC0303E・单选题】

C30 表示混凝土的（ ）等于 30 MPa。

A. 立方体抗压强度最大值 B. 设计的立方体抗压强度值

C. 立方体抗压强度标准值 D. 立方体抗压强度平均值

【答案】 C

【解析】 我国《混凝土质量控制标准》(GB 50164—2011)按立方体抗压强度标准值将混凝土强度划分为 C10 等 19 个等级。

【JC0303F・单选题】

在原材料质量不变的情况下，决定混凝土强度的主要因素是（ ）。

A. 水泥用量 B. 砂率 C. 单位用水量 D. 水灰比

【答案】 D

【解析】 在原材料质量不变的情况下，混凝土的强度主要取决于水灰比。

【JC0303G・单选题】

普通混凝土棱柱体抗压强度 f_c 与立方体抗压强度 f_{cu} 两者数值的关系是（ ）。

A. $f_c = f_{cu}$ B. $f_c \approx f_{cu}$ C. $f_c > f_{cu}$ D. $f_c < f_{cu}$

【答案】 D

【解析】 在立方体抗压强度为 10～55 MPa 范围内时 $f_c = (0.70 \sim 0.80) f_{cu}$。

【JC0303H・单选题】

一般环境中，要提高混凝土结构的设计使用年限，对混凝土强度等级和水胶比的要求是（ ）。

A. 提高强度等级，提高水胶比 B. 提高强度等级，降低水胶比

C. 降低强度等级，提高水胶比 D. 降低强度等级，降低水胶比

【答案】 B

【解析】 混凝土强度越高，水胶比越低，耐久性越好。

【JC0303I・判断题】

混凝土的流动性用沉入度来表示。 （ ）

【答案】 ×

【解析】 混凝土的流动性用坍落度来表示。干硬性混凝土流动性用维勃稠度表示。

【JC0303J·判断题】

维勃稠度值越大,测定的混凝土拌合物流动性越小。 ( )

【答案】 √

【解析】 维勃稠度值大,表示拌合物的流动性小。

【JC0303K·判断题】

碳化会使混凝土的碱度降低。 ( )

【答案】 √

【解析】 混凝土的碳化是指混凝土中的 $Ca(OH)_2$ 与空气中 CO_2 作用生成 $CaCO_3$ 和 H_2O 的过程。混凝土碳化是 CO_2 由表及里逐渐向混凝土内部扩散的过程。碳化引起水泥石化学组成及组织结构变化,降低了混凝土的碱度。

【JC0303L·简答题】

什么是混凝土拌和物的和易性?影响混凝土拌和物和易性的主要因素有哪些?测定混凝土拌和物的和易性的方法有什么?

【解析】 参见考点15"一、新拌混凝土的和易性"。

【JC0303M·简答题】

影响混凝土强度的主要因素有哪些?可以采取哪些措施来提高混凝土强度?

【解析】 参见考点15"二、混凝土强度 3.影响混凝土强度的主要因素和 4.提高混凝土强度的措施"。

【JC0303N·简答题】

何谓混凝土的碳化?碳化对混凝土的性质有哪些影响?

【解析】 参见考点15"四、混凝土耐久性 4.混凝土的碳化"。

【JC0303O·简答题】

什么是混凝土的碱—骨料反应?对混凝土有什么危害?

【解析】 参见考点15"四、混凝土耐久性 5.碱—骨料反应"

【JC0303P·简答题】

什么是混凝土耐久性?提高混凝土耐久性的措施主要有哪些?

【解析】 (1) 混凝土的耐久性是指混凝土抵抗环境介质作用并长期保持其良好的使用性能和外观完整性,从而维持混凝土结构的安全、正常使用的能力。

(2) 参见考点15"四、混凝土耐久性 6.提高混凝土耐久性的措施"。

考点16 混凝土配合比设计的方法、程序和步骤

配合比设计是指确定混凝土中各组成材料的用量比例工作。普通混凝土的配合比,根据所用材料及混凝土的技术要求进行初步计算,并经实验室试配、调整后确定。

一、混凝土配合比设计的基本要求

(1) 满足混凝土结构设计的强度等级。

(2) 满足施工条件所需要的和易性。

(3) 满足工程所处环境和设计规定的耐久性。

(4) 在满足上述要求的前提下，尽可能节约水泥，降低成本。

二、混凝土配合比设计中的三个重要参数

混凝土配合比设计，实际上就是确定水泥、水、砂与石子四种基本组成材料用量之间的三个比例关系。即：水与水泥用量的比值（水灰比）；砂子质量占砂石总质量的百分率（砂率）；单位用水量。在配合比设计中正确地确定这三个参数，就能使混凝土满足配合比设计的四项基本要求。

水灰比是影响混凝土强度和耐久性的主要因素，其确定原则是在满足强度和耐久性要求前提下，尽量选择较大值，以节约水泥。砂率是影响混凝土拌和物和易性的重要指标，选用原则是在保证混凝土拌和物黏聚性和保水性的前提下，尽量取较小值。单位用水量是指 1 m^3 混凝土用水量，它反应混凝土拌和物中水泥浆与骨料之间的比例关系，其确定原则是在达到流动性要求的前提下取较小值。

四、混凝土配合比设计的步骤

首先，根据原材料的性能和混凝土技术要求进行初步计算，得出计算配合比；再经过试验室试拌调整，得出基准配合比；然后，经过强度检验（如有抗渗、抗冻等其他性能要求，应进行相应的检验），定出满足设计和施工要求并比较经济的试验配合比。最后，根据现场砂、石的实际含水率，对试验室配合比进行调整，得出施工配合比。

1. 确定计算配合比

(1) 计算配制强度 $f_{cu,0}$

考虑到实际施工条件与实验室条件的差别，为了保证混凝土能够达到设计要求的强度等级，在混凝土配合比设计时，必须使混凝土的配制强度高于设计强度等级。根据《普通混凝土配合比设计规程》(JGJ 55—2011)规定，设计强度小于 C60 时，配制强度 $f_{cu,0}$ 可按下式计算：

$$f_{cu,0} = f_{cu,k} + 1.645\sigma \tag{3-3-6}$$

式中：$f_{cu,0}$——混凝土配制强度，MPa；

$f_{cu,k}$——混凝土设计强度等级，MPa；

σ——混凝土强度标准差，MPa。强度标准差 σ 可根据施工单位以往的生产质量水平进行测算，如施工单位无历史统计资料时，可按表 3-3-6 选取。

表 3-3-6　σ 取值表

混凝土强度等级	<C20	C20～C35	>C35
σ(MPa)	4.0	5.0	6.0

当混凝土设计强度不小于 C60 时，配制强度 $f_{cu,0}$ 可按下式计算：

$$f_{cu,0} = 1.15 f_{cu,k} \tag{3-3-7}$$

(2) 计算水灰比(W/C)

根据已算出的混凝土配制强度($f_{cu,0}$)及所用水泥的实际强度(f_{ce})或水泥强度等级，按

混凝土强度下式计算出所要求的水灰比值(混凝土强度等级小于C60级)：

$$\frac{m_w}{m_c}=\frac{\alpha_a \cdot f_{ce}}{f_{cu,0}+\alpha_a \cdot \alpha_b \cdot f_{ce}} \tag{3-3-8}$$

式中：f_{ce}——水泥28 d抗压强度实测值，MPa；

α_a、α_b——回归系数；应根据工程所用的水泥、集料，通过试验由建立的水灰比与混凝土强度关系式确定；当不具备上述试验统计资料时，可取碎石混凝土 $\alpha_a=0.46$，$\alpha_b=0.07$；卵石混凝土 $\alpha_a=0.48$，$\alpha_b=0.33$。

为了保证混凝土耐久性，计算出的水灰比不得大于国标规定的最大水灰比值。如计算出的水灰比值大于规定的最大水灰比值，应取国标规定的最大水灰比进行设计。

(3) 确定用水量(m_{w0})

根据混凝土施工要求的坍落度及所用骨料的品种、最大粒径等因素，对干硬性混凝土用水量可参考表3-3-7选用；对塑性混凝土的用水量可参考表3-3-8选用。如果是流动性大或大流动性混凝土，以表3-3-8中坍落度为90 mm的用水量为基础，按坍落度每增大20 mm，用水量增加5 kg。

如果混凝土掺加外加剂，其用水量按下式计算：

$$m_{wa}=m_{w0}(1-\beta) \tag{3-3-9}$$

式中：m_{wa}——掺外加剂时混凝土的单位用水量，kg；

m_{w0}——未掺外加剂时混凝土的单位用水量，kg；

β——外加剂的减水率，应经试验确定。

表3-3-7　干硬性混凝土的单位用水量选用表(kg/m³)

维勃稠度，s	卵石最大粒径，mm			碎石最大粒径，mm		
	10	20	40	16	20	40
16～20	175	160	145	180	170	155
11～15	180	165	150	185	175	160
5～10	185	170	155	190	180	165

表3-3-8　塑性混凝土的单位用水量选用表(kg/m³)

坍落度，mm	卵石最大粒径，mm				碎石最大粒径，mm			
	10	20	31.5	40	16	20	31.5	40
10～30	190	170	160	150	200	185	175	165
35～50	200	180	170	160	210	195	185	175
55～70	210	190	180	170	220	205	195	185
75～90	215	195	185	175	230	215	205	195

注：①本表不宜用于水灰比小于0.4或大于0.8的混凝土。
②本表用水量系采用中砂时的平均值，若用细(粗)砂，每立方米混凝土用水量可增加(减少)5～10 kg。
③掺用外加剂或掺合料时，用水量应作相应调整。

（4）计算水泥用量

根据确定出的水灰比和 1 m³混凝土的用水量，可求出 1 m³混凝土的水泥用量（m_{c0}）；

$$m_{c0}=\frac{m_{w0}}{m_w/m_c} \tag{3-3-10}$$

为了保证混凝土的耐久性，由上式计算得出的水泥用量还要满足国标规定的最小水泥用量的要求，如果算得的水泥用量小于国标规定的最小水泥量，应取国标规定的最小水泥用量。

（5）选取合理的砂率(β_S)

一般应通过试验找出合理的砂率。如无试验经验，可根据骨料种类、规格及混凝土的水灰比，参考表 3-3-9 选用合理砂率。

表 3-3-9　混凝土砂率选用表(%)

水灰比 m_w/m_c	卵石最大粒径，mm			碎石最大粒径，mm		
	10	20	40	10	20	40
0.40	26～32	25～31	24～30	30～35	29～34	27～32
0.50	30～35	29～34	28～33	33～38	32～37	30～35
0.60	33～38	32～37	31～36	36～41	35～40	33～38
0.70	36～41	35～40	34～39	39～44	38～43	36～41

注：①本表适用于坍落度为 10—60 mm 的混凝土。坍落度大于 60 mm，应在上表的基础上，按坍落度每增大20 mm，砂率增大 1%的幅度予以调整；坍落度小于 10 mm 的混凝土，其砂率应经试验确定。

②本表数值系采用中砂时的选用砂率，若用细(粗)砂，可相应减少(增加)砂率。

③只用一个单粒级粗骨料配制的混凝土，砂率应适当增加。

④对薄壁构件砂率取偏大值。

（6）计算混凝土粗、细骨料的用量(m_{g0})及(m_{s0})

确定砂子、石子用量的方法很多，最常用的是假定表观密度法和绝对体积法。

①质量法(假定表观密度法)。如果混凝土所用原料的情况比较稳定，所配制混凝土的表观密度将接近一个固定值，这样就可以先假定 1 m³　混凝土拌和物的表观密度。列出一下方程。

$$\left.\begin{aligned} & m_{c0}+m_{s0}+m_{g0}+m_{w0}=m_{cp} \\ & \beta_s=\frac{m_{s0}}{m_{s0}+m_{g0}}\times 100\% \end{aligned}\right\} \tag{3-3-11}$$

式中：m_{c0}、m_{s0}、m_{g0}、m_{w0}——分别为 1 m³混凝土中水泥、砂、石子、水的用量，kg；

m_{cp}——1 m³混凝土拌合物的假定质量，kg。可取 2 350～2 450 kg/m³。

β_s——砂率，%。

②绝对体积法。假定混凝土拌和物的体积等于各组成材料的绝对体积和拌和物中空气的体积之和。因此，在计算混凝土拌和物的各材料用量时，可列出下式：

$$\left.\begin{aligned} & \frac{m_{c0}}{\rho_c}+\frac{m_{s0}}{\rho_s}+\frac{m_{g0}}{\rho_g}+\frac{m_{w0}}{\rho_w}+0.01\alpha=1 \\ & \beta_s=\frac{m_{s0}}{m_{s0}+m_{g0}}\times 100\% \end{aligned}\right\} \tag{3-3-12}$$

式中：ρ_c、ρ_s、ρ_g、ρ_w——分别为水泥的密度、砂的表观密度、石子的表观密度、水的密度，kg/m^3。水泥的密度可取 2 900～3 100 kg/m^3；

α——混凝土的含气量百分数，在不使用引气型外加剂时，可取 $\alpha=1$。

通过以上六个步骤便可将混凝土中水泥、水、砂子和石子的用量全部求出，得到混凝土的计算配合比。

2. 配合比的试配、调整和确定

以上求出的各材料用量，是利用经验公式或经验资料获得，因而不定能够完全符合具体的工程实际，还需对计算配合比进行试配、调整与确定。按计算配合比称取原材料进行试拌，检查该拌合物的和易性是否符合要求。若流动性太大，可在砂率不变的条件下，适当增加砂、石；若流动性太小，可保持水胶比不变，增加适量的水和胶凝材料；若黏聚性和保水性不良，可适当增加砂率，直至和易性满足要求为止。经调整拌合物和易性可得到混凝土的试拌配合比。

3. 实验室配合比确定

试拌配合比虽然达到了施工和易性要求，但是否满足设计强度尚未可知。检验混凝土的强度应至少采用 3 个不同的配合比，其一是试拌配合比，另外两个配合比的 W/C 较试拌配合比分别增、减 0.05，用水量与试拌配合比相同砂率可分别增、减 1%。制作混凝土试件时，需检验相应配合比拌合物的和易性，并测定表观密度(p)以备用。

每个配合比制作一组试件，标准养护至 28 d 或设计规定龄期时试压。由试验得出混凝土强度试验结果，用绘制强度和水胶比的线性关系图或插值法确定略大于配制强度($f_{cu,0}$)对应的 W/C。在试拌配合比的基础上，用水量(m_w)和外加剂用量(m_a)应根据确定的水灰比作调整；水泥用量(m_c)以用水量乘以选定的灰水比 C/W 经计算确定；粗、细骨料用量(m_g、m_s)应根据用水量和水泥用量进行调整。

至此得到的配合比，还需根据实测的混凝土表观密度($\rho_{c,c}$)作校正，以确定混凝土拌合物各材料的用量。为此，先按下式计算混凝土拌合物的计算表观密度

$$\rho_{c,c}=m_c+m_w+m_s+m_g \tag{3-3-13}$$

再按下式计算混凝土配合比校正系数 δ：

$$\delta=\frac{\rho_{c,s}}{\rho_{c,c}} \tag{3-3-14}$$

式中：$\rho_{c,s}$——混凝土体积密度实测值，kg/m^3；

$\rho_{c,c}$——混凝土体积密度计算值，kg/m^3。

当混凝土体积密度实测值与计算值之差的绝对值不超过计算值的 2%时，按以前的配合比即为确定的实验室配合比；当两者之差超过 2%时，应将配合比中每项材料用量乘以校正系数 δ，即为实验室配合比。

根据本单位常用的材料，可设计出常用的混凝土配合比备用。

3. 确定施工配合比

以上混凝土配合比是以干燥骨料为基准得出的，而工地存放的砂石一般都含有水分。

假定现场砂、石子的含水率分别为 $a\%$ 和 $b\%$，则施工配合比中 1 m³混凝土的各组成材料用量分别为：

水泥用量：$m'_c = m_c$

砂用量：$m'_s = (1+a\%)$

石子用量：$m'_g = m_g(1+b\%)$

用水量：$m'_w = m_w - m_s a\% - m_g b\%$

4. 水泥混凝土配合比设计实例

【例 3-3-2】 某框架结构工程现浇室内钢筋混凝土梁，混凝土设计强度等级为 C30。施工采用机械拌合和振捣，选择的混凝土拌合物坍落度为 35～50 mm。施工单位无混凝土强度统计资料。所用原材料如下：

水泥：普通水泥，强度等级 42.5 MPa，实测 28 d 抗压强度 45.9 MPa，密度 $\rho_c = 3.0\ g/cm^3$；

砂：中砂，级配 2 区合格。表观密度 $\rho_s = 2.65\ g/cm^3$；

石子：碎石，5～31.5 mm。表观密度 $\rho_g = 2.70\ g/cm^3$；

水：自来水，密度 $\rho_w = 1.00\ g/cm^3$；

外加剂：FDN 非引气高效减水剂（粉剂），适宜掺量 0.5%。

试求：

1. 混凝土基准配合比。

2. 混凝土掺加 FDN 减水剂的目的是为了既要使混凝土拌合物和易性有所改善，又要能节约一些水泥用量，故决定减水 8%，减水泥 5%，求此掺减水剂混凝土的配合比。

3. 经试配制混凝土的和易性和强度均符合要求，无需作调整。又知现场砂子的含水率为 3%，石子含水率为 1%，试计算混凝土施工配合比。

【解】 （一）求混凝土基准配合比

1. 计算混凝土的配制强度 $f_{cu,0}$：

根据题意可得：$f_{cu,k} = 30.0$ MPa，查表 3.24 取 $\sigma = 5.0$ MPa，则

$$\begin{aligned} f_{cu,0} &= f_{cu,k} + 1.645\sigma \\ &= 30.0 + 1.645 \times 5.0 = 38.23\ \text{MPa} \end{aligned}$$

2. 确定混凝土水灰比 m_w/m_c

(1) 按强度要求计算

根据题意可得：$f_{ce} = 45.9$ MPa，$\alpha_a = 0.46$，$\alpha_b = 0.07$，则：

$$\frac{m_w}{m_c} = \frac{\alpha_a \cdot f_{ce}}{f_{cu,0} + \alpha_a \cdot \alpha_b \cdot f_{ce}} = \frac{0.46 \times 45.9}{38.23 + 0.48 \times 0.07 \times 45.9} = 0.53$$

(2) 复核耐久性：由于框架结构混凝土梁处于干燥环境，经复核，耐久性合格，可取水灰比值为 0.53。

3. 确定用水量 m_{w0}

根据题意，骨料为中砂，碎石，最大粒径为 31.5 mm，查表取 $m_w = 185$ kg。

4. 计算水泥用量 m_{c0}

(1) 计算：

$$m_{c0}=\frac{m_{w0}}{m_w/m_c}=\frac{185}{0.53}=340\ \text{kg}$$

(2) 复核耐久性：经复核，耐久性合格。

5. 确定砂率 βs

根据题意，采用中砂、碎石(最大粒径 31.5 mm)、水灰比 0.53，查表取 $\beta s=35\%$。

6. 计算砂、石子用量 m_{s0}、m_{g0}

(1) 体积法

将数据代入体积法的计算公式，取 $\alpha=1$，可得：

$$\begin{cases}\dfrac{m_{s0}}{2\,650}+\dfrac{m_{g0}}{2\,700}=1-\dfrac{349}{3\,000}-\dfrac{185}{1\,000}-0.01\\[2ex]\dfrac{m_{s0}}{m_{s0}+m_{g0}}\times100\%=35\%\end{cases}$$

解方程组，可得 $m_{s0}=644$ kg、$m_{g0}=1\,198$ kg。

7. 计算基准配合比

$m_{c0}:m_{s0}:m_{g0}=185:644:1\,198=1:1.85:3.43$，$m_w/m_c=0.53$

(二) 计算掺减水剂混凝土的配合比

设 1 m^3 掺减水剂混凝土中的水泥、水、砂、石、减水剂的用量分别为 m_c、m_w、m_s、m_g、m_j，则其各材料用量应为：

1. 水泥：$m_c=349\times(1-5\%)=332$ kg

2. 水：$m_w=185\times(1-8\%)=170$ kg

3. 砂、石：用体积法计算，即

$$\begin{cases}\dfrac{332}{3.0}+\dfrac{170}{1.0}+\dfrac{m_s}{2.65}+\dfrac{m_g}{2.70}+10\times1=1\,000\\[2ex]\dfrac{m_{s0}}{m_{s0}+m_{g0}}\times100\%=35\%\end{cases}$$

解此联立方程，则得：$m_s=664$ kg，$m_g=1\,233$ kg

4. 减水剂 FDN：$m_j=332\times0.5\%=1.66$ kg

(三) 换算成施工配合比

设施工配合比 1 m^3 掺减水剂混凝土中的水泥、水、砂、石、减水剂的用量分别为 m'_c、m'_w、m'_s、m'_g、m'_j，则其各材料用量应为：

$m'_c=m_c=332$ kg

$m'_s=m_s\times(1+a\%)=664\times(1+3\%)=684$ kg

$m'_g=m_g\times(1+b\%)=1\,233\times(1+1\%)=1\,245$ kg

$m'_j=m_j=1.66$ kg

$m'_w = m_w - m_s \times a\% - m_g \times b\% = 170 - 664 \times 3\% - 1\ 233 \times 1\% = 138\ \text{kg}$

【JC0304A·单选题】

现场拌制混凝土,发现黏聚性不好时最可行的改善措施为(　　)。

A. 适当加大砂率　　B. 加水泥浆(W/C不变)

C. 加大水泥用量　　D. 加 $CaSO_4$

【答案】 A

【解析】 当黏聚性不好时,可适当加大砂率。

【JC0304B·单选题】

试拌混凝土时,拌合物的流动性低于设计要求,宜采用的调整方法是(　　)。

A. 适当加大砂率　　B. 加水泥浆(W/C不变)

C. 加大水泥用量　　D. 加减水剂

【答案】 B

【解析】 当混凝土拌合物坍落度太小时,保持水灰比不变,适量增加水泥浆数量。

【JC0304C·单选题】

混凝土配合比设计的三个主要技术参数是(　　)。

A. 单位用水量、水泥用量、砂率　　B. 水灰比、水泥用量、砂率

C. 单方用水量、水灰比、砂率　　D. 水泥强度、水灰比、砂率

【答案】 C

【解析】 混凝土配合比设计,实际上就是确定水泥、水、砂与石子四种基本组成材料用量之间的三个比例关系。即:水与水泥用量的比值(水灰比);砂子质量占砂石总质量的百分率(砂率);单位用水量。

【JC0304D·判断题】

混凝土设计强度等于配制强度时,混凝土的强度保证率为95%。　　(　　)

【答案】 ×

【解析】 考虑到实际施工条件与实验室条件的差别,为了保证混凝土能够达到设计要求的强度等级,在混凝土配合比设计时,必须使混凝土的配制强度高于设计强度等级。

【JC0304E·简答题】

混凝土配合比设计的基本要求有哪些?

【解析】 参见考点16　一、混凝土配合比设计的基本要求。

【JC0304F·简答题】

混凝土配合比设计时需要确定哪三个重要参数?确定的原则分别是什么?

【解析】 (1) 水胶比:由混凝土强度和耐久性确定。

(2) 砂率:由石子品种和水灰比确定。

(3) 单位用水量:据流动性及粗骨料的最大粒径来确定。

【JC0304G·计算题】

已知混凝土经试拌调整后,各项材料用量为:水泥3.10 kg,水1.86 kg,砂6.24 kg,碎石12.8 kg,并测得拌和物的表观密度为2 500 kg/m^3,试计算:

(1) 每方混凝土各项材料的用量为多少?该混凝土的水灰比?

(2) 如工地现场砂子含水率为3%,石子含水率为1%求施工配合比。

【解析】 (1) 该混凝土拌合物各组成材料用量的比例为：

$$C:S:G:W=3.10:6.24:12.8:1.86$$
$$=1:2.01:4.13:0.60$$

由实测混凝土拌合物表观密度为 2 500 kg/m^3

$$C+S+G+W=2\,500\,kg$$
$$C+2.01C+4.13C+0.60C=7.74C=2\,500\,kg$$

则每 m^3 混凝土的各种材料用量为：

水泥：C=323 kg

砂：S=2.01C=649 kg

卵石：G=4.13C=1 334 kg

水：W=0.6C=194 kg

(2) S=649×(1+3%)=668

G=1 334×(1+1%)=1 347

W=194−(649×3%+1 334×1%)=171

C∶S∶G∶W=323∶668∶1 347∶171=1∶2.07∶4.17∶0.53

第四节　建筑钢材

考点 17　钢材的力学性能指标的含义及检测方法

钢材的力学性能主要包括:抗拉性能、冲击韧性、疲劳强度和硬度等。

一、抗拉性能

抗拉性能是钢材的主要性能,通过拉伸试验可以测得屈服强度、抗拉强度等技术指标。钢材(低碳钢)的抗拉过程主要包括弹性阶段、屈服阶段、强化阶段、颈缩阶段四个阶段。

1. 弹性阶段(*OA* 段)

应力与应变成正比例关系。弹性阶段的最高点(*A* 点)所对应的应力称为比例极限或弹性极限(图 3-4-1 中的 *A* 点),与 *A* 点对应的应力称为弹性极限,以 σ_p 表示。在弹性受力范围内,应力与应变的比值为一常数,即弹性模量 $E=\sigma/\varepsilon$,*E* 的单位为MPa,建筑上常用钢(Q235)钢弹性极限 σ_p 为 180～200 MPa,弹性模量 $E=2.0\sim2.1\times10^5$ MPa,弹性模量是钢材在受力条件下计算结构变形的重要指标。

2. 屈服阶段(*AB* 段)

应力与应变不再成正比例关系,应力的增长滞后于应变的增长,甚至会出现应力减小的情况,这一现象称为屈服,即图 3-4-1 中的 *AB* 段。*B* 上为屈服上限,*B* 下为屈服下限。因 *B* 下点较稳定且容易测定,故常以屈服下限作为钢材的屈服强度,称为屈服点。用 σ_s 表示,是结构设计时钢材强度的依据。常用的碳素结构钢 Q235 的屈服值 σ_s 不应低于 235 MPa。

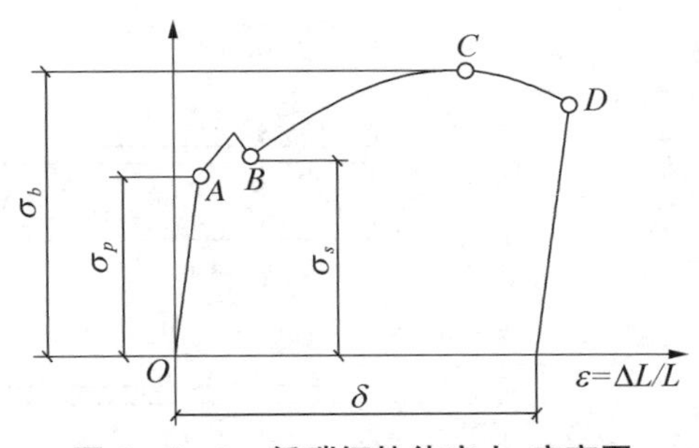

图 3-4-1　低碳钢拉伸应力-应变图

3. 强化阶段(*BC*)

当应力超过屈服点后,由于钢材内部组织中的晶格扭曲、晶体破碎等原因,阻止了晶格进一步滑移,钢材得到了强化,应力与应变的关系成上升的曲线(*BC*)。此阶段称为强化阶段。对应于最高点 *C* 的应力值(σ_b)称为极限抗拉强度极限抗拉强度虽然不能直接作为结构设计的计算依据,但屈服强度和抗拉强度之比(即屈强比 σ_s/σ_b)在工程上很有意义。屈强比能反映钢材的利用率和结构安全可靠程度,计算中屈强比取值越小,其结构的安全可靠程度越高,但屈强比过小,又说明钢材强度的利用率偏低,造成钢材浪费,因此,选择合理的屈强比才能使结构既安全又节省钢材,建筑结构钢合理的屈强比一般为 0.60～0.75。

4. 颈缩阶段(*CD*)

试件受力达到最高点(*C* 点)后,其抵抗变形的能力明显降低,变形迅速发展,应力逐渐下降,试件被拉长,在有杂质或缺陷处,断面急剧缩小,直至断裂。所以 *CD* 段称为颈缩阶段。

建筑钢材具有很好的塑性,钢材的塑性通常用断后伸长率 δ 表示。为了测定断后伸长率,需预先在试件上划定一规定的长度(即所谓的原始标距 L_0)作为测量的基准。原始标距(L_0)与试样原始横截面积(s_o)与 $L_0=k\sqrt{s_0}$ 关系者称为比例试样。国际上使用的比例系数 k 的值为 5.65。原始标距应不小于 15 mm。当试样横截面积太小,以致采用比例系数后为 5.65 的值不能符合这一最小标距要求时,可取较高的值(优先采用 11.3 的值)或采用非比例试样。非比例试样其原始标距(L_0)与其原始横截面面积(s_o)无关。对于比例试样,应将原始标距的计算值修约至最接近 5 mm 的倍数,中间数值向较大一方修约。原始标距的标记应准确到±1%。

对于比例试样,若原始标距不为 $5.65\sqrt{s_0}$(s_0 为平行长度的原始横截面面积),符号 A 应以下脚注说明所使用的比例系数,例如,$A11.3$ 表示原始标距($L_。$)为 $113\sqrt{s_0}$ 的断后伸长率。对于非比例试样,符号 A 应以下脚注说明所使用的原始标距,以 mm 表示,例如 A80 mm表示原始标距($L_。$)为 80 mm 的断后伸长率。将拉断后的试件拼合起来,测定出标距范围内的长度 L_1,L_1与试件原始标距之差为塑性变形值,塑性变形值与 L_0之比称为断后伸长率 δ,如图 3-4-2 所示。

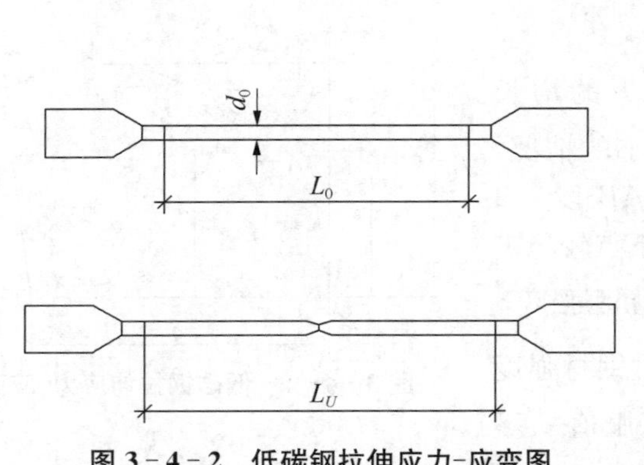

图 3-4-2　低碳钢拉伸应力-应变图

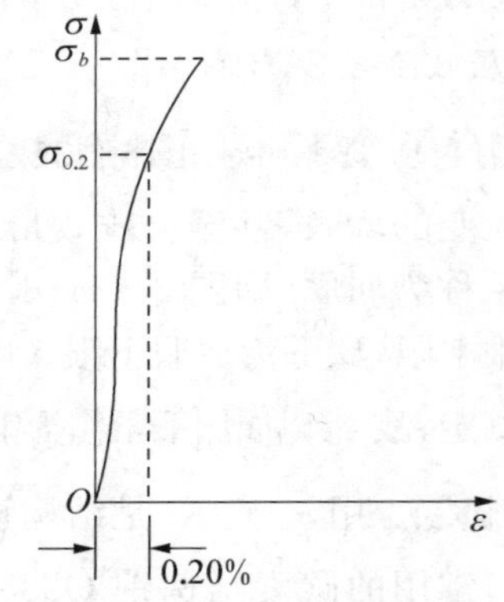

图 3-4-3　低碳钢拉伸应力-应变图

断后伸长率的计算式如下:

$$\delta=\frac{L_1-L_0}{L_0}\times 100\%$$

断后伸长率 δ 是衡量钢材塑性的一个重要指标,δ 越大,说明钢材的塑性越好,具有一定的塑性变形能力,可保证应力重新分布,避免应力集中.从而使钢材用于结构的安全性更大。

需要说明的是,塑性变形在试件标距内的分布是不均匀的,颈缩处的变形最大,离颈缩部位越远其变形越小。所以,原始标距与直径之比越小,则颈缩处伸长值在整个伸长值中的比重越大,计算出来的 A 值就大。中碳钢和高碳钢(硬钢)的应力一应变曲线不同于低碳钢,其屈服现象不明显,难以测定屈服点。因此,规定产生残余变形为原标距长度的 0.20%

时所对应的应力为中、高碳钢的屈服强度，也称条件屈服点，用$\sigma_{0.2}$表示，如图 3-4-3 所示。

二、冲击韧性

冲击韧性是指钢材抵抗冲击荷载的能力，用冲断试件所需能量的多少来表示。冲击韧性试验是采用中部加工有 V 形或 U 形缺口的标准弯曲试件，置于冲击机的支架上，试件非切槽的一侧对准冲击摆，如图 3-4-4 所示。当冲击摆从一定高度自由落下将试件冲断时，试件吸收的能量等于冲击摆所做的功，所以缺口底部处单位面积上所消耗的功，即为冲击韧性指标 a_k，冲击韧性指标 a_k 等于冲击吸收功与试样缺口底部横截面面积所得的比，即

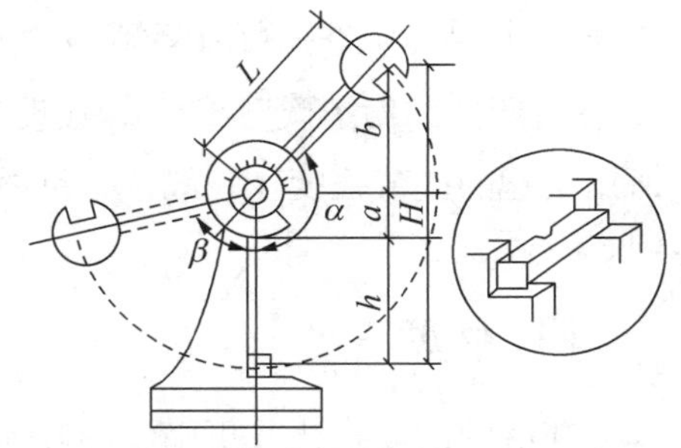

图 3-4-4　冲击韧性试验示意图

$$a_k=\frac{A_k}{A}$$

式中　A——试样缺口处的横截面，cm

A_k——冲击吸收功，具有一定形状和尺寸的金属试样的冲击负荷作用下折断时所吸收的功，J

显然 $A_k(a_k)$值越大，表示冲击时吸收的功越多，钢材的冲击韧性越好。

影响钢材冲击韧性的主要因素如下：

（1）钢的化学成分。当钢材内硫、磷的含量较高，同时又存在偏析、非金属夹杂物、脱氧不完全等因素时，钢材的冲击韧性就会降低。

（2）钢的焊接质量。钢材焊接时形成的微裂纹也会降低钢材的冲击韧性。

（3）温度。试验表明，常温下，随温度的下降冲击韧性的降低较慢，但当温度降低到一定范围时，冲击韧性突然发生明显下降，钢材开始呈现脆性断裂，这种性质称为冷脆。此时的温度（范围）称为脆性临界温度（范围）。脆性临界温度（范围）越低，钢材的冲击韧性越好。因此，在严寒地区选用钢材时要对钢材的冷脆性进行评定。

（4）时间。钢材随时间的延长表现出强度提高、塑性及冲击韧性降低的现象称为时效。因时效作用，冲击韧性还将随时间的延长而下降。通常完成时效的过程可达数十年，但钢材如经冷加工或在使用中经受振动和反复荷载的影响，时效可迅速发展。

因时效导致钢材性能改变的程度称为时效敏感性。时效敏感性越大的钢材，经过时效后，冲击韧性的降低就越显著。为了保证安全，对于承受动荷载的重要结构，应当选用时效敏感性小的钢材。

总之，对于直接承受动荷载而且可能在负温下工作的重要结构，必须按照有关规范要求进行钢材的冲击韧性检验。

三、疲劳强度

钢材在交变荷载多次反复作用下，可在最大应力远低于极限抗拉强度的情况下突然发

生脆性断裂破坏的现象，称为疲劳破坏。钢材的疲劳破坏指标用疲劳强度（或称疲劳极限）来表示，它是指试件在荷载交变 10^7 次时不发生疲劳破坏的最大应力值。交变应力值越大，则断裂时所需的循环次数越少。在设计承受反复荷载且须进行疲劳验算的结构时，应当了解所用钢材的疲劳强度。一般认为钢材的疲劳破坏是由拉应力引起的，抗拉强度高，其疲劳极限也较高。

四、硬度

钢材的硬度指比其更坚硬的其他材料压入钢材表面的性能。测定方法按压头和压力不同有布氏法、洛氏法和维氏法等。其中常用的是布氏法，其硬度指标为布氏硬度值，布氏法测定原理。是用一个直径为 D(mm)的淬火钢球，以荷载 P(N)将其压入试件表面，经规定的持续时间后卸去荷载，即用荷载 P 除以压痕表面积 A(mm^2)，即得布氏硬度（HB)值。

洛氏法测定的原理与布氏法相似，但系根据压头压入试件的深度来表示硬度值。钢材的硬度和强度成一定的比例关系，钢材的强度越高，硬度值也越大。故测定钢材的硬度后可间接求得其强度。

【JC0401A·单选题】

（　　）是结构设计钢材强度的依据

A. 比例极限　　B. 屈服上限　　C. 屈服下限　　D. 极限抗拉强度

【答案】 C

【解析】 B 上为屈服上限，B 下为屈服下限。因 B 下点较稳定且容易测定，故常以屈服下限作为钢材的屈服强度，称为屈服点。用 σ_s 表示，是结构设计时钢材强度的依据。

【JC0401B·判断题】

断后伸长率 δ 是衡量钢材塑性的一个重要指标，δ 越大，说明钢材的塑性越好。（　　）

【答案】 √

【解析】 断后伸长率 δ 是衡量钢材塑性的一个重要指标，δ 越大，说明钢材的塑性越好。

【JC0401C·判断题】

冲击韧性指标 a_k 值越大，表示冲击时吸收的功越多，钢材的冲击韧性越好。（　　）

【答案】 √

【解析】 冲击韧性指标 a_k 值越大，表示冲击时吸收的功越多，钢材的冲击韧性越好。

【JC0401D·判断题】

屈强比取值越小，其结构的安全可靠程度越低，钢材强度的利用率偏低。（　　）

【答案】 ×

【解析】 屈强比取值越小，其结构的安全可靠程度越高，但屈强比过小，又说明钢材强度的利用率偏低，造成钢材浪费。

【JC0401E·简答题】

影响钢材冲击韧性的主要因素有哪些？

【解析】

(1) 钢的化学成分。当钢材内硫、磷的含量较高，同时又存在偏析、非金属夹杂物、脱氧不完全等因素时，钢材的冲击韧性就会降低。

(2) 钢的焊接质量。钢材焊接时形成的微裂纹也会降低钢材的冲击韧性。

(3) 温度。常温下，随温度的下降冲击韧性的降低较慢，但当温度降低到一定范围时，冲击韧性突然发生明显下降，钢材开始呈现脆性断裂，此时的温度(范围)称为脆性临界温度(范围)。脆性临界温度(范围)越低，钢材的冲击韧性越好。

(4) 时间。钢材随时间的延长表现出强度提高、塑性及冲击韧性降低的现象，通常完成时效的过程可达数十年，但钢材如经冷加工或在使用中经受振动和反复荷载的影响，时效可迅速发展。

考点 18 钢材的工艺性能指标的含义

钢材在加工过程中所表现出来的性能称为钢材的工艺性能。良好的工艺性能，可使钢材顺利通过各种加工，并保证钢材制品的质量不受影响。冷弯、冷拉、冷拔及焊接性能均是建筑钢材的重要工艺性能。

一、冷弯性能

冷弯性能是指钢材在常温下承受弯曲变形的能力，是建筑钢材重要工艺性能。冷弯性能是通过检验钢材试件按规定的弯曲程度弯曲后，弯曲处外面及侧面有无裂纹、起层、鳞落和断裂等情况进行评定的，若弯曲后，如有上述一种现象出现，均可判定为冷弯性能不合格。一般采用弯曲角度及弯心直径 d 相对于钢材厚度 a 的比值来表示，弯曲到规定角度(90°或180°)后，弯曲处若无裂纹、断裂及起层等现象，即认为冷弯试验合格。

其测试方法如图 3-4-5 所示。一般以试件弯曲的角度 G 和弯心直径与试件厚度(或直径)的比值(d/a)来表示。弯曲角度越大，d/a 越小，弯曲后弯曲的外面及侧面没有裂纹、起层、鳞落和断裂的话，说明钢材试件的冷弯性能越好。

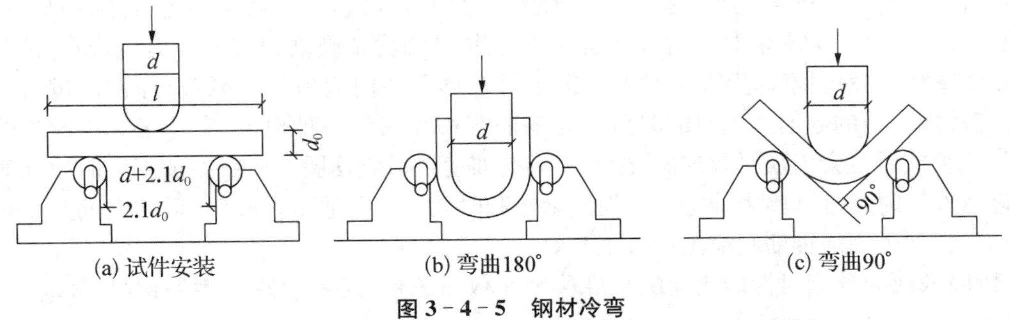

(a) 试件安装　(b) 弯曲180°　(c) 弯曲90°

图 3-4-5 钢材冷弯

冷弯也是检验钢材塑性的一种方法，相对于伸长率而言，冷弯是对钢材塑性更严格的检验，它能揭示钢材内部是否存在组织不均匀、内应力和夹杂物等缺陷。冷弯性能检测不仅是评定钢材塑性、加工性能的技术指标，而且对焊接质量也是一种严格的检验，能揭示焊件在受弯表面是否存在未熔合、微裂纹及夹杂物等缺陷。对于重要结构和弯曲成型的钢材，冷弯性能必须合格。

二、冷加工性能及时效

1. 冷加工强化

将钢材在常温下进行冷加工(如冷拉、冷拔或冷轧),使其产生塑性变形,从而提高屈服强度和硬度,降低塑性和韧性的过程,称为冷加工强化。

建筑工地或预制构件厂常利用该原理对热轧带肋钢筋或热轧光圆钢筋按一定方法进行冷拉、冷拔或冷轧加工,以提高其屈服强度,节约钢材。

(1) 冷拉:以超过钢筋屈服强度的应力拉伸钢筋,使之伸长,然后缓慢卸去荷载,钢筋经冷 拉后,可提高屈服强度,而其塑性变形能力有所降低,这种冷加工称为冷拉。冷拉一般采用 控制冷拉率法,预应力混凝土用预应力钢筋则宜采用控制冷拉应力法。钢筋经冷拉后,其屈 服强度可提高 20%~30%,节约钢材 10%~20%,但塑性、韧性会降低。

(2) 冷拔:将光圆钢筋通过硬质合金拔丝模孔强行拉拔,每次拉拔断面缩小应在 10%以下。钢筋在冷拔过程中,不仅受拉,同时还受到挤压作用,因而冷拔的作用比纯冷拉作用强烈。经过一次或多次冷拔后的钢筋,表面光洁度高,屈服强度提高 40%~60%.但塑性和韧性大大降低,具有硬钢的性质。

(3) 冷轧:冷轧是将光圆钢筋在轧机上轧成断面形状的钢筋。可以提高其强度及与混凝土 的黏结力。钢筋在冷轧时,纵向与横向同时产生变形,因而能较好地保持其塑性和内部结构 的均匀性。

建筑工程采用冷加工强化钢筋,具有明显的经济效益。冷加工强化钢筋的屈服点可提高 20%~60%,因此可适当减小钢筋混凝土结构设计截面或减少混凝土中配筋数量,从而达到节省钢材的目的。

2. 时效:

钢材随时间的延长,强度、硬度进一步提高,而塑性、韧性下降的现象称为时效。钢材的时效处理有两种:自然时效和人工时效。钢材经冷加工后,在常温下存放 15~20 d,其屈服强度、抗拉强度及硬度会进一步提高,而塑性、韧性继续降低,这种现象称为自然时效。钢材加热至 100~200℃,保持 2 h 左右,其屈服强度、抗拉强度及硬度会进一步提高,而塑性及韧性 继续降低,这种现象称为人工时效。由于时效过程中内应力的消减,故弹性模量可基本恢复到冷加工前的数值。钢材的时效是普遍而客观存在的一种现象,有些未经冷加工的钢材,长期存放后也会出现时效现象,冷加工只是加速了时效发展。一般冷加工和时效同时采用,进行冷拉时通过试验来确定冷拉控制参数和时效方式。通常,强度较低的钢筋宜采用自然时效,强度较高的钢筋则应采用人工时效。

因时效而导致钢材性能改变的程度称为时效敏感性,时效敏感性大的钢材,经时效后,其冲击韧性、塑性会降低,所以,对于承受振动、冲击荷载作用的重要钢结构,应选用时效敏感性小的钢材。

三、焊接性能

焊接是各种型钢、钢板、钢筋的重要连接方式。在钢结构工程中,钢筋混凝土的钢筋骨架、接头及埋件、连接件等，多数是采用焊接方式连接的。焊接的质量取决于焊接工艺、焊接材料及钢材的可焊性。

钢材是否适合用通常的方法与工艺进行焊接的性能称为钢的可焊性。可焊性好的钢材，焊接后焊口处不易形成裂纹、气孔、夹渣等缺陷及硬脆倾向.焊接后的钢材的力学性能，特别是强度应不低于原有钢材。钢筋焊接的方式主要有电阻点焊、闪光对焊、电弧焊、电渣压力焊、气压焊。

影响钢材可焊性的主要因素如下：

(1) 碳含量。钢的含碳量高，将增加焊接接头的硬脆性，含碳量小于 0.25%的碳素钢具有良好的可焊性。

(2) 合金元素。加入合金元素（如硅、锰、钒、钛等），也将增大焊接处的硬脆性，降低了可焊性。

(3) 硫、磷、氧、氮等杂质含量。硫、磷、氧、氮等有害杂质含量越高，钢材的可焊性越差，特别是硫能使焊接产生热裂纹及热脆性。

【JC0402A・判断题】

钢材随时间的延长，强度、硬度进一步提高，而塑性、韧性下降的现象称为时效。（　）

【答案】 √

【解析】 详见教材时效定义。

【JC0402B・判断题】

冷弯弯曲性能是通过钢材弯曲处外面及侧面有无裂纹、起层、鳞落和断裂等情况进行评定的，若弯曲后，如有上述全部现象出现，均可判定为冷弯性能不合格。（　）

【答案】 ×

【解析】 冷弯性能是通过检验钢材试件按规定的弯曲程度弯曲后，弯曲处外面及侧面有无裂纹、起层、鳞落和断裂等情况进行评定的，若弯曲后，如有上述一种现象出现，均可判定为冷弯性能不合格。

【JC0402C・判断题】

对于承受冲击荷载作用的钢结构吊车梁，应选用时效敏感性大的钢材。（　）

【答案】 ×

【解析】 对于承受振动、冲击荷载作用的重要钢结构，应选用时效敏感性小的钢材。

【JC0402D・单选题】

影响钢材可焊性的主要因素（　）

A. 碳含量　　B. 合金元素

C. S、N、O、P 等非金属杂质元素含量　　D. 以上因素都是

【答案】 D

【解析】 详见教材影响钢材可焊性主要因素。

考点 19　钢材的化学成分对其性能的影响

钢材的化学成分对其性能的影响。在普通碳素钢中，除了含有碳、硅、锰主要元素外，还含有少量的硫、磷、氮、氢等有害杂质，在合金钢中还特别加进钛、钒、铜、镍等各种合金元素，

这些元素在钢材中的含量，是决定钢材质量和性能好坏的重要因素。

碳(C)：碳是决定钢材性能的重要元素，含碳量小于0.8%碳素钢，随含碳量的增加，钢的抗拉强度和硬度提高，塑性和韧性降低；含碳量大于0.8%(高碳钢)时，随含碳量增加，钢的抗拉强度反而下降。含碳量增加，也使钢材的焊接性能和抗腐蚀性能变差，尤其是当含碳量大于0.3%时，钢的可焊性显著降低，增加冷脆和时效倾向。

硅(Si)：少量的硅对钢材性能是有益的，当含硅量小于1%时，可显著提高钢的强度、疲劳极限、耐腐蚀性及抗氧化性，对塑性和韧性影响不大。当含硅量大于1%时，显著降低钢材的塑性和韧性，增大冷脆性、时效敏感性，并降低可焊性。硅可作为合金元素，用以提高合金钢的强度。

锰(Mn)：炼钢时为脱氧去硫而加入的，含猛量在0.8%～1.0%时，可显著提高钢材的强度、硬度及耐磨性，能消减硫和氧引起的热脆性，改善钢材的热工性能。当含锰量大于1%时，将降低钢的塑性、韧性和可焊性。锰可作为合金元素，提高钢材的强度。

磷(P)：磷是原材料中带入的，在钢中几乎全部溶于铁素体，使铁素体强化，提高钢的强度和硬度。磷的偏析倾向严重，当铁素体中的磷超过0.1%时，将显著降低钢的塑性和韧性，使钢在室温下变脆(引起钢材的“冷脆性”)，但可提高钢材的强度、硬度、耐磨性和耐蚀性。应严格控制磷的含量，一般不超过0.085%，但磷配合其他元素作为合金元素，可提高钢的耐磨性和耐腐蚀性。

硫(S)：硫是原材料中带入的，在钢中以FeS的形式存在。硫在钢材热加工过程中引起断裂，形成热脆现象，会降低钢材的各种机械性能，使钢材可焊性、冲击韧性、耐疲劳性和抗腐蚀性等均降低。硫是极有害的杂质，应严格控制含量，一般不超过0.065%。

氧(O)：氧常以FeO的形式存在于钢中，含氧量增加，使钢材的机械强度降低，塑性和韧性降低，还能使热脆性增加，焊接性能变差。氧是钢中有害杂质，应严格控制含量，一般不超过0.05%，但氧有促进时效性的作用。

氮(N)：氮虽可以提高钢材的屈服点、抗拉强度和硬度，但使钢的塑性特别是韧性显著下降。氮会加剧钢的时效敏感性和冷脆性，使可焊性变差。在铝、钒、锆等元素配合下可细化晶粒改善钢性能，故可作为合金元素。

钛(Ti)、钒(V)：两种元素都是炼钢时的强脱氧剂，也是合金钢中常用的合金元素。适量在钢内加入此两种元素，可改善钢材的组织结构，使晶体细化，显著提高钢的强度，改善钢的韧性。

【JC0403A·判断题】

硫是极有害的杂质，会降低钢材的各种机械性能，应严格控制含量。 (　　)

【答案】 √

【解析】 硫钢材在热加工过程中引起断裂，形成热脆现象，会降低钢材的各种机械性能，使钢材可焊性、冲击韧性、耐疲劳性和抗腐蚀性等均降低。

【JC0403B·判断题】

氧是钢中有害杂质，应严格控制含量，含量增加会加剧钢的时效敏感性和冷脆性，使可焊性变差。 (　　)

【答案】 ×

【解析】 氧含氧量增加，使钢材的机械强度降低，塑性和韧性降低，促进时效，还能使热脆性增加，焊接性能变差；氮会加剧钢的时效敏感性和冷脆性，使可焊性变差。

【JC0403C · 单选题】

碳是决定钢材性能的重要元素，含碳量小于0.8%碳素钢，随含碳量的增加，钢材(　　)

A. 抗拉强度提高　　B. 塑性提高　　C. 韧性提高　　D. 硬度下降

【答案】 A

【解析】 碳是决定钢材性能的重要元素，含碳量小于0.8%碳素钢，随含碳量的增加，钢的抗拉强度和硬度提高，塑性和韧性降低

【JC0403D · 单选题】

钢材的化学成分对其性能的影响，对钢材性能其改善作用的元素是(　　)

A. 锰　　B. 氧　　C. 氮　　D. 硫

【答案】 A

【解析】 在普通碳素钢中含有少量的硫、磷、氮、氢等有害杂质，会导致钢材性能下降。

考点 20　建筑钢种的牌号、性能及应用

一、碳素结构钢

普通碳素结构钢简称碳素结构钢。现行国家标准《碳素结构钢》(GB/T 700—2006)具体规定了它的牌号表示方法、技术要求、试验方法和检验规则等。

1. 牌号表示方法

标准中规定，碳素结构钢的牌号按屈服点数值(MPa)分为195、215、235、275四种；按硫、磷杂质的含量由多到少分为A、B、C、D四个质量等级；按照脱氧程度不同分为特殊镇静钢(TZ)、镇静钢(Z)、半镇静钢(b)和沸腾钢(F)。钢材的牌号由代表屈服点的字母Q、屈服点数值、质量等级和脱氧程度四个部分按顺序组成。对于镇静钢和特殊镇静钢，在钢的牌号中(Z)或(TZ)可以省略。如Q235—A · F表示屈服点为235 MPa的A级沸腾钢；Q235—C表示屈服点为235 MPa的C级镇静钢。

2. 技术要求

碳素结构钢的技术要求包括化学成分、力学性能、冶炼方法、交货状态及表面质量五个方面，碳素结构钢的化学成分、力学性能、冷弯性能检测指标应分别符合碳素结构钢(GB/T 700—2006)的要求。

3. 普通碳素结构钢的性能及应用

建筑工程中主要选用的碳素结构钢是Q235号钢，其含碳量为0.14%～0.22%，属低碳钢。

(1) Q235号钢具有较高的强度，良好的塑性、韧性及可焊性，综合性能好，能满足一般钢结构和钢筋混凝土用钢的要求，且成本较低，在建筑工程中得到广泛应用。钢结构中主要使用Q235号钢轧制成的各种型钢、钢板。

(2) Q195、Q215 号钢，强度较低，塑性和韧性较好，易于冷加工，常用作钢钉、铆钉、螺栓及 铁丝等。Q215 号钢经冷加工后可代替 Q235 号钢使用。

(3) Q255、Q275 号钢，强度虽然比 Q235 号钢高，但其塑性、韧性较差，可焊性也差，不易焊接和冷弯加工，可用于轧制带肋钢筋，做螺栓配件等，但更多用于机械零件和工具等。

选用碳素结构钢，应该根据工程的使用条件及对钢材性能的要求，并且要熟悉被选用钢材的质量、性能和相应的标准，才能合理选用。

二、低合金高强度结构钢

在碳素结构钢的基础上.添加少量的一种或几种合金元素(合金元素总量不超过 5%)的结构用钢称为低合金高强度结构钢。低合金高强度结构钢具有强度高、塑性及韧性好、耐腐蚀等特点。尤其近年来研究采用的钒、钛及稀土金属微合金化技术，不仅大大提高了钢材的强度，还明显改善了其物理性能，降低了成本。因此它是综合性较为理想的建筑钢材，尤其在大跨度、承受动荷载和冲击荷载的结构中更适用。另外，与使用碳素钢相比，可节约钢材 20%～30%，而成本也不很高。

1. 牌号表示方法

《低合金高强度结构钢》(GB/T 1591—2018)规定，低合金高强度结构钢共有八个牌号：Q345、Q390、Q420、Q460、Q500、Q550、Q620、Q690。所加元素主要有：硅、锰、钒、钛、铬及稀土元素。低合金高强度结构钢的牌号由代表屈服点的字母(Q)、屈服点数值、质量等级符号(A、B、C、D、E)三部分按顺序组成。

例如，Q390C，表示屈服点为 390 MPa、质量等级为 C 级的低合金高强度结构钢；Q345A，表示屈服点为 345 MPa、质量等级为 A 级的低合金高强度结构钢。

2. 技术标准与选用

由于低合金高强度结构钢力学性能与工艺性能均好、成本也不高，所以广泛应用于钢结构和钢筋混凝土结构中。主要用于轧制各种型钢、钢板、钢管，《低合金高强度结构钢》(GB/T 1591 —2018)规定了各牌号的低合金高强度结构钢的化学成分和力学性能、工艺性能。

3. 低合金高强度结构钢性能及应用

低合金高强度结构钢与碳素钢相比具有以下突出的优点：强度高，可减轻自重，节约钢材；综合性能好，如抗冲击性、耐腐蚀性、耐低温性能好，使用寿命长；塑性、韧性和可焊性好，有利于加工和施工。

低合金高强度结构钢由于具有以上优良的性能，主要用于轧制型钢、钢板、钢筋及钢管，在建筑工程中广泛应用于钢筋混凝土结构和钢结构特别是重型、大跨度、大空间、高层结构和桥梁等。

三、钢结构用钢材

国内外工程实践证明，钢结构抗震性能好，宜用作承受振动和冲击的结构。目前，钢结构从重型到轻型，从大型、大跨度、大面积到小型、细小结构，从永久特种结构到临时、一般建筑，呈向两头双向发展的趋势。

钢结构构件一般应直接选用各种型钢。钢构件之间的连接方式有铆接、螺栓连接或焊接。所用母材主要是碳素结构钢及低合金高强度结构钢。

1. 型钢

(1) 热轧型钢

钢结构常用的热轧型钢有工字钢、槽钢、等边角钢、不等边角钢、H 形钢、T 形钢等。型钢由于截面形式合理，材料在截面上分布对受力最为有利，且构件间连接方便，因而是钢结构采用的主要钢材。

热轧型钢的标记方式一般以反应截面形式的主要轮廓尺寸来表示。如：碳素结构钢 Q235 - A 轧制的，尺寸为 160 mm×160 mm×16 mm 的等边角钢，标记为：

$$\text{热轧等边角钢}\frac{160\times160\times16-\text{GB/T706—2016}}{\text{Q235 - AGB/T 700—2006}}$$

热轧型钢的规格表示方法见表 7.8。根据尺寸大小，型钢可分为大型、中型和小型三类，见表 7.9。

(2) 冷弯薄壁型钢

冷弯薄壁型钢用 2～6 mm 的钢板经冷弯或模压而制成，有角钢、槽钢等开口薄壁型钢和 方形、矩形等空心薄壁型钢。冷弯薄壁型钢的表示方法与热轧型钢相同。冷弯薄壁型钢主要用于轻型钢结构。

2. 钢板

钢板按轧制方式不同有热轧钢板和冷轧钢板两种，在建筑工程中多采用热轧钢板。钢板规格表示方法为：宽度(mm)×厚度(mm)×长度(mm)。通常将厚度大于 4 mm 的钢板称为厚板，厚度小于或等于 4 mm 的钢板称为薄板。厚板主要用于结构，薄板主要用于屋面板、楼板、墙板等。在钢结构中，单块钢板不能独立工作，必须用几块板组合成工字形、箱形等结构来承受荷载

3. 钢管

在建筑结构中钢管多用于制作桁架、桅杆等构件，也可用于制作钢管混凝土。钢管按生产工艺不同，有无缝钢管和焊接钢管两大类。焊接钢管由优质或普通碳素钢钢板卷焊而成；无缝钢管是以优质碳素钢和低合金高强度结构钢为原材料，采用热轧冷拔联合工艺生产而成的。无缝钢管具有良好的力学性能和工艺性能，主要用于压力管道。焊接钢管成本低，易加工，但抗压性能较差，适用于各种结构、输送管道等。焊缝形式有直纹焊缝和螺纹焊缝。

【JC0404A·判断题】

碳素结构钢按硫、磷杂质的含量由多到少可将钢材分为 A、B、C、D、E 五个质量等级。( )

【答案】 √

【解析】 碳素结构钢按硫、磷杂质的含量由多到少分为 A、B、C、D 四个质量等级

【JC0404B·单选题】

Q235—A·F 表示屈服点为 235 MPa 的 A 级( )

A. 镇静钢　　B. 沸腾钢　　C. 半镇静钢　　D. 特殊镇静钢

【答案】 B

【解析】 按照脱氧程度不同分为特殊镇静钢(TZ)、镇静钢(Z)、半镇静钢(b)和沸腾钢(F)。

【JC0404C·单选题】

与碳素钢相比,以下不属于低合金高强度结构钢具有的优点是(　　)

A. 强度高,可减轻自重,节约钢材

B. 抗冲击性、耐腐蚀性、耐低温性能好

C. 塑性、韧性和可焊性好

D. 硬度提高

【答案】 D

【解析】 低合金高强度结构钢与碳素钢相比具有以下突出的优点:强度高.可减轻自重,节约钢 材;综合性能好,如抗冲击性、耐腐蚀性、耐低温性能好,使用寿命长;塑性、韧性和可焊性好,有利于加工和施工。

【JC0404D·判断题】

热轧工字型型钢、槽钢、等边角钢、不等边角钢、H 形钢等型钢是钢结构采用的主要钢材。(　　)

【答案】 √

【解析】 钢结构常用的热轧型钢有工字钢、槽钢、等边角钢、不等边角钢、H 形钢、T 形钢等。型钢由于截面形式合理,材料在截面上分布对受力最为有利,且构件间连接方便,因而是钢结构采用的主要钢材。

【JC0404E·简答题】

低合金高强度结构钢的牌号由哪几部分组成?Q345E 代表什么含义?

【解析】 低合金高强度结构钢的牌号由代表屈服点的字母(Q)、屈服点数值、质量等级符号(A、B、C、D、E)三部分按顺序组成。Q:屈服强度的第一个拼音字母,345 表示屈服强度值,单位为 N/mm^2;E 有−40℃时的冲击功要求的低合金高强度结构钢。

考点 21　钢筋混凝土结构用钢筋的种类、性能及应用

钢筋混凝土结构用的钢筋和钢丝,主要由碳素结构钢和低合金结构钢轧制而成。一般把直径为 3~5 mm 的称为钢丝,直径为 6~12 mm 的称为钢筋,直径大于 12 mm 的称为粗钢筋。主要品种有热轧钢筋、冷拉钢筋、冷轧带肋钢筋、热处理钢筋、预应力混凝土用钢丝和钢绞线。

一、热轧钢筋

用加热钢坯轧成的条型成品钢筋,称为热轧钢筋,是建筑工程中用量最大的钢材品种之一,主要用于钢筋混凝土和预应力混凝土结构的配筋。混凝土用热轧钢筋要求有较高的强度,有一定的塑性和韧性,可焊性好。

热轧钢筋按其轧制外形分为热轧光圆钢筋和热轧带肋钢筋。根据《混凝土结构工程施工质量验收规范》(GB50204—2015)规定，热轧直条光圆钢筋牌号为 HPB300，直径从 6～22 mm共分为 9 个规格。根据《钢筋混凝土用钢第 2 部分：热轧带肋钢筋》(GB 1499.2—2007)规定，热轧钢筋牌号由分为普通热轧钢筋和细晶粒热轧钢筋。普通热轧钢筋牌号由 HRB 和屈服强度特征值构成，有 HRB335、HRB400、HRB500，其中，H、R、B 分别为热轧(Hotrolling)、带肋(Ribbed)、钢筋(Bar)三个词的英文首位字母；细晶粒热轧钢筋牌号由 HRBF 和屈服强度特征值构成，有 HRBF335、HRBF400、HRBF500，其中，F 为英文(Fine)的首位字母。

HPB300 钢筋强度低，但塑性和焊接性能好，便于各种冷加工，因而广泛用于小型钢筋混凝土结构中的构造筋；HRB335 和 HRB400 钢筋的强度较高，塑性和焊接性能较好，广泛用于大、中型钢筋混凝土结构的受力筋。HRB500 钢筋强度高，但塑性和焊接性能较差，可用作预应力钢筋。

二、热处理钢筋

用热轧带肋钢筋经淬火和回火调制处理后的钢筋称为预应力混凝土用热处理钢筋。通常有直径为 6 mm、8 mm、10 mm 三种规格。按外形分为有纵肋和无纵肋两种，但都有横肋。钢筋热处理后卷成盘，使用时开盘钢筋自行伸直，按要求的长度切断。不能用电焊切断，也不能焊接，以免引起强度下降或脆断。

热处理钢筋特点：锚固性好、应力松弛率低、施工方便、质量稳定、节约钢材等。热处理钢筋已开始应用于普通预应力钢筋混凝土工程，例如预应力钢筋混凝土轨枕。

三、冷轧带肋钢筋

热轧圆盘条经冷轧后，在其表面带有沿长度方向均匀分布的三面或两面横肋的钢筋称为冷轧带肋钢筋。钢筋冷轧后允许进行低温回火处理。

根据《冷轧带肋钢筋》(GB 13788—2008)规定，冷轧带肋钢筋的牌号由 CRB 和抗拉强度最小值表示，共分为五个牌号，分别为 CRB550、CRB650、CRB800、CRB970 和 CRB1170。与冷拔低碳钢丝相比，冷轧带肋钢筋具有强度高、塑性好，与混凝土粘接牢固，节约钢材，质量稳定等特点。CRB550 宜用作普通钢筋混凝土结构，其他牌号宜用在预应力混凝土结构中。

冷轧带肋钢筋克服了冷拉、冷拔钢筋握裹力低的缺点，而且具有和冷拉、冷拔相近的强度，所以，在中小型预应力混凝土结构构件和普通混凝土结构构件中得到了越来越广泛的应用。

四、冷轧扭钢筋

冷轧扭钢筋是用低碳钢热轧圆盘条专用钢筋经冷轧扭机调直、冷轧并冷扭一次成型，规定截面形状和节距的连续螺旋状钢筋。冷轧扭钢筋有两种类型，Ⅰ型(矩形 截面)和Ⅱ型(菱形截面)。

冷轧扭钢筋的原材料宜选用低碳钢无扭控冷热轧盘条(高速线材)，也可选用符合国家标准的低碳热轧圆盘条，即 Q235 和 Q215 系列，且含碳量控制为 0.12%～0.22%。

五、预应力混凝土用钢丝和钢绞线

1. 预应力混凝土用钢丝

预应力混凝土用钢丝是用优质碳素结构钢制成，根据《预应力混凝土用钢丝》(GB/T 5223—2014)，钢丝按加工状态分为冷拉钢丝和消除应力钢丝两类，消除应力钢丝按松弛性能又分为低松弛级钢丝（WLR）和普通松弛钢丝（WNR）。钢丝可分为消除应力光圆钢丝（代号 SP）、消除应力刻痕钢丝（代号 SI）、消除应力螺旋肋钢丝（代号 SH）和冷拉钢丝（代号 WCD）四种。抗拉强度高达 1 470～1 860 MPa。预应力混凝土用冷拉钢丝力学性能应符合规范的规定，刻痕钢丝的螺旋肋钢丝与混凝土的黏结力好，消除应力钢丝的塑性比冷拉钢丝好。

2. 预应力混凝土用钢绞线

预应力混凝土用钢绞线，是以数根优质碳素结构钢钢丝经绞捻和消除内应力的热处理后制成。根据《预应力混凝土用钢绞线》(GB/T 5224—2004)，钢绞线按所用钢丝的根数分为三种结构类型：1X2、1X3 和 1X7。1X7 结构钢绞线以 1 根钢丝为中心，其余 6 根围绕在周围捻制而成。

预应力钢丝和钢绞线特点：强度高、柔韧性较好，质量稳定，施工简便等，使用时可根据要求的长度切断。它主要适用于大荷载、大跨度、曲线配筋的预应力钢筋混凝土结构。

【JC0405A · 判断题】

混凝土用热轧钢筋要求有较高的强度，可焊性好，但对塑性和韧性无要求。（　　）

【答案】 ×

【解析】 混凝土用热轧钢筋要求有较高的强度，有一定的塑性和韧性，可焊性好。

【JC0405B · 判断题】

HPB300 钢筋强度低，但塑性和焊接性能好，广泛用于钢筋混凝土结构中的受力筋。（　　）

【答案】 ×

【解析】 HPB300 钢筋强度低，但塑性和焊接性能好，便于各种冷加工，因而广泛用于小型钢筋混凝土结构中的构造筋。

【JC0405C · 判断题】

热处理钢筋具有锚固性好、应力松弛率低、施工方便等优点，可应用于普通预应力钢筋混凝土工程。（　　）

【答案】 √

【解析】 热处理钢筋特点：锚固性好、应力松弛率低、施工方便、质量稳定、节约钢材等。热处理钢筋已开始应用于普通预应力钢筋混凝土工程。

【JC0405D · 单选题】

冷轧带肋钢筋可分为为 CRB550、CRB650、CRB800、CRB970 和 CRB1170，其中（　　）宜用作普通混凝土结构。

A. CRB550　　B. CRB650　　C. CRB800　　D. CRB1170

【答案】 A

【解析】 冷轧带肋钢筋的牌号分别为 CRB550、CRB650、CRB800、CRB970 和 CRB1170。CRB550 宜用作普通钢筋混凝土结构，其他牌号宜用在预应力混凝土结构中。

下　篇
专业综合操作技能

工程测量

知识框架

工程测量

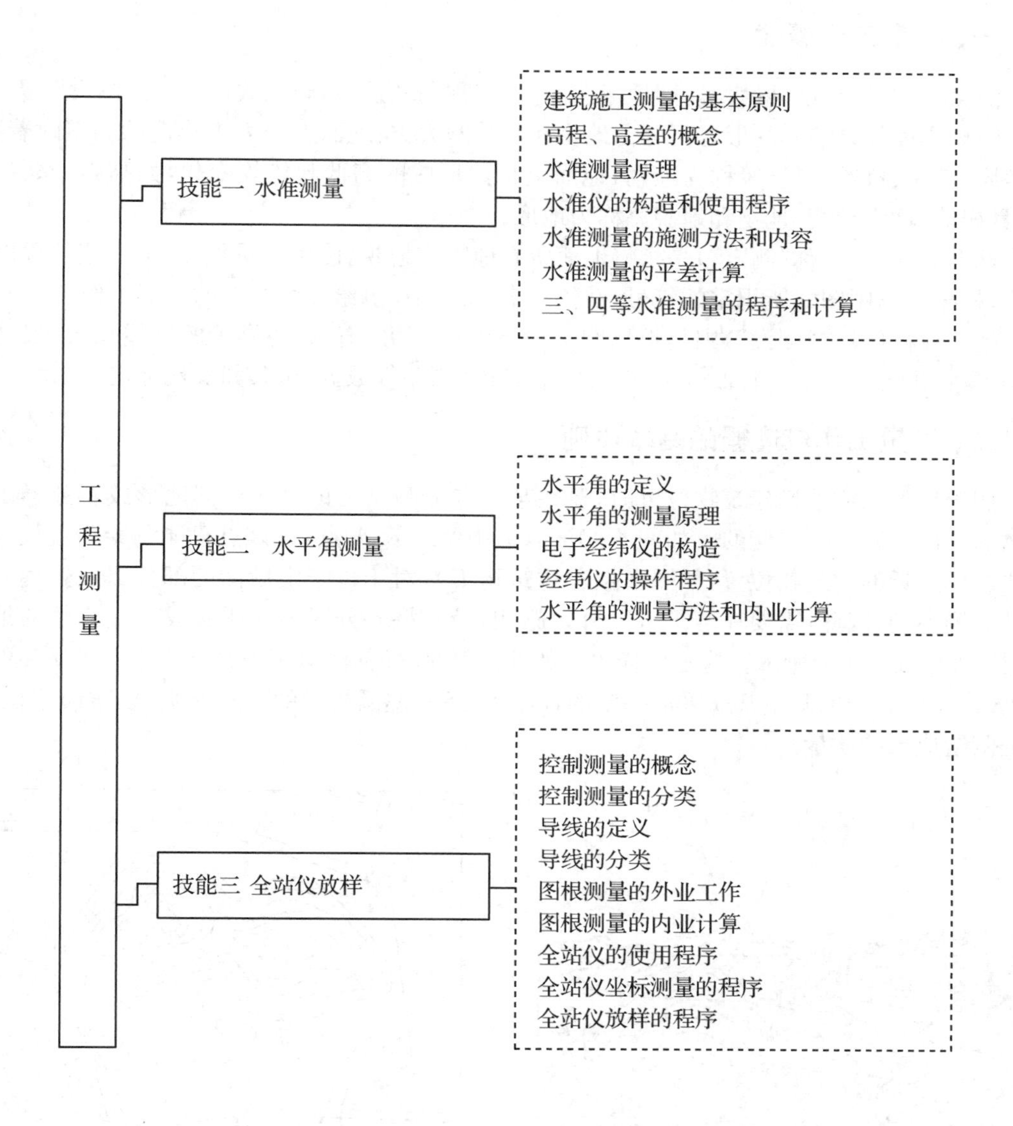

- 技能一 水准测量
  - 建筑施工测量的基本原则
  - 高程、高差的概念
  - 水准测量原理
  - 水准仪的构造和使用程序
  - 水准测量的施测方法和内容
  - 水准测量的平差计算
  - 三、四等水准测量的程序和计算
- 技能二 水平角测量
  - 水平角的定义
  - 水平角的测量原理
  - 电子经纬仪的构造
  - 经纬仪的操作程序
  - 水平角的测量方法和内业计算
- 技能三 全站仪放样
  - 控制测量的概念
  - 控制测量的分类
  - 导线的定义
  - 导线的分类
  - 图根测量的外业工作
  - 图根测量的内业计算
  - 全站仪的使用程序
  - 全站仪坐标测量的程序
  - 全站仪放样的程序

技能一　水准测量

考点 1　建筑施工测量的基本原则

一、测量工作概述

测量工作可以分为两大类,即地形图测量(或称"测定")和施工放样(或称"测设")。

地球表面复杂多样的形态可分为地物和地貌两大类:地面上由人工建造的固定附着物,如房屋、道路、桥梁、界址等称为地物;地面上自然形成的高低起伏等变化,如高山、深谷、陡坡、悬崖等,称为地貌;地物和地貌总称为地形。

地形图测量(或称"测定")是指将地面所有地物和地貌,使用测量仪器,按一定的程序和方法,根据地形图图式所规定的符号,并依一定的比例尺测绘在图纸上的全部工作。

施工放样(或称"测设")则是根据图上设计好的厂房、道路、桥梁等的轴线位置、尺寸及高程等,算出各特征点与控制点之间的距离、角度、高差等数据,将其如实地标定到地面。

二、测量工作应遵循的基本原则

测绘地形图或放样建筑物位置时,要在某一点上测绘出该测区全部地形或者放样出建筑物的全部位置是不可能的。如图 4－1－1(a)中所示的 A 点,在该点只能测绘附近放入地形或放样附近的建筑物位置(如图中拟建建筑物 P),对于位于山后面的部分以及较远的地形就观测不到,因此,需要在若干点上分区施测,最好将各分区地形拼接成一幅完整的地形图,如图 4－1－1(b)所示。施工放样也是如此。但是,任何测量工作都会产生不可避免的误差,放每点(站)上的测量都应采取一定的程序和方法,遵循测量的基本原则,以防误差积累,保证测绘成果的质量。

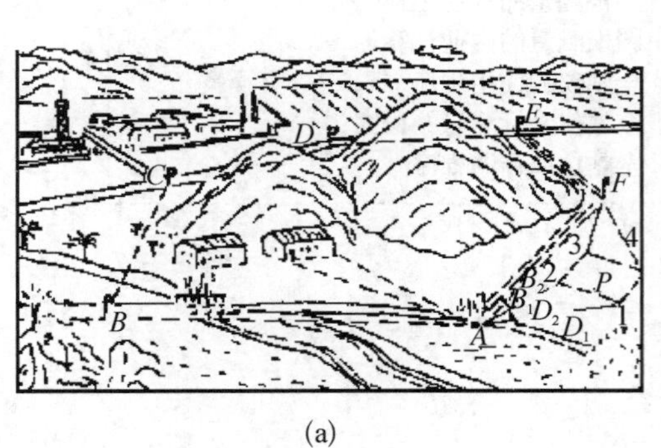

(a)

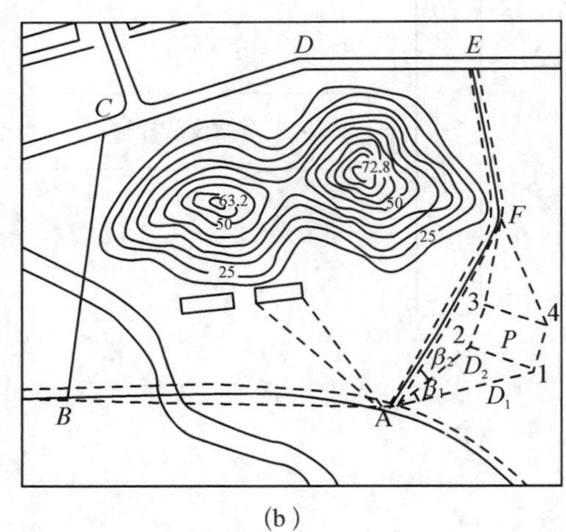

(b)

图 4－1－1　地形和地形图示意图

在实际测量工作中应当遵守以下基本原则：

(1) 在测量布局上，应遵循“由整体到局部”的原则；在测量精度上，应遵循“由高级到低级”的原则；在测量次序上，应遵循“先控制后碎部”的原则。

(2) 在测量过程中，应遵循“前一步测量工作未作校核，不进行下一步测量工作”的原则。

三、测量的基本工作

控制测量和碎部测量以及施工放样等的实质都是为了确定点的位置。碎部测量是将地面上的点位测定后绘标到图纸上或为用户提供测量数据和成果，而施工放样则是把设计图上的建(构)筑物点位测设到实地上，作为施工的依据。可见，所有要测的点位都离不开距离、角度及高差这三个基本观测量。因此，距离测量、角度测量和高差测量(水准测量)是测量的三项基本工作。

测量工作一般分为外业和内业两种。外业工作的内容包括应用测量仪器和工具在测区内所进行的各种测定和测设工作。内业工作是将外业观测的结果加以整理、计算，并绘制成图以便使用。

【CLSC0101A · 单选题】

测量工作的基本原则是从整体到局部、(　　)、从高级到低级。

A. 先控制后细部　　B. 先细部后控制

C. 控制与细部并行　　D. 测图与放样并行

【答案】 A

【解析】 测量的基本原则从整体到局部、先控制后细部、从高级到低级。

【CLSC0101B · 单选题】

以下不属于基本测量工作范畴的一项是(　　)。

A. 高差测量　　B. 距离测量　　C. 导线测量　　D. 角度测量

【答案】 C

【解析】 测量基本工作。

【CLSC0101C · 判断题】

水平线是测量工作的基准线。　　(　　)

【答案】 ×

【解析】 铅垂线是测量工作的基准线。

【CLSC0101D · 判断题】

测量工作必须遵循“从整体到局部，先控制后碎部”的原则。　　(　　)

【答案】 √

【解析】 测量工作的原则。

考点 2　高程、高差的概念

一、大地水准面

测量工作是在地球的自然表面上进行的，而地球自然表面是极不平坦和不规则的，其中有高达 8 848.86 m 的珠穆朗玛峰，也有深至 11 022 m 的马里亚纳海沟，尽管他们高低起伏悬殊，但是和半径为 6 371 km 的地球比较，还是可以忽略不计的。此外，地球表面海洋面积约占 71%，陆地面积仅占 29%。因此，人们设想以一个静止不动的海水面延伸穿越陆地，形成一个闭合的曲面包围整个地球，这个闭合的曲面称之为水准面。由于海水面在涨落变化，水准面可有无数个，其中与平均海水面相吻合的水准面称为大地水准面（图 4－1－2），它是测量工作的基准面。

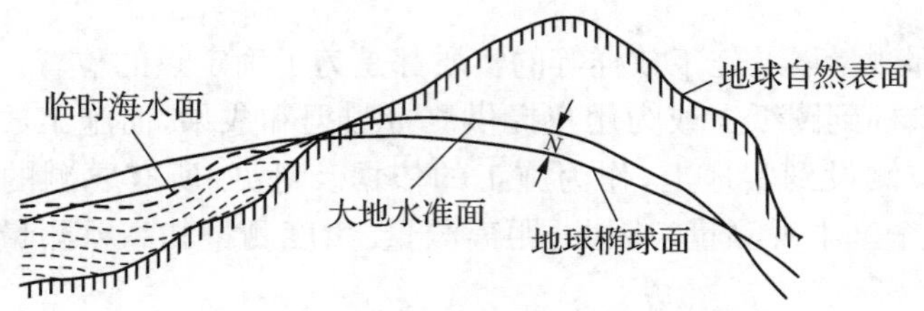

图 4－1－2　大地水准面示意图

二、高程、高差的概念

地面点到大地水准面的铅垂距离，称为该点的绝对高程（简称高程，又称海拔），图 4－1－3 中 A，B 两点的绝对高程分别为 H_A，H_B。

如果基准面不是大地水准面，而是任意假定水准面时，则点到假定水准面的距离称为相对高程或假定高程，用 H' 表示。

高程值有正有负，在基准面以上的点，其高程值为正，反之为负。

地面上两点间绝对高程或相对高程之差称为高差，用 h 表示。图 4－1－3 中 A 点到 B 点的高差为：

$$h_{AB}=H_B-H_A=H'_B-H'_A \tag{4-1-1}$$

高差有正、负之分，它反映相邻两点间的地面是上坡还是下坡，如果 h 为正，是上坡；h 为负，是下坡。

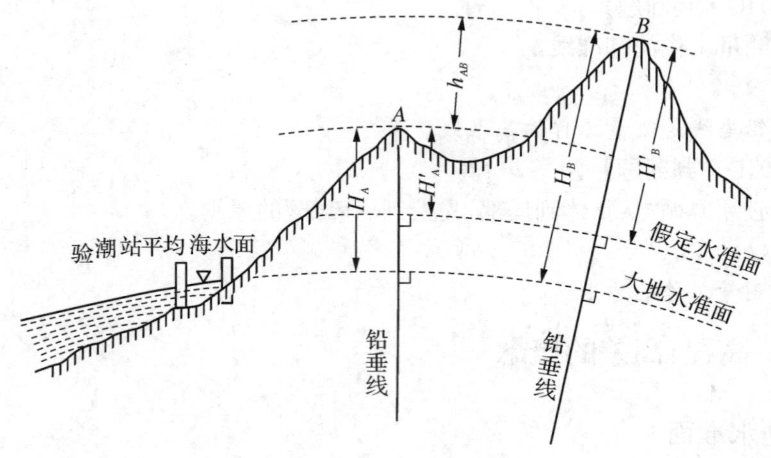

图 4－1－3

新中国成立以来，我国曾以青岛验潮站多年观测资料求得黄海平均海水面作为我国的大地水准面（高程基准面），由此建立了“1956 年黄海高程系统”，并在青岛市观象山上建立了国家水准点，其基点高程 $H=72.289$ m.以后，随着几十年来验潮站观测资料的积累与计算，更加精确地确定了黄海平均海水面，于是在 1987 年启用“1985 国家高程基准”，此时测定的国家水准基点高程 $H=72.260$ m。根据国家测绘总局国测发〔1987〕198 号文件通告，此后全国都应以“1985 年国家高程基准”作为统一的国家高程系统。现在仍在使用的“1956 年黄海高程系统”及其他高程系统均应统一到“1985 年国家高程基准”的高程系统上。在实际测量中，特别要注意高程系统的统一。

【CLSC0102A · 单选题】

地球上自由静止的水面，称为（　　）。

A. 水平面　　B. 水准面　　C. 大地水准面　　D. 地球椭球面

【答案】 B

【解析】 大地水准面概念。

【CLSC0102B · 单选题】

绝对高程指的是地面点到（　　）的铅垂距离。

A. 假定水准面　　B. 水平面　　C. 大地水准面　　D. 地球椭球面

【答案】 C

【解析】 高程的概念。

【CLSC0102C · 单选题】

目前，我国采用的高程基准是（　　）。

A. 高斯平面直角坐标系　　B. 1956 年黄海高程系

C. 2000 国家大地坐标系　　D. 1985 国家高程基准

【答案】 D

【解析】 高程基准概念。

【CLSC0102D · 单选题】

绝对高程的起算面是（　　）

A. 水平面　　B. 大地水准面　　C. 假定水准面　　D. 地面

【答案】 B

【解析】 高程的概念。

【CLSC0102E · 单选题】

地面点到任一水准面的垂直距离称为该点的（　　）。

A. 相对高程　　B. 绝对高程　　C. 高差　　D. 海拔

【答案】 A

【解析】 相对高程的概念。

【CLSC0102F · 单选题】

水准面的特点是其面上任意一点的铅垂线都（　　）于该点的曲面。

A. 垂直　　B. 平行　　C. 相切　　D. 不确定

【答案】 A

【解析】 水准面的概念。

【CLSC0102G·单选题】

在水准测量中,若后视点A的读数大,前视点B的读数小,则有(　　)。

A. A点比B点低　　B. A点比B点高

C. A点与B点可能同高　　D. 无法判断

【答案】 A

【解析】 高差的概念。

【CLSC0102H·判断题】

地面上的点到水准面的铅垂距离称为绝对高程。(　　)

【答案】 ×

【解析】 高程的概念。

【CLSC0102I·判断题】

水准测量中,h_{AB}为正时,则说明A点比B点高。(　　)

【答案】 ×

【解析】 高差的概念。

【CLSC0102J·判断题】

大地水准面是一个略有起伏而不规则的光滑曲面。(　　)

【答案】 √

【解析】 大地水准面的概念。

【CLSC0102K·判断题】

任意一水平面都是大地水准面。(　　)

【答案】 ×

【解析】 与平均海水面相吻合的叫大地水准面。

【CLSC0102L·填空题】

地面两点间高程之差,称为该两点间的________。

【答案】 高差

【解析】 高差的概念。

【CLSC0102M·填空题】

地面点到________铅垂距离称为该点的相对高程。

【答案】 假定水准面

【解析】 相对高程的概念。

【CLSC0102N·填空题】

A点在大地水准面上,B点在高于大地水准面100 m的水准面上,则A点的绝对高程是________,B点的绝对高程是________。

【答案】 0 m;100 m

【解析】 高程的概念。

【CLSC0102O·填空题】

某建筑物首层地面标高为±0.000 m,其绝对高程为46.000 m;室外散水标高为−0.550 m,则其绝对高程为________m。

【答案】 45.450

【解析】 绝对高程、相对高程的概念。

【CLSC0102P · 简答题】

何谓大地水准面？高程、高差的概念是什么？

【答案】

设想一个自由静止的海水面向整个陆地延伸，形成一个封闭的曲面，称为水准面，其中于平均海水面相吻合的叫大地水准面。

地面点到大地水准面的铅垂距离，称为该点的绝对高程。

地面上两点间绝对高程或相对高程之差称为高差。

考点 3 水准测量原理

水准测量是利用水准仪提供的水平视线，在竖立在两点上的水准尺上读数，以测定两点间的高差，从而由已知点的高程推算未知点的高程。

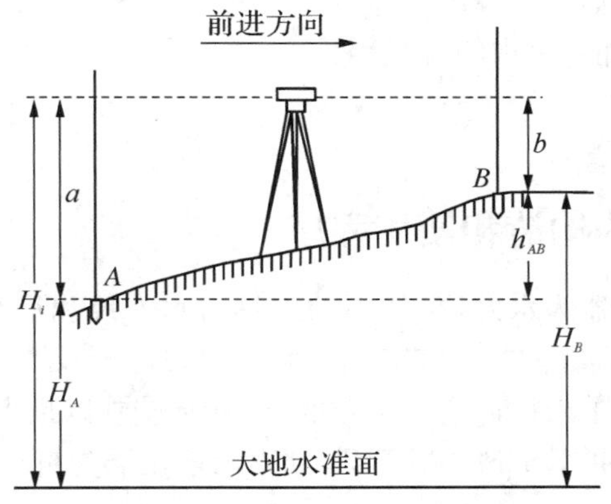

图 4-1-4 水准测量基本原理

如图 4-1-4 所示，已知 A 点高程，欲测定 B 点的高程，可在 A、B 两点的中间安置一台能够提供水平视线的仪器——水准仪，A，B 两点上竖立水准尺，读数分别为 a、b，

则 A，B 两点的高差为：

$$h_{AB}=H_B-H_A=a-b \qquad (4-1-2)$$

而 B 点的高程为：

$$H_B=H_A+h_{AB} \qquad (4-1-3)$$

这里高差用 h_{AB} 表示，其含义是由 A 到 B 的高差；若写成 h_{BA} 则指从 B 到 A 的高差。若水准测量是从 A 点向 B 点进行的，则称 A 点为后视点，其水准尺读数为后视尺读数；称 B 点为前视点，其水准尺读数为前视尺读数。A 点和 B 点的高差 h_{AB} 有正负：高差为正，表示 B 点比 A 点高；高差为负，表示 B 点比 A 点低。

以上利用高差计算高程的方法，称为高差法。

由图 4-1-4 可知，A 点的高程加上后视读数等于水准仪的视线高程，简称视线高程，设 H_i，

$$H_i = H_A + a \tag{4-1-4}$$

则 B 点高程等于视线高减去前视读数，即

$$H_B = H_i - b = (H_A + a) - b \tag{4-1-5}$$

由式(4-1-5)用视线高程计算 B 点高程的方法，称为视线高法。当需要安置一次仪器测得多个前视点高程时，利用视线高程法比较方便。

【CLSC0103A·单选题】

水准测量的目的是(　　)。

A. 测定点的平面位置　　B. 测定两点间的位置关系

C. 读取水准尺读数　　D. 测定点的高程位置

【答案】 D

【解析】 水准测量原理。

【CLSC0103B·判断题】

在水准测量时应力求前、后视的视线等长。(　　)

【答案】 √

【解析】 水准测量的要求。

考点4　水准仪的构造和使用程序

水准测量所使用的仪器为水准仪，使用的工具为水准尺和尺垫。水准仪按其精度分为 DS_{05}，DS_1，DS_3，DS_{10} 几种等级。“D”和“S”是“大地”和“水准仪”的汉语拼音的第一个字母，其下标的数值为水准仪每千米往返高差中数的偶然中误差，以毫米计(05 代表 0.5 mm，1 代表 1 mm，依次类推)。如果“DS”改为“DSZ”，则表示该仪器为自动安平水准仪。

一、自动安平水准仪的构造

DSZ-A2 型自动安平水准仪由望远镜、水准器和基座三部分组成，见图 4-1-5。

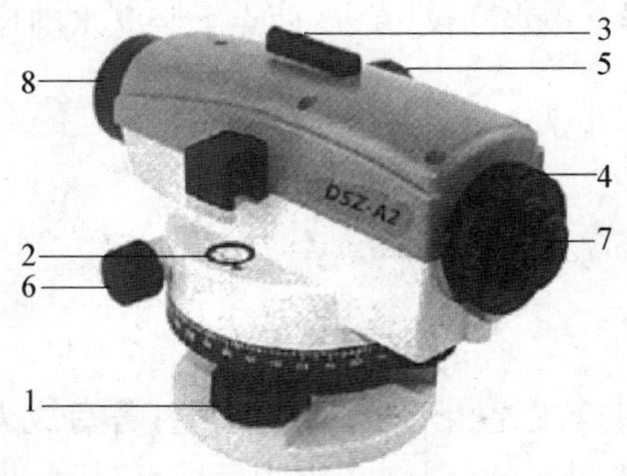

图 4-1-5　DSZ-A2 自动安平水准仪

1-脚螺旋；2-圆水准器；3-瞄准器；4-目镜对光螺旋；5-物镜对光螺旋；6-水平微动螺旋；7-目镜；8-物镜

1. 望远镜

望远镜是水准仪上的重要部件，用来瞄准远处的水准尺进行读数，它由物镜、调焦透镜、

调焦螺旋、十字丝分划板和目镜组成。

物镜由两片以上的透镜组成，作用是与调焦透镜一起使远处的目标成像在十字丝平面上，形成缩小的实像。旋转调焦螺旋，可使不同距离目标的成像清晰地落在十字丝分划板上，称为调焦或物镜对光。目镜也是由一组复合透镜组成，其作用是将物镜所成的实像连同十字丝一起放大成虚像，转动目镜旋钮，可使十字丝影像清晰，称目镜对光。

十字丝分划板是安装在镜筒内的一块光学玻璃板，上面刻有两条互相垂直的十字丝，竖直的一条称为纵丝或竖丝，水平的一条称为横丝或中丝，与横丝平行的上、下两条对称的短丝称为视距丝，用以测定距离。水准测量时，用十字丝交叉点和中丝瞄准目标并读数。

物镜光心与十字丝交点的连线称望远镜的视准轴。合理操作水准仪后，视准轴的延长线即为水准测量所需要的水平视线。

2. 水准器

水准器主要用来整平仪器、指示视准轴是否处于水平位置，是操作人员判断水准仪是否置平正确的重要部件。自动安平水准仪上只有圆水准器，没有管水准器。

圆水准器外形如图 4－1－6 所示，顶部玻璃的内表面为球面，内装有乙醚溶液，密封后留有气泡。球面中心刻有圆圈，其圆心即为圆水准器零点。通过零点与球面曲率中心连线，称为圆水准轴。当气泡居中时，该轴线处于铅垂位置；气泡偏离零点，轴线呈倾状态。气泡中心偏离零点 2 mm 所倾斜的角值，称为圆水准器的分划值。圆水准器的精度较低，用于仪器的粗略整平。

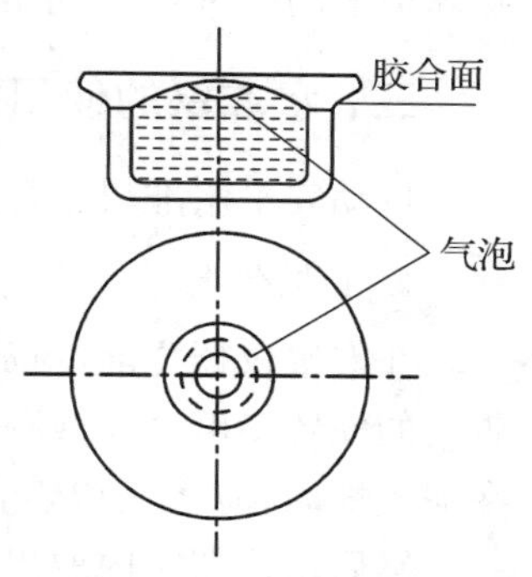

图 4－1－6　圆水准器

3. 基座

基座位于仪器下部，主要由轴座、脚螺旋和连接板等组成。仪器上步通过竖轴插入轴座内，有基座承托。脚螺旋用于调节圆水准气泡，使气泡居中。连接板通过连接螺旋与三脚架相连接。

水准仪除了上述部分外，还装有制动螺旋、微动螺旋。拧紧制动螺旋时，仪器固定不动，此时转动微动螺旋，使望远镜在水平方向作微小转动，用以精确瞄准目标。

二、水准尺和尺垫

1. 水准尺和尺垫

水准尺是水准测量中用于高差量度的标尺，水准尺制造用材有优质木材、铝材和玻璃钢等几种，长度有 2 m，3 m，5 m。根据它们的构造又可分为塔尺和双面尺两种。

塔尺一般由三节尺身套接而成，不用时，缩在最下一节之内，长度不超过 2 m，如图 4－1－7(a)所示。如果把它全部拉出，长度可达 5 m。塔尺携带方便，但连接处常会产生误差，一般用于精度较低的水准测量。

双面尺，如图 4－1－7(b)，水准尺的尺面每隔 1 cm 印刷有黑白或红白相间的分划，每分米处注有数字，数字有正写的和倒写的两种，分别与水准仪的正像望远镜或倒像望远镜相配合。双面尺的一面为黑白分划，成为“黑面尺”，另一面为红白分划，成为“红面尺”。黑面尺的尺底端从零开始注记读数，而红面尺底从某一数值(4 687 mm 或 4 787 mm)开始，称为零点差，可以作为水准测量时读数的检核。

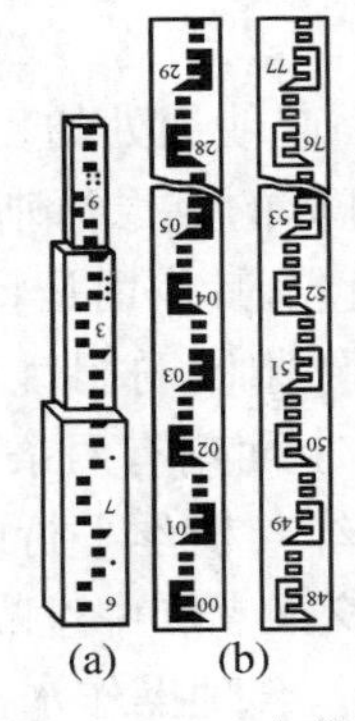

图 4-1-7　水准尺

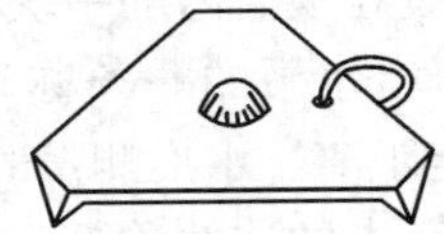

图 4-1-8　尺垫

水准测量中有许多地方需要设置转点，为防止观测过程中尺子下沉而影响读数的准确性，应在转点处放一尺垫，如图 4-1-8。尺垫一般由平面为三角形的铸铁制成，下面有三个尖脚，便于踩入土中，使之稳定。上面有一突起的半球形小包，立水准尺于球顶，尺底部仅接触球顶最高的一点，当水准尺转动方向时，尺底的高程不会改变。

三、水准仪的使用操作

自动安平水准仪进行水准测量的操作程序为：安置—粗平—瞄准—读数。

1. 安置仪器

在安置仪器之前，应放好仪器的三脚架。松开架腿上的 3 个制动螺旋，伸缩架腿，使三脚架的安置高度约在观测者的胸颈部，旋紧制动螺旋。三脚等距分开，使架头大致水平。如在泥土地面，应将三脚架的 3 个脚尖踩入土中，使脚架稳定。

然后从仪器箱内取出水准仪，放在三脚架头上，一手握住仪器，一手将三脚架上的连接螺旋旋入水准仪基座的螺孔内，使连接牢固，以防止仪器从架头上摔下来。

2. 粗平

粗略整平简称粗平。通过调节脚螺旋将圆水准器气泡居中，使仪器的竖轴大致竖直，从而使视准轴(即视线)基本水平。如图 4-1-9(a)所示，首先用双手的大拇指和食指按箭头所指方向转动脚螺旋①②，使气泡从偏离中心的位置 a 沿①和②脚螺旋连线方向移动到位置 b，如图4-1-9(b)所示，然后用左手按箭头所指方向转动脚螺旋③立使气泡居中，如图 4-1-9(c)所示。气泡移动的方向始终与左手大拇指转动的方向一致，称之为“左手大拇指法则”。

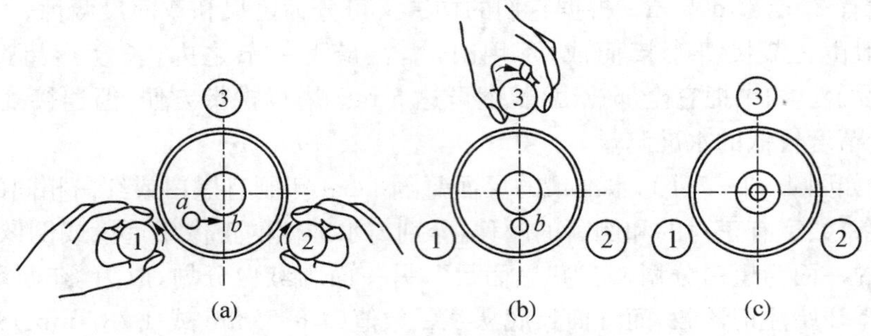

图 4-1-9　使圆水准器气泡居中

3. 瞄准

瞄准目标简称瞄准。把望远镜对准水准尺，进行调焦(对光)，使十字丝和水准尺成像都十分清晰，以便于读数。具体操作过程为：

(1) 目镜调焦

将望远镜对向明亮背景，转动目镜对光螺旋，使十字丝十分清晰；

(2) 初步瞄准

松开制动螺旋，用望远镜上的缺口和准星瞄准水准尺，旋紧制动螺旋固定望远镜；

(3) 物镜调焦

转动物镜对光螺旋，使水准尺成像十分清晰；

(4) 精确瞄准

用微动螺旋使十字丝靠近水准尺一侧，此时，可检查水准尺在左、右方向是否有倾斜，如有倾斜，则要指挥立尺者纠正；

(5) 消除视差

转动微动螺旋使十字丝竖丝位于水准尺上，如果调焦不到位，就会使尺子成像面与十字丝分划平面不重合(如图 4－1－10)。此时，观测者的眼睛靠近目镜端上下微微移动就会发现十字丝横丝在尺上的读数也在随之变动，这种现象称为视差。视差的存在将影响读数的正确性，必须加以消除。消除的方法是仔细地反复调节目镜和物镜对光螺旋，直至尺子成像清晰稳定，读数不变为止。

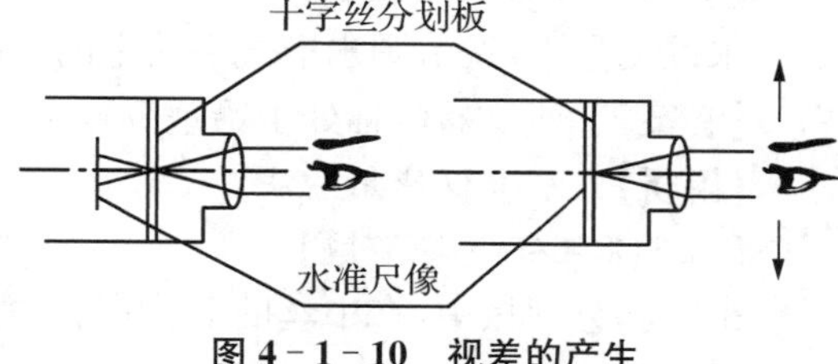

图 4－1－10　视差的产生

4. 读数

水准仪精平后，应立即用十字丝的横丝在水准尺上读数，如图 4－1－11 所示。

读数前要弄清水准尺的刻划特征，呈像要清晰稳定。为了保证读数得准确性，读数时要按由小到大的方向，先估读毫米数，再读出米、分米、厘米数。读数前务必检查是否符合水准气泡影像，以保证在水平视线上读取数值；还要特别注意不要错读单位和发生漏零现象。

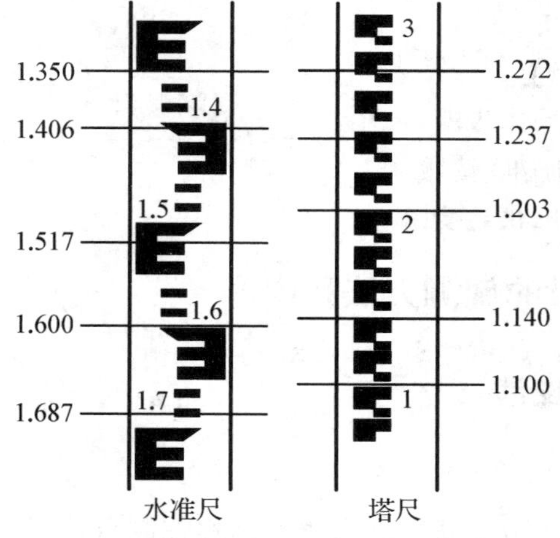

图 4－1－11　水准仪的读数

【CLSC0104A·单选题】

水准测量时,尺垫应放置在(　　)上。

A. 水准点　　B. 转点

C. 土质松软的水准点　　D. 需要立尺的所有点

【答案】 B

【解析】 尺垫的作用。

【CLSC0104B·单选题】

水准仪粗平操作应(　　)。

A. 升降脚架　　B. 调节脚螺旋　　C. 调整脚架位置　　D. 平移仪器

【答案】 B

【解析】 水准仪的使用方法。

【CLSC0104C·填空题】

水准测量中,调节圆水准气泡居中的目的是________。

【答案】 使仪器竖轴处于铅垂位置

【解析】 水准仪使用方法。

【CLSC0104D·填空题】

十字丝分划板中,在中丝的上、下刻有两条对称的短丝,称为________。

【答案】 视距丝

【解析】 水准仪构造。

【CLSC0104E·填空题】

产生视差的原因是________。

【答案】 物像与十字丝分划板平面不重合

【解析】 视差概念。

【CLSC0104F·填空题】

目镜对光或目镜调焦的目的是________。

【答案】 十字丝清晰

【解析】 水准仪的使用。

【CLSC0104G·填空题】

自动安平水准仪观测操作步骤是________。

【答案】 安置、粗平、瞄准、读数

【解析】 自动安平水准仪的使用。

考点5　水准测量的施测方法和内容

一、水准点和水准路线

1. 水准点

水准点是通过水准测量方法获得其高程的高程控制点(代号 BM,英文 Bench Mark 的缩写)。水准点有永久性水准点和临时性水准点两种,永久性水准点用混凝土制成标石,标石顶部嵌有半球形的金属标志[图 4-1-12(a)],球形的顶面标志该点的高程。水准点标石应埋在地基稳固、便于长期保存又便于观测的地方。临时性水准点,一般用木桩打入地面,桩顶用半球形的铁钉钉入作为测量用的基准点(观测点)[图 4-1-12(b)]。

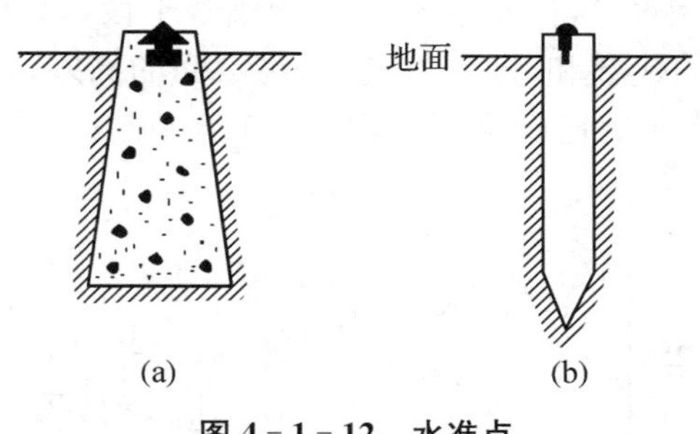

图 4-1-12　水准点

2. 水准路线

水准路线是在水准点间进行水准测量所经过的路线。根据已知水准点的分布情况和实际需要,水准路线一般可布设成闭合水准路线、附合水准路线和支水准路线,如图 4-1-13 所示。

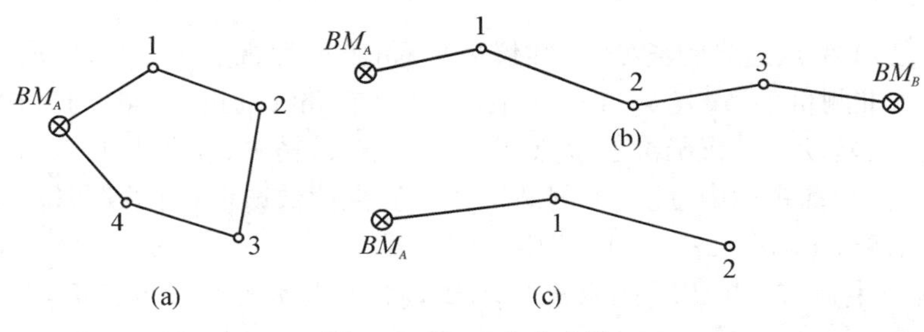

图 4-1-13　水准路线

(1) 闭合水准路线

如图 4-1-13(a)所示,从已知水准点 BM_A 出发,沿待定水准点 1、2、3、4 进行水准测量,最后又回到原出发水准点 BM_A,称为闭合水准路线。

(2) 附合水准路线

如图 4-1-13(b)所示,从已知水准点 BM_A 出发,沿待定水准点 1、2、3 进行水准测量,最后附合到另一个已知水准点 BM_B 所构成的水准路线,称为附合水准路线。

(3) 支水准路线

如图 4-1-13(c)所示,从已知水准点 BM_A 出发,沿待定水准点 1、2 进行水准测量,其路线既不闭合也不附合,而是形成一条支线,称为支水准路线。支水准路线应进行往返测量,以便通过往返测高差检核观测的正确性。

二、水准测量施测方法

水准测量一般是从已知水准点开始,测至待测点,求出待测点的高程。当两点间相距不远,高差不大,且无视线遮挡时,只需安置一次水准仪就可测得两点间的高差,称为简单水准测量，如图 4－1－14 所示。

当两水准点间相距较远或高差较大或有障碍物遮挡视线，不可能仅安置一次仪器即测得两点间的高差，此时，可在水准路线中加设若干个临时过渡立尺点，称为转点（代号 TP，英文 Turning Point 的缩写），把原水准路线分成若干段，依次连续安置水准仪测定各段高差，最后取各段高差的代数和，即可得到起、终点间的高差，这种方法称为连续水准测量，如图4－1－14 所示，设 A 为已知高程点，$H_A=123.446$ m，欲测量 B 点高程，观测步骤如下。

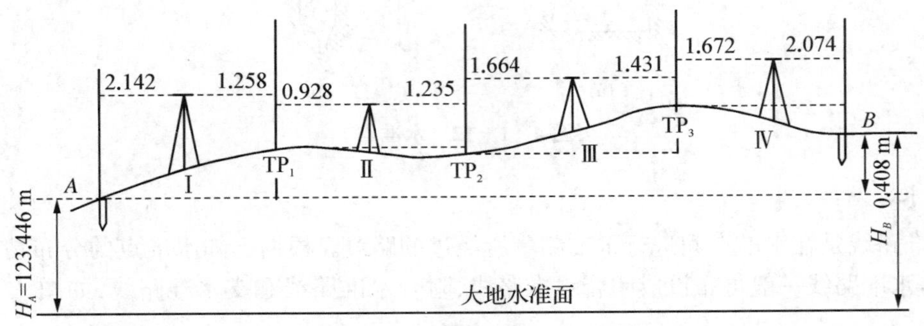

图 4－1－14 连续水准测量

置仪器距已知 A 点适当距离处，水准仪粗平后，瞄准后视点 A 的水准尺，精平、读数为 2.142 m，记入水准测量手簿（表 4－1－2）后视栏内。在路线前进方向且与后视等距离处，选择转点 TP_1 立尺，转动水准仪瞄准前视点 TP_1 的水准尺，精平、读数为 1.258 m，记入水准测量手簿（表 4－1－1）前视栏内，此为一测站工作。后视读数减前视读数即位 A，TP_1 两点间的高差 $h_1=+0.884$ m，填入表 4－1－1 中相应位置。

第一测站结束后，转点 TP_1 的水准尺不动，将 A 点水准尺移至 TP_2 点，安置仪器于 TP_1、TP_2 两点间等距离处，按测站Ⅰ观测顺序进行观测与计算，依次类推，测至终点 B。

显然，每安置一次仪器，便测得一个高差，根据高差计算公式（4－1－2）可得：

$$h_1=a_1-b_1$$
$$h_2=a_2-b_2$$
$$\cdots\cdots$$

将各式相加可得：

$$h_n=a_n-b_n$$

$$h_{AB}=\sum h=\sum a-\sum b \tag{4-1-6}$$

B 点的高程为：

$$H_B=H_A+h_{AB}$$

表 4－1－1 是水准测量的记录手簿和有关计算，通过计算 B 点的高程为 123.854 m。

表 4-1-1　水准测量手簿

工程名称：　　　　日期：　　　　观测：

仪器编号：　　　　天气：　　　　纪录：

<table>
<tr><th>测站</th><th>点号</th><th>后视读数 m</th><th>前视读数 m</th><th>高差 m</th><th>高程 m</th><th>备注</th></tr>
<tr><td rowspan="2">Ⅰ</td><td>A</td><td>2.142</td><td></td><td rowspan="2">+0.884</td><td>123.446</td><td rowspan="11"></td></tr>
<tr><td rowspan="2">TP_1</td><td></td><td>1.258</td><td rowspan="2"></td></tr>
<tr><td rowspan="2">Ⅱ</td><td>0.928</td><td></td><td rowspan="2">−0.037</td></tr>
<tr><td rowspan="2">TP_2</td><td></td><td>1.235</td><td rowspan="2"></td></tr>
<tr><td rowspan="2">Ⅲ</td><td>1.664</td><td></td><td rowspan="2">+0.233</td></tr>
<tr><td rowspan="2">TP_3</td><td></td><td>1.431</td><td rowspan="2"></td></tr>
<tr><td rowspan="2">Ⅳ</td><td>1.672</td><td></td><td rowspan="2">−0.402</td></tr>
<tr><td rowspan="2">B</td><td></td><td>2.074</td><td rowspan="2">123.854</td></tr>
<tr><td rowspan="4">计算校核</td><td></td><td></td><td></td></tr>
<tr><td rowspan="2">$\sum$</td><td>6.046</td><td>5.998</td><td rowspan="2">0.408</td><td rowspan="2">0.408</td></tr>
<tr><td colspan="2">0.408</td></tr>
<tr><td colspan="3">$\sum a - \sum b = +0.408$</td><td>$\sum h = +0.408$</td><td colspan="2">$H_B - H_A = +0.408$</td></tr>
</table>

为了保证观测的精度和计算的准确性，在水准测量过程中，必须进行测站检核和计算检核，两种检核的方法分别如下。

1. 测站检核

在每一测站上，为了保证前、后视读数的正确性，通常要进行测站检核。测站检核常用两次仪高法和双面尺法。

(1) 两次仪器高法

① 在两立尺点(可能是水准点，也可能是转点)上立水准尺。并在距两立尺点距离相等处安置水准仪，进行粗平工作；

② 照准后视尺，精平，读后视尺读数 a，记入读数；

③ 照准前视尺，精平，读前视尺读数 b，记入读数；

④ 高差计算：$h_{AB}=a-b$。

⑤ 变动仪器高(升幅或降幅大于 10 cm)，粗平后重复(2)～(4)步。每站两次仪器高测得的高差互差不大于±5 mm 时，取其均值作该站测量的结果；大于 5 mm 时称作超限，应重测。其瞄准水准尺、读数的次序为：后—前—前—后。

(2) 双面尺法

用双面尺法，可同时读取每一根水准尺的黑面和红面读数，不需改变仪器高度，能加快观测的速度。观测程序如下：

① 瞄准后视点水准尺黑面—精平—读数；

② 瞄准前视点水准尺黑面—精平—读数；

③ 瞄准前视点水准尺红面—精平—读数；

④ 瞄准后视点水准尺红面—精平—读数。

其观测程序也为"后—前—前—后"，对于尺面刻划来说，程序为"黑—黑—红—红"，测得的高差互差不大于±5 mm时，取其均值作该站测量的结果；大于5 mm时称作超限，应重测。对于双面尺红面读数时要注意：一对尺中两根尺的红面起始读数不一样，分别从4 687 mm和4 787 mm开始。

2. 计算检核

它是对记录表中每一页高差和高程计算进行的检核。计算检核的条件是满足以下等式：

$$\sum a-\sum b=\sum h=H_B-H_A \tag{4-1-7}$$

否则，说明计算有误。例如表4-1-2中：

$$\sum a-\sum b=6.406-5.998=0.408\ \text{m}$$

$$\sum h=0.408\ \text{m}$$

$$H_B-H_A=123.854-123.446=0.408\ \text{m}$$

等式条件成立，说明高差和高程计算正确。

三、成果检核

通过水准测量中两次仪高法或者双面尺法的测站检核，虽符合要求，但是对于整条路线来说，还不能保证没有错误，例如，用作转点的尺垫在仪器搬站期间被碰动等所引起的误差还需要通过闭合差来检验。

1. 闭合水准路线测量成果检核

如图4-1-13(a)中的闭合水准路线，因为路线的起点和终点为同一点BM_A，因此路线的高差总和在理论上应等于零，即：$\sum h_{理}=0$。但实际上总会有误差，致使高差闭合差不等于零。则高差闭合差为：

$$f_h=\sum h_{测} \tag{4-1-8}$$

2. 附合水准路线成果检核

如图4-1-13(b)中的附合水准路线，作为起、终点的水准点(BM_A，BM_B)的高程$H_{始}$，$H_{终}$是已知的，故起、终点间的高差总和的理论值为

$$\sum h_{理}=H_{终}-H_{始} \tag{4-1-9}$$

附和水准路线测得的高差总和$\sum h_{测}$与理论值得差数即为高差闭合差，用f_h表示：

$$f_h=\sum h_{测}-\sum h_{理}=\sum h_{测}-(H_{终}-H_{始}) \quad (4-1-10)$$

3. 支水准路线测量成果检核

如图 4-1-13(c)中的支水准路线，一般需往返观测。由于往返观测的方向相反，因此，往测高差总和 $\sum h_{往}$ 与返测高差总和 $\sum h_{返}$ 两者的绝对值应相等而符号相反，即往、返测得的高差的代数和在理论上应等于零。故支水准路线往、返测得的高差闭合差为

$$f_h=\sum h_{往}+\sum h_{返} \quad (4-1-11)$$

4. 各水准路线高差的容许值

由于仪器的精密程度和观测者的分辨能力都有一定的限制，而且还受到外界环境的影像，观测中含有一定范围内的误差是不可避免的，高差闭合差 f_h 即为水准测量误差的反映。当 f_h 在容许范围内时，认为精度合格，成果可用；否则，应返工重测，直至符合要求为止。容许的高差闭合差是在研究误差产生的规律和根据实际工作中的要求而提出来的。在不同等级水准测量中，都规定了高差闭合差的限值。

图根水准测量：

$$\left.\begin{aligned}&平地:f_{h容}=\pm 40\sqrt{L}\,(\text{mm})\\&山地:f_{h容}=\pm 12\sqrt{n}\,(\text{mm})\end{aligned}\right\} \quad (4-1-12)$$

四等水准测量：

$$\left.\begin{aligned}&平地:f_{h容}=\pm 20\sqrt{L}\,(\text{mm})\\&山地:f_{h容}=\pm 6\sqrt{n}\,(\text{mm})\end{aligned}\right\} \quad (4-1-13)$$

式中，L 为水准路线长度，以 km 计，n 为水准路线中总的测站数。

【CLSC0106A · 单选题】

普通水准测量时，在水准尺上读数通常应读至(　　)。

A. 0.1 mm　　B. 5 mm　　C. 10 mm　　D. 1 mm

【答案】 D

【解析】 水准测量的方法。

【CLSC0106B · 单选题】

水准测量中，设后尺 A 的读数 $a=2.713$ m，前尺 B 的读数 $b=1.401$ m，已知 B 点高程为 15.000 m，则水准仪视线高程为(　　)m。

A. 13.688　　B. 16.312　　C. 16.401　　D. 17.713

【答案】 C

【解析】 视线高程的概念。

【CLSC0106C · 判断题】

水准测量记录应该在听到报数的同时立即记录。　　(　　)

【答案】 ×

【解析】 水准测量记录应该在听到报数的同时应回报读数。

【CLSC0106D · 判断题】

水准测量中，利用水准仪读取视距的方法，除了直读距离外还可以利用上下丝读数计算距离。（　）

【答案】 √

【解析】 视距计算方法。

【CLSC0106E · 判断题】

已知 $h_{往}=-5.723$ 米、$h_{返}=+5.715$ 米，则高差中数是 -8 mm。（　）

【答案】 ×

【解析】 高差中数符合同往测，大小取绝对值的平均值。

【CLSC0106F · 判断题】

在水准测量中，测站检核通常采用变动仪器高法和双面尺法。（　）

【答案】 √

【解析】 测站检核的两种方法。

【CLSC0106G · 判断题】

水准测量的测站检核主要有闭合水准测量和附合水准测量两种方法。（　）

【答案】 ×

【解析】 测站检核的两种方法变动仪器高法和双面尺法。

【CLSC0106H · 判断题】

各种外业测量手簿，字迹要清楚、整齐、美观、不得涂改、擦改、转抄。（　）

【答案】 √

【解析】 外业测量手簿技术要求。

【CLSC0106I · 填空题】

水准路线的布设形式有________、________、________。

【答案】 闭合水准路线　附合水准路线　支水准路线

【解析】 水准路线布设方式。

【CLSC0106J · 填空题】

水准测量测站检核方法有________、________。

【答案】 两次仪高法　双面尺法

【解析】 水准测站的检核方法。

【CLSC0106K · 填空题】

水准测量中，转点的作用是________。

【答案】 传递高程

【解析】 转点的作用是传递高程。

【CLSC0106L · 填空题】

DSZ3 自动安平水准仪中，数字 3 的含义是指________。

【答案】 每公里往返测高差中数的中误差

【解析】 自动安平水准仪的构造。

【CLSC0106M · 填空题】

设 A 点为后视点，B 点为前视点，若后视读数为 1.358 m，前视读数为 2.077 m，则 A、B

两点高差为 ________ m,因为________ ,所以________ 点高;若 A 点高程为 63.360 m,则水平视线高为 ________ m,B 点的高程为 ________ m。

【答案】 −0.719　高差为负　A　64.718　62.641

【解析】 高差的概念。

【CLSC0106N · 填空题】

水准测量时,若水准尺影像不清楚,应调(　　)。

【答案】 物镜调焦螺旋

【解析】 水准仪的使用。

【CLSC0106O · 简答题】

水准测量中测站检核的方法有哪些?

【答案】

在每一测站上,为了保证前、后视读数的正确性,通常要进行测站检核。测站检核常用两次仪器高法和双面尺法。

【CLSC0106P · 计算题】

已知 A 点高程为 60.352 m,将水准仪置于 A、B 两点之间,在 A 点尺上的读数 $a=1.585$ m,在 B 点尺上的读数 $b=0.465$ m,试分别用高差法和视线高法求 B 点高程,并以图说明水准测量的原理。

【答案】

$h_{AB}=a-b=1.585-0.465=+1.120$ m,$H_B=H_A+h_{AB}=60.352+1.120=61.472$ m

$H_i=H_A+a=60.352+1.585=61.937$ m,$H_B=H_i-b=61.937-0.465=61.472$ m

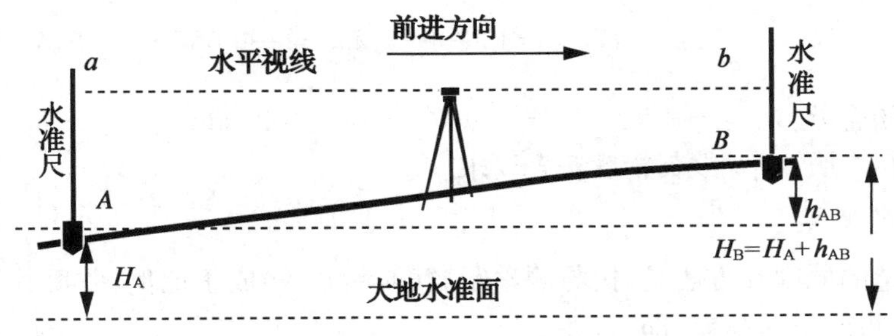

【CLSC0106P】附图

考点 6　水准测量的平差计算

水准测量外业测量数据,如检核无误,满足规定等级的精度要求,就可以进行内业成果平差计算。内业平差计算工作的主要内容是:调整高差闭合差,计算出各待测点的高程。

以下分别介绍各种水准路线的内业计算方法。

一、附合水准路线的内业计算

如图 4-1-15 为某附合水准路线观测成果略图。$BM.A$ 和 $BM.B$ 为已知高程的水准点,图中箭头表示水准测量前进方向,路线上方的数字为测得的两点间的高差(以 m 为单位),路线下方数字为该段路线的长度(以 km 为单位),试计算待定点 1、2、3 点的高程。现

以此为例,介绍附和水准路线的内业计算步骤(参见表 4-1-2)

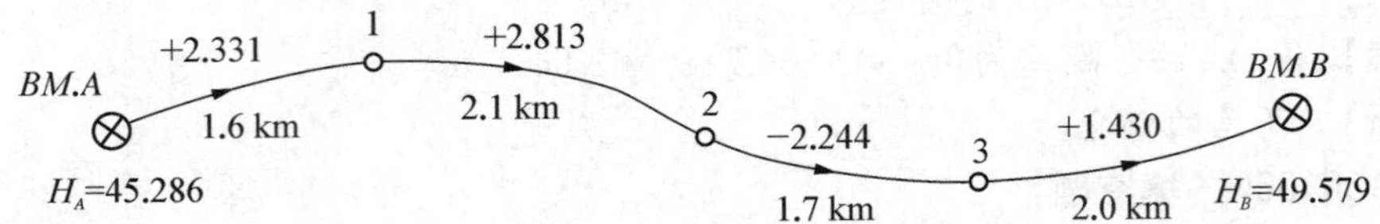

图 4-1-15　附合水准路线略图

表 4-1-2　附和水准测量成果计算表

测段	点号	距离(km)	测得高差(m)	改正数(m)	改正后高差(m)	高程(m)	备注
1	2	3	4	5	6	7	8
1	*BM.A*	1.6	+2.331	−0.008	+2.323	45.286	
2	1	2.1	+2.813	−0.011	+2.802	47.609	
3	2	1.7	−2.244	−0.008	−2.252	50.411	
4	3	2.0	+1.430	−0.010	+1.420	48.159	
$\sum$	*BM.B*	7.4	+4.330	−0.037	+4.293	49.579	
辅助计算	$f_h=\sum h_{测}-(H_{终}-H_{始})=+37\ \text{mm}$　　$L=7.4\ \text{km}$ $f_{h容}=\pm 40\sqrt{L}=\pm 109\ \text{mm}$　　$-f_h/L=-0.005\ \text{mm}$						

1. 高差闭合差的计算

$$f_h=\sum h_{测}-(H_{终}-H_{始})=4.330-4.293=+0.037\ \text{m}=+37\ \text{mm}$$

容许高差闭合差:$f_{h容}=\pm 40\sqrt{L}=\pm 40\sqrt{7.4}=\pm 109\ \text{mm}$

因为 $|f_h|<|f_{h容}|$,故其精度符合要求。

2. 闭合差的调整

闭合差调整的原则和方法是,按与测站距离(或测站数)成正比例、并反其符号改正到各相应的高差上,得改正后高差,即:

按距离,

$$v_i=-\frac{f_h}{\sum l}l_i \tag{4-1-14}$$

按测站数,

$$v_i=-\frac{f_h}{\sum n}n_i \tag{4-1-15}$$

改正后高差为

$$h_{i改}=h_{i测}+v_i \tag{4-1-16}$$

式中:v_i,$h_{i改}$ 表示第 i 测段的高差改正数与改正后高差;

$\sum n$,$\sum l$ 表示路线总测站数与总长度;

n_i,l_i 表示第 i 测段的测站数与长度。

以第 1 和第 2 测段为例，测段改正数为：

$$v_1=-\frac{f_h}{\sum l}\cdot l_1=-\frac{0.037}{7.4}\times 1.6=-0.008\ \text{m}$$

$$v_2=-\frac{f_h}{\sum l}\cdot l_2=-\frac{0.037}{7.4}\times 2.1=-0.011\ \text{m}$$

……

检核：$\sum v=-f_h=-0.037\ \text{m}$

第 1 和第 2 测段改正后的高差为：

$$h_{1改}=h_{1测}+v_1=+2.331-0.008=2.323\ \text{m}$$

$$h_{2改}=h_{2测}+v_2=+2.813-0.011=2.802\ \text{m}$$

检核：$\sum h_{i改}=H_B-H_A=4.293\ \text{m}$

3. 高程的计算

根据检核过的改正后高差，有起点 *BMA* 开始，逐点推算出各店的高程，如：

$$H_1=H_A+h_{1改}=45.286\ \text{m}+2.323\ \text{m}=47.609\ \text{m}$$

$$H_2=H_1+h_{2改}=47.609\ \text{m}+2.802\ \text{m}=50.411\ \text{m}$$

逐点计算，最后算得的 B 点高程应与已知高程 H_B 相等，即：

$$H_{B(算)}=H_{B(已知)}=49.579\ \text{m}$$

否则说明高程计算有误。

二、闭合水准路线的平差计算

闭合水准路线各测段高差的代数和应等于零。如果不等于零，其代数和即为闭合水准路线的闭合差 f_h，即 $f_h=\sum h_{测}$。$f_h<f_{h容}$ 时，可进行闭合水准路线的计算调整，其步骤与附合水准路线相同。

三、支水准路线的平差计算

对于支水准路线，取其往返测高差的平均值作为成果，高差的符号应以往测为准，最后推算出往测点的高程。

以图 4-1-16 为例，某支水准路线，已知 A 点高程为 186.785 m，往返测测站数共 16 站。

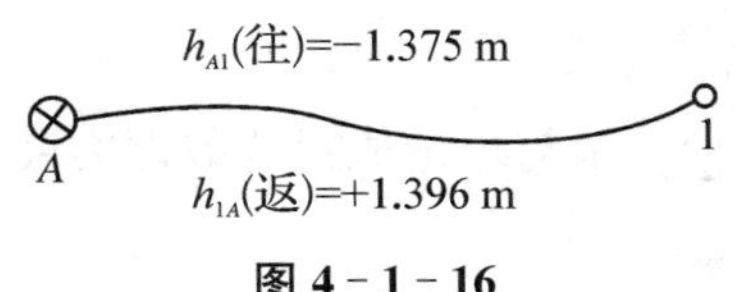

图 4-1-16

高差闭合差为

$$f_h = h_{往} + h_{返} = -1.375 + 1.396 = 0.021 \text{ m}$$

闭合差容许值为

$$f_{h容} = \pm 12\sqrt{n} = \pm 12\sqrt{16} = \pm 48 \text{ mm}$$

$|f_h| < |f_{h容}|$，说明符合普通水准测量的要求。检核符合精度要求后，可取往测和返测高差的绝对值的平均值作为 A、1 两点间的高差，其符号取为与往测高差符号相同，即：

$$h_{A1} = (-1.375 - 1.396)/2 = -1.396 \text{ m}$$

待测点 1 号点的高程为：$H_1 = 186.785 - 1.386 = 185.399$ m

【CLSC0106A·单选题】

水准路线闭合差调整是对观测高差进行改正，方法是将高差闭合差按与测站数(或路线长度)成(　　)的关系求得高差改正数。

A. 正比例并同号　　B. 反比例并反号

C. 反比例并同号　　D. 正比例并反号

【答案】 D

【解析】 水准测量平差计算。

【CLSC0105B·判断题】

闭合水准路线的理论高程闭合差为零。(　　)

【答案】 √

【解析】 高差闭合差含义。

【CLSC0105C·判断题】

水准路线闭合差调整是对观测高差进行改正，方法是将高差闭合差按与测站数(或路线长度)成正比例并同号的关系求得高差改正数。(　　)

【答案】 ×

【解析】 水准路线闭合差调整是对观测高差进行改正，方法是将高差闭合差按与测站数(或路线长度)成正比例并反号的关系求得高差改正数。

【CLSC0105D·判断题】

高差大小与高程起算面有关。(　　)

【答案】 ×

【解析】 高差大小与高程起算面无关。

【CLSC0105E·简答题】

什么是水准测量中的高差闭合差？试写出各种水准路线的高差闭合差的一般表达式。

【答案】

水准路线测得的高差总和 $\sum h_{测}$ 与理论值得差数即为高差闭合差，用 f_h 表示

闭合水准路线：$f_h = \sum h_{测}$

附和水准路线：$f_h = \sum h_{测} - \sum h_{理} = \sum h_{测} - (H_{终} - H_{始})$

支水准路线：$f_h = \sum h_{往} + \sum h_{返}$

【CLSC0105F · 计算题】

调整下表闭合水准路线观测成果，并计算各点高程

$$H_{BM_1} = 56.518 \text{ m}$$

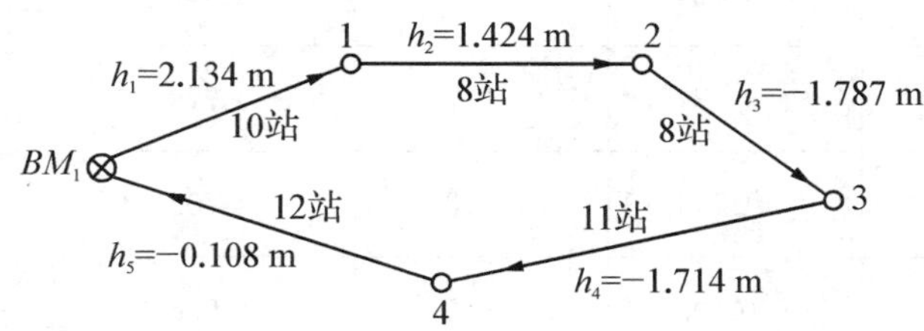

【CLSC0105F】附图

水准测量成果调整表

测点	测站数	高差值			高程 m	备注
		观测值 m	改正数 mm	调整值 m		
BM_1					56.518	
	10	+2.134				
1						
	8	+1.424				
2						
	8	−1.787				
3						
	11	−1.714				
4						
	12	−0.108				
BM_1					56.518	
$\sum$	49	−0.051				

高差闭合差 $f_h =$　　　　　　　　容许闭合差 $f_{h容} =$

【答案】

水准测量成果调整表

测点	测站数	高差值			高程 m	备注
		观测值 m	改正数 mm	调整值 m		
BM_1					56.518	
	10	+2.134	+10	+2.144		
1					58.662	
	8	+1.424	+8	+1.432		
2					60.094	
	8	−1.787	+8	−1.779		
3					58.315	
	11	−1.714	+12	−1.702		
4					56.613	
	12	−0.108	+13	−0.095		
BM_1					56.518	
$\sum$	49	−0.051	+51	0		

高差闭合差 $f_h = -0.051$ m　　　　容许闭合差 $f_{h容} = \pm 12\sqrt{n} = \pm 84$ mm

【CLSC0105G·计算题】

如图所示为某附合水准路线普通水准测量观测成果，试按表进行成果处理，并计算各待求点的高程。

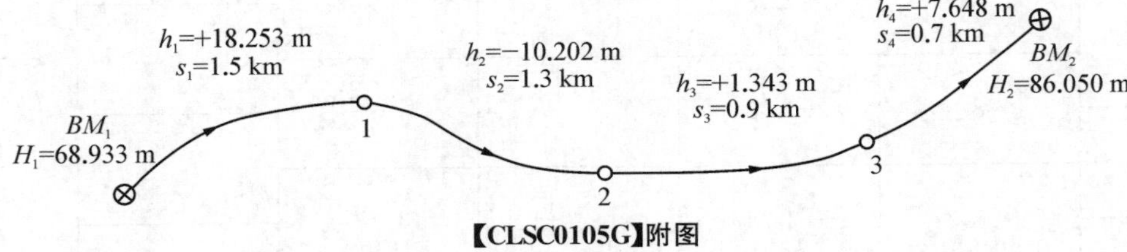

【CLSC0105G】附图

测点	测段长(km)	高差值			高程 m	备注
		观测值 m	改正数 mm	调整值 m		
BM_1					68.933	
	1.5	+18.253				
1						
	1.3	−10.202				
2						
	0.9	+1.343				
3						
	0.7	+7.648				
BM_2					86.050	
$\sum$	4.4	+17.042				

高差闭合差 $f_h =$　　　　容许闭合差 $f_{h容} =$

【答案】

水准测量成果调整表

测点	测段长(km)	高差值			高程 m	备注
		观测值 m	改正数 mm	调整值 m		
BM_1					68.933	
	1.5	+18.253	+26	+18.279		
1					87.212	
	1.3	−10.202	+22	−10.180		
2					77.032	
	0.9	+1.343	+15	+1.358		
3					78.390	
	0.7	+7.648	+12	+7.660		
BM_2					86.050	
$\sum$	4.4	+17.042	+75	+17.117		

高差闭合差 $f_h = -0.075$ m　　容许闭合差 $f_{h容} = \pm 40\sqrt{L} = \pm 84$ mm

考点 7　三、四等水准测量的程序和计算

一、三、四等水准测量的技术要求

三、四等水准测量除用于国家高程控制网的加密外，还用于建立小地区首级高程控制网，以及建筑施工区内工程测量及变形观测的基本控制。三、四等水准测量的精度要求较普通水准测量的精度更高，表 4-1-3 为 DSZ3 水准仪三、四等水准测量的技术指标。三、四等水准测量的水准尺，通常采用木质的两面有分划的红黑面双面标尺，表 4-1-3 中的黑红面读数差，即指一根标尺的两面读数去掉常数之后所容许的差数。

表 4-1-3　DSZ3 水准测量的技术指标

等级	仪器类型	标准视线长度(m)	后前视距差(m)	后前视距差累计(mm)	黑红面读数差(mm)	黑红面所测高差之差(mm)	检测间歇点高差之差(mm)
三等	S_3	75	2.0	5.0	2.0	3.0	3.0
四等	S_3	100	3.0	10.0	3.0	5.0	5.0

二、三、四等水准测量的施测方法

下面以双面尺法一个测站为例介绍观测的程序，其记录与计算参见表 4-1-4。

(1) 一个测站的观测顺序

① 照准后视标尺黑面，按视距丝、中丝读数；

② 照准前视标尺黑面，按中丝、视距丝读数；

③ 照准前视标尺红面，按中丝读数；

④ 照准后视标尺红面，按中丝读数。

这样的顺序简称为"后—前—前—后"（黑、黑、红、红）。四等水准测量每站观测顺序也可为"后—后—前—前"（黑、红、黑、红）。无论何种顺序，视距丝和中丝的读数均应在水准管气泡居中时读取。

(2) 测站上的计算与校核

① 视距的计算与检验

后视距(9)＝[(1)－(2)]×100 m

前视距(10)＝[(4)－(25)]×100 m　　三等≤75 m，四等≤100 m

前、后视距差(11)＝(9)－(10)　　三等≤3 m，四等≤5 m

前、后视距差累积(12)＝本站(11)＋上站(12)　　三等≤6 m，四等≤10 m

② 水准尺读数的检验

同一根水准尺黑面与红面中丝读数之差：

前尺黑面与红面中丝读数之差(13)＝(6)＋K－(7)

后尺黑面与红面中丝读数之差(14)＝(3)＋K－(8)　　三等≤2 mm，四等≤3 mm

（上式中的 K 为红面尺的起点数，一般为 4.687 m 或 4.787 m）

③ 高差计算与检验

黑面测得的高差(15)＝(3)－(6)

红面测得的高差(16)＝(8)－(7)

校核：黑、红面高差之差(17)＝(15)－[(16)±0.100]　　三等≤3 mm，四等≤5 mm

或(17)＝(14)－(13)

高差的平均值(18)＝[(15)＋(16)±0.100]/2

在测站上，当后尺红面起点为 4.687 m，前尺红面起点为 4.787 m 时，取＋0.100，反之，取－0.100。

(3) 每页计算校核

① 高差部分

在每页上，后视红、黑面读数总和与前视红、黑面读数总和之差，应等于红、黑面高差之和。

对于测站数为偶数的页：

$$\sum[(3)+(8)]-\sum[(6)+(7)]=\sum[(15)+(16)]=2\sum(18)$$

对于测站数为奇数的页：

$$\sum[(3)+(8)]-\sum[(6)+(7)]=\sum[(15)+(16)]=2\sum(18)\pm 0.100$$

② 视距部分

在每页上，后视距总和与前视距总和之差应等于本页末站视距差累积值与上页末站视距差累积值之差。校核无误后，可计算水准路线的总长度。

$\sum(9)-\sum(10)=$本页末站之(12)－上页末站之(12)；

水准路线总长度$=\sum(9)+(10)$

三、成果计算

三、四等水准测量的闭合路线或附合路线的成果整理，首先其高差闭合差满足精度要求。然后，对高差闭合差进行调整，调整方法可参见考点 6 水准测量的平差计算部分，最后按调整后的高差计算各水准点的高程。

表 4－1－4　三、四等水准测量记录手簿

自：________ 测至：________ 天气：________ 观测者：________

时间：________ 成像：________ 记录者：________

测站编号	点号	后尺 上丝 下丝 后视距 视距差（m）	前尺 上丝 下丝 前视距 累积差 $\sum d$（m）	方向及尺号	水准尺读数 黑面	水准尺读数 红面	K＋黑－红（mm）	平均高差（m）	备注
		(1) (2) (9) (11)	(4) (5) (10) (12)	后尺 前尺 后－前	(3) (6) (15)	(8) (7) (16)	(14) (13) (17)	(18)	
1	BM_2 | TP_1	1 426 0 995 43.1 ＋0.1	0801 0371 43.0 ＋0.1	后 106 前 107 后－前	1 211 0 586 ＋0.625	5 998 5 273 ＋0.725	0 0 0	＋0.625 0	
2	TP_1 | TP_2	1 812 1 296 51.6 0.2	0 570 0 052 51.8 －0.1	后 107 前 106 后－前	1 554 0 311 ＋1.243	6 241 5 097 ＋1.144	0 ＋1 －1	＋1.243 5	K 为尺常数， K106＝4.787 K107＝4.687
3	TP_2 | TP_3	0 889 0 507 38.2 －0.2	1 713 1 333 38.0 ＋0.1	后 106 前 107 后－前	0 698 1 523 －0.825	5 486 6 210 －0.724	－1 0 －1	－0.824 5	
4	TP_3 | BM_1	1 891 1 525 36.6 －0.2	0 758 0 390 36.8 －0.1	后 107 前 106 后－前	1 708 0 574 ＋1.134	6 395 5 361 ＋1.034	0 0 0	＋1.134 0	
检核计算	$\sum(9)=169.5$ $\sum(10)=169.6$ $\sum(9)-\sum(10)=-0.1$ $\sum(9)+\sum(10)=339.1$			$\sum(3)=5.171$ $\sum(6)=2.994$ $\sum(15)=+2.177$ $\sum(15)+\sum(16)=+4.356$			$\sum(8)=24.120$ $\sum(7)=21.941$ $\sum(16)=+2.179$ $2\sum(18)=+4.356$		

【CLSC0107A·单选题】

国家标准《工程测量标准》(GB 50026—2020)规定，四等水准测量中红黑面读数之差不得超过(　　)mm。

A. 2.0　　B. 3.0

C. 5.0　　D. 10.0

【答案】 B

【解析】 四等水准测量技术要求。

【CLSC0107B·判断题】

三等水准测量，前后视距较差不应超过5米。　(　　)

【答案】 ×

【解析】 三等水准测量，前后视距较差不应超过3米。

【CLSC0107C·填空题】

四等水准测量一个测站观测程序为(　　)。

【答案】 后—后—前—前

【解析】 四等观测程序。

【CLSC0107D·简答题】

一个测站上用双面水准尺进行四等水准测量的步骤是什么？

【答案】

(1) 距前后点距离大约相等处安置水准仪，点上立水准尺。

(2) 瞄后视点，精平读后尺黑面上丝、下丝，中丝读数。

(3) 转动后尺，读后尺红面中丝读数。

(4) 瞄前视点，精平读前尺黑面上丝、下丝，中丝读数。

(5) 转动前尺，读前尺红面中丝读数。

【CLSC0107E·计算题】

完成下表四等水准测量的外业观测记录手簿的计算

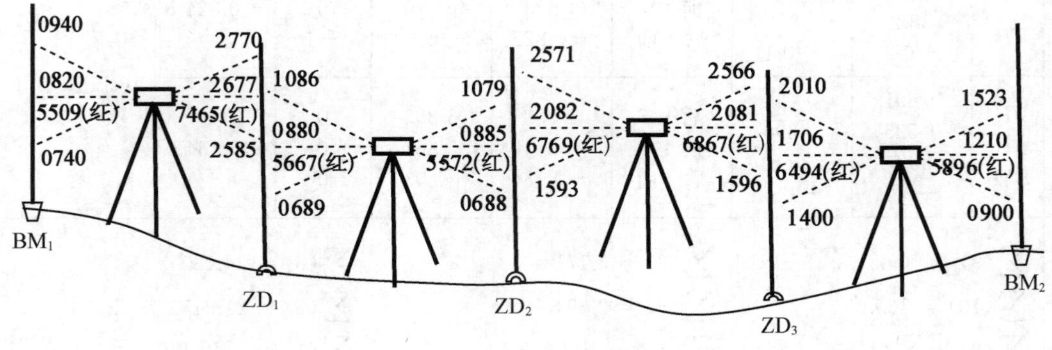

【CLSC0107F】附图

四等水准测量记录计算表

测站编号	后尺 上丝 / 下丝	前尺 上丝 / 下丝	方向及尺号	标尺读数		K+黑−红	高差中数	备注
	后视距	前视距		黑面	红面			
	视距差 d	$\sum d$						
1	0.940	2.770	后 A	0.820	5.509			$k_a=4.687$ $k_b=4.787$
	0.740	2.585	前 B	2.677	7.465			
			后一前					
2	1.086	1.079	后 A	0.880	5.667			
	0.689	0.688	前 B	0.885	5.572			
			后一前					
3	2.571	2.566	后 A	2.082	6.769			
	1.593	1.596	前 B	2.081	6.867			
			后一前					
4	2.010	1.523	后 A	1.706	6.494			
	1.400	0.900	前 B	1.210	5.896			
			后一前					
每页检核	$\sum$ 后距		$\sum a$					
	$\sum$ 前距		$\sum b$					
	$\sum$ 后 $-\sum$ 前		$\sum h$			$\sum h$ 中		
	总视距	($\sum h$ 黑 $+\sum h$ 红)/2 =						

【答案】

四等水准测量记录计算表

测站编号	后尺 上丝 / 下丝	前尺 上丝 / 下丝	方向及尺号	标尺读数		K+黑−红	高差中数	备注
	后视距	前视距		黑面	红面			
	视距差 d	$\sum d$						
1	0.940	2.770	后 A	0.820	5.509	−2		$k_a=4.687$ $k_b=4.787$
	0.740	2.585	前 B	2.677	7.465	−1		
	20.0	18.5	后一前	−1.857	−1.956	−1	−1.856 5	
	+1.5	+1.5						

续　表

测站编号	后尺 上丝	前尺 上丝	方向及尺号	标尺读数		K+黑−红	高差中数	备注
	后尺 下丝	前尺 下丝		黑面	红面			
	后视距	前视距						
	视距差 d	$\sum d$						
2	1.086	1.079	后 A	0.880	5.667	0		
	0.689	0.688	前 B	0.885	5.572	0		
	39.7	39.1	后−前	−0.005	+0.095	0	−0.005 0	
	+0.6	+2.1						
3	2.571	2.566	后 A	2.082	6.769	0		
	1.593	1.596	前 B	2.081	6.867	+1		
	97.8	97.0	后−前	+0.001	−0.098	−1	+0.001 5	
	+0.8	+2.9						
4	2.010	1.523	后 A	1.706	6.494	−1		
	1.400	0.900	前 B	1.210	5.896	+1		
	61.0	62.3	后−前	+0.496	+0.598	−2	+0.497 0	
	−1.3	+1.6						
每页检核	$\sum$后距	218.5	$\sum a$	5.488	24.439			
	$\sum$前距	216.9	$\sum b$	6.853	25.800			
	$\sum$后−$\sum$前	+1.6	$\sum h$	−1.365	−1.361	$\sum h$ 中	−1.363 0	
	总视距	435.4	($\sum h$黑+$\sum h$红)/2 = −1.363					

技能二　水平角的测量

考点1　水平角的定义

角度测量是测量的三项基本工作之一，其目的是为了确定地面点的位置，它包括水平角测量和竖直角测量。水平角测量用于确定地面点的平面位置，竖直角测量用于间接测定地面点的高程。即能测量水平角又能测量竖直角的仪器就是经纬仪。

相交于一点的两方向线在水平面上的垂直投影所形成的夹角，称为水平角。水平角一般用 β 表示，角值范围为 0°～360°。

【CLSC0201A・单选题】

地面上两相交直线的水平角是(　　)的夹角。

A. 这两条直线的实际　　　　B. 这两条直线在水平面的投影线

C. 这两条直线在同一竖直上的投影　　　　D. 这两条直线在地面上的投影线

【答案】 B

【解析】 水平角的概念。

【CLSC0201B・判断题】

两直线在同一平面内的夹角，称为水平角。　　(　　)

【答案】 ×

【解析】 水平角的定义，应该是同一水平面内投影所夹的角度。

【CLSC0201C・简答题】

水平角定义及水平角角值范围分别是什么？

【答案及解析】 水平角就是相交的两条直线在同一水平面上的投影所夹的角度。水平角的角值范围为 0°～360°。

考点2　水平角的测量原理

如下图 4－2－1：为了测定水平角 β，可以设想在过角顶 B 点上方安置一个水平的带有顺时针刻划、注记的圆盘，即水平度盘，并使其圆心 O 在过 B 点的铅垂线上，直线 BC、BA 在水平度盘上的投影为 Om、On；这时，若能读出 Om、On 在水平度盘上的读数 m 和 n，水平角 β 就等于 m 减 n，用公式表示为：β＝右目标读数 m－左目标读数 n。

由此可知，用于测量水平角的仪器，必须有一个能安置水平、且能使其中心处于过测站点铅垂线上的水平度盘；必须有一套能精确读取盘读数的读数装置；还必须有一套不仅能上下转动成竖直面，还能绕铅垂线水平转动的照准设备——望远镜，以便精确照准方向、高度、远近不同的目标。

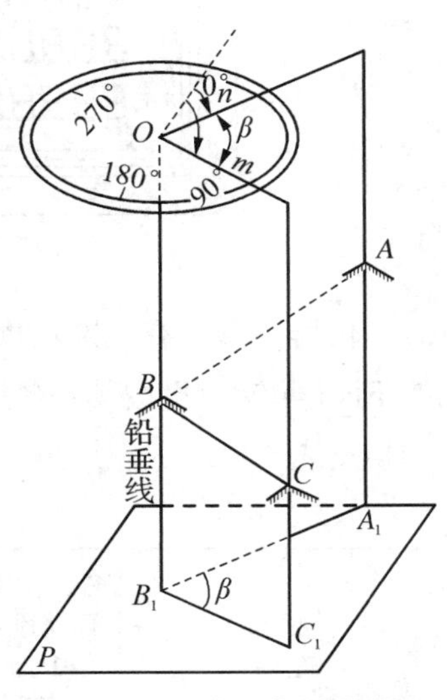

图 4－2－1　水平角测量原理

考点3　电子经纬仪的构造

水平角的测量可以采用光学经纬仪、电子经纬仪或全站仪。仪器采用"一测回方向观测中误差的秒数"来表示仪器的精度等级。本节介绍用电子经纬仪测量水平角。

电子经纬仪是在光学经纬仪的基础上发展起来的新一代测角仪器，为野外数据采集自动化创造了有利条件。它的外形结构与光学经纬仪相似，与光学经纬仪的主要不同点在于测角系统。光学经纬仪采用光学度盘和目视读数，而电子经纬仪的测角系统主要有三种，即编码度盘测角系统、光栅度盘测角系统和动态测角系统。构造上其不同之处有：电子经纬仪多一个机载电池盒和一个电子手簿接口，增加了电子显示屏和操作键盘，去掉了读数显微镜。下面就某款电子经纬仪进行介绍，其外观构造和部件名称如图 4-2-2 所示。

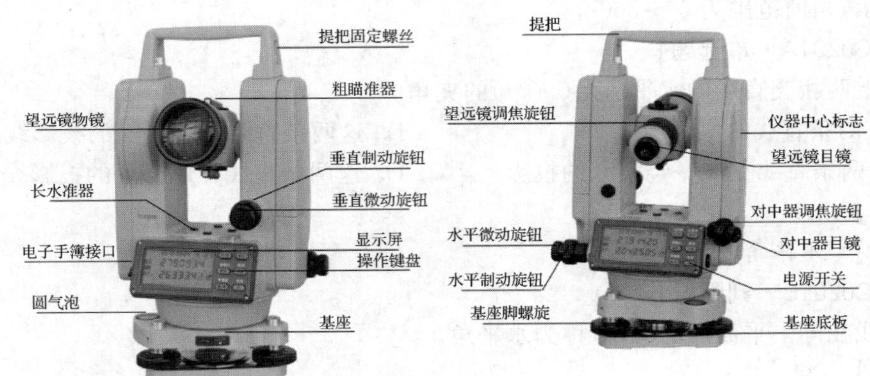

图 4-2-2　电子经纬仪构造

一、键盘符号与功能

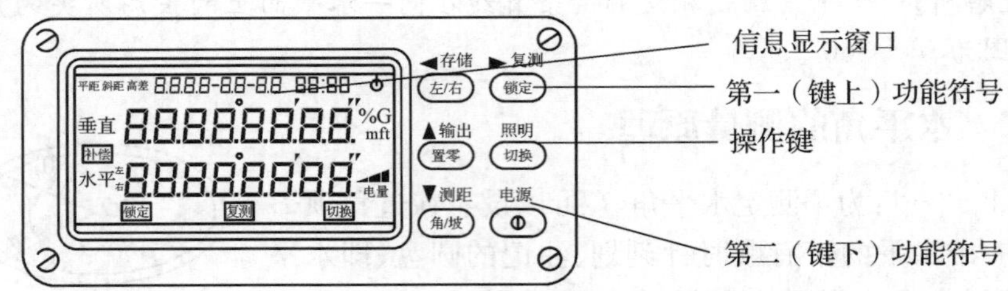

图 4-2-3　键盘符号与功能

仪器键盘具有一键双重功能，一般情况下仪器执行按键上所标示的第一（基本）功能，当按下<u>切换</u>键后再按其余各键则执行按键上方面板上所标示的第二（扩展）功能。键盘功能切换见表 4-2-1。

表 4-2-1　键盘功能切换

存储 左/右	左/右：显示左旋/右旋水平角选择键。连续按此键，两种角值交替显示； 存储键：切换模式下按此键，当前角度闪烁两次，然后当前角度数据存储到内存中； ◀：在特种功能模式中按此键，显示屏中的光标左移。

续 表

复测 锁定	锁定:水平角锁定键。按此键两次,水平角锁定;再按一次则解除; 复测:切换模式下按此键进入复测状态; ▶:在特种功能模式中按此键,显示屏中的光标右移。
输出 置零	置零:按此键两次,水平角置零; 输出:切换模式下按此键,输出当前角度到串口,也可以令电子手簿执行记录; ▲减量键:在特种功能模式中按此键,显示屏中的光标可向上移动或数字向下减少。
测距 角/坡	角/坡:竖直角和斜率百分比显示转换键。连续按此键交替显示; 测距:在切换模式下,按此键每秒跟踪测距一次,精度至 0.01 m(连接测距仪有效)。连续按此键则交替显示斜距,平距,高差,角度; ▼增量键:在特种功能模式中按此键,显示屏中的光标可向上移动或数字向上增加。
照明 切换	模式转换键:连续按键,仪器交替进入一种模式,分别执行键上或面板标示功能; 在特种功能模式中按此键,可以退出或者确定; 照明:望远镜十字丝和显示屏照明键。长按(3 秒)切换开灯照明;再长按(3 秒)则关。
电源	电源开关键。按键开机;按键大于 2 秒则关机。

二、信息显示符号

液晶显示屏采用线条式液晶,常用符号全部显示时其位置如图 4-2-4 所示:中间两行各 8 个数位显示角度或距离观测结果数据或提示字符串。左右两侧所示的符号或字母表示数据的内容或采用的单位名称。具体说明见表 4-2-2。

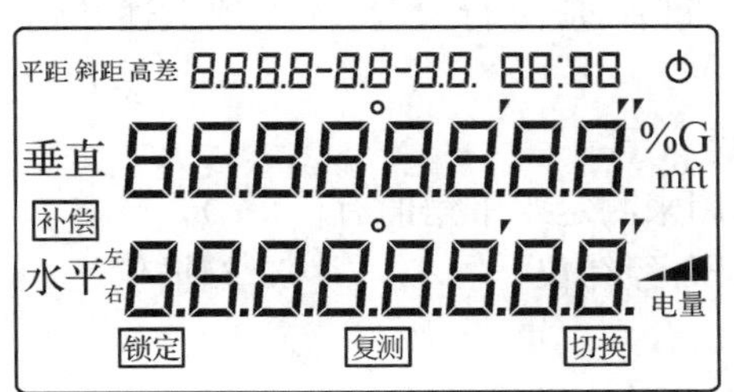

图 4-2-4 显示屏信息显示

表 4-2-2 显示屏信息说明

符号	内容	符号	内容
垂直	垂直角	%	斜率百分比
水平	水平角	G	角度单位:格(Gon) (角度采用度及密位时无符号显示)
水平左	水平左旋(逆时针)增量		
水平右	水平右旋(顺时针)增量	m	距离单位:米

续 表

符号	内容	符号	内容
斜距	斜距	ft	距离单位:英尺
平距	平距	电量	电池电量
高差	高差	锁定	锁定状态
补偿	倾斜补偿功能	⏻	自动关机标志
复测	复测状态	切换	第二功能切换

三、经纬仪的轴线及各轴线间应满足的几何条件

从测角原理可知，经纬仪有四条主要轴线，即水准管轴(LL)、竖轴(VV)、视准轴(CC)和横轴(HH)，如图4-2-5所示，它们之间应满足下列几何条件：

1. 水准管轴 LL 应垂直于竖轴 VV；
2. 十字丝纵丝应垂直于横轴 HH；
3. 视准轴 CC 应垂直于横轴 HH；
4. 横轴 HH 应垂直于竖轴 VV；

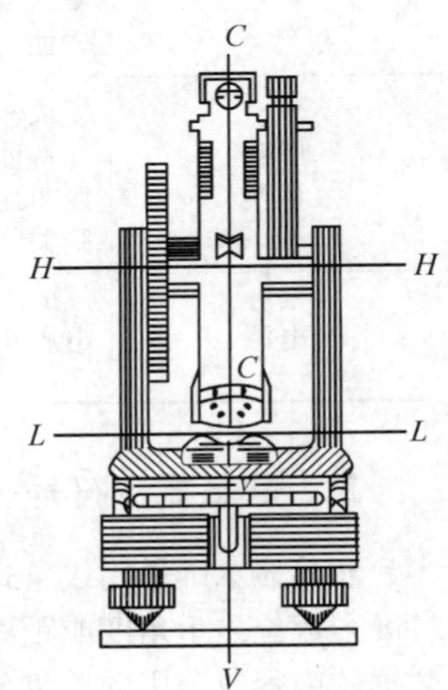

图4-2-5　经纬仪的主要轴线

除上述以外，经纬仪应满足光学对中器的视准轴与仪器竖轴重合的条件。

仪器出厂时，以上各个条件均能满足，但由于仪器的长期使用和搬运过程中的震动，各部件的连接部分会发生变动，所以经纬仪在使用前或使用一段时间后，应进行检验，如发现上述几何条件不满足，则需要进行校正。

【CLSC0203A·单选题】

下列仪器设备中，可以用来测定水平角的有(　　)。

A. 水准仪　　B. 经纬仪　　C. 扫描仪　　D. GPS接收机

【答案】 B

【解析】 考核水平角测量所选用的仪器。

【CLSC0203B·单选题】

J6型经纬仪，数字6表示的意义是(　　)。

A. 上半测回方向值的中误差不超过6秒。

B. 每测回方向值的中误差不超过6秒。

C. 上半测回角度的中误差不超过6秒。

D. 每测回的角度的中误差不超过6秒

【答案】 B

【解析】 考核仪器的精度等级。

考点4　经纬仪的操作程序

一、电池使用

1. 电池盒安装

将随机电池盒的底部突起卡入主机，按住电池盒顶部的弹块并向仪器方向推，直至电池盒卡入位置为止，然后放开弹块。

2. 电池盒拆卸

向下按住弹块卸下电池盒。

3. 电池容量的确定

液晶屏的右下角显示一节电池，中间的黑色填充越多，则表示电池容量越足；如果黑色填充很少，已接近底部，则表示电池需要充电。

二、安置仪器

安置仪器是将经纬仪安置在测站点上，包括对中和整平两项内容。对中的目的是使仪器中心与测站点标志中心位于同一铅垂线上；整平的目的是使仪器竖轴处于铅垂位置，水平度盘处于水平位置。

1. 初步对中整平

(1) 用垂球对中，其操作方法如下：

① 将三脚架调整到合适高度，张开三脚架安置在测站点上方，在脚架的连接螺旋上挂上垂球，如果垂球尖离标志中心太远，可固定一脚移动另外两脚，或将三脚架整体平移，使垂球尖大致对准测站点标志中心，并注意使架头大致水平，然后将三脚架的脚尖踩入土中。

② 将经纬仪从箱中取出，用连接螺旋将经纬仪安装在三脚架上。调整脚螺旋，使圆水准器气泡居中。

③ 此时，如果垂球尖偏离测站点标志中心，可旋松连接螺旋，在架头上移动经纬仪，使垂球尖精确对中测站点标志中心，然后旋紧连接螺旋。

(2) 用光学对中器对中，其操作方法如下：

① 使架头大致对中和水平，连接经纬仪；调节光学对中器的目镜和物镜对光螺旋，使光学对中器的分划板小圆圈和测站点标志的影像清晰。

② 转动脚螺旋，使光学对中器对准测站标志中心，此时圆水准器气泡偏离，伸缩三脚架架腿，使圆水准器气泡居中，注意脚架尖位置不得移动。

目前部分电子经纬仪配有激光对中器，则采用激光对中器对中。

2. 精确对中和整平

(1) 整平先转动照准部，使长水准器平行于任意一对脚螺旋的连线，如图 4－2－6(a)所示，两手同时向内或向外转动这两个脚螺旋，使气泡居中，注意气泡移动方向始终与左手大拇指移动方向一致；然后将照准部转动 90°，如图 4－2－6(b)所示，转动第三个脚螺旋，使长水准器气泡居中。再将照准部转回原位置,检查气泡是否居中,若不居中,按上述步骤反复进行,直到长水准器在任何位置,气泡偏离零点不超过一格为止。

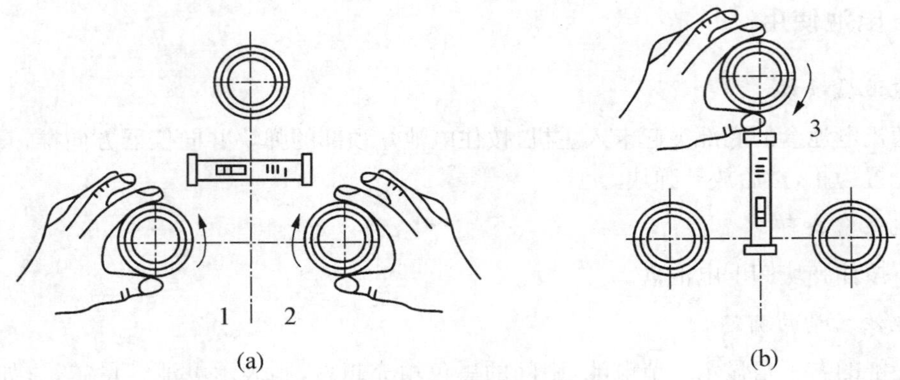

图 4-2-6 经纬仪的整平

(2) 对中先旋松连接螺旋,在架头上轻轻移动经纬仪,使垂球尖精确对中测站点标志中心,或使对中器分划板的刻划中心与测站点标志影像重合;然后旋紧连接螺旋。垂球对中误差一般可控制在 3 mm 以内,光学对中器对中误差一般可控制在 1 mm 以内。

对中和整平,一般都需要经过几次"整平—对中—整平"的循环过程,直至整平和对中均符合要求。

三、瞄准目标

1. 松开仪器水平制动螺旋和垂直制动螺旋,将望远镜朝向明亮背景,调节目镜对光螺旋,使十字丝清晰。

2. 利用望远镜上的粗瞄准器粗略对准目标,拧紧仪器水平制动螺旋和垂直制动螺旋;调节物镜对光螺旋,使目标影像清晰,并注意消除视差。

3. 转动仪器水平微动螺旋和垂直微动螺旋,精确瞄准目标。测量水平角时,应用十字丝交点附近的竖丝瞄准目标底部,如图 4-2-8 所示。

常见测角照准标志如图 4-2-8 所示。

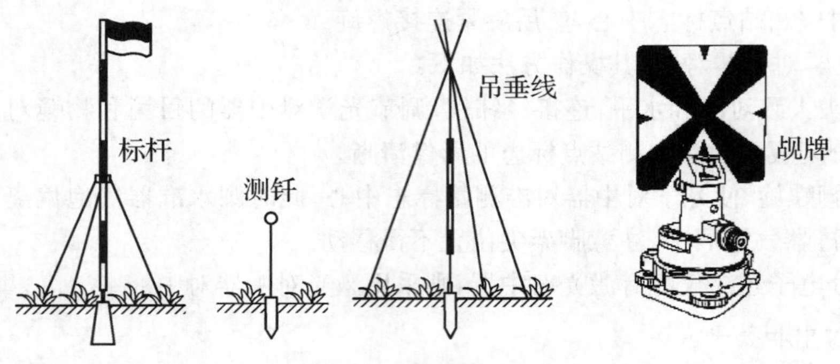

图 4-2-7 照准标志

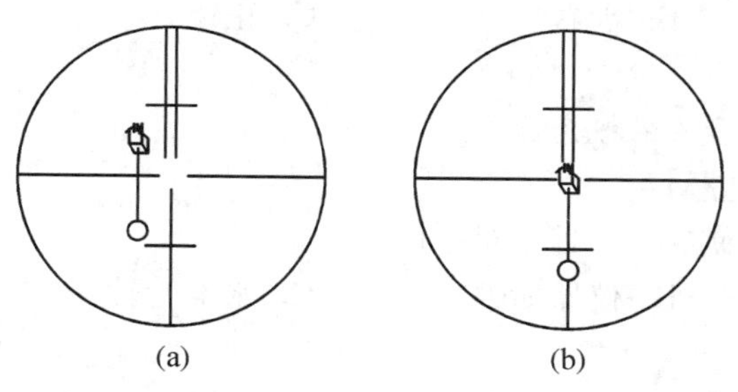

图 4-2-8　瞄准目标

四、读数

瞄准目标后，读取显示屏上所示的度盘读数。

【CLSC0204A · 单选题】

经纬仪的安置是指对仪器进行(　　)。

A. 对中、整平　　B. 瞄准、读数　　C. 瞄准、调焦　　D. 粗平、精平

【答案】 A

【解析】 为满足水平角的测量原理，仪器安置需进行对中和整平。

【CLSC0204B · 单选题】

采用光学对点器对中时，将仪器固定在脚架上后，接着要(　　)。

A. 升降脚架　　B. 旋转仪器脚螺旋

C. 调整对点器目镜焦距　　D. 平移仪器

【答案】 C

【解析】 考核光学对中的操作方式。

【CLSC0204C · 单选题】

采用光学对点器对中时，对点器圆圈对准测站点中心后，接着要(　　)使圆水准器气泡居中。

A. 升降脚架　　B. 旋转仪器脚螺旋

C. 调整对点器目镜焦距　　D. 转动仪器

【答案】 A

【解析】 考核仪器的操作程序。

【CLSC0204D · 单选题】

经纬仪精平的标志是(　　)。

A. 圆水准气泡居中

B. 仪器转动到任何方向圆水准气泡居中

C. 管水准器气泡居中

D. 仪器转动到任何方向管水准器气泡居中

【答案】 D

【解析】 考核仪器的操作要求。

【CLSC0204E · 单选题】

当用经纬仪的望远镜照准目标时，垂直度盘在望远镜的右侧称为(　　)。

A. 盘左　　B. 盘右　　C. 正镜　　D. 反镜

【答案】 B

【解析】 仪器盘左盘右的概念。

【CLSC0204F · 单选题】

经纬仪整平目的是使(　　)处于铅垂位置。

A. 仪器竖轴　　B. 仪器横轴　　C. 水准管轴　　D. 视线

【答案】 A

【解析】 水平角测量时整平的目的。

【CLSC0204G · 单选题】

下列记录格式正确的是(　　)。

A. 28°6′6″　　B. 28°6′06″　　C. 28°06′06″　　D. 028°06′06″

【答案】 C

【解析】 水平角数据记录的规范要求。

【CLSC0204H · 判断题】

用经纬仪测水平角时,目标歪斜时,尽量照准目标顶部。　　(　　)

【答案】 ×

【解析】 测水平角应尽可能瞄准底部,避免标杆倾斜引起误差。

【CLSC0204I · 判断题】

经纬仪的安置是对指仪器进行对中、整平。　　(　　)

【答案】 √

【解析】 为满足水平角的测量原理,仪器安置需进行对中和整平。

【CLSC0204J · 判断题】

仪器整平分两步进行,按先后顺序分别是粗平、精平。　　(　　)

【答案】 √

【解析】 仪器的整平分粗平和精平。

【CLSC0204K · 判断题】

经纬仪观测水平角时,仪器整平的目的是使水平度盘水平和竖轴竖直。　　(　　)

【答案】 √

【解析】 测水平角时整平的目的。

【CLSC0204L · 判断题】

经纬仪盘左称倒镜,盘右称正镜。　　(　　)

【答案】 ×

【解析】 仪器盘左盘右的概念。

【CLSC0204M · 判断题】

水平度盘刻划误差可通过精确对中、整平、细致读数来减弱其影响。　　(　　)

【答案】 ×

【解析】 度盘配置的目的,改变水平度盘的刻划误差。

【CLSC0204N · 判断题】

经纬仪对中和整平时,相互独立进行,没有影响。　　(　　)

【答案】 ×

【解析】 经纬仪安置时,对中和整平相互影响,需反复进行。

【CLSC0204O・判断题】

经纬仪仪器装箱时应先将制动螺旋锁紧。 (　　)

【答案】 ×

【解析】 为保护仪器,仪器装箱需先松开制动螺旋。

【CLSC0204P・判断题】

经纬仪对中和整平时,相互独立进行,没有影响。 (　　)

【答案】 ×

【解析】 经纬仪安置时,对中和整平相互影响,需反复进行。

【CLSC0204Q・判断题】

水平角测量瞄准目标时,应手扶脚架,以免仪器摔倒。 (　　)

【答案】 ×

【解析】 测水平角水平角时,为提高测量精度不得手扶脚架。

【CLSC0204R・判断题】

经纬仪精平操作应升降脚架。 (　　)

【答案】 ×

【解析】 考核仪器精平的操作。

【CLSC0204S・填空题】

经纬仪的使用主要包括________、________、瞄准和读数四项操作步骤。

【答案】 对中　整平

【解析】 考核仪器的操作步骤。

【CLSC0204T・填空题】

对中的目的是仪器的中心与测站点标志中心处于________。

【答案】 同一铅垂线上

【解析】 考核仪器的对中的目的。

【CLSC0204U・填空题】

经纬仪的整平,包括________和________两种。

【答案】 粗平　精平

【解析】 仪器的整平。

【CLSC0204V・填空题】

用光学对中器对中的误差可控制在________以内。

【答案】 1 mm

【解析】 光学对中的精度要求。

【CLSC0204W・填空题】

经纬仪用对中时,________对中的误差通常在 3 毫米以内。

【答案】 垂球

【解析】 垂球对中的精度。

【CLSC0204X·填空题】

经纬仪整平时,伸缩脚架,使气泡居中;再调节脚螺旋,使照准部水准管气泡精确居中

【答案】 圆水准器

【解析】 仪器粗平操作。

【CLSC0204Y·填空题】

经纬仪整平时,通常要求整平后长水准管气泡偏离不超过________格。

【答案】 1

【解析】 仪器精平要求。

【CLSC0204Z·填空题】

测量水平角时,要用望远镜十字丝分划板的瞄准观测标志,注意尽可能瞄准目标的根部。

【答案】 竖丝

【解析】 电子经纬仪的瞄准目标操作。

【CLSC0204AA·填空题】

经纬仪测水平角时,若十字丝不清晰,应旋转________镜的调焦螺旋。

【答案】 目

【解析】 电子经纬仪的操作。

【CLSC0204AB·填空题】

当测角精度要求较高时,需要对一个角度观测多个测回,为了减少刻度分划线的影响,各测回之间,应根据测回数 n,以差值变换度盘的起始位置。

【答案】 $180/n$

【解析】 考核仪器度盘配置。

【CLSC0204AC·填空题】

用测回法对某一角度观测 6 测回,第 4 测回的水平度盘起始位置的预定值应为________°。

【答案】 90

【解析】 仪器度盘配置。

【CLSC0204AD·填空题】

用测回法对某一角度观测 2 测回,第 2 测回的水平度盘起始位置的预定值应为________°。

【答案】 90

【解析】 仪器度盘配置。

【CLSC0204AE·填空题】

用测回法对某一角度观测 4 测回,第 3 测回的水平度盘起始位置的预定值应为________°。

【答案】 90

【解析】 仪器度盘配置。

【CLSC0204AF·简答题】

观测水平角时,对中和整平的目的是什么?试述经纬仪精平的方法?

【答案及解析】 对中的目的是使仪器的中心与测站点位于同一铅垂线上,整平的目的是使照准部水准管气泡居中,从而导致竖轴竖直和水平度盘水平。

精平时,先转动照准部,使照准部水准管与任一对脚螺旋的连线平行,两手同时向里或

向外转动这两个脚螺旋，使水准管气泡居中。将照准部旋转 90°，使水准管与刚才的位置垂直，转动第 3 个脚螺旋，使水准管气泡居中，然后将照准部转回原位，检查气泡是否仍然居中，若不居中，则按以上步骤反复进行，直到照准部转至任意位置气泡皆居中为止。

考点 5　水平角的测量方法和内业计算

水平角的测量方法主要有测回法与方向观测法。

一、测回法

1. 测回法的观测方法

测回法适用于观测两个方向之间的单角。如图 4-2-9 所示，设 O 为测站点，A、B 为观测目标，用测回法观测 OA 与 OB 两方向之间的水平角 β，具体施测步骤如下：

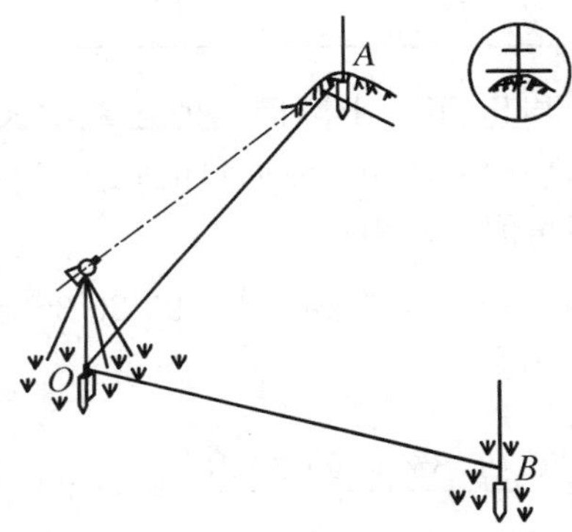

图 4-2-9　测回法测量水平角

(1) 在测站点 O 安置经纬仪，在 A、B 两点竖立测杆或测钎等，作为目标标志。

(2) 将仪器置于盘左位置(竖盘在望远镜左侧，也称正镜)，转动照准部，先瞄准左目标 A，将望远镜十字丝中心照准目标 A 后，按"置零"键两次，使水平度盘读数 a_L 为 0°00′00″，记入水平角观测手簿表 4-2-3 相应栏内。松开照准部制动螺旋，顺时针转动照准部，瞄准右目标 B，读取水平度盘读数 b_L，设读数为 95°20′36″，记入表 4-2-3 相应栏内。

以上称为上半测回，盘左位置的水平角角值(也称上半测回角值)β_L 为：

$$\beta_L = b_L - a_L = 95°20'36'' - 0°00'00'' = 95°20'36''$$

(3) 松开照准部制动螺旋，倒转望远镜成盘右位置(竖盘在望远镜右侧，也称倒镜)，先瞄准右目标 B，读取水平度盘读数 b_R，设读数为 275°20′48″，记入表 4-2-3 相应栏内。松开照准部制动螺旋，逆时针转动照准部，瞄准左目标 A，读取水平度盘读数 a_R，设读数为 180°00′00″，记入表 4-2-3 相应栏内。

以上称为下半测回，盘右位置的水平角角值(也称下半测回角值)β_R 为：

$$\beta_R = b_R - a_R = 275°20'48'' - 180°00'00'' = 95°20'48''$$

上半测回和下半测回构成一测回。

表 4-2-3　测回法观测手簿

测站	竖盘位置	目标	水平度盘读数 ° ′ ″	半测回角值 ° ′ ″	一测回角值 ° ′ ″	各测回平均值 ° ′ ″	备注
第一测回 O	左	A	0 00 00	95 20 36	95 20 42	95 20 36	
		B	95 20 36				
	右	A	180 00 00	95 20 48			
		B	275 20 48				
第二测回 O	左	A	90 00 00	95 20 24	95 20 30		
		B	185 20 24				
	右	A	270 00 00	95 20 36			
		B	5 20 36				

(4) 对于 J6 型经纬仪，如果上、下两半测回角值之差不大于±40″，认为观测合格。此时，可取上、下两半测回角值的平均值作为一测回角值 β。

在本例中，上、下两半测回角值之差为：

$$\Delta\beta=\beta_L-\beta_R=95°20'48''-95°20'36''=12''$$

一测回角值为：

$$\beta=\frac{95°20'36''+95°20'48''}{2}=95°20'42''$$

将结果记入表 4-2-3 相应栏内。

注意：由于水平度盘是顺时针刻划和注记的，所以在计算水平角时，总是用右目标的读数减去左目标的读数，如果不够减，则应在右目标的读数上加上 360°，再减去左目标的读数，决不可以倒过来减。

当测角精度要求较高时，需对一个角度观测多个测回，应根据测回数 n，以 $180°/n$ 的差值，配置水平度盘读数。例如，当测回数 $n=2$ 时，第一测回的起始方向读数可设置在略大于 0°处；第二测回的起始方向读数可设置在略大于(180°/2)=90°处。各测回角值互差如果不超过±40″(对于 J6 型)，取各测回角值的平均值作为最后角值，记入表 4-2-3 相应栏内。

2. 配置水平度盘读数的方法

本款电子经纬仪水平度盘读数的设置可通过“锁定”键操作。转动仪器至度盘显示为所需读数时，按“锁定”键两次，锁定读数；再转动照准部瞄准起始目标，按“锁定”键一次解除。

部分电子经纬仪可以直接通过“置盘”键操作。

二、方向观测法

方向观测法简称方向法，适用于在一个测站上观测两个以上的方向。

1. 方向观测法的观测方法

如图 4-2-10 所示，设 O 为测站点，A、B、C、D 为观测目标，用方向观测法观测各方向间的水平角，具体施测步骤如下：

(1) 在测站点 O 安置经纬仪，在 A、B、C、D 观测目标处竖立观测标志。

(2) 盘左位置选择一个明显目标 A 作为起始方向，瞄准零方向 A，将水平度盘读数安置在稍大于 $0°$ 处，读取水平度盘读数，记入表 4－2－4 方向观测法观测手簿第 4 栏。

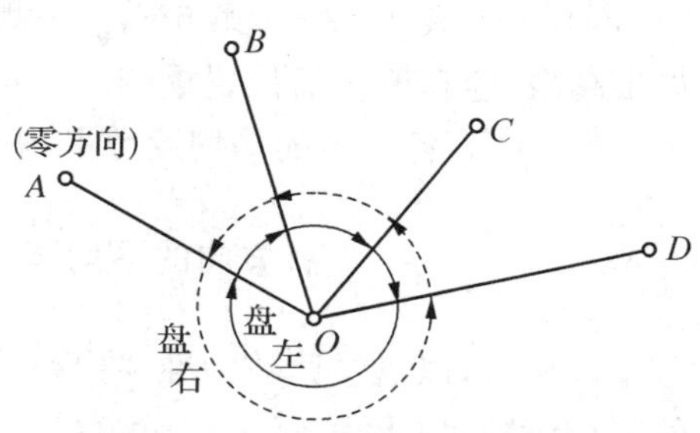

图 4－2－10　水平角测量(方向观测法)

松开照准部制动螺旋，顺时针方向旋转照准部，依次瞄准 B、C、D 各目标，分别读取水平度盘读数，记入表 4－2－4 第 4 栏，为了校核，再次瞄准零方向 A，称为上半测回归零，读取水平度盘读数，记入表 4－2－4 第 4 栏。

零方向 A 的两次读数之差的绝对值，称为半测回归零差，归零差不应超过表 4－2－5 中的规定，如果归零差超限，应重新观测。以上称为上半测回。

(3) 盘右位置逆时针方向依次照准目标 A、D、C、B、A，并将水平度盘读数由下向上记入表 4－2－4 第 5 栏，此为下半测回。

上、下两个半测回合称一测回。为了提高精度，有时需要观测 n 个测回，则各测回起始方向仍按 $180°/n$ 的差值，安置水平度盘读数。

表 4－2－4　方向观测法观测手簿

测站号	测回序数	目标	水平度盘读数		2C (″)	平均读数 (° ′ ″)	归零后方后值 (° ′ ″)	各测回归零后方向值 (° ′ ″)	备注
			盘　左 (° ′ ″)	盘　右 (° ′ ″)					
1	2	3	4	5	6	7	8	9	10
O	1	A	0 02 12	180 02 00	+12	(0 02 09) 0 02 06	0 00 00	0 00 00	
		B	37 44 18	217 44 06	+12	37 44 12	37 42 03	37 42 06	
		C	110 29 06	290 28 54	+12	110 29 00	110 26 51	110 26 54	
		D	150 14 54	330 14 48	+6	150 14 51	150 12 42	150 12 34	
		A	0 02 18	180 02 06	+12	0 02 12			
	2	A	90 03 30	270 03 24	+6	(90 03 24) 90 03 27	00 00 00		
		B	127 45 36	307 45 30	+6	127 45 33	37 42 09		
		C	200 30 24	20 30 18	+6	200 30 21	110 26 57		
		D	240 15 54	60 15 48	+6	240 15 51	150 12 27		
		A	90 03 24	270 03 18	+6	90 03 21			

2. 方向观测法的计算方法

(1) 计算两倍视准轴误差 $2c$ 值

$$2c = 盘左读数 - (盘右读数 \pm 180°)$$

上式中,盘右读数大于 180°时取“－”号,盘右读数小于 180°时取“＋”号。计算各方向的 2c 值 0,填入表 4－2－4 第 6 栏。一测回内各方向 2c 值互差不应超过表 4－2－5 中的规定。如果超限,应在原度盘位置重测。

(2) 计算各方向的平均读数平均读数又称为各方向的方向值。

$$各方向的平均读数=\frac{盘左读数+(盘右读数\pm 180°)}{2}$$

计算时,以盘左读数为准,将盘右读数加或减 180°后和盘左读数取平均值。计算各方向的平均读数,填入表 4－2－4 第 7 栏。起始方向有两个平均读数,故应再取其平均值,填入表 4－2－4 第 7 栏上方小括号内。

(3) 计算归零后的方向值将各方向的平均读数减去起始方向的平均读数(括号内数值),即得各方向的“归零后方向值”,填入表 4－2－4 第 8 栏。起始方向归零后的方向值为零。

(4) 计算各测回归零后方向值的平均值多测回观测时,同一方向值各测回互差,符合表 4－2－5 中的规定,则取各测回归零后方向值的平均值,作为该方向的最后结果,填入表 4－2－4 第 9 栏。

(5) 计算各目标间水平角角值将第 9 栏相邻两方向值相减即可求得,注于第 10 栏略图的相应位置上。

当需要观测的方向为三个时,除不做归零观测外,其它均与三个以上方向的观测方法相同。

3. 方向观测法的技术要求

表 4－2－5　方向观测法的技术要求

仪器型号	半测回归零差	一测回内 2c 互差	同一方向值各测回互差
1″	±6″	±9″	±6″
2″	±8″	±13″	±9″
6″	±18″	——	±24″

【CLSC0205A · 单选题】

水平角观测时,以下说法错误的是(　　)。

A. 观测员读数后,记录员要复诵一遍,观测员没有提出疑问后方可记入手簿中

B. 仪器高度要和观测者的身高相适应

C. 三脚架要踩实,仪器与脚架连接要牢固

D. 操作仪器时应该手扶三脚架,防止仪器被碰动

【答案】 D

【解析】 测水平角水平角时,为提高测量精度不得手扶脚架。

【CLSC0205B · 单选题】

采用全圆方向法观测水平角,一个测回的计算中,零方向读数要取(　　)次平均数。

A. 1　　B. 2　　C. 3　　D. 4

【答案】 C

【解析】 考核全圆方向法水平角的测量流程。

【CLSC0205C·单选题】

用经纬仪测水平角，如果观测两个测回，第二测回零方向的度盘配置读数应为(　　)。

A. 略大于0°　　B. 略小于0°　　C. 略大于90°　　D. 略小于90°

【答案】 C

【解析】 考核水平角测量测回的概念。

【CLSC0205D·单选题】

利用测回法观测水平角时，一测回中上、下半测回瞄准同一方向的观测读数理论上相差(　　)。

A. 0°　　B. 90°

C. 180°　　D. 两次配置度盘数的差值

【答案】 C

【解析】 考核经纬仪的仪器构造。

【CLSC0205E·单选题】

用全圆方向法观测 A、B、C 三个目标，观测顺序正确的是(　　)。

A. 盘左顺时针分别观测 A，B，C，A

B. 盘右逆时针分别观测 A，B，C，A

C. 盘左顺时针分别观测 A，B，C

D. 盘右逆时针分别观测 C，B，A

【答案】 A

【解析】 考核全圆方向法水平角的测量流程。

【CLSC0205F·单选题】

在全圆测回法中，同一测回不同方向之间的 $2C$ 值为$-10''$、$+2''$、0 、$+8''$，其 $2C$ 互差应为(　　)。

A. $8''$　　B. $21''$　　C. $18''$　　D. $-14''$

【答案】 C

【解析】 考核全圆方向法水平角的数据处理时的2C值的计算。

【CLSC0205G·判断题】

用全圆方向法观测，第二测回的记录顺序与第一测回的顺序相反。　　(　　)

【答案】 ×

【解析】 考核全圆方向法水平角的测量流程。

【CLSC0205H·判断题】

测回法是水平角观测的常用方法之一，用于两个方向的单角观测。　　(　　)

【答案】 √

【解析】 水平角测量方法的分类。

【CLSC0205I·判断题】

水平角的角值范围为0°～180°。　　(　　)

【答案】 ×

【解析】 水平角的角值范围0°～360°。

【CLSC0205J·判断题】

方向法测量水平角，如果观测目标为 3 个时，可不归零。 （ ）

【答案】 √

【解析】 方向法测量水平角的过程。

【CLSC0205K·判断题】

采用测回法测水平角时，盘左、盘右 2 个半测回角值理论值应相等。 （ ）

【答案】 √

【解析】 半测回角值的关系。

【CLSC0205L·填空题】

常用的水平角观测方法有________和方向观测法。

【答案】 测回法

【解析】 水平角测量方法分类。

【CLSC0205M·填空题】

测回法是测角的基本方法，用于________方向之间的水平角观测。

【答案】 两个

【解析】 水平角测量方法分类。

【CLSC0205N·填空题】

设在测站点的东南西北分别有 A、B、C、D 4 个标志，用全圆测回法观测水平角时，以 B 为起始方向，则盘左的观测顺序为________。

【答案】 $BCDAB$

【解析】 全圆方向法的测量步骤。

【CLSC0205O·简答题】

简述经纬仪测回法观测水平角的步骤。

【答案及解析】 (1) 将经纬仪安置在角顶点上，对中整平；

(2) 盘左位置瞄准左方目标，读取水平度盘读数，松开水平制动螺旋，顺时针转动照准右方目标，读取水平度盘读数。这称为上半测回，上半测回水平角值 β_L 等于右方目标读数减去左方目标读数；

(3) 松开望远镜制动，纵转望远镜成盘右位置，先瞄准右方目标，读取水平度盘，然后再逆时针转照准部，瞄准左方目标读数，称为下半测回，下半测回水平角值 β_R 等于右方目标读数减去左方目标读数；

(4) 上、下半测回合称一测回，一测回角值 $\beta=(\beta_R+\beta_L)/2$。如果精度要求高时需测几个测回，为了减少度盘分划误差影响，各测回间应根据测回数按 $180/n$ 配置度盘起始位置。

【CLSC0205P·简答题】

全圆测回法观测水平角有哪些技术要求？

【答案及解析】 (1) 半测回归零差；

(2) 一测回内的两倍照准误差的变动范围；

(3) 各测回同一方向归零值互差。

【CLSC0205Q·计算题】

完成以下水平角计算表格。

测站	竖盘位置	目标	水平度盘读数	半测回角值	一测回平均值	各测回平均值
0	左	A	00 01 24			
		B	46 38 48			
	右	A	180 01 12			
		B	226 38 54			
0	左	A	90 00 06			
		B	136 37 18			
	右	A	270 01 12			
		B	316 38 42			

【答案及解析】

测站	竖盘位置	目标	水平度盘读数 ° ′ ″	半测回角值 ° ′ ″	一测回平均值 ° ′ ″	各测回平均值 ° ′ ″
0	左	A	00 01 24	46 37 24	46 37 33	46 37 27
		B	46 38 48			
	右	A	180 01 12	46 37 42		
		B	226 38 54			
0	左	A	90 00 06	46 37 12	46 37 21	
		B	136 37 18			
	右	A	270 01 12	46 37 30		
		B	316 38 42			

【CLSC0205R・计算题】

完成以下水平角计算表格。

测站	竖盘位置	目标	水平度盘读数 ° ′ ″	半测回角值 ° ′ ″	一测回角值 ° ′ ″	各测回平均值 ° ′ ″
O 第一测回	左	A	0 01 30			
		B	65 08 12			
	右	A	180 01 42			
		B	245 08 30			
O 第二测回	左	A	90 02 24			
		B	155 09 12			
	右	A	270 02 36			
		B	335 09 30			

【答案及解析】

测站	竖盘位置	目标	水平度盘读数 ° ′ ″	半测回角值 ° ′ ″	一测回角值 ° ′ ″	各测回平均值 ° ′ ″
O 第一测回	左	A	0 01 30	65 06 42	65 06 45	65 06 48
		B	65 08 12			
	右	A	180 01 42	65 06 48		
		B	245 08 30			
O 第二测回	左	A	90 02 24	65 06 48	65 06 51	
		B	155 09 12			
	右	A	270 02 36	65 06 54		
		B	335 09 30			

【CLSC0205S · 计算题】

完成下表中全圆方向法观测水平角的计算。

测站	测回数	目标	盘左 ° ′ ″	盘右 ° ′ ″	平均读数 ° ′ ″	一测回归零方向值° ′ ″
O	1	A	0 02 12	180 02 00		
		B	37 44 15	217 44 05		
		C	110 29 04	290 28 52		
		D	150 14 51	330 14 43		
		A	0 02 18	180 02 08		

【答案及解析】

测站	测回数	目标	盘左 ° ′ ″	盘右 ° ′ ″	平均读数 ° ′ ″	一测回归零方向值° ′ ″
O	1	A	0 02 12	180 02 00	(0 02 10) 0 02 06	0 00 00
		B	37 44 15	217 44 05	37 44 10	37 42 00
		C	110 29 04	290 28 52	110 28 58	110 26 48
		D	150 14 51	330 14 43	150 14 47	150 12 37
		A	0 02 18	180 02 08	0 02 13	

【CLSC0205T · 计算题】

计算方向观测法测水平角。

测站	目标	盘左读数 ° ′ ″	盘右读数 ° ′ ″	2C ″	平均读数 ° ′ ″	归零方向值 ° ′ ″
O	A	30 01 06	210 01 18			
	B	63 58 54	243 58 54			
	C	94 28 12	274 28 18			
	D	153 12 48	333 12 54			
	A	30 01 12	210 01 24			

【答案及解析】

测站	目标	盘左读数 ° ′ ″	盘右读数 ° ′ ″	2C ″	平均读数 ° ′ ″	归零方向值 ° ′ ″
O	A	30 01 06	210 01 18	—12	(30 01 15) 30 01 12	0 00 00
	B	63 58 54	243 58 54	00	63 58 54	33 57 39
	C	94 28 12	274 28 18	—06	94 28 15	64 27 00
	D	153 12 48	333 12 54	—06	153 12 51	123 11 36
	A	30 01 12	210 01 24	—12	30 01 18	

技能三　全站仪放样

考点1　控制测量的基本概念

测量工作必须遵循"从整体到局部,先控制后碎部"的原则,先建立控制网,然后依据控制网点进行碎部测量或测设工作。

一、控制测量

1. 控制网

在测区范围内选择若干有控制意义的点(称为控制点),按一定的规律和要求构成网状几何图形,称为控制网。

控制网分为平面控制网和高程控制网。

2. 控制测量

测定控制点位置的工作,称为控制测量。

测定控制点平面位置(x、y)的工作,称为平面控制测量。测定控制点高程(H)的工作,称为高程控制测量。

二、控制网的分类

控制网有国家控制网、城市控制网和小地区控制网等。

1. 国家控制网

在全国范围内建立的控制网,称为国家控制网。它是全国各种比例尺测图的基本控制,并为确定地球形状和大小提供研究资料。国家控制网是用精密测量仪器和方法,依照施测精度按一、二、三、四等四个等级建立的,它的低级点受高级点逐级控制。

2. 城市控制网

在城市地区,为测绘大比例尺地形图、进行市政工程和建筑工程放样,在国家控制网的控制下而建立的控制网,称为城市控制网。

直接供地形测图使用的控制点,称为图根控制点,简称图根点。测定图根点位置的工作,称为图根控制测量。图根控制点的密度(包括高级控制点),取决于测图比例尺和地形的复杂程度。

3. 小地区控制测量

在面积小于 15 km^2 范围内建立的控制网,称为小地区控制网。

建立小地区控制网时,应尽量与国家(或城市)已建立的高级控制网连测,将高级控制点的坐标和高程,作为小地区控制网的起算和校核数据。

【CLSC0301A・单选题】

直接供地形测图使用的控制点,称为(　　)

A. 水准点　　B. 图根控制点　　C. 测站点　　D. 大地点

【答案】 B

【解析】 考核图根控制点的定义。

【CLSC0301B · 单选题】

在全国范围内建立的控制网称为(　　)

A. 国家控制网　　B. 城市控制网

C. 小地区控制网　　D. 局域控制网

【答案】 A

【解析】 考核国家控制网的定义。

【CLSC0301C · 单选题】

在面积小于(　　)范围内建立的控制网，称为小地区控制网。

A. 25 km^2　　B. 50 km^2　　C. 100 km^2　　D. 15 km^2

【答案】 D

【解析】 考核小地区控制网的定义。

【CLSC0301D · 判断题】

在面积小于 100 km^2 范围内建立的控制网，称为小地区控制网。(　　)

【答案】 ×

【解析】 小地区控制网的定义。

【CLSC0301E · 判断题】

测定控制点高程的工作，称为平面控制测量。(　　)

【答案】 ×

【解析】 高程控制测量的定义。

【CLSC0301F · 填空题】

测定控制点平面位置(x、y)的工作称为________。

【答案】 平面控制测量

【解析】 平面控制测量的定义。

【CLSC0301G · 填空题】

控制网有国家控制网、城市控制网和________。

【答案】 小地区控制网

【解析】 控制网的分类。

【CLSC0301H · 填空题】

控制网有国家控制网、________和小地区控制网。

【答案】 城市控制网

【解析】 控制网的分类。

【CLSC0301I · 填空题】

控制网有________、城市控制网和小地区控制网。

【答案】 国家控制网

【解析】 控制网的分类。

【CLSC0301J·简答题】

简述控制网的分类?

【答案】 控制网有国家控制网、城市控制网和小地区控制网等。

【解析】 控制网的分类。

考点 2　导线的定义

将测区内相邻控制点用直线连接而构成的折线图形,称为导线。构成导线的控制点,称为导线点。导线测量就是依次测定各导线边的长度和各转折角值,再根据起算数据,推算出各边的坐标方位角,从而求出各导线点的坐标。

导线测量是建立小地区平面控制网常用的一种方法,特别是在地物分布复杂的建筑区、视线障碍较多的隐蔽区和带状地区,多采用导线测量的方法。

用经纬仪测量转折角,用钢尺测定导线边长的导线,称为经纬仪导线;若用光电测距仪测定导线边长,则称为光电测距导线。

一、导线的布设形式

根据测区的情况和工程建设的需要,最简单的导线布设形式有以下三种。

1. 闭合导线

如图 4-3-1 所示,导线从已知控制点 B 和已知方向 BA 出发,经过 1、2、3、4 最后仍回到起点 B,形成一个闭合多边形,这样的导线称为闭合导线。闭合导线本身存在着严密的几何条件,具有检核作用。

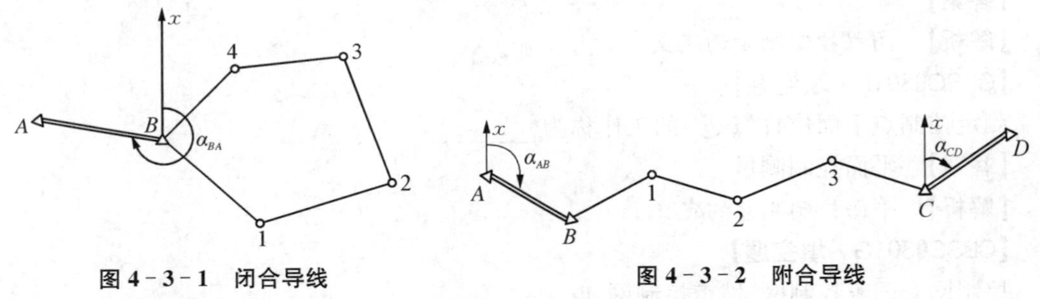

图 4-3-1　闭合导线

图 4-3-2　附合导线

2. 附合导线

如图 4-3-2 所示,导线从已知控制点 B 和已知方向 BA 出发,经过 1、2、3 点,最后附合到另一已知点 C 和已知方向 CD 上,这样的导线称为附合导线。这种布设形式,具有检核观测成果的作用。

3. 支导线

支导线是由一已知点和已知方向出发,既不附合到另一已知点,又不回到原起始点的导线,称为支导线。如图 4-3-3,B 为已知控制点,α_{BA} 为已知方向,1、2 为支导线点。

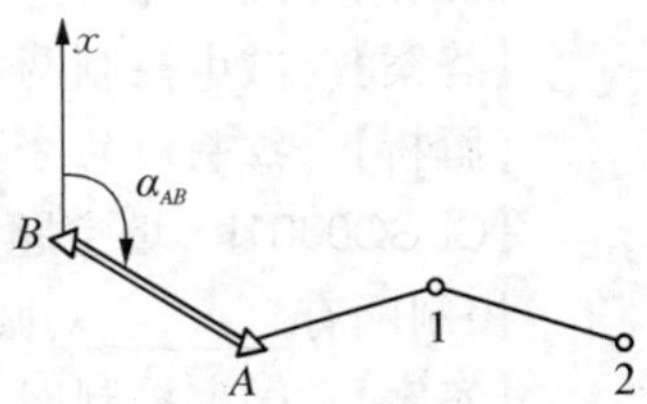

图 4-3-3　支导线

二、导线测量的等级与技术要求

用导线测量方法建立小地区平面控制网，通常分为一级导线、二级导线、三级导线和图根导线几个等级，各级导线的主要技术要求如表 4－3－1、4－3－2 所示。

表 4－3－1　经纬仪导线的主要技术要求

等级	测图比例尺	附合导线长度/m	平均边长/m	往返丈量较差相对误差	测角中误差/″	导线全长相对闭合差	测回数		方位角闭合差/″
							DJ_2	DJ_6	
一级		2 500	250	≤1/20 000	≤±5	≤1/10 000	2	4	$\leqslant \pm 10\sqrt{n}$
二级		1 800	180	≤1/15 000	≤±8	≤1/7 000	1	3	$\leqslant \pm 16\sqrt{n}$
三级		1 200	120	≤1/10 000	≤±12	≤1/5 000	1	2	$\leqslant \pm 24\sqrt{n}$
图根	1∶500	500	75			≤1/2 000		1	$\leqslant \pm 60\sqrt{n}$
	1∶1 000	1 000	110						
	1∶2 000	2 000	180						

注：n 为测站数。

表 4－3－2　光电测距导线的主要技术要求

等级	测图比例尺	附合导线长度/m	平均边长/m	测距中误差/mm	测角中误差/″	导线全长相对闭合差	测回数		方位角闭合差/″
							DJ_2	DJ_6	
一级		3 600	300	≤±15	≤±5	≤1/14 000	2	4	$\leqslant \pm 10\sqrt{n}$
二级		2 400	200	≤±15	≤±8	≤1/10 000	1	3	$\leqslant \pm 16\sqrt{n}$
三级		1 500	120	≤±15	≤±12	≤1/6 000	1	2	$\leqslant \pm 24\sqrt{n}$
图根	1∶500	900	80			≤1/4 000		1	$\leqslant \pm 40\sqrt{n}$
	1∶1 000	1 800	150						
	1∶2 000	3 000	250						

注：n 为测站数。

【CLSC0302A·单选题】

导线测量就是依次测定各导线边的长度和各转折角值，再根据起算数据，推算出各边的坐标（　　），从而求出各导线点的坐标。

A. 水平角　　B. 垂直角　　C. 方位角　　D. 象限角

【答案】 C

【解析】 导线测量的定义。

【CLSC0302B·单选题】

导线布设形式有闭合导线、(　　)和支导线。

A. 闭合水准路线　　B. 附合水准路线

C. 附合导线　　D. 支水准路线

【答案】 C

【解析】 根据测区的情况和工程建设的需要,最简单的导线布设形式有以下三种:闭合导线、附合导线、支导线。

【CLSC0302C·判断题】

用经纬仪测量转折角,用钢尺测定导线边长的导线,称为经纬仪导线。(　　)

【答案】 √

【解析】 经纬仪导线的定义。

【CLSC0302D·判断题】

用经纬仪测量转折角,用钢尺测定导线边长的导线,称为光电测距导线。(　　)

【答案】 ×

【解析】 用经纬仪测量转折角,用钢尺测定导线边长的导线,称为经纬仪导线。

【CLSC0302E·判断题】

闭合导线是由一已知点和已知方向出发,既不附合到另一已知点,又不回到原起始点的导线。(　　)

【答案】 ×

【解析】 支导线是由一已知点和已知方向出发,既不附合到另一已知点,又不回到原起始点的导线。

【CLSC0302F·判断题】

相邻导线点间应相互通视良好,地势平坦,便于测角和量距。(　　)

【答案】 √

【解析】 相邻导线点选取要求。

【CLSC0302G·填空题】

________就是依次测定各导线边的长度和各转折角值,再根据起算数据,推算出各边的坐标方位角,从而求出各导线点的坐标。

【答案】 导线测量

【解析】 导线测量的定义。

【CLSC0302H·填空题】

用经纬仪测量转折角,用钢尺测定导线边长的导线称为________。

【答案】 经纬仪导线

【解析】 经纬仪导线的定义。

【CLSC0302I·填空题】

导线从已知控制点和已知方向出发,经过若干点,最后附合到另一已知点和已知方向上,这样的导线称为________。

【答案】 附合导线

【解析】 附合导线的定义。

【CLSC0302J·简答题】

什么是闭合导线?

【答案】 导线从已知控制点 B 和已知方向 BA 出发,经过 1、2、3、4 最后仍回到起点 B,形成一个闭合多边形,这样的导线称为闭合导线。

【解析】 闭合导线的概念。

【CLSC0302K·简答题】

选导线点时选点时应注意下列事项?

【答案】

(1) 相邻点间应相互通视良好,地势平坦,便于测角和量距。

(2) 点位应选在土质坚实,便于安置仪器和保存标志的地方。

(3) 导线点应选在视野开阔的地方,便于碎部测量。

(4) 导线边长应大致相等。

(5) 导线点应有足够的密度,分布均匀,便于控制整个测区。

【解析】

选导线点的注意事项。

考点 3 导线测量的外业工作

图根导线测量的外业工作主要包括:踏勘选点,建立标志,导线边长测量,转折角测量等。

一、踏勘选点

在选点前,应先收集测区已有地形图和已有高级控制点的成果资料,将控制点展绘在原有地形图上,然后在地形图上拟定导线布设方案,最后到野外踏勘,核对、修改、落实导线点的位置,并建立标志。

选点时应注意下列事项:

(1) 相邻点间应相互通视良好,地势平坦,便于测角和量距。

(2) 点位应选在土质坚实,便于安置仪器和保存标志的地方。

(3) 导线点应选在视野开阔的地方,便于碎部测量。

(4) 导线边长应大致相等。

(5) 导线点应有足够的密度,分布均匀,便于控制整个测区。

二、建立标志

1. 临时性标志。导线点位置选定后,要在每一点位上打一个木桩,在桩顶钉一小钉,作为点的标志,如图 4-3-4 所示。也可在水泥地面上用红漆画一圆,圆内点一小点,作为临时标志。

2. 永久性标志 需要长期保存的导线点应埋设混凝土桩,如图 4-3-5 所示。桩顶嵌入带“十”字的金属标志,作为永久性。

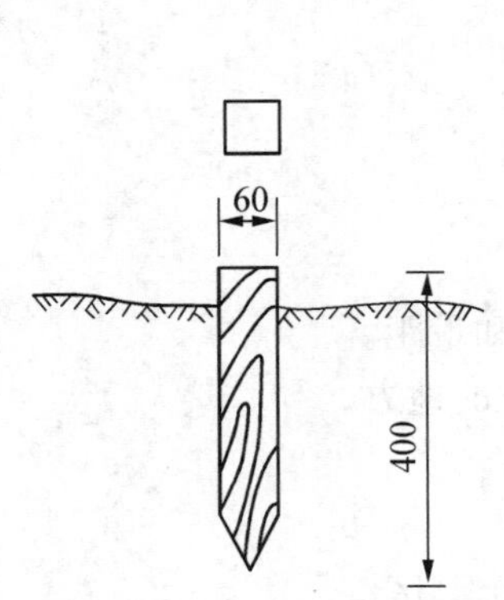

图 4-3-4　临时性标志

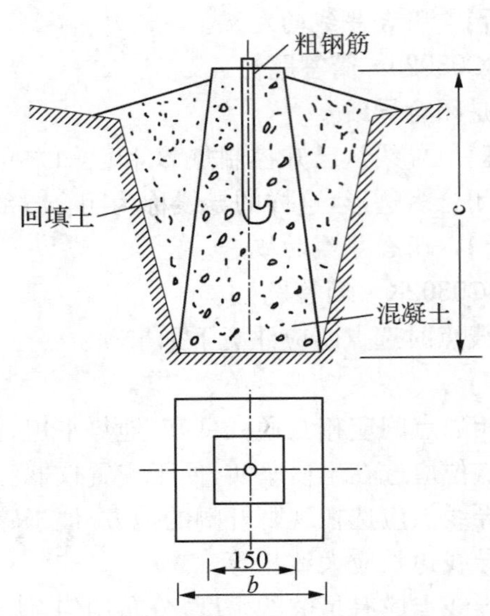

图 4-3-5　永久性标志(注:b、c 视埋设深度而定)

导线点应统一编号。为了便于寻找,应量出导线点与附近明显地物的距离,绘出草图,注明尺寸,该图称为"点之记",如图 4-3-6 所示。

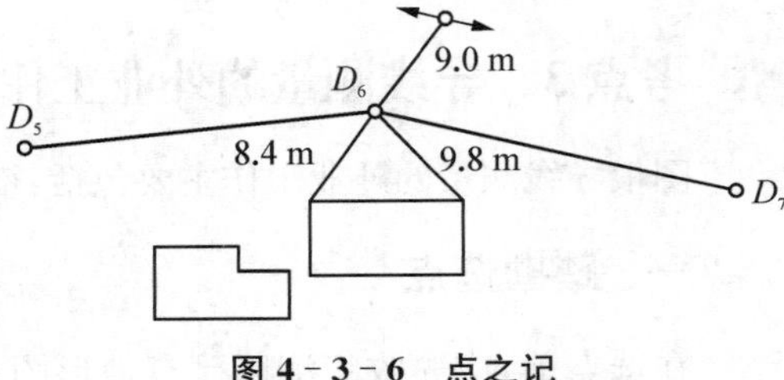

图 4-3-6　点之记

三、导线边长测量

导线边长可用钢尺直接丈量或用光电测距仪直接测定。

用钢尺丈量时,选用检定过的 30 m 或 50 m 的钢尺,导线边长应往返丈量各一次,往返丈量相对误差应满足要求。

用光电测距仪测量时,要同时观测垂直角,供倾斜改正之用。

四、转折角测量

导线转折角的测量一般采用测回法观测。在附合导线中一般测左角;在闭合导线中,一般测内角;对于支导线,应分别观测左、右角。不同等级导线的测角技术要求详见表 4-031。图根导线,一般用电子经纬仪测一测回,当盘左、盘右两半测回角值的较差不超过±20″时,取其平均值。

五、连接测量

导线与高级控制点进行连接,以取得坐标和坐标方位角的起算数据,称为连接测量。

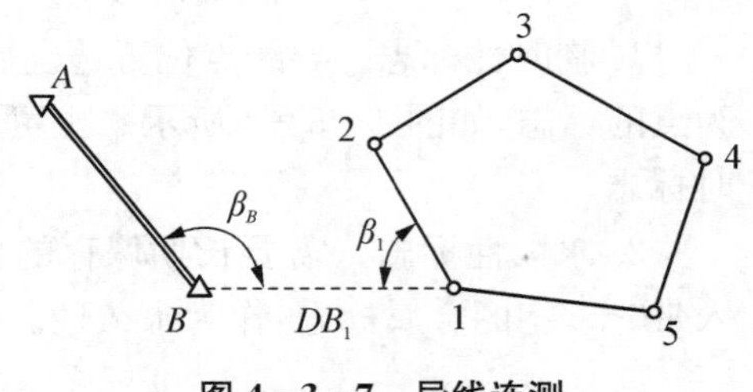

图 4-3-7　导线连测

如图 4-3-7 所示,A、B 为已知点,1~5 为新布设的导线点,连接测量就是观测连接角 β_B、β_1 和连接边 $DB1$。

如果附近无高级控制点,则应用罗盘仪测定导线起始边的磁方位角，并假定起始点的坐标作为起算数据。

【CLSC0303A·单选题】

选择导线点时，相邻点间应相互通视良好，地势平坦便于（　　）。

A. 测角和测高差　　B. 测角和量距

C. 测垂直角和测高差　　D. 测高差和量距

【答案】 B

【解析】 相邻点间应相互通视良好，地势平坦，便于测角和量距。

【CLSC0303B·填空题】

导线测量中，标志有临时性标志和________。

【答案】 永久性标志

【解析】 导线测量标志的分类。

【CLSC0303C·简答题】

图根导线测量的外业工作主要包括？

【答案】 踏勘选点，建立标志，导线边长测量，转折角测量等。

【解析】 图根导线测量的外业工作主要包括：踏勘选点，建立标志，导线边长测量，转折角测量等。

考点4　导线测量的内业计算

导线测量内业计算的目的就是计算各导线点的平面坐标 x、y。

计算之前，应先全面检查导线测量外业记录、数据是否齐全，有无记错、算错，成果是否符合精度要求，起算数据是否准确。本书主要介绍闭合导线的坐标计算。

一、闭合导线的坐标计算

现以图4-3-8所注的数据为例（该例为图根导线），结合“闭合导线坐标计算表”的使用，说明闭合导线坐标计算的步骤。

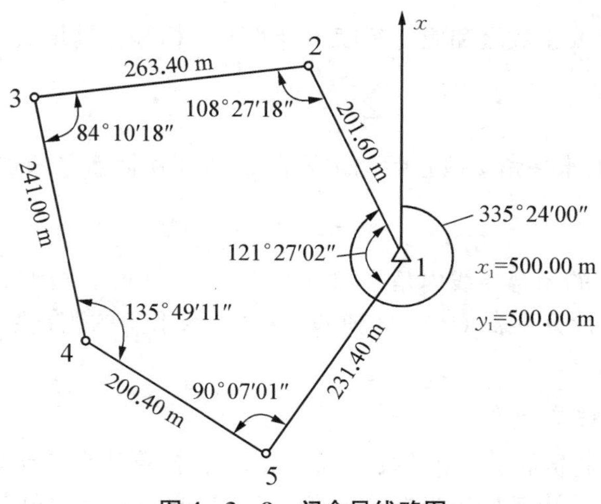

图4-3-8　闭合导线略图

1. 准备工作

将校核过的外业观测数据及起算数据填入“闭合导线坐标计算表”中，见表 4－033，起算数据用双线标明。

2. 角度闭合差的计算与调整

(1) 计算角度闭合差　如图 4－3－8 所示，n 边形闭合导线内角和的理论值为：

$$\sum \beta_{th} = (n-2) \times 180^\circ \tag{4-3-1}$$

式中　n——导线边数或转折角数。

由于观测水平角不可避免地含有误差，致使实测的内角之和 $\sum \beta_m$ 不等于理论值 $\sum \beta_{th}$，两者之差，称为角度闭合差，用 f_β 表示，即

$$f_\beta = \sum \beta_m - \sum \beta_{th} = \sum \beta_m - (n-2) \times 180^\circ \tag{4-3-2}$$

(2) 计算角度闭合差的容许值　角度闭合差的大小反映了水平角观测的质量。各级导线角度闭合差的容许值 $f_{\beta p}$ 见表 4－3－1 和表 4－3－2，其中图根导线角度闭合差的容许值 $f_{\beta p}$ 的计算公式为：

$$f_{\beta p} = \pm 60'' \sqrt{n} \tag{4-3-3}$$

如果 $|f_\beta| > |f_{\beta p}|$，说明所测水平角不符合要求，应对水平角重新检查或重测。

如果 $|f_\beta| \leqslant |f_{\beta p}|$，说明所测水平角符合要求，可对所测水平角进行调整。

(3) 计算水平角改正数　如角度闭合差不超过角度闭合差的容许值，则将角度闭合差反符号平均分配到各观测水平角中，也就是每个水平角加相同的改正数。

v_β，v_β的计算公式为：

$$v_\beta = -\frac{f_\beta}{n} \tag{4-3-4}$$

计算检核：水平角改正数之和应与角度闭合差大小相等符号相反，即

$$\sum v_\beta = -f_\beta$$

(4) 计算改正后的水平角　改正后的水平角 β'_i 等于所测水平角加上水平角改正数

$$\beta'_i = \beta_i + v_\beta \tag{4-3-5}$$

计算检核：改正后的闭合导线内角之和应为$(n-2)\times 180^\circ$，本例为 540°。

本例中 f_β、$f_{\beta p}$ 的计算见表 4－3－3 辅助计算栏，水平角的改正数和改正后的水平角见表 4－3－3 第 3、4 栏。

3. 推算各边的坐标方位角

根据起始边的已知坐标方位角及改正后的水平角，推算其它各导线边的坐标方位角。

计算检核：最后推算出起始边坐标方位角，它应与原有的始边已知坐标方位角相等，否则应重新检查计算。

4. 计算坐标增量闭合差的调整

(1) 计算坐标增量　根据已推算出的导线各边的坐标方位角和相应边的边长，按公式计算各边的坐标增量。例如，导线边 1—2 的坐标增量为：

$$\Delta x_{12}=D_{12}\cos\alpha_{12}=201.60\ \text{m}\times\cos 335^\circ 24' 00''=+183.30\ \text{m}$$

$$\Delta y_{12}=D_{12}\sin\alpha_{12}=201.60\ \text{m}\times\sin 335^\circ 24' 00''=-83.92\ \text{m}$$

用同样的方法，计算出其它各边的坐标增量值，填入表 4-3-3 的第 7、8 两栏的相应格内。

(2) 计算坐标增量闭合差，闭合导线，纵、横坐标增量代数和的理论值应为零，即

$$\left.\begin{aligned}\sum \Delta x_{th}=0\\ \sum \Delta y_{th}=0\end{aligned}\right\} \tag{4-3-6}$$

实际上由于导线边长测量误差和角度闭合差调整后的残余误差，使得实际计算所得的 $\sum \Delta x_m$、$\sum \Delta y_m$ 不等于零，从而产生纵坐标增量闭合差 W_x 和横坐标增量闭合差 W_y，即

$$\left.\begin{aligned}W_x=\sum \Delta x_m\\ W_y=\sum \Delta y_m\end{aligned}\right\} \tag{4-3-7}$$

(3) 计算导线全长闭合差 W_D 和导线全长相对闭合差 W_K，由于坐标增量闭合差 W_x、W_y 的存在，使导线不能闭合，1—1′之长度 W_D 称为导线全长闭合差，并用下式计算

$$W_D=\sqrt{W_x^2+W_y^2} \tag{4-3-8}$$

仅从 W_D 值的大小还不能说明导线测量的精度，衡量导线测量的精度还应该考虑到导线的总长。将 W_D 与导线全长 $\sum D$ 相比，以分子为 1 的分数表示，称为导线全长相对闭合差 W_K，即

$$W_K=\frac{W_D}{\sum D}=\frac{1}{\sum D/W_D} \tag{4-3-9}$$

以导线全长相对闭合差 W_K 来衡量导线测量的精度，W_K 的分母越大，精度越高。不同等级的导线，其导线全长相对闭合差的容许值 W_{K_p} 参见表 4-3-1 和表 4-3-2，图根导线的 W_{K_p} 为 1/2 000。

如果 $W_K > W_{K_p}$，说明成果不合格，此时应对导线的内业计算和外业工作进行检查，必要时须重测。

如果 $W_K \leqslant W_{K_p}$，说明测量成果符合精度要求，可以进行调整。

本例中 W_x、W_y、W_D 及 W_K 的计算见表 4-3-3 辅助计算栏。

(4) 调整坐标标增量闭合差　调整的原则是将 W_x、W_y 反号，并按与边长成正比的原则，分配到各边对应的纵、横坐标增量中去。以 v_{xi}、v_{yi} 分别表示第 i 边的纵、横坐标增量改正数，即

$$\left.\begin{aligned} v_{xi} &= -\frac{W_x}{\sum D} \cdot D_i \\ v_{yi} &= -\frac{W_y}{\sum D} \cdot D_i \end{aligned}\right\} \tag{4-3-10}$$

本例中导线边1—2的坐标增量改正数为：

$$v_{x12} = -\frac{W_x}{\sum D} D_{12} = -\frac{-0.30\ \text{m}}{1\ 137.80\ \text{m}} \times 201.60\ \text{m} = +0.05\ \text{m}$$

$$v_{y12} = -\frac{W_y}{\sum D} D_{12} = -\frac{-0.09\ \text{m}}{1\ 137.80\ \text{m}} \times 201.60\ \text{m} = +0.02\ \text{m}$$

用同样的方法，计算出其它各导线边的纵、横坐标增量改正数，填入表4-3-3的第7、8栏坐标增量值相应方格的上方。

计算检核：纵、横坐标增量改正数之和应满足下式

$$\left.\begin{aligned} \sum v_x &= -W_x \\ \sum v_y &= -W_y \end{aligned}\right\} \tag{4-3-11}$$

(5) 计算改正后的坐标增量　各边坐标增量计算值加上相应的改正数，即得各边的改正后的坐标增量。

$$\left.\begin{aligned} \Delta x'_i &= \Delta x_i + v_{xi} \\ \Delta y'_i &= \Delta y_i + v_{yi} \end{aligned}\right\} \tag{4-3-12}$$

本例中导线边1—2改正后的坐标增量为：

$$\Delta x'_{12} = \Delta x_{12} + v_{x12} = +183.30\ \text{m} + 0.05\ \text{m} = +183.35\ \text{m}$$

$$\Delta y'_{12} = \Delta y_{12} + v_{y12} = -83.92\ \text{m} + 0.02\ \text{m} = -83.90\ \text{m}$$

用同样的方法，计算出其它各导线边的改正后坐标增量，填入表4-033的第9、10栏内。

计算检核：改正后纵、横坐标增量之代数和应分别为零。

5. 计算各导线点的坐标

根据起始点1的已知坐标和改正后各导线边的坐标增量，按下式依次推算出各导线点的坐标：

$$\left.\begin{aligned} x_i &= x_{i-1} + \Delta x'_{i-1} \\ y_i &= y_{i-1} + \Delta y'_{i-1} \end{aligned}\right\} \tag{4-3-13}$$

将推算出的各导线点坐标，填入表4-3-3中的第11、12栏内。最后还应再次推算起始点1的坐标，其值应与原有的已知值相等，以作为计算检核。

表 4-3-3　闭合导线坐标计算表

点号	观测角（左角）° ′ ″	改正数 ″	改正角 ° ′ ″	坐标方位角 α ° ′ ″	距离 D /m	增量计算值		改正后增量		坐标值		点号
						Δx/m	Δy/m	Δx/m	Δy/m	x/m	y/m	
1	2	3	4=2+3	5	6	7	8	9	10	11	12	13
1										500.00	500.00	1
				335 24 00	201.60	+5 +183.30	+2 −83.92	+183.35	−83.90			
2	108 27 18	−10	108 27 08							683.35	416.10	2
				263 51 08	263.40	+7 −28.21	+2 −261.89	−28.14	−261.87			
3	84 10 18	−10	84 10 08							655.21	154.23	3
				168 01 16	241.00	+7 −235.75	+2 +50.02	−235.68	+50.04			
4	135 49 11	−10	135 49 01							419.53	204.27	4
				123 50 17	200.40	+5 −111.59	+1 +166.46	−111.54	+166.47			
5	90 07 01	−10	90 06 51							307.99	370.74	5
				33 57 08	231.40	+6 +191.95	+2 +129.24	+192.01	+129.26			
1	121 27 02	−10	121 26 52							500.00	500.00	1
				335 24 00								
2												
∑	540 00 50	−50	540 00 00		1 137.80	−0.30	−0.90	0	0			

辅助计算：

$f_\beta = \sum\beta_m - (n-2)\times180°$　　$W_x = \sum\Delta x_m = -0.30$ m　　$W_y = \sum\Delta y_m = -0.90$ m

$=540°00'50'' - (5-2)\times180° = \pm50''$　　$W_D = \sqrt{W_X^2 + W_Y^2} = \sqrt{(-0.3)^2 + (-0.90)^2} = 0.31$ m

$f_{\beta p} = \pm60''\sqrt{n} = \pm60\sqrt{5} = \pm134''$　$|f_\beta| < |f_{\beta p}|$　　$W_k = \frac{0.31}{1\,137.8} \approx \frac{1}{3\,600} < W_{Kp} = \frac{1}{2\,000}$

【CLSC0304A·单选题】

经纬仪导线图根测量方位角闭合差(　　)。

A. $\leqslant\pm60\sqrt{n}$　　B. $\geqslant\pm60\sqrt{n}$　　C. $\leqslant\pm30\sqrt{n}$　　D. $\leqslant\pm40\sqrt{n}$

【答案】 A

【解析】 表4-3-1。

【CLSC0304B·单选题】

经纬仪导线图根测量导线全长相对闭合差(　　)。

A. $\leqslant\frac{1}{5\ 000}$　　B. $\leqslant\frac{1}{2\ 000}$　　C. $\geqslant\frac{1}{5\ 000}$　　D. $\geqslant\frac{1}{2\ 000}$

【答案】 B

【解析】 表4-3-1。

【CLSC0304C·单选题】

光电测距导线图根测量方位角闭合差(　　)。

A. $\leqslant\pm60\sqrt{n}$　　B. $\geqslant\pm60\sqrt{n}$　　C. $\leqslant\pm30\sqrt{n}$　　D. $\leqslant\pm40\sqrt{n}$

【答案】 D

【解析】 表4-3-2。

【CLSC0304D·单选题】

光电测距导线图根测量导线全长相对闭合差(　　)。

A. $\leqslant\frac{1}{4\ 000}$　　B. $\leqslant\frac{1}{2\ 000}$　　C. $\geqslant\frac{1}{4\ 000}$　　D. $\geqslant\frac{1}{2\ 000}$

【答案】 A

【解析】 表4-3-2。

【CLSC0304E·单选题】

导线测量内业计算的目的就是计算各导线点的(　　)。

A. 水平角　　B. 高差　　C. 平面坐标　　D. 方位角和高差

【答案】 C

【解析】 导线测量内业计算的目的就是计算各导线点的平面坐标 x、y。

【CLSC0304F·单选题】

导线全长相对闭合差是衡量导线测量精度的指标(　　)。

A. $K=\frac{M}{D}$　　B. $K=\frac{1}{D/\Delta D}$

C. $K=\frac{1}{\sum D/f_D}$　　D. $K=\frac{1}{D/f_D}$

【答案】 C

【解析】 公式4-3-9。

【CLSC0304G·判断题】

导线测量内业计算的目的就是计算各导线点的平面坐标 x、y。　　(　　)

【答案】 √

【解析】 导线测量内业计算的目的。

【CLSC0304H·判断题】

闭合导线中水平角改正数角度闭合差同符号平均分配到各观测水平角中。 （ ）

【答案】 ×

【解析】 闭合导线中水平角改正数角度闭合差反符号平均分配到各观测水平角中。

【CLSC0304I·判断题】

调整坐标标增量闭合差，调整的原则是将 W_x、W_y 反号，并按与边长成正比的原则，分配到各边对应的纵、横坐标增量中去。 （ ）

【答案】 √

【解析】 调整坐标标增量闭合差的原则。

【CLSC0304J·填空题】

导线测量内业计算的目的就是计算各导线点的________。

【答案】 平面坐标 x、y

【解析】 导线测量内业计算的目的。

【CLSC0304K·填空题】

n 边形闭合导线内角和的理论值为：$\sum \beta_{th}=$________$\times 180$。

【答案】 $n-2$

【解析】 n 边形闭合导线内角和的理论值。

【CLSC0304L·填空题】

n 边形闭合导线内角和的理论值为：$\sum\beta_{th}=(n-2)\times$________。

【答案】 180°

【解析】 n 边形闭合导线内角和的理论值。

【CLSC0304M·填空题】

闭合导线角度闭合差不超过角度闭合差的容许值，则将角度闭合差________平均分配到各观测水平角中。

【答案】 反号

【解析】 闭合导线计算水平角改正数的概念。

【CLSC0304N·计算题】

某导线全长为 1 900.00 米，纵横坐标增量闭合差分别为 $f_x=-0.33$ m，$f_y=0.21$ m，则导线全长相对闭合差 K 约为？

【答案】 $\dfrac{1}{4\ 860}$

【解析】 $K=\dfrac{\sqrt{f_x^2+f_y^2}}{\sum D}=\dfrac{\sqrt{(-032)^2+(0.21)^2}}{1\ 900}\approx\dfrac{1}{4\ 860}$

【CLSC0304O·计算题】

如附图所示，已知附合导线方位角 α_{AB} 及各转折角，计算方位角 α_{CD}？

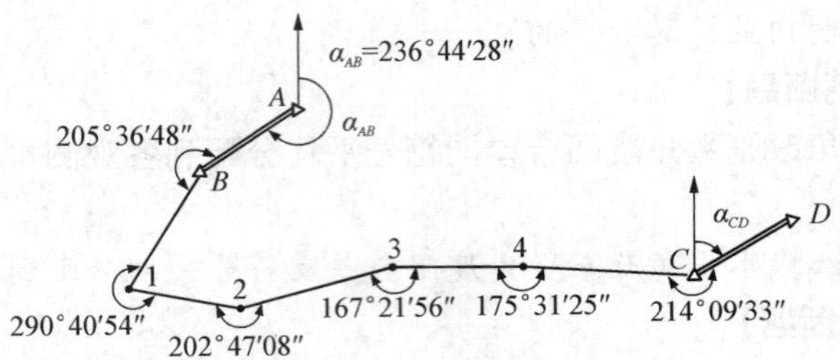

【CLSC0304O】附图

【答案】 60°36′44″

【解析】 $\alpha_{CD}=\alpha_{AB}+6\times180°-\sum\beta_m=60°36'44''$

【CLSC0304P・计算题】

已知 A、B 两点的坐标分别为 $x_A=342.99$ m，$y_A=814.29$ m，$x_B=304.50$ m，$y_B=525.72$ m

求 AB 边长及方位角？

【答案】 $D_{AB}=291.13$ m　$\alpha_{AB}=262°24'09''$

【解析】

计算 A、B 两点的坐标增量

$\Delta x_{AB}=x_B-x_A=304.50\text{ m}-342.99\text{ m}=-38.49\text{ m}$

$\Delta y_{AB}=y_B-y_A=525.72\text{ m}-814.29\text{ m}=-288.57\text{ m}$

$D_{AB}=\sqrt{\Delta x_{AB}^2+\Delta y_{AB}^2}=\sqrt{(-38.49\text{ m})^2+(-288.57\text{ m})^2}=291.13\text{ m}$

$$\alpha_{AB}=\arctan\frac{\Delta y_{AB}}{\Delta x_{AB}}=\arctan\frac{-288.57\text{ m}}{-38.49\text{ m}}=262°24'09''$$

【CLSC0304Q・计算题】

计算图根闭合导线各边的坐标方位角。

点号	角度观测值(右角) ° ′ ″	改正数 ″	改正角 ° ′ ″	坐标方位角 ° ′ ″
1				42　45　00
2	139　05　00			
3	94　15　54			
4	88　36　36			
5	122　39　30			
1	95　23　30			
∑				

【答案】

点号	角度观测值(右角) ° ′ ″	改正数 ″	改正角 ° ′ ″	坐标方位角 ° ′ ″
1				
				42 45 00
2	139 05 00	−6	139 04 54	
				83 40 06
3	94 15 54	−6	94 15 48	
				169 24 18
4	88 36 36	−6	88 36 30	
				260 47 48
5	122 39 30	−6	122 39 24	
				318 08 24
1	95 23 30	−6	95 23 24	
				42 45 00
$\sum$	540 00 30	−30	540 00 00	

【解析】

$f_\beta=\sum\beta_m-(n-2)\times180^\circ=540^\circ00'30''-540^\circ=30''$

$f_{\beta p}=\pm60''\sqrt{n}=\pm60\sqrt{5}=\pm134''\quad|f_\beta|<|f_{\beta p}|$

$v_\beta=-\dfrac{f_\beta}{n}=-\dfrac{30}{5}=-6''$

$\beta'_2=\beta_i+v_\beta=139^\circ05'00''-6''=139^\circ04'54''$

$\beta'_3=\beta_i+v_\beta=94^\circ15'54''-6''=94^\circ15'48''$

$\beta'_4=\beta_i+v_\beta=88^\circ36'36''-6''=88^\circ36'30''\beta'_5=\beta_i+v_\beta=122^\circ39'30''-6''=122^\circ39'24''$

$\beta'_1=\beta_i+v_\beta=95^\circ23'30''-6''=95^\circ23'24''$

$\alpha_{23}=\alpha_{12}-\beta_2+180^\circ=42^\circ45'00''-139^\circ04'54''+180^\circ=83^\circ40'06''$

$\alpha_{34}=\alpha_{23}-\beta_3+180^\circ=83^\circ40'06''-94^\circ15'48''+180^\circ=169^\circ24'18''\ \alpha_{45}=\alpha_{34}-\beta_3+180^\circ=169^\circ24'18''-88^\circ36'30''+180^\circ=260^\circ47'48''\ \alpha_{51}=\alpha_{45}-\beta_4+180^\circ=260^\circ47'48''-122^\circ39'24''+180^\circ=318^\circ08'24''\ \alpha'_{12}=\alpha_{51}-\beta_1+180^\circ=318^\circ08'24''-95^\circ23'24''+180^\circ=42^\circ45'00''$

考点 5　全站仪的构造和使用

一、全站仪的概念

电子全站仪是一种利用机械、光学、电子的高科技元件组合而成，可以同时进行角度（水平角、垂直角）测量、距离（斜距、平距、高差）测量的测量仪器。全站仪同时具备自动记录、存储和某些固定计算程序。

二、全站仪的基本组成

全站仪由电子测角、电子测距、电子补偿和微机处理装置四大部分组成。其本身就是一个带有特殊功能的计算机控制系统。

由微处理器对获取的倾斜距离、水平角、垂直角、轴系误差、竖盘指标差、棱镜常数、气温、气压等信息加以处理，从而获得各项改正后的观测数据和计算数据。

在仪器的只读存储器中固化了测量程序，测量过程由程序完成。

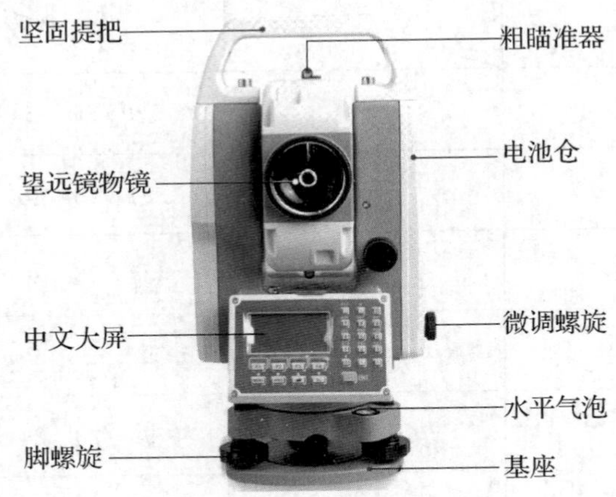

图 4-3-9　全站仪构造图(RTS112SR10)

三、全站仪的使用程序

1. 安置仪器

对中、整平后，量出仪器高度。

2. 开机自检

打开电源，仪器自动进入自检后，即可显示水平度盘读数，角度测量的基本操作方法和步骤与经纬仪类似。目前的全站仪都具有水平度盘置零和任意方位角设置功能，纵转望远镜进行初始化后，可显示竖直度盘读数。

3. 输入参数

主要是输入棱镜常数，温度、气压及湿度等气象参数。

4. 选定模式

主要是选定测距单位和测距模式，测距单位可选择距离单位是米(m)或是英尺(feet)，距离测量的基本操作方法和步骤，与光电测距仪类似，先选择测距模式，可选择精测、粗测和跟踪测三种；然后瞄准反射镜，按相应的测量键，几秒后即显示出距离值。

5. 后视已知方位

输入测站已知坐标及后视已知方位角。

6. 观测前视欲求点位

一般有四种模式：

(1) 测角度　同时显示测水平角与竖直角；

(2) 测距　同时显示倾斜距离、水平距离与高差；

(3) 测点的极坐标　同时显示水平角与水平距离；

(4) 测点位同时显示 N,E,Z。

(6) 其它测量程序　导线测量、直线放样、弧线放样、坐标转换等。

【CLSC0305A・单选题】

全站仪由(　　)、电子测距、电子补偿和微机处理装置四大部分组成。其本身就是一个带有特殊功能的计算机控制系统。

A. 电子测角　　B. 测高差　　C. 测方位角　　D. 测象限角

【答案】 A

【解析】 全站仪由电子测角、电子测距、电子补偿和微机处理装置四大部分组成。其本身就是一个带有特殊功能的计算机控制系统。

【CLSC0305B・单选题】

全站仪主要是输入棱镜常数,(　　)、气压及湿度等气象参数。

A. 亮度　　B. 棱镜高度　　C. 温度　　D. 风速

【答案】 C

【解析】 全站仪主要是输入棱镜常数、温度、气压及湿度等气象参数。

【CLSC0305C・判断题】

电子全站仪只可以同时进行角度测量的仪器。　　(　　)

【答案】 ×

【解析】 电子全站仪是一种利用机械、光学、电子的高科技元件组合而成,可以同时进行角度(水平角、垂直角)测量、距离(斜距、平距、高差)测量的测量仪器。

【CLSC0305D・判断题】

全站仪都具有竖直度盘置零和任意方位角设置功能。　　(　　)

【答案】 ×

【解析】 目前的全站仪都具有水平度盘置零和任意方位角设置功能,纵转望远镜进行初始化后,可显示竖直度盘读数。

【CLSC0305E・判断题】

全站仪可以测坐标。　　(　　)

【答案】 √

【解析】 全站仪的功能。

【CLSC0305F・判断题】

全站仪都具有水平度盘置零和任意方位角设置功能,纵转望远镜进行初始化后,可显示竖直度盘读数。　　(　　)

【答案】 √

【解析】 全站仪的功能。

【CLSC0305G・判断题】

电子全站仪是可以同时进行角度(水平角、垂直角)测量、距离(斜距、平距、高差)测量的测量仪器。　　(　　)

【答案】 √

【解析】 电子全站仪的构成和功能。

【CLSC0305H·填空题】

全站仪由电子________、电子测距、电子补偿和微机处理装置四大部分组成。

【答案】 测角

【解析】 全站仪的构成。

【CLSC0305I·填空题】

全站仪由电子测角、电子________、电子补偿和微机处理装置四大部分组成。

【答案】 测距

【解析】 全站仪的构成。

【CLSC0305J·填空题】

全站仪同时进行________测量、距离测量的测量仪器。

【答案】 角度

【解析】 全站仪的功能。

【CLSC0305K·填空题】

全站仪同时进行角度测量、________测量的测量仪器。

【答案】 距离

【解析】 全站仪的功能。

考点6 全站仪测量坐标的程序

设置好测站点(仪器位置)相对于原点的坐标后,仪器便可求出显示未知点(棱镜位置)的坐标。

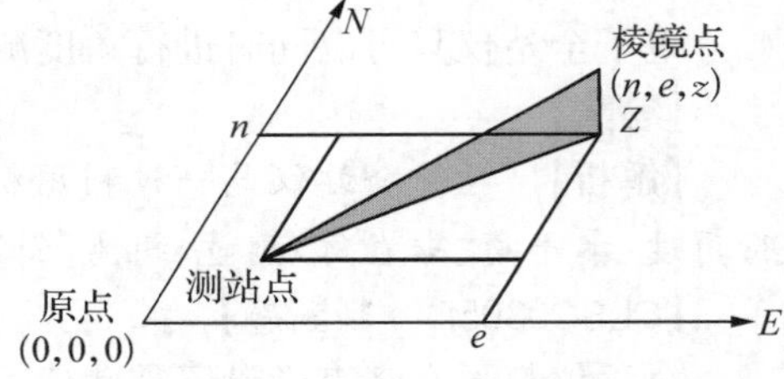

图4-3-10 全站仪测坐标示意图

以全站仪GEMAX-ZT80为例

操作步骤:如表4-3-4所示

表4-3-4 全站仪测坐标

操作步骤	按键	显示
按数字键【2】,进入【程序】	数字键【2】	

续 表

操作步骤	按键	显示
按【F1】,选择【测量】	【F1】	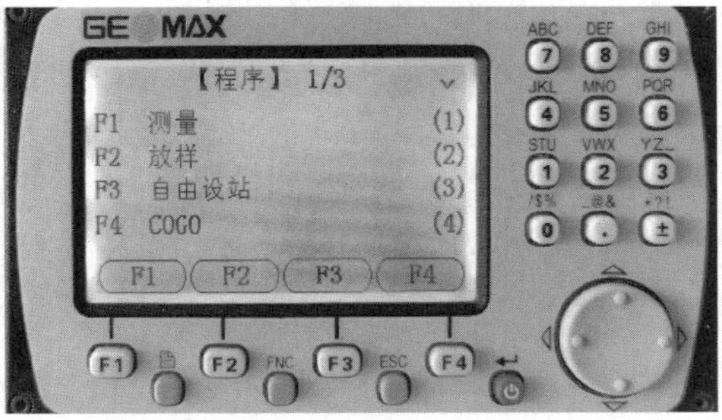
按【F1】,【设置作业】	【F1】	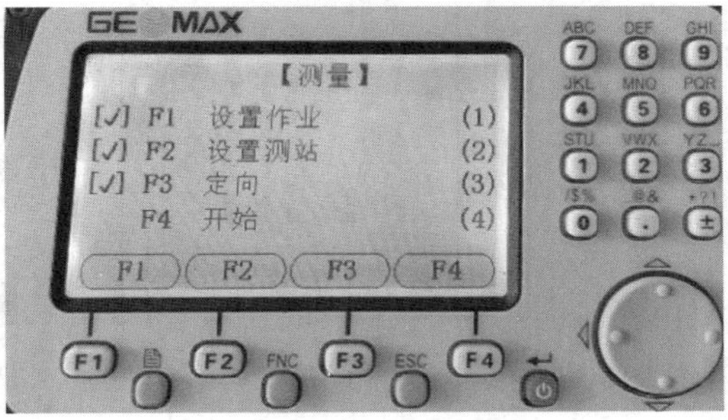
按【F1】 选【新建】	【F1】	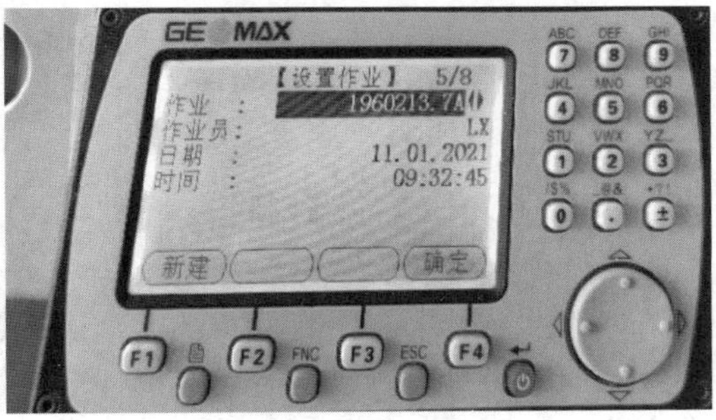
如:按数字键,输入202115,按【F4】或者回车键,确定。	【数字键】 【F4】 回车键	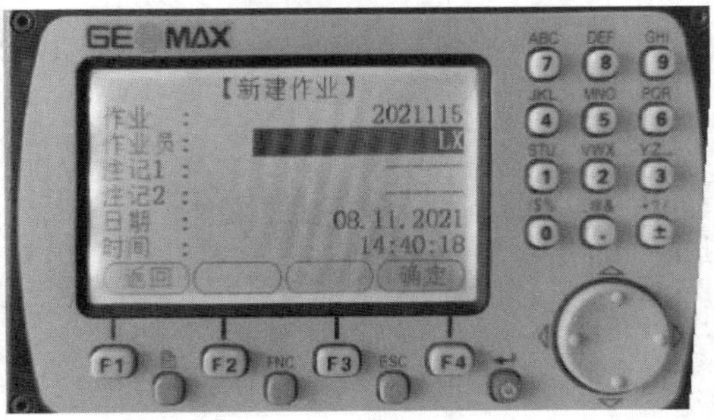

续 表

操作步骤	按键	显示
按【F2】，选择【设置测站】	【F2】	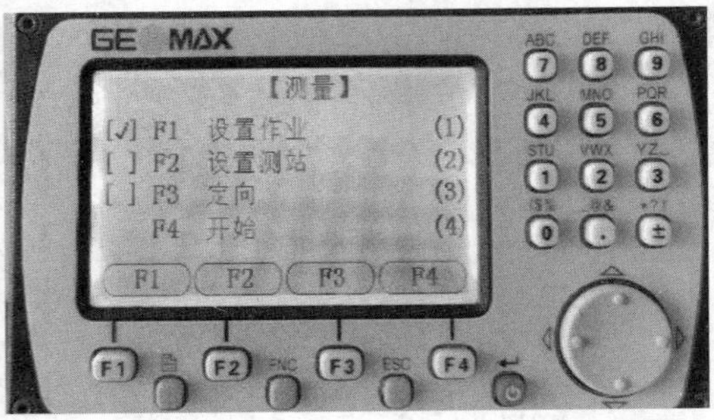
输入测站点站号【01】，按回车键。	【数字键】	
按【F3】，选择【坐标】	【F3】	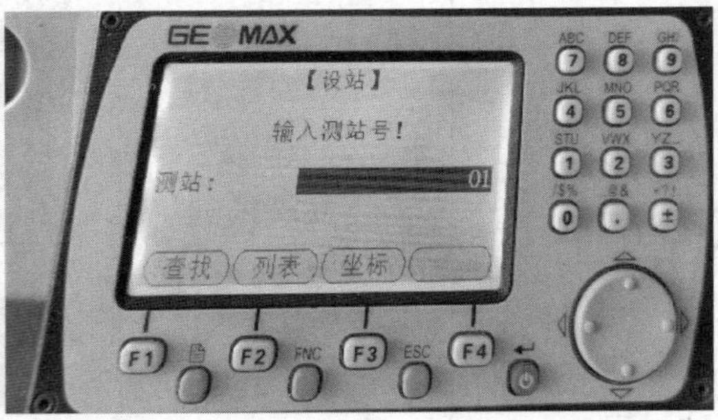
按【数字键】，输入测站点的 X、Y、Z 的坐标，按【F4】确定。	【数字键】，【F4】	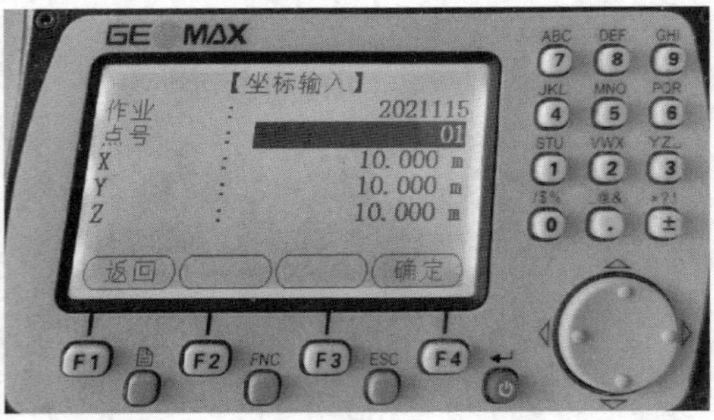

续 表

操作步骤	按键	显示
按【数字键】，输入仪器高，按【F4】确定。	【数字键】，【F4】	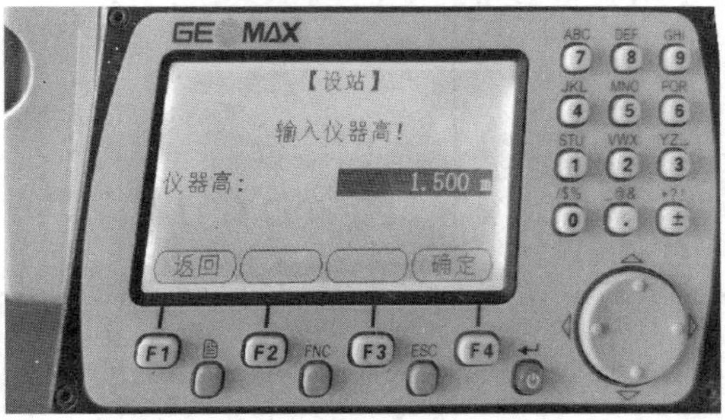 【设站】 输入仪器高！ 仪器高： 1.500 m 返回 确定
按【F3】选择定向。	【F3】	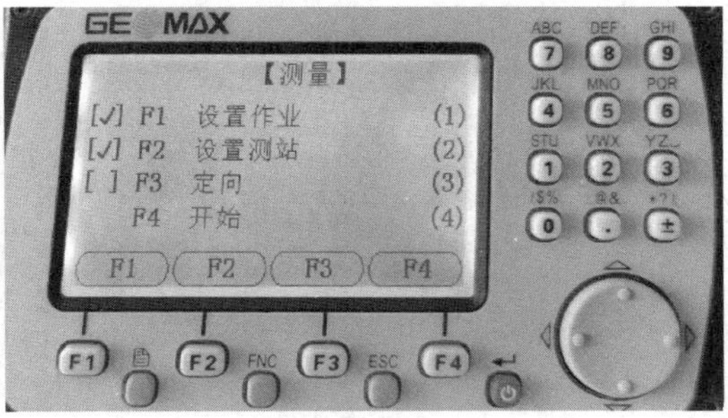 【测量】 [✓] F1 设置作业 (1) [✓] F2 设置测站 (2) [ ] F3 定向 (3) F4 开始 (4) F1 F2 F3 F4
按【F2】选择坐标定向。	【F2】	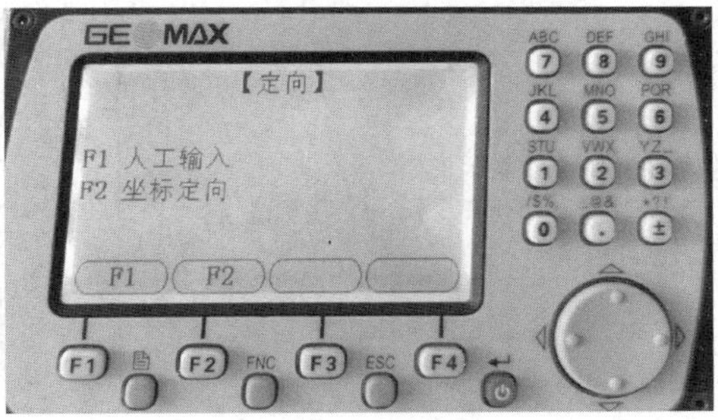 【定向】 F1 人工输入 F2 坐标定向 F1 F2
按【数字键】，输入后视点点号，按【F3】坐标。	【数字键】，【F3】	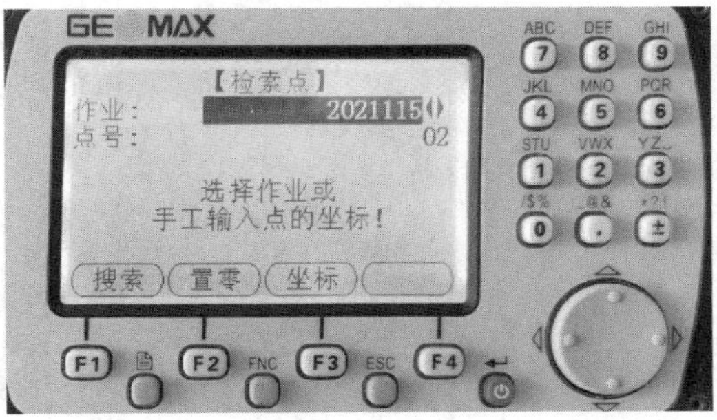 【检索点】 作业： 2021115 点号： 02 选择作业或 手工输入点的坐标！ 搜索 置零 坐标

续　表

操作步骤	按键	显示
按【数字键】，输入后视点 X、Y、Z 的坐标，按【F4】确定。	【数字键】,【F4】	【坐标输入】 作业 : 2021115 点号 : 02 X : 20.000 m Y : 20.000 m Z : 20.000 m 返回　确定
按【数字键】，输入后视点棱镜高。	【数字键】	【测量】3/3　圆棱镜 点号 : 1 棱镜高 : 1.500 m 注记 : X : Y : Z : 测存　测距　记录
瞄准后视点的棱镜，按【F3】选择【F3】，弹出【已定向!】	【F3】	已定向!
按【F4】，开始坐标测量，瞄准待测点的棱镜。	【F4】	【测量】 [√] F1 设置作业 (1) [√] F2 设置测站 (2) [√] F3 定向 (3) F4 开始 (4) F1 F2 F3 F4

续　表

操作步骤	按键	显示
按【F1】和【F2】之间的【翻页键】，按【F2】测距，记录坐标。	【翻页键】，【F2】	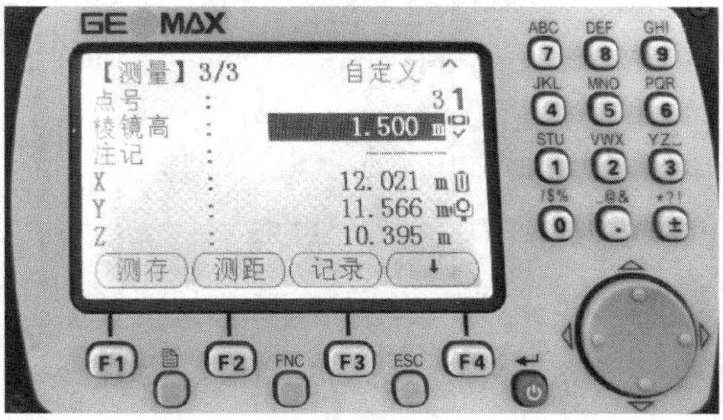

【CLSC0306A · 单选题】

全站仪测坐标设置主要包括设置作业、(　　)、定向和开始等内容。

A. 数据输出　　B. 打印设置　　C. 设置温度　　D. 设置测站

【答案】 D

【解析】 表 4－3－4

【CLSC0306B · 判断题】

调整坐标标增量闭合差，调整的原则是将 W_x、W_y 同号，并按与边长成反比的原则，分配到各边对应的纵、横坐标增量中去。　　(　　)

【答案】 ×

【解析】 调整坐标标增量闭合差，调整的原则是将 W_x、W_y 反号，并按与边长成正比的原则，分配到各边对应的纵、横坐标增量中去。

考点 7　全站仪测量放样的程序

功能可显示测量的距离与放样的距离之差，显示值＝测量的距离－放样的距离，放样模式：可选择平距、高差和斜距任意一种模式。

以全站仪 GEMAX－ZT80 为例

操作步骤：如表 4－3－5 所示

表 4－3－5　全站仪测放样

操作步骤	按键	显示
按数字键【2】，进入【程序】	数字键【2】	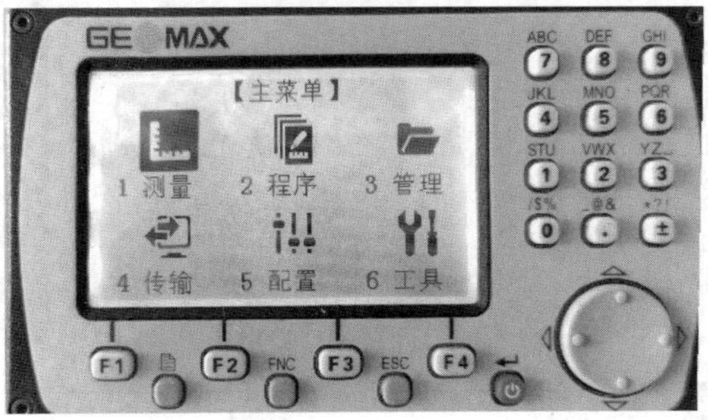

续 表

操作步骤	按键	显示
按【F2】,选择【放样】	【F2】	【程序】 1/3 F1 测量 (1) F2 放样 (2) F3 自由设站 (3) F4 COGO (4)
按【F1】,【设置作业】	【F1】	【设置作业】 7/9 作业 : 2021115 作业员: LX 日期 : 08.11.2021 时间 : 14:40:20 新建 确定
按【F1】 选【新建】,按【数字键】输入名称,按【F4】确定。	【F1】,【数字键】,【F4】	【设置作业】 7/9 作业 : 2021115 作业员: LX 日期 : 08.11.2021 时间 : 14:40:20 新建 确定
按【F2】,选择【设置测站】	【F2】	【放样】 [✓] F1 设置作业 (1) [✓] F2 设置测站 (2) [ ] F3 定向 (3) F4 开始 (4)

续 表

操作步骤	按键	显示
输入测站点站号【01】,按回车键。	【数字键】 【回车键】	
按【F3】,选择【坐标】	【F3】	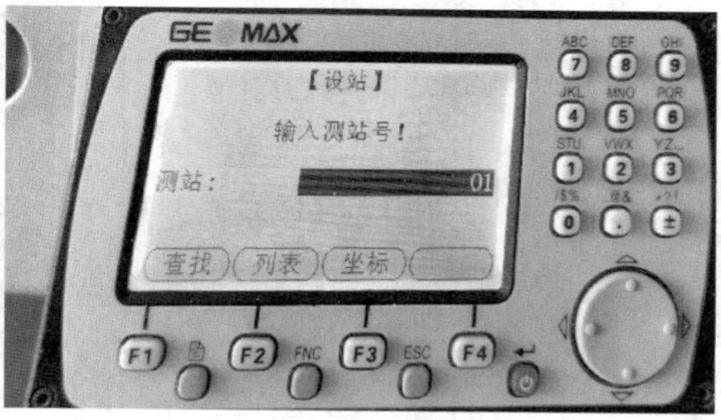
按【数字键】,输入测站点的 X、Y、Z 的坐标,按【F4】确定。	【数字键】,【F4】	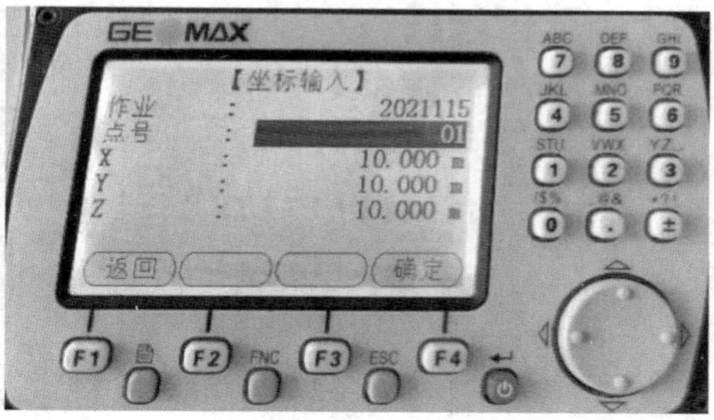
按【数字键】,输入仪器高,按【F4】确定。	【数字键】,【F4】	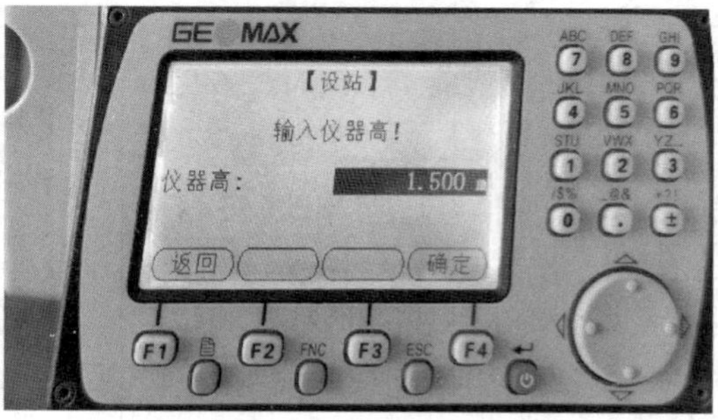

续 表

操作步骤	按键	显示
按【F3】选择定向。	【F3】	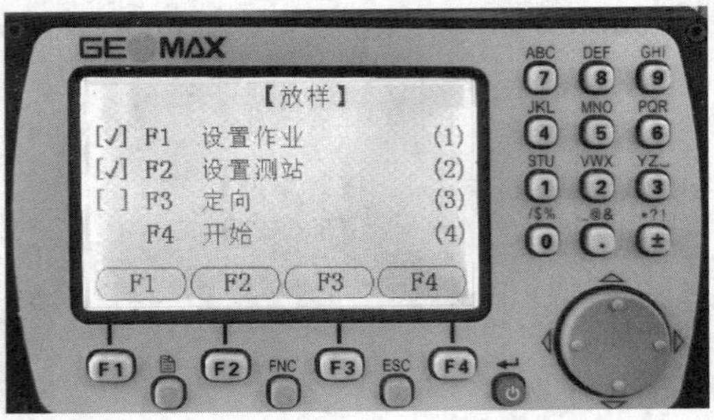
按【F2】选择坐标定向。	【F2】	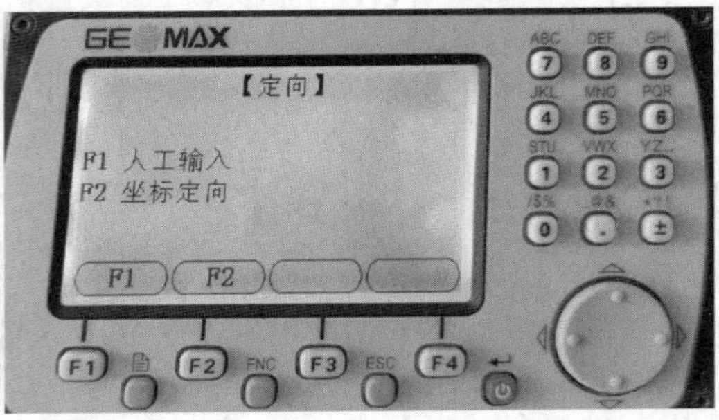
按【数字键】,输入后视点点号,按【F3】坐标。	【数字键】,【F3】	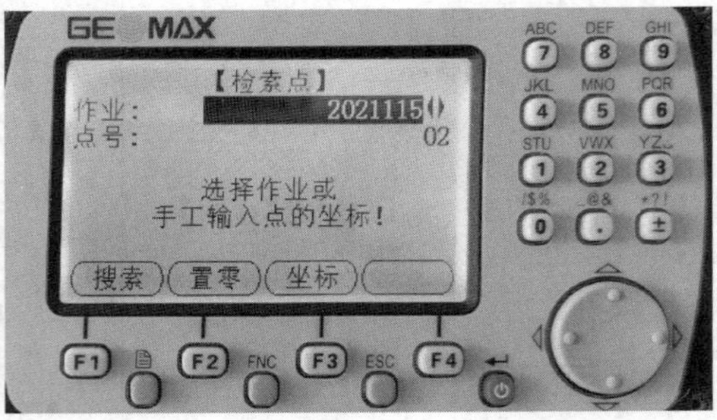
按【数字键】,输入后视点 X、Y、Z 的坐标,按【F4】确定。	【数字键】,【F4】	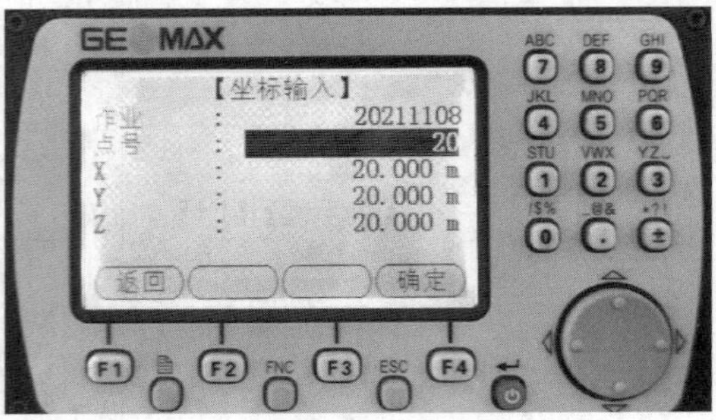

续　表

操作步骤	按键	显示
按【数字键】，输入后视点棱镜高。	【数字键】	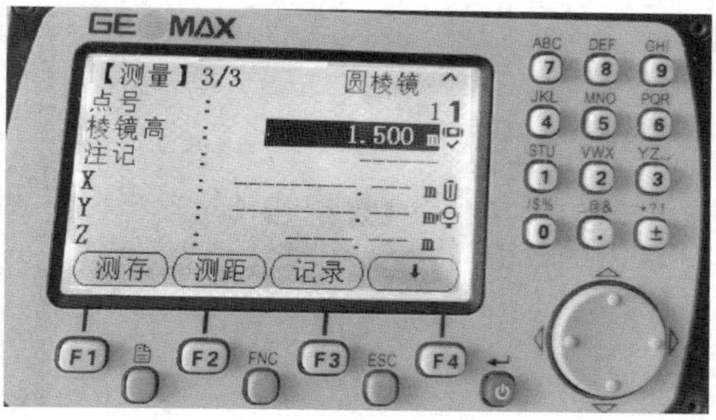
瞄准后视点的棱镜，按【F3】选择【F3】，弹出【已定向!】	【F3】	
按【F4】	【F4】	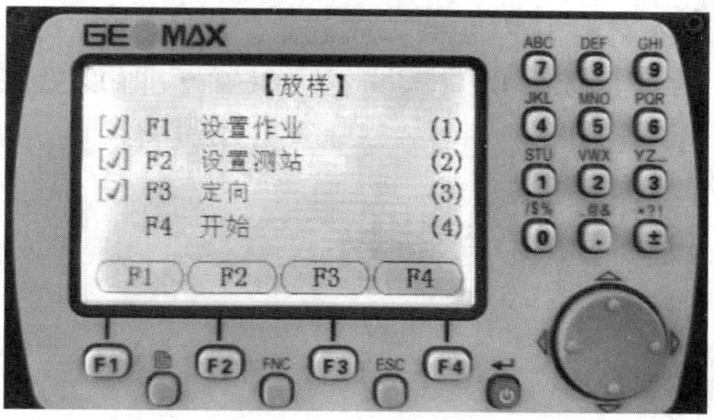
按【F4】，翻页。	【F4】	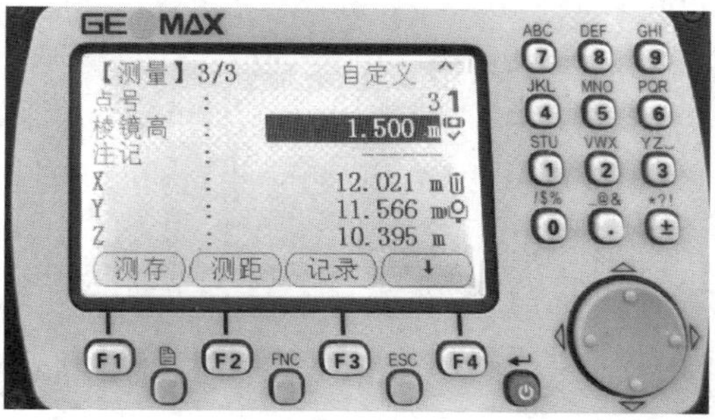

续 表

操作步骤	按键	显示
按【数字键】输入放样点的点号，按【数字键】输入放样点的坐标 X、Y、Z 的数值，按【F4】	【数字键】,【F4】	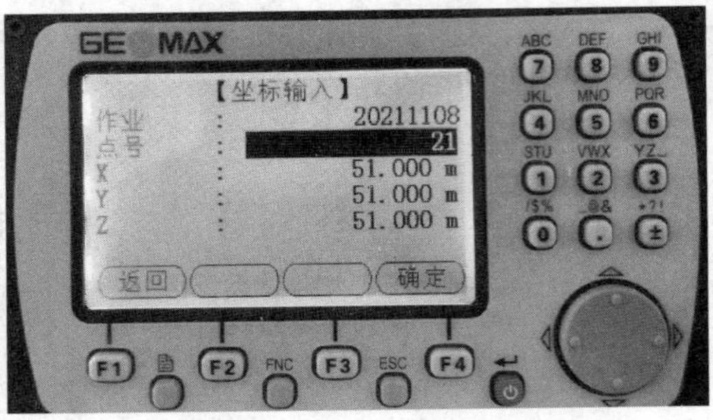
转动仪器照准部，是的 ΔHz 等于 $0°0'0''$，这样在这条方向线放置棱镜，按【F2】，测距，往复多次使得 △◢ 等于 0，就是放样点。	【F2】	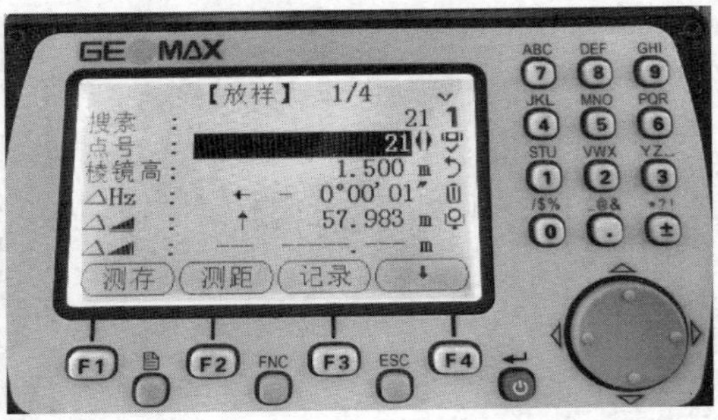

【CLSC0307A · 单选题】

全站仪放样设置主要包括设置作业、设置测站、(　　)和开始等内容。

A. 定向　　B. 打印设置　　C. 设置温度　　D. 数据输出

【答案】 A

【解析】 表 4－3－5

建筑识图与绘图

知识框架

建筑识图与绘图

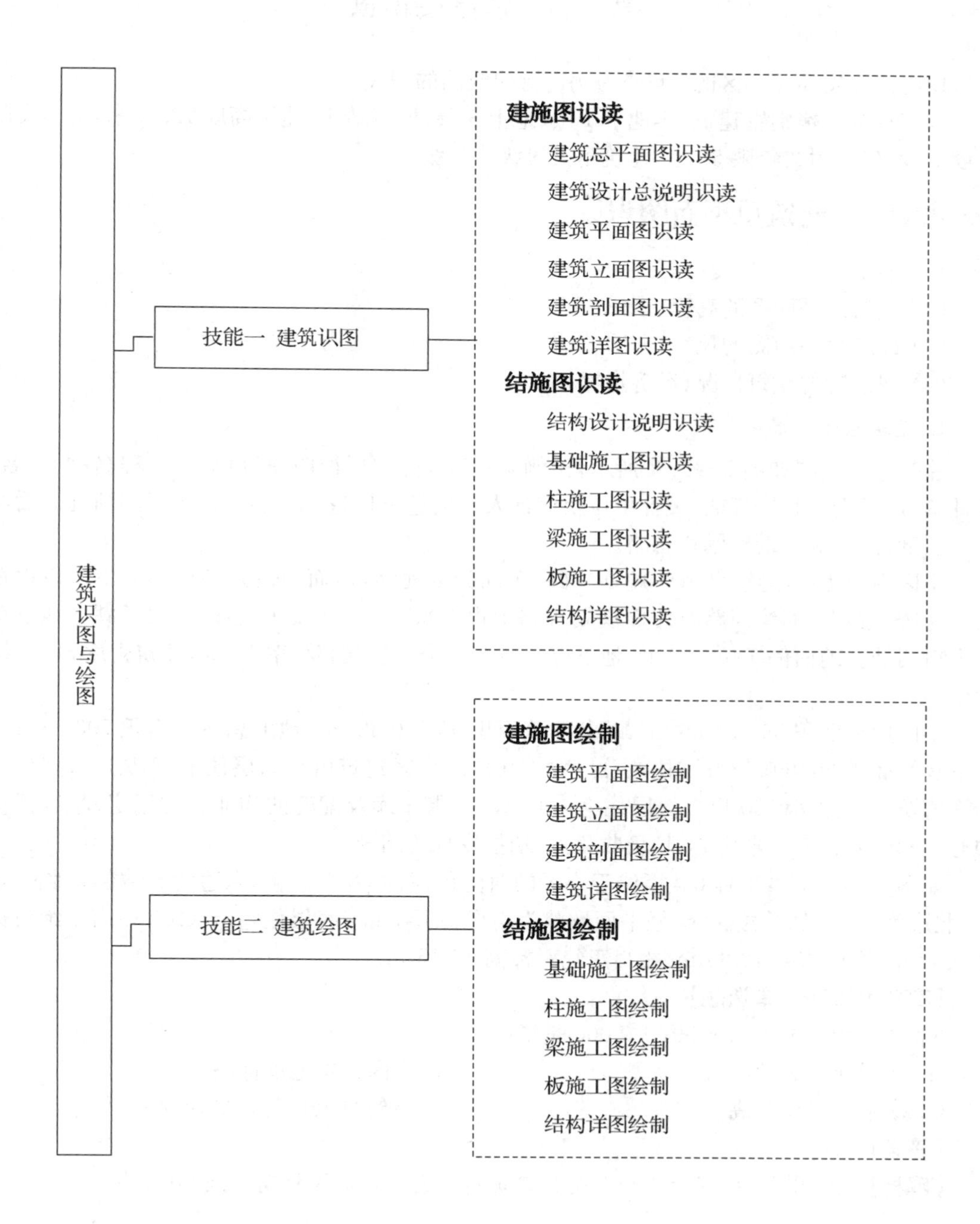

- 技能一 建筑识图
  - **建施图识读**
    - 建筑总平面图识读
    - 建筑设计总说明识读
    - 建筑平面图识读
    - 建筑立面图识读
    - 建筑剖面图识读
    - 建筑详图识读
  - **结施图识读**
    - 结构设计说明识读
    - 基础施工图识读
    - 柱施工图识读
    - 梁施工图识读
    - 板施工图识读
    - 结构详图识读
- 技能二 建筑绘图
  - **建施图绘制**
    - 建筑平面图绘制
    - 建筑立面图绘制
    - 建筑剖面图绘制
    - 建筑详图绘制
  - **结施图绘制**
    - 基础施工图绘制
    - 柱施工图绘制
    - 梁施工图绘制
    - 板施工图绘制
    - 结构详图绘制

技能一　建筑识图

第一节　建施图识读

现已某开发商住小区的6＃楼为例进行建筑图的识读。

本工程为1幢别墅建筑，半地下1层、地上3层，框剪结构，建筑高度12.65米，抗震设防烈度7度，建筑耐久年限50年，建筑耐火等级为二级。

考点1　建筑总平面图识读

重点内容

(1) 建筑总平面图的高程、坐标

(2) 建筑总平面图的尺寸、方向

(3) 建筑物的建筑概况、经济指标

1. 建筑总平面图

建筑总平面图如图5-1-1所示，比例1：750，标题栏说明建设单位、工程名称、图名、设计编号、图别、图号、日期、设计单位及设计人员信息、出图签章、加盖出图章的情况。后面平、立、剖、详图等图纸标题栏省略。

小区南面为庆丰路，北面为规划支路，东面为滨河路，西面为范公路。小区主入口设在南面为庆丰路，东面滨河路及北面规划支路上设有次入口。小区中心设有人工湖。地下车口入口两处。地面停车位167个，地下停车位243个。建筑容积率1.186，建筑密度30％，绿地率30％。

小区用地面积59 034.66 m^2，总共建筑面积98 920.32 m^2，地上总建筑面积700.88 m^2，地下建筑面积26 460.02 m^2，住宅总户数410户。小区建筑由小高层住宅(216户)、多层花园洋房及叠加洋房(120户)、低层住宅(74户)、沿街车库及配套的物业管理用房、小区活动中心、公共厕所、变配电中心、垃圾收集点、消控安保等组成。

如图5-1-2，本工程6＃楼位于小区的西南角，西边为23＃楼，东边为5＃楼，南临庆丰路，北边为11＃、12＃楼。6＃楼平面形状为矩形，3层，属于底层住宅，±0.00相当于绝对标高6.50 m，檐口高度12.65 m(相当于绝对标高19.15 m)。

【ZTSC0101A·单选题】

6＃楼工程±0.000＝6.50，±0.000是指(　　)。

A. 室外地坪标高　　B. 室内首层地坪标高

C. 场地内平均标高　　D. 建筑物入户门外平台标高

【答案】 B

【解析】 见图5-1-2，±0.000是指建筑物室内首层地坪标高，为相对标高。

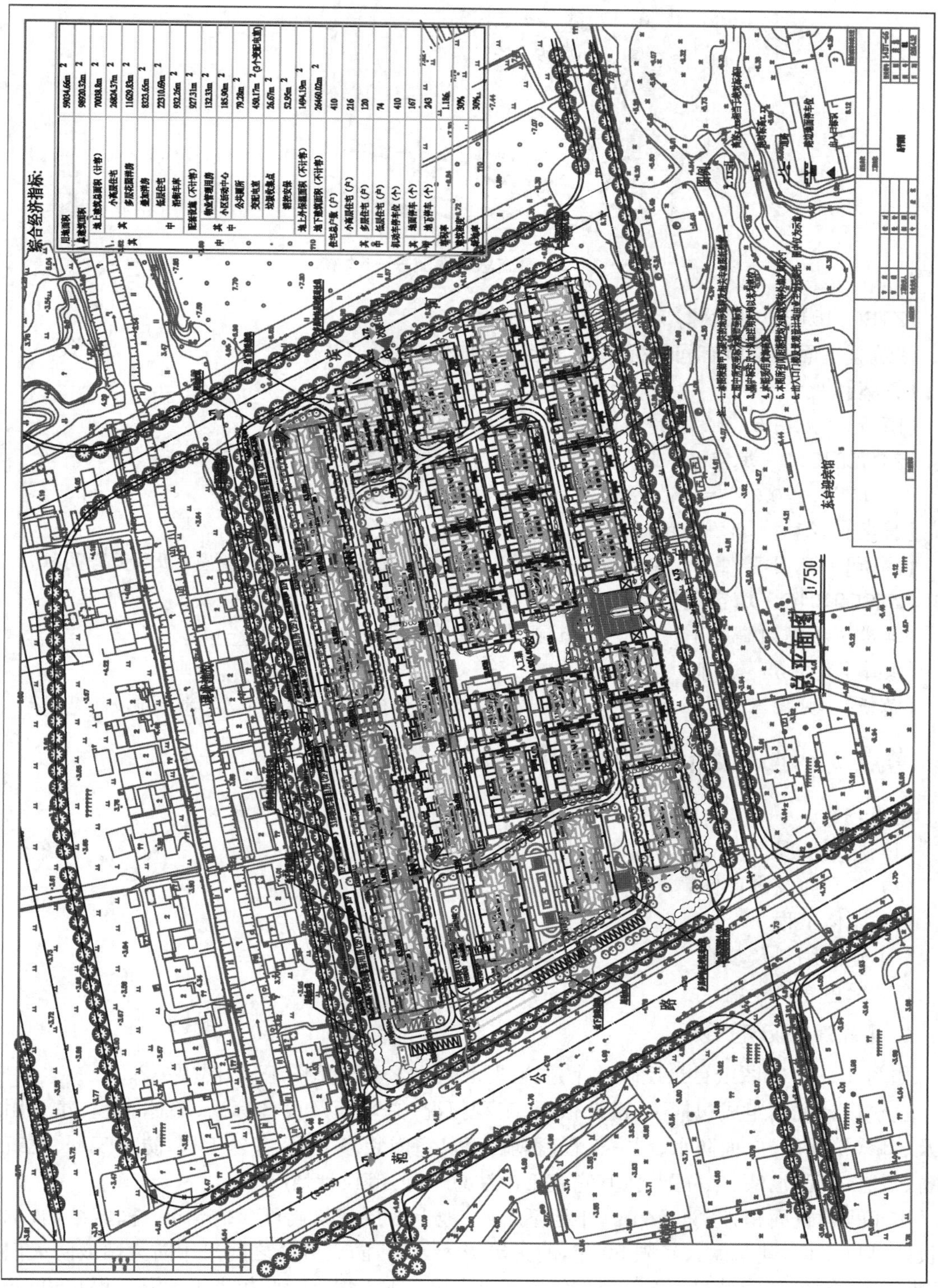

综合经济指标:

用地面积			59034.66m²
总建筑面积			98920.32m²
其中	地上建筑总面积（计容）		70038.8m²
	其中	小高层住宅	26824.37m²
		多层花园洋房	11629.83m²
		叠加洋房	8323.65m²
		低层住宅	22310.69m²
		沿街车库	932.26m²
	配套设施（不计容）		927.31m²
	其中	物业管理用房	132.33m²
		小区活动中心	185.90m²
		公共厕所	79.28m²
		变配电室	450.17m²(3个变配电室)
		垃圾收集点	26.67m²
		消控安保	52.95m²
	地上外保温面积（不计容）		1494.19m²
	地下建筑面积（不计容）		26460.02m²
住宅总户数（户）			410
其中	小高层住宅（户）		216
	多层住宅（户）		120
	低层住宅（户）		74
机动车停车位（个）			410
其中	地面停车（个）		167
	地下停车（个）		243
容积率			1.186
建筑密度			30%
绿地率			30%

注：1. 本图根据甲方提供的地形图及相关专业图纸绘制
2. 图中所示坐标为城市坐标系
3. 图中标注尺寸未加注明者均以米为单位
4. 本图采用黄海高程
5. 本图所有间距标注均为建筑实体外墙之间尺寸
6. 出入口门楼及景观设计均由业主另行委托，图中仅为示意

图例：

道路

路边地面停车位

出入口标识

总平面图 1:750

东台迎宾馆

图 5-1-1　建施-01　总平面图

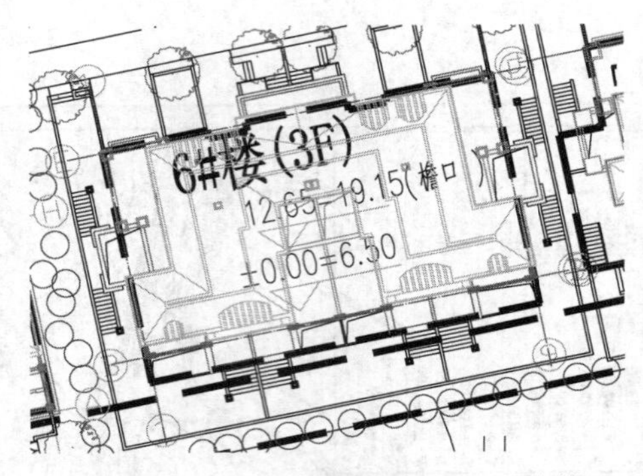

图 5-1-2　建施总平面图——6#楼

【ZTSC0101B · 判断题】

建筑总平面图中所有间距标注均为建筑实体外墙之间尺寸。　　　　(　　)

【答案】 √

【解析】 见图 5-1-1"建筑总平面图文字说明"。

【ZTSC0101C · 填空题】

6#楼工程±0.000=6.50,6.50 是________高程,单位是________。

【答案】 绝对　米(或 m)

【解析】 见图 5-1-2,相对高程±0.000 相当于绝对高程 6.50 m(国家 1985 黄海高程)。

【ZTSC0101C · 填空题】

6#楼工程檐口高度是________m,相当于黄海绝对高程________m。

【答案】 12.65　19.15

【解析】 见图 5-1-2,檐口高度为 12.65 m(相对标高),19.15 m(绝对标高)。

考点 2　建筑设计总说明识读

重点内容

(1) 建筑概况

(2) 总平面及设计标高

(3) 墙体工程

(4) 建筑用料及装修

(5) 绿色建筑专篇

1. 建筑设计说明识读

如图 5-1-3,图纸目录反映整个建施图图纸由 22 张建施图组成,图幅 A2。

建筑设计说明组成包括了:设计依据、工程概况、总平面及设计标高、墙体工程、建筑用料及装修(楼地面、屋面防水、门窗工程、幕墙工程、室内装修工程、室外工程、防火工程、建筑设备、设施工程、油漆、工种配合、其它施工中注意事项)等设计情况。

本工程建筑面积 1 584.52 m^2,半地下 1 层,地上 3 层建筑高度 12.65 m。框剪结构,抗震设防烈度 7 度,建筑耐久年限 50 年,耐火等级为二级,防火分区之间采用防火墙或防火门(防火卷帘)分隔,防火墙采用 200 厚加气混凝土砌块。本工程±0.00 相当于黄海高程 6.500 m(绝对高程)

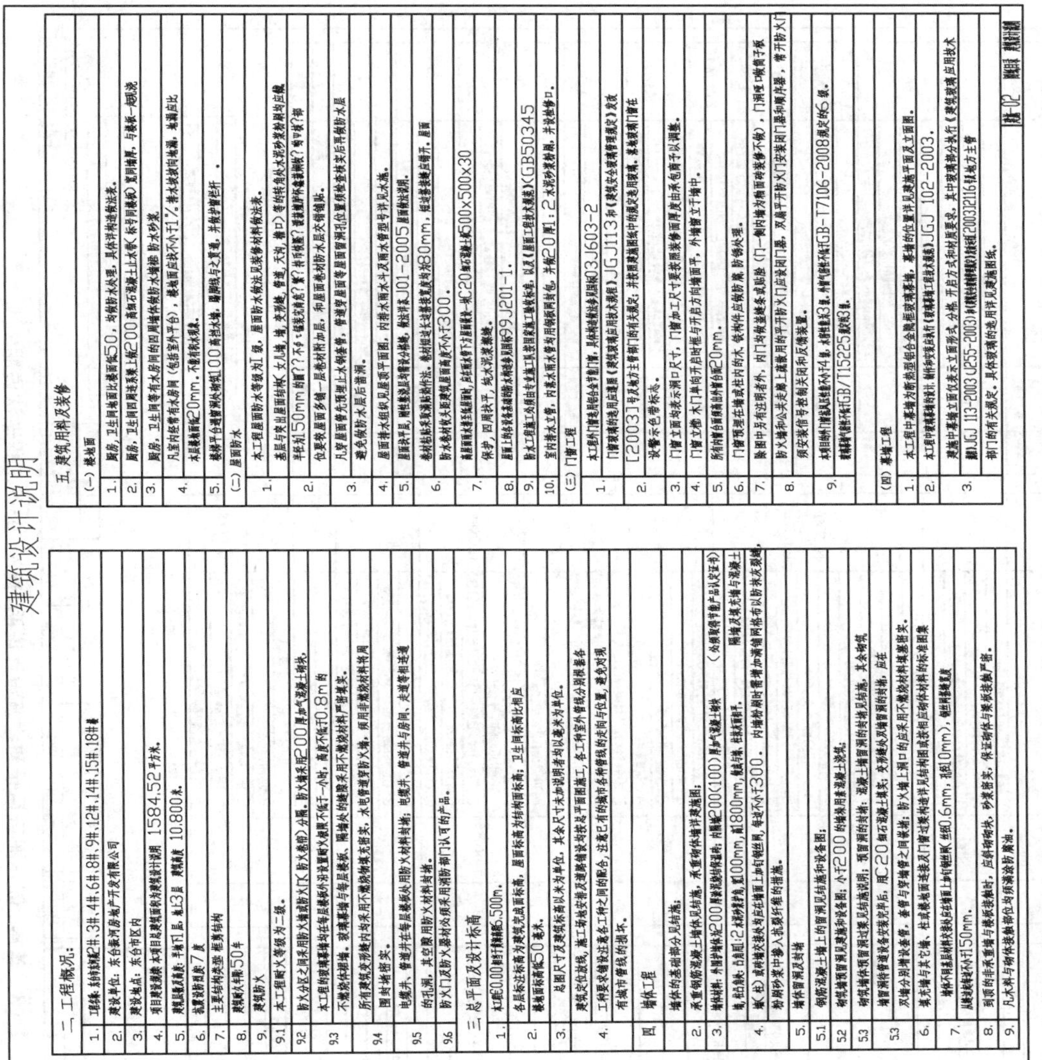

建筑设计说明

图纸目录

图号	图别	图纸名称	图幅	备注
1	建施-01	总平面图	A2	
2	建施-02	图纸目录 建筑设计说明	A2	
3	建施-03	工程做法说明	A2	
4	建施-04	绿色设计专篇	A2	
5	建施-05	地下一层平面图	A2	
6	建施-06	一层平面图	A2	
7	建施-07	二层平面图	A2	
8	建施-08	三层平面图	A2	
9	建施-09	屋顶平面图	A2	
10	建施-10	①-⑨立面图 1#楼梯平面大样图	A2	
11	建施-11	⑨-①立面图 2#楼梯平面大样图	A2	
12	建施-12	[illegible]立面图 3,4,5#楼梯平面大样图	A2	
13	建施-13	A-A剖面图 ①②③阳台平面大样图	A2	
14	建施-14	B-B剖面图 ④阳台平面大样图	A2	
15	建施-15	门窗表及门窗大样图	A2	
16	建施-16	节点大样一	A2	
17	建施-17	节点大样二	A2	
18	建施-18	节点大样三	A2	
19	建施-19	节点大样四	A2	
20	建施-20	节点大样五	A2	
21	建施-21	节点大样六	A2	
22	建施-22	中、西厨及卫生间平面大样图	A2	

一 设计依据

1.	政府批文及各主管部门批示
2.	国家有关建筑设计规范
	《建筑设计防火规范》(GB50016-2006)
	《民用建筑设计通则》(DG50352-2005)
	《住宅建筑规范》(GB50368-2005)
	《住宅设计规范》(GB50096-2011)
	《江苏省住宅设计标准》(DGJ32/J26-2006)
	《住宅工程质量通病控制标准》(DGJ32/J16-2005)
	《无障碍设计规范》(GB50763-2012)
	《江苏省居住建筑热环境和节能设计标准》DGJ32/J71-2008
	《民用建筑热工设计规范》(GB50176-93)
	国家或行业有关的设计规范、标准及工程建设标准强制性条文

二、工程概况：

1.	工程名称：东台市东河苑2#、3#、4#、6#、8#、9#、12#、14#、15#、18#楼
2.	建设单位：东台振河房地产开发有限公司
3.	建设地点：东台市区内
4.	项目建设规模 本项目总建筑面积为建筑设计说明 1584.52平方米。
5.	建筑层数及高度：半地下1层，地上3层 建筑高度 10.800米。
6.	抗震设防烈度7度
7.	主要结构类型 框剪结构
8.	建筑耐久年限50年
9.	建筑防火
9.1	本工程耐火等级为二级。
9.2	防火分区之间采用防火墙或防火门(防火卷帘)分隔。防火墙采用200厚加气混凝土砌块，
9.3	本工程的玻璃幕墙均在每层楼板外沿设置耐火极限不低于一小时，高度不低于0.8m的不燃烧体裙墙。玻璃幕墙与每层楼板、隔墙处的缝隙采用不燃烧材料严密填实。
9.4	所有建筑变形缝内均采用不燃烧物填充密实，水电管道穿防火墙，须用非燃烧材料将周围封堵密实。
9.5	电缆井、管道井在每层楼板处用防火材料封堵；电缆井、管道井与房间、走道等相连通的孔洞，其空隙用防火材料封堵。
9.6	防火门及防火器材必须采用消防部门认可的产品。

三、总平面及设计标高

1.	本工程±0.00相当于黄海高程6.500m。
2.	各层标注标高为建筑完成面标高，屋面标高为结构面标高；卫生间标高比相应楼地面标高低50毫米。
3.	总图尺寸及建筑标高以米为单位，其余尺寸未加说明者均以毫米为单位。
4.	建筑定位放线，施工场地安排及道路铺设均按总平面图施工，各工种室外管线分别根据各工种要求铺设注意各工种之间的配合，注意已有的城市各种管线的走向与位置，避免对现有城市管线的损坏。

四、墙体工程

	墙体的基础部分见结施；
2.	承重钢筋混凝土墙体见结施，承重砌体墙详建施图；
3.	墙体材料：外围护墙体为200厚淤泥烧结保温砖；内隔墙200(100)厚加气混凝土砌块 （必须取得节能产品认定证书）
4.	墙，柱凸角处：凸角用1:2水泥砂浆护角，宽100mm，高1800mm，做成与墙、柱抹灰面相平。 隔墙及填充墙与混凝土墙(柱)或砖墙交接处均应在墙面上加钉钢丝网，每边不小于300。 内墙粉刷时需增加满铺网格布以防抹灰裂缝，粉刷砂浆中掺入抗裂纤维的措施。
5.	墙体留洞及封堵
5.1	钢筋混凝土墙上的留洞见结施和设备图；
5.2	砌筑墙预留洞见建施和设备图；小于200的墙洞用素混凝土浇筑；
5.3	砌筑墙体预留洞过梁见结施说明；预留洞的封堵：混凝土墙留洞的封堵见结施，其余砌筑
5.3	墙留洞待管道设备安装完毕后，用C20细石混凝土填实；变形缝处双墙留洞的封堵，应在双墙分别增设套管，套管与穿墙管之间嵌堵；防火墙上洞口的应采用不燃烧材料填塞密实。
6.	填充墙与其它墙、柱或楼地面连接及门窗过梁构造详见结构图或按相应砌体材料的标准图集
7.	墙体不同基层材料交接处应在墙面上加钉钢丝网(丝径0.6mm，孔径10mm)，钢丝网搭缝宽度从缝边起每边不小于150mm。
8.	到顶的非承重墙与楼板接触时，应斜砌砌块，砂浆密实，保证砌体与梁板接触严密。
9.	凡木料与砌体接触部位均须满涂防腐油。

五、建筑用料及装修

(一) 楼地面

1.	厨房，卫生间地面比楼面低50，均做防水处理，具体详构造做法表。
2.	厨房，卫生间四周连系梁上做200高细石混凝土止水带(标号同楼板)宽同墙厚，与楼板一起现浇
3.	厨房，卫生间等有水房间的四周墙体做防水墙裙：防水砂浆
4.	凡室内经常有水房间(包括室外平台)，楼地面应找不小于1%排水坡坡向地漏，地漏应比本层楼地面低20mm。不能有积水现象。
5.	楼梯平台遇窗洞处砌筑100高挡水墙，踢脚线与之贯通，并做护窗栏杆 。

(二) 屋面防水

1.	本工程屋面防水等级为Ⅰ级，屋面防水做法见装修材料做法表。
2.	基层与突出屋面结构(女儿墙，墙，变形缝，管道，天沟，檐口)等的转角处水泥砂浆粉刷均应做半径为150mm的圆??不φ·钲装完商危?繁?持币依壁?谡兹螅护怀鑫敲槲敉?蚴ㄓ核?部位要较屋面多铺一层卷材附加层，和屋面卷材防水层交错铺贴。
3.	凡穿屋面管先预埋止水钢套管，管道穿屋面等屋面留洞孔位置须检查核实后再做防水层避免做防水层后凿洞。
4.	屋面排水组织见屋顶平面图，内排水雨水斗及雨水管型号详见水施。
5.	屋面找平层，刚性垫浇层均需设分格缝，做法详苏J01-2005屋面做法说明。
6.	卷材粘贴采取满贴热作法。卷材短边长边搭接宽度均为80mm，短边搭接缝应错开。屋面防水卷材收头距建筑屋面高度不小于300。
7.	高层面雨水排至低层面时，应在雨水管下方屋面铺设一块C20细石混凝土板500x500x30保护，四周找平，纯水泥浆擦缝。
8.	屋面上的各设备基础的防水构造参见国标99J201-1。
9.	防水工程施工必须由专业施工队按国家施工验收标准，以及《屋面工程技术规范》(GB50345
10.	室内排水立管，内落水雨水管均用钢板网封包，并做20厚1:2水泥砂浆粉刷，并设检修口。

(三) 门窗工程

1.	本工程外门窗选用铝合金节能门窗，具体构造做法参见国标03J603-2
2.	门窗玻璃的选用应遵照《建筑玻璃应用技术规程》JGJ113和《建筑安全玻璃管理规定》发改[2003]号及地方主管部门的有关规定；并按照建施图纸中的规定选用玻璃。落地玻璃门窗在设警示色带标志。
3.	门窗立面均表示洞口尺寸，门窗加工尺寸要按照装修面厚度由承包商予以调整。
4.	门窗立樘：木门单向开启时框与开启方向墙面平，外墙窗立于墙中。
5.	所有内窗台面须高出外窗台面20mm。
6.	门窗预埋在墙或柱内的木、铁构件应做防腐、防锈处理。
7.	除图中另有注明者外，内门均做盖缝条或贴脸(门一侧内墙为釉面砖装修不做)，门洞哑口做筒子板
8.	防火墙和公共走廊上疏散用的平开防火门应设闭门器，双扇平开防火门安装闭门器和顺序器，常开防火门须安装信号控制关闭和反馈装置。
9.	本项目的外门窗抗风压性能不小于4级，水密性能为3级。外窗气密性不低于GB-T7106-2008规定的6级。玻璃幕墙气密性不低于GB/T15225规定的3级。

(四) 幕墙工程

1.	本工程中幕墙为断热型铝合金隐框玻璃幕墙，幕墙的位置详见建施平面及立面图。
2.	本工程中玻璃幕墙的设计、制作和安装应执行《玻璃幕墙工程技术规范》JGJ 102-2003。
3.	建施中幕墙立面仅表示立面形式、分格、开启方式和材质要求，其中玻璃部分执行《建筑玻璃应用技术规程》JGJ 113-2003 (J255-2003)和《建筑安全玻璃管理规定》发改运行[2003]2116号及地方主管部门的有关规定。具体玻璃的选用详见建施图纸。

建施-02 图纸目录 建筑设计说明

图 5-1-3 建施-02 图纸目录和建筑设计说明、建施-03 工程做法说明

4.	幕墙施工图由专业设计单位负责设计，并经甲方和建筑设计单位认可后方可施工并要求严格按照相关防火设计规范设计施工，满足防火墙两侧、窗间墙、窗槛墙的防火要求，同时满足外围护结构的各项物理力学性能要求，并应注意做好交界外的防水。
5.	幕墙工程应配合土建、机电、擦窗设备、景观照明工程的各项要求。
（五）室内装修工程	
1.	内装修工程执行《建筑内部装修设计防火规范》，楼地面部分执行《建筑地面设计规范》，构造做法说明。
2.	凡设有地漏的房间，楼地面应做防水层。
3.	排水量大的房间，室内地面须设排水沟及集水坑。
4.	所有临空栏杆高度小于900的加高至安全护栏，做法详见苏J05-2006-4/6栏杆垂直杆件净距不大于110。
（六）室外工程	
1.	雨篷、散水、室外台阶、坡道等的室外工程做法见建施平面图中索引及节点详图。
（七）防火工程	
1.	各类防火器材必须采用消防部门认可的产品。
2.	防火墙与屋面及外墙面均不得留缝隙，穿墙管道安装完毕后，必须用非燃烧材料将其周围封填密实
3.	各类防火窗必须严格遵循防火规范要求的耐火时间，必须经消防部门认可的生产厂家制作。
4.	凡涉及消防设计中的修改必须通过消防部门认可。
5.	电缆井及管道井应在每楼安装完毕后，用C20细石混凝土现浇封堵，管道竖井每一层进行封堵。
6.	防火分区跨越变形缝，竖向和横向变形缝内应用防火泥封堵。
（八）建筑设备、设施工程	
1.	灯具及其他可能影响美观的器具须经建设单位确认样品后，方可批量加工、安装。
（九）油漆	
1.	所有金属制品露明部分用红丹（防锈漆）打底，面刷调和漆二度，除注明外颜色同所在墙面。不露明的金属制品仅刷红丹二度，所有金属制品刷底漆前应先除锈。
2.	屋面检修钢梯、水池水箱爬梯、金属雨水管、排水管等均刷防锈漆一道，调和漆二道，颜色同墙面。所有外露管道（不包括煤气、消防直引水）均做喷涂，颜色同所在墙面。
（十）工种配合	
1.	各有关专业工种如给排水、电气、设备安装和土建等项目的施工程序必须密切配合，合理分配设计预留空间楼对标高，主体结构施工应对有关各工种图纸的预埋管线、预留洞口及预埋铁件，对防水要求较高的天沟，卫生间等用水房间，应按需要将有关管件预先埋入。
（十一）其它施工中注意事项	
1.	所有预埋木砖与砖墙接触的材料应做防腐处理。
2.	本工程管道井检修门下留150高C30素混凝土门槛，管井门均为丙级防火门，管井每层待管道安装完毕后用防火材料封堵密实。
3.	本工程图中所注尺寸，除标高及总平面以米为单位，均以毫米为单位。
4.	本施工图未经设计人员同意不得擅自修改。
5.	土建施工过程中，应与水、电、设备等专业图纸密切配合，认真核对图纸，如有任何疑问必须在施工前通知设计单位，及时协商解决。
6.	部分位置在实际施工时，应在现场做试验性样板，待业主与建筑师批准后方可大面积施工。
7.	施工全过程应严格执行施工规范及施工验收规范。
8.	墙身及楼板所有管道孔洞均需正确预留和细心堵砌。
9.	本工程的屋面构造、外墙窗户、设备部分均由专业厂家制作、施工，这些部分是本工程功能及装饰的重点制作施工每道工序必须精益求精，设计单位和建设单位共同把好质量关。
10.	建筑立面颜色及幕墙颜色最后由甲方和设计单位商量确定。
11.	二次装修应符合《建筑内部装修设计防火规范》GB50222-95。
12.	烟道口部铺定钢丝网防虫，鼠，鸟进入堵塞烟道。
13.	施工图中所选用的标准图集，施工单位应严格按图施工。
14.	所有钢筋混凝土墙及柱子（包括构造柱）的位置及大小均以结构图为准。
15.	凡未提及事项均按《住宅工程质量通病控制标准》规范执行。
16.	本工程图纸须经审图中心和消防大队审图合格后方可用于施工。

工程做法说明

类别	做法名称	做法及说明	适用范围
地面	地面1	1.钢筋混凝土地下室底板（抗渗等级P6）	
		2.25mm厚1:2.5水泥砂浆找平层	
		3.1.0厚水泥基渗透结晶型防水涂料（防潮层四周上翻至-0.050）	
		4.100mm厚C15混凝土垫层随捣随抹 5.素土夯实	
楼面	楼面1	1).10厚防滑地砖楼面，干水泥擦缝（颜色、规格业主定）	仅用于同层排水卫生间 1-6项用户自理
		2).5厚1:1水泥砂浆结合层	
		3).聚氨酯二遍涂膜，厚1.2（墙边向上翻起200高）	
		4).20厚1:3水泥砂浆找平层（四周做圆弧状或钝角）	
		5).地热管网安装铺设，回填细砂；6).反射镀铝隔热膜一层；	
		7).30厚C20细石混凝土层，找向地漏	
		8).LC7.5轻骨料混凝土填充（仅卫生间有）	
		9).聚氨酯二遍涂膜，厚1.2（墙边向上翻起600高）	
		10).20厚1:3水泥砂浆找平层（四周做圆弧状或钝角）	
		11).现浇钢筋混凝土楼板	
	楼面2	1.35mm厚C25细石砼整体面层随捣随光；	除楼面1.3外所有楼面
		2、地热管网安装铺设，回填细砂；	
		3、反射镀铝隔热膜一层；	
		4、现浇钢筋混凝土楼板	
	楼面3	1).10厚防滑地砖楼面，干水泥擦缝（颜色、规格业主定）	厨房、卫生间（1-4项用户自理）
		2).5厚1:1水泥砂浆结合层 3).地热管网安装铺设，回填细砂；	
		4).反射镀铝隔热膜一层5).30厚C20细石混凝土层，找向地漏	
		6).聚氨酯二遍涂膜，厚1.2（墙边向上翻起200高）	
		7).20厚1:3水泥砂浆找平层（四周做圆弧状或钝角）	
屋面	平屋面及露台1	1).40厚C20细石防水混凝土内配^16@150双向钢筋网，干水泥擦缝	（1~3项用户自理）
		?6@150双向钢筋网，干水泥擦缝	
		2).10厚低强度等级砂浆隔离层 3).95厚挤塑聚苯板（XPS）保温层	
		4).两道3厚SBS防水卷材 5).20厚1:3水泥砂浆找平层	
		6).最薄30厚LC5.0轻集料混凝土2%找坡层7).现浇钢筋混凝土屋面板	
	瓦屋面2	1).金属瓦挂瓦条（配直径6@500*500钢筋网）	
		2).35厚细石混凝土卧瓦层 3).15厚1:3水泥砂浆找平层	
		4).95厚挤塑聚苯板（XPS）保温层 5).20厚1:3水泥砂浆找平层	
		6).最薄30厚LC5.0轻集料混凝土2%找坡层）.现浇钢筋混凝土屋面板	
平顶	平顶1	1.现浇钢筋混凝土楼板	（3项用户自理）
		2.打磨机磨平 3.刷内墙涂料	
外墙面	墙面1 干挂石材墙面	1.石材开槽固定于不锈钢挂件上，涂云石胶粘牢	仅用于入户门头及主次入口入户楼梯侧板
		2.固定不锈钢挂件	
		3.角钢支架与混凝土墙预埋钢板焊牢 4.60厚岩棉板保温层	
		5.10厚1:3水泥砂浆打底（掺5%防水剂）	
		6.基层墙体（混凝土部分需做界面剂处理）	

预拌砂浆与传统砂浆对应关系表

预拌砂浆	传统砂浆	预拌砂浆	传统砂浆	预拌砂浆	传统砂浆
DMM5.0	M5.0 混合砂浆	DMM10	M10 混合砂浆	WMM7.5	M7.5 水泥砂浆
DMM7.5	M7.5 混合砂浆	WMM5.0	M5.0 水泥砂浆	WMM10	M10 水泥砂浆

类别	做法名称	做法及说明	适用范围
外墙面	墙面2 单彩真石漆墙面	1).喷（刷）外墙涂料	除墙面1.3外所有外墙面
		2).6厚1:2.5防裂砂浆（嵌入耐碱网格布一道）	
		3).耐碱网格布一道	
		4).40厚挤塑聚苯板（XPS）保温层	
		5).3厚专用胶粘剂	
		6).15厚1:3水泥砂浆找平（掺5%防水剂）	
		7).刷界面处理剂一道 8).基层墙体	
	墙面3	1.素土回填，分层夯实	仅用于-1.200以下
		2.40mm厚XPS挤塑聚苯板保护层 3.1.5mm厚聚氨酯防水涂料	
		4.防水混凝土侧墙（抗渗等级P6）	
内墙面	墙面1 瓷砖墙面	1.5厚釉面砖白水泥擦缝 2.10厚1:2.5水泥砂浆粘贴	仅用于厨卫间（1、2项用户自理）
		3.10厚1:2.5水泥砂浆打底（内掺3%聚合物防水剂）	
		4.刷界面剂一道（仅用于混凝土墙面） 5.基层墙体	
	墙面2 乳胶漆墙面	1.刷内墙涂料（用户自理） 2.10mm厚1:1:4混合砂浆抹面	所有内对外墙面
		3.10mm厚1:1:4混合砂浆打底扫毛 4.基层墙体	
	墙面3 乳胶漆墙面	1.刷内墙涂料（用户自理） 2.10mm厚1:1:4混合砂浆抹面	除墙面1.2外所有隔墙
		2.耐碱玻纤网格布（仅用于加气块隔墙）	
		4.10mm厚1:1:4混合砂浆打底扫毛 5.基层墙体	
	墙面4 乳胶漆墙面	1.一底二度防霉乳胶漆	仅用于地下一层（1项用户自理）
		2、防水耐水建筑腻子批嵌二遍	
		3.防水混凝土侧墙（抗渗等级P6）	
散水	混凝土水泥砂浆散水（带垫层）	1.20厚1:2水泥砂浆抹面	所有散水
		2.60厚C15混凝土，上撒1:1水泥砂子压实抹光	
		3.120厚碎石垫层 4.素土夯实，向外坡4%	
		注：散水800宽，每隔6米设伸缩缝一道，宽20，散水与外墙设	
		通长缝宽10，缝内满填沥青胶泥。	
台阶	水泥台阶	1.20mm~35mm厚石材面层	所有台阶
		2.20mm厚1:3干硬性水泥砂浆粘结层	
		3.60mm厚C20混凝土台阶面向外坡1% 4.素土夯实	
踢脚	水泥踢脚	2.10mm厚1:1:4混合砂浆压实抹光（200高）	所有
		3.10mm厚1:1:4混合砂浆打底扫毛	
		3.刷界面处理剂一道 4.基层墙体	
漆油	调和漆	1.调和漆二度 2.底油一度 3.满刮腻子	木质
	耐酸漆	1.耐酸漆二度 2.防锈漆或红丹一度	铁质

无障碍设计专篇

一、设计依据
1.《无障碍设计规范》GB 50352-2005)
2.《江苏省居住建筑热环境和节能设计标准》DGJ32/J 71-2008
3.《公共建筑节能设计标准》GB50189-2005
4.《无障碍设计规范》(GB50763-2012)
二、设计说明
1. 建筑主入口室内外高差为15mm，并以缓坡过渡。
2. 供残疾人使用的门设0.35米高的护门板。

建施-03 工程做法说明

续图5-1-3 建施-02 图纸目录和建筑设计说明、建施-03 工程做法说明承重墙体采用钢筋混凝土；填充墙体材料：外围护墙体为200厚淤泥烧结保温砖；内隔墙200(100)厚加气混凝土砌块。

屋面防水等级为Ⅰ级，采用卷材防水层。外门窗选用铝合金节能门窗，外门窗抗风压性能不小于4级，水密性能为3级，外窗气密性不低于《建筑外门窗气密、水密、抗风压性能检测方法》(GB/T 7106—2019)规定的6级。玻璃幕墙气密性不低于《建筑幕墙》(GB/T 21086—2007)规定的3级。幕墙为断热型铝合金隐框玻璃幕墙。

工程做法说明包括了：地面做法、楼面做法、屋面做法、平顶做法、外墙面做法、内墙面做法、散水做法、台阶做法、踢脚做法、油漆做法和无障碍设计专篇等。砌筑、抹灰采用预拌砂浆。

地面做法包括了钢筋混凝土地面；楼面做法包括了防滑地砖楼面(带地热、防水)、细石砼整体面层楼面；屋面做法包括了平屋面及露台的细石砼屋面[两道3厚SBS防水卷材、95厚挤塑聚苯板(XPS)保温层]、金属瓦屋面[95厚挤塑聚苯板(XPS)保温层]；平顶做法采用涂料顶棚；外墙面做法包括了干挂石材墙面(60厚岩棉板保温层)、单彩真石漆墙面[40厚挤塑聚苯板(XPS)保温层]、地下室外墙防水保温墙面[1.5 mm厚聚氨酯防水涂料、40 mm厚挤塑聚苯板(XPS)保护层]；内墙面做法包括了瓷砖墙面、乳胶漆墙面；混凝土水泥砂浆散水；水泥台阶；水泥踢脚；油漆做法包括了木器采用底油一度＋调和漆二度、金属采用防锈漆或红丹一度＋耐酸漆二度。无障碍设计在建筑主入口室内外高差为15 mm，并以缓坡过渡。

【ZTSC0102A・单选题】

本工程结构类型为(　　)。

A. 框架结构　　B. 剪力墙结构　　C. 框剪结构　　D. 砖混结构

【答案】 C

【解析】 见图5-1-3“建施-02　建筑设计说明”的“二、工程概况”部分。

【ZTSC0102B・单选题】

本工程砌体墙体厚度有(　　)mm。

A. 100、200　　B. 200、300　　C. 240、300　　D. 300

【答案】 A

【解析】 见图5-1-3“建施-02 建筑设计说明”的“四、墙体工程”部分。

【ZTSC0102C・单选题】

本工程有关屋面做法正确的是(　　)。

A. 结构找坡　　B. 建筑材料找坡

C. 屋面排水坡度1%　　D. 屋面排水坡度3%

【答案】 B

【解析】 见图5-1-3“建施-03”的“工程做法表屋面”部分。

【ZTSC0102D・判断题】

本工程建筑耐火等级为一级。(　　)

【答案】 ×

【解析】 见图5-1-3“建施-02 建筑设计说明”的“工程概况”部分。

【ZTSC0102E·判断题】

本工程本工程踢脚做法是水泥踢脚。 ( )

【答案】 √

【解析】 见图 5-1-3"建施-1 建筑设计说明"的"工程做法表"部分。

【ZTSC0102F·填空题】

本工程建筑面积 ________ m^2。

【答案】 1 584.52

【解析】 见图 5-1-3"建施-02 建筑设计说明"的"工程概况"部分。

【ZTSC0102G·简答题】

说明本工程建筑外墙面单彩真石漆墙面做法。

【答案】 自内而外依次为:基层墙体→刷界面处理剂一道→15 厚 1∶3 水泥砂浆找平(掺 5%防水剂)→3 厚专用胶粘剂→40 厚挤塑聚苯板(XPS)保温层→耐碱网格布一道→6 厚 1∶2.5 防裂砂浆(嵌入耐碱网格布一道)→喷(刷)外墙涂料。

2. 绿色建筑专篇识读

如图 5-1-4,绿色建筑专篇设计内容包括:项目名称、项目概况、设计依据、场地规划与室外环境、建筑设计与室外环境、建筑节能等。

建筑朝向为南北向,节能水平 65%,围护结构部位保温材料使用情况:

屋面采用 95 厚挤塑聚苯板,挤塑聚苯板导热系数 0.03×1.25 w/(m^2·K)。

外墙采用 200 厚淤泥烧结保温砖砌块砌筑,40 厚挤塑聚苯板外墙保温系统;外墙体冷桥部位采用 40 厚挤塑聚苯板外墙保温系统。淤泥烧结导热系数 0.34×1.15 w/(m^2·K),保温砖挤塑聚苯板导热系数 0.03×1.15 w/(m^2·K)。

分户墙采用水泥基无机矿物轻集料保温砂浆;外窗采用遮阳系数 5+6A+5+6A+5 为铝合金断桥隔热窗,东、西、北立面外窗采用卷帘遮阳,南立面外窗采用铝合金卷帘一体化遮阳。

挤塑板燃烧性能为 B1 级且沿每层楼板位置设置宽度不小于 300 mm;燃烧性能达到 A 级的泡沫玻璃板作为防火隔离带,防火隔离带与墙面进行全面粘帖;屋顶与外墙交界处、屋顶开口部位四周的保温层,应采用宽度不小于 500 mm,燃烧性能达到 A 级的泡沫玻璃板作为水平防火隔离带。

【ZTSC0102H·填空题】

本工程屋面采用的保温材料是________。

【答案】 挤塑聚苯板

【解析】 见图 5-1-4"建施-04"的"绿色建筑专篇"的"六、建筑节能 2. 建筑围护结构热工性能"部分。

【ZTSC0102I·判断题】

本工程外墙墙体材料为 200 厚淤泥烧结保温砖砌块。 ( )

【答案】 √

【解析】 见图 5-1-5"建施-02 建筑设计说明"的"四、墙体工程"部分和图 5-1-4"建施-05 绿色建筑专篇"的"六、建筑节能 2. 建筑围护结构热工性能"部分。

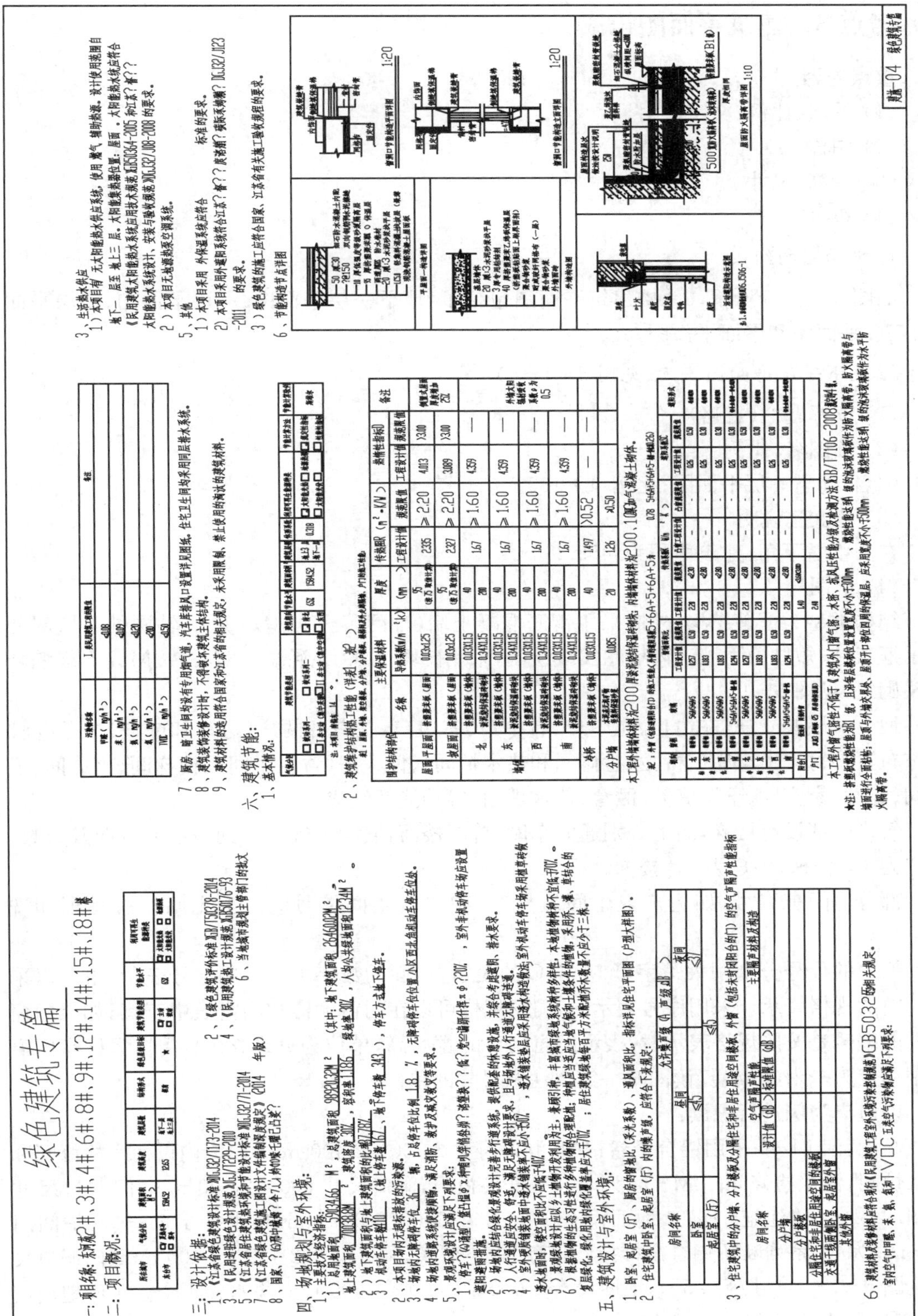

图5-1-4　建施-04　绿色建筑专篇

考点3　建筑平面图识读

重点内容

(1) 图名、比例、文字说明

(2) 图样

(3) 标高、尺寸

(4) 符号

1. 平面图的组成

如图 5 - 1 - 3 所示，6＃楼建筑平面图包括了：地下一层平面图、一层平面图、二层平面图、三层平面图和屋面平面图。

2. 地下一层平面图识读(见图 5 - 1 - 5)

(1) 读标题栏(省略)

(2) 读图名、比例

图名：地下一层平面图；比例：1∶100。

(3) 读文字说明

在图纸右下角：建筑面积为：459.28 m^2。

(4) 读图样

结构类型为框剪结构，外墙采用钢筋混凝土墙(轴网①～⑨/Ⓐ～Ⓔ)，轴网处涂黑部分表示框架柱、短肢剪力墙。内墙粗实线绘制，采用砖墙(MU15 混凝土实心砖、Mb7.5 级混合砂浆砌筑，见图 5 - 1 - 3)。

地下一层共 4 户，左边户、左中户、右中户、右边户，左右各两户(边户和中户)关于⑤轴对称布置。每户由车库(含污水检修间和热水炉间)、佣人房(含卫生间)、楼梯间、储藏间、卫生间、走廊、家庭厅、下沉庭院、酒窖、热水炉间、等功能间组成。

每户中部设有楼梯，向上分别通向车库、首层楼面，表明了楼梯上到一层的方向及级数。边户为 1＃楼梯，中户为 2＃楼梯。

部分房间有编号，如边户卫生间编号②，中户卫生间编号③。卫生间设有马桶和洗漱台。

门窗的代号分别用大写字母 M 和 C 的表示，后面的数字可以采用序号表示，也可以采用门窗的规格表示。采用序号表示时，门窗规格可以在门窗大样和门窗表中查询；如果门窗后面的编号是按照规格表示时，表示门窗洞口的宽×高，单位为分米(dm)，门窗大样和门窗表中单位为毫米(mm)。读图时一定要注意尺寸的单位。

以边户为例进行识读：

车库：门 M - 1 采用铝合金卷帘门，洞口尺寸 2 700×2 400 mm；车库内设污水检修间和热水炉间，污水检修间门 M - 5，为内开平开夹板门，洞口尺寸 600×2 100 mm(门洞口尺寸见图 5 - 1 - 15“建施- 15”)，地面设有 1 200×1 600×2 000 mm 集水井 1 个；热水炉间门 M - 16，为 80 系列断桥铝合金推拉门，双层中空玻璃，洞口尺寸 2 400×2 400 mm(门洞口尺寸见图 5 - 1 - 15“建施- 15”)，地面设有 1 000×1 000×1 500 mm 集水井 1 个。车库地面设有地漏，门外设有 500 mm 宽排水沟。

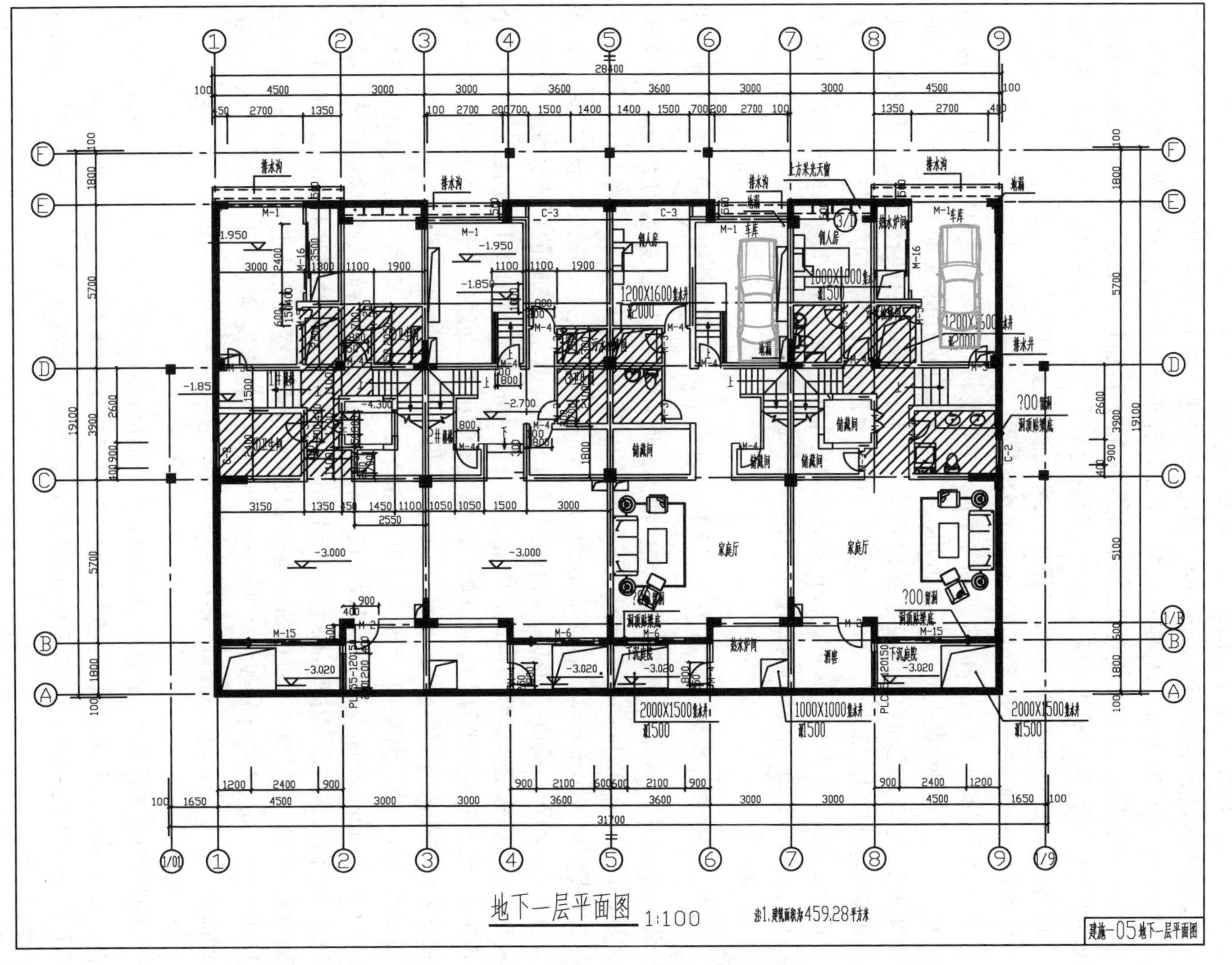

图5-1-5 建施-05 地下一层平面图

佣人房：门 M－4 为内开平开夹板门，洞口尺寸 800×2 100 mm（门洞口尺寸见建施－15）；佣人房内设卫生间，内设洗手盆、坐便器，门 M－3 内开平开夹板门，洞口尺寸 700×2 100 mm（门洞口尺寸见图 5－1－15"建施－15"）。

1＃楼梯：向左一跑上至－1.850 mm，通过 M－3 进入车库；向右三跑上至一层。楼梯三跑绕储藏间顺时针方向向上，储藏间门 M－4 为内开平开夹板门；楼梯梯段下为储藏间，门 M－3 为内开平开夹板门；储藏间通过中间走廊对面为卫生间，内设洗手台、坐便器、洗衣机，卫生间门 M－3 为内开平开夹板门，外墙上设有窗 C－2 为 80 系列断桥铝合金推拉窗，双层中空玻璃，洞口尺寸 900×600 mm（门洞口尺寸见图 5－1－15"建施－15"）。

家庭厅：由走廊进入，连着下沉庭院和酒窖。

下沉庭院：门 M－6，为 80 系列断桥铝合金水平推拉门，双层中空玻璃，洞口尺寸 2 100×2 400 mm（见"图 5－1－15 建施－15"）；下沉庭院地面设有 1 000×1 000×1 500 mm 集水井 1 个；与酒窖之间内墙上设有窗 PLC55－120150，为 55 系列断桥铝合金平开窗，三层中空玻璃，洞口尺寸 1 200×1 500 mm（门洞口尺寸见图 5－1－15"建施－15"）。

酒窖：轴线尺寸 3 000×2 400 mm，地面标高－3.000 m，门 M－2 采用内开平开夹板门，洞口尺寸 900×2 100 mm（门洞口尺寸见图 5－1－15"建施－15"）。

（5）读尺寸

地下一层平面外轮廓尺寸 31 700×19 100 mm。横向定位轴线由(1/01)～(1/09)轴线组成，纵向轴线由Ⓐ～Ⓕ轴线组成。通过定位轴线表明了框架柱柱距、短肢剪力墙墙距。轴网尺寸横向以 4 500、3 000、3 600 mm 为主，纵向以 1 800、3 900、5 700 mm 为主。如③～⑤～⑦轴的柱距为 6 600 mm，Ⓒ～Ⓓ轴的柱距为 3 900 mm；②～③～④轴的短肢剪力墙墙距距为 3 000 mm，①～②轴的短肢剪力墙墙距距为 4 500 mm，④～⑤轴的短肢剪力墙墙距距为 3 600 mm。应注意定位轴线与构件的中心是否重合，如横向定位轴线①、⑨轴线与外墙中心线不重合，墙外皮到轴线的距离为 100 mm，纵向轴线由Ⓐ、Ⓕ轴线与外墙中心线不重合，墙外皮到轴线的距离为 100 mm。

以边户为例进行识读：车库轴线尺寸 4 500×5 700 mm，车库内污水检修间轴线尺寸 2 200×2 100 mm，车库内热水炉间轴线尺寸 3 500×1 350 mm；佣人房：轴线尺寸 3 000×5 700 mm，佣人房内设卫生间，轴线尺寸 2 200×1 900 mm；1＃楼梯宽 1 500 mm，楼梯围绕的储藏间轴线尺寸 1 700×1 900 mm，楼梯梯段下的储藏间宽轴线尺寸 1 100 mm；走廊宽轴线尺寸 1 350 mm；家庭厅轴线尺寸 7 500×570 mm；下沉庭院轴线尺寸 4 500×1 800 mm；酒窖轴线尺寸 3 000×2 400 mm。

（6）读标高

以边户为例进行识读：车库、污水检修间和热水炉间的地面标高－1.950 m；佣人房地面标高－2.700 m，佣人房内设卫生间地面标高－2.720 m；1＃楼梯、走廊、储藏间地面标高－2.700 m；卫生间地面标高－2.720 m；家庭厅、酒窖地面标高－3.000 m，下沉庭院地面标高－3.020 m。

【ZTSC0103A · 单选题】

本工程地下一层中间户室内楼梯是（　　）。

A. 1＃　　B. 2＃　　C. 3＃　　D. 4＃

【答案】 B

【解析】 见图 5-1-5“建施-05　地下一层建筑平面图”。

【ZTSC0103B·判断题】

中间户进入地下车库的台阶是从－2.700 m 标高上至－1.850 m。 （　　）

【答案】 √

【解析】 见图 5-1-5“建施-05　地下一层平面图”。

【ZTSC0103C·填空题】

左边户地下一层①卫生间的门是________，窗是________。

【答案】 M-4　C-2

【解析】 见图 5-1-5“建施-05　地下一层平面图”。

3. 一层平面图识读(见图 5-1-6)

(1) 读标题栏(省略)

(2) 读图名、比例

图名：一层平面图；比例：1∶100。

(3) 读文字说明

在图纸右下角：建筑面积为 448.72 m^2。建筑面积较地下一层有所减少。

(4) 读图样

一层平面图右上角有指北针，表示建筑物朝向，上北下南、左西右东，6＃楼朝向稍呈东北—西南走向。一层框架柱、短肢剪力墙位置与地下一层相同。

一层共 4 户，左边户、左中户、右中户、右边户，左右各两户(边户和中户)关于⑤轴对称布置。每户由室外楼梯、门廊、客厅、储藏间、室内楼梯间、玄关、餐厅、卫生间(内有水、风、暖筒管井)、厨房间(中厨、西厨)等组成。

每户中部设有室内楼梯，向上通往二层楼面。每户有两个与室外联通的出入口及室外楼梯。边户设在南侧和西侧(右边户为东侧)，中户设在南侧和北侧。外墙上布置设有门 M-7、M-8、M-10、M-12，外窗 C-5、C-6、PLC55-120180、PLC55-150180，护窗高 900 mm；内部房间设置了 M-4、M-9。

门廊向南下 4＃楼梯至室外庭院；室内 1＃楼梯南侧向上至玄关，北侧顺时针方向向上至二层；从玄关出入户门 M-7 至室外 3＃楼梯平台，平台向南、北两分下楼梯至室外庭院；室外庭院北端下台阶至室外地坪，此处设有花池一座；①～②轴/Ⓔ轴以北地面带 10%坡，坡端设有排水沟。中厨北侧设有地下室采光天窗。

部分房间有编号，如边户卫生间编号④，中户卫生间编号⑤。边户④号卫生间设有马桶和洗漱台；中户⑤号卫生间设有马桶间和洗漱台，隔墙隔开。边户西厨、中厨编号①，中户西厨、中厨编号②，中厨、西厨内设有管井，中厨、西厨之间设有推拉门 M-9。

装饰柱采用尺寸 850×850 的干挂石材。客厅与下沉庭院墙上设有直径 100 mm 的预留洞，洞顶贴梁底。

(5) 读尺寸

一层平面轴网尺寸 31 500×18 900 mm。轴网尺寸水平方向以 4 500、3 000、3 600 mm 为主，竖直方向以 1 800、3 900、5 700 mm 为主。横向定位轴线由 (1/01) ～ (1/09) 轴线组成，

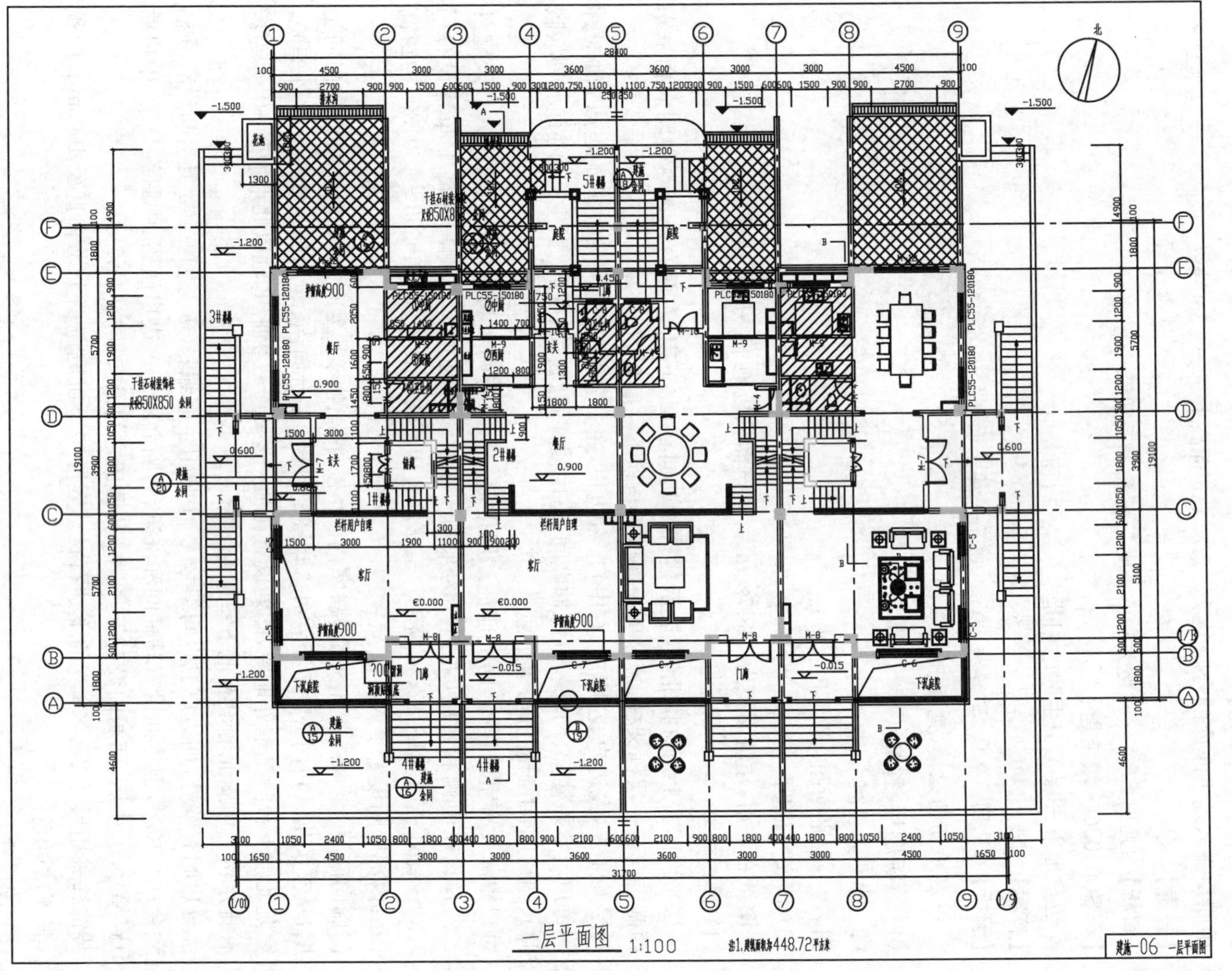

图 5-1-6 建施-06 一层平面图

纵向轴线由Ⓐ～Ⓕ轴线组成。通过定位轴线表明了框架柱柱距、短肢剪力墙墙距。轴网尺寸横向以 4 500、3 000、3 600 mm 为主，纵向以 1 800、3 900、5 700 mm 为主。如③、⑤、⑦轴的柱距为 6 600 mm，Ⓒ～Ⓓ轴的柱距为 3 900 mm；②、③、④轴的短肢剪力墙墙距为 3 000 mm，①～②轴的短肢剪力墙墙距为 4 500 mm，④～⑤轴的短肢剪力墙墙距为 3 600 mm。

以边户为例进行识读：

下沉庭院开间尺寸 4 500 mm，进深尺寸 1 800 mm；门廊开间尺寸 3 000 mm，进深尺寸 2 400 mm；客厅开间尺寸 7 500 mm，进深尺寸 5 700 mm；1＃楼梯宽 1 100 mm，顺时针方向向上至二层，逆时针方向向下至地下一层；储藏间开间尺寸 1 700 mm，进深 1 900 mm；玄关开间尺寸 3 900 mm，进深 3 000 mm；餐厅开间尺寸 4 500 mm，进深 5 700 mm；卫生间开间尺寸 1 450 mm，进深 3 000 mm；西厨开间尺寸 1 600 mm，进深 3 000 mm；中厨开间尺寸 2 050 mm，进深 3 000 mm；花池平面尺寸 1 300×1 800 mm。

(6) 读标高

门廊地面标高－0.015 m，客厅、玄关、储藏间、地面标高±0.000 m，玄关、储藏间、餐厅地面标高 0.900 0 m，卫生间、西厨、中厨地面标高比餐厅低 0.020 m，室外庭院－1.200 m，室外地坪－1.500 m。

(7) 读符号

中心对称符号：中心对称符号位于⑤轴线，表示左边户、左中户与右中户、右边户左右对称。

剖切符号：一层平面图中有 2 个剖切符号，分别为 A—A、B—B。

A—A 剖面位于③～④轴线之间，剖切平面在左中户，为全剖面图，向左投影，详图 5－1－16“建施－16”。

B—B 剖面位于⑦～⑨轴线之间，剖切平面在右边户，为阶梯全剖面图，向右投影，详图 5－1－17“建施－17”。

断面图剖切符号：一层平面图中有 5 个断面图，分别边户下沉庭院断面图，见图 5－1－15“建施－15”节点 A；边户门廊、4＃楼梯断面图，见图 5－1－16“建施－16”节点 A；边户玄关外门厅下至 3＃楼梯平台断面图，见图 5－1－20“建施－20”节点 A；边户北侧斜坡、排水沟断面图，见图 5－1－19“建施－19”节点 A；中户北侧门廊、5＃楼梯断面图，见图 5－1－18“建施－18”节点 A。

索引符号：索引符号 1 处，下沉庭院外墙做法索引见建施－19 节点 B。

【ZTSC0103D · 单选题】

本工程一层平面图图中地面标高±0.000 相当于绝对标高(　　)。

A. 12.65 m　　B. 19.15 m　　C. 6.50 m　　D. 5.45 m

【答案】 C

【解析】 见图 5－1－6“建施－06　一层平面图”的±0.00 相当于绝对标高6.50 m。

【ZTSC0103E · 单选题】

本工程一层平面图图中中户客厅的开间尺寸是(　　)。

A. 5 100 mm　　B. 5 700 mm　　C. 6 600 mm　　D. 3 600 mm

【答案】 C

【解析】 见图 5-1-6“建施-06 一层平面图”③～⑤～⑦/Ⓑ～Ⓒ轴线。

【ZTSC0103F·判断题】

右边户餐厅地面标高上至玄关地面标高 0.900 m。 （ ）

【答案】 √

【解析】 见图 5-1-6“建施-06 一层平面图”⑧～⑨/Ⓓ～Ⓔ轴线。

【ZTSC0103G·判断题】

一层平面图有剖切面两个,分别是 A—A、B—B。 （ ）

【答案】 √

【解析】 见图 5-1-6“建施-06 一层平面图”③～④、⑦～⑧～⑨轴线。

【ZTSC0103H·填空题】

一层右边户餐厅①中厨的门是________,窗是________。

【答案】 M-9 PLC55-150180

【解析】 见图 5-1-6“建施-06 一层平面图”⑦～⑧/Ⓓ～Ⓔ轴线。

【ZTSC0103I·简答题】

本工程一层平面图图中边户④卫生间内有那些功能间?

【答案】 有水、风和暖通管井。

【解析】 见图 5-1-6“建施-06 一层建筑平面图”②～③/Ⓓ轴线。

【ZTSC0103J·简答题】

本工程一层平面图图 4＃楼梯详图见那张图纸?

【答案】 建施-16 节点 A。

【解析】 见图 5-1-6“建施-06 一层建筑平面图”Ⓐ轴线。

4. 二层平面图识读

(1) 读标题栏(省略)

(2) 读图名、比例

图名:二层平面图;比例:1∶100。

(3) 读文字说明

在图纸右下角:建筑面积为 387.46 m^2。建筑面积较一层有所减少。

(4) 读图样

二层结构框架柱、短肢剪力墙位置与一层相同。二层共 4 户,左边户、左中户、右中户、右边户,左右各两户(边户和中户)关于⑤轴对称布置。

除了与一层平面的相同之处之外,其不同之处主要有以下几点:

二层平面不在绘制一层平面图中的室外楼梯、坡道、下沉庭院、室外庭院、指北针、全剖面的剖切符号等。

每户由阳台、卧室(3 个)、储藏间、室内楼梯间、卫生间(2 个,内有水、暖筒管井)、天井、花池、一层门廊上的小屋面等组成。

部分房间有编号,如边户卫生间编号⑥、⑦,中户卫生间编号⑧、⑨,均与卧室相邻。边户⑥号卫生间设有浴盆、淋浴房、马桶间和洗漱台;中户⑦号卫生间设有浴盆、马桶和洗漱台。

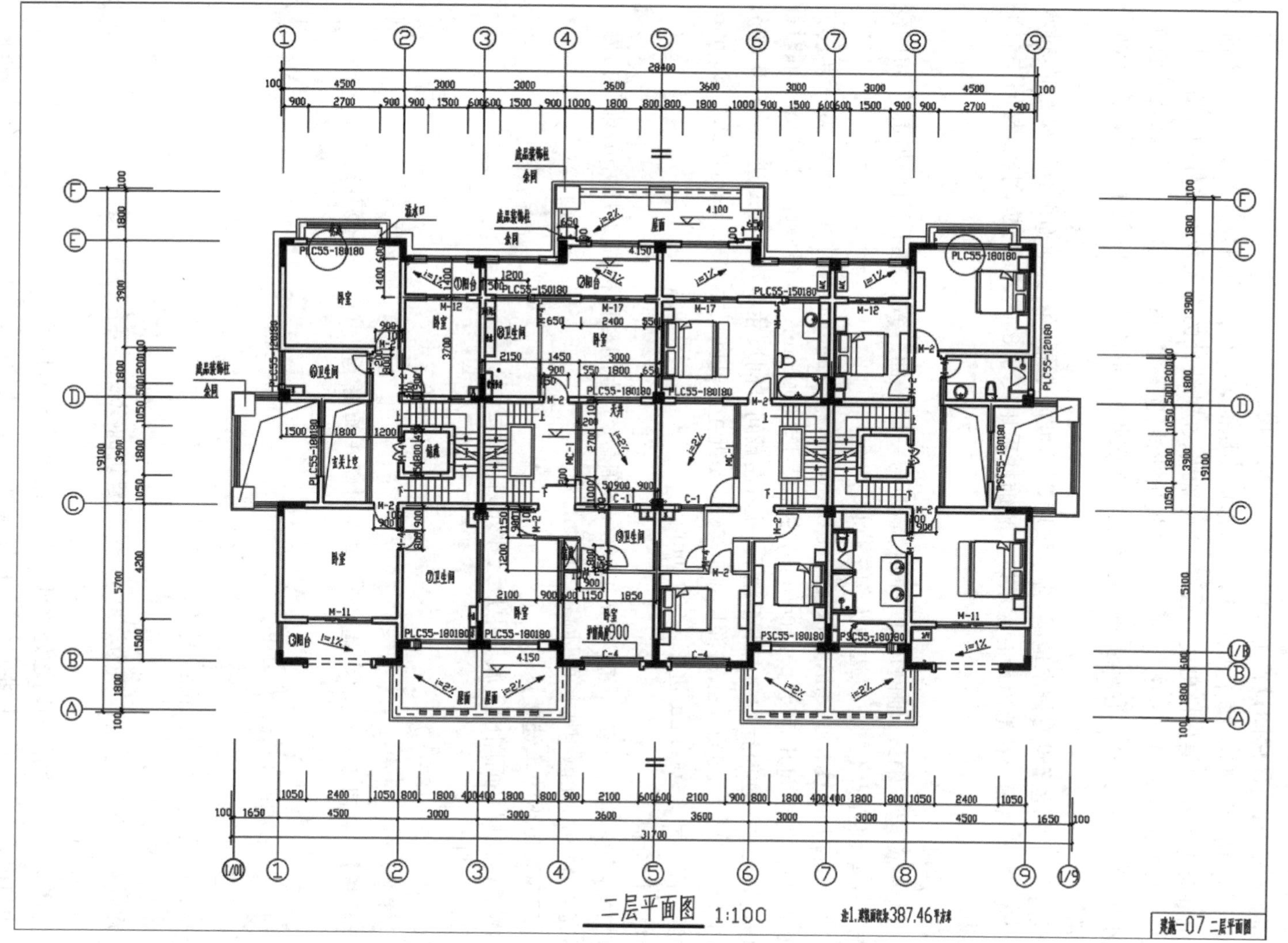

图 5-1-7 建施-07 二层平面图

每户中部设有室内楼梯，顺时针方向向上通往三层楼面，逆时针方向向下通往一层。外墙上布置设有门 M－11、M－12、M－17，外窗 C－1、C－4、PLC55－180180、PLC55－120180，护窗高 900 mm；内部房间设置了 M－2、M－4、M－12。

Ⓐ～Ⓑ轴线之间的一层门廊在次收头，形成小屋面；①～②/Ⓑ轴线处及⑧～⑨/Ⓑ轴线处下沉庭院上方在二层处挑出成阳台；边户①轴线、⑨轴线处的玄关及玄关外门廊在二层挑高；①～②/Ⓔ轴线处及⑧～⑨/Ⓔ轴线处外挑出花池；④～⑥/Ⓔ轴线处一层门廊在此收头，形成小屋面；④～⑥/Ⓒ～Ⓓ轴线处一层卫生间在次收头，形成内天井，便于二层以上房间采光通风。

门廊上的小屋面设有排水地漏，排水坡度 2%，坡向地漏。阳台地面设有排水地漏，排水坡度 2%，坡向地漏。花池内设有溢水口。装饰柱采用尺寸 850×850 的干挂石材同一层平面做法。

(5) 读尺寸

二层平面定位轴线、轴网尺寸、柱距、墙距与一层平面一致。由于房间功能、布局的变化，与一层平面有所不同。以边户为例进行识读：

阳台开间尺寸 4 500 mm，进深尺寸 1 500 mm；南主卧开间尺寸 4 500 mm，进深尺寸 4 200 mm；南卫生间开间尺寸 5 100 mm，进深尺寸 3 000 mm；1＃楼梯宽 1 100 mm，顺时针方向向上至二层，逆时针方向向下至地下一层；储藏间开间尺寸 1 700 mm，进深 1 900 mm；北卫生间开间尺寸 1 800 mm，进深尺寸 3 300 mm；北主卧开间尺寸 4 500 mm，进深 3 900 mm；北次卧开间尺寸 3 700 mm，进深 3 000 mm。

(6) 读标高

二层楼面(包括卧室、走道)标高 4.200 m，阳台、卫生间楼面标高 4.180 m，南侧门廊屋面标高 4.150 m，北侧门廊屋面标高 4.100 m。

【ZTSC0103K·单选题】

本工程二层平面图中不属于中户天井处的门窗是(　　)。

A. C－1　　　　B. MC－1

C. PLC55－180180　　　　D. MC－4

【答案】 D

【解析】 见图 5－1－7"建施－07　二层建筑平面图"④～⑥/Ⓒ～Ⓓ轴线。

5. 三层平面图识读

(1) 读标题栏(省略)

(2) 读图名、比例

图名：三层平面图；比例：1∶100。

(3) 读文字说明

在图纸右下角：建筑面积为 289.06 m^2。建筑面积较二层有所减少。

(4) 读图样

除了与二层平面的相同之处之外，其不同之处主要有以下几点：

边户由露台(2 处)、主卧室(1 个)、储藏间、室内楼梯间、卫生间(1 个，内有水、暖筒管井)、走道、书房(1 间)等组成。

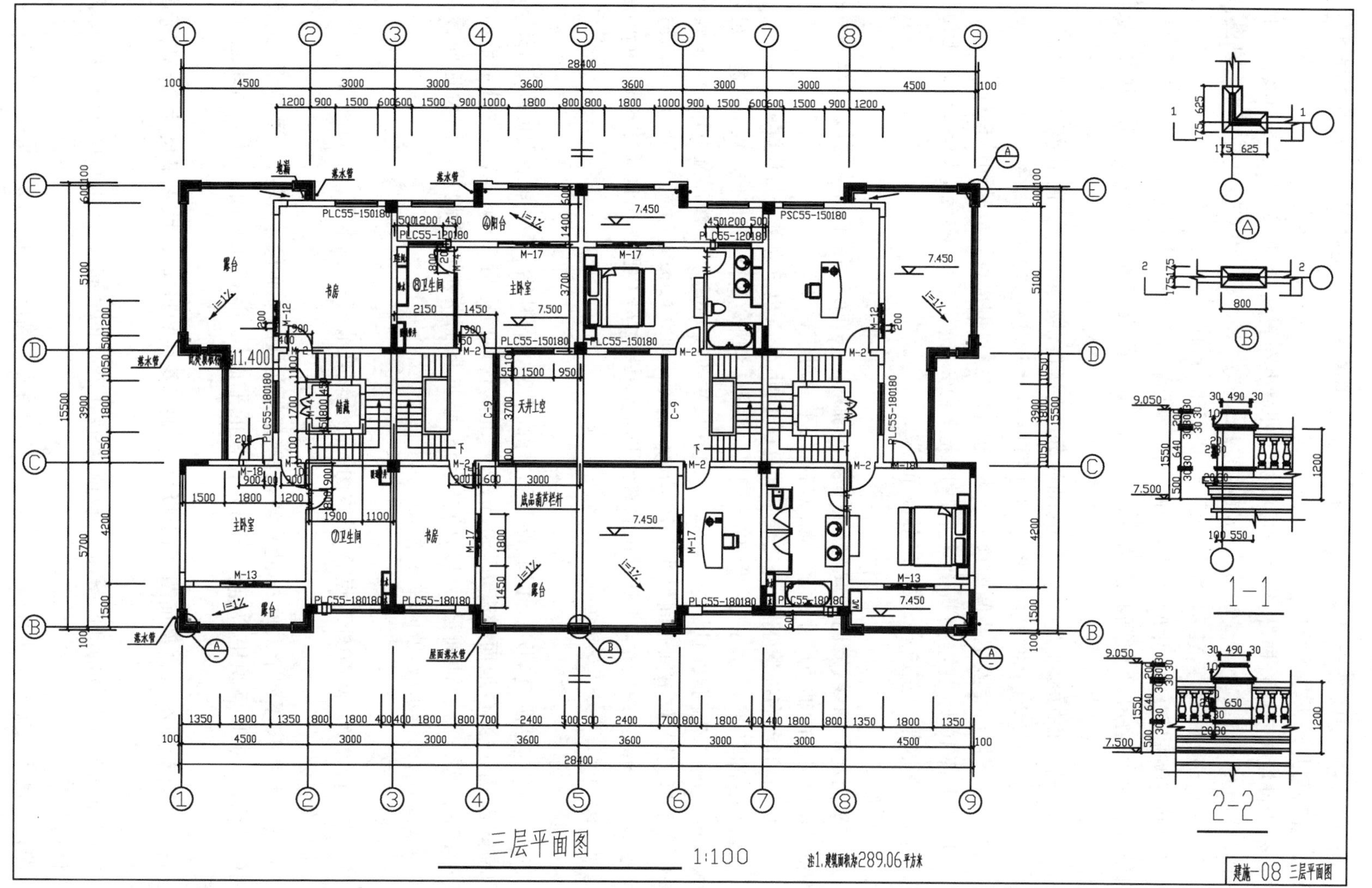

图 5-1-8　建施-08　三层平面图

中户由书房(1间)、露台(1处)室内楼梯间、走道、阳台(1个)、主卧室(1个)、卫生间(1个,内有水、暖筒管井)、天井等组成。

每户中部设有室内楼梯,楼梯在三层收头。外墙上布置设有门M-12、M-13、M-17、M-18,外窗C-1、C-4、PLC55-180180、PLC55-150180、PLC55-120180,护窗高900 mm;内部房间设置了M-2、M-4、C-9、PLC55-150180。

卫生间有编号,边户卫生间编号⑦,中户卫生间编号⑧,均与主卧室相邻。边户⑦号卫生间设有浴盆、淋浴房、马桶间和洗漱台;中户⑧号卫生间设有浴盆、马桶间和洗漱台;中户④号阳台。

边户①~②/Ⓑ轴线处及⑧~⑨/Ⓑ轴线处二层阳台屋顶上方设置了露台(南露台);①~②/Ⓓ~Ⓔ轴线之间的二层卫生间、北主卧屋顶上方设置露台(北露台)。中户④~⑥/Ⓑ~Ⓒ轴线处二层卧室及卫生间屋顶上方设置露台。露台四周设置成品葫芦栏杆。

三层落水管10处。左边户:南露台1处,北露台2处;左中户:露台1处,阳台1处。右边户、右中户落水管与左边户、做中户对称布置。

(5) 读尺寸

三层平面定位轴线,横向轴线①~⑨,纵向轴线Ⓑ~Ⓔ,三层平面轮廓尺寸28 400×15 500 mm。三层的轴网尺寸、柱距、墙距与二层平面对应一致。

由于房间功能、布局的变化,与二层平面有所不同,现以边户为例进行识读:

南露台开间尺寸4 500 mm,进深尺寸1 500 mm;主卧室开间尺寸4 500 mm,进深尺寸4 200 mm;⑦号卫生间开间尺寸5 100 mm,进深尺寸3 000 mm;1#楼梯宽1 100 mm,逆时针方向向下至二层;储藏间开间尺寸1 700 mm,进深1 900 mm;走道宽1 200 mm;书房开间尺寸4 200 mm,进深尺寸5 100 mm;北露台平面步距基本呈刀把型,开间尺寸8 500 mm,进深宽处3 300 mm、窄处1 800 mm。

(6) 读标高

三层楼面(包括卧室、书房、走道、储藏间)标高7.500 m,阳台、卫生间地面标高7.480 m。边户南露台、中户露台地面标高7.450 m;边户北露台地面标高7.300 m,与主卧室地面有200 mm的高差。露台地面设置1%的排水坡,坡向屋面落水口或地漏。阳台地面标高7.480 m,设有1%排水坡,坡向屋面落水口。

(7) 读符号

①/Ⓑ、⑨/Ⓔ、⑨/Ⓑ轴处节点A,见本图;⑤/Ⓑ轴处节点B,见本图。

(8) 读节点

节点A反映房屋四个大角处(边户)露台转角处花柱的平面尺寸,花柱平面位置于轴线之间的关系;节点B反映中户露台分隔处花柱的平面尺寸,花柱平面位置于轴线之间的关系。

1—1剖面为节点A的剖面图,向上投视,反映了花柱的竖向尺寸、水平尺寸、造型、标高及栏杆的高度。

2—2剖面为节点B的剖面图,向上投视,反映了花柱的竖向尺寸、水平尺寸、造型、标高及栏杆的高度。

花柱高度1 550 mm,顶标高9.050 m,成品葫芦栏杆高度1 200 mm。

【ZTSC0103L·判断题】

中露台地面的排水坡度为2%，坡向地漏。 （ ）

【答案】 ×

【解析】 见图5-1-8"建施-08 三层平面图"。

【ZTSC0103M·填空题】

本工程左边户、左中户与右中户、右边户关于________轴线对称。

【答案】 ⑤

【解析】 见图5-1-8"建施-08 三层平面图"。

6. 屋顶平面图识读

(1) 读标题栏(省略)

(2) 读图名、比例

图名：屋顶平面图；比例：1∶100。

(3) 读图样

屋面左右两部分关于⑤轴线对称布置。该屋顶为平、坡结合屋顶，采用女儿墙内成品天沟排水。中部平屋顶，给出了屋面的分水线，标出了屋面的排水方向和坡度2%。平屋顶四周向下为坡屋面，坡度1∶1，排水方向坡向成品天沟。平屋顶上布置有4台整体式太阳热水器，每户1台；还有出屋面风帽2只，平屋面向坡屋面排水的屋面落水口4只。坡屋面上设有气窗8个，南北立面各4个。坡屋面成品天沟内设有屋面落水管6只。

(4) 读尺寸

屋顶平面定位轴线，横向轴线①～⑨，纵向轴线(1/B)～Ⓔ，三层平面轮廓尺寸28 400×14 700 mm。屋顶轴网与三层平面对应一致。

标注尺寸反映了平屋顶、坡屋顶的水平投影长度，女儿墙、天沟等宽度。

(5) 读标高

平屋顶女儿墙顶标高13.550 m，平屋顶最高点13.250 m，檐口标高11.150 m，各气窗的中心标高，如②～④/(1/B)轴处气窗的中心标高12.600 m。

(6) 读节点

平屋顶上布置的4台整体式太阳热水器，其安装做法详苏J28-2007-23。

【ZTSC0103N·判断题】

本工程平屋面的排水坡度为2%。 （ ）

【答案】 √

【解析】 见图5-1-9"建施-09 屋顶平面图"。

【ZTSC0103O·填空题】

本工程平屋面有________个落水口。

【答案】 4

【解析】 见图5-1-9"建施-09 屋顶平面图"。

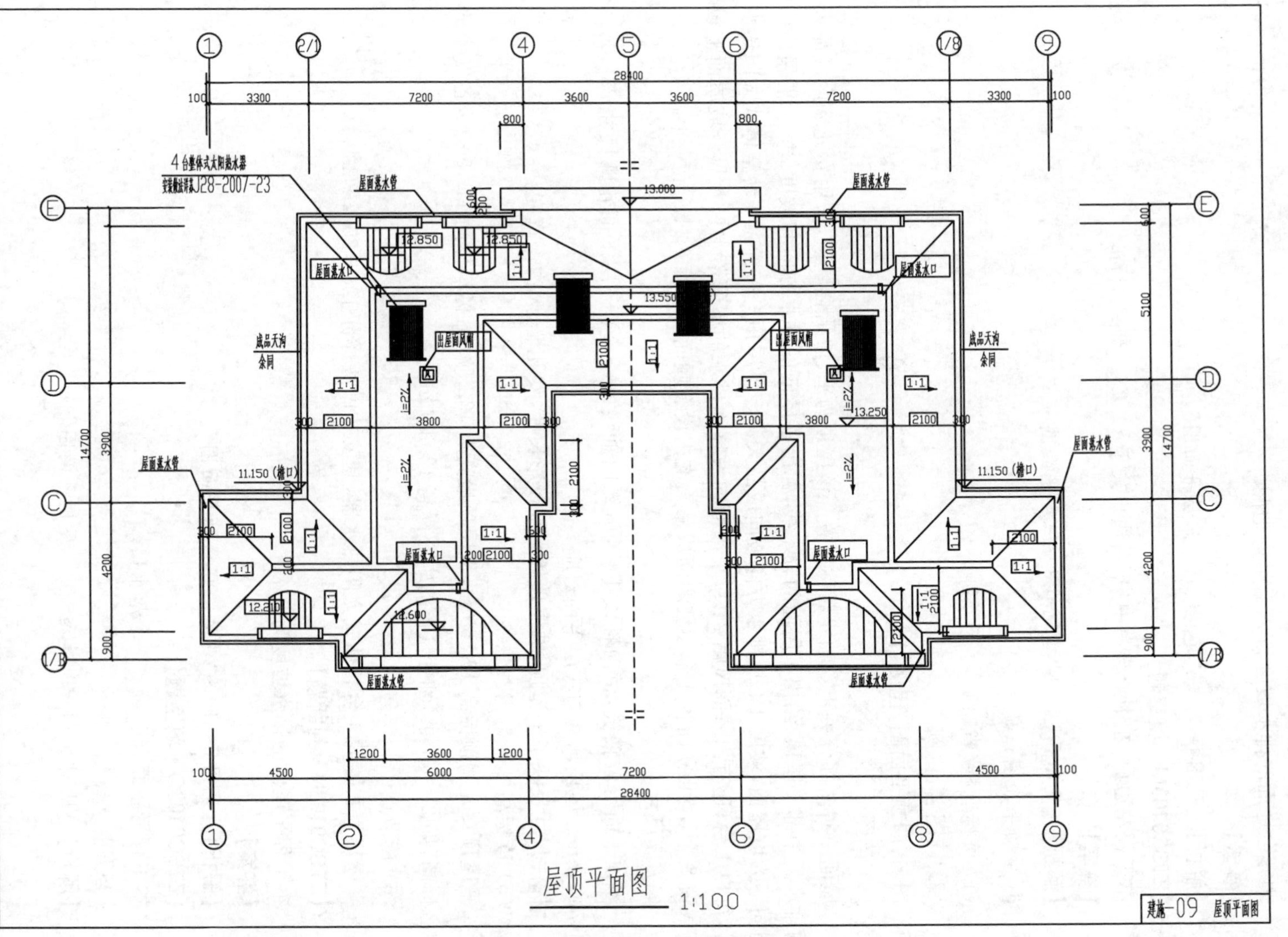

图 5-1-9 建施-09 屋顶平面图

考点4 建筑立面图识读

重点内容

(1) 图名、比例、文字说明

(2) 图样

(3) 标高、尺寸

(4) 符号

1. 建筑立面图的组成

本工程建筑立面图包括了:南立面、北立面、东立面和西立面。

2. 南立面图识读

①～⑨轴立面图识读

(1) 读图名、比例

图名:①～⑨轴立面 1#楼梯平面大样图;立面图比例:1∶100。

①～⑨轴立面也就是建筑物的南立面图,由南向北投射所得的正投影。南立面要对照图5-1-5"建施-05 地下一层平面图"、图5-1-6"建施-06 一层平面图"、图5-1-7"建施-07 二层平面图"、图5-1-8"建施-08 三层平面图"、图5-1-9"建施-9 屋顶层平面图"来识读。

(2) 读建筑构配件的轮廓

从①～⑨轴立面图中可以看出,外轮廓线所包围的范围显示出6#楼的总长和总高。层数为地上三层,三层带有闷顶,屋顶为平屋顶和坡屋顶,平屋顶带女儿墙。一层设有出入门户的楼梯和入户门,二层、三层有退台,室内高差较大。给出了每层门窗洞的可见轮廓和门窗形式,外立面的装饰柱、露台及阳台的花柱、栏杆轮廓及外立面造型线条轮廓。各层的层高、标高,门窗、门头、花柱、栏杆的高度及标高,屋顶的高度、排水坡度、屋面上气窗、出屋面风帽等。墙面、装饰柱、栏杆、线条、门窗玻璃采用的材料做法。一层外墙上饰灯的位置、数量。

(3) 读建筑外墙面装修做法和分格形式

外墙面采用浅色真石漆,外窗采用中空玻璃,外窗防护栏杆采用深色铸铁栏杆,露台、阳台栏杆采用浅色真石漆栏杆,一层入户门头装饰柱采用浅色石材,坡屋面采用深色瓦屋顶,屋面檐口线条采用GRC装饰板。

(4) 读尺寸和标高

由图中可知室外地坪标高-1.500 m,室外庭院地面标高-1.200 m,有300 mm的高差。一层室内地面标高±0.000 m,与室外庭院地面有1 200 mm的高差,通过楼梯连接。一层外窗高3 000 mm,层号4 200 mm,二层楼面标高4.200 m;二层栏杆高度900 mm,层高3 300 mm,三层楼面标高7.500 m;三层栏杆高度900 mm,层高3 300 mm,檐口标高10.800 m,平屋顶女儿墙顶标高13.550 m。

一层左右两侧楼梯护墙顶标高1.700 m,门头顶标高5.400 m,二层栏杆顶标高5.400 m,三层栏杆顶标高8.700 m,栏杆连接花柱顶标高9.000 m。门窗边装饰先天宽度200 mm。

坡屋面的坡度:与水平面的夹角为45°。

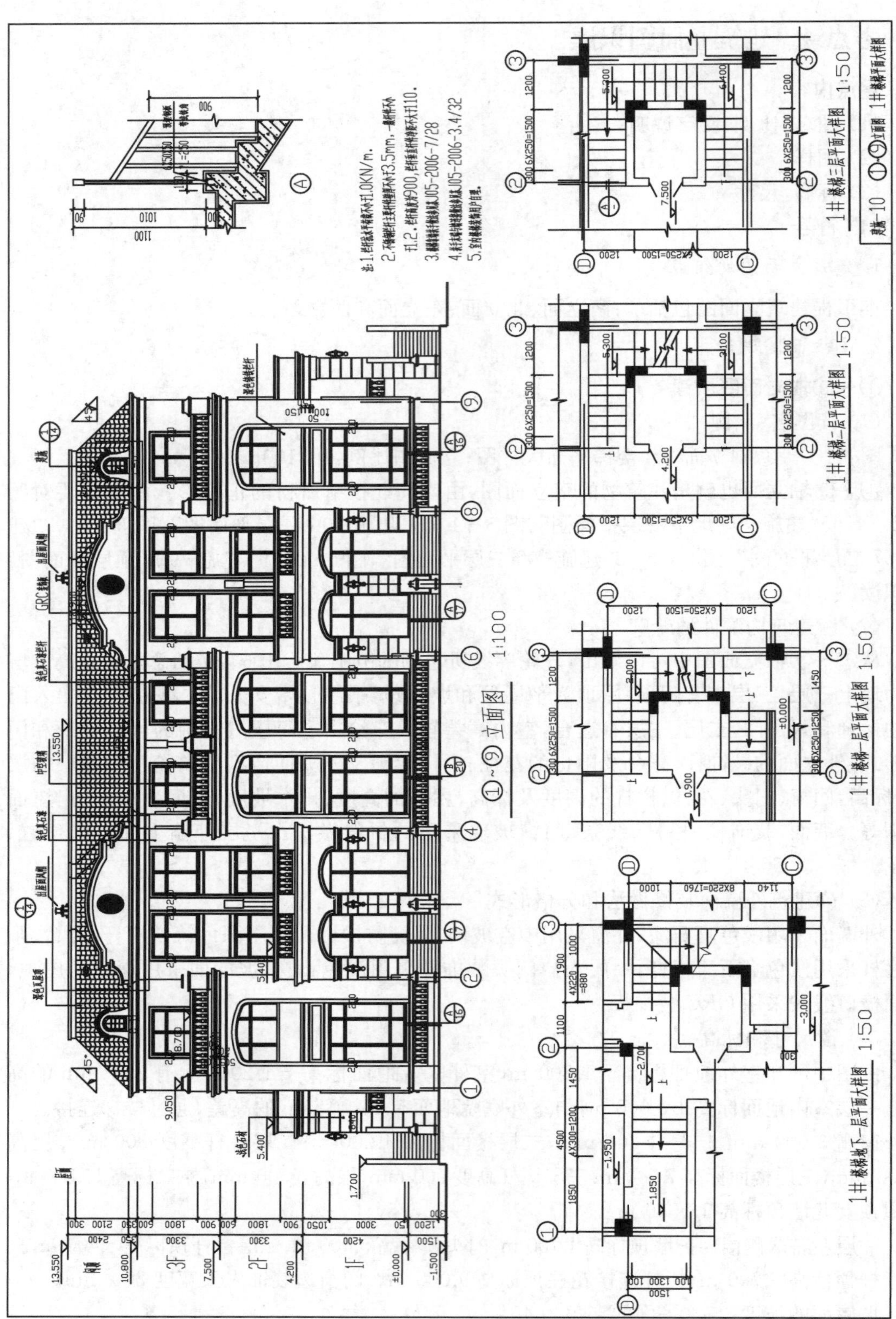

图 5-1-10 建施-10 ①~⑨轴立面 1#楼梯平面大样图

(5) 读详图索引符号

边户①～②、⑧～⑨轴处下沉庭院围护栏杆做法见图 5-1-16“建施-16”节点 A，②～④、⑥～⑧轴处入户楼梯做法见建施-17 节点 A，④～⑥轴处下沉庭院围护栏杆做法见建施-20 节点 B。

坡屋面上气窗做法见图 5-1-14 建施-14 节点 1。

1#**楼梯平面大样图识读**

(1) 读图名、比例、文字说明

图名：1#楼梯平面大样图；立面图比例：1∶50。

文字说明：主要说明了楼梯栏杆及扶手的做法、栏杆所能承受的荷载等。本工程 1#楼梯栏杆抗水平荷载不小于 1.0 kN/m；不锈钢栏杆主要杆件壁厚不小于 3.5 mm，一般杆件不小于 1.2 mm，栏杆高度为 900，栏杆垂直杆件净距不大于 110；楼梯靠墙扶手做法参见苏J05-2006-7/28；扶手末端与墙连接做法参见苏 J05-2006-3、4/32；室内楼梯装饰用户自理。

(2) 读楼梯平面图

1#楼梯楼平面图为每层的水平投影图，包括地下一层、一层、二层和三层平面大样图，读数图时应结合图 5-1-5“建施-05 地下一层平面图”、图 5-1-6“建施-06 一层平面图”、图 5-1-7“建施-07 二层平面图”、图 5-1-8“建施-08 三层平面图”、图 5-1-13“建施-13 A—A 剖面图”和图 5-1-14“建施-14 B—B 剖面图进行识读”。

由 1#楼梯楼平面图轴线号，可知该楼梯在建筑物中的位置，为三跑楼梯，顺时针向上，逆时针向下。

地下一层：楼梯口地面标高－2.700 m，向左①～②轴一跑楼梯，上行至－1.850 m 平台，梯段水平投影长度 1 200 mm，有 4 个 300 mm 宽的踏面，该处楼梯间开间 1 300 mm，进深 4 500 mm。楼梯口向右②～③/Ⓒ～Ⓓ轴顺时针方向向上至一层，可见两跑梯段，横向梯段有四个踏面，每个踏面宽度 220 mm；两个梯段踏之间有中间休息平台，平台尺寸 1 000×1 000 mm；纵向梯段有八个踏面，每个踏面宽度 220 mm。

一层：一层楼梯口地地面标高为±0.000，向左上至 0.9 m 平台，梯段有五个踏面，每个踏面宽度 250 mm。向前下至地下一层。由 0.9 m 平台向上至标高为平台，梯段有六个踏面。每个踏面宽度 250 mm，2.000 m 平台尺寸 1 200×1 200 mm。由 2 m 平台向上至 3.100 m 平台，平台尺寸 1 200×1 200 mm 二层楼面，梯段有六个踏面，每个踏面宽度 250 mm。

二层：由 2.000 m 平台向上至 3.100 m 平台，由 3.100 m 平台向上至 4.200 m 二层楼面，4.200 m 二层楼面上至 5.300 m 平台，平台尺寸 1 200×1 200 mm，每个梯段有六个踏面，每个踏面宽度 250 mm。

三层：由 5.300 m 平台向上至 6.400 m 平台，由 6.400 m 平台向上至 7.500 m 三层楼面。平台尺寸 1 200×1 200 mm，每个梯段有六个踏面，每个踏面宽度 250 mm。②/Ⓓ轴处梯段上方凌空面设有防护栏杆，做法见节点 A。

(3) 读楼梯剖面图

1#楼梯剖面图，结合图 5-1-13“建施-13 A—A 剖面图”、图 5-1-14“建施-14 B—B 剖面图”中可知：

地下一层有两个梯段，由下向上，从－2.700 m 平台至一层楼面±0.000 m，第一个梯段有 6 个踏高，第二梯段有 9 个踏高，每个踏高 180 mm。从－2.700 m 平台至家庭厅地面－3.000 m 有两个踏步，每个踏步高 150 mm。

一层有四个梯段，由下向上，第一梯段有 6 个踏高，踏高 150 mm。第二梯段有 5 个踏高，第三梯段有 9 个踏高，第四梯段有 5 个踏高，踏高均为 174 mm。

二层有三个梯段，由下向上，第一梯段有 5 个踏高，踏高 174 mm；第二梯段有 9 个踏高，踏高 173.3 mm；第三梯段有 5 个踏高，踏高 174 mm。

三层梯段上方临空面有防护栏杆。

(4) 读楼梯节点详图

三层楼面标高 7.200 m，在②/Ⓓ轴处梯段上方凌空面设有防护栏杆，做法见节点 A。防护栏杆高度 1.1 m，防护栏杆下端有 100 高钢筋混凝土翻边，翻边宽度 150 mm。栏杆下方设有预埋钢板 6×50×50 mm，预埋钢板锚筋长度 250 mm，栏杆与预埋钢板焊。梯段扶手高度：从踏面宽度中心至栏杆顶的高度 900 mm。

3. 北立面图识读

⑨～①轴立面图也就是建筑物的北立面图，由北向南投射所得的正投影。⑨～①轴立面图与 2＃楼梯平面大样图读图方法参照①～⑨轴立面和 1＃楼梯平面大样图读图。

【ZTSC0104A · 单选题】

本工程的北立面为(　　)。

A. ①～⑨轴立面　　B. ⑨～①轴立面

C. Ⓐ～Ⓔ轴立面　　D. Ⓔ～Ⓐ轴立面

【答案】 B

【解析】 见图 5－1－11"建施－11 ⑨～1 立面图 2＃楼梯平面大样图"。

【ZTSC0104B · 判断题】

⑨～⑧轴线间二层的窗是 PLC55－180180。(　　)

【答案】 √

【解析】 见图 5－1－11"建施－11 ⑨～① 立面图，建施－07 二层平面图"⑧～⑨/Ⓔ轴。

【ZTSC0104C · 填空题】

2＃楼梯三层平面大样图中节点 A 在________图上。

【答案】 本(建施－11 ⑨～①立面图 2＃楼梯平面大样图)。

【解析】 见图 5－1－11"建施－11 ⑨～1 立面图 2＃楼梯平面大样图"Ⓐ节点。

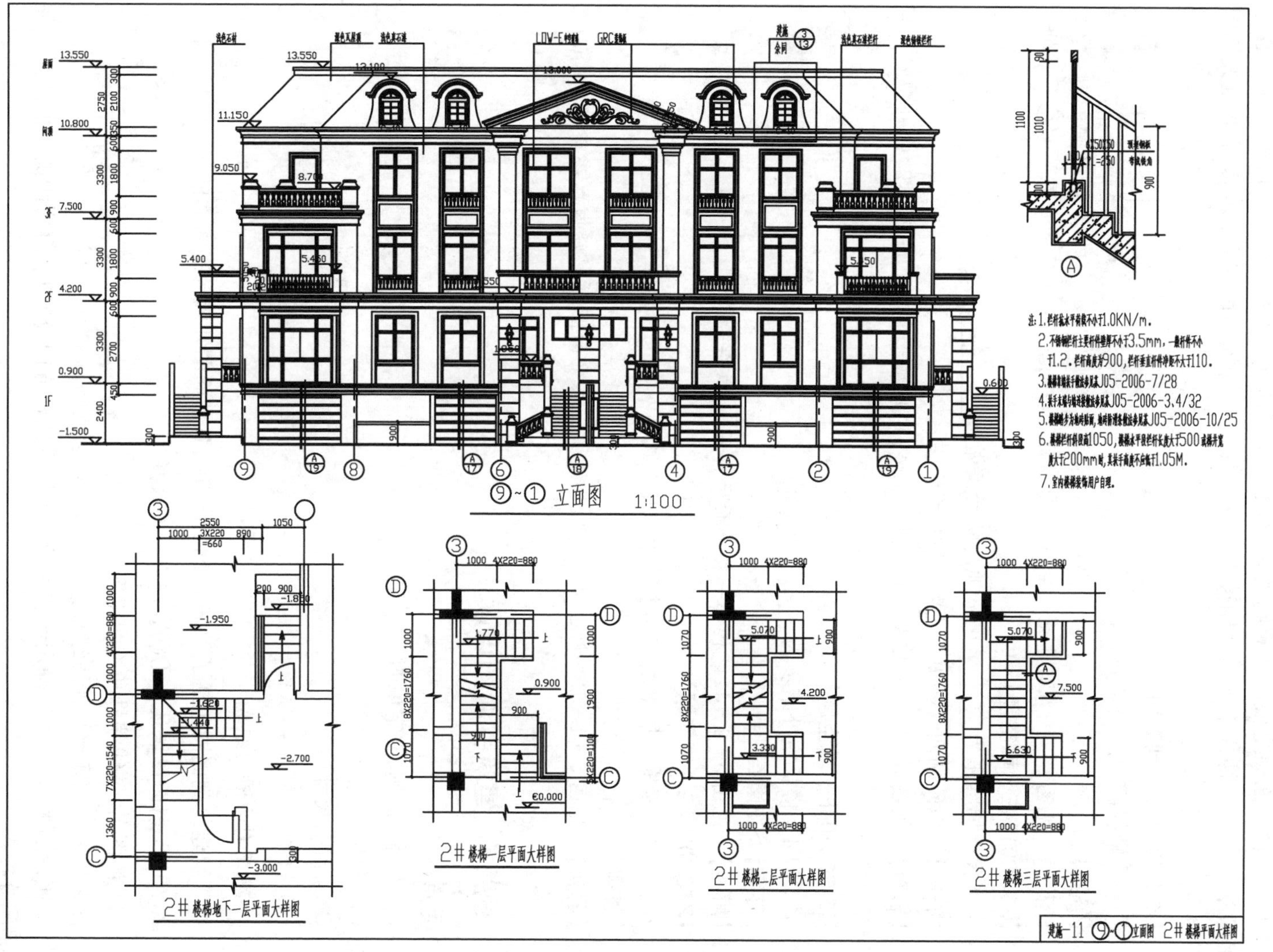

图 5-1-11　建施-11　⑨~①轴立面图　2#楼梯平面大样图

4. 东立面图识读

Ⓐ～Ⓔ轴立面图也就数建筑物的东立面图，由东向西投射所得的正投影。Ⓐ～Ⓔ轴立面图与3、4、5＃楼梯平面大样图读图方法参照①～⑨轴立面图和1＃楼梯平面大样图读图。

【ZTSC0104D・判断题】

Ⓒ～Ⓓ轴线间一层门是M－7。（　　）

【答案】 √

【解析】 见图5－1－12"建施－12 Ⓐ～Ⓔ立面图，建施－06 一层平面图"⑨/Ⓒ～Ⓓ轴。

【ZTSC0104E・填空题】

本工程楼梯踏步为________m，地砖防滑条做法________。

【答案】 地砖贴面　参见苏J05－2006－10/25

【解析】 见图5－1－10"建施－10"、图5－1－11"建施－11"、图5－1－12"建施－12"楼梯做法文字说明。

【ZTSC0104F・填空题】

本工程4＃楼梯室外踏步为________贴面。

【答案】 花岗石

【解析】 见图5－1－12，"楼梯一层平面大样图"的文字说明。

【ZTSC0104G・简答题】

本工程4＃楼梯一层平面有几个踏面？几个踏高？

【答案】 7个、8个。

【解析】 见图5－1－12"建施－12"的"4＃楼梯一层平面图"，梯段内踏高数量比踏面数量多1个。

考点5　建筑剖面图识读

重点内容

(1) 图名、比例、文字说明

(2) 图样

(3) 标高、尺寸

(4) 符号

1. 建筑剖面图的组成

本工程建筑剖面图包括了：A—A剖面图、B—B剖面图和阳台平面大样图。

2. A—A剖面图识读　①②③阳台平面大样图

(1) 读图名、轴线编号和绘图比例

图名：A—A剖面图；轴线编号：Ⓐ～Ⓔ轴；绘图比例：1∶100。

对照一层平面图，可以确定剖切平面的位置及图样方向，从中了解所画的剖面图是房屋的哪部分投影。

由图5－1－6"建施－06 一层平面图"可知，剖切面位于③～④轴线之间，剖切到的是左中户，剖切方向由东向西投影。

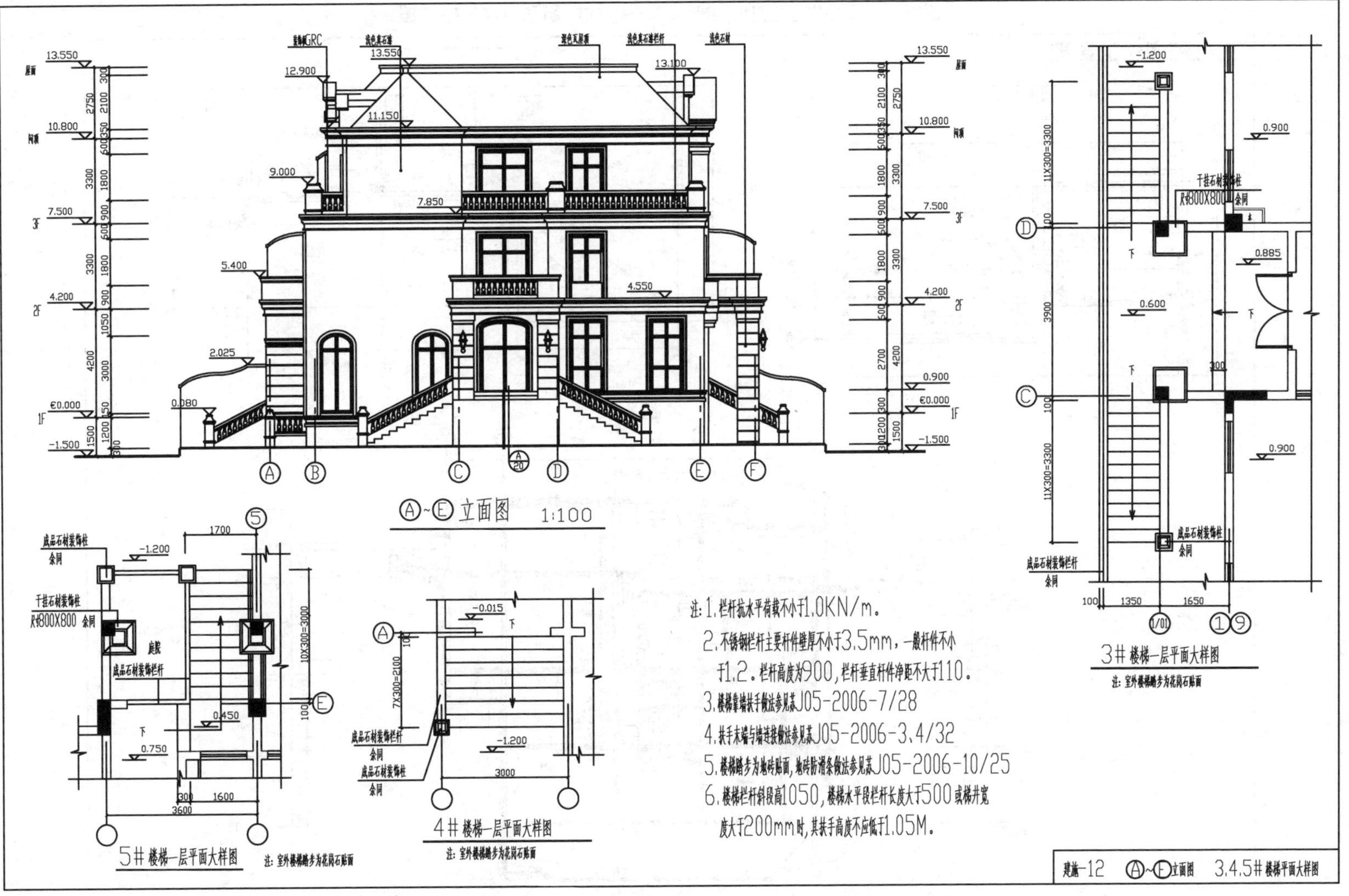

图 5-1-12　建施-12　Ⓐ～Ⓔ轴立面图　3、4、5#楼梯平面大样图

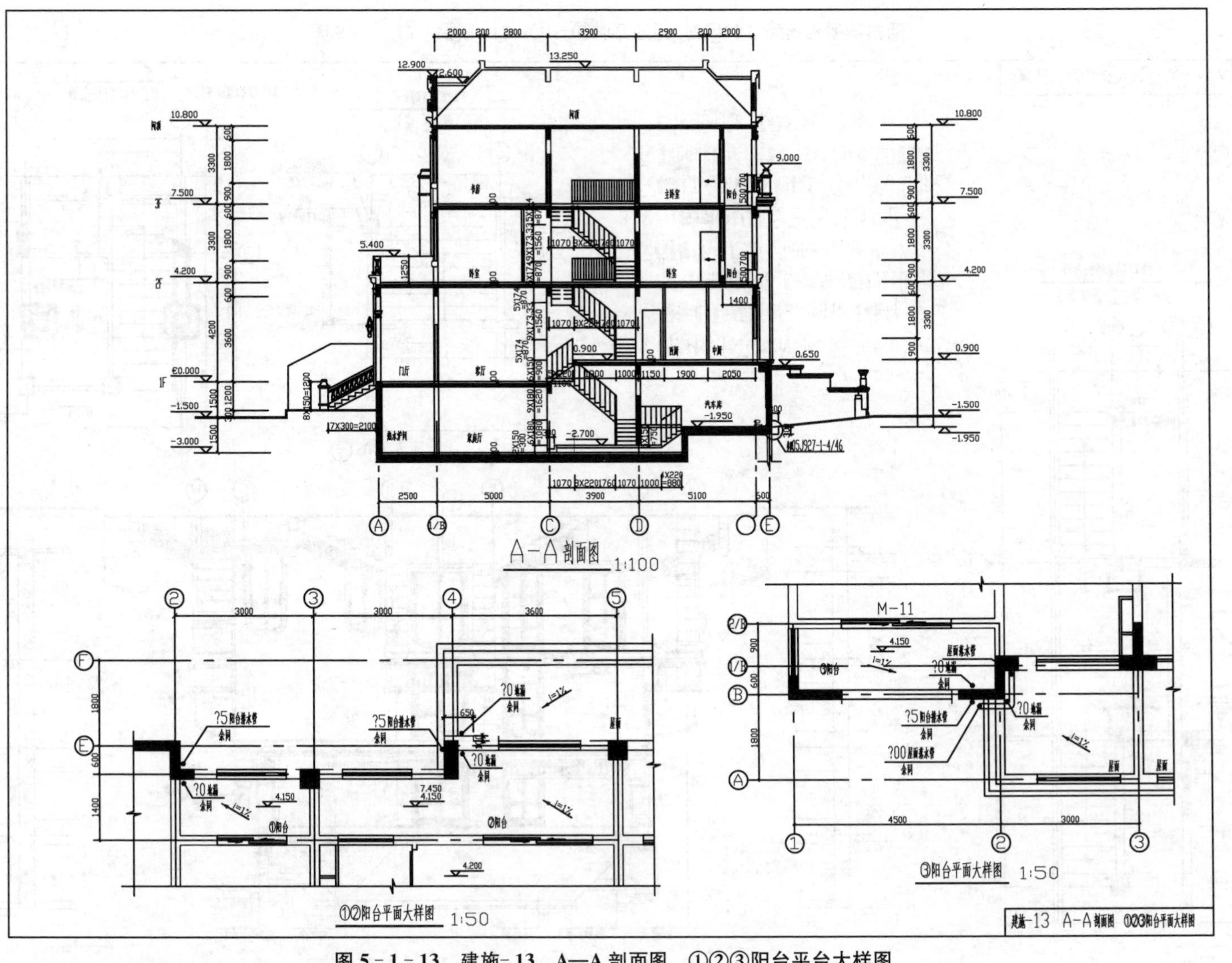

图 5-1-13 建施-13 A—A 剖面图 ①②③阳台平台大样图

（2）读剖切到的建筑配件

通过读剖切到的建筑构配件，可以看到各层梁、板、柱、屋面、楼梯的结构、形式、位置及与其他墙柱的位置关系；同时能看到门窗、窗台、檐口的形式及相互关系。

A—A剖面图剖切③轴线右侧的三层房屋，即左中户。地下一层剖切到地下室外墙、下沉庭院、家餐厅、储藏间、③卫生间、污水检修间、佣人房及其墙体。一层剖切到入户4号楼梯，门廊，入户门M－8、室内2号楼梯、储藏间、西厨、中厨等内墙墙体，外墙、外窗PLC55－150180以及室外斜坡和排水沟。二层剖切到门廊屋面、外窗PLC55－180180、卧室、室内2＃楼梯、⑧号卫生间、外窗PLC55－150180、②阳台及栏杆。三层剖切到外窗PLC55－180180、书房、室内2＃楼梯、⑧号卫生间、外窗PLC55－120180、④阳台及栏杆。屋面剖切到平屋面、女儿墙、坡屋面、天沟、沿口和闷顶。

（3）读未剖切到单投影到的建筑构配件

地下一层可以看到未剖切到的在Ⓐ轴线外侧的4＃室外楼梯护栏轮廓线、室内2＃楼梯，室外庭院的护墙轮廓线，在Ⓔ轴线外侧室外庭院的护墙轮廓线。

一层可以看到未剖切到Ⓐ轴线外墙上的饰灯、室内2＃楼梯、储藏间的门M－4，Ⓔ轴线外侧装饰柱轮廓线。

二层可以看到未剖切到的②阳台栏杆、Ⓐ轴线外装饰柱、室内2＃楼梯、⑧卫生间的门M－8，Ⓔ轴线外侧装饰柱轮廓线。

三层可以看到未剖切到的Ⓐ轴线外装饰柱、室内2＃楼梯、⑧卫生间的门M－8，Ⓔ轴线外侧装饰柱轮廓线。

闷顶可以看到未剖切到的Ⓐ轴线外墙上的装饰线条、Ⓔ轴线外侧装饰线条轮廓线。

各层可以看到未剖切到的框架柱、短肢柱、梁的轮廓线。

3. B—B剖面图识读　④阳台平面大样图

由图5－1－6“建施－06 一层平面图”可知，剖切面为转向剖切面，Ⓐ～Ⓒ轴线段剖切于⑧～⑨轴线之间，Ⓒ～Ⓔ轴线段剖切于⑦～⑧轴线之间。具体读图方法参考A—A剖面图识读。

【ZTSC0105A・单选题】

A—A剖面图中剖到的室内楼梯是（　　）。

A. 1＃　　B. 2＃　　C. 3＃　　D. 4＃

【答案】 B

【解析】 见图5－1－13“建施－13 A—A剖面图”、见图5－1－5～图5－1－8“建施－05～08 各层平面图”。

【ZTSC0105B・判断题】

A—A剖面图三层Ⓒ轴线处剖到的门是M－2。（　　）

【答案】 √

【解析】 见图5－1－13“建施－13 A—A剖面图”，图5－1－8“建施－08 三层平面图”③～④/Ⓒ轴线。

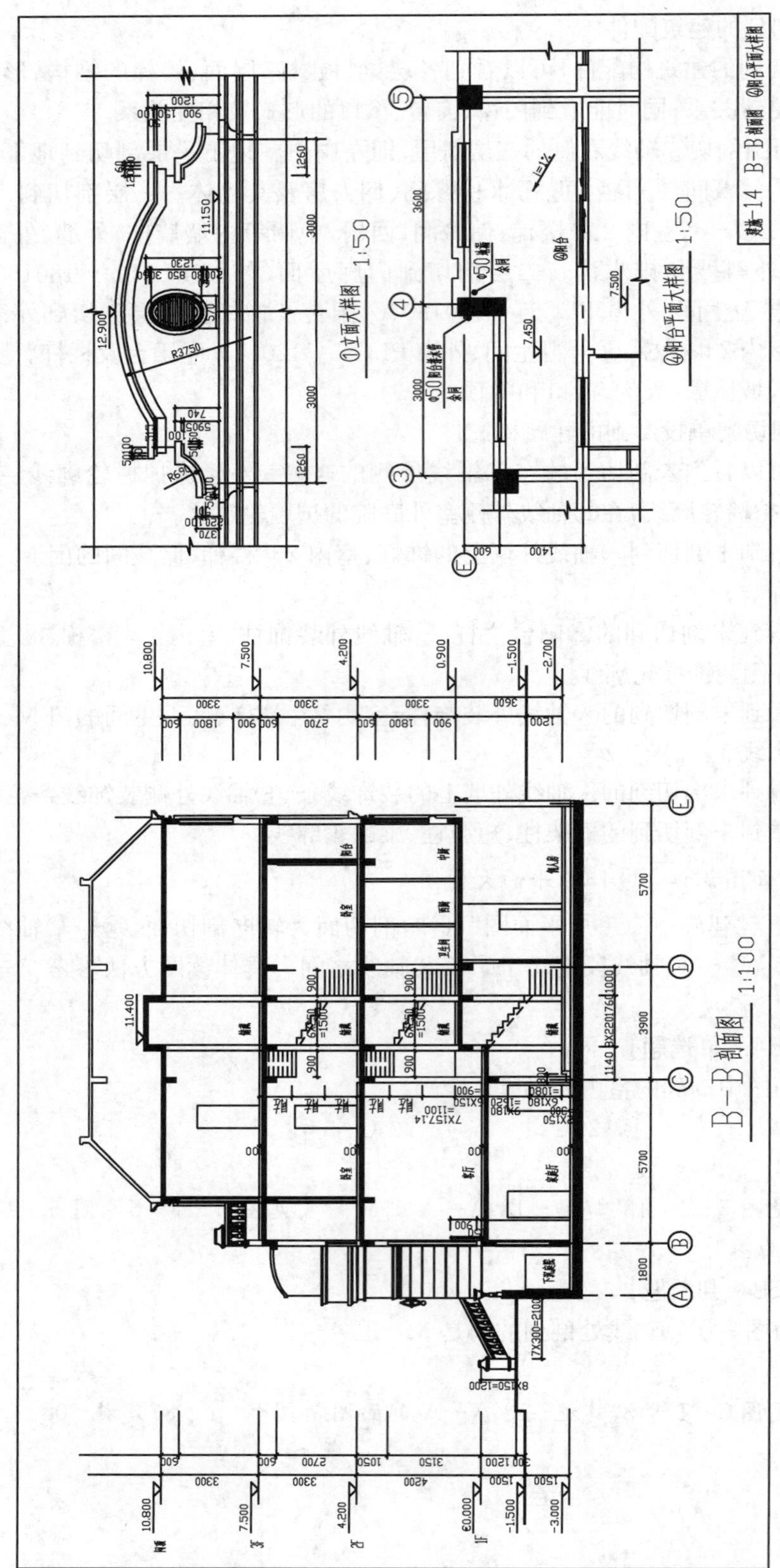

图 2-1-14 B—B剖面图 ④阳台平台大样图

【ZTSC0105C · 填空题】

本工程有平屋面分水线最高点 ________ m。

【答案】 13.250

【解析】 见图 5 - 1 - 13“建施- 13 A—A 剖面图”。

考点 6 建筑详图识读

重点内容

(1) 图名、比例、文字说明

(2) 图样

(3) 标高、尺寸

(4) 符号

1. 建筑详图的组成

本工程建筑详图包括了:楼梯详图、门窗表和门窗详图、卫生间详图、阳台详图、外墙剖面详图、坡屋面檐口做法、坡屋面山墙做法、坡屋面屋脊做法、空调板大样图等。

楼梯详图、阳台详图以距离说明,下面以图 5 - 1 - 15“建施- 15 门窗表和门窗详图”,为例进行识读。

2. 建施- 15 门窗表和门窗大样图

(1) 门窗表

门窗表明确门窗的设计编号、洞口尺寸采用 $b\times h$ = 宽×高,单位:毫米,门窗的数量,门窗采用的标准图集编号以及门窗的材质。

例如:

设计编号 M - 1 的门,洞口尺寸宽 2 700 mm,高 2 400 mm,数量 4 樘,为铝合金卷帘门。

设计编号为 M - 6 的门,洞口尺寸:宽 2 100 mm,2 400 mm,数量 2 樘,采用的标准图集代号为 02J603 - 1 仿 187 页- 35,80 系列断桥隔热铝合金推拉门,双层中空玻璃。

设计编号为 PLC55 - 180180 的窗,洞口尺寸宽 1 800 mm。高 1 800 mm。数量 18 樘,采用的是 55 系列的断桥铝合金隔热平开窗,三层中空玻璃。

门窗文字说明:

所有门窗需待土建完工后仔细核对门窗尺寸数量后,方可制作。所有门窗均应由相应资质的门窗厂家经二次设计出图经设计院认可后方可施工。所有窗台高度不到 900 高的外窗内侧均加设钢管护窗栏杆,做法详施工说明。门窗洞口如位于墙中时两侧墙体每隔 600 砌入 200×100 预制混凝土块,以便安装门窗。窗玻璃面积>1.5 m^2,门玻璃面积>0.5 m^2,应采用安全玻璃。

(2) 门窗大样图

门窗大样图。一般用立面图表示门窗的外形尺寸、开启的方向并标注出节点剖视详图或断面图的索引符号。用较大的比例的节点剖视图或断面图,表示门窗的截面、用料、安装位置、门窗扇、门窗框的连接关系等。

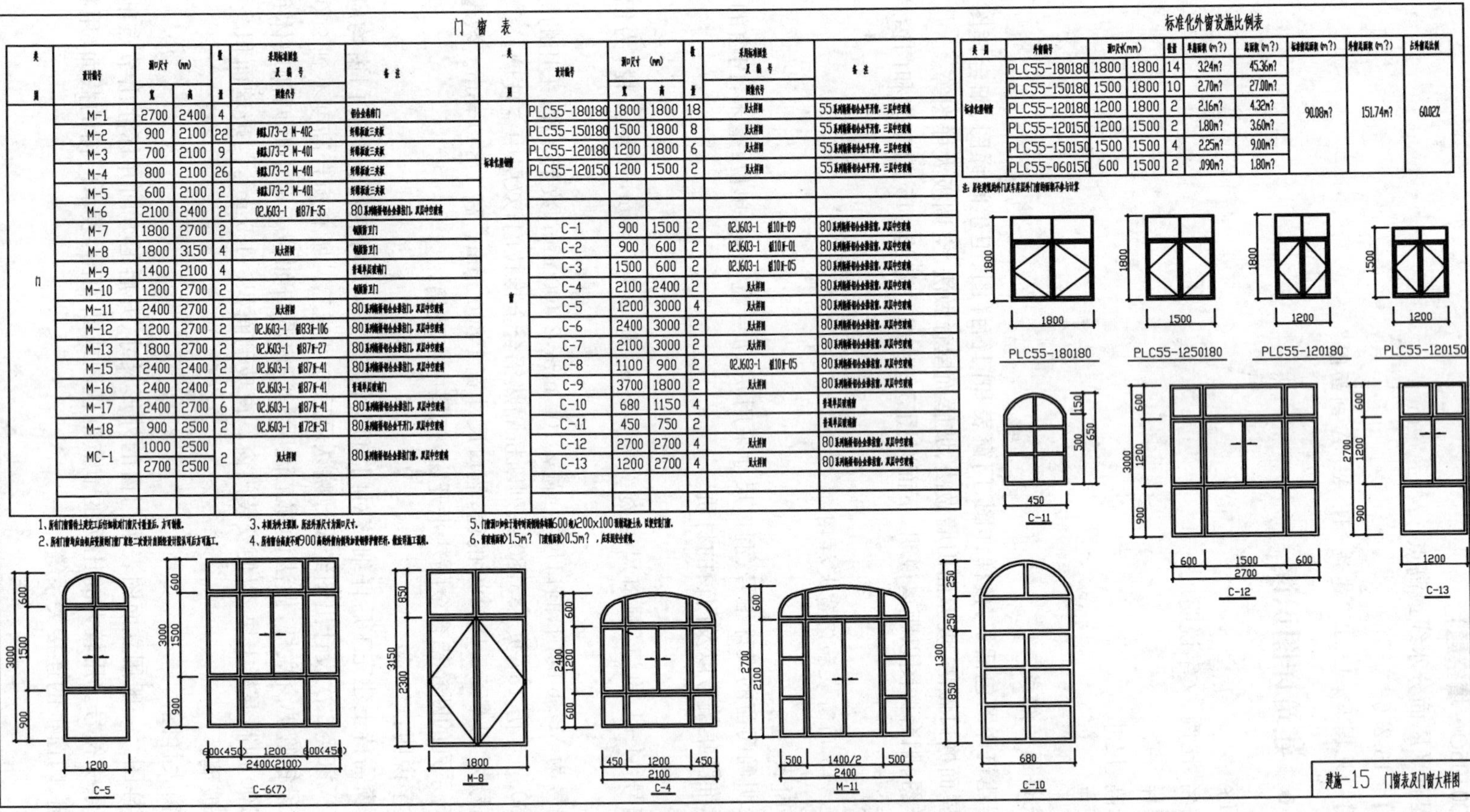

门窗表

类别	设计编号	洞口尺寸(mm) 宽	洞口尺寸(mm) 高	数量	采用标准图集及编号 图集代号	备注
门	M-1	2700	2400	4		铝合金推拉门
	M-2	900	2100	22	88J73-2 M-402	纤维板或三夹板
	M-3	700	2100	9	88J73-2 M-401	纤维板或三夹板
	M-4	800	2100	26	88J73-2 M-401	纤维板或三夹板
	M-5	600	2100	2	88J73-2 M-401	纤维板或三夹板
	M-6	2100	2400	2	02J603-1 第87页-35	80系列断桥铝合金推拉门，双层中空玻璃
	M-7	1800	2700	2		钢质防卫门
	M-8	1800	3150	4	见大样图	钢质防卫门
	M-9	1400	2100	4		普通单层玻璃门
	M-10	1200	2700	2		钢质防卫门
	M-11	2400	2700	2	见大样图	80系列断桥铝合金推拉门，双层中空玻璃
	M-12	1200	2700	2	02J603-1 第83页-106	80系列断桥铝合金推拉门，双层中空玻璃
	M-13	1800	2700	2	02J603-1 第87页-27	80系列断桥铝合金推拉门，双层中空玻璃
	M-15	2400	2400	2	02J603-1 第87页-41	80系列断桥铝合金推拉门，双层中空玻璃
	M-16	2400	2400	2	02J603-1 第87页-41	普通单层玻璃门
	M-17	2400	2700	6	02J603-1 第87页-41	80系列断桥铝合金推拉门，双层中空玻璃
	M-18	900	2500	2	02J603-1 第72页-51	80系列断桥铝合金平开门，双层中空玻璃
	MC-1	1000 / 2700	2500 / 2500	2	见大样图	80系列断桥铝合金推拉门窗，双层中空玻璃
标准化组合窗	PLC55-180180	1800	1800	18	见大样图	55系列断桥铝合金平开窗，三层中空玻璃
	PLC55-150180	1500	1800	8	见大样图	55系列断桥铝合金平开窗，三层中空玻璃
	PLC55-120180	1200	1800	6	见大样图	55系列断桥铝合金平开窗，三层中空玻璃
	PLC55-120150	1200	1500	2	见大样图	55系列断桥铝合金平开窗，三层中空玻璃
窗	C-1	900	1500	2	02J603-1 第10页-09	80系列断桥铝合金推拉窗，双层中空玻璃
	C-2	900	600	2	02J603-1 第10页-01	80系列断桥铝合金推拉窗，双层中空玻璃
	C-3	1500	600	2	02J603-1 第10页-05	80系列断桥铝合金推拉窗，双层中空玻璃
	C-4	2100	2400	2	见大样图	80系列断桥铝合金推拉窗，双层中空玻璃
	C-5	1200	3000	4	见大样图	80系列断桥铝合金推拉窗，双层中空玻璃
	C-6	2400	3000	2	见大样图	80系列断桥铝合金推拉窗，双层中空玻璃
	C-7	2100	3000	2	见大样图	80系列断桥铝合金推拉窗，双层中空玻璃
	C-8	1100	900	2	02J603-1 第10页-05	80系列断桥铝合金推拉窗，双层中空玻璃
	C-9	3700	1800	2	见大样图	80系列断桥铝合金推拉窗，双层中空玻璃
	C-10	680	1150	4		普通单层玻璃窗
	C-11	450	750	2		普通单层玻璃窗
	C-12	2700	2700	4	见大样图	80系列断桥铝合金推拉窗，双层中空玻璃
	C-13	1200	2700	4	见大样图	80系列断桥铝合金推拉窗，双层中空玻璃

1、所有门窗需待土建完工后仔细核对门窗尺寸数量后，方可制作。
2、[illegible]
3、本图为外立视图，所注外形尺寸为洞口尺寸。
4、[illegible]
5、门窗洞口如处于墙中时两侧墙体每隔600放入200×100预制混凝土块，以便安装门窗。
6、窗玻璃面积>1.5m²，门玻璃面积>0.5m²，应采用安全玻璃。

标准化外窗设施比例表

类别	外窗编号	洞口尺寸(mm)		数量	单窗面积(m²)	总面积(m²)	标准化窗面积(m²)	外窗总面积(m²)	占外窗总比例
标准化组合窗	PLC55-180180	1800	1800	14	3.24m²	45.36m²	90.08m²	151.74m²	60.02%
	PLC55-150180	1500	1800	10	2.70m²	27.00m²			
	PLC55-120180	1200	1800	2	2.16m²	4.32m²			
	PLC55-120150	1200	1500	2	1.80m²	3.60m²			
	PLC55-150150	1500	1500	4	2.25m²	9.00m²			
	PLC55-060150	600	1500	2	.090m²	1.80m²			

图 5-1-15 建施-15 门窗表和门窗大样图

如门 M－8 大样图，门宽度 1 800 mm，高度 31 500 mm，下面两个平开窗扇，宽 900 mm，高 2 300 mm，上面两个固定亮子，宽 900 mm，高 650 mm。

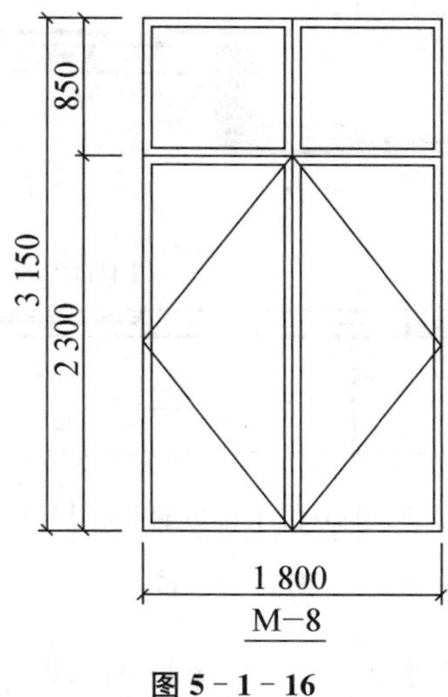

图 5－1－16

【ZTSC0106A · 填空题】

本工程门 M－11 的洞口尺寸为________×________，采用 80 系列断桥铝合金推拉门，________玻璃。

【答案】 2 400　2 700　双层中空

【解析】 见图 5－1－15“建施－15 门窗表及门窗大样图”，注意洞口尺寸单位为 mm。

【ZTSC0106B · 简答题】

说明门、窗玻璃面积大于多少时，应采用安全玻璃？

【答案】 窗玻璃面积＞1.5 m²，门玻璃面积＞0.5 m²，应采用安全玻璃。

【解析】 见图 5－1－15“建施－15 门窗表及门窗大样图”的文字说明。

【ZTSC0106C · 简答题】

当外窗台高度不到 900 高时应采取什么措施？

【答案】 所有外窗台高度不到 900 高时，应在外窗内侧加设钢管护窗栏杆，做法详施工说明。

【解析】 见图 5－1－15“建施－15 门窗表及门窗大样图”的文字说明。

【ZTSC0106D · 计算题】

计算本工程 1 樘 PLC55－120150 窗的面积是多少 m²？

【答案】 $1.2\times1.5=1.8\ m^2$

【解析】 见图 5－1－15“建施－15 门窗表及门窗大样图”，注意洞口尺寸单位为 mm。

3. 阳台大样图识读

例如：④阳台平面大样图识读（见图 5－1－17）：

④阳台位于③～⑤/Ⓔ轴线处，为三层北阳台，阳台平面尺寸长 6.6 m、宽度窄处 1.4 m，宽处 2.0 m，地面标标高 7.450 m，地面带有 1%的坡度，由门口高处坡向地漏，地漏直径 50 mm，地漏与直径 50 mm 外排水管相连。

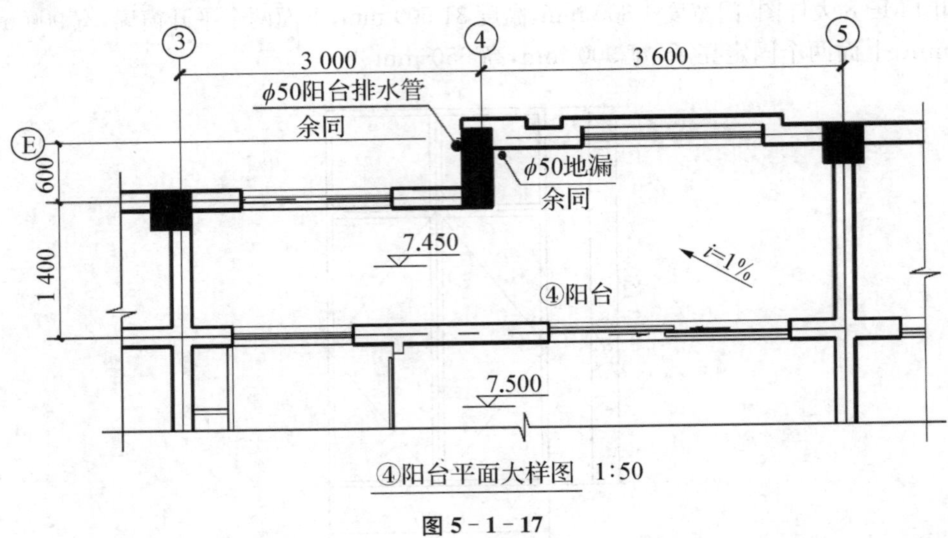

图 5-1-17

④阳台还需要和图 5-1-8"建施-08 三层平面图"、图 5-1-11"建施-11 北立面图"及图 5-1-14"建施-14　B—B 剖面图、阳台平台大样图"结合起来进行识读。

【ZTSC0106E·填空题】

本工程阳台与相邻房间内外高差 ________ mm。

【答案】 50

【解析】 见图 5-1-2"建施-02 建设设计说明"的"五.建筑用料及装修(一)1.楼地面 厨房,卫生间地面比楼面低 50";图 5-1-14"建施-14　B—B 剖面图 ④阳台平面大样图"。

4. 节点大样图识读

例如:节点大样图一识读:

节点大样图一图名:A 节点大样,比例:1∶25,A 节点大样图,从图 5-1-10 建施-10 ①～⑨轴立面图①～②轴线之间从上往下剖切,向左投视,主要反映Ⓐ轴线处墙体全剖情况。

从图中可见剖切到的庭院护栏扶手、结构梁、板、檐口、屋面板梁等轮廓线,粗实线绘制;门、窗轮廓线,中实线绘制;墙体、门窗、护栏、扶手、地面面层、顶棚面层、外墙面层等轮廓线,采用细实线绘制;建筑材料图例表现了钢筋混凝土、砖墙、成品 GRC 构件、深色瓦屋顶等;栏杆下预埋铁件做法 80×80×6 预埋钢板、每块预埋件不少于四根锚筋、长度 $L=150$ mm;坡屋面成品天沟的固定方式水泥钉或射钉,间距 500、镀锌垫片 20×20×0.7 mm。

从图中可见未剖切到的庭院宝瓶形护栏、门窗套边线、成品深色铸铁栏杆、成品花瓶栏杆、成品装饰柱等建筑构件。

竖向尺寸、水平尺寸主要变现了下沉庭院围墙、各楼层外墙装饰线条、成品深色铸铁栏杆、成品花瓶栏杆、成品装饰柱、成品 GRC 装饰板的竖向排布和水平排布。如:二层成品深色铸铁栏杆高 1 050 m、栏杆下有 100 mm 高混凝土翻边。

标高标注了室外地坪标高-1.200 m,一层地面±0.000 m,二层楼面标高 4.200 m,三层楼面标高 7.500 m,檐口标高 12.450 m,屋顶最高点 13.550 m,三层成品装饰柱柱顶标高

9.050 m。

闷顶处 45°等腰直角三角形，表示坡屋面坡度为 45°。

【ZTSC0106F·单选题】

建施-16 节点大样图一 Ⓐ节点大样的比例是（　　）。

A. 1∶10　　B. 1∶25

C. 1∶50　　D. 1∶100

【答案】 B

【解析】 见图 5-1-18“建施-16 节点大样图一”图名处。

【ZTSC0106G·判断题】

建施-16 节点大样图一 反映三层楼面处外墙装饰线条采用了浅色真石漆饰面。（　　）

【答案】 ×

【解析】 见图 5-1-18“建施-16 节点大样图一”，采用了成品 GRC 装饰板。

【ZTSC0106H·填空题】

本工程阳台栏杆与下部结构连接的预埋钢板规格为________。

【答案】 80×80×6 mm

【解析】 见图 5-1-18“建施-16 节点大样图一”Ⓑ轴线二层处。

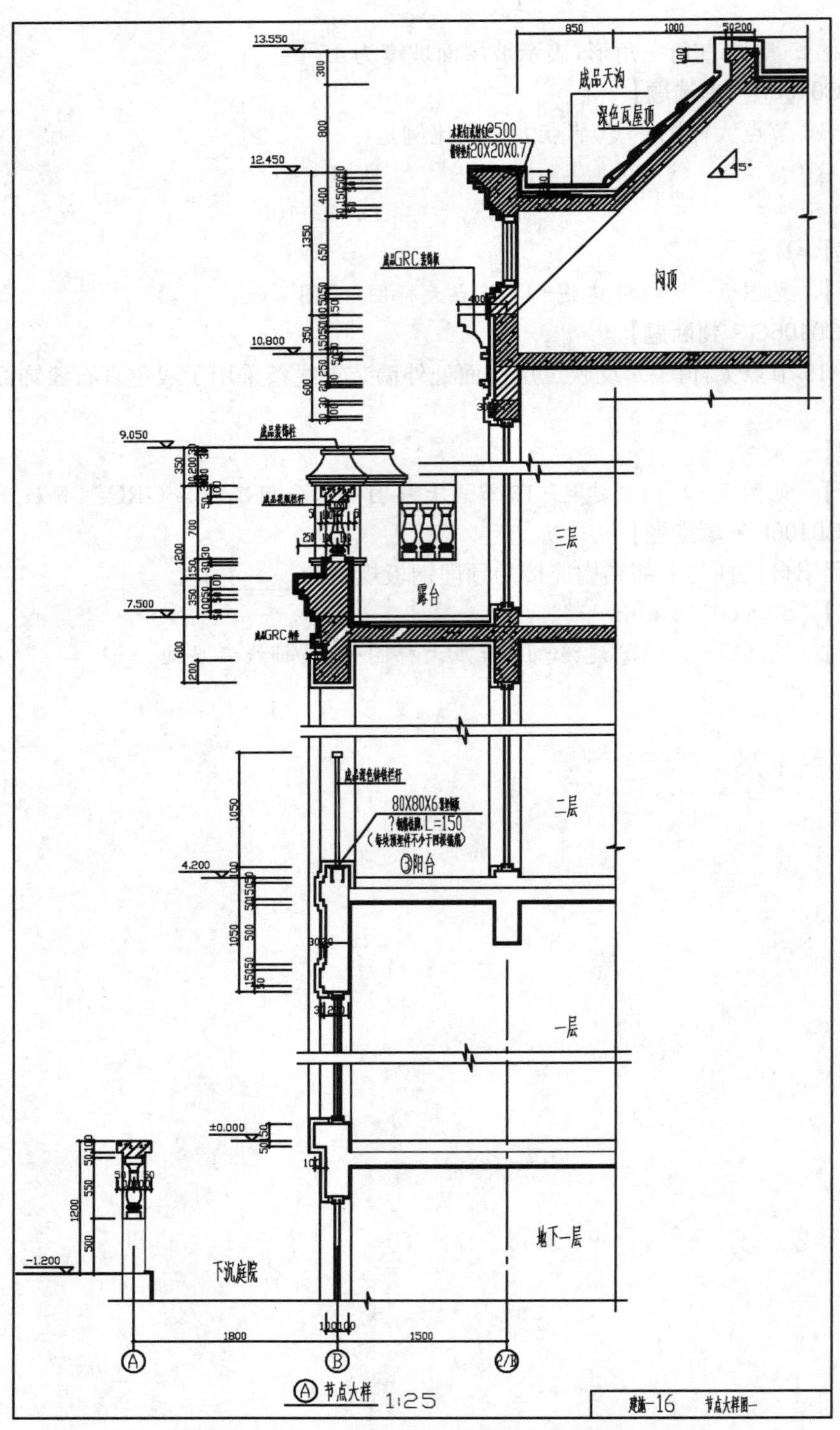

图 5－1－18　建施－16　节点大样图一

第二节　结构图识读

考点 7　结构设计说明识读

一、工程概况

1. 结构类型：工程采用框架结构、剪力墙结构；

2. 层数：地上层数和地下层数；

3. 结构高度：从室外设计地面到主体屋面的高度；

4. 室内外高差：室外设计地面和首层室内地坪之间的高差。

二、设计依据

1. 本工程结构设计所采用的主要规范、规程及有关技术资料

《建筑结构可靠性设计统一标准》《建筑地基基础设计规范》《建筑结构荷载规范》《建筑桩基技术规范》《高层建筑混凝土结构技术规程》《混凝土结构设计规范》《钢筋机械连接技术规程》《建筑抗震设计规范》《建筑工程抗震设防分类标准》等。

2. 场地条件

(1)《岩土工程勘察报告》

(2) 工程建筑场地在勘探深度范围内要土(岩)层工程将性指标

3. 设计荷载

(1) 基本风压：采用 50 年一遇的风压值，地面粗糙度类别。地面粗糙度可分为 A、B、C、D 四类：A 类指近海海面和海岛、海岸、湖岸及沙漠地区；B 类指田野、乡村、丛林、丘陵以及房屋比较稀疏的乡镇和城市郊区；C 类指有密集建筑群的城市市区；D 类指有密集建筑群且房屋较高的城市市区。

(2) 基本雪压：采用 50 年一遇的雪压值。

(3) 楼、屋面活荷载标准值按《建筑结构荷载规范》的取值及相应房间二次装修荷载允许值。

三、基本设计规定及要求

(1) 建筑结构安全等级：一级、二级、三级。建筑结构的安全等级根据破坏后果的严重性进行分类。一级很严重，指重要的工业与民用建筑物；二级严重，指一般的工业与民用建筑物；三级不严重，指次要的建筑物。

(2) 建筑抗震设防类别：甲类、乙类、丙类、丁类。特殊设防类：指使用上有特殊设施，涉及国家公共安全的重大建筑工程和地震时可能发生严重次生灾害等特别重大灾害后果，需要进行特殊设防的建筑，简称甲类；重点设防类：指地震时使用功能不能中断或需尽快恢复的生命线相关建筑，以及地震时可能导致大量人员伤亡等重大灾害后果，需要提高设防标准的建筑，简称乙类；标准设防类：指大量的除甲类、乙类、丁类以外按标准要求进行设防的建

筑,简称丙类;适度设防类:指使用上人员稀少且震损不致产生次生灾害,允许在一定条件下适度降低要求的建筑,简称丁类。

(3) 地基基础设计等级:甲级、乙级、丙级。根据地基复杂程度,建筑物规模和功能特征以及由于地基问题可能造成建筑物破坏或影响正常使作的程度,将地基基础设计分为甲、乙、丙三个设计等级。

(4) 框架抗震等级:一级、二级、三级、四级。抗震等级划分为一级至四级,以表示其很严重、严重、较严重及一般的四个级别。

(5) 结构设计使用年限:50 年、100 年。是设计规定的一个时期,在这一时期内,只需正常维修就能完成预定功能,即房屋建筑在正常设计、正常施工、正常使用和围护下有应达到的使用年限。

(6) 结构重要性系数:1.1、1.0、0.9。重要性系数由安全等级确定,安全等级一级重要性系数 1.1,安全等级二级重要性系数 1.0,安全等级三级,重要性系数 0.9。

四、地基基础设计

1. 基槽开挖的要求

开挖基槽时,不得扰动原状土。采用机械开挖基坑时,须保持坑底土体原状结构,应保200～300 mm,土层由人工挖除铲平。挖出土方宜随挖随运不应堆在坑边,应尽量减少坑边的地面堆载,坑边堆载应严格控制在 4 kN/m^{2}以下。

2. 基坑回填土的要求

基坑回填土及位于设备基础、地面、散水、路步等基础之下的回填土,必须分层夯实,每层厚度不大于 250 mm,压实系数不小于 0.94(设备基础下的回填土压实系数不小于 0.95)。

3. 沉降观测的要求

沉降观测点布置按如下原则执行:沿建筑外围每隔 10～15 m 设一沉降观测点,且在房屋四角及沉降缝两侧均应设一点。

观测次数和时间是:每施工完一层观测一次,竣工后第一年不少于 3 次,第二年不少于 2 次,以后每年 1 次直至下沉稳定为止;对于发生严重裂缝或者出现大量沉降等特殊情况时,应增加观测次数。

未尽事宜应按《建筑变形测量规范》执行。沉降观测应由具有相应资质的单位承担。

五、主要结构材料

(1) 混凝土强度等级。主要包括基础、柱墙、梁、板、楼梯等混凝土结构构件的强度等级。

(2) 钢筋强度等级。当工程框架抗震等级为一级,二级,三级时钢筋的抗拉强度实测值与屈服强度实测值的比值不应小于 1.25,钢筋的屈服强度实测值与强度标准值的比值不应大于 1.30,钢筋在最大拉力下的总伸长率实测值不应小于 9%。

(3) 吊钩、吊环强度等级。吊钩、吊环均采用 HPB300 级钢筋,不得采用冷加工钢筋。

(4) 焊条强度等级。HPB300 钢筋采用 E43 系列焊条。HRB335、HRB400 钢筋采用

E50 系列焊条。钢筋与型钢相焊随钢筋定焊条。

(5) 墙体材料。非承重墙体材料,±0.000 以下墙体材料,卫生间隔墙墙体材料等。

(6) 砌体质量控制等级。砌体施工质量控制等级 B 级,所采用砂浆需为预拌砂浆。

六、钢筋混凝土结构构造

(1) 混凝土结构保护层厚度。保护层厚度是指构件最外侧钢筋边缘到混凝土边缘的距离。

(2) 受拉钢筋锚固长度及绑扎搭接长度。钢筋的锚固长度及绑扎搭接长度与构件抗震等级、混凝土强度等级、钢筋强度等级、钢筋直径等因素有关。

(3) 构件钢筋连接构造要求。主次梁、变截面梁板、折梁、洞口等钢筋连接构造可通过结构设计说明中的大样图进行表达。

(4) 填充墙构造要求。填充墙应沿框架柱全高每隔 500 mm～600 mm 设拉筋,拉筋伸入墙内的长度,有抗震要求时宜沿墙全长贯通布置。

根据图 5-2-1 回答以下问题。

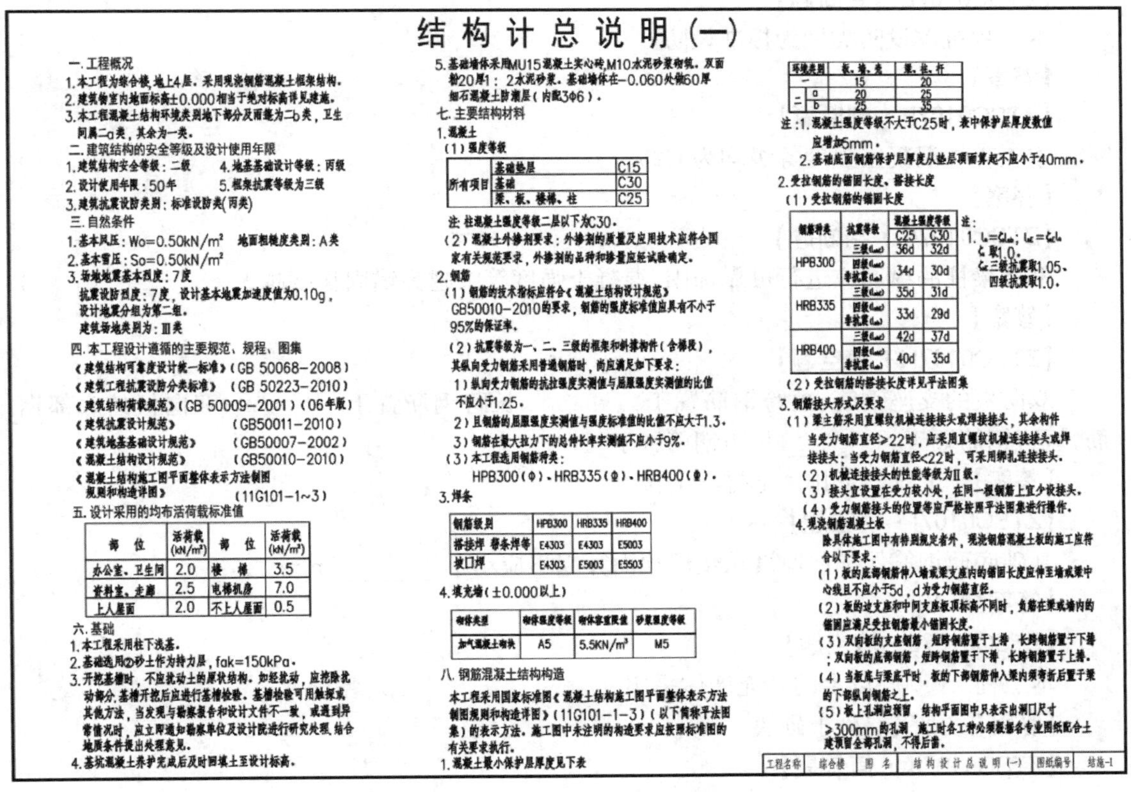

结构计总说明(一)

一.工程概况

1.本工程为综合楼,地上4层。采用现浇钢筋混凝土框架结构。

2.建筑物室内地面标高±0.000相当于绝对标高详见建施。

3.本工程混凝土结构环境类别地下部分及雨篷为二b类,卫生间属二a类,其余为一类。

二.建筑结构的安全等级及设计使用年限

1.建筑结构安全等级:二级　　4.地基基础设计等级:丙级

2.设计使用年限:50年　　5.框架抗震等级为三级

3.建筑抗震设防类别:标准设防类(丙类)

三.自然条件

1.基本风压:Wo=0.50kN/m²　地面粗糙度类别:A类

2.基本雪压:So=0.50kN/m²

3.场地地震基本烈度:7度

抗震设防烈度:7度,设计基本地震加速度值为0.10g,设计地震分组为第二组。

建筑场地类别为:Ⅲ类

四.本工程设计遵循的主要规范、规程、图集

《建筑结构可靠度设计统一标准》(GB 50068-2008)

《建筑工程抗震设防分类标准》(GB 50223-2010)

《建筑结构荷载规范》(GB 50009-2001)(06年版)

《建筑抗震设计规范》(GB50011-2010)

《建筑地基基础设计规范》(GB50007-2002)

《混凝土结构设计规范》(GB50010-2010)

《混凝土结构施工图平面整体表示方法制图规则和构造详图》(11G101-1~3)

五.设计采用的均布活荷载标准值

部位	活荷载(kN/m²)	部位	活荷载(kN/m²)
办公室、卫生间	2.0	楼梯	3.5
资料室、走廊	2.5	电梯机房	7.0
上人屋面	2.0	不上人屋面	0.5

六.基础

1.本工程采用柱下浅基。

2.基础选用②砂土作为持力层,fak=150kPa。

3.开挖基槽时,不应扰动土的原状结构。如经扰动,应挖除扰动部分。基槽开挖后应进行基槽检验。基槽检验可用触探或其他方法,当发现与勘察报告和设计文件不一致,或遇到异常情况时,应立即通知勘察单位及设计院进行研究处理,结合地质条件提出处理意见。

4.基坑混凝土养护完成后及时回填土至设计标高。

5.基础墙体采用MU15混凝土实心砖,M10水泥砂浆砌筑。双面粉20厚1:2水泥砂浆。基础墙体在-0.060处做60厚细石混凝土防潮层(内配3φ6)。

七.主要结构材料

1.混凝土

(1)强度等级

所有项目	基础垫层	C15
	基础	C30
	梁、板、楼梯、柱	C25

注:柱混凝土强度等级二层以下为C30。

(2)混凝土外掺剂要求:外掺剂的质量及应用技术应符合国家有关规范要求,外掺剂的品种和掺量应经试验确定。

2.钢筋

(1)钢筋的技术指标应符合《混凝土结构设计规范》GB50010-2010的要求,钢筋的强度标准值应具有不小于95%的保证率。

(2)抗震等级为一、二、三级的框架和斜撑构件(含梯段),其纵向受力钢筋采用普通钢筋时,尚应满足如下要求:

1)纵向受力钢筋的抗拉强度实测值与屈服强度实测值的比值不应小于1.25。

2)且钢筋的屈服强度实测值与强度标准值的比值不应大于1.3。

3)钢筋在最大拉力下的总伸长率实测值不应小于9%。

(3)本工程选用钢筋种类:

HPB300(Φ)、HRB335(Φ)、HRB400(Φ)。

3.焊条

钢筋级别	HPB300	HRB335	HRB400
搭接焊 帮条焊等	E4303	E4303	E5003
坡口焊	E4303	E5003	E5503

4.填充墙(±0.000以上)

砌体类型	砌体强度等级	砌体容重限值	砂浆强度等级
加气混凝土砌块	A5	5.5KN/m³	M5

八.钢筋混凝土结构构造

本工程采用国家标准图《混凝土结构施工图平面整体表示方法制图规则和构造详图》(11G101-1-3)(以下简称平法图集)的表示方法。施工图中未注明的构造要求应按照标准图的有关要求执行。

1.混凝土最小保护层厚度见下表

环境类别		板、墙、壳	梁、柱、杆
一		15	20
二	a	20	25
	b	25	35

注:1.混凝土强度等级不大于C25时,表中保护层厚度数值应增加5mm。

2.基础底面钢筋保护层厚度从垫层顶面算起不应小于40mm。

2.受拉钢筋的锚固长度、搭接长度

(1)受拉钢筋的锚固长度

钢筋种类	抗震等级	混凝土强度等级 C25	混凝土强度等级 C30
HPB300	三级(l_{aE})	36d	32d
	四级(l_{aE}) 非抗震(l_a)	34d	30d
HRB335	三级(l_{aE})	35d	31d
	四级(l_{aE}) 非抗震(l_a)	33d	29d
HRB400	三级(l_{aE})	42d	37d
	四级(l_{aE}) 非抗震(l_a)	40d	35d

注:

1. $l_a=\zeta_a l_{ab}$; $l_{aE}=\zeta_{aE} l_a$

ζ_a取1.0。

ζ_{aE}三级抗震取1.05、四级抗震取1.0。

(2)受拉钢筋的搭接长度详见平法图集

3.钢筋接头形式及要求

(1)梁主筋采用直螺纹机械连接接头或焊接接头,其余构件当受力钢筋直径≥22时,应采用直螺纹机械连接接头或焊接接头;当受力钢筋直径<22时,可采用绑扎连接接头。

(2)机械连接接头的性能等级为Ⅱ级。

(3)接头宜设置在受力较小处,在同一根钢筋上宜少设接头。

(4)受力钢筋接头的位置等应严格按照平法图集进行操作。

4.现浇钢筋混凝土板

除具体施工图中有特别规定者外,现浇钢筋混凝土板的施工应符合以下要求:

(1)板的底部钢筋伸入墙或梁支座内的锚固长度应伸至墙或梁中心线且不应小于5d,d为受力钢筋直径。

(2)板的边支座和中间支座板顶标高不同时,负筋在梁或墙内的锚固应满足受拉钢筋最小锚固长度。

(3)双向板的支座钢筋,短跨钢筋置于上排,长跨钢筋置于下排;双向板的底部钢筋,短跨钢筋置于下排,长跨钢筋置于上排。

(4)当板底与梁底平时,板的下部钢筋伸入梁内须弯折后置于梁的下部纵向钢筋之上。

(5)板上孔洞应预留,结构平面图中只表示出洞口尺寸≥300mm的孔洞,施工时各工种必须根据各专业图纸配合土建预留全部孔洞,不得后凿。

工程名称	综合楼	图名	结构设计总说明(一)	图纸编号	结施-1

图 5-2-1　某工程结构设计说明

【ZTSC0107A · 单选题】

该工程结构类型是(　　)。

A. 框架结构　　B. 剪力墙结构　　C. 砌体结构　　D. 框架剪力墙结构

【答案】 A

【ZTSC0107B・单选题】

本工程结构安全等级是（　　）。

A. 一级　　B. 二级　　C. 三级　　D. 四级

【答案】 B

【ZTSC0107C・单选题】

本工程办公室采用的均布荷载标准值为（　　）。

A. 2.0 kN/m^2　　B. 2.0 kN/m　　C. 2.5 kN/m^2　　D. 2.5 kN/m

【答案】 A

【ZTSC0107D・单选题】

关于保护层厚度说法正确是（　　）。

A. 保护层厚度与构件类型有关　　B. 保护层厚度和钢筋强度有关

C. 保护层厚度与环境类别无关　　D. 保护层厚度和设计使用年限无关

【答案】 A

【ZTSC0107E・判断题】

本工程抗震设防类别为标准设防。（　　）

【答案】 √

【ZTSC0107F・判断题】

本工程柱混凝土强度等级均为 C25。（　　）

【答案】 ×

【ZTSC0107G・判断题】

框架梁柱的纵筋应进行可靠锚固，混凝土强度等级越高锚固长度越大。（　　）

【答案】 ×

【ZTSC0107H・填空题】

双向板的支座钢筋，短跨钢筋置于________，长跨钢筋置于________；双向板的底部钢筋，短跨钢筋置于________，长跨钢筋置于________。

【答案】 上排　下排　下排　上排

【ZTSC0107I・填空题】

基础底面钢筋保护层厚度从垫层顶面算起不应小于________mm。

【答案】 40

【ZTSC0107J・填空题】

本工程±0.000 以上的填充墙体采用________。

【答案】 加气混凝土砌块

【ZTSC0107K・简答题】

简述混凝土保护层的影响因素。

【答案】 混凝土保护层厚度是构件最外侧钢筋表面至混凝土表面的距离。取值和构件类型、环境类别、混凝土强度等级、设计使用年限等因素有关。

【ZTSC0107L・简答题】

简述抗震等级为一、二、三级的框架和斜撑构件，其纵向受力钢筋采用普通钢筋时，应满足什么要求?

【答案】 (1)纵向受力钢筋的抗拉强度实测值与屈服强度实测值的比值不应小于 1.25。

(2)且钢筋的屈服强度实测值与强度标准值的比值不应大于 1.3。

(3)钢筋在最大拉力下的总伸长率实测值不应小于 9%。

考点 8　基础施工图识读

基础施工图表示建筑物室内地面以下基础部分的平面布置及详细构造,通常用基础平面图和基础详图表示。基础施工图是施工放线、开挖基槽、基础施工、计算基础工程量的依据。基础分为深基础和浅基础,浅基础包括独立基础、条形基础、筏板基础、箱型基础,深基础主要指桩基础。

一、独立基础施工图识读

1. 独立基础平法施工图

图 5-2-2 为独立基础平法施工图平面注写方式,施工图中表达了基础的类型和编号、基础的截面尺寸和定位、基础底板配筋、基础底部标高以及基础梁的截面尺寸、配筋、标高等信息。

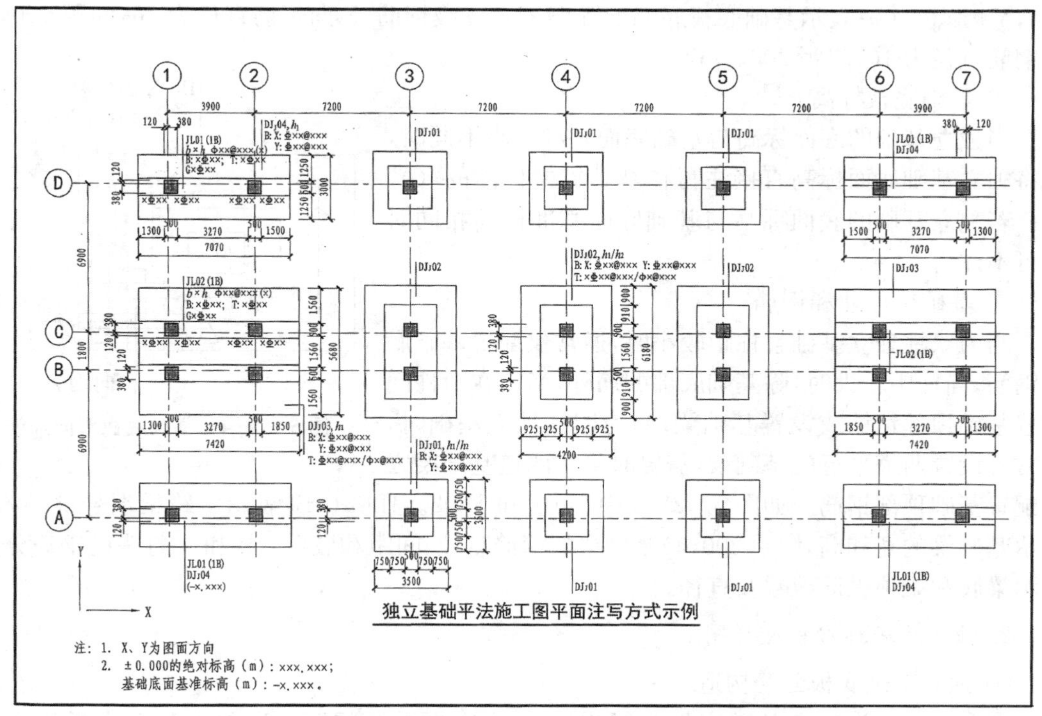

独立基础平法施工图平面注写方式示例

图 5-2-2　独立基础平法施工图平面注写方式示例

① 基础类型和编号

独立基础分为阶形基础、坡形基础两种。DJ_J表示阶形基础,DJ_P表示坡形基础。

② 基础尺寸和定位

基础平面尺寸和定位可根据平法施工图直接读取，基础的截面高度根据集中标注中h_1/h_2的值确定，h_1表示独立基础端部高度，$h_{1+}h_2$表示独立基础根部高度。【例】当阶形截面普通独立基础DJ_J02的竖向尺寸注写为400/300/300时，表示$h_1=400$、$h_2=300$、$h_3=300$，基础底板总高度为1 000[图5-2-3(a)]；当坡形截面普通独立基础DJ_P03的竖向尺寸注写为400/300时，表示$h_1=400$、$h_2=300$，基础底板总高度为700[图5-0-2-3(a)]。

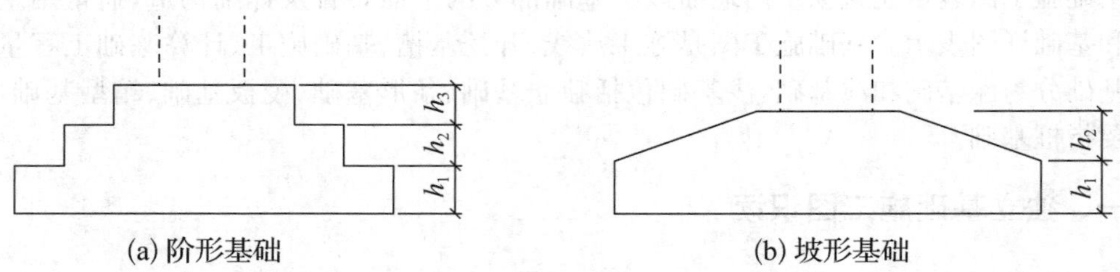

图5-2-3　基础竖向尺寸

③ 基础底板钢筋

以B代表各种独立基础底板的底部配筋。X向配筋以X打头、Y向配筋以Y打头注写；当两向配筋相同时，则以X&Y打头注写。【例】当独立基础底板配筋标注为：B：X⏀16@150，Y⏀16@200；表示基础底板底部配置HRB400级钢筋，X向钢筋直径为16，间距150；Y向钢筋直径为16，间距200。

④ 基础底板标高

当独立基础的底面标高与基础底面基准标高不同时，应将独立基础底面标高直接注写在基础集中标注的"()"内。若独立基础的底面标高与基础底面基准标高相同时则可不注。

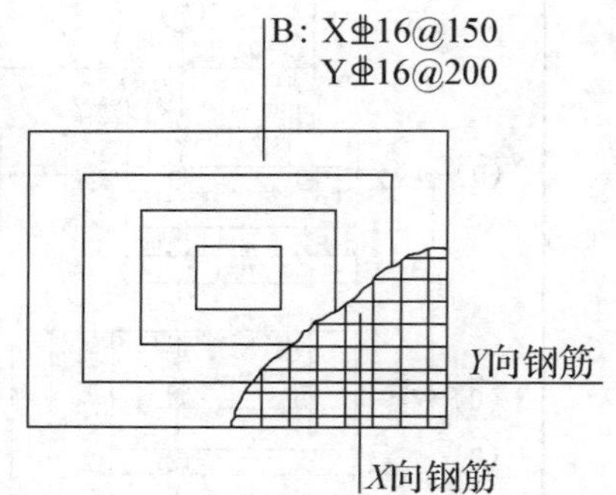

图5-2-4　基础底板双向配筋

⑤ 基础梁尺寸和钢筋

当为双柱独立基础且柱距较小时，通常仅配置基础底部钢筋；当柱距较大时，除基础底部配筋外，尚需在两柱间配置基础顶部钢筋或设置基础梁；当为四柱独立基础时，通常可设置两道平行的基础梁，需要时可在两道基础梁之间配置基础顶部钢筋。如图5-2-2中JL01和JL02。JL02(1B)表示1跨梁端悬挑，$b\times h$表示基础梁的宽和高，⏀8@200(4)基础梁的箍筋直径、间距和肢数。B和T打头的钢筋分别表示梁底和梁顶纵筋根数及直径。

2. 独立基础标准构造详图

① 独立基础底板配筋构造

图5-2-5为独立基础底板配筋构造，s为底板纵筋间距。当独立基础底板长度>2 500时，除外侧钢筋外，底板配筋长度可取相应方向底板长度的0.9倍，交错放置。当非对称独立基础底板长度>2 500，但该基础某侧从柱中心至基础底板边缘的距离<1 250时，钢筋在该侧不应减短。

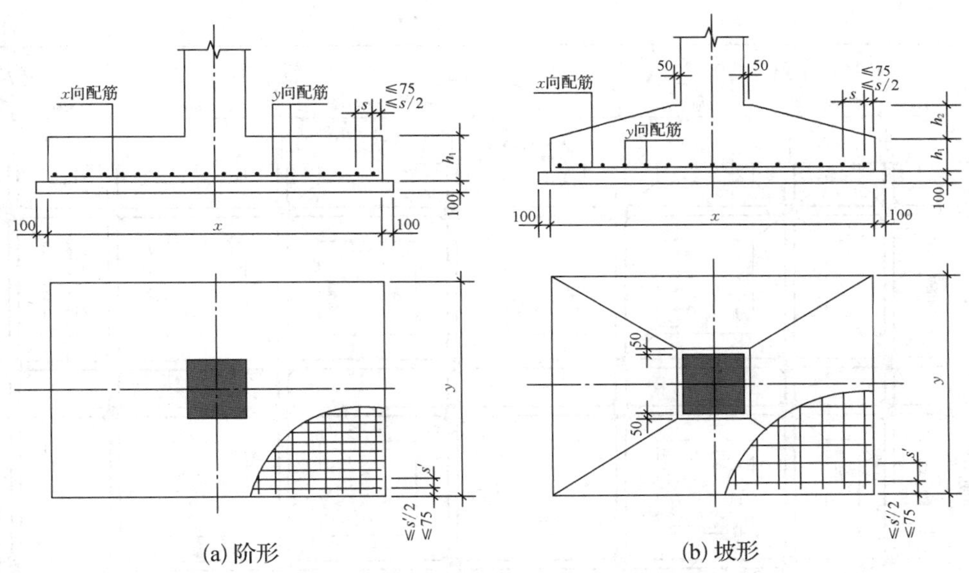

图 5－2－5　独立基础底板配筋构造

② 柱纵筋在独立基础中的构造

图 5－2－6 为柱纵筋在基础中的构造。当基础高度满足柱纵筋锚固长度 l_{aE} 时，柱纵筋伸至基础底部，支撑在底板钢筋网片上，并弯锚 $6d$ 且≥150 mm；当基础高度不能满足柱纵筋锚固长度 l_{aE} 时，柱纵筋伸至基础底部，支撑在底板钢筋网片上，并弯锚 $15d$。另外，柱在基础内设置间距≤500，且不少于两道矩形封闭非复合箍筋。

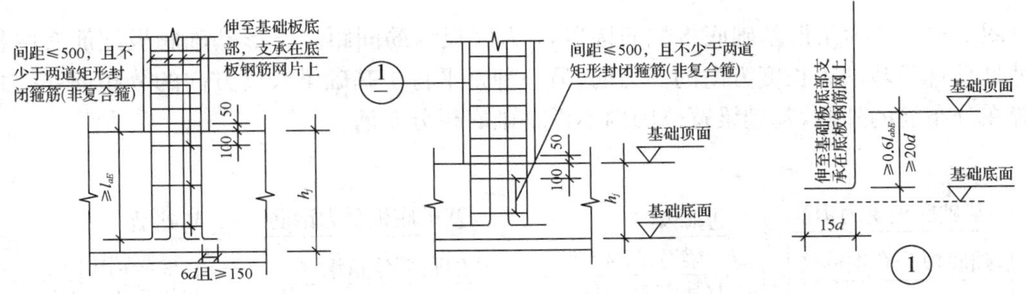

图 5－2－6　柱纵筋在独立基础中的构造

二、条形基础

1. 条形基础平法施工图

图 5－2－7 为条形基础平法施工图平面注写方式，条形基础由基础梁和基础底板组成。施工图中表达了条形基础底板的类型和编号、截面尺寸和定位、基础底板配筋、基础底部标高以及基础梁的类型和编号、截面尺寸、配筋、标高等信息。基础底板和基础梁的识读方式同独立基础。

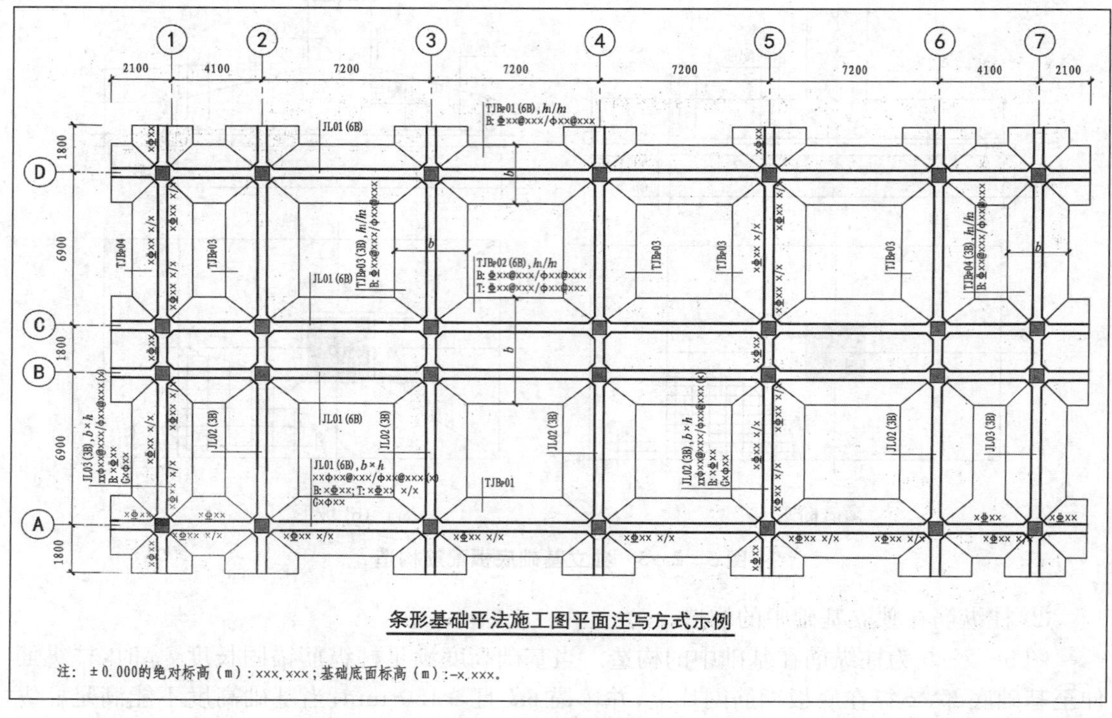

图 5-2-7　条形基础平法施工图平面注写方式示例

2. 条形基础构造详图

图 5-2-8 为条形基础底板配筋构造，s 为底板纵筋间距。条形基础底板配筋有两种，一种是垂直于基础梁长度方向的受力筋，另一种是平行于基础梁长度方向的分布筋，受力筋布置在分布筋的外侧，基础梁宽范围内不设基础底板分布筋。

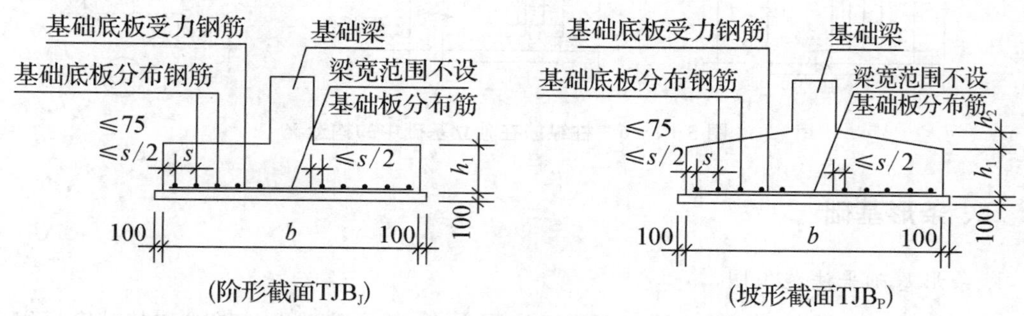

图 5-2-8　条形基础底板配筋构造

根据图 5-2-9 回答以下问题。

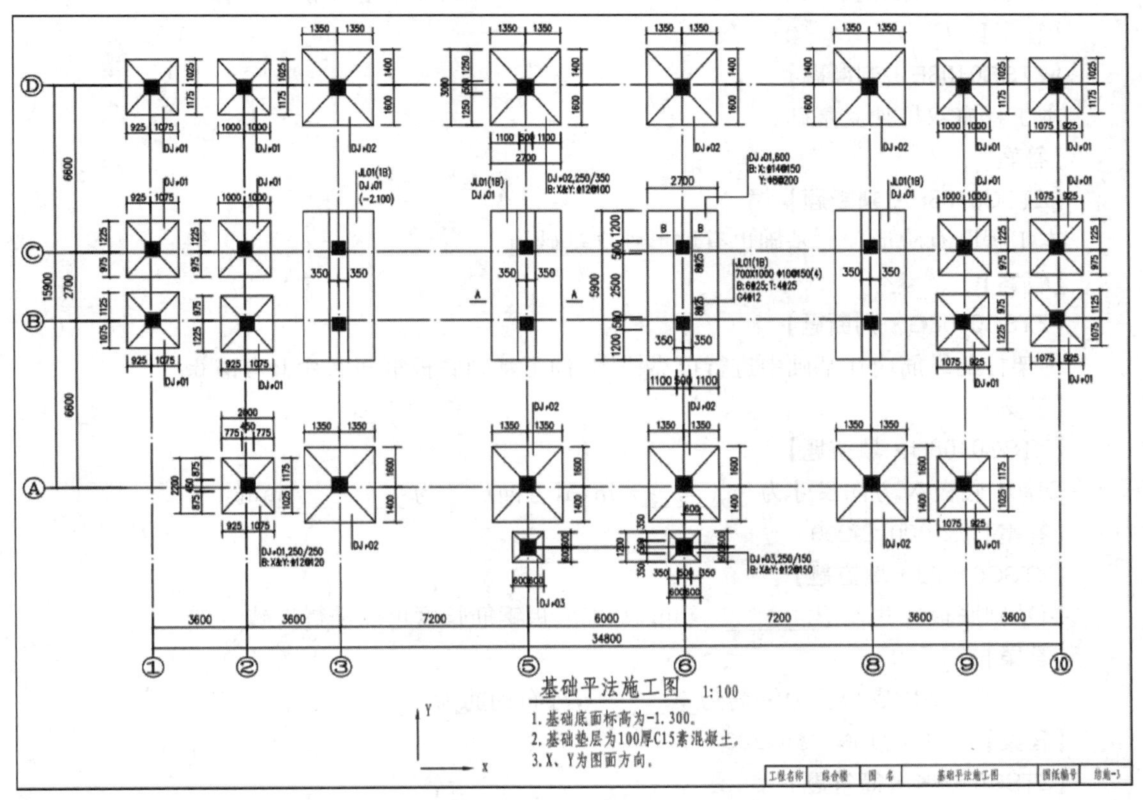

图 5-2-9 某工程基础平法施工图

【ZTSC0108A · 单选题】

该基础的类型是(　　)。

A. 独立基础　　B. 条形基础　　C. 筏形基础　　D. 桩基础

【答案】 A

【ZTSC0108B · 单选题】

关于 3 轴交 A 轴的基础说法不正确的是(　　)。

A. 该基础编号为 DJ_P02

B. 该基础端部高 250 mm

C. 该基础根部高 350 mm

D. 该基础底板配筋为双向Φ 12@100

【答案】 D

【ZTSC0108C · 单选题】

关于基础平法施工图说法不正确的是(　　)。

A. 有平面注写和截面注写两种

B. 本工程采用截面注写方式

C. DJ_J为阶形基础

D. DJ_P为坡形基础

【答案】 D

【ZTSC0108D · 单选题】

关于 3 轴交 A、B 轴的基础说法不正确的是(　　)。

A. 该基础为双柱独立基础

B. 该基础底部标为−2.100 m

C. 基础梁所配箍筋为双肢箍

D. 基础梁设有 4 根构造筋

【答案】 C

【ZTSC0108E・判断题】

本工程有双柱独立基础。（　）

【答案】 √

【ZTSC0108F・判断题】

本工程既有阶形独立基础也有坡形独立基础。（　）

【答案】 √

【ZTSC0108G・判断题】

框架柱的纵筋应在基础中进行可靠锚固，伸至基础底板钢筋网片上弯锚 $6d$。（　）

【答案】 ×

【ZTSC0108H・填空题】

DJ_P01 底板 X 方向尺寸为＿＿＿＿mm，Y 方向尺寸为＿＿＿＿mm。

【答案】 2 000，2 200

【ZTSC0108J・填空题】

当基础底板尺寸大于＿＿＿＿mm，基础底板钢筋长度可以进行折减。

【答案】 2 500

DJ_J01 中，基础底板受力钢筋为＿＿＿＿，分布钢筋为＿＿＿＿。

【答案】 ⌀14@150　ϕ@200

【ZTSC0108K・简答题】

简述独立基础集中标注的内容。

【答案】 普通独立基础和杯口独立基础的集中标注，系在基础平面图上集中引注：基础编号、截面竖向尺寸、配筋三项必注内容，以及基础底面标高（与基础底面基准标高不同时）和必要的文字注解两项选注内容。

【ZTSC0108L・简答题】

简述双柱独立基础的基础梁注写内容。

【答案】 当双柱独立基础为基础底板与基础梁相结合时，注写基础梁的编号、几何尺寸和配筋。如 JL01(1)表示该基础梁为 1 跨，两端无外伸；JL01(1A)表示该基础梁为 1 跨，一端有外伸；JL01(1B)表示该基础梁为 1 跨，两端均有外伸。几何尺寸即基础梁的宽度和高度。配筋包括顶部纵筋、底部纵筋、箍筋、构造钢筋、支座非贯通纵筋等信息。

【ZTSC0108M・计算题】

试计算 DJ_P01 基础底板 X 方向钢筋长度和根数，混凝土保护层厚度取 40 mm。

【答案】 基础底板尺寸为：X 方向 2 000，Y 方向 2 200，

基础底板配筋为：C12@120，两端留保护层 40 mm，钢筋距边缘≤75，$\frac{1}{2}S=60$ mm

计算 X 方向钢筋长度：2 000−40−40=1 920 mm，

计算 X 方向钢筋根数：2 200−40−40=2 120 mm，

2 120÷120=17.6 取 18，

根数=18+1=19 根

所以，基础底板 X 方向钢筋长度为 1 920 mm 和根数为 19 根。

考点 9　柱施工图识读

一、框架柱施工图平面表示方法

柱平法施工图系在柱平面布置图上采用列表注写方式或截面注写方式表达。柱平面布置图，可采用适当比例单独绘制，也可与剪力墙平面布置图合并绘制。在柱平法施工图中，应注明各结构层的楼面标高、结构层高及相应的结构层号，尚应注明上部结构嵌固部位位置。

嵌固部位注明方式：

1. 框架柱嵌固部位在基础顶面时，无需注明。

2. 框架柱嵌固部位不在基础顶面时，在层高表嵌固部位标高下使用双细线注明，并在层高表下注明上部结构嵌固部位标高。

3. 框架柱嵌固部位不在地下室顶板，但仍需考虑地下室顶板对上部结构实际存在嵌固作用时，可在层高表地下室顶板标高下使用双虚线注明，此时首层柱端箍筋加密区长度范围及纵筋连接位置均按嵌固部位要求设置。

(1) 列表注写方式

列表注写方式，系在柱平面布置图上(一般只需采用适当比例绘制一张柱平面布置图，包括框架柱、框支柱、梁上柱和剪力墙上柱)，分别在同一编号的柱中选择一个(有时需要选择几个)截面标注几何参数代号；在柱表中注写柱编号、柱段起止标高、几何尺寸(含柱截面对轴线的偏心情况)与配筋的具体数值，并配以各种柱截面形状及其箍筋类型图的方式，来表达柱平法施工图(如图 5-2-10 所示)。

1) 柱表注写内容规定如下：

① 注写柱编号，柱编号由类型代号和序号组成，应符合表 5-021 的规定。

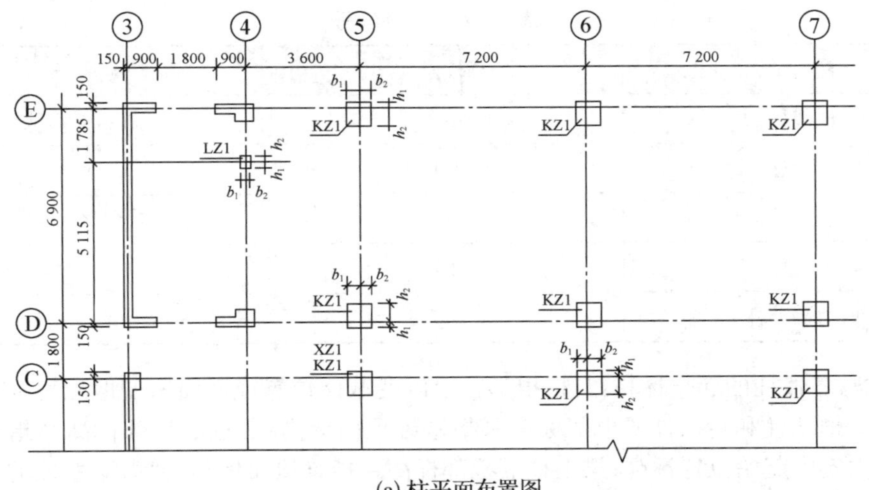

(a) 柱平面布置图

柱号	标高	$b\times h$（圆柱直径 D）	b_1	b_2	h_1	h_2	全部纵筋	角筋	b 边一侧中部筋	h 边一侧中部筋	箍筋类型号	箍筋	备注
EZ1	－4.530～－0.030	750×700	375	375	150	550	28Φ25				1(6×6)	φ10@100/200	—
	－0.030～－19.470	750×700	375	375	150	550	24Φ25				1(5×4)	φ10@100/200	
	19.470～－37.470	650×600	325	325	150	450		4Φ22	5Φ22	4Φ20	1(4×4)	φ10@100/200	
	37.470～－59.070	550×500	275	275	150	350		4Φ22	5Φ22	4Φ20	1(4×4)	φ8@100/200	
XZI	－4.530～8.670						8Φ25				按标准构造识图	φ10@100	③×⑧轴KZI中设置

(b) 柱表

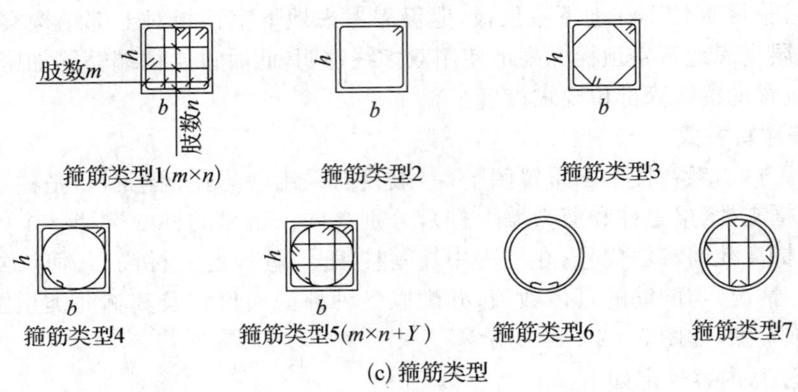

(c) 箍筋类型

图 5－2－10　柱平法施工图列表注写示例

表 5－2－1　柱编号

柱类型	代号	序号
框架柱	KZ	××
转换柱	ZHZ	××
芯　柱	XZ	××
梁上柱	LZ	××
剪力墙上柱	QZ	××

② 注写各段柱的起止标高，自柱根部往上以变截面位置或截面未变但配筋改变处为界分段注写。框架柱和转换柱的根部标高系指基础顶面标高；芯柱的根部标高系指根据结构实际需要而定的起始位置标高；梁上柱的根部标高系指梁顶面标高；剪力墙上柱的根部标高为墙顶面标高。

③ 注写柱的截面尺寸，对于矩形柱，注写柱截面尺寸 $b\times h$ 及与轴线关系的几何参数代号 b_1、b_2 和 h_1、h_2 的具体数值，需对应于各段柱分别注写。其中 $b=b_1+b_2$，$h=h_1+h_2$。当截面的某一边收缩变化至与轴线重合或偏到轴线的另一侧时，b_1、b_2、h_1、h_2 中的某项为零或为负值；对于圆柱，表中 $b\times h$ 一栏改用在圆柱直径数字前加 d 表示。为表达简单，圆柱截面与轴线的关系也用 b_1、b_2 和 h_1、h_2 表示，并使 $d=b_1+b_2=d_1+d_2$。

④ 注写柱纵筋。当柱纵筋直径相同，各边根数也相同时（包括矩形柱、圆柱和芯柱），将纵筋注写在“全部纵筋”一栏中；除此之外，柱纵筋分角筋、截面 b 边中部筋和 h 边中部筋三项分别注写（对于采用对称配筋的矩形截面柱，可仅注写一侧中部筋，对称边省略不注；对于采用非对称配筋的矩形截面柱，必须每侧均注写中部筋）。

⑤ 注写箍筋类型号及箍筋肢数，在箍筋类型栏内注写按本规则规定的箍筋类型号与肢数。

⑥ 注写柱箍筋，包括钢筋级别、直径与间距。

用斜线“/”区分柱端箍筋加密区与柱身非加密区长度范围内箍筋的不同间距。施工人员需根据标准构造详图的规定，在规定的几种长度值中取其最大者作为加密区长度。当框架节点核心区内箍筋与柱端箍筋设置不同时，应在括号中注明核心区箍筋直径及间距。当箍筋沿柱全高为一种间距时，则不使用“/”线。当圆柱采用螺旋箍筋时，需在箍筋前加“L”。

2）截面注写方式

截面注写方式，系在柱平面布置图的柱截面上，分别在同一编号的柱中选择一个截面，以直接注写截面尺寸和配筋具体数值的方式来表达柱平法施工图。

对除芯柱之外的所有柱截面进行编号，从相同编号的柱中选择一个截面，按另一种比例原位放大绘制柱截面配筋图，并在各配筋图上继其编号后再注写截面尺寸 $b\times h$、角筋或全部纵筋（当纵筋采用一种直径且能够图示清楚时）、箍筋的具体数值，以及在柱截面配筋图上标注柱截面与轴线关系 b_1、b_2、h_1、h_2 的具体数值。

当纵筋采用两种直径时，需再注写截面各边中部筋的具体数值，对于采用对称配筋的矩形截面柱，可仅在一侧注写中部筋，对称边省略不注。

当在某些框架柱的一定高度范围内，在其内部的中心位设置芯柱时，首先按照规定进行编号，继其编号之后注写芯柱的起止标高、全部纵筋及箍筋的具体数值，芯柱截面尺寸按构造确定，并按标准构造详图施工，设计不注；当设计者采用与本构造详图不同的做法时，应另行注明。芯柱定位随框架柱，不需要注写其与轴线的几何关系。

在截面注写方式中，如柱的分段截面尺寸和配筋均相同，仅截面与轴线的关系不同时，可将其编为同一柱号。但此时应在未画配筋的柱截面上注写该柱截面与轴线关系的具体尺寸。

采用截面注写方式表达的柱平法施工图示例见图 5-2-11。

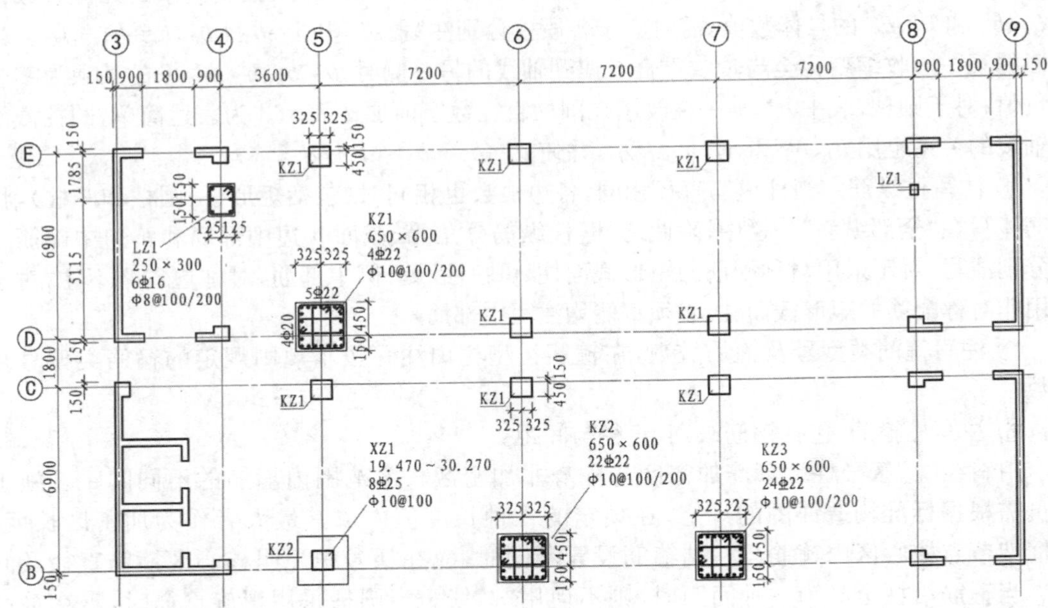

图 5-2-11　柱平法施工图截面注写方式示例

二、框架柱标准构造详图

① 柱箍筋加密区长度

柱箍筋加密区长度取值见图 5-2-12，嵌固部位加密区长度$\geqslant\frac{1}{3}H_n$，梁上柱嵌固部位为梁顶面，墙上柱嵌固部位为墙顶面。其他部位$\geqslant$max[柱长边尺寸(圆柱直径)，$\frac{1}{6}H_n$，500]，底层刚性地面上下各加密 500 mm。柱净高应为层高减去梁高。

② 柱顶纵筋构造

中柱柱顶纵向钢筋构造分四种构造做法见图 5-2-13，柱顶纵筋伸至柱顶并向内弯锚 $12d$ 见图(a)，当柱顶有不少于 100 厚的现浇板时可向柱外弯锚 $12d$ 见图(b)，柱顶纵筋顶部加锚头见图(c)，如果锚固长度满足要求可直接直锚见图(d)，施工人员应根据各种做法所要求的条件正确选用。

边柱柱顶纵向钢筋构造做法见图 5-2-14，柱内侧纵筋同中柱柱顶纵向钢筋构造，柱外侧纵筋有四种构造做法，柱外侧纵向钢筋直径不小于梁上部钢筋时，可弯入梁内作梁上部纵向钢筋见图(a)；柱外侧纵筋从梁底算起 $1.5l_{abE}$ 超过柱内侧边缘，当柱外侧纵向钢筋配筋率$>$1.2%时分两批截断见图(b)；未伸入梁内的柱外侧钢筋锚固方式见图(c)，柱顶第一层钢筋伸至柱内边并向下弯折 $8d$，柱顶第二层钢筋伸至柱内边；当梁、柱纵向钢筋搭接接头沿节点外侧直线布置见图(d)，柱顶第二层钢筋伸至柱内边伸至柱顶并向内弯锚 $12d$ 见图(a)，当柱顶有不少于 100 厚的现浇板时可向柱外弯锚 $12d$ 见图(b),柱顶纵筋顶部加锚头见图(c),如果锚固长度满足要求可直接直锚见图(d),梁上部纵筋弯锚$\geqslant 1.7l_{abE}$,梁上部纵向钢筋配筋率$>1.2\%$时,应分两批截断,当梁上部纵向钢筋为两排时,先断第二排钢筋。施工人员应根据各种做法所要求的条件正确选用。

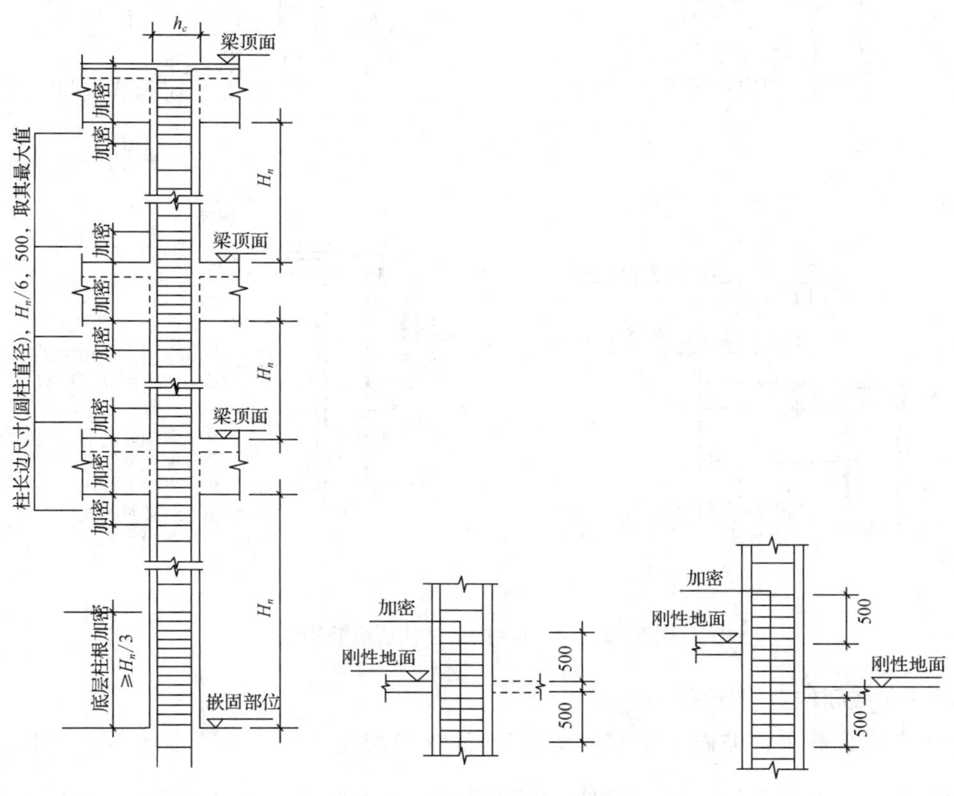

图 5-2-12　柱箍筋加密区

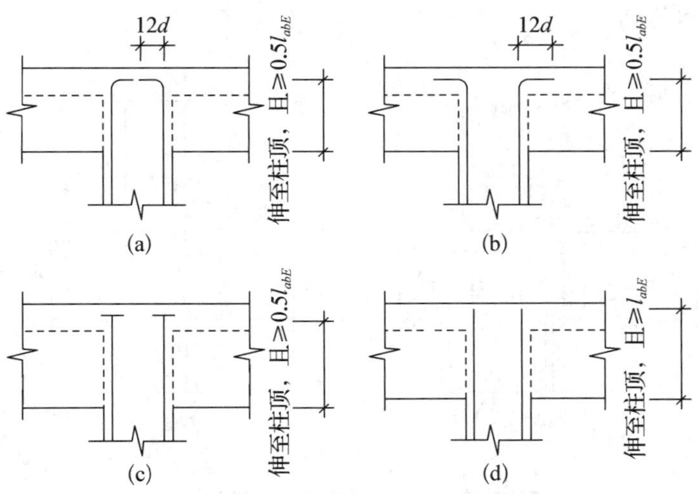

图 5-2-13　中柱柱顶纵筋构造

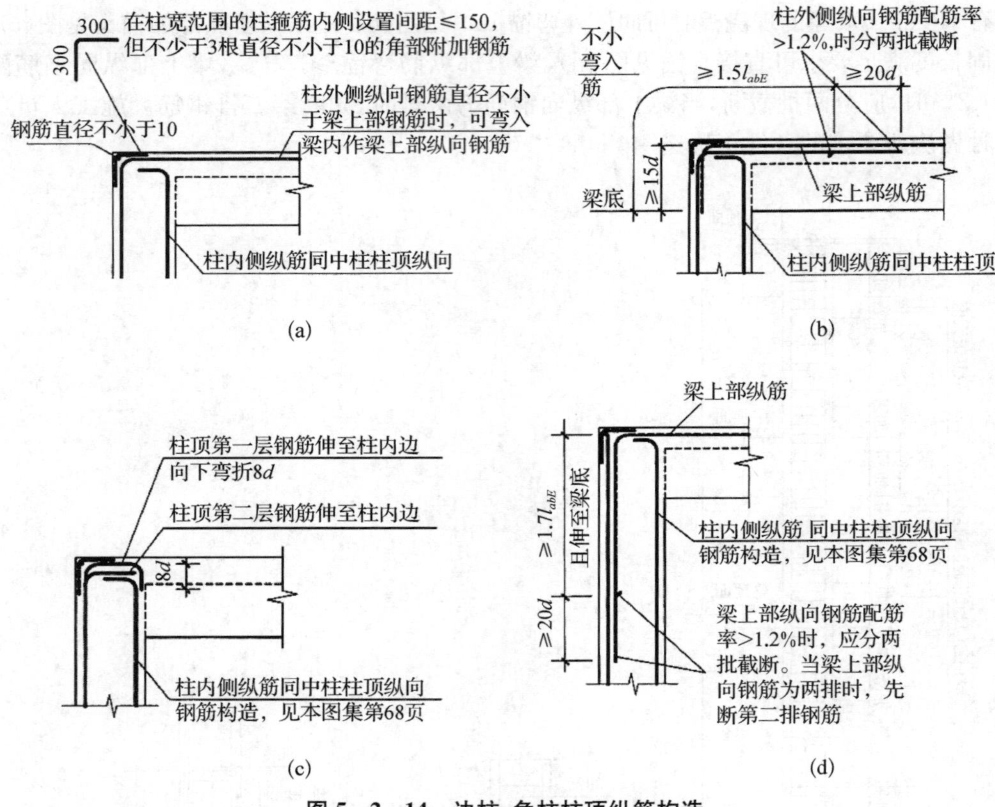

图 5-2-14　边柱、角柱柱顶纵筋构造

③ 柱变截面位置纵向钢筋构造

当上柱截面和下柱截面尺寸发生变化时，柱纵筋构造见图 5-2-15。当上下柱截面改变尺寸与梁高之比$\frac{\Delta}{h_b}>\frac{1}{6}$时上下柱纵筋须分别锚固，当上下柱截面改变尺寸与梁高之比$\frac{\Delta}{h_b}<\frac{1}{6}$时上下柱纵筋可贯通。

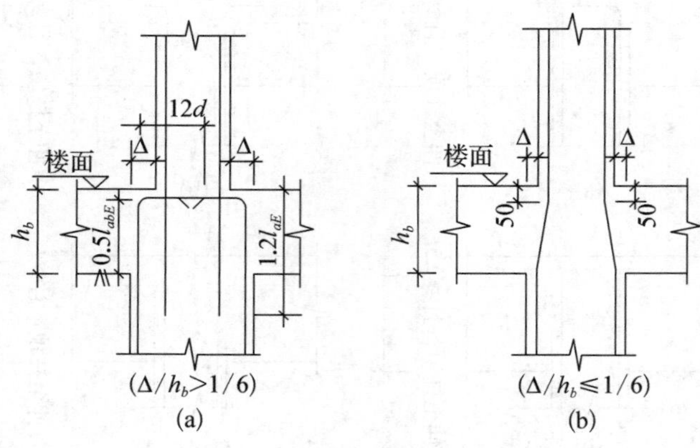

图 5-2-15　柱变截面位置纵筋构造

④ 柱纵筋连接构造

柱纵筋的连接方式有绑扎搭接长度及绑扎搭接、机械连接、焊接连接(图 5-2-16)。柱纵筋连接区应避开箍筋加密区,柱相邻纵向钢筋连接接头相互错开。在同一连接区段内钢筋接头面积百分率不宜大于 50%。轴心受拉及小偏心受拉柱内的纵向钢筋不得采用绑扎搭接接头。

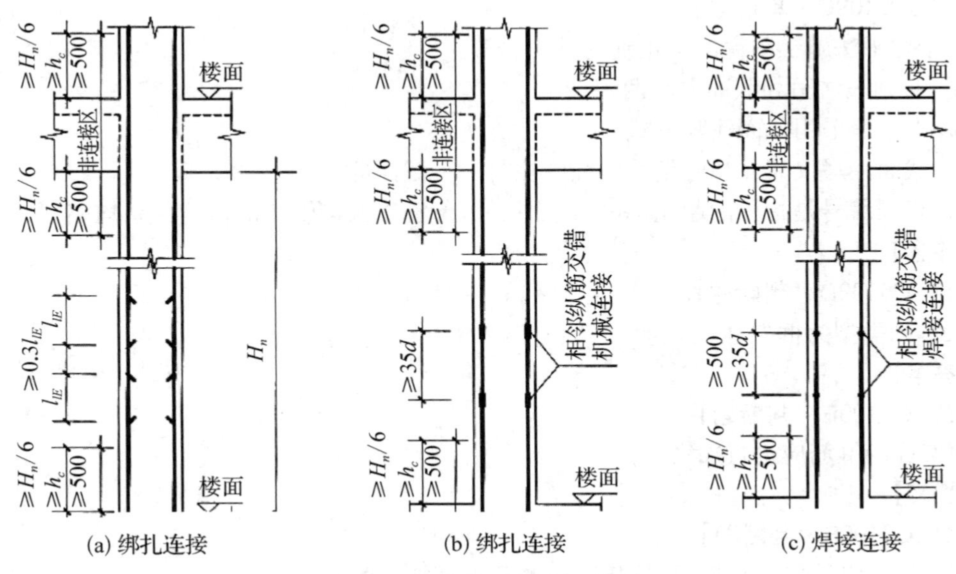

图 5-2-16 柱纵筋连接构造

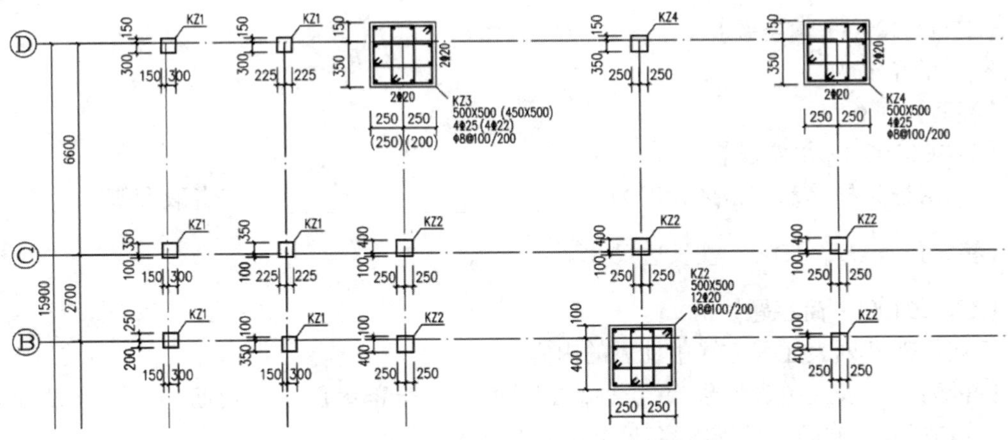

图 5-2-17 某工程框架柱平法施工图(局部)

根据图 5-2-17 回答以下问题。

【ZTSC0109A · 单选题】

关于该框架柱平法施工图说法正确的是(　　)。

A. 该图采用截面注写的方式

B. 所有 KZ1 和轴线位置关系均相同

C. KZ3 截面尺寸均为 500×500

D. KZ3 角筋均为 4Φ25

【答案】 A

【ZTSC0109B · 单选题】

关于 KZ2 说法不正确的是(　　)。

A. 截面尺寸为 500×500　　B. 角筋为 4⌀20

C. 全部纵筋为 12⌀20　　D. b 边中部筋为 4⌀20

【答案】 D

【ZTSC0109C · 单选题】

关于柱平法施工图说法不正确的是(　　)。

A. 有列表注写和截面注写两种

B. 本工程采用截面注写方式

C. 截面注写仅需在相同编号的柱中注写一个截面即可

D. 相同编号是指柱的起止标高、截面尺寸、配筋以及与轴线的位置关系均相同。

【答案】 D

【ZTSC0109D · 判断题】

KZ2 的类型为框架柱。　　(　　)

【答案】 √

【ZTSC0109E · 判断题】

框架柱的箍筋应进行加密。　　(　　)

【答案】 √

【ZTSC0109F · 判断题】

框架柱的纵筋应进行连接,连接区应避开箍筋加密区。　　(　　)

【答案】 √

【ZTSC0109G · 填空题】

KZ4 的角筋为________。

【答案】 4⌀25

【ZTSC0109H · 填空题】

中间层框架柱箍筋加密区长度为________、________、________三者取大值。

【答案】 $\frac{1}{6}H_n$　500　柱长边尺寸

【ZTSC0109I · 简答题】

简述框架柱列表注写方式中柱表的内容。

【答案】 柱表应包含编号、起止标高、截面尺寸、全部纵筋或者角筋、b 边一侧中部筋、h 边一侧中部筋、箍筋信息等内容。

【ZTSC0109J · 计算题】

若 KZ2 顶处框架梁高 500 mm,层高 3.600 m,试计算二层楼面处 KZ1 的箍筋加密区长度。

【答案】 梁高h_b=500 mm,

$$H_n = 3\ 600\ \text{mm} - 500\ \text{mm} = 3\ 100\ \text{mm},$$

$$\frac{1}{6}H_n = \frac{3\ 100}{6} = 620\ \text{mm},$$

柱长边尺寸为 500 mm,所以柱端箍筋加密区长度为 620 mm。

考点10 梁施工图识读

一、梁平法施工图

梁平法施工图系在梁平面布置图上采用平面注写方式或截面注写方式表达。梁平面布置图，应分别按梁的不同结构层(标准层)，将全部梁和与其相关联的柱、墙、板一起采用适当比例绘制。在梁平法施工图中，尚应注明各结构层的顶面标高及相应的结构层号。对于轴线未居中的梁，应标注其偏心定位尺寸(贴柱边的梁可不注)。

平面注写方式

平面注写方式，系在梁平面布置图上，分别在不同编号的梁中各选一根梁，在其上注写截面尺寸和配筋具体数值的方式来表达梁平法施工图。

平面注写包括集中标注与原位标注，集中标注表达梁的通用数值，原位标注表达梁的特殊数值。当集中标注中的某项数值不适用于梁的某部位时，则将该项数值原位标注，施工时，原位标注取值优先。

集中标注的内容，有五项必注值及一项选注值(集中标注可以从梁的任意一跨引出)。

(1) 梁编号，该项为必注值。

(2) 梁截面尺寸，该项为必注值。

(3) 梁箍筋，包括钢筋级别、直径、加密区与非加密区间距及肢数，该项为必注值。箍筋加密区与非加密区的不同间距及肢数需用斜线“/”分隔；当梁箍筋为同一种间距及肢数时，则不需用斜线；当加密区与非加密区的箍筋肢数相同时，则将肢数注写一次；箍筋肢数应写在括号内。加密区范围见相应抗震等级的标准构造详图。

(4) 梁上部通长筋或架立筋配置(通长筋可为相同或不同直径采用搭接连接、机械连接或焊接的钢筋)，该项为必注值。所注规格与根数应根据结构受力要求及箍筋肢数等构造要求而定。当同排纵筋中既有通长筋又有架立筋时，应用加号“＋”将通长筋和架立筋相联。注写时需将角部纵筋写在加号的前面，架立筋写在加号后面的括号内，以示不同直径及与通长筋的区别。当全部采用架立筋时，则将其写入括号内。

(5) 梁侧面纵向构造钢筋或受扭钢筋配置，该项为必注值。当梁腹板高度 $h_w \geqslant 450$ mm 时，需配置纵向构造钢筋，所注规格与根数应符合规范规定。此项注写值以大写字母G打头，然后注写设置在梁两个侧面的总配筋值，且对称配置。

(6) 梁顶面标高高差，该项为选注值。梁顶面标高高差，系指相对于结构层楼面标高的高差值，对于位于结构夹层的梁，则指相对于结构夹层楼面标高的高差。有高差时，需将其写入括号内，无高差时不注。当某梁的顶面高于所在结构层的楼面标高时，其标高高差为正值，反之为负值。

梁原位标注的内容规定如下：

(1) 梁支座上部纵筋，该部位含通长筋在内的所有纵筋：当上纵筋多于一排时，用斜线“/”将各排纵筋自上而下分并。当同排纵筋有两种直径时，用加号“＋”将两种直径的纵筋相连，注写时将角部纵筋写在前面。当梁中间支座两边的上部纵筋不同时，须在支座两边分别标注；当梁中间支座两边的上部纵筋相同时，可仅在支座的一边标注配筋值，另一边省去不注。

(2) 梁下部纵筋：当下部纵筋多于一排时，用斜线"/"将各排纵筋自上而下分开。当同排纵筋有两种直径时，用加号"＋"将两种直径的纵筋相连，注写时角筋写在前面。当梁下部纵筋不全部伸入支座时，将梁支座下部纵筋减少的数量写在括号内。

【例】梁下部纵筋注写为 6Φ25 2(－2)/4，则表示上排纵筋为 2Φ25，且不伸入支座；下一排纵筋为 4Φ25，全部伸入支座。

(3) 当在梁上集中标注的内容(即梁截面尺寸、箍筋、上部通长筋或架立筋，梁侧面纵向构造钢筋或受扭纵向钢筋，以及梁顶面标高高差中的某一项或几项数值)不适用于某跨或某悬挑部分时，则将其不同数值原位标注在该跨或该悬挑部位，施工时应按原位标注数值取用。

图 5－2－18 所示为某框架梁的平面注写方式示例，该梁为框架梁，编号 2，跨数为 2 跨一端悬挑，截面尺寸为 300×650 mm，上部通长筋为 2Φ25，梁侧构造筋为 4Φ10，箍筋直径为 8，加密区间距为 100，非加密区间距为 200，梁顶标高降低 0.100 米。以截面 1 为例，该截面上部纵筋为2Φ25＋2Φ22 布置成一排，下部纵筋为 6Φ25 布置成 2 排，箍筋为Φ8@100(2)。

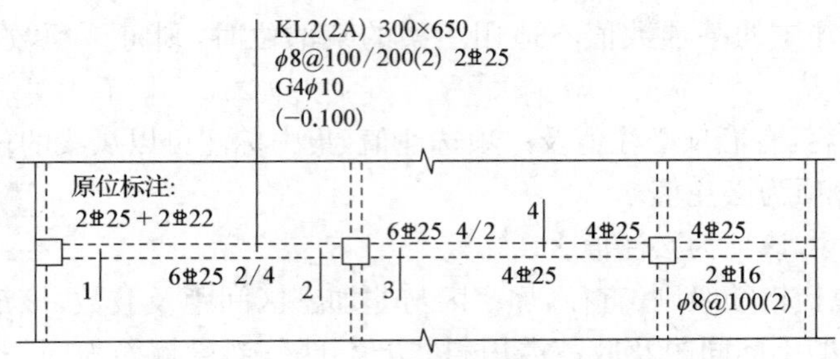

图 5－2－18　平面注写方式示例

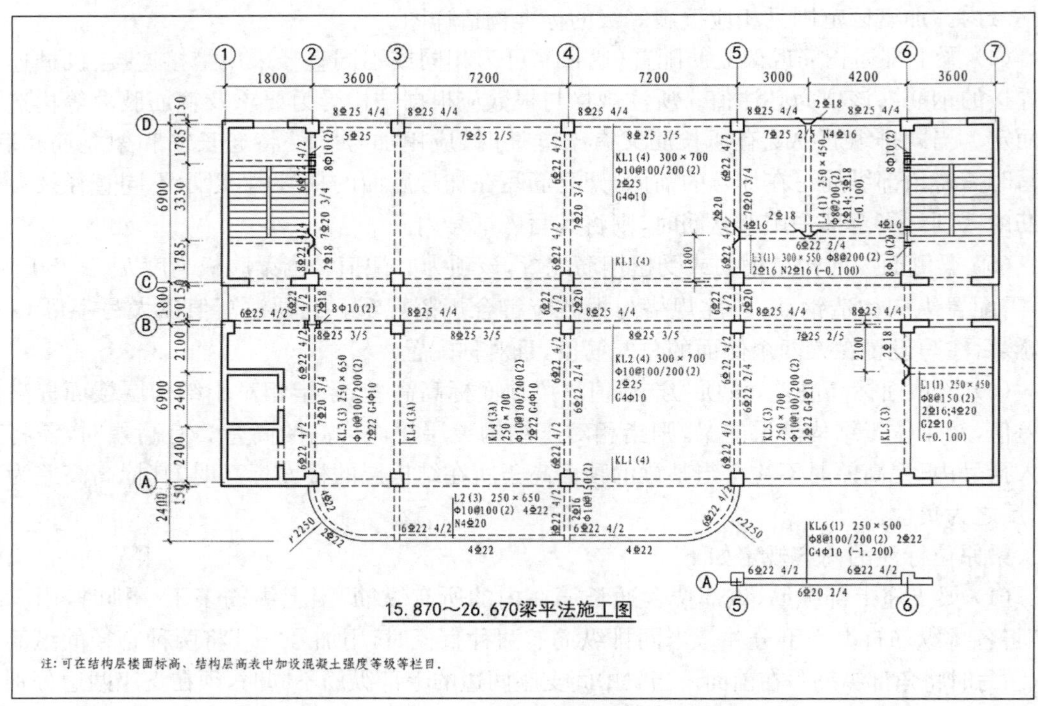

图 5－2－19　梁平法施工图平面注写示例

二、梁标准构造详图

1. 梁箍筋加密区长度

对于框架梁，根据抗震要求，梁端箍筋需要进行加密，加密区长度应满足构造要求。当抗震等级为一级时，加密区长度$\geqslant 2h_b$且$\geqslant 500$ mm；当抗震等级为二～四级时，加密区长度$\geqslant 1.5h_b$且$\geqslant 500$ mm(图 5-2-20)。当框架梁一端支座为主梁时，该端箍筋构造可不设加密区。梁端第一根箍筋距柱边 50 mm。

对于非框架梁，箍筋无加密要求。

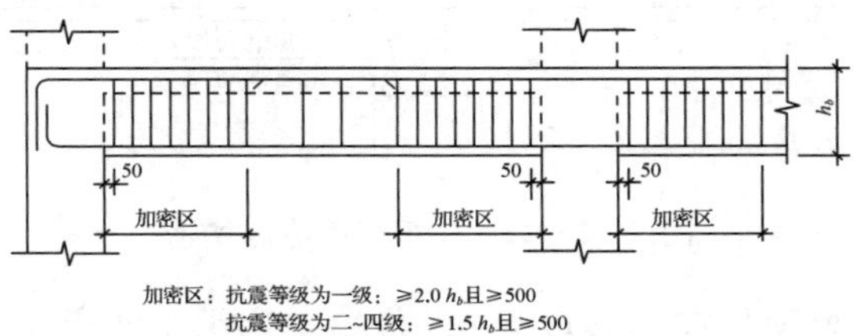

图 5-2-20　框架梁箍筋加密区范围

2. 框架梁支座非贯通纵筋截断长度和纵筋锚固长度

图 5-2-21 为框架梁纵筋构造，对于梁支座上部非贯通筋截断长度应该满足第一排从支座边缘向跨内伸出的长度$\geqslant \frac{1}{3}l_n$，第二排$\geqslant \frac{1}{4}l_n$，中间支座处l_n取相邻两跨净跨的大值，边支座处l_n取本跨的净跨值。

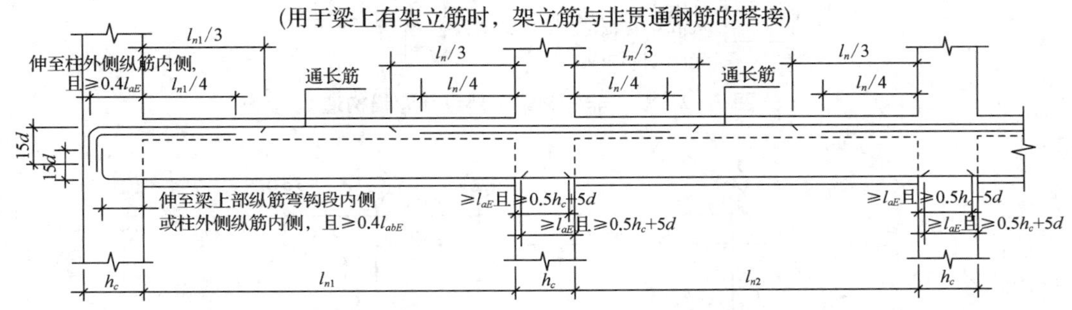

图 5-2-21　框架梁纵筋构造

对于框架梁纵筋应满足锚固长度要求，若采用直锚，锚固长度$\geqslant l_{aE}$且$\geqslant 0.5h_c+5d$；若不能采用直锚则伸至柱外侧纵筋内侧弯锚，伸至柱外侧纵筋内侧且水平段长度$\geqslant 0.4l_{abE}$，弯锚长度为$15d$。

3. 非框架梁支座非贯通纵筋截断长度和纵筋锚固长度

图 5-2-22 为非框架梁纵筋构造，对于梁中间支座上部非贯通筋截断长度应该满足从支座边缘向跨内伸出的长度$\geqslant \frac{1}{3}l_n$，l_n取相邻两跨净跨的大值，边支座处l_n取本跨的净跨

值。端支座上部非贯通筋截断长度设计按铰接时从支座边缘向跨内伸出的长度$\geqslant\frac{1}{5}l_n$充分利用钢筋强度时从支座边缘向跨内伸出的长度$\geqslant\frac{1}{3}l_n$。

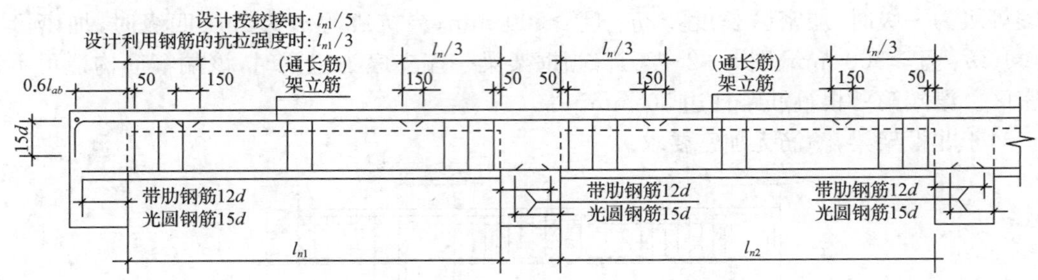

图 5-2-22　非框架梁纵筋构造

对于非框架梁纵筋应满足锚固长度要求，若端支座上部纵筋采用直锚，锚固长度应$\geqslant l_a$，若不能采用直锚则伸至主梁外侧角筋内侧弯锚，伸至柱外侧纵筋内侧且水平段长度$\geqslant 0.35l_{ab}$（铰接）或$\geqslant 0.6l_{ab}$（充分利用钢筋设计强度）弯锚长度为 15d。非框架梁下部纵筋锚固长度$\geqslant$12d（带肋钢筋）或$\geqslant$15d（光圆钢筋）。若下部纵筋伸入边支座长度不满足 12d 和 15d 的要求时，应进行弯锚（图 5-2-23）。

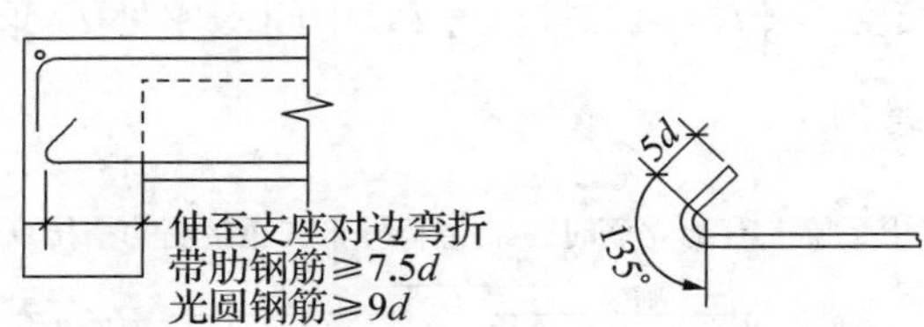

图 5-2-23　非框架梁下部纵筋弯锚构造

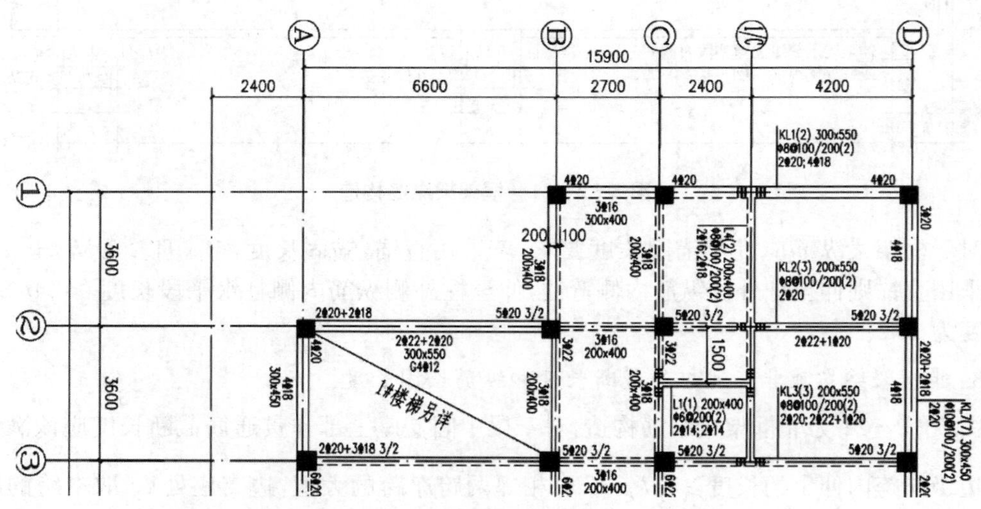

图 5-2-24　某工程框架梁平法施工图(局部)

根据图 5 - 2 - 24 回答以下问题。

【ZTSC0110A·单选题】

关于 KL1 说法正确的是(　　)。

A. 梁高均为 550

B. 梁上部通长钢筋为 2⌀20

C. 梁下部钢筋均为 3⌀16

D. 梁支座负筋为 2⌀20+4⌀20

【答案】 B

【ZTSC0110B·单选题】

关于 KL2 说法不正确的是(　　)。

A. 梁宽均为 200

B. 梁上部通长钢筋为 2⌀20

C. 梁箍筋为 ϕ8@100/200

D. B 支座负筋为 5⌀20(3/2)

【答案】 A

【ZTSC0110C·单选题】

关于 KL3 说法不正确的是(　　)。

A. 支座负筋包括通长筋和非贯通筋

B. 框梁 3 有 3 跨

C. KL3 无纵向构造筋

D. 梁下部纵筋均为 2⌀22+1⌀20

【答案】 D

【ZTSC0110D·判断题】

KL2 的类型为框架梁。(　　)

【答案】 √

【ZTSC0110E·判断题】

L1 的支座均为框架梁。(　　)

【答案】 ×

【ZTSC0110F·判断题】

G4ϕ12 表示构造筋,一共 4 根,一侧 2 根。(　　)

【答案】 ×

【ZTSC0110G·填空题】

L1 的箍筋为________。

【答案】 ϕ6@200(2)

【ZTSC0110H·填空题】

KL1 的箍筋肢数为________。

【答案】 2

【ZTSC0110J·填空题】

梁的平面注写包括为________和________。

【答案】 集中标注　原位标注

【ZTSC0110K·简答题】

简述 KL3 梁集中标注的内容。

【答案】 梁编号 KL3,跨数为 3 跨,截面尺寸为 200×550,箍筋为 A8 双肢箍,加密区间距为 100,非加密区间距为 200,梁上部通长筋为 2⌀20。

【ZTSC0110L · 计算题】

若该结构抗震等级为三级，试计算梁 KL1 的箍筋加密区长度。

【答案】 BC 段，梁高 h_b＝400 mm，1.5h_b＝600 mm＞500 mm，取 600 mm；

CD 段，梁高 h_b＝550 mm，1.5h_b＝825 mm＞500 mm，取 825 mm；

每一跨梁梁端均需要加密，BC 跨加密区长度两端各取 600 mm，CD 跨加密区长度两端各取 825 mm。

考点 11 板施工图识读

一、有梁楼盖平法施工图识读

有梁楼盖的制图规则适用于以梁为支座的楼面与屋面板平法施工图，图 5－2－25 为有梁楼板平法施工图示例。

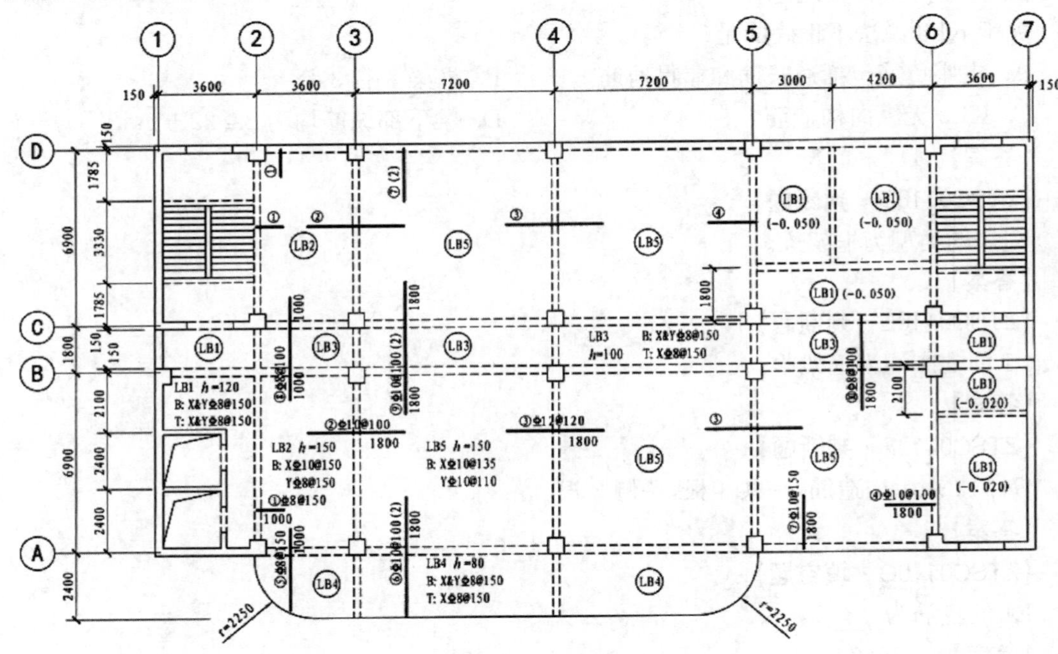

图 5－2－25 有梁楼板平法施工图示例

1. 识读图名

通过图名的识读可知该图为 15.870～26.670 板平法施工图。图名下方有分布筋的标注，未注明分布筋为 ϕ8@250。

2. 识读集中标注

对于普通楼面，两向均以一跨为一板块；对于密肋楼盖，两向主梁(框架梁)均以一跨为一板块(非主梁密肋不计)。所有板块应逐一编号，相同编号的板块可择其一做集中标注，其他仅注写置于圆圈内的板编号，以及当板面标高不同时的标高高差。

以Ⓐ、Ⓑ轴交③、④轴的 LB5 为例，通过集中标注的识读可知，板厚：$h=150$ mm；板底贯通纵筋：X 方向ф 10@135，Y 方向ф 10@110；板面标高和楼面标高同。

3. 识读原位标注

板支座原位标注的内容为：板支座上部非贯通纵筋和悬挑板上部受力钢筋。板支座上部非贯通筋自支座中线向跨内的伸出长度，注写在线段的下方位置。当中间支座上部非贯通纵筋向支座两侧对称伸出时，可仅在支座一侧线段下方标注伸出长度，另一侧不注。当向支座两侧非对称伸出时，应分别在支座两侧线段下方注写伸出度。

以Ⓐ、Ⓑ轴交③、④轴的 LB5 为例，通过原位标注的识读可知，LB5 在Ⓐ轴支座非贯通筋为⑥号筋ф 10@100(2)，该筋一侧从Ⓐ轴梁中线向板内伸出 1 800 mm，另一侧则在悬挑板面贯通布置。其中(2)表示该筋在 3、4 轴和 4、5 轴两个板块均布置。

二、有梁楼盖构造详图识读

1. 板中间支座钢筋构造

图 5-2-26 为板中间支座钢筋构造，中间支座上部纵筋伸入板跨内长度可以由平法施工图读取，上部纵筋弯锚长度为板厚$-2c$（板的保护层厚度）。中间支座下部纵筋的锚固长度为 $5d$ 且至少到梁中线。

2. 板端支座钢筋构造

图 5-2-27 为板端支座钢筋构造，普通楼屋面板端支座上部纵筋伸至外侧梁角筋内侧弯锚 $15d$，下部纵筋锚入支座 $5d$ 且至少到梁中线。用于梁板式转换层的楼面板，上下部纵筋均须伸至梁外侧纵筋内侧弯锚 $15d$。当平直段长度大于 l_a 或 l_{aE} 时可直锚。

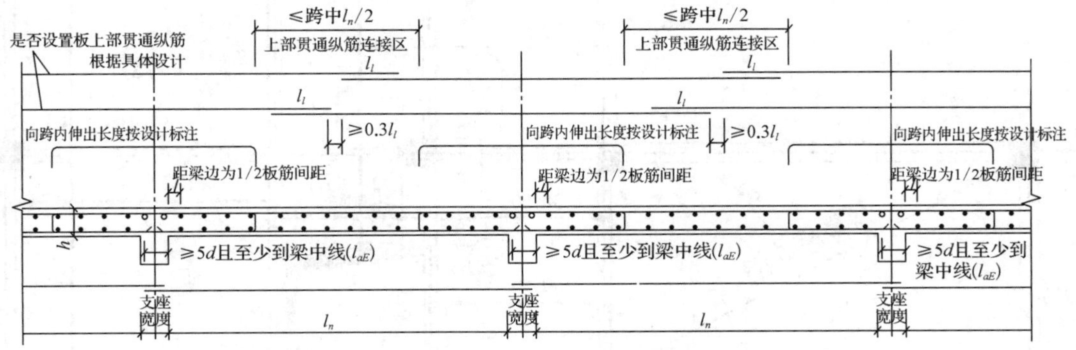

图 5-2-26 板中间支座钢筋构造

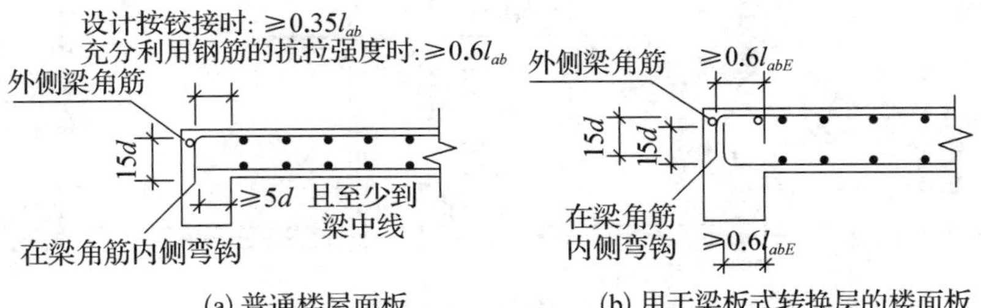

图 5-2-27 板端支座钢筋构造

【ZTSC0111A·单选题】

现浇板中的贯通纵筋在平法注写时一般(　　)。

A. 以T代表下部、B代表上部　　B. 以B代表下部、T代表上部

C. 以X代表下部、S代表上部　　D. 以X代表下部、Y代表上部

【答案】 B

【解析】 字母B是底部bottom的首字母,字母T是上部top的首字母,所以选B。

【ZTSC0111B·判断题】

现浇板中的支座非贯通纵筋采用原位注写的方式。　　(　　)

【答案】 √

【解析】 集中标注注写板的贯通纵筋,非贯通纵筋需要通过原位注写。

【ZTSC0111C·填空题】

现浇板中集中标注的内容有______、______、______以及______。

【答案】 板厚　上部贯通纵筋　下部纵筋　以及当板面标高不同时的标高高差

【ZTSC0111D·填空题】

现浇板原位标注的内容有________和________。

【答案】 板支座上部非贯通纵筋　悬挑板上部受力钢筋

【ZTSC0111E·简答题】

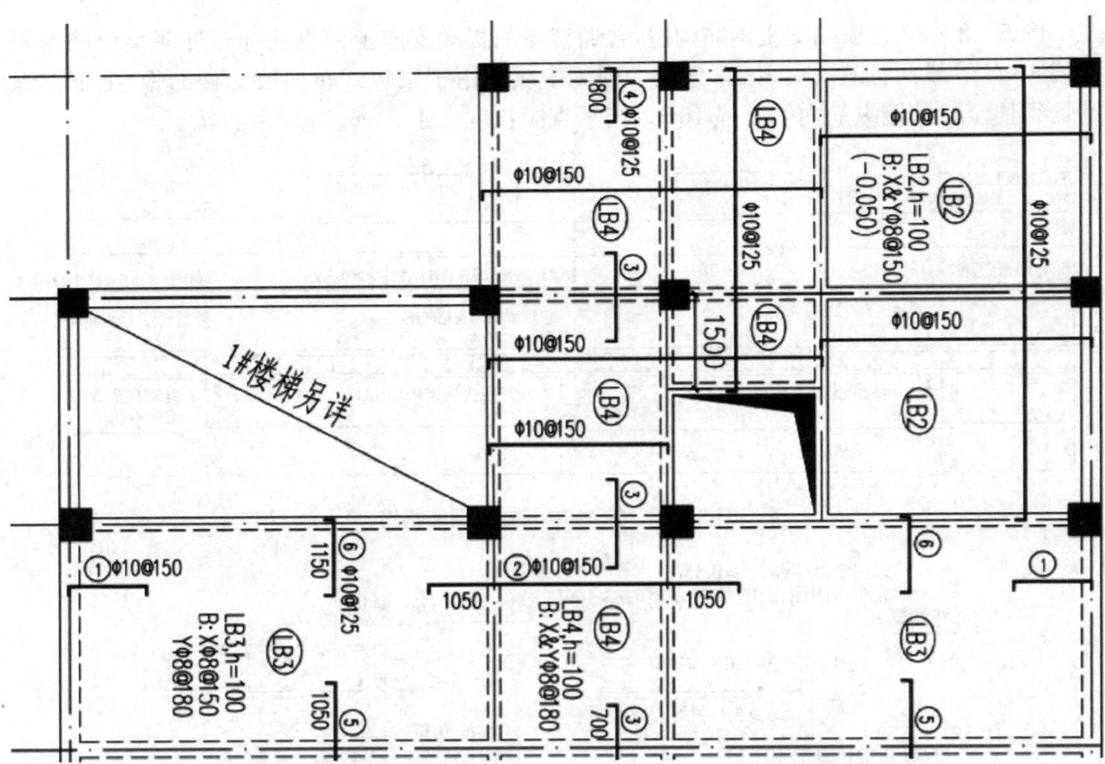

【ZTSC0111E】附图

根据上图，简述 LB2 的尺寸、配筋和标高信息。

【答案】 LB2 板厚 100 mm，板底纵筋 X 和 Y 方向均 ϕ8@150，板顶纵筋 X 方向为 ϕ8@150、Y 方向为 ϕ10@125，板顶标高比本层楼面结构标高低 0.050 米。

【ZTSC0111F・简答题】

简述楼板集中标注和原位标注的内容。

【答案】 集中标注：板厚、上部贯通纵筋、下部纵筋、以及当板面标高不同时的标高高差。原位标注：板支座上部非贯通纵筋、悬挑板上部受力钢筋。

考点 12　结构详图识读

一、楼梯详图识读

楼梯由梯板、平台板、梯梁、梯柱组成。其中平台板、梯梁、梯柱的施工图识读同框架结构中的梁、板、柱。板式楼梯注写方式有平面注写、剖面注写、列表注写 3 种，图 5－2－28 为楼梯平面注写。

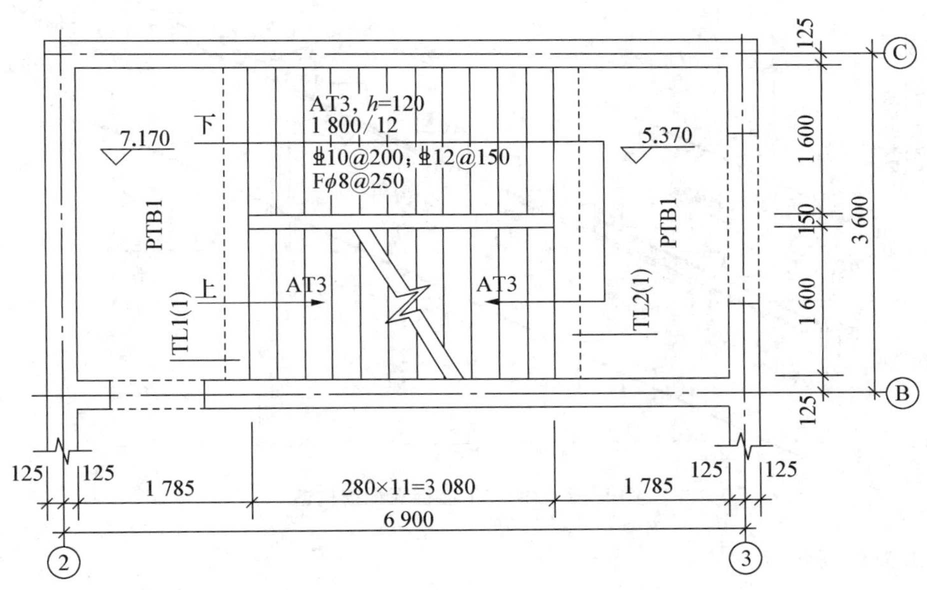

图 5－2－28　5.370～7.170 楼梯平面图

1. 识读楼梯梯板类型

该楼梯梯板类型为 AT，编号 3，梯板上下均以梯梁为支座。

2. 识读楼梯梯板厚度

该楼梯梯板厚度为 120 mm。

3. 识读踏步段总高度和踏步级数

踏步段总高度和踏步级数之间以“/”分隔，踏步段总高度 1 800 mm，级数为 12 级，每一级踏步高度为 1 800/12＝150 mm。

4. 识读梯板支座上部纵筋、下部纵筋

梯板支座上部纵筋与下部纵筋之间以“;”分隔。上部纵筋为Φ 10@200、下部纵筋为Φ 12 @150。

5. 识读梯板分布筋

梯板分布筋以 F 打头,分布钢筋具体值为 Φ8@250。

二、楼梯板配筋构造

图 5-2-29 为 AT 楼梯板的配筋构造,图中主要表示了踏步宽度和高度,梯板厚度,梯板上部纵筋、下部纵筋、分布筋等构造要求。

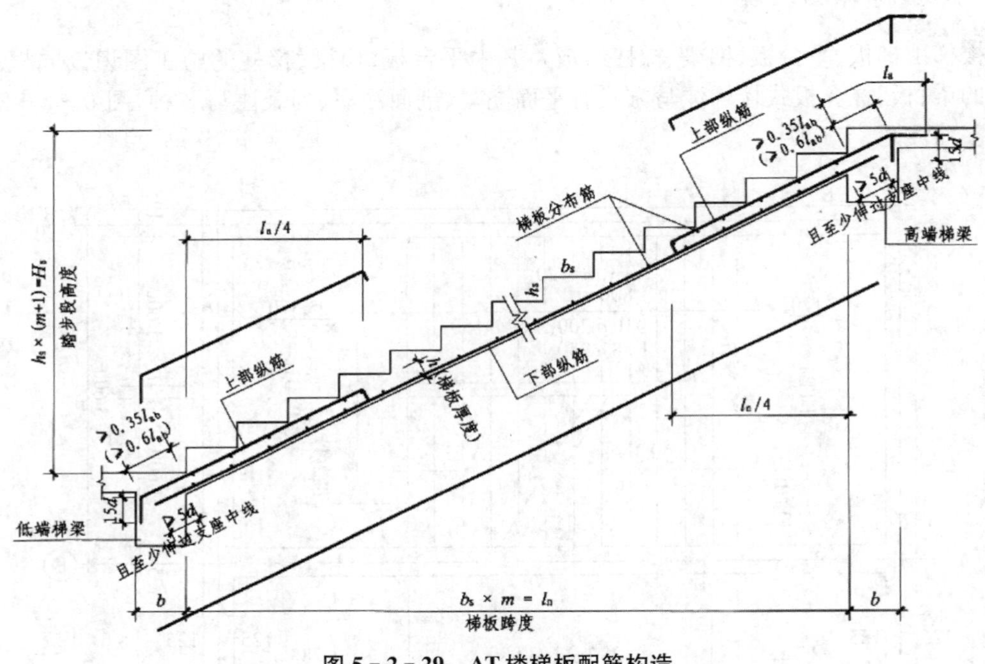

图 5-2-29　AT 楼梯板配筋构造

1. 上部纵筋构造

上部纵筋为非贯通布置,从支座向跨内伸出的长度为$\frac{1}{4}l_n$,l_n为梯板跨度。上部纵筋锚固长度为伸至梯梁角筋内侧弯锚 15d,上部纵筋有条件时可直接伸入平台板内锚固,从支座内边算起总锚固长度不小于 l_a。l_a为受拉钢筋锚固长度,根据钢筋直径和强度、混凝土强度进行查表求得。

2. 下部纵筋构造

下部纵筋为贯通布置,两端深入支座的长度满足≥5d,且至少到梁中线。

3. 分布筋构造

AT 为上下端设梯梁的单向板,受力筋沿着跨度方向布置,垂直于受力筋的方向布置分布筋。

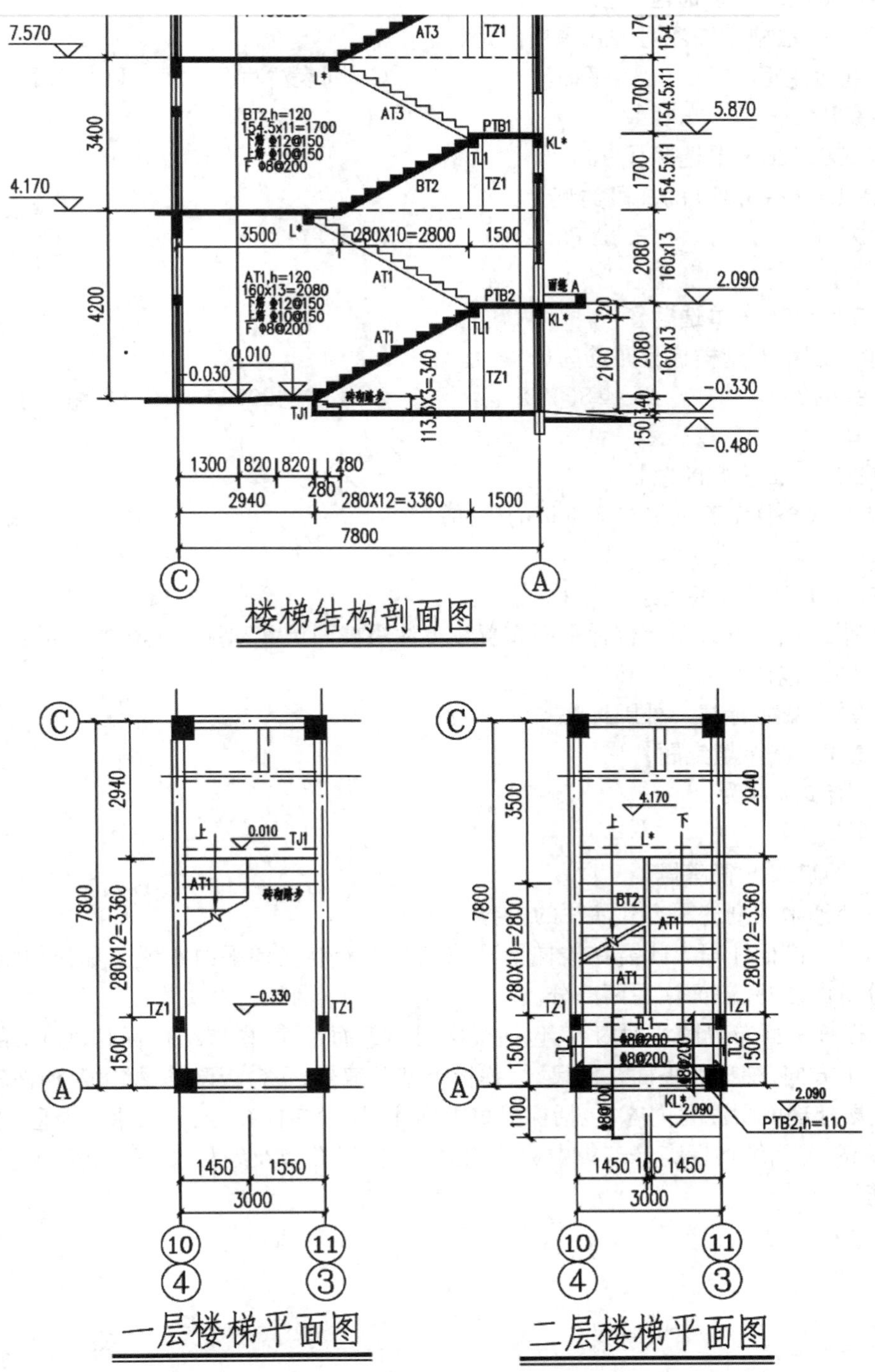

图 5-2-30　某工程楼梯施工详图

请根据图 5-2-30，回答下列问题。

【ZTSC0112A·单选题】

该楼梯平法施工图注写方式采用的是(　　)。

A. 剖面注写　　B. 平面注写　　C. 列表注写　　D. 截面注写

【答案】 A

【ZTSC0112B·单选题】

标高 4.170～5.870 的梯段类型为(　　)。

A. AT1　　B. AT3　　C. BT1　　D. BT2

【答案】 D

【ZTSC0112C·单选题】

图中一层第一跑楼梯分布筋为(　　)。

A. ϕ8@200　　B. ⏀8@200　　C. ⏀10@200　　D. ⏀10@150

【答案】 A

【ZTSC0112D·判断题】

现浇板式楼梯 BT 是带有下折板的楼梯。　　(　　)

【答案】 √

【ZTSC0112E·填空题】

楼梯平面注写方式系在楼梯平面布置图上注写截面尺寸和配筋具体数值的方式来表达楼梯施工图。包括________和________。

【答案】 集中标注　外围标注

【ZTSC0112F·填空题】

AT3 踏步级数为________。

【答案】 11

【ZTSC0112G·简答题】

简述楼梯采用剖注写方式注写的内容。

【答案】 剖面注写方式需在楼梯平法施工图中绘制楼梯平面布置图和楼梯剖面图，注写方式分平面注写、剖面注写两部分。

(1) 楼梯平面布置图注写内容，包括楼梯间的平面尺寸、楼层结构标高、层间结构标高、楼梯的上下方向、梯板的平面几何尺寸、梯板类型及编号、平台板配筋、梯梁及梯柱配筋等。

(2) 楼梯剖面图注写内容，包括梯板集中标注、梯梁梯柱编号、梯板水平及竖向尺寸、楼层结构标高、层间结构标高等。集中标注内容有：梯板类型及编号、梯板厚度、梯板配筋、梯板分布筋等。

技能二　建筑绘图

第一节　建施图绘制

考点 1　建筑平面图绘制

【ZTSC0201A・单选题】

在绘制建筑平面图的定位轴线时，应以 0.25b 线宽的（　　）绘制。

A. 实线　　　　B. 虚线

C. 单点长划线　　　　D. 双点长划线

【答案】 C

【ZTSC0201B・单选题】

绘图时，相互平行的图例线，其净间隙或线中间间隙不宜小于（　　）mm。

A. 0.2　　　　B. 0.3

C. 0.4　　　　D. 0.5

【答案】 A

【ZTSC0201C・单选题】

下图中未注写编号的轴线，以下哪个选项的编号注写是正确的？

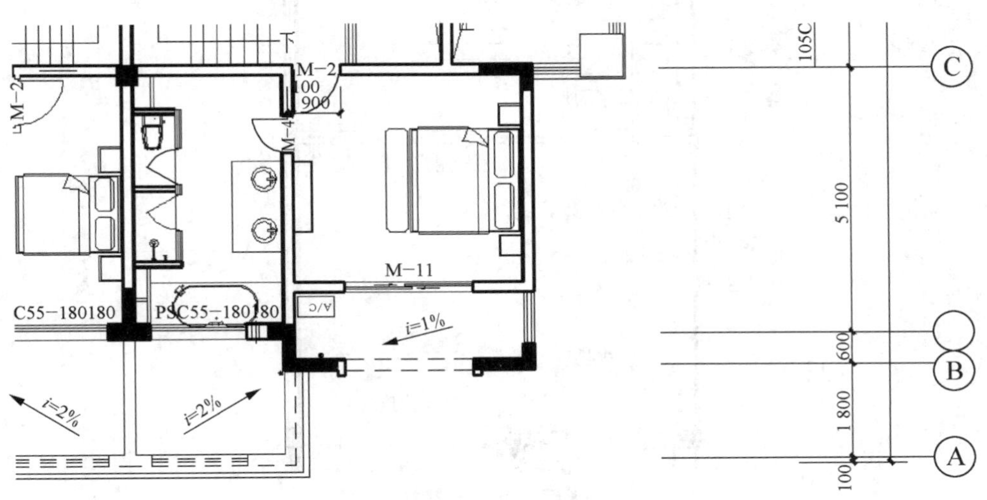

【ZTSC0201C】附图

A. 1/B　　　　B. 1/0B

C. 1/C　　　　D. 1/0C

【答案】 A

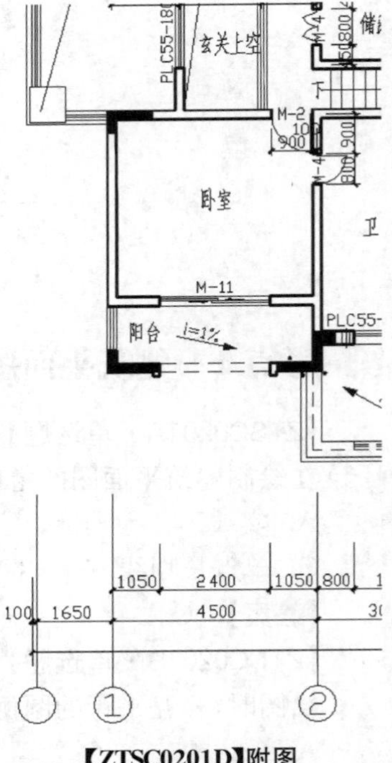

【ZTSC0201D】附图

【ZTSC0201D·单选题】

右图中未注写编号的轴线号，以下哪个选项的编号注写是正确的？

A. 1/1　　　　B. 1/01

C. 01/1　　　　D. 0

【答案】 B

【ZTSC0201E·判断题】

某建筑平面图的比例为 1∶100，则钢筋混凝土柱可用简化的图例（如涂黑）来进行填充　　（　　）

【答案】 √

【ZTSC0201F·判断题】

指北针中，指针头部所指方向即为北，无须再注写"北"或"N"字。　　（　　）

【答案】 ×

【ZTSC0201G·填空题】

下图中客厅的室内地面标高为±0.000，餐厅的地面比它高 900 mm，请在图中注写餐厅的地面标高。

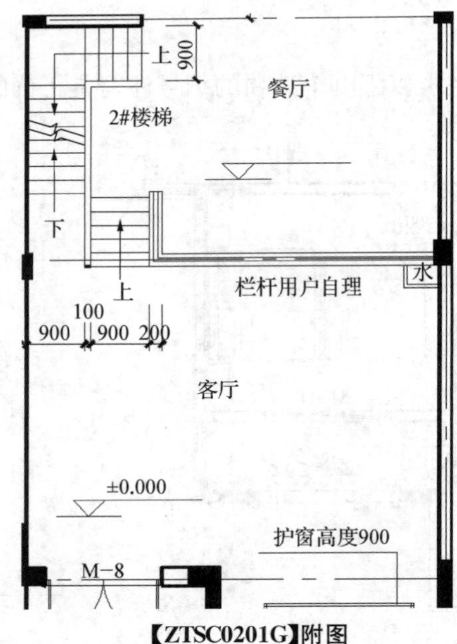

【ZTSC0201G】附图

【答案】 0.900

【ZTSC0201H·填空题】

某建筑三层平面图局部截图如下图，图中⑨轴与Ⓔ轴相交处的构件，其对应的详图为图中右侧图名为Ⓐ的图样。请在左图详图索引符号内注写编号。

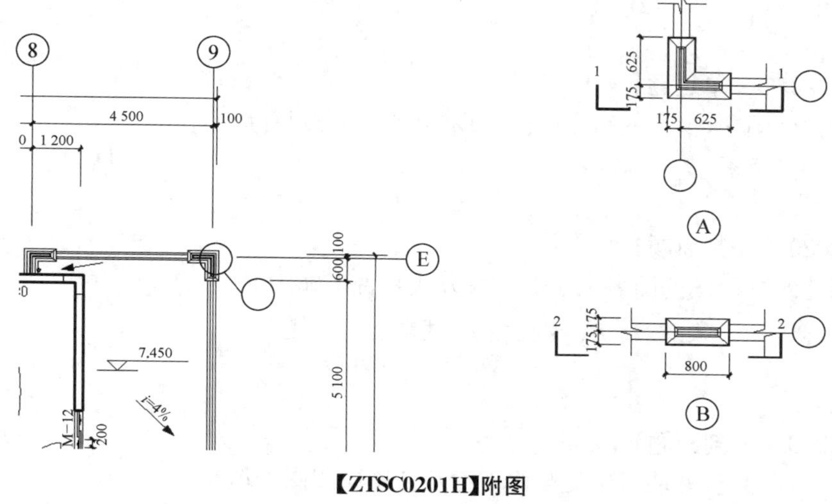

【ZTSC0201H】附图

【答案】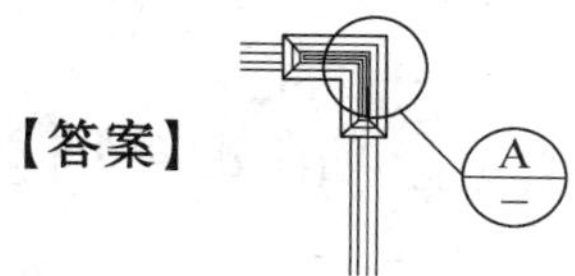

【ZTSC0201I·简答题】

建筑平面图中，外部尺寸应标注几道尺寸线，分别标注的是什么部位的尺寸？

【答案】 通常包括三道尺寸线。最靠近图形的一道，是表示外墙上门窗洞口的宽度及其定位尺寸等。第二道尺寸主要标注轴线间的尺寸，也就是表示房间的开间或柱距(建筑物纵向两个相邻的墙或柱中心线之间的距离)、进深或跨度(建筑物横向两个相邻的墙或柱中心线之间的距离)的尺寸。最外面的一道尺寸，表示建筑物外墙面之间的总尺寸，表示建筑物的总长、总宽。

【ZTSC0201J·简答题】

建筑平面图中，内部尺寸主要标注什么部位的尺寸？

【答案】 主要标注各房间的净开间、净进深，内部门窗洞的宽度和位置、墙厚，以及其他一些主要构配件与固定设施的定形和定位尺寸等。

考点 2 建筑立面图绘制

【ZTSC0202A·单选题】

建筑立面图上的雨水管宜用(   )绘制。

A. 粗实线　　B. 中粗实线　　C. 细实线　　D. 细虚线

【答案】 C

【ZTSC0202B·单选题】

标高符号应以(   )三角形绘制。

A. 等边　　B. 等腰　　C. 等腰直角　　D. 任意

【答案】 C

【ZTSC0202C·单选题】

标高数字以米为单位，注写到小数点后第(   )位。

A. 1　　B. 2　　C. 3　　D. 4

【答案】 C

【ZTSC0202D·单选题】

在建筑立面图中，窗台的高度应注写在第(　　)道尺寸线。

A. 1　　B. 2　　C. 3　　D. 4

【答案】 A

【ZTSC0202E·判断题】

如图某建筑立面图的图名和比例注写方式是否正确。(　　)

①～⑨立面图　1∶100

【ZTSC0202E】附图

【答案】 ×

【ZTSC0202F·判断题】

在建筑立面图上，外墙所用的装修面材及色彩应用图例填充。(　　)

【答案】 ×

【ZTSC0202G·填空题】

在绘制建筑立面图时，对于有定位轴线的建筑物，宜根据________编注建筑立面图的名称。

【答案】 两端定位轴线编号

【ZTSC0202H·填空题】

在绘制建筑立面图时，建筑物外轮廓线采用线宽为________绘制。

【答案】 b的粗实线

考点3　建筑剖面图绘制

【ZTSC0203A·判断题】

建筑剖面图必须选用与建筑平面图相同的比例。(　　)

【答案】 ×

【ZTSC0203B·判断题】

在绘制建筑剖面图时，建筑剖面图中的定位轴线的左右相对位置应与按平面图中剖视方向投射后所得的投影相一致。(　　)

【答案】 √

【ZTSC0203C·填空题】

在建筑剖面图中，被剖切到的墙体、楼板采用线宽为________绘制。

【答案】 b的粗实线

【ZTSC0203D·填空题】

在建筑剖面图中，室外地坪线采用________绘制。

【答案】 1.4b的特粗实线

考点4　建筑详图绘制

【ZTSC0204A·单选题】

绘制某外墙大样图时，保温层应用(　　)图例填充。

A. 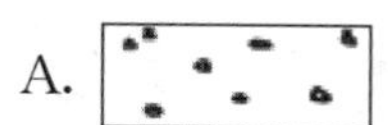　　B. 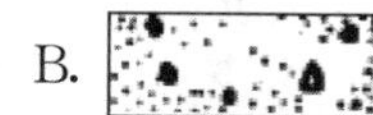　　C. 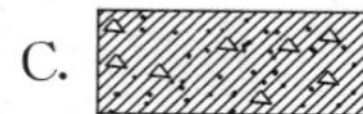　　D.

【答案】 D

【ZTSC0204B · 单选题】

绘制建筑详图时，下列(　　)比例不可采用。

A. 1∶10　　B. 1∶20　　C. 1∶50　　D. 1∶100

【答案】 D

【ZTSC0204C · 单选题】

绘制详图索引符号时，采用的线宽为(　　)。

A. 0.25b　　B. 05b　　C. 0.7b　　D. b

【答案】 A

【ZTSC0204D · 单选题】

绘制详图索引符号时，圆的直径不正确的是(　　)。

A. 7 mm　　B. 8 mm　　C. 9 mm　　D. 10 mm

【答案】 A

【ZTSC0204E · 判断题】

下图中楼梯箭头方向绘制的是否正确。(　　)

【答案】 ×

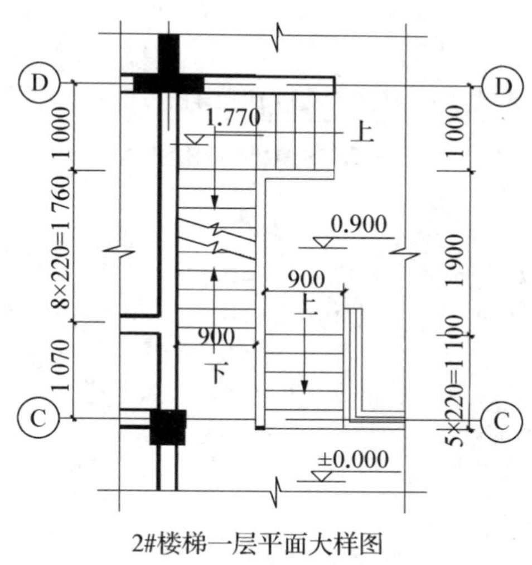

2#楼梯一层平面大样图

【ZTSC0204E】附图

【ZTSC0204F · 判断题】

如下图所示的某外墙构造层次，其文字说明由上至下的说明顺序应与由左到右的层次对应一致。(　　)

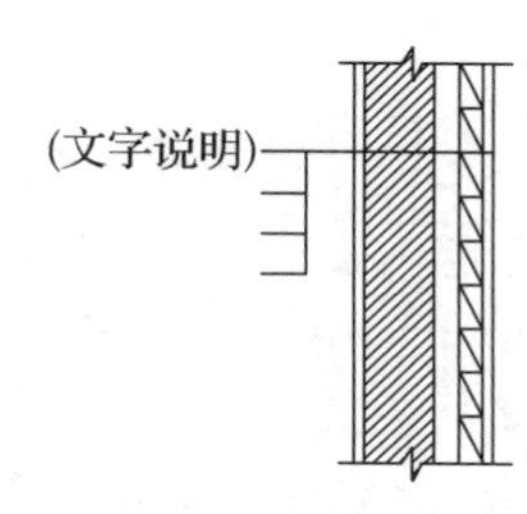

【ZTSC0204F】附图

【答案】 √

【ZTSC0204G · 判断题】

由于建筑详图需要清晰表达建筑细部构造，所以绘制建筑详图时，所有图线均采用 0.25b 的细线绘制。(　　)

【答案】 ×

【ZTSC0204H・填空题】

某建筑楼梯一层平面大样图中，楼梯踏面的宽度为 250 mm，踢面的高度为 150 mm，请在图中标注靠近Ⓓ轴一侧梯段的尺寸数字。

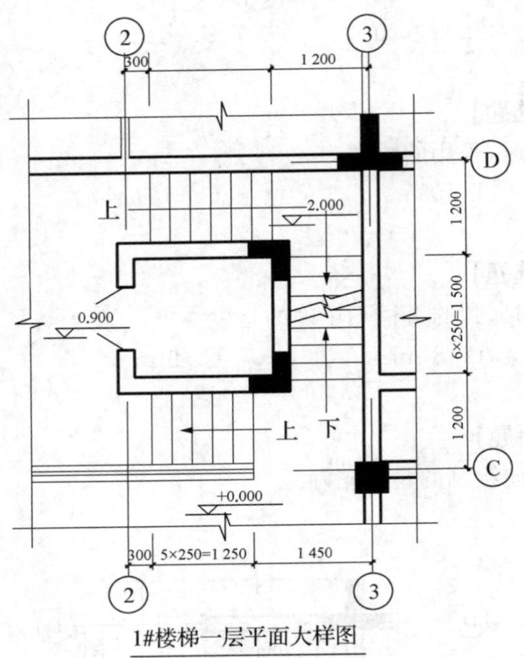

【ZTSC0204H】附图

【答案】 6×250=1 300

【ZTSC0204I・填空题】

详图符号的圆的直径应为 ________ mm。

【答案】 14

第二节　结施图绘制

考点 5　基础施工图绘制

【ZTSC0205A · 单选题】

在绘制基础施工图时，某基础编号为 DJ_P03，则该基础的示意图是(　　)。

A.

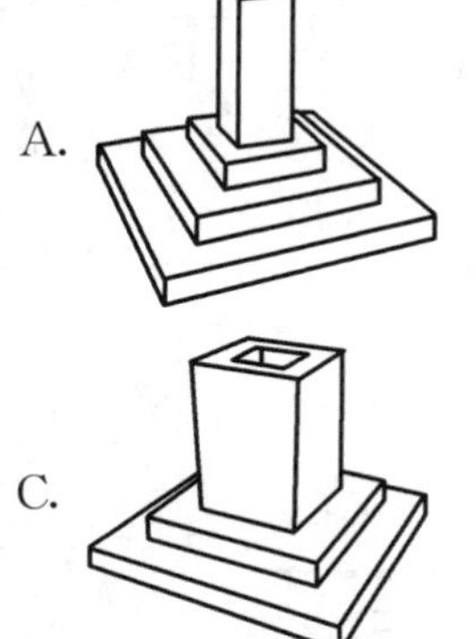

C.

B.

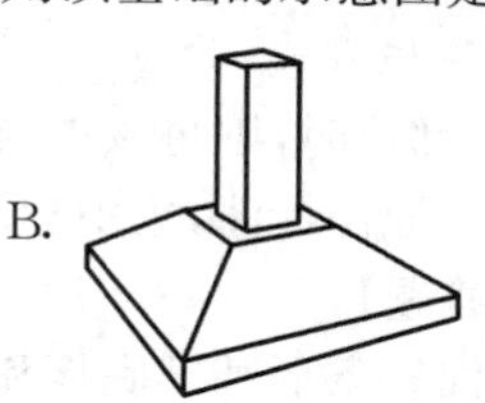

D.

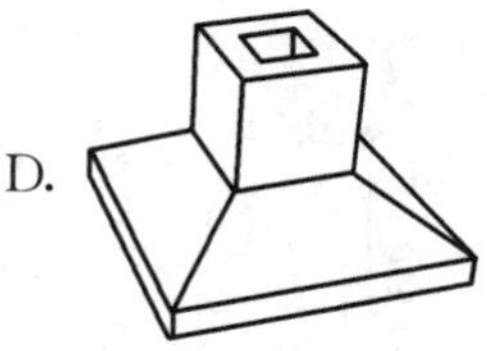

【答案】 B

【ZTSC0205B · 单选题】

在绘制基础施工图时，某基础编号为 DJ_P03 300/200，则该基础的根部高度是多少 mm？(　　)

A. 300　　B. 200　　C. 500　　D. 600

【答案】 C

【ZTSC0205C · 单选题】

根据基础平法施工图，基础底板 X 方向(水平方向)的钢筋长度为多少 mm？(　　)

A. 1 920　　B. 2 000　　C. 2 200　　D. 2 120

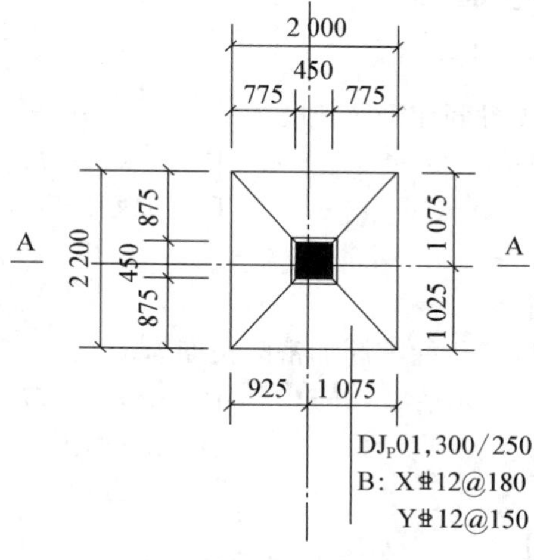

【ZTSC0205C】附图

【答案】 A

【ZTSC0205D·判断题】

条形基础底板的集中标注内容为：条形基础底板编号、截面竖向尺寸、配筋三项必注内容，以及条形基础底板底面标高（与基础底面基准标高不同时）、必要的文字注解两项选注内容。 （ ）

【答案】 √

【ZTSC0205E·填空题】

基础梁 JL 的平面注写方式，分_______和_______两部分内容，当_______的某项数值不适用于基础梁的某部位时，则将该项数值采用_______，施工时，_______优先。

【答案】 集中标注，原位标注，集中标注，原位标注，原位标注

【ZTSC0205F·简答题】

根据基础剖面图，回答条形基础底板和基础梁的配筋。

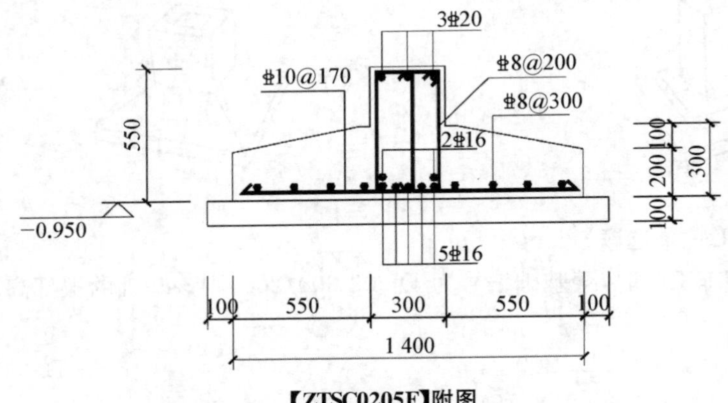

【ZTSC0205F】附图

【答案】 基础底板受力筋为⌀10@170，分布筋为⌀8@300。基础梁的上部纵筋为 3⌀20，下部纵筋为 7⌀16 分两排布置，第一排 5 根第二排 2 根。

考点 6 柱施工图绘制

【ZTSC0206A·单选题】

框架柱考虑抗震时，柱顶箍筋加密区长度为（ ）。

A. $\max(h_c, H_n/6, 500)$　　B. $\max(h_c, H_n/3, 500)$

C. $\max(2h_b, 500)$　　D. $\max(1.5h_b, 500)$

【答案】 A

【ZTSC0206B·单选题】

框架柱考虑抗震时，嵌固部位柱箍筋加密区长度为（ ）。

A. $\max(h_c, H_n/6, 500)$　　B. $\max(h_c, H_n/3, 500)$

C. $\max(2h_b, 500)$　　D. $\max(1.5h_b, 500)$

【答案】 B

【ZTSC0206C·单选题】

某工程框架柱 KZ1 集中标注中箍筋为⌀10@100/200（⌀12@100），则节点核心区箍筋

为(　　)。

A. Φ10@100　　B. Φ12@100　　C. Φ10@200　　D. Φ12@200

【答案】 B

【ZTSC0206D・判断题】

柱平法施工图系在柱平面布置图上采用列表注写方式或截面注写方式表达。　　(　　)

【答案】 √

【ZTSC0206E・判断题】

柱纵向钢筋一般在每层都设置连接接头,接头距离楼面高度嵌固部位比普通楼层低。　　(　　)

【答案】 ×

【ZTSC0206F・判断题】

当上层柱纵筋直径大于下层柱纵筋直径时,纵筋连接位置在上层柱。　　(　　)

【答案】 ×

【ZTSC0206G・填空题】

钢筋连接方式分为________、________、________。

【答案】 绑扎连接　焊接　机械连接

【ZTSC0206H・填空题】

柱编号由________和________组成。

【答案】 类型代号　序号

【ZTSC0206I・填空题】

采用列表注写柱纵筋时。当柱纵筋直径相同,各边根数也相同时,将纵筋注写在________。

【答案】 全部纵筋

【ZTSC0206J・简答题】

简述框架柱箍筋加密区长度的要求。

【答案】 框架柱的箍筋加密区长度,应取柱截面长边尺寸(或圆形截面直径)、柱净高的1/6和500 mm中最大值。一、二级抗震等的角柱应沿柱全高加密箍筋。底层柱根箍筋加密区长度,应取不小于该层柱净高的1/3。当有刚性地面时,除柱端箍筋加密区外尚应在刚性地面上、下各500 mm高的范内加密箍筋。

【ZTSC0206K・简答题】

简述框架柱纵筋连接构造要求。

【答案】 纵筋连接点一定要避开非连接区,连接形式有绑扎连接、焊接、机械连接三种,相邻纵筋应交错连接。对于绑扎连接,纵筋搭接长度为 l_{lE},相邻接头错开长度为 $1.3l_{lE}$;对于焊接连接,相邻接头错开长度为500和 $35d$ 取大值;对于机械连接,相邻接头错开长度为 $35d$ 取大值。其中 d 取相互连接两根钢筋中的较小直径。

考点7　梁施工图绘制

【ZTSC0207A・单选题】

框架梁考虑三级抗震时,梁端箍筋加密区长度为(　　)。

A. $\max(h_c, H_n/6, 500)$　　B. $\max(h_c, H_n/3, 500)$

C. $\max(2h_b, 500)$　　D. $\max(1.5h_b, 500)$

【答案】 D

【ZTSC0207B·单选题】

框架梁平面注写时，下列哪一项不是集中标注所注写的内容（　　）。

A. 梁编号　　B. 梁通长筋　　C. 梁箍筋　　D. 梁支座非贯通筋

【答案】 D

【ZTSC0207C·单选题】

平法表示中关于梁箍筋⌀8@100(4)/200(2)下列叙述不正确的是（　　）。

A. 该箍筋为 HRB335 钢筋　　B. 箍筋加密区箍筋间距 100 mm

C. 加密区箍筋有 4 根　　D. 非加密区箍筋为双肢箍

【答案】 C

【ZTSC0207D·单选题】

某工程，框架抗震等级一级，其中的 KL2 截面尺寸 300×700，净跨 l_n为 7 200 mm，箍筋为⌀10@100/200(2)，则其箍筋非加密区长度与列哪个数值最为接近（　　）。

A. 4 300　　B. 4 600　　C. 5 100　　D. 6 200

【答案】 A

【ZTSC0207E·单选题】

下图中的 2⌀18 和 8ϕ8(2)分别是（　　）。

A. 架立筋、构造筋　　B. 弯起钢筋、箍筋

C. 吊筋、附加箍筋　　D. 腰筋、拉结筋

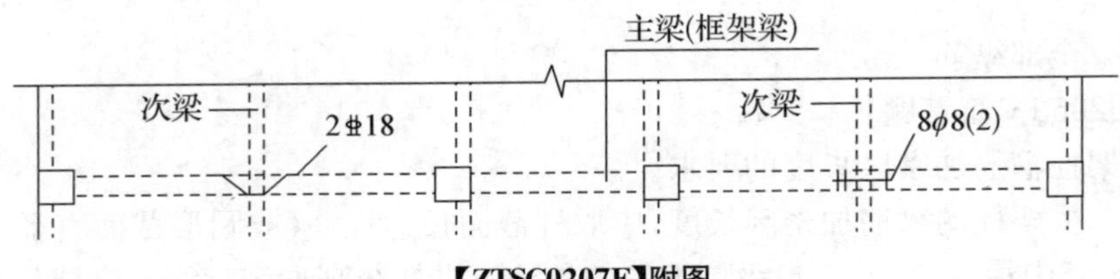

【ZTSC0207E】附图

【答案】 C

【ZTSC0207F·单选题】

梁拉筋的间距一般为非加密区箍筋间距的（　　）倍。

A. 2　　B. 3　　C. 4　　D. 8

【答案】 A

【ZTSC0207G·单选题】

图集 16G101－1 规定，当梁的腹板高度 $h_W \geq$（　　）mm 时，须配置梁侧构造钢筋。

A. 300　　B. 450　　C. 600　　D. 900

【答案】 B

【ZTSC0207H·单选题】

下图柱截面中，直径为 22 mm 的纵筋根数为（　　）。

A. 4 根　　B. 9 根　　C. 14 根　　D. 22 根

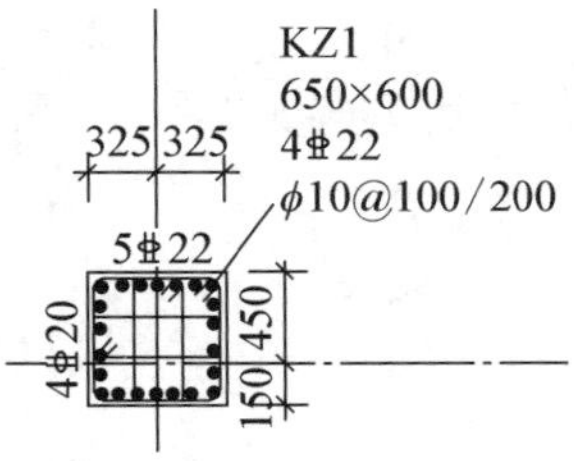

【ZTSC0207H】附图

【答案】 C

【ZTSC0207I・单选题】

梁编号为 WKL 代表的是什么梁？（　　）

A. 楼层框架梁　　B. 屋面框架梁　　C. 框支梁　　D. 悬挑梁

【答案】 B

【ZTSC0207J・单选题】

在结构图中，梁的集中标注 2 Φ 22＋(4 Φ 12)，请问括号内的标注表示梁的(　　)。

A. 箍筋　　B. 下部纵筋　　C. 非贯通纵筋　　D. 架立纵筋

【答案】 D

【ZTSC0207K・判断题】

梁编号为 WKL3(2B)代表的是该梁为屋框梁，共 2 跨，无悬挑。（　　）

【答案】 ×

【ZTSC0207L・判断题】

主次梁相交的节点处应在主梁上布置附加箍筋或附加吊筋。（　　）

【答案】 √

【ZTSC0207M・判断题】

框架梁的受力纵筋锚固长度随着混凝土强度等级提高而降低。（　　）

【答案】 √

【ZTSC0207N・判断题】

三级抗震的框架梁，箍筋加密区长度为 $2.0h_b$ 和 500 取大值。（　　）

【答案】 ×

【ZTSC0207O・判断题】

框架梁端支座第一排非贯通纵筋的截断长度为该跨净跨度的$\frac{1}{3}$。（　　）

【答案】 √

【ZTSC0207P・判断题】

框架梁中间支座第一排非贯通纵筋的截断长度为该跨净跨度的$\frac{1}{3}$。（　　）

【答案】 ×

【ZTSC0207Q・判断题】

框架梁箍筋和拉筋的平直段长度不应小于 $10d$ 和 75 mm。（　　）

【答案】 √

【ZTSC0207R·判断题】

框架梁的纵筋在端支座处必须采用弯锚的形式。（ ）

【答案】 ×

【ZTSC0207S·判断题】

非框架梁箍筋不需要加密。（ ）

【答案】 √

【ZTSC0207T·判断题】

当梁的腹板高度大于 450 mm 时，梁侧需要布置构造钢筋。（ ）

【答案】 √

【ZTSC0207U·填空题】

梁平法施工图系在梁平面布置图上采用________或________表达。

【答案】 平面注写方式　截面注写方式

【ZTSC0207V·填空题】

梁平法施工图系在梁平面布置图上采用________或________表达。

【答案】 平面注写方式　截面注写方式

【ZTSC0207W·填空题】

平面注写包括________与________，________表达梁的通用数值，________表达梁的特殊数值。施工时，________取值优先。

【答案】 集中标注　原位标注　集中标注　原位标注　原位标注

【ZTSC0207X·填空题】

N6⌀22，表示梁的两个侧面共配置________根直径为 22 的受扭纵向钢筋。

【答案】 6

【ZTSC0207Y·填空题】

梁侧面配置 G4⌀12，该钢筋的锚固长度为 ________mm。

【答案】 180

【ZTSC0207Z·填空题】

梁编号由梁________、________、________及有无悬挑代号几项组成。

【答案】 类型代号　序号　跨数

【ZTSC0207AA·简答题】

简述在梁的截面配筋详图上应注写哪些信息？

【答案】 在截面配筋详图上注写截面尺寸 $b\times h$、上部筋、下部筋、侧面构造筋或受扭筋以及箍筋的具体数值。

【ZTSC0207AB·简答题】

简述梁集中标注中 13⌀10@150/200(4)的含义。

【答案】 表示箍筋为 HRB400 钢筋，直径为 10；梁的两端各有 13 个四肢箍，间距为 150；梁跨中部分间距为 200，四肢箍。

【ZTSC0207AC·简答题】

简述框架梁原位标注的内容。

【答案】 梁支座上部纵筋，该部位含通长筋在内的所有纵筋；梁下部纵筋；当在梁上集中标注的内容不适用于某跨时，则将其不同数值原位标注在该跨或该悬挑部位，施工时应按原位标注数值取用；附加箍筋或吊筋。

考点 8 板施工图绘制

【ZTSC0208A·单选题】

板纵向钢筋的连接一般都选用(　　)。

A. 机械连接　　B. 绑扎搭接　　C. 焊接　　D. 浆锚连接

【答案】 B

【ZTSC0208B·单选题】

有一板带上已配置贯通纵筋 ϕ10@200，板带支座上部非贯通纵筋为 ϕ12@200，则板带上支座附近板上部纵筋间距为(　　)。

A. 100　　B. 200　　C. 150　　D. 50

【答案】 A

【ZTSC0208C·单选题】

板块集中标注的内容不包括下列哪一项(　　)。

A. 板块编号　　B. 板厚　　C. 上部非贯通纵筋　　D. 下部纵筋

【答案】 C

【ZTSC0208D·单选题】

有一悬挑板注写为：XB2，h＝150/100，表示 2 号悬挑板，板根部厚(　　)，端部厚(　　)。

A. 100，150　　B. 150，100　　C. 250，100　　D. 250，150

【答案】 B

【ZTSC0208E·单选题】

如下图 XB1，板受力筋为(　　)。

A. ϕ8@150　　B. ϕ8@200　　C. ϕ12@100　　D. ⌀12@100

【答案】 D

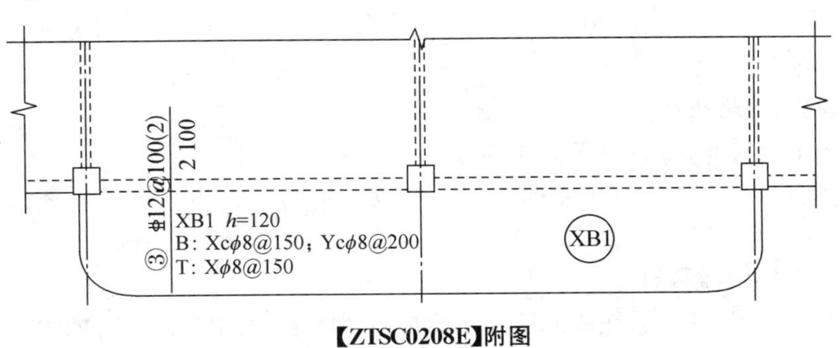

【ZTSC0208E】附图

【ZTSC0208F·单选题】

根据图集 16G101 的规定，下图中 3 号纵筋的水平段长度为(　　)mm，图中梁的宽度为 200 mm。

A. 1 800　　B. 2 000　　C. 3 600　　D. 3 800

【答案】 C

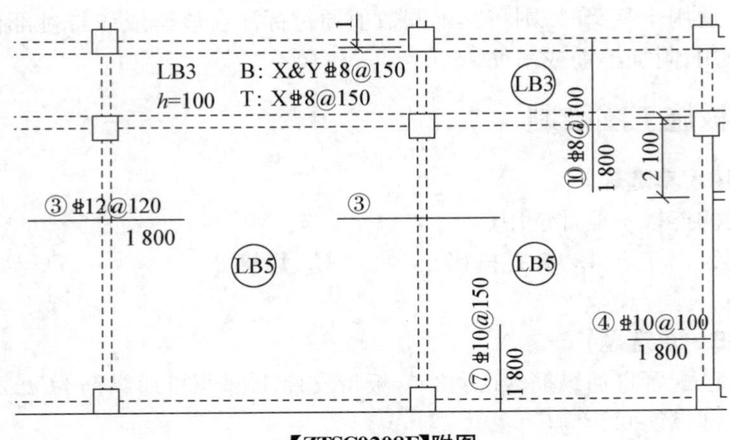

【ZTSC0208F】附图

【ZTSC0208G·单选题】

根据图集 16G101 的规定，上图中 LB3 板底纵筋的锚固长度为（　　）mm，图中梁的宽度为 200 mm。

A. 100　　B. 200　　C. 40　　D. 50

【答案】 A

【ZTSC0208H·单选题】

根据图集 16G101 的规定，下图中 3 号纵筋的水平段长度为（　　）mm，图中梁的宽度为 200 mm。

A. 1 800　　B. 2 000　　C. 3 600　　D. 3 800

【答案】 C

【ZTSC0208I·单选题】

矩形洞边长和圆形洞直径不大于（　　）mm 时，受力钢筋绕过孔洞，不另设补强钢筋。

A. 200　　B. 300　　C. 400　　D. 500

【答案】 B

【ZTSC0208J·单选题】

当楼板为单向板时，垂直于受力筋的方向应布置（　　）。

A. 受力筋　　B. 分布筋　　C. 箍筋　　D. 附加吊筋

【答案】 B

【ZTSC0208K·判断题】

有梁楼盖平法施工图，系在楼面板和屋面板布置图上，采用平面注写的表达方式。（　　）

【答案】 √

【ZTSC0208L·判断题】

板平面注写主要包括板块集中标注和板支座原位标注。（　　）

【答案】 √

【ZTSC0208M · 判断题】

板块集中标注的内容为：板块编号，板厚，上部贯通纵筋，下部纵筋，以及当板面标高不同时的标高高差。（　　）

【答案】 √

【ZTSC0208N · 判断题】

集中标注中，板块的下部纵筋用 T 表示和上部贯通纵筋用 B 表示，当板块上部不设贯通纵筋时则不注。（　　）

【答案】 ×

【ZTSC0208O · 判断题】

同一编号板块的类型、板厚和纵筋均应相同，但板面标高、跨度、平面形状以及板支座上部非贯通纵筋可以不同，同一编号板块的平面形状可为矩形、多边形及其他形状等。（　　）

【答案】 √

【ZTSC0208P · 填空题】

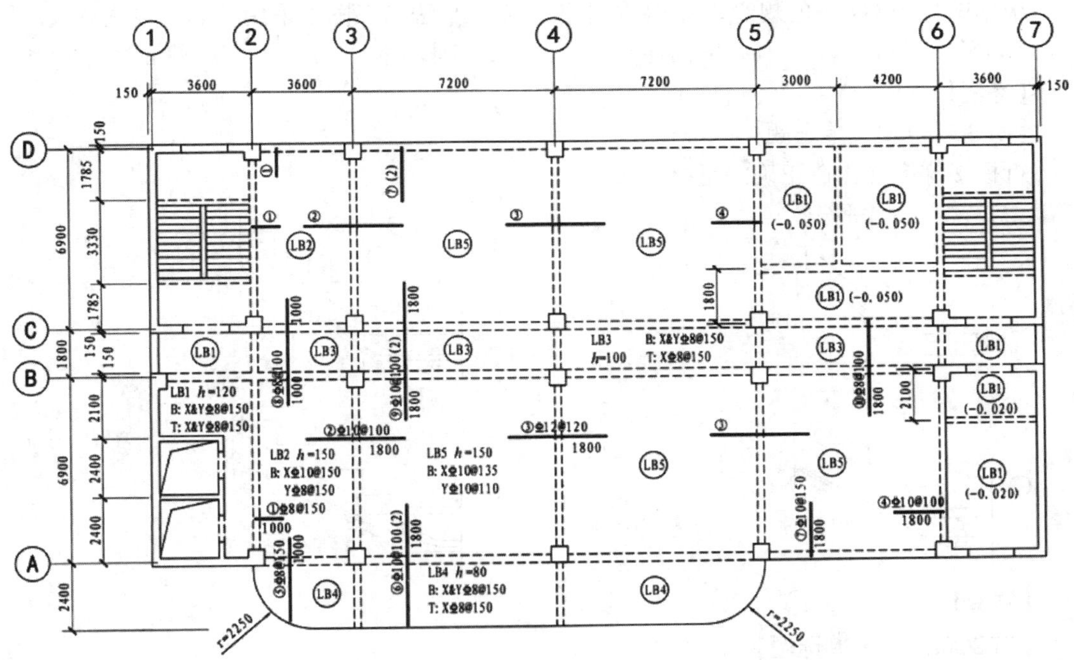

【ZTSC0208P】附图

根据附图回答下列问题。

(1) ④、⑤轴之间的 LB4，板厚为________mm。

【答案】 80

(2) 图中 3 号钢筋的配筋为________。

【答案】 ф 12@120

(3) ⑤、⑥轴交 C、D 轴的板面标高和本层楼面结构标高相比________。

【答案】 低 0.050 m

(4) 本工程有________个电梯井。

【答案】 2

(5) LB2 板底 X 方向的贯通纵筋为________。

【答案】 ф10@150

【ZTSC0209Q·简答题】

试简述板块集中标注的内容。

【答案】 板块集中标注的内容为:板块编号,板厚,上部贯通纵筋,下部纵筋,以及当板面标高不同时的标高高差。

【ZTSC0209R·简答题】

试简述板块原位标注的内容。

【答案】 板支座原位标注的内容为:板支座上部非贯通纵筋和悬挑板上部受力钢筋。

考点9 结构详图绘制

【ZTSC0209A·单选题】

根据图集 16G101 的规定,现浇混凝土板式楼梯平法施工图不采用( )表达方式。

A. 平面注写　　B. 剖面注写　　C. 列表注　　D. 截面注写

【答案】 D

【ZTSC0209B·单选题】

折板楼梯纵筋构造正确的是( )。

A.

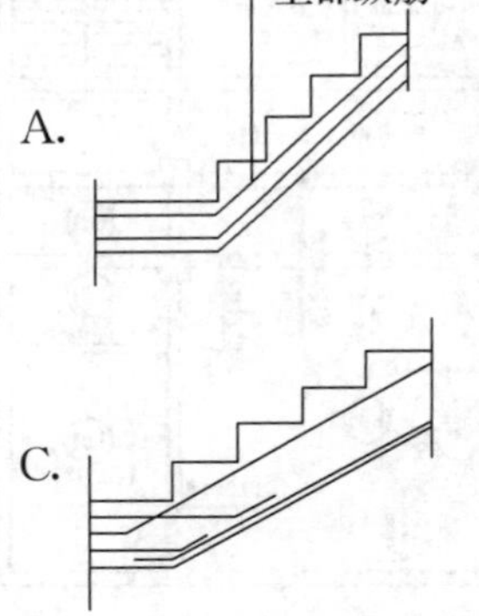

B.

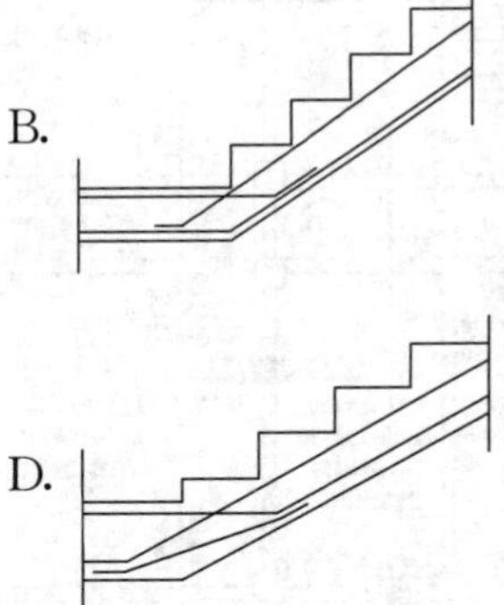

C.

D.

【答案】 B

【ZTSC0209C·单选题】

AT 型楼梯段将荷载传递给( )。

A. 层间平板　　B. 梯梁　　C. 梯柱　　D. 楼层平板

【答案】 B

【ZTSC0209D·单选题】

踏步宽 260 mm 高 150 mm,有 10 个踏面,请问踏步段高度是( )mm。

A. 150　　B. 1 500　　C. 1 650　　D. 1 450

【答案】 C

【ZTSC0209E·单选题】

踏步宽 260 mm 高 150 mm,有 10 个踏面,请问踏步段跨度是( )mm。

A. 150　　B. 260　　C. 2 600　　D. 1 500

【答案】 C

【ZTSC0209F·判断题】

楼梯平面注写方式，系在楼梯平面布置图上注写截面尺寸和配筋具体数值的方式来表达楼梯施工图。包括集中标注和外围标注。 (　　)

【答案】 √

【ZTSC0209G·判断题】

结构详图中的配筋图主要表达构件内部的钢筋位置、形状、规格和数量。一般用平面图和立面图表示。 (　　)

【答案】 ×

【ZTSC0209H·判断题】

所有楼梯段上部纵筋沿跨度方向全长贯通布置。 (　　)

【答案】 ×

【ZTSC0209I·判断题】

所有楼梯段下部纵筋沿跨度方向全长贯通布置。 (　　)

【答案】 √

【ZTSC0209J·判断题】

楼梯段纵筋锚入梯梁的长度应不小于锚固长度的要求。 (　　)

【答案】 √

【ZTSC0209K·填空题】

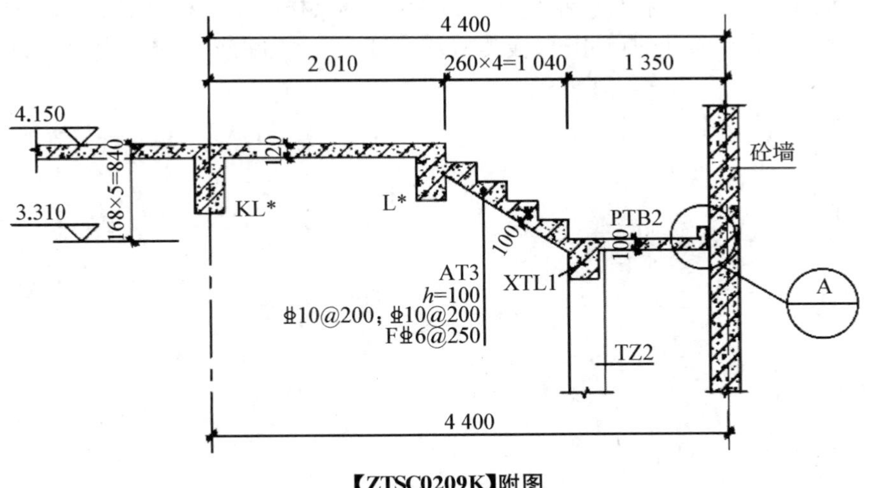

【ZTSC0209K】附图

根据该楼梯的剖面注写施工图回答下列问题。

(1) 该楼梯段编号为(　　)。

【答案】 AT3

(2) 该楼梯段板厚度为(　　)mm。

【答案】 100

(3) 该梯板分布筋为(　　)。

【答案】 ⌀6@250

(4) 该梯板分布筋为(　　)。

【答案】 ⌀6@250

(5) 该梯段跨度为(　　)mm,踏步段高度为(　　)mm。

【答案】 1 040,840

【ZTSC0209L・简答题】

试简述楼梯平面注写方式中集中标注的内容。

【答案】 平面注写方式,系在楼梯平面布置图上注写截面尺寸和配筋具体数值的方式来表达楼梯施工图。包括集中标注和外围标注。

楼梯集中标注的内容有五项:

(1) 梯板类型代号与序号,如 ATxx。

(2)梯板厚度,注写为 h=xxx。当为带平板的梯板且梯段板厚度和平板厚度不同时,可在梯段板厚度后面括号内以字母 P 打头注写平板厚度。

(3) 踏步段总高度和踏步级数,之间以"/"分隔。

(4) 梯板支座上部纵筋、下部纵筋,之间以";"分隔。

(5) 梯板分布筋,以 F 打头注写分布钢筋具体值,该项也可在图中统一说明。

【ZTSC0209M・简答题】

试简述楼梯剖面注写楼梯平面图注写的内容。

【答案】 剖面注写方式需在楼梯平法施工图中绘制楼梯平面布置图和楼梯剖面图,注写方式分平面注写、剖面注写两部分。

楼梯平面布置图注写内容,包括楼梯间的平面尺寸、楼层结构标高、层间结构标高、楼梯的上下方向、梯板的平面几何尺寸、梯板类型及编号、平台板配筋、梯梁及梯柱配筋等。

图书在版编目(CIP)数据

江苏"专转本"土木建筑专业大类考试必读/郑娟，郭牡丹，唐徐林主编. —南京：南京大学出版社，2022.1

ISBN 978-7-305-25221-1

Ⅰ. ①江… Ⅱ. ①郑… ②郭… ③唐… Ⅲ. ①土木工程—成人高等教育—升学参考资料 Ⅳ. ①TU

中国版本图书馆 CIP 数据核字(2021)第 260454 号

出版发行 南京大学出版社
社　　址 南京市汉口路 22 号　　邮　编 210093
出 版 人 金鑫荣

书　　名 江苏"专转本"土木建筑专业大类考试必读
主　　编 郑　娟　郭牡丹　唐徐林
责任编辑 朱彦霖　　编辑热线 025-83597482

照　　排 南京开卷文化传媒有限公司
印　　刷 江苏凤凰通达印刷有限公司
开　　本 787×1092 1/16 印张 35.5 字数 935 千
版　　次 2022 年 1 月第 1 版 2022 年 1 月第 1 次印刷
ISBN 978-7-305-25221-1
定　　价 96.00 元

网　　址：http://www.njupco.com
官方微博：http://weibo.com/njupco
微信服务号：njuyuexue
销售咨询热线：(025)83594756
